Kief / Roschiwal / Schwarz

CNC-Handbuch

Hans B. Kief
Helmut A. Roschiwal
Karsten Schwarz

CNC-Handbuch

CNC, DNC, CAD, CAM, FFS, SPS, RPD, LAN, CNC-Maschinen, CNC-Roboter, Antriebe, Energieeffizienz, Werkzeuge, Industrie 4.0, Fertigungstechnik, Richtlinien, Normen, Simulation, Fachwortverzeichnis

31., überarbeitete Auflage

HANSER

Die Herausgeber:
Hans B. Kief, Michelstadt
Helmut A. Roschiwal, Augsburg
Karsten Schwarz, Schwabach

Bibliografische Information der Deutschen Nationalbibliothek:
Die Deutsche Nationalbibliothek verzeichnet diese Publikation in der Deutschen Nationalbibliografie; detaillierte bibliografische Daten sind im Internet über http://dnb.d-nb.de abrufbar.

Zu diesem Buch wird für Dozenten eine Power-Point-Präsentation im Internet angeboten, vorgesehen zur Unterstützung der Vorlesungen über CNC-Technik. Der Foliensatz besteht aus über 400 Folien mit erläuternden Notizen und ist abgestimmt auf die 31., überarbeitete Auflage des CNC-Handbuchs.
Um die Dateien herunterladen zu können, loggen Sie sich ein oder melden Sie sich an unter:
https://dozentenportal.hanser.de/

Lektorat: Dipl.-Ing. Volker Herzberg
Herstellung: Björn Gallinge
Coverkonzept: Marc Müller-Bremer, www.rebranding.de, München
Titelillustration: Mit freundlicher Unterstützung der SIEMENS AG
Coverrealisation: Max Kostopoulos
Satz: Kösel Media GmbH, Krugzell
Druck und Bindung: Kösel, Krugzell
Printed in Germany

Print-ISBN: 978-3-446-45877-2
E-Book-ISBN: 978-3-446-46524-4

Vorwort zur 31. Auflage

Die CNC-unterstützte Fertigung ist heute das Rückgrat der weltweiten Produktion. Mit Hilfe der internetbasierten Technologien wird die bereits hoch automatisierte Fertigung noch effektiver. Wer heute im Umfeld der zerspanenden oder additiven Fertigungstechnik tätig ist oder sein will, muss deshalb über ein solides technisches Grundwissen der CNC-Technik verfügen. Man muss verstehen, wie die einzelnen Komponenten einer CNC-Maschine funktionieren und wie sich diese auf das Gesamtsystem und die Qualität der gefertigten Werkstücke sowie auf die spätere Rentabilität der Produktion auswirken.

Die Digitalisierung verändert alle Lebensbereiche - auch die Fertigung. Der Begriff Industrie 4.0 steht dabei als Synonym für den Einsatz der Internettechnologien im Umfeld der industriellen Fertigung weltweit. Bereits die Planung CNC-gestützter Fertigungssysteme beginnt mit einer anspruchsvollen Kommunikation zwischen Maschinenhersteller und Anwender. Dabei steht oft nicht die Vollautomatisierung im Vordergrund, sondern die Suche nach der technisch passenden und rentabel produzierenden, wirtschaftlichen Lösung. Dafür sind gute Kenntnisse der Terminologie unverzichtbar. Zudem besteht der Anspruch, die mit dieser Technik gebotenen umfangreichen Möglichkeiten auch tatsächlich nutzen zu können. Der Prozess der Planung, Konstruktion und Inbetriebnahme wird durch digitale Tools unterstützt. Als Ergebnis der Projektierung entwickeln Maschinenhersteller digitale Zwillinge ihrer Maschinenreihen und können so flexibler auf Kundenanforderungen reagieren. Mit Hilfe des digitalen Zwillings kann der Anwender seine Fertigung fast vollständig vorbereiten, ohne die reale Maschine dafür mit unproduktiven Aufgaben belegen zu müssen.

Auch wenn durch die zunehmende Digitalisierung und den Einsatz von künstlicher Intelligenz Standardaufgaben in der Herstellung und Nutzung von CNC-Maschinen immer mehr verschwinden, so sind noch immer gut qualifizierte Menschen gefragt, die passende Lösungen entwickeln, planen, perfektionieren und dabei die spätere Rentabilität nicht aus dem Blick verlieren. Auf der Seite des Anwenders zählen dazu sowohl die Bediener und Programmierer als auch die für Betrieb, Wartung und Instandhaltung zuständigen Fachkräfte. Ihr solides Fachwissen und das Verständnis für das Zusammenwirken sind Voraussetzung, um den Betrieb solcher Fertigungssysteme stets funktionsfähig und rentabel zu gestalten.

Diesem anspruchsvollen Personenkreis haben wir unser Buch gewidmet.

Hans B. Kief *Helmut A. Roschiwal* *Karsten Schwarz*

Die drei Herausgeber sind Ingenieure und Fachautoren mit vielen Jahren bereichsübergreifender Erfahrungen auf den Gebieten Entwicklung von CNC-Maschinen und -Steuerungen, Planung von FMS, dem Einsatz der CNC/CAD/CAM-Technik, Vernetzung und Automatisierung, sowie Schulung und Fortbildung für Manager, Industriepersonal und Studenten.

Inhaltsübersicht

* aktualisiert, ** neuer Beitrag

Inhaltsverzeichnis

Tabellenübersicht

Inhalt **Seite**

Videoübersicht

Video	Thema	Link
1	Genauigkeit von Werkzeugmaschinen	bit.ly/3c4boVg
2	Direkte Positionserfassung mit Längenmessgeräten	bit.ly/2Ys6nCa
3	Genauigkeit an modernen Werkzeugmaschinen	bit.ly/2Syuknk
4	Längenmessgeräte für Werkzeugmaschinen	bit.ly/2WjYlZm
5	Neuer Signal-Processing-ASIC für offene Längenmessgeräte	bit.ly/2YDtvxL
6	Dynamic Efficiency - Die Heidenhain-Lösung für die effiziente Schwerzerspanung	bit.ly/35sOeW8
7	Dynamic Precision - Dynamisch und mit hoher Genauigkeit bearbeiten	bit.ly/35uWDZe
8	Load Adaptive Control	bit.ly/2KX8ENR
9	SINUMERIK Operate Display Manager	bit.ly/2RgPZzT
10	TNC 620 mit Touchscreen	bit.ly/2W0iPaq
11	Totally Integrated Automation Portal	bit.ly/3bP3sXw
12	Heidenhain-Motoren für Vorschubachsen in Werkzeugmaschinen	bit.ly/2zOMGdl
13	WEISS-Hybridspindel	bit.ly/3bTsFQx
14	Öl-und Luftschmierung an einer GMN-Spindel	bit.ly/2xSal6t
15	WEISS Spindel Sensor Modul	bit.ly/2V8xazU
16	Werkzeugschleifmaschine mit Werkstückwechsler	bit.ly/37WleGP
17	TNC - Fräsen und Drehen in einer Aufspannung	bit.ly/2ygThx1
18	Komplettbearbeitung mit B-Achse und Gegenspindel	bit.ly/3c1GFrX
19	Kundenspezifische Anpassung des B-Achs-Motors	bit.ly/2yyhbDK
20	Maschine für additive Fertigung	bit.ly/3e2OG1w
21	Spielfreies Planetengetriebe	bit.ly/3bYCbSO
22	TRS-Maschine	bit.ly/2UZ9Ape
23	Hocheffiziente GROB-Fertigungslinie zur Bearbeitung von Getriebe- und Kupplungsgehäusen	bit.ly/3e0xTMv
24	Roboter für die Kfz-Entwicklung	bit.ly/3bS3YnN
25	Werkstückautomatisierung mit Roboterlösung	bit.ly/2JHsL1V
26	Mensch-Roboter-Kollaboration	bit.ly/34d9cb0
27	Industrie 4.0-Roboter: Intelligente Automatisierung im KUKA-Werk	bit.ly/3bZDiBD
28	Vorteile der automatischen Werkstückeinrichtung	bit.ly/2RfbwZH
29	Vorteile der automatischen Werkzeugmessung	bit.ly/2UM1MbF
30	Renishaw Koordinatenmessgerät	bit.ly/2RdzowS
31	BLUM Messtaster TC64-DIGILOG und Rauheitsmessgerät TC64-RG_TC63-RG	bit.ly/2JKNbqy
32	BLUM Messung komplexer Werkzeuggeometrien mit LC50-Digilog	bit.ly/2wiWdrV
33	Tastsysteme für Werkzeugmaschinen	bit.ly/2W37hmZ
34	Siemens-Sinumerik live, Mehrseitenbearbeitung-Fräsen	bit.ly/2xXCpKT
35	OCM - Mit optimalen Schnittwerten fräsen	bit.ly/3c1OiyR
36	iMachining 3D Brillen-Form	bit.ly/2wi3Qih
37	Realitätsnahe Vorschau auf Bearbeitungsprozesse mit der 3D-Simulationsgrafik	bit.ly/2YzrthU
38	Connected Machining verbindet: Die Steuerung im Zentrum des digitalen Job-Managements	bit.ly/3fgmgS5
39	Siemens Digitaler Zwilling: Vollständige Simulation der CNC-Bearbeitung	bit.ly/2UMZdGi

Einführung in die CNC-Technik

1 Historische Entwicklung der NC-Fertigung

Ein Rückblick auf die Einführung und Entwicklung der NC-Technik soll zeigen, dass nicht nur technische Gesichtspunkte eine wichtige Rolle spielten. Richtige und falsche Management-Entscheidungen, der Beginn der Globalisierung und insbesondere die japanische Herausforderung waren wesentlich an der Gesamtveränderung des Marktes und der Fertigungslandschaften beteiligt.

1.1 Erste Nachkriegsjahre

1945 – 48: Alle Fertigungsstätten in Deutschland waren zerstört oder unbrauchbar, teilweise demontiert und als Reparationsleistungen ins Ausland transportiert. Die Produktion lag am Boden.

Die Industriestädte waren zerstört und größtenteils unbewohnbar, Millionen Tonnen Trümmerschutt blockierten die Straßen und Verkehrswege. Die Versorgung mit Strom, Gas und Wasser war notdürftig, eine industrielle Fertigung bis auf wenige unbedeutende Ausnahmen unmöglich.

1948 bis 1955: Nach der Währungsreform 1948 konnte der Wiederaufbau der Werkzeugmaschinen- und Fertigungsindustrie beginnen. Dies geschah vorwiegend auf Basis noch vorhandener Konzepte, da während des Krieges und kurz danach die Entwicklung neuer Maschinenkonzepte nicht möglich war.

Die meisten Maschinen waren für die manuelle Bedienung ausgelegt, aber es fehlten die erfahrenen Facharbeiter. Die wenigen noch verfügbaren Maschinen fertigten dringend benötigte Massenprodukte.

Der Bedarf war fast unbegrenzt. Die vorhandenen Maschinen arbeiteten in zwei und drei Schichten, um den Bedarf an den dringend benötigten Massenprodukten zu decken.

Neue Arbeitsplätze entstanden, aber es fehlten die Arbeitskräfte. Über zwei Millionen deutsche Männer waren gefallen, über sechs Millionen verwundet, krank oder noch in Gefangenschaft.

Die Lösung waren die Gastarbeiter. Sie kamen aus allen westeuropäischen Ländern. Arbeit gab es genügend.

Das Ziel hieß: Wiederaufbau der zerstörten Städte, Fabriken, Brücken, Häuser, Straßen, der Infrastruktur und Bereitstellung der dringend benötigten Transportkapazitäten.

Dazu benötigte man jede Art von Maschinen, insbesondere Baumaschinen, Kräne, Bagger und LKWs.

Im Vordergrund der industriellen Produktion stand die **Massenfertigung** auf manuellen Produktionsmaschinen, Transferstraßen und mechanischen Automaten. Die Lebensdauer der hergestellten Produkte lag bei mindestens 10 Jahren, schnelle Produktionswechsel waren nicht gefragt.

Das Ergebnis dieses riesigen Bedarfs, einer klugen Politik und tatkräftiger Bürger war das deutsche „**Wirtschaftswunder**“.

1.2 Wiederaufbau der Werkzeugmaschinenindustrie

Deutschland verfügte aufgrund der geschilderten Ausgangslage innerhalb weniger Jahre (**ca. 1960 – 70**) über den jüngsten Werkzeugmaschinenbestand aller Industrienationen: das Durchschnittsalter betrug 5 – 6 Jahre. Aber es waren zu wenige, die Statistik „hinkte". Einige neue Maschinen waren zudem technisch noch auf dem Vorkriegsstand!

Amerika hatte hingegen zu dieser Zeit (ca. 1960 – 75) durchschnittlich ca. 15 bis 17 Jahre alte Maschinen. Eine Verjüngung entstand durch den Einsatz von NC-Maschinen (Drehen, Fräsen, Bearbeitungszentren) in der Fahrzeug- und Luftfahrt-Industrie. Die in den USA entwickelte NC-Technik setzte sich in der dortigen Industrie viel schneller durch als in Europa. Viele Projekte wurden staatlich unterstützt, wie z. B. zur Herstellung militärischer Produkte.

Die amerikanischen Hersteller von NC-Maschinen verkauften sehr gut und weltweit, vernachlässigten jedoch die konsequente Weiterentwicklung der Maschinen. Dies führte zu ständig steigenden Importen preiswerter japanischer Maschinen.

Die rasch aufeinanderfolgenden Verbesserungen der Numerischen Steuerungen hatten einen gravierenden Einfluss auf alle Maschinen-Typen und verlangten nach neuen, angepassten Konstruktionen. Dies wurde nicht rechtzeitig realisiert und führte sehr schnell zum Konkurs mehrerer amerikanischer Hersteller.

Japan förderte mit **Beginn der 70er Jahre** mit großen Investitionen die Werkzeugmaschinen-Produktion. Es waren einfache, preiswerte, aber nach neuesten Gesichtspunkten konstruierte NC-Maschinen. Bald konnte man ab Lager und zu bis dahin unglaublich niedrigen Preisen liefern. Die Maschinen waren nach anderen Vorgaben konstruiert: Serienmäßige Standardmaschinen ohne größere Modifikationen, zuverlässig, mit Serien-NC ohne Möglichkeit der Steuerungswahl und preiswert.

Während die deutschen Hersteller traditionell den europäischen Raum belieferten, hatten sich die Japaner von Anfang an strategisch auf den Weltmarkt ausgerichtet, mit dem Schwerpunkt USA, später auch Europa. Kundenspezifische Modifikationen wurden konsequent abgelehnt.

Mitte der 80er Jahre hatte Japan hinsichtlich der Weltmarktanteile zu Deutschland aufgeschlossen!

Ein Zeichen der nachlassenden Wettbewerbsfähigkeit deutscher Hersteller war die stetig steigende Importquote in Deutschland: Von 1973 bis 81 stieg sie um 11,9 % auf 33,3 %, und bis 1991 sogar auf 41,2 %.

1.3 Die Werkzeugmaschinenindustrie in Ostdeutschland

Die sächsischen Industriegebiete im Dreieck Leipzig – Dresden – Chemnitz gelten als die Wiege des deutschen Werkzeugmaschinenbaus. Vor dem 2. Weltkrieg waren noch mehr als 20 000 Menschen in dieser Branche beschäftigt. Nach dem Krieg waren die Industrieanlagen auch hier mehrheitlich zerstört, aber der Neuanfang gestaltete sich deutlich schwieriger als in Westdeutschland.

In der Sowjetischen Besatzungszone wurden die meisten noch existierenden Industriebetriebe als Reparationsleistung der Sowjetunion übereignet. Namhafte Maschinenbaufirmen wie Pfauter, Pittler, Hille, Reinecker verlegten daher ihren Hauptsitz in den Westteil Deutschlands. Millionen von Menschen, darunter auch viele Fachkräfte aus dem Werkzeugmaschinenbau, verließen aus Angst vor den Repressalien des kommunistischen Regimes das Land über die damals noch offene Grenze.

Nach 1953 verzichtete die Sowjetunion auf weitere Reparationsleistungen und auch die Maschinenbaubetriebe wurden schrittweise wieder aufgebaut. Allerdings nicht als das Eigentum der ehemaligen Besitzer und Unternehmer, sondern in Form von Staatsbetrieben auch als VEB (Volkseigener Betrieb) oder VVB (Vereinigung Volkseigener Betriebe) bezeichnet. Es wurde die VVB WMW, also Vereinigung Volkseigener Betriebe Werkzeugmaschinen und Werkzeuge gegründet, unter deren Dach bis heute bekannte Maschinenbauer wie Heckert, Mikromat, Niles, Auerbach, Union, Modul usw. zusammengefasst wurden.

Da es in der DDR so gut wie keine Schwerindustrie gab, lag der Schwerpunkt bis etwa Anfang der sechziger Jahre auf dem Bau von Werkzeugmaschinen für sehr große und schwere Werkstücke zur Herstellung von Turbinen sowie Stahl- und Walzwerken. Nachdem dieser Bedarf gedeckt war, wurden im Zuge der Planwirtschaft auch Maschinen für die Klein-, Mittel- und Großserienfertigung in das Programm genommen. Drehautomaten, Konsolfräsmaschinen, Universalmaschinen, Rund- und Flachschleifmaschinen, Bohrwerke, Verzahnmaschinen und diverse Sondermaschinen gehörten zum Produktportfolio. Werkzeugmaschinen aus der DDR-Produktion genossen weltweit einen guten Ruf und etwa 70 % der Werkzeugmaschinen wurden exportiert. Allerdings ging mehr als die Hälfte davon in die Länder der ehemaligen Sowjetunion, was sich nach dem Fall der deutschen Mauer sehr negativ auf die Umsatzzahlen der ostdeutschen Maschinenbauer auswirkte. Mitte der sechziger Jahre wurde auch das Thema Automatisierung von Werkzeugmaschinen in den Fokus der DDR-Planwirtschaft gerückt und bereits 1964 zur Leipziger Frühjahrsmesse eine erste eigene NC-Steuerung, basierend auf Relaistechnik, an diversen Maschinen gezeigt. Die Fertigung von numerischen Steuerungen wurde im VEB Starkstromanlagenbau Karl-Marx-Stadt (Chemnitz), der aus den enteigneten Siemens- und AEG-Niederlassungen in Chemnitz entstanden war, begonnen. Der VEB Starkstromanlagenbau zentralisierte die Steuerungsproduktion 1972 in einem Neubau und wurde 1978 in VEB Numerik „Karl-Marx“ umbenannt.

Seit 1965 wurden diverse Steuerungsgenerationen entwickelt und gefertigt, de-

Bild 1.1: Die vom DDR-Steuerungshersteller VEB NUMERIK produzierte CNC-600 im Einsatz an einer Heckert-Maschine CW500, die auch als Modul für den Einsatz in flexiblen Fertigungssystemen (FMS) genutzt wurde.

ren Funktionsumfang anfangs vergleichbar zu den NC-Steuerungen der westlichen Welt war. Allerdings litt die Entwicklung der Steuerungstechnik unter dem Umstand, dass aufgrund der Embargopolitik der westlichen Staaten nur sehr begrenzt moderne Mikroprozessoren und Speicherchips eingekauft werden konnten. Der Versuch eigene Mikroprozessoren herzustellen, gelang nur zum Teil bzw. der Abstand zur westlichen Konkurrenz vergrößerte sich zunehmend. Die Wiedervereinigung brachte viele der ostdeutschen Werkzeugmaschinenfabriken an den Rand der Existenz. Neben dem fehlenden Absatzmarkt der ehemaligen Sowjetunion waren unklare Besitzverhältnisse, sowie teilweise veraltete Produktionsmittel und extrem hohe Fertigungstiefen die Ursachen für den Niedergang. Die meisten Maschinenfabriken Ostdeutschlands haben aber überlebt und gehören nach entsprechenden Restrukturierungsmaßnahmen und Eigentümerwechseln heute wieder zur Spitze der Werkzeugmaschinenindustrie weltweit.

1.4 Weltweite Veränderungen

In vielen **Industrienationen** wurde noch 10 bis 15 Jahre nach dem 2. Weltkrieg vorwiegend auf veralteten Maschinen produziert. Zuerst waren diese völlig ausreichend, aber mit zunehmendem Wettbewerb, dem Kostendruck und verändertem Käuferverhalten war eine Modernisierung des Maschinenparks in vielen Fertigungsbetrieben dringend erforderlich.

Zudem begann in den **70er Jahren** weltweit die Entwicklung zum **Käufermarkt**, d. h. schnellere Produktänderungen und kürzere Lebensdauer setzten sich bei fast allen Produkten durch.

Folge: Es kam zu einer Verlagerung von der Massenproduktion hin zu **kleineren Losgrößen**. Anstelle der starren Massenfertigung auf Automaten und Transferlinien kamen zunehmend flexiblere NC-Maschinen zum Einsatz. Aber auch die höhere Komplexität der Produkte infolge verstärkter Nutzung von CAD-Systemen erforderte den Einsatz moderner Werkzeugmaschinen mit durchgängiger Datennutzung zur schnelleren NC-Programmierung.

Neue, potenzielle NC-Maschinen-Anwender kamen hinzu, wie z. B.:

Rüstungsindustrie für Panzer, gepanzerte Fahrzeuge, Transporter etc.

Flugzeugindustrie mit den Lizenzfertigungen von Starfighter, Phantom, Helikopter und Waffen, später mit den Programmen Airbus, MRCA-Tornado, Alpha-Jet, Dornier DO 27.

Aber auch die Flugzeugindustrie in Frankreich (Dassault, Aerospatiale, Snecma), England (Hawker, British Aerospace) und in den USA (Boeing, McDonnell, Fairchild, Lockheed, Sikorsky u. a.) suchte neue Maschinenkonzepte. Gefragt waren schnell umrüstbare Maschinen mit hoher Präzision, neue Maschinengrößen (Flächenfräsmaschinen, Großbohrwerke) und Bearbeitungszentren.

Ein großes unerschlossenes Potenzial für die Anwendung von CNC-Maschinen waren alle kleinen und mittleren Zulieferbetriebe.

1.5 Weiterentwicklung der deutschen Werkzeugmaschinenindustrie

Die westdeutsche Luftfahrtindustrie und die Automobilindustrie brachten ab **1968** wesentliche Impulse für die einheimische Werkzeugmaschinen-Industrie:

- Großflächenfräsmaschinen und Bearbeitungszentren mit hohem Automatisierungsgrad,
- Drei- und Fünfachs-Fräsmaschinen mit Simultaninterpolation in allen Achsen,
- Gantry-Type-Fräsmaschinen für große Fräsbreiten mit bis zu acht parallelen Hauptspindeln,
- Elektronenstrahl-Schweißmaschinen, Flexible Fertigungszellen und ein sehr hoher Automatisierungsgrad beim Werk-

stück- und Werkzeughandling sowie bei der Bearbeitung,

- High Speed Cutting-Maschinen für den Formen- und Werkzeugbau,
- sowie neue Programmier- und Bearbeitungsstrategien (APT, CAD, CAD/CAM) brachten große Aufträge für viele europäische Hersteller.

Innerhalb weniger Jahre (1970 - 80) wurde Deutschland zum größten Werkzeugmaschinen-Exporteur.

Zunächst wurden den alten, „bewährten" Maschinenkonzepten viele mechanische Ausbaustufen einfach hinzugefügt, ohne das Grundkonzept zu modernisieren.

Folge: Zu viele Bauteile,
zu schwere Maschinen,
zu lange Bauzeit,
zu aufwändige Konzeptionen,
zu teuer.

Sowie: zu lange Inbetriebnahmezeiten,
zu häufige Ausfälle,
zu lange Ausfallzeiten.

Ergebnis: Diese Maschinen waren für die „normale" Industrie zu unwirtschaftlich! Erst die überarbeiteten, preiswerteren Konzepte brachten den dringend notwendigen Durchbruch im allgemeinen Maschinenbau.

1.6 Der japanische Einfluss

Im Gegensatz zu den europäischen und insbesondere deutschen Herstellern wurden japanische Maschinen in Großserienfertigung für einen anonymen Massenmarkt gefertigt. Damit konnten Werkzeugmaschinen preiswerter und schneller lieferbar angeboten werden. Sonderapplikationen waren allerdings nur begrenzt möglich. Die japanischen Maschinen und die dazugehörigen numerischen Steuerungen (Fanuc, Mitsubishi) erfreuten sich aufgrund der hohen Qualität steigender Akzeptanz. Der verbreitete Einsatz dieser Maschinen besonders im Mittelstand und der Zulieferindustrie, zwang auch europäische Maschinenhersteller japanische Steuerungsfabrikate an ihren Maschinen einzusetzen. Damit eröffneten sich neue Chancen für deutsche Maschinenbauer, ihre Maschinen auch international besser zu verkaufen. Die deutschen Steuerungshersteller (Siemens, Heidenhain, Bosch) gerieten dadurch unter Druck und mussten in der Folge auch ihre Produkte den internationalen Anforderungen anpassen.

Die Maschinen wurden in Großserien gebaut, hatten ungewohnt kurze Lieferzeiten und verfügten über sehr zuverlässige Numerische Steuerungen (Fanuc, Mitsubishi, Okuma, Mazatrol etc.). Zudem boten die japanischen Firmen einen großzügigen Service. Bald bauten auch immer mehr deutsche Maschinenhersteller japanische Steuerungen an ihre Maschinen an und nutzten den international vorhandenen Service, z.B. von Fanuc, um Maschinen weltweit zu verkaufen.

1.7 Die deutsche Krise

Nach der Boomphase von 1985 bis 90 kämpfte der deutsche Werkzeugmaschinenbau **ab 1992** gegen die schwerste Krise der Nachkriegszeit. Bis 1994 sackte die Produktion real um fast 50% ab, die Beschäftigten um 30%. Nun traten die strukturellen und finanziellen Schwierigkeiten der Maschinenhersteller besonders hervor.

Verursacht wurde dieser Einbruch durch das Zusammentreffen mehrerer Probleme.

Die deutsche Werkzeugmaschinen-Industrie kam wegen vergleichbarer Ursachen in dieselbe Krise wie in den 80er Jahren die amerikanische. Anstatt die Kräfte zu bündeln und sich gegen den japanischen Wettbewerb zu formieren, versuchte man mit Preisnachlässen den Wettbewerb fernzuhalten, was auf Dauer nicht gutgehen konnte. Zudem arbeiteten die deutschen Hersteller gegeneinander, anstatt sich miteinander und mit neuen Ideen gegen die schnell stärker werdende japanische Konkurrenz zu wehren. Gute Ansätze wären z.B. gewesen: einheitliche Werkzeugaufnahmen und -wechselsysteme, einheitliche Palettenwechsler und aufeinander abgestimmte Tischhöhen. Dies hätte z.B. die Einführung von Flexiblen Fertigungssystemen durch Kombination von Maschinen unterschiedlicher Hersteller wesentlich vereinfacht, verbilligt und damit gefördert. Es fehlte aber auch das Geld, um neue, preiswertere Maschinen zu entwickeln.

Das Wettbewerbsdenken verhinderte gemeinsame, aufeinander abgestimmte, sich ergänzende, strategische Lösungen, wie sie von mehreren Großanwendern gewünscht wurden.

Folge: Die unter 5% geschrumpften Deckungsbeiträge ließen keine größeren zukunftsorientierten Entwicklungen zu. Viele deutsche Maschinenhersteller hatten entweder kein strategisches Konzept oder kein Geld, es zu realisieren. Stattdessen versuchten fast alle, „nach oben“ in den Sonder- und Spezialmaschinenbereich auszuweichen. Doch diese Nischenpolitik konnte nicht funktionieren, die (Sonder-) Maschinen wurden zu teuer, weil die Grundauslastung mit Standardmaschinen fehlte. Zudem verlangten die potenziellen Käufer umfangreiche Detailplanungen von mehreren Herstellern, ohne die dafür entstandenen Kosten zu tragen.

Viele renommierte Hersteller steuerten in den Konkurs oder wurden in den Folgejahren von Wettbewerbern übernommen.

1.8 Ursachen und Auswirkungen

Deutsche Manager fragten ganz offen: Was machen die Japaner besser als die einst so erfolgsgewohnten deutschen Maschinenhersteller?

Waren es die niedrigeren Preise durch geringere Produktionskosten? Oder die besseren technischen Konzepte? Oder die kürzeren Lieferzeiten?

Nur zum Teil! Viel gravierender waren die besseren Geschäftsideen, die höheren Stückzahlen und die **Weltmarkt-Strategie!** Die deutschen Hersteller suchten **Käufer** für Sondermaschinen, die japanischen Hersteller suchten **Märkte** für Standardmaschinen.

Japanische Maschinen waren gut und kamen mit ca. 30% weniger mechanischen Teilen aus.

Den Käufern imponierten die Vorteile, die immer stärker zum Vorschein kamen.

Selbst Käufer, die bisher immer auf deutsche Fabrikate vertrauten, griffen immer mehr zu den asiatischen Produkten. Für den Preis einer deutschen „Super-Spezial-Sondermaschine“ mit langer Lieferzeit konnte man zwei bis drei japanische Standardmaschinen ab Lager kaufen. Das war überzeugend!

Erst gegen **Ende der 80er-/Anfang der 90er Jahre** hatten die überlebenden deutschen Maschinen-Hersteller begriffen, dass sie „andere“ Maschinen bauen mussten, um wieder gefragt und erfolgreich zu werden. Die Nischen für die deutschen Spezialmaschinen-Hersteller waren zu klein geworden.

Die Lösung lag für viele Hersteller in der Fusion – oft durch die Banken erzwungen. Heute sind wieder mehrere Hersteller wettbewerbsfähig geworden und werben damit, dass sie die Anzahl der Bauteile ihrer modernisierten Maschinen um 30 – 35% reduziert haben. Diese Firmen hatten endlich begriffen, dass man sowohl mit veralteten Konzepten, als auch mit „technischem Overkill“ und der Nischenpolitik auf dem falschen Weg war. Aber auch die Käufer akzeptierten inzwischen, dass deutsche Maschinen mit vergleichbaren Spezifikationen wie japanische Maschinen angeboten wurden, ohne die vielen kundenspezifischen Sonderspezialfunktionen.

Eine nicht zu unterschätzende Rolle entfiel auf die neuen, leistungsfähigen und dialogorientierten **NC-Programmiersysteme**, die sowohl als Programmierplatz als auch direkt an den Maschinen zur Verfügung standen.

Zur Genesung des Werkzeugmaschinenbaus haben auch die **neuen Technologie-Verfahren** und völlig neue Maschinen beigetragen, wie High Speed Cutting, Hochleistungs-Laser zum Schweißen und Trennen, Generative Fertigungsverfahren (z. B. Rapid Prototyping Systeme) sowie Maschinen zur Hartbearbeitung von Metallen und Keramiken. Allerdings werden Universal-Maschinen zur Komplettbearbeitung in einer Aufspannung zunehmend interessanter.

Der Einsatz neuer, hochdynamischer Antriebe machte die Maschinen zudem immer schneller.

1.9 Flexible Fertigungssysteme

Amerikanische Großfirmen wie Caterpillar, Cummings Diesel, General Electric und mehrere Maschinenhersteller (Cincinnatti Milacron, Kearney & Trecker, Sundstrand u. v. m.) konzipierten und installierten **seit den 70er Jahren** die ersten Flexiblen Fertigungssysteme. Diese bestehen aus mehreren **sich ersetzenden** (identischen) oder **sich ergänzenden** (unterschiedlichen) NC-Maschinen sowie einem gemeinsamen Werkstücktransport- und Steuerungssystem. Auf derartigen Anlagen lassen sich auftragsbezogen Einzelstücke, aber auch kleinere und mittlere Losgrößen wirtschaftlich fertigen. In besonderen Fällen werden FFS auch für die Großserienfertigung eingesetzt.

In Japan wurden zu dieser Zeit erste FFS-Installationen erfolgreich getestet und international propagiert. Die Besucher kamen aus der ganzen Welt und bestaunten die mannlose Fertigung in dunklen Hallen.

In Deutschland wurden FFS zuerst sehr zurückhaltend nachgefragt. Ausschlaggebend für das zögernde Kaufverhalten war das umfangreiche Engineering, d. h. die kundenspezifische Planung und Auslegung solcher Systeme vor Ort beim Kunden, sowie die normalerweise von den Käufern geforderten und sehr aufwändigen Zeit-, Stückkosten- und Investitionsberechnungen. Dies alles führte zu hohen Kosten und Preisen. Erst als die Fantasien von „menschenleeren Fabriken“ mehr zu „personalreduzierten Fertigungen“ auf bezahlbaren Fertigungskonzepten tendierten, zeigten auch deutsche Anwender zunehmendes Interesse an solchen Systemen.

1974 installierte die Fa. Getriebe Bauer, Esslingen, eines der ersten FFS in Deutschland. Es bestand aus neun identischen Bearbeitungszentren (Fabrikat BURR) mit Bosch/Bendix-Steuerungen, einem Paletten-Umlaufsystem für den automatischen Werkstücktransport und Paletten-Übergabestationen an jeder Maschine. Ausschlaggebend war, dass zu diesem Zeitpunkt die ersten NCs mit Programmspeicher anstelle der Lochstreifenleser verfügbar waren. Fa. Bauer hat diese Anlage in den folgenden Jahren auf 12 Maschinen erweitert und 1988 auf leistungsfähigere CNCs umgerüstet. In mehr als 20 Jahren zwei- und dreischichtigem Betrieb hat es die technischen und wirtschaftlichen Erwartungen des Anwenders mehr als erfüllt! Man konnte endlich auftragsbezogen fertigen, Lager abbauen und trotzdem kurzfristig liefern.

Nach den ersten positiven Meldungen folgten bald weitere FFS in vielen Fertigungsbetrieben.

In **Japan, Amerika und Europa** werden ständig nach dem neuesten Stand der Technik konzipierte FFS installiert. Die positiven Erfahrungen mit diesen Systemen und deren Wirtschaftlichkeit hat zu besseren, FFS-geeigneten Maschinen geführt, die sich problemlos kombinieren und betreiben lassen. Auch die Integration von Robotern zur Werkzeug- und Werkstück-Handhabung hat zu besseren Systemkonzepten geführt. Zur frühzeitigen Erkennung von Planungsfehlern wurden leistungsfähige Simulations- und Produktionsplanungs-Systeme (PPS) entwickelt.

Anfang der neunziger Jahre machte sich bezüglich des Einsatzes von FFS eine gewisse Ernüchterung breit. Zwar sind die Systeme hochproduktiv, aber eben nur bis zu einem gewissen Grad flexibel und in der Anschaffung teuer. Weiterhin verlangt der Betrieb eines FFS hochqualifiziertes und damit teures Personal, sowohl für den Betrieb, als auch für die Wartung der Anlage. Heute sind preiswerte, meistens in Asien produzierte Standardmaschinen eine Alternative, um flexibel auf die schnell wechselnden Anforderungen der Produktion reagieren zu können.

Auch aufgrund der immer leistungsstärkeren und zuverlässigeren Steuerungs- und Computertechnik werden weiterhin FFS zunehmend dort eingesetzt, wo es aus produktionstechnischer Sicht Sinn macht. In Relation zum schnell wachsenden Markt der Standardmaschinen hat der Einsatz von FFS an Bedeutung verloren.

Auch in der DDR wurde der Einsatz von FFS als Möglichkeit für die Produktivitätssteigerung gesehen. So baute z. B. der Werkzeugmaschinenbauer VEB „Fritz Heckert", heute Starrag-Heckert, als erster Hersteller im Ostblock ein FFS für die eigene Produktion von kleinen Konsolfräsmaschinen für den Werkstattbereich, das FMS-System „Prisma". Insgesamt arbeiteten 9 Zerspanungsmaschinen (Fräsen, Bohren, Schleifen) im Verbund mit diversen Transportsystemen, Spannstationen, Wasch- und Kühlstationen. Die gesamte Anlage wurde über einen Zentralrechner gesteuert und ging 1971 in Betrieb. Monatlich wurden um die 500 Bauteile für die eigenen Konsolfräsmaschinen hergestellt und das System lief etwa achtzehn Jahre. Bis zum Ende der DDR wurden noch weitere FFS im Landmaschinen- und Nutzfahrzeugbau sowie im Maschinenbau des Ostblocks installiert.

1.10 Weltwirtschaftskrise 2009

Der Auftragseinbruch im deutschen Werkzeugmaschinenbau begann sich bereits Ende 2008 abzuzeichnen und endete erst Mitte 2010. Die Ursachen dafür begannen schon sehr viel früher. Aus einer Reihe unscheinbarer Einzelereignisse und Fehlentwicklungen entstand die größte Finanz- und Wirtschaftskrise seit zwei Generationen. Inzwischen ist jedem geläufig, dass faule Kredite das Weltfinanzsystem an den Rand des Abgrunds gebracht hatten.

Auslöser waren Hypothekenbanken der USA, die unterstellt hatten, dass Häuserpreise immer weiter steigen würden und deshalb ihren Kunden aberwitzige Kreditverträge vermittelten, die sie nach Abschluss an Wall-Street-Banken weiterverkauften. Hinzu kamen das wachsende Handelsdefizit der USA, die sinkende Sparquote und exzessive Schuldenquoten bei der Finanzierung von Firmenübernahmen. Anfang 2009 stand den meisten Menschen das Schlimmste in Gestalt von Arbeitslosigkeit aber noch bevor. Die Banken saßen auf Schulden von ca. 1 Billion Dollar, die sie noch nicht abgeschrieben hatten. Aufgrund der engen Verknüpfung der einzelnen Volkswirtschaften erfasste diese Krise synchron fast den ganzen Globus und löste eine beispiellose politische Gegenreaktion aus. Die maßgeblichen Regierungen der Welt pumpten Billionen Dollar und Euro in die Wirtschaft. Die Überschuldungsquote aufgrund der Rettung von Banken stieg auch in Deutschland enorm.

In dieser überaus kritischen Situation gelang der deutschen Politik ein Coup, um den Deutschland viele Staaten beneidet haben: Die Ausweitung der Kurzarbeiterregelung auf 24 Monate. Massenentlassungen wurden dadurch vermieden und als

2010 der Markt für Werkzeugmaschinen zunächst zögerlich und dann mit einem wachsenden Tempo sich zu erholen begann, konnten die Hersteller mit ihren Ingenieuren und Facharbeitern in kurzer Zeit wieder mit Volldampf arbeiten.

Um die Jahreswende 2011/2012 „brummte" die deutsche Wirtschaft wieder und auch die Werkzeugmaschinenindustrie hatte blendende Auftragszahlen. Allerdings brachten diese zwei Jahre Verwerfungen mit sich, die alles vorherige in den Schatten stellten: Erst eine global synchronisierte Liquiditätskrise in „nie dagewesener Brutalität" und dann ebenso überraschend für Deutschland die ganz schnelle Erholung der Auftragseingänge auf Vorkrisenniveau.

Zeitweilig sprach man sogar von einem zweiten deutschen Wirtschaftswunder. Auch die Zuwachszahlen in einigen asiatischen Ländern, insbesondere China, haben wieder Werte wie vor der Krise erreicht.

1.11 Situation und Ausblick

Die CNC-Werkzeugmaschine ist heute ein Massenprodukt und wird selbstverständlich sowohl in der Großserienfertigung als auch in mittelständischen Werkstattbetrieben eingesetzt. Im Zuge der Globalisierung haben sich die Märkte sowohl in der Herstellung als auch im Einsatz von Werkzeugmaschinen deutlich nach Asien verschoben. Zwar gehört Deutschland immer noch zu den führenden Nationen im Ranking der Branche, jedoch sind inzwischen China, Taiwan, Korea, Indien und natürlich Japan ebenfalls auf den Spitzenplätzen zu finden.

Dies führt auf der einen Seite zu einer massenhaften Fertigung von einfachen Standardmaschinen, die mit geringen Automatisierungsgrad meist im Stand-alone-Einsatz betrieben werden, auf der anderen Seite erfordern die europäischen Hochlohnländer eine hochautomatisierte Fertigungstechnik, die möglichst wenig Personal benötigt. Die CNC-Hersteller haben diese Trends erkannt und bieten heute für fast jede Anwendung eine in Preis und Leistung passende Steuerung an. Neben den etablierten Steuerungsherstellern wie Siemens, Fanuc, Mitsubishi, Heidenhain, Fagor usw. drängen auch chinesische Steuerungen wie GSK mit großen Stückzahlen auf den Markt. Bisher treten diese Lieferanten weitestgehend nur im chinesischen Binnenmarkt auf, allerdings ist davon auszugehen, dass auch hier eine Ausbreitung in internationale Märkte das Ziel ist.

Die Fertigungstechnik und -automatisierung wird weltweit mit immer neuen Ideen und Konzepten weiterentwickelt. Ein wichtiger Punkt ist die CNC-Maschine mit integriertem Roboter, die in vielfältigen Ausführungen und für alle Anwendungen ausgelegt bzw. kombinierbar ist. Hochdynamische Linearantriebe, Positionsmesssysteme mit höchster Auflösung und Genauigkeit sowie grundlegend neue Maschinenkonzepte machten die CNC-Maschinen zum dominierenden Fertigungssystem, nicht nur in der Zerspanung.

Heute besteht weltweit eine große Nachfrage nach Robotern. Alle Industrienationen haben eigene Roboterkonzepte aufgebaut und bieten spezielle Roboter für Fertigung, Handhabung und Montage an.

Durch den vermehrten Einsatz von Robotern wird der Grad an Automatisierung immer größer. Jedoch gilt weiterhin die These: Automatisieren JA, aber nicht zu jedem Preis! Um die Rentabilität sicherzustellen, müssen bei der Planung mehrere Gesichtspunkte berücksichtigt werden. Ein wichtiger Aspekt ist die Digitalisierung der Fabrik, welcher erst durch den Einsatz von Robotern möglich ist. Die „Digitale Fertigung" wird in den kommenden Jahren eine immer größere Rolle spielen.

Flexible Fertigungssysteme sind weiterhin gefragt, die rapid steigende Leistungsfähigkeit der CNC-Steuerungen und Rechnersysteme erlaubt eine höhere Funktionalität bei steigendender Flexibilität. Daneben ist heute die Vernetzung von Werkzeugmaschinen sowohl in der Großserienfertigung als auch im Werkstatt- und Zulieferbereich selbstverständlich. Auftraggeber und Produzenten sind heute über Computernetzwerke miteinander verbunden und oftmals muss bis zur eigentlichen CNC-Zerspanung der Nachweis über die Qualität und Fertigungsmethode erbracht und dokumentiert werden (z. B. Fertigung von Komponenten für Flugzeugbau und Medizintechnik).

Diese Umsetzung der sogenannten durchgängigen Prozesskette, zugeschnitten für die jeweiligen Produktionsprinzipien, ist die Herausforderung der nahen Zukunft.

Daneben wachsen auch die Anforderungen an die Werkzeugmaschine und damit an die CNCs an sich. Zählten z. B. 5-Achs-Fräsmaschinen bis Ende des zwanzigsten Jahrhunderts als eine teure High-end-Anwendung, so sind diese heute fast schon Standard. Um immer effizienter produzieren zu können, gerät die Komplettbearbeitung immer mehr in den Fokus. Möglichst viele Arbeitsschritte auf einer Maschine ohne Umspannen ausführen zu können ist nicht nur eine Frage der Zeit und Produktivität, sondern auch der Qualität.

Neben der Möglichkeit mit 5-achsigen Fräsmaschinen die Werkstücke durch Schwenken des Tisches und/oder Fräskopfes von mehreren Seiten bearbeiten zu können, wird die sogenannte „Multitasking"-Technologie immer wichtiger. Im Werkzeugmaschinenbau versteht man darunter die Kombination verschiedener Zerspanungstechnologien, also z. B. das Dreh-Fräsen, das Fräs-Drehen oder auch das Kombinieren von Schleifen, Lasern, Fräsen, Drehen usw. Diese Kombinationen der Zerspanungstechnologien in einer Multitasking- oder auch Hybrid-Werkzeugmaschine steigern zwar die Produktivität und Qualität der Fertigung, allerdings sind hier die Hersteller der CNCs und der diversen Arbeitsvorbereitungssysteme gefordert, diese Prozesse auch beherrschbar zu machen. Hochautomatisierte Produktionssysteme erfordern auch eine ständige Überwachung des Produktionsprozesses. Zuverlässig arbeitende Systeme zur Werkzeugbruchkontrolle, Messtaster für das Messen der Werkstückqualität mit automatischen Messprotokollen und Korrekturmöglichkeiten, sowie eine absolut fehlerfreie Datenübertragung ermöglichen den unbemannten Betrieb der Produktionsanlagen. Dies wird als großes Rationalisierungspotenzial erkannt und genutzt.

Abschließend sei auch noch auf die inzwischen etablierten **generativen Fertigungsverfahren** verwiesen. Je nach Aufgabenstellung stehen unterschiedliche Methoden und Verfahren zur Auswahl, um aus CAD-Modellen mit Hilfe spezieller numerisch gesteuerter Maschinen körperliche (Test-)Werkstücke herzustellen. Insbesondere der Werkzeug- und Formenbau nutzt diese Möglichkeiten bereits sehr stark. Die meisten Maschinen für **Rapid Prototyping Manufacturing** nutzen Laserstrahlen als universelles Werkzeug mit völlig neuen Fertigungsverfahren. Auf diesem Teilgebiet sind viele deutsche und europäische Hersteller aktiv und sehr erfolgreich.

1.12 Fazit

Die NC-Technik hat innerhalb von ca. 50 Jahren nicht nur die Maschinen, sondern auch die Betriebe und die Menschen im weiten Umfeld verändert. Hersteller und Anwender haben gelernt, nicht „am grünen Tisch" die hundertprozentige Automation der Fertigung anzustreben, sondern alle am Prozess beteiligten Abteilungen in die Fertigungs- und Automatisierungsüberlegungen mit einzubeziehen, damit technisch und wirtschaftlich tragfähige Lösungen entstehen. Maschinen- und Steuerungshersteller haben gemeinsam technisch perfekte Fertigungskonzepte zu marktgerechten Preisen entwickelt und den japanischen Anfangserfolg in Grenzen gehalten.

In der heutigen Fertigung sind leistungsfähige Komponenten wie Rechner, neue Maschinenkonzepte, automatische Transport- und Handlingsysteme sowie zuverlässige Steuerungen und intelligente Überwachungssysteme unverzichtbar - und man ist bestimmt noch nicht am Ende angekommen!

Um die Vorteile dieser Technik wirtschaftlich zu nutzen, ist gut ausgebildetes und geschultes Personal vom Management bis in die Werkstätten dringend erforderlich, sodass diese komplexen Systeme qualifiziert geplant, eingesetzt, bedient und gewartet werden können.

Hier hat insbesondere Deutschland mit seinem dualen Ausbildungssystem im internationalen Umfeld einen sehr großen und weltweit anerkannten Vorteil. Gut ausgebildete Facharbeiter bilden die Basis für den wirtschaftlichen Erfolg Deutschlands und das gilt besonders für die Werkzeugmaschinenbranche.

Trotz aller Automatisierung sind die CNC-Hersteller weiterhin gefordert, auch komplexe Werkzeugmaschinen problemfrei und zuverlässig zu steuern und einfache Bedienbarkeit trotz hoher Funktionalität nicht aus dem Auge zu verlieren.

Seit 2008 sind die Themen Ökologie und Energieeffizienz verstärkt in den Fokus der Öffentlichkeit gerückt. Deren Realisierung wird auch am Maschinenbau und der Fertigungstechnik nicht spurlos vorübergehen. Werkzeugmaschinen- und Steuerungshersteller überlegen bereits, wie Hilfsantriebe, Arbeitsabläufe und NC-Teileprogramme energieeffizient optimiert werden können.

Auf der Hannover Messe Industrie wurde 2011 erstmals der Begriff Industrie 4.0 propagiert. Damit wird die vierte industrielle Revolution bezeichnet, die eine immer höhere Individualisierung aber bezahlbare Produktion von Massengütern als Ziel hat. Für die Werkzeugmaschinenbranche muss der Weg noch konsequenter in die Umsetzung der durchgängigen Prozesskette bei Nutzung der Internetmechanismen und CAD/CAM-Verfahren von der Idee eines Produktes bis hin zur Fertigung gegangen werden. Der Erfolg wird davon abhängen, wie es gelingt, interdisziplinär alle Partner, die an einem Produktionsprozess beteiligt sind (Maschinenbauer, Hersteller von Werkzeugen, Spannmitteln, Messmitteln, CAD/CAM usw.), auf dieses Ziel hin abzustimmen.

2 Meilensteine der NC-Entwicklung

Die Idee zur Steuerung eines Gerätes durch gespeicherte Befehle, wie heute bei NC-Maschinen eingesetzt, lässt sich bis ins 14. Jahrhundert zurückverfolgen. Es begann mit Glockenspielen, die man durch Stachelwalzen ansteuerte.

1808 Joseph M. Jacquard benutzte gelochte Blechkarten zur automatischen Steuerung von Webmaschinen.
Der austauschbare Datenträger zur Steuerung von Maschinen war erfunden.

1863 M. Fourneaux patentierte das automatische Klavier, unter den Namen Pianola weltbekannt, bei dem ein ca. 30 cm breites Papierband durch entsprechende Lochungen die Pressluft zur Betätigung der Tastenmechanik steuerte. Diese Methode wurde weiterentwickelt, sodass später auch der Klang, die Anschlagstärke und die Ablaufgeschwindigkeit der Papierrolle gesteuert werden konnte.
Das Papier als Datenträger und die Steuerung von Hilfsfunktionen waren erfunden.

1938 Claude E. Shannon kam während seiner Doktorarbeit am M.I.T. zu dem Ergebnis, dass die schnelle Berechnung und Übertragung von Daten nur in binärer Form unter Anwendung der Boole'schen Algebra erfolgen könne und elektronische Schalter dafür die einzig realistischen Komponenten wären. Die Grundlagen zu den heutigen Rechnern inkl. der numerischen Steuerungen waren erarbeitet.

1946 Dr. John W. Mauchly und Dr. J. Presper Eckert lieferten den ersten elektronischen Digitalrechner „ENIAC" an die amerikanische Armee ab.
Die Basis der elektronischen Datenverarbeitung war geschaffen.

1949 bis 1952 John Parsons und das M.I.T. (Massachusetts Institute of Technology) entwickelten im Auftrag der U.S. Air Force „ein System für Werkzeugmaschinen, um die Position von Spindeln durch den Ausgang einer Rechenmaschine direkt zu steuern und als Beweis für die Funktion ein Werkstück zu fertigen".
Parsons lieferte die 4 wesentlichen Ansätze zu dieser Idee:
1. Die errechneten Positionen einer Bahn in Lochkarten zu speichern.
2. Die Lochkarten an der Maschine automatisch zu lesen.
3. Die gelesenen Positionen fortlaufend auszugeben und zusätzliche Zwischenwerte intern zu errechnen, sodass
4. Servomotoren die Achsbewegungen steuern können.
Mit diesen Maschinen sollten die immer komplizierter werdenden Integralteile für die Flugzeugindustrie hergestellt werden. Diese Werkstücke waren z.T. mit wenigen mathematischen Daten exakt zu beschreiben, jedoch sehr schwierig manuell zu fertigen. Die Verbindung

Computer und NC war von Anfang der Entwicklung an vorgegeben.

1952 Im M.I.T. lief die erste numerisch gesteuerte Werkzeugmaschine, eine Cincinnati Hydrotel mit vertikaler Spindel. Die Steuerung war mit Elektronenröhren aufgebaut, ermöglichte eine simultane Bewegung in 3 Achsen (3D-Linearinterpolation) und erhielt ihre Daten über binär codierte Lochstreifen.

1954 Bendix hatte die Parsons-Patentrechte gekauft und baute die erste industriell gefertigte NC, ebenfalls unter Verwendung von Elektronenröhren.

1957 Die U.S. Air Force installierte die ersten NC-Fräsmaschinen in ihren Werkstätten.

1958 Die erste symbolische Programmiersprache – APT – wurde in Verbindung mit dem IBM 704-Rechner vorgestellt.

1960 NCs in Transistortechnik ersetzen Relais- und Röhren-Steuerungen.

1965 Automatische Werkzeugwechsel erhöhen den Automatisierungsgrad.

1968 Die IC-Technik (integrated circuits) macht die Steuerungen kleiner und zuverlässiger.

1969 Erste DNC-Installationen in den USA durch Sundstrand „Omnicontrol" und IBM-Rechner.

1970 Automatischer Palettenwechsel.

1970 Bedford Associates, USA, gründet eine neue Firma zur Entwicklung, Herstellung, Verkauf und Service des neuen Produkts **Modicon** (Modular Digital Controller), der ersten speicherprogrammierbaren Steuerung **(SPS, PLC)** als Nachfolger und Ersatz von festverdrahteten Relais-Steuerungen.

1972 Die ersten NCs mit einem eingebauten, serienmäßigen Minicomputer eröffnen die neue Generation leistungsfähiger Computerized NCs (CNC), die sehr schnell durch Microprocessor-CNCs abgelöst wurden.

1976 Microprozessoren revolutionieren die CNC-Technik.

1978 Flexible Fertigungssysteme werden realisiert.

1979 Erste CAD/CAM-Kopplungen entstehen.

1980 In die CNC integrierte Programmierhilfen entfachen einen „Glaubenskrieg" für und wider Handeingabesteuerungen.

1984 Leistungsfähige CNCs mit grafisch unterstützter Programmierhilfe setzen neue Maßstäbe bezüglich „Programmieren in der Werkstatt".

1986/1987 Standardisierte Schnittstellen eröffnen den Weg zur automatischen Fabrik aufgrund eines durchgängigen Informationsaustausches: CIM.

1990 Digitale Schnittstellen zwischen NC und Antrieben verbessern Genauigkeit und Regelverhalten der NC-Achsen und der Hauptspindel.

1992 „Offene" CNC-Systeme ermöglichen kundenspezifische Modifikationen, Bedienungen und Funktionen.

1993 Erster standardmäßiger Einsatz linearer Antriebe bei Bearbeitungszentren.

1994 Schließen der CAD/CAM/CNC-Prozesskette durch Verwendung von NURBS als Interpolationsverfahren in CNCs.

1996 Digitale Antriebsregelung und Feininterpolation mit Auflösungen im Submikronbereich (< 0,001 μm) und Vorschüben bis 100 m/min.

1998 Hexapoden und Multifunktionsmaschinen erreichen Industriereife.

2000 CNCs und SPS mit Internet-Schnittstellen erlauben den weltweiten Datenaustausch und intelligente Fehlerdiagnose/-behebung.

2002 Erste hochintegrierte, universell konfigurierbare IPC-CNCs inkl. Datenspeicher, SPS, digitalen SERCOS-Antriebsschnittstellen und PROFIBUS-Schnittstellen auf einer PC-Steckkarte.

2003 Elektronische Kompensationen mechanischer, thermischer und messtechnischer Fehlerquellen.

2004 Die externe dynamische Prozess-Simulation der NC-Programme am PC zwecks Fehlererkennung und Programmoptimierung wird zunehmend wichtiger. Dazu werden Maschine, Spannvorrichtung und Werkstück virtuell und realitätsnah grafisch-dynamisch dargestellt.

2005 CNCs mit Nano- und Pico-Interpolation verbessern die Werkstück-Oberflächen und die Genauigkeit.

2007 Teleservice: Unterstützung des Personals per Telefon oder Datenleitung bei der Inbetriebnahme, zur Fehlerdiagnose, Wartung und Reparatur von Maschinen und Anlagen.

2008 Um die gestiegenen Ansprüche bezüglich Sicherheit für Mensch, Maschine und Werkzeug zu erfüllen, werden spezielle Sicherheitssysteme entwickelt. Anforderungen wie „Sichere Bewegung", „Sichere Peripherie-Signalverarbeitung" und „Sichere Kommunikation" werden von der CNC und den Antriebsystemen realisiert. Zusätzliche, aufwändige Softwareentwicklungen und Verdrahtungen sind nicht erforderlich.

2009 Der hohe Kostendruck besonders im europäischen Raum rückt das Thema Produktivitätssteigerung immer mehr in den Fokus. Komplettbearbeitung des gesamten Werkstücks in einer Aufspannung ist die angestrebte Lösung. Beim Fräsen werden 5-Achs-Maschinen mit der Möglichkeit einer mehrseitigen Bearbeitung vermehrt eingesetzt. Beim Drehen setzt man verstärkt auf Maschinen, die mit mehr als einem Schlitten bearbeiten können bzw. neben den angetriebenen Werkzeugen noch zusätzliche Fräsköpfe in den Arbeitsraum integrieren.
Die Bezeichnung „Green Production" für umweltfreundliche und energieeffiziente Werkzeugmaschinen hat sich etabliert.

2010 Die Einführung von Mehrkernprozessoren in CNCs bringt einen weiteren Leistungsschub. Funktionen, die bisher vorberechnet werden mussten, können nun in die Steuerung integriert werden (z.B. bei der Spline-Interpolation).

2011 Die CNC erfasst den Energieverbrauch der gesamten Maschine. Durch eine Zeitanalyse der einzelnen Verbraucher und deren bedarfsgerechte Steuerung lässt sich die Enegieeffizienz der Maschine verbessern.

2012 Multitasking- oder Hybrid-Maschinen entstehen, die Kombination verschiedener Technologien wie Drehen/Fräsen/Schleifen/Lasern usw. auf einer Werkzeugmaschine, die sog. „Multitasking"-Bearbeitung setzt sich immer mehr durch und zwingt die CNC-Hersteller zu neuen Entwicklungen. Aufgrund der Komplexität der Werkstücke wird das CAD/CAM-System zum wichtigen Erfolgsfaktor dieser Maschinentypen.

2013 Neben den technischen Funktionen wird bei CNC-Maschinen zunehmend die Energieeffizienz zum wichtigen Kriterium, sowohl bei der Kaufentscheidung als auch beim täglichen Einsatz.

2014 Die Vision „Industrie 4.0“ hat mehrere Jahre die Produktionstechnik beschäftigt. Auf der Hannover Messe 2014 wurden konkrete Lösungen gezeigt, um an jedem Punkt der Wertschöpfungskette einen Informationsaustausch zu ermöglichen. Dabei werden durch multidirektionale Kommunikation der Betriebsmittel neue Systemhierarchien des industriellen Produktionsprozesses ermöglicht, welche die Basis einer industriellen Revolution sein könnten.

2014 Touchfähige Bedientafeln halten Einzug in die CNC-Technik und bieten somit intuitive und leicht erlernbare Bedienkonzepte für die CNC an.

2015 Der 3D-Druck, der sich bereits bei der Herstellung von komplexen Kunststoffteilen etabliert hat, wird zunehmend im industriellen Bereich der Metallbearbeitung eingesetzt

2016 Industrie 4.0 geht in das sechste Jahr. Vorarbeiten sind geleistet, der theoretische Rahmen gesetzt. Die Technik für die Vernetzung aller Produktionsbereiche ist vorhanden. Aber die eigentliche Herausforderung kommt erst: Die Gewährleistung einer absoluten Sicherheit in vernetzten Fertigungsbetrieben.
Die Digitalisierung beeinflusst auch die Werkzeugmaschinenindustrie. Cloudbasierte Systeme zur Maschinenüberwachung, realitätsnahe Simulationssysteme und Augmented Reality für die Nutzung im Instandhaltungsbereich werden erstmalig eingesetzt.

2018 Zunehmend werden additive Verfahren in klassische Werkzeugmaschinen integriert. Damit lassen sich Werkstücke in einer Aufspannung sowohl zerspanend als auch auftragend bearbeiten. Roboter übernehmen neben Handlingsaufgaben auch Bearbeitungsschritte innerhalb und außerhalb der Maschine. Die CNC ist in der Lage, Roboter und Werkzeugmaschine zeitgleich und unabhängig voneinander zu steuern.

2019 Die Digitalisierung unterstützt sowohl den Prozess der Konstruktion, Engineering und Inbetriebnahme einer Maschine, als auch die Prozesse beim Anwender von CNC-Maschinen. Als Ergebnis des Entwicklungsprozesses beim Maschinenhersteller entsteht neben der realen Maschine der sog. „Digitale Zwilling“. Dieser unterstützt einerseits den Maschinenhersteller, Varianten einer Baureihe schneller und genauer zu entwickeln, andererseits kann der Anwender der realen Maschine seine Arbeitsvorbereitung mit dem „Digitalen Zwilling“ effizienter gestalten.

2020 Aus vielfachen Forschungsaktivitäten finden erste Anwendungen von Künstlicher Intelligenz (KI) Methoden Eingang in die Praxis im Bereich der Werkzeugmaschinen.
Beispiele sind Lösungen die vorbeugende Wartung unterstützen oder Verfahren, die durch Kompensation von Umgebungseinflüssen – etwa Temperatur oder Reibung – die Genauigkeit der Bearbeitung steigern sollen.
Neben lokalen Machine Learning Algorithmen werden verstärkt cloudbasierte Algorithmen entwickelt.

3 Was ist NC und CNC?

Der Begriff NC wurde aus der amerikanischen Fachsprache übernommen und steht als Abkürzung für „Numerical Control", auf deutsch „Numerische Steuerung", d.h. Steuerung durch Eingabe von Zahlen. CNCs („Computerized Numerical Control") sind Numerische Steuerungen auf Computerbasis zur Steuerung und Regelung von Werkzeugmaschinen. Hier werden die wesentlichen Grundbegriffe erklärt.

3.1 Der Weg zu NC

Bei Produktionsmaschinen ist die vorwiegende Aufgabe einer Steuerung, gleichbleibende Bewegungsabläufe schnell und präzise zu wiederholen, sodass Massenprodukte mit einheitlicher Qualität ohne menschliche Eingriffe entstehen. Je nach den verwendeten **Steuerungskomponenten** spricht man von **mechanischen, elektrischen, elektronischen, pneumatischen oder hydraulischen Steuerungen.**

Zur Bearbeitung eines Werkstückes braucht eine Werkzeugmaschine „Informationen".

Vor Einführung der NC-Technik wurden die „Weginformationen" entweder manuell durch den Maschinenbediener oder durch mechanische Hilfsmittel wie Schablonen oder Kurvenscheiben vorgegeben. Ablaufänderungen oder Umstellungen auf ein anderes Produkt waren deshalb mit längeren Stillstandszeiten zur **Umrüstung der Maschinen und Steuerungen** verbunden. Dazu wurden justierbare Nocken und Nockenleisten verwendet, um Bewegungen an genau definierten Positionen über Endschalter abzuschalten. Das exakte Justieren dieser Begrenzungsnocken war sehr zeitaufwändig. Hinzu kamen noch die Zeiten für den manuellen Wechsel der Werkzeuge, für die Vorgabe der Spindeldrehzahlen und Vorschübe, für die Werkstückspannung, für das genaue Einrichten der Maschine und für den Programmaustausch. Insgesamt hatten diese Programm-Steuerungen einen sehr begrenzten Steuerungsumfang, bedingt auch durch die geringe Anzahl der möglichen Schaltschritte.

Eine flexible, d.h. häufige Umstellung und die Bearbeitung komplexer Formen war mit diesen Maschinen nicht wirtschaftlich möglich.

Ein neues **Steuerungskonzept** wurde gesucht, das folgende Forderungen erfüllt:

- Einen möglichst unbegrenzten Steuerungsumfang bezüglich Programmlänge und Bewegungen,
- Keine manuellen Hilfen durch Eingriffe in den Bearbeitungsablauf,
- Gespeicherte, schnell austauschbare und korrigierbare Ablaufprogramme,
- Keine Nocken und Endschalter für unterschiedlich lange Verstellwege,
- Exakt definierbare und simultane, dreidimensionale Bewegungen mehrerer Achsen zur Bearbeitung komplexer Formen und Oberflächen,
- Ein schneller Wechsel der Werkzeuge inkl. Vorschubgeschwindigkeiten und Drehzahlen,
- Bei Bedarf ein automatischer Wechsel der zu bearbeitenden Werkstücke.

Es sollten **Steuerungen** sein, die schnell und fehlerfrei auf wechselnde Bearbeitungsaufgaben umstellbar sind. Zur Steuerung der Relativbewegung zwischen Werkzeug und Werkstück sollte man die Maßangaben aus der Werkstückzeichnung nutzen können. Hoch auflösende Positionsmesssysteme mit elektronisch auswertbaren Messdaten sollten die präzise Relativbewegung zwischen Maschine und Werkzeug gewährleisten.

Solche Steuerungen funktionieren demnach durch Eingabe von Zahlen, also numerisch. Damit war die Grundidee der **Numerischen Steuerungen** definiert.

Mit weiteren Zahlen sollte man die Vorschubgeschwindigkeit, die Spindeldrehzahl und die Werkzeugnummer programmieren können. Zusätzliche **Schaltbefehle** (M-Funktionen) sollten den automatischen Werkzeugwechsel aktivieren und das Kühlmittel Ein-/Ausschalten

Alle Zahlenwerte entsprechend der Bearbeitungsfolge Schritt für Schritt aneinandergereiht, ergeben das **NC-Programm** zur Steuerung der Maschine.

Von der NC zur CNC

Die ersten Numerischen Steuerungen waren mit Relais aufgebaut und „verbindungsprogrammiert" oder auch „fest verdrahtet". Kurz nacheinander folgten erste elektronische Funktionsbausteine, wie Elektronenröhren, Transistoren und Integrierte Schaltkreise. Aber erst mit dem Einsatz der Mikroelektronik und der Mikroprozessoren wurden die Steuerungen preiswerter, zuverlässiger und leistungsfähiger.

CNCs müssen zur Bearbeitung der Werkstücke, außer den Weg- und Schaltinformationen, ständig weitere Zahlenwerte verarbeiten, beispielsweise zur Kompensation unterschiedlicher Fräserdurchmesser und Werkzeuglängen oder von Aufspanntoleranzen. Aufgrund ihrer hohen Verarbeitungsgeschwindigkeit sind sie in der Lage, sämtliche Verwaltungs-, Anzeige- und Steuerungsfunktionen zeitgerecht auszuführen. Unabhängig davon kann während der Bearbeitung auch noch an der Maschine mit grafisch-dynamischer Unterstützung das nächste Teileprogramm eingegeben werden.

3.2 Hardware *(Bild 3.1 und 3.2)*

Die Elektronik heutiger CNCs ist unter Verwendung von **Mikroprozessoren, integrierten Schaltkreisen** (ICs) und evtl. speziellen Bausteinen für die Servo-Regelkreise aufgebaut. Hinzu kommen elektronische **Datenspeicher** für mehrere Programme, Unterprogramme und für viele Korrekturwerte:

- in **ROMs** und **EPROMs** sind vorwiegend die unveränderlichen Teile des CNC-Betriebssystems gespeichert, sowie feste, oft benutzte Bearbeitungszyklen und Routinen,
- in **FEPROMs** speichert man Daten, die man erst bei der Inbetriebnahme ermitteln kann und die unverlierbar und gelegentlich modifizierbar sein müssen, wie z. B. Maschinenparameter, Sonderzyklen oder Unterprogramme,
- in **RAM-Speichern** mit ausbaufähigen Kapazitäten sind vorwiegend Teileprogramme und Korrekturwerte gespeichert.

Die grafischen Anzeigen und dynamischen Simulationen erfordern ebenfalls viel Rechen- und Speicherkapazität. In den meisten Steuerungen kommen deshalb zusätzliche, spezielle **Customer-Designed VLSIs** zum Einsatz. Dies sind hoch integrierte Bausteine der Mikroelektronik, die speziell nach Kundenforderungen ausgelegt und in großen Mengen hergestellt werden. Dadurch erreicht man wiederum ein geringes Bauvolumen, hohe Zuverlässigkeit und Schnelligkeit der Steuerung, sowie später einen minimalen Wartungsaufwand.

① = DRAM-Baustein

② = PCI-Bus Controller

③ = EPLD-Baustein - Erasable Programmable Logic Device

④ = Gigabit receiver/transmitter - Einsatz bei der Ansteuerung von LCD-Displays

⑤ = DRAM Bank, max. 1 GB

Bild 3.1: Beispiele hoch integrierter Bausteine der Mikroelektronik.

Alle Baugruppen der elektronischen Ausrüstung befinden sich auf einer oder mehreren gedruckten Leiterplatten, die in einem Baugruppenträger stecken und durch eine interne Busverbindung untereinander verbunden sind *(Bild 3.2)*. Zur Vermeidung von Fehlreaktionen der CNC ist die Elektronik in ein elektrostatisch und elektromagnetisch **abschirmendes Blechgehäuse** eingebaut. Dieses sollte auch öl- und staubdicht sein, weil Ablagerungen feinster Metallpartikel auf den Leiterplatten die Betriebssicherheit der Anlage gefährden.

Deshalb kann auch keine Umluft zur **Kühlung** des Schrankinneren verwendet werden, auch nicht mit **Filtern,** die sich zusetzen und damit den Ausfall der Kühlung zur Folge haben. Wenn die Wärmeabfuhr über die Schrankoberfläche nicht ausreicht, ist ein aktives **Kühlaggregat** die einzig akzeptable Lösung. Damit erweitert sich der Bereich zulässiger Umgebungstemperaturen auf +10 bis +45 Grad Celsius. Die Luftfeuchtigkeit sollte 95 % nicht überschreiten. Oft muss der Anwender auch schon bei niedrigeren Werten auf Kondenswasserbildung achten, was ebenfalls zu Störungen und Beschädigungen führt.

Bild 3.2: Steckbare Elektronik-Baugruppe für einen Industrie-PC (IPC). Auf einer Karte sind Antriebs-, CNC- und SPS-Funktionen zusammengefasst. An der Frontseite befinden sich TCP/IP-, Profibus DP- und Sercos-Schnittstellen.

3.3 Software

CNCs benötigen ein **Betriebssystem,** das auch als **Steuerungs- oder Systemsoftware** bezeichnet wird. Es besteht prinzipiell aus zwei Teilen:

- der Standard-Software und
- der maschinenspezifischen Software.

Die **Standard-Software**, beispielsweise für die Dateneingabe, Anzeigen, Schnittstellen oder zur Tabellenverwaltung, kann zum Teil von handelsüblichen Rechnern übernommen werden. Die **maschinenspezifische Software** muss speziell für den zu steuernden Maschinentyp ausgelegt sein, da z.T. gravierende Unterschiede in der Kinematik und dem Betriebsverhalten der

Maschinen bestehen. Ein Vorteil von CNCs ist, dass Modifikationen oder Anpassungen ohne Eingriffe in die CNC-Hardware realisierbar sind. Die maschinenspezifischen Ausprägungen (z.B. Drehmaschine, Fräsmaschine usw.) werden entweder über Parameter oder Maschinendaten in der Inbetriebnahmephase definiert oder auch direkt vom CNC-Hersteller vorkonfiguriert als Dreh-, Fräs- oder Schleifsteuerung ausgeliefert.

Das Betriebssystem bestimmt insgesamt die Funktionalität und den Leistungsumfang der Maschine. Die im Hintergrund ständig mitlaufende Überwachungs- und Fehlerdiagnose, die Erfassung der Maschinendaten und die Datenschnittstellen werden ebenfalls von der Software verwaltet. Ebenso das CNC-integrierte Programmiersystem mit grafischer Simulation des Bearbeitungsvorganges und die Verarbeitung der Korrekturwerte. Maschinenspezifische Varianten können per Software berücksichtigt werden, wie bspw. die Anzahl der Achsen, Parameterwerte für die Servoantriebe, unterschiedliche Werkzeugmagazine und -wechsler, Software-Endschalter oder der Anschluss von Werkzeugüberwachungseinrichtungen. Diese **Maschinen-Parameterwerte** werden einmalig bei der Inbetriebnahme eingegeben und fest gespeichert und dürfen nur von autorisiertem Personal verändert werden.

Die CNC-Hersteller erstellen die Steuerungs- und Systemsoftware über eine integrierte Programmiersprache. Der NC-Kern der Steuerung steuert die Interpolation, Bewegungsführung und die CNC-Befehle und kann nur in enger Kooperation mit dem Steuerungshersteller verändert werden. Der Maschinenhersteller kann die spezifische Ausprägung seiner Maschinen über Parameter und Maschinendaten konfigurieren. Zusätzlich können vom Maschinenhersteller eigene Bildschirmbilder z.B. für maschinenspezifische Aggregate oder Routinen (wie Späneförderer, Palettenwechsler, Freifahrroutinen für Notsituationen usw.) erstellt werden. Eigene Bearbeitungsmakros oder Zyklen können sowohl vom Maschinenhersteller als auch vom Anwender selbst erstellt werden und damit individuelle Zerspanungstechnologien oder Sonderwerkzeuge unterstützt werden.

3.4 Steuerungsarten

Von der anfänglichen Entwicklung her unterscheidet man zwischen vier unterschiedlich leistungsfähigen Steuerungsarten:

1. Punktsteuerungen *(Bild 3.3)* arbeiten nur im Positionierbetrieb. Alle programmierten Achsen starten immer gleichzeitig mit Eilganggeschwindigkeit, bis jede Achse ihre Zielposition erreicht hat. Während der Positionierung ist kein Werkzeug im Eingriff. Die Bearbeitung beginnt erst, wenn alle NC-Achsen ihre programmierte Position erreicht haben.

Beispiele: Bohrmaschinen, Stanzmaschinen, Zustellbewegungen bei Ablängmaschinen.

2. Streckensteuerungen können in den einzelnen Achsen nacheinander im programmierbaren Vorschub verfahren, wobei das Werkzeug im Eingriff sein kann. Die Fahrbewegung ist immer achsparallel und die Vorschubgeschwindigkeiten müssen programmierbar sein. Aufgrund der dadurch gegebenen starken technischen Einschränkungen und des geringen Preisunterschiedes zu Bahnsteuerungen sind Streckensteuerungen nur in Ausnahmefällen interessant.

Beispiele: Vorschubsteuerung für Bohrmaschinen, Werkstückhandhabung.

3. Bahnsteuerungen können zwei oder mehr NC-Achsen „interpolierend" d.h. in exaktem Verhältnis zueinander verfahren. Die Koordination übernimmt der **Interpolator,** der satzweise die zwischen Start-

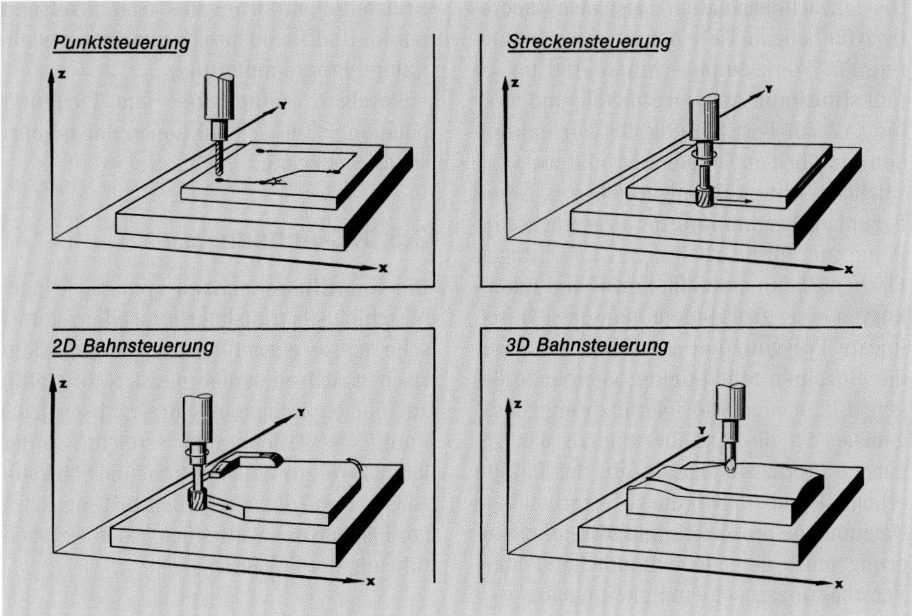

Bild 3.3: Entwicklung der NC-Technik von der Punkt- zur 3D-Bahnsteuerung.

und Endpunkt liegenden Bahnpunkte berechnet. Am programmierten Endpunkt stoppen die NC-Achsen jedoch nicht, sondern fahren ohne Unterbrechung den anschließenden Bahnabschnitt weiter bis zu dessen Endpunkt. Die Vorschubgeschwindigkeiten der Achsen werden fortlaufend so geregelt, dass die vorgegebene Schnittgeschwindigkeit eingehalten wird.

Dies bezeichnet man als **Dreidimensionale Bahnsteuerung,** oder kurz **3D-Steuerung.** Mit ihr können Werkzeugbewegungen in der Ebene und im Raum ausgeführt werden.

Beispiele: Fräsmaschinen, Drehmaschinen, Erodiermaschinen, Bearbeitungszentren, eigentlich alle Maschinentypen.

Linear- oder Geradeninterpolation
(Bild 3.4 und 3.5)
Dabei bewegt sich das Werkzeug geradlinig, d. h. linear vom Start- zum Zielpunkt.

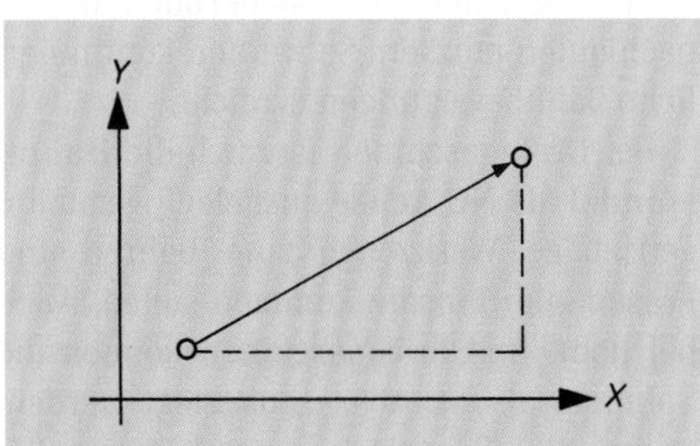

Bild 3.4: Linear- oder Geradeninterpolation.

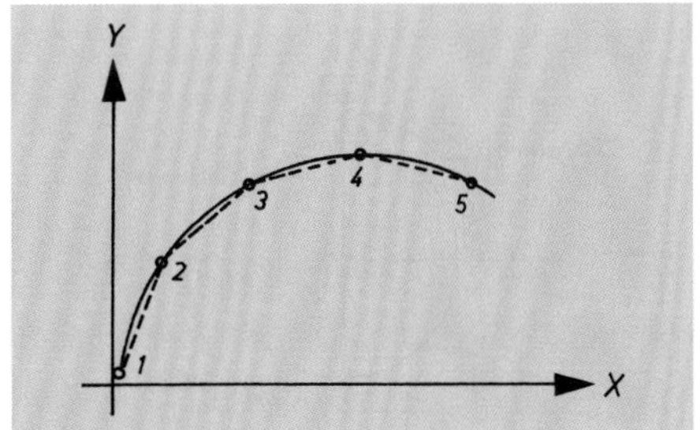

Bild 3.5: Annäherung einer Kurve durch einen Polygonzug.

Die Linearinterpolation lässt sich theoretisch für beliebig viele Achsen programmieren. Für Werkzeugmaschinen sind bis zu fünf **simultane Achsen** sinnvoll, und zwar für XYZ zur Bestimmung des anzufahrenden räumlichen Zielpunktes und zwei zusätzliche Schwenkbewegungen, z. B. A und B, zur Lagebestimmung der Fräserachse im Raum oder für Bearbeitungen auf schrägen Flächen. Damit sind alle Profil- und Raumkurven erzeugbar, indem man diese durch lineare **Polygonzüge** annähert. Je dichter die einzelnen Stützpunkte beieinanderliegen, d. h. je enger die Toleranzbreite, desto genauer ist die Annäherung an das gegebene Profil. Mit der Anzahl der Punkte erhöht sich aber auch die zu verarbeitende Datenmenge pro Zeiteinheit, d. h. die Steuerung muss eine dementsprechend hohe Verarbeitungsgeschwindigkeit haben.

4. Zirkular- oder Kreisinterpolation
(Bild 3.6)
Theoretisch lassen sich alle Bahnen durch die Geradeninterpolation als Polygonzüge annähern. Die Kreis- und Parabelinterpolation reduzieren die Menge der Eingabedaten, erleichtern damit die Programmierung für diese Bahnen und erhöhen deren Genauigkeit.

Die **Kreisinterpolation** ist auf die Hauptebenen XY, XZ und YZ begrenzt.

Je nach Steuerung wird die Kreisinterpolation unterschiedlich programmiert: in Viertelkreisen, als Vollkreis, mit Hilfe der Kreismittelpunktsangabe oder Kreisendpunkt- und Radiusprogrammierung (siehe Kapitel Programmierung).

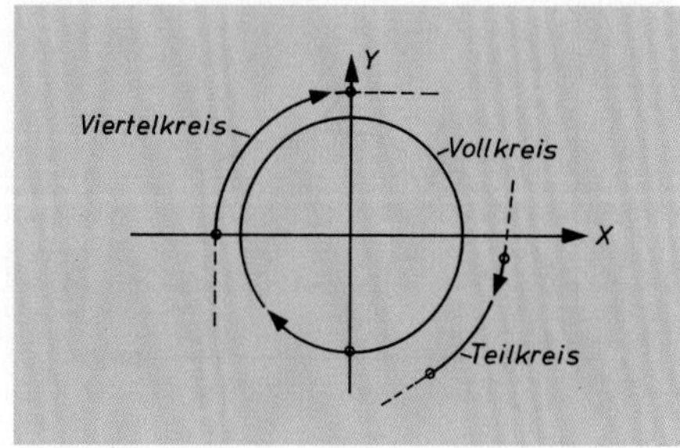

Bild 3.6: Zirkular- oder Kreisinterpolation.

Parabel-, Spline- und Nano/Pico-Interpolation → Teil 2: Funktionen der numerischen Steuerung.

3.5 NC-Achsen *(Bild 3.7)*

Die **Koordinatenachsen** können, je nach Maschine, als translatorische oder rotatorische Achsen ausgeführt sein. Die translatorischen Achsen stehen meist rechtwinklig zueinander, sodass mit drei Achsen jeder Punkt im Arbeitsraum erreicht werden kann. Zwei zusätzliche Dreh- und Schwenkachsen ermöglichen die Bearbeitung schräger Flächen des Werkstücks oder die Nachführung der Fräserachse.

Um NC-Achsen numerisch steuern zu können, benötigt jede NC-Achse

- **ein elektronisch auswertbares Wegmesssystem und**
- **einen regelbaren Servoantrieb.**

Aufgabe der CNC ist es, die vom NC-Programm über die CNC vorgegebenen **Positions-Sollwerte** mit den vom Wegmesssystem zurückgemeldeten **Positions-Istwerten** zu vergleichen und bei Abweichung ein Stellsignal an die Achsantriebe auszugeben, welches diese Abweichung ausgleicht *(Bild 3.7)*. Man bezeichnet dies als **geschlossene Regelkreise**. Bahnsteuerungen geben fortlaufend neue Positionswerte aus, denen die zu steuernden Achsen nachlaufen müssen. So werden kontinuierliche Bahnbewegungen erreicht.

Bei Drehmaschinen ist auch die **Hauptspindel als NC-Achse** ausgelegt, wenn angetriebene Werkzeuge zum Bohren und Fräsen zum Einsatz kommen sollen. Auch bei Bohr- und Fräsmaschinen können die Spindeln als NC-Achse ausgelegt werden, wenn die Funktionen „Spindelorientierung“ und „Schraubenlinien-Interpolation“ programmierbar sein sollen.

Bearbeitungszentren sind meistens mit **numerisch gesteuerten Drehtischen** ausgerüstet.

Zunehmend werden auch die einzelnen **Positionen im Werkzeugmagazin** wie NC-Achsen angefahren. Der Einsatz von Positionsmesssystemen erspart andere, aufwändige Codiereinrichtungen zur Erkennung der Magazinplatz-Nummern oder der Werkzeuge. Der gesamte Vorgang zum Suchen und Wechseln der Werkzeuge wird wesentlich schneller.

Die **Achsbezeichnung der Maschine** erfolgt nach den Regeln des Kartesischen Koordinatensystems:

- Translatorische Achsen mit den Adressbuchstaben **X, Y, Z,**
- parallele Achsen dazu mit **U, V, W**
- Dreh- oder schwenkbare Achsen **A, B und C.**

→ Kapitel „Numerisch gesteuerte Werkzeugmaschinen“.

3.6 SPS, PLC *(Bild 3.7)*

„Speicher-Programmierbare Steuerungen“ *(Programmable Logic Controller)* sind sozusagen der „elektronische Nachfolger“ der früher für den gleichen Zweck eingesetzten Relaissteuerungen, jedoch mit den zusätzlichen Vorteilen einer reduzierten Baugröße und Störanfälligkeit, sowie schnelleren Reaktionszeiten.

Die SPS hat im Wesentlichen die Aufgabe, alle Verknüpfungs- und Verriegelungsaufgaben zu steuern und zu überwachen. Einige Funktionen, die immer in gleichbleibender Reihenfolge ablaufen, wie z.B. Werkzeugwechsel und Werkstückwechsel, werden von der CNC durch einen Schaltbefehl nur „angestoßen“. Der weitere Ablauf erfolgt automatisch, schrittweise gesteuert und überwacht durch die SPS. Ist dieser Zyklus fehlerfrei beendet, dann gibt die SPS ein Signal an die CNC, die den Ablauf des NC-Programmes fortsetzt.

Alle Steuerungsaufgaben sind als Software in der SPS abgespeichert. Dies bietet insbesondere bei Änderungen, Modifikationen, Erweiterungen und bei der elektrischen Ausrüstung von Serienmaschinen bedeutende Vorteile.

Die SPS-Hardware kann komplett in die CNC integriert sein, d.h. die beschriebenen Logik-Funktionen werden vom CNC-Prozessor übernommen und die Steuersignale an das Anpassteil ausgegeben.

Bei komplexeren Maschinen bevorzugt der Hersteller meistens eine separate SPS. Dies hat den Vorteil, dass der Maschinenhersteller das SPS-Programm unabhängig von der CNC erstellen und testen kann. Viele Funktionen der Maschinen lassen sich somit bereits vor Anlieferung der CNC in Betrieb nehmen.

(siehe Teil 2, SPS – Speicherprogrammierbare Steuerungen)

Die SPS wird auch dazu eingesetzt, den Bearbeitungsprozess selbst zu überwachen.

Notsignale wie z.B. bei Werkzeugbruch oder Spindeldrehzahlüberwachung können direkt aus der CNC erkannt werden und im Rahmen der PLC-Zykluszeit erforderliche Reaktionen auslösen. Da diese Reaktionszeit bei hochdynamischen Maschinen und Prozessen u.U. nicht ausreicht, um Schäden am Werkstück oder der Maschine zu verhindern, verfügen die meisten CNCs über eine begrenzte Anzahl an schnellen Ein- und Ausgängen, die direkt mit der CNC kommunizieren. Beispiele für die Nutzung dieser schnellen Ein- und Ausgänge sind die Verarbeitung von Signalen von Nockenschaltern und Messtastern.

3.7 Anpassteil *(Bild 3.7)*

Der Sprachgebrauch unterscheidet zwischen ***Anpassteil*** und ***Anpasssteuerung.***

Unter **Anpassteil** versteht man den Schaltschrank, der alle Sicherungen, Motorschutzschalter, Trafos, Schaltschütze für Hilfsantriebe, Verstärker für Hochleistungsantriebe und Anschlussklemmen enthält.

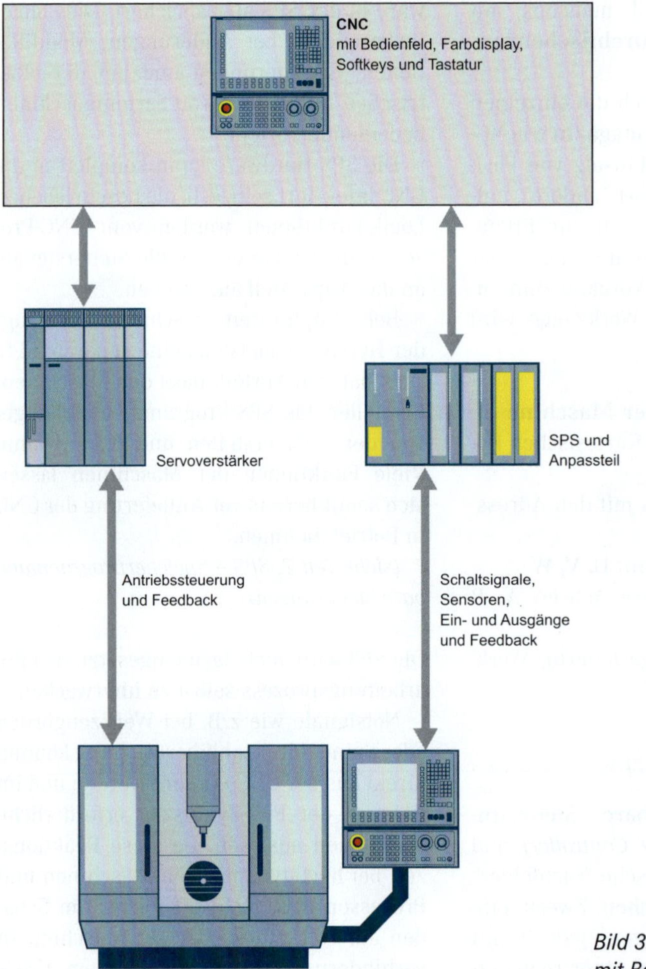

Bild 3.7: Prinzip einer CNC mit Bedientafel, Tastatur, SPS, Servoverstärker.

Über das Anpassteil werden die Hilfsantriebe geschaltet, die z.B. die Mechanik von Werkzeug- und Werkstückwechsel bewegen, oder die Kühlmittelversorgung und die Späneabfuhr einschalten.

Bei CNC-Maschinen mit *separater* SPS ist diese ebenfalls im Anpassteil eingebaut.

Aufgabe der **Anpasssteuerung** ist es, Steuerungssignale zu entschlüsseln, zu interpretieren, logische Verknüpfungen durchzuführen und maschinenspezifische Funktionsabläufe zu steuern. In heutigen CNCs ist dies die Hauptaufgabe der SPS. Die erforderliche Hardware ist meistens auf der CNC-Platine mit integriert.

3.8 Computer und NC

Die Entwicklung und Nutzung von Computern und CNCs erfolgte von Anfang an fast zeitgleich. Die Einsatzbereiche wurden sehr schnell größer.

Computer in der CNC

Heute sind Mikrocomputer das zentrale Bauteil jeder CNC. Da die Hardware von Industrie-Computern (IPCs) ein standardisiertes Massenprodukt ist, verlagern sich die Entwicklungsaufgaben des Computeranwenders in die Software.

Durch die Computertechnik konnte man immer mehr CNC-Funktionen in immer kleineren Volumen unterbringen. Die integrierte Systemüberwachung und Fehlerdiagnose der Steuerungen ließ sich auf Softwarebasis so verbessern, dass Fehlfunktionen eliminiert werden konnten.

Der wichtigste Effekt war aber die Steigerung des Leistungsumfangs bei gleichzeitiger Kosten- und Preisreduzierung.

Die Miniaturisierung der Steuerung führte auch zu äußerlich sichtbaren Vorteilen: Aus früheren voluminösen Schaltschränken wurden kleinere, teilweise an den Maschinen angebaute Bedientafeln.

Computer für die NC-Programmierung

Computer wurden bereits sehr früh zur Programmierung von NC-Maschinen eingesetzt. So ließ sich der Programmieraufwand und die erforderliche Zeit bei geometrisch komplizierten Werkstücken und dreidimensionalen Oberflächen wesentlich reduzieren. Schwierige und deshalb zeitaufwändige geometrische Berechnungen von Schnittpunkten, Übergängen, Konturzügen, Phasen, Rundungen und Formen übernehmen integrierte Konturrechner. Der NC-Programmierer muss heute nur die dafür notwendigen Daten aus der Zeichnung eingeben oder direkt vom CAD-System übernehmen. Nebenrechnungen können entfallen.

Da die erforderlichen Rechner immer kleiner, leistungsfähiger, schneller und preiswerter wurden, konnte man maschinenspezifische NC-Programmiersysteme auch direkt in die CNC integrieren. So entstanden CNCs mit dialoggeführter, grafisch unterstützter Programmierung an der Maschine. Diese Handeingabe-Steuerungen für die **Werkstattorientierte Programmierung (WOP)** bieten perfekte Programmierhilfen und grafische Anzeigen. Als beste Programmierhilfen gelten heute die Farbgrafik und die Dialogführung. CNCs verfügen heute über integrierte Simulationssoftware mit der die Werkstückbearbeitung vor der eigentlichen Zerspanung inklusive der verwendeten Werkzeuge und Spannmittel auf dem Display simuliert werden können. Dabei kann zwischen 3D-Darstellung oder 2D-Ansicht gewechselt werden. Um die korrekte Ausführung von Hinterschnitten oder Innenbearbeitungen zu überprüfen, können Schnittdarstellungen des Werkstücks anzeigt werden. Durch die Visualisierung der Werkstückbearbeitung lassen sich Kollisionen im Arbeitsraum weitestgehend vermeiden. Weiterhin wird auch die Bearbeitungszeit bereits in der Simulation angezeigt, d. h. es lässt sich so der Fertigungsauftrag einfach kalkulieren.

Computer für die Automatisierung

(Bild 3.8)

Die Computertechnik hatte auch einen gravierenden **Einfluss auf die Konstruktion von CNC-Maschinen.** CNC-gesteuerte Be- und Entladestationen für Werkstücke erhöhen den **Automatisierungsgrad und die Flexibilität** der Maschinen. Austauschbare Werkzeugkassetten ermöglichen die externe Vorbereitung und den schnellen Austausch kompletter Werkzeugsätze. Integrierte Roboter machen den Werkzeugwechsel schneller und flexibler. Durch die konsequente Nutzung der neuen Steuerungs- und Antriebstechnik ließen sich die Anzahl der Bauteile und die Preise der Maschinen um 25% bis 30% reduzieren, bei gleichzeitig verbesserter Leistung.

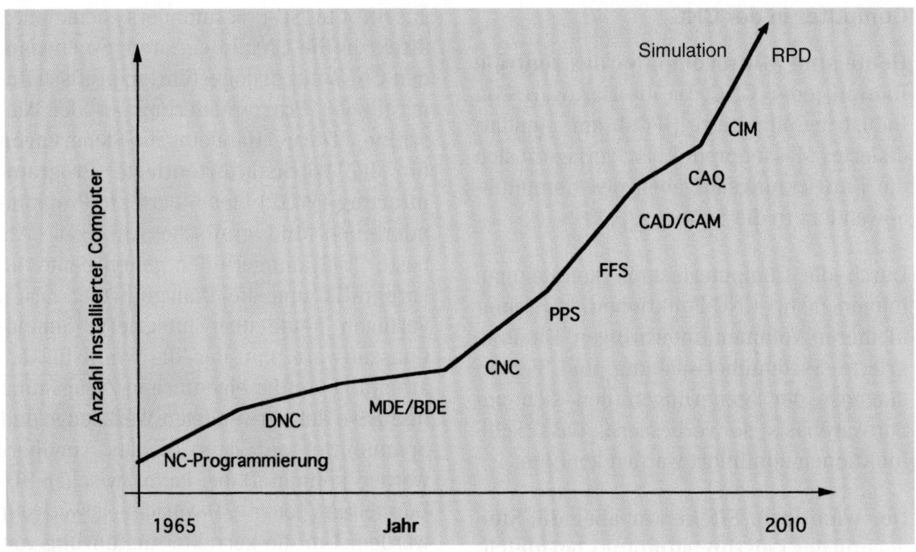

Bild 3.8: Durch die NC-Fertigung und die Automatisierung der Datenverarbeitung kamen immer mehr Computersysteme mit unterschiedlichen Aufgaben in den Fertigungsbereich. Tendenz weiterhin zunehmend.

Immer mehr spezifische Einzelaufgaben in der Fertigung werden vernetzten Rechnersystemen übertragen mit dem Ziel, kostenoptimal zu produzieren. Diese **Computerintegrierten Fertigungssysteme** sind bereits in sehr vielfältigen Ausführungen und wirtschaftlich im Einsatz.

Die Zusammenfassung mehrerer CNC-Maschinen in **Flexiblen Fertigungssystemen (FFS)** ließ sich erst zufriedenstellend realisieren, als man die gesamte Fertigungssteuerung für ein solches System einem oder mehreren Rechnern übertragen konnte. Dazu gehört nicht nur ein **DNC-System** für die automatische Übertragung der gespeicherten NC-Programme in die CNCs, es müssen auch Werkstücke und Werkzeuge mit allen Daten zum richtigen Zeitpunkt an der richtigen Maschine zur Verfügung stehen. Zusätzlich ist der Transport aller beweglichen Teile durch das Fertigungssystem zu steuern, zu überwachen und der gesamte Ablauf zu dokumentieren. Bei kleineren Störungen im System sollte der Betrieb über Notstrategien weiterlaufen, damit wertvolle Fertigungszeiten nicht verloren gehen.

CAD-Konstruktion, NC-Programmierung und die CNC-Fertigung bilden die **Digitalisierte Fertigung.** Die Forderung nach schnellerer Umsetzung der CAD-Daten in Musterteile und nach kürzeren Produkt-Einführungszeiten lassen keine anderen Alternativen erkennen. Computer werden auch immer häufiger zum Planen, Vorbereiten, Transportieren, Messen, Prüfen, Überwachen, Montieren und Justieren eingesetzt.

3.9 NC-Programm und Programmierung

(Bild 3.9)

Um Werkstücke mit CNC-Maschinen bearbeiten zu können, erstellt der Anwender werkstückspezifische **NC-Programme**. Dies kann – je nach Organisation oder Komplexität der Werkstücke – in der Arbeitsvorbereitung oder direkt an der Maschine erfolgen.

Ein NC-Programm enthält alle Informationen zur Bewegung der Achsen (**Weginformationen**) und zur Aktivierung der **Schaltfunktionen**. Sie sind in der richtigen Reihenfolge für die Bearbeitung schrittweise aneinandergereiht. Zur Eingabe in die CNC werden sie auf einem automatisch lesbaren Datenträger gespeichert. Besteht eine direkte Datenverbindung zum Rechner (DNC), dann wird das NC-Programm direkt in die CNCs übertragen.

Wesentliche Voraussetzung für die Einführung von NC-Maschinen war der **genormte Programmaufbau**. Man einigte sich sehr früh auf einen international genormten Code nach ISO-Empfehlung, der dann auch in die **DIN 66025** einfloss. Damit war der Programmaufbau für alle NC-Maschinen weitestgehend vereinheitlicht und die Programmierung konnte extern und maschinenunabhängig mit jedem Programmiersystem erfolgen. Die spezielle Anpassung an eine bestimmte CNC-Maschine ist Aufgabe des **Postprozessors**. Dieses Umsetzer-

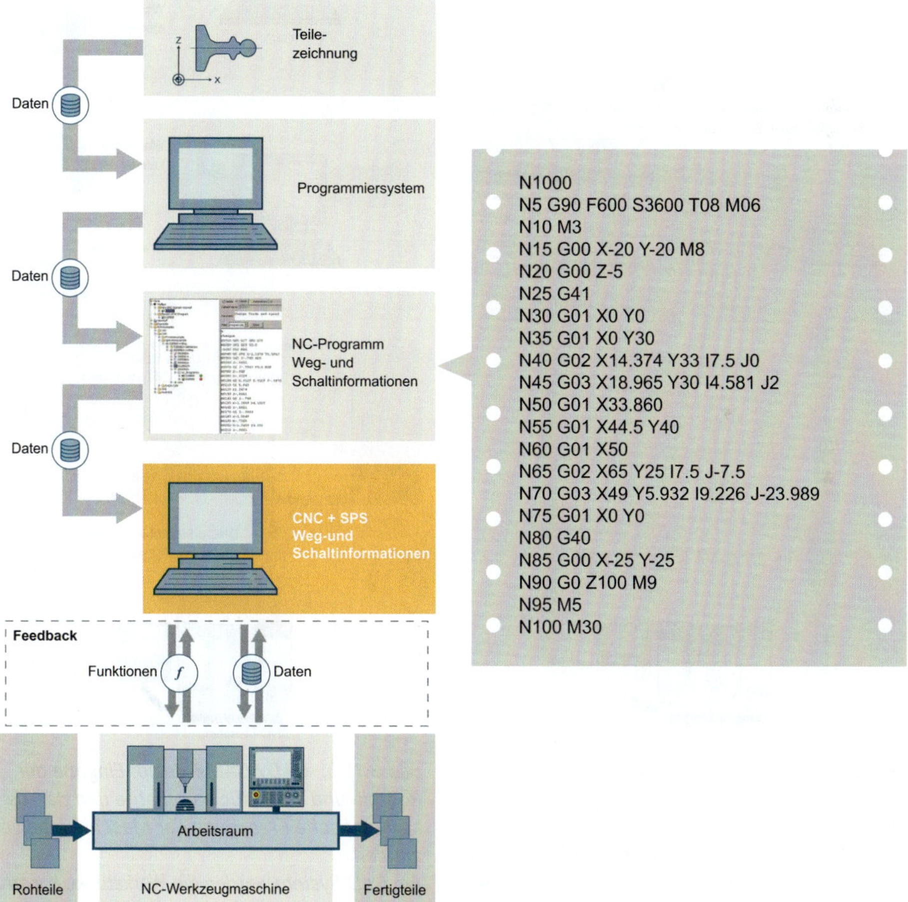

Bild 3.9: Umsetzung der Werkstück- und Bearbeitungsdaten in Weg- und Schaltinformationen für die CNC-Maschine.

Programm kann entweder im CAD-Rechner oder in einem nachgeschalteten Programmiersystem (CAM) implementiert sein.

Der genormte **Programmaufbau** wird im → Teil 6, Kapitel *„NC-Programm"* beschrieben.

Programmiersysteme (CAD/CAM) *(Bild 3.10a und b)* erleichtern die Programmierung und vermeiden langwierige und zeitintensive Nebenrechnungen. Die abschließende grafisch-dynamische Simulation des Bearbeitungsablaufs am Bildschirm gibt dem Programmierer die Sicherheit, dass keine Programmierfehler gemacht wurden. Erfolgt die Werkstück-Konstruktion auf CAD-Systemen, dann besteht die Möglichkeit, die erzeugten Werkstückdaten vom CAD-Rechner auf ein CAM-System zu übertragen und direkt zur NC-Programmierung zu nutzen.

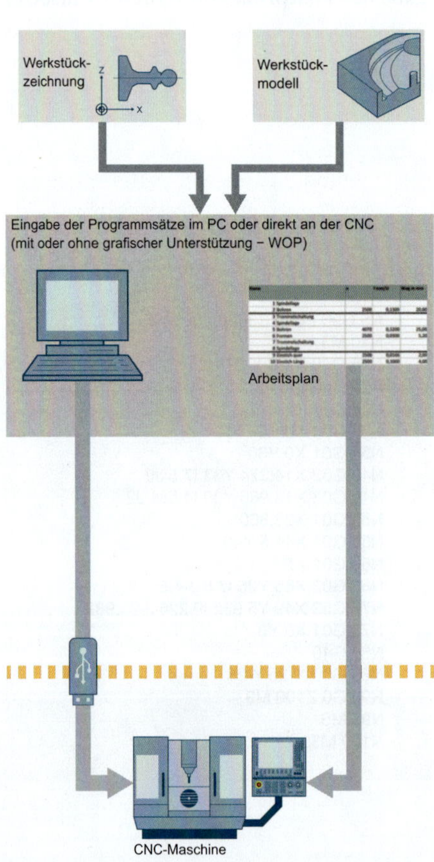

Bild 3.10a: Prinzip der manuellen NC-Programmierung: Schrittweise Eingabe der Maschinenbewegungen.
Im NC-Programm werden Weg- und Schaltinformationen schrittweise zusammengestellt und auf einen mobilen, automatisch lesbaren Datenträger übertragen. Oder die einzelnen Datensätze werden manuell in die CNC eingetippt.

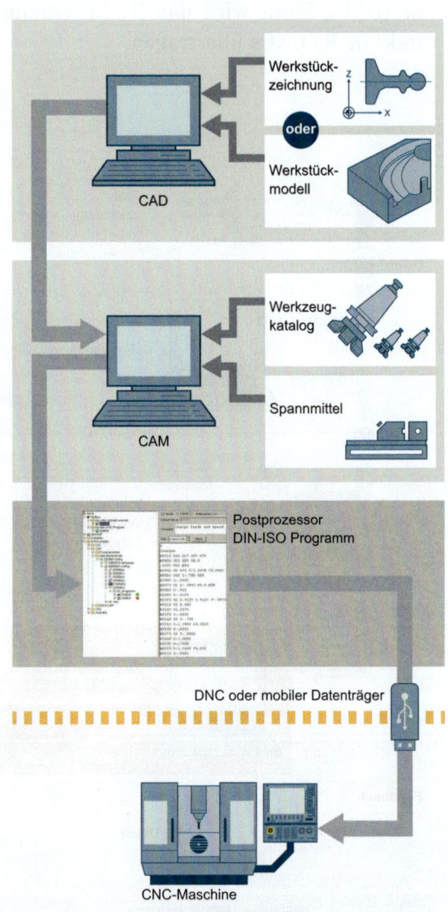

Bild 3.10b: CAD/CAM-Prinzip: Eingabe der Rohteil- und Werkstückgeometrie und daraus automatische Erzeugung der Maschinenbewegungen.
Am CAD-System werden die Werkstücke konstruiert und im NC-Programmiersystem aus den CAD-Daten die erforderlichen Maschinenbewegungen (CAM) für die Zerspanung der Teile erzeugt.

3.10 Dateneingabe

Zur Eingabe der NC-Programme in die CNC werden Geräte und Datenträger benutzt, die uns vom Umgang mit PCs bekannt sind:

- **eine ASCII-Tastatur** für die manuelle Dateneingabe und zur Eingabe von Korrekturen (Editing)
- **elektronische Datenspeicher** und entsprechende Schnittstellen (USB 2)
- **direkt** von einem Computer (Netzwerk, DNC, WLAN usw.).

Tastatur

Fast alle CNCs verfügen heute über die Möglichkeit zur raschen, computerunterstützten Teileprogrammierung oder zur Programmkorrektur an der Maschine. Die ASCII-Tastatur ist weltweit die am häufigsten verwendete Tastatur bei interaktiven CNC-Systemen und PCs.

Elektronische Datenspeicher

Diese dienen in erster Linie zum schnellen Speichern, Transportieren und automatischen Einlesen der NC-Programme und sämtlicher Korrekturwerte in die CNC. An zweiter Stelle steht auch die Forderung, alle Daten mit den vorgenommenen Programm-Korrekturen wieder auslesen und speichern zu können.

Die Größe der verfügbaren CNC-Speicher hat sich in dem vergangenen Jahrzehnt entsprechend der Entwicklung der Computertechnik rasant entwickelt. Während Ende des letzten Jahrhunderts NC-Speichergrößen nur im KByte-Bereich verfügbar waren, sind heute dem Speicher im Prinzip keine Grenzen mehr gesetzt. Der **Anwenderspeicher** für die Ablage und Abarbeitung von CNC-Programmen lässt sich heute durch den Einsatz von CF-Karten, USB-Sticks oder USB-Festplatten beliebig erweitern. Allerdings muss wie bei Office-Computern auch im Umfeld der CNC die **Virensicherheit** geprüft werden, da sonst auch hier die Gefahr besteht, dass es durch Computerviren zu Datenverlusten und Störungen der Steuerung kommen kann.

Die **Lebensdauer** ist nicht zeitlich begrenzt, sondern eher durch die Handhabung. Gefährlicher ist sicher in manchen Fällen, dass man die Daten überall problemlos lesen, ändern und löschen kann.

DNC – Distributed Numerical Control
DNC bezeichnet die Rechneranbindung der CNCs über Datenleitung (Datenbus) zur direkten Übertragung der NC-Programme.

Diese Art der Dateneingabe zählt nicht direkt zu den „Dateneingabegeräten", hat sich aber aufgrund der Vorteile zum meistbenutzten Eingabeprinzip entwickelt. Ein oder mehrere Rechner übernehmen für alle angeschlossenen CNC-Maschinen die Speicherung und Verwaltung sämtlicher NC-Programme und übertragen diese unter Beachtung vorgegebener Sicherheitskontrollen auf Abruf in die CNC. Zusätzlich werden auch die erforderlichen Werkzeugdaten, Standzeiten und Korrekturwerte übertragen (→ *Kapitel DNC*). Das Abrufen der Daten erfolgt entweder manuell oder automatisch von der CNC.

Nach der Übertragung arbeitet die CNC-Maschine das gespeicherte NC-Programm beliebig oft ab. Die Verbindung zum DNC-Rechner wird nicht mehr benötigt, es sei denn, das NC-Programm hat Überlänge, d.h. wenn die Speicherkapazität der CNC nicht für das gesamte Programm ausreicht. In diesen Fällen wird das Programm abschnittsweise „nachgeladen".

3.11 Bedienung *(Bild 3.11)*

Eine gut durchdachte und sinnvoll ausgelegte Bedienung trägt wesentlich zur Wirtschaftlichkeit von CNC-Maschinen bei. Bedienerhilfen und Dialoge, die den Bediener unterstützen und Bedienfehler vermeiden,

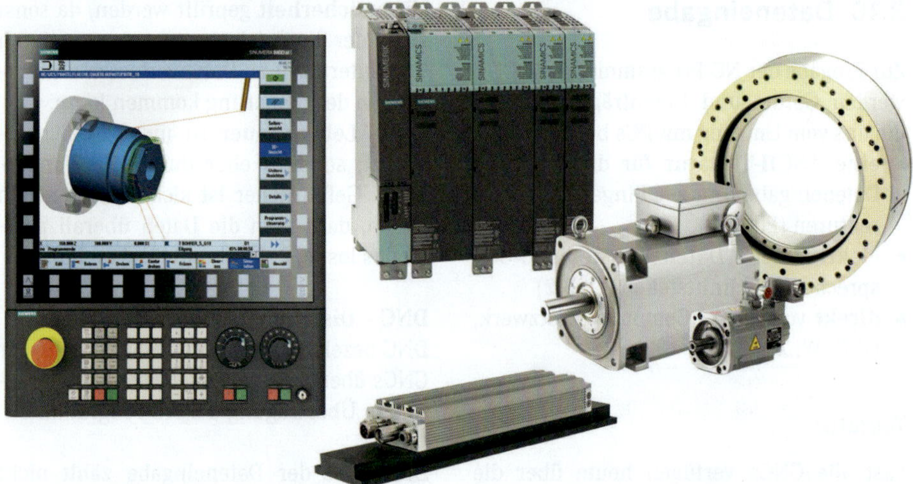

Bild 3.11: Sinumerik 840D sl mit Bedientafel, CNC, Servoverstärker, Linearmotor, Servomotoren und Torquemotor. (Quelle: Siemens)

verbessern die **Sicherheit im Umgang** mit der Maschine. Moderne CNCs bieten gerade in dieser Hinsicht sehr gute Unterstützung.

Je nach Einsatz der CNC-Werkzeugmaschinen können die **Anforderungen an die Bedienung** der Steuerung sehr unterschiedlich sein. In der **Großserienfertigung,** wie z.B. in der Automobilindustrie oder der Medizintechnik wird relativ wenig an den betreffenden Maschinen bedient und programmiert. Die Maschinen sind üblicherweise in Taktstraßen und FFS eingebunden und bearbeiten meist eine geringe Varianz an Werkstücken. Diese Maschinen benötigen Bedienfunktionen zum komfortablen **Einrichten** sowie zur schnellen **Fehlerdiagnose und -behebung.** Die CNC-Werkstückprogramme selbst werden fast ausschließlich in der Arbeitsvorbereitung erstellt und dürfen meist aufgrund der Qualitätsanforderungen und der Zertifizierungsvorschriften nicht modifiziert werden. In diesem Produktionsumfeld ist eher die Eliminierung der letzten Millisekunde der Nebenzeiten der Werkstückbearbeitung von Interesse, als ein hoher Bedienkomfort. Von der CNC erwartet man neben der hohen Leistung und Zuverlässigkeit vor allem auch die Offenheit sich in das Firmennetzwerk integrieren zu können. Neben dem Datentransfer der Werkstückprogramme von übergeordneten Rechnern, will man hier den gesamten Prozess, die Auslastung, den Werkzeugbedarf usw. kontrollieren und auswerten. Zusätzlich zu den aus der Computerwelt bekannten Schnittstellen für die Vernetzung sind Softwaremodule und Nahtstellen in der CNC notwendig, um diese Anforderungen erfüllen zu können.

CNC-Werkzeugmaschinen sind heute selbstverständlicher Bestandteil in der mittelständischen Lohnfertigung, Musterbau, Formenbau und der Zulieferindustrie generell. Hier sind die Anforderungen **gegensätzlich** zu denen in der Großserienfertigung. Kleine Losgrößen erfordern ständige Wechsel der Werkstücke in den Bearbeitungsmaschinen. Damit werden gänzlich andere Anforderungen an den Bedienkomfort der CNC gestellt. Die gesamte Bedienung muss weitestgehend den **Gewohnheiten des Bedieners entsprechen** und darf nicht kompliziert sein. Eine einfache und logische Bedienung entscheidet nicht unwesentlich über die spätere Produktivität und Wirtschaftlichkeit der Maschine. Gut durchdachte MMI (Man-Machine-Interface = Mensch-Maschine-Schnittstelle) oder auch HMI (Human-Machine-Interface) erfahren inzwischen einen sehr hohen Stellenwert.

3.12 Programmierung

(Bild 3.12 - 3.14)

Die **Werkstückprogramme** werden entweder direkt an der Maschine programmiert oder auch über ein CAD/CAM-System oder ein Arbeitsvorbereitungsprogramm erzeugt und müssen dann via Netzwerk oder USB-Stick in die Maschine gebracht werden, um dort bei Bedarf modifiziert zu werden. Es ist nicht selbstverständlich, dass gut ausgebildete Facharbeiter die CNC-Maschinen im mittelständischen Umfeld bedienen. Aufgrund von Fachkräftemangel oder des hohen Kostendrucks besonders in den Hochlohnländern findet man oft angelernte Hilfskräfte an den Maschinen. Umso wichtiger ist es, dass die Bedienoberfläche logisch strukturiert und möglichst komfortabel ist. **Moderne CNCs für den Werkstattbetrieb unterstützen heute den gesamten Prozess der Werkstückfertigung** *(Bild 3.13)*.

Begonnen wird mit dem **Einrichten** der Maschine, d.h. neben dem Einlesen des NC-Programmes muss der **Werkstücknullpunkt** aufgenommen und die für die Fertigung des Werkstücks notwendigen **Werkzeugdaten** der Steuerung mitgeteilt werden. Üblicherweise besitzen CNCs dafür Messfunktionen, sowie eine Daten- und Werkzeugverwaltung.

Abhängig von der **Komplexität** des Bauteils, der **Erfahrung** des Maschinenbedieners und der **Struktur** des jeweiligen Produktionsbetriebes kann es gerade bei kleinen Losgrößen sinnvoll sein, die Programme direkt an der Maschine in die Steuerung einzutippen. Für das direkte Programmieren an der Maschine gibt es verschiedene Möglichkeiten. Im einfachsten Fall werden vom Maschinenbediener direkt **G-Code-Befehle** in die Steuerung eingegeben. Allerdings ist dabei die Übersichtlichkeit und Lesbarkeit eingeschränkt,

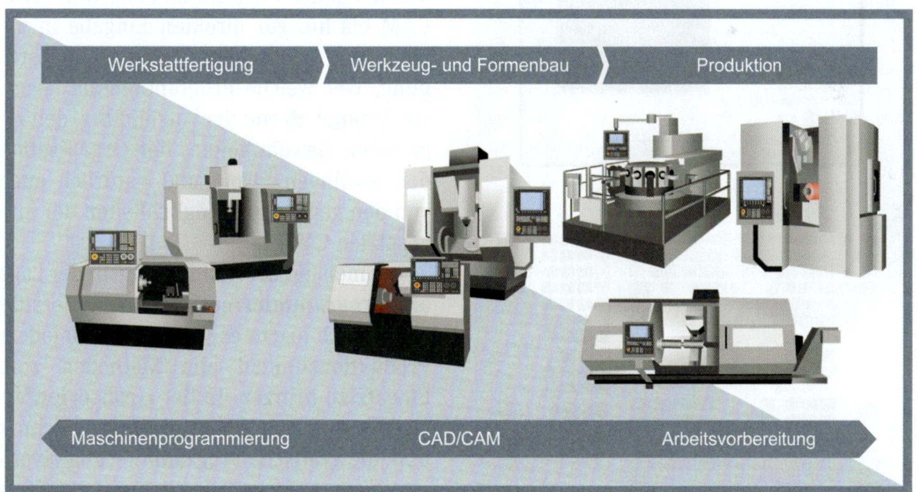

Bild 3.12: Einsatz der verschiedenen Programmiermethoden im Umfeld der metallzerspanenden Industrie. Je nach Firmenorganisation, Erfahrung des Maschinenbedieners oder Art der Fertigung können die Ansätze verschieden sein.

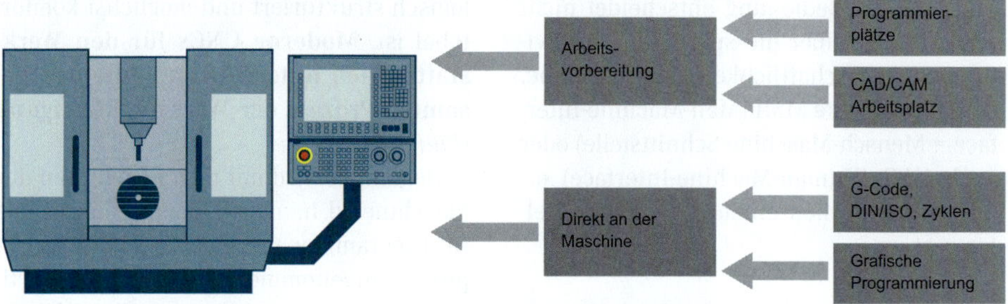

Bild 3.13: NC-Werkstückprogramme können sowohl in der Arbeitsvorbereitung, als auch direkt an der Maschine erstellt werden.

was bei mehrschichtiger Benutzung einer Maschine durch verschiedene Bediener zu Problemen führen kann. Je nach Steuerungsmodell findet man eine mehr oder weniger ausgeprägte Unterstützung an **Bearbeitungsmakros oder Zyklen.** Diese gibt es meist für die Technologien Drehen und Fräsen, teilweise auch für das Schleifen. Diese **Technologiezyklen** fassen Bearbeitungsoperationen wie z. B. Zentrieren, Bohren, Gewindeschneiden, Abstechen, Plandrehen, Planfräsen usw. in Unterprogramme zusammen. Daten wie Zustelltiefe, Rückzugsebene, Vorschub, Spindeldrehzahl usw. müssen vom Bediener nur noch parametriert werden, der gesamte Bewegungsablauf wird dann vom Unterprogramm bzw. Zyklus umgesetzt.

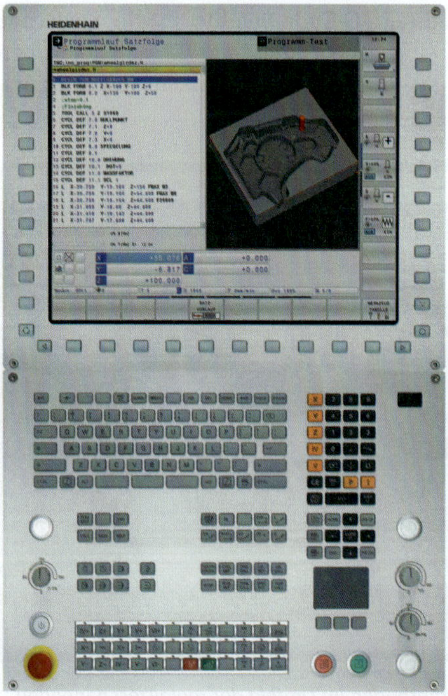

Bild 3.14: Beispiel: Bedientafel einer Standard-CNC mit Grafik-Display. (Quelle: Heidenhain)

Viele Steuerungsmodelle bieten zusätzlich noch eine **grafische Programmierunterstützung** an *(Bild 3.14)*, d. h. die Bearbeitungszyklen werden zusätzlich noch durch leicht verständliche Grafiken und Simulationen unterstützt. Oft findet man alle Arten der Programmierung vom CAD/CAM bis hin zur direkten Eingabe in die Steuerung in der mittelständischen Fertigung. Wer welche Programmierart favorisiert, hängt ab von der Ausbildung, den regionalen Gewohnheiten, der Organisation der jeweiligen Firma und natürlich auch von den gegebenen Möglichkeiten der eingesetzten CNC.

Die meisten CNCs sind heute in der Lage **alle Programmiermethoden** zu unterstützen. Jedoch macht es wenig Sinn, in jedem Produktionsumfeld alle Methoden zum Einsatz zu bringen. In der **Großserienfertigung** wird man kaum die Zyklentechnik bzw. die grafische Programmierung favorisieren, da aufgrund der hohen Losgrößen das Werkstückprogramm extrem optimiert werden muss und die Zyklen meist wenig Spielraum für die Änderung des Bearbeitungsablaufs bieten. Je **kleiner die Losgröße,** umso eher macht es Sinn, direkt an der Maschine zu programmieren. Eine wichtige Voraussetzung dafür ist, dass der Maschinenbetreiber über die erforderlichen Programmierkenntnisse verfügt.

3.13 Zusammenfassung

CNCs haben innerhalb weniger Jahre den Aufbau und die Handhabung der Maschinen so wesentlich verändert, dass eine manuelle Maschinenführung oft nicht mehr möglich ist. Der Bediener muss erfahrungsgemäß nur bei Störungen korrigierend eingreifen. Um Mensch und Maschine vor Schäden durch Fehlbedienungen und Fehlfunktionen zu schützen, sind in modernen CNC-Maschinen mehrere Sicherheits- und Überwachungseinrichtungen vorhanden.

Obwohl alle CNCs nach dem gleichen Prinzip arbeiten, erfordern unterschiedliche Maschinentypen speziell angepasste Steuerungen mit zahlreichen Sonderfunktionen. Dies wird bei identischer CNC-Hardware durch die CNC-Betriebssoftware erreicht. Darauf wird in den Kapiteln „CNC - Computerized Numerical Control" und „Numerisch gesteuerte Werkzeugmaschinen" näher eingegangen.

CNC-Werkzeugmaschinen sind heute mit mehreren numerisch gesteuerten Hauptachsen, einfachen Hilfsachsen und vielen Schaltfunktionen ausgerüstet. Verschiedene Bearbeitungsarten, wie z. B. Laserschneiden oder Hochgeschwindigkeitsfräsen, erfordern darüber hinaus sehr präzise und schnelle Maschinenbewegungen. Diese lassen sich nur mit entsprechend hochdynamischen Servoantrieben erreichen *(Bild 3.15)*.

Aufgrund der hohen Leistungsfähigkeit wurden den CNCs viele Aufgaben übertragen, die zum **vollautomatischen und technisch perfekten Betrieb von Einzelmaschinen und FFS-Systemen beitragen.** Dies sind z. B.

- die **NC-Programmierung an der Maschine** während des laufenden Betriebes,
- die **Verwaltung** umfangreicher Werkzeugtabellen mit bis zu 50 Datensätzen pro Werkzeug,
- die automatische Erzeugung und Ausgabe von **Werkzeug-Differenzlisten** bei der Eingabe eines neuen NC-Programms,
- die **automatische Kommunikation** mit externen Rechnern, z. B. von Messmaschinen, DNC- und Produktionsplanungssystemen (PPS),
- die **Werkstückverwaltung** bei Flexiblen Fertigungszellen (FFZ) und Flexiblen Fertigungssystemen (FFS), um Stückzahlen, Ausschuss, Nacharbeit und Unregelmäßigkeiten zu erfassen oder Bearbeitungsprioritäten vorzugeben,
- die Integration von **Software zur Betriebsdaten- und Maschinendatenerfassung (MDE/BDE),** zur Fehlerdiagnose, für Wartung, Service und Fehlersuche und für viele grafische Darstellungen zur Unterstützung des Bedieners.

Diese Funktionen werden in den nachfolgenden Kapiteln erläutert.

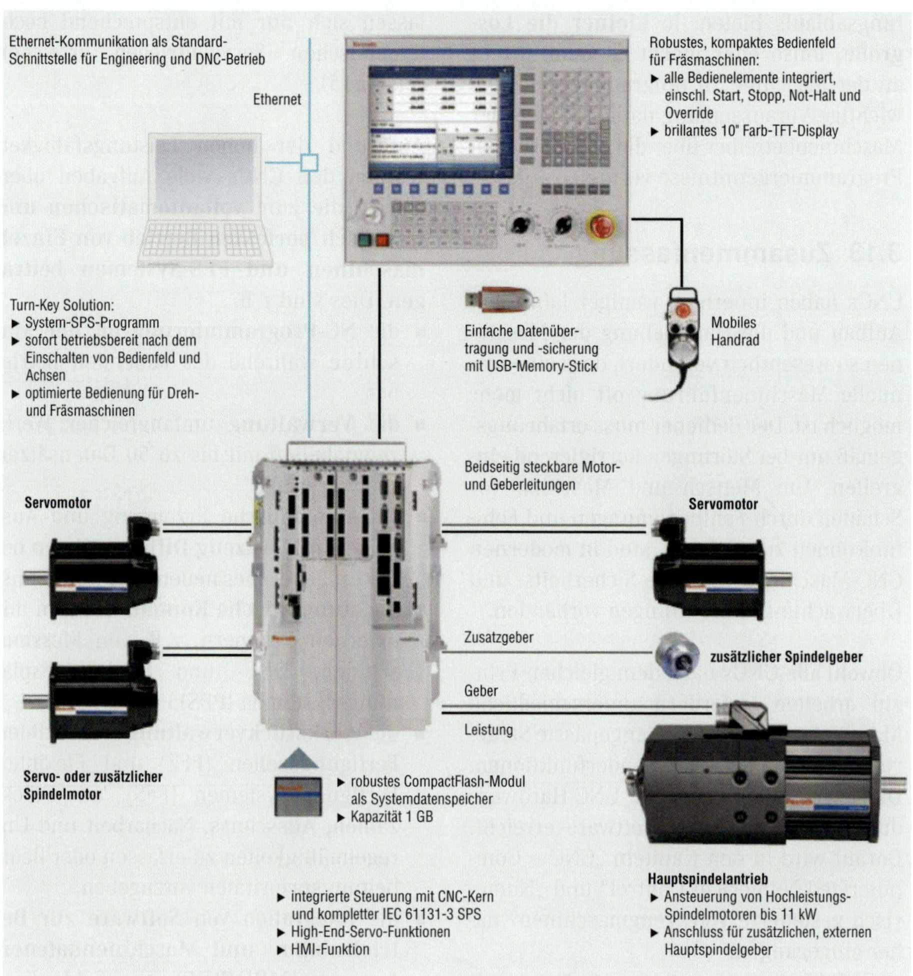

Bild 3.15: 4-Achs-CNC für Dreh- und Fräsmaschinen. (Quelle: Bosch Rexroth)

Was ist NC und CNC?

Das sollte man sich merken:

1. NC steht für „Numerical Control“, auf deutsch: **Steuern mit Zahlen.** Speziell bei Werkzeugmaschinen versteht man darunter die **direkte Eingabe der Maßzahlen des zu formenden Werkstückes.**
2. Heutige numerische Steuerungen sind unter Verwendung von Mikroprozessoren aufgebaut und werden als **CNC**, d.h. **Computerized Numerical Control**, bezeichnet.
3. Mikroprozessoren verfügen über eine so **hohe Rechenfrequenz**, dass ein Prozessor ausreicht, um mehrere Maschinenachsen simultan und mit höchster Präzision zu steuern.
4. **Bahnsteuerungen** sind die universellsten Steuerungen und werden am häufigsten eingesetzt. Die Anzahl der simultan steuerbaren Achsen ist ausbaufähig.
5. Bahnsteuerungen können selbstverständlich auch als **Punkt- und Streckensteuerung** verwendet (programmiert) werden.
6. Der Leistungsumfang einer CNC wird durch CNC-Systemsoftware des jeweiligen CNC-Fabrikats und die Applikation durch den Maschinenhersteller bestimmt.
7. Für kundenspezifische Anpassungen (Sonderfunktionen, projektspezifische Anforderungen usw.) kann der Maschinenhersteller die Bedienoberfläche anpassen bzw. ergänzen, sowie eigene Zyklen und NC-Funktionen in die Steuerung einbringen. Die verschiedenen CNC-Modelle bieten dafür eigene Softwaretools an.
8. Das NC-Programm wird entweder über die Tastatur direkt in die CNC eingegeben oder über Schnittstellen (DNC, Ethernet, WLAN, USB usw.) übertragen.
9. CNC-Maschinen sind **frei programmierbare Maschinen,** d.h. die Bewegungsabläufe der einzelnen Achsen werden über austauschbare NC-Programme vorgegeben.
10. CNC-Maschinen bestehen meistens aus einer Kombination **translatorischer und rotatorischer Achsen.** Jede Achse ist mit einem elektronisch auswertbaren **Messsystem** und einem **regelbaren Antrieb** ausgerüstet.
11. Bei CNC-Maschinen sind auch die **technologischen Funktionen** programmierbar, wie beispielsweise Vorschubgeschwindigkeit (F), Spindeldrehzahl (S), Werkzeugnummer (T) und Hilfsfunktionen (M).
12. Geichbleibende Abläufe, wie der automatische Werkzeug- oder Werkstückwechsel, sind maschinenseitig festgelegt. Sie werden mit einer **Schaltfunktion** (M00 – M99) aufgerufen und laufen vollautomatisch ab. Die Signalausgabe erfolgt über eine SPS und entsprechende Leistungsverstärker an die Stellglieder.

■

2

Funktionen der CNC

1 Weginformationen, Wegmessung

Das grundsätzlich Neue bei der numerischen Steuerung von Maschinenbewegungen ist die Programmierung der Weginformationen. Bei Werkzeugmaschinen sind dies die direkten Positionswerte für jede NC-Achse mit einer Auflösung von beispielsweise 1/1000 mm. Die für Bahnsteuerungen erforderliche kontinuierliche Steuerung der Relativbewegung zwischen Werkzeug und Werkstück wird simultan für jede NC-Achse in der CNC fortlaufend berechnet und geregelt.

1.1 Einführung

Kennzeichnendes Funktionselement für die CNC-Maschine ist der **Lageregelkreis – die Verbindung von Vorschubantrieb und Positionsmessung.** Weitere kennzeichnende Baugruppen sind automatischer Werkzeugwechsel und Werkstückwechsel. Von der CNC beeinflusst wird die Maschinenkonfiguration wie Maschinengestell, Führungen, Hauptantriebe.

Die numerisch gesteuerte Werkzeugmaschine verfügt über einen vollautomatischen Ablauf aller Funktionen, die für die Durchführung eines Bearbeitungsganges an einem Werkstück notwendig sind. Dabei sind die Informationen für diesen Ablauf in digitaler Form gespeichert, sie müssen also in die Maschinenfunktionen umgewandelt werden. Hier ist zu unterschieden zwischen **Weginformationen, die die Bewegungen der Maschine festlegen und Schaltinformationen, die feste Maschinenfunktionen auslösen.**

Soll das Werkzeug am Werkstück zudem in einer frei wählbaren Richtung angreifen, sind zusätzlich zwei rotatorische Achsen erforderlich. Bei großen Maschinen oder solchen, bei denen mehrere Werkzeuge gleichzeitig arbeiten können, sind auch noch mehr, teilweise parallele Achsen vorhanden.

Tabelle 1.1 gibt beispielhaft an, wie viele Achsen bei den verschiedenen Arten von Werkzeugmaschinen notwendig bzw. üblich sind und welche Maschinenfunktionen automatisiert sind.

1.2 Achsbezeichnung *(Bild 1.1)*

Zur Positionierung des Werkzeugs auf einer Fläche werden zwei, im Raum drei translatorische Achsen benötigt, die meistens in einem kartesischen Koordinatensystem rechtwinklig zueinander angeordnet sind.

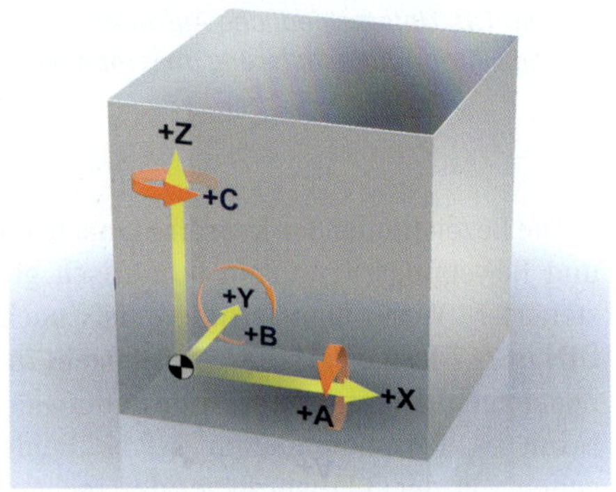

Bild 1.1: Kartesisches Koordinatensystem.

Maschinentyp	Achsen	Wz-Wechsel	Wst-Wechsel	Sonderfunktionen
Bohrmaschine	3	m/a	m	spez. Bohrzyklen, Leiterplatten mit HSC
Fräsmaschine	3 - 5	m/a	m/a	Gantry- und parallele Achsen, HSC, WZ-Korr.
Drehmaschine 1 Drehmaschine 2 Drehmaschine 3	2 2 x 2 bis 8	a a a	m m/a a	Grafische Programmierung, Zyklen, Spindelorientierung, angetriebene Werkzeuge, autom. Umspannen, Mehrschlitten-Masch.
Bearb.-zentrum	4 - 5	a	a	Wz-Verwaltung, -Kassetten, horiz.-/vertikal-Kopf, Palettenwechsler.
Schleifmaschine 1 Schleifmaschine 2	3 5 + 3 + n	m a	m a	Abrichtzyklen, Pendelachsen mehrere Schleifsupporte autom. Schleifscheiben- und Werkst.-wechsel.
Nibbelmaschine 1 Nibbelmaschine 2	2 5	m/a a	m/a a	Nibbelfunktionen, WZW, drehbare Wz., schachteln, Mehrfach-Wz.
Lasermaschine	3 - 5	m	m/a	Strahlleistung steuern, hohe Vorschubgeschwindigkeit.
Zahnradfräsm.	5 +	m/a	m/a	Wälzfräsmodul, Parameter-programmierung.
Drahterodierm.	2 - 5	Draht m/a	m/a	Zurückfahren auf der Bahn.
Fertigungszelle	6 synchr. 3 asynchr.	a) mit Verwaltung, Überwachung, Austausch	a) mit Werkstück-Erkennung, Prog.-aufruf	DNC-Schnittstelle, BDE/MDE-Funktionen, Sensor-Anschlüsse, graf. Fehlerdiagnose, Palettenspeicher.
Flex. Fert.-system	beliebig	a	a	Wzg-Differenzlisten, geschlossener Datenkreislauf, Palettenzubringer.

Tabelle 1.1: Unterschiedliche Anforderungen verschiedener Werkzeugmaschinen an den Umfang ihrer Automatisierung (m = manuell, a = automatisch).

Die Bezeichnung der Koordinatenachsen und Bewegungsrichtungen numerisch gesteuerter Werkzeugmaschinen ist nach DIN 66217 festgelegt. Diese Norm steht im Zusammenhang mit der internationalen Norm ISO-Recommendation R 841. Beide gehen von der 3-Finger-Regel der rechten Hand aus, um die Richtung der senkrecht zueinander stehenden Hauptachsen, X, Y und Z zu definieren:

Der Daumen entspricht der **X-Achse,** der Zeigefinger der **Y-Achse** und der Mittelfinger der **Z-Achse** *(Bild 1.2)*.

Die Fingerspitzen zeigen in die positive Richtung.

Um nach dieser Regel die Achsen einer

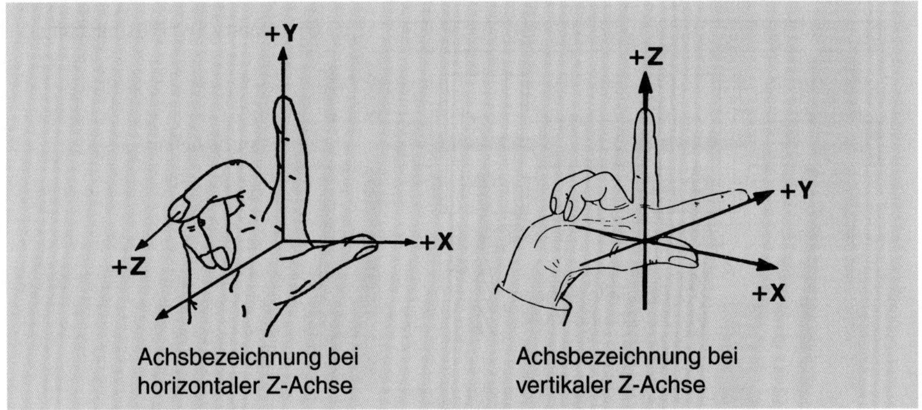

Bild 1.2: Anwendung der 3-Finger-Regel der rechten Hand.

CNC-Maschine zu definieren, steckt man gedanklich den Mittelfinger in die Werkzeugaufnahme der Spindel. Dies ist die Z-Achse und der Finger zeigt vom Werkstück weg in die Spindel-Rückzugsrichtung.

Jetzt dreht man die Hand so, dass der Daumen in die Bewegungsrichtung der längsten Achse zeigt: dies ist dann die X-Achse, die meistens horizontal liegt.

Damit liegt auch die Y-Achse automatisch fest: der Zeigefinger zeigt die positive Richtung an.

Alle weiteren Achsen richten sich nach diesen drei Grund- oder Hauptachsen:

A, B und C sind Rund- oder Schwenkachsen mit X, Y oder Z als Mittelachse, d. h. A dreht um X, B dreht um Y und C dreht um Z.

Die **positive Drehrichtung** der Rundachsen entspricht der Rechtsdrehung bei Blickrichtung in die positive Achsrichtung, auch als „Korkenzieher-Regel" bekannt: beim Hineindrehen sind die Richtung der Spitze und die Drehbewegung positiv.

U, V und W sind parallele Achsen zu den drei Hauptachsen X, Y und Z.

P, Q und R sind weitere Achsen, die jedoch nicht parallel zu den Hauptachsen liegen müssen. R wird vorwiegend bei den Bohrzyklen als Adresse für die Referenzebene des Werkstückes verwendet, d. h. wo die Z-Achse vom Eilgang in den Vorschub umschaltet (R = Reference Surface = Bezugsfläche).

Des Öfteren findet man auch Bezeichnungen wie **X1/X2** oder **Y1/Y2** *(Bild 1.3)*. Dabei handelt es sich um verfahrbare Portale oder Querbalken, sogenannte **Gantry-Achsen**, die wegen ihrer weit auseinander liegenden Führungsbahnen zwei separate Antriebe (auf jeder Seite einen) benötigen, um auch bei unterschiedlichen Belastungen exakt parallel zu fahren. Diese Achsen sind demnach keine eigenständigen Achsen mit voneinander unabhängigen Bewegungen, sondern sich gemeinsam bewegende Achsen, die auch unter der gleichen Adresse programmiert werden: X oder Y.

Bei der Festlegung der positiven Achsrichtung geht man davon aus, dass sich immer das Werkzeug bewegt und das Werkstück stillsteht. Die positiven Achsrichtungen werden in diesem Falle wie die positiven Bewegungsrichtungen bezeichnet: +X, +Y, +Z, +A oder +C. Wird jedoch das **Werkstück** bewegt, wie z. B. bei Koordinatentischen und Drehtischen, so sind Bewegungsrichtung und Achsrichtung einander entgegengerichtet. Bewegt sich der Tisch nach rechts, dann führt das Werkzeug eine Relativbewegung nach links aus.

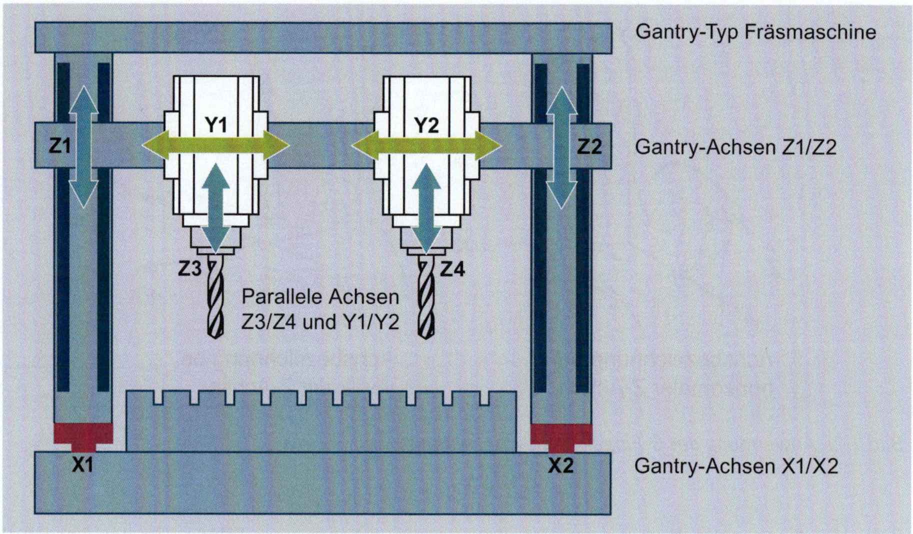

Bild 1.3: Unterschied zwischen Gantry-Achsen und Parallelachsen.

In diesem Falle wird die wirkliche Achsrichtung angegeben, die Adresse aber mit einem Apostroph gekennzeichnet: +X', +Y', +Z', + A', +B' oder +C'. Diese Festlegung hat den Vorteil, dass der Programmierer seine **Programme unabhängig vom konstruktiven Aufbau der Maschine erstellen kann.** Die gewünschte Relativbewegung zwischen Werkzeug und Werkstück erfolgt, unabhängig von der Maschinenkonfiguration, immer in der richtigen Richtung.

1.3 Lageregelkreis

In der Zeit der Entwicklung der numerischen Steuerung von Werkzeugmaschinen wurden sehr unterschiedliche Systeme zur Steuerung der Verfahrwege der Maschinen verwendet. Von diesen hat sich der Lageregelkreis als das vielseitigste und sicherste inzwischen durchgesetzt. Früher wurde wegen der Einfachheit auch häufig die sog. Steuerkette eingesetzt, die z. B. mit speziellen Antrieben, den Schrittmotoren, arbeitet und bei der kein geschlossener Wirkungskreis vorliegt, da keine Rückmeldung der Istposition erfolgt. Da diese Technik kaum noch Anwendung findet, wird hierauf nicht näher eingegangen.

Beim **Lageregelkreis** bietet der geschlossene Wirkungskreis mit einer ständigen Überprüfung und Rückmeldung der augenblicklichen Position der Maschinenachse eine große Sicherheit für fehlerfreie Bewegung. *Bild 1.4* zeigt das Prinzip des Wirkungskreises am Beispiel einer translatorischen Achse. Die zu regelnde Größe – die Lage bzw. Position des Maschinenschlittens – wird kontinuierlich erfasst und mit dem Lagesollwert der übergeordneten Steuerung verglichen. Die Differenz zwischen Lagesoll- und Lageistwert (Lageregelabweichung) wird durch den Lageregler verstärkt und als Steuersignal an den Achsantrieb ausgegeben, welcher diese Abweichung ausgleicht. Bahnsteuerungen geben fortlaufend neue Positionswerte aus, denen die zu steuernden Achsen nachlaufen müssen. Damit ist es möglich kontinuierliche Bahnbewegungen zu erreichen. **Demnach benötigt jede CNC-Achse**

a. ein elektronisch auswertbares Wegmesssystem

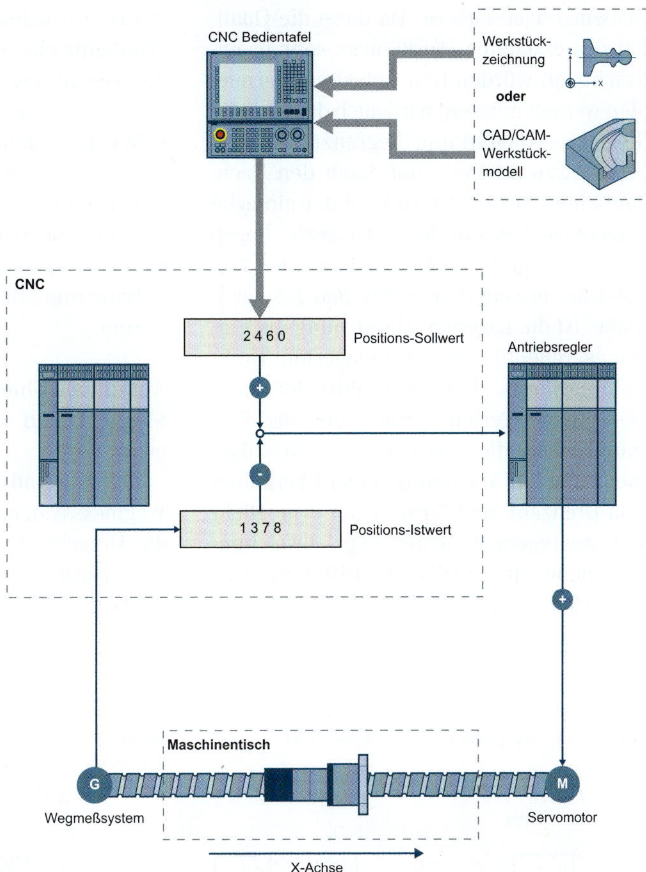

Bild 1.4: Prinzip der Eingabe und Verarbeitung geometrischer Informationen im geschlossenen Regelkreis.

b. einen steuerbaren bzw. regelbaren Antrieb.

Eine wichtige Kenngröße bei der Lageregelung eines Vorschubantriebes ist der erreichbare **K_V-Faktor** (Proportionalverstärkung Lageregler). Der Lageregler ist als P-Regler ausgeführt. Ein wichtiges Merkmal des P-Reglers ist eine bleibende Regelabweichung. Die bleibende Regelabweichung eines Lagereglers, d. h. die Differenz zwischen Lagesoll- und Lageistwert, ist proportional zur augenblicklichen Geschwindigkeit der Bewegung und wird als **Schleppfehler** bzw. **Schleppabstand** bezeichnet.

$$X_S = \frac{V}{K_V}$$

X_S Schleppfehler in mm
K_V K_V-Faktor in m/min/mm
V Geschwindigkeit in m/min

Die Größe des Schleppfehlers bei einer bestimmten Verfahrgeschwindigkeit wird also durch den erreichbaren K_V-Faktor bestimmt. Der K_V-Faktor ist somit ein Maß für die erreichbare Bearbeitungsgenauigkeit und Dynamik eines Vorschubantriebes.

Ein solcher Regelkreis ist jedoch ein schwingungsfähiges System, bei dem ein zu hoher Verstärkungsfaktor Regelkreisschwingungen auslöst. Da diese die Qualität des erzeugten Werkstücks sehr beeinträchtigen würden und unbedingt vermieden werden müssen, wird auch dadurch die Regelkreisverstärkung begrenzt. Um den K_V-Wert zu erhöhen und damit den Nachlauffehler zu verringern wird der einfache Lageregelkreis durch unterlagerte Regelkreise für die Motordrehzahl und den Motorstrom erweitert, wie das *Bild 1.5* zeigt. Dabei ist die Lageregelabweichung die Eingangsgröße für den unterlagerten Drehzahlregelkreis. Der Drehzahlregler stellt dem unterlagerten Stromregler als Eingangsgröße die Verstärkte Drehzahlabweichung zur Verfügung. Das PI-Verhalten von Drehzahl- und Stromregler ermöglicht das Ausregeln kleinster Regelabweichungen ohne eine bleibende Differenz zwischen Soll- und Istwert.

Der erreichbare K_V-Faktor eines Vorschubantriebs wird aber auch noch durch die Gestaltung der beteiligten mechanischen Elemente beeinflusst:

- Wie bei jedem schwingungsfähigen System sollten die bewegten Massen möglichst klein und die antreibenden Elemente möglichst steif sein.
- Nichtlinearitäten im System, wie Reibung und Spiel, sollten möglichst gering sein.

Auf die sich hier bietenden konstruktiven Möglichkeiten wird später noch eingegangen.

Reibung und Spiel im Bereich zwischen Wegmesssystem und Schlitten sind auch die Ursache für das Auftreten einer Umkehrspanne. Die **Umkehrspanne** ist der Abstand der beiden Istpositionen, die ent-

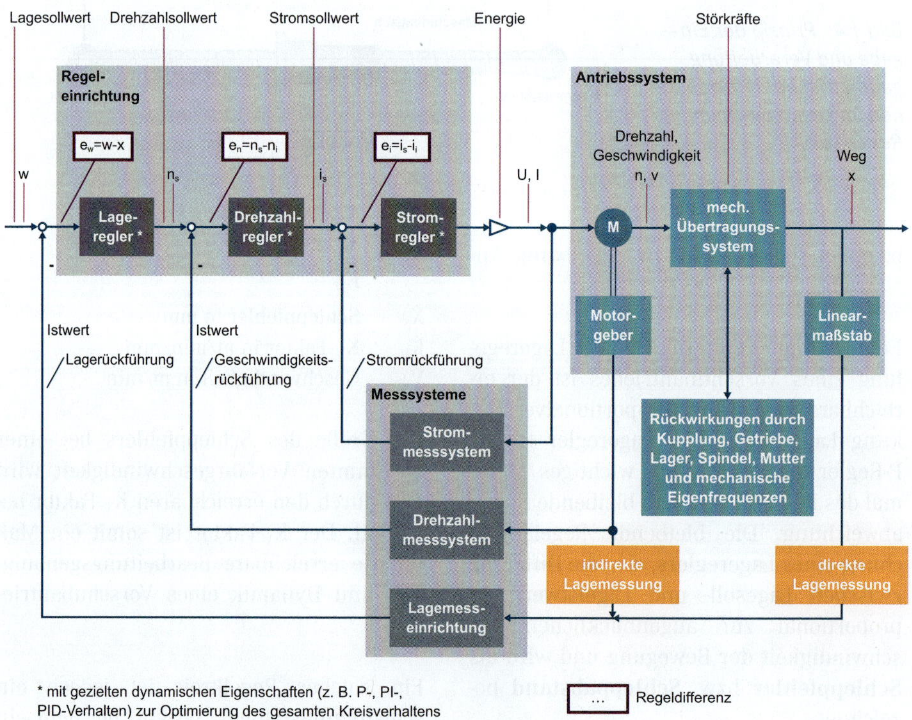

Bild 1.5: Schematische Darstellung der geschlossenen Regelkreise.

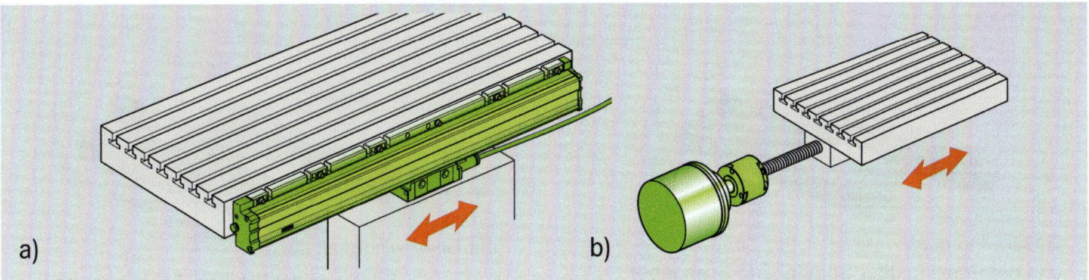

Bild 1.6: Prinzip der Wegmessung, a) mit Längenmessgerät, b) mit Spindel/Mutter/Drehgeber.

stehen, wenn eine Sollposition aus entgegengesetzten Richtungen angefahren wird. Sie verursacht Positionsabweichungen und sollte daher möglichst klein sein. Durch spezielle Korrekturen, die in der CNC abgespeichert sind, kann sie weitgehend ausgeglichen werden.

Aber auch der Ort der Wegmessung, also **direkte oder indirekte Wegmessung,** ist von großem Einfluss. *Bild 1.6* zeigt den Unterschied.

1.4 Positionsmessung

Dipl.-Ing. Helmut Kügel, Dr. J. Heidenhain GmbH

Die Positionserfassung der Vorschubachsen trägt entscheidend zur Genauigkeit einer Werkzeugmaschine bei. Bei der Auslegung der Messtechnik zur Positionserfassung sind jedoch folgende wesentliche Faktoren zu beachten:

Die **Anforderungen an die verwendete Messtechnik** sind aufgrund der sich stark ändernden Betriebszustände sehr hoch. So muss die Vorschubachse trotz unterschiedlicher Werkstückgewichte und Bearbeitungsgeschwindigkeiten genau positionieren. Außerdem ist für die Produktivität der Maschine auch die Zuverlässigkeit der Messtechnik verantwortlich, die in einer sehr rauen Umgebung über Jahre ohne Wartung arbeiten muss.

Für genaue Werkzeugmaschinen hat sich die sogenannte **Closed Loop-Technologie** durchgesetzt, die die beschriebenen Anforderungen an Genauigkeit und Zuverlässigkeit der Messtechnik erfüllt. Die im Folgenden anhand der Längenmessung an Linearachsen vorgestellten Betrachtungen gelten gleichermaßen für die Winkelmessung an Rundachsen.

Semi-Closed Loop versus Closed Loop

Die Position einer numerisch geregelten Vorschubachse lässt sich grundsätzlich auf zwei Arten ermitteln:

1. Wird die Antriebsposition anhand der Steigung des **Kugelgewindetriebs** in Verbindung mit einem Drehgeber ermittelt *(Bild 1.7),* so übt der Kugelgewindetrieb eine Doppelfunktion aus. Als **Antriebskomponente** muss er große Kräfte übertragen, als **positionsbestimmende** Komponente muss er hohe Genauigkeit und Reproduzierbarkeit der Spindelsteigung bieten. Seine Funktion als Antriebskomponente führt aber zu einer Erwärmung des Kurbelgewindetriebs (siehe *Bild 1.11*) und damit zu dessen thermischer Verformung. Da der Positionsregelkreis jedoch lediglich den Drehgeber am Kugelgewindetrieb umfasst, werden diese Abweichungen nicht gemessen und somit auch nicht kompensiert. In diesem Fall spricht Heidenhain von einem Betrieb im **Semi-Closed Loop.** Positionsfehler der Achse sind unausweichlich und können die Werkstückqualität erheblich beeinflussen.

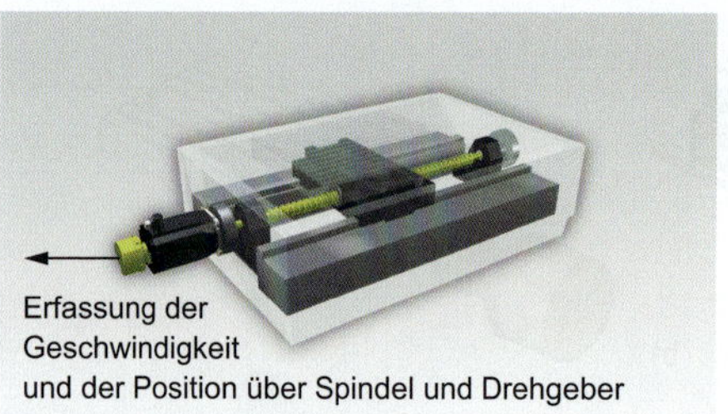

bit.ly/3c4boVg

Video 1

Bild 1.7: Semi-Closed Loop.

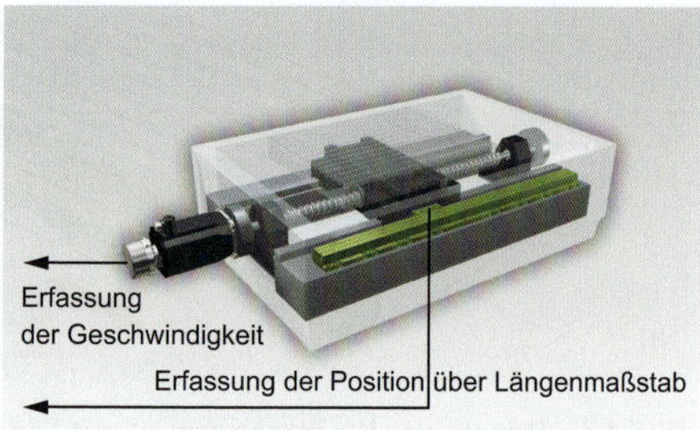

Bild 1.8: Closed Loop.

2. Ermittelt ein **Längenmessgerät** die Schlittenposition *(Bild 1.8)*, so umfasst der Positionsregelkreis die komplette Vorschubmechanik. Man spricht deshalb von einem Betrieb im **Closed Loop**. Spiel und Ungenauigkeiten in den Übertragungselementen der Maschine haben keinen Einfluss auf die Genauigkeit der Positionserfassung. Die Genauigkeit der Messung hängt nur von der Präzision und dem Einbauort des Längenmessgerätes ab.

Positionsabweichung durch mechanische Einflüsse

Kinematische Fehler

Kinematische Fehler, die der Positionserfassung über Vorschubspindel und Drehgeber (Semi-Closed Loop) direkt zugeordnet werden können, entstehen durch **Steigungsfehler der Kugelgewindespindel** und durch **Spiel** in der Vorschubmechanik. Steigungsfehler wirken sich direkt auf das Messergebnis aus, weil die Gewindesteigung des Kugelgewindetriebs als Maßverkörperung für die Längenmessung dient. Spiel in der Vorschubmechanik führt zu Umkehrspannen.

Die **Kompensation** von solchen Steigungsfehlern und Umkehrspannen ist mit den meisten Steuerungen möglich. Zur Bestimmung der Kompensationswerte sind jedoch aufwendige Messungen mit externen Messgeräten wie z. B. Interferometern oder Kreuzgittermessgeräten nötig (siehe *Bild 1.13*). Zudem sind die Umkehrspannen oft nicht über längere Zeiträume stabil und müssen deshalb entsprechend nachkalibriert werden *(Bild 1.9)*.

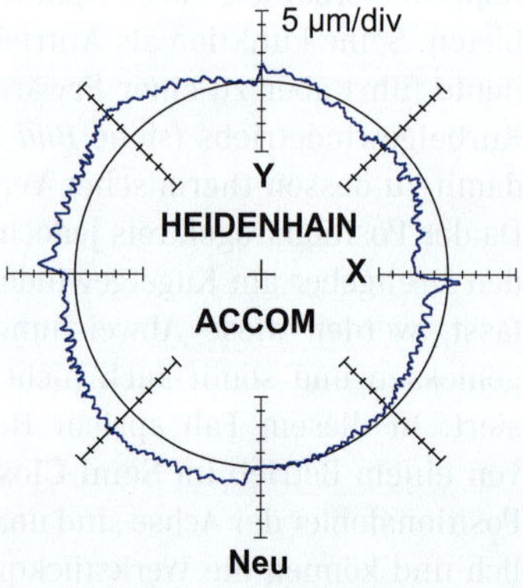

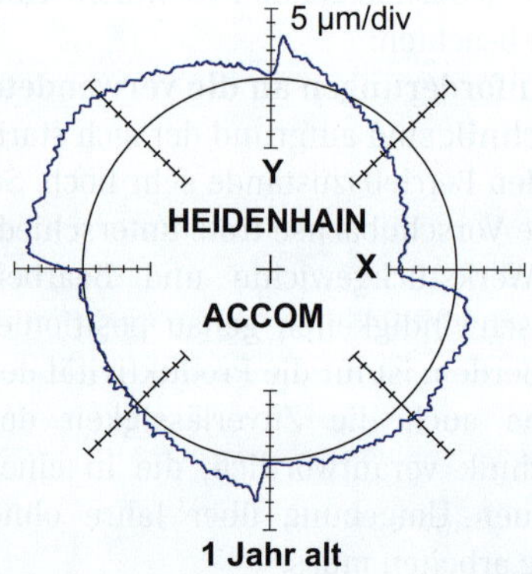

Bild 1.9: Kreisformtests eines Bearbeitungszentrums ohne Längenmessgeräte im Neuzustand und nach einem Jahr. Das Umkehrspiel hat in der X-Achse deutlich zugenommen.

Verformung der Vorschubmechanik durch Kräfte

Kräfte, die zur Verformung der Vorschubmechanik führen, bewirken eine Verschiebung der tatsächlichen Achsschlittenposition gegenüber der mit Vorschubspindel und Drehgeber erfassten Position. Hierbei handelt es sich im Wesentlichen um Massenkräfte beim Beschleunigen des Schlittens, Prozesskräfte der Zerspanung und Reibungskräfte in den Führungen.

Beschleunigungskräfte:

Bei einer typischen Schlittenmasse von 500 kg und einer moderaten Beschleunigung von 4 m/s^2 ergeben sich typische Verformungen von 10 µm bis 20 µm, die das Spindel-/Drehgeber-System nicht erkennen kann. Da der allgemeine Trend zu deutlich höheren Beschleunigungen geht, treten hier zunehmend größere Verformungen auf. *Bild 1.10* zeigt ein typisches Beispiel für beschleunigungs- und geschwindigkeitsabhängige Fehler an einem Vertikal-Bearbeitungszentrum im Semi-Closed Loop-Betrieb. Im Fall der Lageregelung mit Spindel und Drehgeber weichen die Kreise bei höheren Bahngeschwindigkeiten erheblich von der Idealform ab. Mit Längenmessgeräten zeigt dasselbe Bearbeitungszentrum eine deutlich bessere Konturtreue.

Schnittkräfte:

Die Schnittkräfte können zwar ohne weiteres im kN-Bereich liegen. Sie wirken aber nicht nur auf das Vorschubsystem, sondern auf die gesamte Struktur der Maschine. Die Verformung des Vorschubsystems hat an der Gesamtverformung der Maschine in der Regel nur einen geringen Anteil. Ein Längenmessgerät erkennt dementsprechend maximal diesen geringen Anteil, den die Steuerung wiederum ausregeln kann. Maßkritische Bauteile werden daher meist mit kleinen Vorschubkräften und dementsprechend geringen Verformungen der Maschine geschlichtet.

Reibungskräfte:

Die Reibungskräfte in den Führungen liegen je nach Art der Lagerung zwischen 1 % bis 2 % der Normalkraft für Rollenführungen und 3 % bis 12 % der Normalkraft für Gleitführungen. Mit einer Normalkraft von 5000 N ergeben sich somit Verformungen der Vorschubmechanik von 0,25 µm bis 6 µm.*

* HEIDENHAIN Technische Information „Genauigkeit von Vorschubachsen", März 2006; DR. JOHANNES HEIDENHAIN GmbH, 83301 Traunreut, www.heidenhain.de

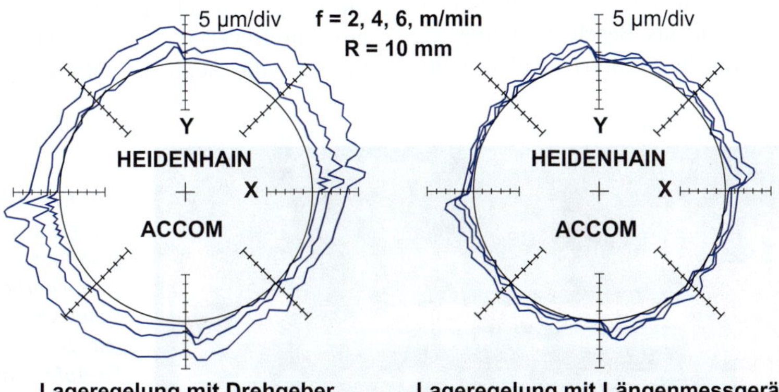

Bild 1.10: Kreisformtests eines mit Längenmessgeräten nachgerüsteten Bearbeitungszentrums. Mit Lageregelung via Spindel/Drehgeber weichen die Kreise bei höheren Vorschubgeschwindigkeiten von der Idealform erheblich ab. Mit Längenmessgeräten ist die Konturtreue deutlich besser.

Positionsabweichung durch Erwärmung der Kugelgewindespindel

bit.ly/2Ys6nCa

Video 2

Positionsabweichungen durch Erwärmung der Kugelgewindespindel stellen das größte Problem bei der **Positionserfassung im Semi-Closed Loop** dar. Ihre Ursache liegt in der Doppelfunktion des Kugelgewindetriebs. Einerseits soll er die Drehbewegung des Servomotors möglichst steif in eine lineare Vorschubbewegung umsetzen, andererseits muss er aber auch als präzise Maßverkörperung dienen. Diese Doppelfunktion stellt einen problematischen Kompromiss dar.

Sowohl die **Steifigkeit** als auch die **Erwärmung** hängen von der Vorspannung der Kugelgewindemutter und der Festlager ab. In der Kugelgewindemutter entsteht in der Regel der größte Teil der Reibung eines Vorschubsystems. In einem typischen Kugelgewindetrieb mit Durchmesser 32 mm liegt das Leerlauf- oder Reibmoment zwischen 0,5 Nm und 1 Nm. Das bedeutet, dass sich im Eilgang bei einer Drehzahl von 2000 U/min ca. 100 W bis 200 W Reibungswärme in der Kugelgewindemutter entwickeln.

In den letzten Jahren hat sich die **maximal zulässige Drehzahl von Kugelgewindetrieben** mehr als verdoppelt. Die Vorspannung und damit die Reibung der Mutter kann aber wegen der ständig steigenden Anforderung an das Beschleunigungsvermögen der Kugelgewindetriebe nicht reduziert werden. Die Wärmeentwicklung in Kugelgewindetrieben nimmt daher deutlich zu *(Bild 1.11)*. Im Extremfall muss die Mutter der Kugelgewindespindel gekühlt werden, um einen übermäßigen Verschleiß zu verhindern.

Den **Einfluss dieser Reibungswärme** auf die Genauigkeit der Vorschubachse zeigt deutlich die Untersuchung einer Maschine nach Norm ISO/DIS 230-3. Diese Norm beinhaltet Vorschläge wie thermische Verlagerungen von Dreh- und Fräsmaschinen infolge von externen und internen Wärmequellen einheitlich gemessen werden können. Grundsätzlich unterscheidet man Verformungen der Maschinenstruktur in Folge von Veränderungen der Umgebungsbedingungen oder durch Wärmeentwicklung im Hauptspindelantrieb. Für beide Fehlerarten schlägt die Norm entsprechende Messverfahren vor. Hinzu kommt die Positionsabweichung der Vorschubachse.

Gestelldeformation:
Die Gestelldeformation können z. B. fünf Messtaster ermitteln, die in einem thermisch möglichst invarianten Rahmen gegen einen in der Werkzeugaufnahme eingespannten Messzylinder messen *(Bild 1.12)*.

Achsdrift:
Für die Ermittlung der Achsdrift wird die Maschine mit einem definierten Bewegungsprofil verfahren. An mindestens zwei Punkten, die möglichst nahe an den Enden

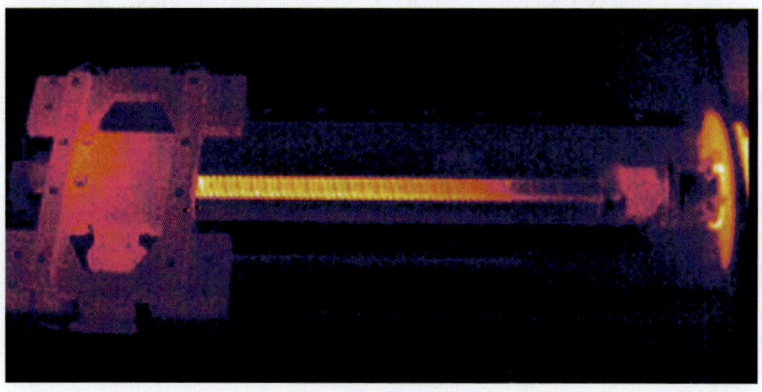

Bild 1.11: Erwärmung eines Kugelgewindetriebs mit einem mittleren Vorschub von 10 m/min. Die Thermografie-Aufnahme zeigt Temperaturen von 25 °C (dunkle Färbung) bis 40 °C (helle Färbung).

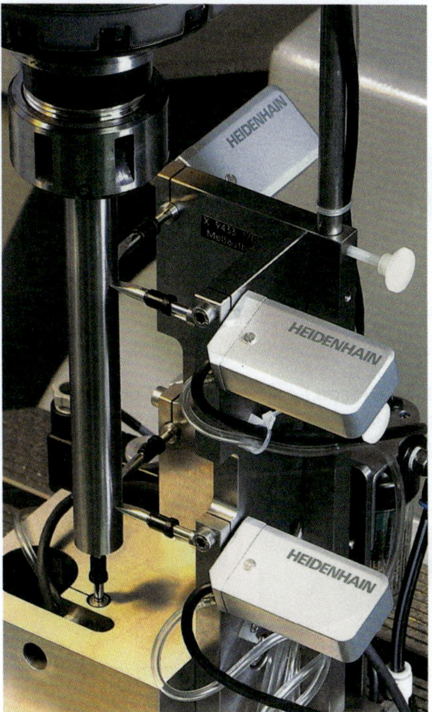

Bild 1.12: Messung der Gestelldeformation eines Bearbeitungszentrums nach ISO/DIS 230-3.

des Verfahrbereichs liegen, wird solange die Änderung der Position protokolliert, bis eine Sättigung der Positionsänderung eintritt. Außer dem **Laserinterferometer** können auch einfachere Testmittel wie z. B. **Messuhren** für den Achsentest verwendet werden. Dadurch sind solche Untersuchungen in jeder Werkstatt ohne großen Aufwand durchführbar. Vergleichsmessgeräte sind eine Lösung, um die Achsabweichungen in zwei Dimensionen simultan zu erfassen *(Bild 1.13)*. Neben der Messung entlang der Achse kann ein solches Vergleichsmessgerät maximale Abweichungen von +/- 1 mm senkrecht zur Achse ermitteln. Der zweidimensionale Lesekopf arbeitet berührungslos, sodass keine mechanischen Einflüsse des Messgerätes das Ergebnis verfälschen.

Bild 1.13: Vergleichsmessgerät zur Messung der Achsdrift.

Beispiel für die Messung von Positionsabweichungen: Werkstück mit Bohrmuster

Anhand der Simulation der Serienfertigung eines einfachen Werkstücks mit einem gleichmäßig über die Länge verteilten Bohrmuster ist es möglich, die Antriebsgenauigkeit einer Vorschubachse zu visualisieren. Dazu wird die Fertigung mehrerer Bauteile aus einer Serienproduktion an einem einzigen Rohteil simuliert. *Bild 1.14* beschreibt den Ablauf: Im ersten Schritt werden zwei Stirnflächen und drei Bohrungen bearbeitet. Die Fertigung weiterer Werkstücke wird anschließend simuliert, indem diese Bearbeitungsschritte ohne Werkzeugeingriff 30-mal wiederholt werden. Nach einer Zustellung um 2 mm erfolgt eine Wiederholung des ersten Schritts mit Werkzeugeingriff. Die Bearbeitung endet nach 10 Durchläufen, also 10 Bearbeitungen mit Werkzeugeingriff und insgesamt 270 Wiederholungen ohne Werkzeugeingriff. Die Bearbeitungszeit beträgt 70 min.

Im **Semi-Closed Loop-Betrieb** zeichnet sich im Laufe der Bearbeitung die ther-

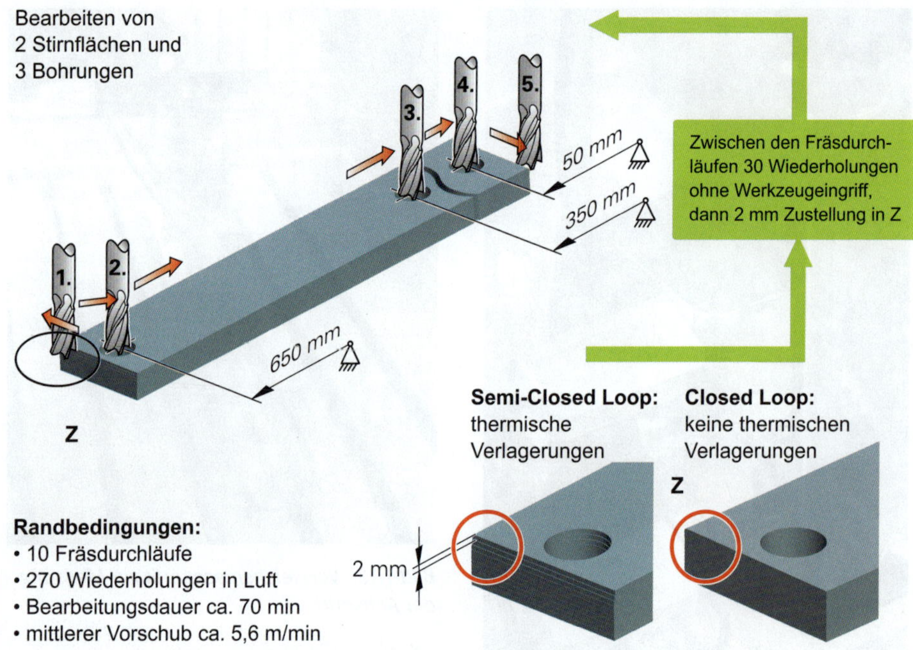

bit.ly/2Syuknk
Video 3

Bild 1.14: Einfaches Werkstück zur Visualisierung von thermischen Verlagerungen im Semi-Closed Loop.

mische bedingte Abweichung als Stufenbildung auf der Stirnseite sowie in den Bohrungen ab und verdeutlicht somit anschaulich die Auswirkungen der Erwärmung von Kugelumlaufspindeln. Die thermische Drift an der am weitesten vom Festlager der Kugelumlaufspindel gefertigten Bohrung beträgt 213 µm *(Bild 1.15)*.

Vergleichbare Ergebnisse liefert eine Prüfung der thermischen Positionsstabilität nach DIN ISO 230-3 mit einem **Kreuzgittermessgerät**. Dabei wird die Achse 70 min lang mit dem Bearbeitungsvorschub von 5,6 m/min hin und her bewegt. Mit zunehmendem Abstand der Kugelgewindemutter vom Festlager des Kugelgewindetriebs steigt die Positionsdrift *(Bild 1.16)*. Diese thermische Drift kann im **Closed Loop** durch die Verwendung von präzisen Längenmessgeräten kompensiert werden. Die üblicherweise zur Maschinenabnahme verwendeten Tests nach VDI-DGQ 3431 und DIN/ISO 230-2 zur Maschinengenauigkeit erfassen diese thermischen Fehler nicht.

Aufbau und Funktionsweise von gekapselten Längenmessgeräten

Unabhängig vom verwendeten **Messprinzip** (optisch oder magnetisch) und vom **Messverfahren** (inkremental oder absolut) haben **gekapselte Längenmessgeräte** grundsätzlich folgenden Aufbau *(Bild 1.17)*:

Auf einem Maßstab läuft ein **Abtastwagen**, den in der Regel fünf Kugellager fest auf dem Maßstab führen. Eine Kupplung zwischen Montagefuß und Abtastwagen räumt die notwendige Montagetoleranz für den Anbau in der Maschine ein. Druck- und Zugfedern verhindern ein Abheben des Abtastwagens. Ein Gehäuse aus Aluminium oder Stahl schützt das ganze System, zusätzlich schließen ein oder zwei Dichtlippenpaare das Gehäuse gegen das Eindrin-

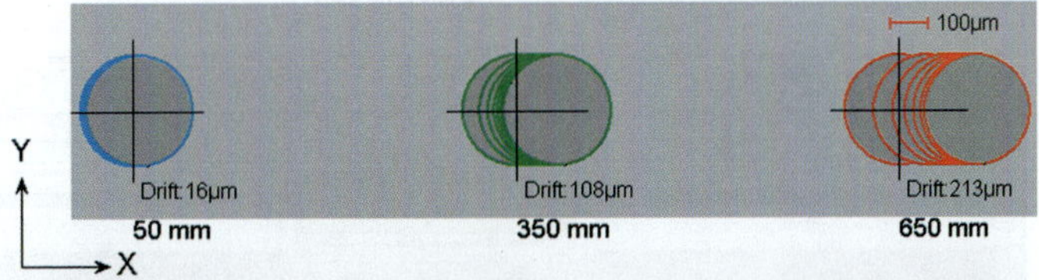

Bild 1.15: Vergleich der beiden Werkstücke: links bis zu 213 µm Abweichung im Semi-Closed Loop, rechts 4 µm Abweichung im Closed Loop.

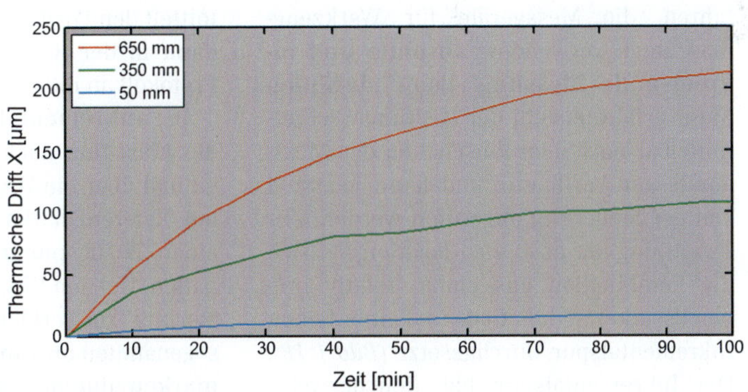

Bild 1.16: Drift dreier Positionen bei der Messung der Positioniergenauigkeit nach ISO/DIS 230-3. Im Semi-Closed Loop-Betrieb ist eine deutliche Drift infolge des thermischen Wachstums der Kugelgewindespindel zu erkennen.

gen von Partikeln und Feuchtigkeit ab. Um den Schutz gegen das Eindringen von Flüssigkeit oder kleinen Partikeln zu erhöhen, kann das Gehäuse mit gereinigter Druckluft geflutet werden.

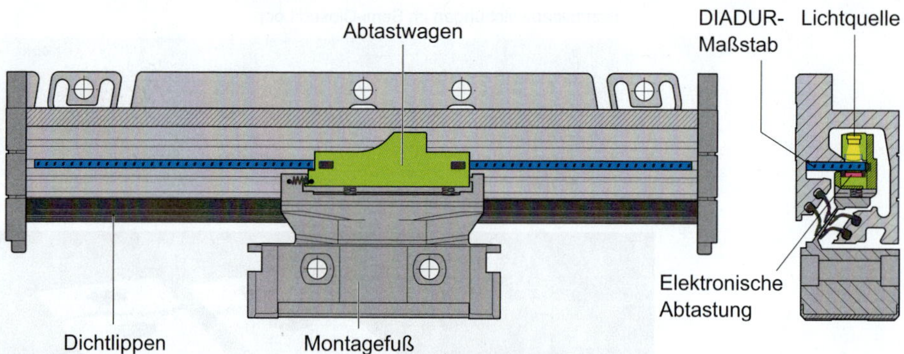

Bild 1.17: Aufbau eines gekapselten optischen Längenmessgerätes

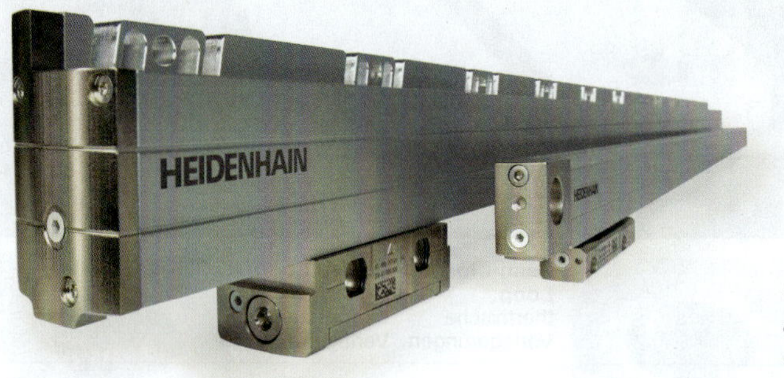

bit.ly/2WjYIZm
Video 4

Bild 1.17a: Längenmessgeräte für Werkzeugmaschinen.

Messverfahren

Im Wesentlichen gibt es zwei Messverfahren, die Messgeräte für Werkzeugmaschinen verwenden: **absolute und inkrementale Messung**. Beim **absoluten** Messverfahren steht der Positionswert unmittelbar nach dem Einschalten des Messgeräts zur Verfügung und kann jederzeit von der Steuerung abgerufen werden. Zur Ermittlung der absoluten Position hat sich die Kombination aus einem relativ groben Pseudo-Random-Code und einer feinen Inkrementalspur durchgesetzt *(Bild 1.18)*. Die Inkrementalspur hat üblicherweise eine Signalperiode von 100 µm bis 20 µm und kann hoch interpoliert werden. Die Codespur ermittelt die absolute Position – jedes Strichmuster der Basislänge des Codes, z. B. 16 Bit, ist nur einmal auf dem Maßstab vorhanden. Die Messgeräte-Elektronik verknüpft die beiden Spuren und ermittelt den Positionswert. Diesen überträgt dann in der Regel ein digitales, serielles Protokoll an die Steuerung.

Bei **inkrementalen** Messgeräten muss die Maschine nach dem Einschalten erst einmal über die Wegstrecke bis zur nächsten Referenzmarke gefahren werden, um einen Bezugspunkt für die Achse zu erhalten. Um den Weg bis zur ersten Referenzierung zu verkleinern, haben sich die sogenannten **abstandscodierten Referenzmarken** durchgesetzt. Der Abstand zwischen zwei benachbarten Referenzmarken ist für einen Maßstab einmalig, sodass die Steuerung nach dem Überfahren von zwei Referenzmarken die Position eindeutig ermitteln kann. Die maximal benötigte Weg-

Bild 1.18: Schematische Darstellung einer Codestruktur mit zusätzlicher Inkrementalspur.

strecke liegt heute bei Werten von nur noch 20 mm *(Bild 1.19)*. Die Ausgangssignale sind oft sinusförmig mit einer Amplitude von 1 Vss.

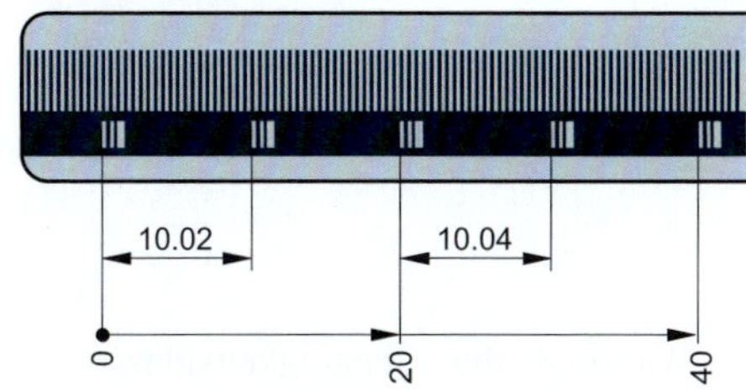

Bild 1.19: Schematische Darstellung einer inkrementalen Teilung mit abstandscodierten Referenzmarken.

Messprinzipien

Gekapselte Längenmessgeräte arbeiten hauptsächlich mit **optischen Messverfahren** *(Bild 1.20)*. Dies liegt an den im Vergleich zu **magnetischen** oder **induktiven** Messprinzipien kleineren Signalperioden. So kann ein optisches Messgerät eine 20 µm-Spur zuverlässig abtasten. Kleine Signalperioden ermöglichen kleine Messschritte, die für eine homogene Oberfläche des Werkstücks verantwortlich sind.

Für die Zuverlässigkeit des Messgeräts sind der Aufbau und das Design der Optik maßgeblich verantwortlich. Eine **Einfeldabtastung** für die Inkrementalspur und eine **Gegentaktabtastung** für den Pseudo-Random-Code haben sich als sicherste Kombination herausgestellt.

Messgenauigkeit

bit.ly/2YDtvxL
Video 5

Bei der Genauigkeit von gekapselten Längenmessgeräten unterscheidet man zwei Angaben voneinander: die **Genauigkeitsklasse** und den **Interpolationsfehler** *(Bild 1.21)*. Die Genauigkeitsklasse gibt die Abweichung des Messwertes vom Istwert bei einer Messung über eine bestimmte Strecke, z.B. über 1 m, an. Der Interpolationsfehler gibt die Positionsabweichung innerhalb einer Signalperiode an.

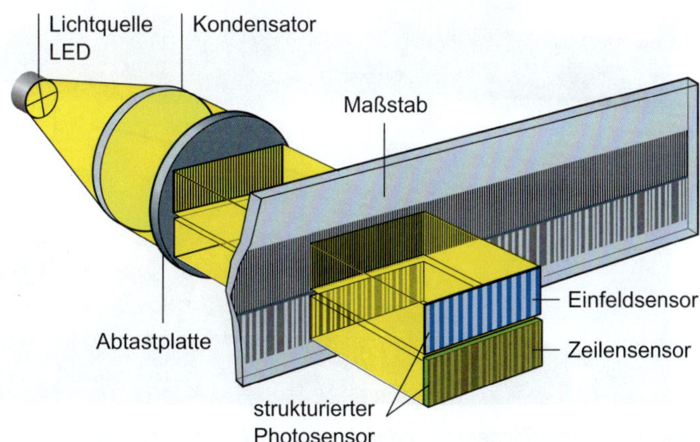

Bild 1.20: Aufbau eines Sensors mit Einfeldabtastung und Gegentakt-Pseudo-Random-Code.

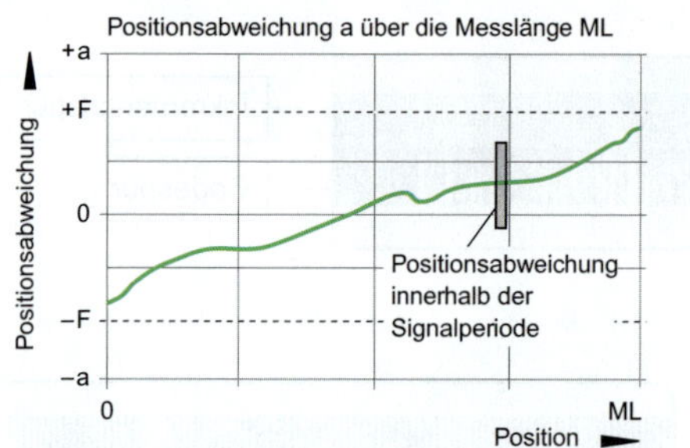

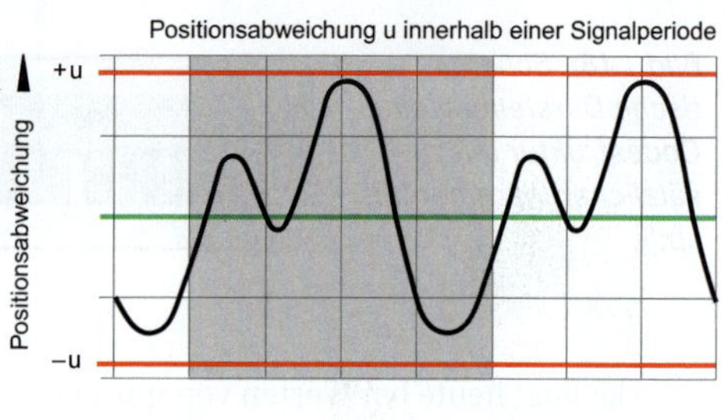

Bild 1.21: Definition von Genauigkeitsklasse und Interpolationsfehler.

Während die Genauigkeitsklasse bei Messungen über größere Strecken Rückschlüsse auf die Positioniergenauigkeit der Maschine zulässt, beeinflusst die Positionsabweichung in einer Signalperiode die Oberflächengüte und die Dynamik - vor allem bei **Direktantrieben wie Linear- oder Torquemotoren.** Da das menschliche Auge sehr sensibel auf kleine, periodische Strukturabweichungen reagiert, sollte die Positionsabweichung innerhalb der Signalperiode +/- 0,2 µm nicht überschreiten, um eine perfekte Werkstückoberfläche zu erzeugen.

Am Testwerkstück in *Bild 1.22* ist der Einfluss des Interpolationsfehlers auf die Werkstückoberfläche sichtbar. Die linke Fläche hat eine Maschine bearbeitet, deren Längenmessgerät +/- 0,5 µm Interpolationsfehler aufweist. Ein deutliches Wellenmuster ist erkennbar. In der Mitte ist ein Interpolationsfehler von +/- 0,2 µm noch leicht erkennbar. Die rechte Fläche hat eine Maschine bearbeitet, deren Längenmessgerät einen Interpolationsfehler deutlich unter +/- 0,2 µm aufweist. Abweichungen auf der Fläche sind nicht mehr sichtbar.

Bild 1.22: Oberflächenfehler durch zu große Interpolationsfehler des Längenmessgerätes.

Bild 1.22a: Winkelmessgeräte für Werkzeugmaschinen.

Genauigkeit von Rundachsen

Positionsabweichungen einer Vorschubachse im **Semi Closed Loop** auf Grund von Erwärmungen sind natürlich nicht auf Linearachsen beschränkt. Auch bei Rundachsen ermöglichen hochgenaue Winkelmessgeräte eine deutliche Erhöhung der Genauigkeit und Reproduzierbarkeit.

Bild 1.23 zeigt die asymmetrische Temperaturverteilung eines Rundtisches mit Schneckengetriebe in den ersten 15 Minuten einer Pendelbewegung von der Ausgangsposition auf 180°, wieder zurück in die Ausgangsposition, dann auf - 180° und wieder zurück in die Ausgangsposition. Die maximale Drehzahl ist 12,5 U/min. Ein deutlicher Temperaturanstieg von 21 °C auf bis zu 30 °C führt unweigerlich zu einem Winkelfehler von bis zu 10" im Semi Closed Loop.

Im Closed-Loop-Betrieb mit einem Winkelmessgerät haben diese Erwärmungen keinen Einfluss auf die Positioniergenauigkeit *(Bild 1.24)*.

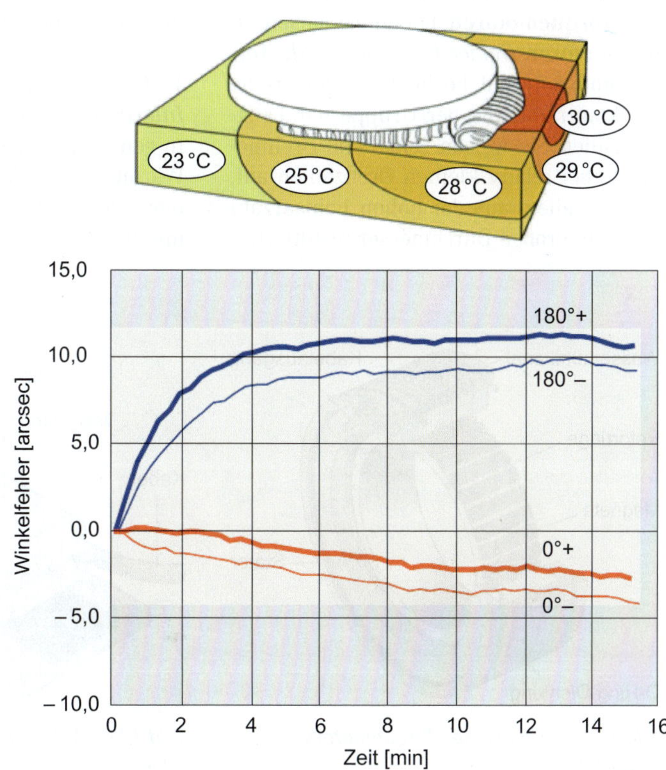

Bild 1.23: Winkelfehler im Semi Closed Loop.

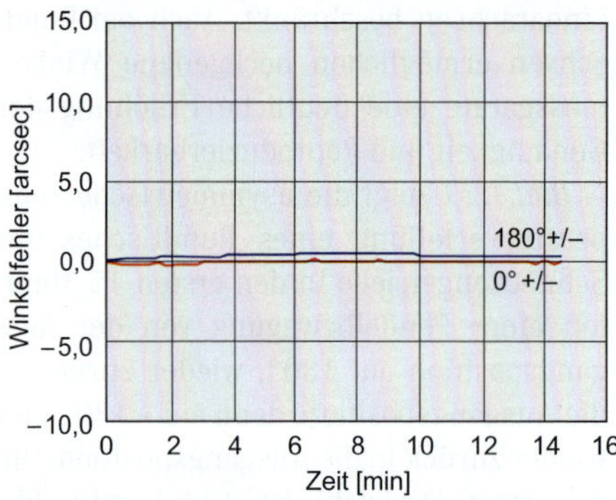

Bild 1.24: Winkelfehler im Closed Loop .

Anforderungen von Direktantrieben an die Messtechnik *(Bild 1.25 und 1.26)*

Direktantriebe ermöglichen eine Vorschubbewegung ohne mechanische Getriebe bzw. Kugelgewindespindeln. Sie setzen die elektrische Energie direkt in die gewünschte Bewegung um. Bei Rundachsen verwendete elektrische Direktantriebe sind **Torquemotoren**, bei Linearachsen **Linearmotoren** *(Bilder 1.25 und 1.26)*. **Torquemotoren** sind hochpolige, elektrische Direktantriebe aus der Gruppe der Langsamläufer. Sie weisen sehr hohe Drehmomente bei relativ kleinen Drehzahlen auf, was vor allem aus der hohen Polpaarzahl und dem großen Durchmesser resultiert.

Vor allem die Verschleißfreiheit und die hohe Produktivität haben dazu geführt, dass in immer mehr Werkzeugmaschinen diese Antriebstechnik zum Einsatz kommt. Während beim Linearmotor die großen zu bewegenden Massen des Maschinentischs die Dynamik und die Effizienz einschränken, kann der Torquemotor im Rundtisch seine Vorteile ganz ausspielen.

Um die technischen Möglichkeiten des Direktantriebs voll auszuschöpfen und seine Dynamik nicht zu limitieren, müssen die Messgeräte möglichst kleine Interpolationsfehler aufweisen. Die Ursache für diesen Zusammenhang liegt im **speziellen Regelkreis dieser Antriebstechnik** *(Bild 1.27)*. Das Messgerät liefert die Signale für den Lage- und Geschwindigkeitsregler. Der für eine hohe Dynamik nötige Verstärkungsfaktor im Regelkreis hebt auch die Signalfehler des Messgerätes an. Dies kann zu unerwünschten Effekten wie einer hohen Geräuschentwicklung oder Verlustleistung im Motor führen.

Verlustleistung aufgrund großer Interpolationsfehler

In genauen Werkzeugmaschinen muss der Wärmeeintrag der Antriebe so weit wie möglich vermieden werden. Messgeräte mit zu geringer Auflösung und großen In-

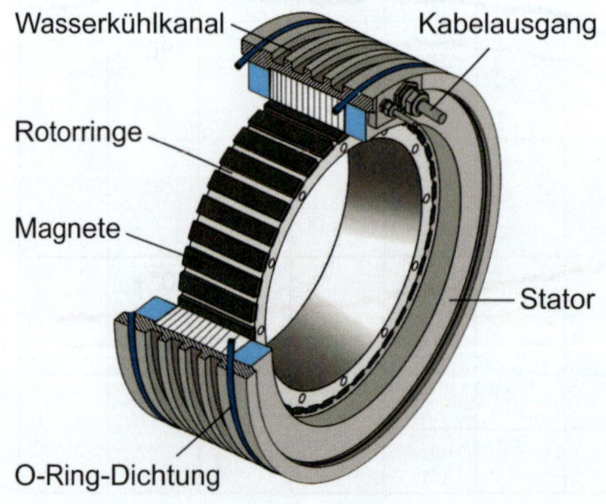

Bild 1.25: Aufbau eines Torquemotors (Quelle: ETEL).

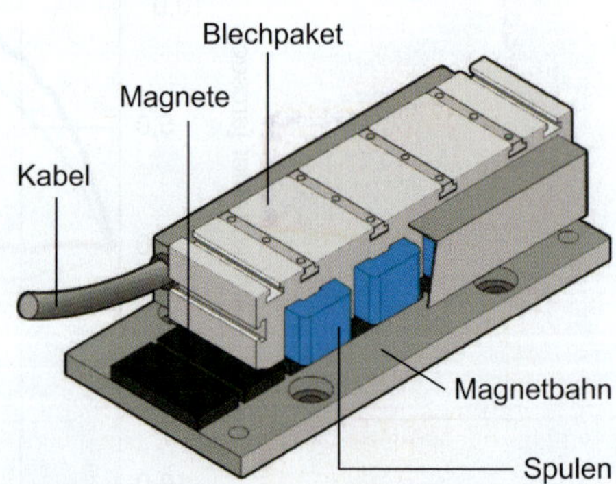

Bild 1.26: Aufbau eines Linearmotors (Quelle: ETEL).

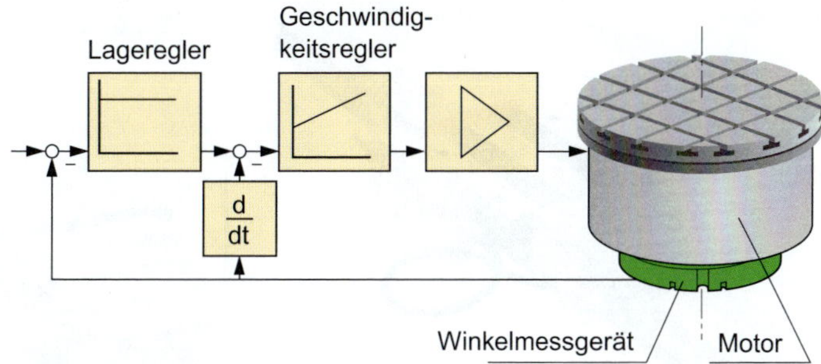

Bild 1.27: Regelkreis bei einem Torquemotor.

terpolationsfehlern stören den Gleichlauf des Direktmotors erheblich. Der Regelkreis versucht diese Geschwindigkeitsunterschiede durch entsprechende (Gegen-)Beschleunigungen zu eliminieren. Diese Verlustleistung führt zur Erwärmung des Motors und somit zur Erwärmung der Maschinenstruktur *(Bild 1.28)*.

Die Erwärmung eines Rundtisches lässt sich auch sehr anschaulich mit Thermographieaufnahmen darstellen *(Bild 1.29 und 1.30)*.

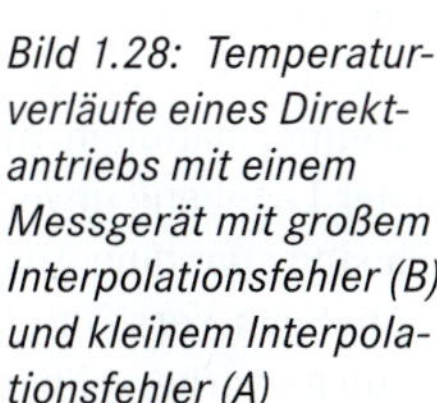

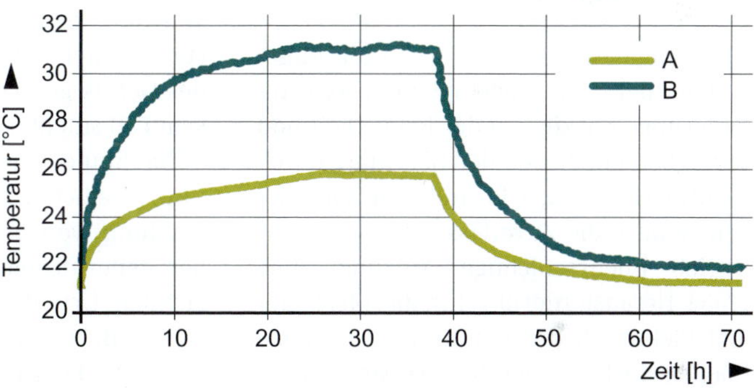

Bild 1.28: Temperaturverläufe eines Direktantriebs mit einem Messgerät mit großem Interpolationsfehler (B) und kleinem Interpolationsfehler (A)

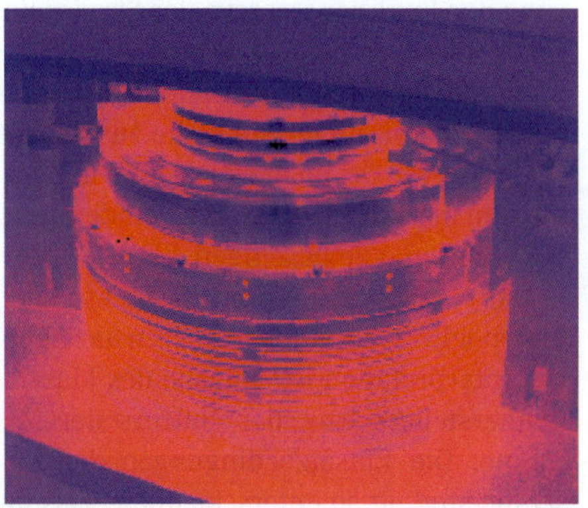

Bild 1.29: Niedrigere Temperatur mit Messgerät A.

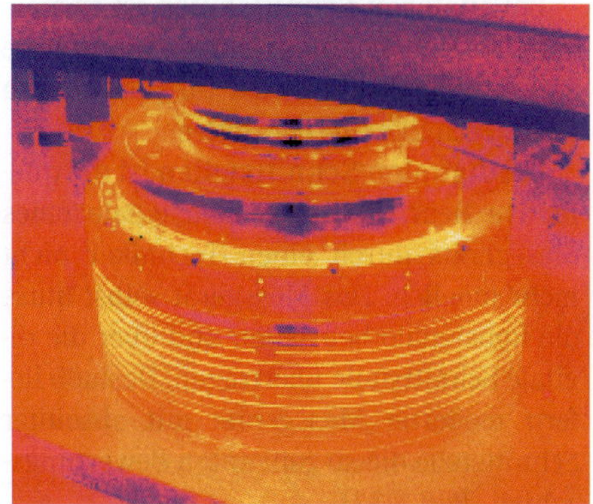

Bild 1.30: Höhere Temperatur mit Messgerät B.

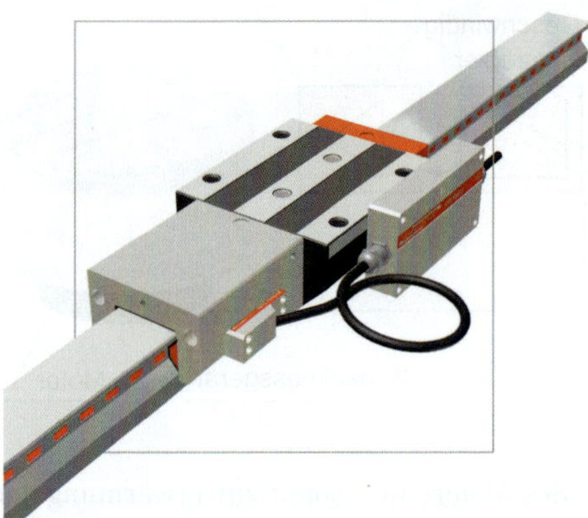

Bild 1.31: Rollenumlaufführung mit angebauten Messwagen, Lesekopf und Auswertelektronik. (Quelle: Schneeberger)

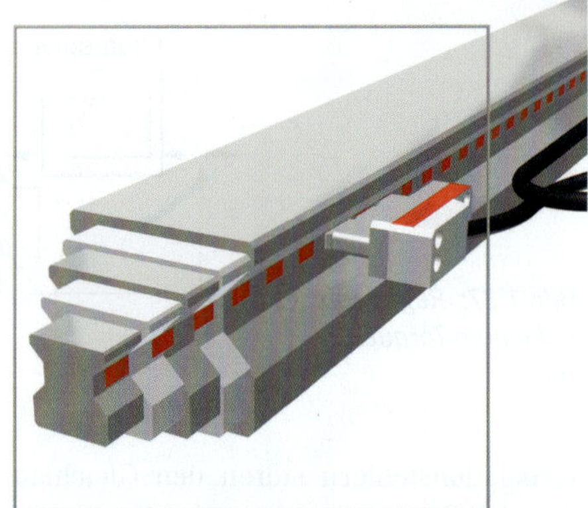

Bild 1.32: Integriertes Wegmesssystem mit der Darstellung verschiedener Führungsgrößen. (Quelle: Schneeberger)

1.5 Einfache Diagnose von Messgeräten

Werkzeugmaschinen stellen an die Messsysteme der Achsen und Spindeln hohe Anforderungen bezüglich der Robustheit und Verfügbarkeit. Neben der Belastung durch Kühlflüssigkeiten, Öle und den Vibrationen ist auch die Zuverlässigkeit im Dauerbetrieb (mehrschichtige Nutzung) eine große Herausforderung für die Mechanik und Elektronik der Geräte. Durchgängige Diagnosetools für den Service sind unumgänglich, um im Fehlerfall möglichst schnell die Ursache zu ermitteln.

Bei **analogen Schnittstellen** ist es möglich, die Signale eines Geräts ohne weitere Signalaufbereitung direkt im Gerät durch einen Techniker zu beurteilen.

Bei **digitalen Schnittstellen** ist die qualitative Beurteilung der Rohsignale eines Messgeräts durch einen Techniker nicht mehr möglich. Das Messgerät selbst muss die Rohsignale beurteilen und über die digitale Schnittstelle übertragen. Deshalb liefern moderne Messgeräte mit absoluter Schnittstelle die so genannten Bewertungszahlen *(Bild 1.33)*.

Die Bewertungszahlen stellen die sogenannte Funktionsreserve als Wert zwischen 0 und 255 dar. Bei einer Unterschreitung des Wertes 80 schickt das Gerät eine Warnung über das Protokoll an die Steuerung – unter 30 wird in der Regel ein Alarm des Geräts gesetzt und übertragen. In diesem Fall stoppt die Maschine.

Im Sinne der vorausschauenden Wartung (Predictive Maintenance) ist eine Verdichtung von Diagnoseinformationen in der Steuerung oder in der Leitebene unverzichtbar. Grundsätzlich sind spontane Ausfälle, z. B. bei einer einmaligen Verschmutzung mit Flüssigkeit, nicht vorhersehbar. Bei der Verdichtung über die Zeit kann jedoch bei einer kontinuierlichen Veränderung der Funktionsreserve der Serviceeinsatz geplant werden.

Im Falle von durch Vibration verursachten Störungen ist meistens die zusätzliche Diagnose vor Ort an der Maschine notwendig, um die Vibrationsursache eindeutig zu erkennen und zu beseitigen.

Das Messgerät kann nur Diagnosedaten und mögliche Funktionsreserven anzeigen. Die Interpretation ist Aufgabe des Maschinenherstellers bzw. des Nutzers der Maschine. Die Einsatzbedingungen der Maschine sind oft so unterschiedlich, dass für eine belastbare Aussage für die vorbeugende Wartung eine Analyse vor Ort über

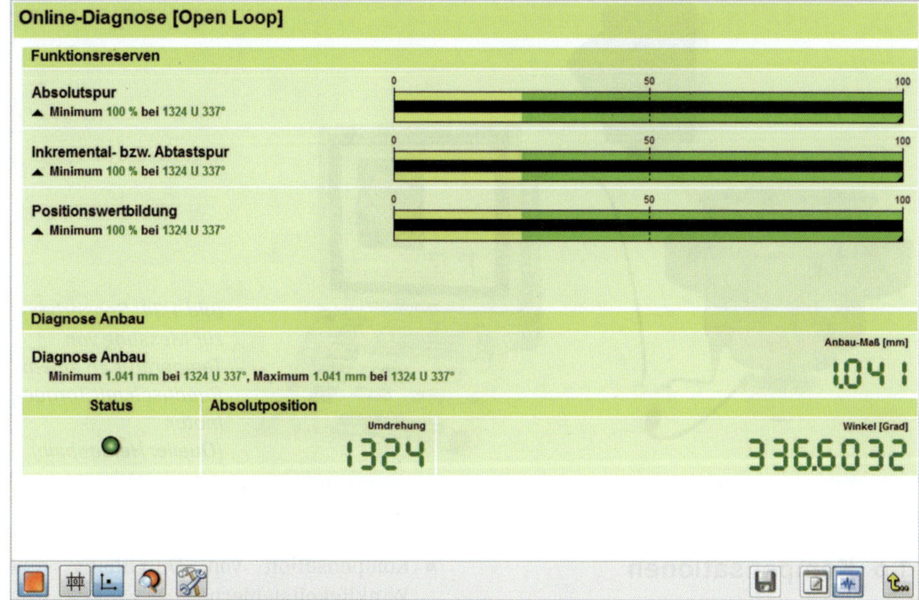

Bild 1.33: Digitale Schnittstellen ermöglichen die Online-Diagnose von Messsystemen mit Hilfe von Anzeigen der Parameter (Bewertungszahlen). (Quelle: Heidenhain)

eine große Anzahl an Maschinen nötig ist. Die Herausforderung besteht darin, das Expertenwissen so zu visualisieren, der Zustand der Maschine und der Messysteme verständlich diagnostiziert werden kann.

Überwachung des Torquemotors

Um in einem Rundtisch mit Torquemotor die maximale Leitung abzurufen, ist eine Temperaturüberwachung aller drei Motorwicklungen unumgänglich. Die kritische Bearbeitungssituation ist das Halten großer Bearbeitungskräfte im Stillstand. Dabei kann eine asymmetrische Verteilung des Motorstromes auftreten, die zu einer Überlastung einer der drei Motorwicklungen führen kann. Diese kann nur durch eine Überwachung der einzelnen Motorwicklungen detektiert werden.

Eine andere Überwachungsaufgabe richtet sich auf die Lagerreibung des Winkelmessgeräts. Die Lagerreibung kann dazu führen, dass die maximale Arbeitstemperatur des Messgeräts überschritten wird. Das kann passieren, wenn ein Rundtisch sehr lange mit maximaler Drehzahl arbeitet. Da moderne Werkzeuge sehr hohe Schnittgeschwindigkeiten ermöglichen, führt die höhere Drehzahl eines Rundtisches unmittelbar zu höherer Produktivität. Um ein Überschreiten der maximalen Arbeitstemperatur zu verhindern, ermitteln gekapselte Winkelmessgeräte (z. B. HEIDENHAIN RCN) die Temperatur und übertragen sie an die Steuerung.

Im *Bild 1.34* werden die Temperaturen digital an die Steuerung übertragen. In beiden Fällen kann die Steuerung einen Komponentenschaden verhindern, indem z. B. die Drehzahl verringert, der Bediener gewarnt oder der Prozess unterbrochen wird. Im Gegensatz zur analogen Sensorübertragung zur Steuerung hat die digitale Datenübertragung zahlreiche Vorteile. So werden unter anderem der Verkabelungsaufwand und der Einfluss von externen Feldern auf das Messergebnis erheblich reduziert.

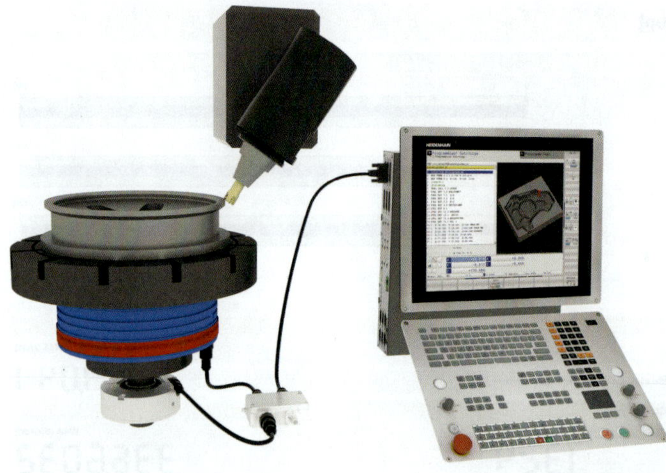

Bild 1.34: Sensorbox zur Messung von Temperatur an einem Rundtisch mit Torquemotor. (Quelle: Heidenhain)

1.6 Kompensationen

Die Genauigkeit von Werkzeugmaschinen wird durch **mechanisch bedingte Abweichungen** von der idealen Geometrie oder **Fehler in der Kraftübertragung** und in den **Messsystemen** beeinträchtigt. Bei der Werkstückbearbeitung können **Temperaturunterschiede** und **mechanische Kräfte** zu Präzisionsverlusten führen.

Ein Teil dieser systematischen Abweichungen lässt sich in der Regel bei der Inbetriebnahme der Maschine messen und während des Betriebs kompensieren, gestützt auf die Lage-Istwert-Geber und zusätzliche Sensorik. Dazu besitzen moderne CNCs achsspezifische wirksame Kompensationsfunktionen. Allerdings sollte beachtet werden, dass Kompensationen durch die CNC lediglich ein **Hilfsmittel für Korrekturen in begrenzten Umfängen** ist. Für die Präzision einer Maschine ist in erster Linie die mechanische Konstruktion und deren Genauigkeit verantwortlich.

Es stehen folgende Kompensationsfunktionen zur Verfügung:

- Losekompensation
- Spindelsteigungsfehlerkompensation
- Reibkompensation (Quadrantenfehler-Kompensation)
- Kompensation von Durchhang- und Winkligkeitsfehlern
- Temperaturkompensation
- Volumenkompensation
- Nick und Gear-Kompensation
- Dynamische Vorsteuerung (Schleppfehler-Kompensation)
- Elektronischer Gewichtsausgleich
- Kompensation dynamischer Abweichungen

Die Kompensationsfunktionen lassen sich für jede Maschine mit Hilfe von Maschinenparametern individuell einstellen. Die normale Ist- und Sollpositionsanzeige berücksichtigt die Kompensationswerte nicht und zeigt die Positionswerte einer „idealen Maschine" an.

Losekompensationen

(Bild 1.35 und 1.36)

Bei der Kraftübertragung zwischen einem bewegten Maschinenteil und seinem Antrieb (z.B. Kugelrollspindel) tritt Umkehrspiel (Lose) auf. Eine völlig spielfreie Einstellung der Mechanik ist unmöglich und hätte einen zu hohen Verschleiß zur Folge. Auch in der Verbindung zwischen dem Maschinenteil und dem Messsystem treten

Positive Lose

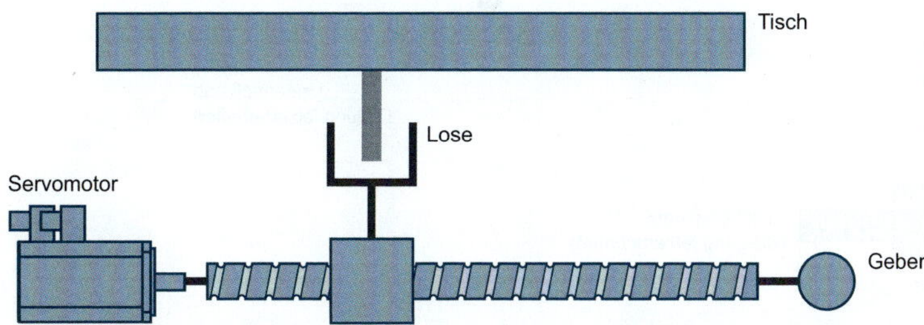

Bild 1.35: Das mechanische Umkehrspiel beeinflusst die Qualität der Werkzeugmaschine: Der Geber eilt dem Maschinenteil (Tisch) z. B. im Falle der positiven Lose voraus. Da damit auch die vom Geber erfasste Istposition der tatsächlichen Istposition des Tisches vorauseilt, fährt der Tisch in diesem Fall zu kurz.

Lose auf. Diese **mechanischen Lose** können das Bearbeitungsergebnis der Werkzeugmaschine negativ beeinflussen. Eilt zum Beispiel der Geber aufgrund der Lose dem Maschinentisch voraus, wird auch die gemessene Istposition früher erreicht, aber der tatsächliche Verfahrweg des Maschinentisches ist zu kurz, d.h. es entstehen Bearbeitungstoleranzen.

Während der Inbetriebnahme muss der Maschinenhersteller diese mechanischen Umkehrlose messen, indem er pro NC-Achse einen Punkt jeweils aus zwei Richtungen anfährt. Der so ermittelte Positionsunterschied muss in die Maschinenparameter der verwendeten CNC eingetragen werden. Während des Betriebs der Werkzeugmaschine werden diese Kompensationswerte automatisch aktiviert und der Losekompensationswert als Lageistwert bei jeder Richtungsänderung der Achse auf die betreffende Achse aufgeschaltet.

Spindelsteigungskompensation

(Bild 1.37)

Das Messprinzip der **„indirekten Messung"** (der Positionsgeber befindet sich im Servomotor der Antriebsachse oder am freien Ende der Kugelumlaufspindel) bei CNC-Maschinen geht davon aus, dass an jeder beliebigen Stelle innerhalb des Verfahrbereichs die Steigung der Kugelrollspindel konstant ist, sodass die Istposition der Achse

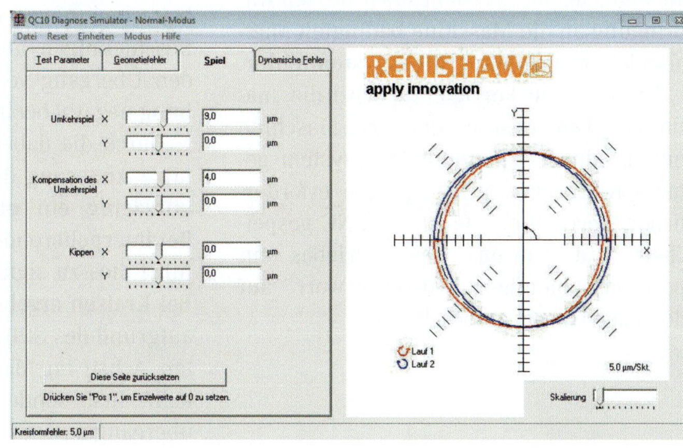

Bild 1.36: Mit Hilfe eines Kreisformtests kann das Umkehrspiel in der X-Achse gemessen werden und über die Losekompensation wird dieser Fehler in der CNC kompensiert.

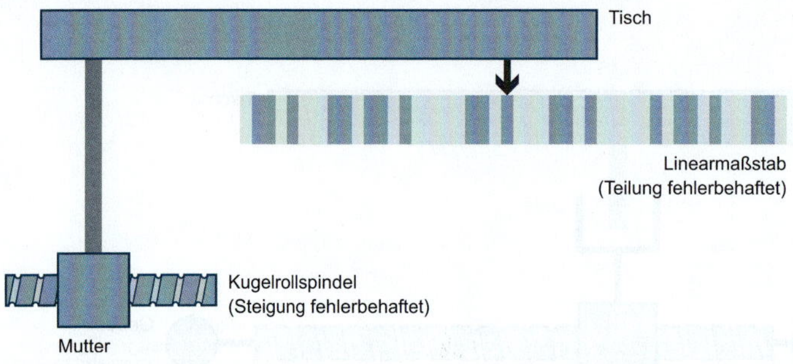

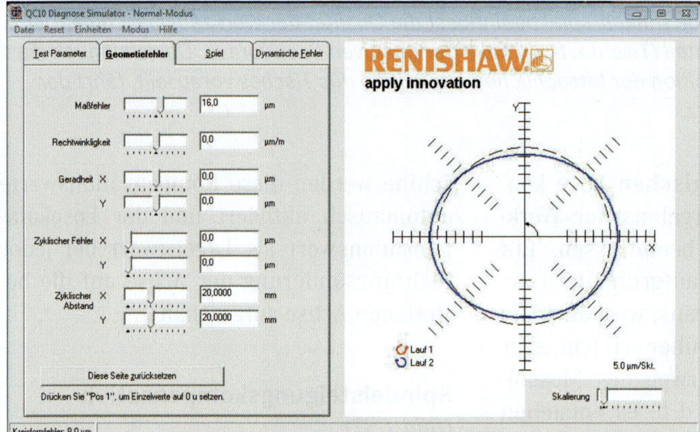

Bild 1.37: Der Maßversatz in der X- und Y-Achse durch die fertigungsbedingten Toleranzen der Kugelrollspindeln führt zu Interpolationsfehlern der Achsen. Er kann durch den Renishaw-Kreisformtest gemessen und mit Hilfe der Spindelsteigungskompensation in der CNC korrigiert werden.

von der Position der Antriebsspindel abgeleitet werden kann. Durch die Fertigungstoleranzen bei Kugelrollspindeln kommt es jedoch je nach Genauigkeitsklasse zu mehr oder weniger großen Maßabweichungen, den sog. **Spindelsteigungsfehlern**.

Hierzu addieren sich u. U. noch die vom verwendeten Messsystem sowie dessen Anbringung an die Maschine bedingten Maßabweichungen, die sog. **Messsystemfehler**.

Um diese zu korrigieren, wird die „natürliche Fehlerkurve“ der CNC-Maschine mittels einem separatem Messsystem gemessen (Laservermessung), die erforderlichen Korrekturwerte in der CNC gespeichert und während des Betriebes ein positionsabhängiger Korrekturwert auf den Lage-Istwert aufgeschaltet.

Reibkompensation oder Quadrantenfehler-Kompensation *(Bild 1.38)*

Neben der Massenträgheit und den Bearbeitungskräften haben die Reibungskräfte in den Getrieben und Führungsbahnen der Maschine Auswirkungen auf das Verhalten der Maschinenachsen. Die Konturgenauigkeit einer Achse wird insbesondere beim Beschleunigen aus dem Stillstand durch den Übergang von der Haft- zur Gleitreibung negativ beeinflusst.

Durch die dabei auftretende sprungförmige Änderung der Reibkraft, ergibt sich kurzzeitig ein **erhöhter Schleppfehler**. Bei interpolierenden Achsen (Bahnachsen) führt dies zu signifikanten Konturfehlern. Bei Kreisen ergeben sich die Konturfehler aufgrund des Stillstands einer der beteiligten Achse im Moment der Richtungsumkehr, insbesondere an den Quadrantenübergängen.

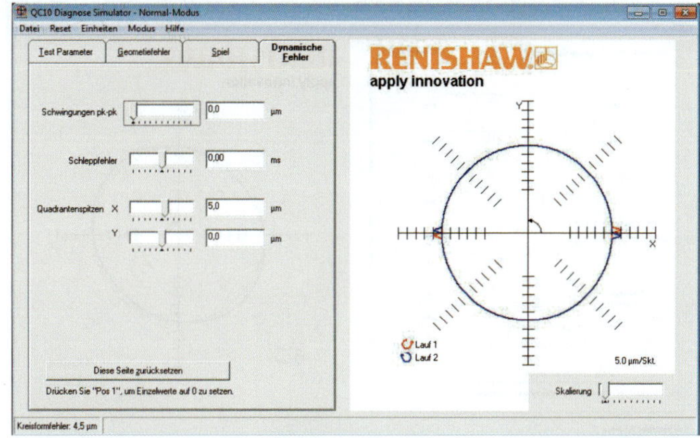

Bild 1.38: Quadrantenfehler durch Beschleunigen in der Richtungsumkehr der X-Achse, gemessen mit einem Renishaw-Kreisformtest, kann durch die Reibkompensation korrigiert werden.

Die **Reib- bzw. Quadrantenfehlerkompensation** wird daher beim Beschleunigen der Achse aus dem Stillstand, d.h. im Übergang von Haft- zu Gleitreibung, ein zusätzlicher Drehzahl-Sollwertimpuls als Kompensationswert aufgeschaltet. Dadurch lassen sich Konturfehler an den Quadrantenübergängen von Kreiskonturen fast vollständig vermeiden.

Während der Inbetriebnahme der Werkzeugmaschine muss der Maschinenhersteller die Ausgangsgüte der Kreiskontur an den Quadrantenübergängen mit Hilfe des **Kreisformtests** ermitteln. Dazu kann entweder ein CNC-internes Tool oder ein externes Messgerät (z.B. Renishaw-Kreisformtest QC10) verwendet werden. Die ermittelten Abweichungen müssen als Kompensationswerte in die Korrekturwerttabelle (Maschinendaten) der CNC eingetragen werden *(Bild 1.36 bis 1.40)*.

Durchhang- und Winkligkeitsfehlerkompensation

Durch den Gewichtseinfluss der mechanischen Komponenten einer Werkzeugmaschine kann es zu einer stellungsabhängigen Verlagerung und Neigung der bewegten Teile kommen, da sich Maschinenteile einschließlich der Führungen durchbiegen. Dadurch kann es zum sogenannten **Durchhangfehler** kommen.

Falls Bewegungsachsen nicht genau im gewünschten Winkel (z.B. senkrecht) zueinander stehen, führt dies mit zunehmender Auslenkung aus der Null-Lage zu wachsenden Positionierfehlern. Dieser **Winkligkeitsfehler** kann durch das Eigengewicht der Maschinenkomponenten, aber auch durch Werkzeuge oder Werkstücke entstehen.

Die Korrekturwerte werden bei der Inbetriebnahme messtechnisch ermittelt und positionsbezogen in der CNC, z.B. als Kompensationstabelle, hinterlegt. Im Betrieb der Werkzeugmaschine wird die entsprechende Achse zwischen den Stützpunkten der Tabellenwerte linear interpolierend durch Aufschalten von Lagesollwerten kor-

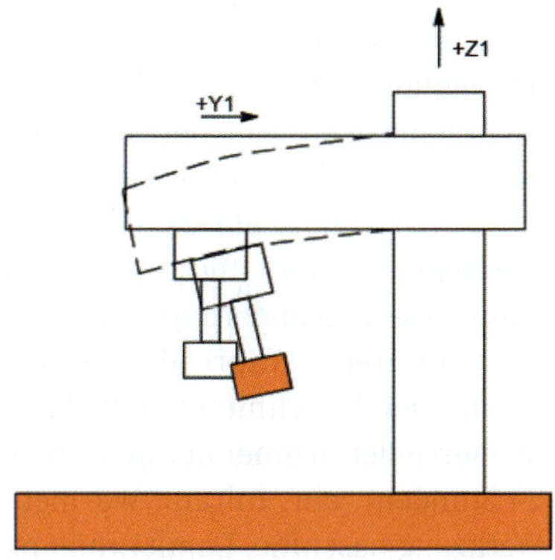

Bild 1.39: Durchhang in negative Y-Richtung durch das Eigengewicht der Auslegerachse.

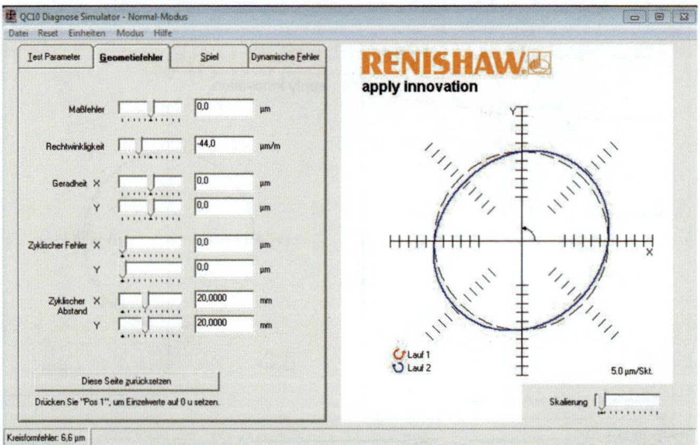

Bild 1.40: Ergebnis eines Renishaw Kreisformtests: Geometriefehler in der Rechtwinkligkeit im Verhältnis Achsen X und Y, der Fehler kann über die Durchhangkompensation in der CNC korrigiert werden.

rigiert. Dabei gibt es pro Interpolationsverbund immer jeweils eine Basisachse und eine Kompensationsachse, d. h. ist z. B. die Rechtwinkligkeit der Y-Achse im Interpolationsverbund der X- und Y-Achse nicht gegeben, so wird mit der X-Achse im Interpolationsverbund diese Ungenauigkeit kompensiert.

Temperaturkompensation

Durch den Wärmeeinfluss der Motoren einer Werkzeugmaschine oder aus der Umgebung (z. B. Sonneneinstrahlung, Luftzug) kommt es zu einer Ausdehnung des Maschinenbetts und der Maschinenteile. Diese Ausdehnung ist u. a. abhängig von der Temperatur und von der Wärmeleitfähigkeit der Maschinenteile. Aufgrund der Wärmeausdehnung der Maschinenteile ändern sich in Abhängigkeit von der Temperatur die Istpositionen der einzelnen Achsen. Dies wirkt sich negativ auf die Genauigkeit der bearbeiteten Werkstücke aus. Die CNC kann diese Lageänderungen achsspezifisch kompensieren. Während der Inbetriebnahme der Maschine erstellt der Maschinenhersteller in einer definierten Zeit (z. B. 24 Stunden) ein Infrarot-Wärmebild der Werkzeugmaschine. Damit erhält man eine Rückmeldung über die möglichen Wärmequellen der Maschine und kann Maßnahmen zur Kühlung ergreifen. Für die Temperaturkompensation werden in der Regel neben den Lage-Istwerten von den vorhandenen Messgebern noch mehrere Temperatursensoren in der Maschine zur Erfassung eines Temperaturprofils benötigt. Es wird gemessen, wie sich die Position der Achsen im Verhältnis zur Temperatur verändert.

Im PLC-Programm der Maschine werden Register aufgebaut und Formeln die die maschinenspezifischen Zusammenhänge zwischen der Ausdehnung der Achsen im Verhältnis zur gemessenen Temperatur beschreiben, hinterlegt. Da die temperaturbedingten Änderungen relativ langsam ablaufen, kann die Erfassung des Temperaturprofils durch die PLC beispielsweise im Minutentakt erfolgen.

Damit erhält man für verschiedene Temperaturwerte Fehlerkurven. Diese Fehlerkurven müssen der CNC als Parameter übergeben werden und die CNC verrechnet damit den Kompensationswert durch Aufschaltung eines temperaturabhängigen Korrekturwertes auf die Lagesollwerte der Achsen.

Volumenkompensation (VCS)

(Bild 1.41 bis 1.48)

Auch Rundachsen, z. B. von Drehschwenkköpfen, weisen systematische geometrische

Fehler auf. Verursacht werden diese durch die Lage jeder der beiden Rundachsen, ihr gegenseitiger Versatz, die Orientierung des Werkzeugträgers – und letztlich die Positionsabweichungen jeder Rundachse.

Jede noch so hochgenaue Werkzeugmaschine weist geringfügige systematische Geometriefehler im Führungssystem der Vorschubachsen auf. Bei Linearachsen sind es lineare Positionsfehler, horizontale und vertikale Geradheitsfehler, außerdem Rollen, Nicken und Gieren. Weitere Fehler treten in der Ausrichtung der Maschinenkomponenten zueinander auf, z. B. als Rechtwinkligkeitsfehler. Bei einer 3-achsigen Maschine sind es bereits 21 Geometriefehler, die sich am Werkzeughalter aufsummieren: sechs Fehlerarten je Linearachse mal drei Achsen plus drei Rechtwinkligkeitsfehler = 21). *Bild 1.42* zeigt die Zusammenhänge.

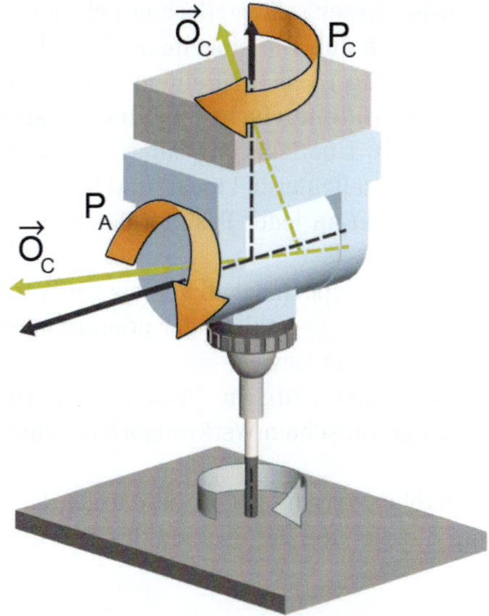

Bild 1.41: Systematische geometrische Fehler der Rundachsen einer Portalfräsmaschine (O: Orientierungsfehler, P: Positionsfehler).

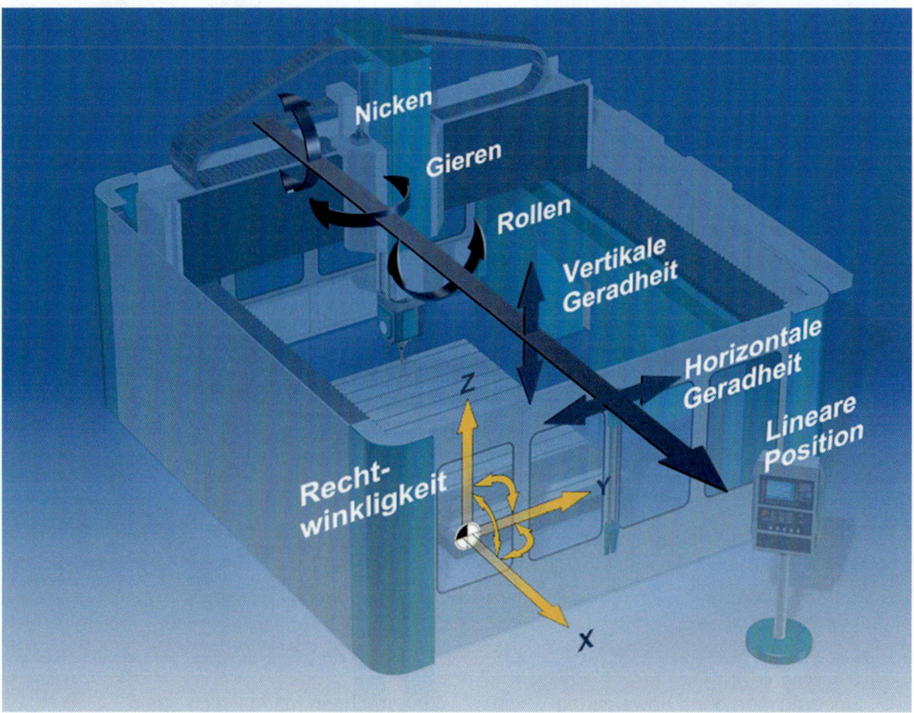

Bild 1.42: Systematische geometrische Fehler der Vorschubachsen einer Werkzeugmaschine (hier: X-Achse).

Jeder dieser systematischen Fehler tritt tatsächlich auf. Die einzelnen Abweichungen überlagern sich zu einem Gesamtfehler, der **volumetrischer Fehler** genannt wird. Die Überlagerung aller systematischen Einzelfehler in Linear- und Rundachsen bewirkt an jeder Position des Arbeitsraumes

- einen ortsspezifischen Versatz der Werkzeugspitze gegenüber der programmierten Position sowie
- eine ortsspezifische Abweichung von der gewünschten Werkzeugorientierung.

Der volumetrische Fehler beschreibt dabei die Abweichung der Position des Tool Center Points (TCP) im Raum von einer gedachten idealen, fehlerfreien Maschine und der realen, fehlerbehafteten Maschine. In aller Regel variiert der volumetrische Fehler in Abhängigkeit der Position des TCP im Arbeitsraum der Maschine.

In Großmaschinen kann der Fehler bei ungünstigen Konstellationen der Achspositionen die Größenordnung von mehreren 100 Mikrometern erreichen. Dies wird verursacht durch lange Hebel z. B. bei großen Portalfräsmaschinen.

Die Möglichkeit, dass Fehler dieser Größenordnung im Werkstück auftreten, macht aufwändige und zeitraubende Qualitätssicherungsmaßnahmen erforderlich. Damit

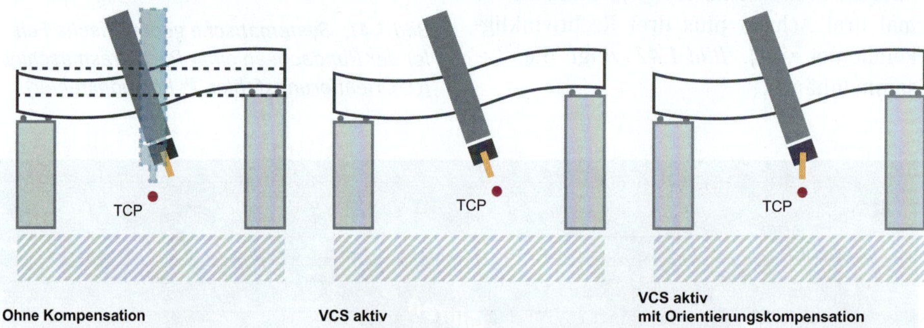

Bild 1.43: Wirkungsweise der volumetrischen Kompensation für 3- und 5-Achsmaschinen. Bei 5-Achsmaschinen kann zusätzlich auch der Orientierungsfehler ausgeglichen werden.

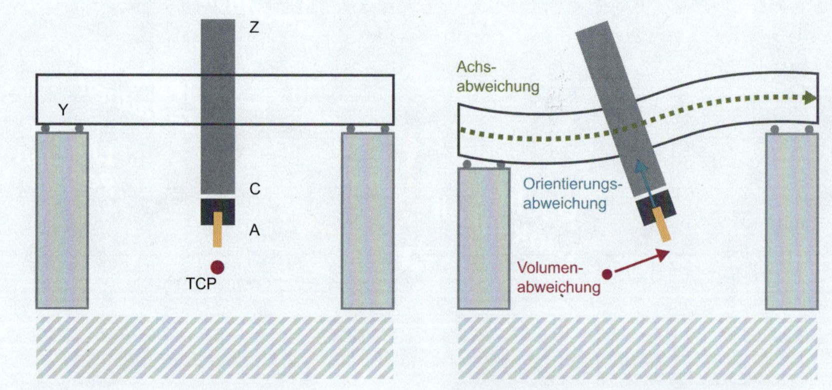

Bild 1.44: Volumetrische Fehler an der Werkzeugspitze sind abhängig von der Stellung der Linearachsen (TCP = Tool Center Point = Werkzeugspitze).

Bild 1.45: Überprüfung der Positionsgenauigkeit mittels Laserinterferometer (Quelle: Renishaw).

gewinnt eine CNC-integrierte Kompensation dieser Fehler an Bedeutung.

Feststellen lassen sich volumetrische Fehler mit Laser-Messgeräten verschiedener Hersteller mit den Optiken für Position, Rotation und Translation sowie den Kreisformtest. Dazu müssen alle Maschinenfehler im gesamten Bearbeitungsraum vermessen werden. Das Messen einzelner Maschinenfehler genügt nicht. Aufgenommen werden immer ganze Messkurven, da die einzelnen Fehlergrößen abhängig von der Position der jeweiligen Vorschubachse und vom Messort sind. Zum Beispiel fallen der X-Achse zugeordnete Fehler an ein und derselben X-Position anders aus, wenn die Y- und Z-Achse eine andere Position einnehmen.

Mit einem **Laser-Interferometer** wird der geometrische Fehler komplett mit und ohne eingeschaltete Transformation vermessen und eine Kompensationsdatei für die CNC erzeugt *(Bild 1.45 bis 1.48)*.

Die Achsmessung mit Laserinterferometer kann entweder mit verschiedenen Optiken sequenziell, d. h. Messung von Weg, Geradheiten sowie Kippen, Gieren und Rollen in Einzelmessungen oder mit einem Multiachsenlaser zeitsparend synchron durchgeführt werden.

Die Multiachsenmessung basiert auf der Kombination von interferometrischen Wegmessungen für Position, Nicken und Gieren sowie Geradheit horizontal/vertikal und Rollen über eine Laserdioden/PSD-Anordnung. Bei der Multiachsenmessung werden alle Freiheitsgrade erfasst.

Die ermittelten Werte können ohne weitere Berechnung oder Umwandlung direkt in eine VCS-Datei geschrieben werden. Es ist lediglich erforderlich, die Position des Messstrahls in Bezug auf den TCP anzugeben.

Die Bezeichnungen der Abweichungen in Volumenkompensationsmodell erfolgen gemäß *Tabelle 1.2*

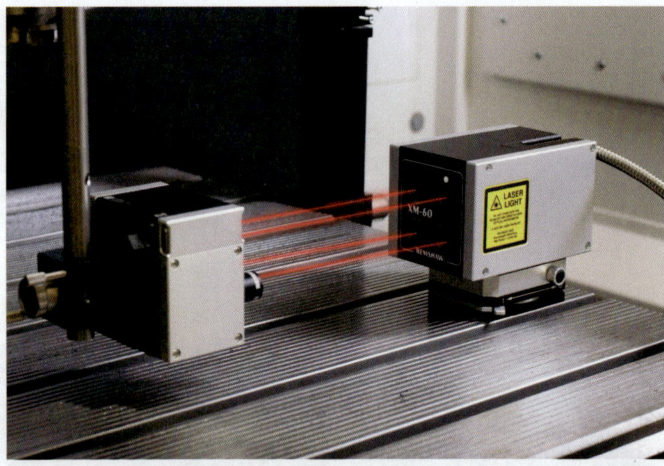

Bild 1.46: Multiachsenleser Laserinterferometer XM-60 zur synchronen Erfassung von 6 Freiheitsgraden. (Quelle: Renishaw)

Tabelle 1.2: Bezeichnung der Abweichungen im Volumenkompensationsmodell

	Position	Geradheit 1	Geradheit 2	Rollen	Nicken	Gieren	Rechtwinkligkeit
X	XTX	XTY	XTZ	XWX	XWY	XWZ	XRY
Y	YTY	YTZ	YTX	YWY	YWZ	YWX	YRZ
Z	ZTZ	ZTX	ZTY	ZWZ	ZWX	ZWY	ZRX

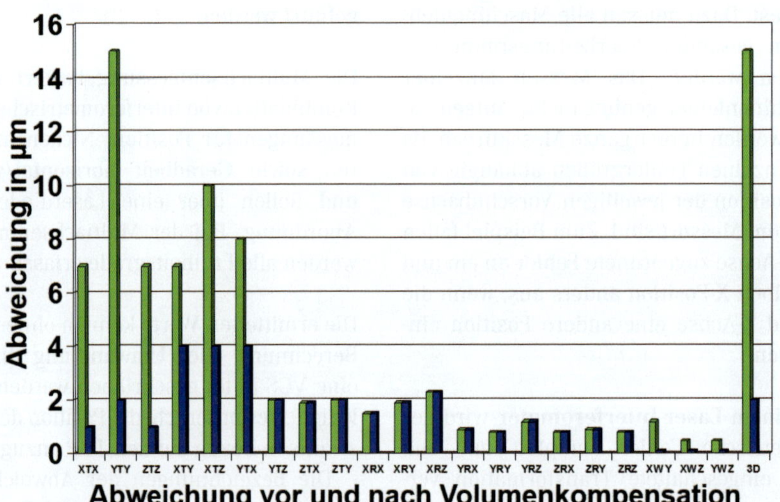

Bild 1.47: Messergebnisse einer volumetrischen Maschinenkompensation mit den Einzeldaten vor und nach dem Einsatz von VCS.

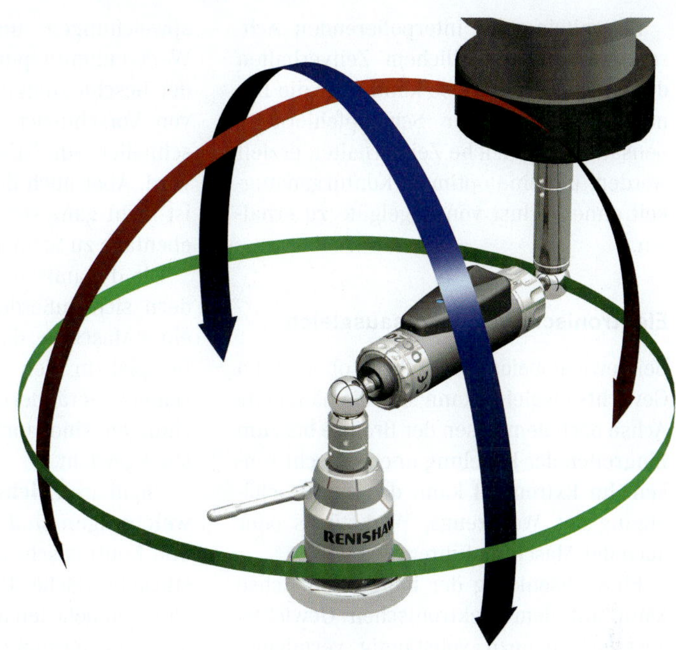

Bild 48: Prinzip einer volumetrische Maschinenmessung mit dem Kreisformmessgerät QC20-W. (Quelle: Renishaw)

Die Volumenkompensation kann nur systematische Fehler erfassen, alle zufälligen Fehler wie zum Beispiel Lose bleiben unberücksichtigt. Für eine erfolgreiche Volumenkompensation ist es daher wichtig, dass die Achsen geometrisch optimal ausgerichtet sind und alle Lose (translatorisch und lateral) minimiert sind. Idealerweise wird die Wirksamkeit der Volumenkompensation durch ein unabhängiges Messmittel, zum Beispiel über eine volumetrische Kreisformmessung nachgewiesen.

Mit der Aktivierung der Volumenkompensation und den jeweiligen Transformationen (z.B. 5-Achs-Transformation) in der CNC zeigt die Maschine eine deutliche Verringerung der translatorischen Fehler sowie der Rechtwinkligkeitsfehler, auch wenn bereits vorher die linearen Kompensationen exakt eingestellt waren.

Schleppfehler-Kompensation

Als **Schleppfehler** (oder Nachlauf) wird die bleibende **Regelabweichung des Lagereglers beim Verfahren einer Maschinenachse** bezeichnet. Der axiale Schleppfehler ist die Differenz zwischen der Sollposition und der Istposition der Maschinenachse. Der Schleppfehler führt insbesondere bei Beschleunigungsvorgängen an Konturkrümmungen, z.B. Kreisen und Ecken, zu einem unerwünschten, geschwindigkeitsabhängigen Konturfehler.

Mit Hilfe der Schleppfehler-Kompensation kann der axiale Schleppfehler nahezu auf null reduziert werden. Der Maschinenhersteller muss während der Inbetriebnahme der Werkzeugmaschine den Schleppabstand entweder mit der CNC-eigenen **„Trace-Funktion"** oder externen Messmitteln ermitteln und in die dafür vorgesehenen Maschinendatenbereiche eintragen.

Mit der **Drehzahlvorsteuerung** der Schleppfehler-Kompensation wird zusätzlich ein Geschwindigkeitssollwert auf den Eingang des Drehzahlreglers gegeben. Damit kann bei konstanter Geschwindigkeit der Schleppabstand fast vollständig reduziert werden.

Bei miteinander interpolierenden Achsen mit unterschiedlichem Zeitverhalten der axialen Regelkreise kann über die Dynamikanpassung der Schleppfehlerkompensation das gleiche Zeitverhalten erzielt werden, um eine optimale Konturgenauigkeit ohne Verlust von Regelgüte zu erhalten.

Elektronischer Gewichtsausgleich

Bei gewichtsbelasteten Achsen ohne einen Gewichtsausgleich kann sich die hängende Achse nach dem Lösen der Bremse bis zum Eingreifen der Regelung unerwünscht senken. Im Extremfall kann das zur Beschädigung des Werkzeugs, Werkstücks oder auch der Maschine führen.

Eine Absenkung der hängenden Achse kann mit dem elektronischen Gewichtsausgleich nahezu vollständig vermieden werden. Der elektronische Gewichtsausgleich vermindert das Durchsacken gewichtsbelasteter Achsen beim Einschalten der Regelung. Nach dem Lösen der Bremse hält das anstehende konstante Gewichtsausgleichsmoment die Position der hängenden Achse. Der elektronische Gewichtsausgleich muss vom Maschinenhersteller in Betrieb genommen und die Antriebe der beteiligten Achsen entsprechend optimiert werden.

Nachteil: Während des Betriebs muss der Antriebsmotor das erforderliche Drehmoment permanent aufbringen, wodurch eine stärkere Erwärmung bis zur Überlastung entstehen kann. Deshalb muss die Motorgröße entsprechend dimensioniert werden.

Kompensation dynamischer Abweichungen *(Bild 1.49 und 1.50)*

Die Ursachen für mangelnde Oberflächenqualität und Bauteilgenauigkeit sind häufig dynamische Abweichungen, die durch die Bearbeitung selbst entstehen. Dazu gehören kurzzeitige Positions- oder Winkelabweichungen und Schwingungen am Werkzeugmittelpunkt. Sie resultieren aus der Beschleunigung bzw. dem Abbremsen von Vorschubachsen und nehmen zu, je schneller ein NC-Programm abgearbeitet wird. Aber auch der Antriebsstrang selbst ist nicht ganz steif. Seine Elastizität kann ebenfalls zu Schwingungen führen.

Die dynamischen Abweichungen verändern sich außerdem über die Lebenszeit einer Maschine, da sich die Reibkräfte zum Beispiel in den Führungen durch Verschleiß verändern. Dynamische Abweichungen sind auch abhängig vom Werkstückgewicht.

Sichtbare **Zeichen für dynamische Abweichungen** sind Rattermarken, Schatten und Kontrastschwankungen auf der Werkstückoberfläche. Die dynamischen Abweichungen belasten aber auch Werkzeug und Maschine mechanisch sehr stark. Die Folge ist erhöhter Verschleiß bis hin zu Werkzeugbruch und Maschinenschäden.

Die Antriebsregelung kann solche dynamischen Abweichungen meist nicht vollständig kompensieren. Inzwischen stehen aber verschiedene Steuerungsfunktionen zur Verfügung, die die dynamischen Abweichungen von Vorschubachsen in Werkzeugmaschinen reduzieren und so die Bahngenauigkeit auch bei hohen Vorschüben und komplexen Bahnbewegungen erheblich verbessern.

Rattern ist eine dynamische Instabilität des Zerspanungsprozesses, die durch die dabei auftretenden Schwingungen entsteht. Es gilt als einer der Faktoren, die das Zeitspanvolumen bei der Bearbeitung begrenzen. Sichtbares Zeichen sind die bekannten Rattermarken. Gleichzeitig nutzt sich das Werkzeug stärker und ungleichmäßig ab – in ungünstigen Fällen kann es sogar zum Werkzeugbruch kommen. Auch die Werkzeugmaschine wird durch das Rattern mechanisch stark beansprucht.

Eine **Ratterunterdrückung** kann die Ratterneigung aktiv reduzieren und damit die Schnittleistung deutlich erhöhen. Das

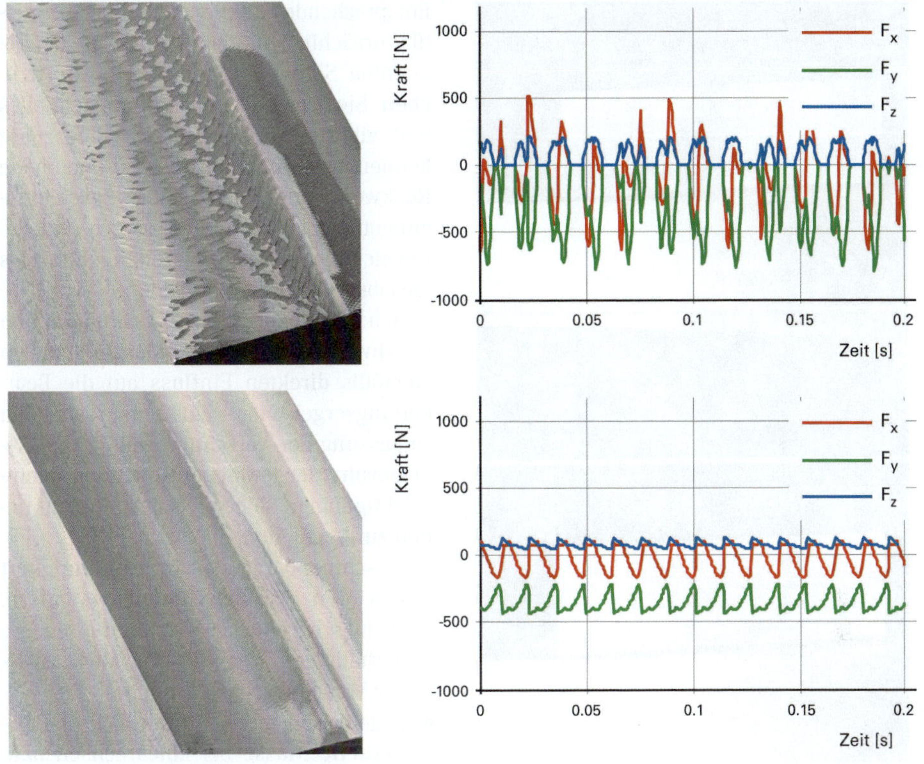

Bild 1.49: Werkstückoberfläche und Schnittkräfte beim Rattern (oben) und mit zugeschalteter Ratterunterdrückung (unten).

bit.ly/35sOeW8
Video 6

erlaubt größere Zustellungen und führt zu einem erhöhten Zeitspanvolumen - bei bestimmten Bearbeitungsaufgaben um deutlich mehr als 20%. Gleichzeitig steigt die Werkzeugstandzeit durch die reduzierte Belastung an und die Prozesssicherheit wird deutlich erhöht *(Bild 1.49 und 1.50)*.

Schatten und Kontrastschwankungen sind häufig die Kennzeichen eines Fertigungsprozesses, der zu Gunsten der Bearbeitungsgeschwindigkeit und zu Lasten von Oberflächenqualität sowie Werkstückgenauigkeit ausgelegt wurde. Moderne Steuerungen verfügen inzwischen über Funktionen bzw. Funktionspakete, die das Genauigkeitspotenzial der Maschine besser nutzbar machen, also höhere Bearbeitungsgeschwindigkeiten bei zugleich besserer Oberflächenqualität und Werkstückgenauigkeit ermöglichen. Sie nehmen Einfluss auf unterschiedlichste Maschinenparameter und ermöglichen dadurch zum Beispiel eine Erhöhung des Rucks für mehr Dynamik, bei gleichzeitiger Unterdrückung von Schwingungen und Positionsabweichungen für mehr Genauigkeit.

Dazu gehört die **Kompensation beschleunigungsabhängiger Positionsabweichungen.** Durch dynamische Beschleunigungsvorgänge entstehen Kräfte, die Teile der Maschine kurzzeitig verformen können. Dies kann zu Abweichungen am Tool Center Point führen - sowohl in als auch quer zur Beschleunigungsrichtung. Resultate sind Ungenauigkeiten durch Nickbewegungen oder dynamische Auffederung, die von den Positionsmessgeräten nicht erfasst werden. Die Regelung der Vorschubachsen kann somit nicht darauf reagieren.

bit.ly/35uWDZe
Video 7

Bild 1.50: Die Oberfläche, die ohne aktive Schwingungsunterdrückung bearbeitet wurde (oben), zeigt gut sichtbare Schattierungen. Mit einer aktiven Schwingungsunterdrückung wird eine deutlich bessere Oberflächenqualität erreicht (unten).

bit.ly/2KX8ENR
Video 8

Die Kompensation von beschleunigungsabhängigen Positionsabweichungen am Tool Center Point ermöglicht eine genauere Fertigung oder aber eine deutliche Verkürzung der Bearbeitungszeiten durch Erhöhung des Rucks (Maß für die Dauer des Beschleunigungsaufbaus).

Auf schrägen oder gekrümmten Flächen kommt es ebenfalls häufig zu sichtbaren Schatten oder Kontrastschwankungen. Zwei häufige Ursachen sind Elastizitäten im Antriebsstrang und Aufstellschwingungen. Entsprechende Funktionen können die hierfür ursächlichen, dominanten niederfrequenten **Schwingungen aktiv unterdrücken**. Sie ermöglichen somit ein schnelles und vibrationsfreies Fräsen. Gleichzeitig können auch durch diese Funktionen hohe Ruckwerte und damit höhere Beschleunigungen erreicht werden. Dadurch reduzieren sich die Bearbeitungszeiten, ohne dass die Oberflächenqualität leidet.

Achspositionen, Beladungssituation und Geschwindigkeiten in der Maschine haben ebenfalls direkten Einfluss auf die Bearbeitungsergebnisse. Zur entsprechenden Anpassung der Vorschubregelung und Reduzierung der jeweils auftretenden Beeinträchtigungen stehen Steuerungsfunktionen zur Verfügung, die

- Maschinenparameter in **Abhängigkeit von den Achspositionen** verändern. Damit wird eine bessere Konturtreue innerhalb des gesamten Verfahrbereichs der Vorschubachsen erreicht.
- Regelparameter kontinuierlich an die **aktuelle Masse** bei Linearachsen bzw. die **Massenträgheit** bei Rundachsen **sowie die Reibkräfte** anpassen – auch während der Bearbeitung (Heidenhain-Playlist Video 18). Der Maschinenbediener muss den Beladungszustand nicht mehr selbst bestimmen, damit sind Bedienerfehler ausgeschlossen.
- Maschinenparameter auf **geschwindigkeits- oder beschleunigungsbedingt veränderte Reibverhältnisse** abstimmen. Damit können Schwingungen unterdrückt und eine höhere Maximalbeschleunigung bei Eilgangbewegungen von Master-Slave-Achsen erreicht werden.

Alle genannten Funktionen werden in der CNC mit hoher Taktrate an die Bewegungen und Belastungen der Werkzeugmaschine angepasst. Dabei erfolgt kein Eingriff in die Maschinenmechanik. Außerdem ergänzen sich viele der beschriebenen Funktionen gegenseitig für noch bessere Bearbeitungsergebnisse.

Weginformationen

Das sollte man sich merken:

1. Die Vorgabe von Weginformationen in digitaler (numerischer) Form und ihre automatische Ausführung in der Maschine ist das **wesentliche Merkmal numerisch gesteuerter Maschinen.**
2. Jede NC-Achse wird von einem **Lageregelkreis** gesteuert. Ein Positionsmessgerät misst ständig die Ist-Position, vergleicht diese mit dem Sollwert und regelt den Differenzwert auf „Null“.
3. Zur **Positionsmessung** werden vorwiegend digitale Strichmaßstäbe mit optischer Abtastung eingesetzt, entweder als Drehgeber oder als Längen- bzw. Winkelmessgeräte für höhere Genauigkeiten.
4. **Absolute** Positionsmessgeräte sind nullspannungssicher und erkennen nach einer Spannungsunterbrechung sofort die absolute Position.
5. Bei jeder Bewegung der Achse entsteht ein **Schleppabstand** (Nachlauf), der proportional zur Geschwindigkeit der Bewegung ist.
6. Die Größe des Nachlaufs wird durch den **K_v-Faktor** bestimmt. Dieser gibt an, mit welcher Geschwindigkeit in m/min die Achse fahren kann, bis ein Schleppabstand von 1 mm entsteht.
7. Als **Closed-Loop-Betrieb** bezeichnet man **bei linearen Vorschubachsen** die Messung der Achsposition über ein Längenmessgerät bzw. bei **rotativen Achsen** die Messung des Drehwinkels über ein mit der Drehachse direkt gekoppeltes Winkelmessgerät.
8. Als **Semi-Closed-Loop-Betrieb** bezeichnet man bei linearen Vorschubachsen die Messung der Achsposition über die Kugelumlaufspindel und den Motordrehgeber.
9. Bei einer Vorschubachse von 1 m Länge beträgt der maximale Positionsfehler im Semi-Closed Loop-Betrieb bei einer durchschnittlichen Temperaturänderung der Kugelgewindespindel von 20 °C auf 40 °C bis zu 0,2 mm.
10. Temperaturunterschiede und mechanische Kräfte können zu Präzisionsverlusten führen. Die so entstehenden **systematischen Abweichungen** lassen sich während der Inbetriebnahmephase der Maschine vermessen und z. T. über CNC-Funktionen **kompensieren**. Die CNC bieten dafür eine Auswahl an **Kompensationsfunktionen** an, allerdings sind diese nur ein Hilfsmittel für Korrekturen in begrenztem Umfang. Die Genauigkeit der Werkzeugmaschine wird in erster Linie durch die mechanische Konstruktion bestimmt.
11. Durch verschiedene Einflüsse wie Temperatur, mechanische Kräfte oder Messungenauigkeiten können Maßabweichungen am Werkstück entstehen, die mittels digitaler Kompensationen in der CNC ausgeglichen oder reduziert werden können. ■

2 Schaltfunktionen

Für einen vollautomatischen Ablauf der Bearbeitung auf CNC-Maschinen sind zusätzlich zu den Weginformationen die Schaltfunktionen M und die technologischen Daten T, S und F zu programmieren. Durch die unterschiedlichen Arten und Bauformen der Maschinen ist die Vielfalt zu schaltender Funktionen immer größer geworden. Deshalb sollen hier beispielhaft nur die vier wichtigsten Funktionen für Zerspanungsmaschinen erklärt werden.

2.1 Erläuterungen

Die Begriffe Schaltfunktionen, Schaltbefehle, Zusatzfunktionen und Hilfsfunktionen sind identisch und beziehen sich alle auf die Befehle, die im NC-Programm nach der M-Adresse programmiert werden.

- **Schaltfunktionen** sind alle Funktionen für die CNC-Maschinen, die während der Bearbeitung programmierbar ein-/ausgeschaltet werden sollen, beispielsweise das Kühlmittel, Klemmungen und der Werkstückwechsel.
- Zu den **technologischen Daten** zählen die Werkzeugnummer (T) mit den zugehörigen Werkzeugkorrekturwerten (D), die Spindeldrehzahl (S) und die Vorschubgeschwindigkeit (F).

Unter der **M-Adresse** sind maximal 99 Funktionen zusammengefasst und nach DIN 66026, Teil 2, genormt. Die Verarbeitung dieser Signale erfolgt in der Anpass-Steuerung der CNC.

Weitere Hinweise und Tabelle der M-Funktionen siehe Teil 6, Kapitel „NC-Programm“, 1.4 Schaltbefehle.

Aufgrund der sehr frühen Normung wurden unter Schaltfunktionen zunächst nur zerspanende Werkzeugmaschinen berücksichtigt. Deshalb mussten die ursprünglich nur zweistelligen Befehle (M00 – M99) auf drei- bis vierstellige Befehle (bis M9999) erweitert werden, um auch für die später entwickelten neuen Arten von CNC-Maschinen ausreichend Befehle zur Verfügung zu haben, ohne die bestehende Normung ändern zu müssen.

Die automatische Auslösung fester Maschinenfunktionen war auch schon bei konventionell automatisierten Werkzeugmaschinen gebräuchlich. Erst die Perfektionierung der zu schaltenden Maschinenfunktionen und deren Einbeziehung in den automatischen Arbeitsablauf bei den CNC-Maschinen ermöglichten eine vollständige Bearbeitung eines Werkstückes in nur einem Arbeitsgang. So war zumindest die Zielsetzung bei der Entwicklung der Bearbeitungszentren.

Entsprechend der unterschiedlichen Arten von Werkzeugmaschinen und vielen modifizierten Ausführungen hat sich eine große Vielfalt bezüglich Bauformen und Funktionsweisen von Maschinenfunktionen ergeben. Beispielhaft werden hier der automatische Werkzeug- und Werkstückwechsel, sowie der Drehzahl- und Vorschubwechsel beschrieben.

2.2 Werkzeugwechsel

Die meisten CNC-Maschinen erfordern für die Bearbeitung eines Werkstückes den Einsatz mehrerer Werkzeuge in einer vom Arbeitsplan vorgegebenen Reihenfolge. Um den automatischen Arbeitsablauf auf die gesamte Bearbeitung ausdehnen zu können ist ein Werkzeugmagazin mit automatisiertem Werkzeugwechsel unverzichtbar.

Bereits bei konventionellen Werkzeugmaschinen, insbesondere bei Bohr- und Drehmaschinen, wurden **Werkzeugrevolver** eingesetzt. Hier hat jedes Werkzeug einen festen Platz. Nach jedem Arbeitsgang schaltet der Revolver automatisch um eine Stellung weiter und bringt damit das nächste Werkzeug in Arbeitsstellung.

Bei den ersten CNC-Maschinen wurde für die Automatisierung des Werkzeugwechsels zunächst diese bewährte Technik beibehalten. Doch zeigte sich bald, dass wegen der limitierten Zahl von Werkzeugen, die in einem Revolver unterzubringen ist, andere Lösungen nötig sind. So hatte bereits der 1960 erstmals ausgestellte Urtyp aller Bearbeitungszentren, die „Milwaukee-Matik“ von Kearney & Trecker, ein Werkzeugmagazin mit Doppelgreifer und kodierten Werkzeugen und einen automatischen Werkstückwechsel mit Paletten. Da sich der Hersteller alle diese Neuheiten hatte patentrechtlich schützen lassen, wurde diese Lösung viele Jahre blockiert, hat aber auch die Entwicklung neuer Lösungen angeregt.

Entscheidende **Kriterien zur Beurteilung** einer Werkzeugwechseleinrichtung sind:

- die Anzahl der verfügbaren Werkzeuge,
- Einschränkungen bezüglich Abmessungen und Gewicht der einsetzbaren Werkzeuge,
- die Werkzeugwechselzeit, meistens angegeben als „Span-zu-Span-Zeit“
- die Kosten evtl. zusätzlich benötigter Werkzeugaufnahmen oder Werkzeugkassetten.

2.3 Werkzeugwechsel bei Fräsmaschinen und Bearbeitungszentren

Bei diesen Maschinen ist die Anzahl der erforderlichen Werkzeuge meist wesentlich höher als bei Drehmaschinen, da viele Werkzeuge, wie Bohrer, Senker, Reibahlen und Gewindewerkzeuge form- oder maßgebunden sind. Deshalb haben sich bei diesen Maschinen **Werkzeugmagazine** in den verschiedensten Bauformen weitgehend durchgesetzt. Dabei bilden Maschine, Werkzeugmagazin und Wechselvorrichtung eine konstruktive Einheit. Je nach Ausführung unterscheidet man **Ketten-, Teller-, Scheiben- oder Kassettenmagazine** *(Bild 2.1 und 2.2)*.

Für diese Magazine erfolgt die Programmierung eines Werkzeugwechsels in 2 Stufen:

- Zunächst wird unter der T-Adresse das nächstfolgende Werkzeug zur Bereitstellung aufgerufen.
- Ist dies ausgeführt, dann wird der Wechselvorgang zu einem späteren Zeitpunkt im NC-Programm mit einem M-Befehl, z. B. M06, gestartet.

Die zugehörigen Werkzeug-Korrekturwerte werden entweder zusammen mit dem Werkzeug oder separat mit der D-Adresse aktiviert.

Es gibt Lösungen, bei denen sich mehr als 100 Werkzeuge im Magazin einer Maschine befinden. So große Werkzeugmengen lassen sich aber nicht in Magazinen mit einfacher - eindimensionaler - Aufreihung ausführen, wie es Ketten- oder ringförmig bestückte Scheibenmagazine sind. Ein Grund ist, dass bei diesen die Laufzeit

Bild 2.1: Scheibenmagazin als Anbaueinheit. (Quelle: Miksch)

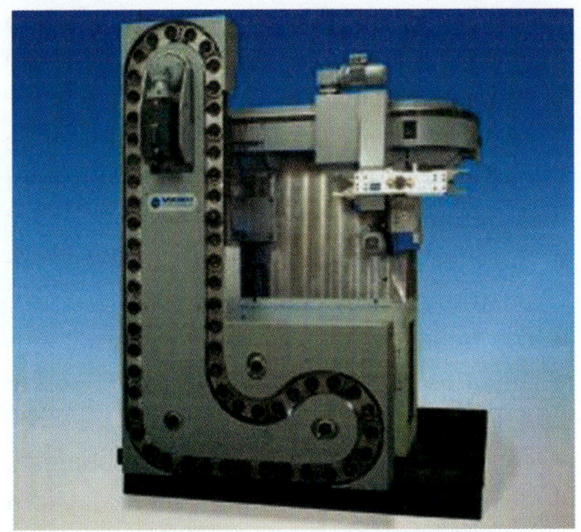

Bild 2.2: Kettenmagazin. (Quelle: Miksch)

bis zum Auffinden eines neuen Werkzeuges zu lang wird. Bei Scheibenmagazinen ergibt sich die Grenze allein schon durch die Baugröße. Solche Magazine wurden mit bis zu 32 Werkzeugen ausgeführt. Bei Kettenmagazinen ist die Grenze gesetzt durch das Gesamtgewicht von Kette und Werkzeugen und die dadurch bedingte hohe Antriebsleistung für die Kette. Deshalb wurden Kettenmagazine auch mit zwei separaten, kürzeren Ketten ausgeführt. Zudem entstehen durch den Lauf der Kette mechanische Schwingungen, die sich nachteilig auf die Genauigkeit der gleichzeitig stattfindenden Bearbeitung auswirken.

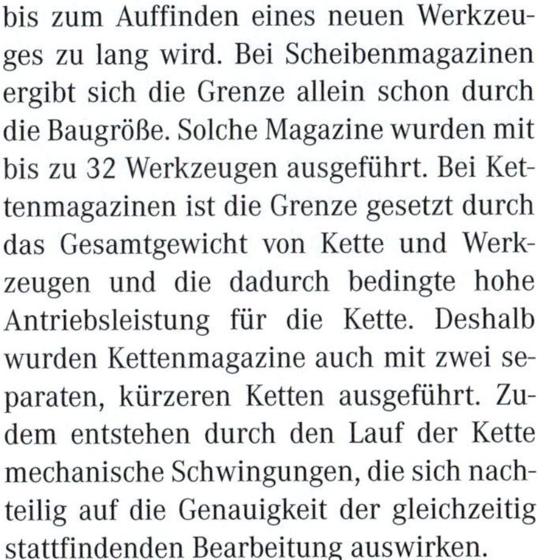

Zur Vergrößerung der Werkzeugspeicher wurden auch Maschinen mit **zwei oder mehr Magazinen** ausgerüstet, die links und rechts vom Maschinenständer montiert waren. Es wurden sogar Wechseleinrichtungen konzipiert, die vier auf einem Drehtisch um 90° versetzte Magazinteller nacheinander in Arbeitsposition bringen konnten. Ein anderer Weg war, Magazine mit der Anordnung der Werkzeuge in einem zweidimensionalen System zu schaffen, indem beispielsweise die Werkzeuge in zwei oder drei konzentrischen Ringen oder auf mehreren koaxial übereinander stehenden Scheiben angeordnet wurden. Dabei wird jedoch der Zugriff des Greifers durch die beiden äußeren Ringe auf den inneren Ring problematisch.

Die heute bevorzugte Lösung sind **Linearmagazine**, bei denen die Werkzeuge in mehreren Reihen nebeneinander oder übereinander stehen oder hängen.

In allen diesen Fällen muss eine Bewegungsmöglichkeit für die Bewegung in der *zweiten Dimension* geschaffen werden.

Als bevorzugte Lösung zum Speichern vieler Werkzeuge erwies sich jedoch das Prinzip der **auswechselbaren Kassettenmagazine.** In einer Maschine lassen sich vier bis sechs solcher Kassetten unterbringen, von denen jede 20 bis 30 Werkzeuge in einem Rechteckfeld aufnimmt. Zum Umrüsten werden die Kassetten außerhalb der Maschine bestückt und während des Arbeitens der Maschine ausgetauscht. Auf diese Weise lassen sich neue Werkzeuge schnell bereitstellen und verbrauchte oder nicht mehr benötigte entfernen. Das **Umsortieren der Werkzeuge** und den Transport innerhalb der Maschine übernimmt ein Flächenroboter, der die gesamte Magazinfläche überstreicht. Er entnimmt die aufgerufenen Werkzeuge aus den Kassetten, stellt sie an der Wechselposition für den Wechsler bzw. für die Spindel bereit und holt sie dort auch wieder ab.

Auch für den **Werkzeugwechsel** zwischen Magazin und Spindel wurden verschiedene Lösungen entwickelt.

Sie müssen grundsätzlich folgende Funktionen durchführen, je nach System evtl. in anderer Reihenfolge:

- Spindel und Magazin in die Wechselposition fahren
- das neue Werkzeug bereitstellen,
- das alte Werkzeug aus der Arbeitsspindel nehmen,
- das alte Werkzeug im Magazin abliefern,
- das neue Werkzeug aus dem Magazin entnehmen,
- das neue Werkzeug in die Arbeitsspindel einsetzen,
- Arbeitsspindel und Magazin wieder in die Arbeitsposition fahren.

Der maschinenspezifische Ablauf dieses **Wechselvorgangs** ist in der Steuerung festgelegt. Die dafür notwendige Zeit ist ein wichtiges Kriterium für die Wirtschaftlichkeit der Maschine. Sie wird auch als **„Span-zu-Span-Zeit"** angegeben.

Wenn beim Anwender abzusehen ist, dass er mit einer begrenzten Anzahl von Werkzeugen auskommt, ist ein Pick-up-Magazin eine preiswerte Lösung.

Wie im *Bild 2.3* dargestellt, befindet sich dabei das Werkzeugmagazin mit dem für das Wechseln bereitgestellten Werkzeug im Eingriffsbereich der X-/Y-Achse der Hauptspindel. Dadurch, dass die Hauptspindel mit der Werkzeugaufnahme das gebrauchte Werkzeug mit der Z-Achse in einen freien Magazinplatz ablegt, das Magazin weitertaktet und die Spindel das neue Werkzeug abholt, dauert die Wechselzeit naturgemäß etwas länger als mit einem Wechsler wie im *Bild 2.4* dargestellt.

Schneller sind Systeme, die mit einem ein- oder **doppelarmigen Greifer** arbeiten. Hierbei ist der Doppelgreifer am schnellsten, weil altes und neues Werkzeug in einem Vorgang getauscht werden. Das nachfolgende Werkzeug wird während der Hauptzeit, d. h. während die Maschine wieder arbeitet, gesucht und für den nächsten Wechsel bereit gestellt.

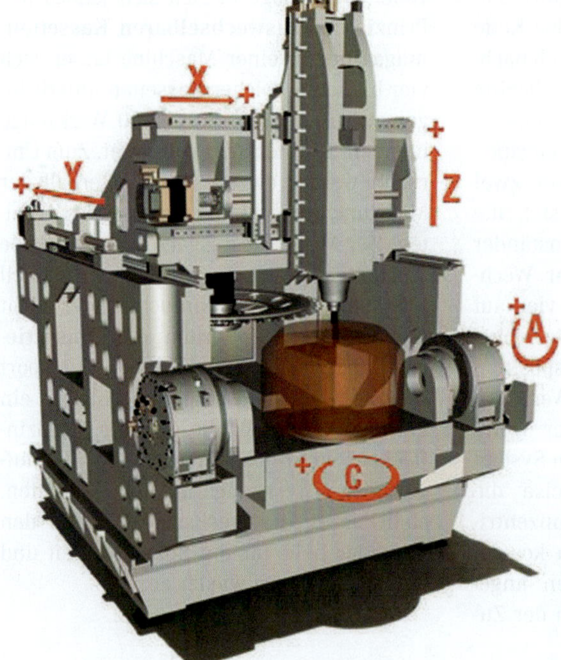

Bild 2.3: Pick-up-Werkzeugwechsler in einem Bearbeitungszentrum. (Quelle: MAG IAS GmbH)

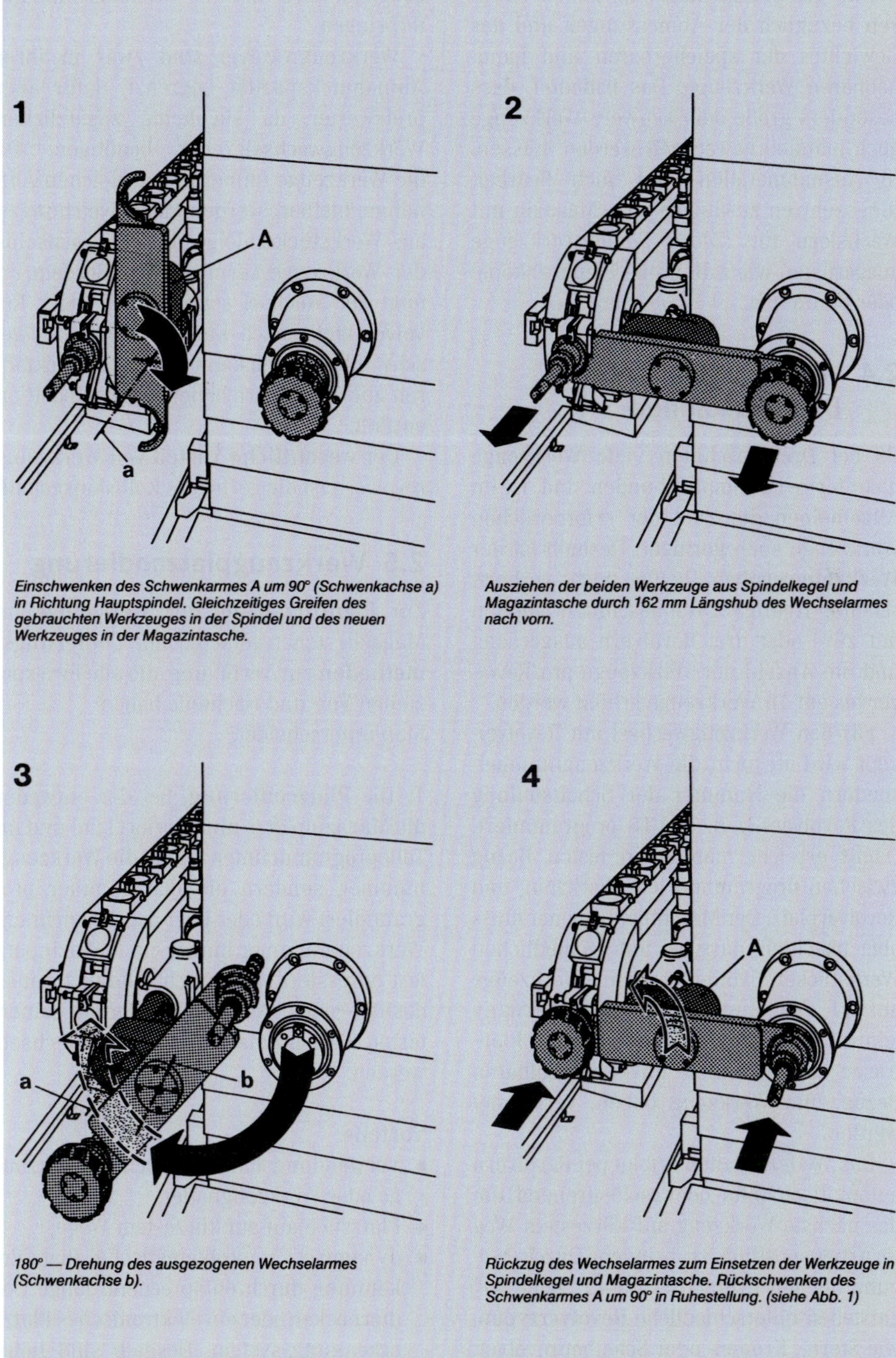

Einschwenken des Schwenkarmes A um 90° (Schwenkachse a) in Richtung Hauptspindel. Gleichzeitiges Greifen des gebrauchten Werkzeuges in der Spindel und des neuen Werkzeuges in der Magazintasche.

Ausziehen der beiden Werkzeuge aus Spindelkegel und Magazintasche durch 162 mm Längshub des Wechselarmes nach vorn.

180° — Drehung des ausgezogenen Wechselarmes (Schwenkachse b).

Rückzug des Wechselarmes zum Einsetzen der Werkzeuge in Spindelkegel und Magazintasche. Rückschwenken des Schwenkarmes A um 90° in Ruhestellung. (siehe Abb. 1)

Bild 2.4: Werkzeugwechsel mit Doppelgreifer aus dem Kettenmagazin.

Alle genannten Magazine haben **Grenzen** bezüglich der Abmessungen und des Gewichtes der speicherbaren und handhabbaren Werkzeuge. Das bedeutet, dass besonders große oder schwere Werkzeuge auch manuell gewechselt werden müssen. In Ausnahmefällen sind auch Bearbeitungszentren zusätzlich zum Magazin mit Wechslern für solche Sonderwerkzeuge ausgerüstet, wie z. B. große Plandrehköpfe oder Bohrköpfe.

2.4 Werkzeugwechsel bei Drehmaschinen

Da bei Drehmaschinen viele Werkzeuge nicht form- oder maßgebunden sind, ist im Allgemeinen die Zahl der erforderlichen Werkzeuge auch geringer. Deshalb ist der **Werkzeugrevolver** heute noch vorherrschend. Heutige Drehmaschinen können mit zwei oder drei Revolvern ausgerüstet und die Anzahl der Werkzeuge pro Revolver bis auf 18 Werkzeuge erhöht werden.

Für den Werkzeugwechsel mit Revolverkopf wird oft nicht die Werkzeugnummer, sondern die Nummer der Schaltstellung des Revolvers, z. B. T1 - T8 programmiert. Damit erreicht man einen festen Bezug zwischen programmiertem Werkzeug und Revolverplatz. Der Maschinenbediener muss aber beachten, dass bei unterschiedlichen Werkstücken völlig andere Werkzeuge auf T1 ... T8 eingerüstet sind. Alternativ können auch Bezeichner, wie z. B. Planfräser_63, die einen unverwechselbaren Bezug zum Werkzeug haben, verwendet werden.

Das Weiterschalten erfolgt bei Revolvern automatisch links- oder rechtsdrehend, um das nächste Werkzeug auf kürzestem Weg in Arbeitsposition zu bringen. Durch Neigung der Revolverachse um 45° oder 90° entstehen unterschiedliche **Revolvertypen**, wie Stern-, Kronen- oder Scheibenrevolver. Neben den Drehstählen und zentral angeordneten Bohrwerkzeugen lassen sich heute auch alle Arten angetriebener Werkzeuge im Revolver einer Drehmaschine unterbringen.

Werkzeugrevolver sind zwar in ihrer Aufnahmekapazität begrenzt, dafür aber preiswerter, da sie keine zusätzlichen Werkzeugwechselgreifer benötigen. Da die Werkzeuge immer in der gleichen Aufnahme bleiben, werden Maßabweichungen am Werkstück infolge des Auswechselns der Werkzeuge vermieden. Außerdem erfolgt der Wechsel schneller, da jeder Revolver meist nach kurzem Freifahren geschwenkt werden kann und das Zurückfahren zur vorgeschriebenen Wechselposition entfällt.

Der **wesentliche Vorteil** von Werkzeugrevolvern ist die geringere Kollisionsgefahr.

2.5 Werkzeugplatzcodierung

Zur **Identifizierung der Werkzeuge** im Magazin stehen verschiedene **Codierungsmethoden** zur Verfügung, die alle ihre speziellen Vor- und Nachteile haben.
Man unterscheidet:

1. Die **Platzcodierung**, bei der entweder die Magazinplätze nummeriert sind und im Teileprogramm unter T nicht die Werkzeugnummer, sondern die Platznummer programmiert wird oder über den Bezeichner/Werkzeugnummer immer ein Magazinpatz fest adressiert wird. Nach Gebrauch muss deshalb jedes Werkzeug wieder auf seinen festen Platz im Magazin zurückgewechselt werden.

Vorteile:

- Verwendung handelsüblicher Werkzeuge oder Werkzeughalter,
- Platzsuchlauf auf kürzestem Wege,
- dynamisch unproblematische Platz-Erkennung durch entsprechend lange Codiernocken oder ein elektronisches Platzerkennungssystem. Deshalb sind hohe Suchlaufgeschwindigkeiten möglich,
- übergroße Werkzeuge können beliebig platziert werden, indem die benachbar-

ten Plätze unbenutzt bleiben, um Kollisionen zu vermeiden.

Nachteile:

- Beim Einrichten auf ein neues Programm müssen alle Werkzeuge im Magazin so platziert werden, wie sie der Programmierer im Programm festgelegt hat,
- bei der Fertigung der zu bearbeitenden Teile im Produktmix können Probleme entstehen, wenn in den NC-Programmen der verschiedenen Werkstücke unterschiedliche Werkzeuge die gleichen Plätze belegen,
- die Bestückung des Magazins mit Schwesterwerkzeugen ist problematisch und evtl. nur durch „Tricks" in der CNC möglich.

2. Die **variable Platzcodierung.** Bei ihr setzt der Bediener jedes Werkzeug auf einen beliebigen Platz im Magazin und gibt die Werkzeugnummer in die CNC ein, die dann die weitere Datenverwaltung übernimmt. Die Werkzeuge können somit bei jedem Wechselvorgang einen neuen Platz im Magazin einnehmen, da die CNC die Zuordnung „Werkzeug zu Platz-Nummer" registriert. Programmiert wird die Werkzeugnummer, die CNC sucht anhand ihrer internen Werkzeugverwaltung jedoch den aktuellen Platz des Werkzeuges. Diese Methode setzt sich immer mehr durch, da sie die vorstehend beschriebenen Vorteile der Verfahren nutzt, die Nachteile jedoch vermeidet.

Vorteile:

- Verwendung uncodierter oder elektronisch codierter Werkzeuge,
- Nutzung der zuverlässigen Platzcodierung des Magazins,
- Programmieren der Werkzeugnummer im Programm,
- Suchlauf auf kürzestem Wege,
- kurze Wechselzeiten durch Doppelgreifer, der jeweils für zwei Werkzeuge Magazin- und Spindelplatz vertauscht.

Voraussetzung für die variable Platzcodierung ist eine CNC, die über die dafür erforderliche Systemsoftware verfügt. Diese muss:

- bei jedem Werkzeugwechsel die richtige Zuordnung der Daten herstellen und diese unverlierbar speichern,
- bei Einsatz eines elektronischen Codiersystems entsprechende Datenschnittstellen für das Schreib-/Lesegerät des Datenbausteins und den Werkzeugdatenrechner bieten,
- den manuellen Werkzeugaustausch unterstützen, indem sie das gesuchte Werkzeug zu einer Entnahmestation bringt und die Werkzeugnummer zur Kontrolle anzeigt,
- für Werkzeuge mit Übergröße feste Plätze reservieren und die benachbarten Plätze freihalten.

2.6 Werkstückwechsel

Der **automatische Werkstückwechsel** ist ein weiterer Schritt zu einer automatisierten Fertigung. Durch ihn lassen sich die Nebenzeiten für das Spannen und Entladen der Werkstücke vermeiden mit dem Vorteil, dass die Produktivität der Werkzeugmaschine steigt und ihr Arbeiten von der Tätigkeit des Werkers entkoppelt wird bis hin zu einer bedienerlosen Fertigung. Im Zusammenwirken mit der Möglichkeit, viele Bearbeitungsprogramme in der CNC speichern zu können, ergibt sich sogar unter gewissen Voraussetzungen die Verwirklichung einer bedienerlosen, bedarfsgesteuerten Bearbeitung verschiedener Teile einer Teilefamilie in Einzel- oder Kleinserienfertigung. Der automatische Werkstückwechsel ist darüber hinaus eine unabdingbare Voraussetzung für die Integration von CNC-Maschinen in Flexible Fertigungssysteme. Der Wechselvorgang kann mit einem M-Befehl, z.B. M60, programmiert und ausgeführt werden.

Der automatische Werkstückwechsel wurde bereits bei konventionellen Drehautomaten verwirklicht, die „von der Stange“ arbeiten und mit einem Stangenmagazin für eine automatische Zuführung neuer Stangen ausgerüstet sind. Somit können sie über lange Zeit bedienerlos arbeiten.

Je nach Art der Werkstücke und deren Aufspannung werden verschiedene Systeme für den automatischen Werkstückwechsel eingesetzt:

- das Arbeiten von der Stange,
- das Pick-up-Verfahren,
- das Wechseln des ungespannten Werkstücks durch ein Ladegerät, z. B. einen handelsüblichen Industrieroboter *(siehe Bild 2.5)*,
- das Wechseln des auf einem Spannmittel, z. B. einer Palette, gespannten Werkstücks (Palettenwechsler).
- Herausnehmen durch Teilefänger bei Stangenmaschinen.

Die Entscheidung für eins dieser Systeme hängt von der Art und der Größe der Werkstücke sowie der Art der Bearbeitung ab.

Das **Arbeiten von der Stange** kommt nur für relativ kleine Werkstücke in Frage, die aus Vollmaterial hergestellt werden. Somit findet es primär bei Drehmaschinen Anwendung, doch es wird auch bei Bearbeitungszentren und Fräs-Dreh-Zentren eingesetzt. Da das Werkstück zum Abschluss der Bearbeitung abgestochen oder abgesägt werden muss, wird oft ein Entnahmegerät oder ein Roboter eingesetzt, um es aufzufangen, insbesondere dann, wenn es noch weiteren Bearbeitungsgängen zugeführt werden muss. Bei der Drehbearbeitung ist nachteilig, dass das Arbeiten von der Stange die zulässige Drehzahl der Spindel stark begrenzt, was im Hinblick auf die Leistungsfähigkeit moderner Schneidstoffe eine erhebliche Verlängerung der Hauptzeit bewirkt. Das hat zu einer anderen Art der Arbeit mit Stangenmaterial geführt, bei der bereits vor der Bearbeitung das maßgerechte Ablängen des Stangenmaterials erfolgt und dann erst das abgelängte Rohteil gespannt wird.

Beim **Pick-up-Verfahren** wird das Werkstück durch das Spannmittel direkt von einer Ablagefläche gegriffen und der Bearbeitung zugeführt. Es findet daher vorwiegend bei Drehmaschinen Anwendung, weil das Spannfutter hervorragend als

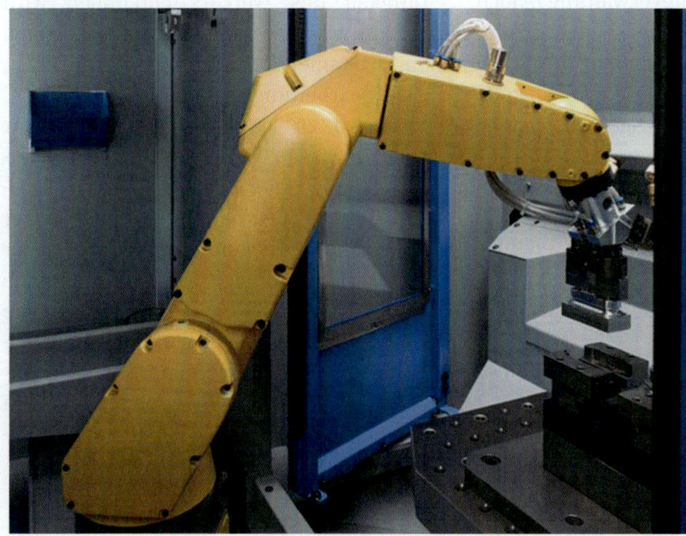

Bild 2.5: Werkstückwechsel mittels handelsüblichem Industrieroboter. (Quelle: Chiron)

Greifer zu verwenden ist. Da das Werkstück ungespannt zugeführt wird, muss es auf einer waagerechten Fläche liegen, es kann also nur von oben her gegriffen und gespannt werden. Das ist bei Drehmaschinen mit senkrecht hängender Spindel sehr gut möglich. Dazu muss sich die Spindel von einer Arbeitsposition in die Aufnahmeposition und nach der Bearbeitung in eine ggf. unterschiedliche Ablageposition bewegen. Das lässt sich sehr einfach realisieren, wenn diese Bewegung von der X-Achse der CNC ausgeführt wird. Für die Zu- und Abfuhr der Werkstücke ist ein einfaches Förderband ausreichend. Derartige Systeme sind nur zur Handhabung von nicht zu großen, stabil liegenden, vorwiegend runden Teilen geeignet.

Das **automatische Wechseln** des ungespannten **Werkstücks** durch ein Ladegerät setzt voraus, dass der Spannvorgang einfach und sicher reproduzierbar ist. Ein Drehteil wird zwischen den Spitzen oder im Spannfutter der Drehmaschine definiert aufgenommen. Beim Fräsen wird das Werkstück in eine Spannvorrichtung, z. B. Nullpunktspannsystem aufgenommen und hydraulich oder pneumatisch gespannt.

Auch hier unterscheidet man zwischen Systemen mit einem oder mit zwei Greifern. Wie beim Werkzeugwechsel zeichnen sich auch hier Systeme mit zwei Greifern durch eine wesentlich kürzere Wechselzeit aus. Systeme mit einem Greifer müssen zunächst das fertige Teil wegtransportieren und können dann erst das neue Teil holen und zur Maschine bringen, während Systeme mit zwei Greifern direkt das fertige gegen das neue Teil austauschen können.

Eingesetzt werden solche Systeme für die Handhabung von Wellen, aber auch von Futterteilen bei Dreh- oder Schleifmaschinen, insbesondere wenn die Maschinen mit anderen über ein gesondertes Transportsystem verbunden sind. Dann handelt es sich meist um Portalgeräte, die die Werkstücke von oben her in den Arbeitsraum bringen. Industrieroboter werden häufig eingesetzt, wenn verschiedene sich ergänzende CNC-Maschinen ein flexibles Bearbeitungssystem bilden und der Roboter mehrere Maschinen im Wechsel bedienen kann.

Das automatische Wechseln des auf einem Spannmittel, z. B. einer Palette, gespannten Werkstücks kommt dann zum Einsatz, wenn das Werkstück für die Aufnahme in eine Spannvorrichtung geeignet ist und entsprechend hohe Losgrößen oder lange Laufzeiten den Einsatz von Palettenwechslern sinnvoll machen. Paletten sind **Werkstückträger,** die auf der Unterseite zur genauen Fixierung und Spannung auf dem Tisch des Bearbeitungszentrums geeignete Flächen und Funktionselemente besitzen. Durch den Einsatz von Werkstückpaletten kann hauptzeitparallel das nächste Werkstück oder die nächsten Werkstücke gespannt und für die Fertigung vorbereitet werden. Der **Einfachpalettenwechsler** *(Bild 2.6)* ist bei vielen Fräsmaschinenherstellern als Option zur Standardfräsmaschine erhältlich und wird gern im Werkstattbereich eingesetzt. Je nach Anforderung kann nun der Palettenwechsler um mehrere Paletten erweitert werden bis hin zum sogenannten **Palettenbahnhof.**

Bei **Flexiblen Fertigungszellen (FFZ) oder Fertigungssystemen (FFS)** führen zusätzliche **Palettenspeicher oder Verkettungssysteme** den Maschinen automatisch immer wieder neue Paletten mit Werkstücken zu und transportieren die bearbeiteten zu einem zentralen Spannplatz. Damit ermöglichen sie den automatischen Werkstückwechsel innerhalb einer beliebig langen Fertigungszeit. Der **Palettenspeicher** an der Maschine bietet im Vergleich zu einem Verkettungssystem bei Einzelmaschinen spezifische Vorteile: Bei einem Bedarf von 4 bis 8 Paletten pro Schicht ist der Palettenspeicher (**Palettenpool**) eine preisgünstige Möglichkeit, wäh-

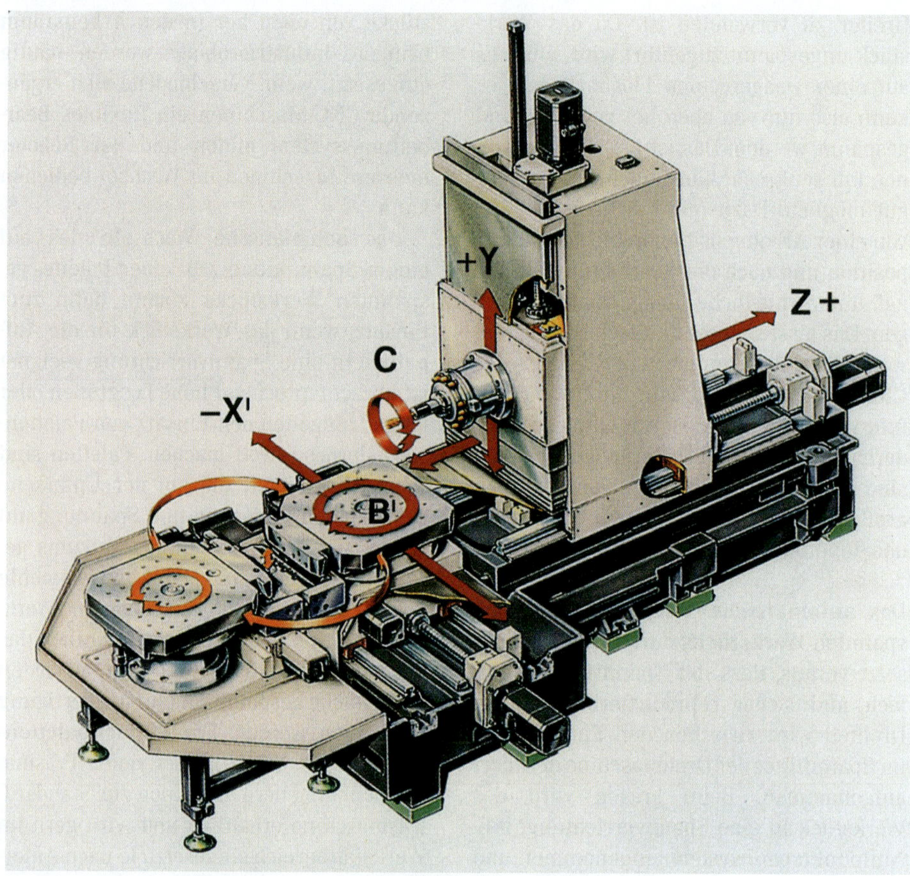

Bild 2.6: Bearbeitungszentrum mit Palettenwechsler. (Quelle: Heckert)

rend mehrerer Stunden bedienerlos zu fertigen. Der Preisvorteil zeigt sich insbesondere dann, wenn ein Betrieb mit einer Maschine startet und evtl. später weitere Maschinen hinzufügen möchte. Dadurch fällt der Aufwand für die Verkettungseinrichtung erst mit dem Erwerb der zweiten Maschine an.

Zur Verfolgung und Überwachung sind die Paletten in den meisten Fällen mit einer **Codiereinrichtung** ausgerüstet, die eine automatische Identifizierung der Palette und damit des darauf gespannten Werkstücks ermöglicht und das entsprechende NC-Programm im Speicher der CNC aktiviert. Beim Einsatz in Flexiblen Fertigungszellen muss die Codiereinrichtung automatisch setz- und lesbar sein, um z. B. die Werkstücknummer, Maschinennummer und eine evtl. einzuhaltende Reihenfolge bei aufeinanderfolgenden Bearbeitungen auf mehreren CNC-Maschinen vorgeben zu können. Bei diesen Codiereinrichtungen besteht auch die Forderung, nach erfolgter Bearbeitung feststellen zu können, in welchen Maschinen des Flexiblen Fertigungssystems die Palette zur Bearbeitung war. Dem Bedienungspersonal soll das bei aufgetretenen Bearbeitungsfehlern, Toleranzüberschreitungen oder Ausschuss die Ermittlung der fehlerhaften Maschine oder Werkzeuge erleichtern.

Das Gleiche wird auch durch Paletten

mit fester Codierung erreicht, indem die Aktualisierung und Sicherung der Fertigungsdaten in der CNC mittels der Funktion „Werkstückverwaltung“ erfolgt.

2.7 Drehzahlwechsel

Auch Drehzahl und Drehrichtung des Hauptantriebs müssen im Laufe der Bearbeitung eines Werkstückes wiederholt geändert werden. Beim Drehen mit konstanter Schnittgeschwindigkeit erfordert jede Änderung des Durchmessers eine entsprechend angepasste Drehzahl der Arbeitsspindel. Bei Maschinen mit rotierendem Werkzeug ist zumindest für jedes Werkzeugwechsel auch eine andere Drehzahl erforderlich. Deshalb ist für einen automatischen Arbeitsablauf auch die Automatisierung der Drehzahleinstellung notwendig.

Die **Spindeldrehzahl ist eine technologische Funktion**. Sie wird mit der S-Adresse meistens direkt in mm/Umdrehung oder mm/min programmiert und die Drehrichtung rechts/links mit der **Schaltfunktion M03/M04** bestimmt. M05 aktiviert Spindel Halt.

(Siehe auch Teil 3, Kapitel 3 Hauptspindelantriebe)

Bei **konventionellen Werkzeugmaschinen** mit Antrieb durch einen normalen Drehstrom-Asynchronmotor wurden die verschiedenen Drehzahlen vorwiegend über Zahnrad-Stufengetriebe erreicht, seltener über stufenlose Getriebe. Formschlüssig geschaltete Schieberadgetriebe sind für eine Automatisierung ungeeignet. Deshalb wurden bei Drehmaschinen vorwiegend lastschaltbare Kupplungsgetriebe eingesetzt. Diese waren aber so groß und schwer, dass sie für den Antrieb von in Supporten angeordneten Spindeln, wie bei Bohrwerken oder Bearbeitungszentren, nicht in Frage kamen. Deshalb wurden oft hydraulische Antriebe bevorzugt.

Durch die stufenlos verstellbaren Elektromotoren vereinfachte sich die Aufgabe, sodass sich diese trotz des zunächst sehr hohen Preises schnell durchsetzten. Wegen des immer noch unzureichenden Verstellbereiches war aber meistens noch ein nachgeschaltetes Stufengetriebe zur Vergrößerung des Drehzahlbereichs notwendig. Ist das Stufengetriebe als formschlüssiges Getriebe ausgeführt, also als Schieberadgetriebe oder mit Klauenkupplungen, muss der Antrieb zum Umschalten stillgesetzt werden. Dazu diente ein in der Steuerung abgelegtes Unterprogramm. Deshalb wurde dieses Stufengetriebe vorzugsweise über elektromagnetische Lamellenkupplungen geschaltet, was auch bei laufendem Antrieb möglich ist.

Inzwischen wurden aber auch die stufenlos regelbaren Elektromotoren bezüglich ihres Stellbereiches weiterentwickelt, sodass heute auf zusätzliche Stufengetriebe weitgehend verzichtet werden kann. *Näheres hierzu siehe Teil 3, Kapitel 1.*

2.8 Vorschubgeschwindigkeit

Durch die Vielzahl der Werkzeuge in CNC-Maschinen ergibt sich die Notwendigkeit eines sehr großen programmierbaren und stufenlos regelbaren Verstellbereichs für die Vorschubgeschwindigkeit. Auch bei Laser- oder Wasserstrahlmaschinen ist die Programmierung, Konstanthaltung und in vielen Fällen auch die automatische Anpassung der Vorschubgeschwindigkeit notwendig. Bei interpolierenden Achsen, beispielweise zur linearen Interpolation bei Freiformflächen und bei Kreis- oder Schraubeninterpolation, müssen alle beteiligten Achsenvorschübe ständig so geregelt werden, dass die programmierte Schnittgeschwindigkeit konstant bleibt.

(Siehe auch Teil 3, Kapitel 2 Vorschubantriebe)

Der Vorschub ist eine technologische Funktion und wird unter **der F-Adresse** programmiert.

Bei der **direkten Vorschub-Program-**

mierung wird die Vorschubgeschwindigkeit nach der F-Adresse direkt in mm/min (G94) oder in mm/Umdrehung (G95) eingegeben. Dieser Wert wird von der CNC in den Drehzahl-Sollwert für die geregelten Achsantriebe umgerechnet, an die Antriebsverstärker ausgegeben und bei Bedarf dem Bearbeitungsablauf automatisch angepasst.

Der **Eilgang** zur schnellen Zustellung der Achsen ohne Werkzeugeingriff wird mit G00 programmiert.

Die Festlegung, **wie** die Achsen den programmierten Endpunkt anfahren und erreichen sollen, erfolgt ausschließlich über die **G-Funktionen** *(siehe Teil 6.1, NC-Programm, 1.6 Wegbedingungen).*

2.9 Zusammenfassung

Für den automatischen Arbeitsablauf numerisch gesteuerter Werkzeugmaschinen sind programmierbare Schaltfunktionen unverzichtbar. Sie ermöglichen eine weitgehend vollständige Bearbeitung der Werkstücke auf einer Maschine ohne manuelle Unterstützung. Die dafür wichtigsten Funktionen für zerspanende CNC-Maschinen sind der automatische Werkzeugwechsel, Werkstückwechsel und Drehzahlwechsel, sowie der Werkzeug- und Werkstück-spezifische Vorschub.

Der automatische Werkzeugwechsel ist für den Einsatz mehrerer Werkzeuge zur Komplett-Bearbeitung von Werkstücken notwendig. Je nach Anzahl und Größe der zum Einsatz kommenden Werkzeuge werden entsprechend geeignete Magazin-Ausführungen eingesetzt. Bei Drehmaschinen ist der Bedarf an unterschiedlichen Werkzeugen geringer. Deshalb ist der Werkzeugrevolver als Stern-, Kronen- oder Scheibenrevolver vorherrschend. Dabei können auch angetriebene Werkzeuge zur Ausführung von Bohr- oder Fräsarbeiten eingesetzt werden.

Bei Fräsmaschinen und Bearbeitungszentren ist der Werkzeugbedarf größer, da viele Werkzeuge maß- oder formgebunden sind. Dafür existieren Magazine und Wechseleinrichtungen in vielfältigen Ausführungen. Man unterscheidet nach Ketten-, Teller- oder Scheibenmagazinen. Sind deutlich mehr als 100 Werkzeuge im Einsatz, werden mit flächig angeordneten Kassettenmagazinen höhere Aufnahmekapazitäten erreicht.

Der Werkzeugwechsel erfolgt am einfachsten nach dem Pick-up-Verfahren, allerdings mit dem Nachteil einer längeren Wechselzeit. Schneller sind Greifersysteme mit einem Einfachgreifer oder besser mit einem Doppelgreifer.

Von großem Einfluss auf die Ausführung des Werkzeugwechsels und damit auch auf das Magazin ist die Identifizierung der Werkzeuge. Man unterscheidet hier die Werkzeugcodierung, die Platzcodierung und die variable Platzcodierung.

Mit einem ausreichend großen Werkzeugmagazin und dem automatische Werkstückwechsel ist die vollautomatische Fertigung von Teilefamilien ohne manuelle Eingriffe möglich. Drehmaschinen bieten dafür das Arbeiten von der Stange. Einfachere Werkstücke können oft ohne Spannmittel mit dem Pick-up-Verfahren oder durch einen Laderoboter gewechselt werden. Benötigt das Werkstück ein spezielles Spanmittel, wird es im gespannten Zustand mit einer Palette gewechselt, wenn möglich auch in Mehrfachspannungen.

Die automatische Drehzahlanpassung bei Drehmaschinen ist wegen des in weiten Grenzen veränderlichen Drehdurchmessers und zur Konstanthaltung der Schnittgeschwindigkeit immer notwendig und wird durch stufenlose Regelung realisiert. Bei Maschinen mit rotierenden Werkzeugen ist zwangsläufig mit jedem Werkzeugwechsel auch ein Drehzahl- und Vorschubwechsel verbunden. Dies wird heute vorwiegend durch stufenlos regelbare Elektromotoren verwirklicht. Bei sehr großen Drehzahlbereichen ist zusätzlich noch ein schaltbares Zahnräder-Stufengetriebe erforderlich.

Schaltfunktionen

Das sollte man sich merken:

1. Bei den Schaltfunktionen unterscheidet man nach **M-Funktionen** (Ein/Aus/L/R/Stop) und **technologischen Funktionen** T = Tool, S = Spindle, F = Feedrate, D = Diameter, H = High (Länge)
2. Entscheidende Kriterien zur **Beurteilung** von automatischen Werkzeugwechseleinrichtungen sind
   - Die Anzahl der verfügbaren Werkzeuge
   - Einschränkungen bezüglich deren Abmessungen und Gewicht
   - Die Werkzeugwechselzeit, auch als „Span-zu-Span-Zeit bezeichnet
   - Die Kosten für zusätzliche Aufnahmen, Kassetten oder Halter
3. Für **Drehmaschinen** werden vorwiegend Werkzeugwechsler in Form von Stern-, Kronen- oder Scheibenrevolver eingesetzt
4. Bei **Fräsmaschinen und Zentren** unterscheidet man nach
   - Kettenmagazinen
   - Teller- und Scheibenmagazinen
   - Regal- und Kassettenmagazinen
   - Pick-up-Magazinen, z. B. für zu große Werkzeuge
5. Wichtig ist die Art der **Identifizierung** der Werkzeuge im Magazin. Sie beeinflusst die Zeit für den Suchlauf und den Wechselvorgang, sowie den Aufwand beim Umrüsten (neu Bestücken) des Magazins.
   Man unterscheidet
   - Die **Platzcodierung,**
   - Die **variable Platzcodierung,** d. h. Programmierung der Werkzeug-Nummer, aber suchen der Platz-Nummer auf kürzestem Weg
6. Auch für den automatischen **Werkstückwechsel** stehen unterschiedliche Systeme zur Verfügung:
   - Das Arbeiten „von der Stange“, vorwiegend bei Drehmaschinen
   - Das Pick-up-Verfahren,
   - Wechselpaletten mit Ein- oder Mehrfach-Spannvorrichtungen
7. Zum Wechseln von Werkstücken, die auf einer Palette in Spannvorrichtungen gespannt sind, werden **Palettenspeicher** eingesetzt.
8. Die programmierbare **Drehzahl** (S) der Hauptspindel mit automatischer Nachführung ist für Drehmaschinen immer notwendig. Bei Fräsmaschinen und Bearbeitungszentren ist fast mit jedem Werkzeugwechsel auch ein Drehzahlwechsel erforderlich.
9. **Schaltfunktionen** werden mittels M-Adresse und meistens einer zweistelligen Zahl gemäß DIN 66026 programmiert.

■

3 Betriebsfunktionen

Numerische Steuerungen wurden durch die Integration der Computertechnik immer kleiner, schneller, leistungsfähiger und bedienungsfreundlicher. Seit der Entwicklung der ersten CNCs kamen ständig neue Funktionen und Aufgaben hinzu. Damit lassen sich die Komplexität, der Automatisierungsgrad und die Zuverlässigkeit der CNC-Werkzeugmaschinen weiter steigern. Computergestützte Werkzeugmaschinensteuerungen verbessern damit erheblich die Produktivität der Fertigung.

3.1 Definition

Unter CNC versteht man eine numerische Steuerung, die einen oder mehrere **Mikroprozessoren** für die Ausführung der Steuerungsfunktionen enthält. Äußeres Kennzeichen einer CNC sind der Bildschirm und die Tastatur *(Bild 3.1)*. Das Betriebssystem der Steuerung, auch kurz als **CNC-Software** bezeichnet, umfasst alle erforderlichen Funktionen, wie Interpolation, Lage- und Geschwindigkeitsregelung, Anzeigen und Editor, Datenspeicherung und -verarbeitung. Zusätzlich bedarf es eines **Anpassprogrammes** an die zu steuernde Maschine, das der Maschinenhersteller erstellt und in der Anpasssteuerung (SPS) integriert. Darin sind alle maschinenbezogenen Verknüpfungen und Verriegelungen für spezielle Funktionsabläufe festgelegt, wie z. B. für Werkzeugwechsel, Werkstückwechsel und die Achsbegrenzungen.

Die werkstückabhängige Steuerung der Maschinenbewegungen bei der Bearbeitung erfolgt durch die **Teileprogramme.** Diese erstellt der Anwender der Maschine und sie zählen **nicht** zur CNC-Software.

3.2 CNC-Grundfunktionen

Neben der klassischen Aufgabe der numerischen Steuerung, die Relativbewegung zwischen Werkzeug und Werkstück einer Werkzeugmaschine präzise zu steuern, kommen immer neue Aufgaben und Funktionen hinzu. Während einige davon im „Hintergrund" ablaufen und beispielsweise die Sicherheit überwachen, erfordern andere die Aufmerksamkeit und gelegentliche Eingriffe des Bedieners. Deshalb muss die Steuerung übersichtlich und einfach zu bedienen sein. Denn mit der CNC wurden aus einfachen, zahlenverstehenden Steuerungen komplexe, datenverarbeitende Prozessrechner mit völlig neuen Funktionen. Diese sollen vorgestellt und kurz erläutert werden.

Zu der **Grundausrüstung einer CNC** zählen heute beispielsweise

- Ein farbiges Display von 8 ... 21 Zoll Bildschirmdiagonale *(Bild 3.1)* für Anzeige, Programmierung, Simulation, Betrieb und Diagnosefunktionen,
- die **Bedienerführung im interaktiven Dialog** in mindestens 2 umschaltbaren Sprachen

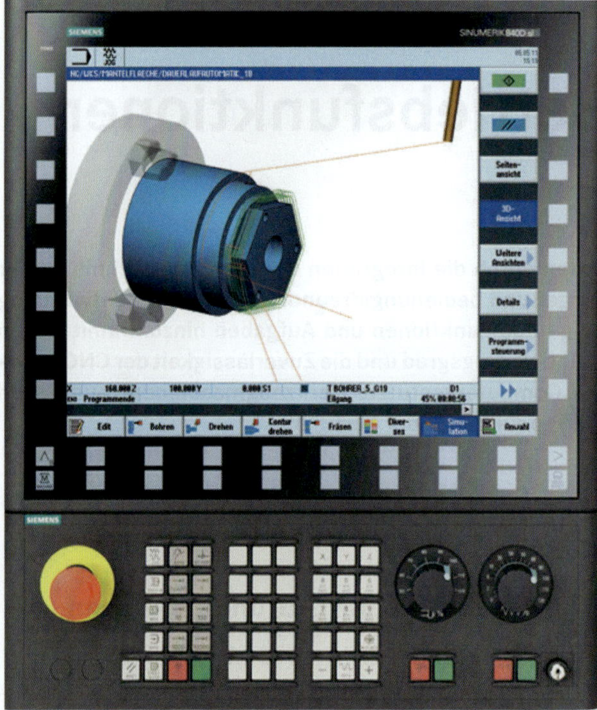

Bild 3.1: Sinumerik 840 D sl, 19 Zoll CNC-Bedientafel mit Ansicht 3-D-Simulation. (Quelle: Siemens AG)

- ein **Anwenderspeicher** für mehrere Teileprogramme, Korrekturwerte, Werkzeugdaten, Nullpunkttabellen und Zyklen,
- eine **busgekoppelte oder integrierte SPS** mit hoher Verarbeitungsgeschwindigkeit zum Steuern der Schaltfunktionen,
- **programmierbare Software-Endbegrenzungen** der NC-Achsen als Ersatz mechanischer Endschalter und der erforderlichen Verdrahtung,
- **BDE/MDE** (Betriebs- und Maschinendaten-Erfassung) und ein automatisches Logbuch zur Dokumentation von Bedienungsfehlern, Störungsmeldungen, Funktionsabläufen, Warnungen und manuellen Eingriffen.

Hinzu kommen **Funktionen,** um die Maschinen genauer, zuverlässiger und bedienerfreundlicher zu machen, wie z.B.:

- **Temperaturfehler-Kompensation** wärmeabhängiger Maschinenungenauigkeiten,
- **variable Platzcodierung** der Werkzeuge zur Beschleunigung der Such- und Wechselvorgänge,
- **Werkzeugbruch- und Standzeitüberwachung** für den automatischen Betrieb,
- automatisches Einlesen der **Werkzeugdaten** in den Korrekturwertspeicher,
- simultane Steuerung synchroner **Haupt-** und asynchroner **Nebenachsen** ohne Wartezeiten,
- Eingabe von **Maschinenparameterwerten** über Tastatur anstelle mühevoller Abgleicharbeiten bei der Inbetriebnahme u.v.a.m.

Für den automatischen Fertigungsablauf übernimmt die numerische Steuerung viele **zusätzliche Funktionen und Aufga-**

ben. Diese Funktionen werden heute als selbstverständlich vorausgesetzt.

Hier sollen einige dieser Sonderfunktionen aufgezählt und erläutert werden. Die gleichen Funktionen können jedoch in unterschiedlichen Steuerungsfabrikaten andere Bezeichnungen haben, anders ablaufen oder vom Leistungsumfang her differieren.

Achsen sperren

Gezieltes Stillsetzen einzelner oder aller CNC-Achsen, um an der Maschine ein CNC-Programm ohne Bewegung dieser Achsen auf Programmfehler im Schnelldurchlauf testen zu können. Wahlweise und zur Zeitersparnis können auch Werkzeugwechsel, Palettenwechsel, Kühlmittel und die Hauptspindel gesperrt werden.

Angetriebene Werkzeuge

So werden bei Drehmaschinen eingesetzte Werkzeuge wie Bohrer oder Fräser bezeichnet, die das stehende Werkstück bearbeiten und deshalb einen eigenen Antrieb benötigen. Dazu muss die Hauptspindel bahngesteuert werden (C-Achse).

Asynchrone Achsen

Hilfs- oder Nebenachsen, die nicht mit den Hauptachsen interpolieren und von diesen unabhängig verfahren (z.B. Werkzeug- oder Werkstück-Handlinggeräte in einer Maschine).

Datenschnittstellen *(Bild 3.2)*

Schnittstelle zum Anschluss der CNC an übergeordnete Rechner, um Daten auszutauschen oder Fernsteuerfunktionen ausführen zu können. Auch die automatische Werkstück- und Werkzeugerkennung benötigen solche Schnittstellen.

Diagnose-Software

Permanente oder programmierbar zu aktivierende Überwachungsfunktionen für Maschinen- und Steuerungsverhalten zwecks automatischer Dokumentation von Fehlern und deren Ursachen. Dazu nutzt die CNC die Bildschirmdarstellung der Messwerte als Kurven, Diagramme oder in digitaler Form. Alle Daten sind auch über Schnittstelle ausgebbar.

Neben der Fehlerdiagnose bieten Steuerungshersteller auch spezielle Diagnose-Software an, die den Anwender bei der Optimierung seiner Teileprogramme unterstützt. Damit ist es möglich, die Abarbeitungszeit (Taktzeit) signifikant zu verringern.

Beispiel: *Wenn die SPS einen Werkzeugbruch feststellt, kann mit einem asynchronen Unterprogramm zum Werkzeugwechsel gefahren werden. Dort wird das beschädigte Werkzeug gegen ein neues ausgetauscht und die Bearbeitung an der letzten Position fortgesetzt.*

Energieeffizienz

Einige aktuelle CNC-Systeme verfügen über Programme zur Analyse des Energieverbrauchs. So kann über die Schaltzeiten der Versorgungsmodule deren Energieverbrauch ermittelt und aufgezeichnet werden. Den Maschinenhersteller kann dies bei der korrekten Dimensionierung der Versorgungsmodule für einen konkreten Anwendungsfall unterstützen. Dem Anwender bietet sich die Möglichkeit, Arbeitsabläufe und Teileprogramme so zu optimieren, dass nicht unnötig Energie verbraucht wird. Dies macht sich besonders bei der Großserienfertigung bezahlt.

Freischneiden

Am Ende einer Bearbeitung bleibt der Vorschub bei weiterdrehender Spindel für eine programmierbare Zeit stehen, bevor das Werkzeug zurückgezogen wird.

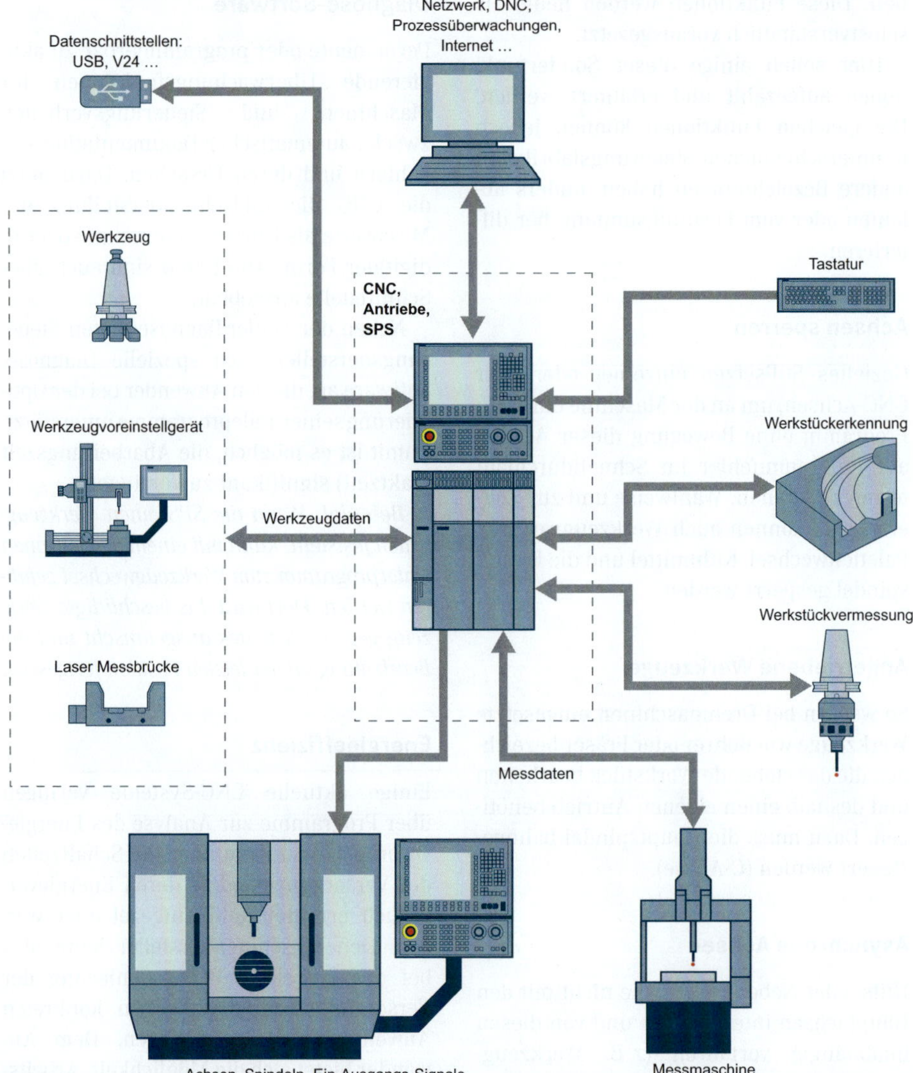

Bild 3.2: Datenschnittstellen einer CNC/SPS zur Übertragung unterschiedlicher, fertigungsrelevanter Daten.

Handeingabe

Manuelles Eintippen und Korrigieren eines NC-Programmes über die Tastatur der CNC bis zur rechnergestützten Programmierung an der Maschine unter Verwendung von Grafik und interaktiven Dialogen einer WOP-Steuerung.

Hochsprachenelemente (Abfragen, Schleifen, Variablen)

Heutige CNCs verfügen über BASIC- oder C-ähnlichen Sprachen zur Programmierung und Berechnung komplexer Abläufe.

So können Abfragen (IF..THEN..ELSE.. END-IF) und Schleifen (FOR..TO..NEXT, WHILE..DO..END) implementiert werden. Zum Teil können sogar Zugriffe auf das Dateisystem (z.B. Log-Datei speichern) in dieser Hochsprache geschrieben werden.

Achtung! Diese Hochsprachenelemente sind herstellerspezifisch und nicht standardisiert. Somit lassen sich Programme, die solche Elemente enthalten, nicht einfach zwischen CNCs unterschiedlicher Hersteller austauschen.

Korrekturwerte

Für jedes in der Maschine befindliche Werkzeug werden aktuelle Werkzeugdaten (z.B. Durchmesser, Länge, Radius, Standzeit) gespeichert, die beim Abarbeiten des NC-Programms zu berücksichtigen sind. Auch Messfehlerkompensationen, Nullpunktverschiebungen, Spanntoleranzen oder Verschleißwerte sind Korrekturwerte und werden in dafür vorgesehenen Datenspeichern zum Abruf bereitgehalten.

Makros

Durch Makros können Elemente der Programmiersprache zusammengefasst und umdefiniert werden. So können bspw. unverständliche G-Codes durch leicht lesbare Worte ersetzt oder bestehende Sprachelemente überblendet werden. Damit kann bspw. durch programmieren eines einzelnen G-Codes eine ganze Reihe von Umschaltungen erfolgen.

Offset

Auf deutsch **Versatz:** Elektronische Kompensation von Spanntoleranzen des Werkstückes oder der Werkzeuge, die das genaue mechanische Ausrichten oder Einstellen ersparen.

Polarkoordinaten

Zwei- bzw. dreidimensionales Koordinatensystem zur Darstellung winkelabhängiger Funktionen oder winkelbezogener Zeichnungen. Für die Bearbeitung auf Maschinen mit linearen Achsen müssen die programmierten Polarkoordinatenmaße in kartesische Koordinatenmaße umgerechnet werden, und zwar entweder beim Programmieren oder in der CNC.

Position setzen

Der Bediener richtet den Spindel-Mittelpunkt mittels Messuhr oder anderer Hilfsmittel an einem Fixpunkt des Werkstückes oder der Vorrichtung aus und setzt die Achsen-Positionen auf die in der Zeichnung oder im CNC-Programm angegebenen Werte. Ein schaltender Taster ist heute Standard.

Programmtest

Beschleunigtes Abarbeiten eines CNC-Programms mit erhöhten Vorschubwerten oder im Eilgang zwecks Prüfung auf grobe Programmierfehler, Kollisionen und andere Fehler. Als Werkstoff wird dazu nicht Metall, sondern ein spezieller, leicht zu zerspanender Kunststoff verwendet.

Reset *(Zurücksetzen)*

Mit Betätigung des Taster Reset auf der Maschinensteuertafel wird die Bearbeitung des aktuellen Programms unterbrochen. Die CNC-Steuerung bleibt synchron mit der Maschine. Sie ist in der Grundstellung für einen neuen Programmablauf, beginnend vom Programmanfang. Eventuell ausstehende NC-Programmfehler werden gelöscht.

Ruckbegrenzung (Slope)

Einstellbares Beschleunigungs- und Abbremsverhalten der CNC-Achsen, um Schläge zu vermeiden und die Mechanik zu schonen. Wichtig ist die Einstellung aller Achsen auf den gleichen Wert, damit keine Bahnabweichungen entstehen.

Satz ausblenden
(Block Delete, Skip Block)

Beim Abarbeiten eines NC-Programms werden Sätze, die mit einem Schrägstrich vor der Satznummer gekennzeichnet sind (/N147 X…Y…), wahlweise je nach Schalterstellung ausgeführt oder übersprungen (= *skip)*, um programmierte Messzyklen oder den Befehl „Maschine-Stopp" zu aktivieren. Ist die Funktion ausgeschaltet, werden diese Sätze übersprungen und die Werkstücke ohne diese Unterbrechungen bearbeitet.

Satz Vorlauf

Eine zeitsparende Möglichkeit nach Programm-Unterbrechung, um das Programm bis zu einer vorwählbaren Satz-Nr. ohne Maschinenbewegung schnell durchlaufen zu lassen, sodass am vorgewählten Wiedereintritt in das Programm das richtige Werkzeug mit allen Korrekturwerten, die richtige Vorschubgeschwindigkeit und die richtige Spindeldrehzahl zur Verfügung stehen.

Simulation

Graphische Darstellung des Bearbeitungsvorgangs (Verfahrwege der Werkzeuge) und des Endwerkstücks unter Berücksichtung der Werkzeugkorrekturen und der Rohteilgeometrie. Abhängig vom Steuerungstyp kann der komplette Arbeitsablauf simuliert und als 3-Ebenenansicht oder Volumenmodell dargestellt werden. Durch die komplette Berechnung des Programms können vorab Fehlerquellen erkannt und die Bearbeitungszeit abgeschätzt werden. Die Simulation wird direkt an der Maschine mit der CNC durchgeführt.

Spiegeln, Drehen, Verschieben

Die programmierten Weginformationen können an einer vorgegebenen Achse gespiegelt und gedreht bzw. um einen bestimmten Weg verschoben werden. Dies erleichtert bspw. die Programmierung von Teilen mit sich wiederholenden Geometrien.

Synchrone Achsen

Alle CNC-Achsen einer Maschine, die simultan interpolieren und koordiniert verfahren. Dies sind in der Regel alle Hauptachsen einer Maschine (Gegenteil: Asynchrone Achsen).

Unterprogramme/Zyklen

Permanent gespeicherte Programme wie Lochmuster, Bohr-, Gewinde- und Fräszyklen, die mit den erforderlichen Daten (Parameterwerten) ergänzt und beliebig oft aufgerufen und ausgeführt werden können (auch als parametrisierbare Unterprogramme bezeichnet).

Wiederanfahren an die Kontur *(Bild 3.3)*

Nach Werkzeugbruch oder Nothalt während der Bearbeitung muss das Werkzeug vor der Bruchstelle wieder in das unterbrochene Programm eintreten und die Bearbeitung ohne Markierungen im Werkstück fortsetzen. Hierbei sind auch die neuen Werkzeug-Korrekturwerte zu berücksichtigen.

Die genaue Funktionsbeschreibung ist jeweils der Dokumentation der betreffenden CNC zu entnehmen.

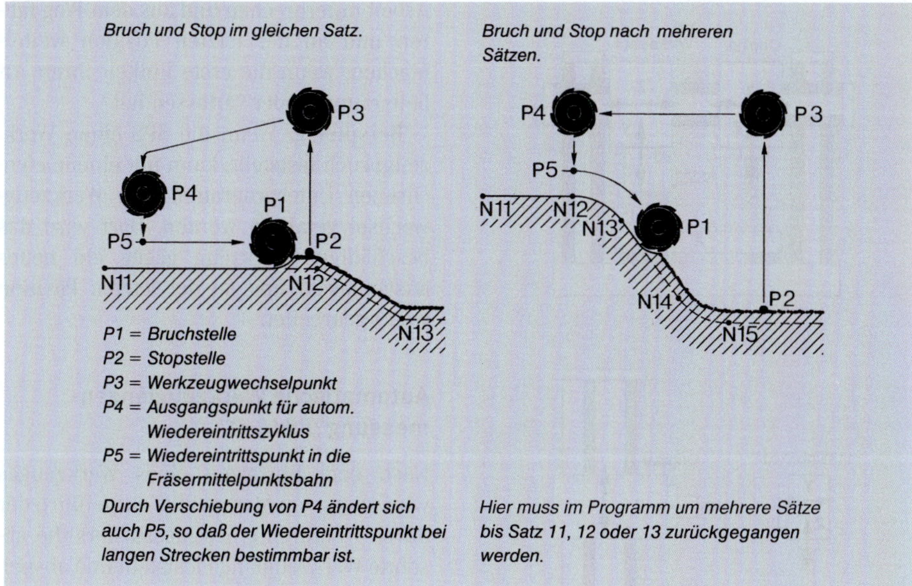

Bild 3.3: Wiederanfahren an die Kontur, automatischer Wiedereintrittszyklus nach Fräserbruch.

3.3 CNC-Sonderfunktionen

Grundsätzlich legt der Hersteller die Leistungs- und Ausbaufähigkeit einer CNC schon während der Konzeption und mit der Entwicklung fest. Neue CNC-Konzepte haben darüber hinaus eine **offene Software-Schnittstelle** zur CNC-Systemsoftware und bieten dadurch dem Maschinenhersteller und dem Anwender die Möglichkeit, spezielle Funktionen oder eigenes Know-how auch nachträglich noch zu integrieren. Dazu verfügt die CNC über eine spezielle Programmier-Software, mit deren Hilfe solche Sonderlösungen integrierbar sind. Sogar der Zugriff auf die Grafik der Steuerung ist damit möglich, um beispielsweise Bedienerhilfen, Auswahlmenüs oder dynamische Simulationen grafisch darstellen zu können. So ist es auch kein Problem, eine CNC für Werkzeugmaschinen zur Leitsteuerung für ein Paletten-Transportsystem umzufunktionieren. Dem Maschinen-Hersteller bietet sich damit auch eine Möglichkeit, seine neuen Entwicklungen schon in einem frühen Stadium zu testen, ohne den CNC-Hersteller informieren zu müssen.

Sehen wir uns nun eine Auswahl solcher Sonderlösungen an, die sich mit modernen CNCs realisieren lassen.

Achsentauschen *(Bild 3.4)*

Ermöglicht die Verarbeitung von CNC-Programmen, die für Fräsmaschinen mit vertikaler Spindel programmiert sind, auf Maschinen mit horizontaler Spindel und vorgesetztem Winkelkopf (Tauschen von Y- und Z-Achse).

Arbeitsraumbegrenzung

Durch die Programmierung der unteren und oberen Begrenzungswerte jeder Achse wird der freigegebene Arbeitsraum einer CNC-Maschine vorübergehend begrenzt. Die Eingabe von Wegmaßen, die außerhalb dieser **„Software-Limits“** liegen, löst ein Fehlersignal aus und die Maschine bleibt sofort stehen.

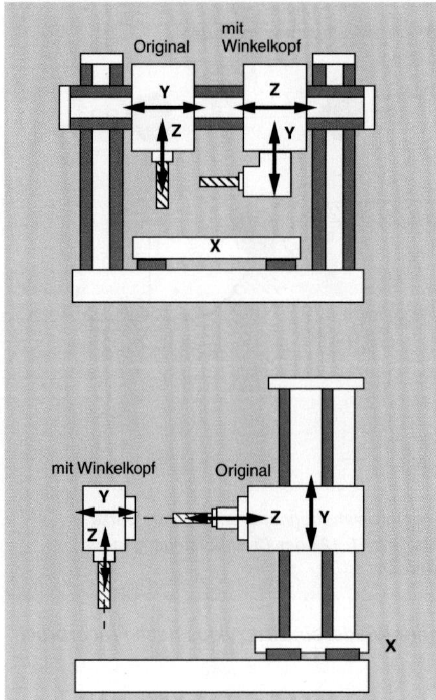

Bild 3.4: Achsen tauschen. Bei vorgesetztem Winkelkopf können Y- und Z-Achse getauscht werden, um NC-Programme verwenden zu können, die für eine vertikale Z-Achse erstellt wurden.

Beispiel:
N1 G25 X100 Y255 Z70 $
= untere Grenzwerte für X-, Y- und Z-Achse
N2 G26 X440 Y321 Z129 $
= obere Grenzwerte für X-, Y- und Z-Achse

Asynchrone Unterprogramme

In der CNC kann ein (kleines) Teileprogramm definiert werden, welches die normale Abarbeitung unterbricht und Sonderfunktionen ausführt. Dieses Teileprogramm wird bspw. durch die SPS oder einen anderen Kanal ausgelöst.

Beispiel 1: Zwei Arbeitseinheiten einer Maschine haben einen überlappenden Arbeitsraum. Wenn die eine in den Arbeitsraum der anderen muss, so kann diese mittels asynchronem Unterprogramm ihre Arbeit unterbrechen und aus dem Weg fahren und an der letzten Position weitermachen, wenn die erste Einheit ihren Arbeitsraum wieder verlassen hat.

Beispiel 2: Wenn die SPS einen Werkzeugbruch feststellt, kann mit einem asynchronen Unterprogramm zum Werkzeugwechsel gefahren werden. Dort wird das beschädigte Werkzeug gegen ein neues ausgetauscht und an der letzten Position weitergearbeitet.

Automatische Werkzeuglängenmessung *(Bild 3.5)*

Nach dem Einsetzen eines Werkzeuges wird zuerst ein Messzyklus ausgeführt, der durch Anfahren eines Messtasters die absolute Werkzeuglänge feststellt und abspeichert.

Automatische Systemdiagnosen

Eine spezielle Software zur Umschaltung des CNC-Bildschirms auf Oszilloskop-Betrieb.

Damit können NC-Programme getestet und eventuell vorhandene Fehler in der Programmierung oder während der Bearbeitung komfortabel gefunden werden.

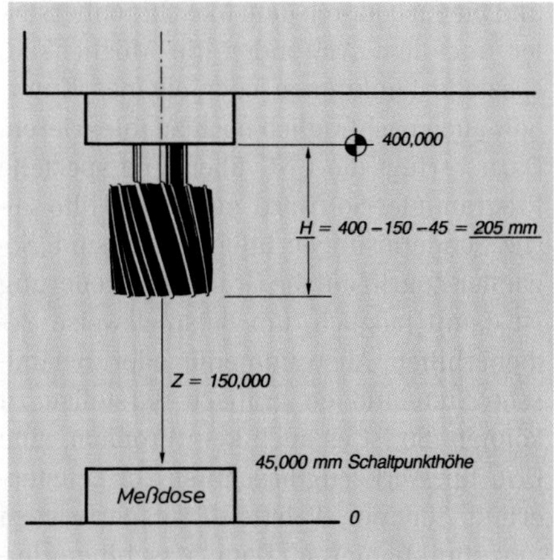

Bild 3.5: Automatische Werkzeuglängenmessung mittels schaltender Messdose.

Die Systemdiagnose beantwortet u.a. folgende Fragen:

- Wo im Programm trat der Fehler zum ersten Mal auf?
- Welche Auswirkungen hat der Fehler auf das Programm?
- Wie sind die Auswirkungen auf andere Variablen bzw. Programmteile?
- Welche Wichtigkeit hat der Fehler für das Programm?

Balance Cutting – 4-achsiges Drehen

Die Voraussetzung für 4-achsiges Drehen, auch „Balance Cutting" genannt, ist eine Drehmaschine mit mindestens zwei autarken Werkzeugträgern. In der Regel handelt es sich dabei um einen Werkzeugrevolver hinter der Drehmitte und um einen zweiten vor der Drehmitte. Die Maschine muss so konstruiert sein, dass beide Werkzeugträger gleichzeitig an einem Werkstück im Eingriff sein können. Bei ausreichend langen Schnitten sind diese um einen vorgegebenen Versatz gleichzeitig in unterschiedlicher Tiefenzustellung im Einsatz. Der Vorteil hierbei ist, dass Zeit bei der Fertigung gespart wird, da sich das Zerspanvolumen pro Zeit erhöht. Darüber hinaus werden bei der Bearbeitung die Schnittkräfte besser verteilt. Balance Cutting minimiert zusätzlich Vibrationen besonders bei dünnen und langen Teilen *(Bild 3.6)*.

Bei der Programmierung von Werkstücken, die mehrkanalig hergestellt werden sollen, muss immer vorher über Maschinenparameter der Führungskanal und der Folgekanal definiert werden.

Die Drehbearbeitung beginnt immer im Führungskanal. Der zweite Kanal, auch als Folgekanal bezeichnet, beginnt mit der zweiten Tiefenzustellung, sobald der Führungskanal einen vorgegebenen „Abspanweg" (Versatz) abgespant hat. Die Bewegungen des Folgekanals werden mittels Achskopplung erzeugt. *(Bild 3.7)*

Blockzykluszeit *(Bild 3.8 und 3.9)*

Für eine hohe Oberflächenqualität und Konturgenauigkeit muss die CNC das CNC-Programm sehr schnell und ohne Vorschubschwankungen abarbeiten. Ist die Abarbeitungszeit eines Satzes kürzer als die Vorbereitungszeit für den folgenden Satz, kommt es zu Vorschubeinbrüchen. Deshalb muss die CNC über eine hohe Rechengeschwindigkeit und einen ständigen Vorrat vorbereiteter Sätze verfügen. Ein dynamischer Pufferspeicher, der ständig nachgefüllt wird, hält eine ausreichende Anzahl vorbereiteter Sätze bereit und verhindert somit das ruckelnde „Achsen-Stottern".

Reicht der Vorrat trotzdem nicht aus, dann muss die Vorschubgeschwindigkeit solange reduziert werden, bis die Achse zwar langsamer, aber kontinuierlich fährt.

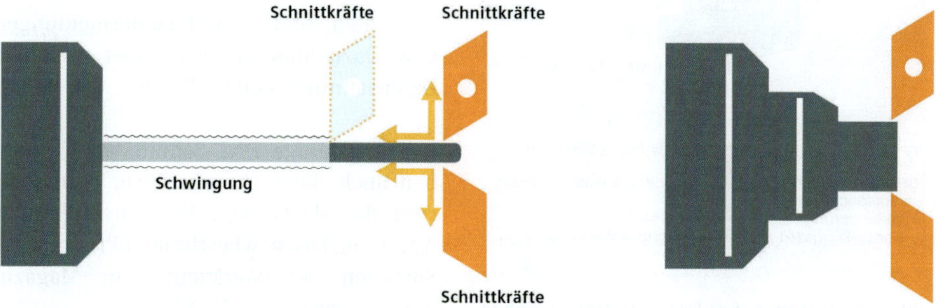

Bild 3.6: Balance cutting: doppelte Spanleistung und reduzierte Werkstückschwingungen. (Quelle: Siemens AG)

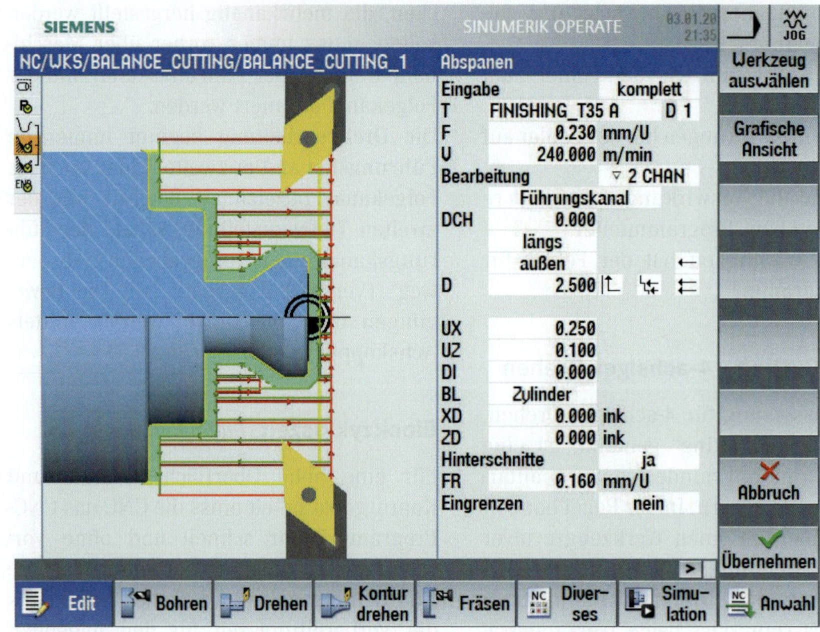

Bild 3.7: Balance Cutting – 4-achsiges Drehen: Programmierung über den Abspanzyklus Cycle 952 durch Auswahl des Parameters Bearbeitung. (Quelle: Siemens AG, Sinumerik)

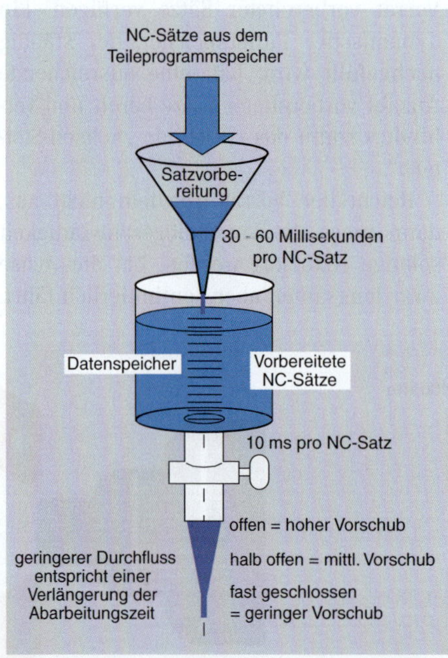

Bild 3.8: Dynamischer Daten-Puffer-Speicher mit kurzer Übertragungszeit zur Sicherstellung kurzer Blockzykluszeiten (Funktionsprinzip).

Den Zusammenhang zwischen Blockzykluszeit, Polygonlänge und Vorschubgeschwindigkeit zeigt *(Bild 3.9)*.

Beispiel: Bei einer Polygonlänge von 0,1 mm und einer Blockzykluszeit von t = 2 ms beträgt der max. Vorschub F_{max} = 4 m/min.

DNC-Schnittstelle *(Bild 3.2)*

Automatisches Ein- und Auslesen von Teileprogrammen, Werkzeugkorrekturen, SPS-Daten, Status- und Fehlermeldungen usw. Dazu muss die CNC über geeignete Datenschnittstellen verfügen.

Leistungsfähige DNC-Schnittstellen erlauben auch die rechnergeführte Fernsteuerung der Maschine, z. B. beim Nullpunkt-Anfahren, Löschen bestimmter Programme, Sortieren der Werkzeuge im Magazin u. a. m. *(siehe Kapitel DNC)*

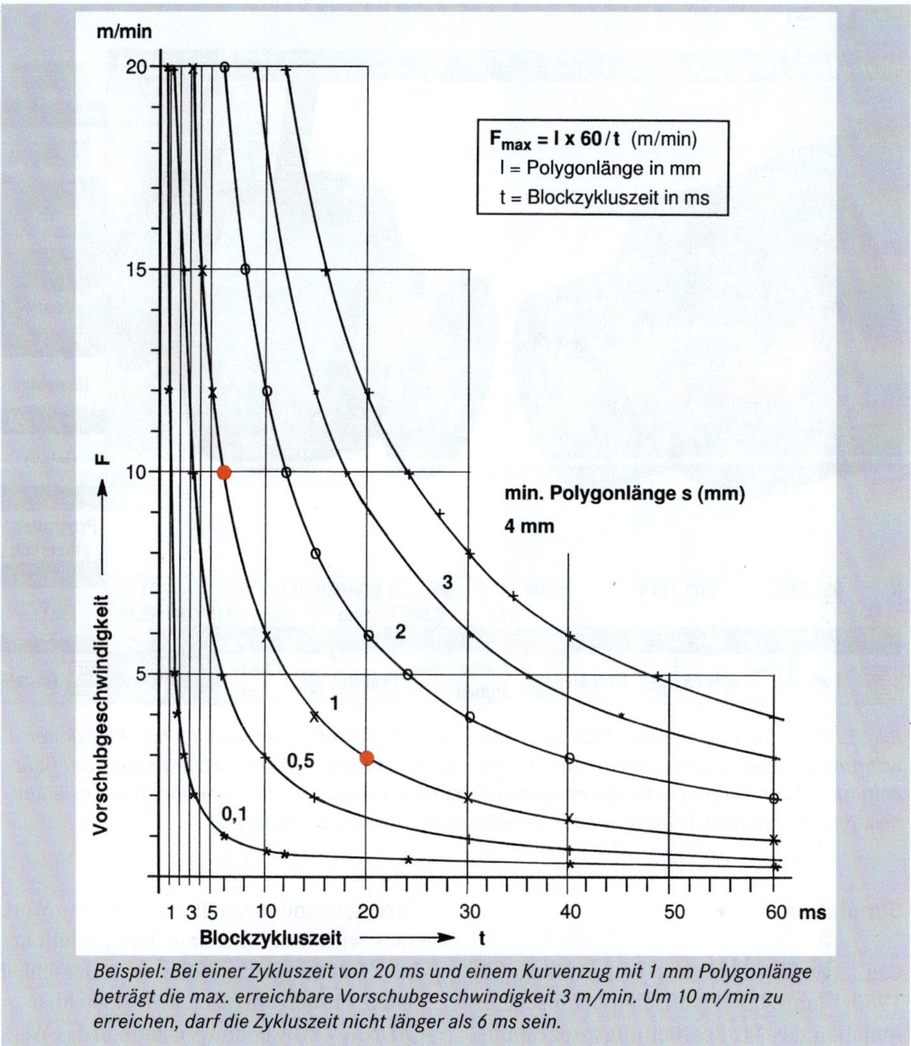

Beispiel: Bei einer Zykluszeit von 20 ms und einem Kurvenzug mit 1 mm Polygonlänge beträgt die max. erreichbare Vorschubgeschwindigkeit 3 m/min. Um 10 m/min zu erreichen, darf die Zykluszeit nicht länger als 6 ms sein.

Bild 3.9: Abhängigkeit der maximal erreichbaren Vorschubgeschwindigkeit $F_{max.}$ von der Polygonlänge S einer Kurve und der Blockzykluszeit t der Steuerung.

3.4 Kollisionsvermeidung

(Bild 3.10)

Moderne Werkzeugmaschinen sind dynamisch, präzise und produktiv. Damit Maschinen auch langfristig die erwartete Produktivität und Genauigkeit halten, sind Kollisionen im Maschinenraum unbedingt zu verhindern. Da CNC-Werkzeugmaschinen aufgrund von arbeits- und sicherheitstechnischen Vorschriften meist komplett eingehaust sind und oft in Folge der hohen Vorschub- und Beschleunigungswerte ein manueller Eingriff in der Reaktionszeit des Bedieners im Fehlerfall unmöglich ist, ist eine Kollisionsprüfung in der Arbeitsvorbereitung sehr wichtig. Auch CNCs bieten diverse Sicherheitsfunktionen, um Kollisionen möglichst zu vermeiden.

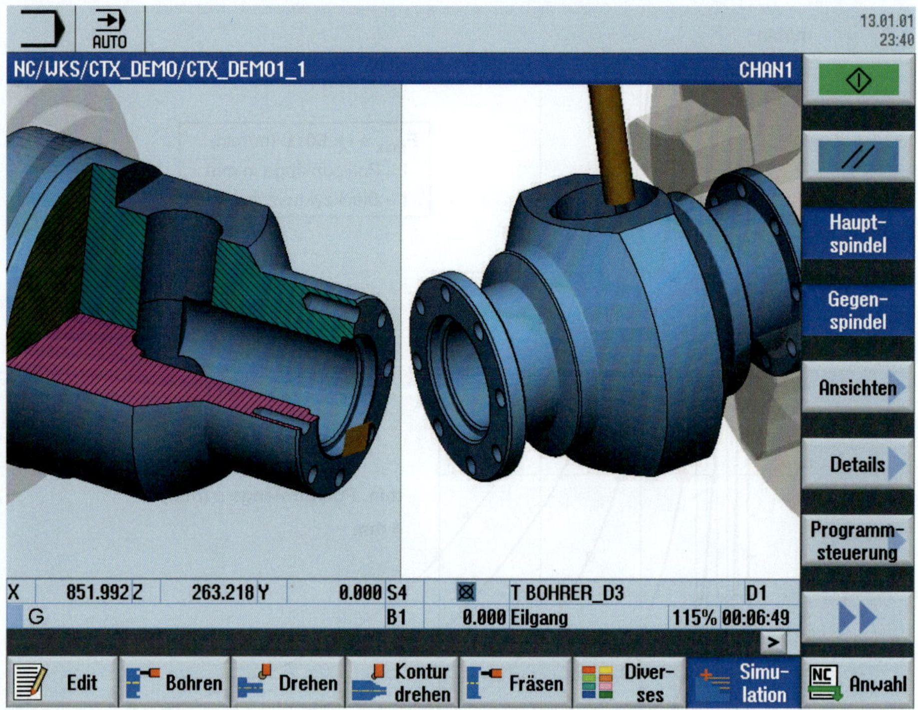

Bild 3.10: 3D-Simulation einer Drehbearbeitung auf einer Dreh-Fräsmaschine hilft Kollisionen während der Programmerstellung zu erkennen. Links: Mit Hilfe der Schnittdarstellung der Bearbeitung auf der Hauptspindel lassen sich auch Konturverletzungen der Innenbearbeitung erkennen, Rechts: Fräsbearbeitung auf der Gegenspindel. (Quelle: Siemens AG)

Simulation

CNCs verfügen bereits seit Anfang der 1980er Jahre über grafisch-dynamische Simulation des NC-Bearbeitungsprogramms. Waren dies zunächst nur einfache Strichgrafiken mit der Darstellung der Werkzeugwege, aus denen der Bediener nur mit Mühe erkennen konnte, ob die programmierten Verfahrwege korrekt sind, verfügen die meisten CNCs inzwischen über aussagefähige Simulationen mit maßstabsgetreuer Darstellung von Maschine, Werkzeug und Werkstück. Damit kann nun vor dem eigentlichen Start des Bearbeitungsprogramms der gesamte Ablauf der Bearbeitung mit den verwendeten Werkzeugen und Nullpunktverschiebungen virtuell auf dem Bildschirm simuliert werden. Die Anzeigen sind meist dynamisch, das Werkstück wird dreidimensional dargestellt und die Zustellungen werden in unterschiedlichen Farben angezeigt. Vergleichbar zu CAD/CAM-Anwendungen kann in das Werkstück und Werkzeug hineingezoomt werden. Schnittdarstellungen erlauben die Überprüfung versteckter Innenkonturen und Bohrungen. Damit können Kollisionen zwischen Werkstück und Werkzeug allein durch die Visualisierung des Programms weitestgehend erkannt und durch entsprechende Programmkorrekturen vermieden werden. Wenn die Programmsimulation **die Werkzeuglängen nicht verrechnet,** sondern nur den Eingriffspunkt des Werkzeuges abbildet, besteht allerdings weiterhin Kollisionsgefahr in der Zustellebene.

Die Simulation alleine befreit den Bediener der CNC-Werkzeugmaschine also nicht von der Verantwortung, durch Kollision verursachte Beschädigungen von Werkstück, Werkzeug oder Maschine während der automatischen Abarbeitung zu vermeiden.

Neben den Funktionen zur Festlegung des Bezugspunktes des Werkstücks und zur Vermessung des Werkzeugs gibt es weitere Einrichtfunktionen, die ebenfalls helfen Kollisionen zu vermeiden:

Einrichtfunktionen

Ein NC-Programm wird üblicherweise nicht ungetestet gestartet, auch wenn die Simulationen der CNC und ggf. auch des CAD/CAM-Systems einen fehlerfreien Ablauf anzeigen.

Deshalb bieten CNCs z.B. die Möglichkeit eines **Probelaufs ohne Bearbeitung,** des sogenannten **Trockenlaufs oder Dry Run.** Vor der Bearbeitung eines Werkstücks kann das Programm direkt an der Maschine getestet werden, um frühzeitig Fehler in der Programmierung zu erkennen. Hierfür muss ein **Probelaufvorschub** in der Steuerung eingegeben werden. Die Verfahrgeschwindigkeiten, die in Verbindung mit G1, G2, G3 usw. programmiert sind, werden durch einen festgelegten Probelaufvorschub ersetzt. Der Probelaufvorschubwert gilt auch anstelle des programmierten Umdrehungsvorschubs und sollte möglichst hoch sein, evtl. bis Eilganggeschwindigkeit. Das Werkstück oder Rohteil sollte entweder nicht eingespannt sein oder es sollte eine entsprechende Nullpunktverschiebung in positiver Zustellrichtung (Z) am Programmanfang aktiviert werden. Bei aktiviertem „Probelaufvorschub“ darf keine Werkstückbearbeitung erfolgen, da durch die geänderten Vorschubwerte die Schnittgeschwindigkeiten der Werkzeuge überschritten bzw. das Werkstück oder die Werkzeugmaschine zerstört werden könnten. Mit Hilfe des Trockenlaufs lässt sich nur die fehlerfreie Abarbeitung eines NC-Programmes testen. Ob falsche Zustellungen zu einer Kollision führen, lässt sich mit dieser Funktion nicht prüfen.

Ein weiteres Hilfsmittel zur **Erkennung von Kollisionen** ist die Nutzung eines **Trockenlaufs** und des **Programmtests** in Verbindung mit der **Simulation**, d.h. die Maschine führt die programmierten Achsbewegungen nicht aus. Nur die programmierten Hilfsfunktionen, Verweilzeiten und die Werkzeugwechsel werden ausgeführt. Die komplette Bearbeitung des Werkstücks erfolgt **nur virtuell** auf dem Bildschirm der CNC mit Darstellung der Werkzeuggeometrie und der Bediener kann den korrekten Ablauf prüfen.

Eine weitere Möglichkeit ist der **Einzelsatzbetrieb.** Es empfiehlt sich, vor dem ersten Start eines NC-Programmes dieses in der Betriebsart Automatik, aber bei angewähltem Einzelsatzbetrieb zu starten und NC-Satz auf NC-Satz unter ständiger Beobachtung durch den Bediener abzufahren. Das Werkstück wird so sequentiell zerspant und der Bediener hat jederzeit die Möglichkeit zur rechtzeitigen Unterbrechung. Bei Verwendung von Zyklen, Makros oder Unterprogrammen ist dabei zu beachten, dass diese u.U. als ein Satz von der Steuerung verstanden werden und ein START-Befehl mehrere Maschinenbewegungen auslöst.

Schutzbereiche *(Bild 3.11)*

Mit Hilfe von **Schutzbereichen** lassen sich verschiedene Elemente an der Maschine, die Ausrüstung sowie das Werkstück vor falschen Bewegungen schützen.

Werkzeugbezogene Schutzbereiche: Für Teile, die zum Werkzeug gehören (z.B. Werkzeug, Werkzeugträger).

Werkstückbezogene Schutzbereiche: Für Teile, die zum Werkstück gehören (z.B. Teile des Werkstücks, Aufspanntisch, Spannpratzen, Spindelfutter, Reitstock).

Je nach Steuerungstyp und Projektierung verhindern diese Schutzbereiche entweder

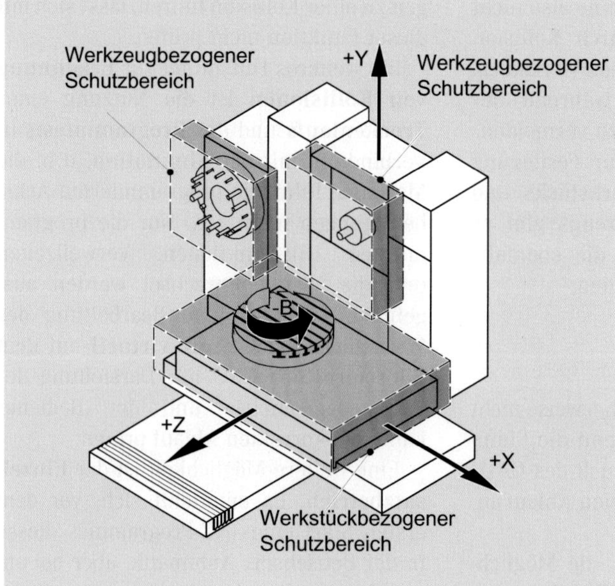

Bild 3.11: Durch die Definition von Schutzbereichen kann der Bediener Maschinenteile vor der Kollision schützen.

- das Fahren der Achsen in den Schutzbereich hinein
- oder sie verringern den Vorschub
- oder zeigen auch nur eine Kollisionsmeldung am Bildschirm an.

Meist kann der Bediener solche Schutzbereiche in Maschinenparametern durch die einfache Eingabe der Koordinatenpunkte selbst definieren und so z.B. Kollisionen mit dem Werkzeugwechsler oder dem Bearbeitungstisch vermeiden.

Allerdings überwachen diese Schutzbereiche die Kollision nicht dynamisch, d.h. bei mehrachsigen Kinematiken können Kollisionen nur begrenzt damit vermieden werden.

Dynamische Kollisionsüberwachung online auf der CNC

In vielen Situationen lassen sich Kollisionen nur stark eingeschränkt über die vorangehend beschriebenen Verfahren verhindern, sodass eine dynamische Kollisionsüberwachung auf der Steuerung notwendig wird.

Tatsächliche Aufspannposition und Lage eines Werkstücks sind erst durch das manuelle Setzen des Bezugspunktes und das Einmessen des Werkstücks auf der Maschine eindeutig bestimmt. Teilweise übernehmen diese Aufgaben auch Zyklen, Makros und Unterprogramme vollautomatisch erst während der Laufzeit eines NC-Programms. Eine Kollision oder auch die Verletzung eines Software-Endschalters erkennt der Bediener also im ungünstigsten Fall erst während der Bearbeitung – insbesondere dann, wenn bauteilbedingt der Arbeitsraum der Maschine voll ausgenutzt wird. Auch hier bieten letztlich nur CNC-Systeme mit dynamischer Überwachung optimalen Kollisionsschutz.

In **globalen Programmeinstellungen** sind Transformationen (Verschiebungen, Rotationen, Achsentausch) definierbar, die additiv und überlagernd zu Transformationen wirken, die im NC-Programm definiert sind. Diese Transformationen kann der Bediener zu einem beliebigen Zeitpunkt während der Bearbeitung definieren oder aufheben. Folglich sind sie nur der Steuerung bekannt und können nur durch Systeme mit dynamischer Kollisionsüberwachung berücksichtigt werden.

Werkzeug-Korrekturwerte weichen teilweise vom vorab simulierten Wert ab, denn erst beim Bestücken des Werkzeugwechslers werden die realen Werte in die Werkzeugtabelle der CNC eingetragen und beim Werkzeugaufruf aktiv. Außerdem kann der Bediener dem Werkzeugaufruf zusätzlich noch weitere Korrekturwerte (Deltawerte) hinzufügen. Oder Tischtastsysteme bzw. Laservermessungen bestimmen die tatsächlichen Korrekturwerte für Länge und Radius erst während der Bearbeitung und legen sie in den Korrekturwerttabellen der CNC ab. Auch diese Werte sind damit nur der CNC bekannt, sodass Kollisionen erst beim Abarbeiten von einer dynamischen Kollisionsüberwachung erkannt und verhindert werden können.

Vollautomatisierte Werkzeugwechsel können bei Ablauf der Werkzeugstandzeit an einer beliebigen Stelle im Programm erfolgen. Die CNC wechselt dann ein vom Bediener definiertes Schwester-Werkzeug ein. Insbesondere beim Fünfachs-Fräsen hat der Werkzeugwechsel komplexe Verfahrbewegungen zur Folge, die über spezielle Makros gesteuert und vorab nicht simulierbar sind. Systeme mit dynamischer Kollisionsüberwachung prüfen auch diese Vorgänge.

Maschinenbediener und Maschinenhersteller haben vielfältige Möglichkeiten, das **Verhalten der Steuerung** in unterschiedlichsten Funktionen über Maschinenparameter individuell anzupassen. Dadurch können sie z. B. unterschiedliche Positionierungen innerhalb oder am Ende von Zyklen, die Wirkung von Koordinatentransformationen, das Einschwenkverhalten usw. einstellen. Diese Einstellungen lassen sich extern nicht eindeutig simulieren, zudem lassen sie sich zeitweise während der Laufzeit eines NC-Programms verändern. Kollisionen können in diesen Fällen nur mit dynamischer Überwachung der CNC-Systeme wirkungsvoll verhindert werden.

Funktionsweise einer dynamischen Kollisionsüberwachung

(Bild 3.12 bis 3.16)

Eine dynamische Kollisionsüberwachung bildet reale Maschinenobjekte in der Software der Steuerung ab. Auf Basis dieser Daten überwacht sie anschließend die Bearbeitungsprozesse auf mögliche Kollisionen, um Schäden an Maschine, Werkzeug und Bauteil zu verhindern. Damit die dynamische Kollisionsüberwachung genutzt werden kann, muss der Maschinenhersteller während der Inbetriebnahme der Maschine alle kollisionsgefährdeten Bereiche (Spindel, Tisch, Maschinenbauteile, Verkleidung, Messvorrichtungen usw.) mit Hilfe von geometrischen Objekten (Ebenen, Quader, Zylinder) definieren.

Moderne Steuerungen können dazu über eine spezielle Designsoftware für die Maschinenkinematik einfach und komfortabel vom PC oder direkt von der Steuerung aus konfiguriert werden. Die Software simuliert Maschinenbewegungen innerhalb des Arbeitsraums und zeigt dabei Kollisionen zwischen Maschinenkomponenten an. Die Komponenten können dann in die online auf der Maschinensteuerung laufende, dynamische Kollisionsüberwachung übernommen werden. Die Visualisierung der Maschinenkomponenten steht auch auf der Steuerung zur Verfügung. Bei erkannter Kollisionsgefahr zwischen Maschinenkomponenten stoppt die dynamische Kollisionsüberwachung alle Achsbewegungen, und die Visualisierung hebt die betroffenen Maschinenkomponenten farblich hervor. Zusätzlich werden die Maschinenkomponenten mit erkannter Kollisionsgefahr im Statusfenster benannt.

Die in der dynamischen Kollisionsüberwachung berücksichtigten Maschinenkomponenten bilden quasi die Schutzhülle der Maschine. Die CNC beachtet die räumlichen Informationen zusammen mit den aktuellen Werkzeugdaten bei der Berechnung der Achsbewegungen und beugt sicher

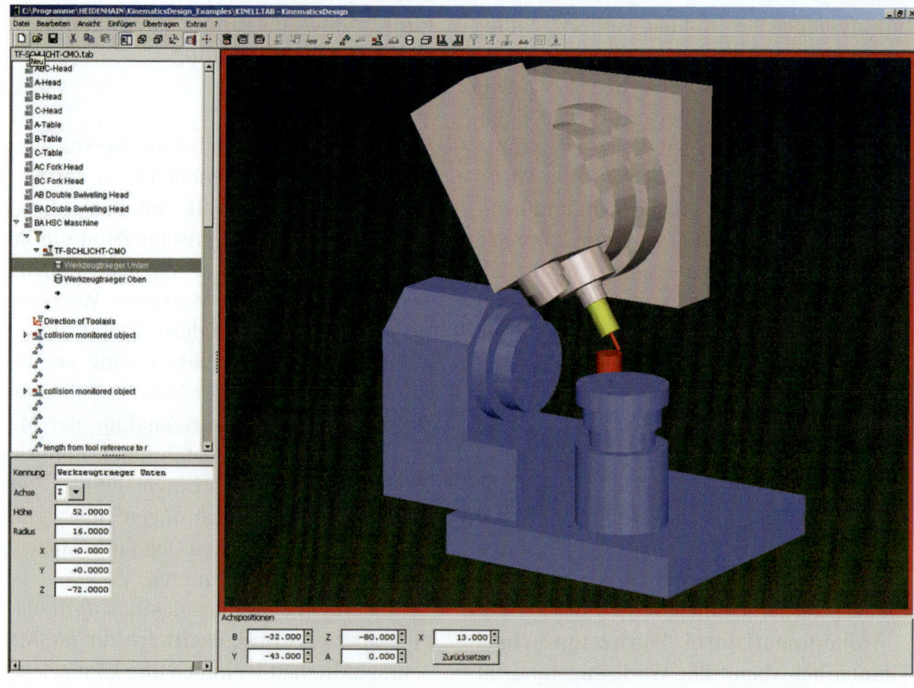

Bild 3.12: PC-Softwaretools wie KinematicsDesign von HEIDENHAIN machen die Konfiguration der dynamischen Kollisionsüberwachung besonders einfach und komfortabel. (Quelle: Heidenhain)

möglichen Kollisionen vor. Während der Abarbeitung des NC-Programms wird dann der letzte Bearbeitungsschritt vor einer drohenden Kollision mit einem definierten Hüllkörper nicht durchgeführt – die Maschine stoppt. Eine weitere Steigerung

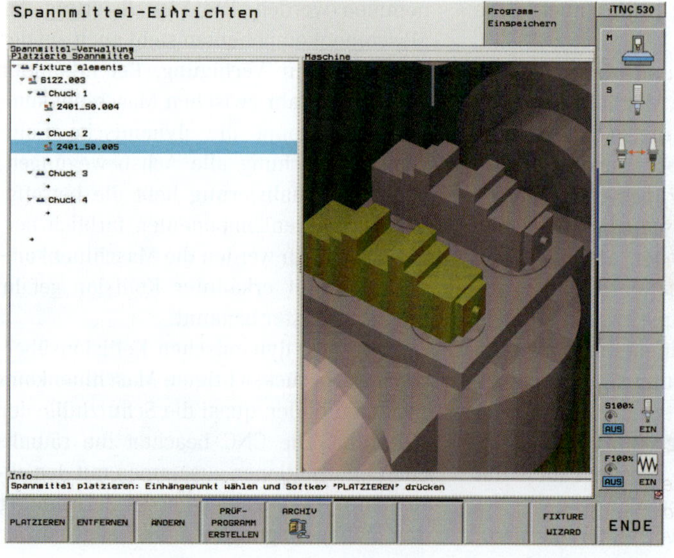

Bild 3.13: Zur Konfiguration der Maschine gehört auch eine intelligente Spannmittel-Verwaltung, wie sie HEIDENHAIN im Rahmen der dynamischen Kollisionsüberwachung DCM bietet. Damit können Spannmittel – hier zwei Schraubstöcke auf Nullpunktspannsystem – einfach mit in die Kollisionsüberwachung aufgenommen werden. (Quelle: Heidenhain)

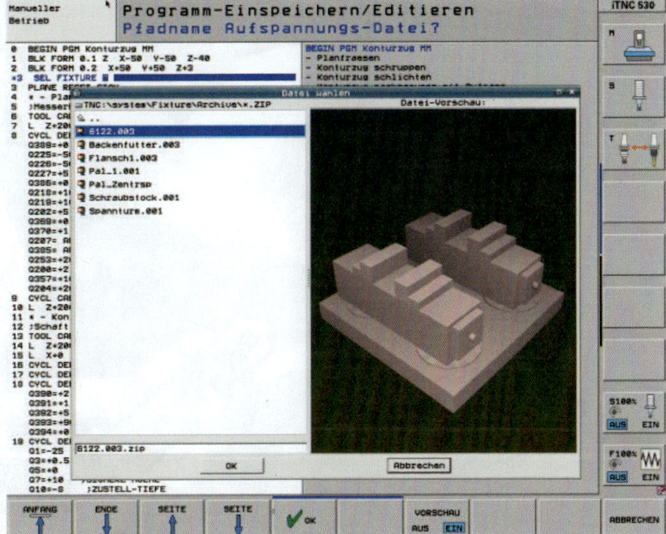

Bild 3.14: Die archivierte Aufspannsituation kann später im NC-Programm jederzeit wieder ausgewählt und in der Kollisionsüberwachung aktiviert werden. (Quelle: Heidenhain)

der Prozesssicherheit lässt sich erreichen, wenn Kollisionsprüfungen nicht nur vor der eigentlichen Bearbeitung auf der Maschine erfolgen, sondern auch beim Einrichten. Steuerungsintegrierte Systeme zur dynamischen Kollisionsüberwachung stel-

Bild 3.15: Die spezifische Kinematik der Werkzeugmaschine wird hauptzeitparallel auf der CNC grafisch dargestellt. Bei drohender Kollision wird die Maschine gestoppt und der Kollisionsbereich auf der Steuerung visualisiert. (Quelle: Heidenhain, Kollisionsüberwachung DCM)

Bild 3.16: Eine dynamische Kollisionsüberwachung auf der CNC verhindert auch beim Einrichten Kollisionen unter Berücksichtigung der realen maschinenspezifischen Gegebenheiten. (Quelle: Heidenhain)

len diese Funktionalitäten in Echtzeit zur Verfügung.

Im Einrichtbetrieb verfährt der Maschinenbediener die Maschine manuell über Achsrichtungstasten oder mit dem elektronischen Handrad. In dieser **manuellen Betriebsart** kann eine Kollision nicht immer vom Maschinenbediener vorhergesehen werden. Systeme zur dynamischen Kollisionsüberwachung sind deshalb auch während der manuellen Bewegung der Achsen aktiv und verhindern Kollisionen, indem sie die Achsbewegungen rechtzeitig stoppen und eine Warnung ausgeben.

Eine dynamische Kollisionsüberwachung vermeidet drohende Kollisionen wirkungsvoll durch die Berücksichtigung der realen Gegebenheiten (Spindel, Tisch, Maschinenbauteile, Verkleidung, Messvorrichtungen, Spannmittel, Werkzeuge) im Betrieb einer Werkzeugmaschine. Darüber hinaus liefert die dynamische Kollisionsüberwachung auf der Steuerung wichtige Informationen zur Verbesserung der Bearbeitungsstrategie hinsichtlich einer generellen Vermeidung von Kollisionen.

Automatische Arbeitsraumüberwachung *(Bild 3.17)*

Bei der automatischen Arbeitsraumüberwachung nimmt eine direkt an der Spindel installierte Kamera zunächst Referenzbilder der ersten Gutteile einer Serie auf: zum Beispiel von der korrekten Aufspannung vor der Bearbeitung oder von fehlerfreien Werkstücken nach der Bearbeitung. Es können aber auch Referenzbilder bekannter Fehler dokumentiert und abgespeichert werden: zum Beispiel von einem typischen Spannfehler wie einem vergessenen Spannschlüssel.

Im weiteren Serienverlauf überwacht die Steuerung automatisch, ob die Folgeteile den Referenzbildern der Gutteile entsprechen, bzw. sie lernt Fehler zu erkennen und Aufspannsituationen gezielt daraufhin zu prüfen. Auf diese Weise kann eine automa-

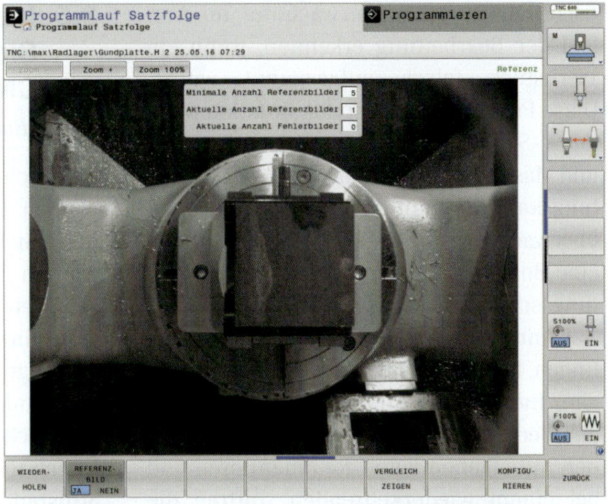

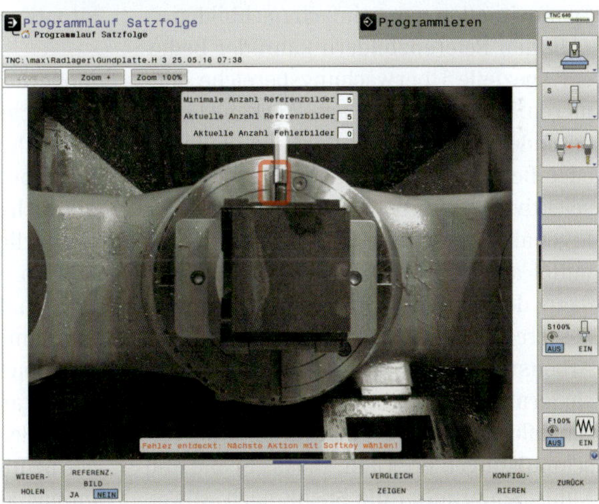

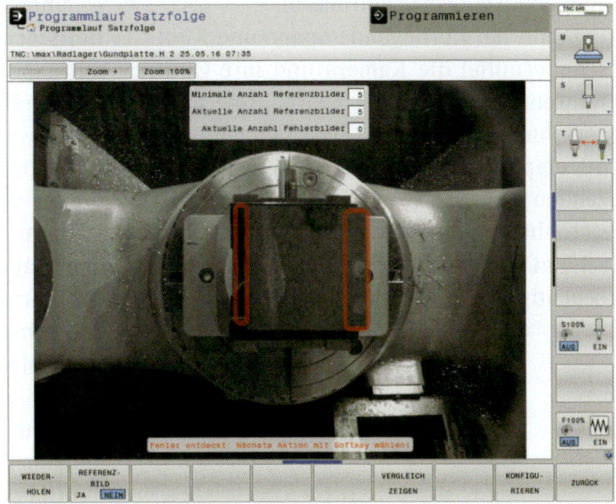

Bild 3.17: Mit Hilfe der Arbeitsraumüberwachung erkennt die Steuerung Abweichungen von der gewünschten Situation (oben) und kennzeichnet sie: ein noch steckender Spannschlüssel (Mitte) oder ein versetzt aufgespanntes Werkstück (unten). (Quelle: Heidenhain)

tische Arbeitsraumüberwachung im Vorfeld der Bearbeitung erkennen, wenn ein Werkstück falsch aufgespannt wurde. Diese Prüfung der Aufspannsituation kann teure Schäden an Werkzeug, Werkstück und Maschine vermeiden. Nach der Bearbeitung kann die automatische Arbeitsraumüberwachung zum Beispiel anzeigen, wenn eine Bohrung fehlt und somit ein Bearbeitungsschritt nicht ausgeführt wurde.

Wann und wie oft diese Prüfungen stattfinden, kann der Bediener im NC-Programm ganz individuell festlegen. Außerdem kann der Bediener komplexe Aufspannsituationen mit eigenen Fotos dokumentieren und bei einem wiederkehrenden Auftrag die Spannsituation ganz einfach nachbilden.

In den Referenzbildern kann der Bediener spezielle Überwachungsbereiche definieren, z. B. Bereiche am Werkstück mit besonders kritischen Aufspannsituationen oder Bearbeitungsschritten. Vorteil dieser selektiven Prüfung ist das verlässliche Ergebnis, wenn Späne und Kühlschmiermittel auf dem Werkstück sind. Je enger dann der Prüfbereich definiert ist, desto bessere Ergebnisse liefert die automatische Arbeitsraum-Überwachung. Außerdem ist sie lernfähig. Sie kann über mehrere Referenzbilder typische Strukturen und Verschmutzungen erlernen, sodass Späne und Kühlschmiermittel die Suche nach Abweichungen weniger beeinflussen.

Damit herumfliegende Späne und Kühlschmiermittel die Kamera und ihre Optik während der laufenden Bearbeitung nicht verschmutzen oder gar beschädigen, sitzt die empfindliche Technik in einem schützenden Gehäuse. Nur für die Fotos öffnet sich eine Klappe vor dem Objektiv. Dann schützt ein Luftvorhang die Optik vor Feuchtigkeit aus dem Maschinenraum.

3.5 Integrierte Sicherheitskonzepte für CNC-Maschinen

(Bild 3.18 und 3.19)

Zum Schutz von Personen vor gefahrbringenden Bewegungen müssen an Maschinen Sicherheitsmaßnahmen vorgesehen werden. Diese dienen dazu, vor allem bei geöffneten Schutzeinrichtungen, wie z. B. zum Einrichten, gefährliche Maschinenbewegungen zu verhindern. Zu diesen Sicherheitsfunktionen zählen das Überwachen von Achspositionen, z. B. Endlagen, die Überwachung von Geschwindigkeiten und Stillstand bis zum Stillsetzen in Gefahrensituationen.

Moderne CNC-Werkzeugmaschinen stellen mit Achsbeschleunigungen des drei- bis vierfachen der Erdbeschleunigung ein erhebliches Sicherheitsrisiko dar. Deshalb ist die Sicherheitstechnik der Maschinen ein wesentlicher Aspekt für einen unfallfreien Betrieb. Konventionelle Sicherheitstechnik, hauptsächlich basierend auf elektromechanischen Schaltelementen, parallel zur Steuerung- und Antriebstechnik installiert, kann die Anforderungen an Sicherheit, Flexibilität und Wirtschaftlichkeit in der heutigen Automatisierungstechnik nicht immer ausreichend erfüllen. Dazu bedarf es einer zusätzlichen **integrierten Sicherheitstechnik,** die bei Erkennen einer Gefahrensituation einen Schaltvorgang im Leistungskreis bewirkt und zum Stillsetzen der Bewegungen führt.

Bei der Integration von Sicherheitsfunktionen übernehmen **CNC und Antriebssysteme** zusätzlich zu ihren Funktionsaufgaben auch Sicherheitsaufgaben. Aufgrund der kurzen Datenwege von der Erfassung der sicherheitsrelevanten Information, z. B. Drehzahl oder Position, bis zur Auswertung sind sehr kurze Reaktionszeiten erreichbar. Systeme mit integrierter Sicherheitstechnik reagieren sehr schnell auf die Überschreitung zulässiger Grenzwerte,

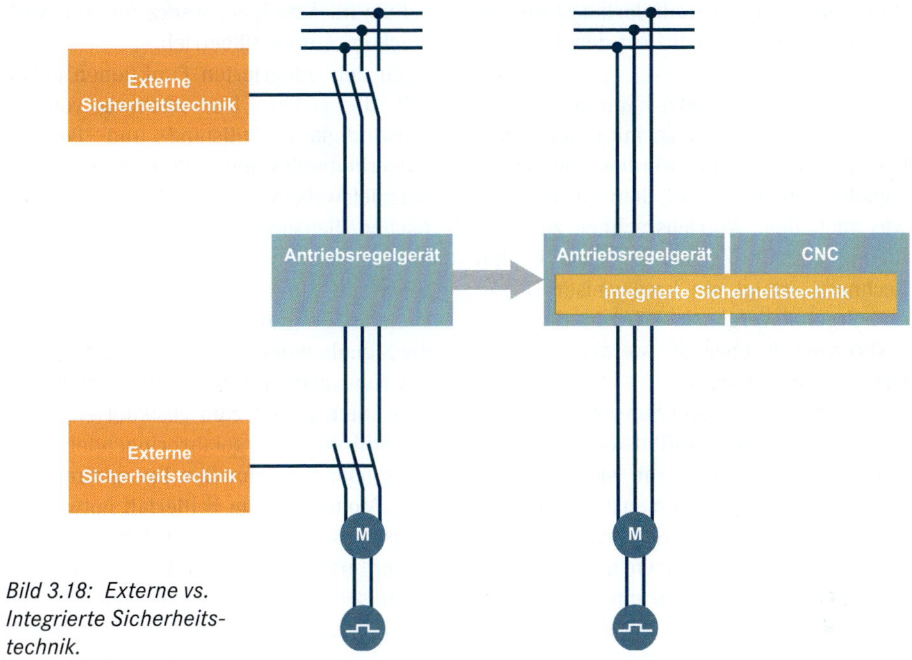

Bild 3.18: Externe vs. Integrierte Sicherheitstechnik.

z.B. Positions- oder Geschwindigkeitsgrenzwerte. Dies ist für das gewünschte Überwachungsergebnis von entscheidender Bedeutung. Die integrierte Sicherheitstechnik kann direkt auf die Leistungshalbleiter im Antriebsregelgerät einwirken, **ohne elektromechanische Schalteinrichtungen im Leistungskreis** zu verwenden.

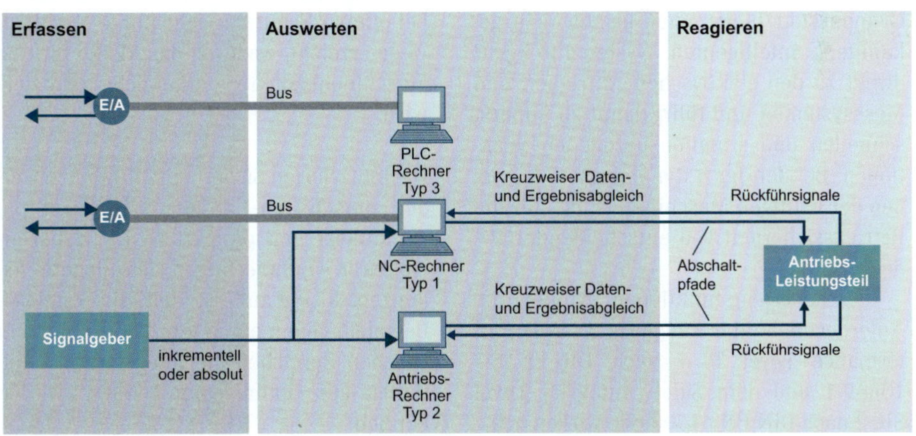

Bild 3.19: Zuverlässige, CNC-integrierte Sicherheitsfunktionen durch mehrkanalige Systemarchitektur. Beim Erkennen einer Störungsmeldung erfolgt eine notwendige Reaktion der Steuerung, die sofort die Antriebsleistung unterbricht und eine entsprechende Information an die CNC sendet.

Dies kommt einer verminderten Störanfälligkeit zugute und reduziert den Verdrahtungsaufwand.

Bei den Signalgebern kann sowohl mit einem 1-Geber- wie auch mit einem 2-Geber-System gearbeitet werden. Die Gebersignale werden sowohl dem NC-Rechner wie auch dem Antriebsrechner zur Verfügung gestellt. Zwischen diesen beiden Rechnern erfolgt ein kreuzweiser Daten- und Ergebnisvergleich. Wird hierbei eine Diskrepanz festgestellt, werden die Antriebe sicher stillgesetzt.

Sicherheitsgerichtete Sensoren und Aktoren werden, über Profibus oder Profinet, zweikanalig mit Hilfe von sicheren Ein- oder Ausgabebaugruppen an die Steuerung angeschlossen. In der Steuerung werden diese Signale in einem asynchronen Unterprogramm (NCK) und in einem Standard PLC-Programm (z.B. STEP 7) zweikanalig verarbeitet. Zwischen den beiden Rechnern (NC und PLC) erfolgt ein kreuzweiser Daten- und Ergebnisvergleich. Wird hierbei eine Diskrepanz festgestellt, werden die Antriebe sicher stillgesetzt.

Steuerungen und digitale Antriebe mit integrierten Sicherheitsfunktionen sind bereits seit einigen Jahren verfügbar. Die Integration der Sicherheitsfunktionen in das Grundsystem bietet einen bisher nicht gekannten, intelligenten Systemdurchgriff direkt zu den elektrischen Antrieben und Messsystemen und führt damit zu äußerst schnellen und situationsbezogenen Reaktionen. Bei den hoch dynamischen Antrieben der heutigen Maschinen ist das für die Betriebssicherheit von entscheidender Bedeutung.

Die Sicherheitsfunktionen erfüllen die Anforderungen der Kategorie 3 sowie Performance Level PL d nach DIN EN ISO 13849-1 und dem Safety Integrity Level SIL 2 nach DIN EN 61508. Sie wirken achsspezifisch und können **sowohl im Einricht- als auch im Automatikbetrieb** genutzt werden. Das bedeutet hohen Personenschutz im Einrichtbetrieb und zusätzlichen Schutz für Maschine, Werkzeug und Werkstück im Automatikbetrieb.

Zu den integrierten Funktionen gehört z.B. die sichere Überwachung von Geschwindigkeit, Stillstand und Position. Sicherheitsrelevante Peripherie-Signale, beispielsweise von NOT-HALT oder von optischen Sensoren, können über sichere Ein-/Ausgabebaugruppen direkt angeschlossen werden. Mit einer integrierten, sicheren, programmierbaren Logik werden die Signale miteinander verknüpft.

Grundsätzlich führen alle sicherheitsrelevanten Fehler zum gesteuerten, sicheren Stillsetzen der gefahrbringenden Bewegung oder zur schnellen Energietrennung zum Motor. Eine im Fehlerfall notwendige Energietrennung zwischen Umrichter und Motor erfolgt kontaktfrei und kann mit einer sehr kurzen Ansprechzeit achsspezifisch ausgelöst werden. Eine Zwischenkreisentladung im Antrieb ist daher nicht notwendig. Dieses Verhalten schont die elektronischen Geräte, ermöglicht ein schnelles Wiederanfahren der Antriebe und führt somit zu einer höheren Maschinenverfügbarkeit.

Das Stillsetzen der Antriebe erfolgt stets optimal, **angepasst an den Betriebszustand der Maschine.** Dadurch werden z.B. bei offener Schutztür sehr kurze Nachlaufwege erreicht, wodurch das Risiko für den Maschinenbediener erheblich reduziert wird.

Die integrierten Sicherheitsfunktionen werden **maschinen-/-anlagenspezifisch parametriert** und projektiert. Die dabei erzielbaren Optimierungen des Sicherheitskonzeptes sind äußerst vielfältig. Folgende Beispiele geben einen kleinen Einblick, in welchen Bereichen die integrierten Funktionen zur Optimierung genutzt werden können:

- **Maschinentyp**
  Mit der „sicher reduzierten Geschwindigkeit" können pro Achse/Spindel Geschwindigkeitsgrenzwerte definiert wer-

Tabelle 3.1: Funktionsumfang
Die integrierte Sicherheitstechnik bietet mit ihrer Durchgängigkeit vollkommen neue Möglichkeiten

Funktion	Bedeutung
Sicheres Stillsetzen	Führt die Antriebe beim Ansprechen einer Überwachung oder eines Sensors (z. B. Lichtschranke) sicher aus der Bewegung in den Stillstand.
Sicherer Betriebshalt	Überwacht die Antriebe im Stillstand auf ein einstellbares Toleranzfenster. Die Antriebe befinden sich dabei voll funktionsfähig in Lageregelung.
Sicherer Halt	Impulslöschung der Antriebe und damit eine sichere, elektronische Auftrennung der Energiezufuhr.
Sicheres Bremsenmanagement	Zweikanalige Ansteuerung einer Halte- oder Betriebsbremse und zyklischer Bremsentest.
Sicher reduzierte Geschwindigkeit	Überwachung von projektierbaren Geschwindigkeitsgrenzwerten, beispielsweise beim Einrichten.
Sichere Software-Endschalter	Variable Verfahrbereichs-/bzw. Sicherheits-Abgrenzung.
Sichere Software-Nocken	Bereichserkennung
Sicherheitsgerichtete Ein-/Ausgangssignale	Schnittstelle zum Prozess
Sicherheitsgerichtete Kommunikation über Standardbus	Anbindung dezentraler Peripherie für Prozess- und Sicherheitssignale über PROFIBUS/PROFINET-Systeme mit dem PROFIsafe-Protokoll
Sichere programmierbare Logik	Direkter Anschluss aller sicherheitsrelevanten Signale und interne logische Verknüpfung.

den. In Kombination mit den „sicheren Software-Nocken“ kann z. B. für Schleifmaschinen eine sichere Schleifscheibenumfangsgeschwindigkeit realisiert werden. Kostspielige und komplizierte externe Geräte entfallen. Bei Ladeportalen und Werkzeugmaschinen kann z. B. mit dem „sicheren Bremsenmanagement“ das Risiko des Herabfallens von hängenden Achsen erheblich reduziert werden.

- **Maschinenbetriebsarten**
  Im Einricht-Betrieb bei geöffneter Schutztür können z. B. bei NOT-HALT die Antriebe schnellstmöglich stillgesetzt werden. Im Automatik-Betrieb ist es möglich, die Antriebe im Interpolationsverbund bahnbezogen sicher stillzusetzen. Das Testen von neuen Programmen bei offenen Schutztüren mit zusätzlichen Sicherheitseinrichtungen, wie z. B. „Zustimmtaster“ und „sichere Sollwertbegrenzung“, ist im Automatik-Test realisierbar.
- **Maschinenbedienung**
  Das Fahren von linearen Achsen im Einricht-Betrieb bei offener Schutztür und aktiver Geschwindigkeitsüberwachung ist mit den Tipptasten und mit Hilfe eines zusätzlichen „Zustimmtasters“ möglich. Die Spindel kann bei offener Schutztür per Hand gedreht werden, während die anderen Antriebe sich weiterhin in Lageregelung befinden *(Bild 3.20)*. Eingriffe des Bedieners im Werkzeugmagazin oder am Umrüstplatz können parallel zur laufenden Produktion im Bearbeitungsraum erfolgen. Ein programmierter Werkzeugwechsel wird so lange blo-

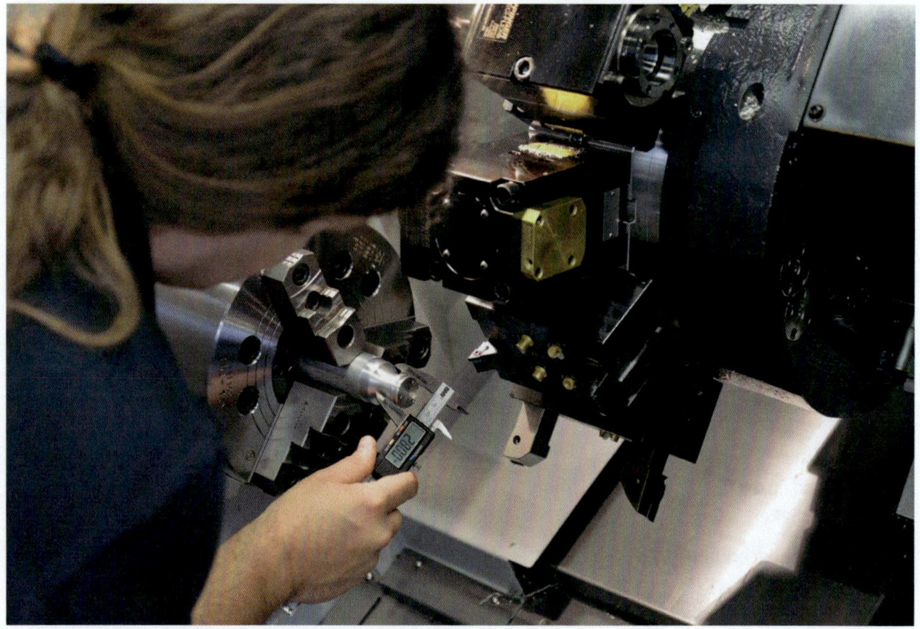

Bild 3.20: Einricht-Betrieb, Spindel im sicheren Halt.
Im Einrichtbetrieb kann die Spindel bei offener Schutztür per Hand gedreht werden, während sich die anderen Antriebe in Lageregelung befinden.

ckiert, bis keine Gefahrensituation mehr besteht.

Durch die so realisierte einfache und praxisgerechte Maschinenbedienung sind gefährliche Manipulationen an Sicherheitseinrichtungen nicht mehr zu befürchten.

- **Verfügbarkeit**
  Das koordinierte sichere Stillsetzen im Fehler- und Gefahrenfall eliminiert bzw. reduziert Folgeschäden (z. B. Crash) und ermöglicht einen schnellen, einfachen Wiederanlauf der Maschine. Durch den Ersatz von elektromechanischen Geräten und Verdrahtung durch Software und Elektronik entfällt auch ein großer Anteil verschleißbehafteter Technik.

  Antriebe eines definierten Sicherheitsbereiches oder eines Anlagenteils können gezielt und sicher stillgesetzt werden, z. B. zum Entladen, Umrüsten oder beim NOT-HALT. In den anderen Sicherheitsbereichen oder Anlagenteilen kann währenddessen weiterhin produziert werden. Dies minimiert Stillstandzeiten und erhöht die Verfügbarkeit der Maschine.
- **Installationstechnik**
  Durch die sicheren Software-Endschalter und -Nocken und die sichere, programmierbare Logik entfällt eine Vielzahl meist elektromechanischer Komponenten zur Verarbeitung der Sicherheitsinformationen im Schaltschrank und an der Maschine. Das bedeutet eine deutliche Einsparung zusätzlicher Verbindungstechnik zwischen Maschinenfeld und Schaltschrank.

  Bei FFS, Transferstraßen oder bei der Verkettung mehrerer Einzelmaschinen, entsteht eine durchgängige Kommunikation sicherheitstechnischer Signale, wodurch sich wesentliche Vorteile bei Bedienung, Betrieb und Verfügbarkeit der Anlage ergeben.

Eckenverzögerung *(Bild 3.21)*

Beim Taschenfräsen entsteht in jeder Ecke beim Eintauchen des Fräsers eine Überlastung, die zu Schäden an Werkzeug und Werkstück führen kann. Deshalb wird ein sogenanntes „Eckenbremsen" programmiert, was an jeder Ecke den Vorschub automatisch auf den programmierten Wert reduziert und eine Fräser-Überlastung verhindert.

Beispiel: N123 G28 K15 F40 $
d. h. 15 mm vor jedem Eckpunkt Vorschub auf 40 % reduzieren.

Diese Werte können auch manuell eingegeben werden, G29 schaltet das Eckenbremsen wieder aus.

FRAME *(Bild 3.22)*

FRAME ist der gebräuchliche Begriff für eine Koordinatentransformation, wie z. B. Verschiebung und Rotation.

Für die Bearbeitung von schräg liegenden Konturen muss man entweder das Werkstück mit entsprechenden Vorrichtungen parallel zu den Maschinenachsen ausrichten oder, z. B. bei 5-Achs-Maschinen, ein entsprechend verändertes Koordinatensystem erzeugen, das auf das Werkstück bezogen ist.

Mit programmierbaren „FRAMES" lässt sich das Koordinatensystem programmierbar verschieben oder drehen. Hierdurch kann man

- den Nullpunkt beliebig verschieben,
- die Koordinatenachsen drehen und parallel zur gewünschten Arbeitsebene ausrichten,
- und in einer Aufspannung schräge Flächen bearbeiten, Bohrungen in verschiedenen Winkeln herstellen oder Mehrseitenbearbeitungen durchführen.

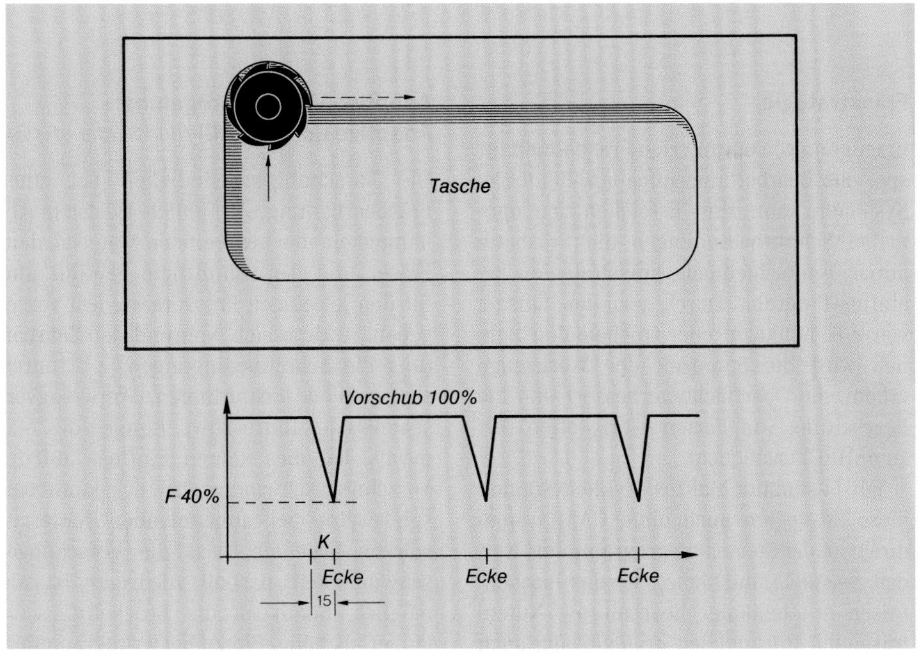

Bild 3.21: Eckenverzögerung, eine modale G-Funktion verhindert Werkzeugüberlastung, Werkzeugbruch und Werkstückbeschädigung beim Taschenfräsen.

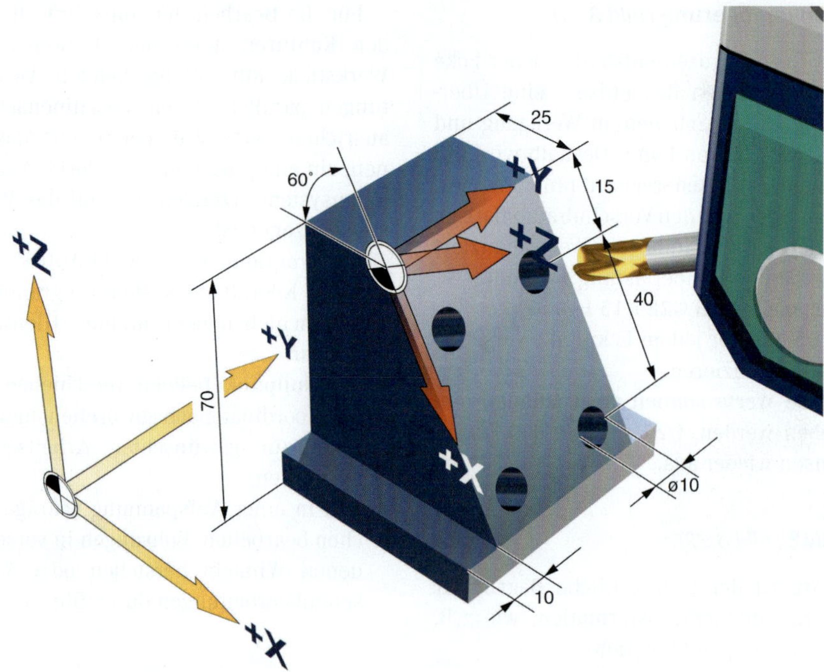

Bild 3.22: Mit leistungsfähigen Steuerungen ist es möglich, Bearbeitungen in geschwenkten Ebenen direkt an der Maschine zu programmieren.

Frässtrategie

Erzeugung von optimierten Fräsbahnen für spezielle Bearbeitungsaufgaben. Bei CAM-Systemen kann zum Erreichen von optimalen Schnittbedingungen die Fräsbahn durch unterschiedliche Frässtrategien beeinflusst werden. Durch gezielten Einsatz von z. B. helikalen oder trochoidalen Bahnen wird die Standzeit der Werkzeuge erhöht, die Oberfläche verbessert und die Bearbeitung von harten Werkstoffen (bis zu 65HRC) ermöglicht.

Für bestimmte Makros (Zyklen) können diese Strategien auch ohne CAM-System direkt an der Steuerung programmiert werden. Beispiele sind Makros für das Taschenfräsen mit helikaler Bearbeitung, Nutenfräsen mit trochoidaler Strategie oder auch Tauchfräsen für große Zerspanungsvolumen.

Adaptive Vorschubregelung – Adaptive Control (AC) *(Bild 3.23 und 3.24)*

Die Vorschubgeschwindigkeit bei einer Fräsbearbeitung wird üblicherweise in Abhängigkeit vom bearbeiteten Material, dem Fräser und der Schnitttiefe gewählt und für den jeweiligen Fräsvorgang fest vorgegeben. Ändern sich während der Bearbeitung die Schnittbedingungen, z. B. durch schwankende Schnitttiefen, Werkzeugverschleiß oder Härteschwankungen des Materials, hat dies keinen Einfluss auf die Vorschubgeschwindigkeit. Dies kann beispielsweise bei abnehmenden Materialstärken bedeuten, dass die Vorschubgeschwindigkeit partiell niedriger ist als möglich. Somit ist die Bearbeitungszeit länger als nötig. Ein zu hoch programmierter Vorschub kann – insbesondere bei zunehmenden Abtragvolumina – zu einer

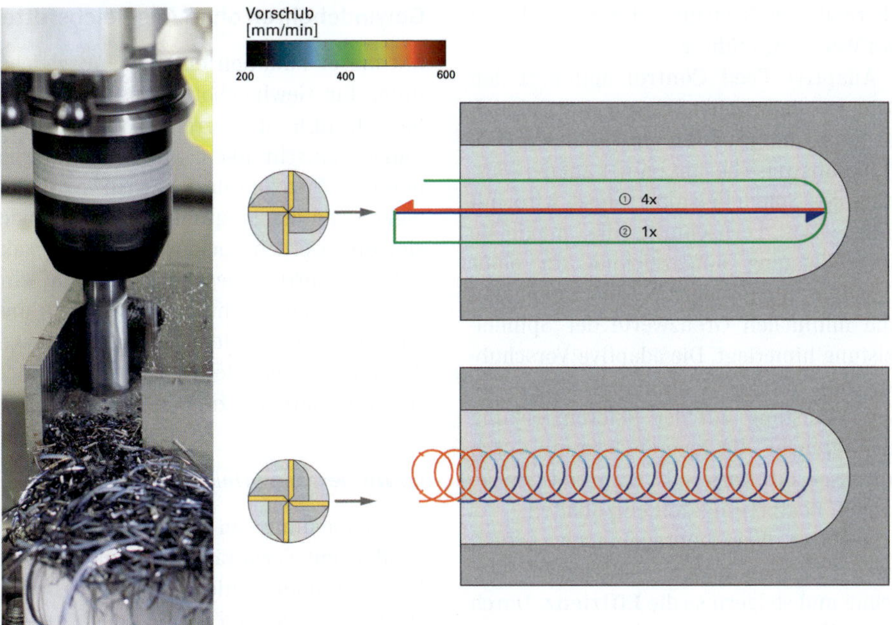

Bild 3.23: Wirbelfräsen in Kombination mit einer adaptiven Vorschubregelung (unten) erledigt in einem Bearbeitungsschritt, wozu bei konventioneller Frässtrategie (oben) Vollschnitte in vier Zustelltiefen plus ein Teilschnitt notwendig sind. (Quelle: Heidenhain)

Bild 3.24: Adaptive Vorschubregelung (AFC = Automatic Feed Control) passt die Vorschubgeschwindigkeit den unterschiedlichen Schnittbedingungen an. (Quelle: Heidenhain)

übermäßigen Belastung der Spindel und des Werkzeugs führen.

Adaptive Feed Control optimiert den Bahnvorschub abhängig von der Spindelleistung und weiteren Prozessdaten. Die Funktionsweise beruht immer auf der Messung der Spindelleistung. Meist wird mit Hilfe eines Lernschnitts die maximale Spindelleistung aufgezeichnet. In einer Tabelle werden in der CNC die maximalen und minimalen Grenzwerte der Spindelleistung hinterlegt. Die adaptive Vorschubregelung vergleicht dann permanent die Spindelleistung mit der Referenzleistung und versucht, die Referenzleistung durch Anpassen des Vorschubs während der gesamten Bearbeitungszeit einzuhalten.

Adaptive Vorschubregelungen sorgen immer für den maximal möglichen Vorschub und steigern so die **Effizienz.** Durch diese Überwachung wird bei steigender Spindelleistung der Vorschub reduziert, automatisch ein Schwesterwerkzeug eingewechselt oder eine Messenger-Nachricht versendet. Ziel all dieser Maßnahmen ist es, Folgeschäden durch Fräserbruch oder durch Fräserverschleiß zu verhindern, die Maschinenmechanik und die Hauptspindel wirksam gegen Überlastung zu schützen und die Produktivität in der Fertigung aufrecht zu erhalten.

Gewindebohren ohne Ausgleichsfutter

Mit dieser Funktion entfallen Ausgleichsfutter für Gewindebohrer, die den Bohrbereich (d.h. die erreichbare Bohrtiefe) unnötig einschränken. Durch das interpolierende Zustellen der Z-Achse in Abhängigkeit von der programmierten Gewindesteigung werden Sackloch-Gewinde exakt auf Endbohrtiefe geschnitten. Dann wird die Spindeldrehrichtung gewechselt und das Werkzeug aus dem Gewinde herausgedreht, ohne Zug- oder Druckkräfte auf den Gewindebohrer auszuüben.

Gewindefräsen *(Bild 3.25)*

Zur Herstellung von Innen- und Außengewinden mit Formfräsern ist eine Schraubenlinien-Interpolation erforderlich. Diese setzt sich aus zwei Bewegungen zusammen: Eine Kreisbewegung in einer Ebene (X, Y), und eine Linearbewegung senkrecht zu dieser Ebene (Z). Dabei müssen das Anfahren des Fräsers an das Werkstück und der Vorschub in Z entsprechend der Gewindesteigung erfolgen.

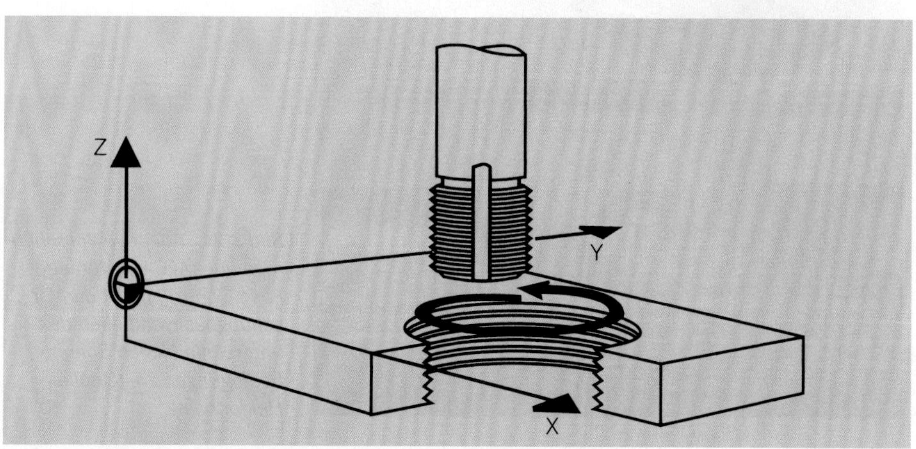

Bild 3.25: Gewindefräsen mit Formfräser und Schraubenlinien-Interpolation.

Manuelles Freifahren – Rückziehen/ Retract *(Bild 3.26)*

Die Funktion Rückziehen unterstützt das manuelle Freifahren des Werkzeuges aus dem Werkstück nach Unterbrechung durch Netzausfall oder NC-Reset.

Damit ist es möglich, nach einer Unterbrechung einer Gewindebohrbearbeitung (G33/G331/G332) oder allgemein einer Bearbeitung mit einem Bohrer in der Betriebsart JOG in Werkzeugrichtung frei zu fahren, ohne das Werkzeug oder das Werkstück zu beschädigen.

Damit wird die Voraussetzung für die Möglichkeit zur Fortsetzung der Bearbeitung an der Unterbrechungsstelle geschaffen, auch wenn sich die beteiligten Achsen im Schwenkmodus befinden.

Kanalstruktur

Bei komplexen Maschinen mit mehreren synchronen Arbeitseinheiten wird die Kanalstruktur der CNC genutzt. Jeder separaten Arbeitseinheit (Kanal) wird eine Anzahl von (synchronen) Achsen zugeordnet, die gemeinsam interpolieren. Jeder Kanal arbeitet ein eigenes Programm ab und ist unabhängig von den anderen Kanälen.

Je nach Bedarf können einzelne Achsen von Kanälen abgegeben und anderen Kanälen wieder zugeordnet werden. Somit kann die logische Struktur der Maschine der Fertigungsaufgabe angepasst werden (→ NC-Hilfsachsen).

Maßstabfaktor *(Bild 3.27)*

Alle programmierten Maße eines CNC-Programmes können mit einem beliebigen Faktor umgerechnet werden, und zwar jede Achse unterschiedlich. Dadurch lassen sich mit einem CNC-Programm unterschiedliche, geometrisch ähnliche Teile herstellen. Leistungsfähige CNCs ermöglichen noch ein zusätzliches Drehen um einen beliebigen Winkel α.

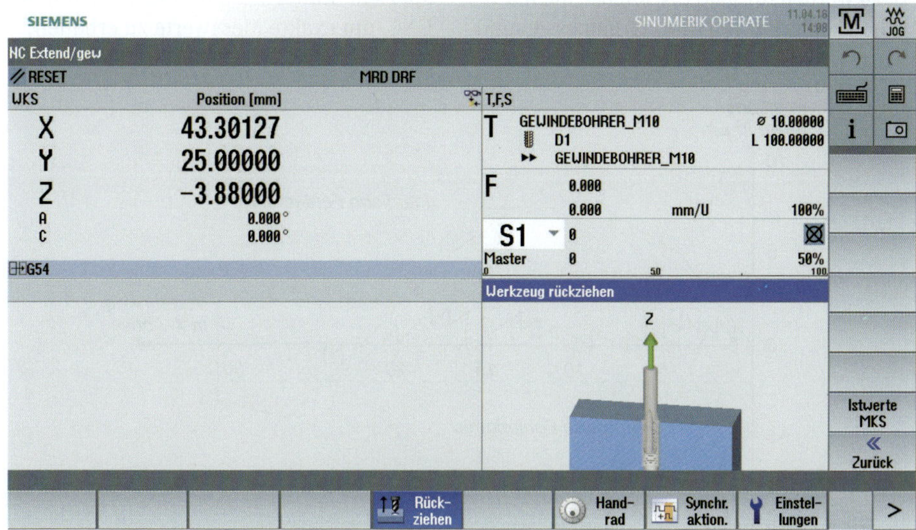

Bild 3.26: Durch manuelles Freifahren – Rückziehen kann ohne Beschädigung des Werkstücks oder Werkzeuges nach Reset oder Stromausfall aus der Gewindebohrung herausgefahren werden, Beispiel Sinumerik 840D sl. (Quelle: Siemens)

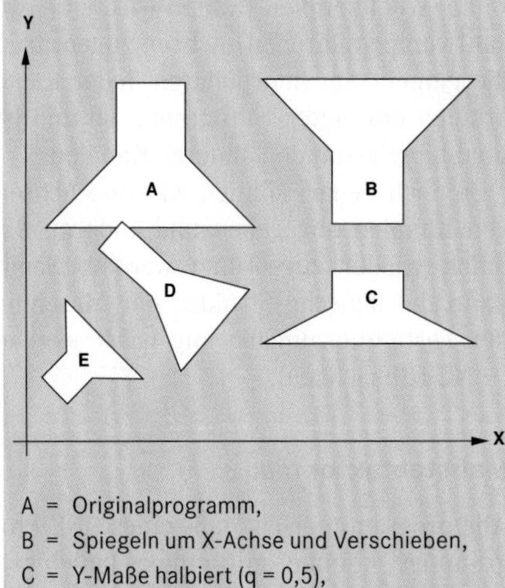

Bild 3.27: Maßstabsfaktor, d. h. Vergrößern, Verkleinern oder Verzerren von Teilen durch programmierbare Maßstabsfaktoren.

Maßstabfehler-Kompensation
(Bild 3.28)

Dazu werden für jede CNC-Achse die natürlichen Fehlerkurven ΔI = f (I) gemessen und die daraus ermittelten Korrekturwerte in einen Korrekturwert-Speicher eingegeben. Beim Fahren der Achsen berücksichtigt die CNC diese Korrekturwerte automatisch, sodass die erreichte Genauigkeit höher ist als die Messsystem-Genauigkeit.

Messzyklen *(Bild 3.29 und 3.29 a)*

In der CNC abgespeicherte Ablaufzyklen zum automatischen Messen von Bohrungen, Nuten oder Flächen mit einem schaltenden Messtaster. Mit diesen Messdaten erfolgt die sofortige Berechnung von Positionen, Bearbeitungsgenauigkeiten, Toleranzen, Kreismittelpunkten, Stichmaßen oder die Schräglage des Werkstückes. Über die Datenschnittstelle können die ermittelten Messwerte auch ausgegeben werden.

Beim **„In-Prozess-Messen"** kann durch einen Messvorgang während der Abarbeitung des NC-Programms die Toleranzhaltigkeit des Werkstücks geprüft werden. Bei Bedarf wird automatisch eine entsprechende Korrektur im NC-Programm oder für das Werkzeug aktiviert.

Der Einsatz von Messtastern verlangt spezielle Kalibrier- und Messzyklen in der CNC, um exakte Messwerte zu erhalten.

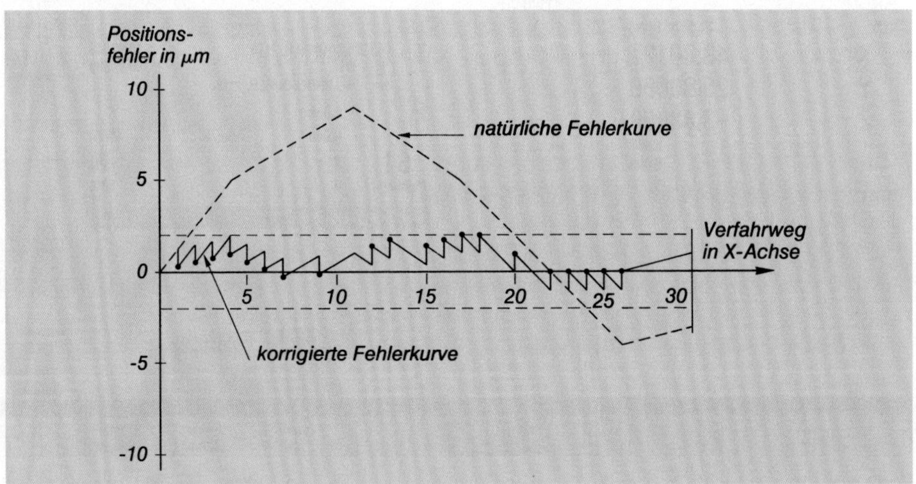

Bild 3.28: Maßstabsfehlerkompensation. Durch gespeicherte und automatisch einfließende Korrekturwerte lässt sich die natürliche Fehlerkurve jeder Achse individuell korrigieren.

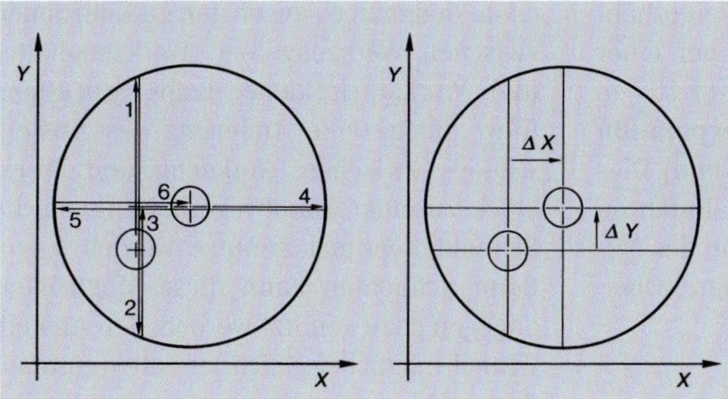

Bild 3.29 (oben): Automatische Messzyklen für einen Messtaster zur Ermittlung des Mittelpunkts einer Bohrung.

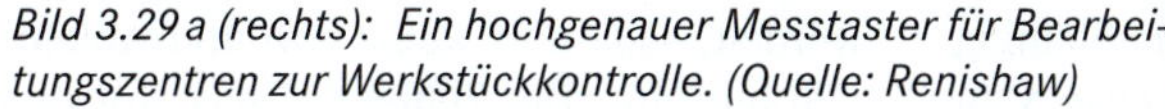

Bild 3.29 a (rechts): Ein hochgenauer Messtaster für Bearbeitungszentren zur Werkstückkontrolle. (Quelle: Renishaw)

Nano- und Pico-Interpolation

(Bild 3.30)

Während bei der Linear-, Zirkular- und Spline-Interpolation nach mathematisch definierten Kurven unterschieden wird, handelt es sich hierbei um eine **höhere Auflösung bei der Interpolation.** Der Grund ist folgender:

Bei Antrieben mit digitalen Schnittstellen werden zwischen der Steuerung und dem Antriebsregelgerät über das digitale Protokoll (z. B. SERCOSinterface) Lage-, Geschwindigkeits- oder Momentensollwerte ausgetauscht. Je nach Maschinenart und Genauigkeitsforderungen liegt die **Übertragungsgenauigkeit** der Daten zwischen 0,01 µm bis 10 µm (= 0,000.01 mm bis 0,01 mm).

Die Übertragungsgenauigkeit ist nicht mit der Achsauflösung und der Genauigkeit der Wegmesssysteme zu verwechseln. **Die Übertragungsgenauigkeit ist die Genauigkeit bzw. Auflösung, mit der die CNC die interpolierten Sollwerte vorgibt** und worauf das **Antriebsregelgerät reagieren** muss.

Um ein besseres Regelverhalten der Antriebe zu erreichen wird diese Übertragungsgenauigkeit bei modernen Systemen

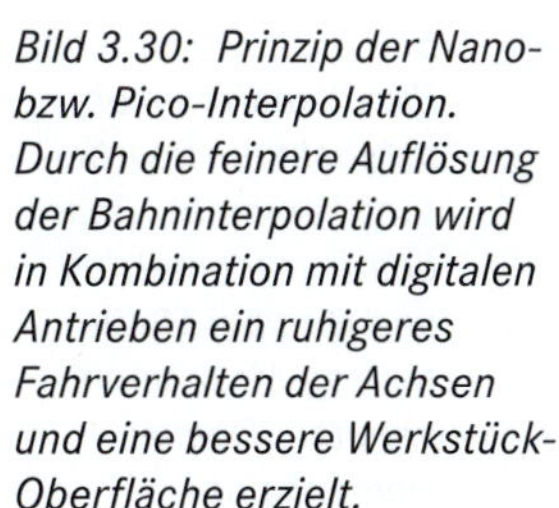

Bild 3.30: Prinzip der Nano- bzw. Pico-Interpolation. Durch die feinere Auflösung der Bahninterpolation wird in Kombination mit digitalen Antrieben ein ruhigeres Fahrverhalten der Achsen und eine bessere Werkstück-Oberfläche erzielt.

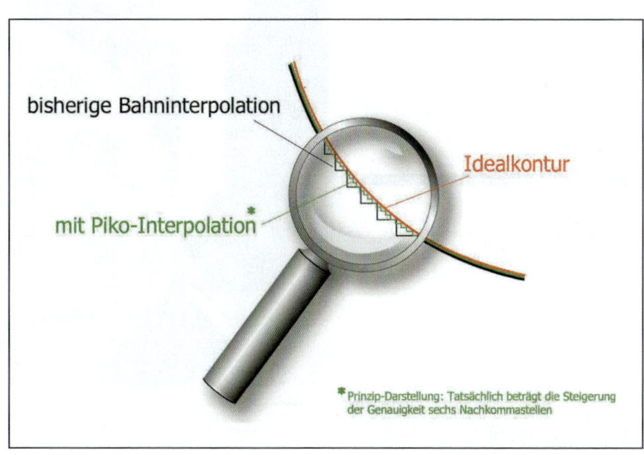

auf eine Nano- bzw. Pikogenauigkeit erhöht (verfeinert). Die Punktvorgabe bei einer **Nanointerpolation** entspricht 1×10^{-9} m (0,000.001 mm), bei der **Pikointerpolation** z. B. $0{,}6 \times 10^{-12}$ m (0,000.000.006 mm). Dies bewirkt beim interpolierten Bahnfahren eine wesentlich bessere Laufruhe der NC-Achsen und dadurch eine höhere Oberflächengüte am Werkstück.

NC-Hilfsachsen

Hilfsachsen müssen vollkommen unabhängig von den Hauptachsen arbeiten, um z. B. Werkzeuge oder Werkstücke unabhängig von dem Bearbeitungsablauf wechseln zu können. Während die Hauptachsen (X, Y, Z, A, B) das Werkstück bearbeiten, fahren die Hilfsachsen (U, V, W) nach einem völlig anderen Programm (→ asynchrone Achsen).

Simultandrehen

Beim Simultandrehen wird die Anstellung zwischen Werkzeug und Werkstück kontinuierlich verändert. Das ermöglicht die Bearbeitung komplexer Werkstückgeometrien ohne Unterbrechung des Schnitts in Bereichen, in denen es ansonsten zu Kollisionen zwischen Werkzeug bzw. Werkzeughalter und Werkstück käme. Beim Schruppen führt die gezielte Änderung des Anstellwinkels zwischen Werkzeug und Werkstück zu einer Standwegerhöhung, da die Schneide optimal genutzt werden kann. Beim Schlichten kann diese Möglichkeit dagegen dazu genutzt werden, den Anstellwinkel möglichst gleich zu halten, um auf diese Weise sehr konstante Schnittbedingungen zu erreichen und eine hervorragende Oberfläche zu erzeugen. Außerdem kann die Kontur in einem Zug geschlichtet werden, sodass es keine An- und Abfahrmarken gibt. Die Zeiten für das An- und Abfahren, die bei herkömmlichen Bearbeitungsstrategien einkalkuliert werden müssen, können ebenso eingespart werden. Darüber hinaus erleichtert und beschleunigt das Simultandrehen die Programmerstellung. Der Anwender muss nicht jede einzelne Anstellung einzeln programmieren, die Berechnung der nötigen Anstellungen für eine kollisionsfreie Bearbeitung übernimmt der Algorithmus der Steuerung *(Bild 3.31)*. Diese Funktion kann bei der Multitasking-Bearbeitung Fräs-Drehen oder Dreh-Fräsen eingesetzt werden. Ma-

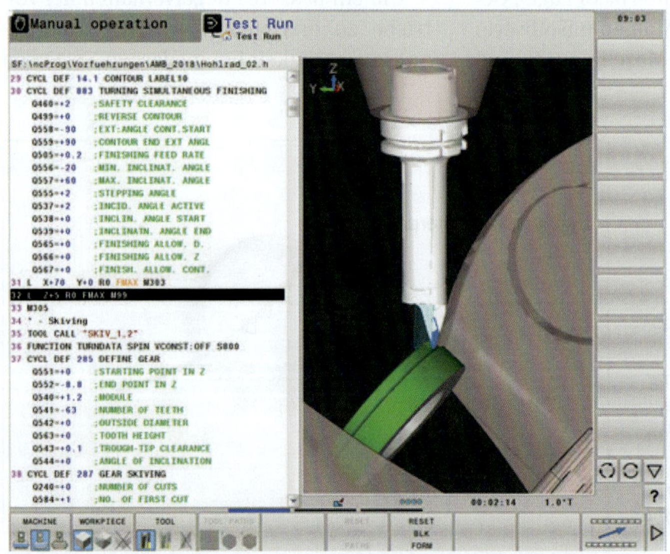

Bild 3.31: Die Funktion Simultandrehen ermöglicht die Bearbeitung komplexer Bearbeitungsgeometrien und wird bei Multitasking-Maschinen genutzt. (Quelle: Heidenhain)

schinenseitig sind die entsprechenden Rund- und Schwenkachsen Voraussetzung für die Nutzung dieser Funktion.

Palettenverwaltung

Steuerungen bieten für die intelligente Planung von Fertigungsabläufen eigene leistungsfähige Funktionen im Rahmen der **Palettenverwaltung**. Ziel ist es, direkt auf der Steuerung die genaue Vorausplanung des weiteren Fertigungsablaufs und eine reibungslose Abarbeitung der anstehenden Aufträge zu ermöglichen – wichtig vor allem für mannlose Schichten.

Solche **Planungstools** organisieren intelligent und vorausschauend die anstehenden Aufträge. Dazu legt der Anwender lediglich einen Vorrat an Aufträgen an – für die kommende Nachtschicht, einen ganzen Tag oder das bevorstehende Wochenende. Nach dem Anlegen des Auftragsvorrats prüft die Steuerung automatisch, ob alle Voraussetzungen für eine reibungslose Abarbeitung der eingegebenen Aufträge erfüllt sind. Dazu gehört unter anderem die Abfrage folgender Kriterien:

- Ist ein Bezugspunkt auf Paletten-, Programm- oder Aufspannebene angegeben?
- Sind die erforderlichen Werkzeuge mit ausreichender Standzeit im Werkzeugmagazin vorhanden?
- Läuft das NC-Programm im Simulationsmodus ohne Fehlermeldung durch?

Die **Ergebnisse** dieser Prüfung werden klar und eindeutig in einer **grafischen Übersicht angezeigt** *(Bild 3.32)*. Der Anwender hat sofort den Überblick, ob alle Programme fehlerfrei durchlaufen werden und ob alle erforderlichen Werkzeuge vorhanden sind. Damit weiß er auch, wann ein manueller Eingriff erforderlich ist und wie lange die Maschine ausgelastet sein wird. Diese Prüfung wird zyklisch wiederholt, sodass immer wieder aktualisierte Daten angezeigt werden.

Falls die Steuerung ein Problem erkennt – z. B. ein Werkzeug, dessen Standzeit für die geplante Bearbeitung nicht ausreichen wird – zeigt sie den voraussichtlichen Zeitpunkt für den erforderlichen manuellen Eingriff an. Im Einzelnen stehen bereits im Voraus folgende Informationen zur Verfügung:

- Die Bearbeitungsreihenfolge
- Der Zeitpunkt des nächsten manuellen Eingriffs
- Die Programmdauer und -laufzeit
- Statusinformationen zu Bezugspunkt, Werkzeug und NC-Programm

Dank komfortabler **Editiermöglichkeiten** kann der Anwender einzelne oder auch komplette Struktureinträge kopieren, verschieben und einfügen. Außerdem kann er auch **während** der **Palettenbearbeitung** neue Einträge erstellen. Der so angelegte Auftragsvorrat wird linear abgearbeitet. Dabei kann der Anwender einzelne Programme oder auch komplette Paletten sperren, die dann bei der linearen Abarbeitung der Aufträge einfach übersprungen werden.

Die Palettenverwaltung als Planungstool macht nicht nur bei Bearbeitungsmaschinen mit Automatisierung Sinn, sondern **auch** für die **klassische Einzelteilfertigung.** Denn auch an Maschinen, die nicht über Paletten verfügen, können die oben genannten Strukturelemente verwendet werden. In diesem Fall ist in den Systemeinstellungen konfiguriert, wie sich die Maschine am Ende eines NC-Programms verhalten soll: Nämlich, dass der Maschinenbediener manuell das nächste Werkstück rüstet und danach die nächste Bearbeitung startet.

Spline-Interpolation, NURBS

(Bild 3.33 und 3.34)

Aneinanderfügen mathematischer Kurven höherer Ordnung, wobei die Übergänge tangentiell erfolgen. Damit lassen sich komplexe Kurvenformen mit weniger NC-

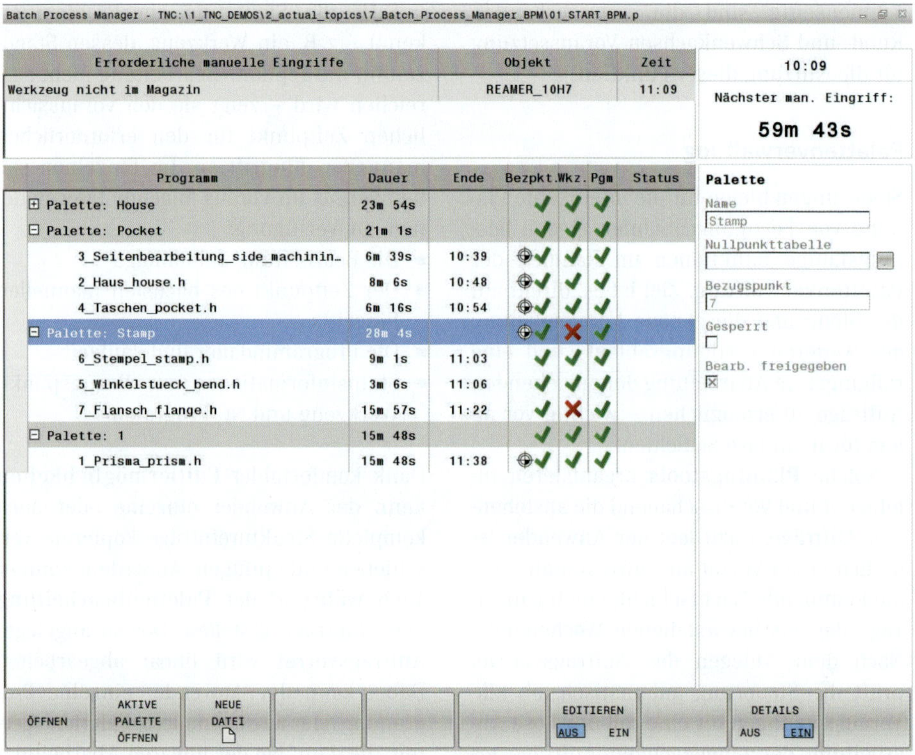

Bild 3.32: Das Planungstool „Batch Process Manager" von HEIDENHAIN zeigt den Auftragsstatus auf einen Blick: grüne Haken für reibungslos ablaufende Aufträge, rote Kreuze für erforderliche manuelle Eingriffe. Über den Zeitpunkt des nächsten Eingriffs informiert eine Zeitangabe rechts oben auf dem Bildschirm. (Quelle: Heidenhain)

Sätzen darstellen als mit der Annäherung durch Polygonzüge und Linearinterpolation. Durch die tangentiellen Übergänge wird ein „ruhigeres" Fahrverhalten der Achsen erreicht. Splines lassen sich nur mit entsprechend ausgestatteten Programmiersystemen programmieren.

Die Splineinterpolation beinhaltet auch die Möglichkeiten der Parabelinterpolation.

Die heute beim 3D-Bearbeiten vorwiegend eingesetzte Linearinterpolation führt bei geometrisch anspruchsvollen Oberflächen mit geringen Toleranzen, wie z. B. bei Turbinenschaufeln, Flugzeug-Integralteilen oder Formwerkzeugen, zu einer **Reihe von Problemen.** Ursache sind meistens die zu hohen Blockzykluszeiten der CNC, Beschleunigungssprünge der Achsantriebe und Regelkreisschwingungen der Achsantriebe.

Insbesondere für die Hochgeschwindigkeitsbearbeitung muss man deshalb nach Lösungen suchen.

Sehen wir uns die Probleme im Detail an:

Problem: Datenumwandlung

Die mathematische Darstellung von Kurven und Formen in CAD-Systemen unterscheidet sich grundlegend von der einfachen Bahnbeschreibung in CNC-Programmen. CAD-Systeme verwenden zur Beschreibung von Kurven und Flächen die Spline-Mathematik, genauer NURBS (Nicht Uniforme Rationale B-Splines).

Darunter versteht man ein seit Jahren bekanntes mathematisches Verfahren zur

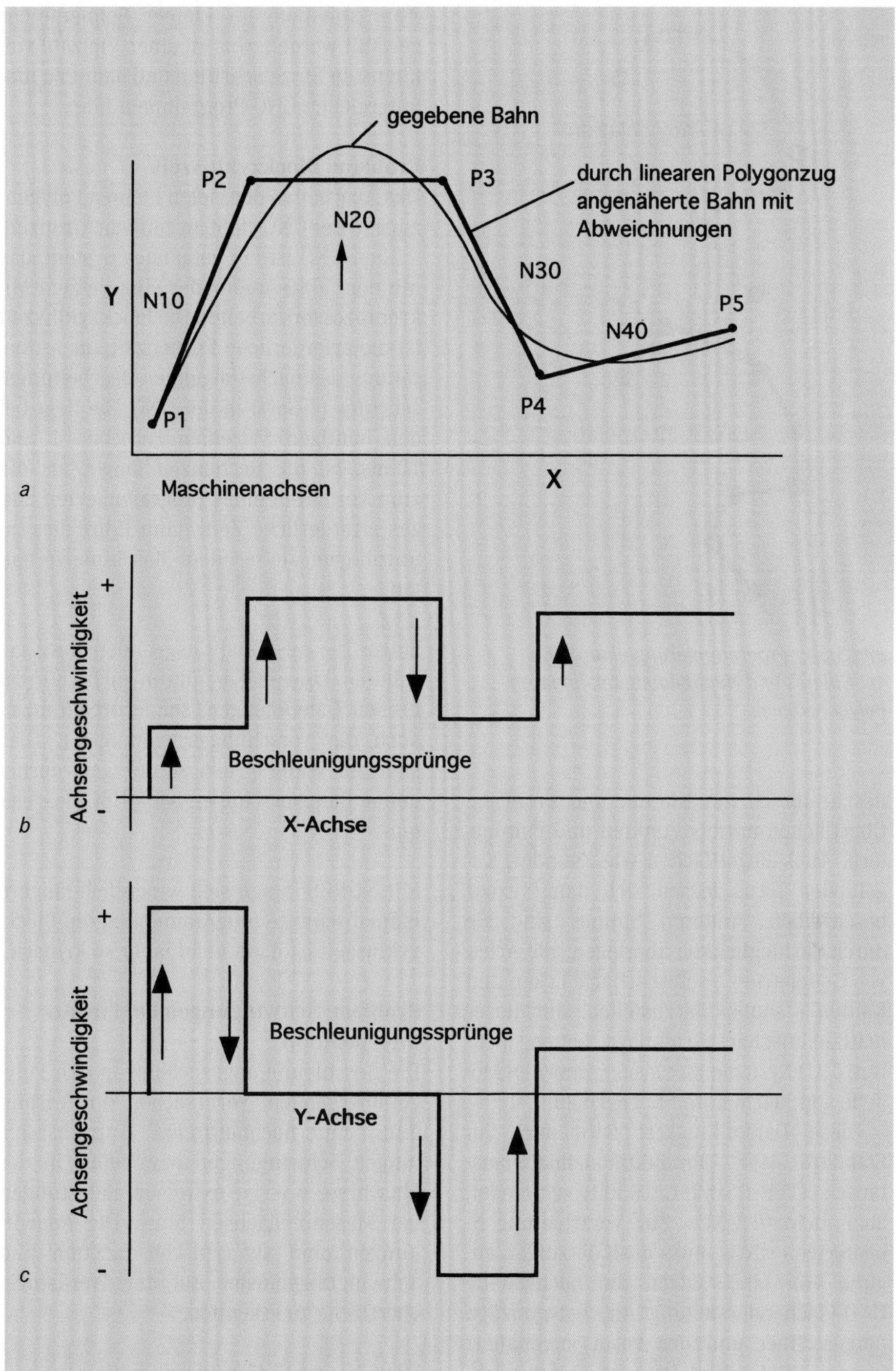

Bild 3.33: Bahnabweichung und Beschleunigungssprünge bei Linear-Interpolation mit konstanter Bahngeschwindigkeit.

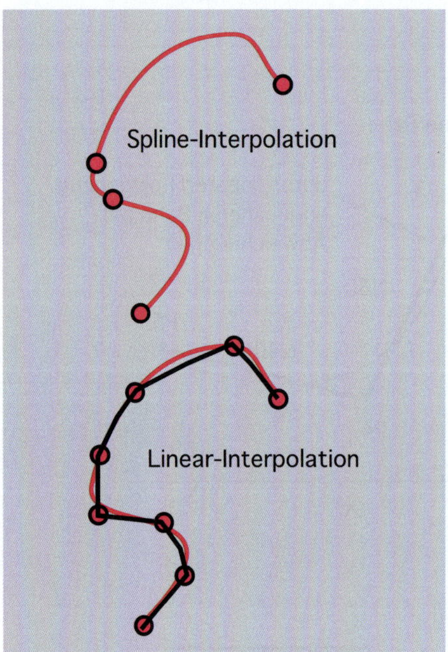

Bild 3.34: Programmierung einer Bahn mit Splines und Nachbildung mit linearen Polygonzügen.

Beschreibung von Kurven und Freiform-Oberflächen mittels Punkten und Parametern. Auch Regelflächen wie Zylinder, Kugel oder Torus lassen sich damit exakt beschreiben. Anderen Splines sind sie durch die Möglichkeit überlegen, alle Arten von Geometrien - selbst scharfe Ecken und Kanten - sauber darzustellen. Auf dieser mathematischen Grundlage bauen mehrere CAD-Systeme ihre systeminternen Modelle von Flächen und Körpern auf.

Diese Darstellungsart wird auch im Standard für Produktmodelldatenaustausch STEP (ISO/IEC 10303) verwendet, aber nicht in CNCs. Zur Verarbeitung in bisherigen CNCs muss deshalb zur Erzeugung von Linearsätzen die hochgenaue CAD-Flächendarstellung in Polygonzüge umgerechnet und der Form angenähert werden *(Bild 3.29a)*. Dies ist eine der Aufgaben des Postprozessors. Um eine hohe Formtreue zu erreichen, muss bei dieser Approximation ein kleiner Sehnenfehler gewählt werden, was zu einer Vielzahl von kleinsten Einzelschritten und damit zu umfangreichen CNC-Programmen führt.

Problem: Blockzykluszeit
Das Abarbeiten der vielen kleinen Polygonzüge in der CNC stößt an zeitliche Grenzen.

Eine CNC ist ein getaktetes System, das mit der Taktfrequenz des eingesetzten Mikroprozessors arbeitet. Die Blockzykluszeit ist die erforderliche Rechenzeit zur Aufbereitung des nächstfolgenden Bearbeitungsschrittes (1 Satz) in der CNC. Sie liegt bei den heutigen Systemen zwischen 1 und 10 ms. Ist die Rechenzeit länger als die zum Verfahren eines programmierten Satzes erforderliche Zeit, dann führt dies zu unruhigem, stotterndem Maschinenverhalten.

Folge: Die aus Qualitätsgründen kurz gewählten Linearsätze führen nicht nur zu großen Datenmengen, sondern begrenzen auch die Vorschubgeschwindigkeit. Dies steht im Widerspruch zu den geforderten hohen Bahnvorschüben beim HSC-Bearbeiten.

Mit NURBS lassen sich wesentlich längere Bahnabschnitte programmieren, die Blockzykluszeit ist dann nicht mehr so kritisch.

Problem: Schwingungen bei Linearinterpolation
Die Beschleunigungssprünge an den Polygonübergängen verursachen in Verbindung mit nachlauffreien Antriebsregelungen Schwingungen bzw. Stöße in der Maschine, was zu extremen Belastungen der Maschinenachsen führt. Die Auswirkungen sind als typische Facetten und Schwingungsmuster auf der Werkstückoberfläche zu erkennen.

Die Lösung: Spline-Interpolation
Wie eingehend erläutert, gehen bei der Umrechnung der CAD-Splines in das CNC-

gerechnete DIN-Format die Vorteile der NURBS verloren. Deshalb ist es nahe liegend, CNCs so auszulegen, dass sie NURBS direkt vom CAD-System übernehmen und verarbeiten können. Dabei ergeben sich insbesondere für die Hochgeschwindigkeitsbearbeitung drei wesentliche Vorteile: eine höhere Bearbeitungsgeschwindigkeit (30–50 %), höhere Genauigkeit und die erzeugten Oberflächen werden besser. Damit entfällt auch die zeitaufwändige Nacharbeit am Werkstück.

Weiterhin ergibt sich ein gleichförmiger Bewegungsablauf der Maschine ohne abrupte Beschleunigungsspitzen, was sich positiv auf die Maschinenbelastung, die Werkstückoberfläche, die Lebensdauer und auf die Werkzeugstandzeiten auswirkt.

Dafür muss jedoch ein völlig anderes CNC-Programmformat in Kauf genommen werden, was etwa folgendermaßen aussieht:

```
N29 P0[X] = (-3.525, .001) P0[Y]
= (20, -.014, .006)
N30 P0[X] = (-33, -26.371, 26.155) P0[Y]
= 20, 6.947, -3.367)
PO[Z] = (23.977, 25.953, -25.953)
N31 P0[X] = (-33, .265, .095) P0[Y]
= (20, -.034, .012)
P0[Z] = (20.977, -.847, .489)
N32 P0[X] = (-12.155, 36.816, -19.133)
PO[Y] = (20, -7.727, 6.775)
P[OZ] = (20.977, 39.746, -19.808)
```

Hierin werden für jede Achse die Koeffizienten eines Polynomes dritten Grades übergeben, beispielsweise für die X-Achse:

$$x(t) = at^3 + bt^2 + ct + d$$

Sprachumschaltung

Alle Anzeigen und Dialoge der CNC sind in zwei oder mehr Sprachen abgelegt. So hat das Bedienpersonal keine Probleme und muss der Service-Techniker einmal eingreifen, dann schaltet er auf seine Sprache um.

Eine besondere Herausforderung stellen dabei Sprachen mit einem anderen Zeichensatz (z. B. Chinesisch) dar. In diesem Fall muss die CNC sowohl den Inhalt (Text) als auch die Darstellung (Zeichen) anpassen. In einer heutigen CNC sollen auch Texte in Teileprogrammen (z. B. Kommentare oder Meldungen) in der Landessprache möglich sein.

Abarbeiten von NC Programmen vom *internen* oder *externen* Speicher (EES)

Mit Execution from External Storage, kurz EES, bieten CNC-Steuerungen eine Lösung für eine einfache Datenverwaltung und zwar unabhängig vom Ablageort.

Der Anwender hat die Möglichkeit, NC-Programme direkt von allen verbundenen Datenspeichern abzuarbeiten und aufzurufen (z. B. NC-interner Speicher, lokales Laufwerk, PC, USB, Netzwerk) *(Bild 3.35)*.

Das Abarbeiten der Teilprogramme kann auch direkt auf dem externen Medium erfolgen. Ein externes Laufwerk dient dabei als Erweiterung des integrierten NC-Speicher und es können Haupt- und Unterprogramme in einen beliebigen Ordner auf diesem Laufwerk abgelegt werden. Das Hauptprogramm kann dabei auch direkt vom externen Speicher ausgeführt werden. Damit hat man bei Unterprogrammaufrufen aus dem Hauptprogramm heraus keinerlei Einschränkungen bezüglich Sprungbefehlen wie Vorwärts-, Rückwärtssprünge, Schleifen etc. Auch der Aufruf selbst erfolgt lediglich durch Angabe des Unterprogrammnamens ohne besondere Syntax oder Pfadangaben. Weiterhin spielt die Größe der Programme keine Rolle mehr, da der Speicherplatz der CNC quasi auf die Größe des externen Mediums erweitert wird.

Verzahnungen herstellen auf Standard-Bearbeitungszentren (BAZ)

Zur Herstellung hochwertiger Außen- und Innenverzahnungen stehen an modernen

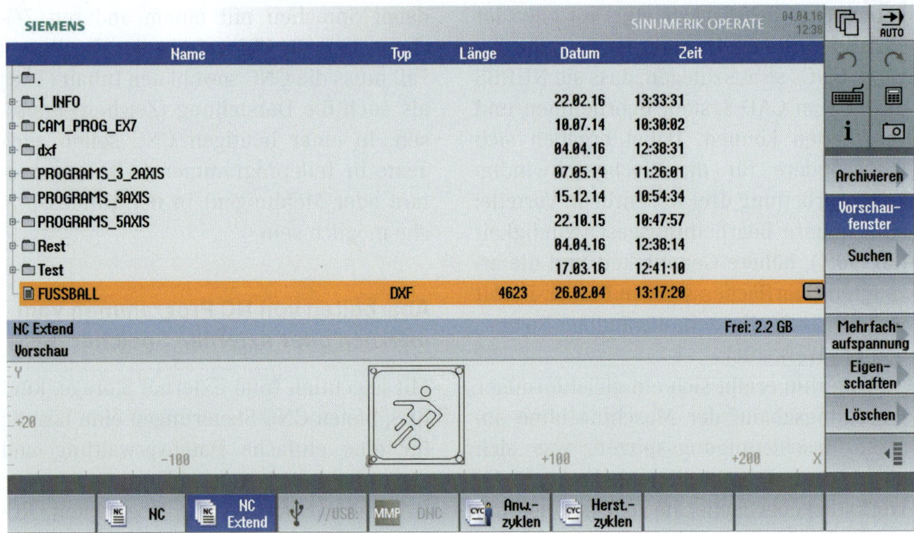

Bild 3.35: Programmverwaltung auf einen externen Speicher, Funktion EES, Beispiel Sinumerik 840D sl. (Quelle: Siemens)

CNC-Steuerungen Zyklen zur Verfügung. Sie ermöglichen die einfache und wirtschaftliche Fertigung von geraden sowie schrägen Verzahnungen auf einer Mutitasking-Fräs-Dreh-Maschine komplett in einer Aufspannung *(Bild 3.36)*. Dafür unterstützten sie z. B. bei der Programmierung der komplexen Abläufe für das **Wälzschälen.** Der Anwender muss lediglich die Daten zur Verzahnungsgeometrie und zu den einzusetzenden Werkzeugen vorgeben. Alle weiteren Berechnungen, insbesondere zur

Bild 3.36: Mit Hilfe von CNC-Makros (Zyklen) lassen sich auch auf Standard-Bearbeitungszentren Außen - und Innenverzahnungen herstellen. (Quelle: Heidenhain)

aufwendigen Synchronisierung der Bewegungen, übernimmt die Steuerung. Auf dieselbe Weise arbeiten auch die Zyklen zum **Abwälzfräsen.**

Um bei unvorhergesehenen Programmunterbrechungen, z. B. einem Stromausfall, Schäden zu vermeiden, unterstützen die Zyklen einen optimierten Lift-off. Dabei bestimmen die Zyklen automatisch sowohl Richtung als auch Weg für den Rückzug des Werkzeugs vom Werkstück.

Die Basis derartiger Zahnradzyklen bildet in der Regel ein eigener Zyklus zur Definition der Verzahnungsgeometrie. Dadurch muss der Anwender die Geometriedefinition für alle im weiteren Fertigungsablauf erforderlichen Bearbeitungsschritte nur ein einziges Mal vornehmen.

Toleranzzyklus (High Speed Settings CYCLE832)

Mit der Funktion „High Speed Settings" (CYCLE832) werden Daten für die Bearbeitung von Freiformflächen so vorbelegt, dass eine optimale Bearbeitung möglich wird.

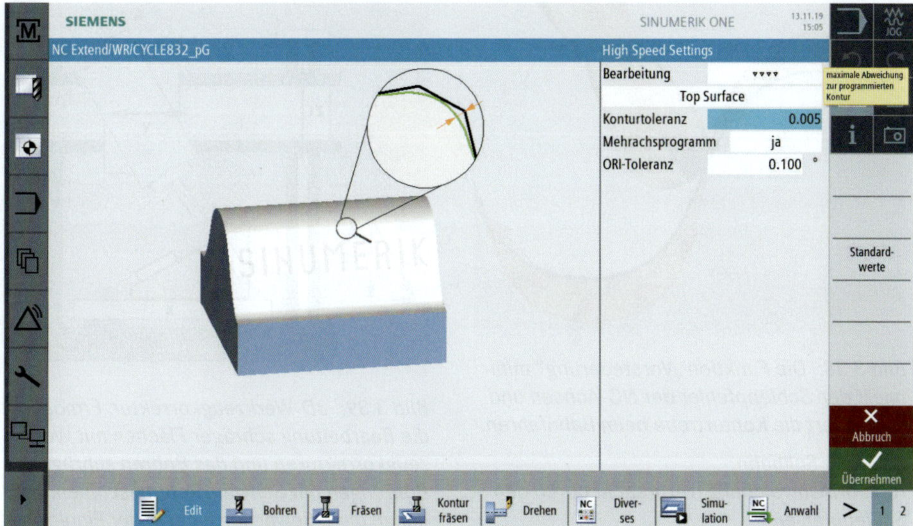

Bild 3.37: Einstellung von Toleranzen für die optimale Bearbeitung von Freiformflächen mit Hilfe des Steuerungszyklus Cycle 832. (Quelle: Siemens, Sinumerik ONE)

Der Aufruf des CYCLE832 enthält drei Parameter:

- Bearbeitungsart (Technologie)
- Achstoleranz
- Eingabe der Orientierungstoleranz (bei 5-Achsmaschinen)

Mit der Funktion „High Speed Settings" (Bild 3.37) erreichet man eine optimale Geschwindigkeitsführung in Abhängigkeit von der Bearbeitungsart (Schruppen, Vorschlichten, Schlichten/Geschwindigkeit und Feinschlichten/Präzision). Außerdem ist es möglich, sehr feine Strukturen zu bearbeiten und zu realisieren. Der Zyklus schaltet dazu die jeweilig notwendigen Steuerungsfunktionen selbstständig ein bzw. aus.

Virtueller NC-Kern (VNCK)

Der virtuelle NC-Kern von Steuerungen wird als Berechnungsgrundlage bei Simulationssystemen eingesetzt. Für Maschinenraum- oder Komplettbearbeitungssimulationen stellt der Steuerungshersteller seinen CNC-Kern als virtuelle Umgebung zur Verfügung, damit vor der realen Produktion das exakte, reale Steuerungsverhalten am PC simuliert werden kann. Der virtuelle CNC-Kern testet die Teileprogramme z. B. auf Kollision und Oberflächenfehler und stellt wichtige Kenngrößen für die Fertigungsplanung zur Verfügung. Die Einricht- und Testzeit an der Maschine wird erheblich verkürzt.

Vorschub-Begrenzung

Zu hohe oder zu geringe Vorschubgeschwindigkeiten können Werkzeug und Werkstück zerstören. Deshalb wird der zulässige Geschwindigkeitsbereich programmierbar limitiert. Enthält das CNC-Programm höhere oder niedrigere Werte, dann werden automatisch die Grenzwerte eingehalten.

Vorsteuerung *(Bild 3.38)*

Aus dem Nachlauf- oder Schleppfehler der CNC-Achsen beim Bahnfahren ergeben sich Konturfehler am Werkstück. Infolge der Trägheit im System hat der Fräser die Tendenz, die Sollkontur (grau) zu verlas-

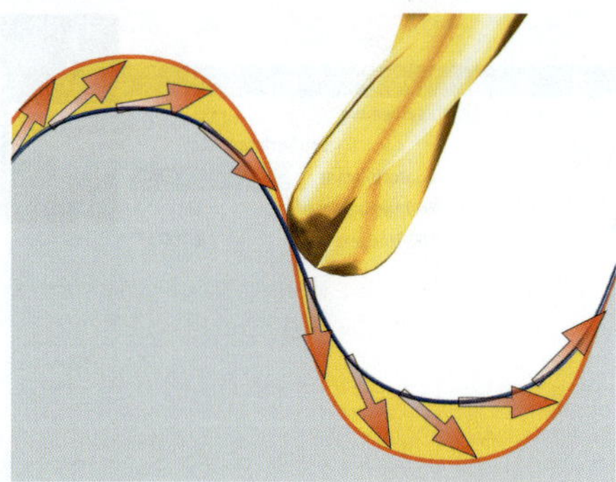

Bild 3.38: Die Funktion „Vorsteuerung" minimiert den Schleppfehler der NC-Achsen und verbessert die Konturtreue beim Bahnfahren.

schwarz: Sollbahn,
rot: Formabweichung, verursacht durch den Schleppfehler

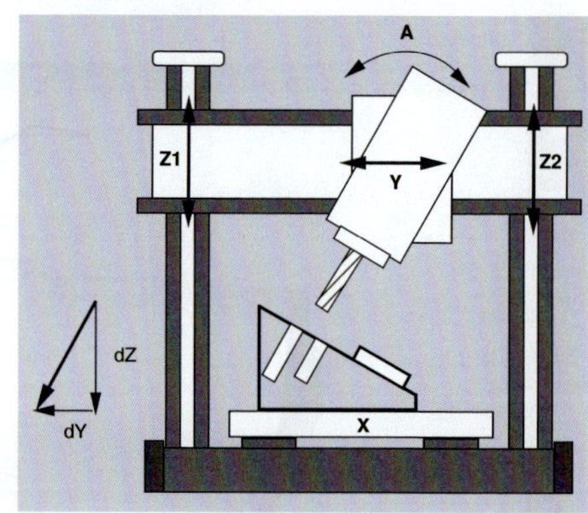

Bild 3.39: 3D-Werkzeugkorrektur. Ermöglicht die Bearbeitung schräger Flächen mit Werkzeugkorrekturen und das Bohren schräger Bohrungen mit Schwenkkopfmaschinen, bei denen die Z-Bewegung nicht in der Pinole liegt.

sen, die entstehende Fläche (gelb/rot) weicht von der Sollkontur ab.

Die Größe des Nachlauffehlers ergibt sich aus dem System (z.B. analoge Lageregelung) und der Vorschubgeschwindigkeit.

Durch einen hohen K_V-Wert und die Funktion „Achsen-Vorsteuerung" wird der geschwindigkeitsabhängige Schleppfehler beim Bahnfahren gegen Null reduziert und die Konturtreue am Werkstück verbessert.

3D-Werkzeugkorrektur *(Bild 3.39)*

Wird für CNC-Maschinen mit 4 oder 5 CNC-Achsen benötigt, wenn eine oder beide Schwenkbewegungen in der Werkzeugachse liegen und Werkzeuglänge bzw. -durchmesser korrigierbar sein sollen.

In diesem Falle funktionieren weder die Standard-Bohrzyklen noch die Werkzeugkorrekturen. Schon das Anfahren einer Bohrposition erfordert komplizierte Berechnungen und für den Bohrvorgang müssen zwei oder drei Achsen linear interpolieren. Mit der 3D-Werkzeugkorrektur kann der Bediener die schräge Spannlage des Werkstückes an der Maschine eingeben/korrigieren und die CNC errechnet sich die daraus resultierenden Positionen und Bewegungen automatisch.

3D-Werkzeug-Radiuskorrektur

Trotz aller Präzision bei der Werkzeugherstellung: Vor allem Radiusfräser haben keine einheitliche Geometrie. Der Radius jedes einzelnen Werkzeugs weicht in der Regel ganz individuell von der idealen Kreisform ab. Untersuchungen zeigen, dass bei Standardwerkzeugen mit Abweichungen bis zu 0,015 mm gerechnet werden muss. Selbst hochwertige, teure Präzisionsfräser können Abweichungen im µ-Bereich aufweisen.

Für eine hochgenaue Bearbeitung ist das ein Manko, denn der von der Steuerung berechnete Berührungspunkt des Fräserradius mit dem Werkstück stimmt nicht mit dem tatsächlichen Radius überein – und das bei jedem neu eingewechselten Fräser. Mit einer dreidimensionale Werkzeug-Radiuskorrektur und einem Zyklus zum 3D-Antasten kann der Anwender diese Abweichungen schnell und einfach kompensieren. Dazu sind keine aufwendige Werkzeugvermessung und Zusatzeinrichtungen erforderlich. Die Kompensation kann einfach mit den Mitteln erfolgen, die auf den meisten Fräsmaschine ohnehin zur Verfügung stehen.

Um die Radiusabweichungen eines einzusetzenden Fräsers zur ermitteln, führt der Anwender mit dem Werkzeug auf einem Testwerkstück eine Probebearbeitung durch. Anschließend vermisst er die gefräste Kontur mit einem Tastsystem, das zuvor mit Hilfe der 3D-Werkzeug-Radiuskorrektur kalibriert wurde. Die so ermittelten Abweichungen der gefrästen von der idealen Kontur setzt die Steuerung unmittelbar in Radiusabweichungen am Werkzeug um und schreibt diese in eine Korrekturwerttabelle. Über diese Korrekturwerttabelle lassen sich winkelabhängige Delta-Werte definieren, die die Abweichung des Werkzeugs von der idealen Kreisform beschreiben. In der anschließenden Vollbearbeitung korrigiert die Steuerung dann den Radiuswert, der am aktuellen Berührungspunkt des Werkzeugs mit dem Werkstück definiert ist.

Das Bearbeitungsbeispiel einer asphärischen Linse mit einem Durchmesser von 20 mm zeigt die Wirkung sehr deutlich *(Bild 3.40)*. Nach dem Testschnitt ermittelt ein Tastsystem mit dem entsprechenden Zyklus erhebliche Abweichungen bis zu 25 µm von der gewünschten Linsenform. Nach der Kompensation der Radiusabweichungen liegen die Formabweichungen auf der gesamten Oberfläche der asphärischen Linse unter 5 µm.

Um den Berührungspunkt exakt bestimmen zu können, muss das NC-Programm mit Flächen-Normalensätzen (LN-Sätzen) vom CAM-System erzeugt werden. In den Flächen-Normalensätzen sind neben der Position des Werkzeugs auch der Berührpunkt mit dem Werkstück und optional die Werkzeugorientierung in Bezug zur Werkstückoberfläche definiert. *(Bild 3.41)* Die Korrektur erfolgt automatisiert durch die Steuerung.

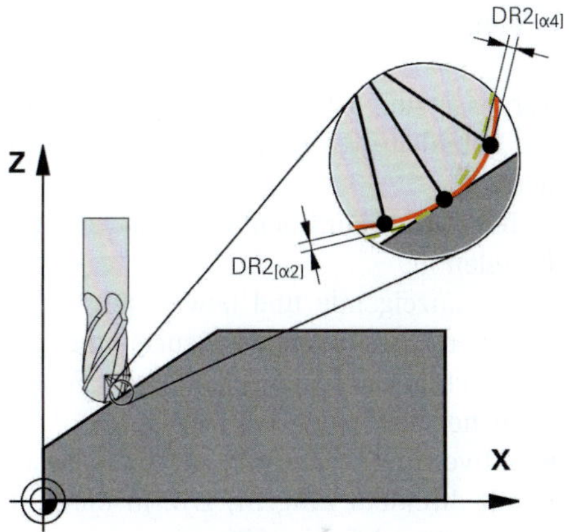

Bild 3.41: Die 3D-Werkzeug-Radiuskorrektur verhindert, dass die Schneide am Werkstück zu wenig oder – schlimmer noch – zu viel abträgt. (Quelle: Heidenhain)

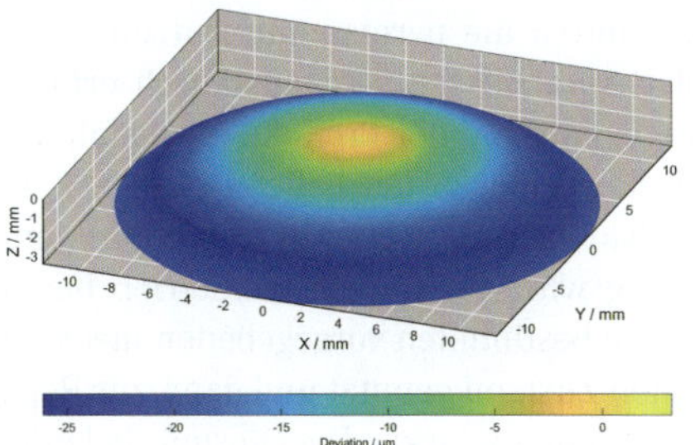

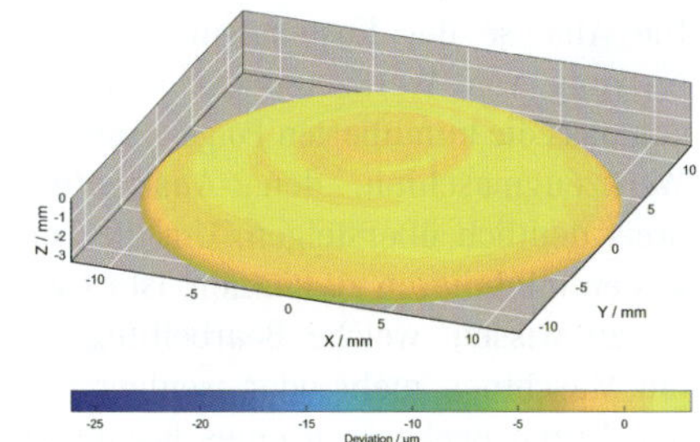

Bild 3.40: So effektiv wirkt eine 3D-Werkzeug-Radiuskorrektur bei der Bearbeitung einer asphärischen Linse: Links die Formabweichungen nach dem ersten Testschnitt, rechts die mit aktiver Korrektur gefräste Linse. (Quelle: Heidenhain)

Ferndiagnose

Die Spezialisten für die Fehlerdiagnose von Werkzeugmaschinen sind oft nicht lokal verfügbar.

Teleservice bietet deshalb eine zeit- und kostensparende Unterstützung, um die Servicezentrale des Maschinenherstellers, die Wartungsabteilung oder die Hotline des CNC-Herstellers für schnelle Diagnosen mit der Problemmaschine beim Anwender zu verbinden. Typische Anwendungsfälle sind:

- Diagnose von Störfällen während des Betriebes oder der Inbetriebnahme und Wartung
- Übertragung von neuen Softwareversionen.

Voraussetzung ist eine direkte Verbindung per Datenleitung zur Maschine des Anwenders.

Teleservice-Funktionen lassen sich unterteilen in:

- nur anzeigende und bewertende Funktionen zur schnellen Beurteilung des Maschinenzustandes und zur Fehlersuche, oder
- aktive und reparierende Maßnahmen mit direktem Eingriff, z. B. in die Software der CNC oder SPS.

3.6 Zustandsüberwachung und Maschinendatenerfassung

(Bild 3.42 bis 3.43)

Die Analyse der Kostenstruktur bei der Nutzung von Werkzeugmaschinen deckt auf, dass die kumulierten Folgekosten einer Werkzeugmaschine den Anschaffungspreis deutlich übersteigen. Um die Folgekosten minimieren zu können, ist es wichtig zu wissen, welche Bearbeitungsarten die Maschinen mehr oder weniger belasten. Durch Beobachten eines lastabhängigen Störungs- und Ausfallverhaltens kann eine Lebensdauerbetrachtung für die Komponenten realisiert werden.

Mit diesem Anspruch kommt man an einem automatisierten flächendeckenden zentralen **Condition Monitoring** nicht vorbei.

In der Praxis sind es bisher vor allem größere Betriebe, die ihre Werkzeugmaschinen permanent überwachen. Die Vermeidung eines einzigen ungeplanten Ausfalles amortisiert in der Regel die investierten Kosten. Während die seit Jahren bekannten manuellen Fernzugriffe erst dann aufsetzen, wenn ein Problem besteht, weist Condition Monitoring früh auf problematische Maschinenwerte hin. Es ist damit die Grundlage für effiziente, automatisierbare Remote Servicefunktionen, die bereits greifen, bevor es zu einem Problem kommt. Dadurch lassen sich teure Reparaturen und Stillstände vermeiden, z. B. durch den rechtzeitigen Austausch eines schadhaften Lagers, das zwar nur wenige Euro kostet, aber unbemerkt zu einem unvorhersehbaren Maschinenausfall führt. Ein Übergang von reaktiver zu zustandsorientierter Instandhaltung ist möglich. Die Lösungen zu Condition Monitoring sind frei skalierbar. Der Anwender entscheidet, ob er nur eine einzelne Maschine überwachen will oder einen Maschinenpark mit mehreren tausend Maschinen. Das Thema ist somit sowohl für den Maschinenhersteller als auch den Maschinenbetreiber interessant. Das Beispiel eines Automobilzulieferers zeigt, wie lohnend Condition Monitoring sein kann. Früher wurden die Kugelgewindetriebe der verwendeten Werkzeugmaschinen durch die permanente Nutzung komplett verschlissen. Der Austausch erfolgte ungeplant und der Produktionsausfall und die Reparaturkosten beliefen sich z. T. im fünfstelligen Bereich. Mit Condition Monitoring wird der Kugelgewindetrieb bis zu einem bestimmten vorgegebenen mechanischen Zustand genutzt und dann zur Reparatur eingeschickt. Die Kosten belaufen sich jetzt unter 1000,– € und der Ausfall kann koordiniert eingeplant werden.

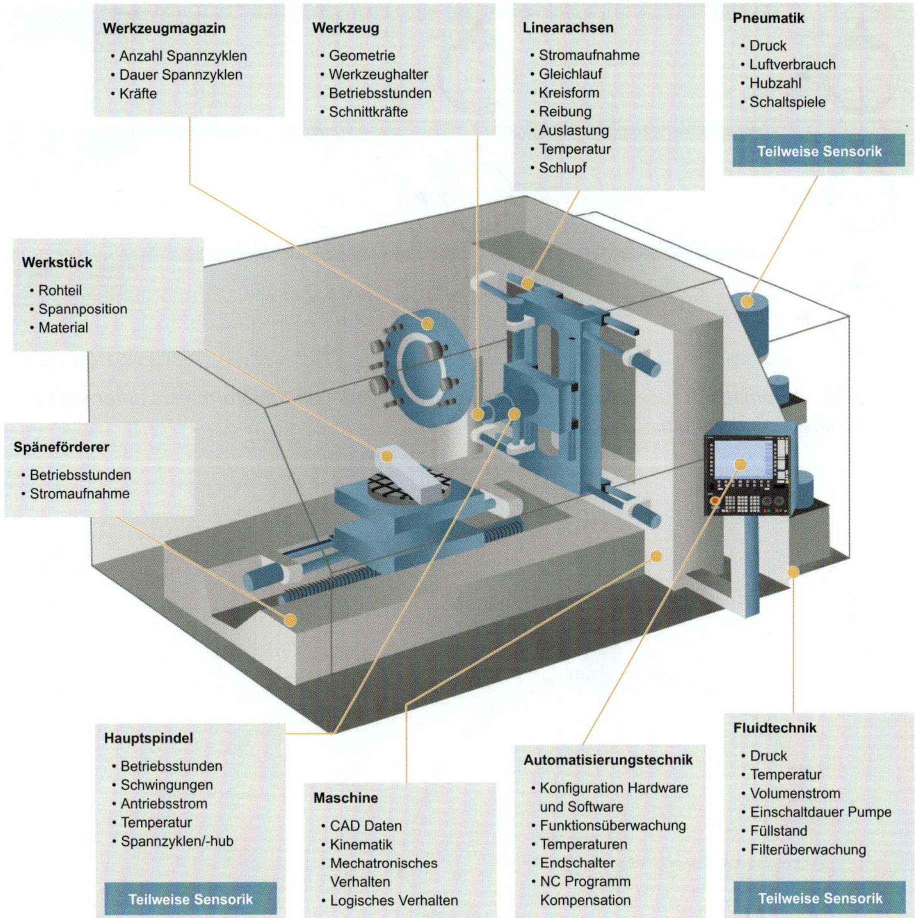

Bild 3.42: Beispiele von Komponenten einer Werkzeugmaschine, die sich automatisiert permanent überwachen lassen und zu gezielten Benachrichtigungen führen, wenn auffällige Maschinenzustände auftreten.

Werkzeugmaschinen mit ihren bewegten Teilen sind mit vielerlei Sensorik ausgestattet, wie Näherungsschalter, Druckschalter, Maßstäbe, Schwingungssensoren und Temperaturfühlern. Deren Daten sind prädestiniert für eine Überwachung der Maschine. Moderne CNCs können zudem auf sämtliche Variablen der NC und PLC direkt zugreifen, z. B. PLC Ein-/Ausgänge, Merker, Daten für Temperaturen, Schmiermittel, Sperrluft, Bewegungslaufzeiten, NC-Daten, Drehmomente, Ströme, Temperaturen, Sollwerte, usw. Die permanente Überwachung und der Vergleich mit Sollgrößen verschafft dem Betreiber die frühestmögliche Kenntnis über Abweichungen. Im Bedarfsfall kann auch externe Sensorik, z. B. zum Überwachen der Spindel oder der Nebenaggregate, leicht integriert werden.

Vorteil aktueller Client/Server Kommunikation ist, dass der Zugriff auf diese Daten keinerlei individuelle Eingriff in die CNC oder PLC erfordert, sondern über einen generischen Client auf dem Steuerungs-PC läuft. Bei vielen CNCs ist der

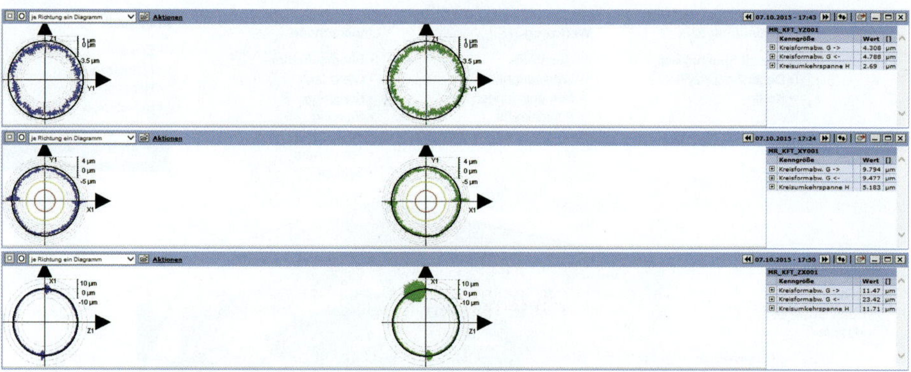

Bild 3.43: Automatisch ausgeführte Testserie mit verschiedenen Kreisformtests unterschiedlicher Achskombinationen.

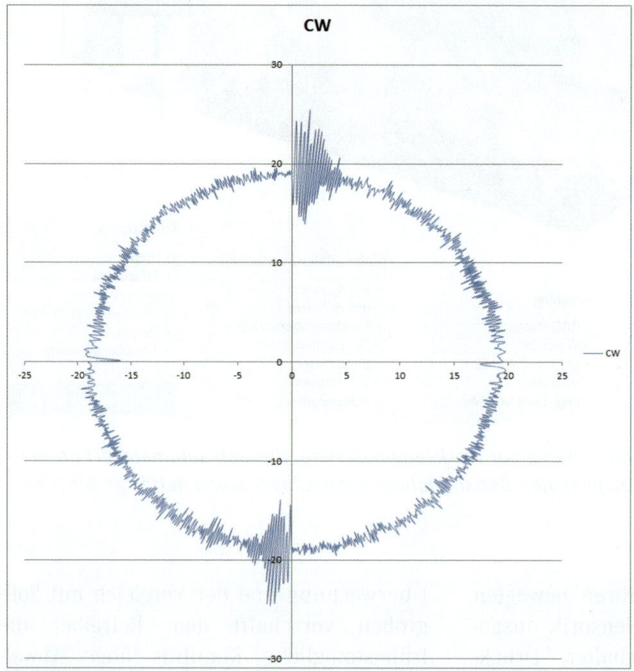

Bild 3.44: Extrahierte Darstellung eines Problems, erkannt durch die automatisierten Kreisformtests unten links im vorhergehenden Bild.

Client im Lieferumfang enthalten und muss nur noch aktiviert werden. Die eigentliche Konfiguration der Datenerfassungslogik erfolgt über Web User Interfaces (WebUIs), die der Maschine durch im Client lauffähige Skripte bereitgestellt wird. Somit gestaltet sich selbst die nachträgliche Einführung von Condition Monitoring in eine bestehende Infrastruktur unkompliziert. Maschinen und Anlagenbetreiber müssen sich dabei nicht um die Aufrechterhaltung von Garantien sorgen, die sie gegenüber den Maschinenherstellern verlieren würden, wenn ein Eingriff in die Steuerung notwendig wäre. Die Datensammlung erfolgt je nach Anforderung lokal auf der Maschine, im Firmennetzwerk oder in einer Cloud. Unabhängig vom Speicherort ist für den Zugriff auf die Daten, ihrer Erfassung und Auswertung üblicherweise keine zusätzliche Software nötig, das läuft auf dem jeweiligen Server und wird über Browser visualisiert. Die Visualisierung wird in Summe immer wichtiger. Viele Betreiber möchten eine Übersicht über den Zustand der Maschinen in ihren Hallen oder Werken und auf einem Blick sehen, welche Wartungsmaßnahmen geplant werden müssen. Eine Anforderung der Maschinenhersteller ist es, über eine standardisierte und offene Plattform ihren Kunden diese Sichten und Informationen bezogen auf ihre Maschinen zur Verfügung zu stellen. Auch die Anbindung von Maschinen oder Devices anderer Hersteller ist wichtig, denn kaum ein Anwender verfügt über einen homogenen Maschinenpark.

Eine Cloudlösung bietet sowohl dem Maschinenhersteller als auch dem Maschinenbetreiber diese Möglichkeiten und hat zudem den Vorteil, weltweit und sicher auf die Daten, Auswertungen und Erfassungslogik zugreifen zu können.

Die Integration in ein Firmennetzwerk kann organisationsbezogen auch den weltweiten Zugriff ermöglichen, kann aber auch unkompliziert mit anderen Systemen im Firmennetzwerk verbunden werden. Das sind üblicherweise **SCADA, ERP, MES** und CAM-Systeme.

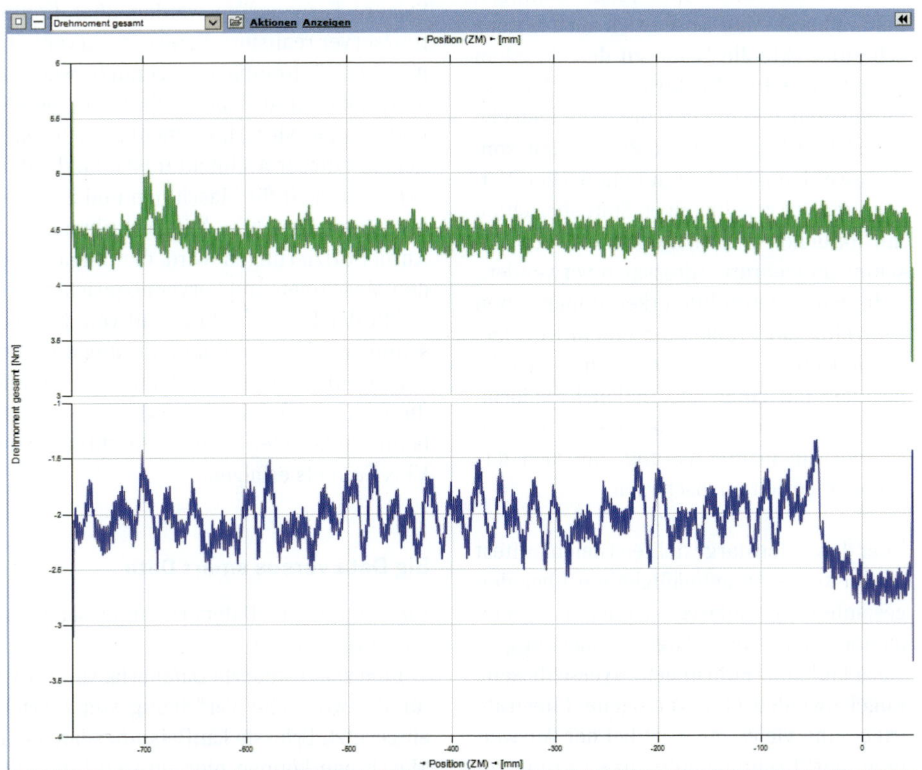

Bild 3.45: Gleichlauftest über den gesamten Verfahrweg. Hier kann z. B. das durchschnittliche, maximale oder minimale Moment mit Grenzwerten automatisch kontrolliert werden. Die Beschleunigungs- und Bremsrampen werden intelligent ausgeblendet, Gewichtsausgleichseinflüsse werden kompensiert.

Bei der Zustandsüberwachung stehen weniger die Funktionsstörungen an der Maschine im Vordergrund. Hier beginnt die Analyse viel früher: Steigt z. B. eine Temperatur, die immer bei 70 °C lag, auf 80 °C an, so kann das zwar noch völlig unkritisch sein, es indiziert jedoch, dass etwas nicht stimmt. Solche Trends sollen bemerkt und beobachtet werden. Um die Auswertungen übersichtlich zu halten, liegt der Fokus auf einer intelligenten Datenerfassung und nicht auf einer Big-Dataanalyse.

Mit einem sogenannten Fingerprint werden Normalwerte festgehalten, auf deren Über-/Unterschreitungen Warngrenzen und kritische Grenzen definiert werden können, die man für Benachrichtigungen auf Mobiltelefone oder zu E-Mails benutzen kann. Einer E-Mail lassen sich auch historische und aktuelle Daten zu dem Problem mitgeben und so Rückfragen zur Analyse minimieren. E-Mail-Benachrichtigungen eignen sich nicht nur für den Problemfall, sondern werden meist zur automatischen Versendung von regelmäßigen Statusberichten mit aktuellen Informationen von der Maschine an mehrere Adressaten verwendet.

In dem unteren Bild erkennt man schon frühzeitig ein Problem an einem Kugelgewindetrieb. Ein z. B. wöchentlicher Kreisformtest mit einer maximalen Kreisformabweichung von 10 Mikrometer benachrichtigt die Instandhaltung, um sich das Problem gezielt anzuschauen.

Über den unten dargestellten Gleichlauftest lassen sich Unregelmäßigkeiten über den gesamten Verfahrweg darstellen. Klemmende, oder schwergängige Abdeckungen, ausgelaufene Führungen, verschlissene Kugelgewindetriebe, verzogene Linearantriebe und vieles mehr ist bei der Auswertung der Drehmomente, bzw. Kräfte zu sehen. Mit einem verfügbaren direkten Messsystem stehen auch Auswertungen der mechanischen Steifigkeit zur Verfügung.

Fernzugriff *(Bild 3.46)*

Über Fernzugriff besteht die Möglichkeit folgender Zugriffe auf die CNC-Maschine

- Remote Desktop – Fernbedienen und Beobachten des Maschinen-HMIs
- Filetransfer – Übertragen von Dateien aus und ins Filesystem an einer Maschinensteuerung
- Remote PLC – Zugriff auf die PLC der CNC
- Konferenzschaltung – Teilnahme mehrerer Service-Techniker (z. B. Steuerungshersteller, Maschinenhersteller, Wartungsabteilung) an einer Sitzung teilzunehmen
- Sitzungsaufzeichnung – für den dokumentarischen Nachweis der Aktionen in einer Sitzung

Sichere Fernzugriffe werden über Konferenzserver realisiert. Konferenzserver können von Drittanbietern genutzt werden, diese können aber auch direkt bei einem Endkunden oder Maschinenhersteller stehen. Mit dieser Architektur ist eine flexible Erreichbarkeit für Maschinen und Serviceingenieure gegeben. Mit Zertifikaten und Authentifizierungen wird der Zugang zu den Maschinen und Server abgesichert.

Mit der Einschränkung auf von der Maschine ausgehende Kontaktierung des Servers (outbound traffic) kann die Einbindung in die IT-Umgebung der Maschinen beim Endkunden ohne Einrichtung von VPN-Tunnels erfolgen.

Big Data versus smart Data

Die intelligente Datenerfassung setzt auf zwei Prinzipien.

Eine zeitgesteuerte Datenerfassung wird für die zyklische Verfolgung von Werten eingesetzt. Erfasste Laufleistungsdaten der Maschinen können hier sinnvoll intervallmäßig ausgewertet werden.

Eine ereignisgesteuerte Datenerfassung kann aus logischen Verknüpfungen von Signalen der Maschine zusammengestellt

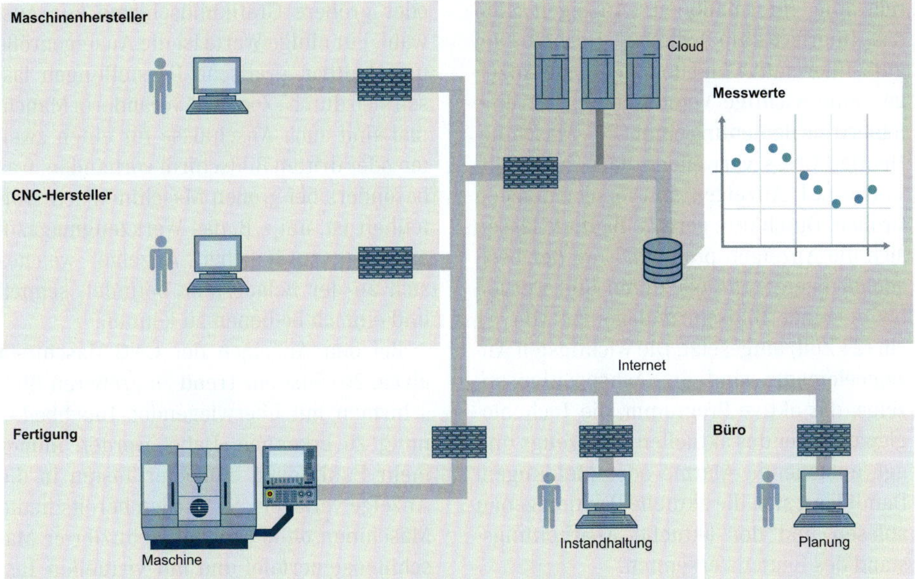

Bild 3.46: Ein Fernzugriff kann sicher gestaltet werden, ohne über VPN-Tunnel einzeln von der IT-Abteilung des Kunden freigeschaltet werden zu müssen.

werden. Das können auch zyklusgenaue PLC-Trace-Aufzeichnungen mehrerer beliebiger Signale sein.

Neben der zyklusgenauen Aufzeichnung von PLC-Signalen können mit dem Servo Trace, bzw. dem Trace Server NC-Daten aufgezeichnet werden.

Folgende Anwendungen sind heute bereits möglich:

- Überprüfung des Gleichlaufs von NC-Achsen. Mit diesem Test können Unregelmäßigkeiten über den gesamten Verfahrweg der Achse je Richtung über Drehmoment/Kraft gemessen werden.
- Kreisformtests mit je zwei NC Achsen zeigen die Kreisformabweichung und Umkehrlose.
- Universalachstests analysieren neben Drehmoment, Steifigkeit auch die Reibungsverhältnisse.

Reichen die On Board Methoden einer NC-Steuerung nicht aus, werden z. B. zur hochfrequenten Datenerfassung Module angebunden, wie Beschleunigungssensorsysteme, die zum einen eine Datenpufferung mit bis zu 40 kHz ermöglichen, wie auch schon Max-, Min- und Mittelwerte bilden können, aber auch Peaks erkennen.

Zusammengefasst: Bei Condition Monitoring geht es also nicht nur darum, Funktionsstörungen zu erkennen, sondern die Analyse setzt viel früher ein. Änderungen z. B. der Temperatur der Spindel, der Rundlaufs der Achsen usw. werden durch permanenten Vergleich mit dem Fingerprint der Normalwerte der Maschine erkannt und werden über das Firmennetzwerk an die Wartungsabteilung oder den Maschinenhersteller gemeldet. So können Reaktionen ausgelöst werden, bevor die Maschine ausfällt und ungeplante Ausfälle vermieden werden.

3.7 Anzeigen in CNCs

In einer durchgängig digital vernetzten Fertigung hat der Anwender an der Maschine direkten Zugriff auf nützliche und relevante Informationen. Anzeigen sind das „Interface zum Bediener“. Deshalb sind gute, informative und übersichtliche Anzeigen eine wichtige Voraussetzung für eine fehlerfreie Bedienung einer CNC-Maschine. Heutige CNCs verwenden dazu typischerweise LCD-Anzeigen in verschiedensten Größen. Durch ihre geringe Bautiefe lassen sich die Anzeigen problemlos an der bestgeeignetsten Stelle platzieren und werden bis zu einer Bildschirmdiagonale von 61 cm (24 Zoll) eingesetzt. Die wichtigsten Anzeigeelemente sind die Achspositionsanzeige, das aktive Programm, die Technologieparameter des aktuellen Werkzeugs und ggf. anstehende Alarme oder Meldungen. Damit lässt sich die aktuelle Position genau ablesen und der aktuelle Abarbeitungsstand des Bauteils erkennen.

Elektronische Anzeigen lassen sich an jeder Stelle auf NULL oder einen definierten Wert setzen und ersparen damit dem Programmierer aufwändige Rechenarbeit zur Umrechnung der Zeichnungsmaße auf die absoluten Maschinenpositionen. Der Bediener muss sich anhand der Anzeige auch zu jedem Zeitpunkt informieren können über

- Programm-Nummer, -Name und -Speicherbedarf,
- den Programminhalt,
- alle Korrekturwerte, Nullpunktverschiebungen und andere korrigierende Eingriffe,
- aktive Vorschub- und Drehzahlwerte,
- aktive G- und M-Funktionen,
- Unterprogramme und Zyklen,
- Werkstuck- und Werkzeug-Verwaltung,
- Warnungen, Zustands- und Fehlermeldungen,
- Maschinenparameterwerte,
- Eingabe- und Simulationsgrafiken,
- Diagnoseprogramme,
- Service- und Wartungshinweise,
- u. a. m.

bit.ly/2RgPZzT
Video 9

Je nach Ausbaufähigkeit oder Variante der CNC stehen als Anzeigeeinheit kleinere oder größere Grafikbildschirme zur Auswahl. Für einige Werte ist die Anzeigegröße umschaltbar, grafische Darstellungen lassen sich durch „Zoomen“ verändern. Manchmal sind auch Anschlüsse für einen zweiten oder dritten Bildschirm vorhanden, was besonders bei großen Maschinen sehr vorteilhaft ist, um z. B. das Werkzeugmagazin an einer zusätzlichen Anzeige, welches sich an der Beladestelle befindet, schnell und einfach bedienen zu können.

Bei den Anzeigen der CNC-Maschinen ab ca. 2015 ist ein Trend zu größeren Bildschirmen mit überwiegender Touchbedienung zu erkennen. Dabei werden immer mehr Funktionen einzelner Tasten in die Anzeige verlagert. So werden bereits heute Maschinen ohne oder mit reduzierter Maschinensteuertafel und mit virtuellen Tasten auf dem Bildschirm für die jeweilige Funktionen geliefert. Die virtuellen Tasten können einfach um visuelle Effekte, wie z. B. wechselnde Farben oder auch durch haptische Rückmeldung der Anzeigen ergänzt werden. Dadurch lässt sich eine bessere Benutzerführung gestalten. Größere Breitbildanzeigen bieten auch die Möglichkeit die CNC-Bedienoberfläche, um weitere Informationen zu ergänzen. So können Anzeigeelemente dauerhaft in einem Side Screen (siehe *Bild 3.47*) angezeigt werden. Eine Umschaltung zwischen den Bedienbereiche kann so deutlich reduziert werden. Der Maschinenbediener hat so einen deutlichen besseren Überblick über alle notwendigen Daten im Fertigungs- und Einrichteprozess.

Unterstützt wird der Trend zu größeren Anzeigen auch durch Funktionen, wie z. B. eines Display Managers oder Widescreen (siehe *Bild 3.48 und 3.49*). Dieser bietet die Möglichkeit neben der eigentlichen CNC-Bedienoberfläche auch weitere Anzeigeelemente auf dem Bildschirm darzustellen, wie z. B.:

- PDF-Viewer für die Anzeige von Zeichnungen, Arbeitsaufträgen oder Bedienungsanleitungen

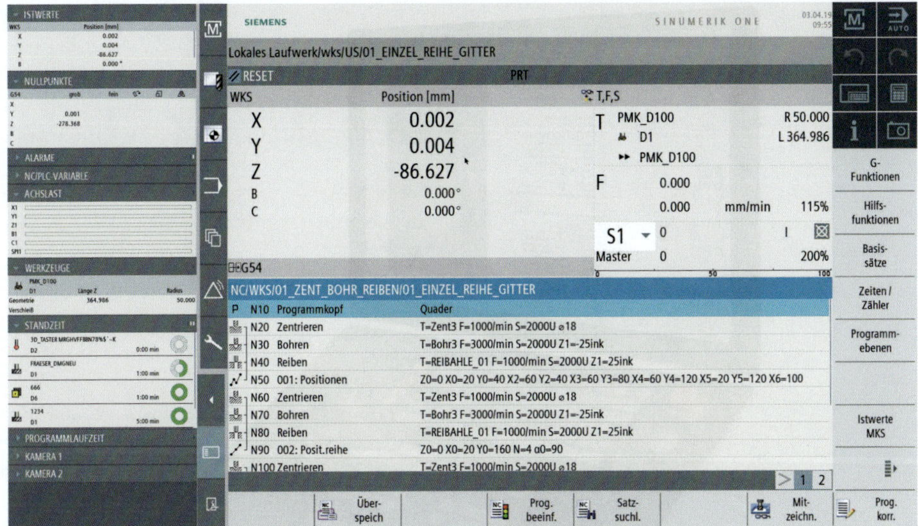

Bild 3.47: Große Displays ermöglichen bessere Anzeigen der relevanten Daten einer CNC-Maschine. Neben der üblichen Anzeige der Achspositionen und Programme lassen sich wahlweise weitere Informationen auf dem Display visualisieren. (Quelle: Siemens, Side Screen Sinumerik ONE)

- Kamerabilder von IP-Kameras zur Beobachtung des Maschinenraums
- Bildschirmtastatur
- Werkzeugdaten
- Weitere Maschinen oder Steuerungen
- Webbrowser
- Softwareapplikationen für zusätzlicher Aggregate oder des betrieblichen MES

Für eine optimal Bedienung der einzelnen Elemente lassen sich diese wahlweise vollflächig auf dem Bildschirm anzeigen. Für

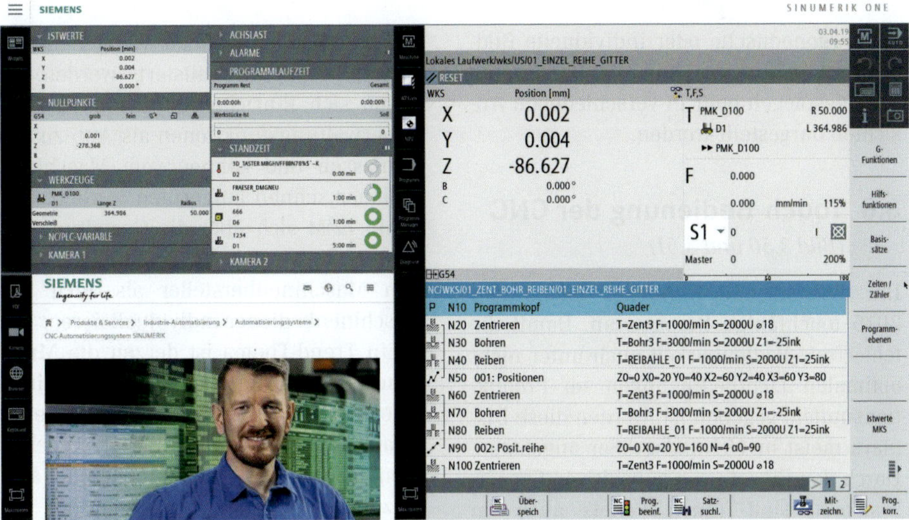

Bild 3.48: Große Displays ermöglichen die Erweiterung der Bildschirmanzeigen zur besseren Transparenz. (Quelle: Siemens, Display Manager Sinumerik ONE)

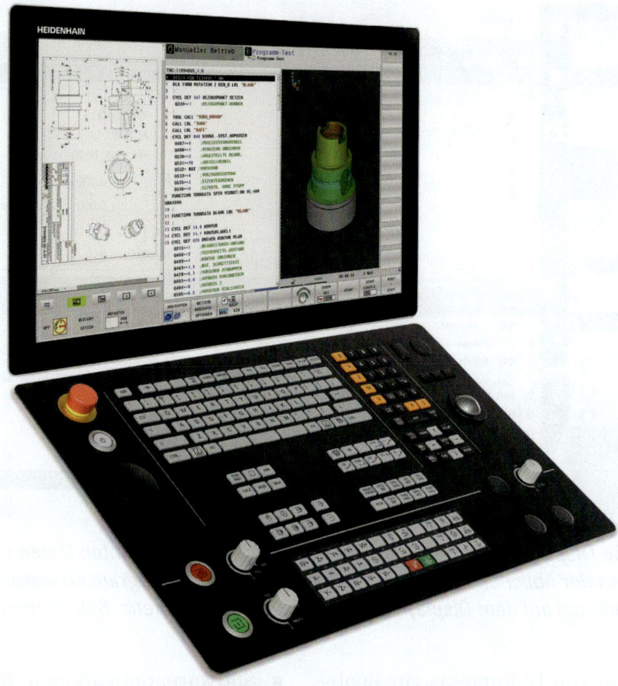

Bild 3.49: Der geteilte Bildschirm bietet zwei Arbeitsbereiche: Den eigentlichen Steuerungsbildschirm und einen zusätzlichen Seitenbereich. Auf diesem Seitenbereich kann sich der Anwender parallel zum Steuerungsbildschirm weitere Applikationen anzeigen lassen. Für Detailansichten kann der Seitenbereich auch vollformatig auf dem ganzen Bildschirm angezeigt werden. (Quelle: Heidenhain, TNC mit Widescreen)

eine ergonomische oder individuelle Bildschirmaufteilungen kann die Darstellung auch gespiegelt oder in verschiedenen Ansichten dargestellt werden.

3.8 Touch-Bedienung der CNC

(Bild 3.50 und 3.51)

bit.ly/2W0iPaq
Video 10

Die meisten CNC-Hersteller bieten seit 2015 touchfähige Displays an. Damit die fehlerfreie Bedienbarkeit auch unter nicht optimalen Lichtbedingungen im Produktionsumfeld gegeben ist, werden diese Displays meist in 15" und größer angeboten. Durch den Einsatz von kapazitiven Sensorsystemen sind Touch Panels auch im schmutzbelasteten Industrieumfeld und mit Arbeitshandschuhen nutzbar. Mit der Touch-Bedienung können völlig neue Bedienphilosophien realisiert werden. So lassen sich Einrichtefunktionen oder Datenverwaltungsfunktionen als App zusammenfassen und können vom Maschinenbediener schnell aufgerufen werden. Weiterhin lässt sich über die Gestaltung von eigenen Apps die CNC-Bedienung sowohl vom Maschinenhersteller als auch vom Maschinenbediener individualisieren.

Ein Trend-Thema ist derzeit die **Multi-Touch-Bedienung** an CNC-Maschinen. Eine intuitive Gestensteuerung, welche von Smartphone- und Tablet-Benutzeroberflächen bekannt ist, hält zunehmend auch Einzug in die Produktionsstätten.

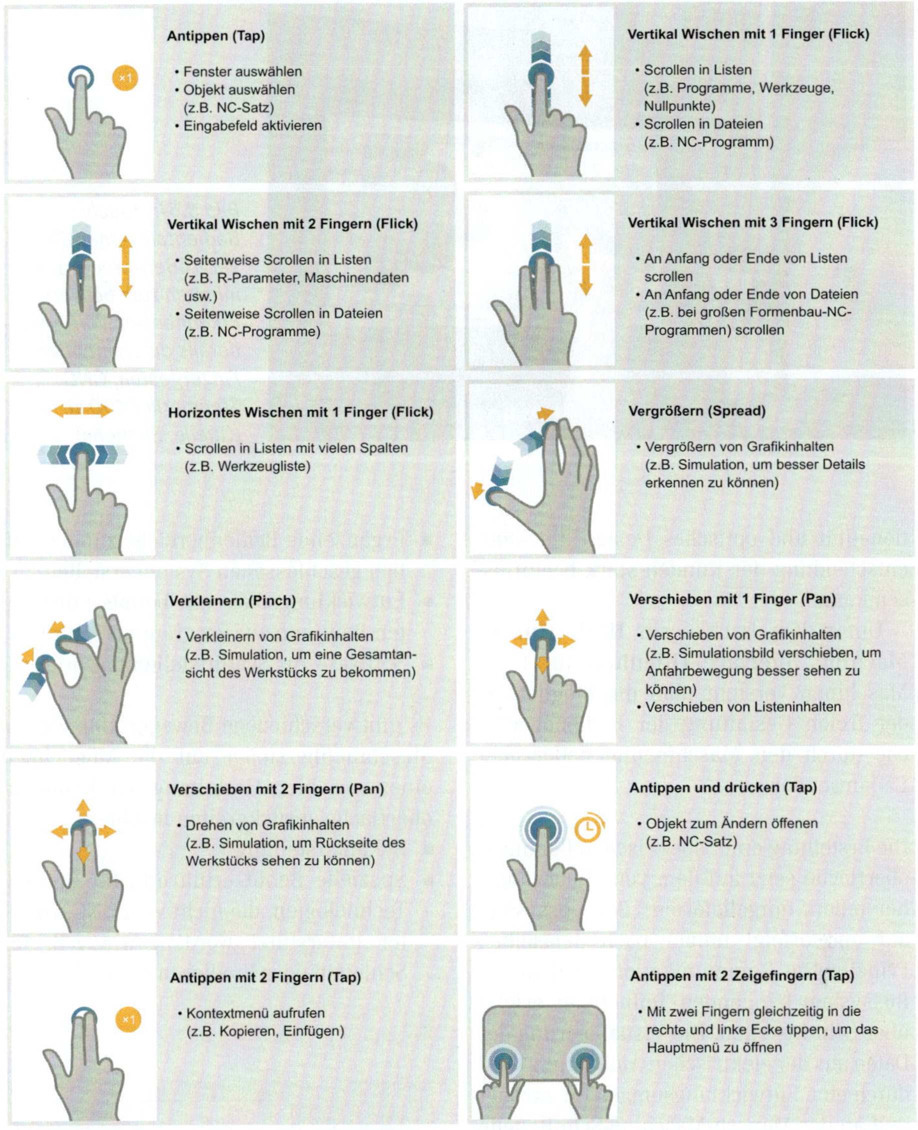

Bild 3.50: Fingergesten werden in der CNC-Bedienung genutzt und vereinfachen die CNC-Bedienung erheblich.

3.9 CNC-Bedienoberflächen ergänzen

Die Anforderungen an die Bedienoberfläche einer CNC werden immer höher. Die Erwartungshaltung der Benutzerführung ist, dass sich die Bedienung optimal der jeweiligen Technologie und der spezifischen Eigenschaften der Maschine anpassen lässt. Zudem kann der Maschinenhersteller mit einer gelungenen Bedienoberfläche eine Markenidentität und darüber hinaus ein Alleinstellungsmerkmal generieren, welches sowohl hinsichtlich Funk-

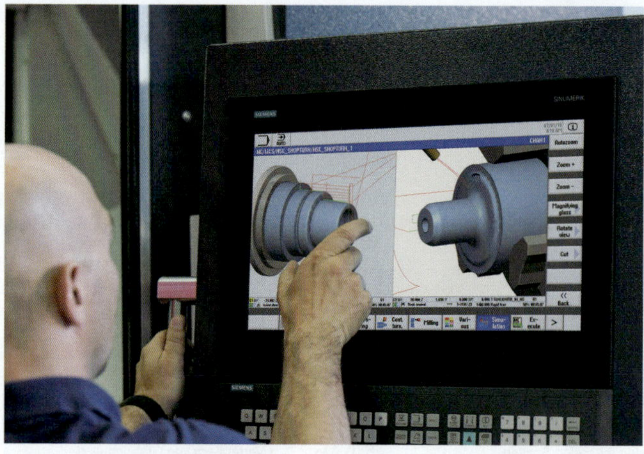

Bild 3.51: Touch-Bedientafel einer CNC – Vergrößern von Grafikinhalten zum besseren Erkennen von Werkstückdetails durch intuitive Fingergesten, CNC Sinumerik 840D sl. (Quelle: Siemens)

tionalität und optisches Design die Kaufentscheidung der Kunden stark beeinflussen kann.

Unter dem Dachbegriff **HMI (Human Machine Interface)-Offenheit** für CNC-Maschinen versteht man die Möglichkeit der freien Gestaltung der Bedienoberfläche durch den Maschinenhersteller oder Endanwender.

Die Erstellung einer spezifischen Benutzeroberfläche setzt auf dem vom Steuerungshersteller mitgelieferten Betriebssystem auf und erfolgt immer nach demselben Prinzip: Die Kommunikation zu dem am Bussystem hängenden Teilnehmer erfolgt über Schnittstellen. Die Visualisierung der Daten aus der elektrischen Ausrüstung wird durch eine Entwicklungsumgebung erzeugt und an der Mensch-Maschine-Schnittstelle in Echtzeit ausgegeben *(Bild 3.52)*.

Die verschiedenen CNC-Hersteller bieten komplette Programmierpakete zur Gestaltung der Bedienoberfläche an, die folgende Funktionen abdecken:

- Beschreibung der Schnittstellen zu den Teilnehmern (z. B. NC, PLC und Antrieb)
- Bereitstellung von Diensten, wie z. B. Alarm-, Event- oder Datendienste
- Direkte Speicherung der HMI-Applikation auf der NC
- Ergänzende Bedienbereiche zum eigentlich geschlossenen System erstellen
- Entwicklungstools mit bereits integrierten Routinen zur Programmerstellung
- Software zur Schnittstellenüberprüfung

Es gibt verschiedene Beweggründe warum Maschinenhersteller auf die Möglichkeit einer variablen Gestaltung der Benutzeroberfläche zurückgreifen möchten:

- Zyklenerstellung
- Spezielle Benutzerführung für Spezial-Technologien, die nicht vom CNC-Anbieter unterstützt werden, wie z. B. für Schleifen oder Erodieren *(Bild 3.53)*

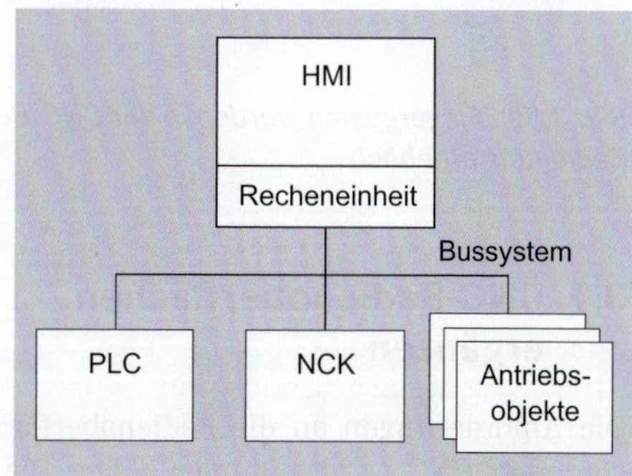

Bild 3.52: Schematische Darstellung der Datenzugriffsstruktur.

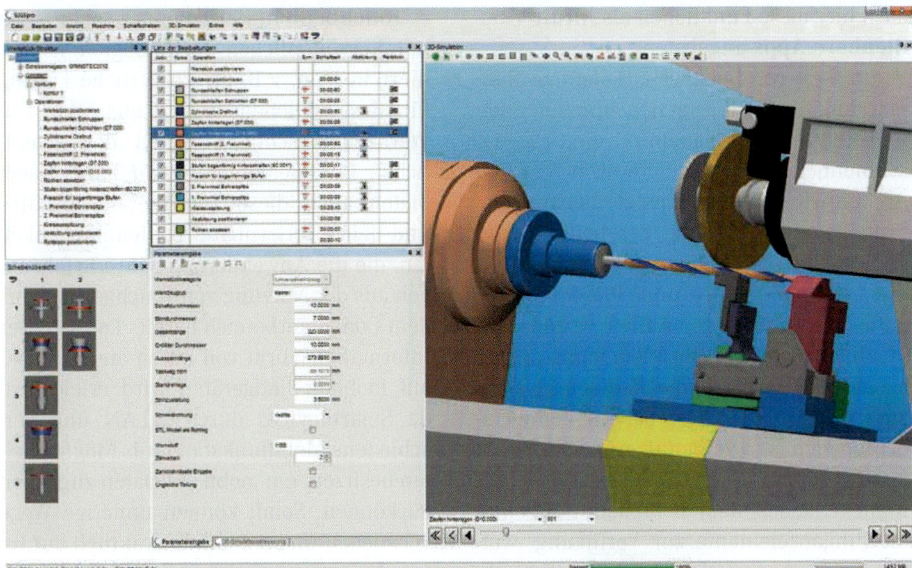

Bild 3.53: Technologiespezifische Lösung einer HMI (SIGSpro von Schütte).

- Ergänzungen in der Diagnose- und Inbetriebnahme-Funktionalität
- Generierung eines Alleinstellungsmerkmals
- HMI als Bestandteil einer Corporate Identity
- Nachhaltige Kundenbindung durch positive Nutzungserlebnisse
- Erzeugung einer vordefinierten Möglichkeit zur individuellen Anpassung durch den Endanwender
- Steuern und Verwalten von hochautomatisierten Systemen
- Anbindung an übergeordnete Datensysteme

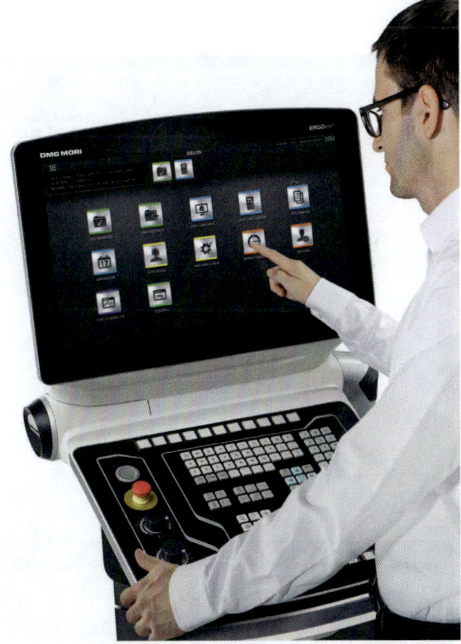

Bild 3.54: Touchfähige 21,5"-CNC-Bedientafel Celos mit vielen praktischen Apps vereinfacht die Integration der Werkzeugmaschine in die innerbetrieblichen Prozesse. (Quelle: DMG-Mori)

Beispielhaft soll hier die CNC-Bedienlösung Celos von DMG-Mori genannt werden *(Bild 3.54)*. Auf einem 21,5" Touch-Bildschirm werden neben der eigentlichen CNC-Bedienung weitere interessante Funktionen wie ein Job Manager (Planen und Verwalten von Aufträgen), ein Job Assistent (Aufträge definieren und abarbeiten) sowie ein CAD/CAM-Viewer angeboten. Wie bei den Touchgeräten im Consumerbereich, werden auch hier diese Funktionen als **intuitiv bedienbare Apps** angeboten.

Ein weiteres Beispiel aus dem Schleifmaschinenbereich zeigt den zunehmenden Einsatz von Touch Paneln für die CNC-Maschinenbedienung. Die Schweizer Agathon AG entwickelt und fertigt hochpräzise Schleifzentren für die Bearbeitung von Wendeschneidplatten aus Hartmetall, Cermet, Keramik, CBN und PKD. Bei der aktuellen Softwaregeneration wurden die Möglichkeiten der Touchbedienung weiter ausgebaut, so dass eine Bedienung ohne zusätzliche Maus oder Tastatur komfortabel möglich ist. Die Benutzeroberfläche ist kontext-sensitiv. Je nach Benutzerlevel und Kontext stehen dem Bediener nur genau die Eingabeelemente zur Verfügung, welche wirklich benötigt werden. Über ein eigens entwickeltes Bedienkonzept können auch sicherheitsrelevante Funktionen normgerecht über den Touchscreen ausgelöst werden *(Bild 3.54 und 3.55)*.

Touchbedientafeln können aber auch mit herkömmlichen Technologien kombiniert werden, z.B. als zusätzliche Lösung für das Bedienen und Beobachten von Werkzeugmaschinen, neben der eigentlichen CNC-Bedientafel *(Bild 3.56)*. Dabei bieten auch diese Touchgeräte intuitive und leicht erlernbare Bedienmöglichkeiten, die die Anwender über ihre Erfahrungen aus der Nutzung von Touchgeräten aus dem Consumerbereich bereits kennen. Der Informationsabruf von Daten aus der CNC auf mobilen Endgeräten wird erleichtert, da Smartdevices durch WLAN und verschiedene Mobilfunkstandards Möglichkeiten besitzen, um mobil auf Daten zugreifen zu können. Somit können unnötige Wege vermieden und zeitnah und aktuell auf Informationen zugegriffen werden. In diesem Zusammenhang müssen Sicherheitsaspekte unbedingt beachtet werden. Soll eine CNC-Maschine über ein Touchpanel bedient werden, so muss neben der sicheren Datenkom-

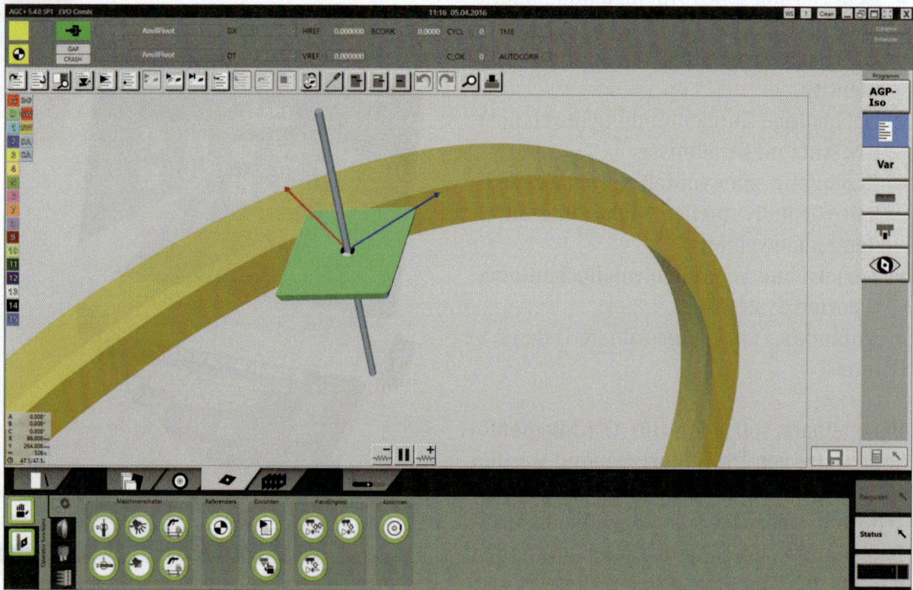

Bild 3.55: Dynamische Schleifsimulation der Agathon AG. Zur Untersuchung der geometrischen Situation der Aufspannung kann die 3D-Darstellung mittels Fingergesten rotiert und gezoomt werden. Im unteren Teil befindet sich das kontext-sensitive Soft-Maschinenbedienfeld. (Quelle: Agathon)

Bild 3.56: NC Touch® von Mill IT bietet eine touchfähige, webbasierende Applikation zur Darstellung und Aufbereitung der Daten aus der Sinumerik 840D sl für mobile Endgeräte. (Quelle: Mill IT)

munikation zwischen CNC und Touchgerät die Sicherheit von Mensch und Maschine gewährleistet sein. Signale wie **Not-Aus** oder **Zustimmtaster** müssen sicher übertragen werden. Die aus dem Consumerbereich etablierten Gesten der Touchbedienung dürfen nicht zum unkontrollierten Verfahren der Maschinenachsen führen.

Der **Endanwender** setzt mit eigenen geschriebenen Applikationen auf das bestehende System auf und formuliert Makros, Zyklen oder Bedienmasken zur Visualisierung, Steuerung und Vereinfachung komplexer Zusammenhänge auf seiner Anlage *(Bild 3.57)*.

Die **Steuerungshersteller** bieten hierfür unterschiedliche Tools zur Unterstützung an. Auf dem Markt befinden sich komfortable Zykleneditoren oder eigene Programmiersprachen, welche zur Interpretation mit einem **ASCII-Editor** geschrieben werden können.

3.10 Elektronische Schüsselsysteme für die sichere Betriebsartenwahl

Ein Betriebsartenwahlschalter ist an fast allen Maschinen vorhanden – meist in Form eines Schlüsselschalters. Die Betriebsarten-

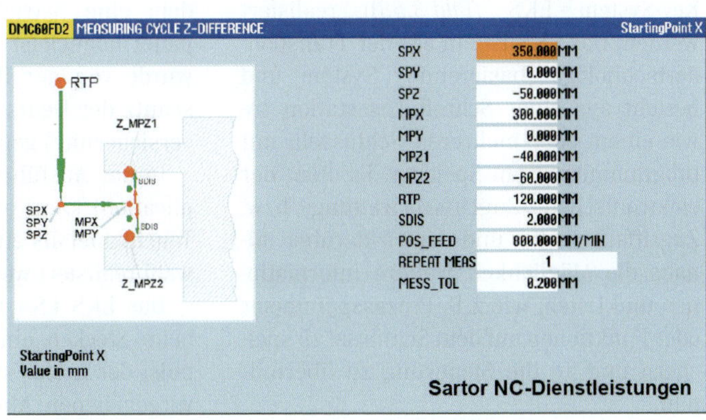

Bild 3.57: Kundenspezifischer Messzyklus zum Messen von Einstichen mit T-Messtaster. (Quelle: Sartor NC-DL)

anwahl muss immer sicherheitstechnisch bewertet werden, weil bei der Umschaltung von einer Betriebsart in eine andere, verschiedene sicherheitstechnische Einrichtung an der Maschine zu- und abgeschaltet werden.

Das Beispiel einer Maschine mit nur zwei Betriebsarten (Automatik- und Einrichtbetrieb) zeigt, warum das so ist: An der Maschine ist im Automatikbetrieb als sicherheitstechnische Einrichtung eine Schutztür vorhanden. Die Schutztür ist mit einem Sicherheitsschalter abgesichert. Wird die Tür geöffnet, schaltet die Maschine ab und geht in einen sicheren Zustand über. Für die Inbetriebnahme im Einrichtbetrieb ist es jedoch erforderlich, dass die Maschine auch bei offener Schutztür eingeschaltet bleibt – jedoch nicht mit allen Funktionen des Automatikbetriebs. Dazu wird die Betriebsart der Maschine auf Einrichten umgeschaltet. In dieser Betriebsart wird der Sicherheitsschalter an der Schutztür überbrückt, damit die Maschine in Betrieb genommen werden kann (z. B. Vermessen des Bauteils, Werkzeuge einwechseln, Service-und Wartungsaufgaben). Als sicherheitstechnische Einrichtung wird ein Zustimmtaster verwendet und steuerungstechnisch auf eine sicher reduzierte Geschwindigkeit umgeschaltet. Zudem sind nicht mehr alle Achsen und Funktionen in Betrieb.

Eine Zugangsbeschränkung kann auch durch elektronischen Schlüssel (Electronic-Key-System = EKS *(Bild 3.58)*) realisiert werden. Das EKS ist ein auf der Transpondertechnologie basierendes System und besteht aus einer Schreib-Lesestation sowie einem oder mehreren Schlüsseln mit programmierbarem Speicher. Es dient der elektronischen Zugriffsverwaltung bzw. Zugriffskontrolle und bietet darüber hinaus die Möglichkeit weitere Informationen und Daten, wie z. B. Prozessparameter oder Funktionen auf dem Schlüssel zu speichern und an die Steuerung zu übermitteln.

Bild 3.58: Elektronisches Schlüsselsystem EKS. (Quelle: Fa. Euchner)

Immer häufiger bilden Touchpanels die Schnittstelle zwischen dem Bediener und den Maschinen und Anlagen. Damit liegt es nah, auch die Betriebsart einer Maschine ausschließlich über den Touchscreen auszuwählen.

Da ein Touchpanel jedoch sicherheitstechnisch nicht bewertet werden kann, müssen andere Mechanismen greifen. Dafür wurde ein Verfahren entwickelt, mit dem eine Betriebsartenwahl per Touchpanel möglich ist *(Bild 3.59)*. Das Verfahren wurde von der IFA (Institut für Arbeitsschutz der Deutschen gesetzlichen Unfallversicherung) geprüft und bestätigt.

In der Ausführung FSA (For Safety Application) kann mit dem System auch ein Touchpanel als eine sichere Betriebsartenwahl realisiert werden.

Das EKS FSA initiiert am Ausgang LA beim Stecken eines Schlüssels einen Impuls, der in der sicheren Steuerung einen vorgegebenen Ablauf startet. In der Folge

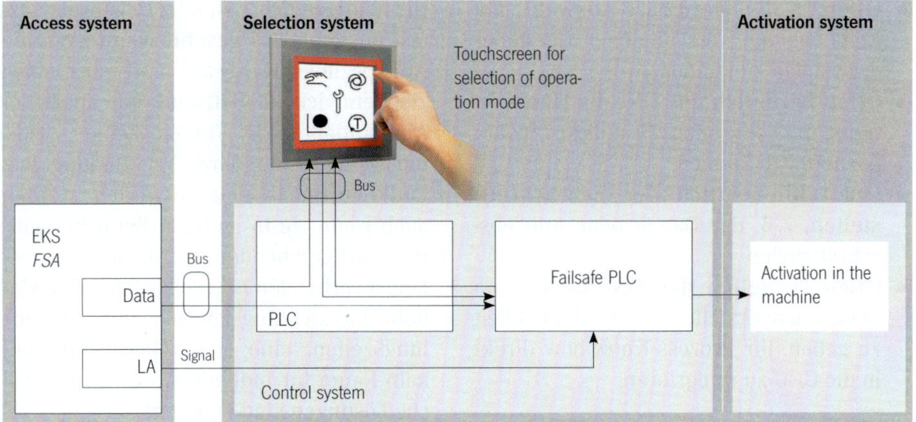

Bild 3.59: Sichere Betriebsartenwahl mit EKS FSA und Touchpanel. (Quelle: Fa. Euchner)

wird eine Erwartungshaltung an das Touchpanel und an die SPS, die ja ebenfalls eine nicht sichere Einheit ist, aufgebaut. Erfolgen innerhalb einer festgelegten kurzen Zeitspanne die richtigen Reaktionen des Systems, arbeiten beide Systeme korrekt. Gleichzeitig wird über den Bus ein ausgewähltes Datenwort gesendet. Die Betriebsartenwahl ist dann eine Anwahl eines Maschinenparameters.

Durch die Verwendung des EKS wird eine sehr hohe Qualität der Zugangsbeschränkung erreicht. Das ist für den Maschinenbetreiber im Falle eines Unfalls wichtig, da hiermit die berechtigte Verwendung eines Schlüssels nachgewiesen werden kann. Es ist aber auch für den Maschinenhersteller ein großes Plus, da die Forderung der Maschinenrichtlinie zur Beschränkung des Anwenderkreises sehr einfach erfüllt wird.

Speziell für den Maschinenhersteller ist eine Betriebsart „Service“. Mit dieser Betriebsart werden die Schutzeinrichtungen der Maschine ausgeschaltet und trotzdem ist es erlaubt Maschinenachsen frei zu verfahren. Dies ist aus Sicht des Maschinenherstellers notwendig, um im Falle der Inbetriebnahme die entsprechenden Arbeiten an der Maschine durchführen zu können.

Die Betriebsart „Service“ ist besonders gefährlich und darf nur dem berechtigten Personal des Maschinenherstellers zugänglich sein. Deshalb darf ein Endanwender diese Betriebsart nie wählen können. Ein Passwortschutz ist da nicht mehr ausreichend. Deshalb sind elektronische Schlüssel, die mit einem Kopierschutz versehen sind, manipulationssicher einsetzbar.

3.11 Offene Steuerungen

(Bild 3.60 + 3.61)

Die Definition der „Offenen CNC“ wurde lange Zeit in Fachkreisen diskutiert. Schließlich hat man sich darauf geeinigt, dass es mehrere Kriterien zur „Offenheit“ einer CNC gibt, die alle von gleicher Bedeutung sind.

Grundsätzlich muss man zwischen mindestens fünf verschiedenen **Merkmalen der Offenheit einer CNC** unterscheiden:

- **Offen für den Bediener**, um z.B. mit spezieller Grafikunterstützung leichter programmieren und besser bedienen zu können,
- **Offen für den Maschinenhersteller** durch die Möglichkeit, individuelle Bedienoberflächen und Anzeigen zu erstellen,

- **Offen in der Hardware-Auswahl**, um Komponenten verschiedener Hersteller verwenden zu können,
- **Offen bezüglich des CNC-Betriebssystems**, um vorhandene Standardsoftware portieren zu können,
- **Offen hinsichtlich der E/A-Schnittstellen**, z.B. der Daten- oder Antriebsschnittstellen.
- **Offen bezüglich des CNC-Kerns,** um Maschinenherstellern die Möglichkeit zu geben, ihr Prozess-Know-how direkt in die CNC zu integrieren.

Es handelt sich demnach generell um die Idee, CNCs durch Nutzung serienmäßiger Rechner und deren Standards zumindest im Eingangsbereich flexibler in der Anpassung und preiswerter zu machen *(Bild 3.60).*

Die heutigen CNCs sind im Gegensatz dazu fast ausnahmslos **geschlossene Systeme**. Auf spezieller Hardware läuft nur die speziell entwickelte Software mit speziellen Applikationen. Es finden keine – oder nur wenige – Standards Verwendung. Jede Funktion muss neu entwickelt werden, auch wenn sie in anderen Bereichen oder in vorhergehenden CNC-Generationen längst vorhanden ist. Die Folgen davon sind hohe Entwicklungskosten, lange Entwicklungszeiten, eine starre Festlegung und kein Raum für individuelle Lösungen. Solche Lösungen sind zu teuer!

Entleiht man den Begriff „offen" von der Rechnertechnik, dann wäre eine offene CNC eine numerische Steuerung, bei der alle Softwareschnittstellen offengelegt und beschrieben sind. Dies ist vergleichbar mit Rechnern, die eine **„Open System Archi-**

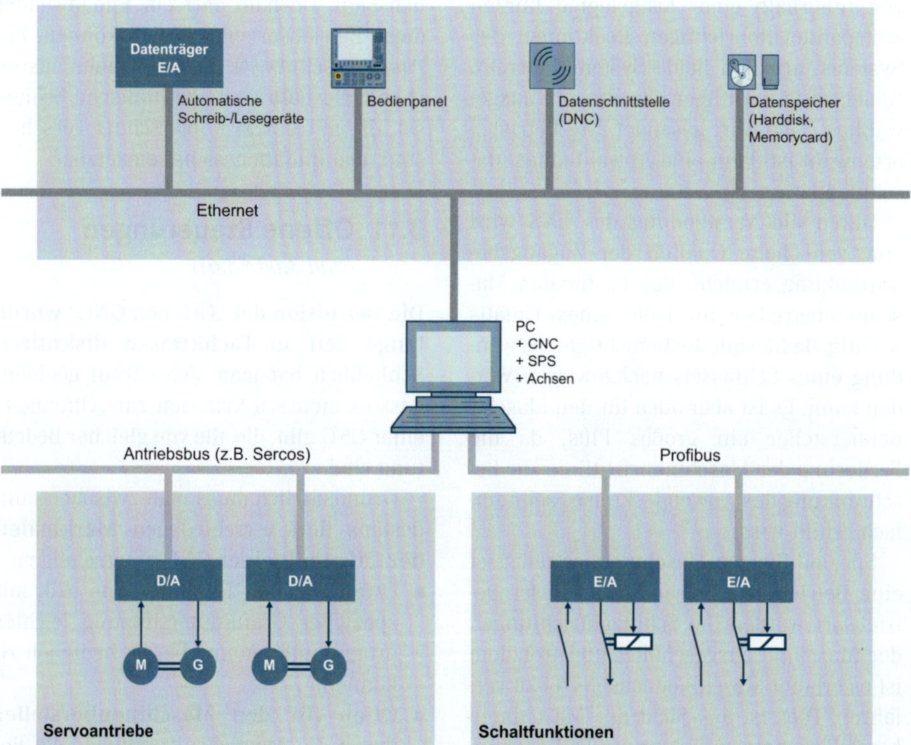

Bild 3.60: Prinzip der offenen Kompakt-CNC „mit serienmäßigen Schnittstellen" (z. B. Ethernet, Sercos und Profibus).

tecture“ aufweisen. Diese Definition ist jedoch für CNCs nicht ausreichend.

Man scheint sich nach vielen Diskussionen darauf zu einigen, im Prinzip einer CNC-Kernsteuerung einen PC vorzuschalten *(Bild 3.61)*. Damit lassen sich schon erhebliche Vorteile erreichen, wie z.B.

- eine einfachere, preiswertere Standard-CNC,
- weitgehend freie Gestaltung der Bedienoberfläche,
- Freizügigkeit bezüglich eines zu implementierenden WOP-Programmiersystems,
- einfachere Rechnerkopplung,
- problemlose Übernahme von CAD-Daten,
- Nutzung standardmäßig vorhandener Schnittstellen für Peripheriegeräte, wie
  - Festplattenlaufwerke,
  - Diskettenlaufwerke,
  - Memory-Cards,
  - Standard-Bildschirme,
  - RS 232C oder 242,
  - SCSI-Anschlüsse,
  - Ethernet.

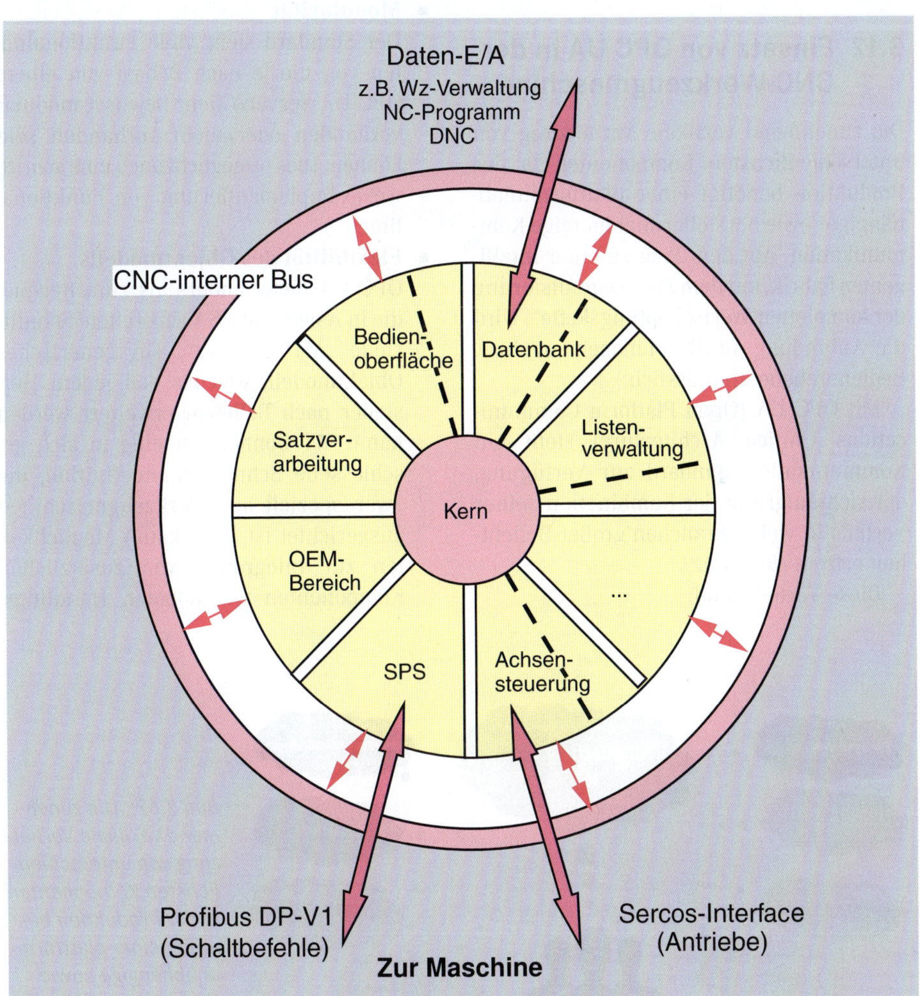

Bild 3.61: Prinzip der kompakten, offenen CNC.

Aber: Auch offene Systeme haben ihre Grenzen!

Es muss klar sein, dass unter dem offenen Teil einer CNC nicht mehr als 20% speziell erforderlicher Funktionen gemeint sein können. Demnach bleiben 80% von individuellen Änderungswünschen verschont – zum Vorteil der Anwender. Denn dort könnte sich eine zu freizügige Veränderbarkeit sehr nachteilig auswirken: Anstelle der angestrebten einheitlichen Standardsteuerung an allen Maschinen wären der Bedienungs- und Anzeigenvielfalt fast keine Grenzen gesetzt.

3.12 Einsatz von OPC UA in der CNC-Werkzeugmaschine

Die zunehmend vertikale Vernetzung von unterschiedlichsten Komponenten in der Produktion benötigt einer plattformunabhängige sowie herstellerunabhängige Kommunikation. Auf dem Weg zu einer intelligenten Fabrik, mit dem Ziel „Digitalisierung der kompletten Wertschöpfungskette", wird die Anbindung an die Management- bzw. Bedienerebene unerlässlich.

Mit OPC UA (Open Platform Communications Unified Architecture) steht ein Kommunikationsstandard zur Verfügung, der sich aufgrund der Kombination seiner Vorteile in vielen Branchen großer Beliebtheit erfreut *(Bild 3.62)*.

Diese Vorteile sind:

- **Plattform-Unabhängigkeit**
  Die Kommunikation setzt auf IT-Standards auf und ist somit bewusst betriebssystemunabhängig.
- **Herstellerunabhängig**
  OPC UA wird getrieben durch die herstellerunabhängige OPC UA Foundation
- **Integrierte IT-Sicherheit**
  OPC UA ist sich der Bedeutung von IT-Sicherheit für den Erfolg eines Industriestandards bewusst und beschreibt die Anforderungen an Authentifizierung und Verbindungsverschlüsselung direkt im Standard
- **Modularität**
  Der Standard sieht viele Funktionalitäten vor, die je nach Bedarf von einem OPC UA Server/Client bewusst modular vorhanden oder nicht vorhanden sein können. Dies ermöglicht auch eine schrittweise Implementierung von Funktionalität.
- **Flexibilität des Objektmodells**
  OPC UA bietet anders als zum Beispiel die in Asien und USA verbreitete Schnittstelle „MT Connect", ein generisches Objektmodell, welches von jedem Hersteller nach Belieben erweitert werden kann. MT Connect ist eine in sich geschlossene Schnittstellendefinition, die zwar speziell auf Werkzeugmaschinen ausgerichtet ist, aber kaum Möglichkeiten zur Integration von zusätzlichen Komponenten wie Roboter, Handlings-

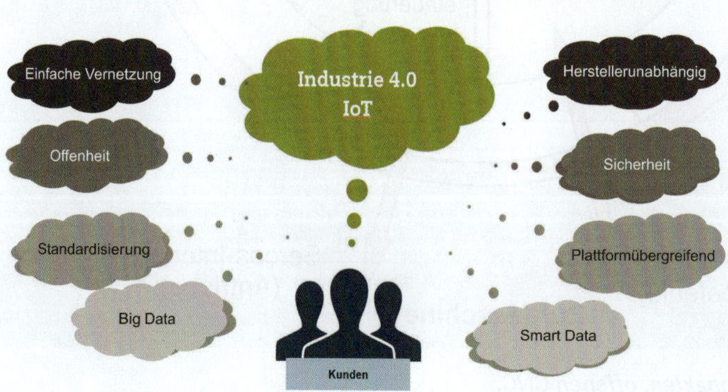

Bild 3.62: Die zunehmend vertikale Vernetzung von unterschiedlichsten Komponenten in der Produktion benötigt einer plattformunabhängige sowie herstellerunabhängige Kommunikation.

einrichtungen usw. bietet. Mit den generischen Objektmodell von OPC UA lassen sich alle möglichen Variablen und damit alle denkbaren Maschinenarten (auch „Nicht-Werkzeugmaschinen“) verknüpfen.
Mit der sogenannten Companion Spezification können für einzelne Branchen Standardobjektmodelle definiert werden. Dies ermöglicht eine einfache Anbindung der Maschinen an ein überlagertes System, da auf die Daten von unterschiedlichen Herstellern auf exakt die gleiche Art und Weise zugegriffen werden kann. Im Falle eine Werkzeugmaschine könnten das z. B. die Variablen „Vorschub“, „Programmende“ oder auch „Schutztür“ o. ä. sein.

- **Semantik zur Laufzeit auslesbar**
  OPC UA bietet die Möglichkeit beliebige Objekte zu definieren. Damit diese Flexibilität auch eingesetzt werden kann, ist nicht nur der Inhalt der Objekte, sondern auch deren Typdefinition sowie Metadaten jederzeit im OPC UA Server verfügbar. Daher kann der Objekttyp zur Laufzeit erkannt werden.
  Jeder OPC UA Client ist in der Lage zur Laufzeit die Typen und Metadaten der Objekte zu ermitteln und somit kann er auch ohne Absprache mit dem Hersteller eines Gerätes alle seine Nutzdaten verstehen und interpretieren. Die Struktur der Nutzdaten ist durch die OPC UA Spezifikation klar definiert und ist nicht dem jeweiligen Hersteller überlassen.

Mit diesem Standard können Hersteller von CNC Steuerungen den Maschinenherstellern eine OPC UA Infrastruktur bereitstellen. Die Modellierung des Namensraums und damit die Abbildung der Maschine liegt aber komplett in der Verantwortung des Maschinenherstellers. Die Definition des Namensraums erfolgt per XML, dass man in den OPC UA Server importieren kann. Das XML Format für die Beschreibung eines Namensraums ist im OPC UA Standard beschrieben.

OPC UA folgt in der Kommunikation dem Client Server Modell. Wobei der Server in der Regel eine Informationsquelle und der Client die Informationssenke ist. Der Client ist der aktive Kommunikationsteilnehmer, der Verbindung zu einem Server aufbauen kann und Anfragen an einen Server schicken kann. Der Server ist in der Regel der passive Kommunikationsteilnehmer, der auf Anfragen des Clients reagiert.

Die Hauptfunktionalitäten von OPC UA sind geclustert in die Module Data Access, Alarms & Conditions sowie Historical Access, wobei in der Werkzeugmaschinenbranche vor allem die Module Data Access (Lesen, Schreiben oder Beobachten von Variablen sowie aufrufen von Methoden) und Alarms & Conditions (eventbasierte Bereitstellung von Alarmen) die relevanten Funktionalitäten sind.

- **Data Access**
  Dieses Modul beinhaltet das Lesen und Schreiben von Variablen, sowie die Möglichkeit Subscriptions anzulegen. In einer Subscription teilt der Client dem Server mit, dass er bei Änderung der in der Subscription spezifizierten Variablen aktiv informiert werden will.
  Darüber hinaus beinhaltet dieses Modul auch Methoden. Methoden sind individuell programmierte Funktionen, die der Server bietet, die über den Client aufgerufen werden können. (Beispiel Use Cases für Data Access: OEE-Kennzahlen, Vorschub, Programmende, Stillstände …)
- **Alarms & Conditions**
  Bei diesem Modul handelt es sich um die eventbasierte Bereitstellung von Informationen.
- Ein typisches Beispiel aus der Werkzeugmaschine ist die eventbasierte Bereitstellung von Alarmen.
- **Historical Access**
  OPC UA bietet verschiedene Funktionalitäten, um auf aufgezeichnete Daten zugreifen zu können. Dies ist allerdings in

der Werkzeugmaschinenbranche nicht so weit verbreitet, da die Speicherung von vergangenheitsbezogenen Informationen auf einer CNC Steuerung aufgrund des beschränkten Speichers nicht sinnvoll ist.

3.13 Preisbetrachtung

(Bild 3.63 + 3.64)

Die Preise für numerische Steuerungen vergleichbarer Spezifikation sind innerhalb von 20 Jahren um mehr als 90 % gefallen. Dem gegenüber steht eine immense Steigerung des Funktionsumfangs der heutigen CNCs. Sowohl Maschinenhersteller als auch Anwender profitieren davon, dass sich so völlig neue Maschinenkonzepte realisieren lassen, die wiederrum die Produktivität in der Zerspanungsindustrie erhöhen. Farbige Display bis zu 21" Bildschirmdiagonale, simultan interpolierbare Achsen, eine Vielzahl von Transformationen, integrierte Bedienoberflächen und Programmiersysteme, Werkzeugverwaltungsprogramme, Flexibilität der Automatisierung durch offene Bussysteme, Datenschnittstellen zur Vernetzung und fast unbegrenzte ausbaufähige Datenspeicher gehören heute zum Standard.

Aufwändige Anpassschränke wurden durch kleine, frei programmierbare SPS ersetzt und die gesamte Steuerungslogik in Software umgesetzt. Diese lässt sich schnell, preiswert und fehlerfrei reproduzieren und spart Zeit, Aufwand und Kosten.

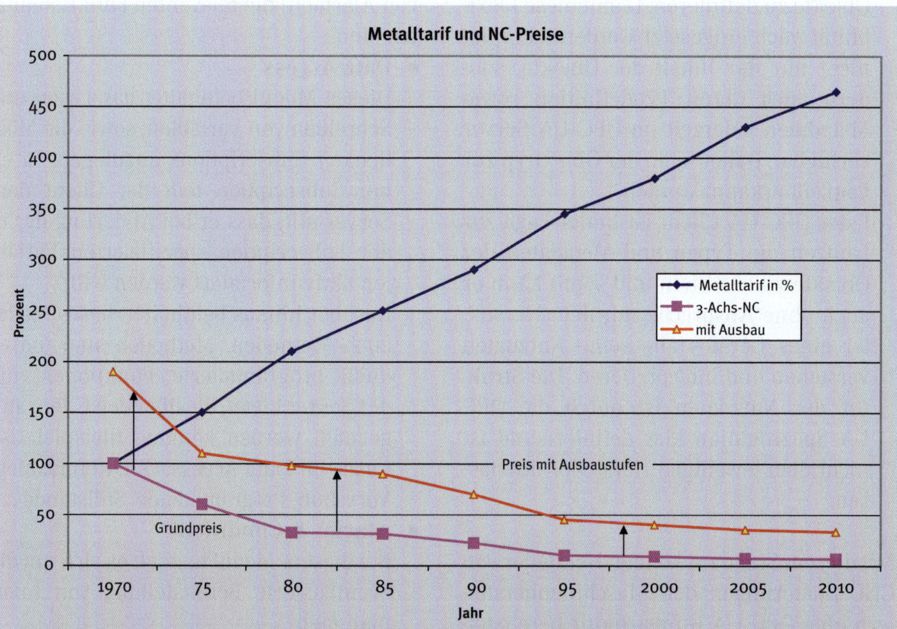

Setzt man die Löhne und die NC-Preise von 1970 auf 100 %, dann sind die Löhne bis 2010 auf ca. 465 % gestiegen, die Preise für NC/CNC dagegen auf unter 10 – 20 % gefallen. Gleichzeitig wurde die tarifliche Arbeitszeit pro Woche reduziert. Daraus resultiert für viele Unternehmen ein wesentlicher Grund zur Rationalisierung durch NC-Maschinen.

Bild 3.63: Preisentwicklung numerischer Steuerungen mit ständig erhöhtem Leistungsumfang im Vergleich zur Entwicklung der Tariflöhne in der Metallindustrie.

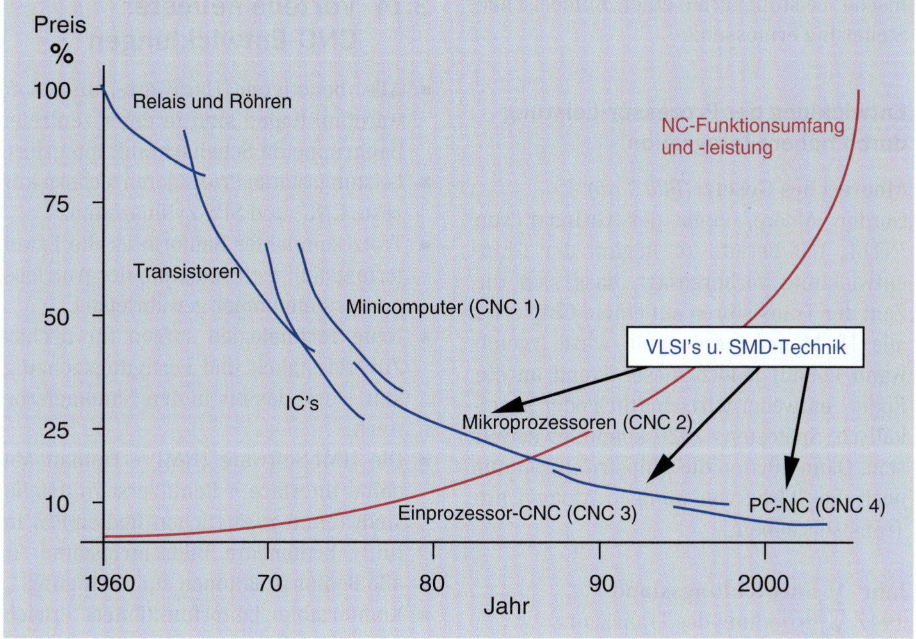

Bild 3.64: Preisentwicklung numerischer Steuerungen durch Verwendung immer höher integrierter elektronischer Komponenten.

Mit zunehmender Verwendung der SMD-Technik (Surface Mounted Devices) erfährt die CNC-Technik einen weiteren Innovationsschub *(Bild 3.64)*.

Zwar beklagen viele Anwender häufig die zu kurze Lebensdauer der einzelnen Steuerungsgenerationen, auf der anderen Seite nehmen sie aber das damit verbesserte Preis-Leistungs-Verhältnis als selbstverständlich in Anspruch. Sie stellen aber auch immer neue Forderungen. So erwartet man z. B. für das Hochgeschwindigkeitsfräsen (HSC) immer bessere Qualität der Werkstückoberfläche bei gleichbleibenden oder auch kürzeren Bearbeitungszeiten. Der Ruf nach mehr Produktivitätssteigerung rückt das Thema Komplettbearbeitung in den Fokus. Als Folge entstehen neue Maschinenkonzepte, die diverse Technologien in einer Maschine vereinigen (Multitasking). Eine CNC soll ganz selbstverständlich sowohl den Anforderungen in der Werkstatt als auch in der Massenfertigung genügen.

Die Servoantriebe müssen digital geregelt werden, weil die analoge Technik zu langsam und zu ungenau ist. Um die dynamische Genauigkeit auch bei den hohen Geschwindigkeiten erreichen zu können, müssen die Antriebe einen Schleppfehler nahe Null haben. Diese und viele weitere Forderungen lassen sich nur mit leistungsfähiger Hardware erfüllen. Auch wenn die Hardwarekosten sinken, das eigentliche Know-how der CNC-Bearbeitung liegt in der Systemsoftware, d. h. es wird auch weiterhin unmöglich sein, einen preiswerten Standard-PC aus dem Consumerbereich zu verwenden um alle Forderungen der CNC-Branche erfüllen zu können.

In der Regel werden CNC-Maschinen heute nur zum Einrichten im Tip-Betrieb manuell bedient.

Schon daran lässt sich der hohe technische Leistungsgrad einer numerischen Steuerung ermessen.

Entwicklung der Prozessor-Leistung durch höhere Integration

Mooresches Gesetz: *(Bild 3.65)*
Gordon Moore, einer der Gründer von INTEL, hat bereits zu Beginn der Chipentwicklung vorhergesagt, dass sich die Zahl der Transistoren auf einem Chip etwa alle 18 Monate verdoppeln wird. Irgendwann kommt jedoch dieser Trend an ein Ende – entweder wirtschaftlich oder physikalisch. Spätestens 2020 könnte es soweit sein. Dann dürften die Chipstrukturen nur noch die Stärke von wenigen Atomen pro Transistor haben.

Jahr	Entwicklungsstand
1947	Erfindung des Transistors
1971	2300 Transistoren/Chip
1982	100 000 Transistoren/Chip
1993	3 Mio. Transistoren/Chip
2000	42 Mio. Transistoren/Chip
2010	ca. 3 Mrd. Transistoren/Chip
2020	ca. 200 Mrd. Transistoren/Chip (theoretisch)

3.14 Vorteile neuester CNC-Entwicklungen

- Alle benötigten Hardware- und Softwarefunktionen sind in einer zentralen Baugruppe im Schaltschrank integriert
- Leistungsstarke Prozessoren sichern kürzeste CNC- und SPS-Zykluszeiten.
- Trotz kompakter Bauform ist die Erweiterungsfähigkeit mit Hilfe der Antriebsbussysteme immer gewährleistet.
- Neue Technologien sorgen für höchste Zuverlässigkeit und Fertigungsgenauigkeit – und das bis in den Nanometerbereich.
- Die HMI-Software (HMI = Human Machine Interface = Benutzerschnittstelle) stellt (ohne zusätzlichen Bedien-PC) intuitiv bedienbare Bildschirmseiten für alle Bediensituationen zur Verfügung.
- Komfortable Editorfunktionen erleichtern die NC-Programmierung und den Test. Die HMI-Software ist mehrsprachig verfügbar, die Umschaltung der Sprache erfolgt ohne Neustart der Steuerung.
- Die integrierte Benutzerverwaltung verhindert teure, durch fehlerhafte Bedienung herbeigeführte Stillstandzeiten.

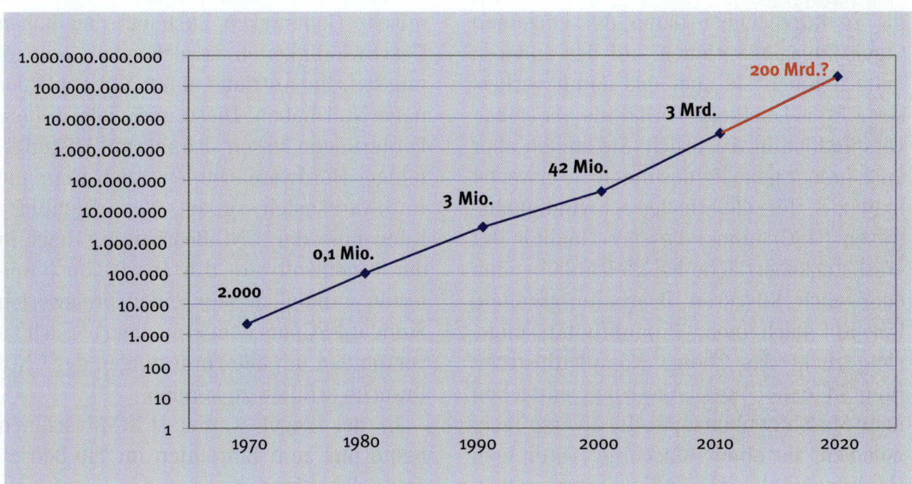

Bild 3.65: Entwicklung der Anzahl Transistoren pro Chip. (Quelle: Wikipedia)

- Alarme und Meldungen werden im Klartext ausgegeben und im integrierten Logbuch aufgezeichnet.
- Programme und Parameter lassen sich auf Knopfdruck auf einen USB-Stick oder Netzlaufwerk sichern.
- Die Komprimierung der Hardware bei wachsender Funktionalität wird weiter vorangetrieben *(Bild 3.54).*
- Mit der Vernetzung der Produktionshallen werden neue Möglichkeiten für die Nutzung von CNCs entstehen. Datenschnittstellen und Softwarepakete unterstützen die Integration der CNC-Maschinen in weltweite Produktionsnetzwerke.

3.15 Zusammenfassung

CNCs sind spezielle, leistungsfähige, elektronische Steuerungen mit integrierten Prozessrechner-Funktionen. Mit ihrer Hilfe ist es möglich, fast alle Wünsche der Anwender bezüglich Funktionsumfang, Zuverlässigkeit, Genauigkeit, Schnelligkeit und Sicherheit von Maschine und Steuerung zu erfüllen. So sind innerhalb weniger Jahre aus einfachen, „zahlenverstehenden Maschinen“ **datenverarbeitende Fertigungssysteme** mit einem beliebig anpassbaren Automationsgrad entstanden. Die „offene CNC“ soll dem Anwender noch zusätzliche Möglichkeiten zu akzeptablen Preisen eröffnen. Doch muss hier auch zur Vorsicht gemahnt werden: **Der Anwender sucht zunehmend die universelle Standardsteuerung!**

Die Tendenz zu mehr maschinennaher Intelligenz wurde durch die CNC erst möglich und sie wird noch weiter zunehmen. Heutige CNC-Generationen verfügen insbesondere bei der Dateneingabe, -verwaltung und -speicherung über eine Leistungsfähigkeit, die **mit Personalcomputern vergleichbar** oder größer ist. Darüber hinaus werden CNCs aufgrund ständig verbesserter Elektronikbauelemente

Bild 3.66: Moderne CNCs bieten hohen Bedienkomfort in der Werkstattprogrammierung und schnelle und dynamische Verarbeitung der Werkstückprogramme. (Quelle: Siemens)

immer schneller in der Verarbeitung, flexibler bei der Anpassung und universeller bei den Einsatzmöglichkeiten. Dazu kann der Maschinenhersteller auch Softwarezusätze selbst entwickeln.

Eine weitere Aufgabe mit ständig neuen Anforderungen ist die **informationstechnische Anbindung** der CNCs zur Übertragung von CNC-Programmen, Zeichnungen in Form von CAD-Datensätzen, Prüfplänen, Qualitätssicherungsdaten, MDE/BDE-Daten mit Auswertung, Service-, Wartungs- und Diagnosedaten über Teleservice/Internet usw.

Im weitesten Sinne lassen sich alle Informationen, die auf Datenbanken zur Verfügung stehen und zur Produktionsvorbereitung, zum Produktionsablauf und zur Produktionsverbesserung nützlich sind, durch Netzwerkanbindung in die CNC übertragen und nutzen. Wie bei PCs im Internetbetrieb können neue CNC-Funktionsbausteine oder aktualisierte Softwarepakete direkt über das Datennetz in die CNC installiert werden. Aufgrund einer zunehmenden Verwendung handelsüblicher PC-Boards bzw. spezieller PC/CNC-Steckkarten sind die dazu notwendigen Prozeduren von PC-geschultem Personal problemlos ausführbar. Auf dieser Basis lässt sich auch die „Lebensdauer“ einer CNC-Generation gegenüber früheren Steuerungen verlängern *(Bild 3.66)*.

Eine konsequent nutzerorientierte Software-Architektur bietet weitgehende Offenheit in allen Funktionsbereichen. Funktionsbibliotheken und Software-Komponenten auf Basis von Windows-Betriebssystemen ermöglichen dem Anwender die Gestaltung einer eigenen, maßgeschneiderten Bedien- und Programmieroberfläche „seiner“ CNC-Maschinen. So lassen sich durch Hinzufügen oder Anpassen bestehender Funktionen jeweils auf den Prozess optimal abgestimmte Fertigungssysteme generieren.

Betriebsfunktionen der numerischen Steuerung

Das sollte man sich merken:

1. Eine CNC ist eine numerische Steuerung, bei der alle Steuerungsfunktionen durch einen oder mehrere integrierte Mikrocomputer und eine entsprechende Software realisiert werden.
2. Heutige CNCs sind z. B. durch folgenden Merkmale gekennzeichnet:
   - einen Programmspeicher mit fast unbegrenzter Ausbaufähigkeit
   - speicherbare Werkzeugdaten, die automatisch verwaltet werden (Standzeit, Verschleiß)
   - einen speziell anpassbaren und erweiterbaren Funktionsumfang
   - Messzyklen für Messtaster mit Auswertprogrammen und zur Dokumentation sicherheitsrelevanter Messdaten der Werkstücke
   - meistens ein integriertes, maschinenspezifisches Programmiersystem zur Programmierung an der Maschine
   - Datenschnittstellen zum Anschluss an ein Netzwerk, z. B. Ethernet
   - einen Freiraum für kundenspezifische Funktionen und Erweiterungen.
3. Modular aufgebaute CNCs bieten wahlweise viele Funktionen und Möglichkeiten. Der Käufer muss prüfen, welche Ausbaustufen für seine Anwendung wichtig und wertvoll sind.
4. Werkstattprogrammierbare CNCs bieten sehr leistungsfähige, grafisch unterstützte Programmierhilfen.
5. CNCs verfügen über mehrere unterschiedliche und ausbaufähige Datenspeicher für
   - das Betriebsprogramm,
   - Teileprogramme mit automatischem Nachladen,
   - feste oder freie Zyklen,
   - integrierte Bedienerführungen,
   - Diagnosesoftware und Fehlersuchhilfen,
   - MDE- und BDE-Daten,
   - Hinweise und Fehleranzeigen im Klartext,
   - Werkzeugverwaltung und Palettenverwaltung,
   - Nullpunktverschiebungen, Verschleißkorrekturen, Werkzeugdaten,
   - Maschinenparameter u. v. a. m.
6. Eine sehr große Bedeutung haben die verfügbaren Datenschnittstellen zum Anschluss aller infrage kommenden Peripheriegeräte.
7. Wichtige Beurteilungskriterien für die Schnelligkeit einer CNC sind die Datenübertragungsrate, die Rechengeschwindigkeit, die Blockzykluszeit, die Servoabtastrate sowie die Zykluszeit der SPS.
8. Bei heutigen CNCs sind oft CNC-, SPS- und Antriebsfunktionen (Regelkreis-Ausgänge) auf einer gemeinsamen Baugruppe untergebracht. ■

4 SPS – Speicherprogrammierbare Steuerungen

Die Bedeutung Speicherprogrammierbarer Steuerungen hat stetig zugenommen. Sie ersetzen nicht nur die früher verwendeten Relaissteuerungen, sondern übernehmen auch viele zusätzliche Steuerungsfunktionen, Überwachungs- und Diagnoseaufgaben. Von besonderer Bedeutung ist die heutige CNC-integrierte SPS mit Datenschnittstellen. Durch die flexiblen Möglichkeiten die abgespeicherten Steuerungsaufgaben in der Software zu ändern und zu erweitern, ist die SPS für die elektrische Ausrüstung und Automatisierung von Maschinen vom bedeutenden Vorteil.

4.1 Definition

Unter Speicherprogrammierbaren Steuerungen (SPS) versteht man Steuerungen mit rechnerähnlicher Struktur für den Einsatz in industrieller Umgebung. Mit der SPS werden Aufgaben und Funktionen, wie **Ablaufsteuerungen, logische Verknüpfungen, Zeit- und Zählfunktionen, arithmetische Operationen, Tabellenverwaltung und Datenmanipulationen, Datenaustausch** zwischen weiteren Steuerungen (SPS) oder z. B. IT-Systemen per standardisierte oder proprietären Kommunikationsprotokollen realisiert. Sie sind, je nach Leistungsgröße, unterschiedlich, aber stets mit einer vom Aufbau her „neutralen" Verdrahtung. Wie Computer bestehen sie aus einer Zentraleinheit (Mikroprozessor), Programmspeicher (RAM, EPROM oder FEPROM), Ein-/Ausgangsmodulen und Schnittstellen für den Signal- und Datenaustausch mit anderen Systemen.

Die **Programmierung** der Steuerungslogik erfolgt mittels Rechner (PC) und einer systemspezifischen Programmiersoftware.

Die Eingabe erfolgt wahlweise als **Kontaktplan, Anweisungsliste, Funktionsplan**, mittels grafisch unterstützter Sprachen oder mittels höherer Programmiersprachen, z. B. als „Strukturierter Text". Alle verwenden die grafische Unterstützung bei Programmierung und Simulation der erzeugten Schaltfunktionen.

Für kostengünstige CNCs werden die **Bewegungssteuerung der NC-Achsen und die SPS-Funktionen zusammengefasst** (integrierte Software-SPS) und von einem gemeinsamen Prozessor gesteuert. Die früher bevorzugte Methode, bei höheren Anforderungen an Schnelligkeit oder Funktionsumfang die Aufgaben auf Prozessor und Coprozessor zu verteilen, ist bei heutigen Steuerungen nicht mehr sinnvoll. Die Bestrebungen zur Vereinheitlichung und internationalen Normung der SPS-Programmiersprachen sind in der IEC 1131 dokumentiert (in Europa IEC 61131).

4.2 Entstehungsgeschichte der SPS

1970 wurde auf der Werkzeugmaschinenmesse in Chicago erstmals eine neuartige elektronische Steuerung vorgestellt, die sofort großes Interesse fand. Während die Maschinen bis dahin durch aufwändig verdrahtete Relais, Schaltschütze oder elektronische Funktionsbausteine gesteuert wurden, war die neue Steuerung aus der Computertechnik entwickelt worden und hatte völlig neue Eigenschaften. Die wesentliche war, dass die Festlegung der Steuerungslogik nicht mehr „fest verdrahtet", sondern computermäßig „frei programmiert" wurde. Dazu verwendete man ein computerähnliches Programmiergerät und eine speziell dafür entwickelte Programmiersprache. Das Steuerungsprogramm verblieb während der Inbetriebnahmezeit in schnell änderbaren RAM Speicherbausteinen und nach abgeschlossener Testphase wurde es unverlierbar auf EPROM-Speicher übertragen. Notwendige spätere Korrekturen konnten ohne aufwändige Verdrahtungsänderungen auf die gleiche Art und Weise vorgenommen werden. Die daraus resultierenden Vorteile bezüglich Steuerungsvolumen, Inbetriebnahmezeit und Änderungsfreundlichkeit waren so interessant, dass dem raschen Erfolg lediglich die hohen Preise entgegenstanden. Die Ähnlichkeit zu den damals ebenfalls noch recht neuen Numerischen Steuerungen war unverkennbar. Die ständig gestiegenen Anforderungen bezüglich Automatisierung waren steuerungstechnisch derart aufwändig und kompliziert, dass man diese „Programmierbaren Logic-Steuerungen" (PLC) insbesondere in Verbindung mit komplexen NC-Maschinen sehr schnell zum Einsatz brachte. So kamen innerhalb weniger Jahre viele neue SPS-Produkte auf den Markt, die zum Teil für spezielle Anwendungen ausgelegt waren. Leider hat man die von der NC-Technik vorliegenden positiven Erfahrungen einer rechtzeitigen Normung nicht genutzt, was dazu führte, dass die Programmierung der einzelnen SPS-Fabrikate bis heute uneinheitlich ist. Dadurch sind die erstellten Programme SPS-spezifisch und nicht auf anderen SPS-Fabrikaten lauffähig. Das bereits bewährte Prinzip der objektbezogenen, „neutralen" NC-Programmierung und nachfolgenden steuerungsspezifischen Anpassung über Postprozessor wurde bei SPS nie realisiert. Die Hersteller haben sich mehr darum bemüht, die neuartige Programmierung auf die Kenntnisse und Wünsche der Mitarbeiter in den Elektroabteilungen auszulegen, einer universellen SPS-Programmierung wurde keine Priorität zugeordnet. Rückblickend haben diese „Sprachverwirrung" und die hohen Preise der Programmiergeräte die schnellere Markteinführung verhindert. Die Norm IEC 1131 ist ein erster Schritt in Richtung einer universellen SPS-Programmierung.

4.3 Aufbau und Wirkungsweise der SPS und SPS-Module

Den prinzipiellen SPS-Aufbau zeigen die *Bilder 4.1 und 4.2*. Danach bestehen SPS aus den Funktionsbaugruppen Netzgerät, Zentraleinheit, Programmspeicher, meistens mehreren Modulen für Ein-/Ausgänge und verschiedenen Zusatzfunktionen, wie z. B. Merker, Zeitgeber, Zähler oder Achsmodule, sowie einem Baugruppenträger zur Aufnahme dieser Module. Für den Anschluss des Programmiergerätes und als Datenschnittstelle zur Peripherie dient ein entsprechendes Schnittstellen- oder Koppelmodul, heute vorwiegend als Ethernet-Schnittstelle ausgelegt. Zur Ansteuerung der Aktoren und Sensoren sind entweder direkte E/A-Module oder eine geeignete Feldbus- oder Netzwerk-Schnittstelle vorgesehen. Alle SPS-Hardware-Module werden beim Einstecken in den Baugruppenträger mit der Stromversorgung und dem internen Systembus verbunden. Die Datenübertragung zwischen den einzelnen Baugruppen wird von der Zentraleinheit (CPU) organisiert und überwacht.

Bei **CNC-gekoppelten SPS** hat sich infolge der Weiterentwicklung der elektronischen Bausteine der hardwaremäßige Aufbau stark verändert. Die einzeln steckbaren Baugruppen zur Daten-E/A und -Verarbeitung, sowie Zeit- und Zählfunktionen werden von der Zentraleinheit übernommen. Dadurch entstanden hochintegrierte „**Ein-**

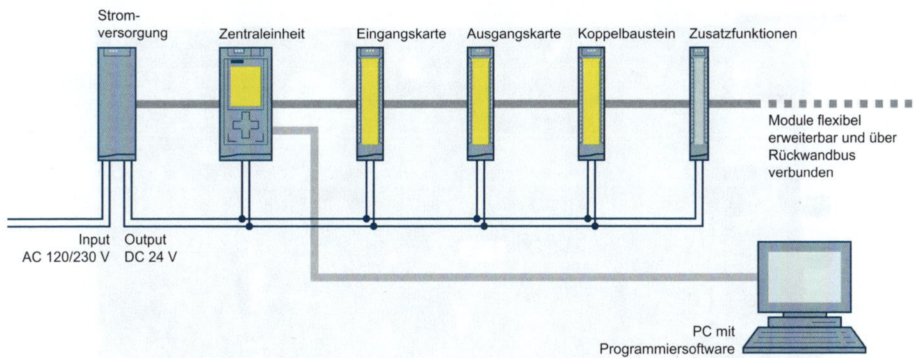

Bild 4.1: Prinzip der einzelnen Funktionsmodule einer SPS. Heute befindet sich die gesamte Elektronik oft auf einer Platine.

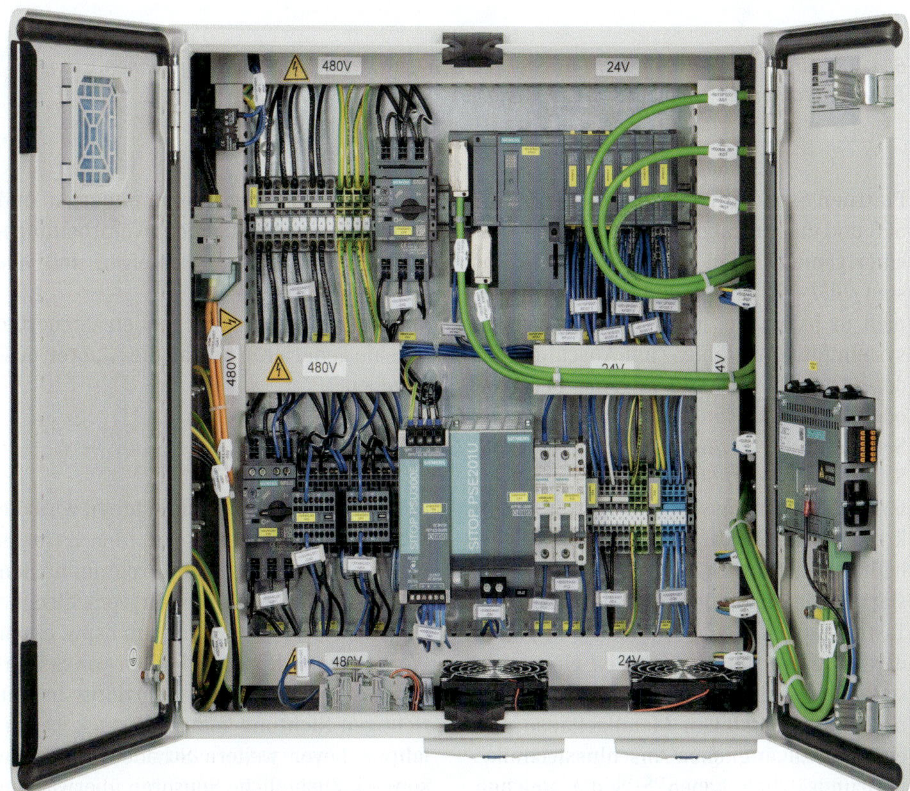

Bild 4.2: Typischer Schaltschrankaufbau mit einer fehlersicheren SIMATIC S7-1512SP SPS (im Bild rechts oben). Neben der mehreren integrierten PROFINET Schnittstellen für die Anbindung von dezentraler Peripherie oder überlagerter IT-Systeme, lassen sich auch direkt an die SPS unterschiedliche Baugruppentypen für Ein- und Ausgänge, oder weitere Funktionalitäten entsprechend dem Bedarf der Maschine flexibel anreihen. (Quelle: Siemens AG)

Bild 4.3: Ein-Karten-Lösung: PCI-Bus-Steckkarte mit MC-, CNC- und SPS-Funktionen, sowie TCP/IP-, Profibus DP- und Sercos-Schnittstellen.

Platinen-Steuerungen", bei denen CNC, SPS und die Ausgabe der Achssollwerte auf einer gemeinsamen Platine untergebracht sind *(Bild 4.3)*. Solche Platinen sind prinzipiell in jedem PC mit Windows-Betriebssystem funktionsfähig. Zum Anschluss der dezentralen Peripherie ist eine **Feldbus- oder Netzwerk**-Schnittstelle vorhanden, die Servoantriebe werden über eine spezielle Schnittstelle (z. B. Sercos oder Profinet Interface) angeschlossen. Die Achsen-Regelkreise (Lage-, Drehzahl- und Stromregler) befinden sich im dezentralen Antriebsverstärker. Die Anschlüsse für Bildschirm und Tastatur sind am „IPC" (Industrie-PC) standardmäßig vorhanden. Dies ist eine werkstatt- und einbaugerechte Ausführung eines PCs mit stabilem Metallgehäuse und einer gut zugänglichen Anschlusstechnik.

Grundsätzlich haben SPS die gleichen Aufgaben zu erfüllen wie die aus Relais oder elektronischen Funktionsbaugruppen aufgebauten Steuerungen:

- Eingabebefehle und Rückmeldungen aufnehmen,
- diese nach einer programmierten und damit entsprechender Verarbeitungslogik verknüpfen, verzweigen und verriegeln und
- daraus die entsprechenden Steuerbefehle generieren und an die Aktoren ausgeben.

Prozessüberwachung

In modernen Werkzeugmaschinen wird die SPS auch dazu eingesetzt, den Prozess selbst zu überwachen. In Programmteilen mit hoher Priorität werden verschiedene Daten der CNC überwacht, um bspw. einen Werkzeugbruch in Bruchteilen von Sekunden festzustellen und rechtzeitig in der richtigen Richtung vom Werkstück wegzufahren, bevor weitere Schäden entstehen können. Zusätzliche Sensoren überwachen die Temperatur, den Öldruck für Schmierung und Hydraulik und weitere wichtige Funktionen. Je nach Art und Größe der Abweichungen werden Fehlermeldungen aktiviert oder die Maschine abgeschaltet.

Kommunikation zu benachbarten Maschinen, Aggregate (Roboter, Stangenlader) oder Leitsystemen

Moderne SPS Steuerungen bieten auch sehr umfassende Möglichkeiten, um einen **vertikalen Datenaustausch zu überlagerten Leitsystemen** oder auch **horizontalen Datenaustausch zu benachbarten SPS-Steuerungen** und damit zu weiteren Maschinen zu realisieren. Damit kann zum einen die SPS, z. B. Status oder Qualitätsdaten an das überlagerte Leitsystem senden, oder via Signalaustausch in Echtzeit die Interaktionen mit benachbarten Maschinen z. B. für die Werkstückübergabe koordinieren. Als Kommunikationsprotokolle können proprietäre, oder Standard Protokolle zum **Datenaustausch in Echtzeit**, wie beispielsweise **PROFINET**, oder nicht zeitkritische Daten z. B. mit dem weit verbreiteten **TCP/IP** zum Einsatz kommen.

Des Weiteren hat **OPC UA** sich als Standard für den herstellerübergreifenden Datenaustausch etabliert. OPC UA bietet neben einem Kommunikationsprotokoll, das mit seiner Beschreibungssprache erlaubt Variablen in einen semantischen Kontext zu setzen, auch skalierbare Security-Mechanismen die z. B. eine **verschlüsselte Übertragung** der Informationen zu einem **MES/ERP**-System oder einer **Cloud** zulassen.

Generell lassen sich **zwei unterschiedliche Aufgabenbereiche für SPS** an Werkzeugmaschinen definieren, nämlich:

- **Programmsteuerungen,** die auch ohne Unterstützung einer CNC nach einem fest vorgegebenen, speziellen Programm unverändert wiederkehrende Abläufe von Maschinen steuern, wie z. B. bei Rundtaktautomaten den Werkstück-, Drehzahl- und Vorschubwechsel. Das Signal zum Weitertakten erfolgt erst, wenn sich alle Bearbeitungsstationen wieder in der Ausgangsposition befinden.
- **Anpass-Steuerungen**, die zwischen CNC und Maschine geschaltet sind und die Aufgabe haben, alle von der CNC aus ausgegebenen Schaltfunktionen an die Aktoren zu übertragen. Die Ausführung erfolgt unter Berücksichtigung vorgegebener Bedingungen, damit alle Bewegungen ohne Gefährdung von Menschen, Maschine und Werkstück ablaufen können. Diese „überwachte Funktionssteuerung“ beinhaltet z. B. den automatischen Ablauf von **Werkzeugwechsel**, den **Palettenwechsel** oder andere prozessbezogene Einrichtungen. Dabei ist der gesamte Funktionsablauf vorab festgelegt und wird von der CNC durch ein Ausgangssignal nur „angestoßen“. Sind alle Funktionen fehlerfrei abgelaufen und beendet, erfolgt ein Signal von der SPS an die CNC zur Fortsetzung des Bearbeitungsprogramms.

Ähnliche Aufgaben gelten auch für den Einricht- und Handbetrieb, wobei die Befehle manuell vom Bediener erteilt werden. Bei umfangreichen Anlagen können die Steuerungsaufgaben auf mehrere SPS verteilt werden. Dies wird auch als „Mehrprozessor-SPS“ bezeichnet und hat den Vorteil, dass die einzelnen Anlagenteile unabhängig voneinander erprobt werden können. Die spätere Datenkommunikation erfolgt, je nach Aufbau, entweder direkt (Rack-intern) oder über Netzwerk (Feldbus oder Ethernet).

4.4 Datenbus und Feldbus

(Bild 4.4 und 4.5)

Bei der Weiterentwicklung der SPS musste insbesondere der ständig zunehmende Datenverkehr berücksichtigt werden. Heutige Steuerungssysteme nutzen dazu die technischen und preislichen Vorteile von Busverbindungen. Diese bestehen aus einer oder mehreren parallelen Verbindungsleitungen und dienen der bidirektionalen Datenübertragung zwischen mehreren „Teilnehmern“ eines Systems. Man erkannte bereits sehr früh, dass ein einziges Bussystem die vielfältigen Aufgaben und Forderungen im Fertigungsumfeld nicht erfüllen kann und nutzte aufgabenspezifisch mehrere unterschiedliche Bussysteme. Als Datenbus wird das zum heutigen Industriestandard zählende ETHERNET bevorzugt eingesetzt. Es nutzt eine **Datenübertragungsgeschwindigkeit von 10 oder 100 MBaud** („Fast Ethernet") und kann, je nach Adressen-Konfiguration, **256 oder mehr angeschlossene Geräte** (Teilnehmer) direkt erreichen. Als physikalisches Übertragungsmedium dienen spezielle, 2- oder 4-paarige twistedpair- Kabel mit 8-poligen Standardsteckern. Für heutige industriemäßige Installationen wird nicht mehr das Einkabel-Prinzip, sondern die bewährte Netzwerktechnik verwendet, wobei jeder Teilnehmer an einem „Switch" angeschlossen wird, oder selbst einen integrierten Switch besitzt, um auch eine Linienstruktur realisieren zu können. Damit können Netzwerktopologien realisiert werden, die optimal nach den Bedürfnissen in der Maschine zugeschnitten sind.

Die Vorteile liegen darin, dass in jedem Switch die gleichzeitige Übertragung größerer Datenpakete zwischen den Teilnehmern möglich ist, und zwar unter Ausnutzung der vollen Bandbreite. Zum anderen ist die Funktion des Gesamtsystems bei Störungen eines Teilnehmers nicht gefährdet und die Fehlerdiagnose ist vereinfacht.

Durch spezielle **Sicherungsverfahren** ist die Datenübertragung in einem Netz-

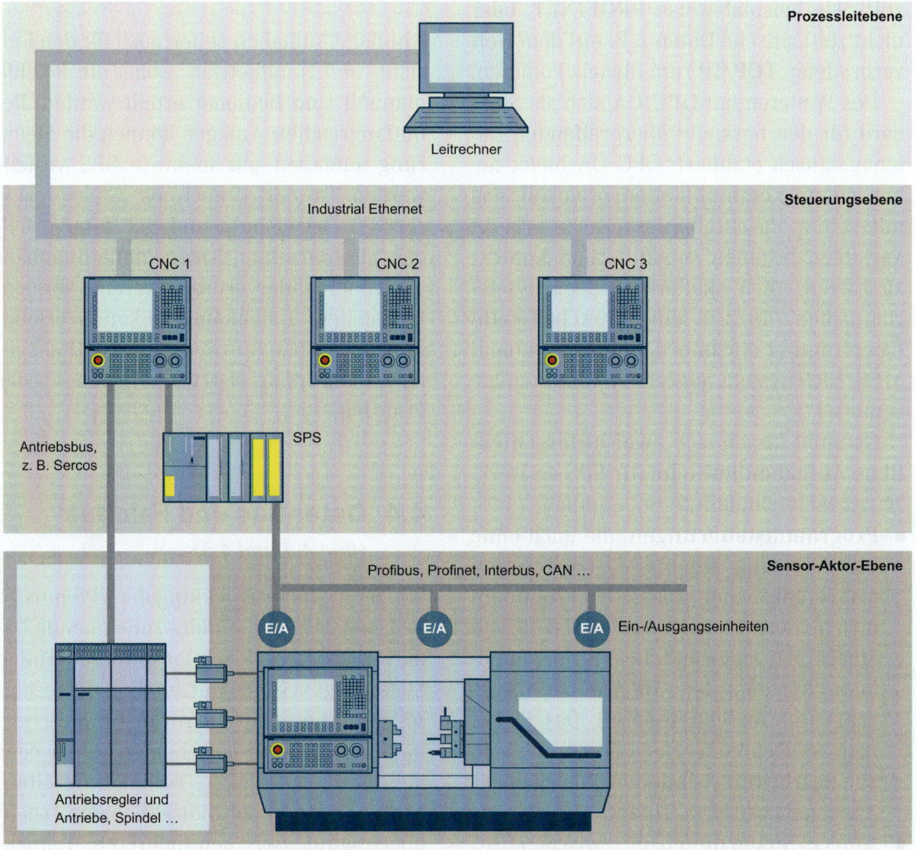

Bild 4.4: Einsatz unterschiedlicher Bus-Systeme vom Leitrechner bis zur Maschine.

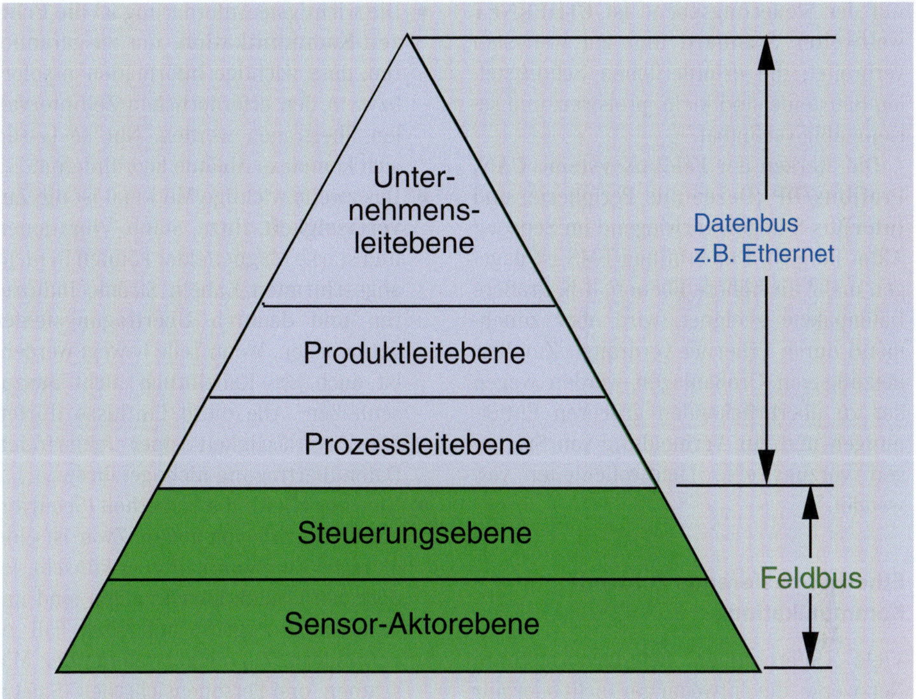

Bild 4.5: Die Automatisierungspyramide stellt die unterschiedlichen Ebenen der Automatisierung dar. In Verbindung mit SPS werden Feldbussysteme für die Steuerungs- und Sensor-Aktorebene eingesetzt.

werk zuverlässig. Zur **Signalübertragung**, d.h. Ansteuerung von Aktoren und Rückmeldung von Sensorsignalen, wurden speziell dafür geeignete **Feldbussysteme** entwickelt, wie z.B. Profinet, Profibus, InterBus oder CANbus. Der speziell zur Ansteuerung von Servoantrieben verfügbare **SERCOS-Bus** verwendet vorzugsweise Lichtwellenleiter und vermeidet damit im Vergleich zu Kupferleitungen alle elektrostatischen oder elektromagnetischen Störungseinflüsse auf die Signalleitungen zwischen NC und Antriebssteuerung.

Durch Nutzung von Busverbindungen anstelle aufwändiger Einzelverdrahtungen werden nicht nur die Anzahl der Kabel und Kontaktstellen, sondern auch die damit verbundenen Störungsursachen auf ein Mindestmaß reduziert.

Welcher Bus für die einzelnen Aufgaben am besten geeignet ist hängt vor allem davon ab, in welchen „Ebenen" der **Automatisierungspyramide** *(Bild 4.4)* die Anforderungen einzuordnen sind. Auf der oberen Ebene handelt es sich um nicht zeitkritische Daten, auf den unteren Ebenen sind die Anforderungen umgekehrt: ständige Übertragung zeitkritischer Datenpakete zur Steuerung und Regelung des Prozesses.

Typische Anforderungskriterien an einen Bus sind

- die max. Anzahl der Teilnehmer (Aktoren und Sensoren),
- die geforderten längsten Antwortzeiten (kurze Reaktionszeiten),
- der Umfang der zu übertragenden Datenmenge, und
- die max. Übertragungsstrecke.

Auf der Steuerungsebene ist **ETHERNET weltweiter Standard** und am weitesten verbreitet; die erforderlichen Schnittstellen-Bausteine sind klein, preiswert und serienmäßig verfügbar.

Die Stärken der **Feldbussysteme CAN, Profibus/DP** (Dezentrale Peripherie) und **InterBus-S** liegen vorwiegend im Sensor-/Aktor-Bereich. Der Profibus/FMS ist dagegen mehr für höhere Ebenen, d.h. größere Datenpakete geeignet, wird aber zunehmend durch Ethernet verdrängt. Zur Vernetzung von Großanlagen werden wegen der zu überbrückenden größeren Entfernungen und zur Vermeidung von Störungen vorzugsweise Lichtwellenleiter verwendet.

Ethernet-basierende Echtzeit-Kommunikation

Viele Unternehmen benutzen mehrere Netzwerke, die entweder gar nicht oder nur mit großem Aufwand miteinander kommunizieren können. Zweifellos wäre es sinnvoll, wenn eine Maschine einen Fehler nicht nur an das Personal vor Ort melden würde, sondern auch an Produktionsplanungssysteme, die Materialwirtschaft und den Maschinen- bzw. Steuerungshersteller. Die direkte Kommunikation zwischen Entwickler-PC und der Steuerung einer Produktionsstraße könnte zudem erforderliche Software-Updates schneller und preiswerter übertragen. Deshalb setzen Firmen vermehrt auf ein einheitliches Protokoll, um Informationen zwischen den Unternehmensbereichen zu übermitteln. Hier haben sich Ethernet und TCP/IP durchgesetzt, die auch die Basis des Internets und der Bürokommunikation bilden.

Da die Fabrikautomation sehr hohe Anforderungen an Robustheit, Zuverlässigkeit und Sicherheit der Informationsnetze stellt, sieht **Ethernet** in der Produktionshalle etwas anders aus als Ethernet im Büro.

Industrial Ethernet muss dazu 3 wichtige Anforderungen erfüllen:

- Die wichtigste Anforderung ist **die Echtzeit-Kommunikation**, um zu garantieren, dass wichtige Informationen sofort bzw. in den erforderlichen Zeitintervallen übertragen werden. Nur so lassen sich komplexe Abläufe koordinieren.
- Das zweite wichtige Merkmal ist **die Zuverlässigkeit**. Hitze, Staub, Vibrationen und starke Magnetfelder können in nicht abgeschirmten Kabeln Ströme induzieren und dadurch Übertragungsfehler verursachen. Wenn Teile bewegt werden, ist auch ein Kabelbruch nicht auszuschließen. Alle diese Einflüsse dürfen die Zuverlässigkeit einer fehlerfreien Datenübertragung nicht gefährden.
- Gleiches gilt für die Sicherheit (Security) gegen Zugriffe von außen. Zwar ist eine einfache Kommunikation erwünscht, jedoch bei Produktionssystemen sind unautorisierte Zugriffe auf jeden Fall zu verhindern. Zur Sicherstellung der Maschinen- und Personensicherheit (Safety) ist eine abgesicherte Datenübertragung über ein zertifiziertes Safety-Konzept erforderlich (z.B. SIL3 nach IEC 61508).

Hinter dem Begriff **Industrial Ethernet** stecken in der Praxis verschiedene Lösungen, die sich jedoch sehr stark voneinander unterscheiden. Einige Systeme bieten zwar Echtzeit- Funktionen, jedoch mit begrenzter Synchronität, d.h. es ist nicht garantiert, dass mehrere angeschlossene Module im gleichen Systemtakt arbeiten. Andere basieren auf einer engen Verbindung zwischen Steuerungs- und Netzwerkfunktionalität, wodurch der Anwender in der Auswahl seiner Automatisierungssysteme eingeschränkt wird. Wieder andere sind zwar offen, verlangen aber eine rigide Netzwerkplanung mit vielen Steuerungseinheiten, die nachträgliche Änderungen erschweren und mitunter selbst einfache Standardkommunikation sehr langsam machen. Mit **TSN (Time Sensitive Networks)** ist erstmalig ein **IEEE-Standard** zur Beschreibung eines Echtzeit-Ethernets entstanden, mit dem die Voraussetzungen für eine Interoperabilität der Geräte auch für den Echtzeitdaten-Austausch in einem Netzwerk zukünftig geschaffen sind. **Feldbusse und Industrial-Ethernet-Systeme** bieten heute eine Grundfunktionalität, mit der sich typische Steuerungsaufgaben lösen lassen. Echtzeitanwendungen, die beispielsweise das präzise Zusammenspiel mehrerer Servomotoren verlangen oder Sensordaten sehr schnell verarbeiten müssen, verlangen ein Netzwerk mit einem hohen Datendurchsatz und einer garantierten Synchronität.

Fast-Ethernet (= schnelles Ethernet) mit einem Datendurchsatz von 100 MBit pro Sekunde oder Gigabit-Ethernet mit 1000 MBit pro Sekunde garantiert die schnelle Übertragung von Informationen. Durch die Voll-Duplex-Eigenschaft ist es auch möglich direkt zwischen den angeschlossenen Geräten zu kommunizieren, um die Reaktionszeiten so kurz wie möglich zu halten.

Durchgängige Information

Auf der **Feldebene**, d.h. in der Kommunikation zwischen einzelnen Antrieben, Sensoren oder Steuerungen garantiert der Feldbus mit seinen Mechanismen die notwendige Präzision.

Häufig setzen Feldbusse als Mechanismen dazu auf eine Hardware-Synchronisation, die über integrierte Logikbausteine (ASIC) realisiert werden und neben dem priorisierten Echtzeit-Datenaustausch auch einen Standard-Ethernet Datenaustausch ermöglichen.

Durch diesen parallelen Nicht-Echtzeit-Datenaustausch kann der Anwender, zusätzlich zu den Echtzeitdaten, die volle Funktionalität von z.B. TCP/IP zur Verfügung. Somit kann z.B. eine Webcam zur Produktionsüberwachung über einen solchen Feldbus betreiben, oder größere Datenmengen übertragen, ohne die Echtzeit zu beeinträchtigen. Dies ermöglicht eine durchgängige Systemplanung ohne zusätzlichen Verkabelungsaufwand und Kosten. Dadurch lassen sich auch solche Ethernet-basierende Feldbusse einfach in ein übergeordnetes Netzwerk einbinden, um den einfachen und durchgängigen Datenaustausch transparent zu überlagerten Systemen wie ein Leitsystem ermöglichen.

Flexibilität ist eine Grundforderung in der Produktion und Industrial Ethernet ist dafür ein Baustein, um Planung und Herstellung ohne lange Vorlaufzeit aufeinander abzustimmen. Doch von einem modernen Netzwerk wird in der Praxis mehr verlangt. Intelligente Steuerungen bieten die Möglichkeit, Maschinen je nach Bedarf neu zu kombinieren, um einzelne Einheiten kostengünstig zu neuen Lösungen zu kombinieren. Diese Forderung stellt hohe Anforderungen an die Flexibilität des Netzwerks. Üblicherweise werden einzelne Komponenten (z.B. dezentrale Peripherie, Antriebe) von einer Steuerung kontrolliert. Diese können entsprechend der Bedürfnisse für eine einfache und kostenoptimale Vernetzung der Teilnehmer in einer Baum- oder Linienstruktur die Produktionsabschnitte bilden. Die einzelnen Steuerungen können wiederum über ein gemeinsames Netzwerksegment untereinander kommunizieren.

Neben diesen Funktionalitäten bieten Feldbussysteme häufig auch Mechanismen, um im **Falle eines Kabelbruchs einen redundanten Signalweg** z.B. durch eine Ring-Struktur zu realisieren. Der Feldbus koordiniert sich selbst und bietet flexible Strategien an: Eine klassische Linien-Struktur, um Material zu sparen, oder die redundante Ring-Struktur, um die Sicherheit zu erhöhen. Ingenieure und Planer haben die Wahl, je nach Anforderung die passende Verkabelung zu wählen, ohne an zusätzliche Elemente für die Netzwerk- Infrastruktur denken zu müssen.

Gleiches gilt für die **Sicherheit der Datenübertragung**. Häufig bieten Feldbusse auch ein zertifiziertes Sicherheitsprotokoll, damit Informationen sicher übertragen werden. Die Anforderungen dazu, werden der Sicherheitsnorm IEC 61508 beschrieben. Diese deckt Risiken ab, die durch den Ausfall von Systemen verursacht werden und zu personellen und materiellen Schäden führen können. Früher waren hierzu häufig separate Leitungen erforderlich. Damit können sicherheitsrelevanten Informationen auch über die vorhandenen Datenleitungen übermittelt werden, damit z.B. im Störungsfall beim Drücken des Not-Aus-Schalters die Stromversorgung garantiert sofort unterbrochen wird. Der Verzicht auf zusätzliche Hardware reduziert Kosten ohne Sicherheitsverlust.

4.5 Vorteile von SPS

Zu Beginn waren SPS relativ teuer, kompliziert zu programmieren und von begrenzter Leistungsfähigkeit. Deshalb war das bevorzugte Einsatzgebiet zunächst auf Sondermaschinen, Spezialmaschinen und Prototypen begrenzt, wo man erfahrungsgemäß mit größeren Schaltungsänderungen während der Inbetriebnahme und der Testphase rechnen musste. Die ersten Erfahrungen waren nicht gerade sensationell, aber man erkannte die zeit- und kosten sparenden Vorteile. Ständige Leistungssteigerungen bei gleichzeitiger Preisreduzierung und verringerter Baugröße haben dazu beigetragen, dass sich der Einsatzbereich von SPS stetig erweiterte. Für die einfacheren Anwendungen genügen Kompaktgeräte mit einer begrenzten Anzahl von Ein- und Ausgängen, für die gehobenen Leistungsklassen sind abgestufte SPS-Größen mit vielen Ein-/Ausgängen und einem umfangreichen Befehlsvorrat verfügbar.

bit.ly/3bP3sXw
Video 11

Im Vergleich zu Relais- oder früheren elektronischen Digital-Steuerungen bieten heutige SPS gravierende Vorteile. Dazu zählen z.B.

- geringer Einbauraum, kleinere Schaltschränke
- Wegfall umfangreicher Verdrahtungen durch Nutzung von Datenbus und Feldbus
- wesentlich geringere Leistungsaufnahme und Wärmeentwicklung
- höhere Zuverlässigkeit (keine Schaltkontakte, weniger Drahtverbindungen/Kontaktstellen, längere Lebensdauer elektronischer Bausteine, verschleißfreie Software)
- online-Korrektur des SPS-Programmes ohne Betriebsunterbrechung
- für Serienmaschinen wird das SPS-Programm unverändert kopiert
- kürzere Schalt- und Reaktionszeiten
- Ferndiagnose und Störungssuche über Internet-/Ethernet-Anschluss
- leistungsfähige, mobile Programmiergeräte auf Laptop-Basis
- automatische Dokumentation anstelle individuell erstellter Schaltpläne
- integrierte automatische Funktionstest-Software mit Fehleranzeige
- insgesamt ein wesentlich geringerer Zeit- und Kostenaufwand

SPS zählen heute zu den festen, unverzichtbaren Ausrüstungen fast aller Maschinen und Anlageteile. Grundlagen und Umgang mit diesen Geräten werden bereits in Berufs- und Fachschulen gelehrt, die Hersteller bieten weiterbildende Kurse an. Für Programmierung, Einsatz, Anschluss und spätere Fehlersuche ist unbedingt geschultes Personal erforderlich.

4.6 Programmierung von SPS und Dokumentation *(Bild 4.6)*

Wie bei CNC-Maschinen, so ist auch bei SPS der wirtschaftliche Einsatz stark von den Möglichkeiten des Programmiersystems bzw. der Programmiersprache abhängig. Dazu muss die Programmierung bedienerfreundlich sein, alle Funktionen müssen programmierbar sein, die erzeugten Programme müssen fehlerfrei sein und erforderliche Änderungen müssen problemlos möglich sein. Obwohl von Anfang an

KOP – Kontaktplan

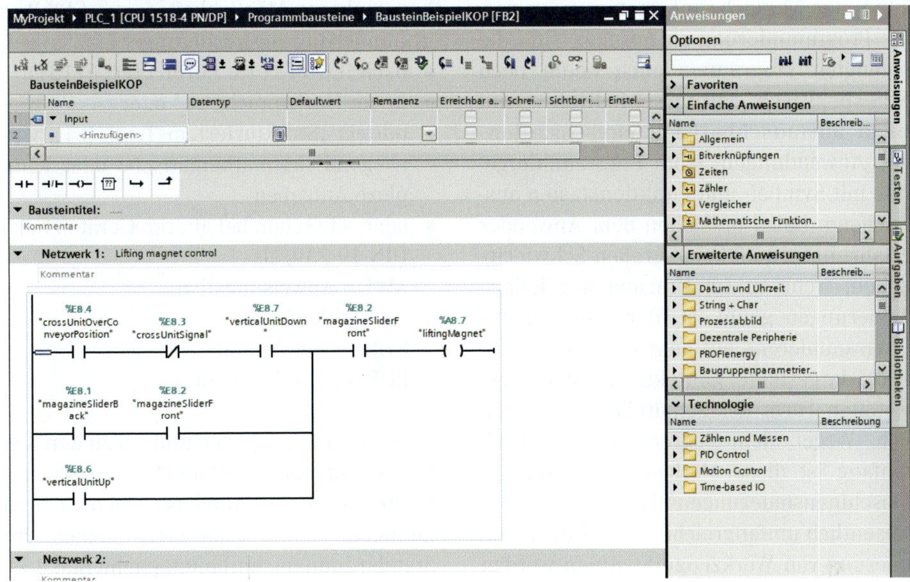

FUP – Funktionsplan

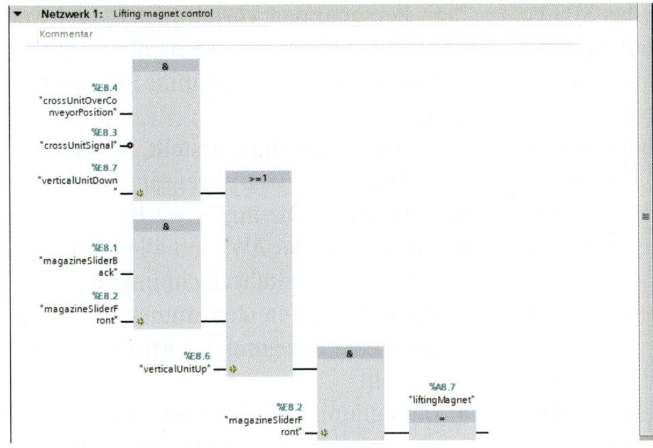

AWL – Anweisungsliste

Netzwerk 1: Lifting magnet control

Kommentar

```
U(
U    "crossUnitOverConveyorPosition"    %E8.4
UN   "crossUnitSignal"                  %E8.3
U    "verticalUnitDown"                 %E8.7
O(
U    "magazineSliderBack"               %E8.1
U    "magazineSliderFront"              %E8.2
)
O    "verticalUnitUp"                   %E8.6
)
U    "magazineSliderFront"              %E8.2
=    "liftingMagnet"                    %A8.7
```

Bild 4.6: SPS-Programmierung mit grafischen und textuellen Programm-Editor im TIA-Portal V15.1 in Kontaktplan (KOP), Funktionsplan (FUP) und Anweisungsliste (AWL). Im ersten Bild ist die Task Card „Anweisungen“ zu sehen, die in verschiedenen Kategorien, die vom PLC-System zur Verfügung stehenden Anweisungen für die Programmierung bereit stellt. (Quelle: Siemens AG)

mit der DIN 19 239 und später mit der IEC 1131 der Versuch unternommen wurde, die Programmierung zu normen, sind die erzeugten Programme auch heute noch **SPS-spezifisch unterschiedlich und nicht austauschbar**! Für einfachste low-cost-Anwendungen sind Programmiergeräte mit Symbol- und Funktionstasten ausreichend. Dabei entstehen dem Anwender erfahrungsgemäß keine großen Schwierigkeiten, wenn er im Umgang mit Relais-Steuerungen geübt ist. Der während des Programmierens auf dem Bildschirm grafisch dargestellte Kontaktplan ist der gewohnten Form der Schaltpläne sehr ähnlich. Wegen dem begrenzten Funktionsumfang ist diese Methode für komplexe Maschinensteuerungen nicht geeignet. Zur wesentlich umfangreicheren SPS Programmierung von Werkzeugmaschinen werden fast ausschließlich Laptops mit Windows-Betriebssystemen verwendet. Die SPS Programmiersoftware liefert der Hersteller. Die in den Anfangszeiten für jedes SPS-Fabrikat unumgängliche Verwendung eines herstellerspezifischen Programmiergerätes ist überstanden. Damit ist auch eines der wesentlichen Hindernisse beseitigt, die einer schnelleren Verbreitung dieser Systeme lange Zeit im Wege standen. Laptops als SPS-Programmiergeräte bieten zusätzlich mehrere Vorteile, wie z. B.:

- universelle, tragbare und komplette Mobilität
- papierlose, stets aktuelle und anlagenbezogene Dokumentation eingebaute Hilfe-Software sofort vor Ort verfügbar
- automatische Dokumentation jeder Änderung
- problemloses „Datenmanagement“, z. B. zur Dokumentation in einem Zentralrechner über serienmäßige Ethernet-Schnittstelle
- ersetzt Handbücher, Zeichnungen, Anweisungen und handschriftliche Änderungshinweise.

Unter dem Windows-Betriebssystem stehen mehrere Möglichkeiten zur SPS-Programmierung zur Verfügung:

- nach IEC 1131 (in Europa IEC 61131)
- in der Hochsprache „C“ oder
- mittels „Strukturiertem Text“ (ST), vorwiegend für mathematische oder komplexe Aufgaben
- oder, wie schon bei älteren Geräten nach DIN 19 239, als
  AWL = Anweisungsliste
  AS = Ablaufsprache
  KOP = Kontaktplan
  FUP = Funktionsplan

Hierbei zählen ST, AWL und AS zu den textuellen Sprachen, KOP und FUP zu den grafischen Sprachen. Alle zusammen sind bei heutigen SPS-Programmiersystemen im Standardumfang enthalten (siehe Bild 4.7).

Für den Anwender ist es wichtig, ein SPS-System auszuwählen, das den geforderten Funktionsumfang beinhaltet und dem Personal den Vorteil bietet, auch vorhandene Schaltunterlagen ohne großen Aufwand in SPS-Programme zu übertragen.

Ist das Programm erstellt, so erwartet der Anwender vom Programmiersystem weitere Unterstützung, wie z. B.

- Darstellung der AWL mit allen Kommentaren und Gerätebezeichnungen
- Darstellung von Zuordnungslisten, aus denen die Belegung der Anschlüsse hervorgeht
- Darstellung von Querverweislisten, um zu erkennen, welcher Eingang oder Ausgang bei welcher Adresse angesprochen wird
- Darstellung des Kontaktplans, der die Konfiguration und Bezeichnung der Kontakte darstellt, sowie zusätzliche schriftliche Informationen enthält
- Unterstützung bei Fehlersuche durch Einzelschritt, Unterbrechungspunkte, Anzeige von Speicherinhalten usw.
- Archivierung von SPS-Programmen.

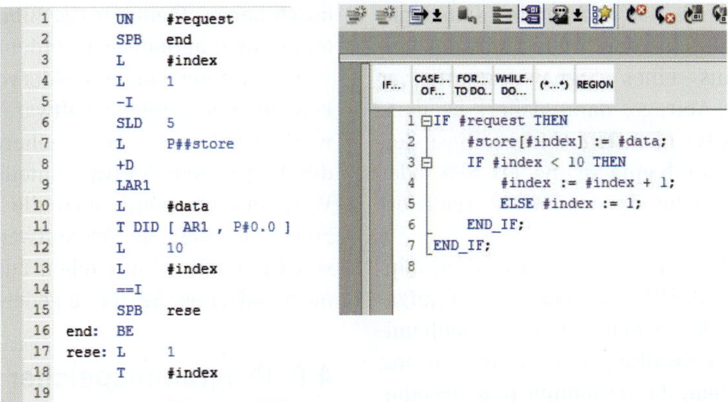

Bild 4.7: Die beiden Bilder zeigen das gleiche Programmbeispiel in den Sprachen AWL (Bild links) und ST (Bild rechts). Komplexe Aufgaben in der SPS wurden in der Vergangenheit häufig wegen der kleinen SPS Programmspeicher in AWL umgesetzt. Bei modernen SPS Steuerungen empfiehlt sich jedoch die Verwendung von höheren Programmiersprachen, wie z. B. ST, da diese neben einer besseren Lesbarkeit von Programmcode auch durch neue SPS Architekturen performanter von der Steuerung verarbeitet werden können. (Quelle: Siemens AG)

Ein wesentlicher Vorteil der sog. mnemotechnischen Sprachen ist, dass sie der Leistungsfähigkeit von SPS keine Grenzen setzen. Programmiersprachen, die von Boole'schen Gleichungen ausgehen, werden heute nicht mehr angeboten.

4.7 Programm

Der logische Zusammenhang zwischen den variablen Eingangssignalen und den erzeugten Ausgangssignalen einer elektrischen Schaltung wird in konventioneller Weise in einem elektrischen Schaltplan dargestellt. Mit Hilfe der von Boole entwickelten Algebra und der entsprechenden Rechengesetze lassen sich solche Kontaktpläne oder Stromlaufpläne in **Logikpläne** umsetzen. Dies ist die eigentliche Aufgabe der Programmiersysteme. Einfache SPS-Programme sind im Wesentlichen mit den Grundfunktionen „UND“, „ODER“ und „NICHT“ aufgebaut. Aus diesen drei Verknüpfungen können durch Kombination weitere logische Funktionen aufgebaut werden, wie „NAND“ oder „NOR“.

Hinzu kommen noch Zeit- und Zählfunktionen, Schieberegister, monostabile und bistabile Taktgeber und andere. Das auf diese Art erzeugte Programm wird in den Speicher der „Zentraleinheit“ der SPS eingegeben und hat nun seinerseits die Aufgabe, die gewünschten Steuerungsabläufe zu erzeugen. Für den richtigen Ablauf des Programms ist die Reihenfolge der programmierten „**Anweisungen**“ maßgebend. Unter einer Anweisung ist jeweils eine Programmzeile des SPS-Programmes zu verstehen.

Kennzeichnend für SPS ist, dass das Programm nacheinander, d.h. schrittweise eine Anweisung nach der anderen, abgearbeitet wird. Obwohl diese serielle Verarbeitung mit hoher Geschwindigkeit erfolgt, im Mittel etwa **0,1 ms pro 1024 Programmschritte**, ist die Abarbeitung des gesamten Programmes von dessen Länge, d.h. der Anzahl der Anweisungen, abhängig. Bei längeren Programmen können demnach für einen gesamten Programmumlauf mehrere Millisekunden vergehen. Diese Zeit wird als **Zykluszeit** bezeichnet und ist kennzeichnend für die **Reaktionszeit** der SPS. Bei einer Zykluszeit von 20 ms wird beispielsweise das Programm 50-mal pro Sekunde durchlaufen. Ändert sich der Eingangsstatus eines Signals unmittelbar nach der Abfrage, dann dauert es max. 20 ms bis zur nächsten Abfrage. Diese Zeit kann nur durch eine „schnellere SPS“ oder durch spezielle Sprungbefehle reduziert werden.

Zusätzlich zu den logischen Verknüpfungen hat die SPS oft noch weitere Aufgaben, wie z. B. aus dem Bereich „Datenhandling“ die Verwaltung und Aktualisierung von Tabellen, das Erkennen und Decodieren von Strichcodes und deren Zuordnung zur richtigen Tabelle, die Korrespondenz über ein Informations-Netzwerk, u. a. In modernen SPS-Systemen können Programmteile mit verschiedenen Zykluszeiten oder auch ereignisgesteuert definiert werden. So kann eine sehr zeitkritische Aufgabe (z. B. Werkzeugbruchüberwachung) mit einem deutlich höheren Takt oder ereignisgesteuert ausgeführt werden als eine zeitlich unproblematische Funktion (z. B. Kompensationswerte aufgrund der Erwärmung).

Für eine hohe Wiederverwendbarkeit der erzeugten SPS-Programme, werden diese möglichst entsprechend der einzelnen Maschinenfunktionalitäten in Unterprogrammen bzw. **Programmbausteinen**, Programmfunktionen gegliedert. Damit lässt sich über eine geeignete Strukturierung die SPS-Software entsprechend der **Modularität der Maschine** abbilden und damit die Software in einer Art „Baukastensystem“ für weitere Werkzeugmaschine erstellen. Moderne Engineering-Werkzeuge wie z. B. das TIA Portal unterstützen den Anwender beim Anlegen und der Weiterentwicklung von solchen Programm-Modulen, oder auch Schnittstellen der sogenannten Bibliotheksfunktionalität. Die Software-Module, Datenschnittstellen oder zugehörige Elemente für die Visualisierung können hierbei zur einfachen Nachvollziehbarkeit von Änderungen versioniert werden und vorhandene SPS-Programme durch neuere Elemente der Bibliothek systemgestützt aktualisiert werden.

Neben einer hohen Wiederverwendbarkeit für eine schnelle Software-Erstellung wird dabei auch eine höhere Qualität durch getestete Softwareanteile erreicht. Weiterhin ist damit auch die Voraussetzung geschaffen die SPS-Software mit Hilfe von Offenheitsschnittstellen automatisiert nach Bedarf per Skript zu generieren.

4.8 Programmspeicher *(Bild 4.8)*

Als Programmspeicher werden bei heutigen SPS ausschließlich **Halbleiterspeicher** mit unterschiedlichen Eigenschaften verwendet. Zum Testen neuer Programme wurden zunächst **RAM-Speicher** mit Pufferbatterie bevorzugt, um Änderungen schnell einfügen und prüfen zu können. Diese Speicherbausteine sind bei Spannungsausfall „flüchtig“, deshalb müssen sie über Pufferbatterien mit Spannung versorgt werden. Aufgrund der hohen Zuverlässigkeit kann aber auch der spätere Betrieb problemlos über RAM-Speicher laufen. Nach abgeschlossenem Probebetrieb werden die Programme vorzugsweise in **FEPROMs** übertragen und unverlierbar gespeichert. Diese **Datenspeicher**, auch als „Memory-Sticks“ verfügbar, sind durch einen **elektrischen Impuls löschbar und sofort wieder beschreibbar**. Dazu müssen sie nicht aus dem Gerät oder aus ihrem Steckplatz entnommen werden, das Löschen und Beschreiben erfolgt „on-board“. Ein manuelles Tauschen der Speicher ist nicht erforderlich. Früher verwendete, mit UV-Licht löschbare **EPROMs** sind aufgrund ihrer Nachteile nicht mehr aktuell. Sie sind erst nach einer Wartezeit von ca. 1 Stunde wieder beschreibbar. Bei IPC-gestützten SPS kann die Datensicherung auch auf der **Festplatte** des Rechners erfolgen. Beim Einschalten wird das SPS-Programm in den RAM-Speicher übertragen, wodurch eine kurze Wartezeit entsteht. Die **Speicherdichte**, d. h. die auf einem bestimmten Vo-

Speichertyp	Beschreibung	Löschen	Programmieren	Speicherinhalt ist bei Strom-abschaltung ...
RAM (SRAM) (DRAM) (SDRAM)	Random Access Memory Speicher mit wahlfreiem Zugriff Schreib-Lese-Speicher	elektrisch	elektrisch	... flüchtig
ROM	Read Only Memory Nur-Lese-Speicher Festwertspeicher	nicht möglich	durch Masken beim Herstellungsprozess	... nicht flüchtig
PROM	Programmable ROM einmalig programmierbarer ROM		elektrisch	... nicht flüchtig
EPROM	Erasable PROM UV-löschbarer Festwertspeicher	durch UV-Licht	elektrisch	... nicht flüchtig
FEPROM	Flash EPROM elektrisch löschbarer Festwertspeicher	elektrisch	elektrisch	... nicht flüchtig

Bild 4.8: Festwertspeicher und deren Eigenschaften.

lumen speicherbare Anzahl von Bits oder Bytes, ist bei den heutigen Speicherbausteinen so hoch, dass die Programmlänge keine Rolle spielt. Beim Aufbau und bei der Optimierung eines Programmes konzentrieren sich die Bemühungen nicht auf die Minimierung der Programmlänge, sondern auf dessen Übersichtlichkeit, Diagnosefreundlichkeit und den Unterprogramm-Charakter. Dies ist in erster Linie für den Anwender wichtig, um zur Störungssuche möglichst kurze Stillstandszeiten der Anlage zu erreichen. Zusätzlich lassen sich noch **Diagnoseprogramme** vorsehen, die sowohl den Steuerungsablauf und die Taktzeiten als auch den Unterbrechungspunkt festhalten und eine exakte Fehleranzeige im Klartext auslösen. Weiterhin sind spezielle **Diagnose-Funktionen** verfügbar, die selbstlernend sind. Sie prägen sich den funktionsmäßig korrekten Ablauf einmal ein, vergleichen jeden folgenden Ablauf mit dem gespeicherten und zeigen im Störungsfall den Programmschritt an, wo der Ablauf gestört war.

4.9 SPS, CNC und PC im integrierten Betrieb *(Bild 4.9)*

Schon Ende der siebziger Jahre wurde durch den Einsatz von Mikroprozessoren der wichtigste Grundstein für die SPS-Technik gelegt. Damit konnte ein Vielfaches an Informationen auf kleinstem Raum verarbeitet werden und das verbesserte Preis-Leistungs-Verhältnis gab selbst bei kleineren Anlagen den Ausschlag für die SPS-Technik. Die Möglichkeit, vorhandene Betriebsprogramme schnell und fehlerfrei zu kopieren und Änderungen ohne großen Aufwand auch nachträglich noch einzufügen, waren dabei die wichtigsten Argumente. SPS in entsprechender Ausführung eignen sich sogar für den Einsatz in sicherheitsrelevanten Bereichen und für Anlagen mit erhöhten Anforderungen an die Verfügbarkeit. Damit hat sich die SPS als das Automatisierungssystem schlechthin vor allem in der Fertigungstechnik etabliert. Die Möglichkeit, aktuelle Schaltzustände bei Netzausfall zu speichern, trägt wesentlich zum schnellen, störungsfreien und sicheren Wiederanlauf der Anlage nach Spannungswiederkehr bei.

Zukünftige Weiterentwicklungen werden sich weniger auf weitere Verkleinerung und Leistungssteigerung von SPS beziehen, sondern vielmehr auf die Optimierung des Zusammenspiels mit den anderen Automatisierungskomponenten und auf das „Prinzip der Verteilten Intelligenz". Darunter ist die Verlagerung von Funktionsblöcken auf mehrere dezentralen Stellen zu verstehen, wie z. B. bei intelligenten Antrieben. Viele Aufgaben lassen sich heute nur dann effektiv und kostengünstig automatisieren, wenn die Stärken von SPS, CNC und Rechner kombiniert und interaktiv genutzt werden. Die wichtigsten Argumente für die SPS waren schon immer die einfache Programmänderung und die automatische Dokumentation. Die Entwicklung von **anwendungsorientierten, grafischen Werkzeugen hat die SPS-Programmierung** ähnlich **revolutioniert** wie einst die grafisch unterstützte Programmierung und Simulation von NC-Programmen. Beim Einsatz in Verbindung mit CNCs kann beispielsweise die grafisch unterstützte SPS-Programmierung und Funktionsprüfung mittels separatem PC erfolgen und später, im Verbund mit der CNC, lassen sich die letzten Änderungen und Korrekturen mit Bildschirm und Tastatur der CNC vornehmen. CNC und SPS haben schließlich sogar Zugriff auf die gemeinsame Datenbasis. Auf diese Weise kommen auch Maschinen- und Fertigungsdaten problemlos und schnell ins technische Büro, um dort zur Schwachstellendiagnose und für Management-Informationen ausgewertet zu werden. Heute sind bereits CNCs mit komplettem Leistungsumfang + integrierter SPS + Achsensteuerung auf einer Hardware-Baugruppe, oder auch als PC-Steckkarte verfügbar.

4.10 SPS-Auswahlkriterien

SPS werden von vielen nationalen und internationalen Herstellern angeboten. Ein Vergleich der einzelnen Produkte mit dem kundenspezifisch erstellten Anforderungskatalog, wird jedoch die Auswahl stark einschränken. Oft lässt sich dieser Aufwand durch einen Seitenblick auf die Großanwender von SPS ersetzen, die etwa alle drei bis fünf Jahre, die an den interessantesten erscheinenden Produkten testen und danach ihre Auswahl neu treffen. Dagegen vertrauen insbesondere Großunternehmen auf die Stärken der Marktführer und bleiben bei diesen Produkten. Damit begrenzen sie auch die Kosten für Personalschulung und Ersatzteilhaltung. In Verbindung mit NC-Maschinen ergeben sich oft ganz andere Auswahl-Gesichtspunkte *(Bild 4.9)*. Die aufwändigste Lösung entsteht bei der Kopplung von CNC und SPS über Einzelverbindungen *(Bild 4.9.1)*. Dies entspricht nicht mehr den heutigen Möglichkeiten und lässt sich auch nicht sachlich vertreten. Heute lassen sich CNC und SPS unterschiedlicher Hersteller über genormte Datenschnittstellen (z. B. Ethernet) problemlos koppeln. Bei diesen Lösungen werden die etwas höheren Kosten den Vorteilen der SPS-Einheitlichkeit beim Endkunden untergeordnet *(Bild 4.9.2)*. Bei einigen CNCs sind die SPS-Funktionen bereits als **Software-SPS** in die CNC integriert und ein Feldbus verbindet alle Aktoren und Sensoren der Maschine mit der CNC/SPS *(Bild 4.9.3)*. An dieser Ideal-Lösung wurde lange Zeit entwickelt, bezahlbare Lösungen sind aber erst mit der Verfügbarkeit der standardisierten Schnittstellen- Bausteine möglich geworden.

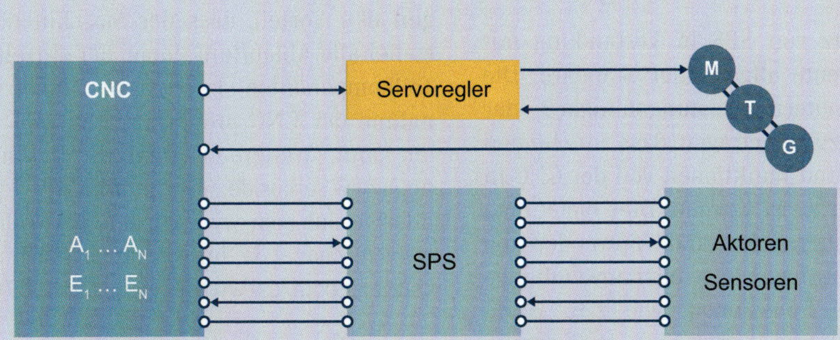

Bild 4.9.1: CNC mit separater SPS; der Informationsaustausch erfolgt über E/A-Module

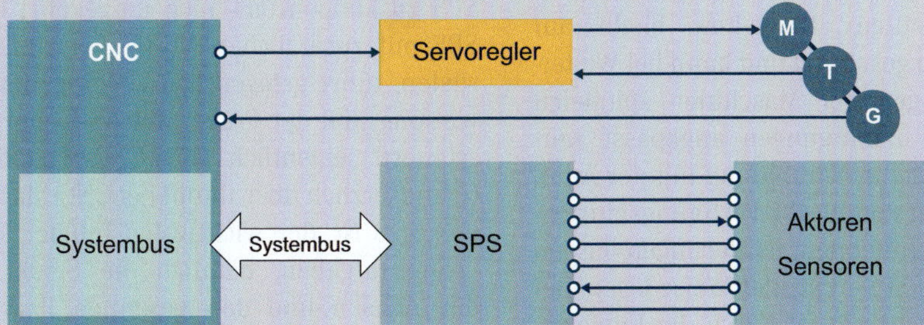

Bild 4.9.2: CNC mit busgekoppelter SPS; der Informationsaustausch erfolgt direkt über Bus, ohne E/A-Module

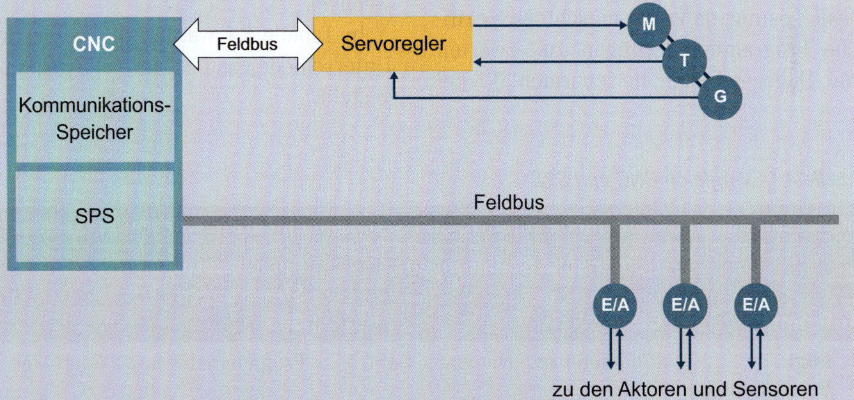

Bild 4.9.3: CNC mit softwaremäßig integrierter SPS; der Informationsaustausch findet in der CNC/SPS-Betriebssoftware statt

Bild 4.9: Möglichkeiten der CNC/SPS-Kopplung.

4.11 Zusammenfassung

Der Einsatz von SPS in Verbindung mit CNC ist heute allgemeiner Standard. Die stetig erweiterte Leistungsfähigkeit der SPS hat dazu beigetragen, dass zunehmend Aufgaben und Funktionen von der CNC in die SPS verlagert wurden. Dies bietet dem Maschinenhersteller und -anwender die Möglichkeit, maschinen- oder anwendungsspezifische Funktionen, wie z. B. Werkzeugverwaltung, Werkzeugwechselvorgang oder Palettenwechsel, sowie deren grafische Darstellung und die Datenverwaltung, selbst und nach eigenen Vorstellungen programmieren und modifizieren zu können. Herstellerseitiges Know-how bleibt auf diese Weise geschützt und kann bei Weiterentwicklungen der Maschinen zeitgleich den neuen Bedingungen angepasst werden. Auch die in Verbindung mit der Automatisierung komplexer Fertigungseinrichtungen auftretenden Forderungen lassen sich mittels SPS in idealer Weise lösen. Bei **Serienmaschinen** ist durch die Kopierfähigkeit erprobter und fehlerfreier SPS-Programme eine wesentlich kürzere Inbetriebnahmezeit möglich. Für diese Maschinen sind auch Steuerungen mit integrierter CNC + SPS + Achsen-Sollwertausgabe die ideale Lösung, da wenig maschinenspezifische Programmänderungen zu erwarten sind. Dagegen bieten die separaten SPS bei **Sondermaschinen und komplexen Anlagen** den Vorteil, dass der Maschinenhersteller alle Ablauffunktionen der einzelnen Teilkomponenten bereits vor Inbetriebnahme der CNC programmieren und testen kann. (Weitere Informationen im Internet: www.sercos.de, www.profibus.de, www.interbusclub.com, www.ubf.de/ethernet.htm, www.tecchanel.de, https://support.industry.siemens.com/cs/ww/de/view/106656707)

4.12 Tabellarischer Vergleich CNC/SPS

Die Möglichkeit, sowohl eine CNC mit einer SPS zu koppeln als auch umgekehrt eine SPS mit zusätzlichen NC-Modulen auszurüsten, führt gelegentlich zur Begriffsverwirrung und der Frage, welche Steuerung „steuert" eigentlich die CNC-Maschine? Grundsätzlich übernimmt bei CNC-Maschinen die CNC den wichtigsten Teil der Steuerungsaufgaben, nämlich die Steuerung der Achsen und den gesamten Bearbeitungsablauf. Die SPS als **„Anpass-Steuerung"** übernimmt Schaltbefehle aus der CNC und steuert festgelegte Funktionsabläufe, beispielsweise für den von der CNC „angestoßenen" Werkstück- oder Drehzahlwechsel.

In Tabelle 4.1 werden die wesentlichen Unterschiede von CNC und SPS gegenübergestellt.

Tabelle 4.1: Vergleich CNC und SPS

Die wesentlichen Unterschiede von CNC und SPS beim Einsatz in Werkzeugmaschinen		
Kriterien	Numerische Steuerungen CNC	Speicherprogrammierbare Steuerungen SPS
1. Engl. Bezeichnung	(**C**omputerized) **N**umerical **C**ontrol	**P**rogrammable **L**ogic **C**ontroller
2. Technische Ausführung	Weitgehend standardisierte, jedoch maschinenspezifisch modifizierte Hard- und Software zur Steuerung eines bestimmten Maschinentyps.	Standardisierte, ausbaufähige, universell verwendbare Steuerungshardware für alle Schaltfunktionen der Maschine und der Peripherie oder für Maschinengruppen.

Die wesentlichen Unterschiede von CNC und SPS beim Einsatz in Werkzeugmaschinen		
Kriterien	Numerische Steuerungen CNC	Speicherprogrammierbare Steuerungen SPS
3. Aufgabenstellung	Hauptaufgabe ist die Steuerung der Maschinenachsen, d. h. der Relativbewegung zwischen Werkzeug und Werkstück durch direkte Maßeingabe, sowie der zusätzlich erforderlichen technologischen Funktionen (**F**eed, **S**peed, **T**ool, **M**iscellaneous Functions)	Hauptaufgabe ist das Steuern, Verriegeln und Verknüpfen von festgelegten und immer wiederkehrenden Abläufen im Maschinen- und Anlagenbau. Die SPS übernimmt die Koordination der Abläufe.
4. Funktionsmerkmale	Die NC-Programme für die Bearbeitung der Werkstücke werden vom Maschinen-*Anwender* erstellt und können beliebig gewechselt oder modifiziert werden.	Das SPS-Programm wird vom Maschinen-*Hersteller* erstellt und unverlierbar gespeichert. Es muss nur in Ausnahmefällen geändert oder getauscht werden.
5. Programmierung	Werkstückbezogene, maßstäbliche Programmierung der erforderlichen Verfahrbewegungen der NC-Achsen bzw. der Werkstück-Sollmaße nach der Werkstückzeichnung. Wahlweise auch NC-Programmierung an der Maschine (WOP) Universelle NC-Programmiersysteme erzeugen Quellenprogramme, die über Compiler (Postprozessor) für jedes Maschinen/CNC-Fabrikat in lauffähige NC-Programme umgesetzt werden.	Einmalige Programmierung und Speicherung der zu steuernden Funktionen nach Anweisungslisten (AWL), Funktionsplan (FUP) oder Funktionsbausteinsprache (FBS), Ablaufplan (nach IEC 61131) oder Kontaktplan (KOP), sowie Strukturierter Text (ST) für Prozessdatenverarbeitung. Programmierung mittels Personal Computer (PC) und firmen- bzw. gerätespezifischer Programmiersoftware. Keine Programmierung während des Betriebes.
6. Programme	Das NC-Programm enthält die geometrische Bearbeitungsfolge und die erforderl. Schaltfunktionen für Vorschub, Spindeldrehzahl, Werkzeug und Hilfsfunktionen sowie der vorhandenen Automatisierungseinrichtungen (s. Pkt. 3) Programmaufbau nach DIN 66025, ISO und STEP-NC international genormt.	Die Programme müssen SPS-spezifisch erstellt werden und sind nicht für andere SPS-Fabrikate compilierbar. (Die internat. Norm IEC 61131 ist zwar veröffentlicht, aber nicht bindend wegen der vielen existierenden Programme)
7. Programmbestände	Bis zu mehreren Tausend NC-Teileprogramme pro Maschine sind nicht selten. Die Teileprogramme erstellt der Maschinen-Anwender, feste Zyklen und Unterprogramme liefert der Hersteller.	In der Regel nur *ein* festes, anlagenbezogenes Programm. Das Programm erstellt der Maschinen-Hersteller, meist unter Nutzung verfügbarer Funktionsbausteine.

▶

Die wesentlichen Unterschiede von CNC und SPS beim Einsatz in Werkzeugmaschinen		
Kriterien	Numerische Steuerungen CNC	Speicherprogrammierbare Steuerungen SPS
8. Einsatz-gebiete	Flexible Steuerung der Maschine. Die CNC muss bezüglich NC-Achsen, Zyklen und Unterprogrammen speziell auf den zu steuernden Maschinentyp angepasst sein: z. B. Maschinen zum Drehen, Fräsen, Bohren, Nibbeln, Schleifen, Trennen, Laserbearbeiten, u. a.	Steuerung, Verriegelung und Verknüpfung von Maschinenfunktionen. Die modulare Hardware muss nicht speziell an die Maschine angepasst sein, sondern nur die max. Anforderungen bezüglich der Anzahl der Eingänge, Ausgänge, Zeiten, Zähler, Funktionen und Verstärker erfüllen. Die maschinenspezifische Auslegung erfolgt über das Programm.
9. Techn. Umfang	Sehr hoch! Spezifikation sehr umfangreich, anwendungsspezifisch, maschinenabhängig und schon im Verkaufsgespräch stark erklärungsbedürftig.	Je nach Leistungsfähigkeit des Gerätes mittel bis hoch, im Verkaufsgespräch mit wenigen Standard-Funktionen zu erläutern.
10. Beschaffung, Einkauf	Kunde kauft komplettes, funktionsbereites System	Kunde kauft Hardware-Module
11. Projektierung	Käufer und Verkäufer müssen umfangreiche Werkzeugmaschinenkenntnisse haben, um die CNC anpassen zu können. (3D-Fräsen, Drehen, Korrekturwerteingabe und -verarbeitung, HSC-Funktionen, Zykluszeiten, Servo-Abtastraten, Bearbeitungszyklen, Koordinatentransformation, DNC, Messsysteme usw.)	Der Verkäufer muss über Grundkenntnisse im speziellen Maschinenbau verfügen und sollte sich im Steuerungsbau und in der Steuerungstechnik auskennen. Beratung besteht in erster Linie im Prüfen, ob sich die geforderten Zeiten, Funktionen, Abläufe usw. programmieren lassen (Auswahl der HW-Komponenten).
12. Historische Entwicklung	Ersatz für Kopiersysteme, Steuerkurven, Programmsteuerungen mit Endschaltern und mechanische Automatisierung. Das *NC-Programm* steuert die Maschinenachsen und den kompletten Bearbeitungsablauf. Erfüllung der Forderung **a)** nach schnellem Programmwechsel, kurzen Rüstzeiten, höherer Fertigungsflexibilität und höheren Fertigungsgenauigkeiten, sowie **b)** nach direkter Verwendung von CAD-Konstruktionsdaten zur Programmierung der Maschinenbewegungen = CAD/CAM. **c)** nach Durchgängigkeit der Daten-Aktualisierung im geschlossenen Kreislauf.	Ersatz für Relais-Steuerungen und festprogrammierte (verdrahtete) elektronische Steuerungen. Wegen der im SPS-Speicher abgelegten Steuerprogramme entstand der Begriff „Speicherprogrammierbare Steuerung“. Erfüllung der Forderungen nach **a)** geringerem Bauvolumen, höherer Zuverlässigkeit, größerem Funktionsumfang, weniger Verdrahtungsaufwand und Fehlermöglichkeiten, flexibleren Änderungsmöglichkeiten, Verbesserung der Dokumentation, kürzeren Bauzeiten, sowie **b)** Adaption der verschiedenen E/A-Bussysteme (Datenbus und Feldbus)

Die wesentlichen Unterschiede von CNC und SPS beim Einsatz in Werkzeugmaschinen		
Kriterien	Numerische Steuerungen CNC	Speicherprogrammierbare Steuerungen SPS
13. Innovationen	Von der automatisierten Einfachmaschine bis zur Entwicklung von komplexen Maschinen, die ohne CNC nicht steuerbar wären, wie z. B. Laserbearbeitung, Hochgeschwindigkeitsfräsen, Generative Fertigungsverfahren, Hexapoden, Roboter u. a.	Von kleinen Steuerungen für einfachste Funktionen bis zu computergestützten Steuerungen mit einem sehr hohen digitalen und analogen Funktionsumfang. Ausbau bis zu rechnerintegrierten Systemen mit komplexen Rechenfunktionen. Verwendbarkeit verschiedener E/A-Bussysteme.
14. Vernetzung	Zunehmende Vernetzung mehrerer Systeme in einem Anlagenbereich. *Prozessbus:* Ethernet für mittlere Entfernungen u. kleine zeitkritische Datenmengen (z. B. NC-Programme) TCP/IP, Internet Protokoll zur Vernetzung dezentraler Systeme. *Feldbus* z. B. PROFINET, Sercos und CAN für Antriebe, Sensoren und Aktoren. CAN (ISO/DIS 11 898) low cost, kurze Reaktionszeit. (Entwickelt für den Kfz-Bereich)	Vernetzung unterschiedlicher SPS-Fabrikate und von der zentralen Steuerung zu den dezentralen Ein-/Ausgängen. *Anlagenbus:* Industrial Ethernet, z. B. PROFINET Profibus FMS Profibus: (DIN 19 245) Profibus/DP (Dezentrale Peripherie) Interbus-S: (DIN 19 258) CAN-Bus ASI = *A*ktor-*S*ensor-*I*nterface.
15. Service	Erfordert Hybrid-Wissen über Werkzeugmaschinen, (Mechatroniker): Maschinenelemente, Hydraulik, Pneumatik, Elektrik, Elektronik, Wegmesstechnik, Logistik, Servoantriebe, Regelkreise, SPS, sowie die damit verbundene Messtechnik. Umgang mit PCs ist Voraussetzung.	In den meisten Fällen sind Kenntnisse der Steuerungstechnik und Programmierung ausreichend. Nur in Ausnahmefällen sind Kenntnisse wie bei der CNC erforderlich. Handhabung und Umgang mit PCs ist grundsätzlich erforderlich.
16. Entwicklungstendenzen	Tendenz zu Wegmesssystemen hoher Messfeinheit (0,0001 mm bzw. 0,00001 Grad) der NC-Achsen. Interpolation im Nano- und Picometerbereich, um präzisere 3D-Werkstück-Oberflächen zu erzielen. Nutzung von Standard-PC-Hardware in Verbindung mit Echtzeit-Betriebssystemen. Verwendung digitaler Achsantriebe und spezieller Funktionsbausteine für höchste Konturgenauigkeiten beim Hochgeschwindigkeitsfräsen. Einsatz von hochdynam. Linearantrieben.	Starke Tendenz zu Zentralsteuerungen mit Busverbindung zu den dezentralen E/A-Modulen. Verwendung unterschiedlicher Fabrikate für Zentralsteuerung und dezentrale E/A-Module. International genormte, grafisch unterstützte Programmiersprache nach IEC 61131.

SPS – Speicherprogrammierbare Steuerungen

Das sollte man sich merken:

1. Aus früheren NC mit separater Anpasssteuerung wurden CNC mit integrierten oder busgekoppelten SPS.
2. SPS ersetzen nicht nur Relaissteuerungen, sondern übernehmen **zusätzliche** Steuerungs-, Überwachungs- und Anzeigeaufgaben.
3. **Grundfunktionen** sind:
   UND, ODER, NICHT, SPEICHERN, VERZÖGERN.
   Zusatzfunktionen sind:
   ZÄHLEN, RECHNEN, VERGLEICHEN, SPRUNGANWEISUNGEN, UNTERPROGRAMMTECHNIK.
   Höhere Funktionen sind:
   Tabellenverwaltung, A/D- und D/A-Umsetzung, Regelkreise, NC-Achsmodule, Tabellenverwaltung, Kommunikation über Datennetze.
4. Wichtige **Kennzeichen** einer SPS sind:
   - Funktionsumfang,
   - max. Anzahl der Ein- und Ausgänge,
   - Zykluszeit, angegeben in ms/K-Anweisung (ms pro 1024 Anweisungen),
   - Anzahl der Merker,
   - Größe des Programmspeichers (Anweisungen).
5. Anstelle der Verdrahtung tritt bei SPS das **Programm**, auch als **Anweisungen** bezeichnet. Es wird vom Anwender mit Hilfe eines PCs und systemspezifischer Software erstellt.
6. Das **Programm** wird in elektronischen Bausteinen gespeichert, zum Testen in **RAM**, für den späteren Betrieb in **EPROM** oder **FEPROM**.
7. Zur **Programmierung** von SPS bestehen 5 Möglichkeiten:
   - als Kontaktplan,
   - als Anweisungsliste,
   - als Funktionsplan,
   - als „strukturierter Text“,
   - mittels grafisch unterstützter Sprachen.
8. **Vorteile** von SPS sind:
   - Einbau und Verdrahtung der Hardware kann unabhängig von der Software erfolgen,
   - wesentlich kürzere Montage- und Inbetriebnahmezeiten,
   - schnelle und einfache Korrekturen, auch während der Inbetriebnahmephase,
   - automatische Dokumentation und Vervielfältigung der Softwareprogramme,
   - automatische Generierung von Querverweisen, Hinweisen und Angaben,
   - kein Verschleiß, daher hohe Zuverlässigkeit,
   - einfache Installation, kleines Bauvolumen, geringere Leistungsaufnahme
   - wesentlich kürzere Inbetriebnahmezeiten aufgrund identischer, d. h. ausgetesteter und fehlerfreier Programme.

5 Einfluss der CNC auf Baugruppen der Maschine

Die CNC hat die Entwicklung von wesentlichen Baugruppen der Werkzeugmaschinen nachhaltig verändert und führt auch zu neuen Maschinenkonfigurationen und Automatisierungseinrichtungen.

5.1 Maschinenkonfiguration

Wesentliche Ursache für den Einfluss der numerischen Steuerung auf die Maschinenkonfiguration ist, dass keine manuellen Bedienungseingriffe erforderlich sind und die ständig notwendige Beobachtung und Überwachung des Arbeitsablaufs entfällt. Dies hat es auch ermöglicht, die zeitgleich erfolgte Weiterentwicklung der spanenden Werkzeuge besser zu nutzen. Dadurch ließen sich die Schnittgeschwindigkeiten, der Vorschub und die Spantiefen bis zur Leistungsgrenze der Werkzeuge voll nutzen, was wiederum die **Zerspanungsleistung** der Maschinen erheblich verbessert.

Durch diese Leistungssteigerungen haben sich auch die Anforderungen an die Maschinen bezüglich Steifigkeit und installierter Antriebsleistung erhöht.

Bei **großen Maschinen** zur Bearbeitung großer Werkstücke ergeben sich durch das Werkstückgewicht und dessen Größe engere Grenzen bezüglich eines automatischen Werkstück- und Werkzeugwechsels. Deshalb müssen für diese Maschinengrößen immer anwendungsspezifische Lösungen entwickelt werden.

Bei Maschinen für die **Bearbeitung kleinerer Werkstücke** bieten sich jedoch mehrere Ansatzpunkte für eine weitergehende Verbesserung der Gesamtmaschine. So ist bei kleineren und mittleren Drehmaschinen die schon bei Kopierdrehmaschinen eingeführte Lösung mit hinten liegende Maschinenbett – schräg oder senkrecht – eingesetzt worden. So fallen die Späne nicht auf das Maschinenbett und die Späneentsorgung wird nicht behindert, da direkt unter dem Werkstück Platz für den Einbau eines Späneförderers entsteht.

Für den Bediener wird auch der Zugang zu den Werkzeugen und dem Werkstück wesentlich erleichtert.

Weiterhin ist durch den Einbau kompakter, drehzahlregelbarer Drehstrommotoren eine **neue Bauform von Drehmaschinen** mit hängender, senkrechter Spindel entstanden. Hierbei werden die Längs- und Planbewegungen von der Spindel und nicht vom Werkzeug ausgeführt *(Bild 5.1)*. Dies ermöglicht auch den einfachen Werkstückwechsel nach dem Pick-up-Prinzip, die Zwei-Seiten-Bearbeitung von oben und unten bei Maschinen mit zwei Spindeln, sowie bei der Innenbearbeitung einen verbesserten Spänefall. Gleichzeitig wird auch hier ein guter Zugang zu Werkzeugen und Werkstück erreicht und unterhalb des Arbeitsraums entsteht Platz für den Späneförderer.

Bei großen Drehmaschinen wurde die Bauform der konventionellen Maschinen beibehalten, bei Maschinen für lange Werkstücke also das waagerechte Bett, bei kurzen Werkstücken die Karussell-Bauform. Bei Längs- bzw. Wellendrehmaschinen kann ein Späneförderer evtl. im Innenraum des Bettes untergebracht werden. Bei Karusselldrehbänken erschwert die waagerechte Spannfläche die Abfuhr der Späne. Eine automatische Spänebeseitigung, insbesondere bei Innenbearbeitung, ist kaum möglich.

Die freie Programmgestaltung und die praktisch unbegrenzte Dateneingabe haben bei Drehmaschinen zu Ausführungen mit **zwei oder drei Supporten** geführt, die unabhängig, aber in wechselseitiger Abstimmung arbeiten. Das ermöglicht eine Verringerung der Stückzeit und vergrößert die Zahl der verfügbaren Werkzeuge.

Sogar speziell für die automatische Fertigung entwickelte Drehautomaten, bei denen die Werkzeugbewegungen konventionell durch Kurvenscheiben erzeugt wurden, wie beispielsweise Mehrspindelautomaten, wurden inzwischen auf numerische Steuerung umgebaut. Dabei wurde aber die grundsätzliche Maschinenkonfiguration beibehalten

Bei den **Bohrmaschinen** ist die Radialbohrmaschine mit ihren nichtkartesischen Verfahrrichtungen gar nicht übernommen worden. Standardausführung ist nunmehr die Bauform mit vertikaler Spindel und waagerechtem Werkstücktisch. Die Aufteilung der Achsen auf Tisch und Ständer folgt dabei in Abhängigkeit vom Arbeitsbereich den konventionellen Vorgängern. Die Automatisierung macht jedoch einen automatischen Werkzeugwechsel mit einem entsprechenden Einfluss auf die Maschinenkonfiguration fast obligatorisch.

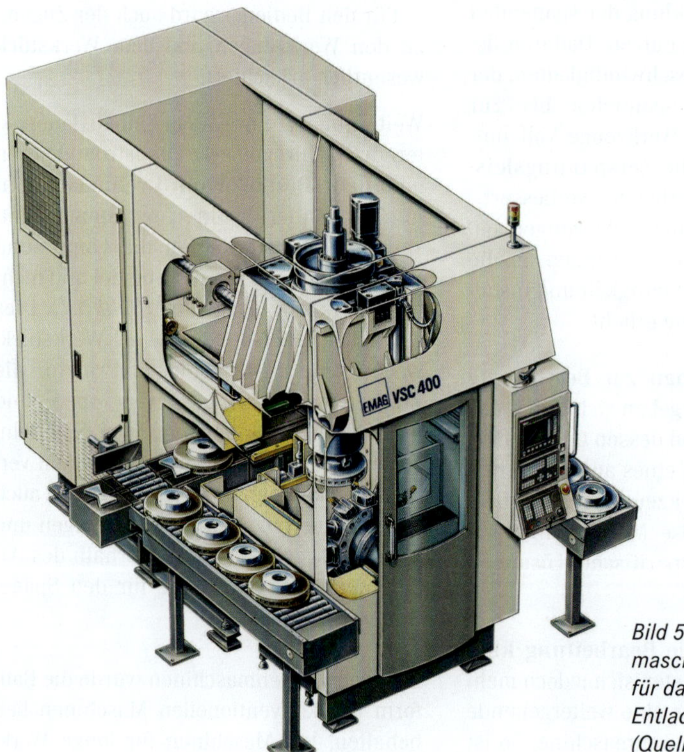

Bild 5.1: Senkrecht-Drehmaschine mit Pick-up-Prinzip für das automatische Be- und Entladen von Werkstücken. (Quelle: EMAG)

Auch bei den **Fräsmaschinen** sind Maschinenkonfigurationen zu finden, die es bereits bei den konventionellen Maschinen schon gab. Die numerische Automatisierung hat durch die freizügige Programmgestaltung aber den Trend zur Komplettbearbeitung ausgelöst und damit eine neue Maschinenart entstehen lassen: das **Bearbeitungszentrum**, eine Maschine, die alle mit umlaufendem Werkzeug erfolgenden Bearbeitungen ermöglicht. Das macht natürlich einen entsprechen dimensionierten Werkzeugwechsler und zu den drei translatorischen Achsen auch noch eine oder sogar zwei rotatorische Achsen notwendig. Im Aufbau entsprechen diese Maschinen vorwiegend auch den bei konventionellen Maschinen, besonders Bohrwerken, schon bekannten Strukturen. Für die Erweiterung des automatischen Ablaufs sind diese Maschinen meist auch mit einem automatischen Werkstückwechsel ausgerüstet. Diese **Zusatzeinrichtungen** beeinflussen natürlich auch die Struktur der Grundmaschine.

Bei allen diesen Maschinen mit waagerechter Spannfläche besteht das Problem der Spänebeseitigung und der Unterbringung eines Späneförderers. In einigen wenigen Fällen bei Maschinen zur Bearbeitung kleiner Werkstücke wird deshalb das Werkstück bei **senkrechter Spannfläche** bearbeitet, nachdem es in der Spannstation auf der dort waagerecht liegenden Fläche gespannt wurde.

Auch bei den verschiedenen Arten von **Schleifmaschinen** wurde allgemein der Aufbau der zu Grunde liegenden konventionellen Maschine beibehalten, weil die Erfordernisse des Schleifprozesses vorrangig waren. Nur bei den kleineren Außenrundschleifmaschinen, bei denen traditionell die Längsbewegung dem Werkstück zugeordnet ist, wurde verschiedentlich der Aufbau einer Drehmaschine mit hinten liegendem geneigtem Bett übernommen, sodass der Schleifsupport die Längsbewegung ausführt.

Verzahnmaschinen sind ihrer Natur nach Einzweckmaschinen mit einem vollautomatischen Ablauf. Daher wurde ihr Aufbau beim Übergang auf eine numerische Steuerung völlig beibehalten.

Parallelkinematische Maschinen

Diese Maschinenbauweise bietet mehrere theoretische Vorteile, wie z. B. geringe zu bewegende Massen, günstige dynamische Eigenschaften, hohe Positions-Wiederholgenauigkeit. In der Praxis überwiegen jedoch die Nachteile, wie z. B. der relativ kleine Arbeitsraum, die teilweise geringen Schwenkwinkel und die aufgrund der erforderlichen Koordinatentransformation sehr aufwändige Steuerung. Die im kartesischen Koordinatensystem vorgegebenen Positionswerte müssen in schneller Folge in Sollwerte für die einzelnen Stabkinematiken umgerechnet werden. Daraus resultieren auch die zu geringen dynamischen Genauigkeiten. Elektronische Positionskorrekturen wären im Vergleich zu Maschinen mit linearen Achsen ebenfalls sehr aufwändig. Diese müssten für jede Position mit unterschiedlicher Winkellage mehrfach gemessen, gespeichert und winkelabhängig vorgegeben werden. Solange sich diese bestehenden Defizite nicht beseitigen lassen, wird sich diese Bauweise für präzise Werkzeugmaschinen nicht durchsetzen.

5.2 Maschinengestelle

Die Anforderungen an die Maschinengestelle entsprechen im Grundsätzlichen weitestgehend denen bei konventionellen Werkzeugmaschinen. Die **höheren Genauigkeitsanforderungen** erfordern allerdings eine Optimierung in Bezug auf die statische und dynamische Steifigkeit. Für eine ungestörte automatische Fertigung ist zudem eine möglichst hohe **thermische Stabilität** bzw. niedrige thermische Drift wichtig, sodass Temperaturänderungen von der Umgebung her oder durch Wärmequellen in der Maschine nicht zu schleichend anwachsenden Positionsabweichungen in der Maschine führen. Die Wärmequellen in der Maschine können sich insbesondere durch die höheren umgesetzten Leistungen nachteilig bemerkbar machen, sei es durch heiße Späne, die lokal das Maschinengestell aufheizen, sei es durch den hoch belasteten Hauptantriebsmotor, sei es durch die Wärme, die die Lager einer schnell laufenden Arbeitsspindel erzeugen. Hier sind Maschinengestelle aus Mineralguss wegen ihrer großen Masse und der schlechten Wärmeleitung des Betons vorteilhaft *(Bild 5.2)*.

Eine gewisse Gestaltungsfreiheit für die funktionswichtigen Maschinengestelle ergibt sich dadurch, dass CNC-Maschinen, insbesondere von kleinerer und mittlerer Größe, wie nachstehend noch abgeleitet wird, heute meist eine **allseitige Maschinenverkleidung** besitzen, sodass der Gesichtspunkt der Anmutung bei der Gestaltung der Gestelle unberücksichtigt bleiben kann.

Besondere Anforderungen werden an die im Lageregelkreis bewegten Maschinenteile bezüglich **ihres Gewichtes** gestellt, besonders wenn sie mit einem Linearantrieb positioniert werden. Durch Steifigkeitsoptimierung mit Hilfe der FEM-Analyse sowie Gewichtsreduzierung durch Topologieoptimierung konnten für Maschinenschlitten sowohl in Gussausführung aber insbesondere bei geschweißten Konstruktionen erhebliche Vorteile erzielt werden *(Bild 5.2 und 5.3)*.

Faserverbundwerkstoffe konnten sich bisher aus Kostengründen in der Serienfertigung nicht durchsetzen.

5.3 Führungen *(Bild 5.4 und 5.5)*

Generell werden an die Führungen, insbesondere die Bewegungsführungen, die während der Arbeit der Maschine bewegt werden, folgende Forderungen gestellt:

- geringe Reibung, kein Stick-Slip-Effekt, um genaues Positionieren zu ermöglichen,
- hohe Steifigkeit, um Betriebslasten ohne unzulässige Verlagerungen aufzunehmen,
- hohe Dämpfung, um Schwingungen zu unterdrücken,
- geringer Verschleiß, um einen langen Erhalt der Genauigkeit zu gewährleisten,
- niedrige Kosten.

Diese Anforderungen wurden bei konventionellen Werkzeugmaschinen von **Gleitführungen** der verschiedensten Ausführungen hinreichend erfüllt. Sie waren hoch belastbar und betriebssicher und hatten ein gutes Dämpfungsvermögen. Einen niedrigen Reibwert und Stick-Slip-Freiheit konnte man durch Ausfütterung mit Kunststoff-Gleitbelägen erreichen.

Der Lageregelkreis stellt aber bezüglich niedriger Reibung und Stick-Slip-Freiheit besonders hohe Anforderungen, um hohe Positioniergenauigkeiten zu erreichen. Daher werden bei numerisch gesteuerten Maschinen heute zunehmend **Wälzführungen** der verschiedensten Ausführungen eingesetzt. Diese werden von spezialisierten Herstellern geliefert und sind preiswert geworden. Dieser Trend wird unterstützt durch die heute zur Zeitersparnis eingeführten hohen Eilganggeschwindigkeiten, bei denen der niedrige Reibwert leichtere Vorschubantriebe ermöglicht. Eine weitere Verbesserung, insbesondere im Dämpfungsverhalten, wird mit **Hydrostatikführungen** erreicht. Von einigen Wälzlagerherstellern werden diese serienmäßig angeboten.

Bild 5.2: Maschinengestell aus Mineralguss und Maschinenschlitten auf der 45°-Schrägführungsbahn in geschweißter Leichtbauweise.

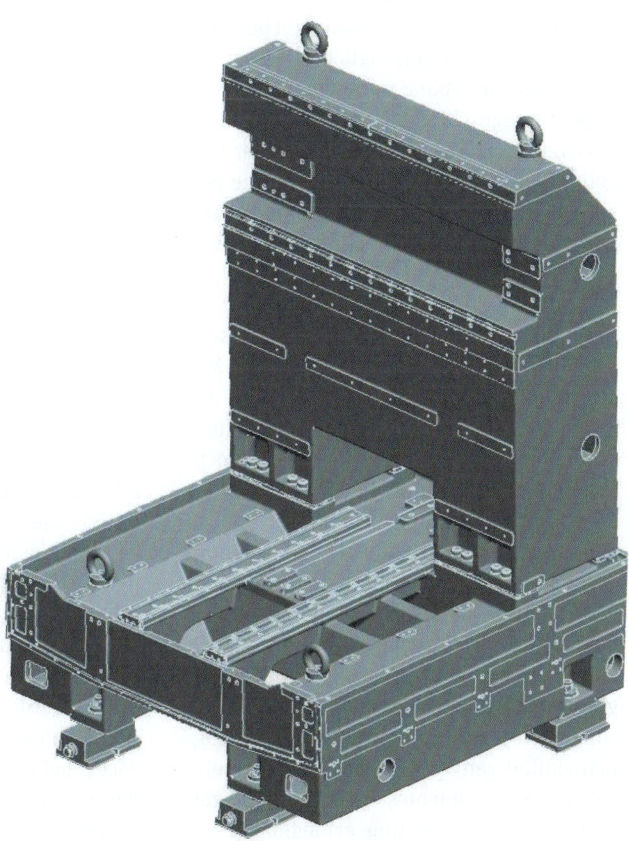

Bild 5.3: Maschinengestell aus Grauguss.

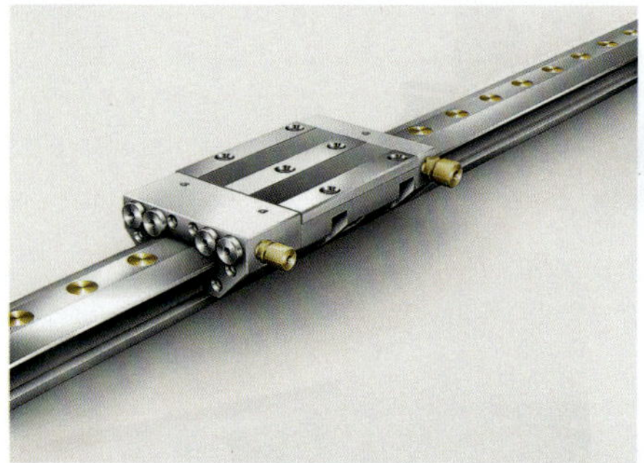

Bild 5.4: Hydrostatikführung mit identischen Abmessungen wie eine Linear-Wälz-Führung um die Austauschbarkeit zu gewährleisten. (Quelle: INA)

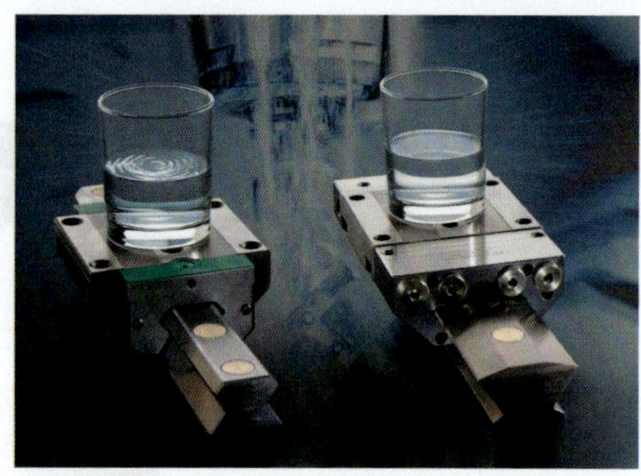

Bild 5.5: Dämpfungsversuch: Links mit einer Wälzführung, rechts mit einer Hydrostatik-Führung. (Quelle: INA)

5.4 Maschinenverkleidung

Im Teil 3 Kapitel 3.3 Hauptspindelantriebe wird darauf hingewiesen, dass der automatische Arbeitsablauf die volle Ausnutzung der hohen Leistungsfähigkeit heutiger Schneidwerkzeuge ermöglicht. Das hat zur Folge, dass die Späne mit hoher Geschwindigkeit weggeschleudert werden und damit Verletzungsgefahr für Personen in der Umgebung besteht. Dem muss durch eine entsprechende Verkleidung und **Absicherung des Arbeitsraumes** Rechnung getragen werden.

Bei kleinen und mittleren Maschinen sind solche Verkleidungen meist eine am Maschinenkörper angebrachte allseitige, oft mit dem Schaltschrank kombinierte und sogar nach oben geschlossene Blechkonstruktionen. Damit bilden sie mit der Maschine eine Transporteinheit, eine so genannte Hakenmaschine. Die Maschinenverkleidungen dienen dann nicht nur dem Späneschutz, sondern halten das vernebelte **Kühlmittel** zurück und bilden auch einen guten Schutz gegen das **Prozessgeräusch.** Sie sind zentrales Mittel für den Unfallschutz und unterliegen diesbezüglich vielfältigen Vorschriften. Andererseits sollen sie ein leichtes Bedienen, Pflegen und Warten der Maschine ermöglichen. Sie müssen daher umfangreichen Anforderungen genügen, die sich oft widersprechen.

So müssen die Verkleidungen den Arbeitsraum für das Einrichten und den Werkstückwechsel gut zugänglich machen. Sie haben dazu meistens große Türen, um den Arbeitsraum freizugeben. Diese müssen bei arbeitender Maschine aber verriegelt sein oder den Arbeitsablauf beim Öffnen wenigstens sofort unterbrechen. Die Türen und oft auch andere Teile der festen Verkleidung sind mit Fenstern versehen, damit der Arbeitsablauf gefahrlos beobachtet werden kann. Diese Fenster müssen dem „Beschuss“ mit Spänen standhalten, ohne blind zu werden. Das ist nur mit Silikatglas möglich. Andererseits müssen sie aber bei nicht grundsätzlich vermeidbaren Kollisionen auch dem Anprall großer Teile, z. B. wegfliegender Werkstücke, Spannmittel oder Werkzeuge, standhalten. Da ist eine elastische Kunststoffscheibe günstiger. Deshalb werden hier oft Verbundscheiben eingesetzt. Wichtig ist auch, dass die Scheibe in einem Rahmen fest verankert ist, sodass sie nicht leicht herausgedrückt werden kann.

Die ganze Maschine einschließende Verdecke behindern vielfach den Zugang zu Bereichen, die für Reinigungs- und Wartungsarbeiten zugänglich sein müssen. Sie müssen deshalb leicht abnehmbar oder zu öffnen sein.

Oft wird auch die Bedientafel mit der Tastatur und dem für die CNC und mit weiteren Bedienelementen für die manuelle Betätigung der Maschinenbewegungen für das Einrichten und für Wartungsarbeiten in der Verkleidung integriert.

Schließlich bestimmen die Verdecke ganz wesentlich das Erscheinungsbild der Maschine und sind daher wichtiger Ansatzpunkt für ihre Gestaltung.

5.5 Kühlmittelversorgung

Da sich das Werkzeug bei CNC-Maschinen frei im Arbeitsraum bewegen kann, muss die Zufuhr des Kühlmittels mit dem Werkzeug gekoppelt werden. Dazu wird bei Drehmaschinen das Kühlmittel über den Revolver dem in Arbeitsstellung befindlichen Werkzeughalter zugeführt, der es über ein voreingestelltes Rohr der Schneide zuführt. Bei umlaufenden Werkzeugen wird es über die Arbeitsspindel dem Werkzeug zugeführt. Wegen der starken Vernebelung wird aber zunehmend auf **Trockenbearbeitung** übergegangen.

5.6 Späneabfuhr

Infolge der hohen Produktivität numerisch gesteuerter Werkzeugmaschinen fällt eine große Menge Späne pro Zeiteinheit an, die ohne Beeinträchtigung des Arbeitablaufs aus der Maschine herausgebracht werden sollte. Auf die Probleme des freien Spänefalls und die Unterbringung der dazu notwendigen Späneförderer in der Maschine wurde im Zusammenhang mit der Maschinenkonfiguration schon eingegangen.

Je nach Form der Späne werden verschiedene Arten von Förderern eingesetzt. Am weitesten verbreitet und am universellsten sind **Scharnierbandförderer**. Für sehr kleine und krümelige Späne sind **Kratzenförderer** besser geeignet. **Magnetförderer** sind nur bei Stahlspänen einzusetzen.

5.7 Zusammenfassung

Der durch die numerische Steuerung ermöglichte automatische Arbeitsablauf hat einen unfangreichen Einfluss auf die Maschinengestaltung, weil die andauernde Bedienung und Beobachtung durch den Facharbeiter entfällt. Damit wird es möglich, die Maschine ganz auf die optimale Durchführung der Bearbeitung auszulegen und die gestiegene Leistungsfähigkeit der Werkzeuge voll auszunutzen. Dies macht eine entsprechend hohe Leistung des Hauptantriebs und einen allseitig geschlossenen Arbeitsraum nötig. Die große Produktivität der Maschinen hat einen hohen Anfall von Spänen zur Folge, die automatisch abgeführt werden müssen.

Den aufgrund des automatischen Arbeitsablaufs erhöhten Anforderungen an die Genauigkeit muss insbesondere bei der Gestaltung der Maschinenkörper und der Führungen Rechnung getragen werden.

Aber auch die Lageregelkreise der CNC stellen Forderungen an die Gestaltung der Maschinen. So sollten bewegte Teile, insbesondere bei Antrieb durch Linearmotoren, möglichst leicht sein. Die Führungen sollten geringe Reibung haben und stick-slipfrei sein.

Weitere Anforderungen an die Maschinengestaltung gehen von dem automatischen Werkzeug- und Werkstückwechsel aus, der oft einen erheblichen Platzbedarf hat.

Einfluss der CNC auf Baugruppen der Maschine

Das sollte man sich merken:

1. CNC-Maschinen sind automatisch arbeitende Maschinen. Sie sind nicht von der Bedienung durch den Facharbeiter abhängig. Deswegen haben sie oft einen anderen Aufbau als konventionelle Maschinen. Insbesondere sollten sie, auch wegen des Arbeitens mit sehr hohen Schnittgeschwindigkeiten, einen allseitig geschlossenen Arbeitsraum haben.
2. Die Maschinengestelle sollten eine hohe statische, dynamische und thermische Stabilität haben, um eine ungestörte automatische Fertigung zu erreichen.
3. Die hohen Anforderungen an die Führungen haben bewirkt, dass zunehmend Wälzführungen eingesetzt werden.
4. Maschinenverkleidungen haben sehr unterschiedliche Aufgaben:
   - Schutz vor umherfliegenden Spänen,
   - Zurückhalten des Kühlmittelnebels,
   - Beobachten des Arbeitsablaufs ermöglichen,
   - Rüsten der Maschine und Aufspannen des Werkstücks ermöglichen,
   - Zurückhalten von bei Kollisionen wegfliegenden Teilen.
5. Die Kühlmittelzufuhr muss mit dem Werkzeug gekoppelt werden, bei umlaufendem Werkzeug muss es durch die Spindel zugeführt werden.
6. Die Späne müssen so abgeführt werden, dass sie nicht den Arbeitsablauf stören und auch nicht das Maschinengestell lokal aufheizen.
7. Durch den Einbau kompakter, drehzahlregelbarer Drehstrommotoren mit stabilem Haltemoment ist eine **neue Bauform von Drehmaschinen** mit hängender, senkrechter Spindel entstanden. Hierbei werden die **Längs- und Planbewegungen von der Spindel ausgeführt** und nicht vom Werkzeug. Dies ermöglicht auch den einfachen Werkstückwechsel nach dem **Pick-up-Prinzip,** die Zwei-Seiten-Bearbeitung von oben und unten bei Maschinen mit zwei Spindeln.

■

3

Elektrische Antriebe für CNC-Werkzeugmaschinen

1 Antriebsregelung für CNC-Werkzeugmaschinen

Hans B. Kief, Jan Meyer

Die exakte Führung der von einer CNC berechneten Werkzeugbahn in Kombination mit der Spindeldrehzahl sind die wichtigsten Funktionen zur Erzeugung maßhaltiger Werkstücke. Dazu muss auch bei simultaner Bewegung von 2, 3 oder mehr NC-Achsen die programmierte Schnittgeschwindigkeit am Werkstück exakt eingehalten werden. Die während der Bearbeitung oft wechselnden Schnittkräfte sind Störeinflüsse, die schnell ausgeregelt werden müssen. Dieses exakte und stabile Einhalten der programmierten Positions- und Geschwindigkeitswerte ist Aufgabe einer präzisen und dynamischen Regelung der Antriebe.

1.1 Definition

Die Begriffe Steuerung und Regelung werden fälschlicherweise oft synonym verwendet. Eine **Steuerung** gibt lediglich Werte vor, ohne den Ist-Zustand zu prüfen. Beim Einwirken von Störungen werden diese nicht erkannt und es entstehen Abweichungen von der gewünschten Sollgröße. Daraus würden bei der NC-Bearbeitung Ungenauigkeiten am Werkstück entstehen. Da aber die vorgegebenen Werte möglichst exakt eingehalten werden müssen, ist die Regelung von Vorschubgeschwindigkeit und Spindeldrehzahl bei CNC-Maschinen unverzichtbar.

Regelung bezeichnet explizit einen geschlossenen Informationskreislauf, bei dem der Istwert der Regelgröße zurückgeführt und mit dem Sollwert verglichen wird. Aus der Regeldifferenz und der Reglerverstärkung ergibt sich die Stellgröße, mit dessen Hilfe die Regelgröße (z. B. Drehzahl oder Position) erreicht bzw. eingehalten werden soll.

Regelungstechnik ist eine Ingenieurwissenschaft, die für viele technische Prozessabläufe benötigt wird. Das besagt bereits, dass dieses Thema mit Mathematik und Formeln verbunden ist. In diesem Kapitel sollen jedoch nur die funktionellen Zusammenhänge der Regelungstechnik erläutert werden. In der CNC-Technik handelt es sich dabei in erster Linie um die Regelung von Spindeldrehzahl und Bewegungen der NC-Achsen.

Die prinzipielle Grundstruktur eines Standard-Regelkreises zeigt *Bild 1.1*.

Bild 1.2 zeigt die **Sprungantwort**, d. h. die Reaktion der Spindeldrehzahl auf eine sprungförmige Sollwertänderung, und zwar links einer nicht optimierten und rechts einer optimierten Reglereinstellung. Es ist deutlich zu erkennen, dass die Kurve der optimierten Reglereinstellung dem Sollwert (blau) wesentlich schneller und genauer folgt als die der nicht optimierten Einstellung.

Beim Abgleich der Reglereinstellung widersprechen sich meistens zwei Forderungen, nämlich die Solldrehzahl **in kürzester Zeit** zu erreichen, jedoch **ohne** Überschwingen. Dies könnte bei einer spanenden Bearbeitung zu unerwünschtem Materialabtrag und Fehlern am Werkstück führen.

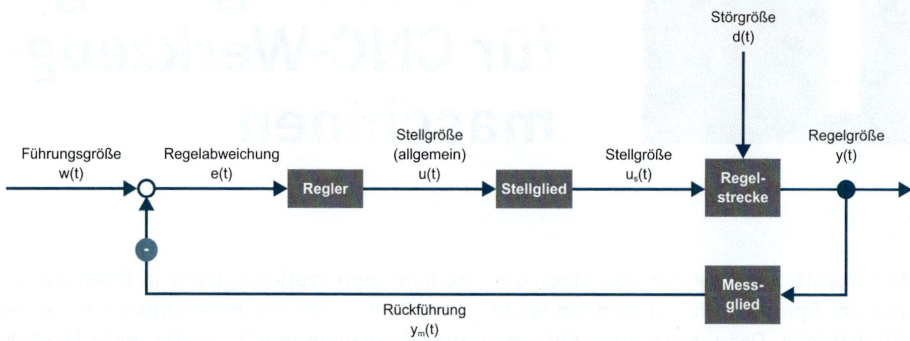

Bild 1.1: Standard-Blockdiagramm. In einem Drehzahl-Regelkreis bedeuten die Bezeichnungen:
Führungsgröße = Drehzahl-Sollwert
Regelabweichung = Soll-Istwert-Differenz
Stellgröße = Sollwert für das Stellglied (Verstärker)
Regelstrecke = Servomotor + Mechanik
Störgröße = z. B. Belastungsänderungen
Regelgröße = Drehzahl
Messglied = Drehzahlmessgerät
Rückführung = Drehzahl-Istwert

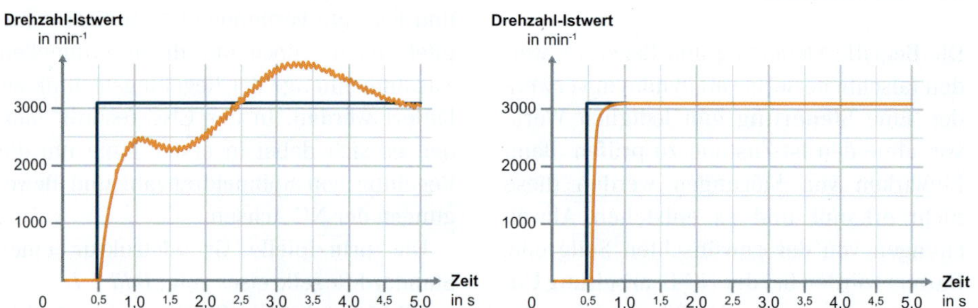

Bild 1.2: Sprungantworten (dynamisches Verhalten) einer drehzahlgeregelten Hauptspindel, links mit Regler-Standardwerten, rechts mit optimierten Reglereinstellungen. Blau: Sollwert, rot: Istwert.

1.2 Achsmechanik

Um die Funktionsweise der Antriebsregelung **einer NC-Achse** zu erläutern betrachten wir zunächst die Achs-Mechanik. Vereinfacht ergibt sich der mechanische Aufbau einer Achse wie in *Bild 1.3* dargestellt.

Jede NC-Achse ist aus verschiedenen Komponenten aufgebaut, wie z.B. Motor, Kupplung, Getriebe, Kugelumlaufspindel. Diese haben bei unterschiedlichen Maschinen unterschiedliche mechanische Eigenschaften, die wiederum im Zusammenspiel das dynamische Verhalten der Achse (Trägheitsmoment, Resonanzen, Reibung ...) bestimmen.

Um eine bestmögliche Bewegungsführung zu erreichen, d.h. die Achse bei hoher Dynamik präzise entlang einer programmierten Werkstückkontur zu führen, ist es erforderlich, die Regler der Steuerung an die aktuelle Mechanik anzupassen und die Reglereinstellung anlagenspezifisch zu optimieren.

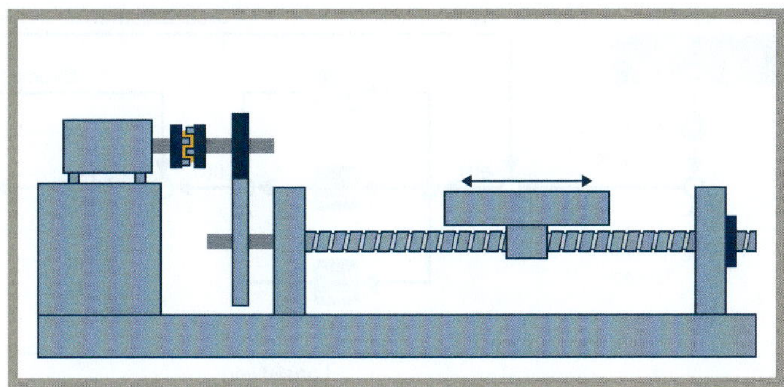

Bild 1.3: Vereinfachter mechanischer Aufbau einer Maschinenachse.

Als nächstes soll die Erzeugung der **Sollwerte**, d.h. die von der CNC vorgegebenen Positionswerte, betrachtet werden. Diese werden durch das NC-Programm bestimmt, denn dort werden Bahn-Vorschübe und die Kontur des Werkstücks definiert. Hieraus errechnet die CNC fortlaufend Positions-, Geschwindigkeits- und Beschleunigungswerte für jede der beteiligten Achsen. Zusätzlich wird die Einhaltung gewisser Grenzen sichergestellt: Stellglied und Motor sind für eine begrenzte Stromstärke ausgelegt, die Mechanik für eine Belastung mit einer maximal zulässigen Kraft bzw. Drehmoment. Diese Grenzwerte bestimmen die zulässige Beschleunigung. Damit soll sichergestellt werden, dass weniger Schwingungen der Mechanik entstehen und das Ruckverhalten, d.h. die Beschleunigungsänderung, begrenzt wird. Die von der CNC errechneten Positions- und Geschwindigkeitswerte werden unter Beachtung dieser Grenzwerte in Form von fortlaufenden Sollwerten als **Führungsgröße** an die Antriebs-Regelung ausgegeben.

1.3 Analoge Regelung

Um eine hochdynamische, präzise Bewegungsregelung bei CNC-Maschinen zu realisieren ist eine relativ komplexe Reglerstruktur erforderlich, die im Folgenden vereinfacht erläutert werden soll *(Bild 1.4)*.

Wichtigste Aufgabe der **Positionsregelung** ist, mit einer entsprechenden Motordrehzahl eine **programmierte Position** möglichst schnell zu erreichen und zu stabilisieren, oder einer **berechneten Bahnkurve** präzise zu folgen. Die erreichten Lage-Istwerte werden ständig durch ein Messsystem kontrolliert. In der CNC wird die tatsächliche Position **(Istwert)** mit der errechneten Position **(Sollwert)** verglichen. Aus der Differenz ergibt sich der Drehzahlsollwert. Der **Drehzahl-Regler** „regelt" diesen Vorgang ständig, um alle Drehzahl-Sollwerte genau einzuhalten.

Um für alle Servomotoren **Position und Drehzahl gleichzeitig** zu regeln, bedient man sich des Konzepts geschachtelter Regelschleifen, auch als **kaskadierte Regelkreise** bezeichnet *(Bild 1.4)*. Somit ist es einfacher, die Sollwerte und die Regler der einzelnen Regelkreise getrennt voneinander optimal einzustellen.

Bei CNC-Maschinen ist der **Lageregelkreis** die wichtigste, äußerste Struktur. Die Drehzahlregelschleife folgt als nächstes, sie wird vom Ausgang des Lagereglers (= Regelabweichung) der CNC gespeist. Das bedeutet, dass der Stromregler seinen Sollwert vom Drehzahlregler erhält. Somit lässt sich eine Drehzahl einstellen, ohne dabei explizit den Strom vorher berechnen zu müssen. Die erforderliche Stromstärke ergibt sich dann aus den kaskadierten Reglerkreisen. Die Rückführung des Stromistwertes übernimmt hierbei auch die wichtige Aufgabe der **Strombegrenzung** für den Motor, um die vorgegebenen Grenz-

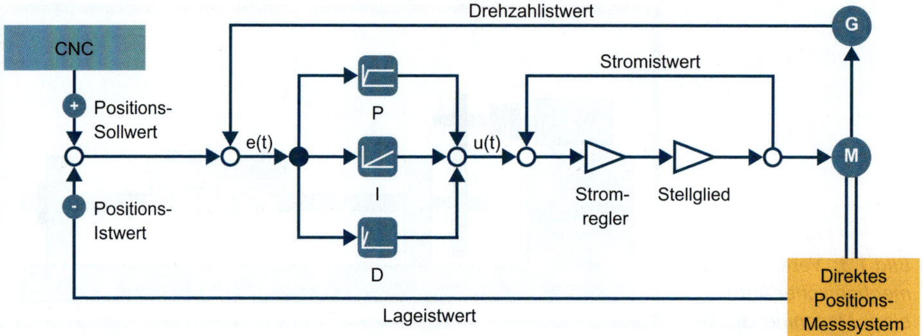

Bild 1.4: Analoge Positionsregelung eines Servoantriebs mit überlagerten (kaskadierten) Regelkreisen für Motorstrom, Drehzahl und Position. Für einen Synchron-Motor käme noch ein weiterer Regelkreis für die „elektronische Kommutierung" hinzu.

werte für Drehmoment und Erwärmung nicht zu überschreiten.

Die beschriebenen Strukturen eines kaskadierten Regelkreises sind deutlich erkennbar: Lageregler, Drehzahlregler, Stromregler.

1.4 Analoge vs. digitale Regelung

Bild 1.5 zeigt die vereinfachte Struktur eines **digitalen** Regelkreises. Am Beginn der Wirkkette steht wieder die CNC. In deren Interpolator wird die Geometrie des zu fertigenden Werkstücks in einzelne mathematisch definierte Abschnitte bzw. in lineare Polygonzüge pro Achse zerlegt und einzuhaltende Begrenzungen bei der Sollwert-Berechnung berücksichtigt. Vom Interpolator werden in der numerischen Steuerung zyklisch und in gleichbleibenden, kurzen Zeitabständen die Lagesollwerte für jede Maschinenachse errechnet.

Es folgen noch Filter für die Einhaltung von Toleranzen, Maximalgeschwindigkeit, Beschleunigung und Ruck, sowie einige Lagesollwert-Filter, die u.a. der Minimierung des **Schleppabstands** der an einer Bahn beteiligten Achsen dienen *(Bild 1.9)*. Der sich daraus ergebende fortlaufende Lagesollwert wird ständig in den Regelkreis eingespeist.

Numerische Steuerungen und Antriebstechnik haben in den vergangenen Jahren einen hohen Leistungsstandard erreicht. Lange Zeit stand nur eine international genormte, analoge ± 10 Volt Antriebsschnittstelle zur Steuerung der Antriebe zur Verfügung. Deshalb wurden noch bis vor einigen Jahren Antriebsregelungen vorwiegend mittels der analogen Schnittstellen realisiert. Heute geschieht dies vorzugsweise digital. Hierbei übernimmt ein Mikrocontroller die Aufgaben des digitalen Reglers. Dies bringt den Vorteil mit sich, dass die Regler sehr viel flexibler konfigurierbar und weniger anfällig für Störungen sind. Zudem lassen sich die einzelnen Regelkreise automatisch aufeinander abstimmen. Auch die Istwerte werden heute digital zurückgeführt und direkt verarbeitet, sodass D/A-Umsetzer entfallen.

Der **theoretische Nachteil** digitaler Regelkreise ist, dass kein kontinuierlicher Signalfluss mehr erfolgt, sondern alle Messwerte gleichzeitig „abgetastet" werden müssen. Die Häufigkeit der Abtastung, d.h. die **Abtastfrequenz** bestimmt hierbei die Reglerdynamik. Je höher die Abtastfrequenz, desto präziser ist die Regelgüte. Durch die hohe Leistungsfähigkeit der Prozessoren lässt sich ein insgesamt sehr viel besseres Regelkreisverhalten erzielen als bei analogen Antrieben.

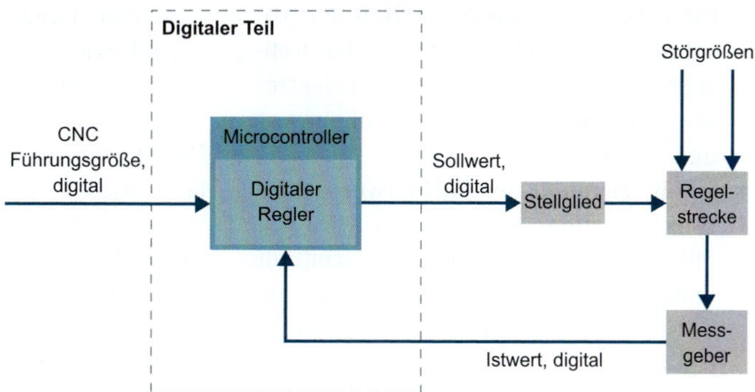

Bild 1.5: Vereinfachte Reglerstruktur eines digitalen Achsantriebs. Der digitale Teil des Reglers befindet sich innerhalb der gestrichelt umrandeten Fläche. Alle anderen Teile funktionieren weiterhin analog oder in neueren Regelkreisen ebenfalls digital.

Aus dem Wirkschaltbild *(Bild 1.5)* eines typischen digitalen Regelkreises geht hervor, dass das Leistungs-Stellglied und die Regelstrecke (der AC-Servomotor) weiterhin mit analogen Signalen arbeiten könnten. Lediglich der **Mikrocontroller** übernimmt die Aufgabe eines digitalen Reglers, indem er einen programmierten Regelalgorithmus ausführt. Dazu gehören auch Anweisungen, die das Einlesen der Messwerte steuern und die berechneten Stellgrößen wieder ausgeben. Das alles kann nur periodisch mit der Abtastfrequenz und gleichzeitig für alle Messwerte wiederholt werden.

1.5 Digitale intelligente Antriebstechnik

In heutigen digitalen Servoantrieben erfolgt die Erfassung und Verarbeitung der Messwerte digital.

- Die **Vorgabe** von Position und Drehzahl erfolgt von der CNC direkt als dezimale Zahlenwerte an den Positionsregler.
- Die Messung des **Drehzahl**-Istwerts wird mit einem inkrementalen Impulsgeber als Frequenz gemessen, elektronisch in den entsprechenden Zahlenwert umgerechnet und ausgegeben.
  Oder der Drehzahl-Istwert wird mit einem Winkel-Messystem oder Impuls-Drehgeber gemessen und durch die Differenz aus zwei Winkel-Istwerten pro Zeiteinheit ermittelt.
  Tachogeneratoren sind heute nicht mehr üblich.
- Die Messung der **Geschwindigkeit einer Vorschubachse** wird bei **Linearantrieben** durch die Differenz aus zwei Positions-Istwerten eines **direkten linearen Messystemen** pro Zeiteinheit ermittelt,
  Oder durch Messung der Drehzahl des Vorschubmotors und Berücksichtigung der Spindelsteigung berechnet.
- Die Messung der **Rotationsgeschwindigkeit einer Drehachse (z.B. Drehtisch)** wird bei **Torqueantrieben** durch die Differenz aus zwei Winkel-Istwerten eines direkten rotatorischen Messystemen pro Zeiteinheit ermittelt.
  Oder durch Messung der Drehzahl des Vorschubmotors und Berücksichtigung der Übersetzung berechnet.
- Die Messung der **Achsen-Position** (Positions-Istwert).
  Ein **analoger Positionsgeber** (Synchros, Resolver, Inductosyn) erfasst die Position zyklisch-analog.
  Der Messwert wird meist schon am Geber digitalisiert und als Zahlenwert im Regelkreis verarbeitet.
  Oder: Die **inkrementellen Messsysteme** (Impulsdrehgeber, Längenmaßstab) sind heute noch überwiegend Messsysteme mit 1Vpp sin/cos Messsignalen, also analogen Signalen, die dann über eine separate Elektronikbox Maschinen-nah oder im Schaltschrank digitalisiert werden.

Oder: Die Position wird als **digitaler Absolutwert** erfasst (Absolut codierter Drehgeber oder Längenmaßstab) und elektronisch in den entsprechenden Zahlenwert umgesetzt.

- Die Berechnung der **Soll-Istwert-Differenz** (Positions-Abweichung) wird im Mikrocontroller als Zahlenwert ermittelt und digital an den Signaleingang vom Verstärker/Frequenzumrichter ausgegeben.
- Die Ansteuerung des **Frequenzumrichters** zur Erzeugung der dreiphasigen **Wechselspannung** für den Antrieb erfolgt digital über die Soll-Istwert-Differenz. Die Spannungs-Ausgabe an den Motor ist jedoch **analog** bis etwa zur Nenndrehzahl. Für höhere Drehzahlen wird bei konstanter oder reduzierter Spannung nur deren Frequenz erhöht.
- Die **Winkelmessung der Rotor-Lage** eines Synchron-Servomotors erfolgt mittels analogem Drehgeber, wird aber heute meistens schon im Winkelmesssystem digitalisiert und an den Drehzahlregler gegeben, da dort die synchrone Feldregelung des Motors erfolgt

Die gesamte Signalverarbeitung eines digitalen intelligenten Antriebs kann heute mit einem Mikrocontroller erfolgen *(Bild 1.6)*. Dieser kann nicht nur die herkömmliche Drehmoment- und Geschwindigkeitsregelung übernehmen. Ohne zusätzlichen Aufwand können auch die **Feininterpolation** und die **Lageregelung** mit extrem kurzen Zykluszeiten und mit höchster Präzision im digitalen Regler erfolgen. Im Vergleich zur herkömmlichen analogen Lageregelung in der CNC werden dabei deutlich höhere Genauigkeiten erzielt, insbesondere bei hohen Geschwindigkeiten. Die Feininterpolation sichert dagegen bei niedrigen Vorschüben eine ruckfreie, gleichmäßige Bewegung. Die Nutzung dieser Möglichkeiten bringt außerdem Kostenreduzierungen durch Vereinfachung der CNC-Hardware und Einsparung von Verkabelung.

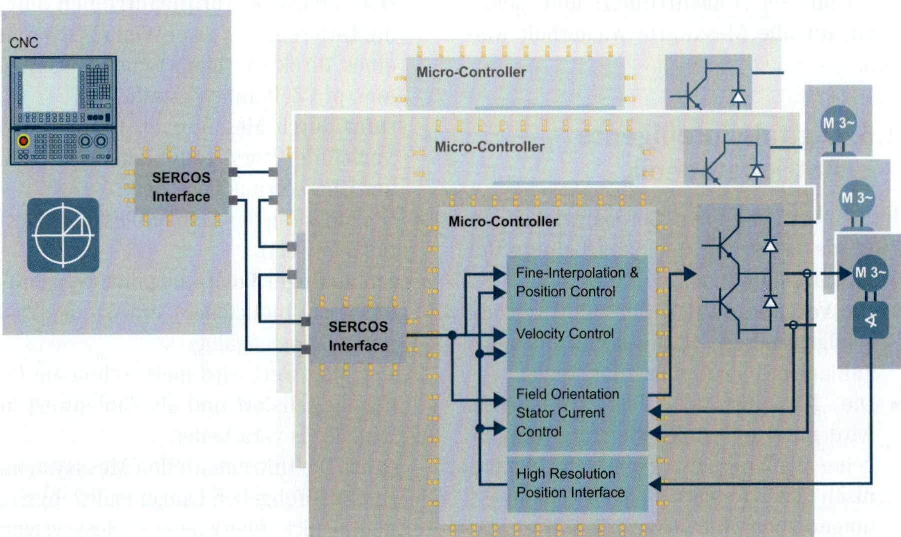

Bild 1.6: Anbindung mehrerer digitaler Regelkreise über SERCOSinterface an die CNC. Die Antriebsregler (Drive Micro Controller) übernehmen die Funktionen Geschwindigkeitsregelung mit Feininterpolation bei niedrigen Geschwindigkeiten, Feldschwächungsbereich des Stators (bei Asynchron-Motoren) und die hochauflösende Positionsmessung für die Feininterpolation. (Quelle: Sercos)

Diese Vorteile lassen sich allerdings nur über eine geeignete **digitale Schnittstelle** zur Steuerung erreichen. Da CNC-Maschinen meistens über mehrere Regelkreise für die NC-Achsen und die Hauptspindel verfügen, ist eine Anbindung **aller Regler** über ein leistungsfähiges Bussystem unumgänglich *(Bild 1.6)*. Beispielhaft seien hier SERCOSinterface oder ProfiNet erwähnt. Sercos III, die dritte Generation, und ProfiNet können fast beliebig viele Antriebe mit der Steuerung verbinden.

Digitale Antriebe arbeiten **zyklisch** bei der Soll- und Istwert-Übertragung. Diese Daten müssen in jedem Interpolationszyklus der Steuerung mit allen Antrieben **gleichzeitig aktualisiert** werden, um eine präzis aufeinander abgestimmte Drehzahlregelung mehrerer NC-Achsen zu ermöglichen. Diese ist erforderlich, um z.B. beim Fräsen komplexer Bahnen oder Flächen die vorgegebenen Toleranzen einzuhalten. Die Zeitpunkte, zu denen die Lage-Istwerte erfasst werden und die Zeitpunkte, zu denen die Sollwerte im Antrieb wirksam werden, sind für die präzise Koordination der Achsen ebenso bedeutend wie die Genauigkeit der interpolierten Lagesollwerte und die Messgenauigkeit.

1.6 Reglertypen und Regelverhalten

(Bild 1.7 und 1.8)

Grundsätzlich werden bei Servoantrieben drei verschiedene Reglertypen mit unterschiedlichen Regelverhalten eingesetzt:

- **P-Regler,** auch **Proportionalregler** genannt. Der Eingang dieses Reglers wird mit der konstanten Reglerverstärkung (KP) multipliziert und am Ausgang ausgegeben, d.h. die Ausgangsgröße y folgt der Eingangsgröße u proportional.

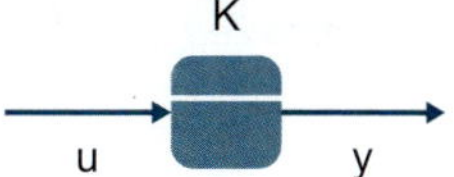

Vorteil: Sehr schnelle Reaktion auf die am Eingang anliegende Regeldifferenz aus Ist- und Sollwert.
Nachteil: Kaum Einfluss auf sehr kleine Regeldifferenzen, d.h. es muss rein physikalisch immer ein Regelfehler bestehen bleiben, da bei einer Regeldifferenz „Null" kein Ausgangssignal mehr vorhanden wäre.

- **I-Regler,** auch **integrierender Regler** genannt. Der Eingang wird über die Zeit interpoliert und mit der Nachstellzeit (T_N) gewichtet am Ausgang ausgegeben. Je länger eine Regeldifferenz anliegt, umso höher steigt der Ausgangswert. Damit erfasst der Regler auch den zurückliegenden Verlauf der Regeldifferenz.

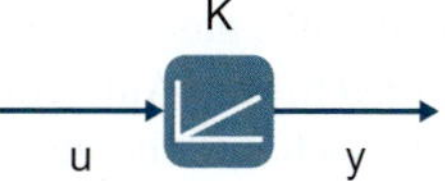

Vorteil: Kein bleibender Regelfehler, d.h. der I-Regler sichert eine stationäre Genauigkeit.
Nachteile: Kann Überschwingen der Regelgröße auslösen. Wegen seiner vergleichsweise langsamen Reaktion wird der I-Regler nie alleine verwendet.

- **D-Regler, Differentialregler**
Dieser Regler wird nur in Verbindung mit P- und I-Reglern eingesetzt. Er reagiert nicht auf die Höhe der Regelabweichung, sondern nur auf deren Änderungsgeschwindigkeit und kann deshalb nicht alleine regeln. D-Regler geben bei Sollwert-Sprüngen einen kurzen Impuls, um Reaktions- und Ausregelzeit zu verkürzen.

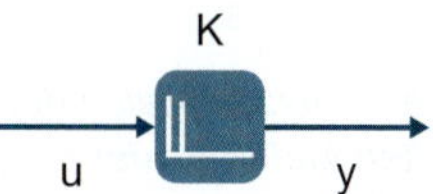

Vorteil: Verkürzt die Ausregelzeit
Nachteil: Führt bei falscher Parametrierung zu Schwingungsverhalten.

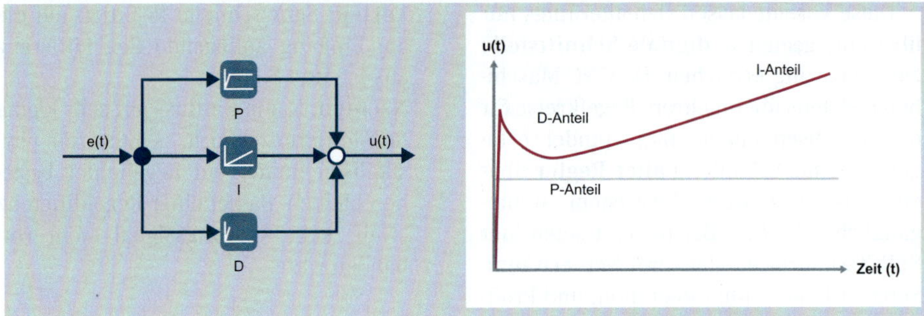

Bild 1.7: Links Parallelschaltung von P-, I- und D-Regler und rechts die Sprungantwort eines PID-Reglers.

- Ein **PID-Regler** besteht aus einer Parallelschaltung eines P-, I- und D-Reglers und kombiniert als „Universalregler" die Funktionen von P-, I- und D-Regler. Der P-Anteil „übernimmt" das Ausregeln großer Abweichungen, der I-Anteil dominiert bei kleinen, noch bestehenden Abweichungen und garantiert, dass keine dauerhafte Regelabweichung bestehen bleibt. Der D-Regler sorgt für eine kürzere Reaktionszeit.

Aus den Prinzip-Darstellungen geht **nicht** hervor, dass die Kennlinien jedes Reglers

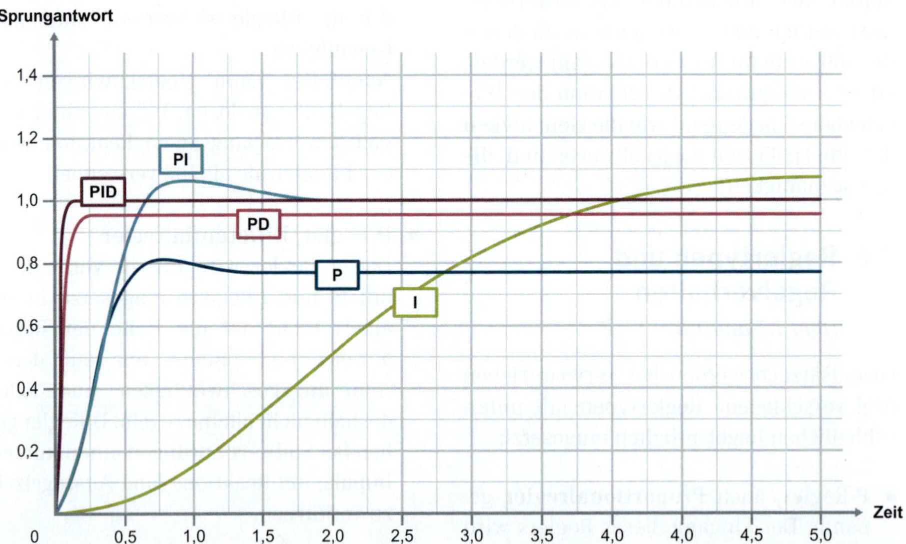

Bild 1.8: Drehzahlregelung; Vergleich des zeitlichen Verhaltens mit verschiedenen Reglertypen. Bei einer sprunghaften Änderung der Eingangsspannung (Sollwert-Sprung) erzeugen die unterschiedlichen Regler das jeweils dargestellte Verhalten der Drehzahl (= Sprungantwort der Regelstrecke).
Der richtig parametrierte PID-Regler zeigt hierbei das ideale Ergebnis: Kürzeste Zeit ohne Überschwingen.
Regler ohne I-Anteil weisen eine bleibende Regelabweichung auf.
(Quelle: Regelungstechnik – rn-wissen.de)

nicht nur bei positiven Sollwertsprüngen, sondern auch beim Abbremsen oder bei Drehrichtungsumkehr, d. h. bei negativen Sollwertsprüngen in gleicher Weise funktionieren müssen.

Zum Abgleich der 3 Reglertypen auf die Regelstrecke werden folgende **Parameterwerte** optimiert *(Bild 1.8):*

P-Regler: Der **Verstärkungsfaktor** p, d. h. U_a/U_e bis zum Grenzwert von U_a (± 10 Volt). Die Parametrierung dieses Reglers bestimmt maßgeblich den Kv-Faktor des Regelkreises und damit dessen Stabilität.

I-Regler: Die **Nachstell- oder Integrationszeit,** d. h. je größer diese Zeit, umso langsamer ändert sich der Ausgangswert U_a bis zum Grenzwert.

D-Regler: Höhe bzw. Dauer des Impulses (= Vorhaltezeit) in Abhängigkeit von der Änderungsgeschwindigkeit der Regelabweichung. Dies bedeutet, dass langsame Sprünge von U_e einen niedrigen, kurzen Ausgangsimpuls U_a erzeugen, schnelle Eingangssprünge einen hohen, evtl. auch länger dauernden D-Impuls.

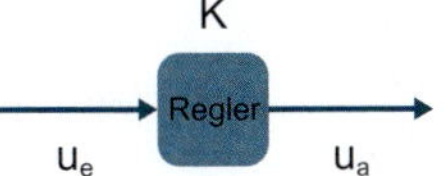

1.7 Kreisverstärkung und K_v-Faktor

Die **Kreisverstärkung** definiert in einem Standard-Regelkreis den **Verstärkungsfaktor,** wie z. B. bei der Drehzahlregelung. Der Verstärkungsfaktor ist dimensionslos und wird definiert durch das Verhältnis U_{ist}/U_{soll} bei geöffnetem Regelkreis am Soll-/Istwert-Vergleichspunkt.

Der **K_v-Faktor** dagegen definiert bei CNC-Maschinen die Vorschubgeschwindigkeit in m/min, bei der das Werkzeug einen Schleppabstand von 1 mm hat. Es ist im Prinzip ein Kennwert der dynamischen Genauigkeit einer NC-Achse und wird insbesondere durch die proportionale Regelkreisverstärkung bestimmt.

Der K_v-Faktor ist folglich ein Maß für die Verstärkung im **Positions-Regelkreis.** Damit ist er auch ein **Maß für die Steifigkeit des Antriebs und die dynamische Genauigkeit** der Maschine. Je genauer eine Kontur abgefahren werden soll, desto langsamer muss bei gleichem K_v-Faktor die Bewegung erfolgen. Soll bei gleicher Genauigkeit die Kontur schneller abgefahren werden, muss der K_v-Faktor erhöht werden. Dazu muss die mechanische Belastbarkeit der Maschine bekannt sein, da ein zu großer K_v-Faktor zu Schwingungen im Regelkreis und Instabilität des Antriebssystems führt, was sich wiederum negativ auf die Maschine und das Bearbeitungsergebnis auswirkt.

Deutlicher als bei der Kreisverstärkung zeigt der K_v-Faktor einer NC-Achse direkt den Einfluss des Verstärkungsfaktors auf das Verhalten der NC-Achse.

Die Einheit ist:

$$K_v = \frac{\textbf{Verfahrgeschwindigkeit in m/min}}{\textbf{Schleppabstand in mm}}$$

Mithilfe des ermittelten K_v-Faktors lässt sich auch berechnen, wie groß die **Positionsabweichung bei einer bestimmten Geschwindigkeit** ist. Darf ein bestimmter Schleppabstand nicht überschritten werden, um die vorgegebenen Toleranzwerte bei der Bearbeitung des Werkstücks einzuhalten, dann kann über den bekannten K_v-Faktor die maximal zulässige Verfahrgeschwindigkeit berechnet werden.

Je größer der K_v-Faktor, desto schneller kann die CNC-Maschine Teile bearbeiten und die geforderten Genauigkeiten einhalten. Dies lässt sich am sichersten mit direkten Linearantrieben erreichen.

Durchschnittliche **K_v-Werte** bei CNC-Maschinen liegen bei 1 bis 5 m/(min × mm). In Verbindung mit direkten Linearantrieben können die Maximalwerte je nach Maschine bis 10 m/(min × mm) erhöht werden.

Mit dem sog. **Kreisformtest** lässt sich

die Bahngenauigkeit einer Werkzeugmaschine überprüfen, der K_V-Faktor messen und falsch eingestellte K_V-Faktoren einzelner NC-Achsen erkennen und korrigieren.

1.8 Vorsteuerung

Da durch die Berechnungen des Bahn-Interpolators der CNC bereits bekannt ist, mit welcher Drehzahl und mit welchem Drehmoment die Positionen angefahren werden sollen, ist es möglich, den jeweils überlagerten Regler für diese Größen zu umgehen. Die berechneten Werte werden dann direkt auf den Ausgang der vorhergehenden Regler aufaddiert und somit als Sollwert für den nächsten Regler vorgegeben. Dies bezeichnet man als Vorsteuerung. Durch das Umgehen des überlagerten Reglers wird die Zeit, die dieser für die Berechnung benötigt, eingespart. Somit wird der Sollwert früher an die Achse weitergegeben und der Schleppabstand schneller reduziert *(Bild 1.9)*.

Zudem werden die Regler durch die Vorsteuerung entlastet, da sie nur noch Störungen (d. h. nicht vermeidbare Einflüsse wie Reibung, Differenzen in den Werkstückmassen, unterschiedliche Spannelemente, etc.) ausregeln müssen. Damit ist eine Optimierung des Reglers auf die Beseitigung von Störungen möglich, wodurch diese schneller ausgeregelt werden können. Dadurch wird das Positionierverhalten genauer.

In modernen Werkzeugmaschinen werden sowohl Drehzahl, als auch Drehmoment vorgesteuert.

1.9 Frequenzumrichter

Heutige CNC-Maschinen werden vorzugsweise mit **regelbaren Drehstrommotoren** ausgerüstet, die im Vergleich mit anderen Servomotoren mehrere Vorteile bieten (siehe nachfolgende Kapitel).
Am normalen Drehstromnetz betriebene Synchron- und Asynchron-Motoren laufen

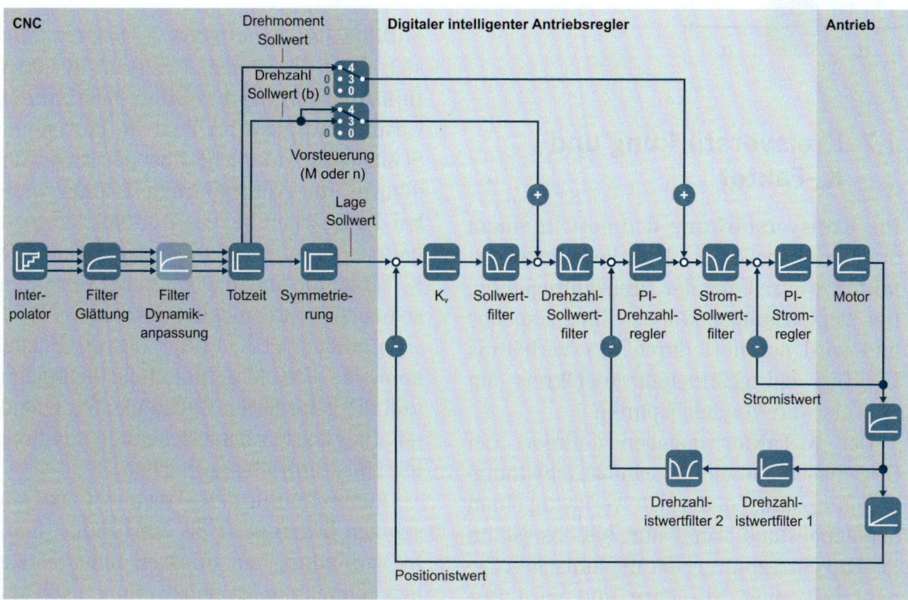

Bild 1.9: Digitaler intelligenter AC-Antriebsregler mit Profinet am Beispiel Sinunerik und Sinamics-Antriebssystem, mit Vorsteuerung für Drehmoment (M) und Drehzahl (n). (Quelle: Siemens)

nur mit ihrer Nenndrehzahl, d. h. bei 50 Hz Netzfrequenz je nach Ständerwicklung mit 3000, 1500 oder 1000 Umdrehungen pro Minute. Bei Asynchronmaschinen abzüglich der Schlupfdrehzahl. Eine Drehzahlregelung ist nicht möglich. Das gelingt nur durch Änderung der Netzspannungsfrequenz und ist Aufgabe eines Frequenzumrichters.

Frequenzumrichter sind rein elektronische Geräte, die in sehr aufwändigen Schaltungen und unter Einsatz moderner Hochspannungselektronik funktionieren. Ihre Aufgabe ist es, aus der 400/230 Volt Netzspannung mit 50 Hz Netzfrequenz eine in der **Frequenz und Amplitude regulierbare Wechselspannung** zu erzeugen. Bei CNC-Maschinen dient diese Ausgangsspannung des Frequenzumrichters zur Drehzahlregelung eines Drehstrom-Servoantriebs einer NC-Achse oder der Hauptspindel. Dazu müssen Frequenz und Amplitude dieser Spannung je nach Drehzahl und Last präzise gesteuert bzw. geregelt werden.

Zum Betrieb von **Synchron-Servomotoren** ist noch ein zusätzlicher Feedback-Eingang zur Erfassung der momentanen Winkelposition des Rotors mittels eines Drehgebers erforderlich. Mit diesem Feedback wird die elektronische „Kommutierung", d. h. die Weiterschaltung des Drehfeldes, kontrolliert gesteuert. Gleichzeitig wird auch verhindert, dass durch eine zu hohe Beschleunigung oder Überlast die Drehzahl „kippt" und der Motor „außer Tritt fällt", d. h. stehen bleibt.

Aufbau *(Bild 1.10)*

Im Prinzip bestehen Frequenzumrichter aus **4 Komponenten:**

1. Einem **Gleichrichter,** der einen „Zwischenkreis" mittels einer Gleichrichterbrücke mit Gleichstrom versorgt. Dazu werden Dioden, Thyristoren oder Transistoren eingesetzt, die wegen ihrer hochfrequenten Schaltfähigkeit die Anforderungen einer Rückspeisung am besten erfüllen.
2. Dem **Zwischenkreis,** bestehend aus einem hochspannungsfesten **Kondensator,** dessen Kapazität an die Ausgangsleistung des Wechselrichters angepasst sein muss. Seine Aufgabe ist die Glättung der vom Gleichrichter erzeugten Gleichspannung. Mit Transistoren lässt sich auch eine variable Zwischenkreisspannung erzeugen.
3. Einem **Wechselrichter,** der aus der Gleichspannung die dreiphasige Ausgangsspannung in erforderlicher Höhe und Frequenz zur Drehzahlregelung des angeschlossenen Motors liefert. Dies ist das elektrotechnisch anspruchsvollste Teil, denn es muss den zu regelnden Motor mit einem möglichst sinusförmigen Drehstrom versorgen und bei Synchron-

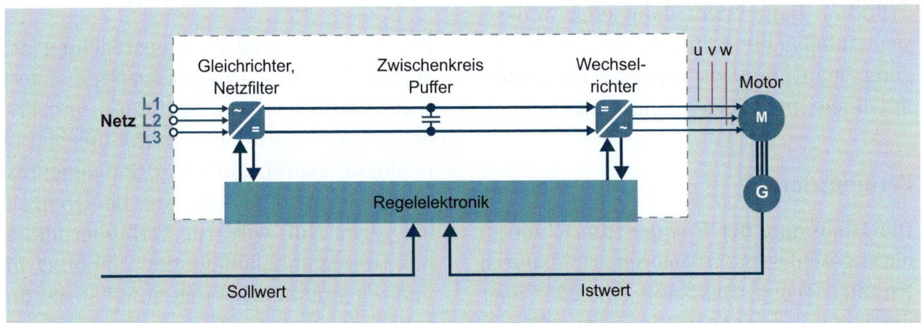

Bild 1.10: Schematischer, prinzipieller Aufbau eines Frequenzumrichters zur Drehzahlregelung von Drehstromsynchron- oder -asynchron-Motoren.

motoren zusätzlich die momentane Winkelstellung des Rotors exakt kennen und bei der Taktung berücksichtigen.

4. Der rechnergestützten **Regelelektronik** zur präzisen Steuerung der gesamten Umrichterelektronik, um die zur Drehzahlregelung des Servomotors erforderliche Spannung und Frequenz so zu generieren, dass die von der CNC vorgegebenen Drehzahl- oder Positionswerte exakt ausgeführt werden.

Frequenzumrichter erzeugen starke elektrische **Störfrequenzen** auf der Motorzuleitung, die entsprechende Gegenmaßnahmen erforderlich machen. Deshalb werden meistens noch zusätzliche Glättungsdrosseln eingebaut. Diese und weitere technische Feinheiten tragen zwar zum positiven Ergebnis bei, sollen aber hier nicht näher erläutert werden.

Schnittstellen

Zum Datenaustausch verfügen Frequenzumrichter über digitale und/oder analoge Eingänge, sowie ein Bedienteil mit Tasten und Display zur Parametrierung. Meistens kann dafür das Display der CNC benutzt werden. Heute werden aufgrund der hohen Anforderungen an Drehzahl- und Positionsregelung vorwiegend Eingänge für einen Feldbus oder Industrial Ethernet gefordert, wie z. B. für ProfiNet oder eine der drei SERCOS-Versionen (siehe Norm IEC 61800-7). Dafür steht dann eine weitere, sog. „Intelligente Schnittstelle“, zur Verfügung, manchmal als separate Baugruppe mit einem integrierten Mikroprozessor.

Parametrierung

Die Anpassung der Frequenzumrichter an die angeschlossenen Motoren erfolgt durch Parametrierung. Das kann entweder über die Tastatur mit Anzeigedisplay erfolgen, oder es besteht die Möglichkeit einer automatischen Parametrierung während der Inbetriebnahme. Die ermittelten Parameterwerte werden entweder in der Elektronik des Gerätes oder auf einem dafür vorgesehenen, austauschbaren Speichermedium gespeichert. Bei CNC-Maschinen mit mehreren NC-Achsen ist eine identische Parametereinstellung aller NC-Achsen erforderlich, um die optimale Bahngenauigkeit bei allen Geschwindigkeiten einhalten zu können.

Vierquadrantenbetrieb

Soll der Umrichter den Motor in beiden Drehrichtungen betreiben und beim Bremsen auch Energie zurück in den Zwischenkreis übertragen, bezeichnet man dies als Vierquadrantenbetrieb. Dafür sind ein gesteuerter Gleichrichter und eine weitere Elektronik erforderlich, um die Rückspeisung mit der Netzfrequenz zu synchronisieren. Dieser Aufwand ist nur für größere Energiemengen wirtschaftlich.

Da der Kondensator im Zwischenkreis nur eine begrenzte elektrische Energie problemlos speichern kann, sollten zusätzliche **Bremswiderstände** vorgesehen werden. Diese ermöglichen in Kombination mit einer speziellen Not-Halt-Schaltung auch eine Bremsung bei Netzausfall, indem die vom Synchronmotor erzeugte Spannung über den Widerstand kurzgeschlossen und als Wärme abgeführt wird.

Drehzahlregelung *(Bild 1.11)*

Zur Drehzahl- und Positionsregelung des angeschlossenen Dreiphasen-Servomotors regelt der Umrichter Spannung und Frequenz im proportionalen Verhältnis bis zur Bemessungsdrehzahl. Das Drehmoment ist hierbei weitgehend konstant. Bei Drehzahlen gegen Null wird zur Verhinderung eines Drehmomentabfalls die Spannung im unteren Frequenzbereich automatisch angehoben.

Bei Drehzahlregelung eines **Asynchronmotors** über die Nennfrequenz hinaus

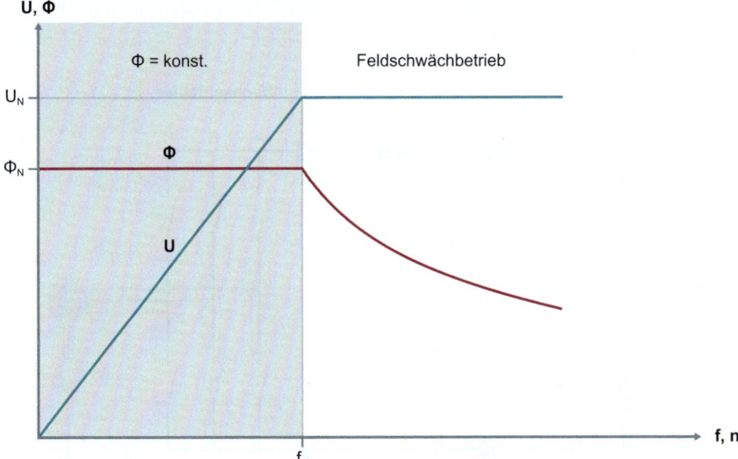

Bild 1.11: U/f-Diagramm eines Wechselrichters: Die Spannung steigt von Null bis zur Nennspannung U_N, der Nenndrehzahl des Motors. Ab der Nennfrequenz f_N wird bei konstanter Spannung nur die Frequenz weiter erhöht. Dadurch geht der Motor automatisch in den Feldschwächbetrieb mit reduziertem Drehmoment.

wird nur die Frequenz erhöht, die Spannung bleibt konstant. Dadurch geht der Motor automatisch in den Feldschwächbereich und das Drehmoment nimmt mit steigender Drehzahl ab.

(Siehe Kapitel Hauptspindelantriebe, *Bild 3.3*)

Regelbereich

Asynchronmotoren sind durch ihren stabilen Käfigläufer für höhere Drehzahlen besser geeignet als Synchronmotoren. Bei **Synchronmotoren** besteht bei zu hohen Drehzahlen die Gefahr des Ablösens der Permanentmagnete vom Rotor, was eine sicherheitsbedingte Drehzahlbegrenzung erfordert.

Synchronmotoren verfügen auch bei Drehzahl Null über ein Haltemoment nahe dem Nennmoment. Bei richtiger Parametereinstellung der Regler ist hierbei auch bei stoßartiger äußerer Drehmomentbelastung der Motorwelle keine Positionsabweichung feststellbar. Der bei Dauerbelastung, z. B. zum Gewichtsausgleich benötigte Strom erfordert bei solchen Einsatzfällen einen Zusatzlüfter, Wasserkühlung oder eine mechanische Haltebremse, um eine Übererwärmung des Motors zu verhindern.

Der induktive Widerstand der Motorwicklungen und zusätzliche Drosselspulen glätten den aus kurzen Pulsen variabler Dauer bestehenden Strom zusätzlich, sodass eine sinusförmige Wechselspannung entsteht. Je hochfrequenter die Impulse sind, umso besser und „glatter" wird die Sinuskurve des Ausgangswechselstroms.

Funktionsweise *(Bild 1.12)*

Das letzte Glied im Frequenzumrichter ist der **Wechselrichter,** der die variable Frequenz und die Spannungsamplitude für den Servomotor erzeugt. Es ist elektrotechnisch sehr kompliziert, den für einen ruhigen Lauf eines Synchron-Servomotors erforderlichen **sinusförmigen, dreiphasigen Strom** aus der Gleichspannung des Zwischenkreises zu erzeugen, und zwar über den gesamten Regelbereich. Für diese Aufgabe haben sich **Leistungstransistoren** am besten bewährt. Ihre hohe Schaltfre-

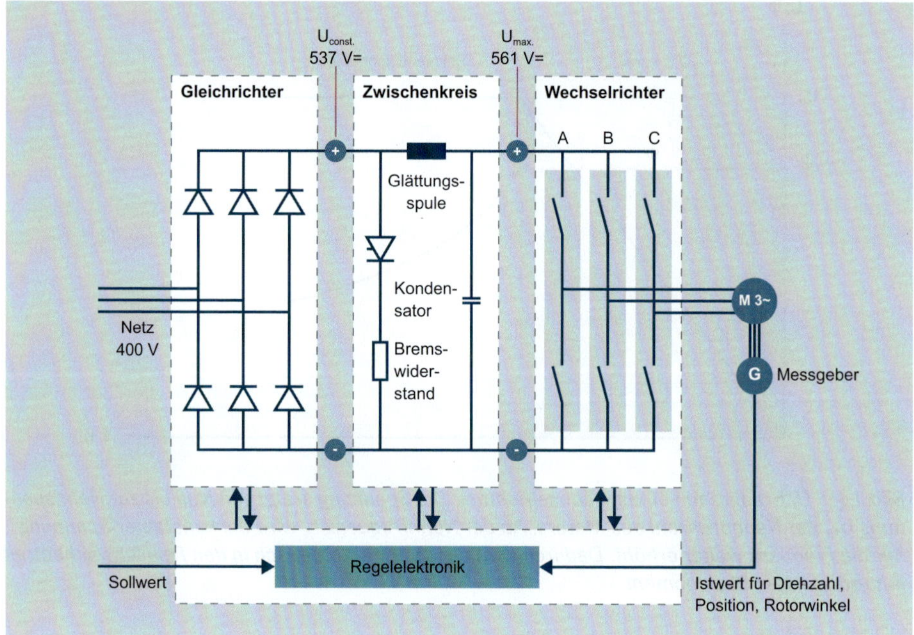

Bild 1.12: Funktionsschaltbild eines Frequenzumrichters. Die mittels einer ungesteuerten Gleichrichterbrücke erzeugte Gleichspannung wird im Zwischenkreis geglättet und im Kondensator gespeichert. Sie liefert die Energie an den Wechselrichter. Dieser besteht aus 6 elektronischen Schaltelementen, vorzugsweise Schalttransistoren, die in 3 Gruppen (A, B, C) unterteilt sind. Von diesen wird immer nur je 1 Schalter aus 2 wechselnden Gruppen geschaltet. Dadurch entsteht am Ausgang ein Drehstrom unterschiedlicher Frequenz und proportional angepasster Amplitude.

quenz von mehreren 10 000 Hz macht es möglich, sowohl die Spannung zu variieren, als auch eine fast sinusförmige Stromkurve zu erzeugen. Dazu werden sechs Transistoren paarweise pro Phase angeordnet *(Bild 1.12)*. Ein spezieller Steuerkreis taktet nach einem vorgegebenen Steuerungsprinzip die Transistoren paarweise und bestimmt damit Spannung und Frequenz des Drehstroms.

Maßgebende Funktion des Wechselrichters ist die **Pulsweiten-Modulation,** d. h. die Steuerung der Dauer der aufeinanderfolgenden Impulse durch die **Regelelektronik** *(Bild 1.13)*. Bei hohen Anforderungen an Drehzahlstellbereich und Rundlauf des Antriebs erfolgt die Steuerung der Schaltzeitpunkte nicht mehr durch den Mikroprozessor, sondern durch einen zusätzlichen digitalen Schaltkreis. In diesem Baustein steckt dann das Know-how des Herstellers.

Mit der **Pulsbreite** kann die Höhe der Spannung geregelt werden. Ein schmaler Puls erzeugt eine geringe Spannung, die mit zunehmender Pulsbreite steigt. Ab einer Schaltfrequenz von 1000 Hz wird der erzeugte Strom nahezu sinusförmig. Durch Kombination von Mikroprozessortechnik und Schalttransistoren kann die Taktfrequenz des Wechselrichters so präzisiert werden, dass bei jeder Frequenz eine fast perfekte Sinusspannung erzeugt wird.

Beispiel: Mit einer Schaltfrequenz von 1000 Hz sind zur Erzeugung einer 50 Hz Spannung, d. h. für 3000 U/min eines 2-poligen Motors, 20 Pulse pro Sinuswelle möglich. Heute arbeitet man je nach Transistor

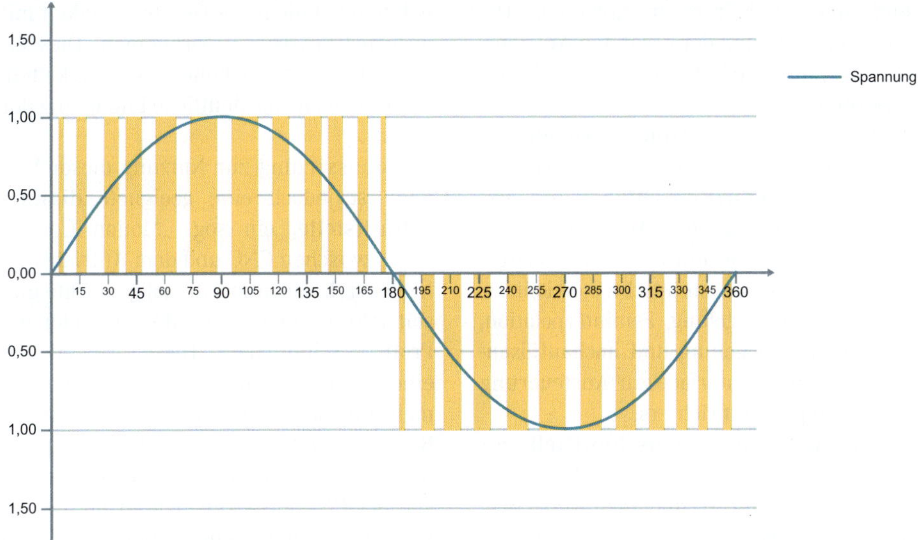

Bild 1.13: Durch hochfrequente Spannungs-Impulse mit unterschiedlicher Dauer (Pulsweiten-Modulation) entsteht durch die Induktivität der Motorwicklungen ein sinusförmiger Drehstrom, dessen Umlauffrequenz die Motordrehzahl bestimmt.

und Motorleistung mit Pulsfrequenzen von 10 bis 40 kHz.

Rotor-Lagegeber

Zur Regelung eines **Synchron-Servomotors** wird noch der Lage-Istwert des Rotors zur Synchronisierung der Wechselrichter-Schaltfrequenz benötigt. Im Vergleich mit Gleichstrommotoren wird dies auch als „elektronischer Kommutator“ bezeichnet. Die Messwerte der Rotorposition liefert entweder ein digital-absoluter Drehgeber, oder ein Resolver mit zwei um 90 Grad versetzten, analogen Ausgangsspannungen, oder ein Impulsgeber mit Zähler.

Schutzfunktionen

Aus der hier in Kurzform geschilderten Kompliziertheit der gesamten Elektronik geht nicht hervor, dass bei bestimmten Vorgängen oder bei Notfall-Abschaltung sehr hohe Spannungen oder sehr hohe Temperaturen im Gerät oder am Motor auftreten können, die zur Beschädigung und Ausfall des Frequenzumrichters führen. Deshalb sind – oft auch aus entsprechenden Erfahrungen – mehrere elektronische Schutzfunktionen und technische Schutzeinrichtungen vorgesehen.

1.10 Zusammenfassung

Die präzise Regelung der berechneten Werkzeugbahn und der Spindeldrehzahl sind ausschlaggebend für die am Werkstück erzielte Genauigkeit. Bis vor wenigen Jahren erfolgte die Lageregelung analog. Regelbare Drehstrom-Servoantriebe waren noch nicht verfügbar. Deshalb musste eine genormte ± 10 Volt-Schnittstelle viele Jahrzehnte als internationaler Standard ausreichen.

Hersteller und Anwender von CNC-Maschinen waren jedoch mit den damit erreichbaren Ergebnissen zunehmend unzufrieden. Die Abweichungen von der Sollbahn waren für Präzisionsmaschinen zu groß und zudem von der Fahrrichtung und anderen Störgrößen abhängig. Die Weiterentwicklung der gesamten Antriebstechnik konzentrierte sich deshalb auf **4 Bereiche:**

1. Dreiphasige **Drehstrom-Servomotoren** (synchron, asynchron) und leistungsfähige **Frequenzumrichter,**
2. Digitale, **intelligente AC-Antriebsregler,** sog. Mikrocontroller, mit zusätzlichen Funktionen zur Geschwindigkeitsregelung, Lageregelung, Feininterpolation, Statorstromregelung und hochauflösendes Positions-Interface zur Ansteuerung des Frequenzumrichters,
3. Eine **intelligente Datenschnittstelle** zur Übertragung der Mess- und Steuersignale zwischen CNC und allen Antrieben,
4. Hoch auflösende, absolut zuverlässige, digitale **Wegmesssysteme** bis 0,1 μm und feiner.

Insgesamt ein sehr anspruchsvolles, nur mit großem Aufwand erfüllbares Programm für die jeweiligen Hersteller.

Mit der Markteinführung **schneller Prozessoren** konnte ein digitaler, intelligenter Regler pro Regelkreis die gesamte Signalverarbeitung eines Antriebs übernehmen. Außer der Drehzahlregelung kann dieser auch die Lageregelung und die Feininterpolation bei niedriger Geschwindigkeit mit höchster Präzision übernehmen. Dies ermöglicht nicht nur höhere Genauigkeiten, sondern auch eine deutliche Entlastung der CNC.

Voraussetzung zur Nutzung dieser Vorteile ist jedoch eine geeignete **digitale Schnittstelle,** ein sog. „Motion Control Bus“, zwischen CNC und dem Antriebsregler, wie z. B. die international genormte und seit Jahren eingeführte SERCOS- oder die ProfiNet-Schnittstelle. Diese ermöglichen eine winkelsynchrone Drehzahlregelung mehrerer Servomotoren, und dies von der Beschleunigung bis zum Abbremsen auf Stillstand. Damit ist auch realisierbar, die von der CNC ausgegebenen Positions-Sollwerte über den gesamten Vorschubbereich mit höchster Präzision einzuhalten.

Das **Gesamtpaket Antriebsregelung** ist heute so konfiguriert, dass der Parameterabgleich aller Servoantriebe an der CNC-Maschine ohne großen Aufwand schnell und weitgehend automatisch erfolgen kann.

Eine hochdynamische, präzise Regelung lässt sich nur mit dreiphasigen **Synchron-Servomotoren oder Linearmotoren** erreichen. Die Eigenschaften und Vorteile dieser Antriebe werden in den nachfolgenden Kapiteln erläutert.

Antriebsregelung für CNC-Werkzeugmaschinen

Das sollte man sich merken:

1. Aufgabe der Regelungstechnik ist generell die Führung und Überwachung von Abläufen mit dem Ziel, den Soll-Zustand eines Systems präzise einzuhalten.
2. Regelung bedeutet Messung der zu regelnden Größe und Rückführung an den Reglereingang, wo durch Vergleich mit dem gewünschten Sollwert die Regelabweichung festgestellt wird.
3. Zum Verständnis der Regelungstechnik ist es unerlässlich, sich mit den genormten Begriffen, Funktionen und Schaltbildern der Regeltechnik vertraut zu machen. Diese sind in der DIN EN 60027-6 festgelegt.
4. Der momentane Zustand der zu regelnden Größe wird mit Messwertgebern mit analogen oder digitalen Messwertausgängen ständig erfasst.
5. Die drei wichtigsten Reglertypen sind P-, I- und D-Regler.
6. Die einzelnen Blöcke eines Regelkreises sind rückwirkungsfrei, d.h. der Signal- bzw. Informationsfluss findet nur vom Eingang eines Blocks auf dessen Ausgang statt.
7. Vorteil der digitalen Regler sind ihre kompakte Bauweise, die Parametrierbarkeit, sowie die direkte Nutzung digitaler Prozesssignale.
8. Der Unterschied zwischen digitalen und analogen Regelkreisen liegt in der internen Signalverarbeitung. Bei analogen Reglern erfolgt diese durch Operationsverstärker. Digitale Regler nutzen einen Mikrocontroller, der die Signalverarbeitung digital berechnet.
9. Digitale Regler arbeiten zyklisch. Alle Soll- und Istwerte müssen in jedem Interpolationszyklus der Steuerung mit allen Antrieben zeitsynchron aktualisiert werden.
10. Eine digitale Antriebsschnittstelle muss eine Synchronisation zwischen der zyklisch arbeitenden Steuerung und den ebenfalls zyklisch arbeitenden digitalen Antrieben bieten. Diese Synchronisation muss mikrosekundengenau sein, da die präzise Koordination der Antriebe nur gewährleistet ist, wenn die Istwerte in allen digitalen Antrieben exakt gleichzeitig gemessen und alle Sollwerte gleichzeitig wirksam werden.
11. In Verbindung mit einem digitalen „Motion Control Bus" (z.B. SERCOS oder ProfiNet) kann die Regelung von der CNC in das separate digitale System verlagert werden. Dies entlastet nicht nur die CNC, sondern garantiert zudem eine wesentlich anspruchsvollere, präzise Regelung.
12. Die Anpassung digitaler Antriebe an die Regelstrecke erfolgt durch Parametrierung. Dazu verfügen digitale Antriebe über Anzeige- und Eingabemöglichkeiten. Diese sind zwingend erforderlich, da Überprüfungen und Einstellungen mit einfachen Mitteln, wie bei analogen Antrieben, praktisch nicht möglich sind.
13. Als Servoantriebe für CNC-Maschinen werden heute vorwiegend geregelte Synchron- und Asynchronmotoren eingesetzt.

■

2 Vorschubantriebe für CNC-Werkzeugmaschinen

Positionsgeregelte Vorschubantriebe sind eine wichtige Komponente jeder CNC-Maschine. Sie bestimmen in starkem Maß sowohl die Produktivität der Maschine, als auch die Qualität der Werkstücke. Die daraus resultierenden hohen Anforderungen haben inzwischen zum fast standardmäßigen Einsatz von geregelten Drehstrom-Synchronmotoren beigetragen. Auf diesem Prinzip beruht auch der für hohe Ansprüche entwickelte Synchron-Linearmotor.

Vorschubantriebe liefern die für die Bewegung der CNC-Achsen erforderliche mechanische Energie. Damit sind sie ein wichtiges Element in dem diese Achse steuernden Lageregelkreis. Darüber hinaus werden sie für vielfältige Transport- und Hilfsanwendungen, wie z. B. bei Werkzeug- oder Palettenwechsler in numerisch gesteuerten Maschinen eingesetzt.

Die wesentlichen Komponenten eines Vorschubantriebes sind

- der Servomotor,
- das Antriebsregelgerät, bestehend aus Regler und Leistungsteil, und
- die Achsmechanik mit dem Wegmesssystem.

Der **Motor** als Energiewandler stellt die zur Bewegung und zum Halten der Position erforderliche Drehzahl und das Drehmoment (bei rotativen Antrieben) bzw. Geschwindigkeit und Vortriebskraft (bei linearen Antrieben) zur Verfügung. Zum Motor gehören neben dem elektrisch aktiven Teil noch zusätzliche Baugruppen, wie z. B. die Haltebremse und der Motorgeber für Winkellage und Drehzahl bzw. für Lage und Geschwindigkeit, dessen Signale vielfach auch zur Lage-Istwert-Erfassung verwendet werden. Hinzu kommt bei rotativen Antrieben ein Ritzel oder eine Kupplung an der Abtriebswelle, wahlweise mit **integriertem Überlastschutz**.

Die Ansteuerung des Motors erfolgt über einen **Antriebsregler** *(Bild 2.1)*. In dieser Baugruppe sind Regelung und Leistungsteil zusammengefasst. Die Regelung für Strom, Drehzahl und Lage (Position) erfolgt bei modernen Antriebsreglern **digital,** d. h. mittels Mikroprozessoren. Dadurch lassen sich höhere Genauigkeiten und Reaktionsgeschwindigkeiten als bei analogen Reglern erreichen.

Digitale Regler verfügen zudem über eine Vielzahl von zusätzlichen anwendungsspezifischen Funktionen, Überwachungs- und Diagnosemöglichkeiten sowie Kommunikationsschnittstellen.

Vorschubantriebe in Werkzeugmaschinen werden im Allgemeinen mit **modularen Antriebsreglergeräten** betrieben. Diese bestehen aus einem **Versorgungsmodul**, welches die dreiphasige Netzspannung gleichrichtet und über den nachgeschalteten **Gleichspannungs-Zwischenkreis** die **Antriebsregler** der einzelnen Antriebe versorgt.

Beim **Leistungsstellglied** der heute überwiegend eingesetzten Antriebsregler handelt es sich um einen von der Rotorlage

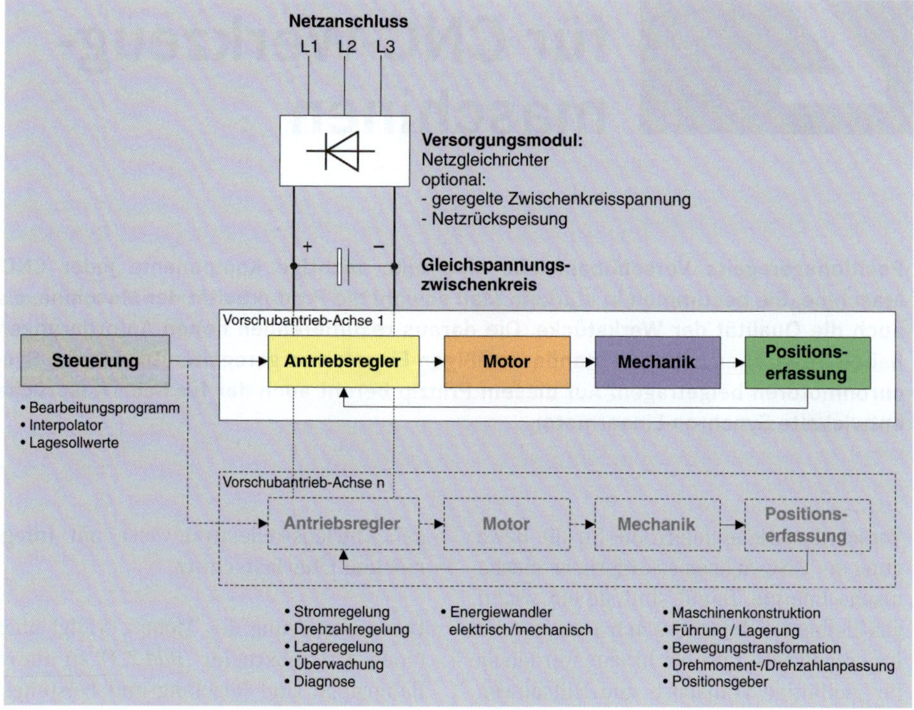

Bild 2.1: Hauptkomponenten eines Vorschubantriebes.

gesteuerten **Wechselrichter**, der aus dem Gleichspannungs-Zwischenkreis durch die sogenannte elektronische Kommutierung einen mehrphasigen Wechselstrom erzeugt. Heute sind das überwiegend 3-phasige Systeme.

Die **Achsmechanik** besteht im Wesentlichen aus der jeweiligen Schlitten- bzw. Achskonstruktion mit dem Führungssystem und den mechanischen Übertragungselementen.

bit.ly/2zOMGdl
Video 12

2.1 Anforderungen an Vorschubantriebe

Je nach Maschinentyp und Bearbeitungsaufgabe sind eine oder mehrere Achsen an der Erzeugung der Bewegungsabläufe beteiligt. Die übergeordnete CNC sorgt hierbei für die **Steuerung der Achsbewegungen** durch Vorgabe der Lagesollwerte für jede einzelne Achse. Die Vorschubantriebe müssen möglichst präzise und verzögerungsfrei diesen Lagesollwerten folgen. Gleichzeitig soll der Einfluss von Störkräften so gering wie möglich sein.

Daraus ergeben sich an Vorschubantriebe folgende **Hauptforderungen**:

- Hohe Leistungsdichte (hohes Drehmoment bzw. große Vortriebskraft bei kompakter Baugröße).
- Großer Drehzahl- bzw. Geschwindigkeitsstellbereich (≥ 1 : 30 000).
- Geringes Massenträgheitsmoment bzw. geringe linear bewegte Massen.
- Hohe Überlastfähigkeit
- Hohe Positionier- und Wiederholgenauigkeit

Maschinen-Hersteller und -Anwender erwarten heute zudem eine Reihe von zusätzlichen Eigenschaften:

- Anwendungsspezifische Funktionen
- Einfache Inbetriebnahme und Fehlerdiagnose
- Überwachungs- und Sicherheitsfunktionen
- Offene, genormte Schnittstellen
- Wartungsfreiheit und hohe Schutzart
- Geringe Erwärmung und hoher Wirkungsgrad
- Niedriges Betriebsgeräusch
- Geringer Platzbedarf
- Niedrige Kosten

2.2 Arten von Vorschubantrieben

Vorschubantriebe stellen alle Achsbewegungen für den Fertigungsprozess zur Verfügung. *Bild 2.2* zeigt die verschiedenen Realisierungsmöglichkeiten einer translatorischen Vorschubbewegung.

Elektromechanische Vorschubantriebe

Viele Vorschubantriebe in Werkzeugmaschinen bestehen auch heute noch aus einem rotativen Servomotor mit einer mechanischen Übersetzung, z.B. einem Kugelgewindetrieb. Dieser wandelt die rotative Bewegung des Motors in eine translatorische Schlittenbewegung *(Bild 2.3)*. Durch ein Getriebe zwischen Motor und Gewindespindel wird eine Optimierung der Antriebsauslegung ermöglicht. Damit können zusammen mit der Gewindespindelsteigung Vorschubkraft, Vorschub- und Eilganggeschwindigkeit sowie die gewünschte Beschleunigung der linear bewegten Masse an die Anforderungen angepasst werden.

Zur **Steuerung des Wechselrichters** und zur Istwert-Erfassung der Motordrehzahl wird die Winkellage des Rotors durch einen rotativen **Motorgeber** ermittelt. Bei reduzierten Anforderungen an die Positioniergenauigkeit kann auch die Schlittenposition aus diesem Motorgebersignal bestimmt werden (**indirektes Messsystem**). Eine hochwertigere Lage-Istwerterfassung der Schlittenposition erfolgt optional über ein zusätzliches **lineares Längenmesssystem** (direktes Messsystem).

Durch die vorgenannte Wahl von Getriebeübersetzung und Gewindespindelsteigung können die Kugelgewindetriebe gut an die Anforderungen der Vorschuban-

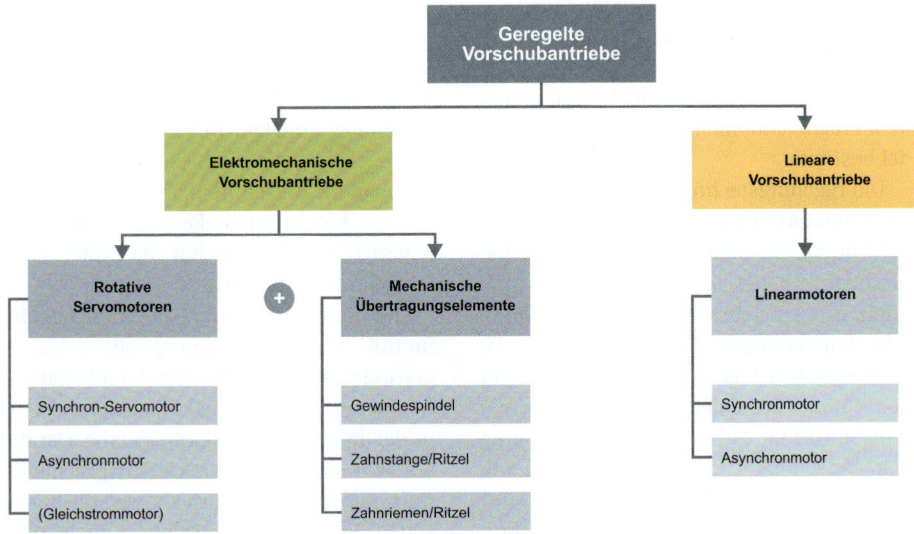

Bild 2.2: Arten von Vorschubantrieben.

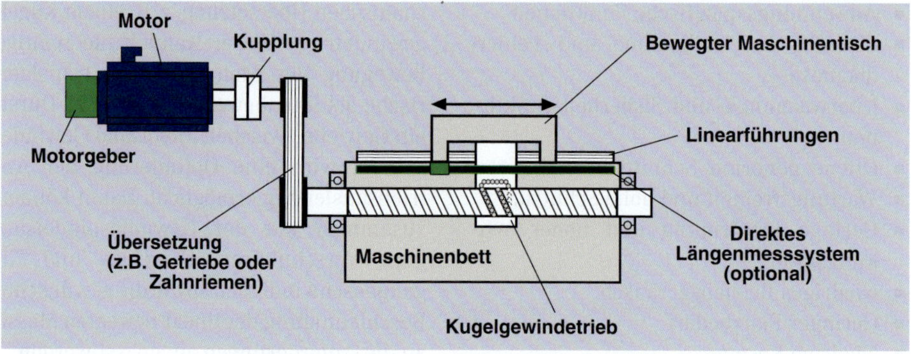

Bild 2.3: Aufbau eines elektromechanischen Vorschubantriebes mit Kugelgewindetrieb.

triebe angepasst werden. Mit Zahnriemengetrieben lassen sich kostengünstige Konstruktionen erreichen. Mögliche Kennwerte der Kugelgewindetriebe, die u. U. nicht in Kombination möglich sind, liegen heute bei folgenden Grenzwerten:

- Vorschubkraft 200 kN.
- Beschleunigung 10 m/s^2.
- Geschwindigkeit 90 m/min.

Bei Anwendungen mit diesen Grenzwerten ist jedoch die Zustimmung des Gewindetriebherstellers einzuholen.

Das **Beschleunigungsvermögen** eines Kugelgewindetriebes ist nahezu unabhängig von der linear bewegten Masse und wird hauptsächlich von der Spindelsteigung und dem Trägheitsmoment von Motor und Spindel bestimmt.

Die regelungstechnische Bandbreite von Vorschubantrieben mit Kugelgewindetrieb wird durch die Eigenfrequenz des mechanischen Systems bestimmt. Die Elastizitäten im Antriebsstrang, in Verbindung mit den bewegten Massen, führen zu mechanischen Eigenfrequenzen welche in der Praxis **K_V-Faktoren** von maximal 5 (m/min)/mm zulassen (siehe Regelung von Vorschubantrieben). Eine Erhöhung der mechanischen Eigenfrequenzen lässt sich durch größere Spindeldurchmesser erzielen. Das Trägheitsmoment der Spindel steigt allerdings mit der vierten Potenz zum Spindeldurchmesser und wirkt somit begrenzend auf die erreichbare Dynamik *(Bild 2.4)*.

Bei der Projektierung von **Kugelgewindetrieben** als Vorschubachse in hochdynamischen Werkzeugmaschinen wird das Optimum aus maximaler Geschwindigkeit, Beschleunigung, Genauigkeit und Lebensdauer von verschiedenen Parametern bestimmt. Bestimmend sind u.a. die Gewindespindelsteigung, das Getriebeübersetzungsverhältnis zwischen Motor und Gewindespindel sowie die Einsatzmöglichkeit verschiedener Motoren. Als begrenzende Parameter wirken außerdem die kritische Drehzahl, das Massenträgheitsmoment sowie die positionsabhängige Steifigkeit des Kugelgewindetriebes.

Die Integration eines Kugelgewindetriebs in die Maschinenkonstruktion bereitet dem Konstrukteur keinerlei Schwierigkeiten – das System hat sich über viele Jahre hinweg bewährt.

Die **mechanischen Übertragungselemente** im Antriebsstrang eines Kugelgewindetriebes sind verschleißbehaftete Komponenten, bei Achskollisionen besteht in der Regel Beschädigungsgefahr. Daraus ergeben sich in der Praxis entsprechende wartungs- und reparaturbedingte Stillstandszeiten. Bei hochdynamischen Kugelgewindetrieben oder sehr langen Verfahrwegen

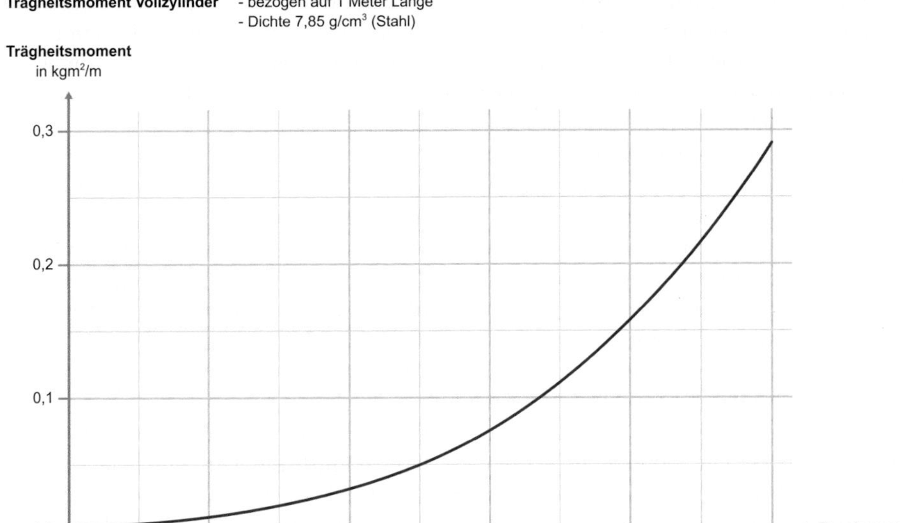

Bild 2.4: Trägheitsmoment eines Kugelgewindetriebes in Abhängigkeit vom Durchmesser.

sind meist zusätzliche Kühlungsmaßnahmen erforderlich, um thermisch bedingte Ausdehnung beherrschen zu können.

Motoren

Bei Vorschubantrieben von CNC-Maschinen bzw. im allgemeinen Maschinenbau hat sich der Begriff „**Servomotor**" durchgesetzt.

Nach dem Funktionsprinzip unterscheidet man rotierende Servomotoren in

- Gleichstrom-Servomotoren,
- Synchron-Servomotoren und Asynchronmotoren,
- Schrittmotoren in Verbindung mit einer Lagesteuerung (open loop) …

Gleichstrom-Servomotoren waren in der Vergangenheit aufgrund einer Reihe von Vorteilen gegenüber anderen, damals verfügbaren Motorarten führend. Zu diesen Vorteilen zählten unter anderem die vergleichsweise geringen Kosten für Motor und Leistungselektronik.

Im Laufe der Jahre haben sich jedoch die Kosten für vergleichbare, **geregelte Synchron-Servoantriebe** drastisch reduziert. Gleichzeitig bieten Synchron-Servomotoren entscheidende Vorteile, wie z. B. höheres Drehmoment, Wartungsfreiheit, höheres Beschleunigungsvermögen und bessere Kühlungsmöglichkeiten. Aufgrund dieser Vorteile hat sich der Synchron-Servomotor als Standardantriebsmotor im Werkzeugmaschinenbau durchgesetzt.

Schrittmotoren werden in Werkzeugmaschinen kaum eingesetzt - deshalb wird nachfolgend nicht auf diese Antriebsart eingegangen.

Synchron-Servomotoren

Bei elektromechanischen Vorschubantrieben von CNC-Maschinen kommen als Antriebsmotoren seit vielen Jahren nahezu ausschließlich **Synchron-Servomotoren** mit 3-strängiger Wicklung zum Einsatz. Dieser permanenterregte Synchron-Servomotor (häufig auch elektronisch kommutierter oder bürstenloser DC-Motor genannt) erfüllt die Anforderungen an einen Servomotor am besten. Das Funktionsprinzip des **Asynchronmotors** wurde bei Servomotoren aufgrund der geringeren Kraftdichte, des geringeren Wirkungsgrades, der einfacheren Regelbarkeit der Synchron-Servomotoren sowie gesunkener Magnetkosten sehr schnell verdrängt.

Der **Stator** des permanenterregten Synchron-Servomotors trägt eine Drehstromwicklung, der **Rotor** Permanentmagnete *(Bild 2.5)*. Moderne Magnetwerkstoffe ermöglichen eine hohe Leistungsdichte und somit ein hohes Beschleunigungsvermögen.

Hauptmerkmal des Synchron-Servomotors ist die gleiche Umlaufwinkelgeschwindigkeit von Rotor und Stator-Magnetfeld. Dieser Synchronismus ist zur Bildung eines konstanten Drehmoments erforderlich. Hierzu wird die Rotorlage vom **Motorgeber** erfasst. Entsprechend der Rotorlage werden vom Regler die elektrischen Winkel der Statorströme berechnet und vorgegeben. Die Höhe des Stromes wird durch die Drehmomentanforderung bestimmt. Die **Drehzahländerung** erfolgt über die Änderung der angelegten Motorspannung und deren Frequenz.

Der zulässige Bereich der **Drehzahl-Drehmoment-Kennlinien** eines permanenterregten Synchron-Servomotors wird durch die Strom- und Spannungsgrenzen des Antriebsreglers begrenzt. Ihr Verlauf wird durch thermische Grenzen des Motors bestimmt *(Bild 2.6)*.

Der Verlauf der spannungsabhängigen **Grenzkennlinien** wird durch die Höhe der Zwischenkreisspannung sowie durch die entsprechenden motorspezifischen Daten, wie z.B. Induktivität, Widerstand und Motorkonstante, bestimmt. Durch unterschiedlichen Aufbau und die Schaltung der Versorgungsmodule und/oder durch die Höhe der Anschlussspannung lässt sich die Zwischenkreisspannung verändern. Damit

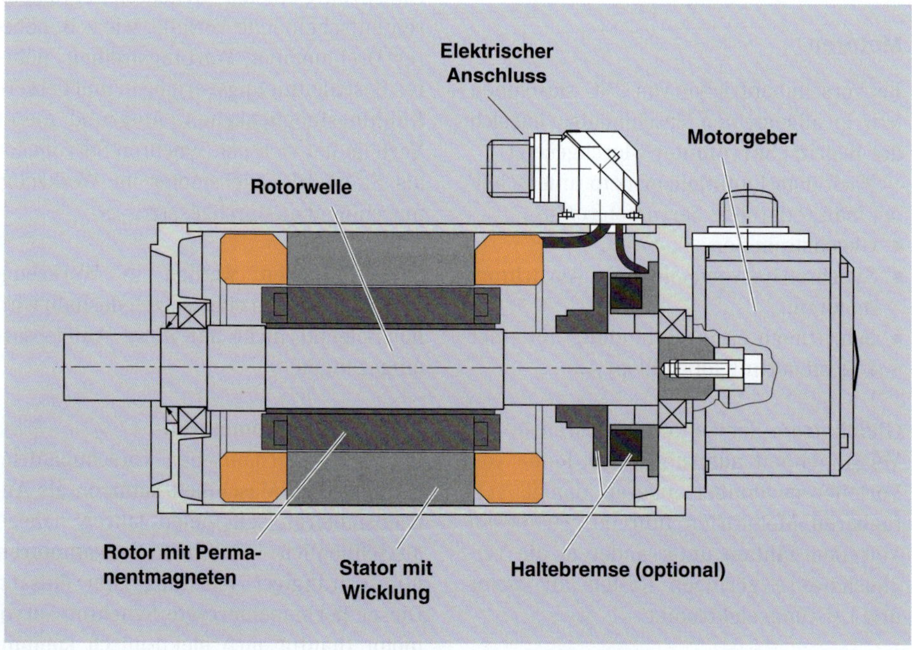

Bild 2.5: Aufbau eines permanenterregten Drehstrom-Servomotors (Synchron-Motor).

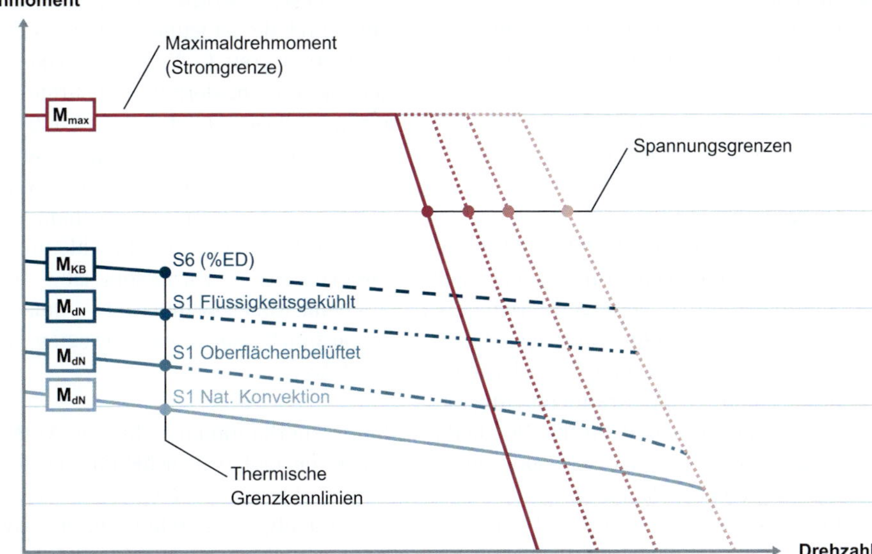

Bild 2.6: Drehzahl-Drehmoment-Kennlinien eines Drehstrom-Servomotors.

wird die Spannungsgrenze für eine bestimmte Motorwicklung verschoben und so die mögliche **Maximaldrehzahl** verändert. Beim Betrieb in der Nähe der Spannungsgrenze nähert sich die drehzahlabhängige Gegenspannung in der Wicklung der maximalen Ausgangsspannung des Antriebsreglers. Die Differenz dieser beiden Spannungen treibt den Strom durch die Motorwicklungen. Dadurch wird bei Erhöhung der Belastung oder der Drehzahl der Strom auf kleinere Werte begrenzt und das Drehmoment reduziert.

Die zweite Grenze für das maximale Drehmoment wird durch den kurzzeitig zulässigen Strom der Leistungshalbleiter im Antriebsgerät bestimmt. Diese Stromgrenze darf nur zum Beschleunigen und Abbremsen kurzzeitig gemäß den Angaben des Geräteherstellers angefahren werden.

Der Verlauf der **thermischen Grenzkennlinien** wird durch die drehzahlabhängigen Verluste (z. B. Ummagnetisierungsverluste) und durch die Kühlart bestimmt. Bei unterschiedlichen Kühlarten erhält man unterschiedliche Kennlinien. Die Angabe der thermischen Grenzkennlinien erfolgt meist für das Bemessungsdrehmoment M_{dN} (Betriebsart S1, Dauerbetrieb) und für das sogenannte Kurzzeitdrehmoment M_{KB} (Betriebsart S6, Aussetzbetrieb).

Bei modernen Synchron-Servomotoren sind **Bemessungsdrehmomente** bis 200 Nm und **Maximaldrehmomente** über 400 Nm verfügbar. Die **Drehzahlbereiche** erstrecken sich bis 10 000 min^{-1}. Durch Motorbaureihen mit unterschiedlichen Baugrößen und -längen ist eine optimale Anpassung an die jeweilige Anwendung möglich. Die Motorparameter moderner Servomotoren sind im Motorgeber gespeichert und werden bei der Erstinbetriebnahme automatisch zum Antriebsregler geladen. Dadurch erleichtert sich die Inbetriebnahme erheblich.

Zusätzliche **Optionen** erweitern das Anwendungsspektrum der Servomotoren:

- unterschiedliche Motorgeber (z. B. Resolver, hochauflösende optische Inkrementalgeber, Absolutwertgeber),

- Haltebremse,
- unterschiedliche Kühlarten (natürliche Konvektion, oberflächenbelüftet, Flüssigkeitskühlung),
- erhöhte Schutzarten (bis IP67/68),
- explosionsgeschützte Ausführungen.

Linearantriebe

Der Einsatz von Direktantrieben mit **Linearmotoren** bietet neue Dimensionen der Produktivität durch gesteigerte Dynamik und Genauigkeit. Beim Linearmotor entfallen die meisten mechanischen Übertragungselemente – die Krafterzeugung erfolgt translatorisch und direkt. Der beim Kugelgewindetrieb zusätzlich notwendige Motorgeber entfällt *(Bild 2.7)*.

Der Linearmotor wird bei Werkzeugmaschinen in der Regel als Bausatzmotor eingesetzt. Die Komponenten **Primär- und Sekundärteil** werden einzeln geliefert und durch den Maschinenhersteller – komplettiert durch Linearführungen und Längenmesssystem – in die Maschine eingebaut. Der Aufbau einer mit Linearmotor ausgerüsteten Achse besteht üblicherweise aus:

- Primärteil mit 3-strängiger Wicklung
- einem bzw. mehreren Sekundärteilsegmenten
- Längenmesssystem
- Linearführungen
- Energiezuführungen
- Kühlkreislaufanschlüssen, sowie der
- Schlitten- bzw. Maschinenkonstruktion.

Die **Vorschubkräfte** bei Linearmotoren sind durch die fehlende Übersetzungsmöglichkeit begrenzt. Die maximalen Vorschubkräfte moderner Synchron-Linearmotoren liegen heute bei 22 000 N pro Motor bzw. Primärteil. Zur Kraftvervielfachung lassen sich in einer Achse zwei oder mehrere Linearmotoren mechanisch gekoppelt betreiben. Die Beschleunigungsfähigkeit des Linearmotors ist – anders als beim Kugelgewindetrieb – umgekehrt proportional zur linear bewegten Masse *(Bild 2.8)*.

In diesem Diagramm ist für eine Vorschubachse die lineare Beschleunigung der bewegten Masse quantitativ für einen Antrieb mit **Kugelgewindetrieb** vergleichsweise zu einem **linearen Direktantrieb** aufgetragen. Klar ersichtlich verliert der Linearantrieb seine dynamischen Vorteile bei großen bewegten Massen. Sollen für eine Werkzeugmaschine hohe Beschleunigungswerte mit einem linearen Direktantrieb erreicht werden, müssen die bewegten Massen deutlich reduziert und die Eigenfrequenzen der Mechanik erhöht werden. Ein Richtwert für das Massenverhältnis zwischen Maschinenbett und Schlitten ist etwa ≥10, um störende Rückwirkungen der Fundamentbefestigung in den Lage- und Geschwindigkeitsmesskreis zu begrenzen. Weiterhin ist ein steifer Anbau des bewegten Abtastkopfs des linearen Messsystems zu gewährleisten.

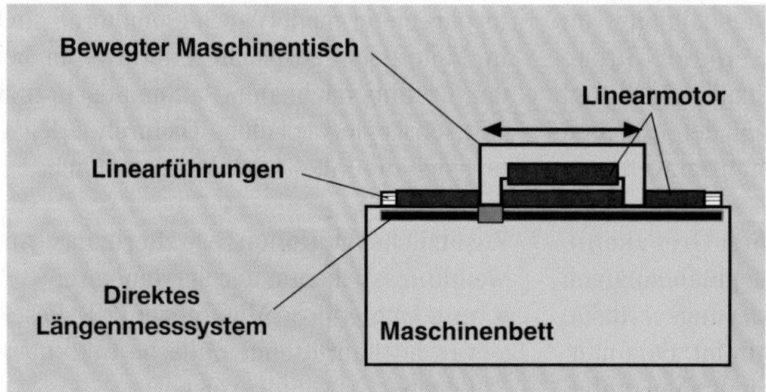

Bild 2.7: Aufbau eines linearen Direktantriebes mit Linearmotor.

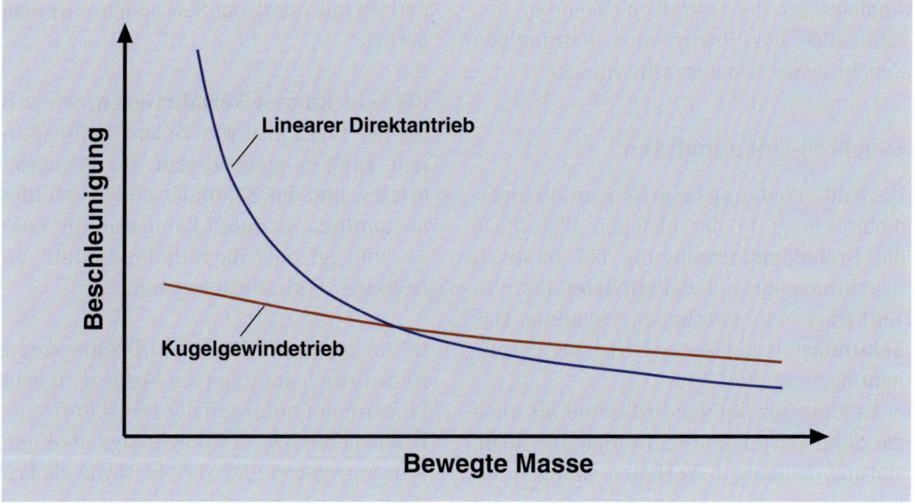

Bild 2.8: Beschleunigungsverhalten von Linearmotor und Kugelgewindetrieb.

Bei der Auslegung der **Schlittenführung** sind die hohen Anziehungskräfte zwischen Primär- und Sekundärteil zu berücksichtigen. Wichtig ist bei der Verwendung von linearen Profilschienenführungen auch die seitliche Steifigkeit, da bei niedrigen Werten und abweichender Lage der Krafteinleitungsachse von der Schwerpunktachse eine Verdrehung des Schlittens erfolgt. Das hat im Messsystem den sogenannten Zeigereffekt zur Folge, der im Beschleunigungsvorgang einen falschen Positionswert an den Regelkreis meldet und zur Instabilität im Geschwindigkeitsregelkreis führen kann. Zu achten ist auch auf ferromagnetische Späne, die von den Magneten des Sekundärteils angezogen werden. Eine dichte Abdeckung muss dies verhindern.

Vorgenannte Punkte bestimmen die **Stabilität von Lage- und Geschwindigkeitsregelkreis**. Die erhöhte Regelbandbreite der digitalen Regelkreise kann nur dann zu dynamischeren und genaueren Maschinen führen, wenn die Eigenfrequenzen des mechanischen Achsaufbaus die erreichbaren Verstärkungsfaktoren der Regelkreise nicht begrenzen. Deshalb ist es notwendig, möglichst hohe mechanische Eigenfrequenzen zu realisieren, um mit linearen Direktantrieben an Werkzeugmaschinen K_V-Faktoren von ca. 20 … 30 (m/min)/mm zu erreichen und die höheren Beschleunigungswerte zu ermöglichen.

Durch die kleinere Zahl der mechanischen Übertragungselemente erhält man mit dem direkten Linearantrieb eine **verschleiß- und wartungsarme Vorschubachse**, deren hohe Genauigkeit über eine lange Betriebsdauer erhalten bleibt.

Die Forderung nach höchsten Vorschubkräften bei kleinstem Bauvolumen und Massen sowie ausreichende thermische Entkopplung der Motorkomponenten macht in der Regel eine **Flüssigkeitskühlung** des Primärteils erforderlich.

2.3 Die Arten von Linearmotoren

Bei Linearmotoren lassen sich prinzipiell alle Funktionsprinzipien realisieren wie auch bei rotativen Motoren. Im Bereich der Werkzeugmaschine kommt jedoch heute in

Analogie zu den rotativen Motoren ausschließlich das Prinzip des 3-strängigen Synchron-Servomotors zum Einsatz.

Synchron-Linearmotoren

Die Krafterzeugung beim Synchron-Linearmotor erfolgt in der gleichen Weise wie die Drehmomenterzeugung bei rotativen Synchronmotoren. Das **Primärteil** (aktives Teil) trägt eine 3-strängige Wicklung. Das **Sekundärteil** (passives Teil) trägt Permanentmagnete *(Bild 2.9)*.

Es kann sowohl das Primärteil als auch das Sekundärteil bewegt werden. Die Realisierung beliebiger Verfahrweglängen erfolgt durch das Aneinanderreihen von mehreren Sekundärteilsegmenten.

Bei **langen Verfahrwegen** entstehen beim Linearmotor - aufgrund hoher Magnetpreise - deutlich höhere Kosten gegenüber elektromechanischen Vorschubantrieben. Bei Verfahrwegen bis zu einem Meter - wie sie für die meisten Werkzeugmaschinen (z. B. Bearbeitungszentren) typisch sind - ist der Kostenunterschied zwischen Linearantrieb und Kugelgewindetrieb mit rotativem Servomotor nur noch gering.

Bei sehr **kurzen Verfahrwegen**, wie z. B. bei der Planachse von vielen Drehmaschinen, kann es sinnvoll sein, das Primärteil ortsfest und das Sekundärteil am Schlitten anzuordnen. Dadurch kann man die Energie- und ggf. auch die Kühlungszufuhr zum bewegten Verbraucher sparen.

In Analogie zur **Drehzahl-Drehmoment-Kennlinie** beim rotativen Motor wird beim Linearmotor aufgrund der translatorischen Größen eine Kraft-Geschwindigkeits-Kennlinie angegeben. Der Verlauf, sowie die Eckdaten dieser Grenzkennlinien werden wie beim rotativen Synchron-Servomotor durch die Höhe der Zwischenkreisspannung sowie durch die entsprechenden motorspezifischen Daten, wie z. B. Induktivität, Widerstand und Motorkonstante bestimmt. Durch unterschiedliche Zwischenkreisspannungen oder Motorwicklungen lässt sich eine Geschwindigkeitsanpassung vornehmen *(Bild 2.10)*.

Die **Maximalkraft F_{max}** ist bis zur Ge-

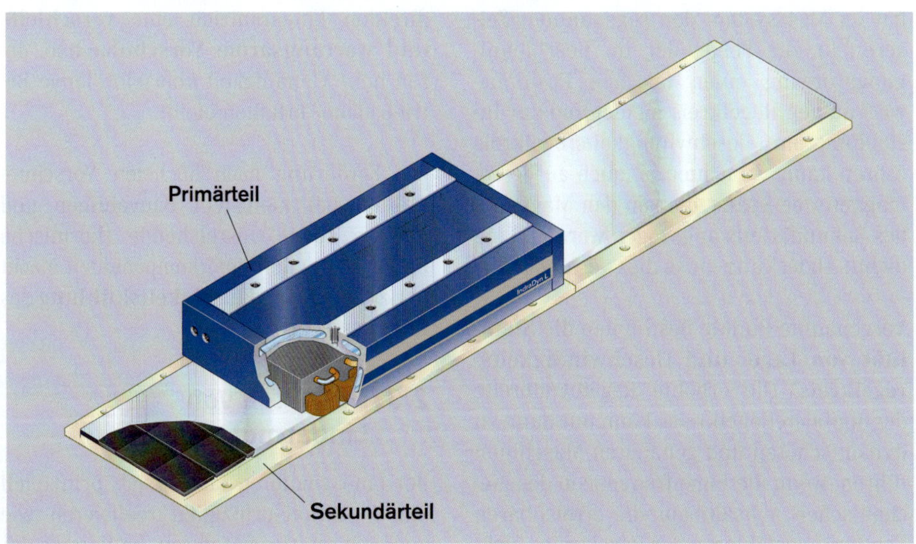

Bild 2.9: Aufbau eines Synchron-Linearmotors.

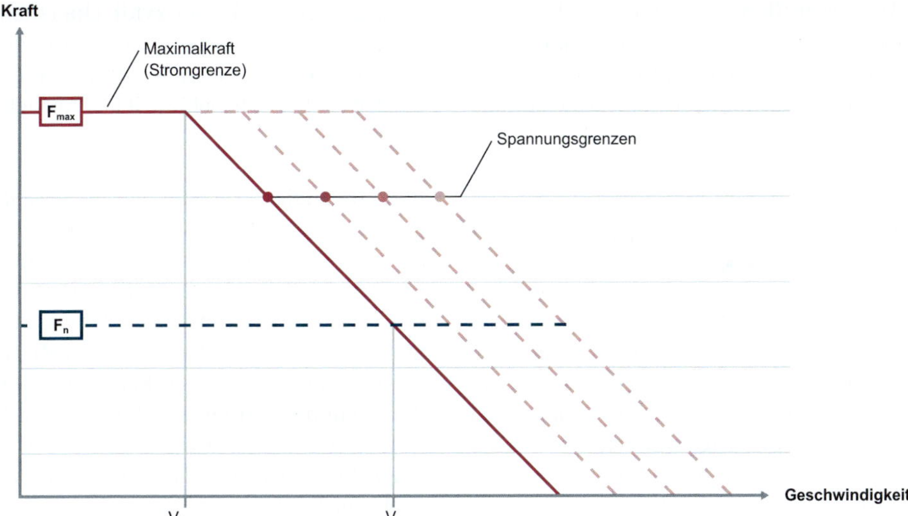

Bild 2.10: Betriebskennlinien eines Linearmotors.

schwindigkeit v_{Fmax} verfügbar. Mit steigender Geschwindigkeit wird die Differenz zwischen der Ausgangsspannung des Antriebsreglers und der geschwindigkeitsabhängigen Gegenspannung reduziert. Dies führt zu einer Reduzierung der maximalen Vorschubkraft mit steigender Geschwindigkeit. Die Bemessungskraft F_n ist ohne geschwindigkeitsabhängige Reduzierung bis zur Bemessungsgeschwindigkeit v_n des Motors verfügbar.

Die **Baukastensysteme** moderner Synchron-Linearmotoren bieten mit unterschiedlichen Primärteilbaugrößen und -längen sowie unterschiedlichen Sekundärteilsegmentlängen eine große Konstruktionsfreiheit.

Die mit Linearmotorantrieben bei Werkzeugmaschinen realisierten **Vorschubgeschwindigkeiten** betragen heute üblicherweise 120 m/min, die Beschleunigungen 10 bis 20 m/s². Die erreichbare Dynamik wird hierbei durch mechanische Maschinenelemente begrenzt. Bei Handlinganwendungen mit Linearmotoren werden heute Geschwindigkeiten über 300 m/min und Beschleunigungen über 100 m/s² erreicht.

Entsprechende **Kühlungs- und Kapselungsmaßnahmen** garantieren thermisch neutrales Motorverhalten, hohe Schutzart und Betriebssicherheit auch bei widrigen Umgebungsbedingungen.

2.4 Vor-/Nachteile von Linearantrieben

Aus dem Wegfall zusätzlicher Übertragungselemente resultiert eine Reihe von **Vorteilen:**

- Verschleißarmut und damit lange Lebensdauer,
- Kein Umkehrspiel, keine Elastizitäten des Antriebsstranges, große dynamische und statische Steifigkeit,
- Geringe Gesamtmasse und geringe Anzahl von Komponenten,
- Großes Beschleunigungsvermögen.

In Verbindung mit digitalen Reglern sind hohe Regelgüten mit großem K_v-Faktor möglich. Damit lassen sich ein geringer Schleppabstand und eine gute Positioniergenauigkeit auch bei hohen Fahrgeschwindigkeiten erreichen.

Als **wesentliche Nachteile** sind der geringe Wirkungsgrad bzw. eine hohe Verlustleistung zu nennen. Dies führt zu einer starken Erwärmung des Linearmotors und macht zusätzliche Aufwendungen für die Kühlung erforderlich.

2.5 Anbindung der Antriebe an die CNC

Die numerische Steuerung von Maschinenachsen erfolgt überwiegend in Lageregelkreisen. Von einem Interpolator werden in der CNC zyklisch – d. h. in gleichen, kurzen Zeitabständen – Lagesollwerte für jede Maschinenachse errechnet. Diesen Sollwerten folgt jede CNC-Achse. Auf diese Weise erfolgt sowohl die präzise Steuerung von Einzelachsen als auch die exakte 2D- oder 3D-Bahnsteuerung von mehreren Achsen. Für die präzise Koordination der Achsen sind die Genauigkeit der interpolierten Lagesollwerte und die Messgenauigkeit ebenso bedeutend wie die Zeitpunkte der Istwerterfassung und -verarbeitung.

Bei den früheren **analogen Antrieben** übergab die CNC analoge Geschwindigkeitssollwerte. Die Lageregelung erfolgte in der Steuerung. Durch diese analoge Drehzahlsollwertschnittstelle wurden die erreichbare Genauigkeit und die Anzahl der möglichen interpolierenden Achsen limitiert.

Bei digitalen Antrieben erfolgt die gesamte Lageregelung mit unterlagertem Geschwindigkeits- und Stromregelkreis sowie viele Grundfunktionen, als auch die Feininterpolation mit extrem kurzen Zykluszeiten direkt im Antrieb. Im Vergleich zur Lageregelung in der CNC werden dabei deutlich höhere Genauigkeiten bei höheren Geschwindigkeiten erzielt. Gleichzeitig wird die CNC entlastet, da nur noch Lage-Istwerte an alle Antriebe übergeben werden. Zur Berechnung des nächsten Interpolationsschritts benötigt die CNC von der Lage-Istwert-Erfassung in den Antrieben die Lage-Istwerte. Dieser **zyklische** Datenaustausch im Interpolationszyklus der CNC ermöglicht einen synchronisierten Betrieb nahezu beliebig vieler Antriebe *(Bild 2.11)*.

Eine freizügige Nutzung dieser Vorteile ist nur mit geeigneten offenen digitalen Schnittstellen zwischen CNC und Antriebsreglern möglich. Aber auch firmenspezifische Lösungen kommen zum Einsatz. Erforderlich sind Echtzeitverhalten im Mikrosekundenbereich und **Taktsynchronität der Datenübertragung**. Entsprechende Normungsarbeiten führten zu industrietauglichen Lösungen, sodass CNC und Antriebe auch von verschiedenen Herstellern miteinander kommunizieren können. Aktueller Stand der offenen Standards ist eine **EtherNet** basierte Infrastruktur. Durch Nutzung der physikalischen Ebene und des Data Link Layers des **Fast EtherNet** mit derzeit bis zu 100Mbit/s lassen sich die vielfältigen Anforderungen der Datenübertragung an die Antriebe bei CNC-gesteuerten Maschinen bewältigen. Zusätzlich wird eine TCP/IP-Kommunikation z. B. für Statusmeldungen zu außerhalb der CNC liegenden Leit- und Überwachungseinrichtungen ermöglicht. Genormte Realisierungen sind z. B. PROFINET, SERCOS III, EtherCAT.

Die **Synchronisation** von nahezu beliebig vielen Antrieben wird damit möglich. Die Nutzung dieser Vorteile setzt geeignete digitale Schnittstellen (z. B. **SERCOS interface**) zwischen CNC und Antriebsregler voraus. Auf dem Markt sind offene, genormte und firmeninterne Schnittstellen verfügbar. Die Datenübertragung kann seriell und/oder parallel, über Lichtwellenleiter oder drahtgebunden erfolgen. In jedem Fall ist eine **Echtzeitübertragung** der Signale erforderlich, da neben den Lage- oder Drehzahlsollwertsignalen zum Antriebsregler z. B. für Sicherheitsfunktionen Istwerte zur CNC zurückübertragen

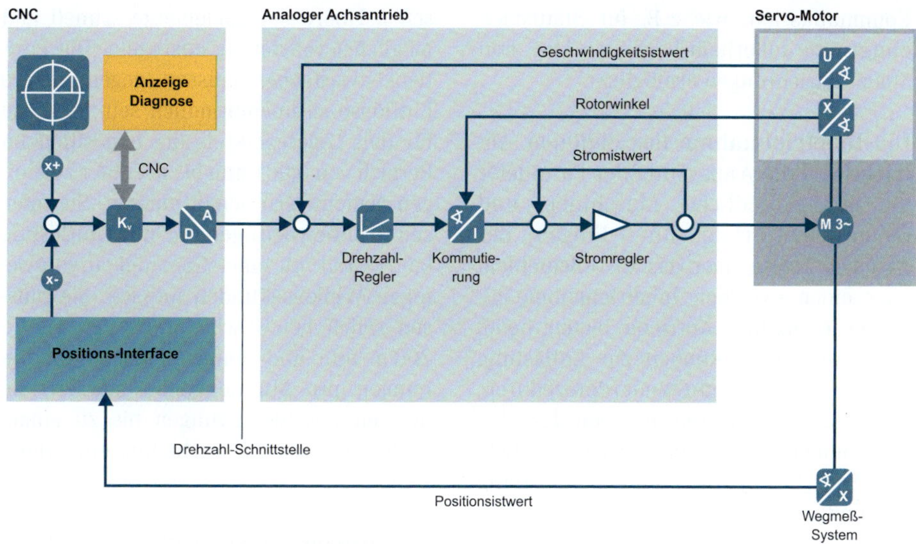

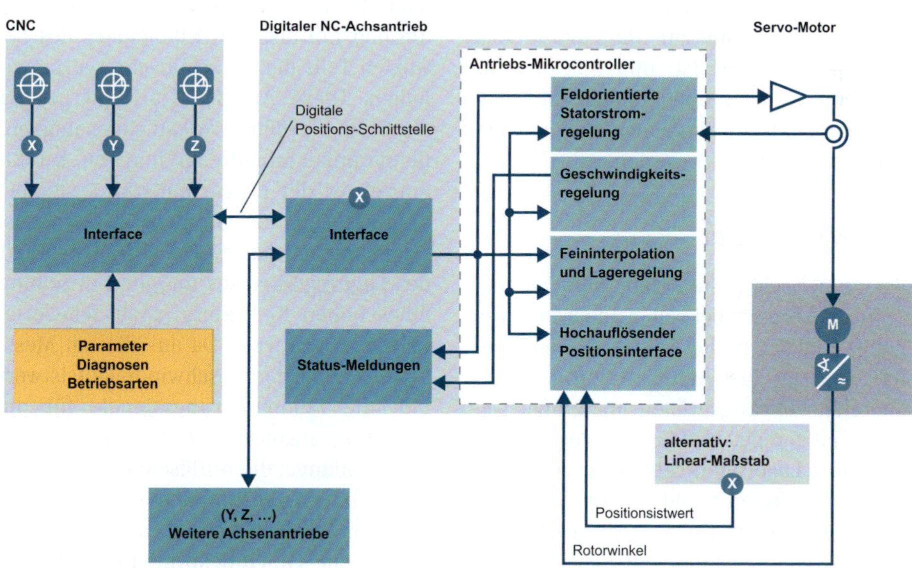

Bild 2.11: Prinzip-Vergleich analoger/digitaler CNC-Achsantrieb.

werden. Beim aktuellen Stand der offenen, genormten Schnittstellen wird der Datenverkehr zwischen CNC und Antriebsregler in einer Ethernet basierten Infrastruktur übertragen. Durch Nutzung der physikalische Ebene und des Data Link Layers des Fast Ethernet mit derzeit bis zu 100 Mbit/s lassen sich die vielfältigen Aufgaben der Datenübertragung in Maschinen bewältigen.

Digitale Antriebe arbeiten **zyklisch**, d. h. alle Soll- und Istwerte müssen in jedem Interpolationszyklus der CNC mit allen Antrieben aktualisiert werden *(Bild 2.11)*.

Durch den **Einsatz von Ethernetverbindungen** wird eine offene Standard-IT-

Kommunikation, wie z. B. für Statusmeldungen zu außerhalb liegenden Leit- und Steuereinrichtungen ermöglicht.

Die **Inbetriebnahme** der digitalen Antriebe und die Anpassung der Parameter an unterschiedliche Maschinen und Steuerungen erfolgt durch Eingabe der Parameterwerte über das CNC-Bedienfeld oder einen externen Inbetriebnahme-PC. Moderne digitale Antriebe bieten heute noch weitere Funktionen zur Entlastung der CNC. So werden Standardprozeduren, wie z. B. Referenzieren, nur von der CNC als Kommando an den Antrieb gegeben. Der Antrieb führt die Funktion selbsttätig aus und meldet seinen Status an die CNC zurück. Zudem sind umfangreiche Diagnosefunktionen, wie z. B. die so genannte Oszilloskopfunktion zur Darstellung des Verlaufs beliebiger Ist- und Sollwerte in mehreren Kanälen eine Standardfunktion. Kosten für externe Messeinrichtungen können somit eingespart werden.

2.6 Messgeber

Bei numerisch gesteuerten Werkzeugmaschinen, wie auch bei vielen anderen Bewegungsaufgaben im Bereich der Motion Control, müssen die **Achsbewegungen** von digitalen Führungsgrößen mit großer Genauigkeit geregelt werden. Dies erfolgt mit Hilfe von **Lageregelkreisen**, die über ein Positionsmessgerät und einen regelbaren Antrieb verfügen. Dabei messen die Positionsmessgeräte ständig die Position des zu bewegenden Elementes. Diese wird mit dem vorgegebenen Sollwert für die Position verglichen und daraus der Vorschubantrieb zu entsprechenden Korrekturbewegungen veranlasst.

Hohe Anforderungen werden dabei an die **Positionsistwertgeber** und die digitalen Regelkreise gestellt. Lage- und Geschwindigkeitsregelkreis müssen die Störgrößen der Bearbeitungskräfte und der mechanischen Übertragungselemente schnell und möglichst vollständig ausregeln. Die Positionsistwertgeber müssen gegen äußere Einflüsse so unempfindlich sein, dass sie für den Lageregelkreis die Istposition im Bereich von 0,001 mm bis herunter zu einigen Nanometern genau messen. Sie müssen **Drehbewegungen** mit einer Auflösung 0,001 Grad mit einer Genauigkeit von wenigen Winkelsekunden messen. Sie müssen selbst bei Geschwindigkeiten bis zu 200 m/min und einigen tausend Umdrehungen pro Minute genau messen. Sie müssen Beschleunigungen bis zu einem Vielfachen der Erdbeschleunigung widerstehen.

Ein **direktes Messsystem** wird möglichst nahe der bearbeiteten Kontur angeordnet, um den Einfluss von Kippfehlern des bewegten Teils der Vorschubachse gering zu halten. Diese Art der Maßverkörperung ergibt die größte Werkstückgenauigkeit. Beim umkehrspielfreien linearen Direktantrieb ist der **Linearmaßstab** systembedingt ein Teil eines direkten Messsystems. Dabei sind normalerweise für die Stabilität des **Lageregelkreises** und die Einstellung eines hohen K_V-Faktors keine Schwierigkeiten zu erwarten. Da aus diesem Messsystem auch der Geschwindigkeitsistwert und die Kommutierungssignale für die Wicklung abgeleitet werden, müssen die Periodenlänge, die Auflösefeinheit und die Eigenfrequenz bestimmten Anforderungen genügen. Wird ein direktes Lagemesssystem bei einem **Gewindespindelantrieb** verwendet, so wird die Werkstückgenauigkeit durch die von **Umkehrspiel und Elastizitäten** in den mechanischen Übertragungselementen verursachte Umkehrspanne und den mechanischen Eigenfrequenzen sehr wohl beeinträchtigt. Die Werkstückgenauigkeit ist deshalb hier u. U. **geringer** als mit einem indirekten Messsystem.

Beim **indirekten Messsystem** wird der Lage-Istwert über die Winkellage der Gewindespindel, eines Getrieberads oder des Servomotors ermittelt. Umkehrspannen und Gewindespindelsteigungsfehler, die in den Komponenten hinter der Messstelle liegen, machen sich als **bleibende Lageabweichung** am Werkstück bemerkbar. Eine teilweise Beseitigung dieser Ungenauigkeiten durch eine Kompensation über die Lageführungsgröße in der CNC ist möglich (z. B. durch die **Spindelsteigungsfehlerkompensation**). Aber selbst wenn, wie bei diesem indirekten Messen, die mechanischen Übertragungselemente außerhalb von Lage- und/oder Drehzahlregelkreis liegen, wirken sich die Rückwirkungen ihrer schwingungsfähigen Massen auf die Reglerstabilität aus und vermindern als Folge die einstellbaren Reglerverstärkungen. Der mögliche **K_V-Faktor**, und damit auch die Werkstückgenauigkeit, werden kleiner.

2.7 Zusammenfassung

Vorschubantriebe arbeiten überwiegend mit digitalen Reglern und permanent erregten Synchron-Servomotoren. Vielfach wird heute bei kleineren Werkzeugmaschinen der lineare Direktantrieb bevorzugt, aber es kommt auch häufig noch der elektromechanische Kugelgewindetrieb zum Einsatz. In aller Regel geben die Eigenfrequenzen der Mechanik die Grenzen für die regelungstechnische Bandbreite von Lage- und Geschwindigkeitsregelkreisen vor und somit auch für die erreichbare **Dynamik und Genauigkeit der Maschine**.

Bei **linearen Direktantrieben** wirkt die Vortriebskraft des Motors direkt auf den Vorschubschlitten. Daraus resultieren folgende **Vorteile:**

- Einfache, wartungsarme mechanische Konstruktion mit hoher Steifigkeit.
- Hohe erreichbare Genauigkeit, kein Umkehrspiel.
- Hohe Bewegungsdynamik durch hohe Geschwindigkeit und hohe Beschleunigung.
- Keine technisch bedingte Begrenzung des Verfahrwegs.

Demgegenüber stehen jedoch folgende **Nachteile:**

- Begrenzte Vorschubkraft, da keine Anpassung durch Getriebe möglich ist.
- Keine Mechanik dämpft Laststöße, die Steifigkeit muss allein durch die Regelung erzielt werden.
- Meist ist Wasserkühlung erforderlich, um die Verlustwärme aus der Maschine herauszuhalten.
- Bei großen Verfahrwegen entstehen hohe Kosten durch die Permanentmagnete der Sekundärteile.

Lineare Direktantriebe ermöglichen bei angepasster Konstruktion gegenüber den elektromechanischen Vorschubantrieben dynamischere und genauere Vorschubachsen. Ein einfacher Ersatz eines Gewindespindelantriebs an einer gegebenen Maschine durch einen Linearantrieb ohne Berücksichtigung der oben genannten Anforderungen ist nicht zielführend. Zusätzlich müssen die **hohen Anziehungskräfte** zwischen Primär- und Sekundärteil von den Führungselementen sicher in das Maschinenbett abgeleitet werden und bei Anfallen von ferromagnetischen Spänen eine **dichte Abdeckung der Sekundärteile** zum Schutz der Permanentmagnete vorhanden sein.

Die **regelungstechnische Bandbreite** von Vorschubantrieben mit Kugelgewindetrieb wird in der Regel durch mehrere Eigenfrequenzen des mechanischen Systems bestimmt. Aber der Konstrukteur hat hier mehr Einfluss, um erkannte Schwachstellen zu verbessern. Einfacher ist hier auch ein Optimum für Vorschubkraft, Geschwindigkeit und Beschleunigung zu erreichen, die durch folgende Parameter bestimmt sind:

- Gewindespindelsteigung,
- Getriebeübersetzungsverhältnis,

- Massenträgheitsmoment,
- eine größere Auswahl bei den Synchron-Servomotoren mit geeigneteren Motorkonstanten.

Die die Bandbreite der Regelkreise mitbestimmenden Parameter, wie Zug-, Druck- und Torsionssteifigkeit der Gewindespindel und die Steifigkeit der Gewindespindellagerung sind ebenfalls einer Optimierung zugänglich. Somit lassen sich auch mit dieser lange bewährten Antriebsart K_V-Faktoren von ca. 5 (m/min)/mm erreichen.

Der **K_V-Faktor** ist eine der Größen, die die Bearbeitungsgenauigkeit einer Vorschubachse bestimmen. Er gibt an, bei welcher Geschwindigkeit in m/min die **Regeldifferenz** (als Schleppabstand bezeichnet) zwischen Positionsführungsgröße und Positionsistwert am Lagereglereingang 1 mm erreicht. Er wird auch mit Geschwindigkeitsverstärkung bezeichnet. Regelungstechnisch ist es der Proportionalbeiwert des Lagereglers. Die einstellbare Höhe dieses Parameters wird von den Eigenschaften der Vorschubachse bestimmt. Im Wesentlichen sind dies:

- Die dynamischen Eigenschaften der unterlagerten Geschwindigkeits- und Stromregelkreise, die von den Abtastzeiten und den möglichen An- und Ausregelzeiten, bzw. ihren Regelkreisbandbreiten abhängen, und
- die Rückwirkungen von Eigenfrequenzen der mechanischen Übertragungselemente, die von den Massen und Steifigkeiten bestimmt werden.

Vorschubantriebe für CNC-Werkzeugmaschinen

Das sollte man sich merken:

1. Bei jeder Bewegung der Achse entsteht ein **Nachlauf**, der proportional zur Geschwindigkeit der Bewegung ist.
2. Die Größe des Nachlaufs wird durch den **K_V-Faktor** bestimmt. Dieser gibt an, mit welcher Geschwindigkeit in m/min die Achse fahren kann, bis ein Schleppabstand von 1 mm entsteht.
3. Bei zu hoher **Regelkreisverstärkung** entstehen im Lageregelkreis Schwingungen, die die Qualität des bearbeiteten Werkstücks beeinträchtigen.
4. Bei **digitalen Antriebsreglern** erfolgt die Regelung von Stromstärke (Drehmoment oder Kraft), Drehzahl (Geschwindigkeit) und Lage (Position) **digital**, d.h. mittels Mikroprozessoren. Dadurch werden höhere Genauigkeiten und Reaktionsgeschwindigkeiten erreicht als mit analogen Reglern.
5. Steifigkeit eines geregelten Antriebs ist
   a) statisch, bei Stillstand des Antriebs: Das Verhältnis von dem an der Motorwelle aufgebrachten Drehmoment zur damit erreichten Winkelabweichung der Welle. (S = mkg pro Grad Verdrehung)
   b) dynamisch: Das Verhältnis des aufgebrachten Lastmoments zur Drehzahl-Abweichung des Motors (S = Drehmoment-Differenz/Drehzahl-Differenz)
6. Unter **Dynamik** eines lagegeregelten Vorschubantriebs versteht man das zeitliche Verhalten bei Kraft-, Drehmoment-, Geschwindigkeits- oder Beschleunigungsänderungen. Je kürzer die Ausregelzeit ist, desto höher ist die Dynamik der Regelkreise.
7. **Vorschubantriebe** an Werkzeugmaschinen sollen folgende Anforderungen erfüllen:
   - Drehzahl- bzw. Geschwindigkeitsstellbereich: ≥ 1 : 30 000.
   - Gutes dynamisches Verhalten im Drehzahlregelkreis (einschl. Mechanik): Regelkreisbandbreite ≥ 100 Hz.
   - Geringe Kraft- bzw. Drehmomentwelligkeit, verursachte Wegwelligkeit ≤ 0,25 mm.
   - Linearität zwischen Soll- und Istwert, keine Unempfindlichkeit bei Richtungsumkehr.
   - Hoher K_V-Faktor. Linearantrieb ca. 20 - 30 (m/min)/mm, elektromechanischer Antrieb ca. 5 - 6 (m/min)/mm.
   - Hohe Auflösefeinheit des Messsystems. Linearantrieb ca. 10 nm, elektromechanischer Antrieb ca. 1 nm.
   - Geringe Verlustwärme, kleines Bauvolumen, Wartungsfreiheit.
8. Meist ist für Linearantriebe Wasserkühlung erforderlich, um die Verlustwärme aus der Maschine herauszuhalten.
9. Lineare Direktantriebe und elektromechanische Antriebe mit Synchron-Servomotor, beide mit digitalen Lage-, Drehzahl- (Geschwindigkeits-) und Strom- (Kraft- oder Drehmoment-) Regelkreisen, sind bei Vorschubantrieben an Werkzeugmaschinen und bei vielen Motion Control Aufgaben Stand der Technik.

Vorschubantriebe für CNC-Werkzeugmaschinen

Das sollte man sich merken

3 Hauptspindelantriebe

Drehstrom-Kurzschlussläufer-Asynchronmotoren waren lange Zeit in Verbindung mit Schaltgetrieben die vorwiegend eingesetzten Antriebsmotoren für Hauptspindeln. Diese Motoren können heute in Grenzen auch drehzahlgeregelt über Frequenzumrichter betrieben werden. Ist jedoch die Nutzung der Hauptspindel als C-Achse vorgesehen, steht auch hier der Drehstrom-Synchronmotor im Vordergrund. Dieser Antrieb wird aufgrund seiner weiteren technischen Vorteile trotz des etwas höheren Preises zunehmend generell bevorzugt. Die Gründe dafür werden hier erläutert.

Grundsätzlich ist bei der Projektierung von geregelten Hauptantrieben zu entscheiden, ob Synchron- oder Asynchronmotoren eingesetzt werden sollen. Entscheidend ist dabei, ob der Motor nur im Drehzahl-Regelkreis betrieben werden soll (z.B. als Spindelantrieb für Bohr- und Fräswerkzeuge), oder im Positions-Regelkreis, wie z.B. bei Drehmaschinen mit zusätzlichem C-Achsantrieb. Als Spindelantrieb von Werkzeugmaschinen werden heute ausnahmslos drehzahlgeregelte Elektromotoren eingesetzt mit zwei Hauptaufgaben:

- **Drehmoment** und **Drehzahlen** für den Arbeitsprozess zur Verfügung stellen,
- Die **Interpolation der Hauptspindelumdrehung** mit den Vorschubantrieben zu ermöglichen, wenn bei Dreh- oder Bearbeitungszentren der Betrieb als C-Achse gefordert wird.

Die Drehzahlregelung von Synchron- und Asynchronmotoren wird generell über Spannung und Frequenz des zugeführten Drehstroms gesteuert. Dazu muss ein spezieller **Frequenzumrichter** vorgeschaltet werden. Ein Drehgeber im Motor misst ständig sowohl Drehzahl als auch Rotorstellung und meldet diese an den Umrichter. Daraus ermittelt die Steuerungselektronik die erforderliche „**elektronische Kommutierung**" zur Weiterschaltung des Drehfeldes und auch die tatsächliche Ist-Drehzahl.

3.1 Anforderungen an Hauptspindelantriebe

Für den automatischen Arbeitsablauf bei CNC-Maschinen müssen die Hauptantriebe zusätzliche Anforderungen erfüllen, die weit über die von Antrieben konventioneller Maschinen hinausgehen. Dies sind insbesondere:

- **Automatisierte Drehzahländerung**
  Der automatische Arbeitsablauf erfordert auch einen programmierbaren, automatischen Drehzahlwechsel
- **Feinstufige, möglichst stufenlose Drehzahländerung**
  CNC-Maschinen sind kapitalintensive Produktionsmittel mit einem hohen Stundensatz. Deshalb ist es wichtig, auch die Leistungsfähigkeit heutiger Werkzeuge optimal zu nutzen. Um beispielsweise die Schnittgeschwindigkeit beim Plan- oder Kegeldrehen aus technologischen Gründen konstant zu halten, ist eine stufenlose Drehzahländerung erforderlich.

- **Großer Drehzahlstellbereich**
  CNC-Maschinen sind Universalmaschinen, die unterschiedliche Werkstücke mit verschiedenen Werkzeugen bearbeiten sollen. Dazu muss die Arbeitsspindel einen großen Drehzahlbereich ohne Zwischenschaltung eines Schaltgetriebes abdecken, d. h. der gesamte erforderliche Stellbereich wird nur vom Motor erbracht.
- **Sehr schnelle Drehzahländerungen**
  Jeder Drehzahlwechsel bedeutet Zeitverlust. Dies macht sich besonders beim häufigen Werkzeugwechsel an Maschinen mit umlaufenden Werkzeugen bemerkbar, wie z. B. bei Bearbeitungszentren. Diese sind mit einem automatischen Werkzeugwechsler ausgerüstet und zu jedem Wechselvorgang muss die Spindel stillgesetzt und wieder beschleunigt werden.
  Daraus resultiert die Forderung nach möglichst kurzen Hochlauf- und Abbremsvorgängen des Spindelmotors.
- **Hohe Antriebsleistung**
  Der automatisch ablaufende Bearbeitungsprozess bei CNC-Maschinen macht ihn von der manuellen Bedienung und Reaktionsgeschwindigkeit unabhängig. Das ermöglicht einen vollständig geschlossenen Arbeitsraum. Somit können Arbeitsgeschwindigkeiten erreicht werden, die die Leistungsfähigkeit neuzeitlicher Werkzeuge voll ausnutzen. Das erfordert Antriebsleistungen, die beim Mehrfachen konventioneller Maschinen liegen.
- **Hoher Bereich konstanter Leistung**
  Die hohe Antriebsleistung sollte über einen möglichst großen Drehzahlbereich verfügbar sein.
- **Hohes Drehmoment bei niedriger Drehzahl**
  Im unteren Drehzahlbereich sollte ein möglichst hohes Drehmoment zur Verfügung stehen.
- **Kleiner Bauraum und geringes Gewicht**
  Bei vielen CNC-Maschinen ist der Hauptantriebsmotor Teil einer größeren mechanischen Baugruppe und wird mit diesem ständig verfahren. Daraus entsteht die Forderung nach einer möglichst geringen Masse und Größe des Motors, um die erreichbare Beschleunigung der gesamten Baugruppe nicht zu beeinträchtigen.
- **Geringe Wärmeentwicklung**
  Die nachteilige Auswirkung einer lokalen Erwärmung der Maschine auf die Genauigkeit wurde bereits in Teil 2, 1.6 Kompensationen, Temperaturkompensation beschrieben.

3.2 Arten von Hauptspindelantrieben

Einen Vergleich der drei unterschiedlichen Motorprinzipien zeigt *Bild 3.1.*

Bei den Hauptspindelantrieben stehen im Prinzip die gleichen Motorarten wie bei den Vorschubantrieben zur Verfügung. Der drehzahlgeregelte **Asynchronmotor** wird aufgrund seiner positiven Eigenschaften wie günstiger Preis, einfacher, robuster Aufbau und geringer Wartungsaufwand, vorzugsweise als Standard-Hauptantrieb eingesetzt. Für die Drehzahlverstellung wird er von einem Frequenz-Umrichter gespeist und hat die lange dominierenden Gleichstrommotoren verdrängt. Er wird in verschiedenen Bauformen realisiert. Je nach Art des Hauptantriebes *(Bild 3.1)* können dies Gehäusemotoren oder Bausatzmotoren mit Hohlwelle sein *(Bild 3.2).*

Um auch bei niedrigen Drehzahlen **bis zur Drehzahl Null das volle Drehmoment** zu gewährleisten, sind Gehäusemotoren für Hauptspindelantriebe immer **fremd belüftet oder flüssigkeitsgekühlt**. Bausatzmotoren für den direkten Einbau in die Spindel sind in der Regel immer flüssigkeitsgekühlt, da sowohl eine hohe Leistungsdichte bei vertretbarem Bauvolumen,

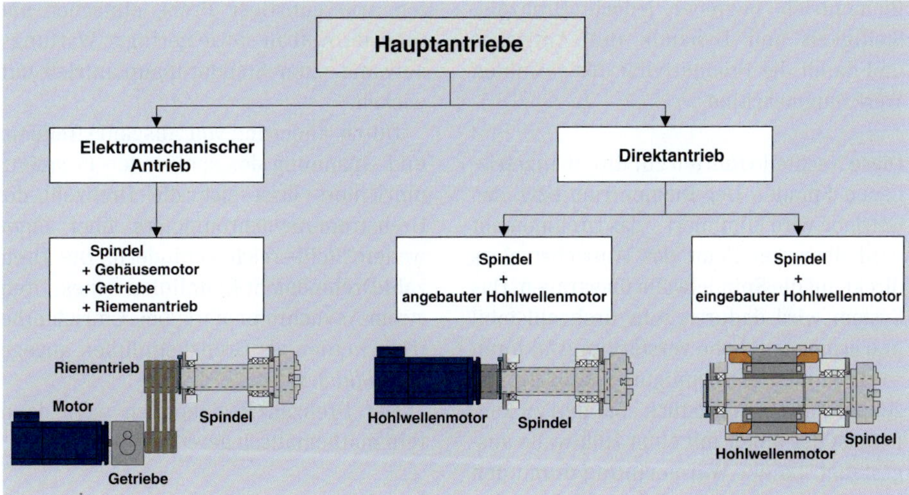

Bild 3.1: Arten von Hauptantrieben.

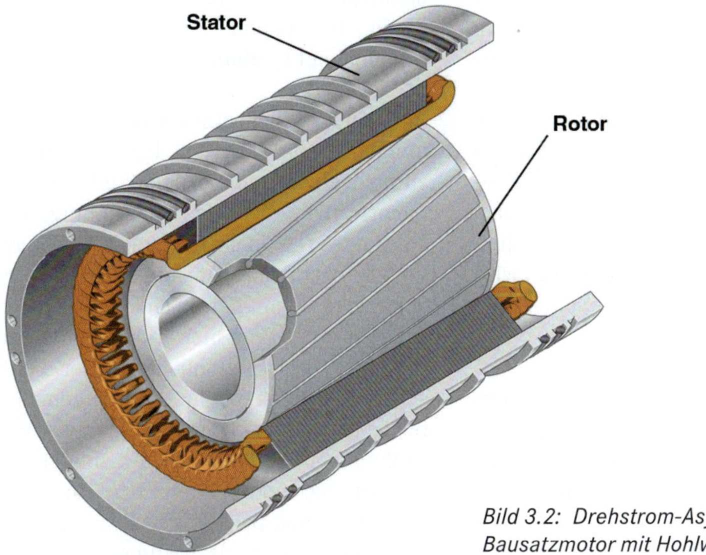

Bild 3.2: Drehstrom-Asynchron-Motor als Bausatzmotor mit Hohlwelle.

als auch ein thermisch neutrales Motorverhalten zu gewährleisten ist.

3.3 Bauformen von Hauptspindelantrieben

Die klassische Bauform des Hauptantriebes war die Kopplung eines Gehäusemotors an die Werkzeugspindel über eine – teilweise mehrstufige – Getriebe- und/oder Riemenübersetzung. Diese Anordnung bietet den Vorteil, dass der Motor thermisch vom Bearbeitungsraum und von der Spindel entkoppelt ist. Der Motor kann an einer Stelle außerhalb des Bearbeitungsraums angebracht werden, sodass auf Hauptspindelmotoren mit standardisierten Anbaumaßen zurückgegriffen werden kann. Der

Riementrieb begrenzt jedoch Drehzahl, Steifigkeit und Dynamik des Antriebes und damit die Produktivität der gesamten Werkzeugmaschine.

Diese Nachteile führten zur direkt angetriebenen Spindel. Der Riementrieb bzw. das Getriebe wird eliminiert – das Drehmoment wird über den Rotor des Antriebsmotors direkt auf die Spindelwelle übertragen. Das System wird dadurch sehr drehzahlstabil und ermöglicht hohe Verstärkungsfaktoren sowie kurze Beschleunigungs- und Bremszeiten. Um das Werkstück spannen zu können, ist der Motor mit einer Hohlwelle ausgestattet. Da der Wärmeeintrag durch den Motor nicht direkt in die Spindel erfolgt, kann der Motor fremdbelüftet werden. Als Option ist auch eine Flüssigkeitskühlung möglich, mit welcher die Motorausnutzung weiter gesteigert werden kann. Diese Anordnung ist besonders für Bearbeitungszentren vorteilhaft.

Mit der direkten Integration des Antriebsmotors in die Spindel entstand die so genannte **Motorspindel**. Durch den direkten Einbau wird in der Regel eine Flüssigkeitskühlung erforderlich. Diese Ausführungsform des Hauptspindelantriebes wird zunehmend zum Standard im modernen Werkzeugmaschinenbau.

Bei beiden Bauformen des Direktantriebs treten, bedingt durch das Fehlen einer mechanischen Drehzahlanpassung, folgende Anforderungen besonders in den Vordergrund:

- hohe Leistungsdichte
- großer Drehzahlstellbereich
- großer Bereich konstanter Leistung
- hohes Drehmoment bei geringen Drehzahlen
- hohe Maximaldrehzahl

Drehstrom-Asynchronmotoren

Der drehzahlgeregelte Asynchronmotor hat sich auf Grund seiner positiven Eigenschaften, wie günstiger Preis, einfacher und robuster Aufbau sowie geringer Wartungsaufwand, zum Standardhauptantrieb entwickelt.

Durch Änderung von Ausgangsfrequenz und -spannung des speisenden Frequenzumrichters lässt sich die Drehzahl des Drehstrom-Asynchronmotors über einen weiten Stellbereich verändern. Die Drehzahl-Drehmoment-Kennlinien eines Drehstrom-Asynchronmotors bei Umrichterbetrieb werden als Grenzkennlinien angegeben *(Bild 3.3)*.

Der Drehzahl-Regelbereich wäre dann, rein mathematisch gerechnet, „unendlich".

Der Verlauf der **Grenzkennlinien** wird durch die Höhe der Zwischenkreisspannung sowie durch die entsprechenden motorspezifischen Daten, wie z. B. Induktivität, Widerstand, Motorkonstante und Kippmoment bestimmt.

Im Grunddrehzahlbereich werden die Spannung und die Frequenz bis zur **Bemessungsdrehzahl** proportional erhöht. Der Motor entwickelt – bei Fremdkühlung – ein konstantes Drehmoment. Erreicht die Spannung bei der Bemessungsdrehzahl den Maximalwert, kann nur noch die Frequenz erhöht werden. Von hier an beginnt der so genannte Feldschwächbereich. Der **Feldschwächbereich** beginnt mit einem Bereich konstanter Leistung, in dem das Drehmoment hyperbolisch, d. h. umgekehrt proportional zur Frequenz bzw. Drehzahl ($1/n$) abnimmt. Bei weiterer Erhöhung der Drehzahl bzw. Speisefrequenz wird das Kippmoment bzw. die Kippgrenze des Motors erreicht. Das **Kippmoment** des Asynchronmotors nimmt quadratisch mit der Frequenz bzw. Drehzahl ($1/n^2$) ab. Im Gegensatz zum Betrieb am Netz stellt die Kippgrenze des Motors bei modernen Umrichtern und entsprechenden Regelungen zunächst keine tatsächliche Grenze dar, da ein Kippen des Motors (drastische Reduzierung des Momentes bis hin zum Stillstand)

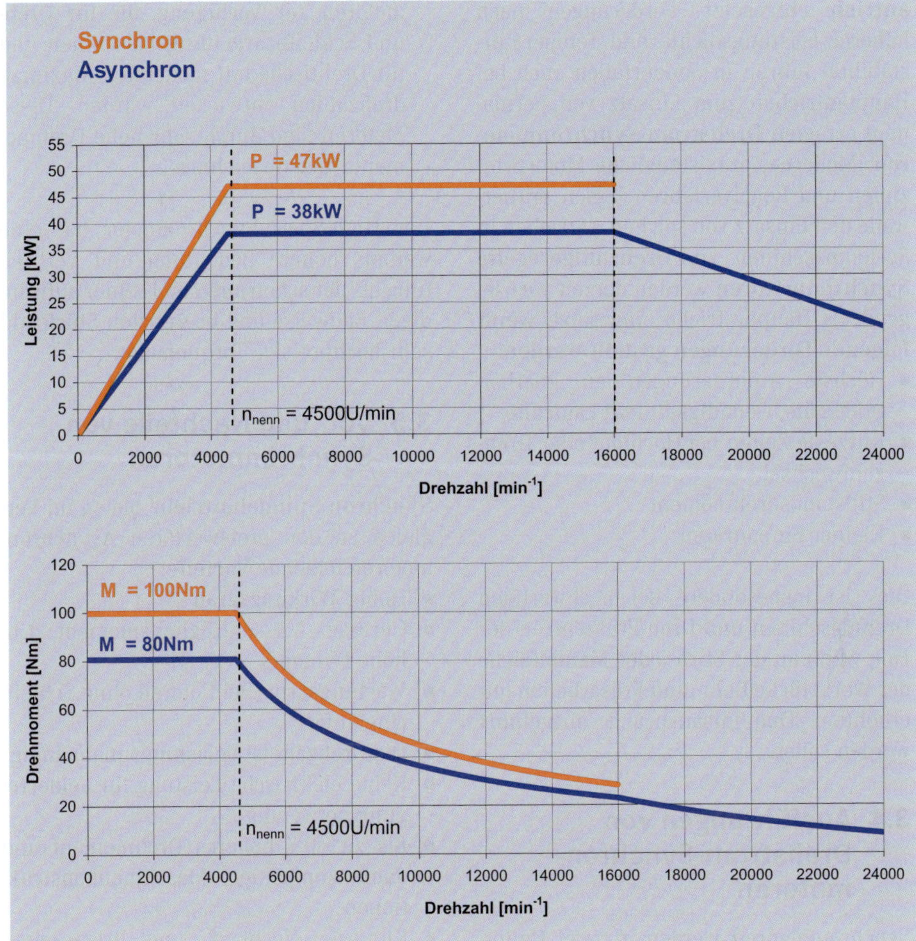

Bild 3.3: Drehzahlregelbereiche von Synchron- und Asynchronmotoren mit gleicher Leistung und gleichem Moment. (Quelle: Kessler)

verhindert wird. Die maximale Drehzahl wird somit nur durch mechanische Komponenten, wie z. B. Lager, Rotor, Rotorbefestigung usw. begrenzt.

Die Angabe der **Grenzkennlinien** erfolgt meist für Dauerbetrieb (Betriebsart S1) und für Aussetzbetrieb (Betriebsart S6) bei unterschiedlichen Einschaltdauern, häufig 25, 40 oder 60%.

Die Regelung bzw. Reglerstruktur eines Hauptantriebsmotors entspricht weitgehend dem eines modernen Vorschubantriebs. Heute anzutreffende Hauptantriebsregler sind lediglich um einige Funktionen, wie z. B. zur speziellen Feldregelung, ergänzt. Somit stellt auch der heute vor allem bei Drehmaschinen geforderte C-Achsbetrieb – die Interpolation der Hauptspindel mit den Vorschubantrieben – kein Problem dar.

Drehstrom Synchronmotoren

Bei Werkzeugmaschinen wird der Synchronmotor überwiegend als **Vorschub-**

antrieb eingesetzt. Forderungen nach höherer Leistungsdichte und Temperaturstabilität führen in Sonderfällen auch bei Hauptantrieben zum Einsatz von permanent erregten **Drehstrom-Synchronmotoren**. Moderne, praxistaugliche Motorprinzipien und Regelverfahren lassen mittlerweile den Einsatz von solchen Antrieben in Serienmaschinen zu. **Drehzahlgeregelte Synchronmotoren** werden derzeit vorwiegend als Hauptantriebe eingesetzt, **wenn folgende Forderungen gestellt werden:**

- Höchste Anforderungen an Bearbeitungsgüte, Genauigkeit und Laufruhe,
- Kürzeste Zeiten bei Hochlauf oder Drehzahlwechsel.
- Stillstandsdrehmoment
- Kleiner Einbauraum

Dies ist insbesondere bei hochwertigen Drehmaschinen und Dreh-Fräszentren der Fall, wenn an der Stirn- oder Mantelfläche der Werkstücke Bohr- und Fräsarbeiten mit erhöhtem Qualitätsanspruch ausgeführt werden sollen.

3.4 Ausführungen von Drehstrom-Synchronmotoren

Synchronmotoren werden in zwei Hauptausprägungen angeboten:

- **High-Speed-Motoren**
  Hierzu stehen vorwiegend 4-polige Synchronmotoren für die Fräsbearbeitung zur Verfügung. Diese Motoren sind für hohe Maximaldrehzahlen bis 40 000/min und einen großen Drehzahlstellbereich optimiert. Sie werden vorwiegend im Drehzahl-Regelkreis über Frequenzumrichter betrieben. Der Drehzahlregelbereich beträgt hierbei etwa 1 : 3 im Feldschwächbereich, der gesamte Drehzahl-Regelbereich ab Drehzahl Null wäre, rein mathematisch gerechnet, „unendlich".
- **High-Torque-Motoren**
  Es stehen 6-polige/8-polige Synchronmotoren zur Verfügung, die für Dreh- und Schleifbearbeitungsmaschinen und für Drehtische mit moderaten Maximaldrehzahlen entwickelt wurden. Diese Motoren sind durch sehr hohe Drehmomente gekennzeichnet.

Der High-Speed-Synchronmotor hat eine weitaus höhere Bedeutung und Verbreitung als der schon aufgrund seiner aufwändigen Bauweise und begrenzten Stückzahl sehr hochpreisige Torquemotor.

3.5 Vor- und Nachteile von Synchronmotoren

Synchron-Spindelantriebe bieten im Vergleich zu den preiswerteren Asynchronmotoren folgende **Vorteile:**

- Hoher Wirkungsgrad
- Geringes Massenträgheitsmoment, d. h. hohe Dynamik
- Wartungsarm (Bei Rotoren ohne Schleifringläufer)
- Die Drehzahl ist belastungsunabhängig
- Keine elektrische Leistung für Felderregung notwendig
- Bis zu 60 % höheres Drehmoment und damit kompaktere Maschinenkonstruktionen
- Kürzeste Hochlauf- und Bremszeiten (50 %) aufgrund des Drehmoments
- Hohes Drehmoment auch bei Stillstand und Drehrichtungswechsel
- Kompakte Konstruktion (z. B. für Drehmaschinen, Senkrechtfräsmaschinen) durch den Wegfall mechanischer Komponenten, wie Motorwippe, Riementrieb, Getriebekasten und Spindelgeber
- Hohe Leistungsdichte bei Wasserkühlung
- Maximaldrehzahlen bis 40 000 1/min, Drehmomente bis > 820 Nm
- Geringere Rotorerwärmung auf Grund der Bestückung mit Permanentmagneten. Daraus folgt: im unteren Drehzahlbereich wesentlich geringere Verlustleistung im Rotor und damit weniger Lagererwärmung und Spindelausdehnung

- Höchste Genauigkeit am Werkstück durch ruhigen, gleichmäßigen Spindellauf auch bei kleinsten Drehzahlen, da keine Antriebsquerkräfte wirken
- Interpolierender C-Achsbetrieb mit den Vorschubantrieben, z.B. bei Drehmaschinen
- Größere Rotor-Innenbohrung als Käfigläufer von Asynchronmotoren bei gleichem Außendurchmesser. Vorteil für den Stangendurchlass von Drehautomaten und für höhere Spindelsteifigkeiten durch größeren Wellendurchmesser bei Frässpindeln.
- Erhöhte Steifigkeit des Spindelantriebes durch die Montage der Motorkomponenten zwischen den Spindelhauptlagern
- Weniger Kühlleistung erforderlich bei gleicher Leistung gegenüber Asynchronmotoren, d.h. höherer Wirkungsgrad
- Nur ein Geber (Hohlwellenmesssystem) zur Erfassung von Motordrehzahl und Spindellage
- Einfacher Service durch Austausch von kompletten Motorspindeln

Dagegen stehen die wenigen **Nachteile:**
- Teures Magnetmaterial, d.h. hohe Anschaffungskosten für permanent erregte Motoren
- Hoher Regelaufwand (Frequenzumrichter)
- Evtl. störende Heul- und Pfeiftöne des Motors
- Niedrigere Maximaldrehzahl als Asynchron-Motoren, um das Ablösen der Magnete vom Läufer zu vermeiden.
- Kein Feldschwächbereich wie beim Asynchronmotor, dessen stabiler Käfigläufer höhere Drehzahlen zulässt.

Hauptspindelantriebe

Das sollte man sich merken:

1. Der drehzahlgeregelte **Asynchronmotor** wird aufgrund seiner positiven Eigenschaften wie günstiger Preis, einfacher, robuster Aufbau und geringer Wartungsaufwand, vorzugsweise als **Standard-Hauptantrieb** eingesetzt.
2. Um auch bei niedrigen Drehzahlen **bis zur Drehzahl Null das volle Drehmoment** zu gewährleisten, sind Gehäusemotoren für Hauptspindelantriebe immer **fremdbelüftet oder flüssigkeitsgekühlt.**
3. Durch den direkten Einbau einer **Motorspindel** wird in der Regel eine Flüssigkeitskühlung erforderlich. Diese Ausführungsform des **Hauptspindelantriebes** wird zunehmend zum Standard im modernen Werkzeugmaschinenbau.
4. Die Regelung des **Asynchronmotors** entspricht weitgehend dem eines modernen Vorschubantriebs. Heutige **Hauptantriebsregler** sind z. B. für spezielle Feldregelung ergänzt.
5. **Hauptspindel-Synchronantriebe** bieten höchste Genauigkeit am Werkstück durch ruhigen, gleichmäßigen Spindellauf auch bei kleinsten Drehzahlen, da keine Antriebsquerkräfte wirken.
6. Als Antrieb für positionsgeregelte **C-Achsen** werden bevorzugt Synchron-Hauptspindelmotoren eingesetzt.
7. Bei Werkzeugmaschinen wird der Synchronmotor überwiegend als **Vorschubantrieb** eingesetzt.
8. **Synchronmotoren** werden in zwei Hauptausprägungen angeboten: **High-Speed**-Motoren und **High-Torque**-Motoren
9. Der **High-Speed-Synchronmotor** hat eine weitaus höhere Bedeutung und Verbreitung als der schon aufgrund seiner umfangreicheren Wicklungen und begrenzten Stückzahl sehr hochpreisige Torquemotor.
10. **Synchronmotoren** werden für Maximaldrehzahlen bis 40 000 1/min und Drehmomente bis > 820 Nm angeboten.

■

4 Dimensionierung von Antrieben für Werkzeugmaschinen

Die Dimensionierung von elektrischen Antrieben für Werkzeugmaschinen hat einen entscheidenden Einfluss auf die Funktion und die Kosten eines Antriebspaketes. So ist eine sinnvolle Leistungsreserve erforderlich, allerdings unter Vermeidung einer teuren Überdimensionierung. Zwar stehen heute dem Projektierer praxisorientierte, rechnergestützte Berechnungsprogramme zur Verfügung, hier soll jedoch anhand eines manuellen Rechenbeispiels die Berechnungsgrundlage erläutert werden.

4.1 Vorgehensweise

Bei der Auslegung eines elektrischen **Vorschubantriebs** sind folgende **Hauptauswahlkriterien** zu beachten:

- Maximalmoment der Anwendung übersteigt nicht das Motormoment
- Maximale Drehzahl übersteigt nicht die Maximaldrehzahl des Motors
- Effektivmoment übersteigt nicht das Bemessungsdrehmoment des Motors
- Motorausführung entsprechend Einsatzbedingungen (z. B. Schutzart)

Die Gegebenheiten sind in den einzelnen Achsen jeweils separat zu beurteilen. In *Bild 4.1* wird die prinzipielle Vorgehensweise bei der Dimensionierung eines elektromechanischen Vorschubantriebs dargestellt.

Die Projektierung und Auswahl von **linearen Direktantrieben** ist vergleichsweise einfach. Die prozessbedingten Vorschubkräfte, Geschwindigkeiten und Beschleunigungen können ohne Umrechnungen direkt zur Antriebsauswahl verwendet werden

Zur Dimensionierung **rotativer Antriebe** sind dagegen mehrere Berechnungen erforderlich. **Die Vorteile rechnergestützter Auslegungsprogramme sind:**

- Schnelle und sichere Antriebsauslegung
- Praxisorientierte Benutzerführung
- Einfache und schnelle Variationsmöglichkeiten
- Darstellung von Diagrammen (Verfahrprofile, Motorkennlinien usw.)
- Übersichtliche Dokumentation der Auslegung
- Vordefinierte Eingabemasken und -beispiele
- Auswahl von Motor-Regler-Kombinationen
- Schnittstellen zu Programmen zur Angebotserstellung
- Aktualisierung von Daten per Internet

Beispiel

Bei Werkzeugmaschinen sind detaillierte Angaben über den Verfahrzyklus meist nicht bekannt oder nicht exakt möglich. Dies liegt daran, dass z. B. mit Bearbeitungszentren oder Drehmaschinen unterschiedlichste Teile bei unterschiedlichen Anwendern produziert werden.

Die Antriebsdimensionierung erfolgt hierbei anhand der relativen Einschaltdau-

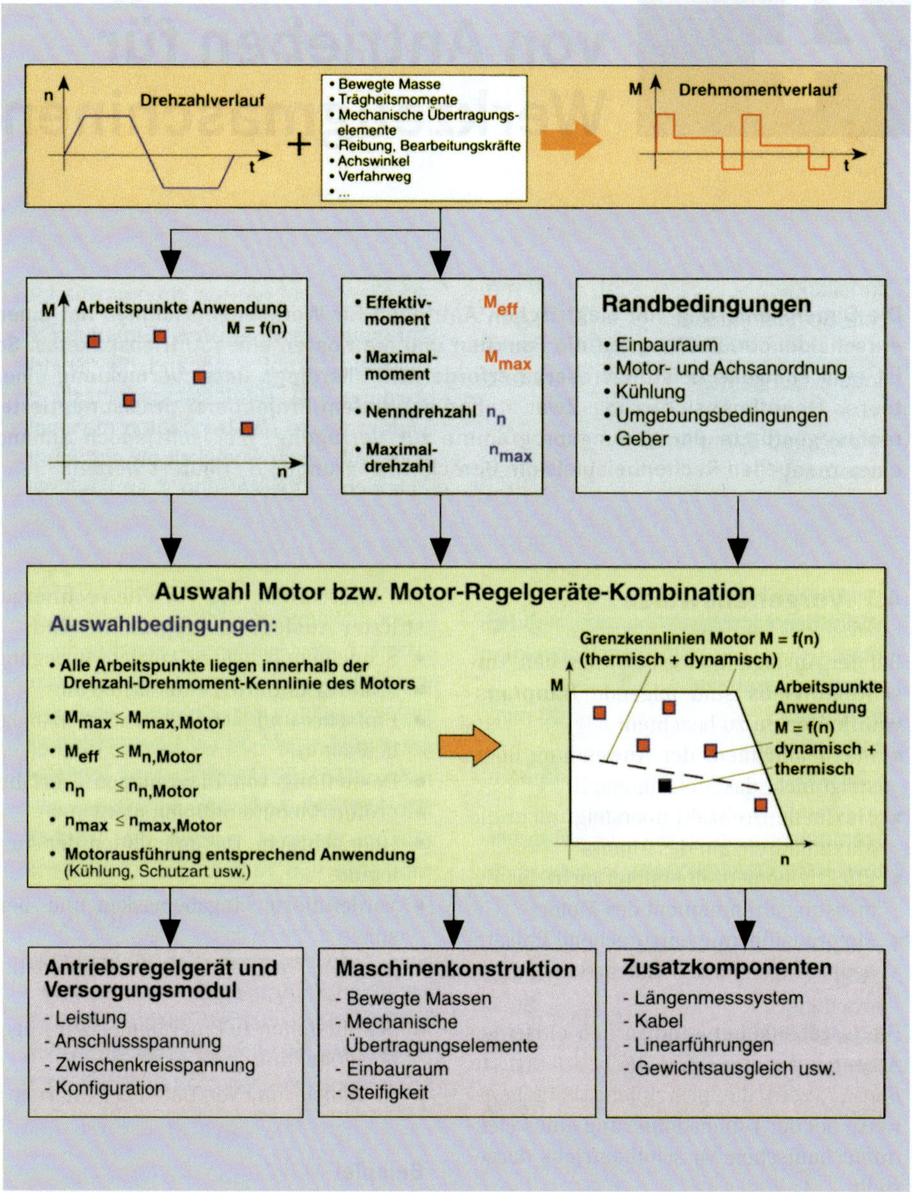

Bild 4.1: Prinzipielle Vorgehensweise bei der Dimensionierung eines Vorschubantriebs.

ern verschiedener Betriebsphasen auf Basis von Erfahrungswerten der Maschinenhersteller bzw. -anwender. Im folgenden Beispiel wird diese Vorgehensweise erläutert.

Für eine **Vorschubachse eines Bearbeitungszentrums** wurde folgende Achsanordnung nach *Bild 4.2* gewählt:

- Rotativer Servomotor
- Kugelgewindetrieb, angetriebene Spindel
- Zahnriemen zwischen Motor und Spindel

Für einen laut Herstellerkatalog verfügbaren Motor des Achsantriebes ist dessen Einsetzbarkeit zu überprüfen, sowie eine geeignete Übersetzung des Zahnriemens zur Drehzahlanpassung zu wählen.

Gegebene Daten

Schlittenmasse inkl. Rotor:	$m_{ges} = 500$ kg
Geschwindigkeit Eilgang:	$v_e = 40$ m/min
Geschwindigkeit Bearbeitung:	$v_b = 10$ m/min
Beschleunigung:	$a = 3$ m/s^2
Achsanordnung:	horizontal
Verfahrweg:	$S_{ges} = 600$ mm
Grundkraft:	$F_0 = 500$ N (konstant)
Bearbeitungskraft:	$F_b = 2000$ N
Spindelsteigung:	$h_s = 20$ mm
Spindelaußendurchmesser:	$d_s = 63$ mm
Spindellänge:	$l_s = 700$ mm
Dichte Spindelmaterial:	$\rho_s = 7850$ kg/m^3 (Stahl)
Spindelwirkungsgrad:	$\eta_s = 0{,}92$
Wirkungsgrad Zahnriemenübersetzung:	$\eta_z = 0{,}95$

Verfügbarer Motor:

Bemessungsdrehmoment des Motors:	8 Nm
Kühlart:	natürliche Konvektion
Bemessungsdrehzahl des Motors:	3200 min^{-1}
Rotorträgheitsmoment des Motors:	0,0043 kgm^2

Prozentualer Anteil der einzelnen Bearbeitungen bzw. Bewegungen:

Beschleunigen:	15 %
Bremsen:	15 %
Eilgang:	20 %
Bearbeitung:	30 %
Stillstand mit Bearbeitung:	10 %
Stillstand ohne Bearbeitung:	10 %
Summe:	100 %

Wahl der Zahnriemenübersetzung

Die notwendige Spindeldrehzahl n_s ergibt sich aus der notwendigen maximalen Vorschubgeschwindigkeit v_e und der Spindelsteigung h_s:

$$n_s = \frac{v_e}{h_s} = \frac{40\,\frac{\text{m}}{\text{min}}}{0{,}02\,\text{m}} = 2000\,\text{min}^{-1}$$

Damit ergibt sich mit der Bemessungsdrehzahl des Motors n_n das notwendige Übersetzungsverhältnis zu:

$$i = \frac{n_n}{n_s} = \frac{3200\,\text{min}^{-1}}{2000\,\text{min}^{-1}} = 1{,}6$$

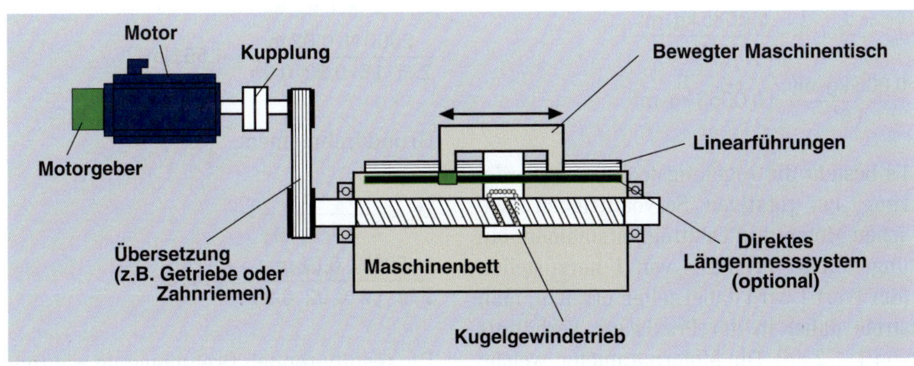

Bild 4.2: Aufbau eines elektromechanischen Vorschubantriebes mit Kugelgewindetrieb.

Ermittlung der Trägheitsmomente

Das Gesamtträgheitsmoment der Achse setzt sich aus den einzelnen Trägheitsmomenten von Motor, Spindel und translatorisch bewegter Masse zusammen (in diesem Beispiel werden die Trägheitsmomente von Kupplungen, Zahnriemenübersetzung usw. zur Vereinfachung vernachlässigt): Um eine einfache, d. h. den Anforderungen des Antriebs entsprechende Antriebsdimensionierung zu ermöglichen, werden diese Einzelträgheitsmomente zu einer Ersatzgröße, dem so genannten „reduzierten Massenträgheitsmoment" zusammengefasst und bezogen auf die Motorwelle angegeben.

Trägheitsmoment der Spindel

$$J_s = \frac{\pi}{32} \cdot l_s \cdot \rho_s \cdot d^4 = \frac{\pi}{32} \cdot 0{,}7\,\mathrm{m} \cdot$$
$$7850\,\frac{\mathrm{kg}}{\mathrm{m}^3} \cdot 0{,}063^4\,\mathrm{m}^4 = 0{,}0085\,\mathrm{kg} \cdot \mathrm{m}^2$$

Trägheitsmoment der linear bewegten Masse:

$$J_L = \left(\frac{h_s}{2 \cdot \pi}\right)^2 \cdot m_{ges} = \left(\frac{0{,}02\mathrm{m}}{2 \cdot \pi}\right)^2 \cdot 500\,\mathrm{kg}$$
$$= 0{,}0051\,\mathrm{kg} \cdot \mathrm{m}^2$$

Lastträgheitsmoment (reduziertes Lastträgheitsmoment, auf die Motorwelle bezogen):

$$J_{Red} = \frac{J_s}{i^2} + \frac{J_L}{i^2} = \frac{0{,}0085\,\mathrm{kg} \cdot \mathrm{m}^2}{1{,}6^2} +$$
$$\frac{0{,}005\,\mathrm{kg} \cdot \mathrm{m}^2}{1{,}6^2} = 0{,}0053\,\mathrm{kg} \cdot \mathrm{m}^2$$

Es besteht die regelungstechnische Forderung, bei rotativen Servoantrieben zwischen Motor- und Lastträgheitsmoment ein ungefähres Verhältnis von 1 herzustellen (der Wert 1 wird dabei selten erreicht; man strebt daher in der Praxis ein Verhältnis von 1 ... 2 an). Die Motorparameter, welche bei modernen Servomotoren in einem Datenspeicher innerhalb des Motorgebers gespeichert sind, werden ebenfalls werkseitig auf dieses Verhältnis optimiert abgelegt.

Im vorliegenden Fall ergibt sich ein Verhältnis von Motor- zu Lastträgheitsmoment von 0,72.

Gesamtträgheitsmoment (reduziertes Massenträgheitsmoment, auf die Motorwelle bezogen):

$$J_{ges} = J_{red} + J_m = 0{,}0053\,\mathrm{kg} \cdot \mathrm{m}^2 +$$
$$0{,}0043\,\mathrm{kg} \cdot \mathrm{m}^2 = 0{,}0096\,\mathrm{kg} \cdot \mathrm{m}^2$$

Ermittlung der Drehmomente

Die Ermittlung der Drehmomente in den einzelnen Betriebsphasen wird im Folgenden gezeigt. Ziel ist es, das Maximalmoment und das Effektivmoment zu bestimmen. Die Angabe erfolgt bezogen auf die Motorwelle, d. h. das Übersetzungsverhältnis und der Wirkungsgrad der Zahnriemenübersetzung werden berücksichtigt.

Beschleunigungsmoment:

$$M_a = \frac{a \cdot m_{ges} \cdot h_s}{2 \cdot \pi \cdot i \cdot \eta_s \cdot \eta_Z} =$$
$$\frac{3\,\frac{\mathrm{m}}{\mathrm{s}^2} \cdot 500\,\mathrm{kg} \cdot 0{,}02\,\mathrm{m}}{2 \cdot \pi \cdot 1{,}6 \cdot 0{,}92 \cdot 0{,}95} = 3{,}41\,\mathrm{Nm}$$

Bearbeitungsdrehmoment:

$$M_b = \frac{F_b \cdot h_s}{2 \cdot \pi \cdot i \cdot \eta_s \cdot \eta_Z} =$$
$$\frac{2000\,\mathrm{N} \cdot 0{,}02\,\mathrm{m}}{2 \cdot \pi \cdot 1{,}6 \cdot 0{,}92 \cdot 0{,}95} = 4{,}55\,\mathrm{Nm}$$

Grunddrehmoment:

$$M_0 = \frac{F_0 + h_s}{2 \cdot \pi \cdot i \cdot \eta_s \cdot \eta_G} =$$
$$\frac{500\,\mathrm{N} \cdot 0{,}02\,\mathrm{m}}{2 \cdot \pi \cdot 1{,}6 \cdot 0{,}92 \cdot 0{,}95} = 1{,}14\,\mathrm{Nm}$$

Die resultierenden Drehmomente während der einzelnen Betriebsphasen sowie die zu-

Tabelle 4.1: Rechnerische Ermittlung der Drehmomente in den 6 Betriebsarten. Jeweilige Dauer der BA siehe Bild 4.3

	Einschaltdauer ED_i	Resultierendes Drehmoment M_i	Mittlere Drehzahl n_i
Beschleunigen	15 %	$M_i = M_a + M_0 = 4{,}55$ Nm	1600 min^{-1}
Bremsen	15 %	$M_i = M_a - M_0 = 2{,}27$ Nm	1600 min^{-1}
Eilgang	20 %	$M_i = M_0 =$ 1,14 Nm	3200 min^{-1}
Bearbeitung:	30 %	$M_i = M_b + M_0 = 5{,}69$ Nm	800 min^{-1}
Stillstand mit Bearbeitung:	10 %	$M_i = M_b =$ 4,55 Nm	0 min^{-1}
Stillstand ohne Bearbeitung:	10 %	$M_i =$ 0 Nm	0 min^{-1}

gehörigen mittleren Drehzahlen ergeben sich wie in *Tabelle 4.1*.

Maximaldrehmoment

In diesem Beispiel wird die Annahme getroffen, dass während der Beschleunigungs- und Bremsphasen keine Bearbeitungskräfte und somit also nur die Grundkraft wirkt. Das Maximalmoment wird demnach durch das Drehmoment während der Bearbeitung bestimmt und beträgt 5,69 Nm.

Effektivmoment

Das Effektivmoment bestimmt die thermische Belastung des Antriebsmotors und darf das Bemessungsmoment des Motors nicht überschreiten, da sonst der Motor thermisch überlastet würde. Die resultierenden Drehmomente in den einzelnen Betriebsphasen werden im *Bild 4.3* dargestellt.

Mit den resultierenden Drehmomenten in den einzelnen Betriebsphasen kann nun das Effektivmoment bestimmt werden:

Das Effektivmoment ist der quadratische Mittelwert der resultierenden Drehmomente in den einzelnen Betriebsphasen.

Die mittlere Drehzahl wird zur späteren Ermittlung der Dauerleistung benötigt und ist der arithmetische Mittelwert der mittleren Drehzahlen in den einzelnen Betriebsphasen:

$$n_{mitt} = \frac{\Sigma(v_i \cdot ED_i)}{100 \cdot \%} = 1360\ min^{-1}$$

Antriebsleistung

Das Effektivmoment und die mittlere Drehzahl bestimmen die Dauerleistung des Motors und stellen den Arbeitspunkt innerhalb der thermischen Grenzkennlinie dar. Mechanische Dauerleistung an der Welle des Motors

$$P_{md} = M_{eff} \cdot 2 \cdot \pi \cdot n_{mitt} = 4\ Nm \cdot 2 \cdot \pi \cdot \frac{1360}{60\,s} = 570\ W$$

Die elektrische Leistung wird bei Servoantrieben im Allgemeinen als Zwischenkreisleistung des Umrichters angegeben.

$$M_{eff} = \sqrt{\frac{\Sigma(M_i^2 \cdot ED_i)}{100\%}} =$$

$$\sqrt{\frac{\Sigma(4{,}55\ Nm)^2 \cdot 15\% + (2{,}27\ Nm)^2 \cdot 15\% + (1{,}14\ Nm)^2 \cdot 20\% + (5{,}69\ Nm)^2 \cdot 30\% + (4{,}55\ Nm)^2 \cdot 10\%}{100\%}} = 4\ Nm$$

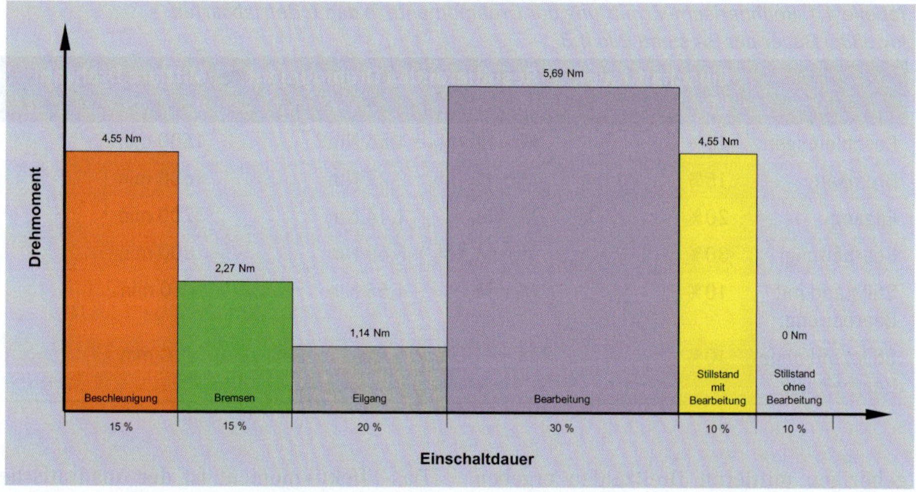

Bild 4.3: Drehmomente und Einschaltdauern in den einzelnen Betriebsphasen.

Bei modularen Antriebsreglern bestimmen dann die Zwischenkreisleistungen aller Antriebe die notwendige Leistung des Versorgungsmoduls.

Die notwendige Zwischenkreisleistung ergibt sich aus der mechanischen Leistung und der elektrischen Verlustleistung des Motors und des Wechselrichters. Die benötigte Zwischenkreisleistung kann wie folgt ausreichend genau abgeschätzt werden:

$$P_{DC} = P_{md} \cdot 1{,}2 = 570\ \text{W} \cdot 12 = 684\ \text{W}$$

Überprüfung der Motorauswahl

Bild 4.4 zeigt das Drehzahl-Drehmoment-Diagramm des vorhandenen Motors und die wichtigsten Arbeitspunkte der Betriebsphasen. Alle Arbeitspunkte liegen innerhalb der S1-Kennlinie des Motors. Der Motor kann verwendet werden – gleichzeitig ist ausreichend Leistungsreserve vorhanden.

4.2 Dimensionierung von Hauptspindelantrieben

Ein Hauptspindelantrieb besteht prinzipiell aus den gleichen Hauptkomponenten wie ein Vorschubantrieb *(Bild 4.2)*. Lediglich die erforderlichen Antriebsleistungen und Drehzahlen sind größer *(siehe Kapitel Hauptspindelantriebe, Bild 3.1)*. Auch die Bauformen der Motoren unterscheiden sich von denen der Vorschubmotoren.

Die Vorgehensweise bei der Dimensionierung von Hauptspindelantrieben entspricht im Wesentlichen der Vorgehensweise bei Vorschubantrieben. Dies trifft vor allem zu, wenn ein Lastspiel die Antriebsdimensionierung bestimmt.

In den meisten Fällen ergeben sich jedoch entsprechend den notwendigen Zerspanungsleistungen unterschiedliche Drehzahl- und Drehmomentprofile, welche meist identisch zu den Motorkennlinien *(Bild 3.3)* oder zumindest als entsprechende Eckdaten angegeben werden. Somit ist eine einfache Antriebsauswahl durch Vergleich dieser Eckdaten möglich.

Beispiel

Für die Hauptspindel (C-Achse) einer Drehmaschine soll ein Drehstrom-Asynchronmotor als Direktantrieb (Einbaumotor) zum Einsatz kommen. Auf dieser Drehmaschine sollen Werkstücke mit Durchmessern von

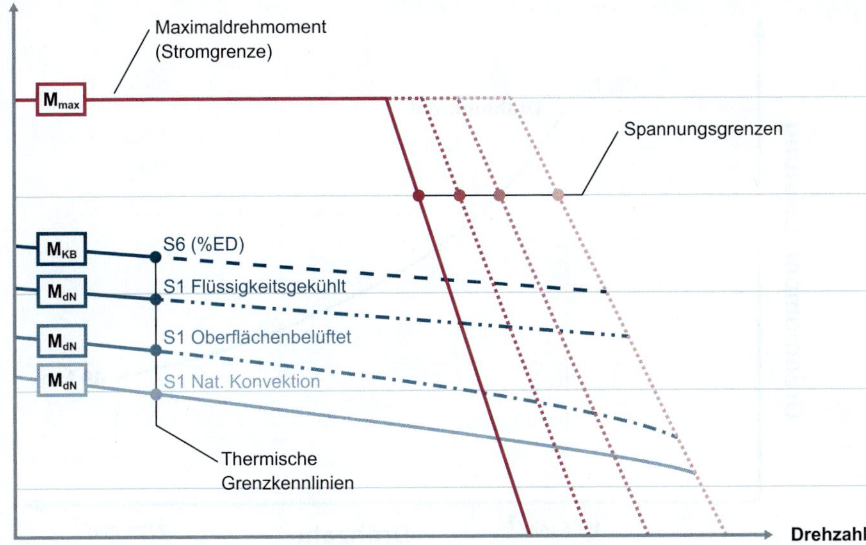

Bild 4.4: Drehzahl-Drehmoment-Diagramm bezogen auf die wichtigsten Arbeitspunkte der Betriebsphasen.

d = 35 bis 95 mm bei einer Schnittgeschwindigkeit von v_s = 300 m/min zerspant werden. Die Schnittkraft F_s beträgt 2800 N. Ein geeigneter Motor inkl. Umrichter ist zu wählen.

Die notwendige Drehzahlbereich wird durch die unterschiedlichen Werkstückdurchmesser bestimmt:

$$n = \frac{v_s}{\pi \cdot d}$$

Es ergibt sich somit eine Maximaldrehzahl - beim kleinsten Werkstückdurchmesser - von 2728 min^{-1}. Die kleinste Drehzahl - beim größten Werkstückdurchmesser - beträgt 1005 min^{-1}.

Das erforderliche Drehmoment ist ebenfalls vom Werkstückdurchmesser abhängig:

$$M = \frac{F_s \cdot d}{2}$$

Beim größten Werkstückdurchmesser wird das höchste Moment benötigt. Bei 95 mm Werkstückdurchmesser beträgt das notwendige Drehmoment 133 Nm, bei 35 mm Werkstückdurchmesser sind nur noch 49 Nm erforderlich *(Bild 4.5)*.

Die notwendige Antriebsleistung wird mit Drehmoment und Drehzahl wie folgt bestimmt:

$$P = 2 \cdot \pi \cdot n \cdot M$$

Über den gesamten Drehzahlbereich von 1005 bis 2728 min^{-1} wird demnach eine konstante Antriebsleistung 14 kW benötigt.

Das Diagramm *(Bild 4.5)* zeigt die Verläufe von Drehmoment und Leistung über der Drehzahl.

Gewählter Motor:	Bausatz-Spindelmotor, asynchron
Gewählter Umrichter:	18 kW Dauerleistung
Bemessungsdrehmoment:	169 Nm
Bemessungsdrehzahl:	1000 min^{-1}
Bemessungsleistung:	18 kW
Drehmoment bei 2800 min^{-1}:	62 Nm

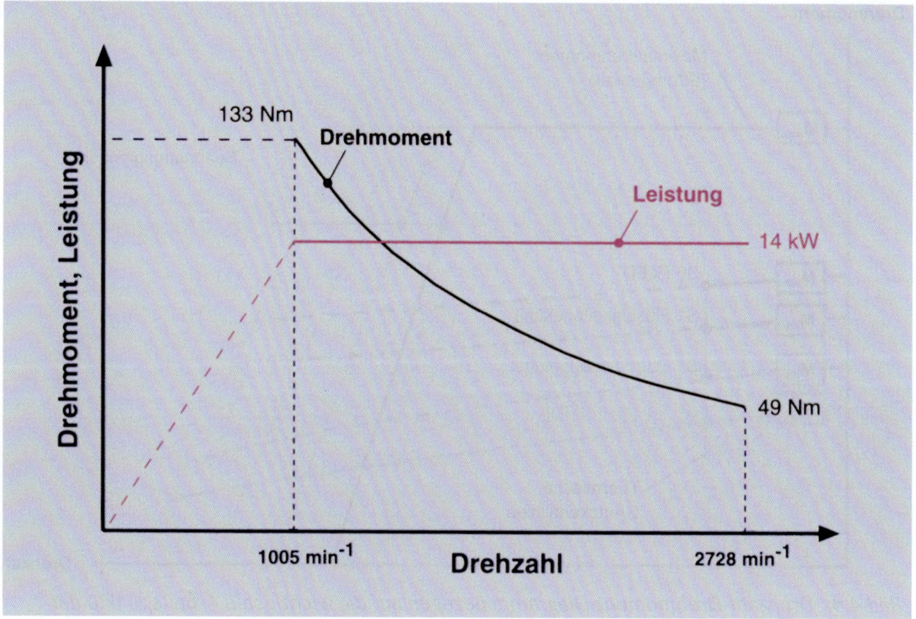

Bild 4.5: Erforderliches Drehmoment sowie Antriebsleistung der C-Achse.

4.3 Zusammenfassung

Die heute vorwiegend eingesetzten **Vorschubantriebe** bestehen aus einem permanenterregten Drehstrommotor mit Kugelgewindetrieb. Dabei wird das Optimum aus maximaler Geschwindigkeit, Beschleunigung, Genauigkeit und Lebensdauer durch folgende Parameter bestimmt:

- Spindelsteigung
- Übersetzungsverhältnis Motor/Spindel
- kritische Drehzahl
- Massenträgheitsmoment
- positionsabhängige Steifigkeit und Biegefestigkeit des Kugelgewindetriebes

Die regelungstechnische Bandbreite von **Vorschubantrieben mit Kugelgewindetrieb** wird durch die Eigenfrequenz des mechanischen Systems bestimmt. Der erreichbare K_v-Faktor beträgt max. ca. 5 m/min/mm.

Der **K_v-Faktor** ist ein Maß für die erreichbare Bearbeitungsgenauigkeit und Dynamik eines Vorschubantriebes und gibt an, mit welcher Geschwindigkeit in m/min eine NC-Achse fahren kann, bis ein Schleppabstand (auch als Nachlauf bezeichnet) von 1 mm erreicht ist.

Der K_v-Faktor wird durch unterschiedliche Einflussgrößen und Systemeigenschaften bestimmt, wie z. B.:

- Steifigkeit der mechanischen Komponenten (Lagerung, Getriebe)
- Regeldynamik (Motordaten, Massen, Trägheitsmomente)
- Nichtlinearitäten des Systems (Reibung, Umkehrspiel)
- Direkte oder indirekte Wegmessung.

Höhere Dynamik und Genauigkeit wird mit **Linearantrieben** erreicht. Beim Einsatz dieser Antriebe muss die Maschinenkonstruktion folgende Voraussetzungen erfüllen:

- Minimierung der bewegten Massen
- hohe Steifigkeit und hohe mechanische Eigenfrequenz der Maschinenstruktur

- Berücksichtigung der Anziehungskräfte zwischen Primär- und Sekundärteil, sowie auf ferromagnetische Späne.

Die regelungstechnische Bandbreite von **linearen Direktantrieben** wird nur durch die digitale Regelung bestimmt. Der erreichbare K_V-Faktor beträgt hierbei bis zu 30 m/min/mm.

Bei **Hauptantrieben** hat sich die direkt angetriebene Motorspindel weitgehend durchgesetzt. Werden zusätzlich Positionieraufgaben (C-Achse) verlangt, dann kommen vorzugsweise Drehstrom-Synchronmotoren zum Einsatz.

Dimensionierung von Antrieben für Werkzeugmaschinen

Das sollte man sich merken:

1. Geregelte Vorschub- und Hauptspindelantriebe zählen zu den leistungsbestimmenden Kernbaugruppen von spanenden Werkzeugmaschinen.
2. Die Berechnung der Motorleistungsdaten ist unabhängig von dem später zu bestimmenden Motortypen, z. B. Synchron- oder Asynchron-Motoren. Die Vorteile dieser Systeme sind in den beiden vorhergehenden Kapiteln beschrieben.
3. Zur Vermeidung größerer Kollisionsschäden sind bei rotativen Antrieben Kupplungen mit integriertem Überlastschutz unerlässlich.
4. Ausreichende Beschleunigungs- und Prozesskräfte verbessern auch die Genauigkeit der auf den Maschinen hergestellten Werkstücke.
5. Bei der Berechnung der erforderlichen Drehmomente sind auch evtl. aufzubringende Haltekräfte zu berücksichtigen, beispielsweise für das Gewicht vertikaler NC-Achsen.
6. Die Herstellkosten und die Betriebskosten einer CNC-Maschine werden maßgeblich durch die Art und Größe der Antriebe bestimmt. Dagegen reduzieren zu schwach dimensionierte Antriebe die spätere Produktivität der Maschine.
7. Bei CNC-Maschinen sind meistens mehrere Achsen an der Erzeugung der Bewegungsabläufe beteiligt. Darum ist es bei der Antriebsberechnung erforderlich, auch die Dynamik (Schnelligkeit) aller NC-Achsen aufeinander abzustimmen. Deshalb sind nicht unbedingt alle Achsantriebe einer CNC-Maschine einheitlich.
8. Auch Hauptspindelantriebe werden zunehmend mit einer Lageregelung betrieben. Bei Drehmaschinen ist dadurch der C-Achsbetrieb möglich, wenn neben der Drehbearbeitung auch Fräs- und Bohrarbeiten am Werkstück ausgeführt werden. Dafür kommen nur Synchron-Motoren zum Einsatz.
9. Für einfachere Maschinen sind drehzahlgeregelte Motoren mit Kurzschlussläufer ausreichend.
10. Hochwertige Hauptantriebe enthalten prinzipiell die gleichen Hauptkomponenten wie Vorschubantriebe.
11. Für hohe Vorschubgeschwindigkeiten sind Linearantriebe am besten geeignet. Da hierbei keine mechanische Übersetzung vorhanden ist, sind zur Positionsmessung direkte Linear-Messsysteme erforderlich.

■

5 Mechanische Auslegung der Hauptspindel anhand der Prozessparameter

Dipl.-Ing. (FH) Michael Häußinger,
Dipl.-Ing. (FH) Hans-Christian Steinbach,
WEISS Spindeltechnologie GmbH,
Dipl.-Ing. (FH) Jürgen Müller

Abhängig von der Anwendung bzw. vom Einsatz der Spindel ist deren Auslegung vorzunehmen. Die jeweiligen veränderlichen Spindelparameter werden durch die Prozessgrößen Schnittgeschwindigkeit und Zerspankraft definiert. Liegt der Fokus der Bearbeitung beispielsweise auf Scherzerspanung mit hohen Schnittkräften und damit einhergehend geringen Schnittgeschwindigkeiten, dann muss die Auslegung der Hauptspindel anders erfolgen als bei einem Spindeldesign für Hochgeschwindigkeitsbearbeitungen.

5.1 Motorenauswahl

Die Motorauswahl hat tragenden Einfluss auf die korrekte Funktionalität der Hauptspindel. Bei modernen Hauptspindeln ist der **Antriebsmotor integriert.** Der Läufer ist Bestandteil der Spindelwelle und wird von deren Lagerung getragen. Die mechanische Kopplung zwischen Motorwelle und Spindelwelle kann entfallen. Durch den **Wegfall zusätzlicher Übertragungselemente** ergeben sich für den Anwender diverse Vorteile wie **ruhiger Lauf, geringerer Platzbedarf innerhalb der Werkzeugmaschine, höhere Genauigkeiten oder verbesserte Regeldynamik durch weniger Massenträgheit.** Die Übertragung des Drehmoments erfolgt berührungslos. Mechanischer Verschleiß ist ausgeschlossen. Die elektrische Leistung wird nur dem feststehenden Außenmantel des Motors zugeführt. Der Rotor benötigt keine eigenständige Leistungsversorgung.

Generell sind für den Einsatz in einer Motorspindel **synchrone oder asynchrone Einbaumotoren** vorgesehen und stehen in **verschiedenen Drehzahlklassen** zur Verfügung. Beide Varianten stellen bestimmte Anforderungen an die Leistungsumrichter, die bei der Auslegung der Werkzeugmaschine berücksichtigt werden müssen. Zusätzlich müssen unterschiedliche Vor- und Nachteile, abhängig vom gewünschten Einsatz, gegeneinander abgewogen werden.

Asynchronmaschinen sind weniger komplex in der Ansteuerung und bieten einen großen Feldschwächbereich zur Realisierung höchster Drehzahlen bei gleichzeitig geringerem Strombedarf als vergleichbare Synchronmaschinen. Kurze Hochlaufzeiten können ebenfalls realisiert werden.

Synchrone Einbaumotoren bieten hohe Leistungsdichten durch die Permanenterregung und ermöglichen kompakte Bauweisen bzw. lassen vergleichsweise große

Wellendurchmesser zu. Die Verlustleistung im unteren Drehzahlbereich ist gering. Bei schnelldrehenden Motoren besteht unter Umständen die Notwendigkeit des Einsatzes einer zusätzlichen Induktivität (Drossel). Dies ist im Aufbau des Motors begründet. Zusätzlich besteht mit Drosseln die Möglichkeit, durch Filterung hochfrequenter Signalanteile die Spannungsspitzen zu reduzieren und die Motorwicklungen zu entlasten.

Motorspindeln sind allgemein mit integrierten Kanälen zur **Flüssigkeitskühlung des Stators** ausgestattet. Der Stator, der die elektrische Antriebsleistung aufnimmt, ist die hauptsächliche Verlustwärmequelle der Spindeleinheit. Das Kühlkanalsystem ist deshalb thermisch eng an diesen gekoppelt. Allerdings werden auch die thermisch weiter entfernt liegenden Verlustwärmequellen durch das integrierte Kühlsystem versorgt und finden noch eine angemessen effiziente Wärmeabsenkung. Die Spindeleinheit selbst ist über eine **Vor- und Rücklaufleitung** mit dem Kühlmedium zu versorgen. Die Abkühlung des Kühlmediums auf die ursprüngliche Vorlauftemperatur erfolgt außerhalb der Spindel durch ein externes Kühl- oder Wärmetauschsystem. Den notwendigen Druck des Kühlmediums in der Vorlaufleitung liefert eine externe Pumpe. Beide Systeme liegen in der Zuständigkeit des Maschinenherstellers.

Zur **Überwachung der Motortemperatur** werden Temperatursensoren verwendet. Diese dienen dem Schutz vor Überlastung im drehenden Betrieb. Bei speziellen Einsatzbedingungen der Synchronmotoren (z. B. Belastung im Motorstillstand) ist eine **zusätzliche Überwachung** der Motorphasen zum Schutz vor Überlastung erforderlich. Diese wird über einen PTC-(Positive Temperature Coefficient)Kaltleiterdrilling realisiert. Optional stehen auch NTC-(Negative Temperature Coefficient)Heißleiter zur Verfügung. Diese kommen zum Einsatz, wenn der verwendete Umrichter die Auswertung der KTY-Sensoren nicht erlaubt.

5.2 Lagerung

Die Lagerung einer Hauptspindel hat die Aufgabe, diese hochgenau zu führen und die Bearbeitungskräfte aufzunehmen. Abhängig von den geforderten Prozessparametern variieren die Lagerauswahl und deren Anordnung. Den Großteil der eingesetzten Lager stellen Wälzlager dar.

Für Spindeln in Werkzeugmaschinen werden bei **Wälzlagern** fast ausschließlich erhöhte Genauigkeitsklassen verwendet. Hauptsächlich die Bauarten Schrägkugellager, Radial-Schrägkugellager, Spindellager (mit Druckwinkel 15 und 25°), zweiseitig wirkende Axial-Schrägkugellager, Radial- und Axial-Zylinderrollenlager sowie gelegentlich Kegelrollenlager. Je nach den geforderten Leistungsdaten einer Werkzeugmaschine wird die Lagerung mit Kugel- oder Rollenlagern nach den Kriterien Steifigkeit, Reibungsverhalten, Genauigkeit, Drehzahleignung, Schmierung und Abdichtung konstruiert und ausgelegt. Abhängig vom Drehzahlbereich kommen bei Wälzlagern unterschiedliche Materialien wie Stahl und Keramik zum Einsatz. Bei extremen Anforderungen an Laufgenauigkeit und Dämpfung werden darüber hinaus hydrodynamisch oder hydrostatisch gelagerte Spindeleinheiten eingesetzt. Aus einer Vielzahl möglicher Werkzeugmaschinenlagerungen haben sich einige charakteristische Lageranordnungen herausgebildet, die sich im Werkzeugmaschinenbau bewährt haben.

Stehen **hohe Zerspankräfte und geringe Drehzahlen** im Vordergrund, müssen die Lager eine hohe Steifigkeit vorweisen und die Spindel radial und axial genau führen. Durch große Wellen- und Lagerdurchmesser wird dies erreicht. Eine starre Lageranstellung mit entsprechend eingestellter Vorspannung erzeugt die gewünschte Genauigkeit. Bei Anforderungen an sehr hohe Drehzahlen hingegen muss die Lagerung besonders den thermischen und dynamischen Betriebsbedingungen gerecht werden. Besonders geeignet sind **Hybrid-Spindellager mit Keramikkugeln.** Die Lagerpaare sind antriebs- und abtriebsseitig über Federn mit definierter Vorspannung gegeneinander angestellt. Dies ermöglicht eine zwanglose Kompensation der axialen Längsdehnung durch thermische und dynamische Einflüsse. Optionale Kugelbüchsen unterstützen die radiale Steifigkeit zusätzlich. Bei vorschriftsmäßigem Betrieb der Spindelkühlung, Einhaltung der zulässigen Lagerbelastung und Berücksichtigung der maximal erlaubten Umgebungstemperatur im Betriebszustand ist gewährleistet, dass die zulässige Lagertemperatur nicht überschritten wird.

5.3 Schmierung

Um während des Einsatzes der Spindel im Bearbeitungsvorgang eine ausreichende Gebrauchsdauer sowie einen verschleißfreien Lauf sicherzustellen, ist ein Schmierfilm im Reibkontakt unabdingbar. Damit dies gewährleistet werden kann, ist ein Schmierstoff mit den notwendigen Eigenschaften auszuwählen, sowie dessen Anwesenheit zu jeder Zeit des Betriebs sicherzustellen. Generell kann zwischen Fettschmierung und Öl-Luft-Schmierung unterschieden werden. Die **Fettschmierung** wird vorzugsweise bei geringeren Drehzahlanforderungen eingesetzt. Ihre Vorteile liegen in der geringen Reibung, der vereinfachten Spindelkonstruktion und den vergleichsweise niedrigen Systemkosten. Bei Einhaltung der jeweiligen Belastbarkeitsgrenzen einer Spindel bestimmt die Fettgebrauchsdauer die Lebensdauer der Lager. Die Fettgebrauchsdauer ist als die Zeit definiert, in der die Lagerfunktion durch den eingebrachten Schmierstoff aufrechterhalten wird. Die Fettgebrauchsdauer ist nicht von der Lagerbelastung abhängig, sinkt allerdings mit zunehmender Drehzahl. Maßgeblicher Einfluss auf die Fettgebrauchsdauer geht von der Fettmenge, der Fettart, des Lagerdesigns, sowie Drehzahl, Temperatur und den Einbaubedingungen aus.

Die zweite Schmierungsart ist die **Öl-Luft-Schmierung.** Zur Schmierung von Spindellagern reicht sehr wenig Öl aus. Es genügen bereits Mengen in der Größenordnung von ca. 100 mm^3/h (ein Tropfen hat ca. 30 mm^3), wenn sichergestellt ist, dass alle Roll- und Gleitflächen vom Öl benetzt werden. Eine solche **Minimalmengenschmierung** ergibt geringe Reibungsverluste. Ölminimalmengen-Schmierung wird angewandt, wenn die Spindeldrehzahl für Fettschmierung zu hoch ist. Das Standardverfahren ist heute die Öl-Luft-Schmierung. Bewährt haben sich Öle nach der Bezeichnung ISO VG 68 + EP, das heißt: Nennviskosität 68 mm^2/s bei 40 °C und Extrem-Pressure-Zusätze. Hierbei sind vorzugsweise durchsichtige Schläuche mit Innendurchmesser 2 - 4 mm zu verwenden, um den Schmierstofftransport überwachen zu können. Die feine Tröpfchenbildung entsteht durch die überströmende Luft bei 1 - 5 bar und ist ab Schlauchlängen ab 400 mm gewährleistet. Spezifische Strömungsverhältnisse in der Lagerung können die Ölmenge deutlich beeinflussen.

5.4 Bearbeitungsprozesse

Fräsen

Charakteristisch für Frässpindeln *(Bild 5.1)* ist der Einsatz standardisierter **Werkzeugaufnahmen.** Standardisierung setzt Anpassung an die Bedürfnisse voraus. Sie bietet den Herstellern von Werkzeugmaschinen bzw. Spindeleinheiten die Möglichkeit, durch den einfachen Austausch der Zange mit Halter unterschiedliche Steilkegelwerkzeuge (Kegel-/Anzugsbolzen-Norm) oder Hohlschaftkegelwerkzeuge zu spannen. Verschiedene Ausführungen von Werkzeugspannern mit oder ohne Kühlschmiermittelzuführung, mit hydraulischen oder pneumatischen Löseeinheiten können in die gleichen Werkzeugspindeln eingebaut werden. Drehdurchführungen und Löseeinheiten sind untereinander kompatibel und austauschbar.

Grundsätzlich wird zwischen **Steilkegelaufnahmen (SK, BT) und Hohlschaftkegel-(HSK-)**Werkzeugaufnahmen unterschieden. Beide haben typenspezifische Eigenschaften mit Vor- und Nachteilen. Bei Werkzeugsystemen für Spindeln bis 10 000 rpm werden oft Steilkegelwerkzeuge nach DIN 69871 Teil 1 eingesetzt (auf Anfrage bei den entsprechenden Zulieferern sind auch höhere Drehzahlen möglich).

5-Achs-Spindeleinheiten werden ebenso unterstützt wie Überkopfbearbeitungen. Sicheres Zerspanen ist in jedem Winkel möglich. Nachteilig ist die begrenzte Drehzahleignung. Bei hohen Drehzahlen weitet sich die Spindel durch die Zentrifugalkraft

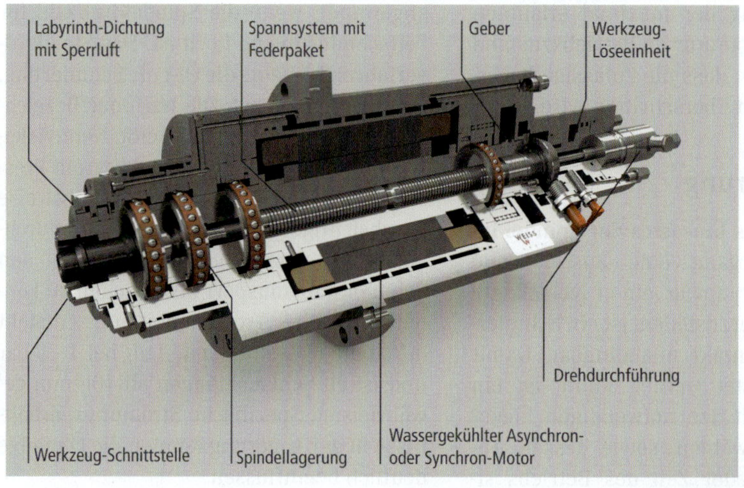

bit.ly/3bTsFQx
Video 13

bit.ly/2xSal6t
Video 14

Bild 5.1a: Aufbau einer Frässpindel. (Quelle: Weiss, Schweinfurt)
Bild 5.1b: Werkzeugspindel für den automatischen Werkzeugwechsel. (Quelle: GMN Nürnberg)
Im Lehrfilm werden gezeigt:

- *Flüssigkeitskühlung von Lagerung und Motor*
- *Kühlmittelzufuhr an den Fräser durch Welle und Gehäuse*
- *Automatischer WZ-Wechsel und Zugstangen-Überwachung*
- *Kegelreinigung der WZ-Aufnahme mittels Luft*
- *Öl-/Luft-Schmierung der vorderen und hinteren Lager*
- *Sensor zur Messung der Axialen Wellenverlagerung*
- *Sperrluft gegen Eindringen von Schmutzpartikeln von außen*
- *Drehwinkelgeber zur Positionierung der Spindel*
- *Temperaturmessung am vorderen Lager zum Ausgleich der Axialen Wellenbewegung*

auf. Der Steilkegel kann tiefer in die Spindel eingezogen werden und sich verklemmen.

Die Beschleunigung von Bearbeitungsvorgängen im Werkzeug- und Formenbau und in der zerspanenden Industrie durch **High Speed Cutting (HSC)** erfordert auch Lösungen für schnellere Werkzeugwechsel. HSK-Spannsätze werden den gestiegenen Anforderungen gerecht. Das Hauptunterscheidungsmerkmal dieser Schnittstelle im Vergleich zur SK-Werkzeugaufnahme ist die **zusätzliche Plananlage an der Stirnseite** der Welle. Durch diese Abstützung am Bund wird eine deutlich höhere Biegefestigkeit als bei vergleichbaren Steilkegelwerkzeugen erreicht. Zusätzlich ermöglicht die Plananlage eine **axiale Positioniergenauigkeit** im Mikrometerbereich. Formschlüssige, enge Kegeltoleranzen verhindern Rundlauffehler.

Die **maximalen Drehzahlen der Spannsysteme** reichen dabei von ca. 40 000 rpm bei einer HSK-A63 Werkzeugaufnahme bis hin zu 60 000 rpm bei HSK-A32 Schnittstellengrößen. Der nachteiligen Aufweitung der Spindel durch die Zentrifugalkraft und das daraus resultierende Einziehen des Werkzeugs in die Spindel wird durch die Plananlage entgegengewirkt. Zusätzlich sind die Spannelemente so angeordnet, dass diese bei höheren Fliehkräften zwar nach außen gedrückt werden, dies jedoch eine Spannkraftverstärkung bewirkt. Drehmomente werden über den Reibschluss des Kegels, sowie über zusätzliche Mitnehmersteine am Schaftende übertragen.

Mit steigenden Anforderungen an den Spindelhochlauf sind zunehmend auch die **Nebenzeiten beim Werkzeugwechsel** entscheidend. Für eine möglichst geringe Werkzeugwechselzeit sind **leistungsfähige Löseeinheiten** erforderlich. Die Löseeinheit hat die Aufgabe ein eingezogenes Werkzeug aus der Spindel zu lösen. Dazu muss im hinteren Teil der Spindel ein Lösekolben auf das Spannsystem drücken, um so gegen das Federpaket des Spannsystems wirkend das Werkzeug auszustoßen. Üblicherweise werden Löseeinheiten hydraulisch oder pneumatisch betätigt, es gibt für hydraulikfreie Maschinenkonzepte aber auch elektrisch betätigte Löseeinheiten. Alle drei Konzepte können in modernen Werkzeugspindeln zu identischen Werkzeugwechselzeiten führen.

Schleifen

Beim Schleifen sind Werkzeugaufnahmen mit Innen- oder Aussenkegel sowie zylindrische Aufnahmen zum manuellen Spannen einer Schleifscheibenaufnahme üblich. Darüber hinaus werden für automatischen Schleifscheibenwechsel auch **Werkzeugaufnahmen mit Hohlschaftkegel** eingesetzt.

Schleifspindeln werden grundsätzlich in **Innenrund- und Außenrundschleifen** unterschieden. Außenrundschleifspindeln eignen sich darüber hinaus auch zum Flachschleifen. Je nach Verfahren sind verschiedene Schleifscheibenaufnahmen und Schleifscheibendurchmesser notwendig. Die Größe des Schleifkörpers bestimmt die Betriebsdrehzahl der Spindeln. Ebenfalls das Material des Schleifkörpers ist entscheidend für die Betriebsdrehzahl. Als Unterscheidungsmerkmale dienen hier die verschiedenen Schleifmittel (Korund, Siliziumkarbid, CBN, etc.) und unterschiedliche Bindematerialien (Keramik, Kunstharze, etc.).

Da das Schleifen oftmals der letzte Arbeitsgang innerhalb eines Herstellungsprozesses ist, ist die **Gleichmäßigkeit der Oberfläche** von entscheidender Bedeutung. Deshalb muss auf die Anordnung der Wälzlager stets besonderes Augenmerk gelegt werden. Eine starre Anstellung der Lager zueinander ist zu bevorzugen *(Bild 5.2)*, infolge dessen die Drehzahleignung allerdings stark eingeschränkt wird. Gleichzeitig stellt sich das Bearbeitungsergebnis aufgrund geringerer Wellenbewegung qualitativ höherwertig dar. Gerade bei Innen-

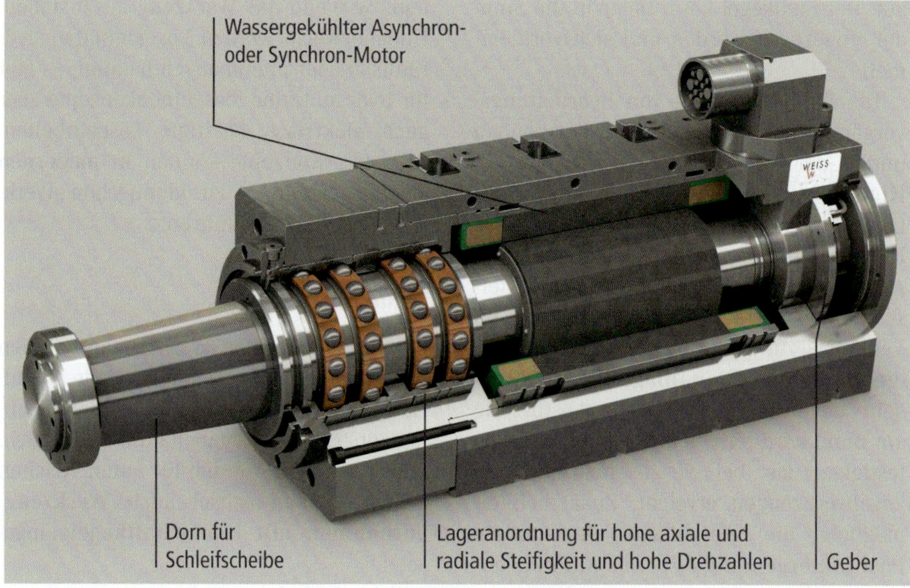

Bild 5.2: Aufbau einer Schleifspindel. (Quelle: Weiss, Schweinfurt)

rundschleifspindeln werden häufig auch Hochgeschwindigkeitsspindeln eingesetzt, hier muss das Lagerungskonzept jedoch den kinematischen Bedingungen angepasst werden. Dadurch müssen Abstriche in der Steifigkeit der Spindel und somit unter Umständen auch in der Oberflächengüte der bearbeiteten Teile hingenommen werden.

Der Schleifprozess erfordert häufig, dass die Spindel mit **Dauerdrehzahl** (S1) betrieben wird. Gerade für den Betrieb bei hohen Dauerdrehzahlen wird die Öl-Luftschmierung für die Lagerung bevorzugt. Fettlebensdauer geschmierte Lager sind für einen Einsatz bei Dauerdrehzahlen nahe ihrem maximal zulässigen Drehzahlkennwert ungeeignet, da das Schmiermedium erhöhten Verschleiß erfährt und Lager durch unzureichende Schmierung frühzeitig ausfallen können.

Bei Anwendungen mit größeren Schleifscheibendurchmessern kommen häufig **Wuchtsysteme** zum Einsatz, die die Restunwucht des Schleifkörpers während des Betriebes kompensieren. Hier gibt es eine Vielzahl von patentierten Systemen unterschiedlicher Hersteller, die Aufnahme des Wuchtsystems liegt meist zentral in der Spindelwelle.

Einbaumotoren der Motorschleifspindeln können in **Synchron- oder Asynchrontechnik** ausgeführt sein. Gerade bei Asynchrontechnik wird häufig noch die Spindel geberlos betrieben, d. h. es wird auf einen Drehgeber verzichtet. Allerdings ist hier das Sicherheitskonzept der Maschine zu bewerten.

Drehen

Spindeln für Drehmaschinen zeichnen sich vor allem durch **genormte Schnittstellen für Spannfutter** zur Werkstückaufnahme aus. In Europa werden vor allem die Kurzkegelaufnahmen A3 – A20 nach DIN 55026 und 55027 verwendet. Bei DIN 55026 (ISO 702/I) wird das Drehfutter von vorne mit Inbusschrauben befestigt. Die Gewindebohrungen befinden sich direkt in der

Bild 5.3: Aufbau einer Drehspindel. (Quelle: Weiss, Schweinfurt)

Spindelnase. Bei DIN 55027 (ISO 702/III) wird das Drehfutter über Befestigungsbolzen verspannt, ähnlich auch DIN 55021 und DIN 55022. In asiatischen Maschinen findet man häufig auch Schnittstellen nach DIN 55029 (ISO 702/II), auch als „Camlock"-Aufnahmen bezeichnet. Neben manuellen Spannfutterbetätigungen gibt es auch Spannfutter mit **automatischer Werkstückklemmung.** Dafür werden am Spindelende Hydraulikzylinder aufgesetzt, die über eine Zugstange durch eine Bohrung in der Spindelwelle das Spannfutter betätigen.

Aus dem Bearbeitungsprozess ergeben sich für Drehspindeln meist **hohe Steifigkeitsanforderungen.** Die arbeitsseitige Lagerung muss die Spindel bei hohen axialen und radialen Beanspruchungen genau führen und darf nur wenig Nachgiebigkeit aufweisen. Dafür werden für kleine bis mittlere Drehzahlanforderungen vorzugsweise starr verspannte Lageranordnungen gewählt. Hierbei kommen meist hochgenaue Spindellager zum Einsatz *(Bild 5.3)*. Für **erhöhte Bearbeitungskräfte** werden auch Lageranordnungen mit radialwirkenden Zylinderrollenlagern, in Kombination mit Axiallagern verwendet. Lagersysteme mit gegeneinander verspannten Kegelrollenlagern finden eher selten Anwendung. Für **hohe Drehzahlanforderungen** werden auch federnd angestellte Lagersysteme verwendet, diese bieten gegenüber der starren Lagerung allerdings Nachteile in der Steifigkeit, vor allem zulässige Zugkräfte sind eingeschränkt. Die Lagereinheiten in Drehspindeln sind überwiegend Fettlebensdauer geschmiert. Die Lagerlebensdauer wird somit über die Fettgebrauchsdauer definiert.

Der C-Achsbetrieb erfordert in Drehspindeln eine erhöhte Auflösung des Drehgebers, hier helfen optische oder magnetische Drehgeber mit erhöhter Strichzahl.

Drehspindeln haben gelegentlich auch Gehäuse mit offenen Kühlhülsen. Die so genannte Cartridge-Ausführung nutzt den

Spindelstock der Maschine als Gehäuse, die O-Ringe zur Abdichtung des Kühlwasserraumes werden auf die Spindel montiert.

5.5 Anforderungen an die Hauptspindel bezüglich Industrie 4.0

Der Begriff Industrie 4.0 wird verwendet um jedwede Form der Vernetzung von Produktentstehung, Produktion, Logistik und sekundären Aufgaben einer Fabrik zu erklären. Im Grundgedanken der vierten industriellen Revolution soll mithilfe moderner Informations- und Kommunikationstechnologie die Qualität von Produkten gesteigert und gleichermaßen die Produktivität und Flexibilität in der Fertigung erhöht werden.

Die Anforderungen an die Hauptspindel leiten sich vom ganzheitlichen Ansatz aller an der Produktherstellung beteiligten Prozesse ab. Im Wesentlichen werden die Anforderungen an die Qualität der Hauptspindel wie Genauigkeiten, Lebensdauer, Thermostabilität und Verfügbarkeit steigen. Um eine intelligente Vernetzung der Maschine mit vor- und nachgelagerten Prozessen zu erreichen, reicht es nicht aus, die Spindel mit beliebig vielen Sensoren zur Überwachung der Bearbeitung zu ergänzen. Die intelligente, sich selbst steuernde Werkzeugmaschine kann nur funktionieren, wenn alle Parameter im Prozess unter Kontrolle sind. Um die Verfügbarkeit einer Maschine 24 h/7 Tage die Woche zu gewährleisten, müssen alle Einzelkomponenten zusammenpassen. Zum Beispiel müssen die Werkzeuge gut gewuchtet sein, die Spindel von guter Rund- und Planlaufqualität sein, weiterhin die Schwankungen der Werkstücke durch Aufspannung oder Vorfertigung in der Toleranz gehalten werden. Vordefinierte Abschaltgrenzen führen sonst häufig zum unerwünschten Ausstieg der Maschine aus dem Fertigungsprozess und zu Stillstandszeiten.

Auch in der Einzel- und Lohnfertigung mit geringen Losgrößen lohnt sich eine intelligente Simulation des Prozesses, um ohne manuellen Eingriff den Produktionsprozess überprüfen zu können. Eine der Hauptausfallursachen von Maschinen ist eine Kollision der Hauptspindel. Sind Störkonturen bereits in der Simulation bekannt, so verhindert das Programm einen ungewollten Kontakt. Kann man Prozessschritte weglassen, sind weiterhin Steigerungen der Produktivität möglich.

Bisher wurden in Hauptspindeln neben der Drehzahl und einiger analoger oder digitaler Näherungssensoren nur Temperaturen, gelegentlich auch Schwingungen durch Beschleunigungsaufnehmer überwacht. Die Daten wurden mit vorher eingegebenen Warn- und Abschaltgrenzen in der Steuerung verglichen und führten bei Überschreitung dieser zur Warnung, schlimmstenfalls zum Ausstieg der Maschine aus dem Fertigungsprogramm. Der Maschinenbediener musste dann aufgrund einer mehr oder weniger aussagekräftigen Fehlermeldung in der Steuerung auf die Ursache schließen. Immer wieder werden Hauptspindeln ausgebaut und zur Überprüfung geschickt, obwohl die Ursache des Fehlers an anderer Stelle zu suchen ist. Eine deutliche Verbesserung könnte erreicht werden, wenn die Signale der einzelnen Sensoren mit der Steuerung vernetzt sind, z. B. über CAN-Bus-Systeme.

Nicht selten werden in Maschinen die Signale durch eine Vielzahl elektronischer Bauteile gestört. Leitungen werden häufig über mehrere Meter an stark belasteten Leistungskabeln vorbei zur Steuerung geführt, wodurch es immer wieder zu Schwierigkeiten mit EMV-Störungen (**E**lekro-**M**agnetische **V**erträglichkeit) kommt. Solche Einflüsse führen zu falschen Informationen in der CNC und so zu Fehlinterpretationen. Moderne Hauptspindeln haben aus diesen Gründen integrierte Sensormodule, die analoge Sensorsignale in der Spindel verarbeiten, in digitale Signale umwandeln

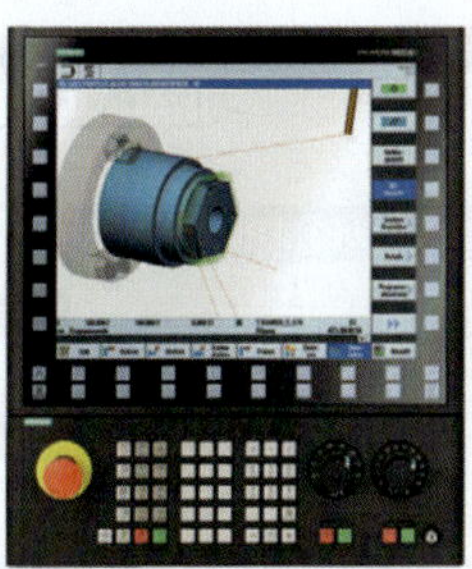

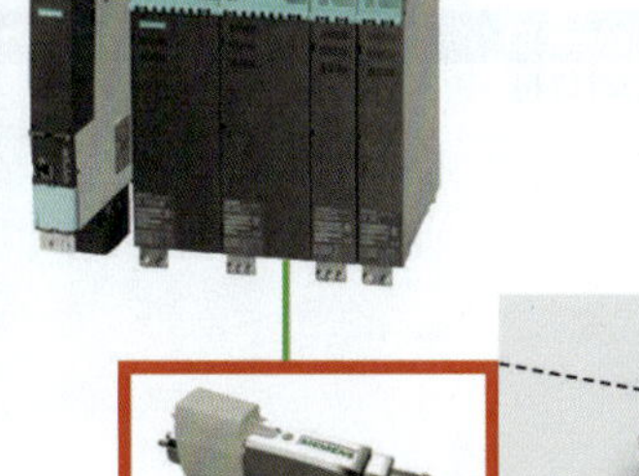

Bild 5.4: Spindel mit Sensormodul. (Quelle: Weiss Spindeltechnologie GmbH)

bit.ly/2V8xazU
Video 15

und diese über ein Netzwerkkabel an die Steuerung weitergeben *(Bild 5.4)*. Die digitale Signalübertragung erfolgt störungsfrei und vermeidet so den Informationsverlust.

Ein weiterer Vorteil dieser integrierten Sensormodule ist, dass die vorhandenen Daten in der Spindel gespeichert werden können und so für den Spindellieferanten, dem Service des Maschinenherstellers als auch der Wartungsabteilung des Endanwenders auslesbar sind. Damit lässt sich die tatsächliche Nutzung der Spindeln in Bezug auf Drehzahlen, Leistung oder Drehmoment prüfen und kann dahingehend optimiert werden. Weiterhin lassen sich so frühzeitig Veränderungen des Spindelzustandes erkennen und eine Wartung oder Austausch besser planen.

Moderne CNCs bieten zusätzlich eine eigene integrierte Benutzeroberfläche für die Spindeldiagnose an. Oben genannte Informationen wie Drehzahl-, Leistungs- und Drehmomentcluster, Werkzeugspannzustände von Frässpindeln oder tatsächliche Spindellaufzeiten (Spindel dreht) lassen sich so bedienerfreundlich auslesen *(Bild 5.5)*.

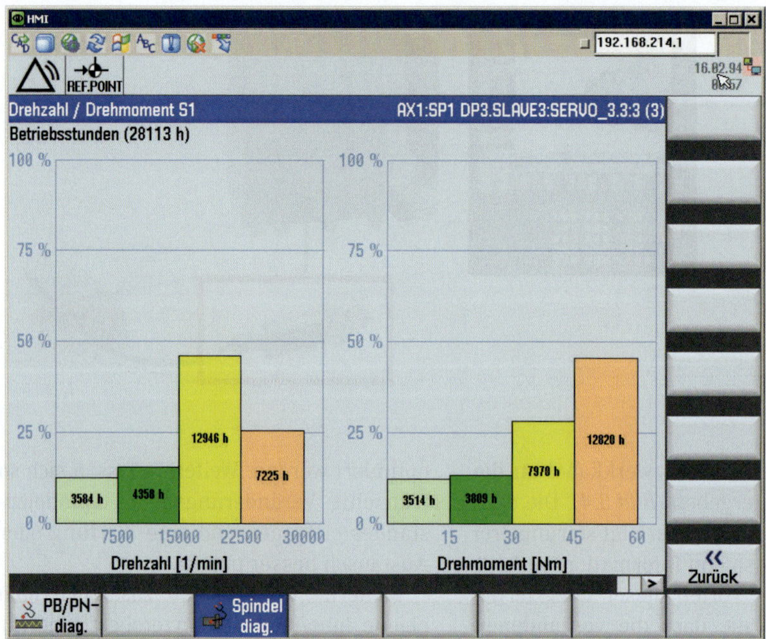

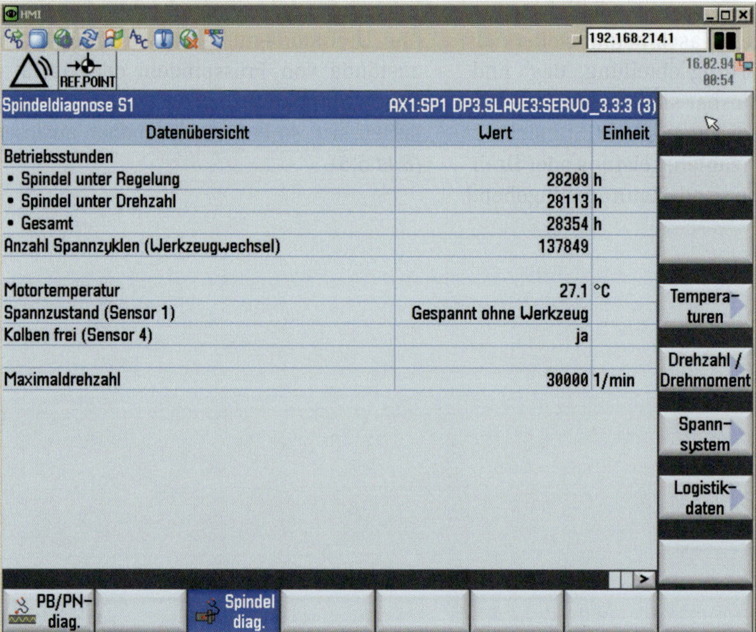

Bild 5.5: Bedienoberfläche ISM (Integrated Spindle Monitor): über die Bedienoberfläche der CNC lassen sich Spindelzustände anzeigen und auswerten. (Quelle: Siemens AG)

Mechanische Auslegung der Hauptspindel anhand der Prozessparameter

Das sollte man sich merken:

1. **Asynchronmaschinen** sind einfacher in der Ansteuerung und bieten einen großen Feldschwächbereich zur Realisierung höchster Drehzahlen bei gleichzeitig geringerem Strombedarf als vergleichbare Synchronmaschinen.
2. **Synchrone Einbaumotoren** bieten hohe Leistungsdichten durch die Permanenterregung und ermöglichen kompakte Bauweisen bzw. lassen vergleichsweise große Wellendurchmesser zu.
3. **Motorspindeln** sind allgemein mit integrierten Kanälen zur **Flüssigkeitskühlung des Stators** ausgestattet.
4. Die **Lagerung** einer Hauptspindel hat die Aufgabe, diese hochgenau zu führen und die Bearbeitungskräfte aufzunehmen. Abhängig von den geforderten Prozessparametern variieren die Lagerauswahl und deren Anordnung. Den Großteil der eingesetzten Lager stellen Wälzlager dar.
5. Die **Fettschmierung** wird vorzugsweise bei geringeren Drehzahlanforderungen eingesetzt. Ihre Vorteile liegen in der geringen Reibung, der vereinfachten Spindelkonstruktion und den vergleichsweise niedrigen Systemkosten.
6. Die **Ölminimalmengen-Schmierung** wird angewandt, wenn die Spindeldrehzahl für Fettschmierung zu hoch ist.
7. Grundsätzlich wird zwischen **Steilkegelaufnahmen (SK, BT) und Hohlschaftkegel (HSK)** unterschieden. Beide haben typenspezifische Eigenschaften mit Vor- und Nachteilen. Bei Werkzeugsystemen für Spindeln **bis 10 000 rpm** werden oft Steilkegelwerkzeuge nach DIN 69871 Teil 1 eingesetzt.
8. Die **maximalen Drehzahlen der Spannsysteme** reichen von ca. 40 000 rpm bei einer HSK-A63 Werkzeugaufnahme bis hin zu 60 000 rpm bei HSK-A32 Schnittstellengrößen.
9. Durch die Planlage an der Stirnseite wird eine deutlich höhere Biegefestigkeit als bei vergleichbaren Steilkegelwerkzeugen erreicht. Zusätzlich ermöglicht die Plananlage eine **axiale Positioniergenauigkeit** im Mikrometerbereich.
10. Aus dem Bearbeitungsprozess ergeben sich für **Drehspindeln** meist **hohe Steifigkeitsanforderungen**. Die arbeitsseitige Lagerung muss die Spindel bei hohen axialen und radialen Beanspruchungen genau führen und darf nur wenig Nachgiebigkeit aufweisen.
11. Zur Überwachung des Hauptspindelmotors wird dieser mit Sensoren ausgerüstet und die Messwerte oder Störungsursachen am CNC-Display tabellarisch angezeigt. Der Sensor wandelt analoge in digitale Signale um und gibt sie über eine Netzwerkverbindung an die Steuerung weiter.
12. Die vorhandenen Daten der integrierten Sensormodule werden in der Spindel gespeichert und sind z.B. von der Wartungsabteilung auslesbar.
13. Moderne CNCs bieten zusätzlich eine eigene integrierte Benutzeroberfläche für die Spindeldiagnose an.

■

Mechanische Auslegung der Hauptspindel anhand der Prozessparameter

Das sollte man sich merken:

4

Numerisch gesteuerte Maschinen und Fertigungssysteme

1 CNC-Werkzeugmaschinen

Der Einfluss numerischer Steuerungen auf den Werkzeugmaschinenbau führte im Verlauf der Entwicklung zu teilweise völlig neuen Maschinen und zusätzlichen mechanischen Automatisierungseinrichtungen. Heute ist die CNC-Maschine der Grundbaustein moderner Fertigungseinrichtungen.

Nachfolgend werden die Maschinenarten in der Rangfolge, entsprechend ihrer Bedeutung auf dem Markt, behandelt. Grundlage dazu sind die Umsatzzahlen des Vereins Deutscher Werkzeugmaschinenfabriken.

1.1 Bearbeitungszentren, Fräsmaschinen

Bearbeitungszentren sind Werkzeugmaschinen, die erst aufgrund der Entwicklung von numerischen Steuerungen entstanden sind. Sie wurden aus Werkzeugmaschinen mit umlaufendem Werkzeug, also Bohrmaschinen, Fräsmaschinen oder Bohrwerken, in dem Bestreben entwickelt, in einer Aufspannung möglichst umfangreiche Bearbeitungen im automatischen Ablauf zu ermöglichen. Daraus ergibt sich die Definition:

Ein Bearbeitungszentrum ist eine in mindestens drei Achsen numerisch gesteuerte Werkzeugmaschine mit einer automatischen Werkzeugwechseleinrichtung und einem Werkzeugspeicher.

Fräsmaschinen ohne automatischen Werkzeugwechsel sind heute die Ausnahme. Einfache, kleinere derartige Maschinen werden heute, vorzugsweise auch für Lehrzwecke, hergestellt.

Bearbeitungszentren unterscheidet man nach der Lage der Arbeitsspindel zwischen **Vertikal- und Horizontalmaschinen.** Ein wichtiger Unterschied ergibt sich dabei: Bei Vertikalmaschinen liegt die Y-Achse horizontal, bei Horizontalmaschinen vertikal. Entsprechend ist bei Horizontalmaschinen die Ständerbauweise mit etwa kubischem Arbeitsraum vorherrschend wie beispielsweise *(Bild 1.4)*, bei Vertikalmaschinen die Kreuztischbauweise oder bei großem Arbeitsraum die Portal- oder Gantrybauweise *(Bilder 1.1f und 1.1h).* Horizontalmaschinen werden bevorzugt bei hochproduktiven verketteten Anlagen eingesetzt, da durch die Überkopfbearbeitung die Entsorgung der Späne besser gelöst werden kann.

Nachfolgend ein Überblick über Bauformen mit vertikalen Arbeitsspindeln anhand der Skizzen *(Bilder 1.1a bis 1.1h):*

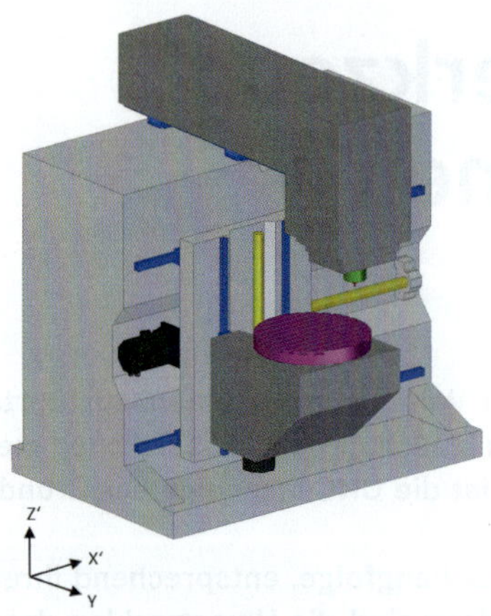

Konsolständerbauweise *(Bild 1.1 a):* Wegen der senkrechten Werkstücktischbewegung, bei der der Tischantrieb das Werkstückgewicht tragen muss, findet die Konsolbauweise meist nur bei kleineren Universalmaschinen im Werkzeug- und Vorrichtungsbau Anwendung.

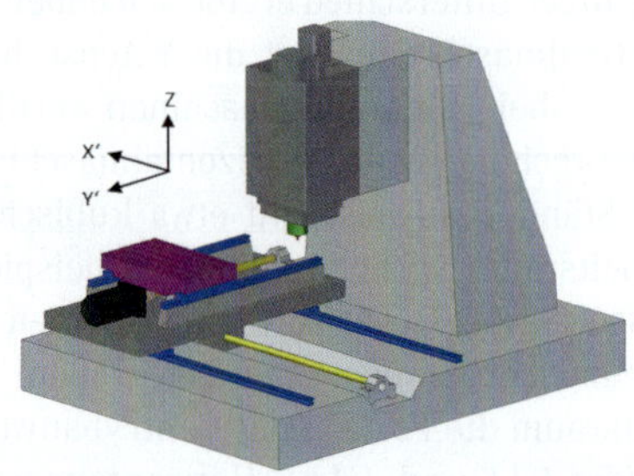

Kreuztischbauweise *(Bild 1.1 b):* Das Werkstück wird auf dem Kreuztisch aufgespannt. Dieser führt dann die X- und Y-Bewegung durch. Der Ständer wird oft auch als Rahmenkonstruktion ausgeführt, innerhalb dessen der Werkzeugspindelkasten in der Y-Richtung geführt wird.

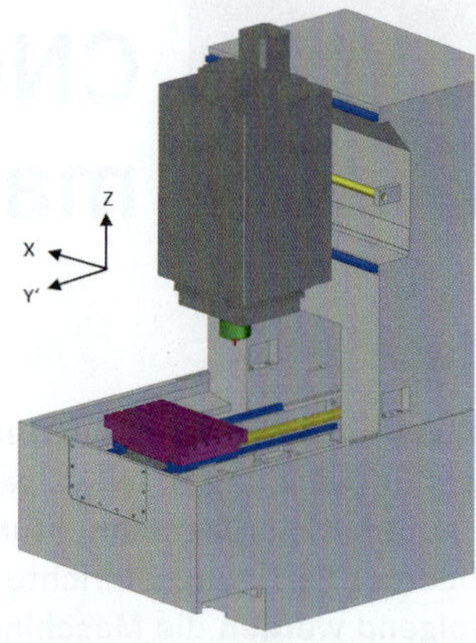

Tischbauweise *(Bild 1.1 c):* Bei dieser Maschine wird das Werkstück auf dem Maschinentisch aufgespannt. Sie besitzt zwei lineare Achsen im Werkzeug und eine Achse im Werkstück.

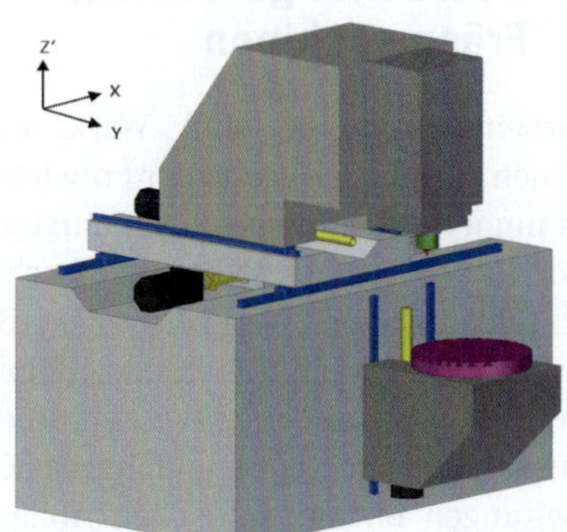

Konsolbettbauweise *(Bild. 1.1 d):* Die abgebildete Maschine besitzt zwei lineare Achsen im Werkzeug und eine Achse im Werkstück. Der Werkstücktisch ist in der Regel mit einem Rundtisch ausgestattet und verfährt vertikal an dem Maschinenbett.

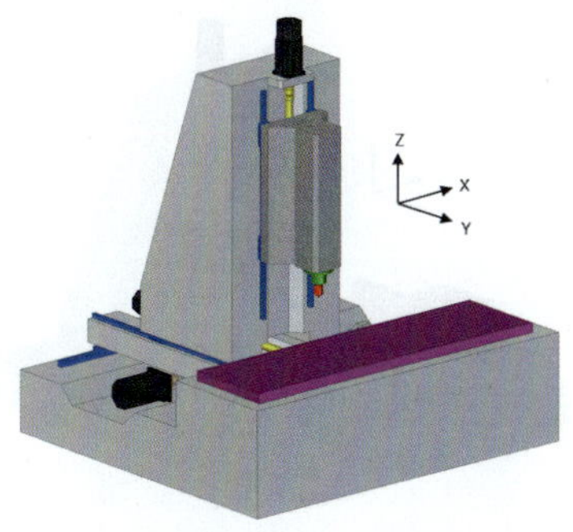

Fahrständerbauweise *(Bild. 1.1 e):* Die drei Zustell- und Vorschubachsen auf der Werkzeugseite kennzeichnen die Bauform dieser Maschine. Der hinter dem festen Werkstücktisch angeordnete Ständerunterschlitten verfährt in der X-Achse auf dem Maschinenbett. Auf diesem Schlitten befindet sich der in der Y-Richtung verfahrbare Werkzeugständer. An den frontseitig befestigten Führungsbahnen führt der Werkzeugspindelkasten die Z-Zustellung aus. Wenn die Maschine mit einem NC-Schwenkrundtisch ausgestattet ist, ist eine 5-Seitenbearbeitung in einer Aufspannung möglich.

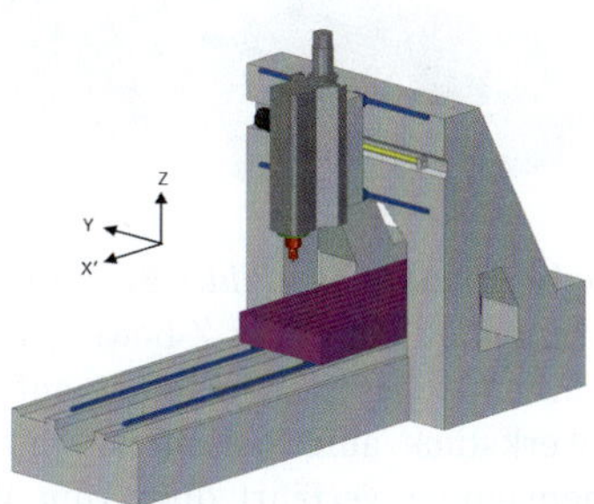

Portal-Tischbauweise *(Bild. 1.1 f):* Für die Bearbeitung schwerer und großflächiger Werkstücke eignet sich diese Bauform. Die Maschine hat einen in der X-Achse verfahrbaren Tisch. Daher muss die Maschine doppelt so lang sein wie das längste Werkstück. Alle anderen Bearbeitungsbewegungen werden vom Werkzeug ausgeführt.

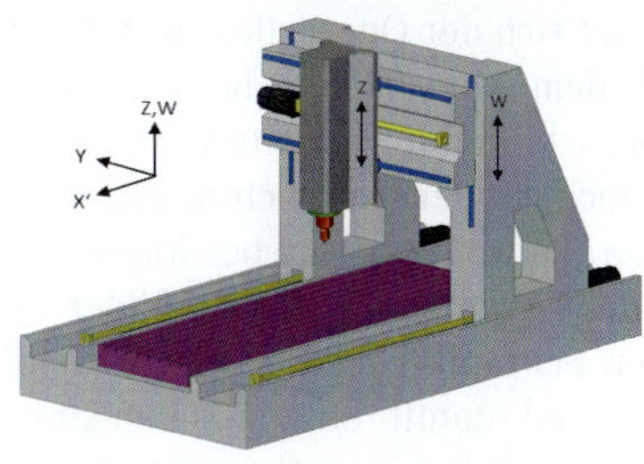

Portalfräsmaschine in Gantry-Bauform *(Bild. 1.1 g):* Im Gegensatz zur Tischmaschine verfährt bei dieser Bauform der Querbalken mit dem Bearbeitungssupport. Der Aufspanntisch für das Werkstück muss nur noch so lang sein wie das längste zu bearbeitende Werkstück.

Ab einer gewissen Maschinengröße werden zum Verfahren des Portals in der X-Achse zwei **Vorschubantriebe** erforderlich, d. h. je ein Antrieb auf jeder Seite des Portals. Eine **Schräglagenüberwachung** durch die CNC und ebenfalls beidseitige Messsysteme verhindern ein Schränken des Portals. Bei diesen Maschinengrößen ist ein **bewegliches Steuergerät** zum Einrichten der Maschine unerlässlich. Eingesetzt werden bei diesen Maschinentypen **3D-Bahnsteuerungen** mit allen Ausbaustufen, wie z. B. parallele Achsen, Schräglagenüberwachung, und Temperaturkompensation.

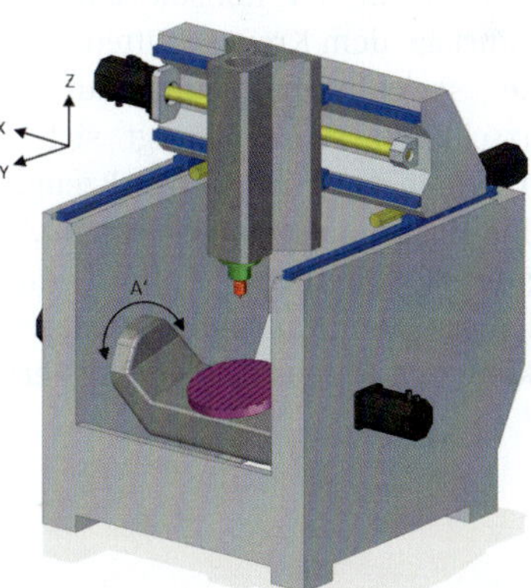

Hochgantrybauweise *(Bild 1.1 h und 1.6):* Auf einem U-förmig ausgebildeten Grundgestell der eine hohe Steifigkeit aufweist bewegt sich der Querbalken in Y-Richtung. Auf dem Querbalken bewegt sich der Kreuzschlitten in X-Richtung der den Spindelstock mit der Senkrechtbewegung trägt. Diese Bauweise ist oft bei kleineren Maschinen anzutreffen. Beide Bilder zeigen einen Schwenktisch, der einen Rundtisch trägt und damit eine 5-Seiten-simultan-Bearbeitung in einer Aufspannung ermöglicht.

Maschinen mit horizontaler Werkzeugspindel *(Bilder 1.2a bis 1.2g)*

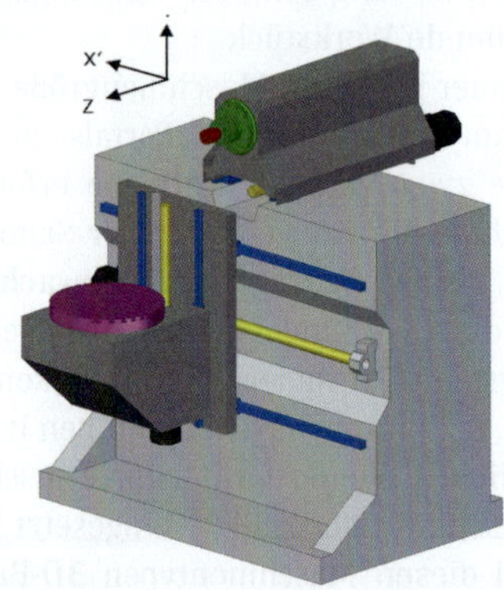

Konsolständerbauweise *(Bild 1.2a):* Ähnlich wie bei Vertikalmaschinen gibt es diese Bauform auch bei Maschinen mit horizontaler Werkzeugspindel. Das Werkstück wird auf der Konsole aufgespannt und führt auf dem Kreuzschlitten die waagrechte, sprich X-Bewegung durch. Der Kreuzschlitten selbst bewegt sich senkrecht, d.h. in der Y-Achse. Werkzeugträger ist eine Horizontalpinole welche in Z-Richtung die Bearbeitung durchführt. Auch da wird diese Bauform eher für Maschinen mit kleineren Abmessungen realisiert.

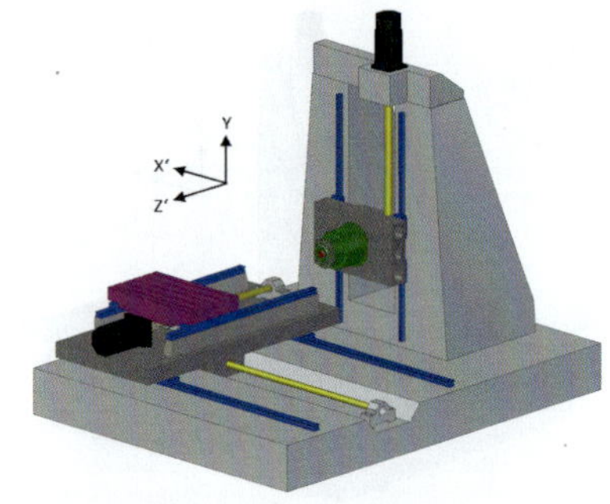

Kreuztischbauweise *(Bild 1.2b):* Das Werkstück wird auf dem Kreuztisch aufgespannt. Dieser führt dann die X- und Z-Bewegung durch. Der Ständer wird oft als Rahmenkonstruktion ausgeführt, innerhalb dessen der Werkzeugspindelkasten in der Y-Richtung geführt wird.

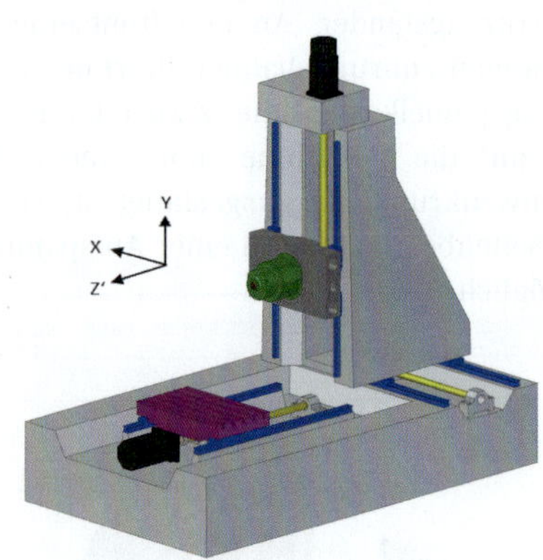

Kreuzbettbauweise *(Bild 1.2c):* Auf dem Maschinenbett wird die Z-Bewegung des Maschinentisches durchgeführt auf dem das Werkstück aufgespannt ist. Der Maschinenständer verfährt quer zum Werkstücktisch in X-Richtung.

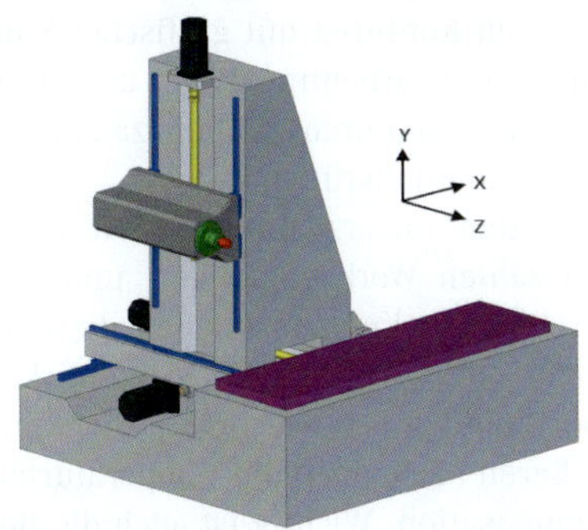

Fahrständerbauweise *(Bild 1.2 d):* Bei dieser Bauform sind alle drei Zustell- und Vorschubachsen auf der Werkzeugseite angeordnet. Auf dem Maschinenbett bewegt sich ein Kreuzschlitten in der X-Achse und trägt den Ständer der die Zustellbewegung Z zum Werkstück durchführt. Der Spindelstock führt auf dem Maschinenständer die Senkrechtbewegung durch. Diese Bauart ist für die Bearbeitung von schweren langen Werkstücken geeignet. Alternativ ist bei doppelter Tischlänge auch eine Pendelbearbeitung möglich.

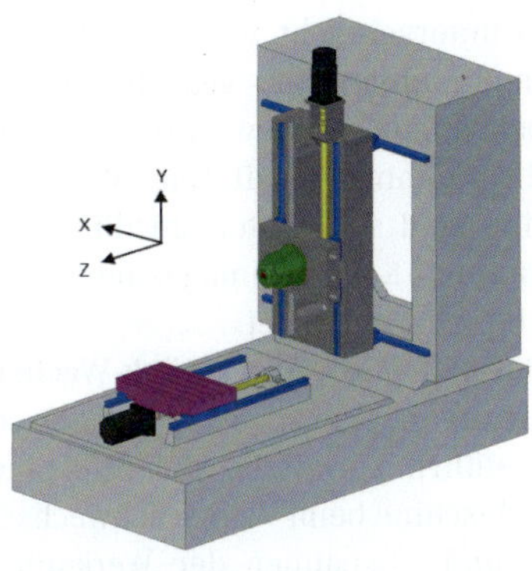

Rahmenständerbauweise *(Bild 1.2 e):* Der Ständer unterscheidet sich wesentlich von der klassischen Fahrständerbauweise. Er ist fest mit dem Maschinengestell verbunden. Ein in Kulissenbauform ausgebildeter Kreuzschlitten wird in dem Ständer geführt. Der als Pinole ausgeführte Z-Schlitten trägt die Werkzeugspindel.

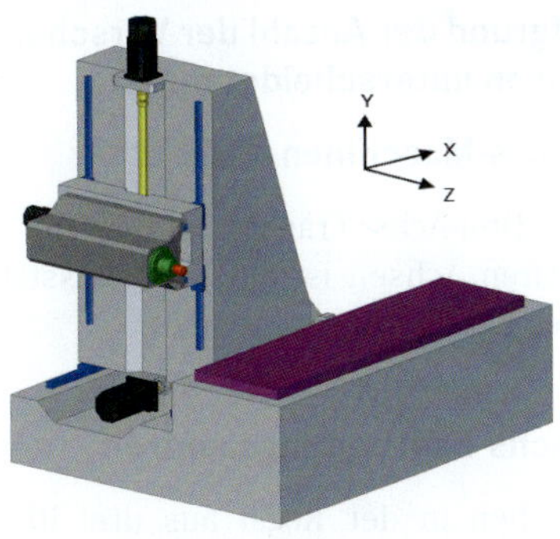

Bohrwerkbauweise *(Bild 1.2f und Bild 1.39):* Diese Bauform ist ähnlich wie die Fahrständermaschine aufgebaut. Mit einem Unterschied: Der Spindelstock besitzt eine lange Pinole als überlagerte Z-Achse für die Durchführung von Bohrwerksarbeiten mit tiefen Bohrungen. Schwere Fräsbearbeitungen werden direkt mit dem Spindelstock bei eingefahrener Pinole durchgeführt.

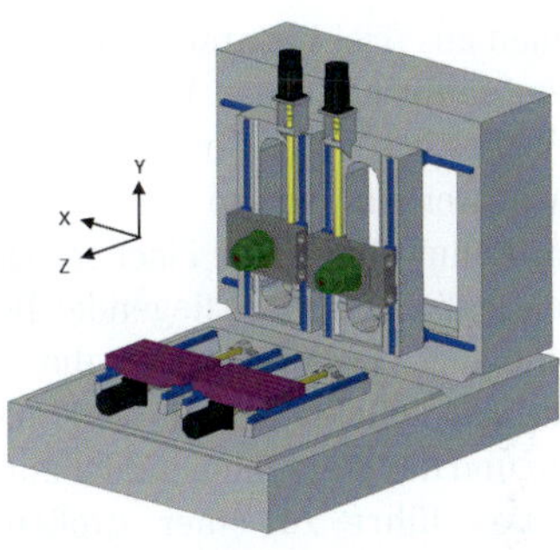

Doppelspindel-Bearbeitungszentren *(Bild 1.2 g):* Überwiegend bei Horizontalmaschinen werden zur Steigerung der Produktivität zwei nebeneinander angeordnete Hauptspindeln eingesetzt. Die beiden Hauptspindeleinheiten können als getrennte Pinoleneinheiten mit eigenen Vorschubantrieben Z1 und Z2 realisiert werden, sodass für jede Spindel eine getrennte Werkzeuglängen-Korrektur möglich ist.

Aufgrund der Anzahl der Vorschubachsen unterscheidet man:

3-Achs-Maschinen

Die Drei-Achs-(Fräs-)Maschine mit drei linearen Achsen ist die Grundausstattung eines Bearbeitungszentrums.

4-Achs-Bearbeitungszentren

Bestehen in der Regel aus drei linearen CNC-Achsen und einer Drehachse. Die Drehachse zur Ermöglichung einer Rundumbearbeitung, bei Horizontalmaschinen in Form eines Drehtisches, bei Vertikalmaschinen in Form eines Wendespanners zur Bearbeitung von Zylindermantelflächen (*Bild 1.3*, Mitte) oder zur 3-Seiten-Bearbeitung kleiner Werkstücke (*Bild 1.3*, oben).

5-Achs-Bearbeitungszentren
(Bild 1.4 und 1.5)

Bestehen aus drei linearen und zwei Drehachsen: damit kann das Werkzeug relativ zum Werkstück in jede beliebige Richtung gebracht werden, ist also das Fräsen beliebig im Raume liegender Flächen oder das Bohren jeglicher schräg liegender Bohrungen möglich. Dabei können die beiden Drehachsen beliebig auf die Werkstückaufnahme und die Werkzeugspindel aufgeteilt sein. Das führt zu einer großen Zahl unterschiedlicher Maschinenbauformen.

Bearbeitungszentren werden heute ausnahmslos mit **Bahnsteuerung**en ausgerüstet, und zwar mit räumlicher (Simultan-)Interpolation in allen Achsen. Die Programmierung erfolgt deshalb auch vorwiegend über rechnergestützte **Programmiersysteme** und maschinenspezifische Postprozessoren. Für einfachere Bearbeitungsaufgaben und wegen der besseren Werkstattflexibilität bevorzugen Anwender oft die **werkstattorientierte Programmierung (WOP).** Parametrierbare Fräs- und Bohrzyklen, die grafisch unterstützte Eingabe von Konturen mit grafischer Simulation der Bearbeitungsfolge und technologische Programmierhilfen zählen heute zur Standardausrüstung.

Zu den unverzichtbaren CNC-Funktionen zählen Werkzeuglängen- und Fräserdurchmesser-Kompensationen, die automatische oder programmierbare Werkzeugüberwachung, sowie bei überwiegend größeren Maschinen die Temperaturfehlerkompensation. Wichtig ist auch die **Bedienerfreundlichkeit** der CNC, damit das Wiederanfahren nach Unterbrechungen, die Eingabe von Daten und die gesamte Handhabung nicht zum zeitaufwändigen, teuren Problem werden.

Es können **alle Zerspanungsarten** durchgeführt werden, wie Planfräsen, Bohren, Ausdrehen, Glattwalzen, Gewindebohren und bei weiterem Ausbau auch Konturfräsen, Schrägbohren oder Gewindedrehen. Drehzahlen und Vorschübe müssen zu jedem Werkzeug programmierbar sein.

Die Werkzeuge sind in einem mit der Maschine verbundenen **Werkzeugspeicher** untergebracht, werden durch das Programm automatisch gesucht und in die Arbeitsspindel eingewechselt. Ausführung und Aufnahmekapazität der Werkzeugmagazine sind sehr unterschiedlich. Ketten-, Teller- und Kassettenmagazine werden am häufigsten verwendet.

Zusätzliche **Werkstück-Wechseleinrichtungen**, meist als Palettenwechsler ausgeführt, verkürzen die Stillstandszeit der Maschine beim Werkstückwechsel. Das Auf- und Abspannen der Werkstücke erfolgt während der Hauptzeit außerhalb des Arbeitsraumes der Maschine.

Komplexere Zentren verfügen noch über weitere Einrichtungen, wie beispielsweise einen zweiten Drehtisch, eine Schwenkvorrichtung für das Werkstück oder einen horizontal/vertikal auf jeden Winkel einstellbaren Werkzeugkopf.

Beim Einsatz eines schwenkbaren Werkzeugkopfes müssen für eine schräge Boh-

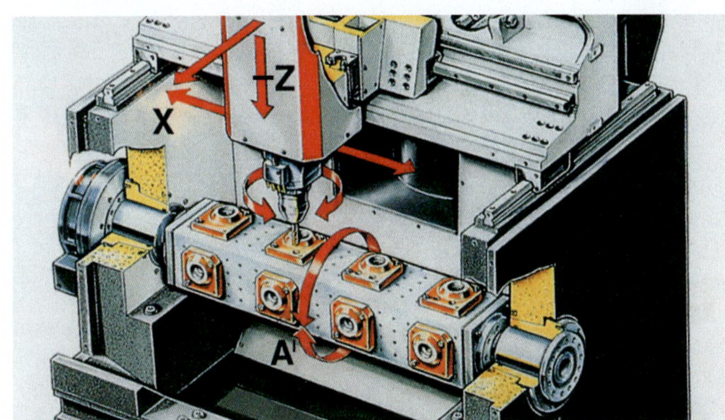

4-Achs-Maschine mit einer Mehrfach-Spannbrücke zur 3-Seiten-Bearbeitung kleiner Werkstücke.

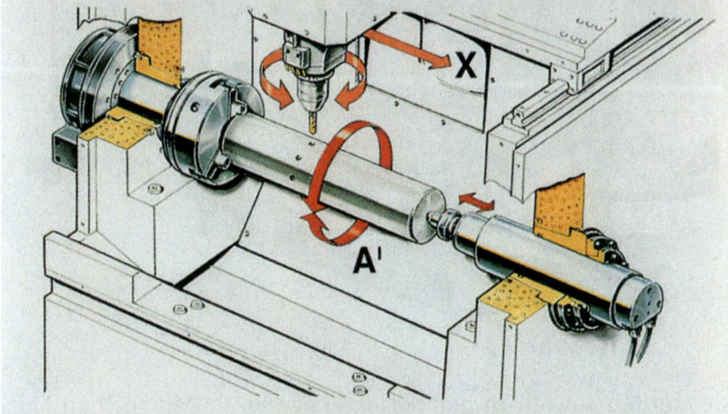

4-Achs-Maschine mit Wendespanner zur Bearbeitung von Zylindermantelflächen (A'-Achse).

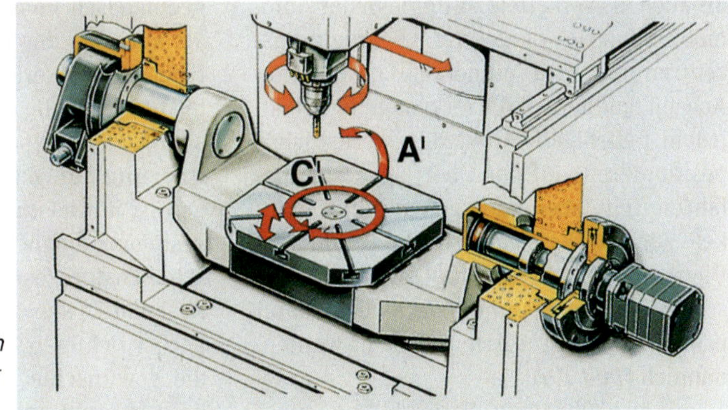

5-Achs-Maschine mit schwenkbarem Drehtisch zur 5-Seiten-Bearbeitung (A' und C').

Bild 1.3: Möglichkeiten der Werkstückbearbeitung bei Fräsmaschinen mit vertikaler Hauptspindel

rung drei Achsen linear interpolieren. Für Plandrehköpfe kommen eine oder zwei weitere Achsen hinzu. **Korrekturwerttabellen** für Werkzeuglänge, Fräserdurchmesser, Reststandzeit und Schnittwerte aller Werkzeuge sind selbstverständlich. Die CNC soll auch noch Werkzeuggewicht, Werkzeugkennung, Werkzeugkontur und viele zusätzliche Kenndaten speichern, um eine einwandfreie **Werkzeugverwaltung** zu ermöglichen.

Der Marktanteil dieser Maschinen ist in den letzten Jahren im Vergleich zu anderen Maschinen überproportional gestiegen und

Bild 1.4: Modernes Bearbeitungszentrum mit Linearmotoren in X-, Y-, und Z-Achse. (Quelle: MAG IAS GmbH)

sie werden sowohl in der Serienfertigung als auch als verkettete Systeme in der Automobilindustrie eingesetzt. Bearbeitungszentren mit fünf numerisch gesteuerten Achsen können den Werkzeugeingriff an jedem beliebigen Punkt des Werkstückes positionieren, auf der Oberfläche entlangfahren und dabei jeden gewünschten Winkel zur Werkstückoberfläche einhalten. Diese universelle Relativbewegung zwischen Werkzeug und Werkstück kann prinzipiell auf drei Arten erreicht werden, nämlich *(Bild 1.5)*:

1. mit feststehendem Werkstück und **zwei Schwenkachsen des Werkzeuges,** 1) und 2).
2. mit feststehender Werkzeugachse und **zweifacher Schwenkbewegung des Werkstückes,** z. B. durch einen schwenkbaren Drehtisch 3), oder
3. mit **je einer Schwenkbewegung der Werkzeugachse und des Werkstückes,** die um 90 ° gegeneinander versetzt sind, 4).

Mit solchen Maschinen lassen sich sowohl geometrisch komplizierte Teile herstellen, als auch bei der Bearbeitung gekrümmter Flächen Messerköpfe mit höherer Spanleistung anstelle der sonst üblichen Finger- oder Kugelfräser verwenden. Die **Programmierung** fünfachsiger Simultanbewegungen ist mit leistungsfähigen Programmiersystemen möglich. Der maschinenspezifische Postprozessor muss dann noch die Kinematik der zu steuernden Maschine berücksichtigen, damit das Werkzeug exakt die gewünschte Bewegung ausführt. Deshalb müssen auch die tatsächliche Länge und der Durchmesser des Werkzeuges genau mit den bei der Programmierung angenommenen Werten übereinstimmen.

Mehrspindlige Bearbeitungszentren

Alle o. g. Maschinen können als 2-spindlige, 3-spindlige oder 4-spindlige Maschinen ausgeführt werden, um mehrere identische Werkstücke gleichzeitig bearbeiten

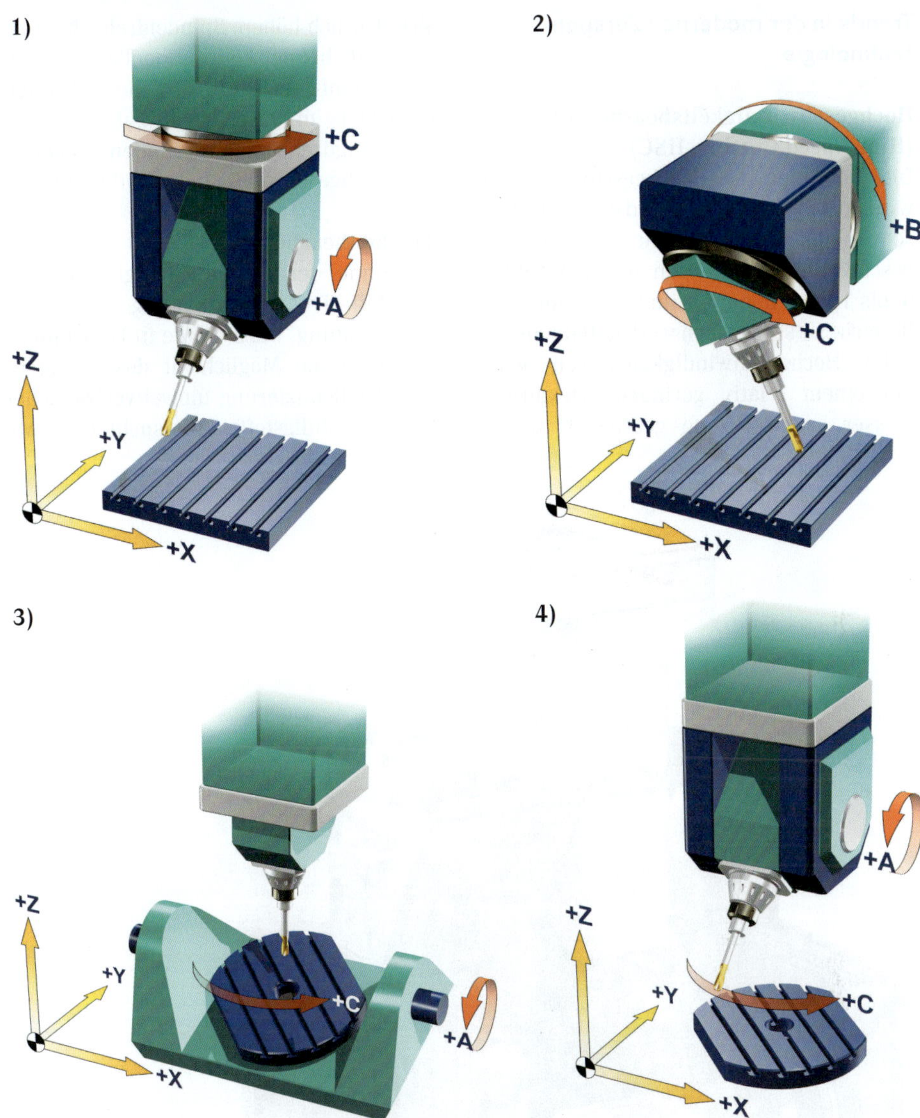

Bild 1.5: Vier Möglichkeiten der Kinematik von 5-Achs-Bearbeitungszentren zur 3D-Bearbeitung.

zu können. Besonders in der Großserienfertigung sind 2-, 3- und 4-spindlige Maschinen im Einsatz, was auch entsprechende Mehrfachspannvorrichtungen erfordert.

Bei **mehrspindligen Maschinen** müssen alle Werkzeuge einheitliche Abmessungen aufweisen. Das identische Längenmaß wird entweder über voreingestellte Werkzeuge oder einzeln justierbare Spindeln erreicht. Im automatischen Betrieb erfolgt dabei der Längenausgleich der einzelnen Spindeln durch das Anfahren von justierten Messdosen. Die elegantere Lösung bei Neuentwicklungen ist eine Kompensation der WZ-Länge in der Z-Achse.

Trends in der modernen Zerspantechnologie

Hochgeschwindigkeitsbearbeitung (High Speed Cutting, HSC)

Die Definition der Hochgeschwindigkeit wird im Allgemeinen anhand der Schnittgeschwindigkeit vorgenommen. Die Schnittgeschwindigkeiten liegen um den Faktor 5- bis 10-mal höher als im konventionellen Bereich. Sie sind jedoch werkstoffabhängig. Beim Hochgeschwindigkeitsfräsen wird mit einem relativ geringen Wirkdurchmesser am Werkzeug gearbeitet, womit sich deutlich höhere Spindeldrehzahlen ergeben als bei der konventionellen Bearbeitung. Somit erweitert sich die Definition von HSC beim Fräsen um die Faktoren hohe Werkzeugdrehzahlen verbunden mit hohen Vorschubgeschwindigkeiten *(Bild 1.6)*.

Trockenbearbeitung

Im Sinne der Umweltverträglichkeit gewinnt die Trockenbearbeitung zunehmend an Bedeutung. Dazu wurde in Forschungsprojekten die Möglichkeit des Einsatzes und der Reduzierung umweltverträglicher Fertigungshilfsstoffe untersucht (z. B. Mi-

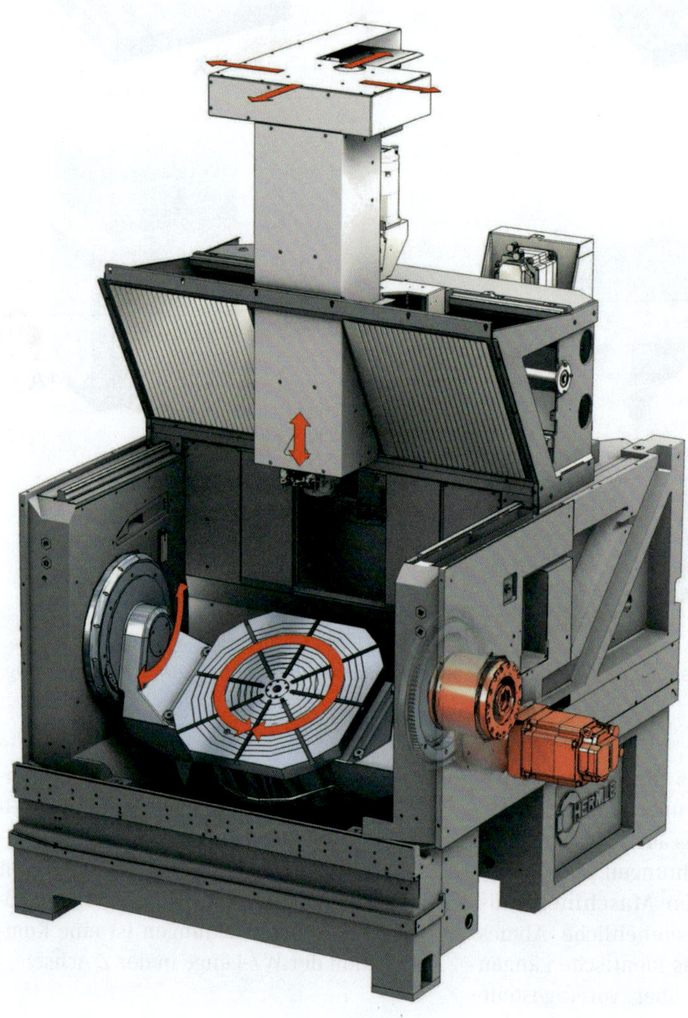

Bild 1.6: Hochgeschwindigkeits-Bearbeitungszentrum. (Quelle: Hermle)

nimalmengenschmierung). Parallel dazu wurden Werkzeuge für die Trockenbearbeitung entwickelt. Insbesondere in der Automobilindustrie und bei den Zulieferern der Automobilindustrie gewinnt die Trockenbearbeitung zunehmend an Bedeutung.

Hart-Zerspanung
Ebenso an Bedeutung gewinnt die Hart-Zerspanung, womit sich die Möglichkeit ergibt, hochgenaue Bearbeitung durch Zerspanen mit geometrisch bestimmter Schneide durchzuführen. Durch die Entwicklung geeigneter Werkzeuge und Technologien wurde es möglich, Werkstücke mit Härte bis zu ca. 62 HRC durch Drehen und Fräsen in Schleifqualität zu bearbeiten.

Bearbeiten von CFK-Werkstoffen

Die Bearbeitung von Faserwerkstoffen stellt neue Anforderungen an die Konstruktion der Werkzeugmaschine. Aufgrund der aggressiven Staubpartikel benötigen die Maschinen eine Absaugvorrichtung sowie zusätzlich zu den üblichen Verdecken besondere Abdeckung der Führungsbahnen und Messsysteme.

Im Betrieb der Maschine müssen Maßnahmen zum erhöhten Schutz des Bedienpersonals vorgesehen werden.

Die Hochleistungsbearbeitung/High-Performance-Cutting (HPC) hat das Ziel, durch eine Reduzierung der Hauptzeiten ein beträchtliches Kostenpotenzial zu erschließen, teilweise um über 50 % gegenüber bisherigen Technologien. Die Erhöhung des Zeitspanvolumens auf Basis neuer Werkzeugtypen und optimierter Maschinenkomponenten erhöht die Verfügbarkeit der eingesetzten Werkzeugmaschinen.

Voraussetzungen für die Werkzeugmaschine:

- hohe Steifigkeit und maximal mögliche Dämpfung um Schwingungen und Resonanzen zu vermeiden, was kurze Auskragungen und Schlitteneinheiten mit hoher Steifigkeit erfordert
- schwingungsfreie Spindelantriebe wegen der extrem hohen Umdrehungsfrequenzen
- geringe zu beschleunigende Massen um Beschleunigungswerte bis 3g und K_V-Faktoren 2 – 4 zu erreichen
- Absaugeinrichtungen, insbesondere bei HSC-Maschinen für die Aluminiumbearbeitung

Voraussetzungen an die Steuerung:

- kurze Blockzykluszeiten im Bereich von 1 Millisekunde, d. h. eine Verarbeitungsgeschwindigkeit von ca. 100 CNC-Sätzen pro Sekunde, da bei hohen Vorschubgeschwindigkeiten die Zeiten zum Einlesen und Bereitstellen der in rascher Folge zu verarbeitenden CNC-Sätze sehr kurz sind.
- „Look-Ahead-Funktion“ – um Ecken und Kanten rechtzeitig zu erkennen. Um Konturverletzungen zu vermeiden, sollte der Vorschub kurzfristig automatisch reduziert werden, mit gleichzeitig entsprechender Anpassung der Spindeldrehzahl
- hohe Steifigkeit der Vorschubantriebe mit hohem K_V-Wert um die geforderten Beschleunigungen und Genauigkeiten zu erreichen
- „Nachlauf 0“, d. h. Verfahren der Achsen ohne Schleppfehler, um trotz der hohen Vorschubwerte eine gute Konturtreue zu erreichen.

Durch den verstärkten Einsatz von CAD-Systemen kommt neuerdings eine weitere Forderung hinzu, nämlich die direkte **Verarbeitung der von CAD-Systemen erzeugten Geometriedaten.** Dies sind im Wesentlichen DXF-Daten, NURBS (Nicht Uniforme Rationale B-Splines) oder Bezier-Formeln. Diese mathematischen Daten müssen dann nicht mehr durch einen Postprozessor in lineare Vektorelemente umgewandelt werden, da sie die CNC direkt übernimmt und verarbeitet. Dadurch lässt sich trotz der hohen Beschleunigungen und Geschwindigkeiten ein wesentlich geschmeidigeres Maschinenverhalten erreichen, was sich auch auf die Oberflächenqualität der Werkstücke vorteilhaft auswirkt.

1.2 Drehmaschinen

Drehmaschinen sind Werkzeugmaschinen für die Herstellung von rotationssymmetrischen Werkstücken. Dabei wird die Schnittbewegung durch Rotation des Werkstückes erzeugt.

Drehmaschinen gib es in **unterschiedlichen Arten und Bauformen.** Man unterscheidet:

- **Flachbettdrehmaschinen** *(Bild 1.7)*
  Im Allgemeinen als Universal- bzw. Werkstattdrehmaschine eingesetzt.
  Als CNC-Maschine oft mit Joystick-Steuerung und Zyklenautomatik ausgerüstet. Die Synchronisation von Werkstückdrehzahl und Vorschub beim Gewindeschneiden erfolgt durch die CNC-Steuerung. Eingesetzt werden diese Maschinen meist in der Einzelteile- oder Kleinserienfertigung.
- **Schrägbettdrehmaschinen** *(Bild 1.9)*
  Der Vorteil der hohen Steifigkeit einer Flachbettmaschine vereint mit Vorteil der guten Zugänglichkeit, der besseren Späneentsorgung und automatischen Belademöglichkeit führte zu diesem Typ von Drehmaschinen. Diese Maschinen können universell sowohl in der Werkstatt als in der Produktion eingesetzt werden.
- **Vertikaldrehmaschinen**
  Sind zum einen Senkrecht-Großdrehmaschinen (Karusselldrehmaschinen): Einfache Aufspannmöglichkeit von labilen Werkstücken mit großem Durchmesser. Zum anderen
- **Pick-Up-Drehmaschinen**
  sind Vertikaldrehmaschinen mit kleineren Abmessungen und hohem Automatisierungsgrad. Eine kostengünstige Variante des automatischen Werkstückwechsels wird realisiert, indem das Spannfutter das bereitgestellte Werkstück abholt und nach der Bearbeitung wieder abliefert.

Beispiel einer Pick-Up-Drehmaschine
(Bild 1.12 bis 1.15)
Die dargestellte Maschine ist konzipiert für die Herstellung von qualitativ hochwerti-

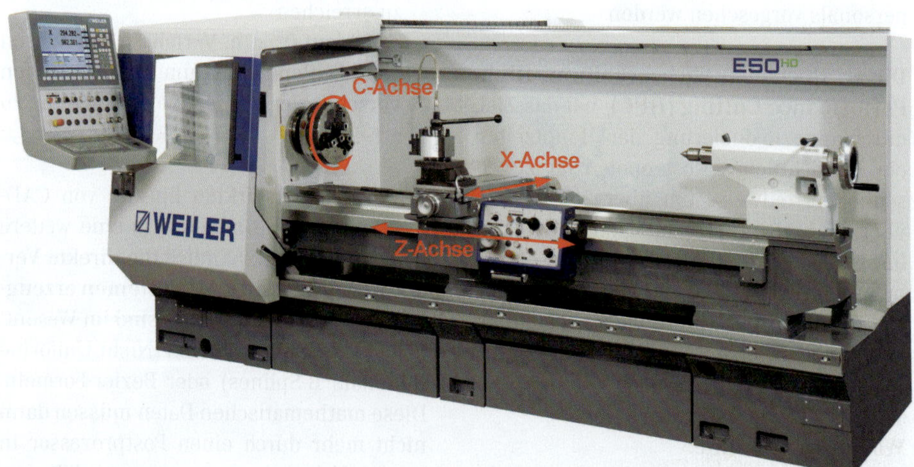

Bild 1.7: Zyklengesteuerte Präzisionsdrehmaschine. (Quelle: WEILER Werkzeugmaschinen GmbH)

gen Werkstücken, die in der Mittel- bis Großserie hergestellt werden, wie zum Beispiel: Getriebewellen, Rotorwellen, Pumpenwellen, Motorwellen oder Gelenkwellen.

Das Maschinenbett besteht aus Mineralguss, was für bessere Werkzeugstandzeiten und hohe Oberflächengüte sorgt. Durch den vertikalen Aufbau wird ein freier Spänefall sichergestellt. Dies ist vor allem bei der Weichbearbeitung sehr wichtig, da hier oft spanvolumenintensive Bearbeitungen durchgeführt werden. Auch bezüglich Platzbedarf bietet das Vertikalkonzept Vorteile. Bei Maschinen mit horizontaler Spindel- und Reitstocklage ist die Maschine breiter, was Stellfläche kostet. Die Automation erfolgt über den Revolver. Der Greifer im Revolver entnimmt das Rohteil dem Rohteilspeicher und transportiert es in die Spannposition. Nach der Bearbeitung wird das Werkstück wieder auf gleichem Weg aus der Maschine entladen. Um die Stillstandszeiten durch Werkzeugwechsel möglichst gering zu halten, wird beim Drehen mit Schwesterwerkzeugen gearbeitet.

- **Langdrehmaschinen**
  oder auch Swiss type Lathe sind Drehautomaten für im Verhältnis von Durchmesser zu Länge gesehen schlanke und lange Werkstücke wie z.B. Schrauben, Muttern, Zahnstifte usw. Üblicherweise wird das Werkstück mit einer Spannzange in der Spindel geklemmt und in einer Führungshülse (Lünette) geführt. Dabei wird die Spindel im Unterschied zu den anderen Drehverfahren relativ zu den Werkzeugen bewegt. Je nach Ausbaugrad der Maschine sind ein oder mehrere Werkzeugschlitten im Arbeitsraum angebracht. Aufgrund des relativ hohen Rüstaufwands werden diese Maschinen bevorzugt für die Massenfertigung von kleinen und mittleren Werkstücken genutzt.
- **Mehrspindelautomaten**
  In einer Spindeltrommel bis zu 1000 mm Durchmesser sind mehrere Spindeln mit Werkstücken gelagert (üblich sind 2, 6, 8 oder weitere) und können damit gleichzeitig bearbeitet werden. Im Arbeitsraum sind eine Vielzahl von Werkzeugschlitten und Zusatzeinrichtungen angebracht. Diese Maschinen benötigen einen vergleichsweise hohen Rüstaufwand und werden nur in der Großserienfertigung eingesetzt.

Bild 1.8: Mehrspindeldrehautomat und Beispiele von Werkstücken, die auf dieser Maschine hergestellt wurden. (Quelle: INDEX)

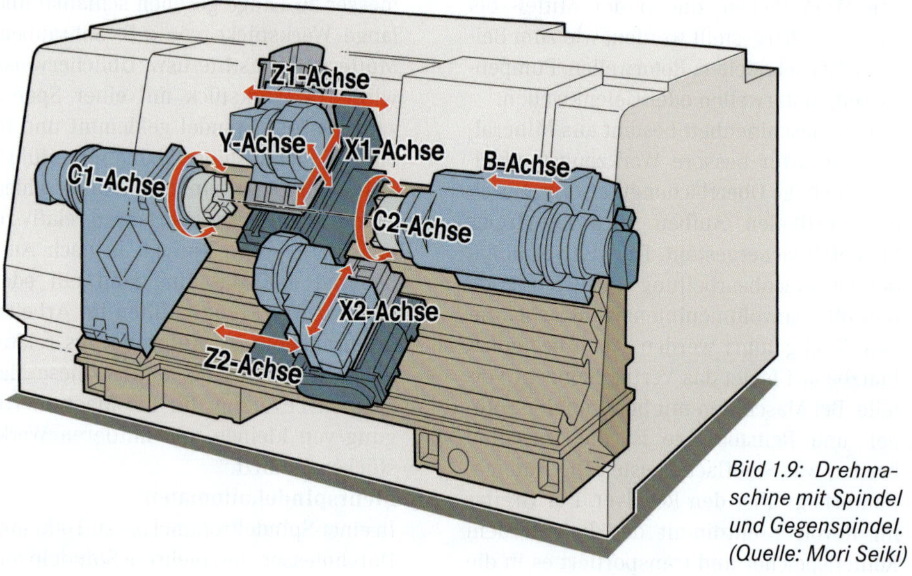

Bild 1.9: Drehmaschine mit Spindel und Gegenspindel. (Quelle: Mori Seiki)

Diese Rundtaktmaschinen sind besonders für die Massenproduktion kleiner, komplexer, hochpräziser Werkstücke geeignet. Die Werkstücke (Rohlinge oder Material vom Ring oder Stange) werden durch die Schalttrommel nacheinander zu 14 Bearbeitungsstationen weitergetaktet und in zeitgleich ablaufenden Arbeitsgängen bearbeitet.

Durch diese gleichzeitige Bearbeitung an allen Stationen verkürzt sich die Gesamtbearbeitungszeit auf eine Taktzeit. Spezielle Schwenkfutter ermöglichen eine fünf- oder mehrseitige Fertigbearbeitung der Werkstücke. Außer spanabhebenden Operationen lassen sich auch Teile montieren, Schrauben eindrehen, Scheiben aufbördeln oder Stifte einpressen.

Bis vor einigen Jahren liefen alle diese Operationen vorwiegend kurvengesteuert ab. Bei Einzweckmaschinen oder entsprechend großen Serien kann das nach wie vor eine wirtschaftliche Lösung sein. Das Problem beginnt erst bei kleineren Losgrößen, also beim häufigen Umrüsten. Lange Stillstandzeiten führen schnell zur Unwirtschaftlichkeit dieser hochproduktiven Maschinenart. Durch Umstellung auf numerische Steuerung der Bearbeitungseinheiten wird man unabhängig von Kurven und Kurvenwechsel. Vorschubwege, Vorschubgeschwindigkeiten und Spindeldrehzahlen sind frei programmierbar. Weitere Vorteile der CNC-Steuerung liegen in der Bearbeitung von verschiedenen Durchmessern auf einer Station, sowie der Herstellung von Radien, Kanten und Kegeln.

Bis zu 20 CNC-Achsen werden durch Eingabe eines anderen Programmes innerhalb von Minuten auf die Fertigung eines völlig neuen Werkstückes umgestellt. Schnell austauschbare Bearbeitungseinheiten an den einzelnen Stationen unterstützen noch die Forderung nach kürzesten Umrüstzeiten.

Drehmaschinen mit zwei und mehr Supporten *(Bild 1.10 und 1.11)*

Bei Großdrehmaschinen wurde schon lange Zeit vor der CNC-Maschine mit zwei oder drei Werkzeugen gleichzeitig an einem Werkstück gearbeitet. Der Vorteil ist, dass sich die Fertigungszeiten erheblich

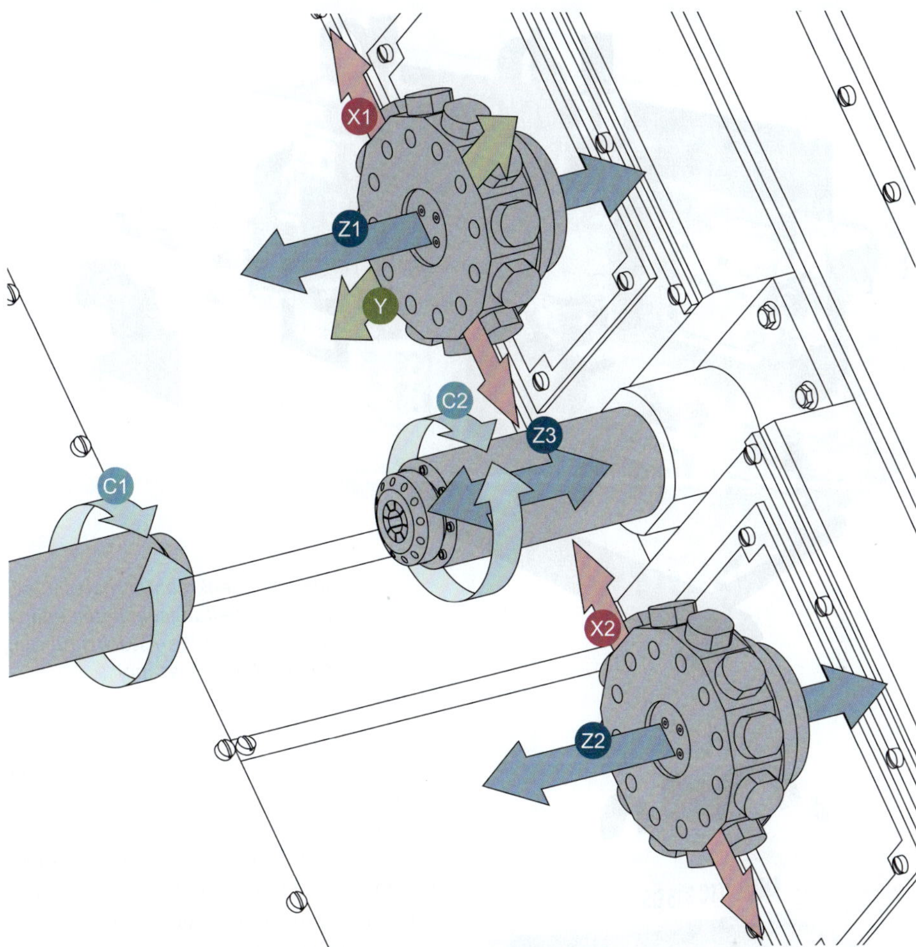

Bild 1.10: Drehmaschine mit Hauptspindel, Gegenspindel und zwei Revolverköpfen, davon einer mit Y-Achse zur Zylindermantelflächenbearbeitung (insgesamt acht CNC-Achsen).

reduzieren lassen. Dafür nimmt man den kleinen Nachteil in Kauf, dass nicht alle Werkzeuge mit optimaler Schnittgeschwindigkeit arbeiten.

Drehmaschinen mit zwei CNC-Achsen sind für den gleichzeitigen Einsatz von zwei Werkzeugen nicht geeignet. Deshalb rüstete man sie schon bald mit zwei getrennten Supporten und damit vier Achsen aus, um mit beiden Werkzeugen unabhängig voneinander arbeiten zu können. Bei den heutigen CNC-Drehmaschinen sind die beiden Revolver so ausgelegt und angeordnet, dass ein weitestgehend kollisionsfreier Simultanbetrieb möglich ist. Damit lassen sich sowohl Wellen- als auch Futterteile gleichzeitig mit zwei Werkzeugen bearbeiten. Um eine Kollision der beiden Revolver zu verhindern, sind entsprechende Sicherheitsvorkehrungen durch softwareseitige Überwachungen vorgesehen.

Zur Steuerung dieser Maschinen sind spezielle CNCs erforderlich, die in 2 × 2 Achsen unabhängig voneinander interpolieren können. Muss an bestimmten Stellen ein Support auf den anderen warten, so

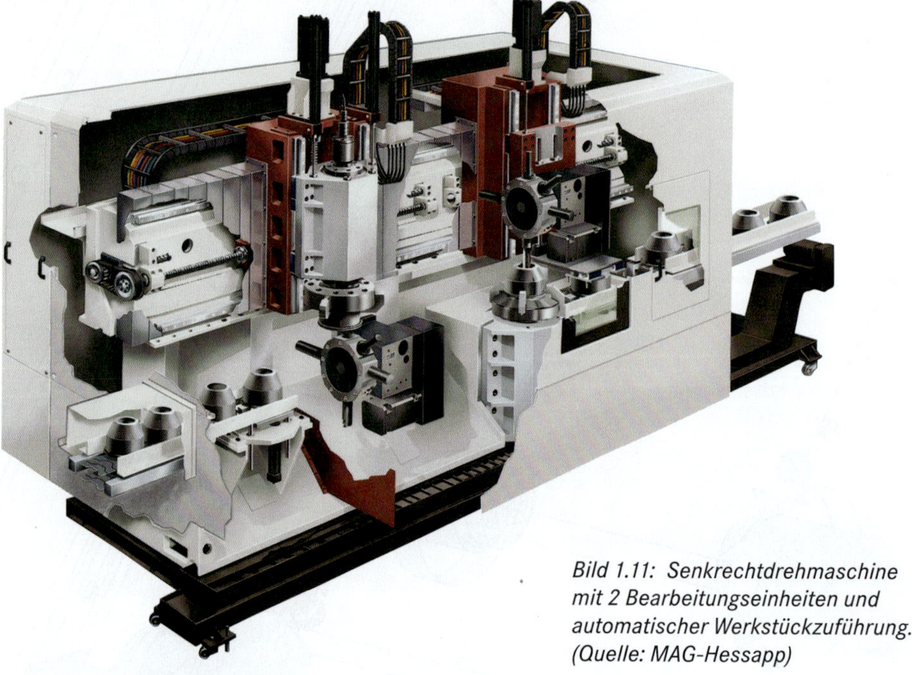

Bild 1.11: Senkrechtdrehmaschine mit 2 Bearbeitungseinheiten und automatischer Werkstückzuführung. (Quelle: MAG-Hessapp)

Bild 1.12: Vertikale Wellendrehmaschine. (Quelle: EMAG).

lässt sich auch dies durch einen speziellen G-Befehl im Programm erreichen. Die Programmierung ist dadurch wesentlich erleichtert, denn beide Werkzeugbewegungen werden unabhängig voneinander programmiert und nur an kritischen Stellen aufeinander abgestimmt.

Zusammenfassend lässt sich sagen, dass mehrachsige Drehmaschinen vorwiegend für die Fertigung mittlerer und großer Serien geeignet sind. Ob die Programmierung in der Werkstatt sinnvoll ist, hängt von der Leistungsfähigkeit des Programmiersystems ab *(Bild 1.11)*.

Automatisierung von Drehmaschinen

Auch der **Automatisierungsgrad** von Drehmaschinen kann sehr unterschiedlich sein *(Bild 1.9)*.

So stehen beispielsweise folgende **Automatisierungskomponenten** zur Verfügung:

- **Werkstückspeicher** mit automatischem Werkstückwechsel,

Bild 1.13: Der Arbeitsraum der Maschine mit Blick auf den Werkzeugrevolver der das Rohteil aus dem Rohteilspeicher entnimmt und in die Spannposition transportiert. (Quelle: EMAG).

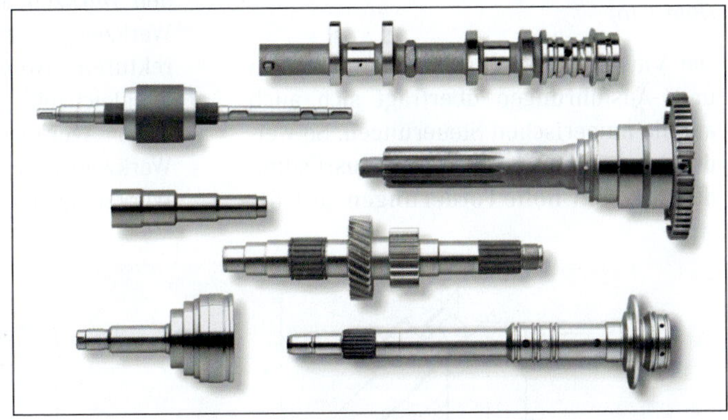

Bild 1.14: Typische Werkstücke, die auf einer Vertikaldrehmaschine hergestellt werden, wie zum Beispiel: Getriebewellen, Rotorwellen, Pumpenwellen, Motorwellen oder Gelenkwellen.

Bild 1.15: Kurbelwellenfertigung auf einer Vertikaldrehmaschine (Quelle: EMAG).

- **Werkzeugmagazin** mit automatischem Werkzeugaustausch zwischen Revolver und Magazin,
- **angetriebene Werkzeuge,** meistens in Verbindung mit einer zusätzlichen CNC-Achse (Y-Achse) und gesteuerter **Spindel als C-Achse,** *(Bild 1.16)*
- automatische **Werkzeugüberwachung,**
- automatischer **Backenwechsel** im Futter,
- **Lünette und Reitstock** numerisch gesteuert,
- **Einrichtungen zur Verkettung** mehrerer gleichartiger oder unterschiedlicher Maschinen

CNC für Drehmaschinen

(Bild 1.16)

Die Vielfalt der Drehmaschinen-Bauarten und -Ausführungen überträgt sich auch auf die numerischen Steuerungen. So werden heute schon an die Grundausrüstung der CNC **sehr hohe Forderungen** gestellt:

- **zwei bis 7 CNC-Achsen**, bei Mehrspindlern bis 30,
- **2 × 2 oder 3 × 2** unabhängig voneinander interpolierbare Achsen für Mehrschlittenmaschinen,
- Spindel als **C-Achse** steuerbar,
- zusätzliche CNC-Achsen für **Laderoboter,**
- **konstante Schnittgeschwindigkeit** durch automatische Anpassung der Spindeldrehzahl an den Drehdurchmesser,
- Werkzeugversatz- und Schneidenradiuskompensation für alle Drehwerkzeuge,
- Fräserdurchmesser- und Längenkompensation für die angetriebenen Werkzeuge,
- **freie Zuordnung** der Korrekturwerte zu den Werkzeugen, um bei Bedarf einem Werkzeug auch unterschiedliche Korrekturen zuweisen zu können,
- die gleichzeitige Berücksichtigung **mehrerer Werkzeugkorrekturwerte**, wie Werkzeugversatz, Schneidenradius und Werkzeugverschleiß,

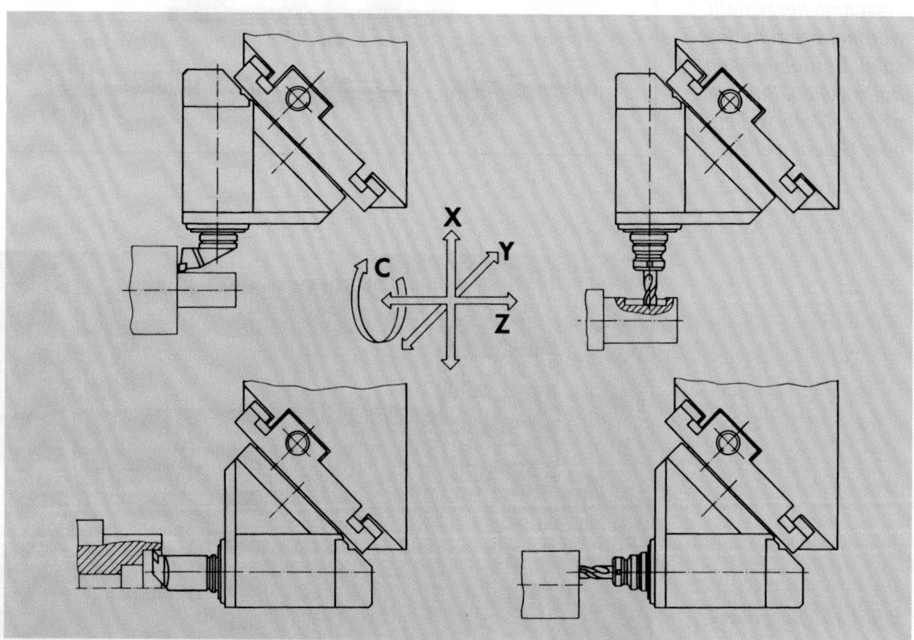

Bild 1.16: Um 90° schwenkbarer Werkzeugkopf an einer Drehmaschine zur radialen und achsialen Bearbeitung mit festen und mit angetriebenen Werkzeugen.

- Werkzeugschneiden-Überwachung und Werkzeugbruch-Kontrolle,
- **Werkzeug-Standzeitüberwachung** und automatischer Aufruf eines Schwesterwerkzeuges nach Standzeit-Ende,
- **Rückführung von Messdaten** zu den Korrekturwertspeichern und deren automatische Nachstellung.

Eine weitere, sehr wertvolle Funktion einer Drehmaschine ist das numerisch gesteuerte **Gewindeschneiden**. Dazu benötigt die Hauptspindel ein Messsystem, meistens einen inkrementalen Impulsgeber, zur Rückmeldung zur Spindeldrehzahl und der exakten Winkellage an die CNC. Ein zusätzlich ausgegebener **Referenzimpuls** pro Umdrehung bewirkt, dass beim Geschwindeschneiden der Vorschub immer bei einer bestimmten Stellung der Hauptspindel startet und die einzelnen Schnitte exakt in die bereits vorgedrehten Gewindesteigungen eintauchen. Auch **kegelige Gewinde, Mehrfachgewinde und progressive oder degressive Steigungen** lassen sich numerisch gesteuert herstellen. Der Aufwand für mechanische Gewindeschneideinrichtungen und die Umrüstzeit entfallen. Den absolut synchronen Gleichlauf zwischen Spindelumdrehung und Vorschubbewegung steuert die CNC, indem sie die Impulse des Spindelgebers entsprechend verarbeitet.

Programmierung von Drehmaschinen

Wie aus dieser keineswegs vollständigen Aufzählung hervorgeht, wurde aus der einfachen Drehmaschine innerhalb sehr kurzer Zeit eine sehr komplexe **CNC-Maschine.**

Deshalb war ein weiterer Schwerpunkt die Entwicklung einer einfachen, verständlichen und ohne Probleme zu erlernenden Programmiermöglichkeit. Diesen Bemühungen kam der Fortschritt auf dem Gebiet der leistungsfähigen Tischrechner sehr entgegen. Der **farbige Grafikbildschirm** trug zu einer schnellen Akzeptanz bei den Anwendern bei. Heute muss der Programmierer keine „Kunstsprache“ mehr erlernen, um eine CNC-Maschine zu programmieren, sondern er arbeitet **dialoggeführt**, beantwortet die vom System gestellten Fragen ohne jegliche Mathematik oder G/M/F/S/X/Z-Funktionen und sieht das Ergebnis seiner Eingaben sofort grafisch am Bildschirm. So werden nacheinander die zu fertigende Geometrie, die Rohteilmaße und der Bearbeitungsvorgang eingegeben, grafisch dargestellt und der Bearbeitungsablauf zu jedem beliebigen Zeitpunkt auch **grafisch-dynamisch** auf dem Bildschirm simuliert. Fehler lassen sich schnell korrigieren und das Ergebnis wieder kontrollieren usw., bis zur Eingabe der kompletten, fehlerfreien Bearbeitung. Dann erzeugt das System das CNC-Programm und gibt es auf jedem gewünschten Datenträger und für jede geeignete Maschine aus. Alle Berechnungen, Anfahrbewegungen, Korrekturwertaufrufe und sonstige Spezialitäten generiert der Rechner automatisch. Fehler werden weitgehend ausgeschlossen. Mit der **Werkstattorientierten Programmierung (WOP)** kann heute die Programmierung der CNC direkt an der Maschine erfolgen.

1.3 Schleifmaschinen

(Dr.-Ing. Heinrich Mushardt)

Als bei spangebenden Bearbeitungen die NC schon eingeführt war, galt das Schleifen noch immer als nicht NC-geeignet. Erst mit der Einführung von speziellen **Körperschall-Sensoren** und entsprechenden Auswerteinheiten, welche die Sensibilität des Bedienungsmannes nachempfinden, sowie **Messtastern** für die In-Prozess-Messung, konnten CNC-Maschinen die geforderten Qualitätsanforderungen im automatischen Betrieb gewährleisten. Digitale Wegmesssysteme mit Auflösungen bis 0,1 µm hatten ebenfalls einen positiven Einfluss auf Genauigkeit und Oberflächenqualität der Werkstücke.

Wichtige CNC-Funktionen für das Schleifen sind auch die **Vorsteuerung** (Nachlauf Null) und hoch dynamische digitale Servoantriebe, um beispielweise beim Pendelschleifen von schrägen oder gekrümmten Oberflächen Konturfehler am Werkstück zu vermeiden.

Bauformen und Anforderungen

Schleifen gilt als das klassische Fein- und Hartbearbeitungsverfahren und wird für vielfältige Aufgaben benötigt: Beispielsweise erfüllen Schleifmaschinen im Werkzeug- und Formenbau hohe Anforderungen an Genauigkeit und Oberflächenqualität, bearbeiten bei der Herstellung und dem Nachschärfen von Werkzeugen härteste Materialien, erzeugen im Getriebebau hochgenaue, komplexe Verzahnungsgeometrien und erreichen in der automatisierten Serienfertigung kurze Taktzeiten.

Heute werden überwiegend numerisch gesteuerte Maschinen hergestellt. Im Unterschied zu konventionellen Schleifmaschinen, bei denen ein Bediener zu korrigierenden Eingriffen in der Lage ist, erwartet man von CNC-Maschinen, dass sie die geforderten Qualitätsanforderungen im automatischen Betrieb gewährleisten und dabei weitestgehend unempfindlich gegen Störeinflüsse und variable Prozesseingangsgrößen sind. Beispielsweise sind bei den hohen Genauigkeitsanforderungen alle Deformationen eng einzugrenzen, die unter anderem durch variable Schleifkräfte oder durch Erwärmung von Maschinenbauteilen, Kühlmittel und Umgebung hervorgerufen werden.

Die Schleifverfahren werden nach der Form der zu erzeugenden Flächen differenziert. Ihnen lassen sich entsprechende Maschinentypen zuordnen. Am häufigsten sind die in *Bild 1.17* dargestellten Flach- und Profilschleifmaschinen, Rundschleifmaschinen und Werkzeugschleifmaschinen. Daneben existieren spezielle Bauformen für besondere Einsatzzwecke, zum Beispiel für das Schleifen von Gewinden und Schnecken, Verzahnungen, Kurven und Exzenter.

Prinzipbilder:

Bild 1.17 Flachschleifmaschine
Bild 1.18 Universalrundschleifmaschine mit B-Achse
Bild 1.19 Werkzeugschleifmaschine

Die hochgenaue Bearbeitung und die speziellen Einsatzbedingungen der Schleifwerkzeuge stellen besondere Ansprüche an die Steifigkeit der Gestell- und Schlittenbauteile. Außerdem zeichnen sich Schleifmaschinen durch sehr präzise Arbeitsspindeln, Führungen und Messsysteme aus, die genaues Positionieren und exakte Vorschubbahnen gewährleisten. Je nach Einsatzbereichen der Maschinen und den geforderten Achsgeschwindigkeiten sind unterschiedliche Führungsprinzipien anzutreffen. Überwiegend sind spielfreie, reibungsarme Wälzführungen im Einsatz, daneben aber auch gut dämpfende und durch Kunststoffbeschichtung stick-sliparme Gleitführungen oder reibungsfreie Hydrostatikführungen. Bei Vorschubantrieben dominieren Servomotore und Kugelgewindespindeln. Zunehmend werden auch Linearmotore bzw. Torquemotore als Antrieb für rotatorische Achsen eingesetzt. Sie kommen ohne spielbehaftete Übertragungselemente aus. Dies ermöglicht es, sehr schnell und genau zu positionieren und Bahnen zu fahren. Als Messsysteme sind zumindest in den maßbestimmenden Achsrichtungen, das sind die Y-Achse beim Flachschleifen und die X-Achse beim Rundschleifen, Linearmaßstäbe obligatorisch.

Ein schwingungsarmer Lauf aller bewegten Komponenten und gute Dämpfungseigenschaften der Maschinenstruktur sind wichtige Voraussetzungen für markierungsfreie Oberflächen. Da in der Regel beim Schlei-

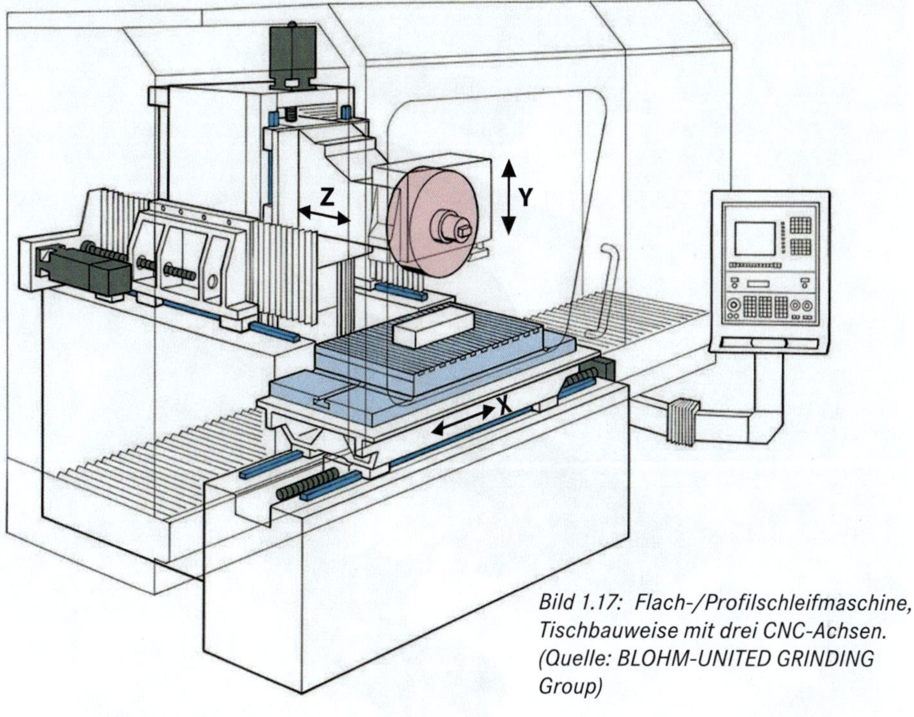

Bild 1.17: Flach-/Profilschleifmaschine, Tischbauweise mit drei CNC-Achsen. (Quelle: BLOHM-UNITED GRINDING Group)

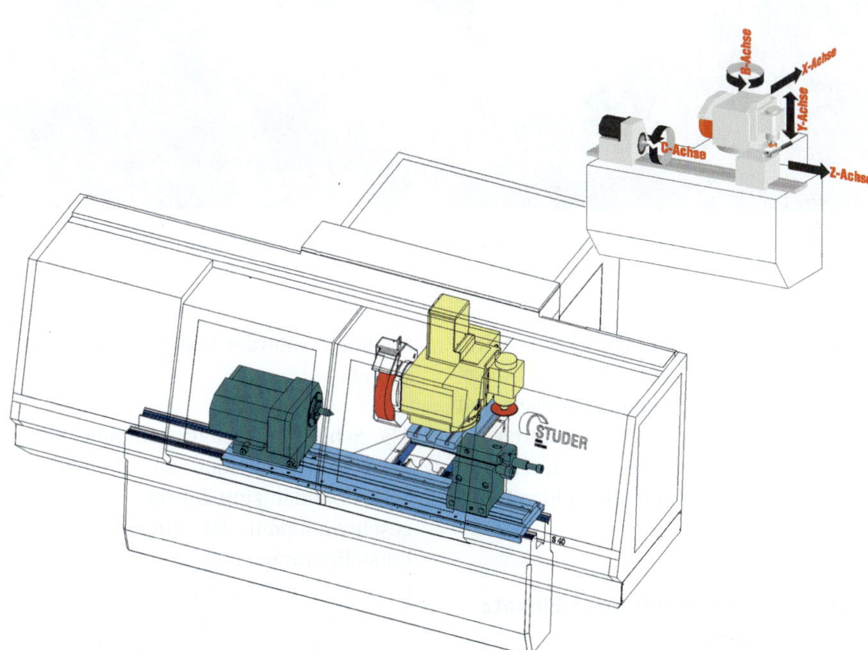

Bild 1.18: Universalrundschleifmaschine S40, Tischbauweise. Schleifkopf mit B-Achse und mehreren Schleifspindeln. (Quelle: STUDER-UNITED GRINDING Group)

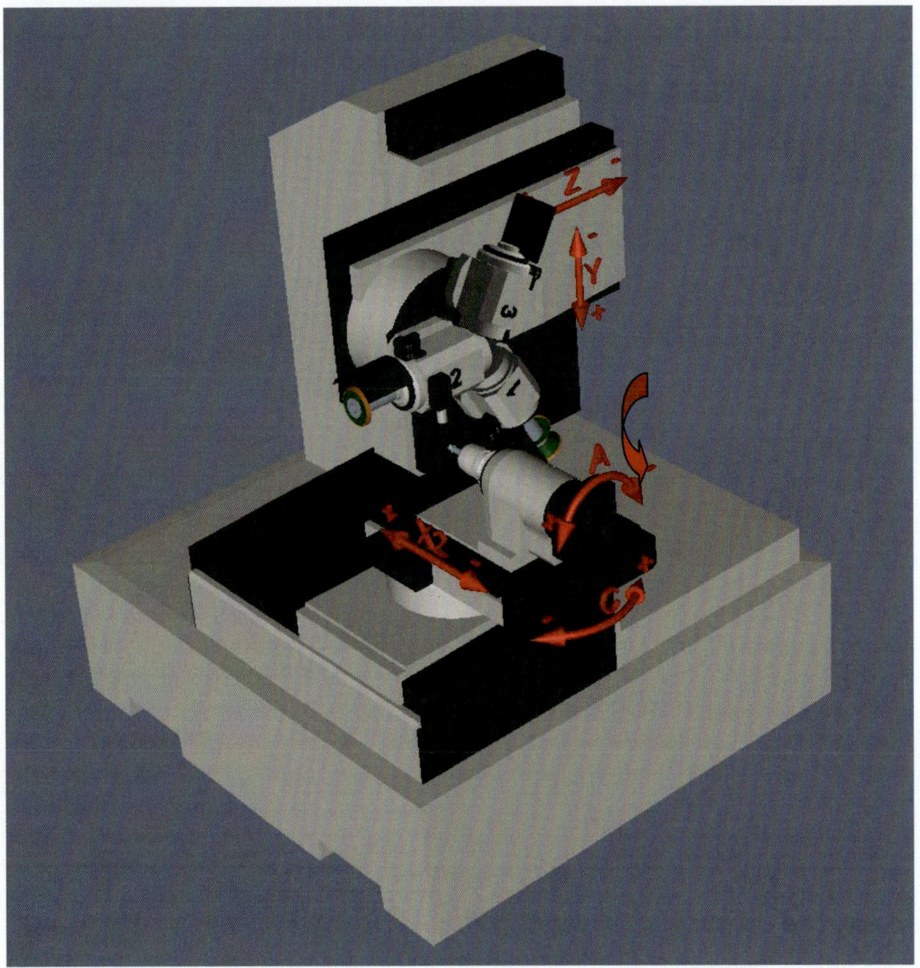

Bild 1.19: Werkzeugschleifmaschine mit drei Schleifspindeln und sechs CNC-Achsen. (Quelle: WALTER-UNITED GRINDING Group)

fen Kühlschmiermittel eingesetzt wird, müssen Spindeln, Führungen und Messsysteme gegen eindringendes Wasser und Öl sowie gegen Verschmutzung durch die anfallenden Schleifspäne geschützt und der gesamte Arbeitsraum abgeschirmt werden.

Steuerungsaufgaben für den Einsatz von Schleifscheiben

Aus den Besonderheiten der Schleifwerkzeuge und Schleifprozesse leiten sich auch spezielle Anforderungen an die Steuerungen ab.

Als Schleifwerkzeuge kommen überwiegend Schleifscheiben und daneben auch Schleifbänder zum Einsatz. Die Umfangsgeschwindigkeit ist ein einflussreicher Einstellparameter und zur Prozessoptimierung zu beachten. Ein sehr großer Anteil der Schleifmaschinen ist deshalb mit drehzahlregelbaren Spindelantrieben ausgerüstet. Die üblicherweise sehr hohen Drehzahlen erfordern es, die Schleifwerkzeu-

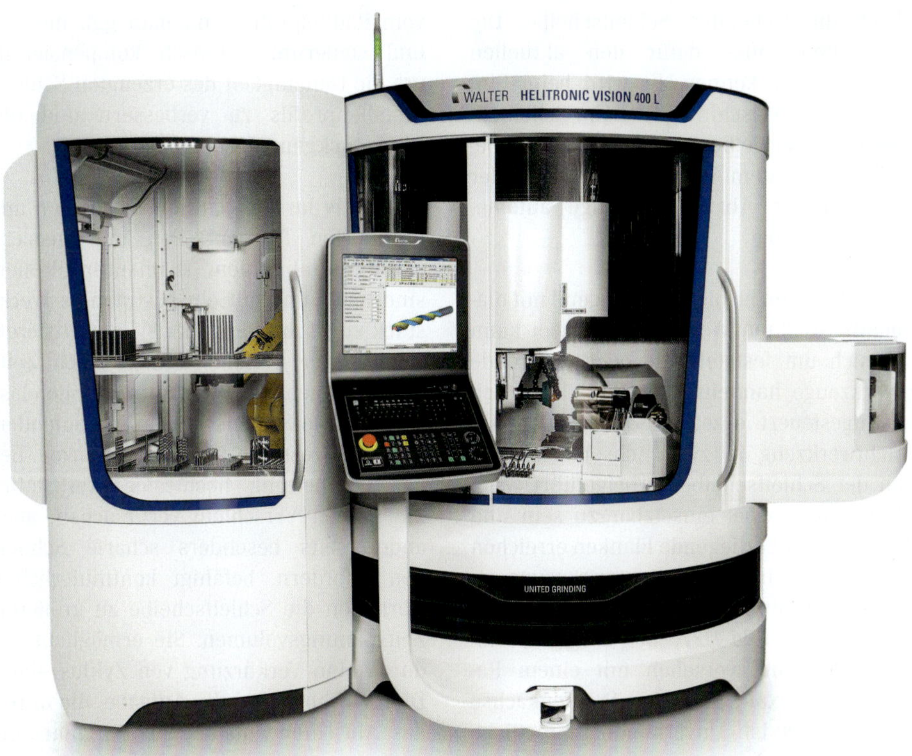

bit.ly/37WleGP
Video 16

Bild 1.20: Werkzeugschleifmaschine mit Werkstückwechsler und Schleifscheibenwechsler mit Erklär-Video als QR-Code zu den beiden Funktionen. (Quelle: WALTER-UNITED GRINDING Group)

ge auszuwuchten, um Schwingungen im Schleifprozess zu vermeiden. Dies kann mittels automatischer, in die Schleifspindeln oder Schleifscheibenaufnahmen integrierter Geräte erfolgen.

Schleifscheiben werden im eingespannten Zustand in der Maschine abgerichtet und auf den Schleifprozess vorbereitet. Dadurch erhalten sie den erforderlichen exakten Rund- und Planlauf, das der Schleifaufgabe entsprechende Profil und die benötigte Schärfe. Scharfkantige Schleifkörner können selbst härteste technische Werkstoffe zerspanen. Dabei verschleißen sie und stumpfen ab. Wenn Profil und Schärfe durch Verschleiß soweit verloren gegangen sind, dass sich die Werkstücke nicht mehr in der geforderten Toleranz herstellen lassen, werden sie durch Abrichten wieder hergestellt.

Mit dem Abrichten und dem Schleifen laufen in Schleifmaschinen zwei unterschiedliche Zerspanungsprozesse ab. Die Steuerung muss beide Prozesse beherrschen sowie veränderliche Werkzeugschärfe und -durchmesser berücksichtigen. Bei regelbaren Spindelantrieben kann sie die Drehzahl nachführen und die Umfangsgeschwindigkeit konstant halten, wenn sich der Scheibendurchmesser beim Abrichten verändert.

Der Schutz von Bedienern fordert eine sichere Begrenzung gegen die sich mit hoher

Drehzahl drehenden Schleifscheibe. Die Steuerung muss dafür den aktuellen Durchmesser kennen. Er wird beim Einrichten der Maschine oder beim Scheibenwechsel vom Bediener eingegeben und bestätigt. Nach dem Abrichten wird er aus der Position der Abrichtwerkzeuge automatisch berechnet.

Das Abrichten erfolgt überwiegend mit diamantbestückten Werkzeugen. Dabei kann es sich um feststehende oder rotierende Werkzeuge handeln. Ein Profil lässt sich bahngesteuert erzeugen, indem das Abrichtwerkzeug in zwei Achsen gesteuert an der Schleifscheibe vorbeigeführt wird. Um sehr flexibel einsetzbar zu sein und auch gegenüberliegende Flanken erreichen zu können, sind die Abrichtwerkzeuge optional schwenkbar. Ein dafür geeignetes Gerät zeigt *Bild 1.21*, bei dem das Abrichtwerkzeug, versehen mit einem Radiusprofil, exakt auf einer Schwenkachse ausgerichtet ist. Unvermeidbare restliche Justageabweichungen und Abweichungen vom Radiusprofil kann man ggf. messen und steuerungstechnisch kompensieren, um die Genauigkeit des erzeugten Schleifscheibenprofils zu verbessern und die Werkstückgenauigkeit zu optimieren.

Alternativ lassen sich Schleifscheiben mit profilierten Diamantrollen im Einstechverfahren abrichten. Diamantprofilrollen sind teuer und auf ein bestimmtes Werkstück zugeschnitten, aber sie amortisieren sich in der Serienfertigung durch Zeiteinsparungen. Mit Diamantprofilrollen lassen sich die Schleifscheiben im laufenden Schleifprozess kontinuierlich schärfen. Bei der Bearbeitung hochfester Werkstoffe, die großen Verschleiß verursachen, aber andererseits besonders scharfe Schneiden erfordern, befähigt kontinuierliches Abrichten die Schleifscheibe zu größeren Zeitspanungsvolumen. Sie ermöglicht dadurch eine Verkürzung von Zykluszeiten. Die CNC hat dabei die Aufgabe, die durch das Abrichten entstehende Durchmesserveränderung zu kompensieren und die

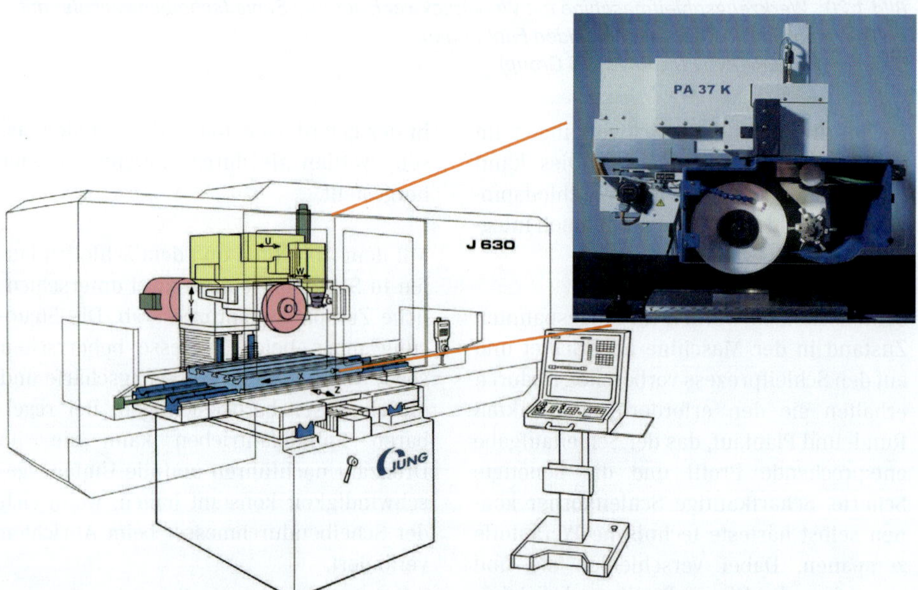

Bild 1.21: Profilschleifmaschine, Supportbauweise mit CNC-Abrichtgerät auf dem Schleifkopf, in drei Achsen gesteuert. (Quelle: BLOHM-UNITED GRINDING Group)

Schleifscheibendrehzahl anzupassen, um die Schnittgeschwindigkeit konstant zu halten. Außerdem ist es für Hochleistungsprozesse erforderlich, die Position der Kühlmitteldüsen nachzuführen *(Bild 1.22)*.

Steuerungsaufgaben beim Einrichten, Programmieren und Optimieren von Schleifprozessen

Bedienerorientierte Steuerungen unterstützen die Maschinenbedienung, das Einrichten und die Prozessoptimierung. Zu

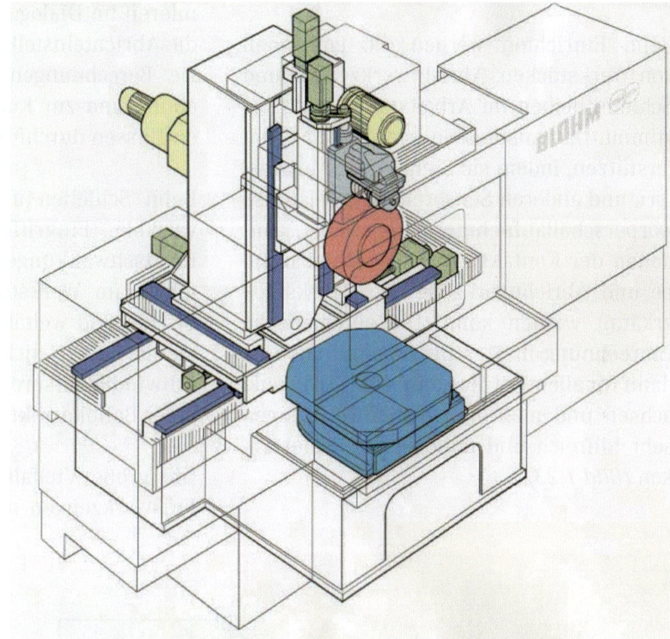

Bild 1.22 a: Profilschleifmaschine mit Diamantrollenabrichtgerät auf dem Schleifkopf und taktisch zum Be- und Entladen während der Bearbeitung. (Quelle: BLOHM-UNITED GRINDING Group)

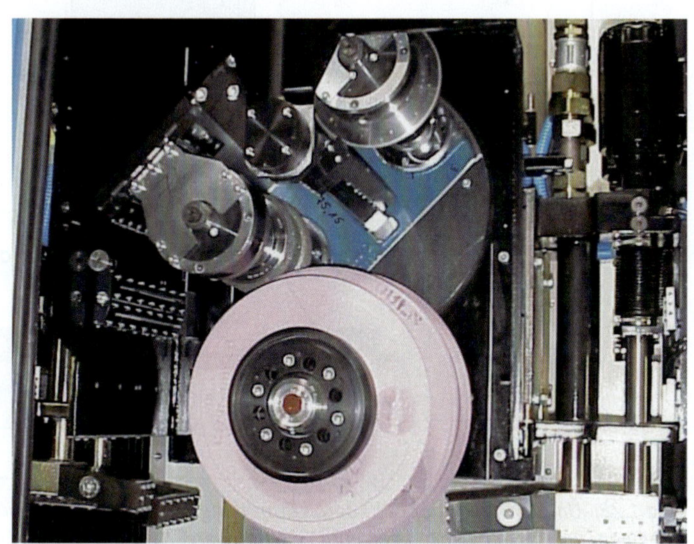

Bild 1.22 b: Abrichtgerät mit Diamantprofilrollen. Die Kühlschmiermitteldüsen sind gesteuert nachstellbar. (Quelle: BLOHM-UNITED GRINDING Group)

den Anforderungen zählen auch manuelle Eingriffe in automatisch ablaufende Prozesse, beispielsweise zur Verschiebung der Umsteuerpositionen bei Oszillationsbewegungen, zur Überlagerung von Zustellbeträgen bei variablen Aufmaßen oder zur Einfügung von Abrichtzyklen bei abstumpfender Schleifscheibe.

Beim Einrichten werden die Positionen von Werkstücken, Abrichtwerkzeugen und Schleifscheiben im Arbeitsraum exakt bestimmt. Das Ausmessen kann die CNC unterstützen, indem sie Signale von Messtastern und anderen Sensoren, beispielsweise Körperschallaufnehmern, verwaltet, mit denen der Kontakt zwischen Schleifscheibe und Abrichtwerkzeug oder Werkstück erkannt werden kann. Die automatische Umrechnung in Maschinenkoordinaten ist dann vor allem bei Maschinen mit Schwenkachsen und mehreren Schleifwerkzeugen sehr hilfreich und mindert die Fehlerrisiken *(Bild 1.23)*.

Das Programmieren von Abricht- und Schleifzyklen kann durch Software unterstützt werden. Zum Profilieren von Schleifscheiben sind Geometriedaten aus Zeichnungsdateien zu übernehmen und Abrichtbahnen zu berechnen. Programmiersysteme verwalten die Schleifscheiben, wählen geeignete Abrichtwerkzeuge aus und optimieren im Dialog mit dem Programmierer die Abrichteinstellgrößen. Daneben können sie Berechnungen zur Kollisionsüberwachung und zur Kompensation von Fehlereinflüssen durchführen.

Beim Schleifen unrunder Formen treten variable Eingriffbedingungen auf, die Kraftschwankungen auslösen und Formfehler am Werkstück verursachen. Diese Effekte und weitere systematische Fehleranteile lassen sich durch angepasste Geschwindigkeitsprofile und durch Vorhalt einer Bahnkorrektur minimieren.

Die große Vielfalt von Bohr-, Senk- und Fräswerkzeugen mit hoher geometrischer

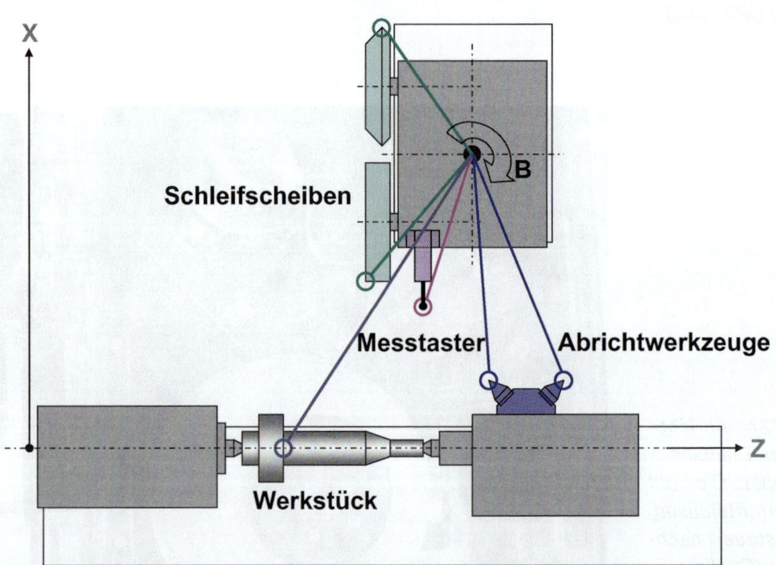

Bild 1.23: Unterstützung der CNC durch Ermittlung der Bezugspunkte von Werkstück, Schleifscheiben- und Abrichtwerkzeugen durch die Software. (Quelle: STUDER-UNITED GRINDING Group)

Komplexität stellt höchste Anforderungen an die Programmierung von Werkzeugschleifmaschinen. Die aufwändige Berechnung der Vorschubbahnen übernehmen Programmiersysteme. Sie überprüfen dabei auch die Eingriffsgeometrien und analysieren das generierte Werkstückprofil. Eine Überprüfung der Programme am Bildschirm zeigt Optimierungspotential auf und macht auf etwaige Fehler aufmerksam. So lassen sich Kollisionen im Arbeitsraum schon vor der Inbetriebnahme der Programme an der Maschine erkennen und Risiken reduzieren *(Bild 1.24)*. Siehe auch Teil 6 NC-Programm und Programmierung Kapitel 4: Virtuelle Inbetriebnahme

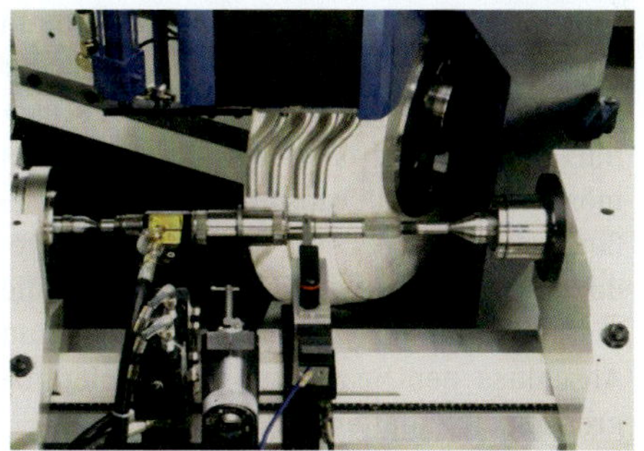

Bild 1.24: Messgesteuertes Schleifen einer Welle. (Quelle: SCHAUDT-UNITED GRINDING Group)

Unterschiedliche Aufmaße, Scheibenverschleiß und Wärmedeformationen sind mögliche Ursachen für Maß- und Formfehler. Ihre Einflüsse lassen sich beim Rundschleifen durch den Einsatz von Messsteuergeräten ausschalten, die bei voreingestellten Aufmaßen von Schrupp- auf Schlichtvorschübe umschalten und den Prozess beim Erreichen des Sollmaßes beenden. Das Schleifen bietet – im Unterschied zum Drehen und Fräsen – die Möglichkeit, die Zustellung bis gegen Null zu reduzieren. Dadurch bauen sich die Schleifkräfte und die Deformationen weitgehend ab. Gleichzeitig verbessert sich die Werkstückrauheit infolge größerer Überdeckung der Schneideneingriffe *(Bild 1.25)*.

Ein typischer Einstechschleifprozess besteht aus mehreren Stufen: Bis zum Kontakt mit dem Werkstück wird die Schleifscheibe mit erhöhter Vorschubgeschwindigkeit angestellt, um die unproduktiven Zeitanteile klein zu halten. Der Kontakt kann optional mittels Kraft-, Leistungs- oder Körperschallmessung erkannt werden. Dann wird innerhalb von Sekundenbruchteilen auf Schruppvorschubge-

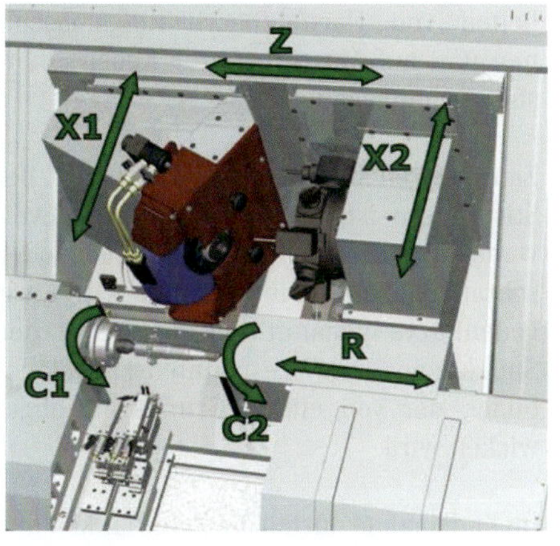

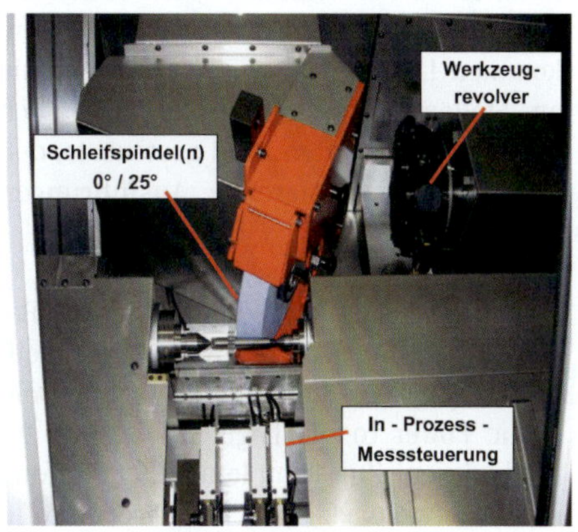

Bild 1.25: Komplettbearbeitung durch Drehen (linkes Bild) und Schleifen (rechtes Bild). (Quelle: SCHAUDT-UNITED GRINDING Group)

schwindigkeit zurückgeschaltet. Beim Schruppen will man das Potential der Maschine und des Schleifwerkzeugs ausnutzen und den größten Teil des Aufmaßes möglichst schnell abschleifen. Anschließend strebt man beim Schlichten mit reduzierter Vorschubgeschwindigkeit an, die Werkstückqualität zu verbessern und zum Abschluss der Bearbeitung die Toleranzgrenzen einzuhalten.

Automatischer Werkstück- und Werkzeugwechsel

In der Serienfertigung werden die Werkstücke überwiegend automatisch gewechselt. Für variable und prismatische Werkstücke ist ein automatischer Wechsel oftmals nur mittels Spannpaletten zu ermöglichen. Zylindrische Werkstücke lassen sich dagegen meistens direkt greifen und spannen. Wellen werden häufig durch Portallader oder Roboter gewechselt. Futterteile können auch direkt von der Werkstückspindel im Pick-up-Verfahren von Bereitstellungspositionen übernommen werden.

Die Einspannung erfolgt beim Rundschleifen je nach Maschinentyp und Werkstückform zwischen Spitzen, in Spannfuttern oder spitzenlos mit Auflageschienen und Stützrollen. Für schlanke Werkstücke, die eine zusätzliche Abstützung benötigen, kommen Lünetten zum Einsatz. Wenn sie an Stellen abstützen müssen, die auch überschliffen werden, sind gesteuerte, den Abschliff kompensierende Ausführungen erforderlich.

Werkstückmagazine und automatische Beladeeinrichtungen bei Werkzeug-Schleifmaschinen versetzen die Maschine Helitronic Power in die Lage, unbemannt zu produzieren. Zur kompletten Bearbeitung eines Werkzeuges werden mehrere Profilscheiben benötigt. Sie können im Satz nebeneinander auf der Schleifspindel eingespannt sein. Alternativ gibt es die Möglichkeit, Schleifscheiben automatisch zu wechseln. Im dargestellten Fall werden Dorne mit HSK-Aufnahmen direkt aus einem Tellermagazin von der Schleifspindel übernommen. Zugleich werden die zugehörigen Kühlmitteldüsen übernommen und angekuppelt.

1.4 Verzahnmaschinen

Dr.-Ing. Klaus Felten,

Dr.-Ing. Andreas Günther

Grundlagen und Aufgabenstellung

Unter Verzahnmaschinen versteht man eine Gruppe von Werkzeugmaschinen, deren Ziel es ist, sehr präzise Zahnflanken herzustellen. Die Bauarten dieser Maschinen fallen je nach Werkstückart (Kegelräder, Stirnräder, Gerad- oder Schrägverzahnung) und technologischem Prozess (spanlos/spanend, weiches/gehärtetes Material) sehr unterschiedlich aus. Aus diesem Grunde wird im Rahmen dieser Abhandlung zuerst auf die grundsätzlichen Anforderungen und daraus resultierende Bauformen und Eigenschaften von Verzahnmaschinen eingegangen. Als Beispiel wird überwiegend die häufigste Verzahnmaschine, die Wälzfräsmaschine für die Stirnradherstellung herangezogen. In weiteren Abschnitten wird auf die Besonderheiten von Hartfeinbearbeitungsmaschinen und auf Maschinen zur Kegelradherstellung eingegangen.

Zahnflanken sind gekrümmte Flächen. Bei Stirnrädern ist das Zahnprofil eine Evolvente, die Zahnrichtung ist gerade oder schraubenförmig. Die Evolvente wird auch Fadenkurve genannt. Sie wird von der Spitze eines straff gespannten Fadens gebildet, der von einem Grundkreis abgewickelt wird.

Im Endzustand dürfen die Zahnflanken nur wenige Mikrometer von der idealen Sollgestalt abweichen. In vielen Fällen muss sowohl Evolvente als auch Zahnrichtung mit Korrekturen (Konizitäten, Balligkeiten) versehen werden. Neben den Zahnflanken ist die Teilung, also der Abstand der Zähne eines Zahnrads, von entscheidender Bedeutung für die Qualität des gefertigten Werkstücks.

Zahnflanken können grundsätzlich in zwei Verfahrensvarianten hergestellt werden:

- Formverfahren (z. B. spanlose Verfahren, Räumen, Formfräsen, Formschleifen)
- Wälz- oder Hüllschnittverfahren (z. B. Wälzfräsen, Wälzstoßen, Wälzschälen, Wälzschleifen, Wälzhobeln)

Die von der Kinematik einer Maschine her einfachere Variante stellen die Formverfahren dar. Dazu gehören fast alle spanlos arbeitenden Verfahren. Bei den spanend arbeitenden Verfahren kommen Formwerkzeuge zum Einsatz, die die Form der Zahnlücke besitzen. Mit diesen Werkzeugen wird dann im Teilverfahren Zahnlücke um Zahnlücke erzeugt. Ein weiterer Vertreter der Formverfahren ist das Räumen, bei dem ein ganzes Hohlrad in einem Arbeitsgang erzeugt werden kann. Hierbei wird ein Werkzeug eingesetzt, das die Form der gesamten Verzahnung abbildet.

Bei den kinematisch aufwändigeren Wälzverfahren liegt der Erzeugung der Evolvente das so genannte Bezugsprofil zu Grunde. Dieses Bezugsprofil ist zahnstangenförmig, hat also gerade Flanken und bildet bei einigen Verfahren direkt einen Teil des Verzahnwerkzeugs (z. B. Wälzfräsen, Wälzhobeln, Wälzschleifen). Bei anderen Verfahren kann man sich das Bezugsprofil als eine Zahnstange vorstellen, die sowohl mit dem zu erzeugenden Werkstück als auch mit dem erzeugenden Werkzeug abwälzen kann (z. B. Wälzstoßen, Wälzschälen). In allen diesen Fällen entsteht die Evolvente durch eine Vielzahl von Hüllschnitten, die immer als Tangente an die Evolvente gesetzt werden.

Das theoretische Erzeugungsprinzip einer solchen Evolvente mit zahnstangenförmigem Werkzeug und die maschinentechnische Realisierung in einer Verzahnmaschine sind in *Bild 1.26* gezeigt.

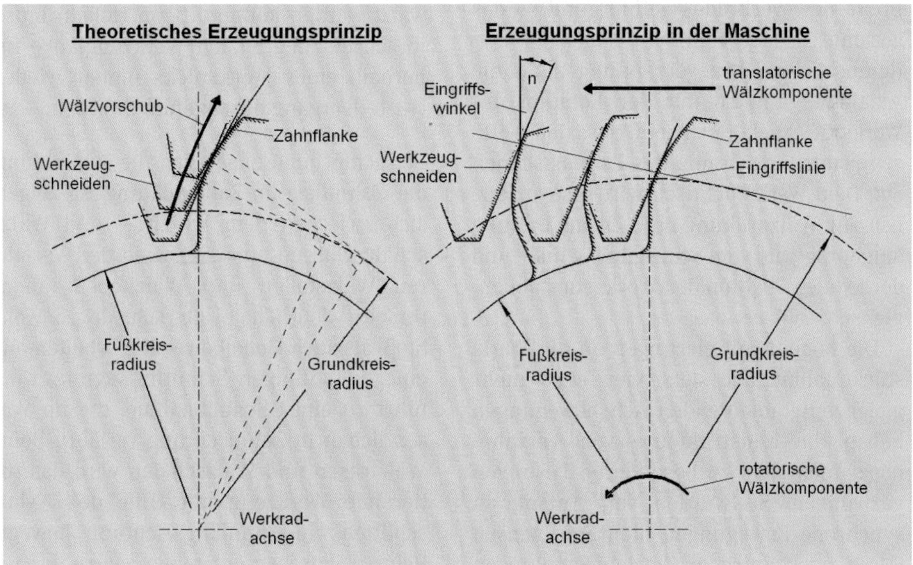

Bild 1.26: Erzeugungsprinzip einer Evolventenflanke. (Quelle: Beck)

Im linken Bildteil sind drei Schnitte eines geradflankigen Werkzeugs dargestellt, die stets tangential zur Evolvente liegen und diese so im Hüllschnittverfahren herstellen. Die Realisierung dieser Relativbewegung zwischen Werkzeug und Werkstück erfolgt in einer Verzahnmaschine wie rechts dargestellt. Dort sind zwei Einzelbewegungen miteinander kombiniert, die gemeinsam die exakt gleiche Relativbewegung zwischen Werkstück und Werkzeug ergeben. Sie besteht aus:

- Der rotatorischen Komponente des Wälzens als Rotation des Werkstücks
- Der translatorischen Komponente des Wälzens als Linearvorschub eines zahnstangenförmigen Werkzeugs.

Mit Hilfe dieser Bewegungscharakteristik lassen sich Evolventen im kontinuierlichen Wälzprozess herstellen. An der Entstehung der Zähne eines Zahnrades sind jedoch noch weitere simultan ablaufende Vorschubbewegungen beteiligt. So werden durch die radiale Zustellung des Werkzeugs die Zähne vom Kopf zum Fuß hin geschnitten. Zudem wird das Werkzeug durch den Axialvorschub über die gesamte Breite des Werkrades geführt und so das gesamte Rad verzahnt. Im Falle der Fertigung einer Schrägverzahnung muss die Axialbewegung so mit der Rotation des Werkstücks gekoppelt sein, dass das Werkzeug stets in Richtung des Zahnes schneidet. Dem Werkstücktisch wird also zusätzlich zur Wälzdrehung eine Zusatzdrehung aufgeprägt, die vom Schrägungswinkel und der axialen Position des Werkzeugs abhängig ist.

Die hohen Anforderungen an die Werkstückqualität bei stets vier oder mehr gleichzeitig ablaufenden Achsbewegungen haben die Konstrukteure von Verzahnmaschinen stets zu besonderen Lösungen gezwungen. So wurden von Anfang an synchrone Bewegungen mehrerer Achsen durch mechanische Getriebekopplungen realisiert, sodass ein Motor mit Hilfe von Getriebeverzweigungen mehrere Bewegungen gleichzeitig angetrieben hat. Änderungen des Übersetzungsverhältnisses – um beispielsweise ein Zahnrad mit anderer Zähnezahl herzustellen – löste man mit Hilfe von steckbaren Wechselrädern. Unter diesem Aspekt mechanischer Achskopplungen waren Verzahnmaschinen immer automatisierte Maschinen.

Weichvorbearbeitung von Stirnrädern/Wälzfräsen

In *Bild 1.27* sind die gängigsten Wälzverfahren der Weichvorbearbeitung am gemeinsamen Bezugsprofil Zahnstange dargestellt. Zum besseren Verständnis muss man sich das nur links am Hobelkamm gezeichnete Werkstück ein zweites Mal im Eingriff mit dem Wälzfräser, ein drittes Mal im Eingriff mit dem Schneidrad und ein viertes Mal im Eingriff mit dem Schälrad vorstellen. Beim Wälzfräsen, Wälzstoßen und Wälzschälen handelt es sich wegen der in Wälzrichtung praktisch unbegrenzten Werkzeuglänge um kontinuierliche Wälzverfahren, mit denen Werkstücke ohne Unterbrechung vollständig ausgewälzt werden können. Beim Hobeln muss wegen der begrenzten Werkzeuglänge innerhalb eines Werkstücks immer wieder ein Teilvorgang durchgeführt werden.

Betrachtet man zusätzlich die Ausbildung der Zahnlücke in Zahnrichtung, so zeigen sich zwischen dem Wälzfräs- und Wälzschälverfahren einerseits und den Verfahren Wälzstoßen und Wälzhobeln andererseits deutliche Unterschiede. Sowohl Stoß- als auch Hobelbewegung arbeiten mit einer geradlinigen Schnittbewegung. Dies führt zu einer Spanabnahme, die im Wesentlichen in Zahnrichtung verläuft. Beim Wälzfräsen und Wälzschälen wird das rotierende Werkzeug mit Hilfe des Axialschlittens in Zahnlängsrichtung bewegt. Beim Wälzfräsen entstehen wegen des relativ langsam rotierenden Werkstücks ab-

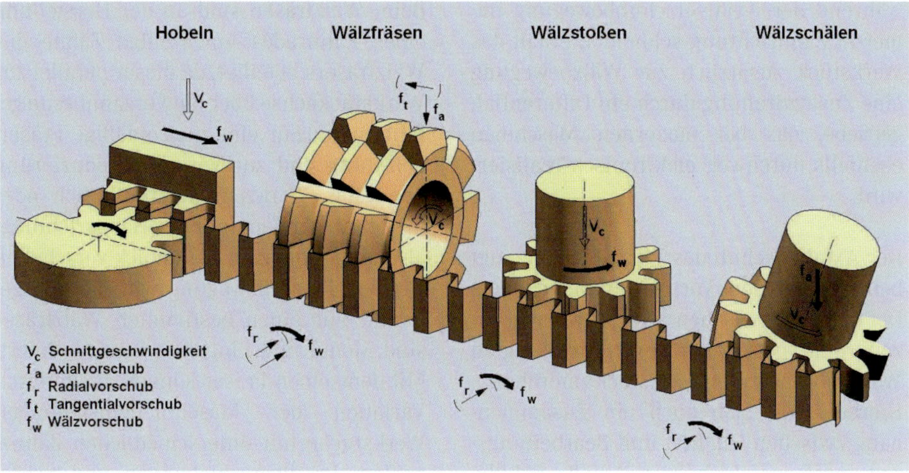

Bild 1.27: Prinzip der vier Wälzverfahren zur Weichbearbeitung

hängig vom Axialvorschub Markierungen in Zahnrichtung, die zusammen mit den vorher beschriebenen Hüllschnitten des Evolventenprofils der wälzgefrästen Zahnflanke ein facettenartiges Aussehen verleihen. Wälzgefräste und wälzgeschälte Späne sind immer kurz, während Späne von Stoß- und Hobelmaschine über die gesamte Zahnradbreite abgenommen werden. Abwälzwerkzeuge können grundsätzlich bei gleichem Modul für die Fertigung unterschiedlicher Zähnezahlen eingesetzt werden.

Wälzfräsmaschinen sind kontinuierlich arbeitende Verzahnmaschinen. Das verwendete Werkzeug ist aus geometrischer Sicht eine Evolventenschnecke, deren Schneckengänge durch Spannuten unterbrochen sind. Die Flanken und der Kopf der Schneidzähne sind hinterarbeitet, um den für die Zerspanung notwendigen Freiwinkel zu schaffen. Werkzeug und Werkrad wälzen wie in einem Schneckengetriebe miteinander. Die Fräserdrehung erzeugt die Schnittbewegung und zusätzlich die translatorische Wälzkomponente durch tangentiales Verschrauben der Schneidflanken.

Die Herstellung einer Geradverzahnung erfolgt unter folgenden Randbedingungen:

- Wälzfräser und Werkstück wälzen mit gekreuzten Achsen analog Schnecke - Schneckenrad.
- Die Achse des Wälzfräsers ist um den Steigungswinkel des Fräsers gegen die Werkstückstirnebene geschwenkt.
- Wälzfräser und Werkstück werden um die Zahntiefe gegeneinander zugestellt.
- Wälzfräser und Werkstück drehen sich im Verhältnis Werkstückzähnezahl zu Fräsergangzahl.
- Der Wälzfräser oder das Werkstück wird mit Vorschubgeschwindigkeit parallel zur Werkstückachse bewegt. Dabei erfolgt die Spanabnahme.
- Nach einer genügenden Anzahl von Werkstückumläufen sind alle Zahnlücken auf der gesamten Werkstückbreite ausgeschnitten.

Auch bei Schrägverzahnungen erfolgt die Bewegung des Frässchlittens parallel zur Werkstückachse. Deshalb muss in diesem Fall die Achse des Wälzfräsers um den Frässteigungswinkel und um den Schrägungswinkel der zu fräsenden Verzahnung geschwenkt werden. Dass der Wälzfräser während der Axialvorschubbewegung immer in Zahnrichtung schneidet, erhält das Werkstück zusätzlich zur Wälzbewegung eine Zusatzdrehung durch ein Differentialgetriebe, das bei modernen Maschinen ebenfalls durchweg elektronisch realisiert wird.

Der Axialvorschub des Werkzeugs erzeugt beim Wälzfräsen Vorschubmarkierungen. Der Abstand zwischen zwei Markierungen zeigt den vom Wälzfräser zurückgelegten Weg während einer Werkstückumdrehung. Hierbei zeigt sich auch ein Zusammenhang zwischen Qualität und Bearbeitungszeit insofern, als höhere Axialvorschübe zwar die Bearbeitungszeit reduzieren, andererseits aber zu stärkeren Vorschubmarkierungen – also Qualitätseinbußen – führen.

Beim Wälzfräsen sind an der Herstellung eines Zahnrades nur wenige Zähne des Wälzfräsers beteiligt, da dieser parallel zur Werkstückachse über die Verzahnbreite geführt wird. Für eine gleichmäßige Fräserbelastung und zur Verschleißreduzierung kann das Werkzeug kontinuierlich oder in Zeitabständen in Fräserlängsrichtung, also tangential zum Werkstück verschoben werden. Diese Bewegung wird Shiften genannt. Für einen bestimmten Wälzfräser sind Modul und Eingriffswinkel definiert. Mit demselben Fräser können allein durch Variation der Maschineneinstellungen Werkstücke mit unterschiedlichen Zähnezahlen, Profilverschiebungen und Schrägungswinkeln hergestellt werden.

Bild 1.28 zeigt eine moderne CNC-Wälzfräsmaschine für die Massenproduktion. Eine solche Maschine benötigt in der

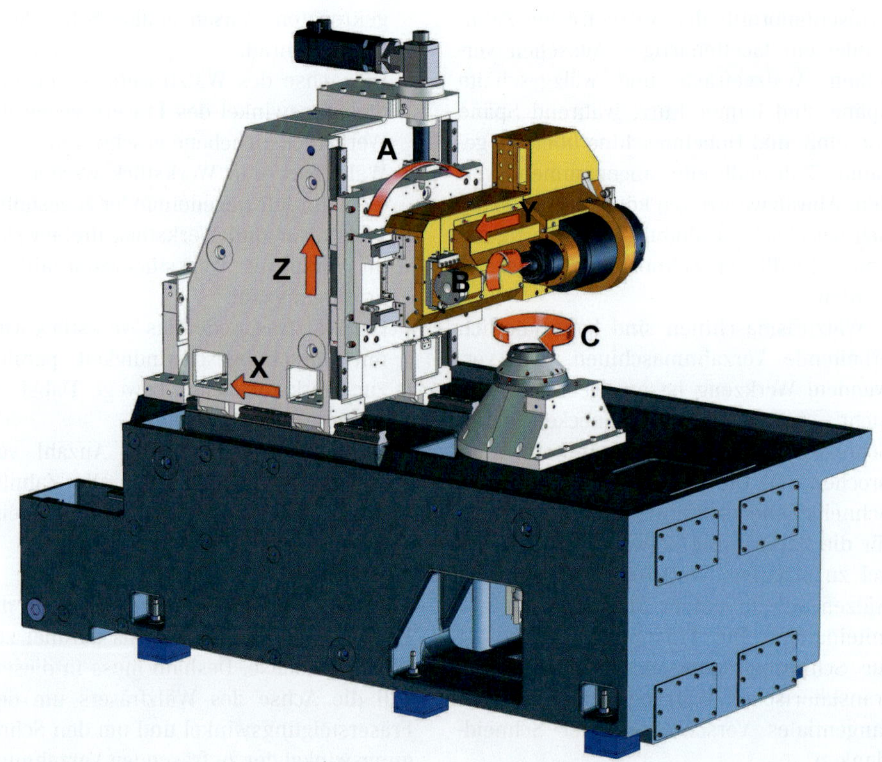

Bild 1.28: Moderne CNC-Wälzfräsmaschine für die Massenproduktion. (Quelle: Liebherr)

Grundausstattung mindestens fünf numerisch gesteuerte Achsen, die in manchen Fällen alle simultan arbeiten. Folgende Achsbewegungen sind davon betroffen:

- A-Achse Tangentialbewegung des Werkzeugs (Shiften)
- B-Achse Wälzbewegung des Werkzeugs (Schnittbewegung)
- C-Achse Wälzbewegung des Tisches bzw. des Werkstücks
- X-Achse Radialbewegung des Werkzeugs
- Z-Achse Axialbewegung des Werkzeugs

In der Regel sind die beiden Wälzbewegungen und die Axialbewegung durch elektronische Getriebe miteinander gekoppelt. Wird höhere Flexibilität gefordert, sollen also unterschiedliche Werkstücke gefräst oder der Schrägungswinkel korrigiert werden, kommt als sechste CNC-Achse die Fräserkopfschwenkung hinzu.

Spielfreie Tischantriebe sind eine wichtige Grundvoraussetzung für die Herstellung von Verzahnungen mit hoher Qualität. Um die Spielfreiheit sicherzustellen, sind die Hersteller von Wälzfräsmaschinen unterschiedliche Wege gegangen. So sind nebeneinander Duplexschneckenantriebe, Doppelschneckenantriebe, verspannte Zylinderradantriebe und Antriebe mit Hypoidrädern im Einsatz. Die Zukunft gehört aber sicher den Direktantrieben, die darüber hinaus noch hohe Drehzahlen erlauben und damit auch für andere Technologien wie z. B. Zahnflankenschleifen einsetzbar sind. Direktantriebe werden inzwischen bei Neumaschinen mit Ausnahme sehr großer Maschinen für alle Wälzachsen eingesetzt.

Durch den Trend zur Trockenbearbeitung sind neue Maschinenkonzepte mit geänderten Achsanordnungen entstanden. Diese Konzeptionen verfolgen gemeinsam das Ziel, einen freien Spänefall zu ermöglichen. Deshalb wurden die Werkstückspindeln entweder horizontal oder vertikal hängend angeordnet.

Den Vorteilen dieser Konstruktionen steht der Nachteil gegenüber, dass sich diese Achslagen nicht für universelle Plattformkonstruktionen eignen, bei denen auf derselben Basis verschiedene Werkstückarten oder sogar verschiedene Technologien wie zum Beispiel Wälzfräsen und Wälzstoßen realisiert werden sollen. Insofern sind diese Produkte als Einzweckmaschinen anzusehen, deren Einsatz für unterschiedlichste Aufgaben eingeschränkt ist.

Einen Produktbaukasten für die Verfahren Wälzfräsen, Wälzstoßen und Wälzschleifen zeigt *Bild 1.29*. Auf den Maschinen ist durchweg auch das zugeordnete Formverfahren ausführbar. Alle Wälzantriebe sind als digitale Direktantriebe realisiert. Durch die einheitliche Maschinenbasis lassen sich Werkstückzufuhr und Automation sowie Nebenfunktionen wie Entgraten und Schleudern unabhängig vom Verzahnverfahren einheitlich gestalten.

Hartfeinbearbeitung von Stirnrädern

Die Bearbeitung gehärteter Zahnflanken folgt im Wesentlichen denselben Grundsätzen wie die Weichbearbeitung. Ziel der Hartfeinbearbeitung ist es, den durch die Wärmebehandlung entstandenen Maßverzug zu beseitigen und eventuelle Flankenkorrekturen zu erzeugen. Die dafür entstandenen Verfahren sind Wälz- und Profilschleifen, Honen sowie Schälwälzfräsen, Hartschälen und Harträumen. Für die Hartbearbeitung sind maschinen- und steuerungsseitig zusätzliche Funktionen nötig, die von entscheidender Wichtigkeit für die Qualität der Zahnflanken sind.

Die Rohteile für eine Hartfeinbearbeitungsmaschine sind bereits verzahnt und das Werkzeug muss mit hoher Präzision in die vorhandene Zahnlücke finden, um alle

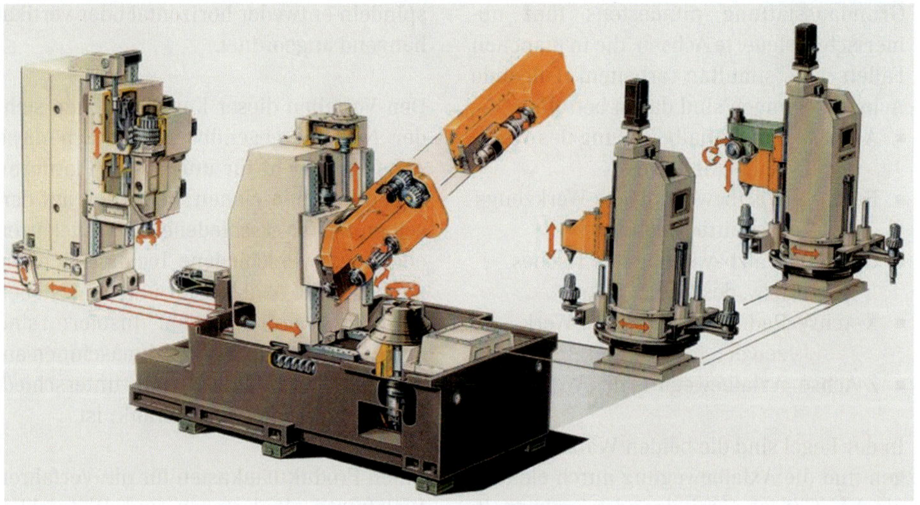

Bild 1.29: Baukasten für Verzahnmaschinen zur Stirnradbearbeitung. (Quelle: Liebherr)

Flanken zu bearbeiten. Die Erkennung der Werkstücklage erfolgt mit Hilfe eines Sensors, dem beim ersten Werkstück eines Loses die Solllage aufgeprägt wurde und der alle Folgewerkstücke durch eine Korrektur der Winkellage des Werkstücktisches in die gleiche Lage bringt. Unterschiedliche Geometrien der einzelnen Zahnlücken werden dabei ausgemittelt. Man spricht deshalb auch von Einfädel- oder Einmittvorrichtungen.

Beim Arbeiten mit abrichtbaren Werkzeugen wie zum Beispiel Schleifschnecken aus Korund werden in Verzahnmaschinen Abrichteinrichtungen integriert, die für sich wieder mehrachsige Apparate sein können und ein Werkzeug nach bestimmten Strategien (z.B. nach der Fertigung einer vorgegebenen Anzahl von Werkstücken oder bei Erreichen eines bestimmten Verschleißzustandes) wieder in die ursprüngliche Form versetzen. Abrichtwerkzeuge werden mit Diamanten beschichtet.

Herstellung von Kegelrädern

Während die Erzeugung von evolventischen Stirnrädern durch Abwälzen des geradflankigen Bezugsprofils mit dem Werkstück erklärt werden kann, lässt sich die Herstellung von bogenverzahnten Kegelrädern auf das Wälzen des Werkstücks mit dem so genannten Erzeugungsplanrad zurückführen. Bei beiden Rädern eines Kegelradpaares liegt dasselbe Planrad zu Grunde. Der Mittelpunkt des Planrades ist identisch mit der gemeinsamen Spitze der beiden Wälzkegel (siehe *Bild 1.30*). In der Fertigung wird meistens nur ein Zahn bzw. eine Lücke des Planrades durch das Schneidwerkzeug dargestellt.

Die Verfahren zur Herstellung von Kegelrädern lassen sich prinzipiell in die gleiche Systematik einteilen wie die Verfahren der Zylinderradherstellung. Es gibt auch bei den Kegelrädern Verfahren der Weich- und der Hartbearbeitung. Innerhalb der Weichbearbeitung unterscheidet man ebenso spanlose und spanabhebende Verfahren, und die spanabhebenden Verfahren werden wieder in Form- und Wälzverfahren unterteilt. Bei Hartbearbeitungsver-

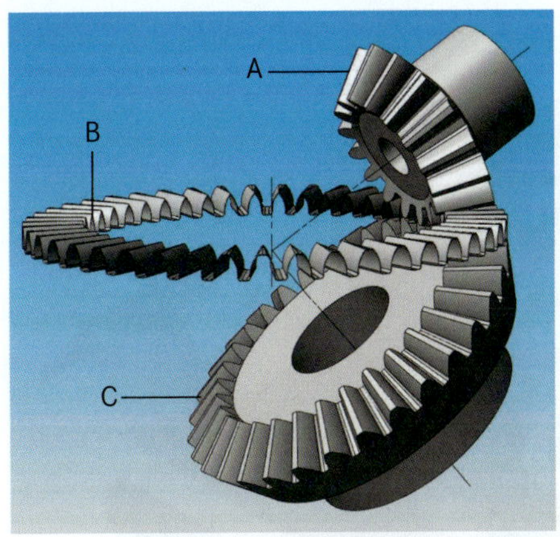

Bild 1.30: Zahnradpaarungen mit sich schneidenden Achsen. A: Antriebsrad, B: Erzeugungsplanrad, C: Abtriebsrad

fahren unterscheidet man zwischen solchen mit geometrisch bestimmter und geometrisch unbestimmter Schneide. Neben dem Herstellverfahren werden Kegelräder auch danach unterschieden, ob die Zahnhöhe über der Zahnbreite konstant oder vom kleinen zum großen Durchmesser zunehmend – also konisch – verläuft. Die kontinuierlichen Herstellverfahren erzeugen Evolventen oder Zykloiden als Längskurve und Zähne mit konstanter Zahnhöhe.

Konventionelle Kegelradfräsmaschinen haben zehn bis zwölf Achsen, die mit mechanischen Getriebezügen gekoppelt sind. An der Herstellung der Flanken sind drei wesentliche Elemente durch einander zugeordnete Bewegungen beteiligt, die Wälztrommel, der Messerkopf und das Werkrad.

Die kinematische Grundlage für den Herstellungsprozess von Kegelrädern ist das Abwälzen von Erzeugungsrad mit dem Werkstück. Durch die Drehung der Wälztrommel, deren Achse identisch mit der des Erzeugungsrades ist, wird die Drehbewegung des imaginären Erzeugungsrades realisiert.

Der Messerkopf führt die eigentliche Schnittbewegung aus. Die Bahn der Messer im Eingriffsbereich zwischen Werkstück und Messerkopf beschreibt einen Zahn des Erzeugungsrades. Die Drehachse des Messerkopfs liegt exzentrisch und nicht immer parallel zur Drehachse der Wälztrommel. Während des Zerspanprozesses wird sowohl die Fräserachse als auch die Erzeugungsachse gedreht. Die Werkraddrehung setzt sich zusammen aus dem Übersetzungsverhältnis Werkrad – Erzeugungsrad und einer Relativbewegung, die die Wälztrommeldrehung berücksichtigt.

Mit dem Vordringen der CNC-Technik sind Maschinenkonzepte entstanden, die im mechanischen Aufbau einfacher gestaltet und in ihrer Anwendung flexibler sind. Diese Maschinen haben keine Wälztrommel mehr, arbeiten aber ebenso mit Messerköpfen als Werkzeug. Sie besitzen nur noch sechs CNC-Achsen. Die komplexen Relativbewegungen zwischen Werkzeug und Werkstück werden ausschließlich mit Hilfe anspruchsvoller Steuerungs- und Antriebstechnik realisiert. Auf solchen modernen CNC-Maschinen sind alle bekannten Verfahren (Teilverfahren, kontinuierliches Verfahren) und Zahnformen (Kreisbogen, Zykloide) herstellbar, sofern geeignete Werkzeuge eingesetzt werden. Ein Beispiel für eine solche Maschine zeigt *Bild 1.31*. Folgende Achsen sind am Fertigungsprozess beteiligt:

- A-Achse Messerkopfspindelrotation
- B-Achse Wekstückspindelrotation
- C-Achse Werkstückschwenkachse
- X-Achse Frästiefenzustellung
- Y-Achse Werkstückpositionierung
- Z-Achse Werkzeugpositionierung

Die Herstellung von Kegelrädern ist nicht nur Sache einer Maschine oder eines Werkzeugs. Sie erfolgt heute in aller Regel auf der Basis einer speziellen Fertigungsorganisation, die in der Art eines Regelkreises arbeitet. So ist zur Erreichung der gefor-

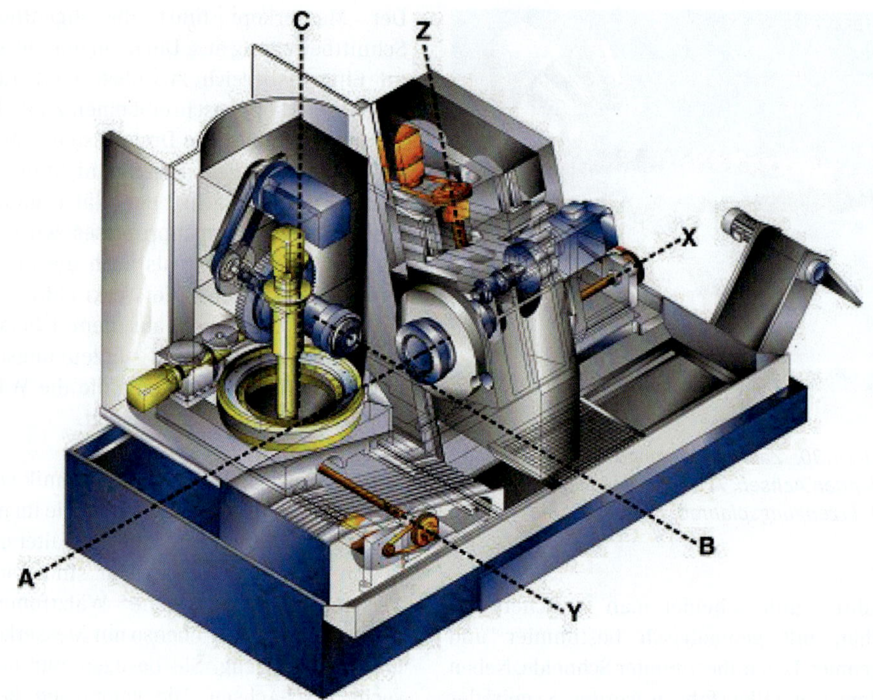

Bild 1.31: Wälzfräsmaschine für Kegelräder. (Quelle: Klingenberg)

derten Qualität die Verzahnungsmessmaschine genauso wichtig wie die Werkzeugschärfmaschine und die eigentliche Verzahnmaschine.

1.5 Bohrmaschinen

Beim Bohren wird die Spanbildung durch eine rotatorische Schnittbewegung des Werkzeuges erzeugt. Die Vorschubbewegung erfolgt entweder durch das Werkzeug oder das Werkstück in Richtung Werkzeugdrehachse. Neben dem Bohren mit Spiralbohrern können auf Bohrmaschinen auch Bearbeitungen wie Gewindeschneiden, Reiben, Senken und Bohren mit der Bohrstange durchgeführt werden.

Bohrmaschinen gibt es in unterschiedlichen Arten und Bauformen. Man unterscheidet:

Säulenbohrmaschinen

In metallverarbeitenden Werkstätten werden in der Regel Bohrmaschinen mit senkrechter Spindelanordnung eingesetzt. Sie werden als Tisch- oder Standmaschine ausgeführt. Wegen ihres geringen Wartungsaufwandes und ihrer einfachen Bedienung haben sie den größten Verbreitungsgrad.

Auslegerbohrmaschinen

Im Werkstattbereich werden zum Bohren größerer Werkstücke Auslegerbohrmaschinen (auch Radialbohrmaschinen genannt) eingesetzt. Dabei ist auf einem schwenkbaren, radial verfahrbaren Ausleger der Bohrkopf befestigt. Zur Anpassung an die Werkstückhöhe lässt sich der Ausleger in senkrechter Richtung verfahren und klemmen.

Tiefbohrmaschinen

Für die Herstellung von Bohrungen deren Verhältnis zwischen Bohrtiefe und Bohrdurchmesser größer als 10 (bis max.150) ist, werden Tiefbohrmaschinen eingesetzt. Dabei werden die Späne durch den erhöhten Kühlschmierstoffdruck entlang des Werkzeugs aus der Bohrung gespült.

Säulen-, Ausleger- und Tiefbohrmaschinen wurden wegen der Vollständigkeit genannt. Mit CNC-Steuerungen werden vor allem **Bohrzentren** und **Bohrwerke** ausgestattet.

Bohrzentren *(Bild 1.32)*

Oft besteht der Wunsch des Kunden, höher zu automatisieren, ohne auf die besonderen Vorteile von Bohrmaschinen verzichten zu müssen. Dies hat zur Entwicklung der Bohrzentren geführt.

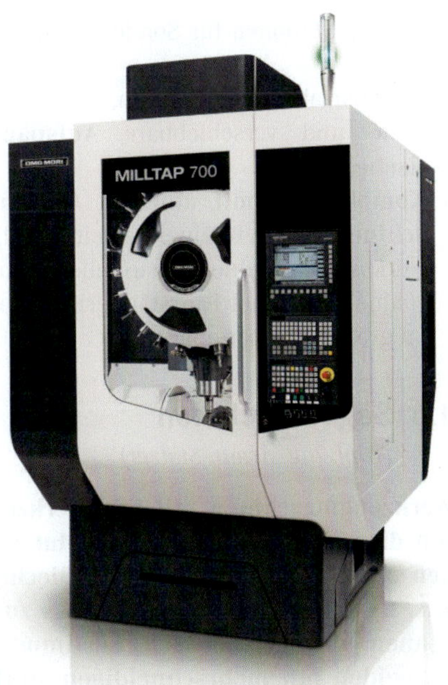

Bild 1.32: Die bei Bohrzentren (Tapping-Center) übliche hohe Bearbeitungsgeschwindigkeit wird unterstützt durch einen WZ-Wechsler mit Wechselzeit 0,9 sek. Dynamik in den Linearachsen 1,6 g. Achsbewegung 60 m/min. (Quelle: DMG MORI)

Ein zusätzlicher Dreh- oder Schalttisch mit horizontaler Achse ermöglicht die **4-Seiten-Bearbeitung** kubischer Werkstücke. Um insbesondere bei größeren Losgrößen Nebenzeiten zu reduzieren, rüstet man diese Maschinen zusätzlich mit zwei **Mehrfach-Spannvorrichtungen** und einem Schwenktisch aus. Dies lässt das manuelle oder automatische Be- und Entladen der Werkstücke außerhalb des Bearbeitungsraumes während der Hauptzeit zu.

Bohrwerke *(Bild 1.33)*

Dies sind meist sehr große Maschinen mit horizontaler Hauptspindel.

Typisch für ein Bohrwerk ist, dass in Z-Richtung noch eine Pinole als W-Achse benutzt wird. D. h., die Pinole reitet auf der Z-Achse und kann zusätzlich zur Bewegung des Fahrständers benutzt werden. Damit erreicht man eine höhere Dynamik in der Z-Zustellung als durch die Massenträgheit des Fahrständers möglich wäre.

Durch zusätzliche Integration eines vollautomatischen Werkzeugwechslers kann die Funktionalität eines Bohrwerks zu einem Bearbeitungszentrum erweitert werden.

Bohrwerke besitzen heute in der Regel Bahnsteuerungen mit bis zu 7 Achsen.

Unverzichtbar erscheinen bei Bohrwerken die Funktionen

- Teach-in kompletter Bohrbilder mit Spiegelfunktion, um z. B. die Bohrungen am Gehäuse zu teachen und den dazugehörigen Deckel deckungsgleich herzustellen, *(Bild 1.33)*
- Schräglagenkorrektur zum Ausgleich von Spanntoleranzen,
- Ausfräsen von Bohrungen,
- Gewindefräsen,
- Messzyklen für den Einsatz schaltender Messtaster,
- sowie die grafisch unterstützte Programmierung mit Simulation der Bearbeitung.

Bild 1.33: Bohrwerk in Fahrständerbauweise mit horizontaler Werkzeugspindel. (Quelle: UNION)

Für besondere Bearbeitungen stehen spezielle **Zyklen** zur Verfügung, die am Bildschirm aufgerufen, mit den erforderlichen Parameterwerten versehen und bei Bedarf auch modifiziert werden können. Typische Beispiele sind Lochkreise, Lochreihen, Formenfräsen oder Taschenfräsen. Sehr wichtig ist auch die **einfache Bedienung** der Steuerung, um beispielsweise ein laufendes Programm problemlos unterbrechen und zu einem späteren Zeitpunkt wieder fortsetzen zu können, oder zum Austausch verbrauchter Werkzeuge inkl. der dazugehörenden Korrekturwerte. Zudem sollte die CNC dem Anwender die Möglichkeit bieten, spezifische **Unterprogramme** inkl. Hilfsgrafik und Parametrierung selbst erstellen zu können.

Als **Messsysteme** kommen vorwiegend lineare Maßstäbe zum Einsatz, bei erhöhten Genauigkeitsforderungen mit zusätzlicher Maßstabfehler-Kompensation in der CNC.

Eine **erhöhte Flexibilität** großer Waagerecht-Bohr- und Fräszentren lässt sich durch folgende Erweiterungen erreichen:

- austauschbare **Zusatzköpfe** zum Bohren, Fräsen, Gewindewirbeln und Plandrehen,
- Pick-up-Stationen für Sonder-Werkzeugköpfe,
- transportable Bedienstation,
- dreh- und verschiebbare **Aufspanntische,**
- **Kombination mit anderen Großmaschinen,** wie z.B. einem zweiten Bohrwerksständer, einer Karussell-Drehmaschine, oder einer Fahrständermaschine an großer Aufspannplatte.

1.6 Sägemaschinen

(Dipl.-Ing. Armin Stolzer)

Werkzeugmaschinen mit Sägewerkzeugen dienen dem Trennen von Materialien wie Stabstahl, Platten, Blechen o.Ä. Das Sägen gehört als Prozess zum Spanen mit geometrisch bestimmten Schneiden mit mehrschneidigen Werkzeugen (DIN 8580/8589) und in der Fertigungsorganisation zur so genannten Vorfertigung.

Im Bewusstsein der Anwender hat das Zuschneiden im Vergleich zu den übrigen

Produktionsverfahren lange eine eher untergeordnete Rolle gespielt, da es meist nicht der Produktion, sondern dem Lagerbereich zugeordnet wurde. Diese Einschätzung hat sich mit dem Zwang zur durchgängigen Rationalisierung von Produktionsabläufen und mit der Werkzeug- und Maschinenentwicklung bei Kreis- und Bandsägen, grundlegend gewandelt.

Kreissägen

Kreissägemaschinen werden in unterschiedlichen kinematischen Ausführungen für den Einsatz von HSS- und von mit Hartmetall bestückten Sägeblättern angeboten. Darüber hinaus können an einigen Kreissägemodellen Gehrungsschnitte gesägt werden. Da im Allgemeinen nur ein Drittel des Sägeblatt-Durchmessers als Arbeitsbereich genutzt werden kann, benötigt man für große Querschnitte überproportional große Werkzeuge. Heute finden Kreissägemaschinen hauptsächlich bei Materialdurchmessern unter 150 mm Verwendung. Sie kommen als Universalsägen mit Gehrungsschnittmöglichkeit, als schnelle Massenschnitt-Säge oder als Auftragssäge mit hoher Automatisierung zum Einsatz.

Bandsägen

Für den schweren Produktionseinsatz bevorzugt man parallel verfahrende Sägeeinheiten und breite Sägebänder. Die größte Verbreitung finden Horizontal-Bandsägemaschinen in steifer Zweisäulenbauweise mit modernen Linearführungselementen. Nicht zuletzt brachte der Einsatz von Mineralguss im Sägeschlitten eine weitere Leistungsverbesserung bei Bandsägemaschinen.

Für Produktionsbandsägemaschinen hoher Steifigkeit stehen heute leistungsfähige Bandsägewerkzeuge aus Bimetall oder mit Hartmetallbestückung zur Verfügung.

Ist ein Werkstoff für Hartmetall-Bandsägewerkzeuge geeignet, lässt sich die Sägeleistung mit Hartmetallbändern auf hierfür ausgerüsteten Maschinen um das ca. zwei- bis dreifache steigern.

Bauformen und Ausführungen

Herzstück einer jeden Sägemaschine ist die **Sägeeinheit,** mit der die Sägewerkzeuge geführt und angetrieben werden. Dabei kommt es auf eine möglichst steife Konstruktion an.

Bei **Kreissägemaschinen** wird hierfür eine kompakte Getriebeeinheit mit gehärteten und geschliffenen Zahnrädern eingesetzt, wobei die Sägeeinheit entweder im Schwenklager oder an einer Linearführung präzise und schwingungsarm geführt werden muss. Je nach Arbeitsaufgabe kann der Schnitt von unten, von der Seite, schräg von oben oder senkrecht von oben erfolgen.

Bei **Hochleistungs-Produktionsbandsägemaschinen** ist die lineare Schnittvorschub-Bewegung gängige Praxis. Bei kleineren Arbeitsbereichen sowie bei Langschnittmaschinen läuft das Sägeband vertikal ab, während sich in den anderen Bereichen ein horizontal ablaufendes Sägeband durchgesetzt hat.

Steuerung und Technologie-Einstellung

Nicht nur auf der mechanischen Seite, sondern auch auf der Steuerungs-, Antriebs- und Technologieebene hat es deutliche Fortschritte gegeben. Klassische Schützensteuerungen werden mittlerweile durch moderne leistungsfähige CNC-Steuerungen abgelöst. Für einfache Automaten stehen heute serienmäßige Steuerungen mit LC-Display, Funktionstasten, Handbedienfunktionen und Klartext-Diagnose zur Verfügung, die zudem Siemens-SPS-kompa-

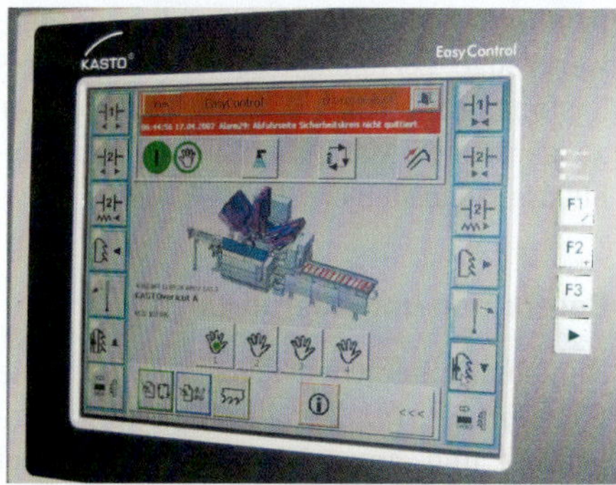

Bild 1.34: Moderne Sägemaschinensteuerung. (Quelle: Kasto)

tibel programmiert werden. Mit diesen Steuerungen lassen sich eine große Anzahl an Auftragsdatensätzen (Längen-Stückzahl-Kombinationen) über eine Tastatur vorgeben und abrufen. Parallel dazu lässt sich die Sägevorschub-Technologie direkt über das zentrale Bediendisplay einstellen *(Bild 1.34)*.

In Verbindung mit Zufuhrmagazinen und Abschnittsortier-Einrichtungen werden höherwertige, zumeist PC-gestützte Bildschirmsteuerungen mit Touch-Screen und umfangreichen Funktionalitäten eingesetzt. Windows-Betriebssystem, Schnittstelle zu übergeordneten Rechnersystemen sowie umfangreiche Visualisierungs- und Diagnosemöglichkeiten kennzeichnen Sägemaschinensteuerungen für hochautomatisierte Anwendungen. Einen wichtigen Teilbereich hierbei stellt die Technologiesteuerung dar, die es dem Bediener auf einfachem Wege ermöglicht, die gewünschten Schnitt- und Vorschubwerte einzustellen.

1.7 Laserbearbeitungsanlagen

Definition und physikalische Grundlagen

Das Wort Laser ist die Abkürzung für „Light Amplification by Stimulated Emission of Radiation" (Deutsch: Lichtverstärkung durch stimulierte Emission von Strahlung).

Die Funktion des Lasers beruht auf der Eigenschaft von Elektronen, des laseraktiven Materials, beim Übergang von einem höheren Energieniveau auf ein tieferes Energieniveau ein Photon abzugeben. In der praktischen Umsetzung wird ein laseraktives Material im Resonator zwischen zwei Spiegeln eingesetzt und durch eine Energiequelle angeregt *(Bild 1.35)*.

Der Laserstrahl ist ein berührungswirkendes Werkzeug, mit dem fast alle Werkstoffe bearbeitet werden können. Die wesentlichen funktionalen Baugruppen einer Laserbearbeitungsanlage sind:

- Laserstrahlquelle
- Strahlführung einschließlich des Bearbeitungskopfes
- Bewegungsachsen zur Relativbewegung von Laserstrahl und Werkstück
- Werkstückauflage
- Absaug- und Filteranlage
- Schutzkabine.

Strahlquellen

Zur Materialbearbeitung werden aufgrund ihrer hohen Laserausgangsleistung hauptsächlich CO_2- und Nd:YAG-Laser eingesetzt. Für die Oberflächenveredelung, z.B. Härten, Beschichten, Legieren sowie für Schweiß- und Lötanwendungen gewinnt der Diodenlaser zunehmend an Bedeutung.

CO_2-Laser

Der CO_2-Laser ist ein Gaslaser. Das Gas für diesen Laser setzt sich aus Kohlendioxid, Stickstoff und Helium zusammen. Durch Elektroden werden die Stickstoffmoleküle angeregt. Sie geben ihre Energie an die Kohlendioxidmoleküle weiter. Kohlendioxid ist das eigentlich laseraktive Material, dass nach Anregung Laserlicht emitiert. Die Restenergie des Kohlendioxid wird in Form von Wärme freigesetzt. Daher muss das Gas während des Betriebs ständig gekühlt werden. Die Leistungsbandbreite

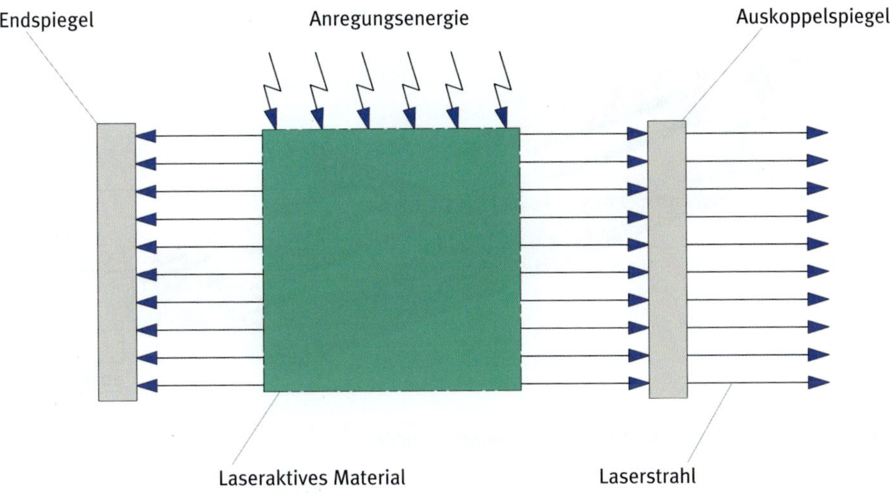

Bild 1.35 Erzeugung von Laserstrahlung

erstreckt sich von einigen 100 Watt bis 20 kW Laserleistung. Das Einsatzgebiet des CO_2-Lasers ist üblicherweise das Schweißen und Schneiden von Metallen *(Bild 1.36)*.

Nd:YAG-Laser

Der Nd:YAG-Laser ist ein Festkörperlaser. Der laseraktive Körper ist ein künstlich hergestellter Einkristall aus Yttrium-Aluminium-Granat (YAG), in dem ein Teil der Yttrium-Atome durch Neodym-Atome (Nd) ersetzt sind. Die Anregung des Kristall-

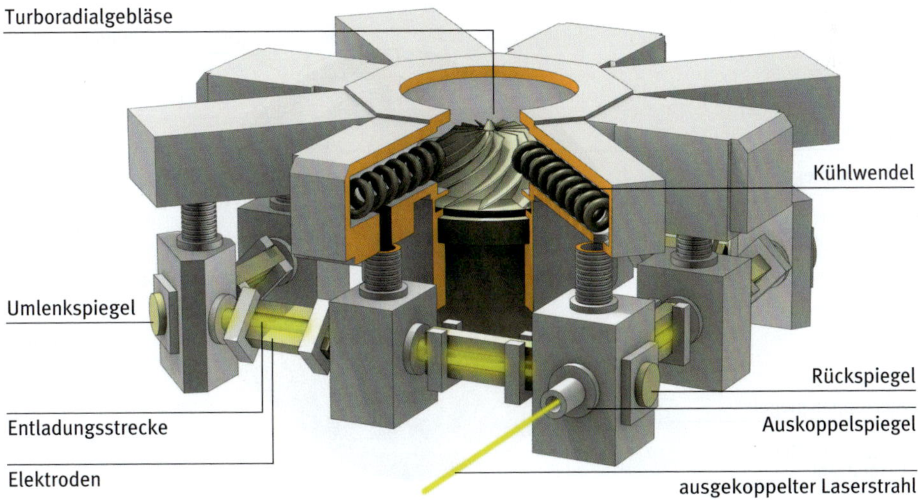

Bild 1.36: Blick in das Innere eines diffusionsgekühlten CO_2-Lasers. (Quelle: Trumpf)

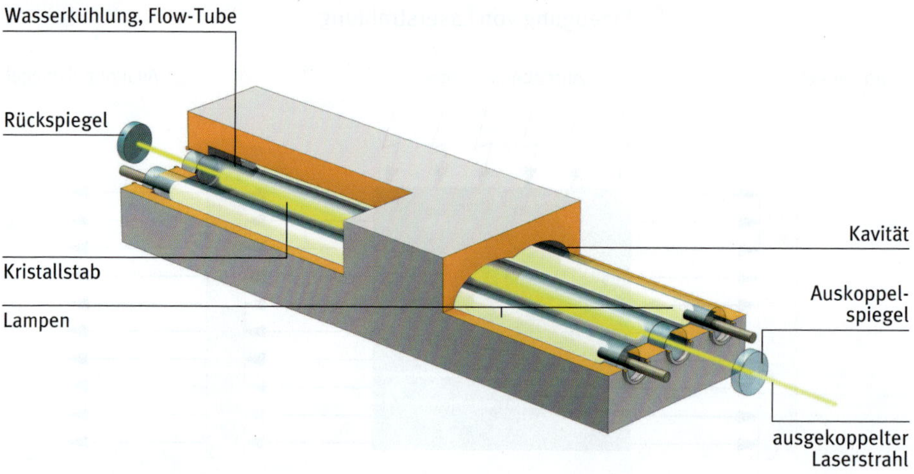

Bild 1.37: Nd:YAG-Laser als Stablaser. (Quelle: Trumpf)

stabs erfolgt über Blitzlampen oder Dioden *(Bild 1.37)*.

Scheibenlaser

Der Scheibenlaser ist ein Festkörperlaser und spielt bei der Metallbearbeitung eine zunehmend größer werdende Rolle. Vorteile sind sein hoher Wirkungsgrad und die gute Strahlqualität. Das laseraktive Material (Nd:YAG) hat die Form einer dünnen Scheibe. Die Scheibengeometrie hat den Vorteil, dass eine effiziente Kühlung möglich ist *(Bild 1.38)*. Scheiben oder Faserlaser sind ebenfalls Nd:YAG Laser. Beim Scheibenlaser ist der Kristallstab zu einer dünnen Scheibe geformt, beim Faserlaser ist der Kristallstab in die Länge gezogen.

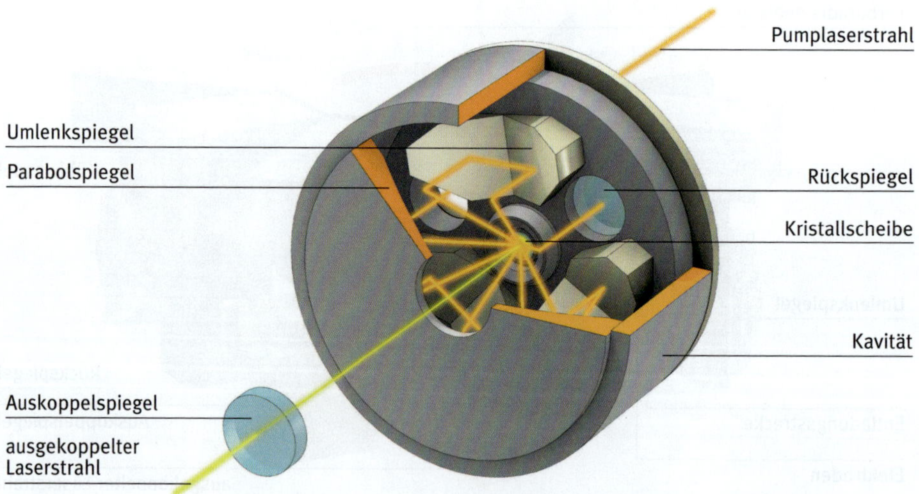

Bild 1.38: Blick in das Innere eines Scheibenlasers. (Quelle: Trumpf)

Faserlaser

Das Prinzip des Faserlasers ist: Beim Faserlaser werden im Prinzip anstatt eines Stabes dünne Fasern verwendet. Der Vorteil dabei ist, die Faser muss nicht wie der Stab aufwändig gekühlt werden. Da ihre Oberfläche im Verhältnis zum Volumen sehr groß ist, genügt die Wärmeabgabe an die umgebende Luft. Der Resonator eines Faserlasers besteht im Idealfall nur noch aus einer langen dünnen Quarzglasfaser. Die Strahlquelle kann direkt an eine Transportfaser angefügt werden, z.B. an die Glasfaser eines Laserlichtkabels. Strahlquellen für die Metallbearbeitung erreichen Leistungen von mehreren KW durch parallele Kopplung vieler Einzelfasern.

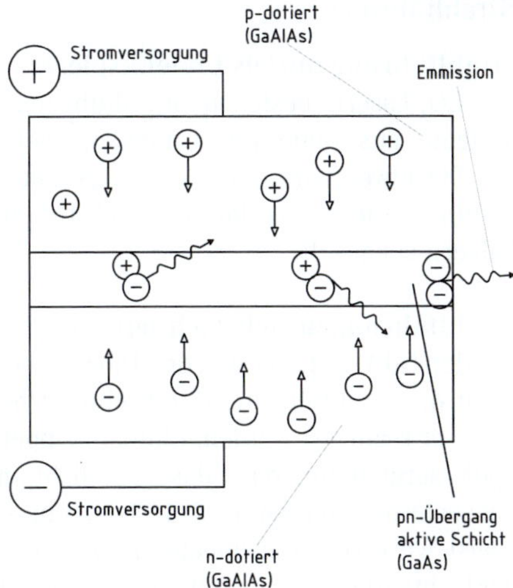

Bild 1.39: Prinzipieller Aufbau eines Halbleiterlasers.

Diodenlaser

Der Laserstrahl wird von Laserbarren aus Halbleitermaterial erzeugt *(Bild 1.39)*. Das Halbleitermaterial besteht aus einem Gallium-Aluminium-Arsenit-Kristall (GaAlAs). Um die für die Produktionstechnik erforderliche Leistung zu erhalten werden einzelne Dioden zu Paketen, sogenannten Diodenlaserbarren, zusammengesetzt, die üblicherweise aus 10 - 20 Diodenlasern bestehen *(Bild 1.40)*. Um die Leistung bis in den Kilowattbereich zu steigern, werden mehrere Diodenlaserbarren parallel geschaltet und zu Diodenlaserstapeln aufgebaut. Die Übertragung des Laserstrahls erfolgt durch eine Lichtleitfaser. Nach der Auskoppeloptik ist der Laserstrahl verfügbar.

Die Vorteile des Diodenlasers sind kleine Abmessungen, geringes Gewicht und Wartungsfreiheit.

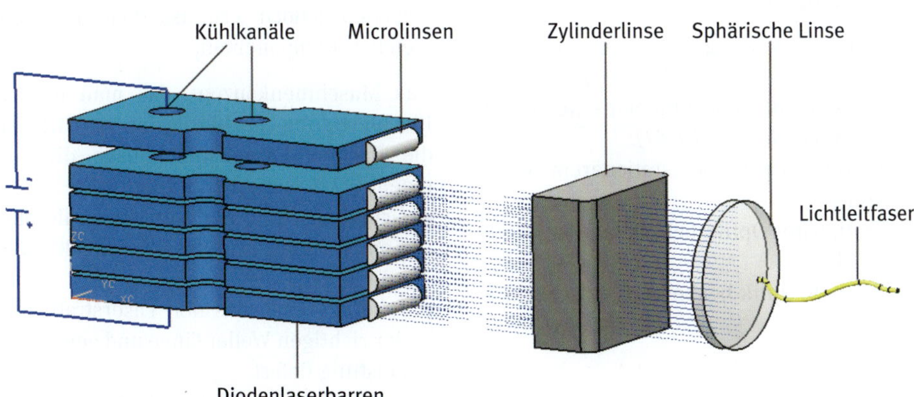

Bild 1.40: Aufbau eines Diodenlasers.

Strahlführung

Strahlführung mittels Umlenkspiegel
Bei CO_2-Lasern bestehen Strahlführungssysteme aus mehreren Umlenkspiegeln. Der Strahlweg wird durch ein gasgefülltes Leitungssystem aus Rohren und Faltenbälgern gekapselt.

Strahlführung mittels Lichtleitfaser
Für den Nd:YAG Laser und den Diodenlaser kann die Strahlführung durch eine Lichtleitfaser realisiert werden. Eine Einkoppeloptik sorgt dafür, dass das Laserlicht in eine sehr dünne Faser (z. B. 100 µm) eingespeist wird. Die Auskoppeloptik am Ende der Lichtleitfaser formt den Strahl in die für die Bearbeitung notwendige Weise.

Laserbearbeitungsköpfe

Am Ende der Strahlführung werden Laserbearbeitungsköpfe eingesetzt um den Laserstrahl auf dem Werkstück zu fokussieren. Dazu werden sphärisch oder parabolisch geformte Spiegel oder Linsen eingesetzt. Außerdem wird im Bearbeitungskopf Prozessgas und ggf. Schutzgas zugeführt. Eine ausgefeilte Sensorik (z. B. zur Abstandsregelung) macht den Bearbeitungskopf zu einer für die Prozess-Steuerung zentral wichtigen Baugruppe.

Bewegungsachsen

Für die Achsbewegungen zur Positionierung des Bearbeitungskopfes zum Werkstück sind folgende kinematische Anordnungen möglich *(Bild 1.41):*

- Bewegte Optik bei stationärem Werkstück
- Stationäre Optik bei bewegtem Werkstück
- Bewegte Optik bei bewegtem Werkstück

Laserschneidanlagen

Das thermische Trennen mit Laserstrahl wird in drei Verfahren unterteilt:

- Beim **Sublimierschneiden** wird der Werkstoff im Bereich der Schnittfuge verdampft. Da keine nennenswerte Schmelze entsteht, werden glatte Schnittkanten erreicht und das Werkstück kann praktisch ohne Nachbehandlung weiterverarbeitet werden.
- Beim **Schmelzschneiden** wird der Werkstoff im Bereich der Schnittfuge in einen schmelzflüssigen Zustand überführt und mit einem Gasstrahl (z. B. Stickstoff) unter hohem Druck (bis 30 bar) ausgetrieben. Es werden gegenüber dem Sublimierschneiden wesentlich höhere Schnittgeschwindigkeiten erreicht.
- Beim **Brennschneiden** wird mit Sauerstoff als Prozessgas gearbeitet. Der Sauerstoff unterstützt den Trennvorgang und lässt dadurch hohe Schnittgeschwindigkeiten zu. Allerdings sind die Schnittkanten oxidiert. Das kann eine Nachbearbeitung notwendig machen oder Folgeprozesse wie z. B. das Lackieren erschweren.

Laserschneidanlage im Überblick

Wegen der verschiedenen Maschinentypen und Laseraggregate können Laserschneidanlagen sehr unterschiedlich aussehen. Sie bestehen jedoch grundsätzlich aus den gleichen Komponenten.

Das Maschinenkonzept, das man in der Blechfertigung am häufigsten antrifft, ist die Flachbett-Laserschneidanlage, die mit einem CO_2-Laser arbeitet *(Bild 1.42):*

- Grundmaschine mit Antrieben, die alle Komponenten und das Werkstück trägt und bewegt
- Laseraggregat, das den Laserstrahl mit der richtigen Wellenlänge und genügend Leistung liefert
- Strahlführung, die den Strahl lenkt und abschirmt

	2D-Lasermaschinen			3D-Lasermaschinen			
Typ	Fliegende Optik: Bewegter Querträger	Feststehender Schneidkopf im C-Rahmen	Auslegermaschine mit Rundachse	Auslegermaschine	Auslegermaschine mit Rundachse	Maschine in Portalbauweise	Knickarmroboter, frei im Raum beweglich
Anwendung	Typische Flachbettmaschine für die Bearbeitung von Blechtafeln. Geeignet auch für sehr schwere Werkstücke.	Lasermaschinen oder Stanz-Laser-Kombimaschinen. Werkstück ist bewegt, Gewicht und Blechdicke sind dadurch begrenzt.	Lasermaschine für die 2D-Rohrbearbeitung. Der Laserstrahl schneidet nur senkrecht zum Werkstück.	Lasermaschine für die Bearbeitung von dreidimensionalen Werkstücken, zum Beispiel tiefgezogene Teile.	Lasermaschine für die 3D-Rohrbearbeitung. Der Laserstrahl kann auch schräg zum Werkstück schneiden.	Lasermaschine für die Bearbeitung von sehr großen dreidimensionalen Werkstücken.	Schneiden von dreidimensionalen Konturen in automatisierten Fertigungsstraßen.
Bewegung	Optik: 3 Achsen	Werkstück: 2 Achsen Optik: 1 Achse	Werkstück: 2 Achsen Optik: 2 Achsen	Optik: 5 Achsen	Werkstück: 1 Achse Optik: 5 Achsen	Werkstück: 1 Achse Optik: 4 Achsen	Roboterarm: 6 Achsen Optik: 1 autonome Achse
Grafik	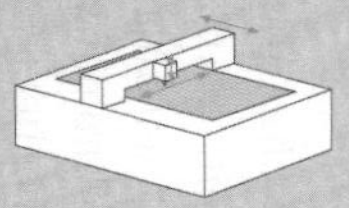	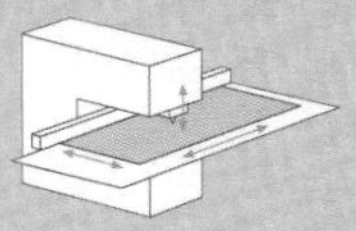	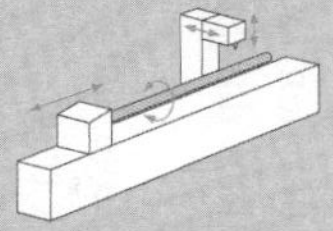	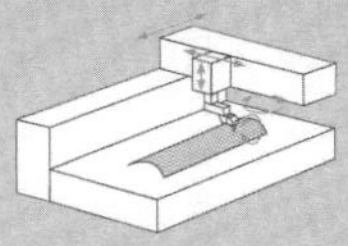	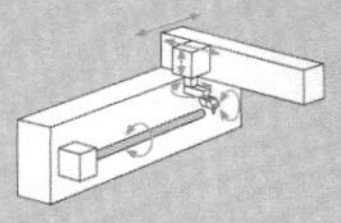	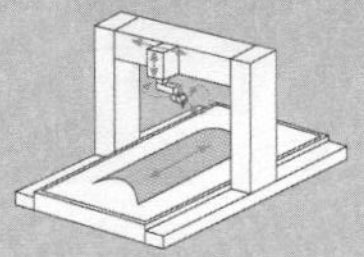	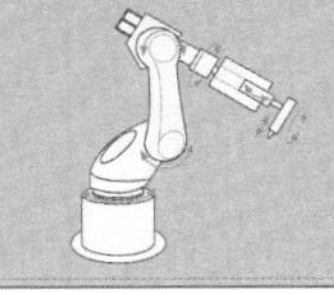

Bild 1.41: Bewegungsachsen und Maschinenkonzepte für die 2D- und 3D-Bearbeitung (Quelle: Trumpf)

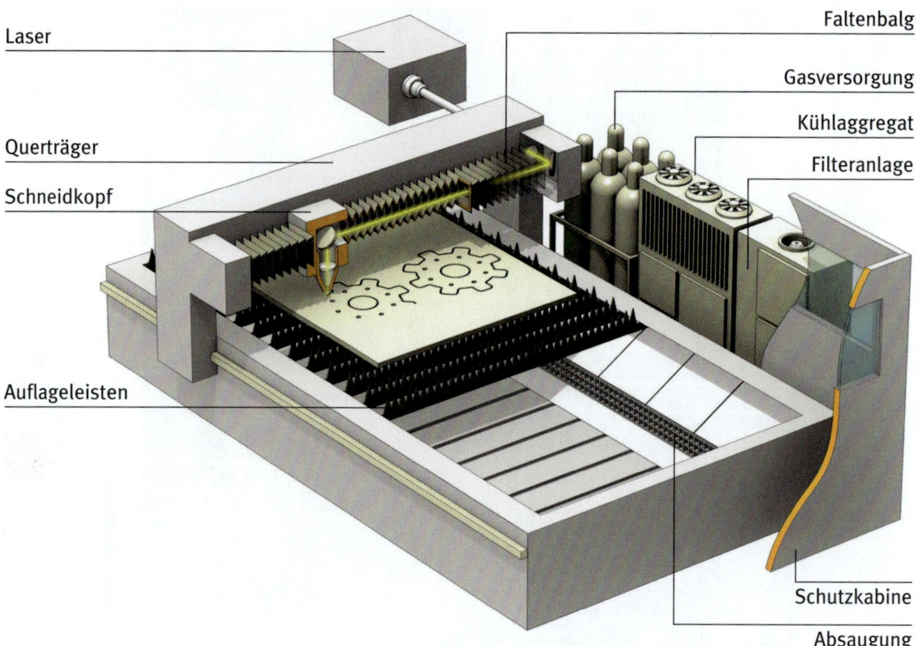

Bild 1.42: Die wesentlichen Bestandteile der Flachbett-Laserschneidanlage im Überblick. (Quelle: Trumpf)

- Schneidkopf, der den Laserstrahl fokussiert und in dem das Schneidgas zugeführt wird
- Werkstückauflage oder -aufnahme, die das Werkstück trägt
- Absaug- und Filteranlage, die Schneidrauch und Schlackepartikel auffängt
- Schutzkabine, die den Bediener vor reflektierter Strahlung und Metallspritzern schützt.

Anwendungsbeispiele

Flachbett-Laserschneidanlagen

Das meist verbreitete Anlagenkonzept unter den Laserschneidanlagen ist das der Flachbett-Laserschneidanlage, die ebene Blechtafeln bearbeitet. Bei diesen zweidimensionalen Teilen genügt die Bewegung in der Ebene und der Höhe, um alle Punkte anzufahren. Dazu kann das Werkstück bewegt werden, während der Schneidkopf fest montiert ist. Gängiger sind Anlagen mit fliegender Optik, bei denen sich der Schneidkopf über das Werkstück bewegt.

3D-Anlagen mit dem Laserstrahl

Wenn mit dem Laserstrahl Konturen in dreidimensionale Werkstücke geschnitten werden sollen, muss die Optik sehr flexibel sein. 3D-Laseranlagen haben eine Optik mit mindestens fünf Bewegungsachsen. Die drei Raumachsen werden ergänzt durch eine Dreh- und eine Schwenkachse. In Sonderfällen kann außer der Optik auch das Werkstück bewegt werden *(Bild 1.43)*.

Rohre und Profile

Rohre und Profile bis 6 m (9 m) Länge werden mit speziellen Rohrschneidanlagen oder in 3D-Anlagen bearbeitet. Die Bearbeitungsoptiken haben 2 bis 5 Bewegungsachsen. Zusätzlich wird hier immer das Werkstück bewegt.

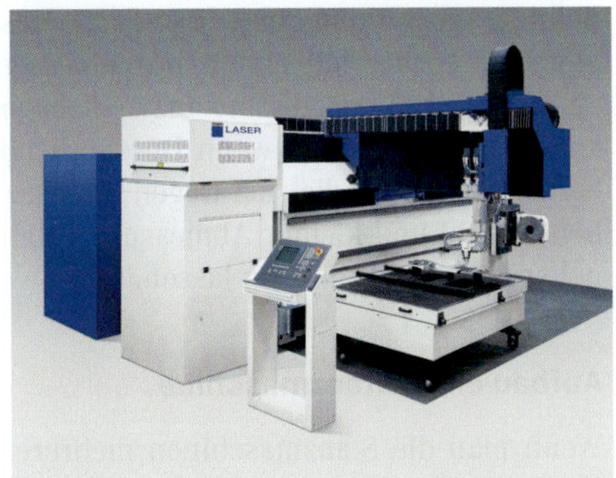

Bild 1.43: 3D-Laserschneidanlage mit 5-Achs-Bearbeitungsoptik. (Quelle: Trumpf)

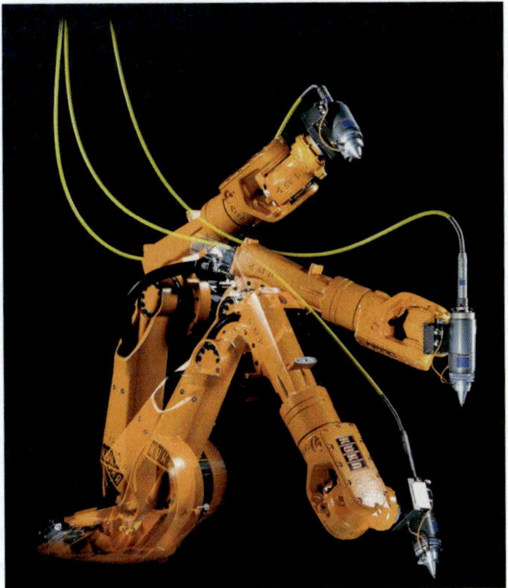

Bild 1.44: Alternative für die 3D-Bearbeitung: Dieser Roboter trägt eine Schneidoptik mit integrierter Abstandsregelung. (Quelle: Trumpf/ Kuka)

Roboter

Die Kombination aus Roboter und Festkörperlaser kennt man vor allem aus der Automobilindustrie. Die Roboter arbeiten automatisiert in Transferstraßen und bearbeiten dreidimensionale Karosserieteile. Sie eignen sich sowohl für die Bearbeitung von Schweiß- als auch Schneidaufgaben. Roboter erweisen sich als günstige Alternative zu 3D-Anlagen und setzen sich daher zunehmend durch. Die Kombination mit CO_2-Lasern war lange Zeit umständlich: Der Laserstrahl konnte nicht über eine Lichtleitfaser geführt werden und gelangte daher über Rohre und Spiegel zum Schneidkopf. Kompakte, diffusionsgekühlte Strahlquellen lösen dieses Problem. Sie sind so kompakt und leicht, dass sie direkt auf dem Roboterarm sitzen können. (Das *Bild 1.44* zeigt einen Roboter, der mit einem Festkörperlaser arbeitet.)

1.8 Stanz- und Nibbelmaschinen

Stanzprinzip

Stanzen ist ein spanloses Fertigungsverfahren. Es bezeichnet ein Trennverfahren bei dem ein Blech (oder auch ein anderer Werkstoff) in einem Hub durchtrennt wird. Das Form gebende Werkzeug ist zweiteilig. Das Blech befindet sich zwischen dem Oberwerkzeug = Stempel und dem Unterwerkzeug = Matrize *(Bild 1.45)*.

Der Stempel bewegt sich nach unten und taucht in die Matrize ein. Die Kanten von Stempel und Matrize bewegen sich parallel aneinander vorbei und trennen dabei das Blech. Deshalb gehört das Stanzen zur Verfahrensgruppe Scherschneiden.

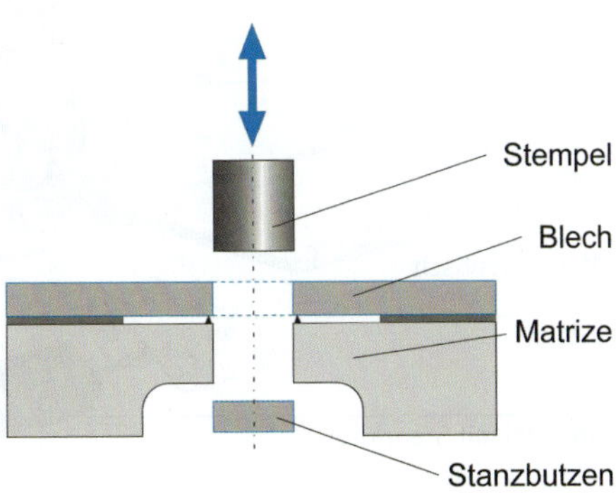

Bild 1.45: Schematischer Aufbau eines Stanzwerkzeuges.

Das Nibbel-Prinzip

Beim Nibbeln werden Stanzlöcher so aneinandergesetzt, dass sie sich überschneiden. Auf diese Weise lassen sich Durchbrüche und Konturen mit beliebiger Form erzeugen. Das Blech wird dabei schrittweise um einen Bruchteil des Stempelmaßes verschoben sobald der Stempel aus dem Blech auftaucht. Mit einer Hubfolge von bis zu 1200/min wird so eine Spur aus dem Blech herausgenibbelt.

Als Werkzeug kommt z.B. ein kleiner runder Stempel zum Einsatz. Ob Rund-, Langloch- oder 4-Kant-Werkzeug hängt davon ab, mit welchem Stempel welche Geometrie am besten zu erzeugen ist.

Stanz- und Nibbelmaschinen

bearbeiten Bleche bis zu 12 mm Dicke und einer Tafelgröße bis 1,5 × 3 m. Dazu wird eine Blechtafel mit mehreren Pratzen in einer Koordinatenführung eingespannt und mit 2 Achsen unter dem Bearbeitungskopf mit dem Werkzeug positioniert.

Beim Stanzen hinterlässt die Form des Stempels Löcher mit einem Durchmesser bis zu ca. 100 mm. Formstanzwerkzeuge kommen zum Einsatz, wenn Durchbrüche herzustellen sind, die sich wegen ihrer hohen Anzahl und kleiner Abmessung rationeller stanzen als nibbeln lassen.

Aufbau einer Stanzmaschine

Wenn man die Stanzmaschinen mehrerer Hersteller vergleicht, stößt man dabei auf verschiedene Maschinenkonzepte. Charakteristisch für das jeweilige Konzept ist die Ausführung von Maschinenrahmen, Stanzkopf und Werkzeugaufnahme. *Bild 1.46* zeigt den grundsätzlichen Aufbau einer Stanzmaschine.

Der Maschinenrahmen

Der Maschinenrahmen ist in der Regel aus zentimeterdicken Stahlplatten aufgebaut da er dynamische Kräfte (Beschleunigungskräfte und Schwingung) von mehreren hundert Kilonewton übertragen muss.

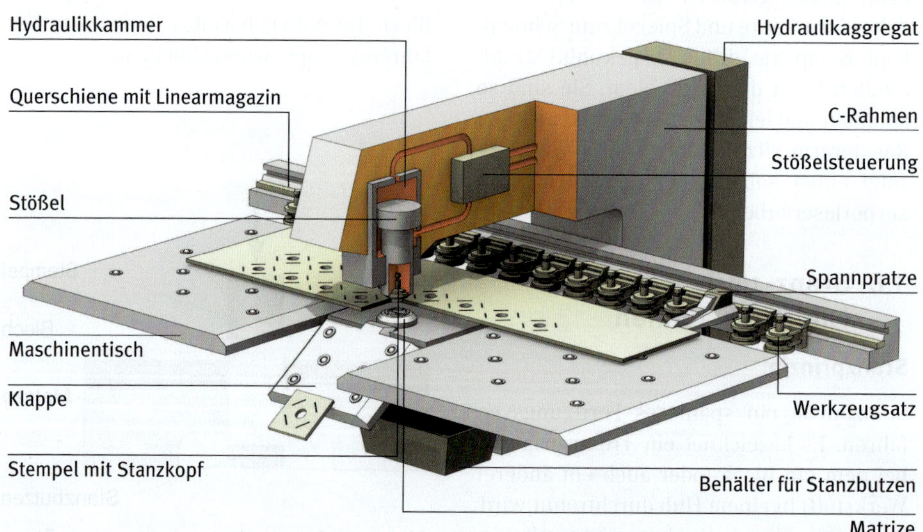

Bild 1.46: Die wesentlichen Komponenten einer Stanzmaschine mit C-Rahmen. (Quelle: Trumpf)

Wegen der guten Zugänglichkeit für den Bediener ist der Rahmen in C- oder O-Anordnung aufgebaut.

Der Stanzkopf

Der Stanzkopf ist das Herzstück der Maschine.

Zum Stanzkopf gehört der Stößel sowie der Antrieb der den Stößel bewegt. Die heute realisierbare Hubfolge bei High-End-Maschinen mit 1200/min wird der Stößel hydraulisch oder elektromechanisch angetrieben. Ähnlich wie bei anderen Werkzeugmaschinen gibt es aber eine Tendenz zur (Voll-)elektrischen Maschine.

Werkzeuge

Ein Stanzwerkzeug besteht aus Stempel, Matrize und Abstreifer.

Für Bearbeitungszentren, die vollautomatisch komplizierte Bearbeitungen in immer kürzeren Zeiten ausführen, wurden anspruchsvolle Werkzeuge und Werkzeugwechsler entwickelt, z. B:

- Drehbare Werkzeugaufnahmen, damit sich die Werkzeuge mit hoher Geschwindigkeit in jede beliebige Winkellage drehen lassen
- Multitool-Werkzeuge bis zu 10 Stanzwerkzeugen in einer Aufnahme, die sich zusätzlich durch Rotation in jede Winkellage bringen lassen. Dies reduziert die Bearbeitungszeit bei Teilen, wo unterschiedliche kleine Löcher gestanzt werden müssen *(Bild 1.47)*
- Werkzeugspeicher mit rüstzeitlosem Werkzeugwechsel in die Maschine *(Bild 1.48)*.

Flexible Bearbeitungszelle

Für die Einzelteilautomatisierung bieten Maschinenhersteller zusätzliche Komponenten an, die aus der Serienmaschine

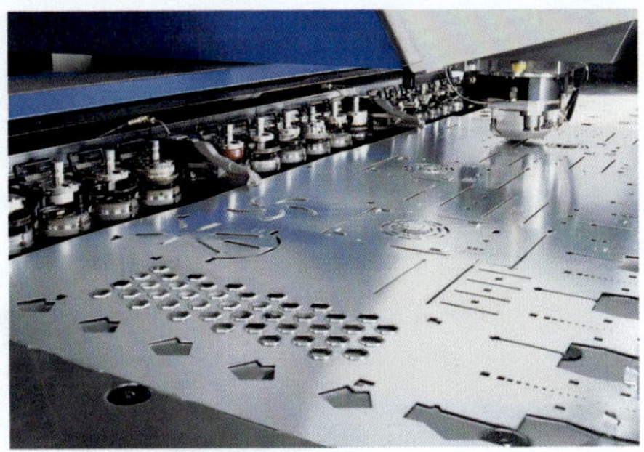

Bild 1.47: Linearmagazin. (Quelle: Trumpf)

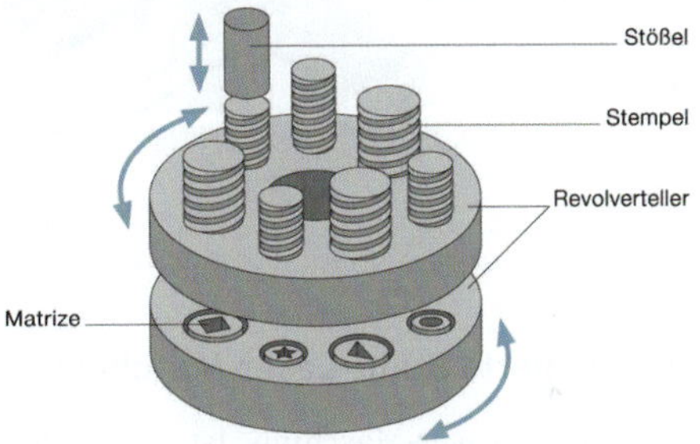

Bild 1.48: Schematische Darstellung eines Mehrfach-Werkzeuges.

eine flexible Bearbeitungszelle machen: *(Bild 1.49)*

- Be- und Entladeeinheit mit Sortierfunktion, die die Tafeln einlegt und die Teile einzeln entnimmt und sortiert ablegt
- Mehrere Teilebehälter, in die kleine Teile oder Abfall über die Teilerutsche gelangen und sortiert werden
- Greifer, die das Restgitter entnehmen
- Externer Werkzeugspeicher mit Werkzeugwechsler, der die Werkzeugsätze im Linearmagazin auswechseln kann
- Kompakt- oder Hochregallager, aus dem Material entnommen wird und in dem fertige Teile gelagert werden
- Sensoren, die den Fertigungsprozess überwachen
- Programmiersystem, mit dem die NC-Programme für alle Automatisierungskomponenten erzeugt werden.

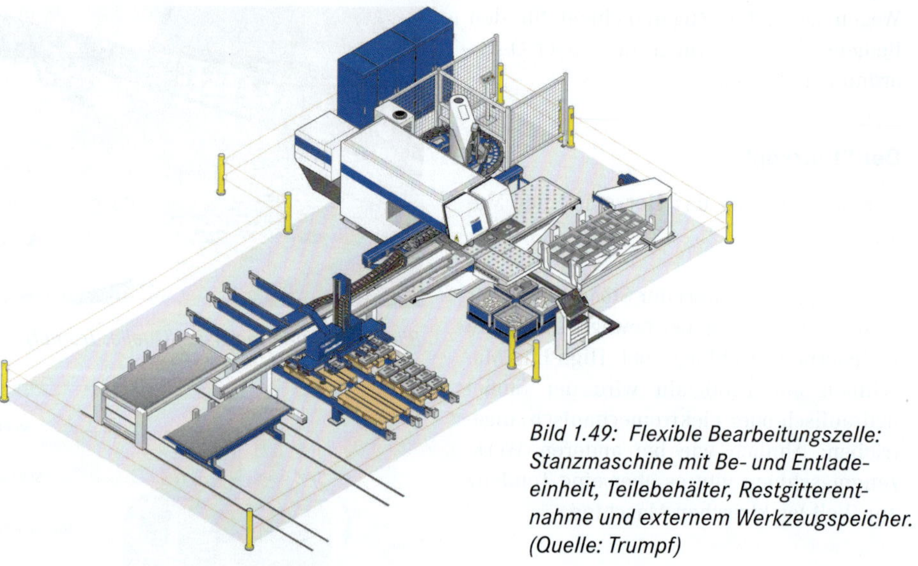

Bild 1.49: Flexible Bearbeitungszelle: Stanzmaschine mit Be- und Entladeeinheit, Teilebehälter, Restgitterentnahme und externem Werkzeugspeicher. (Quelle: Trumpf)

Kombinierte Stanz-Laser-Maschine

Die Stanz-Laser-Maschine ist nach dem gleichen Prinzip aufgebaut wie die Stanzmaschine. Der C- oder O-Rahmen ist jedoch so verbreitert, dass zwei Bearbeitungsstationen darin Platz finden: die Stanzbearbeitungsstation und die Laserbearbeitungsstation *(Bild 1.50)*.

Aber im Gegensatz zu den Laserflachbettmaschinen wird hier nicht der Laserstrahl bewegt, sondern die Blechtafel. Direkt unter der Laserstation befindet sich eine Öffnung. Durch sie kann die Absaugeinheit Schlackereste und Schneidrauch absaugen.

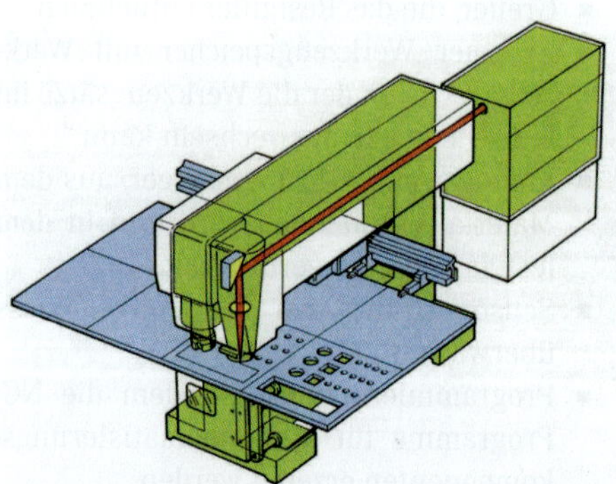

Bild 1.50: Kombinierte Stanz-Laser-Maschine mit C-Rahmen. (Quelle: Trumpf)

Der Vorteil der Kombimaschine zeigt sich in der Fertigung: Komplexe Innen- und Außenkonturen schneidet der Laser. Gestanzt wird, wenn Standardkonturen schnell bearbeitet werden sollen, z. B. stanzbare runde Löcher.

Dass die Laserleistung den Möglichkeiten der Stanzbearbeitung und Anforderungen des Anwenders angepasst werden muss zeigt *Tabelle 1.1*.

Laserbearbeitungsmaschine

Laserschweißen ist die Voraussetzung für kompakte, gewichtsoptimierte Bauteile und damit für energieeffiziente Fahrzeuge. Die exakt dosierbare, konzentrierte Energie des Laserstrahls erlaubt eine hohe Schweißgeschwindigkeit und minimale Verzüge am geschweißten Bauteil. Dadurch können Einzelteile kostengünstig fertig bearbeitet und abschließend geschweißt werden – ohne weitere Bearbeitung direkt zur Montage.

Tabelle 1.1: Blechdicke max. bei Nibbeln/Laserschneiden

Werkstoffe	Stanzen, Nibbeln	Laserschneiden
Baustahl	bis ca. 8 mm	bis ca. 30 mm (abhängig von der Laserleistung)
Edelstahl	bis ca. 8 mm	bis ca. 50 mm (abhängig von der Laserleistung
Aluminium	bis ca. 8 mm	bis ca. 20 mm (abhängig von der Laserleistung)
Kunststoffe	Bedingt, falls nicht zu spröde oder zu labil	Im Prinzip ja, wegen der Entstehung toxischer Gase allerdings problematisch

Die Flexibilität des Prozesses Laserschweißen erlaubt neue Konstruktionen und Werkstückgeometrien; so ist z. B. das Fügen und Produktionslaserschweißen von Gusswerkstoffen mit Einsatzstählen problemlos möglich. Die hohe Prozessgeschwindigkeit und die exakte Reproduzierbarkeit machen das Laserschweißen zum idealen Prozess für die Serienfertigung von Präzisionsbauteilen im Antriebsstrang und Fahrwerksbereich moderner Fahrzeuge.

Bild 1.51: Zwei schwenkbare Pick-Up-Spindeln beladen sich selbst, transportieren die Einzelteile in den Arbeitsraum, pressen sie zusammen, positionieren sie vor der Schweißoptik, schweißen sie und setzen die Fertigteile schließlich zurück auf das Transportsystem. (Quelle: EMAG)

Bild 1.52: Laserschweißen eines Tellerrads auf ein Differentialgehäuse.

1.9 Rohrbiegemaschinen

(Bild 1.53)

Rohrbiegeteile werden als Konstruktionselemente oder zum Durchleiten von Fluiden in den unterschiedlichsten Branchen eingesetzt, z. B.

- im Flugzeugbau für Tragflächen, Triebwerke, Ruder und Bremsen,
- im Maschinenbau für Hydraulikanlagen, Druckluft und Wärmetauscher,
- im Schiffbau für Leitungen aller Art (Frischwasser, Brauchwasser, Seewasser, Kraftstoff, Hydraulik- und Schmierflüssigkeiten oder Sprinkleranlagen),
- im Fahrzeugbau für Auspuffanlagen, Tankeinfüllrohre, Sitzgestelle, Stabilisatoren, Frontschutzbügel, Fahrrad- und Motorradlenker,
- im Apparatebau für Kühlanlagen oder Heizschlangen

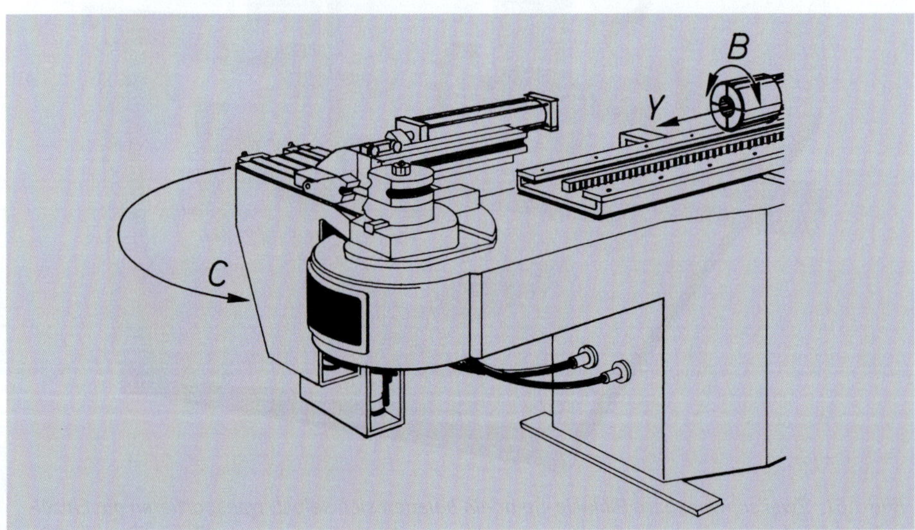

Bild 1.53: Prinzip einer Rohrbiegemaschine.

- sowie für Sportgeräte, Spielzeug oder Gartenmöbel.

Bei diesen Teilen werden Genauigkeiten von ±0,1° für den Biege- und Verdrehwinkel sowie ±0,1 mm für den Abstand zwischen den einzelnen Bögen verlangt. Um diese Forderungen trotz relativ großer Rohrtoleranzen und der verschiedenen Einflussgrößen auf die Rückfederung einhalten zu können, ist für jeden Programmschritt die Eingabe zusätzlicher Korrekturwerte für Längenposition, Biegewinkel und Verdrehwinkel möglich. Die Bewegungen verlangen keine gegenseitige Funktionsabhängigkeit, daher genügen in der Regel relativ einfache numerische Steuerungen für drei bis sechs Achsen. Moderne CNC-Rohrbiegemaschinen mit mehreren Werkzeugebenen verfügen heutzutage über 12 bis 15 gesteuerte Achsen. Als Achsantriebe werden Hydraulikzylinder, hydraulische Schwenkmotoren oder vorzugsweise elektrische Servoantriebe verwendet *(Bild 1.54)*.

Steuerung

Numerisch gesteuerte Rohrbiegemaschinen erfüllen die gestellten Forderungen bezüglich Genauigkeit, schneller Korrekturmöglichkeit und rascher Umrüstbarkeit. Für die vollautomatische Fertigung werden sie zusätzlich mit Magazin, Zuführung, Schweißnahtpositionierung und Ausstoßeinrichtung für das fertige Rohr versehen, sodass in diesen Fällen eine Mehrmaschinenbedienung möglich ist.

Das Fraunhofer-Institut hat in Kooperation mit der Tracto-Technik GmbH ein maschinenintegriertes Messsystem zur Bestimmung des Biegewinkels in Rohrbiegemaschinen entwickelt. Dabei erfolgt die Messung des Biegewinkels unmittelbar nach jedem Biegevorgang direkt in der Biegemaschine, wobei die Dauer eines Mess- und Auswertevorganges nur wenige Sekundenbruchteile erfordert. Der Wert der Rückfederung am Rohrbogen ist von mehreren werkstoff-, maschinen- und prozessbedingten Parameterwerten abhängig und kann nun durch Vorgabe entsprechender Korrekturwerte berichtigt werden. Gleichzeitig hat der Anwender die Möglichkeit einer prozessbegleitenden Erfassung und Protokollierung sowie einer direkten Rückkopplung des Biegeergebnisses auf die folgenden Biegeprozesse.

1.10 Funkenerosionsmaschinen

Bei der Herstellung von Stanz-, Spritzgieß- und Druckgießwerkzeugen, von Press- und Blasformen, von Extrudiermatrizen und Gesenken zählt heute die Funkenerosion zu den wichtigsten Fertigungsverfahren. Die funkenerosiven Bearbeitungsverfahren

Bild 1.54: 3D-Rohrbiegemaschine. (Quelle: Trakto-Technik GmbH & Co. KG)

unterscheidet man nach **Schneiderodieren und Senkerodieren.** Sie haben sich vor allem dort bewährt, wo die zu bearbeitenden Teile folgende Kriterien aufweisen:

- komplizierte Formgebung,
- hohe Werkstofffestigkeit,
- problematische manuelle Bearbeitung,
- keine andere Möglichkeit der automatischen Bearbeitung und
- hohe Genauigkeitsforderungen.

Das Funkenerosionsverfahren nutzt den physikalischen Effekt, dass durch elektrothermische Entladungen zwischen einer Anode und einer Kathode Oberflächenpartikel verdampft werden. Dieser Vorgang läuft zwar wesentlich langsamer ab als das Zerspanen mit einem Schnittwerkzeug, aber durch die Möglichkeit, die Maschinen bei der Bearbeitung komplizierter Teile rund um die Uhr vollautomatisch und ohne Aufsicht betreiben zu können, wird der Einsatz wirtschaftlich. Ein Lichtbogen darf beim Erodieren nicht entstehen, da dieser Elektrode und Werkstück zerstören könnte.

Das Einrichten und der Betrieb einer Erodiermaschine stellen hohe Anforderungen an die Qualifikation des Bedienungspersonals. Dies bedeutet, dass ein Metallarbeiter zusätzlich mehrere Wochen ausgebildet werden muss, um die Besonderheiten des Erodierens auch zu beherrschen. Dies ergibt sich auch daraus, dass der Erodierprozess keinen Einblick in den eigentlichen Bearbeitungsraum zulässt. Der Bediener muss im Vergleich zur Zerspanung nach ungewohnten, abstrakten elektrischen Parametern einstellen und den Ablauf an Instrumenten überwachen.

Schneiderodieren

Beim Schneiderodieren wird Werkstückmaterial von einer **Drahtelektrode** mit 0,1 bis 0,3 mm Durchmesser berührungslos, ohne mechanische Krafteinwirkung abgetragen. Tausende von Entladungen pro Sekunde schmelzen und verdampfen kleinste Materialpartikel, die in einer dielektrischen Flüssigkeit kondensiert und weggespült werden. Als **Dielektrikum** verwendet man deionisiertes Wasser, das gleich mehrere Aufgaben erfüllt: Es erzeugt den für die Entladungen notwendigen Übergangswiderstand, spült die abgetragenen Partikel aus der Schneidzone, kühlt die beanspruchten Maschinenteile und verbessert die Gleiteigenschaften an Draht- und Stromzuführungen.

Die für die Entladungen benötigten elektrischen Impulse erzeugt ein **Generator**. Ein Vorschubregler sorgt während der Relativbewegung für den notwendigen Funkenspalt zwischen Drahtelektrode und Werkstück. Bei Kurzschluss, d.h. Kontakt des Schneiddrahtes mit dem Werkstück, muss der Draht bahngetreu zurückgefahren werden, bis der Kurzschluss beseitigt ist. Erst dann kann der Schneidvorgang fortgesetzt werden. Formgenauigkeit und Oberflächengüte der Schnitte sind von der Vorschubgeschwindigkeit und -konstanz abhängig *(Bild 1.55)*.

Die **Drahtelektrode** verschleißt durch die Entladungen. Deshalb läuft ständig neuer Draht mit konstanter Geschwindigkeit durch die Schneidzone. Eine 6-kg-Drahtspule reicht für mehr als 100 Stunden Schneidzeit. Antrieb und Führung der Drahtelektrode sind für präzise Arbeitsergebnisse von großer Bedeutung.

Die **numerische Steuerung** sorgt für die exakte Einhaltung der Schnittbahn durch Steuerung der X/Y-Bewegung. Bei Schrägen oder Raumschnitten mit variierbaren Neigungswinkeln ist der unteren X/Y-Führungsebene eine zweite Bewegung in der oberen U/V-Ebene überlagert. Auch konische Schnitte und kontinuierliche Neigungsänderungen sind möglich.

Als **Werkstückmaterial** lassen sich alle elektrisch leitfähigen Materialien und Halbleitermaterialien schneiderodieren. Die Vor-

Bild 1.55: Drahterodiermaschine mit fünf CNC-Achsen. (Quelle: GF Machining Solutions)

teile des Verfahrens liegen in vielen Fällen darin, dass die Bearbeitung **nach dem Härten** erfolgt und **höchste Genauigkeiten** bei hoher **Oberflächenqualität** erzielbar sind.

Aus der Prinzipskizze ist die Anordnung der fünf Achsen und die Drahtführung zu erkennen.

Senkerodieren

Hierbei wird eine Formelektrode von oben nach unten auf das Werkstück zubewegt und durch Funkenerosion ein „negativer" Abdruck im Werkstück erzeugt. Wie beim Zerspanen, so werden auch bei der Funkenerosion große Volumina im Schruppbetrieb und kleinere im Schlichtbetrieb abgetragen. Für superfeine Oberflächengüten kann ein weiterer funkenerosiver Poliervorgang mit sehr geringen Entladeenergien angeschlossen werden. Dabei führt die CNC die Elektrode in einer planetarischen Zusatzbewegung kreisförmig in der Ebene und stellt sehr langsam in Z-Richtung zu *(Bild 1.56)*.

Im Gegensatz zu Drahterodiermaschinen werden Senkerodiermaschinen nicht nur in kleineren Abmessungen als **Konsol- und Gestellmaschinen,** sondern auch in großen Ausführungen als **Portalmaschi-**

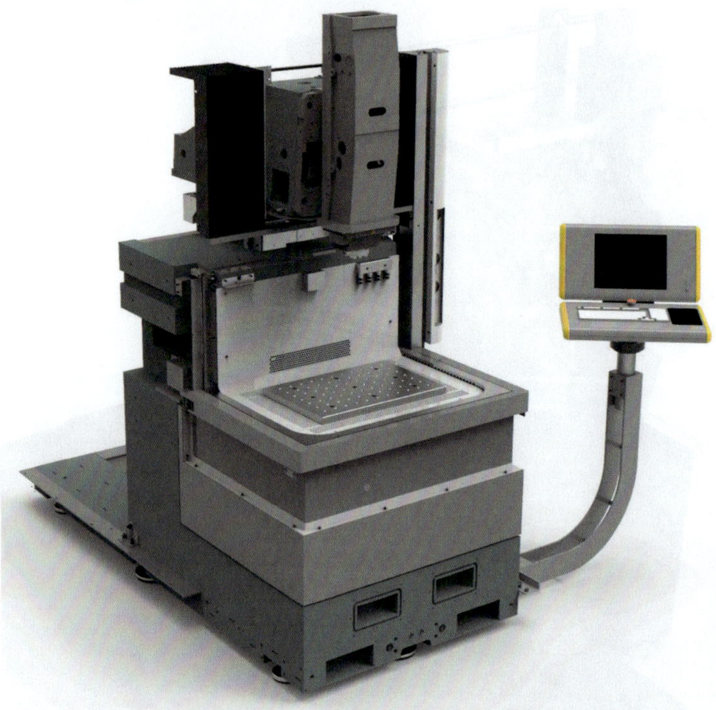

Bild 1.56: Senkerodiermaschine mit vier CNC-Achsen. (Quelle: GF Machining Solutions)

nen hergestellt. Diese Bauweise ist für extreme Werkstück- und Elektrodengewichte erforderlich, z. B. im Karosseriebau und für Großgesenke.

Für die Erzeugung von Formen und Konturen führt die CNC die Elektrode auf Geraden und Kreisbahnen (X/Y-Ebene) und überwacht die Zustellung in Z-Richtung. Bei Kurzschlüssen zieht sie die Elektrode zurück und stellt sofort wieder zu, ein Vorgang, der ständig abläuft und für den spezielle Regelkreissignale mit dem Generator ausgetauscht werden. Kleinere Maschinen lassen sich auch mit einem automatischen Werkzeug-(Elektroden-)Wechsler und mit Palettenwechslern für die Werkstücke ausrüsten. Die Programmierung der CNC erfolgt häufig direkt an der Maschine, wobei der Bediener auf abgespeicherte Zyklen zugreifen kann und seine Eingabe anhand einer Grafik auch kontrolliert.

1.11 Elektronenstrahl-Maschinen

Diese Maschinen werden seit 50 Jahren zum Schweißen, Bohren und in Einzelfällen zum Härten oder Umschmelzveredeln eingesetzt. Als Werkzeug dient ein energiereicher, schlanker, scharf gebündelter Strahl schneller Elektronen. Die Erzeugung des Strahls gleicht prinzipiell derjenigen im Hals einer Fernsehbildröhre, doch sind die Strahlleistungen um Zehnerpotenzen höher und liegen etwa zwischen 1 und 100 kW. Die hohe Leistung wird auf einen kleinen Brennfleck von 0,1 bis 2 mm Durchmesser konzentriert, wodurch man Leistungsdichten von 10^6 bis 10^9 W/cm^2 erreicht. Trifft ein solcher Elektronenstrahl auf eine Werkstückoberfläche auf, so werden die Elektronen am Atomgitter des Werkstücks gebremst und ihre kinetische Energie in Wärme umgewandelt. Je nach

Leistungsdichte und Strahlsteuerung (Dauerstrahl, Pulsbetrieb, Ablenkung) lässt sich das Werkstück härten, schweißen oder bohren. Dabei ist die praktisch verzögerungsfreie Ansteuerbarkeit des Strahls oft der entscheidende Vorteil dieses Verfahrens *(Bild 1.57).*

Die Strahlerzeugung erfolgt ausschließlich im **Hochvakuum** (10^{-5} mbar), der Bearbeitungsprozess vorwiegend im **Feinvakuum** ($< 10^{-2}$ mbar), da der Elektronenstrahl (EB - Electron Beam) durch Luftmoleküle gestreut und gebremst wird und somit die Leistungsdichte des Strahls abnimmt. Um die Evakuierzeit zu eliminieren, werden Schleusensysteme eingesetzt.

Dieses Verfahren wird dann eingesetzt, wenn der Verzug und/oder die Wärmeeinbringung am Bauteil besonders niedrig sein muss. Ein weiterer Vorteil sind die sehr hohen Einschweißtiefen von 100 bis

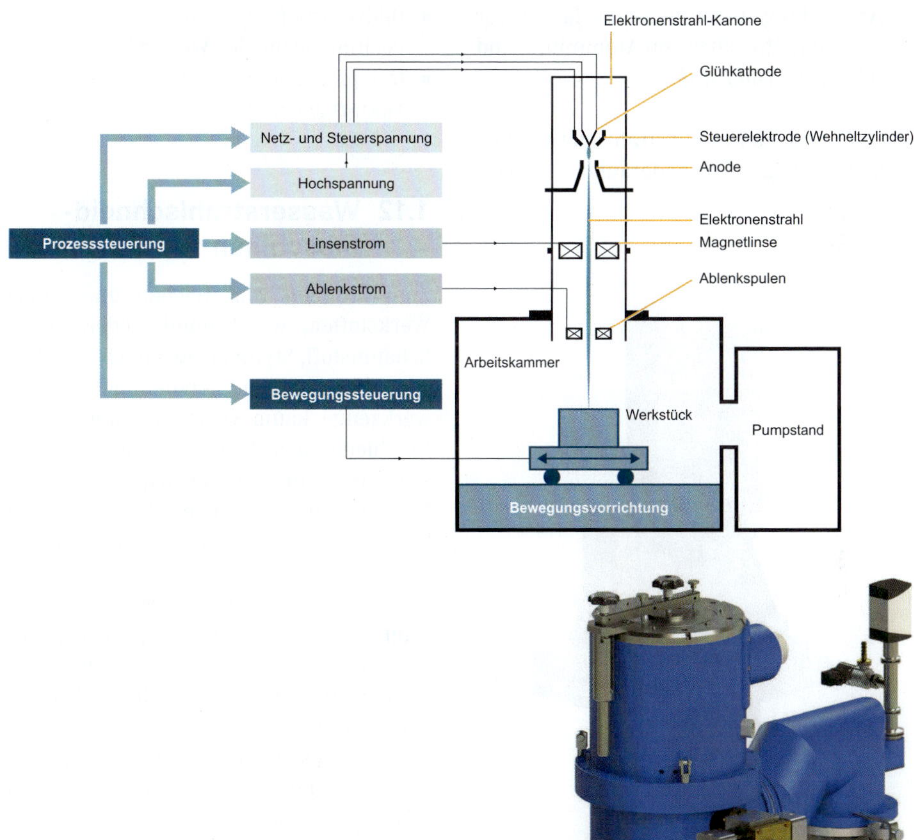

Bild 1.57: Oben: Schema einer Elektronenstrahlmaschine, rechts: Abbildung der „Elektronenstrahlkanone". (Quelle: Steigerwald)

200 mm, die hier erreicht werden können (siehe www.pro-beam.de).

Beim **EB-Schweißen an Atmosphäre** wird die Vakuumkammer durch ein Druckstufensystem ersetzt und der Schweißvorgang erfolgt innerhalb einer Strahlenschutzkabine (Harte Röntgenstrahlung!). Die Evakuierzeit entfällt, da der Strahlerzeuger ständig unter Vakuum gehalten wird. Der an Luft gestreute Strahl wird mit einem Arbeitsabstand von 10 bis 20 mm von der Druckstufe verwendet.

Anwendung findet dieses Verfahren vor allem beim Schweißen von Aluminium- und Stahlblechen *(Bild 1.58)*.

Die CNC für Elektronenstrahlschweißanlagen muss folgende Sonderaufgaben übernehmen:

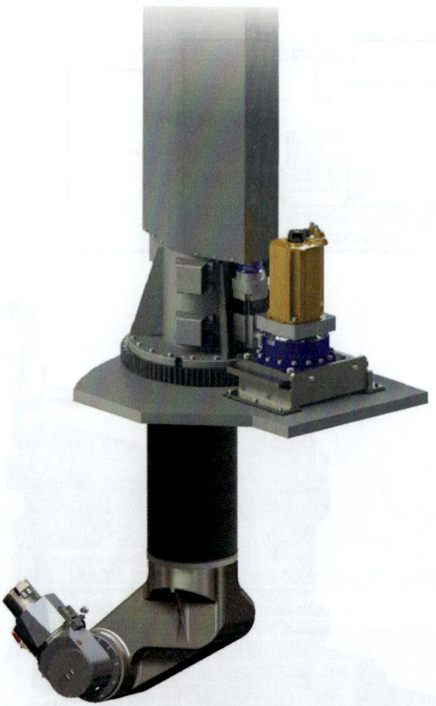

Bild 1.58: Vertikalfahrwerk einer Elektronenstrahlmaschine mit C-Achse und Schwenkkopf. (Quelle: Steigerwald)

- Steuerung von zwei bis acht CNC-Achsen zur Bewegung des Werkstückes, zusätzlich drei bis vier CNC-Achsen für Drahtzuführung
- Steuerung des Strahlstromes,
- Steuerung des Linsenstromes (Fokussierung),
- Strahlablenkung in X- und Y-Achse,
- Pulsbetrieb, Dauerstrahl, Ein/Aus-Schalten des Strahls,
- Überwachungen des Prozesses,
- „online“-Fugensuche während des Schweißens
- Bildverarbeitung zur automatischen Positionierung des Werkstücks
- frei programmierbare Achsen (z. B. für Vektorisierung).

1.12 Wasserstrahlschneidmaschinen

Zum Trennen von weichen und labilen Werkstoffen, wie Gummi, Leder, Papier, Schaumstoff, Styropor, aber auch CFK, GFK oder PVC, können herkömmliche Trennwerkzeuge kaum verwendet werden. Dafür bietet sich heute das Wasserstrahlschneiden an. Das Prinzip ist einfach: Wasser wird mit einem Druck von 4000 bis 9000 bar durch spezielle Düsen von 0,1 bis 0,3 mm Durchmesser gepresst. Die Austrittsgeschwindigkeit des Strahls beträgt dabei 800 bis 900 m/s, was mehr als der doppelten Schallgeschwindigkeit entspricht. Auf das zu schneidende Material gerichtet, wirkt der Strahl wie ein dünnes, unsichtbares Messer, das sich in den Werkstoff bohrt und dann nach allen Richtungen gleich gut schneiden kann. Die Schnittfuge beträgt nur 0,1 bis 0,3 mm, die Schnittgeschwindigkeit, je nach Material und Stärke, 1 bis 500 m/min. Der Wasserverbrauch liegt dabei bei etwa 1,5 l/min. Dieses kann nach Reinigung über Mikrofilter wieder dem Schneidprozess zugeführt werden.

Ist der Wasserstrahl alleine nicht ausreichend, dann gibt man diesem noch ein

Schneidmittel feinster Körnung bei, was als **Abrasiv-Schneiden** bezeichnet wird. Auf diese Weise lässt sich dann auch Stahl bis ca. 80 mm, Titan, Marmor und Glas schneiden *(Bild 1.59 und 1.60)*.

Die Vorteile des Wasserstrahlschneidens sind:

- Bearbeitung flacher und dreidimensionaler Werkstücke,
- Schnittfugen hoher Güte, bei Stahl besser als beim Brennschneiden,

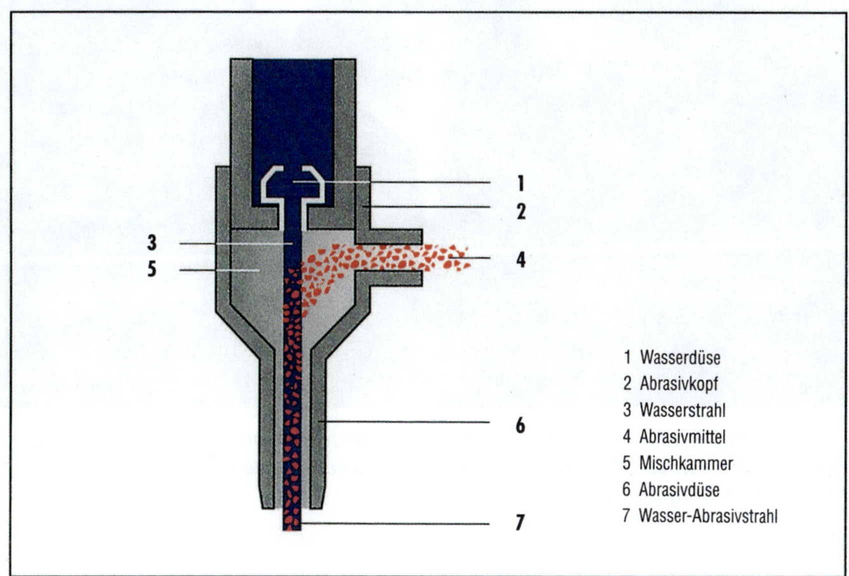

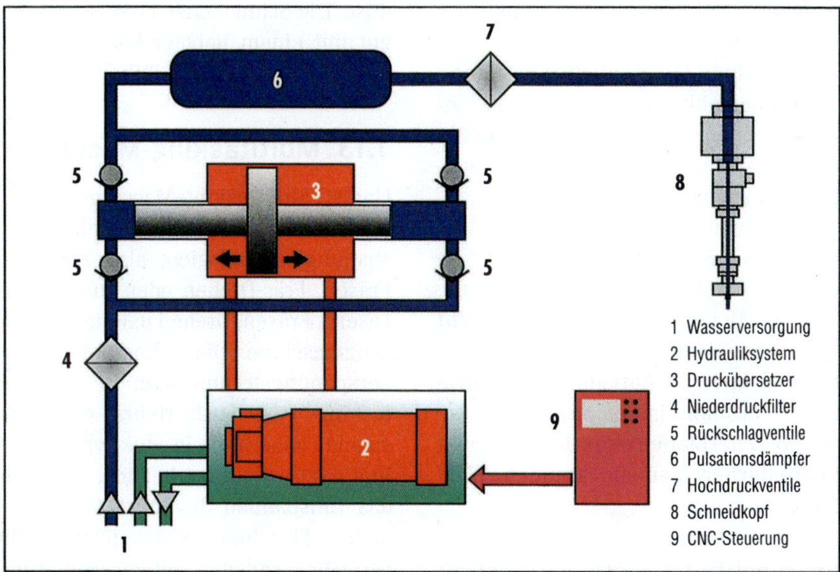

Bild 1.59: Wasserstrahlschneidmaschine, oben: Prinzip der Strahldüse, unten: Prinzip der Druckerzeugung.

Bild 1.60: Kombinierte, wirtschaftliche Fertigung mit Wasserstrahl-Abrasivschneiden und Fräsen. Die Teile werden verschachtelt vorgefertigt und nur präzise Passungen werden nachbearbeitet. (Quelle: Bystronic)

- saubere Schnittkanten ohne Grat,
- geringer Werkstoff-Verlust an der Schnittkante,
- keine Späne, keine Staubentwicklung oder Staubablagerung auf dem zu schneidenden Gut (das Abrasivmittel hinterlässt allerdings eine feine, staubartige Ablagerung),
- hohe Vorschubgeschwindigkeiten,
- keine hohen Schneidtemperaturen,
- keine Vorschubkräfte oder Schnittkräfte, weiches Material verformt sich nicht beim Schneiden,
- keine elektrische Aufladung der Werkstücke, deshalb lassen sich auch bestückte Leiterplatten ohne Beschädigung empfindlicher Bauteile trennen *(Bild 1.60)*.

Wasserstrahlschneidmaschinen werden meistens nach dem Prinzip einer dreiachsigen Portalmaschine aufgebaut, mit zwei zusätzlichen Schwenkachsen für die Strahldüse. Die Schneiddüse lässt sich aber auch gut mit einem Roboter kombinieren, was ein Höchstmaß an Flexibilität ergibt.

1.13 Multitasking-Maschinen

Unter Multitasking-Maschinen versteht man die Kombination verschiedener Zerspanungstechnologien, also z. B. Drehen-Fräsen, Fräs-Drehen oder auch Schleifen, Lasern, Fräsen, Drehen usw. in einer Werkzeugmaschine. Diese Kombinationen der Zerspanungstechnologien in einer Multitasking- oder auch Hybrid-Werkzeugmaschine steigern die Produktivität und Qualität der Fertigung erheblich, da die durch das Umspannen des Werkstücks in eine andere Maschine entstehenden Qualitätsverluste vermieden werden. Weiterhin lassen sich Werkstücke mit erheblich größerer Komplexität bearbeiten.

Fräs-Dreh-Bearbeitungszentren

(Bild 1.61 bis 1.65)

Im Gegensatz zu Dreh-Fräszentren *(Bild 1.68)* entstand eine interessante Maschinengattung, deren Ursprung das Bearbeitungszentrum für das Fräsen war. Ausgangssituation für die Entwicklung solcher Maschinen war die Analyse von Teilespektren und Teilefamilien, die einerseits durch eine hohe Stückzahl gekennzeichnet sind, andererseits aber unterschiedliche Bearbeitungen verlangen. Ein herausragendes Beispiel dafür ist die Herstellung von Werkzeugsystemen für CNC-Maschinen (siehe Teil 5, Werkzeuge in der CNC-Fertigung*)*.

Es sind Fräs-Drehteile mit dem Schwerpunkt Fräsen. Die Teile verlangen eine anspruchsvolle 6-Seiten-Bearbeitung. Es sind oft Wiederholteile bis Kleinserien, die eine hohe Flexibilität des CNC-Programms verlangen. Die Werkstücke bewegen sich in der Regel innerhalb Durchmesser 60 mm und einer Länge von 100 mm. Diese Zentren werden auch oft „Stangenbearbeitungszentren" genannt, weil die verschiedensten hochkomplexen Werkstücke direkt von der Stange zu fertigen sind. Bei der Bearbeitung stehen Fräsprozesse im Vordergrund, aber Drehoperationen werden ebenso effektiv durchgeführt, weil die Dreh-Schwenkeinheiten mit integrierten Drehspindeln ausgerüstet sind.

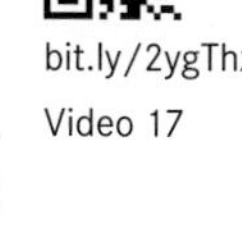

bit.ly/2ygThx1

Video 17

Das Stangenmaterial wird aus dem Stangenspeicher der Hauptdrehschwenkeinheit zugeführt. Dabei werden die ersten fünf Seiten des Werkstückes 5-achsig simultan bearbeitet. Um die sechste Seite zu bearbeiten wird das Werkstück von der zweiten Dreh-Schwenkeinheit aufgenommen. Anschließend wird die sechste Seite bearbeitet.

Dreh-Fräszentren

(Bilder 1.63, 1.64 und 1.65)

bit.ly/3c1GFrX

Video 18

Die Leistungsfähigkeit moderner CNCs hat es möglich gemacht, mit entsprechend ausgerüsteten Drehmaschinen zusätzlich zu den Drehbearbeitungen auch Fräs- und Bohrbearbeitungen an dem im Drehfutter eingespannten Werkstück auszuführen. Auch **Schleifspindeln** wurden schon nach diesem Prinzip zur Nachbearbeitung der Drehteile eingesetzt.

Dafür ist der Revolverkopf mit **angetriebenen Werkzeugspindeln** ausgerüstet, um die erforderlichen Fräser, Bohrer, Gewindebohrer oder Schleifscheiben aufzu-

Bild 1.61: Fräs-Drehzentrum mit Stangenzuführung. (Quelle: STAMA)

Drehen vertikal

Drehen horizontal

Bohren

Fräsen

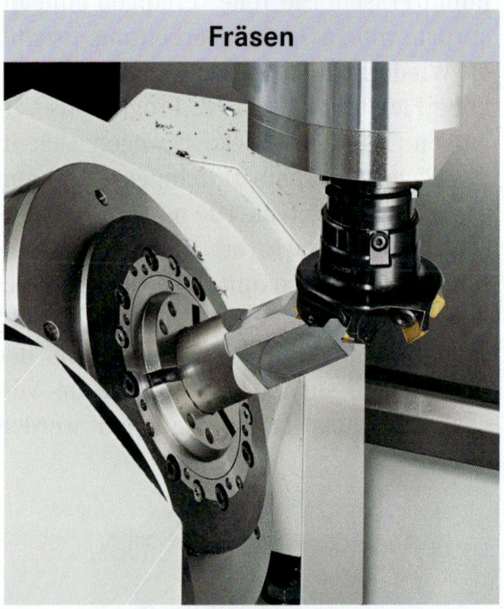

Bild 1.62: Mit modernen Fräs-Drehzentren sind alle Zerspanungstechnologien mit rotierender oder mit stehender Schneide möglich. (Quelle: STAMA)

bit.ly/2yyhbDK
Video 19

nehmen. Die Hauptspindel wird bei Bedarf automatisch mit einem zusätzlichen Messgeber gekoppelt und als C-Achse wie ein Drehtisch positioniert und kontinuierlich gesteuert, sodass die angetriebenen Werkzeuge exakt jeden Punkt am Werkstück anfahren und jede gewünschte Form fräsen oder schleifen können. Voraussetzung ist eine CNC, die eine **Koordinatentransformation** durchführen kann. Diese Funktion erlaubt die Programmierung der Fräs- und Bohrbearbeitungen in kartesischen (linearen) Koordinaten und die CNC transformiert die Bewegungen in das Polar-Koordinatensystem (Drehung der C-Achse) *(Bild 1.64)*.

Dreh-Fräszentren eignen sich besonders zur Herstellung **kleinerer, komplizierter Teile** aus Vollmaterial und werden von allen namhaften Drehmaschinen-Herstellern angeboten.

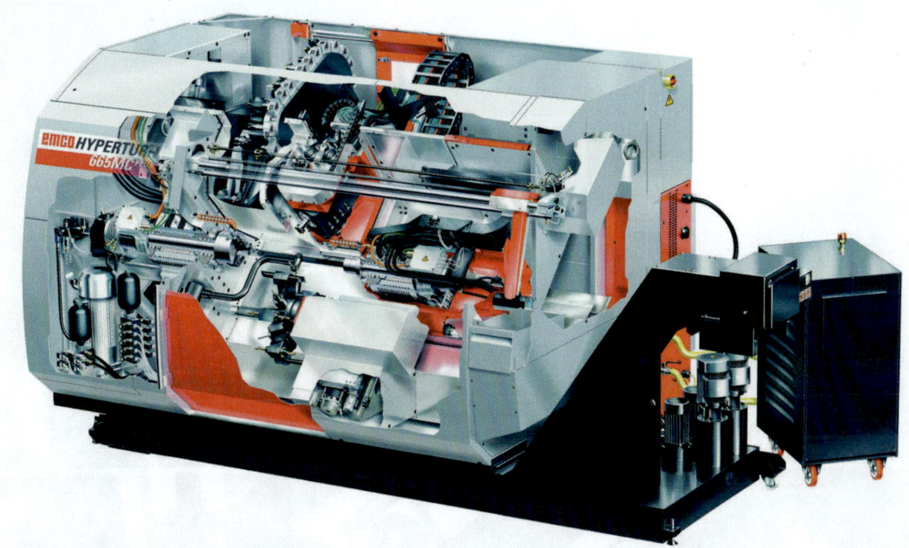

Bild 1.63: Dreh-Bearbeitungszentrum für komplexe Fräs-, Bohr- und Verzahnungsoperationen in einem Arbeitsprozess. (Quelle: EMCO)

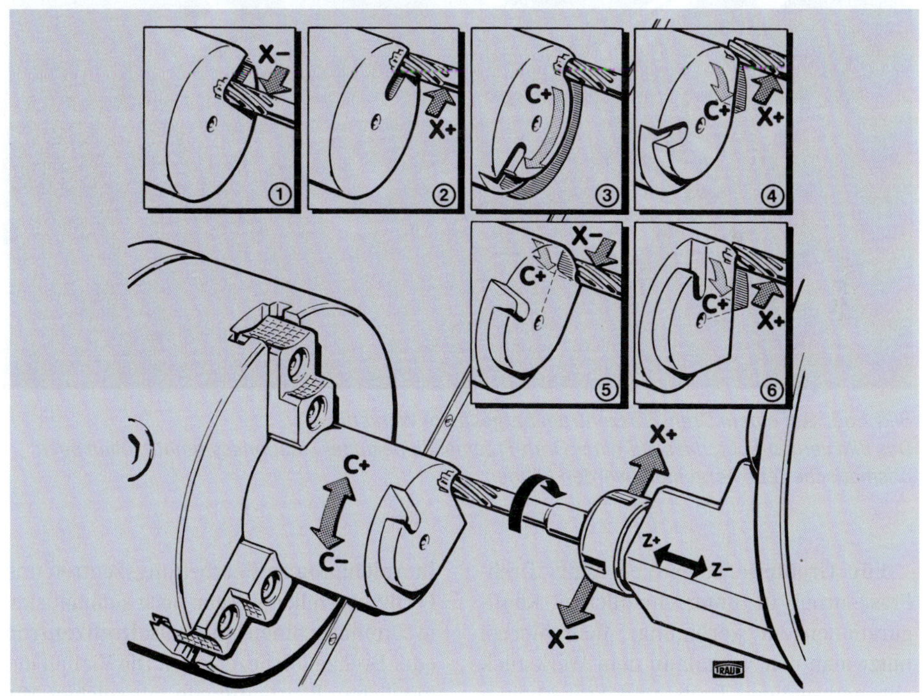

Bild 1.64: Dreh-Fräszentrum: Stirnseitenbearbeitung mit angetriebenem Fräswerkzeug.

Bild 1.65: Auf einem Dreh-Fräszentrum hergestellte Werkstücke
Das Bild verdeutlicht, dass auf einer Dreh-Fräsmaschine außer rotationssymmetrischen auch prismatische Teile hergestellt werden können.

Für Großteile stehen ebenfalls Dreh-Fräszentren in unterschiedlichen Konfigurationen zur Verfügung. Auch hierbei nutzt man den Vorteil, an dem Werkstück alle notwendigen Dreh- und Fräsarbeiten ohne Umspannen und mit höherer Spanleistung ausführen zu können.

In Anlehnung an Bearbeitungszentren und Fertigungszellen werden hoch automatisierte Drehmaschinen auch als **Drehzentren** oder Drehzellen bezeichnet. Die Vielfalt der möglichen Bearbeitungen mit solchen Maschinen ist fast unbegrenzt. Dies bringt für den Anwender den großen Vorteil mit sich, die Werkstücke in einer Maschine montagefertig in wesentlich kürzerer Zeit herstellen zu können, als dies mit der Mehrmaschinen-Bearbeitung möglich wäre. Zudem entfallen die sonst evtl. erforderlichen Spannvorrichtungen und die Zeit für das mehrmalige Aus- und Einspannen. Auch Maßabweichungen durch erneutes Spannen werden vermieden. Oder, anders dargestellt: **Die Komplettbearbeitung ersetzt Maschinen, steigert die Qualität und reduziert die Durchlaufzeiten.** Dies wirkt sich selbstverständlich auch auf die Herstellkosten positiv aus.

Fräs-Laserzentrum *(Bild 1.66)*

Die 5-Achs-Fräsmaschine integriert das „generative" Laserauftragsschweißen mittels Pulverdüse und Fräsen. Diese Technologiekombination ermöglicht dem Anwender durch den vollautomatischen Wechsel zwischen Fräs- und Laserbetrieb neue Applikations- und Geometriemöglichkeiten. Metallische Bauteile können somit individuell, präzise und schnell gefertigt oder repariert werden, z. B. für die Komplettbearbeitung komplexer Bauteile mit Hinterschnitt, oder das Aufbringen von Beschichtungen für den Formen- und Maschinenbau.

Das Metallpulver wird schichtweise aufgetragen und mittels Diodenlaser verschmolzen. Dabei entsteht zwischen Metallpulver und Oberfläche eine hochfeste Schweißverbindung. Die entstandene Metallschicht kann nach dem Erkalten mechanisch bearbeitet werden. Um auch Stellen, die bei einem fertigen Bauteil aufgrund der Bauteilgeometrie vom Fräser nicht mehr erreicht werden können, auf Endgenauigkeit zu bearbeiten, kann zwischen dem Auftragsschweißen auch gefräst werden. Eine Stärke des Verfahrens ist es, Schichten selbst verschiedener Materialien sukzessive aufzubauen *(Bild 1.67 und 1.68).*

Während der Fräsoperationen wird der Pulverauftragskopf in einer Dockingstation außerhalb des Bearbeitungsraums geparkt und zur Laserbearbeitung automatisch in die HSK-Werkzeugaufnahme der Frässpindel eingewechselt.

Bild 1.66: Fräs-Laserzentrum. (Quelle: DMG MORI SEIKI AG)

Bild 1.67: Laserauftragsschweißen an einem Flansch mit Anschlussstutzen. (Quelle: DMG MORI SEIKI AG)

Bild 1.68: Fräsbearbeitung nach dem Laserauftragsschweißen. (Quelle: DMG MORI SEIKI AG)

Dreh-Schleifzentren *(Bild 1.69 bis 1.71)*

Die Produktion kleiner Futterteile ist häufig mit sehr großen Stückzahlen verbunden. Vor allem Getrieberäder, Planetenräder, Kettenräder, Kurvenringe, Pumpenringe und Nocken werden zum Beispiel für Pkws in Millionenauflagen benötigt.

Die Maschine wurde speziell für die produktive und hochpräzise Fertigung dieser Bauteile entwickelt. Sie belädt sich durch das Pick-up-System selbst, und während ein Bauteil bearbeitet wird, kann der Bediener oder eine Automation die nächsten Rohlinge bereits wieder auf das umlaufende Transportband platzieren. Auf diese Weise reduzieren sich die Stillstandszeiten der Maschine ganz erheblich.

Dreh-Wälzfräszentren

Die im Bild dargestellte Hochgeschwindigkeits-Pick-up-Dreh-Verzahnungsmaschine ist für radförmige Werkstücke mit einem Durchmesser bis 230 mm und Modul 4 ausgelegt. Die Verzahnungsmaschine vereint die Technologien Drehen und Verzahnen in einer Maschine. So lässt sich in einer Aufspannung die zweite Seite drehen und die Verzahnung fräsen. Das heißt, der Anwender verfügt über zwei vollwertige Maschinen, die bei wechselndem Teilespektrum entsprechend zum Einsatz kommen können. Ist in einer dritten Stufe noch eine Zusatzbearbeitung, wie beispielsweise ein zum Drehen und Verzahnen orientiertes Fräsen, Bohren oder ein Entgraten not-

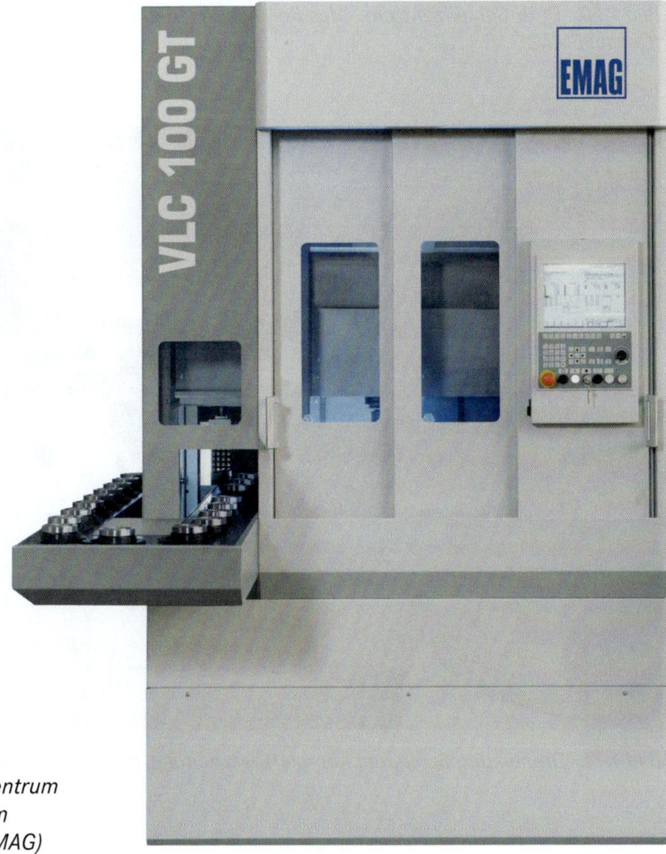

Bild 1.69: Dreh-Schleifzentrum für Futterteile bis 100 mm Durchmesser. (Quelle: EMAG)

Bild 1.70: Dreh-Schleifzentrum – das Be- und Entladen erfolgt nach dem Pick-up-Prinzip. (Quelle: EMAG)

Bild 1.71: Drehen und Schleifen: Komplettbearbeitung. (Quelle: EMAG)

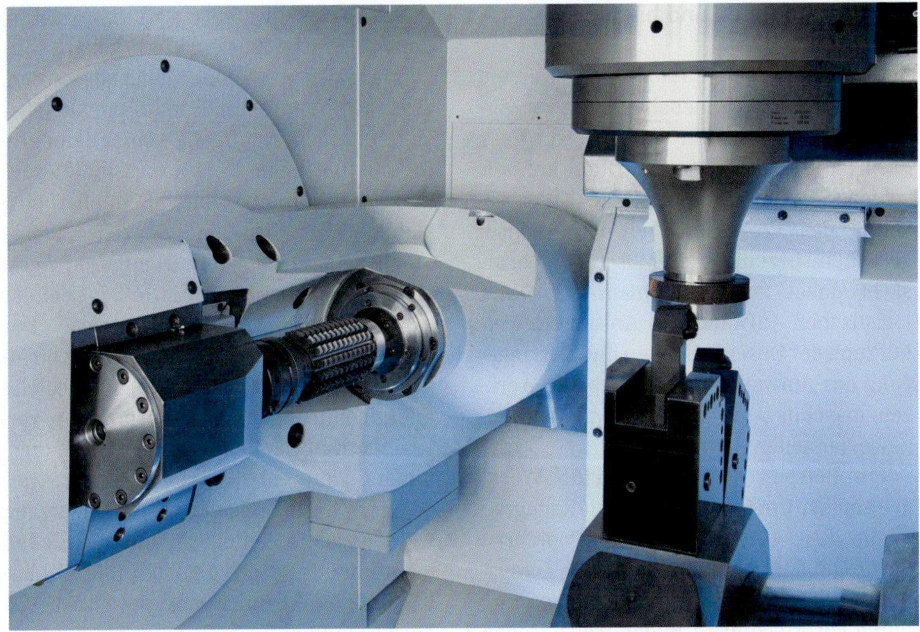

Bild 1.72: Drehbearbeitung auf einem Dreh-Wälzzentrum. (Quelle: EMAG-Koepfer)

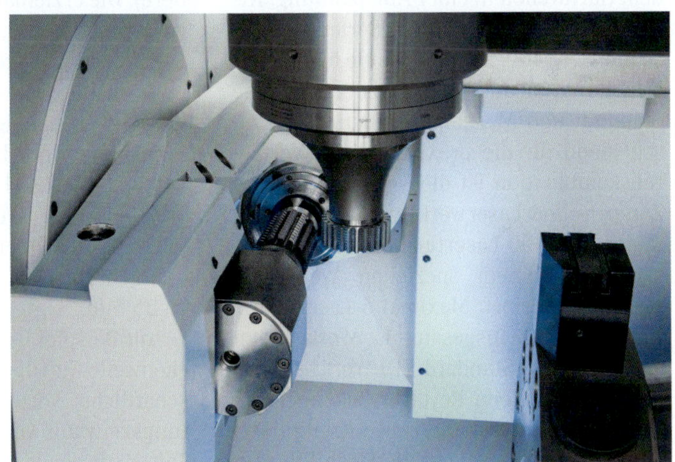

Bild 1.73: Verzahnungsfräsen nach der Drehbearbeitung. (Quelle: EMAG-Koepfer)

wendig, kann dies über Hilfswerkzeuge im Revolver erfolgen. In nur einer Aufspannung bearbeiten bedeutet neben der Zeiteinsparung auch das Vermeiden von Umspannfehlern.

Bild 1.74: Auf einem Dreh-Wälzfräszentrum hergestellte Teile.

Hybrid zerspanen und härten

Stark beanspruchte Bauteile werden heute z. B. durch eine Wärmebehandlung vor Verschleiß geschützt. Der Fertigungsprozess dazu läuft in mehreren Schritten auf verschiedenen Maschinen ab. Die Unterbrechung des Prozesses und der Wechsel zwischen spezialisierten Maschinen verursacht dabei lange Durchlaufzeiten und logistischen Aufwand. Ein Ansatz zur Verkürzung der Durchlaufzeiten und Verringerung des Aufwands ist eine hybride Werkzeugmaschine, die alle verwendeten Prozesse darstellen kann.

Ein Beispiel für eine **hybride Werkzeugmaschine** mit einem hohen Reifegrad ist die „RNC 400 Laserturn" von Monforts. Sie erlaubt die Kombination der Zerspanung mit der Oberflächenwärmebehandlung durch Lasertechnik, z. B. das Weichdrehen in Kombination mit dem Laserhärten und dem Hartdrehen in einer Aufspannung. Als Basis dient die bewährte Seriendrehmaschine RNC 400. Die eingebaute hydrostatische Rundführung gewährleistet eine hohe Stabilität und Maschinengenauigkeit. Entscheidend für die praxistaugliche Verfahrenskombination ist die Verknüpfung von Zerspan- und Laserwerkzeugen. Dies wird in der RNC 400 Laserturn mit Laser-Werkzeugen in einem speziellen Werkzeugrevolver realisiert. Maximal 6 Laser-Werkzeuge von den insgesamt 12 Werkzeugen sitzen dabei in Standard VDI-Werkzeugaufnahmen im selben Revolver, wie auch die benachbarten Zerspanungswerkzeuge. Das Werkzeugsystem nimmt die Strahlführung durch den Revolver vor, die optischen Komponenten sind damit abgeschirmt von Einflüssen durch Späne und Kühlschmiermittel. Der Werkzeugwechsel dauert nur so lange, wie der Revolver zum Schwenken braucht. Als Strahlquelle wird ein Diodenlaser verwendet, die Laserstrahlung wird über ein Lichtleitkabel von der peripher aufgestellten Strahlquelle in die Maschine geführt.

Beim Laserstrahlhärten werden selektiv Bauteilbereiche martensitisch gehärtet. Es können alle Werkstoffe gehärtet werden, die auch flamm- und induktionshärtbar sind. Der Kohlenstoffgehalt muss dann größer als 0,3 % sein. Vergütungsstähle, Kalt- und Warmarbeitsstähle, Schnellarbeitsstähle, Guss, Rost- und Säurebeständige Stähle gehören zu den bearbeitbaren Werkstoffen. Die erreichbare Härte liegt bei der werkstoffspezifischen Maximalhärte. Der Vorteil gegenüber anderen Randschichthärteverfahren ist die geringe und gezielte Energieeinbringung, die thermischen Verzug verhindert. Der Nachbearbeitungsumfang kann entsprechend reduziert werden. Durch den ortselektiven Härtevorgang werden zudem Bauteile an anderen Stellen nicht unnötig spröde gemacht. Ein Abkühlungsmedium ist nicht erforderlich, da das Verfahren über die Selbstabschreckung arbeitet (Temperaturableitung ins Bauteilinnere). Die erzielbaren Einhärtetiefen liegen im Bereich von 0,1 mm bis max. 1,5 mm. Die Oberflächengeschwindigkeiten liegen etwa im Intervall 0,15 m/min … 2 m/min, dies ist abhängig von der geforderten Spurbreite und Einhärtetiefe sowie von der installierten Laserleistung. Ein Lagersitz bei einer Welle mit 40 mm Durchmesser ist beispielsweise in etwa 6 Sekunden gehärtet, bei einer Spurbreite von bis zu 35 mm.

Am Beispiel der Fertigung einer Schneckenwelle für Ölpressen zeigt sich der wirtschaftliche Vorteil: Über einen Betrachtungszeitraum von 7 Jahren mit 16 Stunden Tagesbetriebsdauer erlaubt die teurere Investition einen Break Even bereits nach 2,5 Jahren, die Stückkosten sind um 20% geringer und die Lebenszykluskosten der Produktionsanlage fallen um 35 % kleiner aus. Im Resultat verkürzt sich der Fertigungsablauf und die Aufwände für Logistik gehen zurück. Ebenso steigt die Produktqualität durch den Entfall von Verzug und den Verbleib des Teils in der gleichen Aufspannung. Geometriefehler durch das Umspan-

Bild 1.75: Hybride Werkzeugmaschine Monforts RNC 400 Laserturn.

Bild 1.76: Hybrides Werkzeugsystem (revolverintegriert).

Bild 1.77: Hybride Bearbeitung am Beispiel einer Schneckenwelle-Weichzerspanung, Laserhärten und Hartzerspanung.

nen beim Maschinenwechsel entfallen. Die hybride Werkzeugmaschine wird dort am sinnvollsten eingesetzt, wo es auf kurze Lieferzeiten und eine flexible Reaktion auf Kundenwünsche ankommt, z. B. bei kurzfristiger Ersatzteilfertigung und im Prototypenbau. Aber auch in Serienprodukten kann die kombinierte Technik sinnvoll sein, da die Prozesse sofort hintereinander ausgeführt werden und sehr schnell ablaufen. Bei der Kombination von Zerspanung und Laserhärten entstehen die Vorteile besonders bei kleinen Härteanteilen.

1.14 Messen und Prüfen

Messmaschinen *(Bild 1.78)* und Messzyklen *(Bild 1.79 und 1.80)*

Die Einführung numerisch gesteuerter Werkzeugmaschinen in den Betrieben erfordert meist auch umfassende Umstellungen im Bereich der Qualitätskontrolle. Im ständigen Wechsel müssen einfache und komplizierte Werkstücke mit hohen Qualitätsanforderungen geprüft werden. Manchmal wird eine Messmaschine auch nur dazu eingesetzt, um zwischen **GUT** und **AUSSCHUSS** zu unterscheiden, in anderen Fällen soll sie die Korrekturdaten für den Fertigungsprozess liefern.

Dabei liegen die angestrebten Messzeiten je nach Teilegeometrie in der Größenordnung 30 - 100 % der Bearbeitungszeiten, um eventuell erforderliche Korrekturen schnell vornehmen zu können und damit einen unnötigen Stillstand teurer Maschinen zu vermeiden.

Erst die CNC-Messmaschinen, versehen mit den notwendigen Extras für die spezielle Messaufgabe, erfüllten die 11 **wichtigsten Forderungen**, die an einen automatischen Messablauf gestellt werden:

1. Universelle Messtaster für mehrere Achsrichtungen
2. Keine Unterbrechung zum Nachladen von Messprogrammen
3. Hohe Messgeschwindigkeit, d. h. Verstellgeschwindigkeit bis 3 m pro Minute und Feinpositionierung in der Größenordnung der Auflösung, schnelle Erfassung der Koordinatenwerte nach dem Antasten

Bild 1.78: CNC-gesteuerte Portal-Messmaschine. (Quelle: Carl Zeiss)

4. Geringe Messunsicherheit, hohe Messgenauigkeit
5. Keine überhöhte Anzahl von Antastpunkten oder Wiederholungen zur Erhöhung der Messgenauigkeit
6. Rasche Umrüstung auf andere Werkstück-Typen
7. Die ausgegebenen Messdaten sollen ohne Umrechnung eine schnelle und sichere Beurteilung der Fertigungsqualität ermöglichen und für Korrekturen verwendbar sein
8. Messprogramme für neue Werkstück-Typen müssen schnell erstellt werden können
9. Vermeidung systematischer Messfehler
10. Zukunftsorientiertes Maschinenkonzept, d.h. z.B. Genauigkeitsreserven, ein universelles Tastsystem, Ausbaufähigkeit für spezielle Messaufgaben, sowie eine allen Erfordernissen leicht anpassbare Software für Steuerung und Datenauswertung und nicht zu-

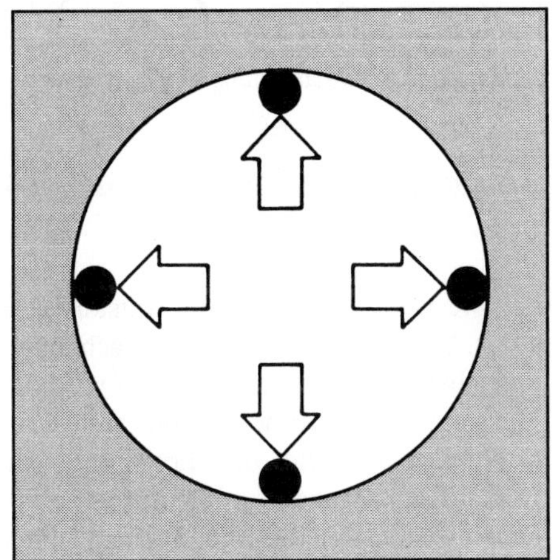

Messzyklus zum Zentrieren einer Bohrung

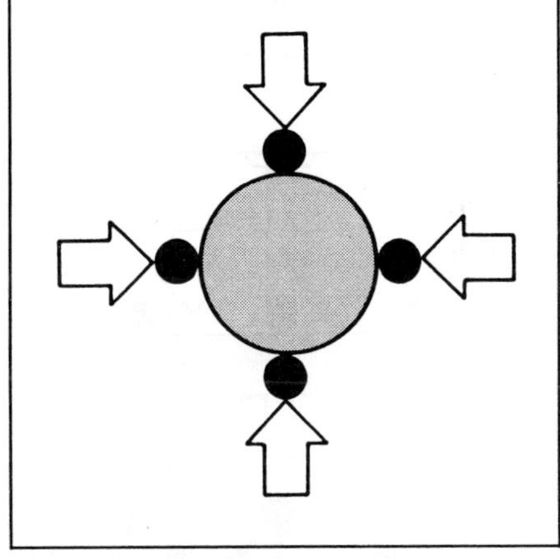

Messzyklus zum Zentrieren einer Welle

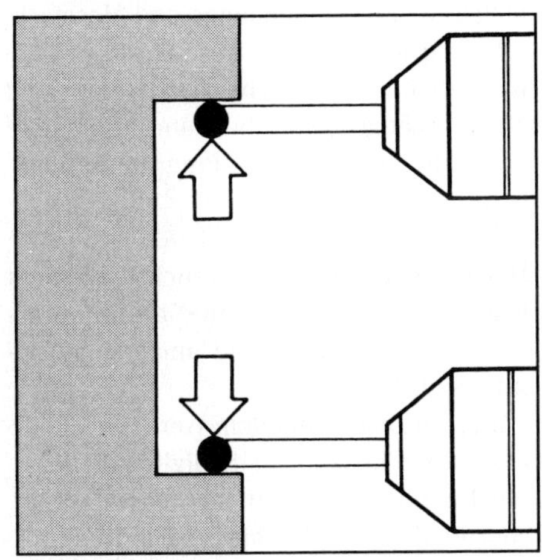

Messzyklus zum Ausmitteln einer Nut

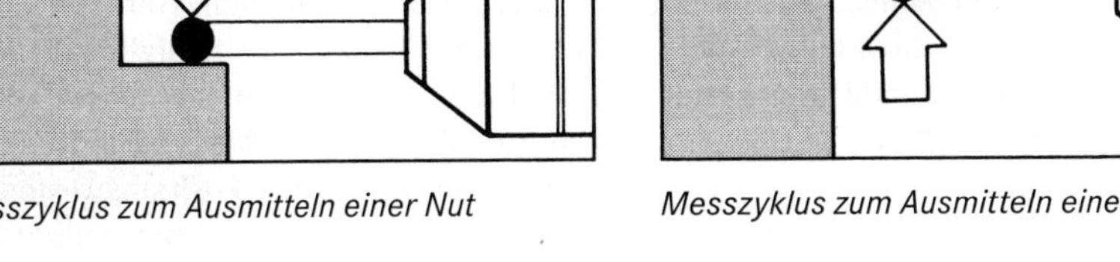

Messzyklus zum Ausmitteln eines Stegs

Bild 1.79: Beispiel verschiedener Messzyklen.

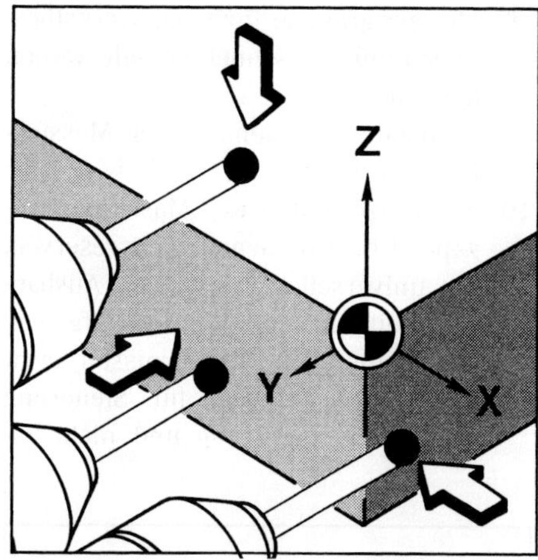

Messzyklus zur Bestimmung von einzelnen Positionen

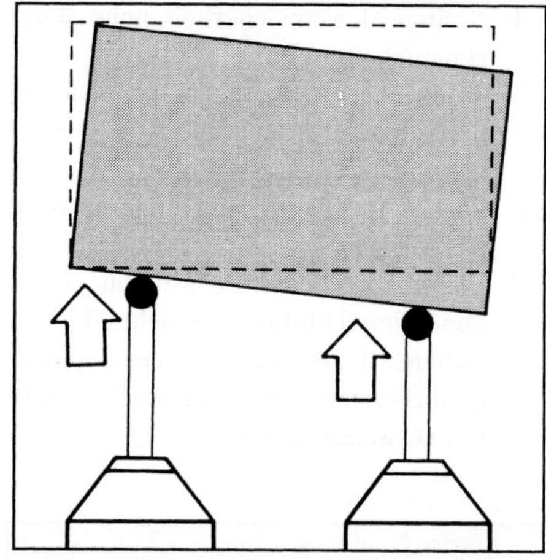

Messzyklus zur Bestimmung eines Winkels

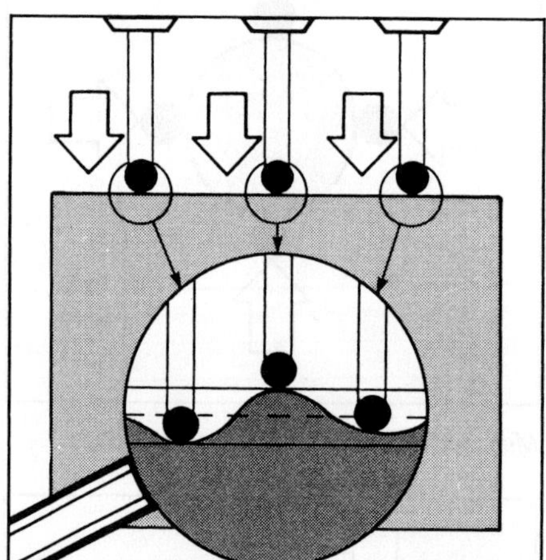

Messzyklus zur Bestimmung mehrerer achsparalleler Punkte

Bild 1.80: Beispiel verschiedener Messzyklen.

letzt die Möglichkeit zur Erstellung kundeneigener, spezieller Rechnerprogramme

11. Automatisch erstellte und ausgedruckte Messprotokolle. Diese sind glaubwürdiger als manuell erstellte Protokolle. Nachfolgende Auswertarbeiten können entfallen.

Die **Programmierung** des Messablaufprogrammes erfolgt heute vorwiegend mit der Messmaschine und dem Musterwerkstück. Nach Einlesen eines entsprechenden Betriebsprogrammes (Prozessors) wird die Messmaschine vorübergehend zum Programmierplatz und die Erstellung der werkstückbezogenen Ablaufprogramme kann durch manuelles Abfahren des ersten Teiles ohne spezielle Programmierkenntnisse erfolgen. Ein Verständnis für geometrische Zusammenhänge und Messtechnik wird jedoch vorausgesetzt. So werden nacheinander sämtliche Positionier- und Messvorgänge gespeichert und für spätere Wiederholungen dieses Programmes aufbewahrt.

Der Tastkopf ist das wesentlichste Element jeder 3D-Messmaschine und bestimmt deren Messgenauigkeit und universelle Einsatzmöglichkeit.

Bei Berührung mit dem Werkstück übernimmt der Tastkopf als Stellglied die Lageregelung der Achsen in seinen Nullpunkt, oder er liefert selbst Messwerte für X-, Y- und Z-Achse, die den Positionswerten der Messmaschine überlagert werden müssen.

Der Rechner erfüllt in Verbindung mit

einer speziellen Software neben der Verarbeitung der Maschinen- und Taststift-Koordinaten eine Vielzahl anderer Aufgaben, wie z. B.

1. Erkennung der Messebene oder -achse mit räumlicher Koordinaten-Transformation (3D-Ausrichtung)
2. Unterscheidung von Innen- und Außenkonturen von Kreisen und Zylindern
3. Erkennung von Fehlbedingungen, wie ungewollte Tasterkollision, Fehlen von Bohrungen, Nichterreichen eines Werkstück-Punktes, Endlagenerkennung der Achsen, Stillstandsüberwachung vor Messdatenaufnahme, usw.
4. Speichern der Messdaten
5. Verarbeiten der Messdaten, deren Auswertung und Ausgabe im gewünschten Format
6. Unterprogramme zur Messung von:
   - räumlichen Elementen, wie Kegel, Kugel, Zylinder, Fläche
   - ebenen Schnitten räumlicher Elemente, wie Ellipse, Kreis, Gerade, Schnittpunkte
   - Koordinatenpunkten und deren Verknüpfung, wie Distanz, Winkel, Symmetrien usw.

Die CNC einer Messmaschine unterscheidet sich jedoch in einigen kleinen, aber wichtigen Details von der CNC einer Werkzeugmaschine. Das Bearbeitungsprogramm für eine Werkzeugmaschine setzt voraus, dass die Werkzeuge und Maschinen-Geometrie mit den angenommenen Werten übereinstimmt. Die Messmaschine muss dagegen feststellen:

a. wie groß die Soll-/Ist-Abweichungen am Werkstück sind
b. ob die erzeugten Bohrungen und Flächen senkrecht zueinander stehen
c. ob eine Bohrung/Schräge/Fläche überhaupt vorhanden ist
d. ob und wann und wie ein Korrekturwert in den Prozess einfließen soll, um die Toleranzen einzuhalten
e. oder ob der Fertigungsprozess sofort zu stoppen ist, da größere Abweichungen auf Fehler in der Werkzeugmaschine schließen lassen.

Zur Umstellung der Messmaschine auf Messen oder Programmieren muss das Betriebsprogramm austauschbar sein, die Steuerung muss über einen ausreichend großen Datenspeicher verfügen, und die Rechnergeschwindigkeit muss groß genug sein, um all die vielen Rechenoperationen in kürzester Zeit ausführen zu können.

Scanning

Darunter versteht man das **kontinuierliche Abtasten einer Oberfläche**. Dazu führt die CNC den Taster kontinuierlich und zeilenweise über die zu messende Oberfläche des Werkstückes. Gleichzeitig speichert der Rechner entweder in einem vorgegebenen Zeittakt oder in Abhängigkeit von der Messstrecke alle Messwerte. Damit der Tastkopf stets innerhalb seines Messbereiches bleibt, regelt die CNC über die Servoantriebe die Antastachse ständig nach. Deshalb muss anstelle eines schaltenden Messtasters ein **messender Taster** eingesetzt werden, dessen Auslenkung ebenfalls ständig gemessen und korrigierend in die Messwerte zurückgeführt wird. Die erzielbare Messgenauigkeit liegt bei einer Auflösung des Messtasters von 0,1 μm bei ± 1 μm *(Bild 1.81 und 1.82).*

Die Messwerte lassen sich entweder als **Messprotokoll** auswerten oder von geeigneten CNC-Fabrikaten direkt zum Fräsen einer gleichen Oberfläche verwenden.

Die Weiterentwicklung der Messmaschinen und der Messtaster wird zum verstärkten Einsatz berührungslos arbeitender, **optischer Messtaster** führen, insbesondere unter Ausnutzung der Lasertechnik. Die Messmaschine selbst rückt dabei immer näher an die Fertigungsmaschinen heran, um Korrekturwerte auch auf kurzem, schnellem Weg zurückführen zu können.

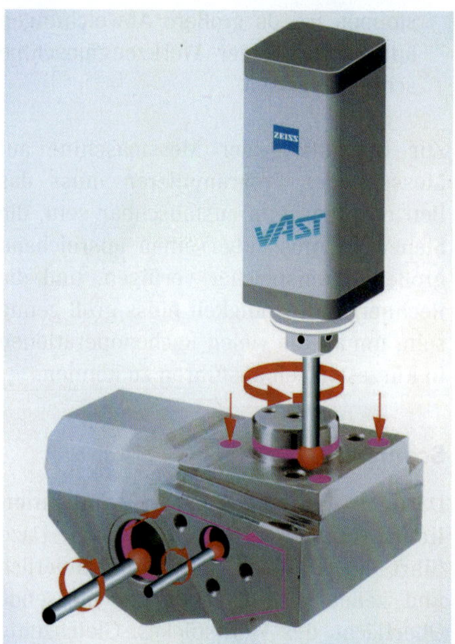

Bild 1.81: Scanning-Tastkopf zur Messung von Maß, Form und Lage. Wahlweise Einzelpunkt- und Scanning-Vielpunktmessung.

Bild 1.82: Der schaltende Zentraltastkopf für schnelle Einzelantastungen.

CAI

Im Rahmen von CAQ sollte auch CAI (Computer Assisted Inspection) erwähnt werden. Dies ist eine neuartige Technik, mit der ein auf CAD-Basis hergestelltes physikalisches Modell mit dem 3D-CAD-Modell vollautomatisch verglichen werden kann. Dieser Prozess ist schneller, vollständiger und genauer als die Verwendung einer Koordinaten-Messmaschine. Eine Vorrichtung mit strukturiertem Licht- und Bildverarbeitungskamera misst das Prüfwerkstück, vergleicht die Daten beider Modelle und dokumentiert die festgestellten Abweichungen mittels Computer und einer speziellen Software. Dabei werden unmaßgebliche Punkte eliminiert, um die Zeit für Datenerfassung und Analyse auf ein Minimum zu reduzieren. Es soll damit auch verhindert werden, dass Lichtreflexionen Messfehler verursachen.

Eine andere Möglichkeit ist die Verwendung einer dreidimensionalen CNC-Messmaschine (KMG) mit Messfühler. Die Messwerte des Prüfteils werden in X-, Y- und Z-Koordinaten aufgezeichnet und mit den Daten des CAD-Modells verglichen.

Beide Verfahren befinden sich noch in der Testphase, werden aber stetig weiter entwickelt, um sie bis zum Einsatz in der Serienfertigung perfektionieren zu können.

1.15 Zusammenfassung

CNC-Maschinen sind durch den Einsatz moderner Steuerungstechnik in der Lage, Werkstücke mit hoher Präzision und komplexen Formen automatisch und ohne manuelle Eingriffe herzustellen. Sie übertreffen manuell oder mechanisch gesteuerte Maschinen bezüglich Flexibilität, Präzision, Wiederholgenauigkeit und Geschwindigkeit. Hauptkennzeichen ist die schrittweise Vorgabe der Werkstück-Sollmaße im NC- oder Teile-Programm und die simultane Steuerung der NC-Achsen.

Der Einfluss numerischer Steuerungen auf den Werkzeugmaschinenbau führte im Verlauf der Entwicklung zu teilweise völlig neuen Maschinen und zusätzlichen mechanischen Automatisierungseinrichtungen. In diesen kommen sowohl konventionelle Zerspanungswerkzeuge als auch technologisch völlig neue Verfahren zum Einsatz. Dazu zählen beispielsweise energiereiche Laserstrahlen, Plasmaschneiden, Elektronenstrahlen oder Höchstdruck-Wasserstrahl-Schneidverfahren. Durch zusätzliche speziell dem Verfahren angepasste oder auch standardisierte mechanische Einrichtungen zum automatischen Werkzeug- und Werkstückwechsel werden derart ausgestattete Maschinen zu autonomen **Bearbeitungszentren** und **Fertigungszellen.**

Ein weiterer neuartiger CNC-Maschinentyp sind die **Multitasking-Maschinen.** Darunter versteht man CNC-Werkzeugmaschinen, in denen eine Kombination verschiedener Bearbeitungsverfahren zum Einsatz kommt. Sie ermöglichen beispielsweise das Drehen, Fräsen und Schleifen oder eine Kombination von spanenden Verfahren und Laserbearbeitung in einer Aufspannung. Dies reduziert nicht nur die Bearbeitungszeit, sondern trägt auch dazu bei, die Bearbeitungsgenauigkeiten deutlich zu verbessern.

Die CNC hat die Entwicklung von leistungsfähigen Servomotoren unterstützt, die heute außerordentlich hohe Bearbeitungsgeschwindigkeiten ermöglichen. Auch Linearantriebe mit hochdynamischen digitalen Regelkreisen oder Torque-Motoren für einen Direktantrieb ohne Untersetzungsgetriebe sind solche innovativen Entwicklungen.

Die hohen Geschwindigkeiten und Beschleunigungen, mit denen heute bearbeitet wird, erfordern eine zusätzlich erhöhte Sicherheit für Mensch und Maschinen. Aus diesem Grund und auch zwecks Reinhaltung der Umgebung ist zumindest der Bearbeitungsraum von CNC-Maschinen komplett eingehaust. Deshalb war es in diesem Buch schwierig, solche Maschinen ohne Gehäuse zu zeigen. Einige Hersteller haben detaillierte CAD-Darstellungen ihrer Produkte zur Verfügung gestellt, was sehr zum besseren Verständnis der konstruktiven Auslegung der Maschinen beiträgt.

Die Numerische Steuerung wurde vor 60 Jahren für die Werkzeugmaschine entwickelt. Aber ohne die NC ist die Werkzeugmaschine in einem modernen Fertigungsbetrieb undenkbar. Der nächste Schritt ist die vollautomatisierte Fertigung als Komponente der Industrie 4.0. Keimzelle dafür ist die numerisch gesteuerte Werkzeugmaschine.

Die Darstellung moderner CNC-Maschinen wäre jedoch nicht komplett, ohne die Maschinen zur additiven Fertigung zu erwähnen. Diese werden im folgenden Kapitel vorgestellt.

CNC-Werkzeugmaschinen

Das sollte man sich merken:

1. **Bearbeitungszentren** sind CNC-Maschinen mit mindestens 3 NC-Achsen, einem Werkzeugmagazin mit automatischem Werkzeug- und Werkstückwechsler. Je nach Lage der Arbeitsspindel unterscheidet man Horizontal- und Vertikalmaschinen.
2. Mit einem zusätzlichem **Dreh-Schwenktisch** oder einem **schwenkbaren Werkzeug** lassen sich prismatische Werkstücke von 5 Seiten und beliebig im Raum liegenden Flächen bearbeiten.
3. **Drehmaschinen** sind, gemessen an den Stückzahlen, die meist produzierten CNC-Werkzeugmaschinen. Sie werden in vielen unterschiedlichen Bauformen und Werkzeugwechseleinrichtungen hergestellt.
4. **Senkrechtdrehmaschinen** mit zwei Bearbeitungsspindeln, automatischer Werkstück-Zuführung und -Übergabe sind **Fertigungszellen** zur Komplettbearbeitung der Teile.
5. **Dreh-Fräszentren** werden auch für zusätzliche Bohr- und Fräsbearbeitungen der im Drehfutter gespannten Werkstücke konzipiert.
6. **Schleifmaschinen** unterscheiden sich nach der Form der zu erzeugenden Flächen nach Flach- und Profilschleifmaschinen, Rundschleifmaschinen und Werkzeugschleifmaschinen.
7. Da sich die Schleifscheibe während des Bearbeitungsprozesses abnützt bzw. bei Profilscheiben ihre Form verändert, muss sie – meist mit einem Diamantwerkzeug – im Abrichtvorgang reprofiliert werden. Das Maß der Veränderung an der Schleifscheibe erhält die CNC als Korrekturwert.
8. **CNC-Verzahnmaschinen** werden nur noch ohne Wechselräder gebaut. Das erforderliche Übersetzungsverhältnis der gekoppelten NC-Achsen steuert die CNC durch entsprechende Programmierung.
9. **Laserbearbeitungsmaschinen** werden für unterschiedliche Anwendungen mit unterschiedlich leistungsfähigen Laser-Leistungen eingesetzt:
   - CO_2-(Gas-) und
   - Nd:YAG (Festkörper-) Laser
10. Der laseraktive Körper von **Nd:YAG** ist ein Einkristall aus Yttrium-Aluminium-Granat.
11. Zu den **Lasermaschinen** zählen auch die Generativen Fertigungsverfahren „Stereo-Lithografie“, „Strahlschmelzen“, „Lasersintern“ u. a.
12. **Nibbelmaschinen** werden auch mit zusätzlichen Laser-Schneid-Einrichtungen ausgerüstet und dadurch produktiver und flexibler.
13. Beim **Nibbeln** (oder Knabberschneiden) werden Stanzlöcher so aneinander gesetzt, dass sie sich überschneiden. Mit einer Hubfolge von bis zu 1200/min wird so eine Spur aus dem Blech herausgenibbelt. So lassen sich Durchbrüche und Konturen mit beliebiger Form erzeugen.
14. **Funkenerosionsmaschinen** nutzen den physikalischen Effekt, dass durch elektrothermische Entladungen zwischen Anode und Kathode Oberflächenpartikel (am Werkstück) verdampft werden.

15. Zum **Schneiderodieren** werden durchlaufende Drahtelektroden mit 0,1 bis 0,3 mm Durchmesser verwendet, die berührungslos und ohne mechanische Krafteinwirkung das Werkstückmaterial abtragen.
16. **Elektronenstrahlmaschinen** werden hauptsächlich zum Schweißen hochwertiger Metalle, z.B. Titan im Vakuum, eingesetzt. Bearbeitet wird in einer Vakuum-Kammer. Als Werkzeug dient ein energiereicher, schlanker, scharf gebündelter Strahl schneller Elektronen.
17. Dazu wird die **Strahlleistung** von 1 bis 100 kW auf einen Brennfleck von 0,1 bis 2 mm Durchmesser konzentriert.
18. Beim **Wasserstrahlschneiden** wird Wasser mit einem Druck von 4000 bis 9000 bar durch Düsen von 0,1 bis 0,3 mm gepresst. Dabei erreicht die Austrittsgeschwindigkeit des Strahls 800 bis 900 m/s.
19. Dieses Verfahren ist besonders geeignet zum Trennen von „weichen“ Werkstücken aus Gummi, Leder, Papier, Schaumstoff, Styropor und elektronischen Leiterplatten, da keine elektrische Aufladung erfolgt.
20. Durch Beigabe eines **Abrasiv-Schneidmittels** feinster Körnung lässt sich auch Stahl bis 80 mm Stärke, Titan, Marmor und Glas schneiden.
21. Unter **Multitaskingmaschinen** versteht man die Kombination verschiedener Bearbeitungstechnologien in einer Werkzeugmaschine. Diese Kombination steigert die Produktivität und Qualität erheblich. Außerdem lassen sich Werkstücke mit erheblich größerer Komplexität bearbeiten.
22. **CNC-Messmaschinen** sind zur Qualitätssicherung wichtig und werden zum 3D-Vermessen von beliebigen Werkstück-Konturen und für die Prozessüberwachung von Werkstücken mit hohen Genauigkeitsanforderungen eingesetzt.
23. Die **Programmierung** des Messablaufs erfolgt heute vorwiegend mit der Messmaschine und dem Musterwerkstück.
24. Zum Messen von **3D-Oberflächen** führt die CNC den Messtaster kontinuierlich und zeilenweise über die zu messende Oberfläche des Werkstückes und speichert die Messdaten bzw. die Differenzwerte ab.

■

2 Additive Fertigungsverfahren

Hans B. Kief, Michael Ott, Andreas Petzuch, Johannes Schilp

Additive Fertigungsverfahren beruhen auf dem Grundgedanken des schichtweisen Aufbaus von Bauteilen, d. h. das Bauteil wird durch die Erzeugung einzelner Schichten additiv aufgebaut. Die Fertigung der Geometrien erfolgt aus formlosen (Flüssigkeiten, Pulver) oder formneutralen Materialien (Band, Draht, Papier, Folie) mittels chemischer und/oder physikalischer Prozesse über eine CAD/CAM-Kopplung direkt aus den digital erzeugten CAD-Datenmodellen.

2.1 Einführung

Nachdem die generativen Fertigungsverfahren erstmalig 1987 in den USA der Öffentlichkeit vorgestellt wurden, konnten die ersten Maschinen in den Jahren 1989 - 1990 nach Europa und Deutschland ausgeliefert werden. Damals handelte es sich vor allem um Stereolithographie-(STL)Maschinen. Im Laufe der folgenden Jahre entstanden weitere Prozessvarianten u. a. das Selektive Lasersintern (SLS), das Strahlschmelzen und das Laminated Object Manufacturing (LOM). Auf Basis der bekannten Prozesse *(Abschnitt 2.4)* werden in den nächsten Jahren noch neue bzw. modifizierte Verfahren (weiter) entwickelt, da das Potential der generativen Fertigung z. B. in der Multimaterialverarbeitung noch nicht ausgeschöpft ist.

Der Prozessablauf lässt sich wie folgt zusammenfassen *Abschnitt 2.3):* Während des schichtweisen Aufbaus von Bauteilen wird ein formloses bzw. -neutrales Ausgangsmaterial durch Einbringen von Energie Schicht für Schicht verfestigt. Alle Schichtbauverfahren müssen bzgl. der Datenverarbeitung (CAD) drei Voraussetzungen erfüllen:

- Ausgangspunkt für die additive Fertigung eines Bauteils ist ein **3D-CAD-Modell**, in dem die kompletten Werkstückdaten digital abgebildet sind.
- Für den Bauprozess müssen die 3D-Volumenköper bzw. geschlossene Oberflächenmodelle mittels des sog. Slice-Prozesses digital in viele **einzelne Schichten zerlegt** und damit **auf zwei Dimensionen reduziert** werden. Diese Schichtdaten geben ein **verfahrensspezifisches CNC-Programm** vor.
- Der anschließende Fertigungsprozess erfolgt auf einer **numerisch gesteuerten Maschine,** die die erstellten Informationen schichtweise abarbeitet und so ein Bauteil generiert.

Ein Vergleich mit konventionellen Fertigungsverfahren zeigt das wirtschaftliche und technische Potential der generativen Fertigung: Während einfache Volumenkörper in großen Stückzahlen mittels bekannter Verfahren wie Drehen, Fräsen oder Gießen wirtschaftlich produziert werden können, steigt mit sinkender Stückzahl und mit zunehmender Bauteilkomplexität die wirtschaftliche Anwendbarkeit von Schichtbauverfahren. Zudem können einzelne hochkomplexe Bauteile z. B. mit innenliegenden Geometriefeatures ausschließlich mit generativen Fertigungsverfahren hergestellt werden.

Die schichtweise erzeugten Werkstücke können dabei sehr unterschiedliche Aufgaben in verschiedenen Einsatzgebieten erfüllen:

- Modelle:
  - **Konzeptmodelle** dienen zur frühestmöglichen Visualisierung der Abmessungen und des allgemeinen Erscheinungsbildes einer Produktentwicklung.
  - **Designmodelle** dienen zur form- und maßgenauen Darstellung des CAD-Modells. Es ist die Oberflächenqualität und Lage einzelner Elemente von Bedeutung.
- Prototypen:
  - **Funktionsprototypen**, welche dem Serienmuster weitgehend entsprechen, dienen zur Überprüfung einer oder mehrerer vorgesehener Funktionen des späteren Serienteils.
  - **Technische Muster**, welche sich vom späteren Serienbauteil nur durch das Fertigungsverfahren unterscheiden, dienen zur Überprüfung der gestellten Anforderungen.
  - **Variantennutzung,** d.h. von einem vorhandenen Muster als Basismodell werden parametrisch individuelle Teile abgeleitet und ohne Mehraufwand produziert.
  - **Digitale Ressourcen,** Der Lagerbestand reduziert sich auf Druckermaterial, die Fertigungsteile reduzieren sich auf digitale Daten.
- Bauteile:
  - Mittels **(Form-)Werkzeugen** können Endprodukte in einem nachfolgenden Fertigungsprozess (z.B. Spritzgießen) hergestellt werden.
  - Kundenindividuelle, endkonturnahe **Einzel- und Serienbauteile** können vollständig funktional eingesetzt werden.

Generative Fertigungsverfahren können demnach in allen Phasen der Produktentwicklung eingesetzt werden.

2.2 Definition

Alle Verfahren, mit deren Hilfe dreidimensionale Modelle, Prototypen und Bauteile additiv, also durch Aneinander- oder Aufeinanderfügen von mehreren Volumenelementen hergestellt werden, bezeichnet man auch als generative Fertigungsverfahren. In der Literatur und in der Praxis trifft man auf viele weitere Bezeichnungen, welche durch die im Jahr 2010 eingeführte VDI Richtlinie 3404 zusammengefasst und standardisiert werden.

Generative Fertigungsverfahren werden aus historischen Gründen gerne mit dem Namenszusatz „rapid" versehen, um auszudrücken, dass die generativen Verfahren (bei kleinen und mittleren Stückzahlen) schneller als ihre klassischen Alternativen sind. Durch die Vermeidung des i.d.R. bei klassischen Verfahren notwendigen Werkzeugbaus bieten generative Verfahren neben Geschwindigkeitsvorteilen in den meisten Fällen auch hohe wirtschaftliche Einsparpotentiale. Zusammengefasst werden die generativen Fertigungsverfahren daher auch als **Rapid-Technologien** bezeichnet.

Wie oben erwähnt können die generativen Verfahren über den gesamten Produktentstehungsprozesses wirtschaftlich zum Einsatz kommen *(siehe Bild 2.1)*. Rapid Technologien werden dabei in die Bereiche Rapid Prototyping, Rapid Tooling und Rapid Manufacturing eingeteilt.

Mit **Rapid Prototyping** wird ein Anwendungsbereich der Rapid-Technologien bezeichnet, in dem kostengünstig und schnell Versuchsteile und Prototypen hergestellt werden. Diese Bauteile weisen meist eingeschränkte oder spezielle Funktionalitäten auf. Die Konstruktion kann, muss aber nicht fertigungsgerecht im Hinblick auf die Serienfertigung sein. Ebenso kann im Rapid-Prototyping-Bereich auf den Einsatz des meist teuren Serienmaterials verzichtet werden. Der Begriff **Rapid Prototyping** deckt damit nur einen kleinen Teil der

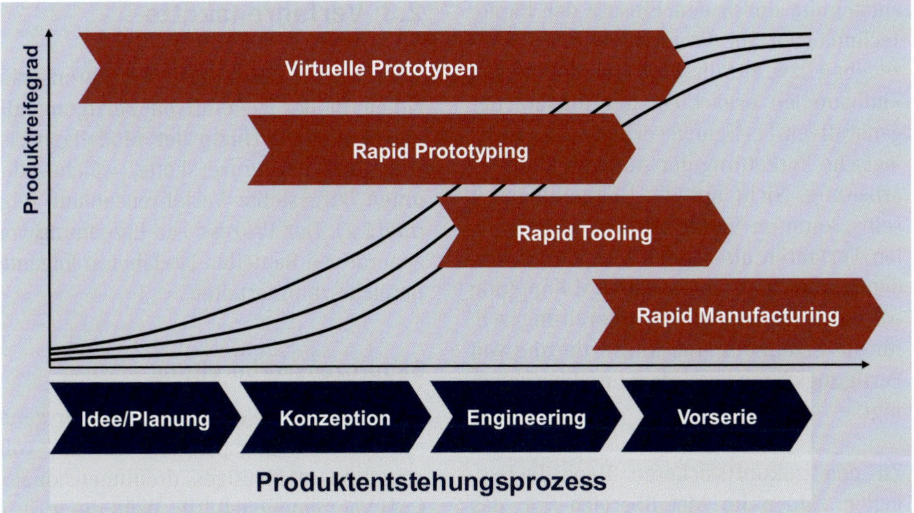

Bild 2.1: Rapid-Technologien im Produktentstehungsprozess.

generativen Anwendungen ab und sollte daher nicht gleichbedeutend mit dem Begriff generative Verfahren verwendet werden.

Unter **Rapid Tooling** versteht man, wenn unter Einsatz von generativen Verfahren Werkzeuge und Formen zur Herstellung von Prototypen, Vorserien- und Serienbauteilen produziert werden (z.B. Gieß-, Spritz- und Ziehformen). Dabei wird größtenteils das selektive Laserstrahlschmelzen eingesetzt, durch welches neben der schnellen Herstellung auch die Formgebungsfreiheiten der Rapid-Technologien effektiv genutzt werden können. Um die nötige Präzision bzw. die geforderten Oberflächeneigenschaften zu erreichen, werden häufig noch klassische Verfahren wie das HSC-Fräsen herangezogen um die generativ hergestellten Werkzeuge und Formen nachzuarbeiten. Man spricht in diesem Fall von *direktem* Rapid Tooling. Als *indirektes* Rapid Tooling bezeichnet man die Herstellung von Werkzeugen durch Abformen von generativ hergestellten Urmodellen. Verfahren, bei denen die Werkzeuge z.B. durch CNC-Programmierung und anschließendem HSC-Fräsen aus dem vollen Rohmaterial innerhalb kurzer Zeit hergestellt werden können, werden neben den generativen Fertigungsverfahren mit zur Gruppe der Rapid-Technologien gerechnet. Auf Grund des Zerspanungscharakters dürfen diese jedoch nicht mit generativen Prozessen verwechselt werden.

Mit **Rapid Manufacturing** wird die generative Herstellung von Endprodukten für die Einzel- oder Serienfertigung bezeichnet. Die Bauteile werden aus den Konstruktionsdaten im Original-Werkstoff gefertigt und besitzen alle Merkmale des Endprodukts. Neben der Möglichkeit zur schnellen Bauteilherstellung werden durch den generativen Aufbau produktseitig konstruktive Gestaltungsmerkmale (z.B. oberflächennahe Kühlkanäle oder gekrümmte Bohrungen) ermöglicht, welche mit konventionellen Produktionsmethoden nur bedingt oder nicht herstellbar sind.

Mittels Rapid-Technologien gelingt es damit, die Möglichkeiten zur Fertigung von neuen Gestaltungselementen zu erweitern bzw. zu beherrschen und ohne Umwege in die Fertigung von Endprodukten für die Einzel- oder Serienfertigung einzusteigen. Neben der Verkürzung der Produktentwicklung und der Produktentstehung durch den Einsatz der Rapid-Technologien im Prototypen- und Werkzeugbau bzw. zur direkten Herstellung von Endbauteilen erleichtert der Einsatz der generativen Fertigungsverfahren auch die logische Verkettung der Auftragsdatenverarbeitung. Nicht nur die Herstellungszeit selbst kann im Vergleich zu konventionellen Verfahren als schnell bezeichnet werden, durch die direkte CAD-CAM Kopplung wurde auch die Arbeitsvorbereitung z. B. für die Erzeugung und Konvertierung von Fertigungsdaten vereinfacht und beschleunigt.

Zu den zukunftssicheren Rapid-Technologien zählen im Metallbereich v. a. das Strahlschmelzen, auch bekannt unter Laser Forming, Selective Laser Melting (SLM), LaserCusing, Electron Beam Melting (EBM) oder Direktes-Metall-Lasersintern (DMLS) *(Bild 2.2)* sowie das Auftragschweißen (Direct Metal Deposition (DMD)). Diese eignen sich sowohl zur Prototypen-Erstellung, als auch zum Reparieren oder Ändern von Werkzeugen und Gussformen. DMD ermöglicht die Bearbeitung von Freiform-Flächen durch schichtweises Aufschmelzen von Metallpulver im Laserstrahl. Dabei ist der Wärmeeintrag ins Werkstück minimal. Beide oben genannten Verfahrensvarianten sind gekennzeichnet durch:

- Das Metallpulver als Ausgangswerkstoff,
- vollständiges Schmelzen des Metallpulvers durch den Laser,
- Mischen und Auftragen von verschiedenen Metallpulvern auf andersartige Grundmaterialien,
- vollautomatische Fertigung, ohne Handarbeit,
- Teilegenerierung direkt aus den 3D-CAD-Daten und
- endkonturnahe Fertigung mit geringer Nacharbeit an den Funktionsflächen.

2.3 Verfahrenskette

Übergreifend über alle Verfahrensprinzipien in der generativen Fertigung gilt ein ähnliches Prinzip der Modellgenerierung und der Prozesskette, welches der unten dargestellte Verfahrensablauf zeigt *(Bild 2.2)*. Der Prozess zur Erzeugung von generativen Bauteilen ist dabei in folgende Bereiche zu unterteilen.

Bauprozessvorbereitung

Grundlage und Voraussetzung aller generativen Fertigungsprozesse ist ein vollständiges, maßhaltiges, dreidimensionales CAD-Volumenmodell. Die Wahl des zu verwendenden CAD-Konstruktionsprogramms richtet sich dabei nach den Möglichkeiten zum Datei-Export. Zum Einsatz bei Rapid-Technologien kommen Formate wie STL, IGES oder STEP. Das hauptsächlich Verwendung findende STL-Format basiert auf der Annäherung der Geometrie durch Dreiecke (Triangulation). Dieses Format wird auch von allen gängigen CAD-Programmen unterstützt. Der Prozess der Triangulation umfasst dabei die möglichst genaue Annäherung der Geometrieaußenfläche durch Dreiecke. Diese Dreiecke werden durch die Lage der drei Eckpunkte und den zugehörigen Normalenvektor, der vom Volumen des Bauteils weg zeigt, definiert. Durch die Gesamtzahl der Dreiecke und Normalenvektoren bleibt die Oberflächeninformation erhalten. Eine Verifikation der Geometrie der Bauteile nach der Triangulation sollte dabei aber immer durchgeführt werden. Reparaturfunktionen bei Triangulationsfehlern stellt in der Regel jede Software zur Datenvorbereitung zur Verfügung.

Der STL-Datensatz des Bauteils ist die Eingangsinformation für den Slice-Prozess. Dabei wird das Bauteil in einzelne Schichten zerlegt. Die Schichtdicke richtet sich nach dem zur Anwendung kommenden Verfahren bzw. der gewünschten Oberflächengüte. Beim Slicen wird somit für jede

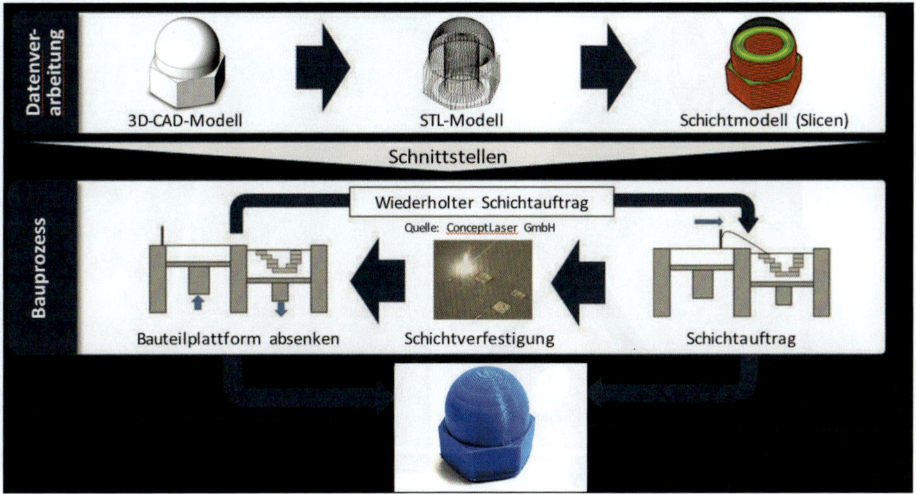

Bild 2.2: Ablauf der Datenverarbeitung sowie des Bauprozesses vom 3D-Volumenmodell bis zum fertigen Bauteil.

Schicht die Geometrieinformation für den Bauvorgang erzeugt. An Rundungen, Freiformflächen und stumpfen Winkeln wird durch den schichtweisen Aufbau ein Stufeneffekt erzeugt. Dies führt zu einer geringen Oberflächenqualität. Je größer die Schichtdicke ist, desto größer wird dieser Stufeneffekt. Im Gegensatz dazu verringern sich mit größerer Schichtdicke die Bauzeit und somit die Bauteilkosten. Für jeden Bauprozess gilt es einen Kompromiss zu finden.

In einem letzten Schritt in der Bauprozessvorbereitung ist das Bauteil im Bauraum der Maschine virtuell mittels der Anlagensoftware zu platzieren. Gleichzeitig werden die einzelnen Schichtinformationen in Steuerdaten der Anlage transferiert. Der Anwender legt anschließend anlagenspezifische Parameter, wie beispielsweise die Verfahrgeschwindigkeit oder die Bauraumtemperatur, fest.

Topologie-Optimierung

(Bilder 2.4 und 2.5)

Im Bestreben nach einem immer effizienteren Design bietet das additive Fertigen mit Hilfe der FEM-Berechnung eine Gewichtsoptimierung. Dabei werden die Bereiche hoher Belastung wenn nötig verstärkt. Der Bereich mit geringer Belastung wird nicht

Bild 2.3: Konsole hergestellt mittels Fräsen und Bohren. (Quelle: EOS)

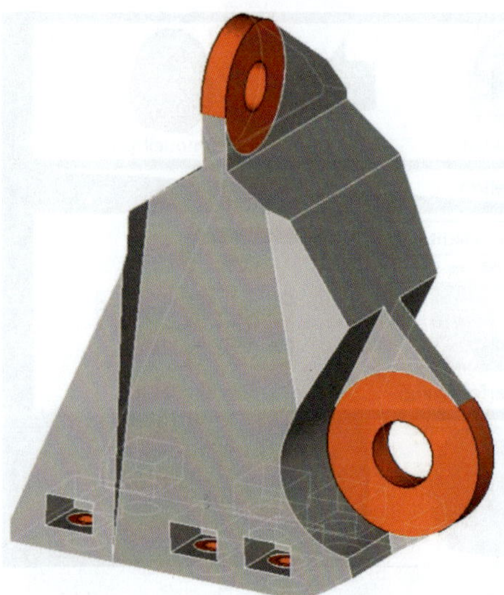

Bild 2.4: Belastung der Konsole berechnet mit FEM rot = hohe Spannungen grau = Bereich mit überflüssigem Material. (Quelle: EOS)

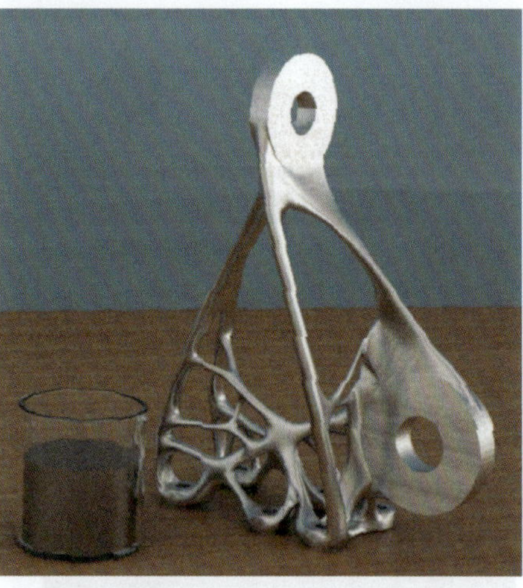

Bild 2.5: Konsole topologieoptimiert. (Quelle: EOS)

erforderliches Material aus einem vorgegebenen Volumen schrittweise eliminiert und damit eine optimale Vollkörperstruktur ermittelt.

Lattice-Optimierung *(Bild 2.6)*

Im Bestreben nach einem immer effizienteren Design bietet das additive Fertigen zusätzlich zur Topologieoptimierung einen weiteren revolutionären Schritt: Die Lattice-Struktur

Im Gegensatz zur Topologieoptimierung, bei der nicht erforderliches Material aus einem vorgegebenen Volumen schrittweise eliminiert wird und damit eine optimale Vollkörperstruktur ermittelt, wird bei der Lattice-Optimierung ein Körper mit vorgegebener Außengeometrie mit einer Feinstruktur (Fachwerk bzw. Lattice) gefüllt.

Anstatt des äußeren Erscheinungsbildes eines Körpers wird hierbei nur die innere Struktur in seiner Dichteverteilung verändert.

Diese Dichteverteilung folgt den Belastungspfaden, die gemäß der Funktion im Bauteil einwirken. An Stellen höherer Belastung ist die Materialdichte dementsprechend größer und an Stellen mit geringer Beanspruchung entsprechend reduziert.

Erst mit der additiven Fertigung und dem damit verbundenen schichtweisen Aufbau sind derartige Strukturen ohne Mehraufwand möglich.Somit lässt sich ein Bauteil entkoppelt von seiner Außenkontur gewichtsoptimiert werden. Anwendung findet ein solches Vorgehen zum Beispiel in der Halbleiterindustrie, wenn für Funktionsteile eine leicht zu reinigende und

Bild 2.6: Latticeoptimierung eines Bedienknopfes. (Quelle: EOS)

glatte Oberfläche erforderlich ist und das Gesamtgewicht äußerst gering gehalten werden muss. Darüber hinaus können auch Teile gewichtsoptimiert werden, die einer durch die Peripherie vorgegeben Bestandskontur folgen müssen, da nur die Innenstruktur verändert wird.

Bauprozess *(Bilder 2.7 und 2.8)*

Prinzipiell arbeitet jedes additive Verfahren in drei Prozessschritten. Zunächst wird das Material aufgebracht, dann die Schicht verfestigt und abschließend die Bauplattform zum Aufbringen der nächsten Schicht abgesenkt. Das Aufbringen des Materials und der Verbindungsprozess variieren dagegen je nach Anlage und Fertigungstechnologie. Zudem unterscheiden sich die Materialien hinsichtlich ihres Ausgangszustands in pulverförmige, flüssige und feste Werkstoffe. Die Verfestigung des Ausgangsmaterials erfolgt dabei mit Hilfe einer Energiequelle oder durch Auftragen eines chemischen Aktivators. Nachdem die erste Schicht aus der Bauprozessvorbereitung verfestigt wurde, wird die Bauplattform um eine Schichtdicke abgesenkt und eine neue Schicht des Ausgangsmaterials aufgebracht. Dies geschieht in der Regel mit einem flächigen Auftragsmechanismus, wie beispielsweise einer Walze oder einem Wischer, der eine möglichst homogene Ausgangsschicht herstellt. Es folgt die Verfestigung der neuen Schicht nach den Vorgabedaten aus der Bauprozessvorbereitung. Parallel hierzu wird eine Verbindung mit der darunter liegenden Schicht hergestellt. Bei den additiven Verfahren führt diese Vorgehensweise zu anisotropem Materialverhalten, da die Verbindung des Ausgangsmaterials in der x-/y-Ebene normalerweise höher ist als in z-Richtung.

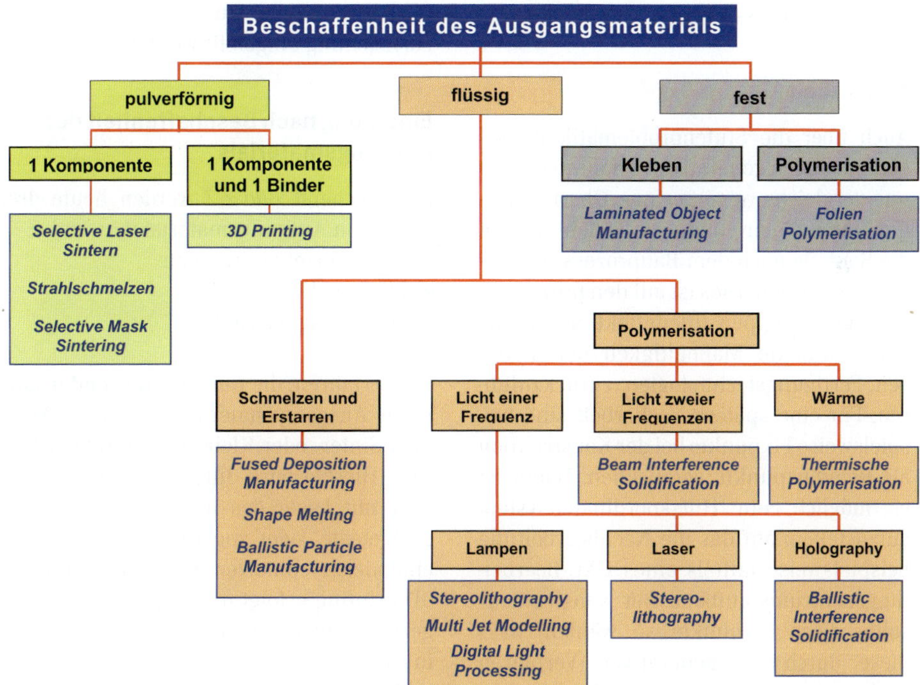

Bild 2.7: Einteilung der heute bekannten generativen Fertigungsverfahren nach Beschaffenheit des Ausgangsmaterials.

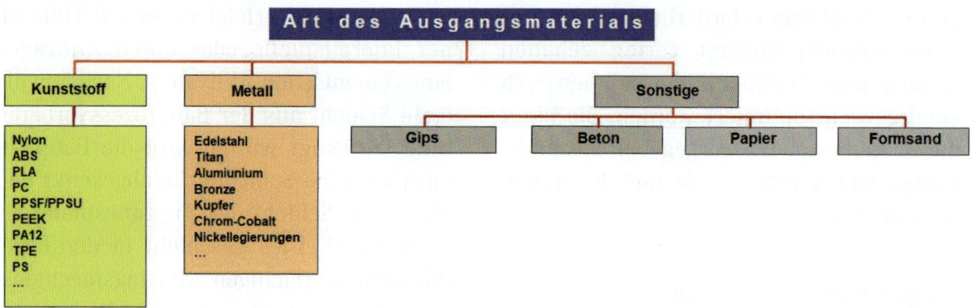

Bild 2.8: Einteilung der generativen Fertigungsverfahren nach der z. Zt. häufigsten Art des Ausgangsmaterials.

3D-Scannen

Eine elegante Alternative zum 3D-Modellieren ist das 3D-Scannen. Von einem Objekt wird ein Scan-Bild gemacht und kann in den meisten Fällen direkt verwendet werden. Natürlich können auch als Varianten von dem gescannten Modell parametrisch individuelle Teile abgeleitet werden. Reicht die Genauigkeit des Scanbildes nicht aus, muss nachgearbeitet werden.

Nacharbeit

Auch über die Stufenproblematik hinaus können einige generative Verfahren derzeit nur vergleichsweise geringe Oberflächenqualitäten bieten. In diesen Fällen müssen die Bauteile nach dem Bauprozess nachgearbeitet werden. Dies ist auf den prozessabhängigen Treppenstufeneffekt sowie die eingeschränkte Maßhaltigkeit der additiven Fertigungstechnologien zurückzuführen. Für eine spätere Nacharbeit sind beispielsweise Fixpunkte bei der Konstruktion als Referenzpunkte vorzusehen. Damit ist es möglich, ein Hilfskoordinatensystem aufzustellen, auf das die Nachbearbeitung beispielsweise mittels eines CNC-Bearbeitungszentrums aufbaut. Der Konstrukteur sollte diese Fixpunkte so wählen, dass diese durch die generativen Verfahren auch maßgenau gefertigt werden können. Darüber hinaus kann über thermische oder chemische Nachbehandlungsprozesse das anisotrope Materialverhalten reduziert bzw. eliminiert und die Bauteileigenschaften optimiert werden.

2.4 Einteilung der generativen Fertigungsverfahren

Die heute bekannten generativen Fertigungsverfahren können nach den beiden Gesichtspunkten Ausgangsmaterial und Formgebung eingeteilt werden:

Einteilung nach Beschaffenheit des Ausgangsmaterials

Entsprechend *Bild 2.7* werden heute drei Arten von Ausgangsmaterial verwendet:

- Pulverförmige Granulate
- Flüssige Kunstharze
- Feste Ausgangsstoffe

Bei Verfahren, die **pulverartiges oder körniges** Ausgangsmaterial verwenden, kommen Sinter- oder Klebeverfahren zum Einsatz. Hierbei wird durch gezielte Bestrahlung mit Laser das in dünnen Schichten „aufgelegte" oder zugeführte Material aufeinandergeschmolzen und verfestigt. Beim 3D-Printing erfolgt die Verfestigung durch gezielt eingebrachten Binder, z. B. Wasser in Gips.

Bei Verwendung **flüssiger** Stoffe werden vorwiegend Kunstharze durch Laserlicht oder Wärme (UV-Strahlen) gezielt verfestigt (polymerisiert) und mit den früheren, darunter liegenden Schichten verbunden. Zu diesem Verfahren zählt aber auch die Verwendung von festen Ausgangsstoffen (Kunststoffen), die durch Schmelzen und anschließendes schnelles Abkühlen auf dem bestehenden Modell dieses schichtweise aufbauen. Dabei wird der zähflüssige Kunststoff schichtweise aufeinander gespritzt.

Werden **feste**, formneutrale Ausgangsstoffe benutzt, so sind dies im Wesentlichen Lagen aus Folie oder Papier, die schichtweise aufeinander geklebt und konturgetreu (mit Laser oder Messer) ausgeschnitten werden. Dabei kommen sowohl konventionelle Klebeprozesse, als auch Teil-Polymerisation (Verkleben durch Erwärmen) zum Einsatz.

Einteilung nach der Art der Formgebung *(Bild 2.9)*

Hier unterscheidet man Verfahren, die in der Lage sind, dreidimensionale Formen direkt zu erstellen und andere, die durch Aufeinanderschichten von zweidimensionalen Einzelschichten die Endform erzeugen. *Bild 2.9* gibt einen Überblick über die einzelnen Verfahren.

Alle heutigen Verfahren arbeiten zweidimensional, d.h. wiederum mit einzelnen Schichten. Dabei werden Schicht-für-Schicht-Modelle aufgebaut und so die dritte Dimension erzeugt. Das gilt auch für solche Verfahren, die eigentlich prinzipiell in der Lage wären, gleich dreidimensional zu arbeiten (z.B. Fused Deposition Manufacturing). Die Begründung ist, dass die dafür erforderliche 3D-Software deutlich komplizierter und deshalb zurzeit auch nicht verfügbar ist.

2.5 Die wichtigsten Schichtbauverfahren

2.5.1 Strahlschmelzen

Verfahrensbeschreibung

Bei generativen Fertigungsverfahren nach dem Prinzip des Strahlschmelzens liegt das Ausgangsmaterial in einem pulverförmigen Zustand vor. Durch einen Auftragsmechanismus (z.B. mit einer Rakel) wird

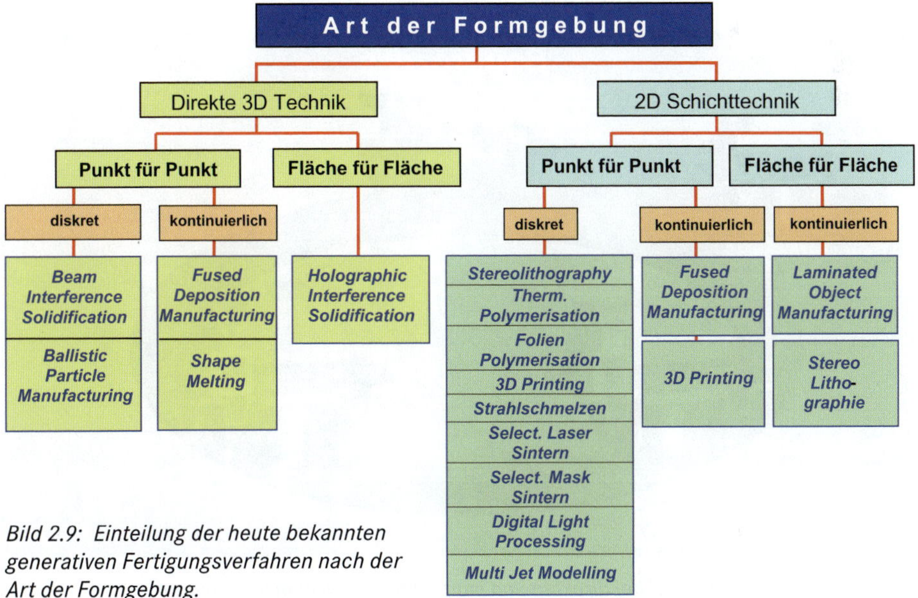

Bild 2.9: Einteilung der heute bekannten generativen Fertigungsverfahren nach der Art der Formgebung.

zu Beginn des Prozesses eine Pulverschicht auf eine Bauplattform aufgebracht. Diese Schicht wird, an Stellen an denen später das Bauteil entstehen soll, je nach Verfahrensprinzip durch einen Elektronen- oder einen Laserstrahl aufgeschmolzen und somit auf der Bauplattform verfestigt. Durch ein wiederholendes Absenken der Bauplattform, Auftragen einer neuen Schicht sowie Verschmelzen des Bauteilvolumens entsteht so Schicht für Schicht das Bauteil *(Bild 2.10)*.

Die beim lokalen Aufschmelzen des pulverförmigen Ausgangsmaterials auftretenden Effekte sind durch vollständiges Überführen des Ausgangsmaterials in den schmelzflüssigen Zustand charakterisiert und unterscheiden sich dadurch von den Sinterprozessen.

Anstelle eines zweistufigen Sinterverfahrens *(vgl. Beispiel Lasersintern, Bild 2.12)* hat sich im industriellen Umfeld ein einstufiger Strahlschmelzprozess etabliert. Für diesen Prozess existieren unterschiedliche Bezeichnungen. Während die Firma EOS das Direkte Metall-Lasersintern (DMLS) verwendet, bevorzugen andere Firmen die Bezeichnungen LaserCusing (Concept Laser) oder Selective Laser Melting (SLM) (MTT Technologies). Der Verfahrensablauf ist jedoch bei allen Herstellern ähnlich: Der Ausgangswerkstoff ist immer ein einkomponentiges Metallpulver, welches während des Bauprozesses vollkommen aufgeschmolzen wird. Dadurch kann ein nahezu porenfreies Bauteil erzeugt werden, welches in seinen Materialeigenschaften denen eines konventionell gefertigten (z.B. gegossenen) Bauteils desselben Materials ähnlich ist. Eine thermische Nachbehandlung wie beim IMLS-Verfahren *(vgl. Beispiel Lasersintern)* ist nicht notwendig. Derzeit sind als pulverförmiges Ausgangsmaterial unterschiedliche Werkzeug- und Edelstähle, Aluminium- und Nickelbasislegierungen, Titan in Reinform und in verschiedenen Legierungszusammensetzungen sowie Gold verfügbar und verarbeitbar. Die Materialpalette wird stetig in zahlreichen Forschungs- und Entwicklungstätigkeiten erweitert.

Gerade im Bereich des Prototypenbaus und der Kleinserienfertigung können durch die einstufigen Verfahren einsatz-

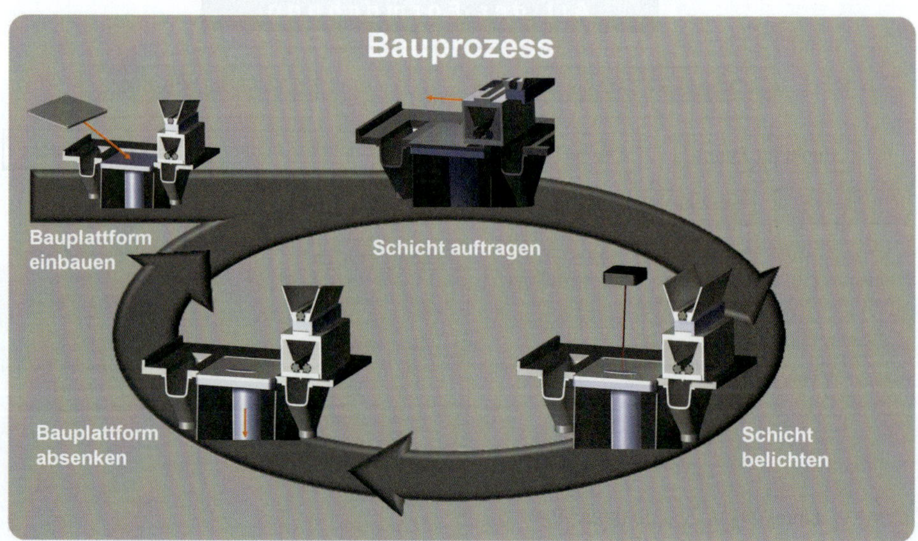

Bild 2.10: Verfahrensablauf bei direkten und indirekten Strahlschmelzverfahren.

fähige Bauteile für unterschiedliche Anwendungen hergestellt werden. Besonders in der Medizintechnik sowie im Werkzeug- und Formenbau gelten diese Technologien als wichtige wirtschaftliche Fertigungsalternative zur Herstellung von geometrisch komplexen Bauteilen und Funktionselementen, wie z. B. konturnahe Kühlkanäle. In weiteren Branchen z. B. der Luft- und Raumfahrt sowie der Automobilindustrie gewinnen diese Verfahren derzeit stark an Bedeutung.

Alle vorgestellten laserbasierten Strahlschmelzverfahren haben allerdings den Nachteil der begrenzten Verfahrgeschwindigkeit des Laserstrahls. Dies hat zwei Hauptgründe:

- Durch die mechanische Spiegeloptik zum Umlenken des Laserstrahls wird dessen Leistung durch die begrenzte thermische Belastbarkeit der Spiegelanordnung beschränkt.
- Durch die Massenträgheitsmomente in der Spiegeloptik wird die Verfahrgeschwindigkeit des Laserstrahls limitiert, da bei zunehmender Ablenkgeschwindigkeit die Genauigkeit der Verfahrwege beeinträchtigt wird.

Verwendet man statt eines Laserstrahls einen Elektronenstrahl im Electron Beam Melting (EBM)-Prozess kann dieser Nachteil behoben und somit die Prozessgeschwindigkeit erhöht werden *(siehe Bild 2.11)*.

Für die Strahlerzeugung wird bei dieser Form der Bearbeitung eine sog. Elektronenstrahlkanone verwendet, in welcher der Strahlstrom, d. h. die Leistung des Elektronenstrahls gezielt gesteuert werden kann. Im Bereich der Strahlführung und -formung wird der erzeugte Elektronenstrahl durch elektromagnetische Linsen zu einem Strahl mit einem kreisförmigen Querschnitt geformt, im Brennpunkt fokussiert und in der Ebene abgelenkt. Der Arbeitsbereich befindet sich in einer Vakuumkammer, welche ein Streuen des Elektronenstrahls verhindert. Dort sind der Pulvervorratsbehälter, der Auftragsmechanismus sowie die Bauplattform angeordnet.

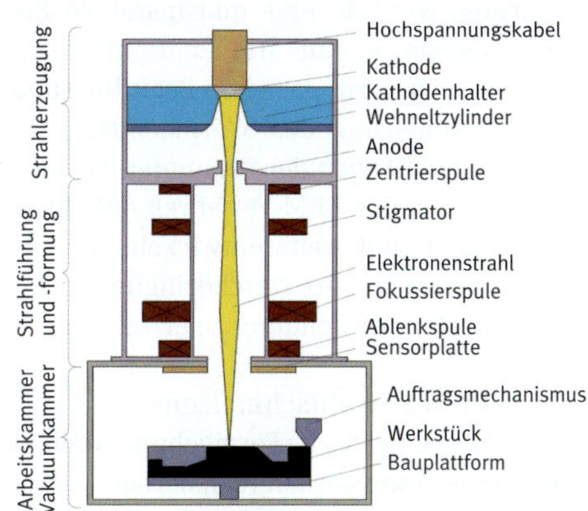

Bild 2.11: Aufbau einer EBM-Anlage (Electron Beam Melting).

Durch den Einsatz des Elektronenstrahls lässt sich aufgrund der größeren Ablenkgeschwindigkeiten und der höheren Leistungsdichte eine höhere Prozessgeschwindigkeit erzielen. Durch die hohe Ablenkgeschwindigkeit ergeben sich zudem Potentiale für eine verbesserte Prozess-

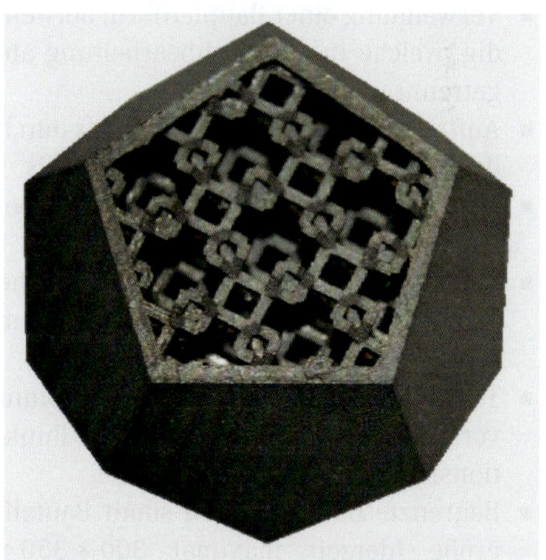

Bild 2.12: Mittels Strahlschmelzen hergestellter Dodekaeder mit innenliegender geometrisch komplexer Struktur aus Metall, ohne mechanische Nacharbeit.

führung, wie z. B. eine quasiparallele Belichtung sowie eine frei konfigurierbare Strahlformung zur gezielten Beeinflussung und Optimierung des Wärmeeintrags in das Bauteil. Wegen der genannten Vorteile wird derzeit das EBM-Verfahren detailliert untersucht und weiterentwickelt, um zukünftig eine größere Durchdringung in der industriellen Anwendung zu erreichen.

Vorteile des Strahlschmelzens:

- Hohe geometrische Formgebungsfreiheit
- Dünne Wandstärken realisierbar
- Einsatzfähige Funktionsbauteile herstellbar
- Verwirklichung innenliegender, konturnaher Kühlkanäle möglich
- Verarbeitung von Werkstoffen, welche aufgrund ihrer thermischen und mechanischen Materialeigenschaften durch konventionelle Verfahren nicht oder nur schwer zu verarbeiten wären
- Möglichkeit der Multimaterialverarbeitung sowie der Realisierung gradierter Werkstoffeigenschaften

Nachteile des Strahlschmelzens:

- Stützkonstruktionen an Bauteilüberhängen notwendig
- Verwendung einer Bauplattform notwendig, welche in der Nachbearbeitung abgetrennt werden muss
- Auftreten des Treppenstufeneffekts durch den schichtweisen Aufbau des Bauteils
- Hohe Herstellkosten für ein Bauteil bei langen Prozesszeiten
- Eigenspannungen im Bauteil durch hohe Temperaturgradienten beim Abkühlen des aufgeschmolzenen Pulvers
- Teilweise raue Oberflächen und damit verbundene Nachbearbeitung bei Funktionsflächen
- Begrenzte Bauraum- und somit Bauteilgröße (derzeit maximal 300 × 350 × 300 mm^3)
- Schutzgasatmosphäre beziehungsweise Vakuum (beim Elektronenstrahlschmelzen) notwendig

2.5.2 Lasersintern (LS)

(Bilder 2.13 bis 2.15)

Verfahrensbeschreibung

Der Verfestigungsprozess kristalliner, körniger oder pulverförmiger Stoffe durch Zusammenwachsen der Kristallite bei entsprechender Erwärmung wird definitionsgemäß als Sintern bezeichnet. Dafür wird das Pulverbett zum Teil auf mehrere hundert Grad Celsius erhitzt. Der Prozess kann sowohl für Metalle als auch für Kunststoffe verwendet werden.

Für Metalle wird in einem zweistufigen Prozess mittels des Indirekten-Metall-Lasersintern (IMLS) ein im Metallpulver enthaltener Kunststoffbinder aufgeschmolzen, welcher die Metallpartikel umgibt. Dadurch entsteht zunächst ein sogenannter „Grünling“ mit geringer Festigkeit. Um daraus ein adäquates Metallbauteil zu generieren, ist eine nachgelagerte Wärmebehandlung notwendig, in welcher der Kunststoffbinder ausgetrieben wird und sogenannte Sinterhälse zwischen den Metallpartikeln entstehen. Zeitgleich wird in das Bauteil Bronze infiltriert, sodass ein stabiles Gefüge entsteht, welches zu ca. 60 % aus Stahl und 40 % aus Bronze zusammengesetzt ist.

Das Lasersintern (LS) ist ebenfalls bekannt unter der Bezeichnung Selektives Lasersintern (SLS). Das pulverbettbasierte Verfahren ermöglicht die Herstellung von Prototypen und Funktionsbauteilen aus Kunststoffen innerhalb von wenigen Stunden *(Bild 2.14)*. Als Materialien werden hierbei überwiegend Polyamid und Polystyrol verarbeitet. Im Gegensatz zu den Strahlschmelzverfahren, bei welchen das Ausgangsmaterial alleinig durch den Strahl aufgeschmolzen wird, wird beim Lasersintern das Ausgangsmaterial zunächst mittels großflächiger Wärmestrahler bis auf eine Temperatur knapp unter dem Schmelzpunkt erhitzt. Durch einen Laser geringer Leistung (bis ca. 30 W) wird das Ausgangsmaterial dann lokal aufge-

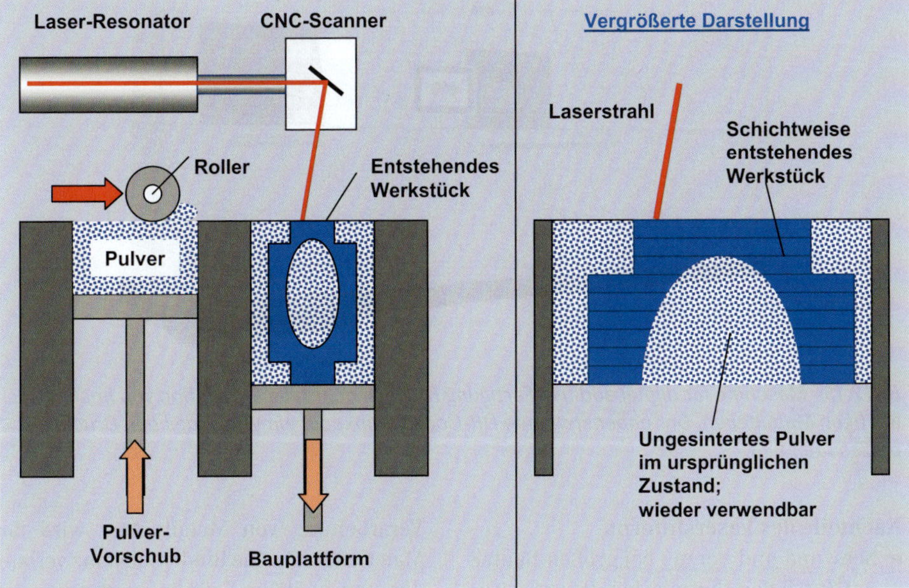

Bild 2.13: Lasersintern (LS), Funktionsprinzip.

schmolzen. Die Ablenkung des Laserstrahls wird von einer Scanner-Optik durchgeführt. Im Anschluss an das iterative Herstellen der einzelnen Bauteilschichten wird der gesamte Bauträger langsam bis auf Raumtemperatur abgekühlt. Die notwendige Zeit für diesen Abkühlvorgang entspricht in etwa der des Aufbauprozesses. Ein zu rasches Abkühlen würde zu hohen Temperaturgradienten und damit zu einem großen Verzug der Bauteile führen. Dem Abkühlprozess folgen die Prozessschritte Auspacken, Reinigung und Nachbehandlung der Bauteile. Die gesinterten Bauteile sind im nicht verfestigten Pulver eingebettet und können hieraus entnommen werden. Mittels Druckluft werden die Bauteile anschließend gereinigt und restliche Pulveranhaftungen entfernt. Das nicht verfestigte Ausgangsmaterial kann wiederverwendet werden. Für optimale Prozessergebnisse sollte ein Mischungsverhältnis von Alt- und Neupulver von ca. 1:1 verwendet werden.

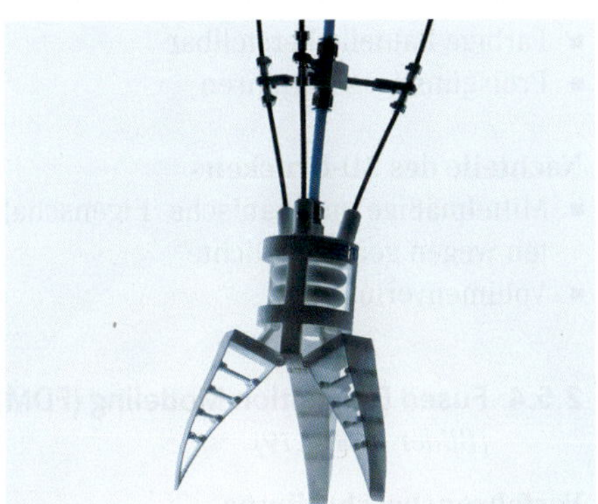

Bild 2.14: Generativ gefertigter Greifer. (Quelle: Festo)

Vorteile des Lasersinterns

- Kurze Durchlaufzeit im Vergleich zu Strahlschmelzverfahren
- Herstellung komplexer, funktionsintegrierter Bauteile möglich
- Einsatzfähige Funktionsbauteile mit komplexen Geometrien fertigbar
- Große Materialvielfalt
- Kein Support notwendig

bit.ly/3e2OG1w
Video 20

Bild 2.15: Maschine für digital additive Fertigung für die industrielle Produktion von hochwertigen Metallteilen. Der nebenstehende QR-Code verlinkt auf ein Video, das den Druckprozess zeigt.

Nachteile des Lasersinterns

- Schwund und Verzug bei großen Bauteilen durch den thermischen Bauprozess
- Poröse Oberfläche
- Alterung durch UV-Einwirkung

2.5.3 3D-Drucken (Binder Jetting)

(Bild 2.16 bis 2.17)

Verfahrensbeschreibung

Das 3D-Drucken (3DP, 3D Printing) ist ein generatives Verfahren, bei welchem gezielt flüssiger Binder mit Hilfe eines Druckkopfes oder einer Düse in ein Pulverbett eingebracht wird. Durch wiederholtes Absenken der Bauplattform und anschließendes Auftragen einer dünnen Pulverschicht entsteht dabei schichtweise ein Bauteil. Durch die entsprechende Wahl der Pulver-Binder-Kombination ist eine breite Werkstoffvielfalt, von Kunststoffen über Keramiken und Sand (für Gussformen) bis hin zu Metallen verarbeitbar. Durch die Verwendung eines im Vergleich zum Lasersystem kostengünstigen Druckkopfes entstehen erhebliche Kostenvorteile gegenüber dem Lasersintern. Für Kunststoffbauteile werden die Modelle nach dem Bau durch Infiltration (beispielsweise mit Epoxydharz oder Wachs) nachbehandelt, um die mechanischen Eigenschaften zu erhöhen. Bei der Verarbeitung von Metallpulver wird das Material durch eine Bindersubstanz verbunden und zu einem Grünling verfestigt, welcher anschließend analog zum IMLS wärmebehandelt und mit Bronze infiltriert wird. Durch die Wärmebehandlung kommt es zu einer Schrumpfung was zu beachten ist, da mit Aufmaß gedruckt werden muss. Das Aufmaß kann aber rechnerisch genau bestimmt werden.

Vorteile des 3D-Druckens

- Hohe Baugeschwindigkeit
- Viele Werkstoffe verarbeitbar
- Große Bauräume möglich
- Beträchtliche Anzahl an Anlagenherstellern
- Farbige Bauteile herstellbar
- Preisgünstiges Verfahren

Nachteile des 3D-Druckens

- Mittelmäßige mechanische Eigenschaften wegen geringer Dichte
- Volumenverlust

2.5.4 Fused Deposition Modeling (FDM)

(Bilder 2.18, 2.19)

Verfahrensbeschreibung

Die Extrusionsverfahren sind dadurch gekennzeichnet, dass eine oder mehrere Dü-

Bild 2.16: Voll funktionsfähiges Getriebemodell, im Schnitt dargestellt mit QR-Code zum Getriebe in Bewegung. (Quelle: Roschiwal+Partner)

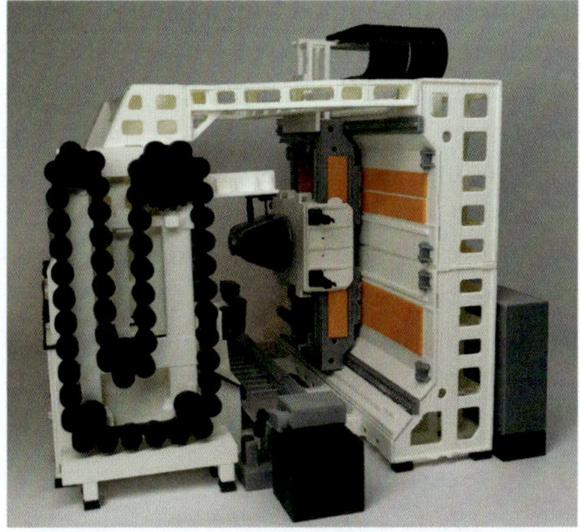

Bild 2.17: Maschinenmodell mit beweglichen Baugruppen M.: 1 : 50. (Quelle: Hüller)

bit.ly/3bYCbSO
Video 21

sen flüssiges oder aufgeweichtes Material auf eine Bauplattform aufbringen. Durch das anschließende Erkalten erhält das Bauteil seine Festigkeit. Das Fused Deposition Modeling (FDM), auch als Fused Layer Modeling (FLM) bekannt, ist dabei das relevanteste, mit nur einem Werkstoff arbeitende Verfahren. Eine Untergruppe stellt dabei das Multi-, beziehungsweise Poly-Jet-Modeling dar, bei dem Bauteile mit gradierten Eigenschaften hergestellt werden können. Die Düse besitzt dabei im Normalfall zwei Freiheitsgrade (in x- und y-Richtung), während die gesamte Bauplattform in z-Richtung verfahren werden kann. Auf diese Weise werden dreidimensional Bauteile erstellt. Der Stoffschluss zwischen den Extrusionsraupen ergibt sich beim Erkaltungsprozess *(Bild 2.18)*.

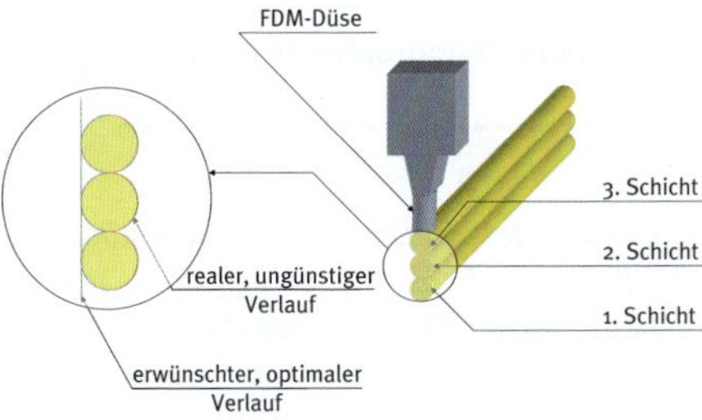

Bild 2.18: Bauteilqualität mittels FDM.

Vorteile des Fused Deposition Modeling

Gute mechanische Eigenschaften

- Geringe Anlagengröße
- Möglichkeit zu Bürosystemen
- ABS ist zu verarbeiten
- Durch Mehr-Düsen-Systeme ist eine leichte Umsetzbarkeit von Multimaterial-Bauteilen möglich
- Hohe Anzahl an Anlagenhersteller
- Selbstbau-Systeme verfügbar

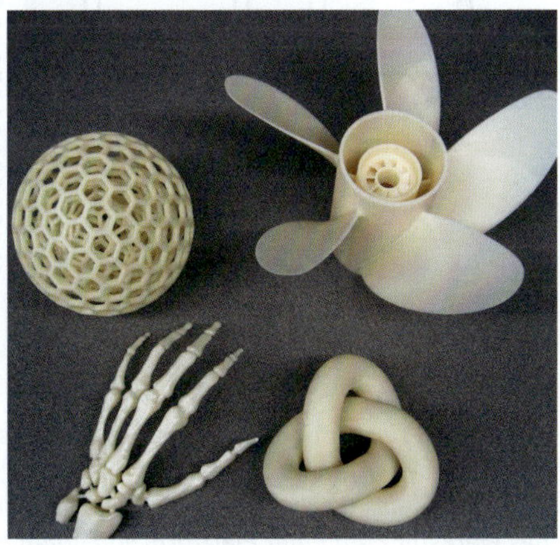

Bild 2.19: Verschiedene Bauteile - erstellt mit FDM.

Nachteile des Fused Deposition Modeling

- Geringe Oberflächenqualität
- Schwer zu realisierende Überhänge, da kein unterstützendes Material vorhanden ist
- Aufwändige Entfernung der Supports notwendig
- In vielen Fällen tritt ein Volumenverlust beim Entbinden oder Sintern auf.

2.5.5 Stereolithographie (SL) *(Bild 2.20)*

Verfahrensbeschreibung

Bei der Stereolithographie handelt es sich um das älteste, schichtweise arbeitende Verfahren. In diesem Prozess zur Herstellung von Kunststoffbauteilen wird eine selektive dreidimensionale Polymerisation eines lichtempfindlichen Harzes genutzt. Zur Polymerisation wird meist ein UV-Laser verwendet, mit dem nur im Brennpunkt des Lasers die kritische Energie erreicht wird, um das Bauteil zu verfestigen. Durch Absenken der Bauplattform legt sich neues, flüssiges Harz über die bereits gehärtete Schicht. Somit kann durch wiederholtes Absenken und Aushärten ein Bauteil dreidimensional hergestellt werden.

Unter dem genutzten Verfahrensprinzip der Polymerisation versteht man eine Kettenreaktion, bei der ungesättigte Moleküle zu Makromolekülen verknüpft werden. Dies lässt sich in die vier Schritte

- Kettenstart oder Primärreaktion,
- Wachstumsreaktion,
- Kettenabbruch (Termination) und
- Kettenübertragung (Verzweigung einer Molekülkette)

unterteilen. Die bei der Stereolithographie eingesetzten Materialien müssen dabei auf UV-Strahlung reagieren und sehr schnell

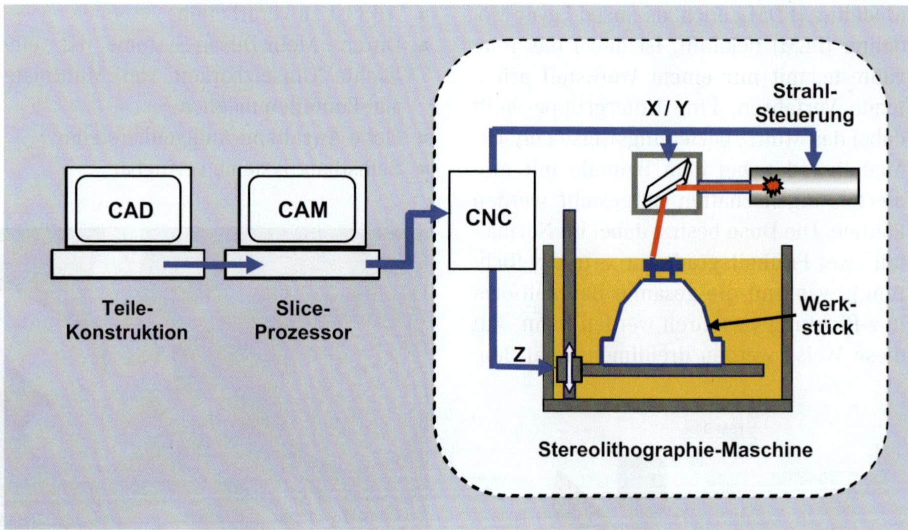

Bild 2.20: Prinzip der generativen Fertigungssysteme. Die mittels CAD erstellten Werkstückdaten werden in einem Slice-Verfahren in viele, einheitlich dicke Schichten zerlegt und – je nach Verfahren – das Werkstück damit schichtweise aufgebaut. Bei der ***Stereolithographie*** *entsteht das Werkstück auf einer Plattform von unten nach oben (Z-Achse). Schicht für Schicht wird durch Belichtung mit einem UV-/Laserstrahl (X-/Y-Achse) und Verfestigung des flüssigen Monomers aufeinander gesetzt und miteinander verbunden.*

zu einem Kettenabbruch kommen, damit nur die belichteten Bereiche des Harzes aushärten. Um die endgültige Bauteilfestigkeit zu erreichen, wird dem eigentlichen Bauprozess oft ein Aushärtevorgang in einem UV-Schrank nachgeschaltet.

Stereolithographiebauteile werden vor allem als Konzept- oder Funktionsmodelle im Produktentstehungsprozess verwendet. Ein weiteres Einsatzgebiet des Verfahrens ist die Herstellung von Urmodellen für den Vakuum- und Feinguss.

Die Stereolithographietechnik wird ständig weiterentwickelt und von allen namhaften Rapid Prototyping Dienstleistern angewendet. Wenn es sich um High-End-Prototypen und Urmodelle für den Vakuumguss handelt, führt kein Weg an der SL-Technik vorbei.

SL ist der 3D-Drucktechnik bei vielen Geometrien bei Weitem überlegen, da bei der STL-Technik nur ca. 3 - 5 % des Bauteilgewichtes an Stützen benötigt wird. Da bei der 3D-Drucktechnik immer alles was senkrecht nach unten geht zu 100 % unterstützt wird, können die Stützen auch bis zum 10 oder 20-fachen des Bauteilgewichtes ausmachen. Ein Waste-Behälter, in welchen mindestens 200 Gramm Material bei einem Baustart zur Druckkopf- und Düsenreinigung gespült werden, ist bei der STL-Technik nicht erforderlich. Dies ist bei Materialkosten von rund 220 Euro je Kilogramm nicht unerheblich.

Aktuell gibt es auch eine SL-Anlage mit einem Laserfocus von lediglich 0,017 mm und einer möglichen Schichtstärke von 0,01 mm. Damit sind auch Teile für den Microbereich herstellbar. Gegenüber den 3D-Drucktechniken ist die Materialvielfalt für das SL-Verfahren um vieles größer.

Eine Weiterentwicklung der Stereolithographie ist die Mikrostereolithographie, durch die Geometrien mit sehr hoher Komplexität und gleichzeitig feinen Details herstellbar sind. Hierbei wird das Harz nicht punktweise durch einen Laser, sondern eine komplette Schicht flächig mit Hilfe eines Digital Light Processing Chip (DLP-Chip) ausgehärtet.

Vorteile der Stereolithographie

- Einfache Herstellbarkeit komplexer, dünnwandiger Strukturen
- Nahezu keine Wärmespannungen aufgrund der geringen Laserleistung (in der Regel unter einem Watt)
- Hohe Genauigkeit der Bauteile erreichbar

Strittige Nachteile der SL:

- Die **Alterung des Materials** ist nur bei sehr geringem Teiledurchsatz, und längerem Stillstand ein Problem. In diesem Fall findet keine „Auffrischung“ mit Neumaterial statt und es kann zu einer vorzeitigen Alterung kommen. Bei ständigem Durchsatz bleibt das Material der Grundfüllung in der Anlage und wird immer nur aufgefüllt. Bei großen Anlagen fasst der Behälter bis 480 kg - ein Materialkippen wäre hier fatal.
- Der **UV-Anteil des Tageslichts** ist kein Problem, da die Anlagenscheiben mit einer UV-Folie versehen sind. Direkte Sonneneinstrahlung darf das Material nicht bekommen.
- **Harzwechsel** ist bei den großen Anlagen problematisch und wird nicht gemacht! Die Kosten für eine Materialfüllung betragen ca. 85 000 € plus Wechselbehälter mit zusätzlichen ca. 50 000 €. Das Risiko eines kompletten Wechsels besteht bei zu geringem Materialdurchsatz wegen der Alterung des Materials. Bei kleinen Anlagen sind mehrere Materialwechsel pro Woche üblich. Diese stellen auch kein Problem dar und der Zeitaufwand liegt bei 30 - 45 Minuten.
- Die Weiterentwicklung der SL-Systeme führte zu komplett neuartigen Anlagen: Sehr klein und fein, bis zu 20 verschiedene Materialien sind verfügbar und der Materialwechsel dauert ca. 60 Sekunden. **Vorteil dieser neuen Anlagen:** Sie

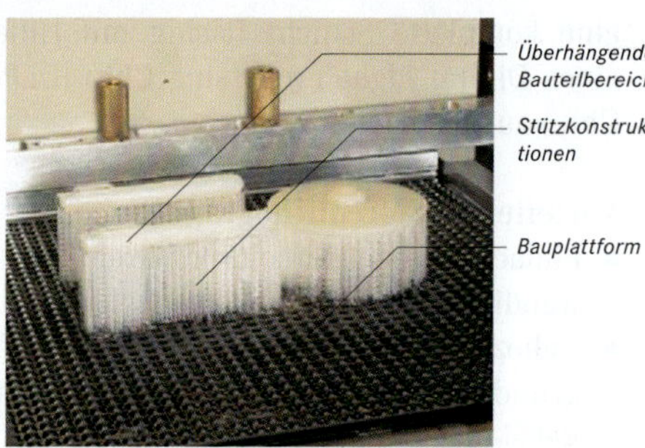

Bild 2.21: Durch Stereolithographie hergestelltes Bauteil mit Stützkonstruktionen.

haben zwar eine Bauplattform, aber keinen wirklichen Materialbehälter und kommen mit geringsten Mengen Harz aus. Hier besteht deshalb auch kein Alterungsrisiko des Materials.

- Die **Stützen** sind bei dieser Technologie unabdingbare Voraussetzung und nicht wirklich ein Nachteil. Mit Software wie *Materialise E-Stage* (Stützengenerator) werden die Stützen nach der Positionierung der Teile im Handumdrehen automatisch generiert *(Bild 2.21)*.

Wirkliche Nachteile der Technologie:

- Sehr hohe Kosten für die erforderlichen Wartungsverträge
- Hohe Anschaffungskosten, da kaum Mitbewerber zu 3D-Systems bekannt sind
- 3D-Systems schützt das System mit einer Chipcodierung für die Material-Nachfüllbehälter. Am Markt angebotene und funktionierende Fremdmaterialien können daher nur auf älteren Anlagen eingesetzt werden.
- Für die Funktion ist ein Normklima im Anlagenraum erforderlich (Regelung der Luftfeuchtigkeit und Klimatisierung).

2.5.6 Weitere Verfahren

Masken-Sintern (MS) *(Bild 2.22)*

Das Masken-Sintern (MS) weist eine starke Ähnlichkeit zum Selektiven Lasersintern (SLS) auf. Auch hier wird ein pulverförmiges Ausgangsmaterial durch Energieeintrag aufgeschmolzen. Im Gegensatz zum Lasersintern wird beim Masken-Sintern jedoch kein einzelner Laserstrahl durch einen Scanner abgelenkt, sondern die Belichtung einer Schicht erfolgt großflächig über eine Maske. Die Maske wird schichtabhängig so bedruckt, dass an den zu verfestigenden Stellen die von einem UV-Strahler ausgesandte Energie auf das Pulverbett reflektiert wird. Die Maske besteht aus einem Spiegel, welche schichtabhängig mit Keramikpulver bedruckt wird. Durch das großformatige Belichten einer kompletten Fläche sinkt die Bauzeit pro Schicht stark ab.

Digital Light Processing (DLP)

Das Digital Light Processing folgt einem ähnlichen Verfahrensablauf wie die Stereolithographie, allerdings kann mit Hilfe eines speziellen Chips eine ganze Schicht zeitgleich belichtet und verfestigt werden. Zur Ansteuerung des DLP-Projektors werden die Baudaten in ein Bitmap-Format konvertiert und von der Spiegeleinheit als Maske auf die Bauebene projiziert. Wie bei der klassischen Stereolithographie sind wegen des Aufbaus im Fluid Stützstrukturen notwendig. Im Speziellen findet dieses Verfahren in der generativen Fertigung von Mikrobauteilen Verwendung.

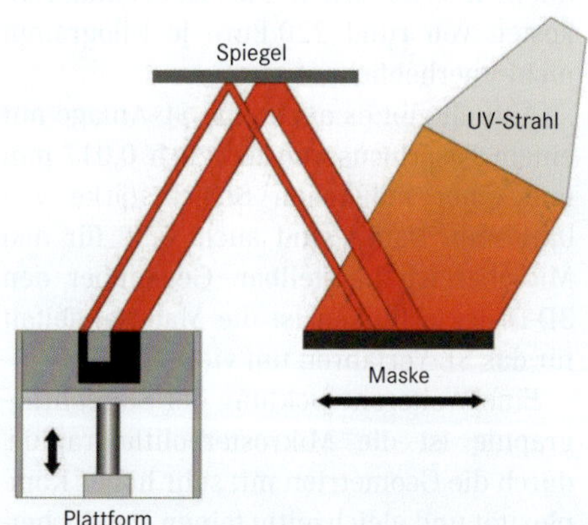

Bild 2.22: Prinzip des Masken-Sintern. (Quelle: Sintermask)

Laminated Object Manufacturing (LOM)

Beim Laminated Object Manufacturing (LOM), auch Laminated Layer Manufacturing (LLM) genannt, liegt das Ausgangsmaterial plattenförmig vor, beispielsweise in Form von Kunststofffolien oder Papier. Diese wird schichtweise aufeinander geklebt und nach dem Auflegen entlang der Bauteilkontur geschnitten. Hierzu kommen sowohl Lasersysteme als auch klassische Schneidwerkzeuge, wie Rollen zum Einsatz. Der am Ende entstehende Block wird aus der Anlage entnommen und die nicht zum Bauteil gehörenden Teile entfernt. Es können auch metallische Werkstoffe verarbeitet werden. Durch die geringe Schichtstärke sind hohe Oberflächenqualitäten erzielbar.

Laserauftragschweißen (Direkt Energy Deposition)

Beim Laserauftragschweißen wird durch einen Laserstrahl ein lokal begrenztes Schmelzbad auf der Oberfläche eines metallischen Werkstücks generiert. Durch eine Zufuhreinrichtung wird in dieses Schmelzbad der metallische Werkstoff (meist in Pulver- oder Drahtform) eingebracht. Durch die Bewegung dieses Schmelzbades über die Werkstoffoberfläche kann somit eine raupenförmige Linie erzeugt werden. Um den aufgeschmolzenen Werkstoff vor Oxidation zu schützen, läuft der Prozess meist in Schutzgas ab. Durch das Übereinanderlegen mehrerer Schichten werden dreidimensionale Materialvolumina aufgebaut. Die generativ aufgebauten Bauteile sind in ihrer Dichte vergleichbar mit konventionell hergestellten Bauteilen aus dem gleichen Werkstoff. Durch Laserauftragschweißen erstellte Bauteile besitzen meist ein relativ grobes Gefüge, das einem Gussgefüge sehr ähnlich ist. Weiterhin ist durch den Prozess bisher nur eine geringe Oberflächenqualität zu erreichen.

2.6 Vorteile der Additiven Fertigungsverfahren

Zu Beginn des 3D-Druckens Mitte der 80er Jahre war das Ziel, produktähnliche Teile zu erstellen, die man „anfassen“ und gegebenenfalls auch zusammenbauen kann. Heute nennt man das „Rapid Prototyping“.

Später hat man bessere Maschinen und vielfältige neue Werkstoffe entwickelt, sodass 3D gedruckte Teile – mit entsprechender Sorgfalt geplant und gefertigt – auch industriell eingesetzt werden können.

Die Bedeutung der Additiven Fertigung (AM = Additiv Manufacturing) entwickelt sich mit den Möglichkeiten, auch Metalle zu „drucken“ immer weiter Richtung industrieller Fertigung. Die wichtigsten Gründe für den Einsatz der Additiven Fertigung gegenüber Fräsen und Bohren sind:

Schneller und „on Demand“

Ersatzteile müssen z. T. über Jahrzehnte vorgehalten werden – AM ermöglicht eine Fertigung sozusagen „über Nacht“ – die Kosten der Lagerhaltung entfallen.

Preiswerter

Ist die Stückzahl gering, erspart man sich teure Formen und Werkzeuge – das erspart Zeit und Kosten. Beispiele sind Prototypen, Betriebsmittel, Implantate.

Leichter *(Bild 2.23)*

Gewicht ist in der Luft- und Raumfahrt ein erheblicher Kostenfaktor – gerade im Flugzeugbau sind über die Lebenszeit lassen sich erhebliche Kerosin-Mengen einsparen. Aber auch im Maschinenbau – bei immer kürzeren Taktzeiten und damit höheren Beschleunigungen wird Gewichtsreduktion immer wichtiger.

AM erlaubt es, konventionelle Rahmenbedingungen auszublenden (Mindestwandstärken, Entformschrägen, u. a.)

Bild 2.23: Airbus Türaufhängung: oben traditionell, unten mit AM gefertigt – 50 % Gewichtseinsparung!

Neue oder verbesserte Funktionen

Konstruktionen müssen sich nicht mehr an bisherigen Fertigungsverfahren ausrichten und können rein funktional entworfen werden.

Hier zwei Beispiele:

Beispiel 1 *(Bild 2.24)*:
Die Brennerdüse hat eine extrem dünnwandige Konstruktion zwischen dem brennenden Gas und der Kühlflüssigkeit – möglich durch interne Rippen zur Versteifung – nur mit AM fertigbar. Der Brenner speichert aufgrund dieser dünnen Wand kaum Wärme – was zu einer dreimal längeren Lebenszeit führt!

Beispiel 2 *(Bild 2.25)*:
Ein konventionell mit Hilfe von Zerspanung gefertigter Hydraulik-Block wird aus Kostengründen als Quader mit möglichst wenigen Bohrungen gefertigt:

- **Zykluszeiten**
  Spritz- und Druckgusswerkzeuge werden in der Regel nur einmal produziert. Bringt man zusätzlich noch funktionale Verbesserungen ein, wie
  - Konturnahe Kühlkanäle, die für eine schnellere und gleichmäßigere (verzugsärmere) Abkühlung sorgen (mit zerspanender Fertigung nicht möglich)
  - Leichtere Bauweise
  - Weniger Teile – weniger Logistik

Bild 2.24: Brenner-Düse für eine Gasturbine. (Quelle: Siemens)

  erhält man ein effektiveres Werkzeug in kürzerer Zeit.
- **Weniger Teile**
  Traditionell mit Hilfe von Zerspanung gefertigt, können Bauteile keine beliebige Kontur annehmen und sie bestehen meistens auch nur aus einem Material. Mit AM-Verfahren lassen sich sowohl mehrere Teile drucken, als auch aus mehreren Materialien kombinieren, beispielsweise ein beweglicher Schlauch mit festen Flanschen
  Vorteil: Einsparung von Schweißen und Montage.
- **Entwicklungs-Geschwindigkeit**
  Man darf weiterhin nicht unterschätzen, dass sich durch die kurzen Fertigungszyklen (z. T. „über Nacht") die Entwicklungszeiten für Produkte deutlich verringern. Hier ein Beispiel von Bugatti: Vom der Entwicklung bis zum fertigen Bauteil (vorne) vergingen weniger als 10 Wochen! Gleichzeitig wurden auch ein besserer Luftwiderstand und über 50 % Gewichtseinsparung erreicht *(Bilder 2.25 bis 2.27)*.

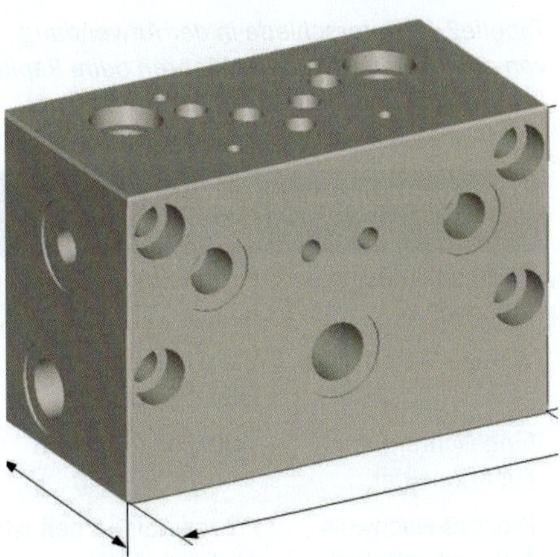

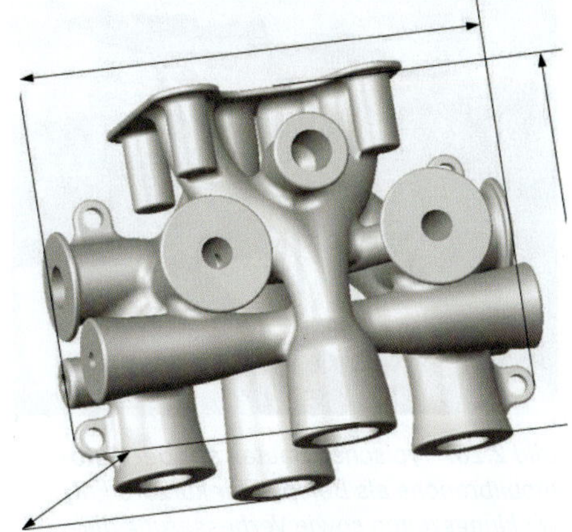

Bild 2.25: Hydraulik-Blockventil, links konventionell gefertigt, aus Kostengründen ein Quader mit möglichst wenigen Bohrungen. Rechts mit AM gefertigt.
Ergebnis: *Gewichtseinsparung 80 % – und was noch wichtiger ist: Da die „Bohrungen" nicht mehr gerade sein müssen, sondern sich dem optimalen Fluss annähern können, ergibt sich im Betrieb ein um 50 % geringerer Druckverlust.*

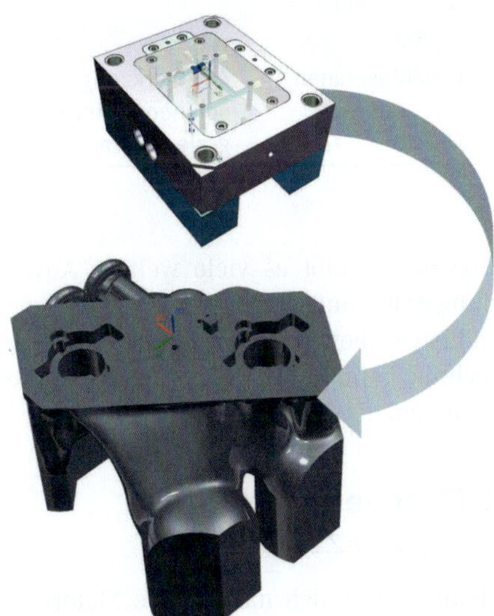

Bild 2.26: Am Beispiel eines Spritzguss-Werkzeugs wurden mittels additiver Fertigung folgende Vorteile erreicht:

- *eine um 30 % kürzere Zykluszeit,*
- *50 % Gewichtseinsparung,*
- *eine deutlich geringeren Entwicklungs- und Fertigungs-Zeit*
- *und alles bei gleichen Kosten.*

(Quelle: Fa. MBFZ toolcraft)

- **Reparaturen**
  Ein weiterer wichtiger Anwendungsfall ist die Reparatur von Produkten, das sogenanntes **„Cladding"**. Insbesondere bei komplexen Produkten aus hochwertigen Materialien (z. B. Turbinenschaufeln) lohnt sich eine Reparatur anstatt der Fertigung eines neuen Teils. Dabei wird das defekte Produkt gescannt, mit

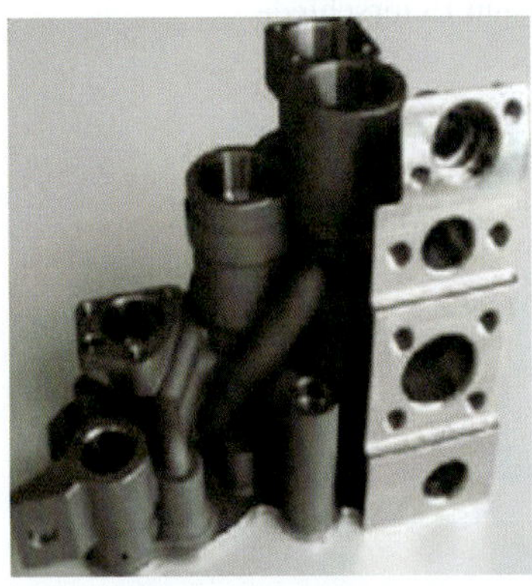

Bild 2.27: Vergleich, links AM-gefertigt, rechts konventionell gefertigt mit fräsen und bohren.

Bild 2.28: Typisches Bauteil aus der Automobilbranche als Beispiel für kürzere Entwicklungszeiten sowie Verbesserung der Produkteigenschaften. (Quelle: Bugatti)

der Soll-Geometrie verglichen, die Differenz additiv aufgebaut und aufgrund hoher Genauigkeitsanforderungen anschließend spanend nachbearbeitet.

Die beschriebenen Vorteile sind nicht vollständig und lassen sich häufig kombinieren.

2.7 Anwendungen

Die Anwendung der Additiven Fertigung als Produktionsverfahren in der Serienfertigung unterscheidet sich in vielen Punkten vom Rapid Prototyping, das in der Anfangszeit des Verfahrens vorherrschte. Tabelle 2.1 zeigt eine Übersicht der wesentlichsten Unterschiede.

Tabelle2.1: Unterschiede in der Anwendung von additiven Fertigungsverfahren beim Rapid Prototyping und industrieller additiver Fertigung

Rapid Prototyping	Industrielle Additive Fertigung
Einzelteile (kleine Mengen)	Einzelteile wiederholbar
Wenige Materialien	Viele Materialien – Industrie-Qualität
Eingeschränkte Funktionalität	Volle Funktionalität
Prozess-Nachweis nicht erforderlich	Prozess-Sicherheit ist nachzuweisen
Keine Automatisierung	Automatisierung als Kern der Effektivität
Nachweise nicht erforderlich	„PLM/ERP/MES" Integration notwendig
Entwicklung und Arbeitsvorbereitung: ▪ Einzel-Systeme per STL verbunden	Intelligent Interface – integrierte Systeme
Einzel-Maschinen	AM Werkzeugmaschinen als integraler Bestandteil

Inzwischen gibt es viele weitere Anwendungsfälle außerhalb der mechanischen Industrie, beispielsweise in der Medizintechnik, beim Hausbau und weitere werden kommen.

2.8 Neuere Verfahren

(Bilder 2.29 bis 2.32)

Heute lassen sich nahezu alle Materialtypen additiv fertigen, wie Zähne, Knochen, jede Art von Kunststoffen, Metalle, Häuser, usw.

Für den industriellen 3D-Druck von Metallen gibt es derzeit folgende Verfahren

- **PBF-L:** Powder bed fusion by laser
- **PBF-EB:** Powder bed fusion by electron beam
- **PED-powder:** Direct energy deposition powder by laser
- **DED-wire:** Direct energy deposition wire by laser
- **MJ:** Material jetting
- **BJ:** Binder jetting
- **EXT:** Material extrusion

Roland Berger hat diese Methoden bezüglich Qualität, Kosten und mögliche Stückzahlen eingeordnet:

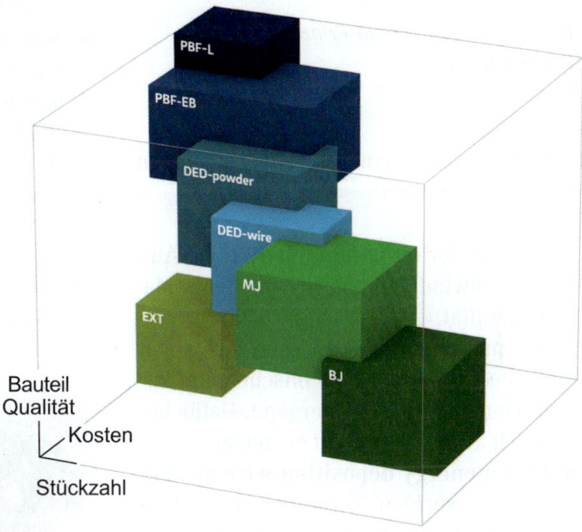

Bild 2.29: Aktueller Stand der wichtigsten Metall AM-Technologien. (Studie Roland Berger „Advancements in metal 3D printing“, Oktober 2018)

Kurze Beschreibung der aktuell eingesetzten Verfahren:

- **Powder bed fusion by laser**
  Hierbei wird das 3D-Modell Ebene für Ebene aufgebaut. In einer Wanne befindliches Metall-Pulver wird durch einen beweglichen Laserstrahl lokal erhitzt. Das dadurch verflüssigte Metall verbindet sich mit der darunter liegenden Metall-Schicht. Ist die Ebene fertig „belichtet“, sinkt die Wanne leicht nach unten ab, eine neue Schicht Pulver wird per Schieber aufgetragen und der Prozess beginnt von neuem. So entsteht Schicht für Schicht ein dreidimensionales Teil.

Die Vorteile des Pulverbett-Verfahrens sind eine höhere Genauigkeit sowie nahezu völlige Design-Freiheit, die sogenannte „Bionische“ Strukturen ermöglicht (z.B. feine Waben- und Gitterstrukturen)

- **Powder bed fusion by electron beam**
  Hierbei wird das Metall nicht durch einen per Spiegel positionierten Laser verflüssigt, sondern durch einen magnetisch gesteuerten Elektronenstrahl (ähnlich einem Röhren-Fernseher) im Vakuum. Dies ermöglicht höhere Auftragsraten und spezielle Materialien, führt aber zu leichten Einbußen der erreichbaren Genauigkeit.
- **Direct energy deposition powder by laser**
  Hier handelt es sich um ein Mehrachs-Auftrags-Verfahren. Dabei wird Metallpulver auf bereits vorhandene Teile gestrahlt und im Auftreffpunkt durch einen Laser so erhitzt, dass es schmilzt

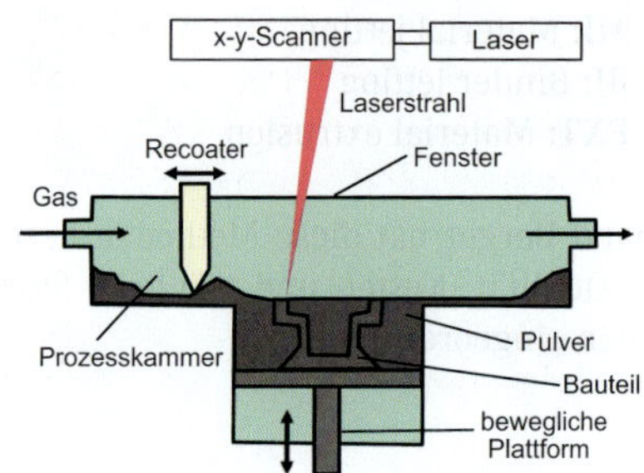

Bild 2.30: Technologie-Prinzip des Pulverbett-Auftrags.

und sich mit dem bereits vorhandenen Metall verbindet.

Der große Vorteil ist die relativ hohe Aufbau-Geschwindigkeit sowie exzellente Materialqualität.

Mit mehreren Düsen lassen sich sogar verschiedene Materialien mischen, mit festem oder graduellem Übergang. Dafür lassen sich auch Roboter gut einsetzen

- **Direct energy deposition wire by lase**
  Wie im vorigen Verfahren handelt es sich um einen Mehrachs-Auftrag, jedoch wird hierbei kein Metall-Pulver sondern ein (Schweiß-) Draht verflüssigt. Dies führt zu noch höheren Auftragsraten bei preiswerten Materialien, jedoch auch zu gröberen Außenstrukturen. Der Anwendungsfall ist daher nahezu immer die effektive Erstellung von Rohmaterialien zur Nachbearbeitung.

Die folgenden Verfahren sind derzeit noch nicht weit verbreitet, bieten jedoch kostenseitig bzw. bei der Auswahl von Materialien gute Zukunfts-Aussichten:

- **Material jetting**
  Hierbei werden Tropfen aus geschmolzenen Metall aufgetragen
- **Binder jetting**
  Verkleben von Metall-Pulver, welches anschließend gesintert werden muss.
- **Material extrusion**
  Materialauftrag durch eine Düse, ähnlich dem klassischen Kunststoff-Auftrag „FDM“.
  Hierbei werden Grünteile erstellt, die anschließend im Sinter-Ofen gefinisht werden.

Die Verfahren Direct Energy Deposition und Material Extrusion sind auch hervorra-

Bild 2.32: Herstellung eines Bauteils mit verschiedenen Materialien aus Stahl und Bronze (Quelle: DMG Mori)

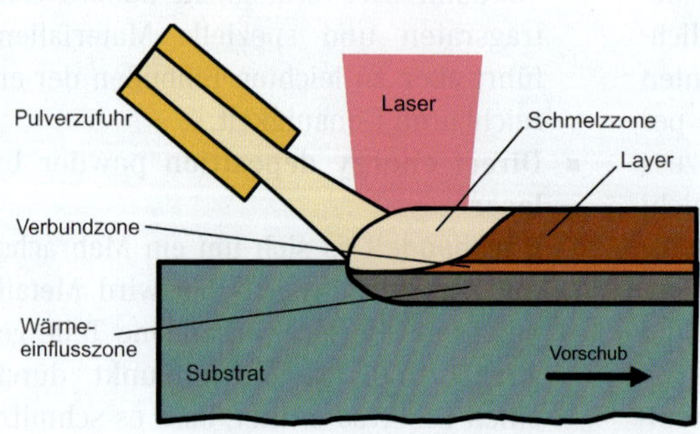

Bild 2.31: Technologie-Prinzip des Pulver-Laser-Auftrags.

gend für den Einsatz von Robotern geeignet. Damit hat man einen größeren Arbeitsraum zur Verfügung und kann so zu vertretbaren Preisen große Bauteile erstellen. Die damit erreichbare Qualität ist von der Genauigkeit des Roboters abhängig.

2.9 Arbeits-Vorbereitung

In der Fertigungs-Vorbereitung sprechen wir hier nicht mehr von Aufspannungen, Werkzeugen etc., sondern ganz neue Aufgaben kommen auf den Anwender zu, je nach Fertigungsverfahren:

Mehr-Achsen Auftrag (DED, EXT)

1) **Aufmaß**
   Heutige AM-Verfahren bieten eine hohe Genauigkeit, die für viele Oberflächen und Anwendungen ausreicht. Für Anschlussstellen und Bereiche mit hohen Anforderungen ist jedoch meistens eine spanende Nachbearbeitung (Schlichten) unumgänglich. Dafür ist bei der NC-Programmierung ein Aufmaß vorzusehen.
2) **Werkzeugwege definieren**
   Die Definition der Verfahrwege entspricht in etwa den Fräs-Strategien. Daher ist auch die Einarbeitungszeit relativ gering. Je nach Fertigungsmethode sind die Strategien jedoch unterschiedlich und den Maschinen angepasst.
3) **Postprozessor und Simulation**
   Nach Erstellung der Werkzeugwege wird ein Postprozessor-Lauf durchgeführt, entsprechend einer Fräsmaschine. Bei mehr als 3-Achsen wird eine Simulation des G-Codes auf einem digitalem Zwilling empfohlen

Ebenen- Auftrag (PBF, MJ, BJ)

1) **Aufmaß**
   entspricht dem vorigen Abschnitt.
2) **Ausrichtung**
   Im Gegensatz zum Mehrachs-Auftrag ist die Ausrichtung ein wichtiger Bestandteil der Fertigung. Die Bauteile weisen leicht veränderte Festigkeits-Eigenschaften auf, innerhalb und zwischen zwei Ebenen.
3) **Nesting**
   Um kosteneffizient zu fertigen ist es oft sinnvoll, mehre Teile gleichzeitig zu fertigen. „Nesting" bezeichnet die Anordnung dieser Teile im 3D-Drucker.

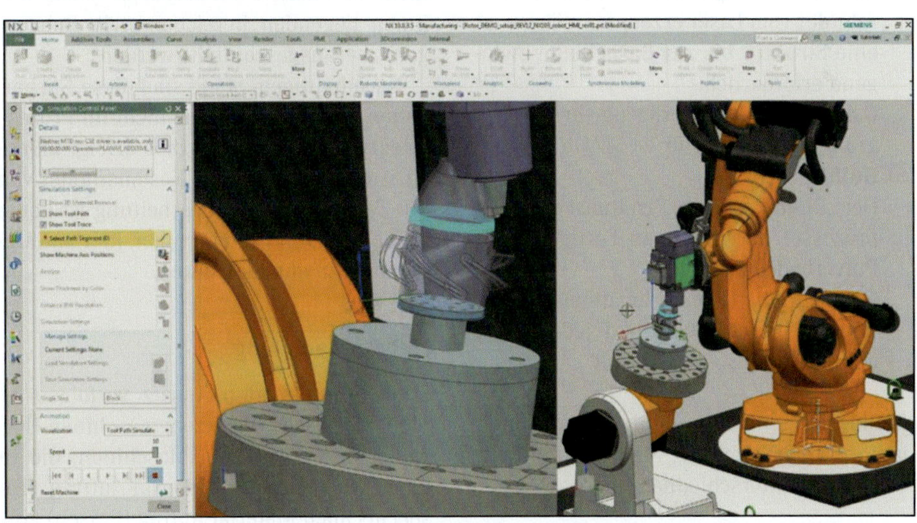

Bild 2.33: Additives Druckverfahren mit einem Roboter. (Quelle: Siemens NX Simulation)

Bild 2.34: 2D-Nesting von Metall-Teilen.

Für das Drucken von Kunststoffen existiert sogar schon heute automatisches 3D-Nesting

4) **Stützgeometrien**
   Da das Teil Ebene für Ebene aufgebaut wird, können Überhänge entstehen, die über konstruierte Stützen in Position gehalten werden müssen. Auch für die Abfuhr der vom Laser erzeugten Wärme ist eine Struktur bis zur Basis-Platte zwingend erforderlich.
   Das bekannteste Werkzeug für die Programmierung hierfür ist MAGICS.
5) **Build-Prozessor**
   Der „Build-Prozessor" ist quasi der Postprozessor der Additiven Fertigung mit Pulverbett-Druckern.
   Hier wird die Geometrie automatisch in Ebenen „geschnitten" und jede Ebene mit einem Muster ausgefüllt.

Die hierfür genutzten Algorithmen können je nach Teilegeometrie, Material und Druckern sehr unterschiedlich sein.

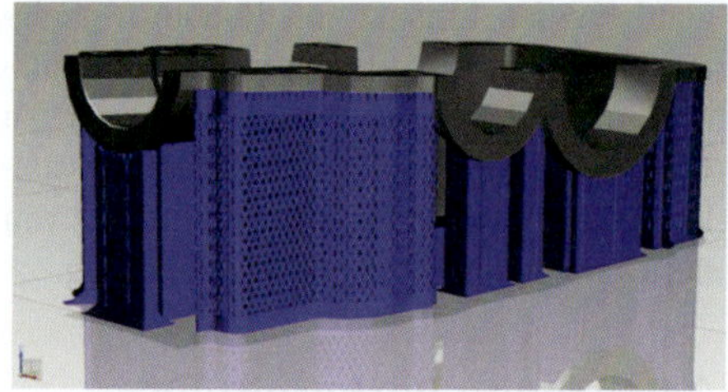

Bild 2.35: Typische Stützgeometrien für metallische Materialien. (Quelle: MAGICS von Materialise)

2.10 Einbindung in die Fertigung

Nacharbeit

Für den industriellen Einsatz gedruckte Teile müssen grundsätzlich an Funktions- und Anschlussbereichen spanend nachgearbeitet werden. Vorher werden die Material-Spannungen meist in Öfen deutlich reduziert, z.T muss gesintert oder anderweitig nachbehandelt werden.

Zusätzlich muss die ebenfalls aus Metall gedruckte Stützgeometrie entfernt werden, zum Teil ebenfalls durch fräsen, meist jedoch noch mit Hammer und Meißel. Das nicht bearbeitete Metallpulver muss aus innen liegenden Bereichen (z.B. Bohrungen) „herausgeschüttelt" werden.

Nach heutigem Stand sind diese Nacharbeiten überwiegend noch nicht im Prozess integriert und die Übergabe erfolgt manuell. Aufgrund des hohen Kostenanteiles von 30 – 50 % in der Nachbearbeitung ist heute schon ein Trend zu erkennen, hier zukünftig stark zu automatisieren.

Hybrid Machining

Einen interessanten Ansatz verfolgen einige klassische Werkzeugmaschinen-Hersteller. Sie entwickeln Maschinen, die in einer Aufspannung Material-Auftrag (Laser) als auch Material-Abtrag (Fräsen) ausführen können.

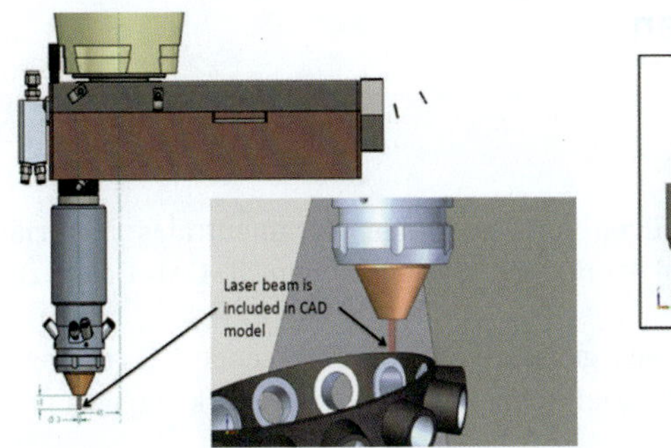

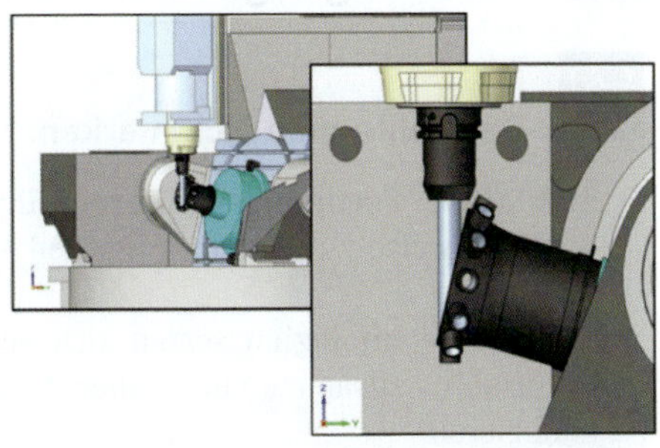

Bild 2.36: 3D Modell – Material-Auftrag und Abtrag (Fräsen) auf einer Maschine. (Quelle: DMG-Mori, Siemens)

Automotive
Werkzeugbau
Industrie
Medizin
Luft- und Raumfahrt
Rapid Prototyping für alle Branchen

Nutzerorientierte Individualisierung
Produktorientierte Individualisierung
Bauteile on Demand
Komplexe individuelle Bauteile
Gewichts-optimierung
Schnelles (günstiges) Prototyping

Bild 2.37: Verbreitung der additiven Fertigung nach Fachbereichen und Einsatzbereich.

2.11 Zusammenfassung

Generative Fertigungsverfahren können für die Herstellung von Protoypen, Formwerkzeugen und Endprodukten eingesetzt werden. In allen Fällen muss das zu produzierende Bauteil als 3D-CAD-Modell vorliegen. Die Produktion kann, in Abhängigkeit des späteren Verwendungszwecks, mit sehr unterschiedlichen Schichtbauprozessen erfolgen. Neben den aufgelisteten Verfahren existieren noch weitere, die sich jedoch nur marginal von den erwähnten unterscheiden.

Aktuelle Entwicklungen der generativen Fertigungsverfahren in der Industrie und Forschung sind sehr vielschichtig. So wird u.a. an einer Beschleunigung des Fertigungsprozesses, z.B. durch höhere Laserleistungen und damit größere Aufbauraten gearbeitet. Darüber hinaus müssen nach dem generativen Herstellungsprozess für eine ausreichende Qualität der Bauteile weitere Nacharbeitsschritte erfolgen. Damit steht sowohl die Prozessrobustheit als auch die Absicherung der Bauteilqualität im Fokus der Forschungs- und Entwicklungsaktivitäten. Die stetige Erweiterung des verarbeitbaren Materialportfolios führt dazu, dass sich durch generative Fertigungsverfahren kontinuierlich neue Anwendungsgebiete erschließen lassen.

Additive Fertigungsverfahren

Das sollte man sich merken:

1. **Additive Fertigungsverfahren** fügen formloses oder formneutrales Material schichtweise zu einem physischen Werkstück direkt aus den 3D-CAD-Daten zusammen.
2. **Rapid-Technologien** setzen sich aus generativen und abtragenden Fertigungsverfahren zusammen und haben das Ziel, schnell Bauteile oder Werkzeuge zu produzieren.
3. Bezüglich der Datenverarbeitung müssen für generative Fertigungsverfahren drei Voraussetzungen erfüllt sein:
   - Es existieren Datenmodelle der zu fertigenden Teile auf 3D-CAD-Systemen.
   - In der Prozessvorbereitung wurde das Volumen-/Oberflächenmodell in einzelne, verarbeitbare Schichten zerlegt.
   - Es wurde ein verfahrensspezifisches NC-Programm erstellt.
4. Generativ hergestellte Bauteile sind je nach verwendetem Verfahren in ihrer Konsistenz, Genauigkeit und Oberfläche sehr unterschiedlich.
5. Heute wird eine Vielzahl an generativen Verfahren industriell eingesetzt; dabei spielt der Produktentstehungsprozess eine wichtige Rolle.
6. Die heute bekannten generativen Prozesse können nach zwei Gesichtspunkten eingeteilt werden:
   - Nach dem **Ausgangsmaterial:** Pulverförmige, flüssige oder feste Materialien
   - Nach der **Art der Formgebung:** direkt dreidimensional oder durch Aufeinanderschichten zweidimensionaler Einzelschichten
7. Alle heutigen, kommerziellen Verfahren arbeiten zweidimensional.
8. Die derzeit fünf wichtigsten Verfahren sind:
   - das **Strahlschmelzen** funktional einsetzbarer metallischer Bauteile und Prototypen
   - das **Lasersintern** von pulverförmigen Kunststoffen oder ein-/zweikomponentigen Metallen
   - das **3D-Drucken**, d. h. das pulverförmige Ausgangsmaterial wird durch das gezielte Einbringen einer Binderflüssigkeit verfestigt
   - das **Fused Deposition Modelling**, welches thermoplastische Kunststoffdrähte in einer Düse erhitzt und das Material raupenförmig aufschmilzt
   - die **Stereolithographie,** d. h. schichtweise Polymerisation von flüssigem Harz
9. Unter **Rapid Prototyping** versteht man die schnelle Herstellung von Anschauungsobjekten, bzw. Modellen die nur eingeschränkt Funktionen des späteren Bauteils erfüllen.
10. Unter **Rapid Tooling** versteht man die die Herstellung von Werkzeugen und Formen für die Prototypenfertigung bzw. die Produktion von Serienbauteilen.
11. Mit **Rapid Manufacturing** bezeichnet man Fertigungsprozesse, die die direkte Produktion von funktional einsetzbaren Bauteilen (Endprodukten) zulassen.
12. Topologie-Optimierung: Mit Hilfe der FEM-Berechnung erfolgt eine Gewichtsoptimierung. Bereiche mit hoher Belastung werden verstärkt, Bereiche mit geringer Belastung eliminiert.
13. Lattice-Optimierung: Ein Körper mit vorgegebener Außengeometrie wird mit einer Feinstruktur (Fachwerk bzw. Lattice) gefüllt.

■

3 Flexible Fertigungssysteme

Flexible Fertigungssysteme (FFS) sind so unterschiedlich wie die Fertigungsaufgaben, für die sie geplant und ausgelegt wurden. Die Kombinationsmöglichkeiten von Maschinen, Werkstücktransport- und Steuerungssystemen sind unbegrenzt. Obwohl diese Systeme ständig weiterentwickelt wurden, sind die Grundprinzipien gleich geblieben.

3.1 Definition

Unter „Verketteten, Flexiblen Fertigungssystemen" versteht man eine Gruppe numerisch gesteuerter Werkzeugmaschinen, die über ein gemeinsames Werkstück-Transport-System und ein zentrales Steuerungssystem miteinander verbunden sind. Mehrere unterschiedliche **(sich ergänzende)** oder gleichartige **(sich ersetzende)** CNC-Werkzeugmaschinen führen alle erforderlichen Bearbeitungen an Werkstücken einer Teilefamilie durch. Der Fertigungsdurchlauf erfolgt vollautomatisch, d. h. die Bearbeitungsfolge wird nicht durch manuelle Eingriffe, Umrüst- oder Umspannarbeiten unterbrochen. Deshalb lassen sich mit diesen Systemen auch Pausenzeiten überbrücken und bei Schichtende ein Auslaufbetrieb mit reduziertem Personal oder sogar ohne Personal durchführen.

In hoch automatisierten verketteten Anlagen übernehmen **Produktionsleitsysteme** die Führung, Lenkung, Steuerung und Kontrolle der Bearbeitung in Echtzeit. Materiallager für Roh- und Fertigteile, Spannvorrichtungen sowie ein übergeordnetes Werkzeugmanagement, werden in den Bearbeitungsprozess mit einbezogen. Die Integration nachfolgender Montagebereiche ist ebenfalls möglich.

Durch die Verwendung verketteter CNC-Maschinen ist eine kontinuierliche Optimierung sowie Anpassung an einfließende Konstruktions- und Bearbeitungsänderungen problemlos möglich. Flexible Fertigungssysteme sind nicht auf Mindest-Losgrößen angewiesen, sondern bearbeiten auch Einzelstücke und kleine Losgrößen **ohne Stillstandszeiten zur Umrüstung**. Voraussetzung ist, dass die CNC-Programme, Werkzeuge und Spannvorrichtungen verfügbar sind und bereitgestellt werden. Ein Zusammenlegen von Losen zum Erreichen größerer Stückzahlen ist nicht notwendig. Dadurch ergibt sich eine Reduzierung der Lagerhaltungskosten und der Kapitalbindung durch Lagerware.

Flexible Fertigungssysteme sind nicht nur zur Bearbeitung prismatischer Werkstücke, sondern auch von Drehteilen, Blechteilen *(Bild 3.1 und Bild 3.2)* oder für andere Verfahren einsetzbar. Unterschiedliche Verfahren in Abhängigkeit von Bearbeitung und Art der Werkstoffe eröffnen heute ganz neue Fertigungs- und Bearbeitungsmöglichkeiten, wie z. B. Additive Manufacturing, auch bekannt als 3D-Druck.

Dies erfordert neben unterschiedlichen CNC-Maschinen auch unterschiedliche Transportsysteme. Prismatische Werkstücke werden vorwiegend in Spannvorrichtungen einzeln oder mehrfach aufgespannt und auf Paletten transportiert. Bei Drehtei-

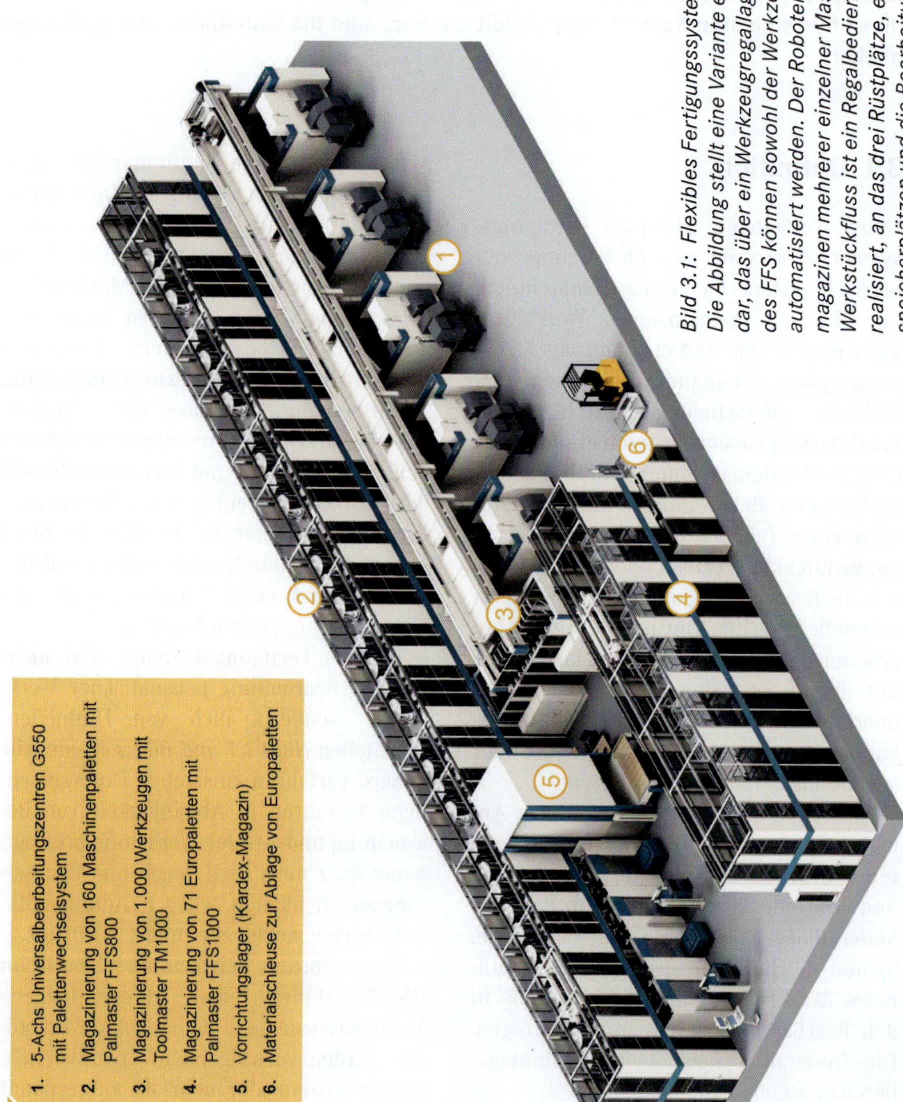

Bild 3.1: Flexibles Fertigungssystem (Quelle: Fa. Grob)
Die Abbildung stellt eine Variante eines Flexiblen Fertigungssystems dar, das über ein Werkzeugregallager verfügt. In der Vollausbaustufe des FFS können sowohl der Werkzeug- als auch der Werkstückfluss automatisiert werden. Der Roboter kann Werkzeuge in den Scheibenmagazinen mehrerer einzelner Maschinen austauschen. Für den Werkstückfluss ist ein Regalbediengerät zur Palettenhandhabung realisiert, an das drei Rüstplätze, ein Hochregallager mit 90 Palettenspeicherplätzen und die Bearbeitungsmaschinen angebunden sind.

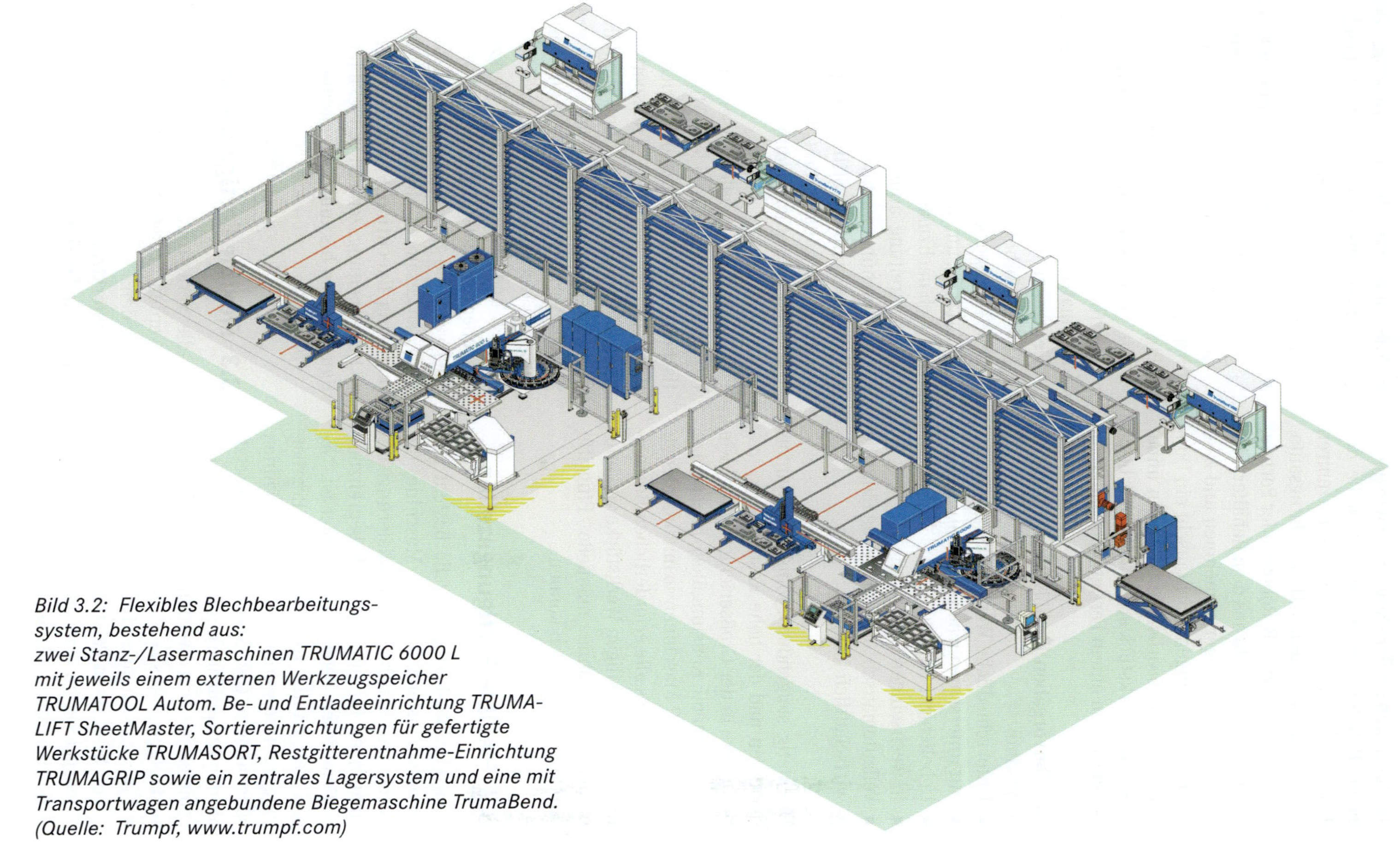

Bild 3.2: Flexibles Blechbearbeitungssystem, bestehend aus: zwei Stanz-/Lasermaschinen TRUMATIC 6000 L mit jeweils einem externen Werkzeugspeicher TRUMATOOL Autom. Be- und Entladeeinrichtung TRUMALIFT SheetMaster, Sortiereinrichtungen für gefertigte Werkstücke TRUMASORT, Restgitterentnahme-Einrichtung TRUMAGRIP sowie ein zentrales Lagersystem und eine mit Transportwagen angebundene Biegemaschine TrumaBend. (Quelle: Trumpf, www.trumpf.com)

len fasst man größere Stückzahlen in geeigneten Behältern zusammen. Anstelle des Palettenwechslers bei Bearbeitungszentren werden bei Drehteilen Handhabungsautomaten eingesetzt, z. B. Roboter oder Portale, die alle Teile einzeln aus dem Behälter oder von einem Zubringer entnehmen und zum Spannfutter bringen. Dort tauscht ein Doppelgreifer das bearbeitete gegen ein unbearbeitetes Werkstück aus und legt das bearbeitete Teil in einem Fertigteilebehälter ab.

Die **Zielvorgaben** Flexibler Fertigungssysteme sind:

- Unterschiedliche Werkstücke
- mit unterschiedlichen Bearbeitungen
- in beliebiger Reihenfolge
- in wechselnden Losgrößen
- vollautomatisch, ohne manuelle Eingriffe
- wirtschaftlich fertigen.

Die stetig steigenden Produktivitätsanforderungen und der hohe Kostendruck, insbesondere in der Großserienfertigung (wie z. B. Automobil, Konsumgüter), haben dazu geführt, CNC-Maschinen so miteinander zu verketten, dass alle erforderlichen Bearbeitungen der jeweiligen Werkstücke vollautomatisch und ohne manuelle Eingriffe durchgeführt werden können.

3.2 Flexible Fertigungszellen

Eine Flexible Fertigungszelle besteht aus einer alleinstehenden CNC-Maschine, die durch zusätzliche Automatisierungseinrichtungen für einen zeitlich begrenzten, bedienerlosen Betrieb ausgerüstet ist. Neben den häufig vorkommenden Bearbeitungszentren werden auch Drehmaschinen oder andere CNC-Maschinen eingesetzt, die den Ansprüchen des jeweiligen Einsatzgebietes gerecht werden müssen. Dazu sind folgende Ausbaustufen notwendig:

- Ein ausreichender **Teilevorrat** in Form von bestückten Paletten oder als Einzelteilspeicher für einen etwa einschichtigen Betrieb (Stangenlader, Palettenwechsler)
- Eine automatische **Beschickung** der Maschine aus dem Werkstückspeicher und Rückführung der bearbeiteten Teile in den Teilespeicher
- Ein erweiterter **Werkzeugspeicher,** um bei schnell wechselnden Werkstücktypen ohne ständigen Werkzeugaustausch arbeiten zu können
- Ein automatischer **Werkzeugwechsel** mit **Überwachungseinrichtung** zur Kontrolle auf Bruch oder Verschleiß mit automatischem Aufruf von Schwesterwerkzeugen
- Eine **Maßüberwachung** der bearbeitenden Werkstücke, z. B. über schaltende Messtaster, um die Korrekturwerte automatisch nachzustellen oder bei Toleranzüberschreitung automatisch abzuschalten (Bruchüberwachung)
- Eine automatische **Stillsetzung** der Maschine nach Abarbeitung des Teilevorrates oder bei Fehlermeldung.

Flexible Fertigungszellen lassen sich beliebig miteinander verbinden. Mit automatischen Werkstücktransporteinrichtungen (Ladeportale, Roboter, Transportwagen usw.) können Produktivität und Flexibilität der Maschinen entsprechend verbessert werden. Voraussetzung dafür ist eine Kodierung der Werkstücke bzw. der Werkstückpaletten und der eingesetzten Werkzeuge. Ein übergeordneter Fertigungsleitrechner überwacht die gesamte Anlage und koordiniert den gesamten Ablauf **(MES = „Manufacturing Execution System“).** So lassen sich Bearbeitungszentren zu Flexiblen Fertigungszellen bis zum FFS erweitern.

(Bild 3.3)

3.3 Flexible Fertigungssysteme

Für die Verkettung von Werkzeugmaschinen werden grundsätzlich zwei Arten unterschieden:

- **Transferstraßen**
- **Flexible Fertigungslinie**

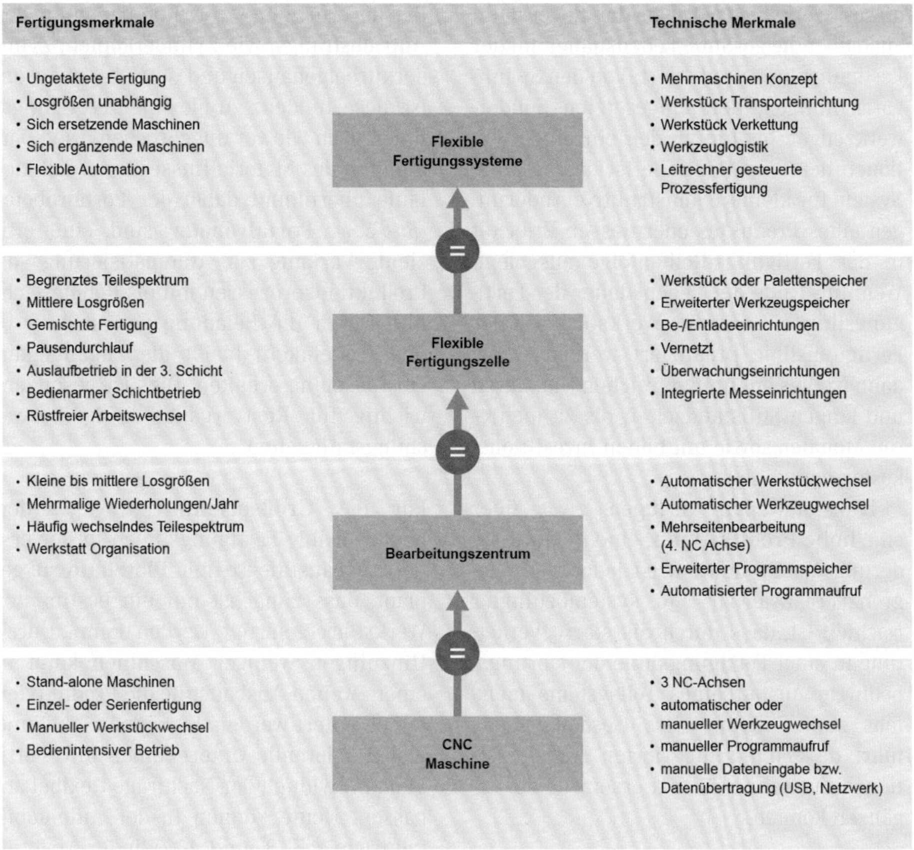

Fertigungsmerkmale		Technische Merkmale
• Ungetaktete Fertigung • Losgrößen unabhängig • Sich ersetzende Maschinen • Sich ergänzende Maschinen • Flexible Automation	Flexible Fertigungssysteme	• Mehrmaschinen Konzept • Werkstück Transporteinrichtung • Werkstück Verkettung • Werkzeuglogistik • Leitrechner gesteuerte Prozessfertigung
• Begrenztes Teilespektrum • Mittlere Losgrößen • Gemischte Fertigung • Pausendurchlauf • Auslaufbetrieb in der 3. Schicht • Bedienarmer Schichtbetrieb • Rüstfreier Arbeitswechsel	Flexible Fertigungszelle	• Werkstück oder Palettenspeicher • Erweiterter Werkzeugspeicher • Be-/Entladeeinrichtungen • Vernetzt • Überwachungseinrichtungen • Integrierte Messeinrichtungen
• Kleine bis mittlere Losgrößen • Mehrmalige Wiederholungen/Jahr • Häufig wechselndes Teilespektrum • Werkstatt Organisation	Bearbeitungszentrum	• Automatischer Werkstückwechsel • Automatischer Werkzeugwechsel • Mehrseitenbearbeitung (4. NC Achse) • Erweiterter Programmspeicher • Automatisierter Programmaufruf
• Stand-alone Maschinen • Einzel- oder Serienfertigung • Manueller Werkstückwechsel • Bedienintensiver Betrieb	CNC Maschine	• 3 NC-Achsen • automatischer oder manueller Werkzeugwechsel • manueller Programmaufruf • manuelle Dateneingabe bzw. Datenübertragung (USB, Netzwerk)

Bild 3.3: Ausbaustufen eines flexiblen, CNC basierten Fertigungssystems

Egal welches System eingesetzt wird, Zielvorgabe ist immer, die Produktion hoher Stückzahlen ohne Unterbrechung durch Pausenzeiten, Rüstzeiten, Schichtwechsel usw. mit reduziertem oder sogar ohne Personal durchführen zu können.

3.3.1 Transferstraßen

Beginnend mit den 50er Jahren bis in die 90er Jahre des letzten Jahrhunderts wurden in der **Serienproduktion** nahezu ausschließlich Transferstraßen eingesetzt. Je nach Bearbeitungsumfang des zu produzierenden Werkstückes kamen für die Komplettbearbeitung mehrere hintereinander angeordnete Transfermaschinen zum Einsatz. Auf diesen wurden nicht nur die **Zerspanungsprozesse** ausgeführt, sondern auch die nicht zerspanenden Prozesse, wie **Waschen, Dichtheitsprüfung, Montage** und andere. So bestand z.B. eine Fertigungsanlage für ein Zylinderkurbelgehäuse (Motorblock) eines Motors je nach Produktionsvolumen aus bis zu 15 oder auch mehr hintereinander angeordneten Transfermaschinen. In jeder Transfermaschine wurde jeweils nur ein Teil des gesamten Bearbeitungsumfangs an den Werkstücken durchgeführt und dieses dann zur nächsten Maschine weiter getaktet.

bit.ly/2UZ9Ape
Video 22

Fertigungslinien bestehend aus **Transfermaschinen werden immer für ein bestimmtes Werkstück ausgelegt** und dieses Werkstück wird in der Regel dann auch über die gesamte Lebensdauer auf der Fertigungslinie produziert. Von den Spannvorrichtungen, den eingesetzten Sonderwerkzeugen bis hin zu den einzelnen Stationen der Transferstraße ist das gesamte System für kleinere konstruktive Änderungen eines Produktes oder dessen Priorität in der Fertigungs-Reihenfolge ausgelegt. Wenn im Laufe der Lebensdauer der Fertigungslinie ein anderes Werkstück auf der Fertigungslinie produziert werden sollte, dann ist dies mit umfangreichen Umbauten und langen Stillstandzeiten bis zu mehreren Monaten sowie mit hohen Investitionskosten verbunden.

Transferstraßen verfügen zwar über eine **hohe Produktivität**, eine flexible Änderung der Produktion ist jedoch nur begrenzt realisierbar. Ein systembedingter Nachteil ist, dass durch die starre Verkettung in einer Fertigungslinie der störungsbedingte Ausfall eines Teilsystems meistens zum Stillstand des Gesamtsystems führt, da sich die integrierten Transferstationen nur sehr begrenzt ersetzen oder ergänzen können.

3.3.2 Flexible Fertigungslinien

Durch die Globalisierung und dem damit verbundenen veränderten Verhalten der Konsumenten sind mit Beginn der 90er Jahre des letzten Jahrhunderts auch die **Anforderungen an die Flexibilität der Produktion gestiegen.**

Die eingeschränkte Flexibilität von Transferstraßen hat dazu geführt, dass heute zunehmend Flexible Fertigungslinien zum Einsatz kommen, die aus verketteten ein- oder mehrspindligen flexiblen Bearbeitungszellen bestehen. Bei sehr hohen Losgrößen, wie z.B. in der Automobil-Zulieferindustrie, haben Transferstraßen aber auch heute noch durchaus ihre Daseinsberechtigung. Immer kürzer werdende Produktzyklen begünstigen jedoch die Tendenz zu hochflexiblen Fertigungslinien. Bei der Fertigung von Komponenten des Antriebstrangs, wie Zylinderköpfen, Zylinderkurbelgehäusen und Getriebegehäusen, ist diese Tendenz zu Flexiblen Fertigungslinien nach wie vor ungebrochen. Die Koordination des Materialflusses innerhalb der Linie übernimmt dabei der Portalroboter *(Bild 3.4)*. **Portalroboter** sind eine effiziente Variante zur Automatisierung von Produktionsprozessen mittels Robotertechnik. Durch die Beladung von oben (z.B. über Ladeluken) bleibt die Zugängigkeit zur Maschine erhalten. Dies ist besonders wichtig für Rüstvorgänge und Überwachungstätigkeiten.

Für die **Großserienfertigung** werden heute flexible Fertigungslinien in der ersten Ausbaustufe so mit **Platzhaltern** geplant, dass zunächst nur ein bestimmtes Werkstück gefertigt werden kann. Durch Hinzufügen weniger Maschinen kann in einer zweiten Ausbaustufe die Produktvielfalt erweitert werden. So können lokal und global agierende Unternehmen ihre Fertigung individuell der Nachfrage flexibel anpassen. Heute können in der Automobilindustrie z.B. 3- und 4- Zylinder Motoren auf derselben Linie gefertigt werden.

Die stetig steigenden Anforderungen an eine hochflexible Produktion erfordern einen möglichst geringen Aufwand für erforderliche Optimierungen oder Modifikationen in der Fertigung. Um Änderungen an verketteten Maschinen effizient realisieren zu können, sollten moderne flexible Linien verdrahtungsarm geplant werden. Ein **hoher Vernetzungsgrad von Maschinen** und Stationen untereinander hat den Vorteil, dass alle in einem Netz befindlichen Steuerungssysteme zentral erreichbar sind. Änderungen können so einfacher eingebracht werden, ohne dass eine direkte Verbindung an der Maschine hergestellt werden muss. Eine wichtige Voraussetzung ist der **Diagnosegrad** einer solchen flexiblen Fertigungslinie, der durch intelligente, vernetzbare Komponenten zusätzlich erhöht wird.

Bild 3.4: Flexible Fertigungslinie in der Motorenfertigung (Quelle: Fa. Heller).
Die Flexible Fertigungslinie besteht aus CNC Maschinen, die über ein Ladeportal, auch Portalroboter genannt, verbunden sind. Das Ladeportal sorgt für einen automatisierten Materialfluss vom Abholen der Rohteile am Linienanfang, Beladen der Maschinen von oben, bis zur Ablage der Fertigteile zum Abtransport am Ende der Linie.

Diese Art der Vernetzung hat zur Folge, dass Vernetzungskonzepte bereits bei der Planung von Anlagen klar definiert werden müssen *(Bild 3.5)*.

Durch die neuen technischen Möglichkeiten werden **Flexible Fertigungslinien zunehmend produktiver** und in größeren Stückzahlen auch kostengünstiger.

Eine moderne Steuerungsarchitektur einer vernetzten Anlage *(Bild 3.5)* beinhaltet, je nach Anforderung, unterschiedliche Ausbaustufen der Automatisierungskomponenten. Die kostengünstige Ausbaustufe enthält z.B. ein LINUX-basiertes Steuerungssystem ohne Industrie-PC. Werden zusätzliche Software Überwachungen/Applikationen benötigt, ist ein auf Windows basiertes **„Human-Machine-Interface“ (HMI)** unabdingbar. Betrachtet man das HMI einer CNC-Kopfstation, so ist eine PC-basierte Auslegung aufgrund der Datenmenge sinnvoll, da visuelle **Qualitätsmanagement-Mechanismen** zum Einsatz kommen.

Die Praxis zeigt, dass eine Steuerung eines Portalroboters einer verketteten Anlage rein PLC-basiert sein kann. Werden jedoch mehr variable Einstellmöglichkeiten benötigt, haben CNC-basierte Kopfstationen den Vorteil, dass sich die Bedienung und Diagnose nicht von den CNCs der Bearbeitungsmaschinen innerhalb einer Linie bzw. in der gesamten Fertigung unterscheiden.

Die höhere Flexibilität von verketteten Anlagen bringt Herausforderungen für Ma-

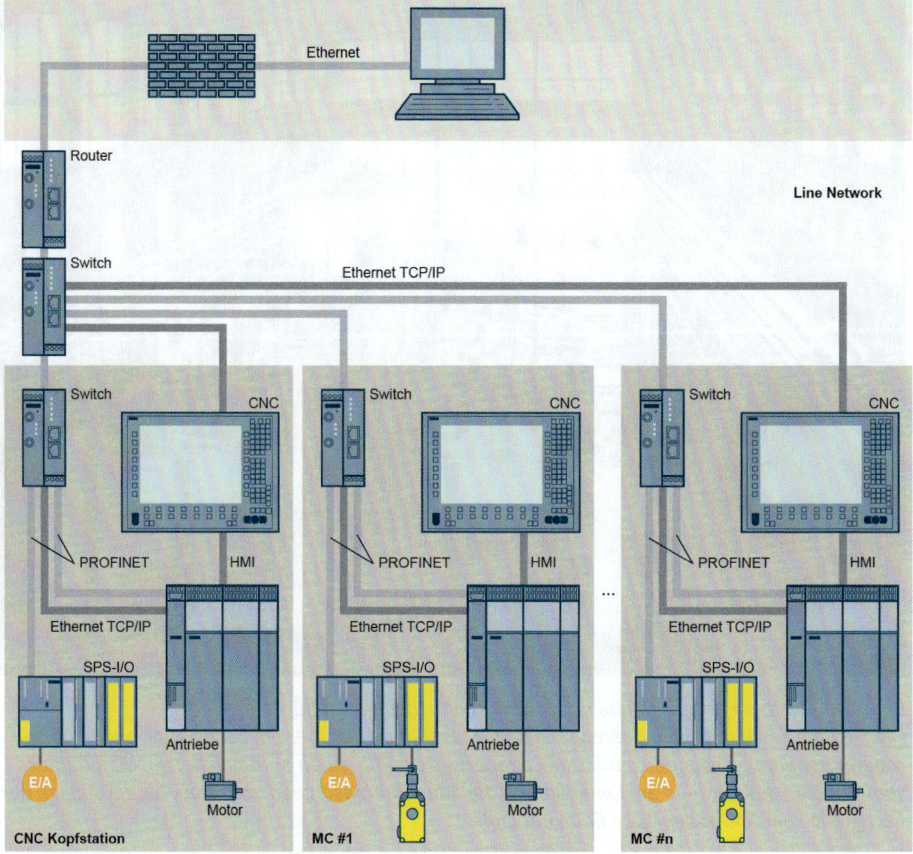

Bild 3.5: Vernetzungsarchitektur einer Flexiblen Fertigungslinie.
Die dargestellte moderne Vernetzungsarchitektur zeigt einen CNC-gesteuerten Portalroboter und zwei CNC-gesteuerte Bearbeitungszentren (MC #1 & MC #n), die sich am Anfang und am Ende der Flexiblen Fertigungslinie befinden. Die CNC-Steuerung des Portalroboters koordiniert nicht nur den Materialfluss der Werkstücke, sondern ist auch der Knotenpunkt der Vernetzung zwischen Fertigungsebene und Fertigungsleitebene.

schinenlieferanten und Endanwender mit sich:

- Strikte Trennung der Netzwerke für Produktion und IT
- Regeln zur IP-Adressierung der Gesamtanlage in der Produktion
- IT Security mit klar definierten Zugriffsregeln
- Im Gefährdungsfall Austausch von Sicherheitssignalen der Maschinen untereinander
- Beherrschung der Anlage bei Kommunikationsausfall

Das **Produktionsnetzwerk** (auch Anlagennetz genannt) und das **Fabriknetz** (IT-Netz) sind physikalisch zu trennen. Dies nicht nur deshalb, weil beide Netze von unterschiedlichen Organisationseinheiten betrieben werden, sondern auch weil der Verwendungszweck und die Verfügbarkeit angeschlossener Netzwerkkomponenten sehr unterschiedlich sein können. Die **Effektivität der Produktion** und der vernetzten Automatisierungskomponenten wird anhand des vorher definierten Ausstoßes gemessen. Vernetzte Komponenten in der IT-Welt sollten u.a. aus Sicherheitsgründen immer auf dem aktuellen Stand gehalten werden. Würde man die gleichen IT-Regeln eines Standortes auf die Produktion anwenden, könnten die ständigen Update-Routinen den Produktionsprozess stören und die Erreichung der Tages- oder Wochenziele würde beeinflusst werden. Dies bedeutet nicht, dass die Produktion eine Sicherheitslücke darstellt. Hier sollten dann weitere Mechanismen, wie klare Zugriffregeln, Firewall, Router mit entsprechenden Einschränkungen einen möglichst störungsfreien Produktionsablauf gewährleisten. Experten empfehlen, bereits in der Planungsphase klare Regeln zur IP-Adressierung/Zugriffsteuerung zu definieren und diese mit den Lieferanten rechtzeitig abzustimmen.

Alle Maschinen, die im Fabriknetz sichtbar sein sollen, sind direkt ins Fabriknetz zu integrieren. Dies ist immer dann erforderlich, wenn die Produktivität der Maschinen bzw. der verketteten Anlage anhand von Betriebsdaten überwacht werden soll. Nur wenn alle relevanten Produktivitätsdaten erfasst werden, kann das Personal anhand der Auswertungen entsprechend reagieren.

Moderne Anlagen besitzen aber nicht nur Produktionsdaten die von „unten" nach „oben" und umgekehrt ausgetauscht werden können. Es besteht auch die Möglichkeit der horizontalen Kommunikation, d.h. Austausch von Standard- und Sicherheitssignalen der CPU-Steuerungen untereinander. Durch akkurate Planung kann auch der Verdrahtungsaufwand nochmals verringert werden, sodass nachträgliche Änderungen durch Parametrierung einfacher eingebracht werden können. Bei diesem hohen Grad an Vernetzung, sollten aber auch bestimmte Szenarien im Vorfeld durchgespielt werden, wie z.B. Kommunikationsausfall, damit im Ernstfall eine gestörte Anlage wieder schnell in Betrieb gehen kann.

3.4 Technische Kennzeichen von FFS

Um die hohen Automatisierungsanforderungen zu erfüllen, müssen Flexible Fertigungssysteme für die Zerspanung prismatischer Teile folgende technische Kennzeichen aufweisen:

- Mehrere FFS-geeignete CNC-Maschinen, **meistens Flexible Fertigungszellen,** deren Größe und Anzahl dem zu bearbeitenden Teilespektrum und den geforderten Stückzahlen entspricht
- Einen ausreichenden **Vorrat an Rohmaterial oder Halbzeugen,** um während einer begrenzten, aber möglichst langen Zeit einen automatischen, personalarmen oder personallosen Betrieb gewährleisten zu können
- Ein **automatisches Werkstücktransport- und Werkstückwechselsystem,** das die Teile vom Aufspannen der Rohteile bis zum Abspannen der bearbeiteten Teile verwaltet und transportiert
- **DNC als Teil eines MES-Systems** zur zentralen Verwaltung und Bereitstellung der CNC-Programme und der Korrekturwerte für Werkzeuge und Vorrichtungen
- Ein **zentrales Werkzeugmanagement** zur Verwaltung aller relevanten Werkzeugdaten und deren Korrekturwerte bis hin zur Bestellung von Werkzeugen, wenn diese verbraucht sind
- Eine **automatische Späneentsorgung** jeder Maschine
- Eine automatische **Reinigung von Werkstück, Spannvorrichtung und Palette** in den Bearbeitungsmaschinen oder in separaten Waschmaschinen, sowie ein anschließendes Trockenblasen
- **Leitrechner, Messstationen, Zentralüberwachung, Maschinendaten- und Betriebsdatenerfassung (BDE/MDE) sowie Fehler- und Diagnosesysteme** werden nach Bedarf und Anforderungen installiert *(Bild 3.6).*
- Eine prozesssichere Teilebearbeitung

Bild 3.6: MES-Pyramide zeigt das grundsätzliche MES-Konzept (Quelle: VDI). Es werden zehn MES-Aufgaben definiert, deren Zusammenspiel die geschilderte umfassende Unterstützung des Fertigungs-/Produktionsprozesses erlaubt. Die konkrete Ausprägung eines MES muss jedoch nicht die Realisierung aller acht Aufgaben umfassen, sondern wird im Leistungsumfang jeweils den Anforderungen des Anwenders angepasst.

Trotz des hohen technischen Aufwandes haben auch Flexible Fertigungssysteme ihre **Grenzen** und zwar bezüglich

- Größe, Gewicht, Form und Material der bearbeitbaren Werkstücke
- Art der durchführbaren Bearbeitungen (3, 4 oder 5 Seiten, schräge Flächen oder Bohrungen, Technologien)
- Ausbringung des Systems (Stückzahlen pro Stunde)
- Art und Anzahl der verfügbaren Sonderwerkzeuge
- Genauigkeit der zu bearbeiteten Werkstücke.

3.5 FFS-Einsatzkriterien

Flexible Fertigungssysteme haben sich u. a. besonders dort bewährt, wo vorhandene Produkte nur in kleineren bis mittleren Stückzahlen gefertigt werden können, oder bei Produktionsanlauf und später bei der Ersatzteilfertigung *(Bild 3.7)*.

Dazu zwei **typische Beispiele:**

Ein Betrieb stellt Pneumatikzylinder in vier verschiedenen Durchmessern her. Zwischen der kleinsten und der größten Länge kann der Kunde in Millimeter-Abstufungen frei wählen. Die Lagerhaltung sämtlicher Ausführungen hat sich schon beim

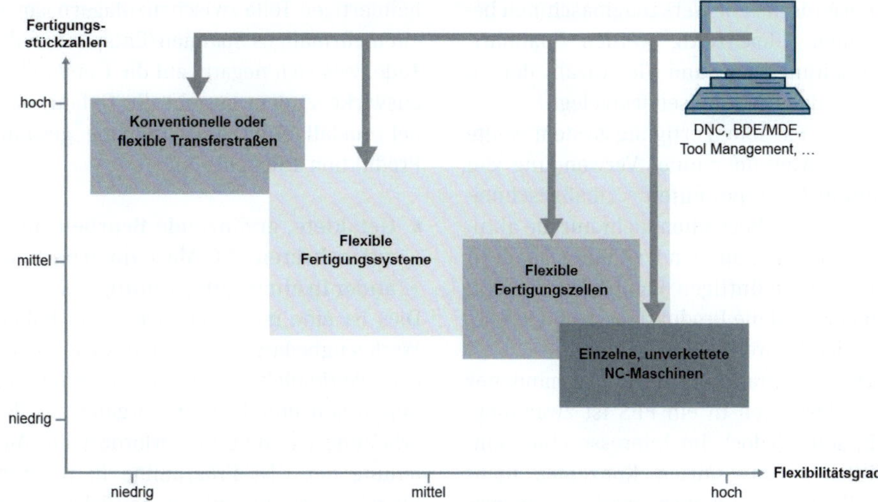

Bild 3.7: Einsatzkriterien der flexiblen Fertigung in Abhängigkeit von Stückzahl und Flexibilitätsgrad.

ersten Ansatz als viel zu teuer erwiesen. Man musste ein System entwickeln, das die Fertigung eingehender Bestellungen innerhalb von 24 Stunden ermöglicht, um am nachfolgenden Tag ausliefern zu können. Das ließ sich auch in idealer Weise realisieren: Zylinderrohr, Kolbenstange und Spannschrauben werden jetzt auftragsbezogen zusammengefasst, gefertigt, geprüft und kommissioniert. Kolben, Deckel und Muttern sind als einheitliche Serienteile an den Montageplätzen vorhanden.

Dieses Prinzip hat man inzwischen erfolgreich auf weitere Produkte übertragen.

Ein anderer Betrieb musste die Serienfertigung für ein noch in Entwicklung befindliches neues Produkt vorbereiten. Es wurden sofort nach Markteinführung größere Stückzahlen erwartet, jedoch mit mehreren Varianten. Man wusste auch, dass sich während der Lieferzeit der Maschinen von ca. 18 Monaten das vorgelegte Musterteil noch erheblich verändern würde. Eine Fertigung auf Einzweckmaschinen oder Transferlinien schied demnach von vornherein aus, denn man hätte die Maschinen ständig den sich ändernden Formen und Bearbeitungen anpassen müssen. Die Lösung war ein Flexibles Fertigungssystem, bestehend aus mehreren einheitlichen Bearbeitungszentren. Damit ließen sich die Konstruktionsänderungen und Varianten problemlos realisieren. Nach der Einführungsphase wurden für die schnell zunehmenden Stückzahlen Transferstraßen und Rundtaktmaschinen installiert, auf denen die Großserien-Produktion der Standardteile erfolgte. Das FFS war noch mehrere Jahre zur Herstellung kleiner Stückzahlen in Spezialausführung voll ausgelastet.

Aus *Bild 3.7* lässt sich der zwischen Einzelmaschinen und Transferstraßen liegende Einsatzbereich von FFS gut erkennen. Er ist aufgrund der langjährigen positiven Erfahrungen erheblich größer geworden.

Die **Planung eines Flexiblen Fertigungssystems beginnt mit der Analyse der in Frage kommenden Teile**. Dazu werden sie nach Größe, Gewicht, Material, Stückzahl, Losgröße und Variantenvielfalt erfasst. Daraus ergeben sich die notwendigen Bearbeitungen, die Anzahl der Werkzeuge und die Bearbeitungszeiten. Auf dieser Basis lassen sich Art, Anzahl und Größe der erforderlichen Werkzeugmaschinen bestimmen. Gleichzeitig werden Spannart, Bearbeitungsfolge und die Anzahl der zu steuernden CNC-Achsen festgelegt.

Jedes Flexible Fertigungssystem sollte für den Anwender unter Verwendung von **Standard-Komponenten** „maßgeschneidert" sein. Dabei sollten nicht nur die aktuell in Frage kommenden Teile, sondern auch die zukünftigen Planungen des Anwenders und die Produktionsstrategien berücksichtigt werden.

Die Integration bereits vorhandener CNC-Maschinen in ein FFS ist zwar möglich, sollte jedoch im Interesse eines einheitlichen, ungestörten Konzeptes nicht zur Forderung erhoben werden. Dagegen lassen sich konventionelle, handbediente oder mechanisch programmierte Maschinen nicht in ein Flexibles Fertigungssystem integrieren. Dies scheitert an den für diese Maschinen nicht vorhandenen Palettenwechseleinrichtungen und der starren, nicht automatisch änderbaren Programmierung.

Dagegen ist unter bestimmten Voraussetzungen der Einsatz numerisch gesteuerter Einzweck-Sondermaschinen sinnvoll, wie z. B. Bohrkopfwechsler, Planfräsmaschinen oder Sonder-Bearbeitungseinheiten.

Flexible Fertigungssysteme sind demnach keine neuen Maschinen, sondern eine Kombination bereits verfügbarer Komponenten: Bearbeitungs-, Automatisierungs- und Informationssysteme.

bit.ly/3e0xTMv
Video 23

3.6 Fertigungsprinzipien

Grundsätzlich bestehen mehrere Möglichkeiten Teilefamilien auf CNC-Maschinen zu bearbeiten. Dies sind: *(Bild 3.8)*

- **Ergänzende Bearbeitungen auf mehreren Maschinen nacheinander in mehreren Aufspannungen** *(Bild 3.8 a)*.

Dies erfordert einen entsprechenden Platzbedarf zwischen den Maschinen um die halbfertigen Teile zwischenzulagern, sowie ein mehrmaliges Spannen/Entspannen der Teile, was sich negativ auf die Genauigkeit auswirkt. Zudem besteht die Gefahr, dass bei Ausfall einer Maschine die gesamte Produktion stillsteht.

- **Getaktete, ergänzende Bearbeitungen auf mehreren CNC-Maschinen nacheinander in einer Aufspannung** *(Bild 3.8 b)*

Dies ist eine mögliche Lösung bei hohem Werkzeugbedarf. Paletten-Abstellplätze oder Werkstück-Lagerplätze zwischen den Maschinen entfallen. Die ergänzende Bearbeitung (A + B + C + D) erfordert die Aufteilung der CNC-Programme in mehrere Einzelprogramme mit einheitlichen Bearbeitungszeiten, um Leerlaufzeiten einzelner Maschinen zu vermeiden. Bei Ausfall einer Maschine besteht jedoch die gleiche Gefahr wie bei dem Prinzip in *Bild 3.8 a*.

- **Fertigbearbeitung in einer Aufspannung in einer oder zwei Maschinen** *(Bild 3.8c)*

Mit der ergänzenden Bearbeitung AB + CD oder der Komplettbearbeitung ABCD werden höhere Genauigkeiten und geringere Nebenzeiten erreicht. Ohne automatischen Werkstücktransport wären Werkstücklagerplätze an jeder Maschine erforderlich. Dies ist das typische Einsatzgebiet von alleinstehenden CNC-Maschinen, meistens Bearbeitungszentren, Doppelzellen oder Drehzellen. Automatische Werkstückwechsler an jeder Maschine vermeiden unnötige Stillstandszeiten.

- **Fertigbearbeitung in einem FFS mit automatischem Werkstücktransport** *(Bild 3.8 d)*

Das Prinzip des FFS ist zur gleichzeitigen Fertigung mehrerer, auch unterschiedlicher Werkstücke in beliebigen Losgrößen geeignet. Wichtig ist, dass mit jedem Werkstückwechsel auch immer das zugehörige CNC-Programm, die Werkzeuge und die Spannvorrichtungen vorhanden sind. Der

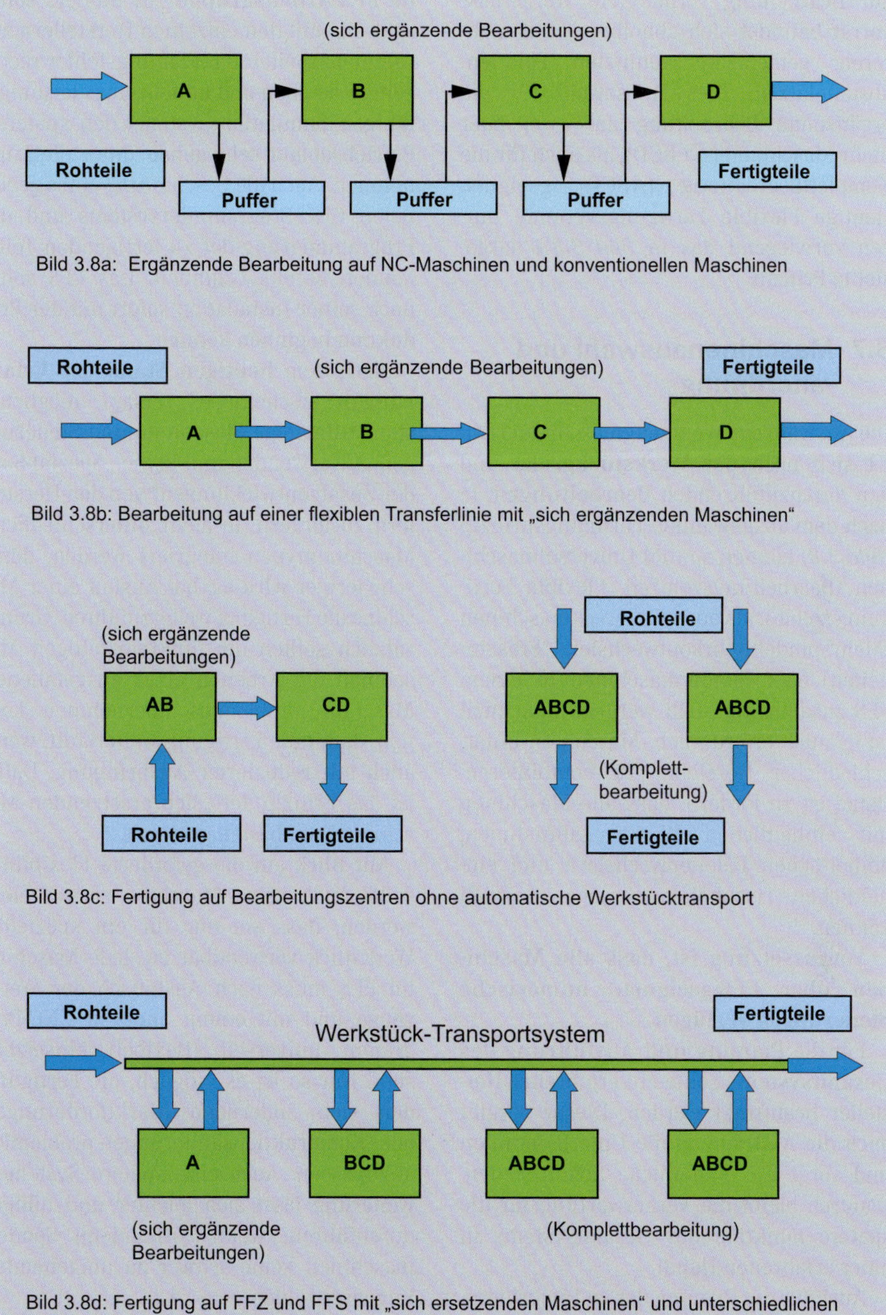

Bild 3.8: Fertigungsprinzipien verketteter und nicht verketteter Maschinen.
A, B, C, D bezeichnet die verschiedenen Bearbeitungen an den Werkstücken, wie z. B. Fräsen, Bohren, Reiben, Gewindeschneiden.

zur Bearbeitung vorbereitete Werkstückvorrat befindet sich abholbereit auf mehreren, gemeinsam genutzten Palettenabstellplätzen. Dies ist sowohl für die ergänzende Bearbeitung auf zwei oder mehr Maschinen (A + BCD), als auch für die Komplettbearbeitung (ABCD) geeignet. Heutige Flexible Fertigungssysteme nutzen vorwiegend das in *Bild 3.8d* dargestellte Prinzip.

3.7 Maschinenauswahl und -anordnung

Die Auswahl der Werkzeugmaschinen richtet sich nach der **Werkstückgröße** und den durchzuführenden **Bearbeitungen**. Je nach dem ausgewählten Fertigungsprinzip *(Bild 3.8)* können sowohl Universalmaschinen (Bearbeitungszentren, Flexible Fertigungszellen), als auch Einzweckmaschinen (Mehrspindel-Bohrkopfwechsler, Fräseinheiten) oder Sondermaschinen in einem FFS zusammengestellt werden. Manchmal ist es auch erforderlich, Maschinen unterschiedlicher Hersteller zu kombinieren. Dabei ist zu fordern, dass alle Maschinen mit einheitlichen Werkzeugaufnahmen, einheitlichen Palettenwechslern und einheitlichen Tischhöhen versehen werden können.

Voraussetzung ist, dass alle Maschinen über FFS-geeignete numerische Steuerungen verfügen.

Für die **Planung und Ausführung des Gesamtsystems** sollte ein erfahrener Hersteller beauftragt werden. Dieser vergibt auch die Aufträge an die Unterlieferanten und sorgt für einheitliche Schnittstellen. Dadurch bleibt die Verantwortung für die spätere Funktion des Gesamtsystems in einer erfahrenen Hand!

Auch für die Planung der zu integrierenden Waschmaschinen, Messmaschinen, Wendespanner sowie für das Transportsystem mit Paletten, Rüstplätzen und Spannvorrichtungen, sollte der Generalunternehmer verantwortlich sein. Eine **werksinterne FFS-Arbeitsgruppe** des Käufers sollte sehr eng mit den einzelnen Herstellern zusammenarbeiten um Planungsfehler rechtzeitig erkennen und mittels eines leistungsfähigen Simulationssystems den späteren Betriebsablauf sehr genau unter die Lupe nehmen. Auch die Beschaffung eines geeigneten CNC-Programmiersystems und die Programmierung der zu fertigenden Teile, können bereits beginnen. Das FFS sollte nach seiner Installation sofort mit der Produktion beginnen können.

Nach dem **heutigen Stand der Erfahrungen** erscheint es ratsam, möglichst standardmäßige Maschinen und Steuerungen zu verwenden und keine „Spezial-Sonder-Zusatzentwicklungen“ von den Herstellern zu fordern. Je mehr unterschiedliche Maschinentypen integriert werden, desto schwieriger wird es, bei Ausfall einer Maschine die Fertigung weiterzuführen. Grundsätzlich sollten die funktionsfähigen Maschinen die Arbeiten einer ausgefallenen Maschine problemlos übernehmen können, damit die Fertigung weiterläuft, wenn auch mit reduzierter Ausbringung. Dafür ist das Prinzip der „sich ersetzenden Maschinen“ am besten geeignet.

Mit Blick auf die geforderte Flexibilität sollte auch keine Maschine so ausgelegt werden, dass sie nur für ein spezielles Werkstück verwendbar ist. Jede Maschine im FFS muss nach Austausch der Werkzeuge und mit einem anderen CNC-Programm universell (flexibel) einsetzbar sein. Nur so ist es möglich, die Fertigung den sich ändernden Marktforderungen oder Konstruktionsänderungen problemlos anzupassen. Auch eine spätere Systemerweiterung lässt sich leichter und billiger durchführen, wenn vorhandene Sondermaschinen keine schwer zu umgehenden Engpässe bilden.

3.8 Werkstücktransportsysteme

(Bilder 3.9 bis 3.11)

Die Projektierung Flexibler Fertigungssysteme beginnt meistens mit der prinzipiellen Festlegung des am besten geeigneten Werkstücktransportsystem. Liegen Anzahl und Typenauswahl der im FFS zu integrierenden Maschinen fest, dann erfolgt die Feinplanung der Maschinenanordnung und deren Anbindung an das Transportsystem. Oft ist die Aufstellfläche bereits vorgegeben und meistens zu klein, sodass keine großen gestalterischen Spielräume verbleiben. Danach richtet sich dann auch das Werkstücktransportsystem.

Der automatische Werkstücktransport von der Spannstation zu den Maschinen und zurück ist eine wichtige Komponente eines FFS. Hierzu werden vorwiegend standardisierte Paletten verwendet, die sowohl den Transport, als auch das Ein- und Auswechseln der Teile an den Maschinen übernehmen. Zur Aufnahme und Fixierung der Werkstücke dienen die **Spannvorrichtungen**, die auf den Paletten befestigt werden. Dazu sind definierte und sehr genaue Fixierungen vorgesehen. Die Anzahl der Paletten in einem FFS ist durch die Zahl der Paletten-Transport- und -Abstellplätze plus Bearbeitungsstationen begrenzt. Durch den Einsatz von mehrstöckigen und doppelseitigen Regalen und den entsprechenden Bedienhandgeräten lassen sich alle

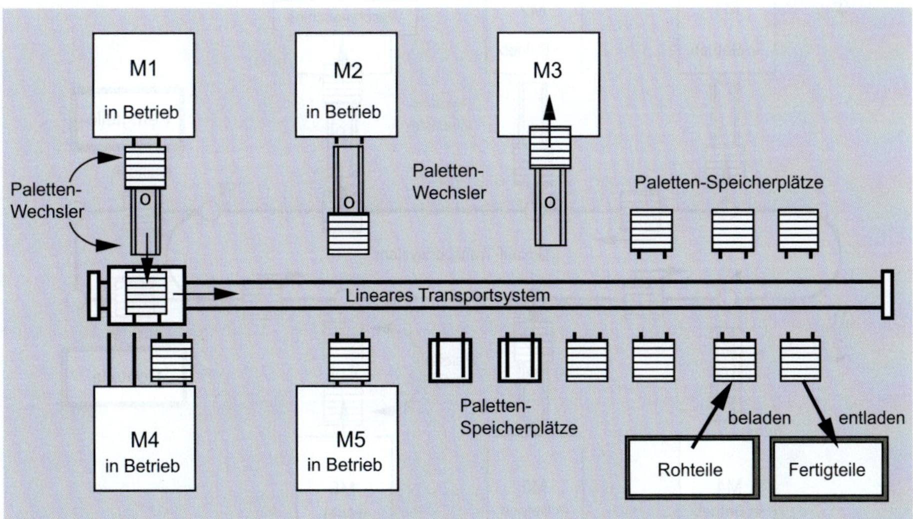

Bild 3.9: Lineares, schienengebundenes Transportsystem mit paralleler Anordnung der Maschinen beiderseite der Transportstrecke.
Kennzeichen: Der Transportwagen verfügt über einen Transportplatz.
Bei Bedarf kann ein Wagen mit zwei Plätzen oder ein zweiter Wagen hinzugefügt werden, mit entsprechender Änderung der Transportsteuerung.
Die gerüsteten Paletten werden auf Speicherplätzen abgelegt und bei Bedarf vom Transportwagen abgeholt.
Maschine 1 bis 3 sind mit Palettenwechslern ausgerüstet,
Maschine 4 hat je einen festen Ein-/Ausgangsplatz,
Maschine 5 ist mit nur einem Wechselplatz ausgerüstet.
Dadurch ergeben sich unterschiedliche Wechselstrategien.

Komponenten, die zur Fertigung benötigt werden, auf engsten Raum so lagern, dass man diese zu jedem beliebigen Zeitpunkt abrufen kann.

Das **Spannen und Entnehmen** der Teile in den Vorrichtungen erfolgt vorwiegend manuell. Kleinere Teile können in Mehrfach-Spannvorrichtungen gespannt werden, um die Gesamt-Bearbeitungszeiten zu verkürzen. Falls vorteilhaft, lassen sich auf diese Weise auch die erste und die zweite Aufspannung der Teile in einer Vorrichtung kombinieren. In zunehmendem Maße werden auch hydraulische Spannvorrichtungen eingesetzt, um z.B. Spannvorgänge zu vereinheitlichen und konstant zu halten.

Rüst- bzw. Be- und Entladestationen stellen elementare Komponenten eines FFS dar. Ergonomische Lösungen berücksichtigen die Bedürfnisse der Bediener und erleichtern deren Arbeit. Dazu muss auch eine gute Zugänglichkeit zu den Paletten/Vorrichtungen/Werkstücken möglich sein, z.B. durch automatisches Absenken, Kippen und Drehen. Unfallgefährdende Podeste und Leitern, zum Erreichen der Werkstücke, werden vermieden.

Zur **Erkennung und Identifizierung** des auf einer Palette gespannten Werkstückes dient eine Codiereinrichtung an der Palette oder an der Vorrichtung. Diese wird vor Beginn der Bearbeitung in der Ma-

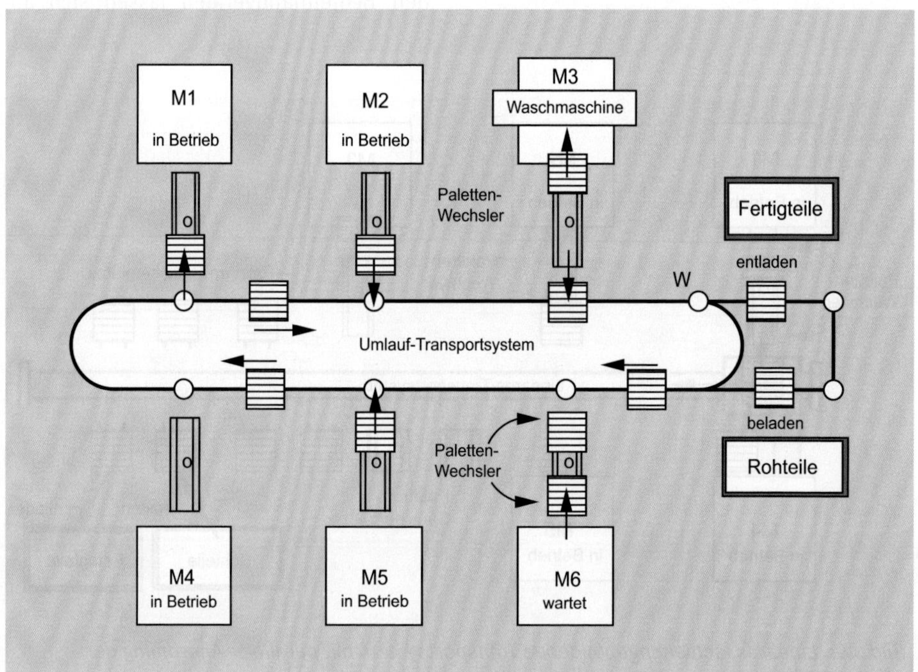

Bild 3.10: Paletten-Umlaufsystem mit paralleler Anordnung der Maschinen auf beiden Seiten der Transportstrecke.
Kennzeichen: Es sind keine zusätzlichen Palettenspeicherplätze vorhanden. Die unbearbeiteten Werkstücke kreisen auf dem Transportsystem, bis ein Eingangsplatz eines Palettenwechslers frei ist.
Die Palettenwechsler vor den Maschinen sind gleichzeitig Ein- und Ausgangspuffer für je eine fertige und eine bearbeitete Palette. Die bearbeiteten Paletten werden nach dem Verlassen der Maschinen automatisch zu der Waschmaschine und dann an der Weiche W zu den Be-/Entladestationen geleitet.

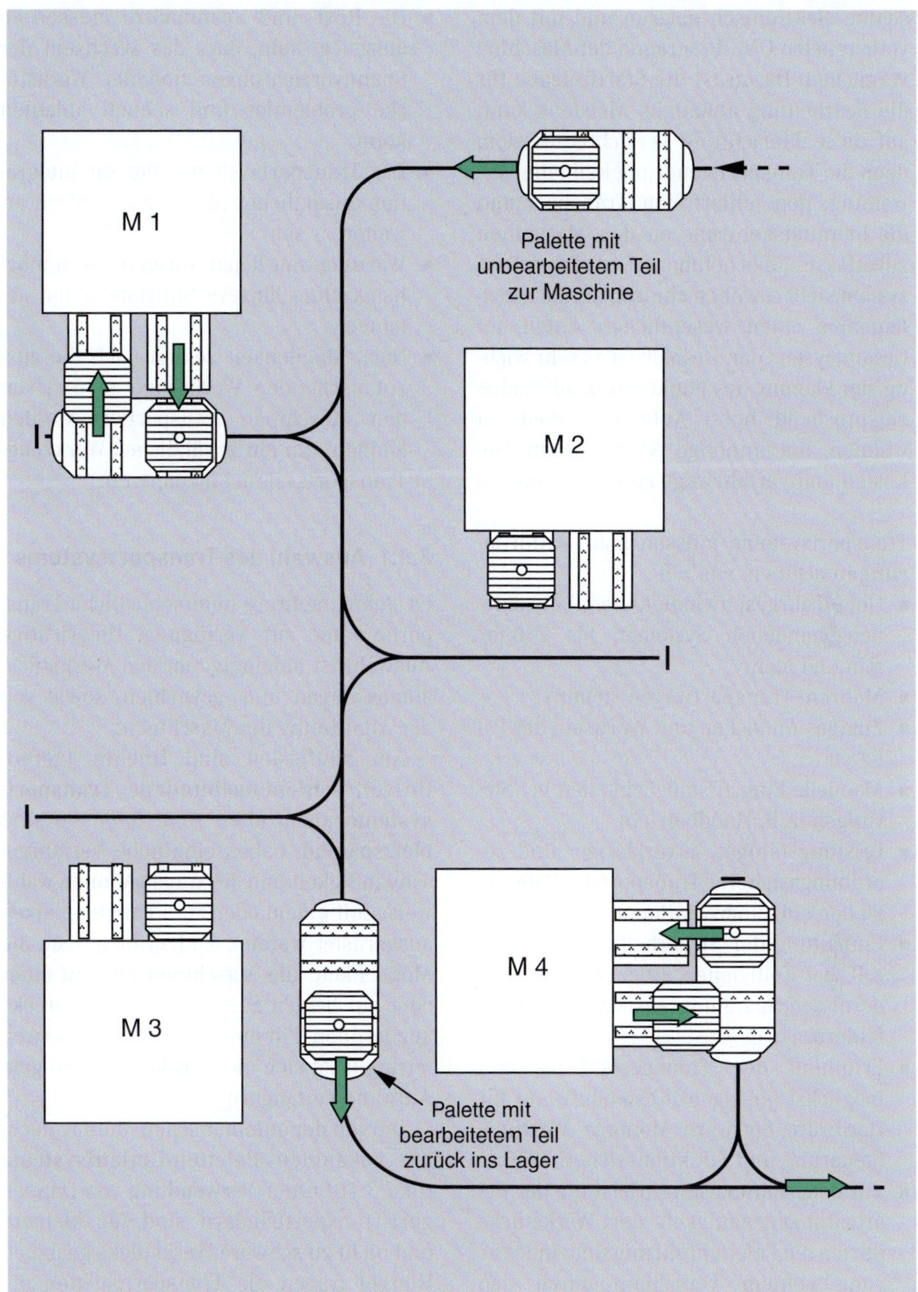

Bild 3.11: Flächen-Transportsysteme mit AGV (Automated Guided Vehicles) nutzen die vorhandenen Verkehrswege. Die Wagen werden durch einen Draht im Boden funkgesteuert. Kennzeichen: Die Maschinen können beliebig auf der vorhandene Fläche verteilt werden. Die Wagen fahren im „Einbahnverkehr" vom Materiallager zu den Maschinen und zurück. Dort werden sie entladen und mit neuen Werkstücken beladen. Die Fahrgeschwindigkeit ist aus Sicherheitsgründen begrenzt.

schine elektronisch gelesen und mit dem vorbereiteten CNC-Programm der Maschine verglichen. Davon ist die Startfreigabe für die Bearbeitung abhängig. Meistens kann auf diese Einrichtung verzichtet werden, denn die Transportsteuerung kann die Verwaltung, den fehlerfreien Transport und die Identitätskontrolle an den Maschinen zuverlässig übernehmen. Das Transportsystem stellt sowohl technisch als auch kostenmäßig einen wesentlichen Anteil am Gesamtsystem dar. Deshalb ist es sehr wichtig, der Planung des Funktionsablaufes eine entsprechend hohe Aufmerksamkeit zu widmen, um unnötige Nachbesserungen, Kosten und Verfahrwege zu vermeiden.

Transportsysteme müssen hohe **Anforderungen** erfüllen, wie z. B.:

- Hohe Fahrgeschwindigkeiten, bei schienengebundenen Systemen bis 240 m/min und mehr
- Mehrere Transportwagen steuern
- Zügiges Andocken und Wechseln der Paletten
- Manuelle Eingriffsmöglichkeiten bei Störungen (z. B. Handbetrieb)
- Leistungsfähiger, zuverlässiger und zuordnungssicherer Transport der Paletten zu den einzelnen Stationen
- Einhaltung der Sicherheitsforderungen, z. B. bei Kollisionen, unerwarteten Hindernissen, Spannungsausfall, Steuerungsfehlern
- Erfüllung der Transportaufgabe mit möglichst geringem Kostenaufwand für Hardware, Software, Montage, Wartung, Steuerung und Funktionssicherheit
- Zur dauerhaften Gewährleistung der Bearbeitungsgenauigkeit der Werkstücke dürfen die Palettenführung und -indexierung keinem Verschleiß durch den Transport und durch die Wechseleinrichtungen unterliegen.
- An den Maschinen sollen Wartezeiten wegen fehlender Paletten vermieden werden, was vor der Festlegung durch ein Simulationssystem feststellbar ist.
- Die Rüst- und Spannplätze müssen so ausgelegt sein, dass das Wechseln der Spannvorrichtungen und der Werkstücke problemlos und schnell ablaufen kann.
- Das Transportsystem sollte zur Integration zusätzlicher Maschinen einfach erweiterbar sein.
- Wartung und Reparaturen müssen möglichst ohne längere Stillstandzeiten ablaufen.
- Nach Möglichkeit sollten auch die auszutauschenden Werkzeuge zu und von den Maschinen transportiert werden können, um ein zusätzliches Werkzeug-Transportsystem einzusparen.

3.8.1 Auswahl des Transportsystems

Es stehen mehrere unterschiedliche Transportsysteme zur Verfügung. Die richtige Auswahl ist abhängig von den Werkstückabmessungen und -gewichten, sowie von der Anordnung der Maschinen.

Am häufigsten sind **lineare (geradlinige), schienengebundene Transportsysteme** anzutreffen *(Bild 3.9)*. Sie sind platzsparend, haben eine hohe Verfahrgeschwindigkeit und die Wagen können wahlweise mit einem oder zwei Palettenplätzen ausgerüstet werden. Zudem bieten sie die Möglichkeit, die Maschinen nur auf einer oder auf beiden Seiten der Verfahrstrecke anzuordnen. Für eine spätere Systemerweiterung lässt sich die Strecke mit geringem Aufwand verlängern.

Die von der automatischen Montagetechnik bekannten **Paletten-Umlaufsysteme** *(Bild 3.10)* unter Verwendung von Doppelgurt-Transportbändern sind für kleinere und nicht zu schwere Werkstücke geeignet. Hierbei tragen die Transportpaletten die auf Spannvorrichtungen aufgespannten Werkstücke und übergeben diese in die Maschinen. Die Paletten warten außerhalb der Maschinen und übernehmen die bearbeiteten Werkstücke für den Weitertransport. Bei Mehrmaschinenbearbeitung müssen die Werkstücke wieder auf ihre ursprüngliche Trägerpalette zurückkommen, wenn sich die teilespezifische Zielcodierung für die noch anzufahrenden Stationen an der Palette befindet. Bei größeren Paletten sind aufwändige Übergabestationen an den Maschinen erforderlich.

Auch **Rollenförderer**, bei denen die Paletten durch Reibverbindung auf angetriebenen Rollenstrecken transportiert werden, sind serienmäßig verfügbar, werden jedoch sehr selten eingesetzt. Die Gesamtstrecke lässt sich aus mehreren Bahnsegmenten zusammensetzen und entsprechend gestalten. Transporthöhe und Bahnbreite sind anpassbar. Die Belastbarkeit reicht bis ca. 750 kg pro Meter, die Transportgeschwindigkeit ist von 1 bis ca. 12 m/min wählbar. Der Antrieb erfolgt über Elektro-Getriebemotoren.

Ähnliches gilt für **Rollenbahnen mit Staurollenketten**. Hierbei übernehmen Rollenketten den Palettentransport. An den Kurven steuern Weichen oder Schwenkeinheiten die Änderung der Transportrichtung.

Dagegen sind die von Montagebändern bekannten **Unterflur-Schleppkettenförderer** wegen des zu hohen Installations- und Reparaturaufwandes und wegen hoher Störungsanfälligkeit nicht mehr anzutreffen.

Bei **größeren Paletten** oder schweren Werkstücken haben sich fahrerlose **Flurförderzeuge** (Automated Guided Vehicles = **AGV**) bewährt, deren Größe spezifisch angepasst ist *(Bild 3.11)*. Die Wagen folgen funkgesteuert einem im Boden eingelassenen Draht, wobei auch Weichen und Warteplätze möglich sind. Heutige AGV nutzen GPS-basierte Systeme oder festgelegte optische Erkennungsmerkmale. Sie nutzen die bereits vorhandenen Verkehrswege und können fast jeden beliebigen Punkt im Werkstattbereich erreichen. Bereits vorhandene Maschinen können an ihrem Platz und auf den teuren Fundamenten stehen bleiben, entfernt liegende Material- und Werkzeuglager lassen sich ebenfalls in den Materialfluss integrieren. Die Fahrgeschwindigkeit der Wagen ist aus Sicherheitsgründen wesentlich niedriger als bei linearen, schienengebundenen Transportsystemen. Deshalb müssen meistens mehrere Wagen gleichzeitig unterwegs sein.

Bei Drehzellen kommen für das Ein- und Auswechseln der Teile vorwiegend **Handhabungsgeräte, Portal- oder Flächenroboter** zum Einsatz. Als Alternative sind auch CNC-Maschinen vertikaler Bauart einsetzbar, die ohne separate Handhabungsgeräte auskommen.

3.8.2 Funktionsablauf eines linearen Transportsystems

Das Kernstück eines FFS ist ein intelligent funktionierendes Transportsystem und damit die Transportsteuerung. Im Gegensatz zu Systemen mit Palettenumlauf erfordern lineare, schienengebundene und mit Flurförderzeugen ausgerüstete FFS eine zentrale Steuerung. Dabei muss sich die jeweilige Transportstrategie der aktuellen Situation des Systems anpassen, d. h. beim Anfahren, bei Normalbetrieb, beim Umrüsten und zum Leerfahren (Auslaufbetrieb) ändert sich die Logistik entsprechend der Aufgabe. Betrachten wir uns zunächst den Funktionsablauf bei Normalbetrieb des FFS *(Bild 3.12)*.

Auf den Paletten-Abstellplätzen stehen mehrere unterschiedliche Werkstücke abholbereit, die Maschinen arbeiten und der Transportwagen befindet sich in Warteposition für den nächsten Transportauftrag. An den beiden Spannplätzen steht ein Maschinenbediener bereit, um die bearbeiteten Werkstücke von den Spannvorrichtungen zu entnehmen und neue Rohteile aufzuspannen.

Alle Maschinen verfügen über zwei Palettenübergabestationen, die linke für das ankommende, unbearbeitete, die rechte für das abholbereite, bearbeitete Werkstück. Alternativ werden auch Palettendreh-

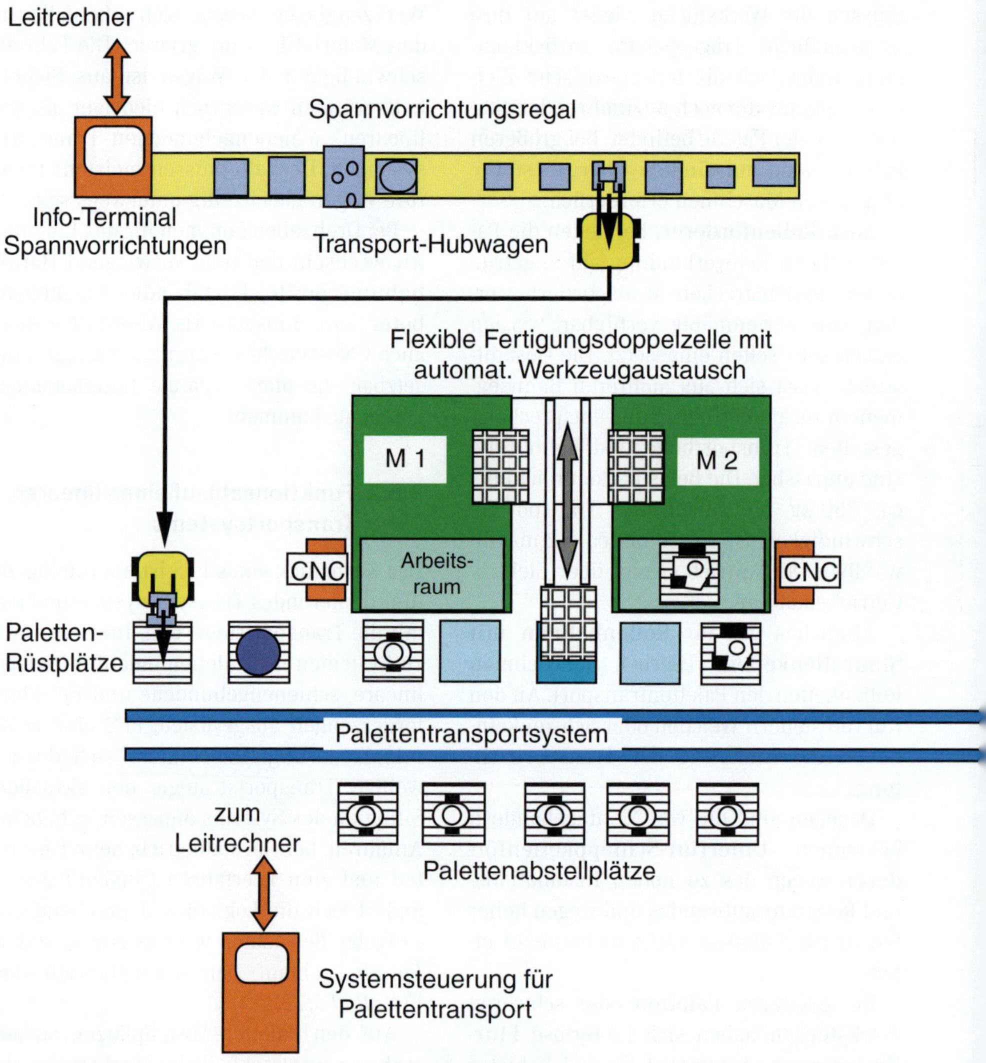

Bild 3.12: Typisches System-Layout eines Flexiblen Fertigungssystems.
Kennzeichen: Die Maschinen sind auf einer Seite des Transportsystems angeordnet, wodurch ein guter Zugang bei Wartungs- und Reparaturarbeiten besteht.

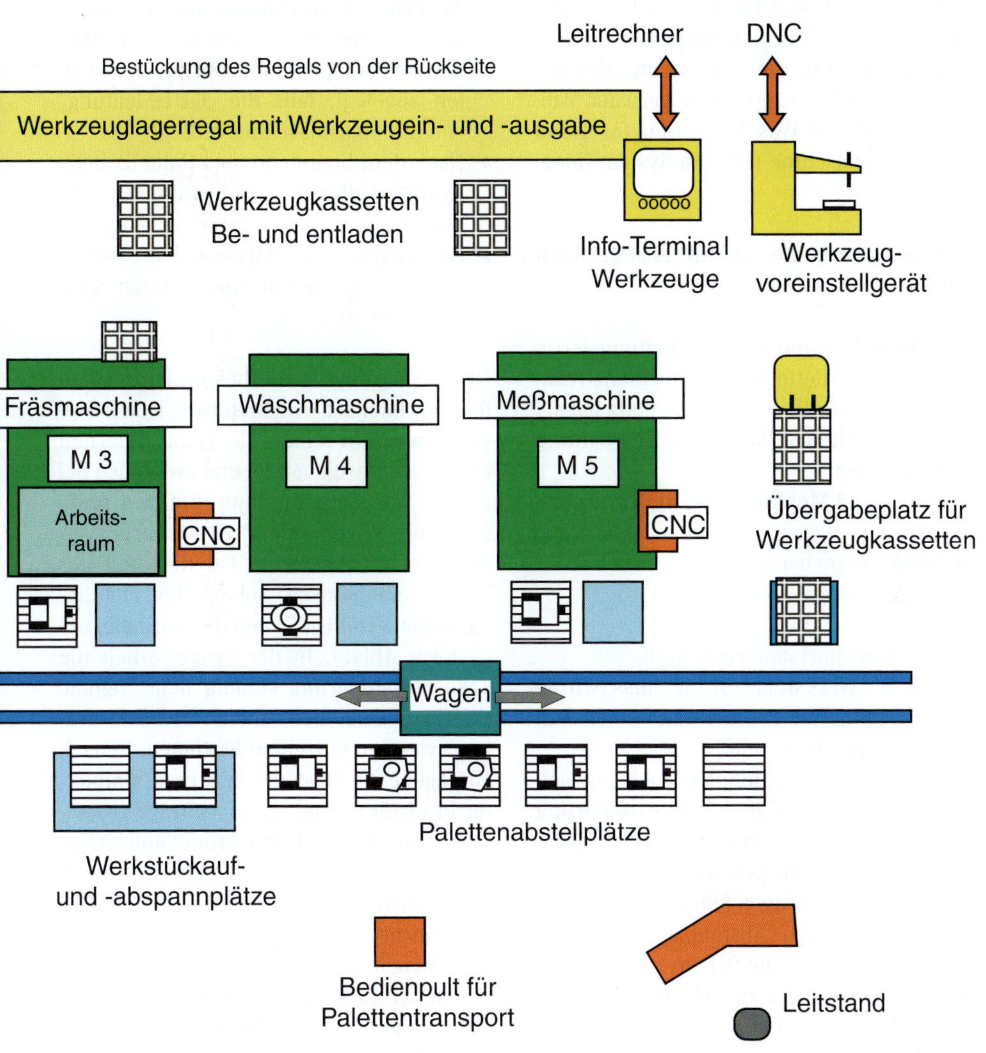

Die Palettenabstellplätze befinden sich auf der anderen Seite der Schienenstrecke, sodass bei optimaler Belegung kurze Fahrstrecken zurückzulegen sind.
Die flexible Doppelzelle wird mit Werkzeug-Austauschkassetten versorgt. Ein Portalroboter übernimmt das Werkzeughandling an den beiden Maschinen (M1 und M2).

wechsler eingesetzt. Jede Maschine im FFS kann mit den CNC-Programmen für die Bearbeitung aller Werkstücktypen im System programmiert werden und ist mit den dazugehörigen Werkzeugen ausgerüstet. Weiterhin sind eine Waschmaschine (M4) und eine Messmaschine (M5) im System integriert.

Der automatische Ablauf erfolgt nach folgender Strategie:

Maschine 2 ist mit der Bearbeitung fertig und hat die Palette auf dem rechten Wechselplatz abgestellt. Vom linken Platz hat sie die bereitstehende Palette zur Bearbeitung übernommen.

Es gehen 2 Meldungen an die Transportsteuerung:

- Neue Palette bringen
- Fertige Palette abholen

Da die Transportsteuerung weiß,

- welches Werkstück zur M2 muss (wurde vor Beginn der Bearbeitung eingegeben und gespeichert) und
- auf welchem Abstellplatz sich ein solches befindet (die Transportsteuerung hat diese Palette dort abgestellt und die Platznummer gespeichert).
- Der Transportwagen fährt zuerst zu dem entsprechenden Abstellplatz, dockt an und übernimmt die Palette
- Der Wagen fährt zur M2 und übergibt die Palette auf den freien, linken Wechselplatz
- Anschließend übernimmt der Wagen die bearbeitete Palette vom rechten Wechselplatz und bringt sie zur Waschmaschine. Dort müssen alle Werkstücke gewaschen und getrocknet werden. Ist der Eingangsplatz von M4 belegt, stellt der Wagen die Palette vorübergehend auf einem freien Speicherplatz ab.
- An der M4 übernimmt der Wagen vom rechten Wechselplatz eine saubere Palette – wenn vorhanden – und bringt diese zur Messmaschine. Befindet sich dort ein gemessenes Werkstück auf dem Ausgangsplatz, transportiert er dieses zu einem freien Spannplatz. Dort wird es manuell entspannt und bei den Fertigteilen abgelegt, falls die „GUT-Meldung" von der Messmaschine vorliegt.
- Nach dem Spannen eines Rohteils betätigt der Bediener einen Signaltaster „Abholen".
- Der Wagen – sobald frei – holt die Palette ab und legt sie auf einem freien Speicherplatz ab.

Diese Vorgänge wiederholen sich fortlaufend in chaotischer Reihenfolge. Jede Bewegung wird in einer steuerungsinternen Datenbank festgehalten, und zwar auch bei Ausfall der Netzspannung, um den problemlosen Wiederanlauf zu sichern. Vorübergehend abgestellte Paletten holt der Wagen automatisch, sobald der Ziel-Eingangsplatz frei ist. Soweit der normale, ungestörte Ablauf. In der Praxis erhält die Transportsteuerung ständig neue Signale „Werkstück abholen" und „Werkstück bringen" von den einzelnen Stationen. Je nach vorgegebener Strategie und programmierter Priorität werden diese Aufträge gespeichert, nach Prioritäten geordnet und ausgeführt. An erster Stelle steht dabei sicherlich die Priorität, die Maschinen zu befüllen, d. h. ein neues Werkstück zu bringen und den Ausgangsplatz freizumachen. Ist auf einem Ausgangsplatz ein fertiges Werkstück abholbereit und der Wagen frei, dann kann dieser Einzelauftrag ausgeführt werden, auch wenn kein Werkstück für den Eingangsplatz verfügbar ist.

Kommen die Transportaufträge für den **Werkzeugaustausch** und das **Umrüsten der Paletten** noch dazu, dann entstehen weitere Aufgaben für die Logistik: Die umzurüstenden Paletten ausschleusen, Paletten mit Austauschwerkzeugen zu den dafür vorgesehenen Wechselplätzen bringen und von dort abholen usw.

Soll eine Maschine oder das gesamte System leergefahren werden, ändert sich die Logistik ebenfalls: es wird kein neues Werkstück zu den Maschinen gebracht, nur abgeholt, Wasch- und Messmaschine jedoch müssen weiter bedient werden. Ist bei **Auslaufbetrieb des Systems** kein unbearbeitetes Werkstück mehr verfügbar, schaltet die entsprechende Maschine ab, wenn sie z. B. während einer bestimmten Wartezeit keine Palette auf dem Eingangsplatz vorfindet. Sind alle Werkstücke bearbeitet, gewaschen und gemessen, schaltet das gesamte System ab.

Hieraus wird verständlich, dass bei größeren Systemen eine frühzeitige Simulation dieser Abläufe unumgänglich ist, um spätere Überraschungen und teure Änderungen zu vermeiden. Dann werden Strategien modifiziert, die Transportgeschwindigkeiten bis zur Grenze erhöht und nach anderen Abhilfen gesucht. **Transportwagen mit zwei Plätzen** reduzieren die Nebenzeiten, weil mit einem Andock- und Fixiervorgang zwei Paletten gleichzeitig gewechselt werden können. Oder man muss einen zweiten Transportwagen einsetzen und die Fahrbefehle beider Wagen aufeinander abstimmen, um Kollisionen zu vermeiden.

3.9 FFS-Anforderungen an CNCs

Leistungsfähige CNCs sind eine wesentliche Voraussetzung für den reibungslosen Betrieb eines FFS. Um die Anforderungen eines automatischen und zeitweise unbemannten Betriebes zu erfüllen, müssen FFS-geeignete CNCs über mehrere spezielle Funktionen und verschiedene Schnittstellen verfügen. Dazu zählen beispielsweise:

- Ein ausreichend großer **Datenspeicher,** um für eine begrenzte Zeit vom DNC-Rechner unabhängig zu sein. Auch für die Werkzeugkorrekturwerte, Nullpunktkorrekturen, Spanndifferenzkorrekturen und für die Werkzeugdatenverwaltung wird viel Speicherplatz benötigt.
- Eine leistungsfähige **Datenverwaltung,** um den gesamten Datenbestand jederzeit aktualisieren, anzeigen, überprüfen und korrigieren zu können. Und dies sowohl an der CNC, als auch von einer zentralen Steuerung oder vom Leitrechner aus
- Sind **mehrere CNC-Programme** in der CNC gespeichert, dann muss jedes Programm über einen externen Befehl definiert abrufbar und bei Betriebsbereitschaft automatisch startbar sein
- Der pausenlose Betrieb erfordert eine **CNC-interne Werkzeugverwaltung** für Ersatz- und Schwesterwerkzeuge, mit Standzeitüberwachung und automatischer Zuordnung der jeweiligen Korrekturwerte
- Programmabhängig müssen jedem Werkzeug **mehrere unterschiedliche Korrekturwerte** zuzuordnen sein, um die vorgegebenen Toleranzbereiche bei den einzelnen Bearbeitungen ausnutzen zu können
- Bearbeitete Werkstücke müssen mittels **Messtaster** und den speziellen, in der CNC gespeicherten Messprogrammen kontrollierbar sein. Je nach Messergebnis muss aus dem Messprotokoll ein GUT-/SCHLECHT-Signal ausgegeben werden
- Zum Anschluss an das DNC-System ist eine leistungsfähige **Datenschnittstelle** für den bidirektionalen Datenverkehr zwischen DNC-Rechner und CNC unbedingte Voraussetzung
- Es ist eine **Paletten- oder Werkstückverwaltung** in der Transportsteuerung erforderlich, um Bearbeitungsprioritäten (Reihenfolge des Paletten Aufrufes) vorgeben zu können. Eine **Statusanzeige** muss schnell über den Gesamtzustand aller Werkstücke (Bearbeitet/Unbearbeitet/Bearb. abgebrochen/usw.) informieren
- Eine CNC-interne, automatische **Maschinen- und Betriebsdatenerfassung (MDE/BDE)** erfasst alle während der

unbemannten Schicht aufgetretenen Störungen, weist auf abgebrochene Bearbeitungen hin und informiert fortlaufend über den statistischen Nutzungsgrad der Maschine

- Für den Nachtbetrieb mit **reduzierter Zerspanungsleistung** müssen die entsprechend reduzierten Vorschubgeschwindigkeiten aktivierbar sein
- Bei Ausfall einzelner Komponenten des FFS müssen **Notstrategien** verfügbar sein, um einen Notbetrieb der intakten Anlagenteile aufrecht zu halten.
- Bei **Störungen** erfolgt automatisch Meldung per SMS an ein festgelegtes Mobiltelefon und an den Betreiber als E-Mail.
- **Ethernet-Schnittstellen** werden heute bei FFS Systemen nicht nur zum Signalaustausch der Maschinen untereinander benötigt, sondern auch als Schnittstelle zur Erfassung von Prozess- und Produktionsdaten. Diese Fülle von Daten, auch **Big Data** genannt, werden mehr und mehr in **Cloud**-basierten Systemen bereitgestellt. Die Analyse der gewonnenen Daten soll dann zur Produktivitätssteigerung, Energieeffizienz und weiterer Optimierungen in der Fertigung beitragen.

3.10 FFS-Leitrechner

Die übergeordnete Steuerung und Überwachung der einzelnen Komponenten in einem FFS ist Aufgabe des Leitrechners. Als Leitrechner ist heute ein Industrie-PC oder Laptop mit Standard-Betriebssystem und zusätzlicher Software für die spezifischen Leitrechnerfunktionen ausreichend. Bei großen Stückzahlen wird der Materialfluss im FFS über einen zentralen Leitrechner gesteuert, der mit den einzelnen Fertigungszellen vernetzt ist. In der Großserienfertigung sind die Leitrechnerprozesse auf mehrere PC-Server verteilt, die von einer eigenen IT Abteilung verwaltet werden.

FFS-Leitfunktionen sind z. B. folgende Aufgaben:

- Visualisierung des Gesamtsystems
- Steuerung der Hintergrundprozesse
- Aktualisierung der Datenbanken
- Störungsmeldungen und DNC-Funktionalitäten.

Hinzu kommen auch die **Werkzeugverwaltung** mit Anschluss an die Werkzeugvoreinstellung sowie die Anbindung an **Produktionsplanungssysteme**. Der Datenverbund erfolgt über Feldbussysteme und die E/A-Ebene der PC-Netzwerke mittels Ethernet und Übertragungsprotokolle via TCP/IP.

Grundsätzlich könnte ein FFS auch ohne einen übergeordneten Leitrechner arbeiten. Dies betrifft im Wesentlichen den automatischen Fertigungsablauf, d. h. Paletten zubringen, bearbeiten und wieder abstellen. Dafür reicht eine automatische Werkstück-Transportsteuerung aus. Alle anderen organisatorischen Aufgaben im Umfeld des FFS müssen dann manuell terminiert, überwacht und rechtzeitig ausgeführt werden, damit keine Wartezeiten wegen fehlender Werkstücke, Werkzeuge, Spannvorrichtungen, CNC-Programmen oder anderen Störfaktoren entstehen. Damit ist im Wesentlichen definiert, welche wichtigen **Koordinierungsaufgaben** einem übergeordneten FFS-Leitrechner übertragen werden. Diese sind abhängig von der Auslegung und dem Automatisierungsgrad des Systems und können folgende Funktionen beinhalten: *(Bild 3.13)*

- Entgegennahme der **Fertigungsaufträge** mit Stückzahlen und Terminen vom Produktionsplanungssystem (PPS) und die Terminüberwachung anhand der Rückmeldungen
- **Maschinenbelegung** bei normalem Betrieb unter Berücksichtigung der aktuellen Werkzeugbestückung, d. h. an welchen Maschinen müssen bei Jobwechsel die wenigsten Werkzeuge ausgetauscht werden

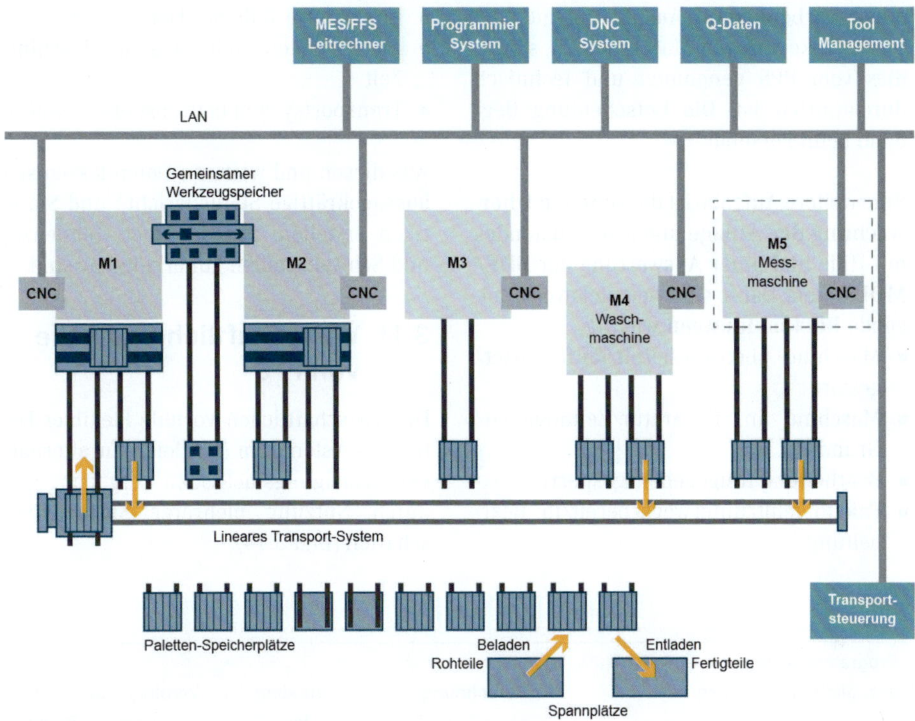

Bild 3.13: Prinzip-Layout der Datenverwaltung eines linearen Transportsystems.

- Maschinenbelegung bei **Eilaufträgen,** jedoch ohne die laufenden Aufträge komplett aus der Produktion zu nehmen
- Paletten zum Umrüsten auf andere Spannvorrichtungen bereitstellen (Anzahl, Termine), Spannvorrichtungen bereitstellen
- Bereitstellung der **Rohteile** (das PPS hat bereits festgestellt, dass ausreichend Rohteile vorhanden sind)
- Anforderung der erforderlichen **Werkzeuge** (Sonder-, Spezial- oder Serienwerkzeuge) inkl. der **Werkzeugdaten** und deren Bereitstellung an den Maschinen
- Ausgabe einer **Werkzeugdifferenzliste** an die Werkzeugvoreinstellung, aus der für jede Maschine die zu tauschenden Werkzeuge zu ersehen sind
- Information an den DNC-Rechner, die entsprechenden **CNC-Programme** abrufbereit zu halten
- Information an die **Transportsteuerung** über die Zuordnung der Werkstücke zu den einzelnen Maschinen, Identcodes, Prioritäten usw.
- Bereitstellen der zugehörigen **Messprogramme** für die im System integrierte Messmaschine oder für die Kontrolle in der CNC-Maschine
- **Informationen an das Werkstattpersonal** über die Produktionsänderung, die dazu notwendigen Vorbereitungen, Statusmeldungen, Alternativstrategien bei Maschinenausfällen, Termine, Stückzahlen
- **Visualisierung des Betriebsablaufs** auf dem Leitrechner mit Vorwarnung bei absehbaren Problemen, usw.

Damit kann die vollautomatische Fertigung der Werkstücke normalerweise erfolgen. Fällt eine Maschine vorübergehend aus, dann weist der Leitrechner unter Nutzung einer vorbereiteten Ausfallstrategie die Werkstücke anderen Maschinen zu, sofern dies vom PPS genehmigt und technisch durchführbar ist. Die Entscheidung liegt dann beim Personal.

Eine weitere Aufgabe ist die **zentrale Überwachung der Anlage** und ihres Zustandes mit Hilfe und unter Auswertung der **BDE/MDE**-Daten. Dafür sind beispielsweise folgende **Rückmeldungen** wichtig:

- Maschine betriebsbereit/läuft/wartet/gestört
- Maschine in Reparatur/Zeitangaben/Grund
- Bearbeitung freigegeben/gesperrt
- Palette fehlt/unterwegs/bereit/in Bearbeitung
- Produzierte Teile pro Los
- Ausschussteile mit Ursache/Maschine/Zeit
- Transportsystem betriebsbereit/gestört

Aus diesen und weiteren Daten lassen sich aussagekräftige Statusberichte und Statistiken erstellen, aus der auch Tendenzen und Schwachstellen gut erkennbar sind.

3.11 Wirtschaftliche Vorteile von FFS

Die wirtschaftlichen Vorteile Flexibler Fertigungssysteme im Vergleich zu alternativen Fertigungsmethoden ergeben sich durch Nutzung mehrerer Systemeigenschaften *(Bild 3.14)*:

Programmlaufzeiten abzüglich Ausfallzeiten	**Berechnung**	**Stunden/ Jahr**	**Verbleibende Tage**	**% Stunden**
Theoret. Nutzungszeit	**365 T x 24 h**	**8.760**	**365**	**100%**
- Samstage und Sonntage	52 W x 2 T x 24 h	- 2.496	261	- 28 %
- Feiertage	8 T x 24 h	- 192	253	- 3 %
- 3. Schicht an 253 Tagen	253 x 8 h	- 2.024	253	- 23 %
- Personal-Ausfälle (Mittelwert)	52 W x 1,5 h	- 78	253	- 1 %
- Organisat. Störungen	253 T x 1.5 h	- 380	253	- 4 %
- Werkst.- und Auftragswechsel	253 T x 4 x 0,5 h	- 506	253	- 6 %
- Austausch von Verschleiß-Wz	20 Wz/T x 2,5 min/Wz x 253 T	- 211		
Summe der Ausfallzeiten:		**- 5.886**		**- 67%**
Verfügbare Programmlaufzeit:	**8.760 - 5.886**	**2.874**	**253**	**33%**
Nutzungsgewinn im FFS				
+ 6h Auslaufbetrieb 3. Schicht	253 T x 6 h	1.518	253	17 %
+ Pausendurchlaufbetrieb	1h/Schicht x 2 x 253	506	253	6 %
+ 50% weniger Personalausfälle	4	0	253	0
+ 60% weniger org. Störungen	380h x 60%	228	253	3 %
+ keine Unterbr. bei Auftr.-wechsel		506	253	6 %
+ keine Unterbr. bei Wz-Austausch		211	253	2 %
Nutzungsgewinn:		**+ 3.009**		**+ 34%**
Programmlaufzeit pro Jahr:		**5.883**	**253**	**67%**

Bild 3.14: Nutzungsminderung ohne Automatisierung und Nutzungszeitgewinn durch flexible Automatisierung (theoret. Zahlenwerte).
Die Nutzung der Samstage würde zusätzliche 14 % Nutzungszeitgewinn bringen.

1. **Eine höhere zeitliche und technische Nutzung der Fertigungsmittel** durch höhere Automatisierung, Pausenbetrieb, Auslaufbetrieb in der 2. oder 3. Schicht, personalarme oder personallose Schichten oder an Wochenenden
2. **Steigerung der Produktivität** durch schnelle, unterbrechungslose Umrüstung auf wechselnde Fertigungsaufgaben
3. **Reduzierung der Produktionsfläche** durch Wegfall von Zwischenlagern und Arbeitsflächen an den Maschinen, durch z. B. Nutzung von Hochregallagern
4. **Anpassungsfähigkeit** an geometrische Veränderungen der Werkstücke und technologische Änderungen der Bearbeitung durch Änderung der CNC-Programme
5. Schnelles **Reagieren auf Marktveränderungen** durch flexible Prioritätsänderungen in der Fertigung
6. Nachträgliche **Erweiterungs- und Anpassungsmöglichkeit** bei neuen Aufgaben oder höheren Stückzahlen

Während nicht verkettete, einzelne CNC-Maschinen und Flexible Fertigungszellen vorwiegend für die Produktion von kleineren bis mittleren Stückzahlen eingesetzt werden, erreicht man **durch die Verkettung mehrerer CNC-Maschinen eine höhere Wirtschaftlichkeit bei allen Losgrößen**. Dies wird im Wesentlichen erreicht durch die Vermeidung von Maschinenwartezeiten und durch die Nutzung verfügbarer Zeitreserven aufgrund einer besseren, vorausschauenden Organisation.

Für die Beurteilung des **Flexibilitätsgrades** besteht keine allgemein gültige Skala, d. h. es lässt sich kein absoluter Maßwert für die Flexibilität angeben. Dies ist nur durch einen relativen Vergleich von Maßzahlen früherer oder alternativer Fertigungskonzepte für die gleiche Aufgabenstellung möglich.

Solche Maßzahlen sind:

- die Reduzierung der Durchlaufzeiten der Teile
- die Reduzierung des Bestandes an Halbfertigteilen
- die Reduzierung des Lagerbestandes an Fertigteilen aufgrund der auftragsbezogenen Produktion
- die Reduzierung des Umrüstaufwandes, gemessen an der Zeit für die Umstellung auf eine andere Fertigungsaufgabe
- die Anzahl der möglichen Umrüstungen pro Stunde ohne Maschinen-Stillstandszeiten
- das Verhältnis von Hauptzeit zu Umrüstzeit
- die Größe des auf dem FFS insgesamt zu fertigenden Teilespektrums
- die höhere Auslastung der Maschinen durch die zusätzlichen Automatisierungseinrichtungen.

Nach den ersten Betriebserfahrungen mit einem neuen FFS sind durch Verbesserungsvorschläge der Mitarbeiter oft noch weitere Optimierungen möglich! Dazu zählen beispielsweise auch optimierte NC-Programmabläufe, um Wartezeiten oder Werkzeugwechsel zu minimieren.

3.12 Probleme und Risiken bei der Auslegung von FFS

Die Vielfalt der Möglichkeiten, aber auch die Probleme bei der Realisierung Flexibler Fertigungssysteme sind ohne Zweifel größer als diese hier beschrieben werden können. Wichtig bei der Gesamtplanung ist, dass hinterher das FFS die Teile nicht nur flexibel, sondern auch zu **marktgerechten Kosten** fertigen muss. Hierauf hat der Automatisierungsgrad der Anlage einen wesentlichen Einfluss: Zu viel Automatisierung erhöht die Investitionskosten, wie am Beispiel einer Drehmaschine dargestellt wird *(Bild 3.15)*. In solchen Fällen ist zu prüfen, ob nicht zwei Maschinen mit weniger Automatisierung wirtschaftlicher wären.

Auch ist erfahrungsgemäß die max. Anzahl der an Maschinen **speicherbaren Werkzeuge** ein wichtiger Kostenfaktor. Um nicht alle Maschinen mit übergroßen und teuren Werkzeugspeichern ausrüsten zu müssen, sollte zuerst die Konstruktion der Teile auf die Verwendung von **Standardwerkzeugen** ausgelegt werden. Ist die Anzahl der Werkzeuge trotzdem noch zu hoch, dann könnte ein zentraler Werkzeugspeicher für den automatischen Werkzeugaustausch die geeignete Lösung bieten. Müssen Werkstoffe bearbeitet werden, die zu Werkzeugstandzeiten von wenigen Minuten führen, muss ein fortlaufender automatischer Ersatz gewährleistet sein.

Auch der **vorübergehende Notbetrieb** eines FFS ist sehr schwer durchführbar. Ist das System auf den Einsatz eines Leitrechners ausgelegt, dann können dessen umfangreiche Koordinierungsaufgaben nicht ohne weiteres von anderen Systemen übernommen werden. Das Personal ist in der Regel auch nicht ausreichend darauf vorbereitet, die ausgefallenen Funktionen problemlos manuell zu steuern.

Zu den Risiken zählen schließlich die hohen **Gesamt-Investitionskosten** eines FFS. Daraus resultieren hohe Belastungen durch **Fixkosten und Abschreibung**, die sich bei mangelnder Kapazitätsauslastung negativ auf das Betriebsergebnis auswirken. Um dies zu vermeiden, müssen bereits erhebliche Vorleistungen während der Pla-

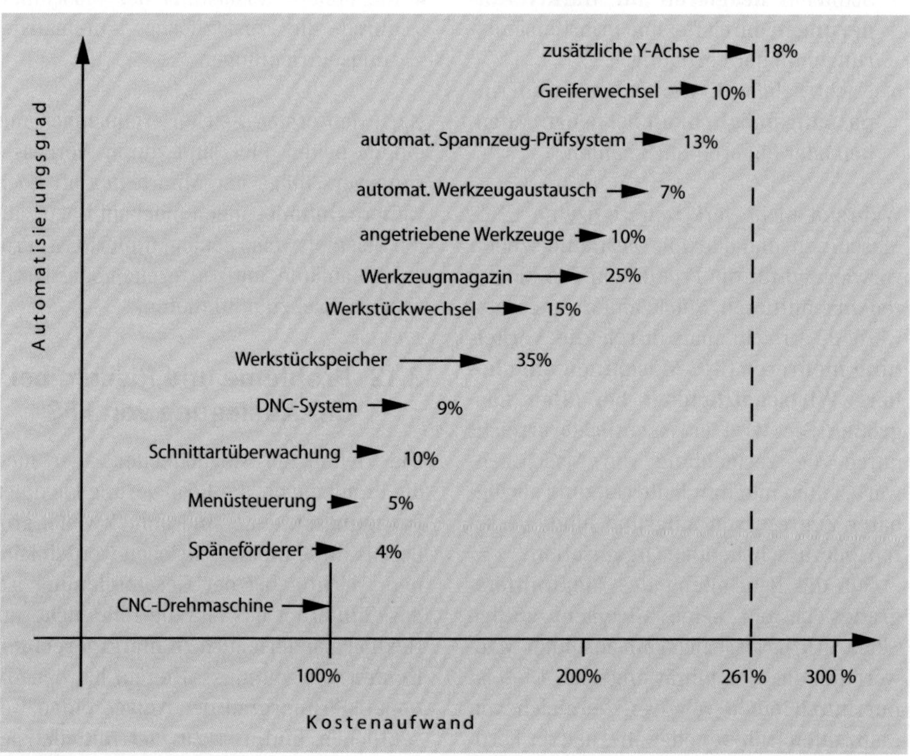

Bild 3.15: Zusatzkosten für den Ausbau einer CNC-Drehmaschine zur flexiblen Fertigungszelle. Dafür sind mehrere mehr oder weniger teuere Ausbaustufen erforderlich. Es ist im Einzelfall zu prüfen, ob sich dieser zusätzliche Kostenaufwand rentiert oder ob nicht zwei weniger automatisierte Maschinen wirtschaftlicher wären.
Die Prozentangaben sind lediglich Richtwerte und beinhalten Hard- und Softwareanteile.

nungsphase erbracht werden. Die Produktivität des FFS muss so berechnet sein, dass sich der erhöhte Maschinenstundensatz durch eine entsprechend höhere Ausbringung **kostensenkend** auf die Stückkosten auswirkt. Da bei FFS aber auch mit kaufmännisch schwer nachweisbaren Vorteilen argumentiert wird, wie z. B. Reduzierung der Umlauf- und Lagerbestände oder marktorientierten Vorteilen, dürfen diese nicht zu hoch bewertet werden. Nicht selten war auch zu beobachten, dass FFS mit Fertigungsaufgaben belegt wurden, für die sie ursprünglich nicht geplant waren. Auf diese Weise konnten zwar schon einige Systeme ihre Flexibilität unter Beweis stellen, auf Dauer ist jedoch immer die **Wirtschaftlichkeit** von Bedeutung.

Oftmals enden Planungen aus Kostengründen bei völlig anderen Systemen, wie z. B. bei flexiblen Rundtaktmaschinen, die insbesondere bei kleineren Werkstücken in mittleren bis größeren Losgrößen ihren wirtschaftlichen Einsatz finden *(Bild 3.16)*.

3.13 Flexibilität und Komplexität

Flexibel fertigen bedeutet die Fähigkeit, sich ändernden Situationen problemlos anpassen zu können. Bei FFS bedeutet dies, dass das Gesamtsystem möglichst genau auf die zu fertigende Produktpalette abgestimmt ist und Produktionsumstellungen ohne großen Aufwand problemlos zulässt.

Prinzipiell lassen sich alle Teile auf FFS fertigen, trotzdem ist bereits bei der Planung die infrage kommende **Teilefamilie** nach Machbarkeit abzugrenzen. Dazu muss geprüft werden, ob die vier wichtigsten Voraussetzungen gegeben sind und auch eingehalten werden:

1. Eine **ausreichend große Teilefamilie** mit entsprechendem „Ähnlichkeitsgrad“ und ausreichenden Stückzahlen, um die Maschinen auslasten zu können,
2. Eine Auswahl möglichst **standardmäßiger, sich ersetzender Maschinen,** die alle geforderten Bearbeitungen ohne manuelle Eingriffe oder Nacharbeit durchführen können
3. Ein geeignetes **Werkstücktransportsystem** mit automatischem Paletten- bzw. Teilewechsel an den Maschinen,
4. Geeignete Spannvorrichtungen, wobei auch die Mehrfachspannung kleinerer Teile infrage kommen kann *(Bild 3.17 und Bild 3.18)*.

Daraus entsteht wiederum die Frage nach einer sinnvollen Verwendung von Mehrspindelmaschinen zur **gleichzeitigen Fertigung von zwei, drei oder vier identischen Teilen**, was jedoch größere, komplexere und teurere Spannvorrichtungen erfordert, evtl. mit zusätzlichen Dreh- und Schwenkbewegungen zur 5-Achs-Bearbeitung.

Spannt man bereits in dieser Situation den Bogen der zu fertigenden Teilefamilie zu weit, so wird die vorgesehene Investitionssumme sehr schnell überschritten und die späteren Fertigungskosten sind zu hoch - was sich insbesondere bei „einfachen“ Teilen auswirkt.

3.13.1 Produktkomplexität

Anlagenkosten und Fertigungskosten stehen im direkten Zusammenhang zur Produktkomplexität. Obwohl aus Kostengründen immer mehr Fertigungseinrichtungen modernisiert, automatisiert und computergesteuert werden, Personalkosten und Fertigteilelager abgebaut werden, können bei zu großzügiger Planung der Fertigung die Produkte trotzdem zu teuer werden.

Zu groß geplante Fertigungs- und Montageeinrichtungen erfordern auch eine größere Fertigungsfläche, was die damit produzierten Teile wiederum höher belastet. In vielen Fällen ist die während der technischen Planungsphase entstandene Anlagen-Komplexität nicht erforderlich und sollte in der zweiten, **wirtschaftlich orientierten** Phase auf sinnvolle Einsparmög-

Bild 3.16: Modulares Mehrstationen-Bearbeitungszentrum mit wahlweise zwei bis sieben Bearbeitungseinheiten für mittlere und größere Losgrößen. Sonderfall einer „Flexiblen Rundtaktmaschine“.
In der Mitte der Maschine befinden sich vier Werkstücke in drehbaren Spannvorrichtungen, die um 4-mal 90° weitergetaktet und auf fünf Seiten ohne Umspannen bearbeitet werden.
Die Bearbeitung erfolgt gleichzeitig an zwei bis vier Werkstücken mit zwei bis sieben Spindeln.
Jeder Revolverkopf verfügt über sechs oder acht Werkzeugspindeln. Da bei den Revolverköpfen alle Spindeln mitlaufen, ist zum Werkzeugwechsel kein „Spindel-Halt“ erforderlich, was eine Wechselzeit von ca. 1 s ermöglicht.
Der (manuelle) Werkstückwechsel erfolgt während der Bearbeitungszeit.
Die Rollenführungen, Motoren, Antriebe, Kugelumlaufspindeln, Wegmesssysteme usw. sind außerhalb des Arbeitsraumes angeordnet.
Diese Maschine ist wegen des Umrüst- und Programmieraufwandes nicht für kleine Losgrößen oder Einzelstücke geeignet.

Bild 3.17: FFS mit Paletten-Containersystem
Das hier gezeigte FFS besteht aus einer oder mehreren Werkzeugmaschinen, die mit einem Paletten-Containersystem gekoppelt sind. Ein anwenderfreundliches FFS zeichnet sich dadurch aus, dass die Produktion von Produkten mit kurzen Lebenszyklen schnell angepasst werden kann. Änderungen lassen sich somit zeitnah einbringen. Die Terminierung und die Überwachung des FFS können durch das Paletten-Containersystem erfolgen. So werden Stillstandszeiten auf ein Minimum reduziert. (Quelle: Fa. Heller)

lichkeiten überprüft werden. Die Ursachen zu groß geratener Lösungen finden sich meistens in zu weit gesteckten Planungszielen, die weit über die tatsächlich geforderten Lösungen hinausgehen. Oder durch Konstrukteure, die sich nicht an das **sinnvoll ausgewählte und limitierte Werkzeugsortiment** halten, was z. B. Maschinen mit vergrößerten Werkzeugspeichern und komplexe Fertigungsmittel erfordert. Deshalb sollten auch in jeder zerspanenden Fertigung die Werkzeuge streng unterteilt werden nach **Standard-, Serien- und Sonderwerkzeugen** mit entsprechend abgestuften Stundenkostensätzen.

Flexibilität in der Fertigung ist umso einfacher zu erreichen, je problemloser die herzustellenden Produkte sind und je intensiver der spätere Fertigungsablauf inklusive der denkbaren Störeinflüsse vorausgeplant wurde. Deshalb muss es im Interesse aller Produktverantwortlichen sein - vom Manager über den Konstrukteur bis zum Servicetechniker - das Gesamtsystem so einfach und unkompliziert wie möglich zu gestalten. Dann lässt sich eine wirtschaftliche, flexible Fertigung leichter und schneller erreichen.

3.13.2 Fertigungsflexibilität

Fertigungsflexibilität ist wichtig, um auf Änderungen jeder Art schnell reagieren zu können. Richtig eingesetzt muss sie aber auch die Gesamtkosten reduzieren. Dies

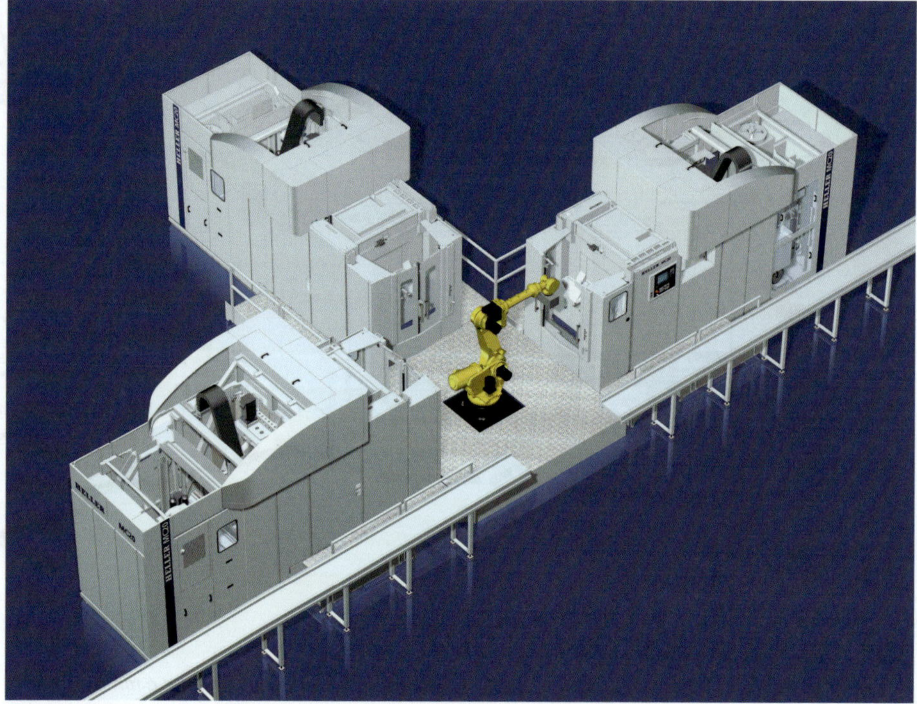

Bild 3.18: FFS mit zentralem Laderoboter
Das hier gezeigte FFS besteht aus drei Werkzeugmaschinen, die von einem Roboter beladen werden. Diese Kombination kann eingesetzt werden, wenn die zu bearbeitenden Teile zu groß für eine manuelle Beladung sind oder bei der Beladung besonders positioniert werden müssen. (Quelle: Heller)

lässt sich durch mehrere Einflussfaktoren erreichen, wie z. B. durch:

- eine angepasste Organisation
- Reduzierung der Fertigungs- und Lieferzeit
- Termintreue
- Abbau oder Vermeidung von Lagerbeständen
- gleichzeitige Fertigung unterschiedlicher Teile
- Fertigung unterschiedlicher Losgrößen
- Änderung der Fertigungspriorität bei Eilaufträgen
- Vermeidung von Ausschuss und Nacharbeit
- gleich bleibend hohe Fertigungsgenauigkeit und
- generell hohe Produktqualität
- Schulung und Einweisung des Personals in Möglichkeiten und Grenzen des Systems.

Bei Flexiblen Fertigungssystemen gilt dies für **alle Losgrößen**. Durch die schnelle, unterbrechungslose Umstellung von FFS auf andere Teile machen sich diese Einflussfaktoren insgesamt kostengünstig bemerkbar.

3.14 Simulation von FFS

Zur Planung und für den Einsatz Flexibler Fertigungssysteme werden Simulationen eingesetzt, die ganz andere Aufgaben und Schwerpunkte haben als für die Simulation der CNC-Programme. Bei der Planungs-

Simulation steht das **Verhalten der Gesamtanlage** unter wechselnden Vorgaben im Mittelpunkt, wobei als wesentliches Ergebnis die Frage nach der Wirtschaftlichkeit beantwortet werden soll. Voraussetzung dafür ist jedoch nicht die Einzelmaschine, sondern **das Zusammenspiel aller FFS-Komponenten** *(Bild 3.19)*.

Aber auch die fortlaufende Veränderung der Werkstücke, der Teilevielfalt und der Losgrößen erfordern Anpassungen und erzeugen Veränderungen, die nicht vorhersehbar sind. Deshalb sind zuverlässige Aussagen über das spätere Systemverhalten oder Vorhersagen über Auswirkungen von Parameteränderungen ohne wirklichkeitsnahe Simulation der gesamten Fertigungssituation kaum möglich.

Die unkalkulierbaren Risiken steigen mit der Anlagengröße bzw. der Investitionshöhe und verunsichern den Käufer. Deshalb setzen Anbieter und Lieferanten von FFS bereits mit Beginn der Planungsphase die computerunterstützte Simulation ein.

Dabei handelt es sich um Computerprogramme, denen das Systemlayout und die Daten des Systems eingegeben werden. Dann können durch verschiedene Detailänderungen die jeweiligen Auswirkungen auf den Fertigungsablauf getestet werden. Auf diese Weise sind Engpässe oder Überdimensionierungen sehr schnell zu erkennen.

Der **Anlagenplaner** macht zunächst auf Basis **statischer Berechnungen** mit den vom Kunden gelieferten Daten erste Aussagen über die benötigte Anzahl von Bearbeitungsstationen. Dann ermittelt er das geeignete Transportmittel, die Anzahl der Spannvorrichtungen und Paletten, sowie die Anzahl der Rüst- und Ablageplätze.

Diese statischen Berechnungen sind wegen der Komplexität solcher Systeme nicht ausreichend, sondern stellen lediglich die

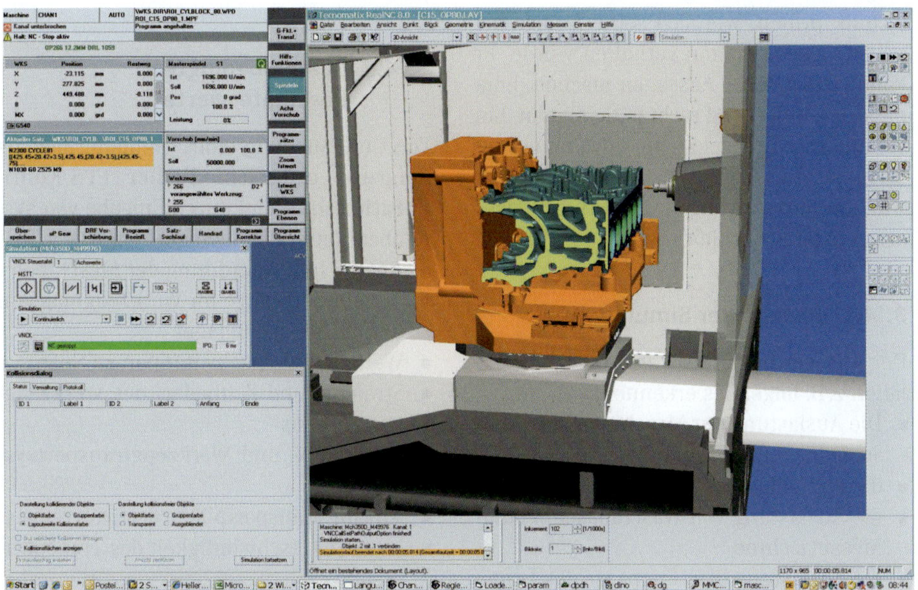

Bild 3.19: Simulation einer Motorblockbearbeitung
Die Simulation eines ganzen Produktionsprozesses eines FFS oder aneinander gereihter FFS kann Fehler und Engpässe bereits im Vorfeld sichtbar machen, sodass in der Konstruktion erforderliche Korrekturen erfolgen können. Oft lassen sich schon durch Verbesserungen des NC-Programms die Fertigungskosten erheblich reduzieren, insbesondere bei der Großserienfertigung.

Basis für die anschließende **dynamische Simulation** dar. Diese dynamische Simulation ist flexibler, billiger und schneller als die früher angewandte Methode, das ganze System im verkleinerten Maßstab unter Verwendung von technisch wertvollen „Spielzeug-Baukästen" aufzubauen und damit die Tests zu fahren.

Das für eine Simulation ausgegebene Geld wird sich vielfach lohnen und ist deshalb jedem Käufer eines FFS zu empfehlen. Vielleicht ergibt sich gerade durch die Simulation, dass eine völlig andere Systemkonzeption wesentlich vorteilhafter wäre und die geforderte Wirtschaftlichkeit bzw. Rentabilität besser garantiert.

Wichtigstes Ziel der Simulation während der Planungsphase ist in den meisten Fällen eine Optimierung der Investitionskosten. Die Ergebnisse der unterschiedlichen Simulationsexperimente werden auf dem Bildschirm mit Farbgrafik dargestellt.

Aber auch der **Systembetreiber** kann später mit Hilfe der gleichen Simulationstechnik prüfen, wie sich seine Anlage bei neuen Gegebenheiten verhalten würde. Er kann zuverlässige Aussagen machen, Engpässe erkennen und rechtzeitig planen. Ein verändertes Teilespektrum oder neue Aufträge lassen sich ebenso „durchspielen" wie die Auswirkungen technischer oder organisatorischer Störungen.

3.14.1 Vorteile der Simulation

Der **Anlagenbetreiber** kann aus der Simulation z. B. folgendes erkennen:

- Die Auslastung der Maschinen bei unterschiedlichem Produktmix
- die optimalen Losgrößen
- die Auslastung von Waschmaschine und Messmaschine
- die Auslastung bzw. Engpässe des Transportsystems
- die Anzahl der benötigten Werkstückträger und Spannmittel
- die Anzahl der benötigten Werkzeuge im Magazin
- die Auswirkung von kurzen oder längeren Störungen
- die Fertigungsdurchlaufzeiten pro Werkstück
- die Einhaltung der Termine
- die Aktivitäten des Anlagenführers.

Im Gegensatz zur **Planungssimulation**, die mit vorgegebenen Werten und unterschiedlichen System Konfigurationen umgehen muss, setzt die **Betreibersimulation** eine Onlineverbindung zu dem Fertigungsleitrechner voraus. Damit kann das Simulationssystem die relevanten Daten direkt vom Prozess übernehmen und prozesskonform arbeiten. Die Ergebnisse der Simulation können dann wieder direkt in die Fertigungsplanung einfließen *(Bild 3.20)*.

Vergleichbare Simulationsprogramme stehen auch für Roboter und Montagesysteme zur Verfügung, jedoch wiederum mit unterschiedlichen Aufgaben und Schwerpunkten.

3.14.2 Systembedingte Parameterwerte

Die Untersuchung eines Computermodells aufgrund **unterschiedlicher FFS-Konfigurationen** erfolgt durch Eingabe von systembedingten Parameterwerten, wie z. B.

- Anzahl und Anordnung der Maschinen
- Anzahl der Plätze im Werkzeugmagazin und im Werkzeuglager
- Werkzeugwechselzeit (Span-zu-Span)
- Strategie und Zeitbedarf des Werkzeugaustausches
- Werkstück- und Werkzeugtransportsystem
- Anzahl Transportplätze des Fahrzeuges
- Mittlere Geschwindigkeit des Transportsystems
- Transportstrecken
- Übergabezeit des Transportsystems
- Anzahl der Paletten im System
- Anzahl und Typenvielfalt der Spannvorrichtungen

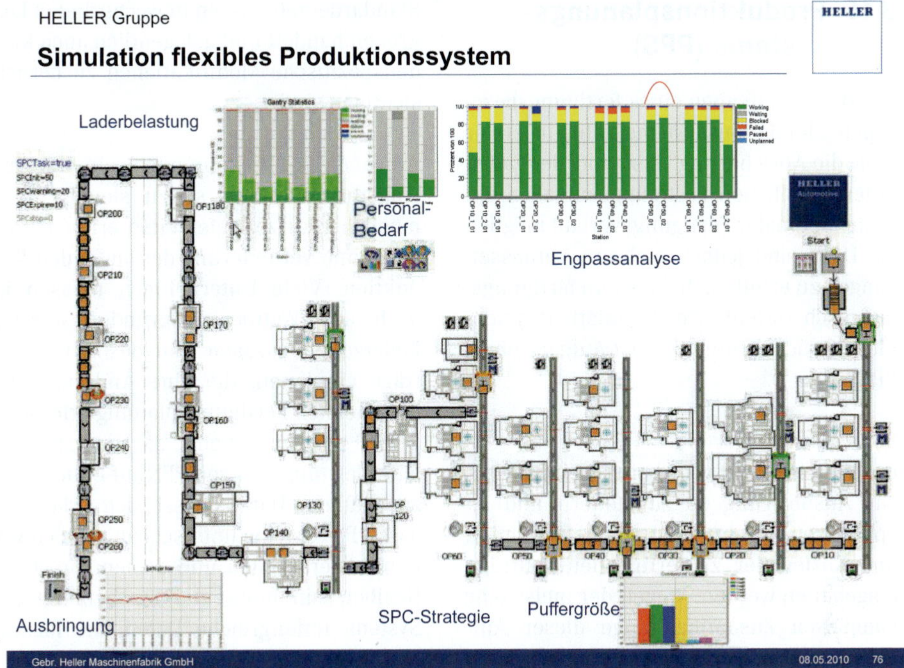

Bild 3.20: Simulation des Materialflusses eines Produktionsprozesses
Die Simulation des Materialflusses eines FFS oder aneinander gereihter FFS kann Fehler und Engpässe ebenfalls im Vorfeld sichtbar machen, sodass bereits in der Konstruktion erforderliche Korrekturen erfolgen können. Aber auch im laufenden Betrieb kann eine Simulation helfen, Engpässe, Stillstandszeiten oder Energieeinsparpotentiale zu erkennen und zu optimieren.

- Umrüstzeiten bei Produktionsänderungen

Danach lassen sich die **fertigungsbezogenen Parameterwerte** eingeben, wie z. B.
- Fertigungsstückzahlen und Losgrößen
- Anzahl der unterschiedlichen Werkstücke
- Anzahl der benötigten Werkzeuge pro Werkstück
- benötigte System-, Spezial- oder Sonderwerkzeuge
- erforderliche Bearbeitungen und Bearbeitungszeiten (aus den CNC-Programmen)
- erforderliche Spannlagen (3, 4, 5 oder 6 Seiten bearbeiten)
- Umrüstzeiten

Aus diesen Vorgaben errechnet das Simulationssystem die Ergebnisse bei Veränderung des Produktionsprogramms oder dem Produktmix, wie z. B.
- Nutzungs- und Leerzeiten der FFS-Komponenten
- Über-, Unter- und Restkapazitäten
- Engpässe im System
- Durchlaufzeiten und Endtermine
- Auswirkungen von Eilaufträgen und geänderten Fertigungsprioritäten
- Mögliche Notstrategien bei Störungen
- Bedarf von Werkzeugen und Schwesterwerkzeugen
- Kosten, Nutzungszeiten, Umrüst- und Stillstandszeiten
- Personalbedarf

3.15 Produktionsplanungssysteme (PPS)

Mit zu den Aufgaben eines fertigungsbezogenen Simulationssystems zählt in erster Linie die Absicherung, dass trotz der vielen unterschiedlichen Fertigungsaufgaben ein kostenoptimaler Fertigungsverlauf möglich ist. Dazu sind jedoch mehrere Voraussetzungen zu erfüllen, die das rein fertigungstechnisch orientierte Simulationssystem nicht berücksichtigt. Dies ist Aufgabe eines PPS.

Strategisches Ziel eines PPS ist, die Auftragsdurchlaufzeit vom Auftragseingang bis zur Auslieferung so zu steuern und zu optimieren, dass verlangte Liefertermine und Kosten der zu fertigenden Aufträge eingehalten werden. Wegen der meist sehr komplexen Zusammenhänge dieser Aufgabenstellung, gerade bei Flexiblen Fertigungssystemen, ist für den späteren reibungslosen Betrieb ein PPS eine unbedingte Voraussetzung.

Ein PPS hat grundsätzlich drei unterschiedliche Aufgabenbereiche:

1. Die **Planungsfunktionen,** um alle Aufträge einzuplanen, zu verwalten und termingerecht mit der Produktion zu beginnen
2. Die **Steuerungsfunktionen,** um in Abstimmung mit den zur Verfügung stehenden Fertigungskapazitäten und dem Materialvorrat die Fertigungsaufträge zu erteilen und den terminlichen Ablauf zu überwachen.
3. Die **Unterstützung** der Verkaufsabteilung durch vorausschauende Kapazitäts-, Zeit- und Materialüberprüfung, um für Angebote verbindliche Aussagen machen zu können, ohne die aktuelle Planung zu stören oder zu beeinträchtigen.

Bei FFS kann man davon ausgehen, dass es sich vorwiegend um die Produktion von Standarderzeugnissen in wechselnden Losgrößen handelt und gelegentlich auch kundenspezifische Modifikationen zu berücksichtigen sind.

Aufgabe des PPS kann auch sein, die **Auftragsdurchlaufzeit** so zu steuern, dass möglichst kurze Lieferzeiten erreicht werden, ohne Veränderung der laufenden Produktion. Viele Unternehmen müssen jedoch aus Wettbewerbsgründen kürzere Lieferzeiten zusagen und deshalb Eilaufträge einplanen, die eine Änderung der bestehenden Fertigungsplanung erfordern. Diese Forderung ist ohne die Unterstützung eines leistungsfähigen PPS auf Dauer nicht zu erfüllen. Daraus lässt sich erkennen, dass PPS-Systeme unterschiedliche Schwerpunkte verarbeiten und dementsprechend flexibel sein müssen. Dazu benötigt das System umfangreiche Daten, die fortlaufend aktualisiert werden müssen.

Mit diesen Daten können Lagerbestände, Anlieferzeiten, Materialbedarf, Auslastung der Fertigung, Kosten usw. so detailliert erfasst und in die Planung einbezogen werden, dass der Verkaufsabteilung stets die aktuellen Fertigungskosten und Zusatzkosten für besondere Kundenforderungen vorliegen. Preise, Rabatte und Provisionen lassen sich viel realistischer und schneller berechnen als mit der manuellen Vorkalkulation.

Unter der Voraussetzung, dass alle erforderlichen Parameterwerte verfügbar sind, wie z. B. Stücklisten und Fertigungszeiten pro Werkstück, liefert ein PPS die Daten für:

- Material- und Zeitbedarf
- Material- und Kapazitätsplanung
- Produktionskosten
- Einkaufssteuerung
- Werkstattsteuerung
- Montagezeiten
- Störungsmeldungen und Reparaturzeiten
- Kostenrechnung

Hinzu kommen Datenschnittstellen für weitere **Zusatzfunktionen** wie z. B.

- Qualitätskontrolle mit Statistik
- Wiederholteilfertigung
- Prognosen
- Auftragsverwaltung
- Kontenführung
- Lohn- und Gehaltsbuchführung
- u. a.

Aus diesen Daten sollte das PPS die **Herstellkosten und Lieferzeiten** für ausgehende Angebote berechnen können. Eine weitere Funktion ermöglicht, bei vorgegebenem Liefertermin den spätesten Produktionsbeginn festzustellen und daraus die **Anliefertermine für Material und Zulieferteile** zu ermitteln – und dies alles in möglichst kurzer Zeit!

Die sich aus der **Fertigungsplanung** ergebende Maschinenbelegung zeigt in einer abschließenden **Simulation,** ob auch die Maschinenkapazität dafür ausreicht, ob andere Aufträge gefährdet würden oder wie durch kurzfristige Umdisponierung Engpässe beseitigt bzw. umgangen werden könnten. Mit diesem Leistungsumfang ist ein PPS ein wahrhaftig wertvolles Planungsinstrument – wenn es stets mit aktuellen Daten versorgt und richtig eingesetzt wird!

3.16 Planung flexibler Fertigungssysteme

Die Komplexität von FFS erfordert eine umfassende Planung, bevor mit der Umsetzung begonnen werden kann. An erster Stelle steht hier die Beantwortung der Frage: **Was soll mit der Installation eines FFS erreicht werden?**

Als Anlass in ein FFS anstatt eines Maschinenparks mit diskreter CNC-Maschinen zu investieren, stehen meist folgende Ursachen:

- Die durchgängige Beseitigung von Fertigungsengpässen
- Zunehmende Typen- und Variantenvielfalt der eigenen Produkte
- Fertigung nur auf Bestellung, keine Vorratshaltung, keine Lagerkosten
- Flexiblere Akzeptanz von Produkt-Modifikationen
- Kürzere Lieferzeiten
- Nutzung der 3. Schicht mit reduziertem Personal
- Pauschale Kostensenkung.

Falls der potenzielle Anwender eines FFS noch keine ausreichende Erfahrung mit dem Einsatz eines FFS hat, wird die Vergabe an Lieferanten bevorzugt, die Komplettangebote für das Gesamtsystem bieten. Um den erfolgreichen Einsatz des FFS garantieren zu können, sollten in der Planungsphase die zukünftigen Nutzer mit eingebunden sein. Die wichtigste Aufgabe der Kommunikation des Anwenders zum Lieferanten des FFS, besteht darin, ständig die erforderliche Logistik auf Realisierbarkeit zu überprüfen:

- Wie kommen die Werkstücke zu den CNC-Maschinen?
- Wie ist die Beziehung des Werkstücks zur Maschine? Definiert das Werkstück die Maschinenwahl oder bestimmt die Maschine das Werkstück?
- Soll die Komplettbearbeitung in einer Maschine oder im Verbund der CNC-Maschinen umgesetzt werden?
- Wie werden die NC-Programme in die CNCs übertragen?
- Darf/soll das NC-Programm auch an den CNC-Maschinen programmiert und optimiert werden?
- Welche Funktionen und Anzeigen erwartet der Anwender am Leitrechner?
- Welche Notfallstrategien bei Ausfall einer CNC-Maschine sind notwendig?

Je einfacher und unkomplizierter die Lösung ausfällt, umso schneller werden später auftretende Störungsursachen erkannt und behoben.

Der Lieferant benötigt für seine Planung klare Aussagen, wie z. B.:

- Anzahl der Werkstücke pro Tag
- Mittlere Bearbeitungszeit pro Werkstück
- Abmessungen der Werkstücke
- Art der Aufspannung
- Sind dreh- oder schwenkbare Maschinentische erforderlich?
- CNC-Maschinen mit 3 oder 5 programmierbaren Achsen
- Anzahl der erforderlichen Werkzeuge pro Maschine
- Einteilung der Werkzeuge in Standard-, Serien- und Sonderwerkzeuge
- Wie erfolgt die Werkzeug-Bestückung der Maschinen, manuell oder automatisch?
- Durchzuführende Bearbeitungen
- Sind CNC-Maschinen von unterschiedlichen Herstellern in das FFS zu integrieren?
- Müssen unterschiedliche Maschinenhöhen beim Werkstückwechsel berücksichtigt werden? Wie ist dies zu lösen!
- Haben alle CNC-Maschinen identische Werkzeugaufnahmen?
- Wie erfolgt die Qualitätskontrolle und -sicherung? Sind automatische Messmaschinen im FFS zu integrieren? Was soll gemessen, kontrolliert und verarbeitet werden?
- Wird eine Waschmaschine für die Werkstückreinigung und Trocknung benötigt?
- Die Berücksichtigung von eventuellen späteren Erweiterungen führt sehr schnell zu erheblichen Mehrkosten. Deshalb sehr genau überlegen.
- Vorgesehener Werkstattbereich für das FFS: Fläche, Hindernisse, Wege.
- Sind Vor- oder Nachbearbeitungen der Werkstücke erforderlich?
- Welches ist das am besten geeignete Transportsystem für Werkstücke/Vorrichtungen?
- Wie soll die Werkstücknachverfolgung umgesetzt werden? RFID, codierte Werkstückträger, Näherungsschalter?
- Wie erfolgt der Werkstückwechsel an den Maschinen: Palettenwechsler, Roboter, o. a.?

Aus den daraus gewonnenen Daten lassen sich zunächst Anzahl und Typen der erforderlichen CNC-Maschinen berechnen. Eventuell kann dann auch bereits geklärt werden, ob **sich ersetzende** oder **sich ergänzende CNC-Maschinen** vorgesehen werden sollten.

Danach richtet sich auch die Entscheidung für das passende **Transportsystem**. Sind außer den Werkstücken auch Spannvorrichtungen oder Werkzeuge zu transportieren? Dies erfordert eine ausgefeilte Logistik, um Wartezeiten zu vermeiden.

Nicht vergessen sollte man auch die notwendigen **Schulungen** des Bedienungs- und Wartungspersonals. Die Anforderungen an das Personal bei komplexen Anlagen wie einem FFS sind nicht zu unterschätzen. Jeder verantwortliche Mitarbeiter muss rechtzeitig weitergebildet und qualifiziert werden. Er muss das System und dessen Funktionen genau kennen, um auch selbständig evtl. erforderliche manuelle Eingriffe durchführen zu können.

Dazu folgende Ratschläge:

- Wer wird wo geschult? Der beste Weg ist, die zukünftigen Bediener und Wartungstechniker bereits während der Planungsphase mit einzubinden und so diese Fragen möglichst umfassend zu beantworten:
- Müssen vor Lieferung neue NC-Programme erstellt werden, um einen möglichst schnellen Neustart des Systems zu ermöglichen?
- Wie wird programmiert? Welches Programmiersystem wird seitens des Anwenders bevorzugt?
- Müssen auch vorhandene NC-Programme verwendet werden?
- Wie soll das das Werkzeug-Management im Zusammenhang mit dem FFS umgesetzt werden? Die Werkzeugdaten müssen in einem geschlossenen Datenkreislauf verfügbar sein.

- Wie werden die Werkzeugdaten gespeichert, direkt am Werkzeug oder nur im Leitrechner? Mit RFID oder ohne?
- Empfehlenswert ist es, bereits für die Planung ein Produktions-Planungs-Systems (PPS) zu nutzen. Es erkennt rechtzeitig Schwächen oder verfügbare Reserven.
- Eine grafische Simulation der gesamten Anlage (Digitaler Zwilling) sollte mit in Auftrag gegeben werden, um für zukünftige Planungen bestens vorbreitet zu sein.

Der Betrieb eines FFS setzt die Einhaltung von **Sicherheitsvorschriften** voraus. Unbefugte Eingriffe in den Betriebsablauf könnten zu Kollisionen oder Personenschäden führen und müssen deshalb zuverlässig verhindert werden.

Sehr wichtig ist gerade bei FFS die **Qualitätssicherung**. Dazu wäre die Integration einer **Messmaschine** die sicherste Lösung. Damit Aussagen über die Qualität eines Werkstücks gemacht werden kann, muss ein direkter Bezug zwischen dem Bauteil und der Bearbeitungsfolge an den Maschinen datentechnisch erfasst und auswertbar sein.

Nicht zuletzt wird die **Firmenleitung** auch auf einer Kontrolle und statistischen Auswertung der **Fertigungskosten** bestehen. Dies bedeutet, es muss vorab geprüft werden, welche Daten in einem übergeordneten Produktionsmanagementsystem als OEE-Kennzahlen verarbeitet werden sollen.

Fazit: Die wichtigste Frage nach Abschluss der Planungsphase ist nicht, ob ein so komplexes System überhaupt funktionieren kann.–Technischen Störungen wie Einlesefehler, Datenverlust oder Dynamik der Maschinen sind heute nicht mehr relevant. Schließlich muss der Käufer überzeugt sein, dass sich die Investition lohnt und die eingangs gestellter Forderungen erfüllt werden. Dazu müssen vor allem die **Betriebskosten** - sprich Stundensätze des Systems - gewinnbringende Tendenz aufzeigen

3.17 Zusammenfassung

Die Verwendung leistungsfähiger **CAD-Systeme** und die Möglichkeit, die mit CAD-Systemen erzeugten Daten direkt in der Fertigung zu verwenden, führen zu immer kürzeren Innovationszeiten neuer Produkte. **Die Sicherheit, einmal installierte starre Fertigungseinrichtungen über mehrere Jahre fast unverändert für die Massenproduktion einsetzen zu können, ist bei der kurzen Lebensdauer heutiger Produkte nicht mehr gegeben.** Auch die Typenvielfalt hat in der Fertigung ständig zugenommen und der Käufer erwartet, dass sich der Hersteller darauf eingestellt hat. Der schnelle Typenwechsel birgt auch die Gefahr in sich, dass überhöhte Lagerbestände sehr schnell unverkäuflich werden.

Die Nachfrage nach **automatisierten Fertigungslösungen für kleine und mittlere Losgrößen** steht deshalb bei den Planungen zunehmend im Mittelpunkt. Da es aber kein für alle Fälle optimales Fertigungssystem gibt, ist das wirtschaftliche Optimum nur mit speziell auf die jeweiligen Forderungen ausgelegten Lösungen erreichbar. Dafür stehen heute eine ausreichende Anzahl und Typenvielfalt von Maschinen und Automatisierungseinrichtungen zur Verfügung und lassen sich in vielen unterschiedlichen Varianten kombinieren. Dabei lassen die meisten Systemkonzeptionen auch eine schrittweise Erweiterung zu, sodass die hohen Investitionssummen auf mehrere Jahre verteilt werden können.

Durch die gemachten **Betriebserfahrungen** ist dann auch der **Rentabilitätsnachweis** leichter zu erbringen. Der Einsatz Flexibler Fertigungssysteme erfordert eine gründlich Analyse der Fertigungsaufgabe, die Vorgabe der zu erreichenden Hauptziele und die Berücksichtigung der Zuwachsraten und zukünftigen Veränderungen. Heute verfügen fast alle Hersteller über ausreichende Erfahrungen und bieten auch entsprechende Unterstützungen und Beratungen an. Damit lässt sich das Risiko durchaus innerhalb akzeptabler Grenzen halten.

Die mit Flexiblen Fertigungssystemen angestrebte **Wirtschaftlichkeit bei der Fertigung unterschiedlicher Losgrößen** wird nur dann erreicht, wenn die theoretischen Systemeigenschaften auch genutzt werden, nämlich:

Die bessere Nutzung der verfügbaren Maschinenstunden durch

- Pausenüberbrückung
- Auslaufbetrieb in der 2. oder 3. Schicht
- Minderung organisatorisch bedingter Maschinen-Stillstandszeiten
- Unterbrechungslosen Auftragswechsel
- Automatische Fertigung mit reduziertem Personalbestand.

Über allen technischen Planungsideen muss von Anfang an die ständige **Überwachung der wichtigsten Zielvorgaben** stehen:

- Erfüllt das FFS die schriftlich definierten technischen Forderungen?
- Ist die automatische, durchgängige Nutzung der vielen fertigungsrelevanten Daten gesichert (CAD/CAM, Werkzeugdaten)?
- Wo liegen die finanzielle Investitionsgrenze und die Kosten pro Maschinenstunde, um die Wirtschaftlichkeit garantieren zu können?
- Ist die Wirtschaftlichkeit auch bei Teilauslastung gegeben?
- Sind Werkstücke verfügbar oder absehbar, um entstehende FFS-Leerzeiten zu belegen?
- Sind am Ende der Planungsphase trotz aller Kompromisse die Flexibilität, die Produktivität und die Rentabilität des Systems noch gegeben?
- Oder wären alternative Fertigungskonzepte wesentlich besser geeignet und dazu noch preiswerter?

Durch die Virtualisierung der FFS bzw. die Simulation von aneinandergereihten FFS kann bis hin zur Materialflusssimulation die Produktivität einer Fertigung bzw. eines gesamten Werkes gesteigert werden.

Erfahrungsgemäß ergeben sich erst während der Planungsarbeiten die besten Ideen für das neu zu planende Konzept. In vielen Fällen werden die Vorgaben offensichtlich erfüllt, sonst würden die Installationen Flexibler Fertigungssysteme nicht ständig zunehmen.

Flexible Fertigungssysteme

Das sollte man sich merken:

1. **Flexible Fertigungszelle:** Eine CNC-Maschine, meist ein Bearbeitungszentrum, mit einem begrenzten Teilevorrat, der nacheinander abgearbeitet wird. Im Regelfalle ohne DNC- oder Leitrechner, sofern der CNC-interne Programmspeicher die erforderlichen Programme speichern kann.
2. **Flexible Transferstraße: Die werkstückseitige Verknüpfung mehrerer CNC-Maschinen nach dem Linienprinzip,** d.h. alle Teile durchlaufen die einzelnen Stationen und werden mit aufeinanderfolgenden, unterschiedlichen Programmen bearbeitet.
3. **Flexibles Fertigungssystem:** Eine Gruppe von CNC-Maschinen, lt. Statistik meistens 6 – 10, die über ein gemeinsames Werkstücktransportsystem und ein zentrales Steuerungssystem miteinander verbunden sind. Die Maschinen führen alle erforderlichen Bearbeitungen an einem begrenzten Teilespektrum durch, ohne dass die automatische Folge durch manuelle Eingriffe unterstützt oder unterbrochen wird.
4. **In einem FFS sind verschiedene Fertigungseinrichtungen über ein gemeinsames Steuerungs- und Transportsystem** so miteinander verbunden, dass
   - unterschiedliche Werkstücke
   - mit unterschiedlichen Bearbeitungen
   - in beliebiger Reihenfolge
   - in wechselnden Losgrößen
   - vollautomatisch und ohne manuelle Eingriffe
   - wirtschaftlich gefertigt werden können.
5. **Ein FFS besteht nicht aus neuen Maschinenkonzepten, sondern aus einer Kombination bereits vorhandener Komponenten:**
   - Mehrere sich ersetzende oder sich ergänzende CNC-Maschinen
   - Werkstücktransporteinrichtung
   - Be- und Entladeeinrichtung für Paletten und Werkstücke
   - Überwachungseinrichtungen des Gesamtsystems
   - Entsorgungseinrichtung (Späne, Kühlmittel)
   - Leitrechner
6. Eine **Transferstraße** ist wesentlich produktiver als ein FFS, aber sie ist leider **keine Alternative** zu FFS.
7. Der starre Verbund einer **Transferstraße** genügt nicht mehr den Anforderungen an die Flexibilität der Produktion. Flexible Fertigungslinien gewinnen immer mehr an Bedeutung und verdrängen starre Transferstraßen in der Großserienfertigung.
8. Als guter Kompromiss zu FFS haben sich **Flexible Transferlinien** erwiesen.
9. Die **Simulation** von FFS hat andere Aufgaben und Schwerpunkte als die Simulation der NC-Programme. Hier stehen das Verhalten der Gesamtanlage und die Wirtschaftlichkeit unter wechselnden Vorgaben im Mittelpunkt.
10. Wichtigstes Ziel der dynamischen Simulation während der Planung ist neben der System-Auslegung die **Optimierung der Investitionskosten**.

11. Auch der spätere FFS-Betreiber kann aus der Simulation das Verhalten des Systems bei veränderten Fertigungsvorgaben, Störungen oder Ausfall einzelner Komponenten erkennen.
12. Durch die **durchgängige Digitalisierung** von Konstruktion, Produktion und der dynamischen Fertigungs-Simulation kann auch die **Produktivität** besser bewertet und evtl. durch gezielte Maßnahmen gesteigert werden. ■

4 Industrieroboter und Handhabung

Dipl.-Wirtsch.-Ing. (FH) Alexander Bay,
Dipl.-Wirtsch.-Ing. (FH) Christian Schmid

Industrieroboter haben ähnliche Kennzeichen und Merkmale wie CNC-Maschinen, jedoch sehr unterschiedliche Kinematiken und spezielle, flexible Steuerungen. Die Aufgabenbereiche, die besonderen Anforderungen und die Programmierung sind ebenfalls sehr unterschiedlich. In weniger als vierzig Jahren haben sie die industrielle Landschaft deutlich verändert.

4.1 Einführung

Während der Einsatz der CNC-Technik die Bearbeitungszeiten metallverarbeitender Maschinen in der industriellen Fertigung weitestgehend durch geräte- und programmiertechnische Maßnahmen verkürzte, erforderte der Einsatz von Robotern neue Fertigungskonzepte. Die Entwicklung von CNC-Bearbeitungsmaschinen ist heute weit fortgeschritten. Eine Verringerung der Hauptzeiten ist nur in geringem Umfang möglich. Daher konzentriert sich das Interesse auf die Reduzierung von Nebenzeiten und auf Fertigungsvorgänge, die durch Industrieroboter rationell gestaltet werden können.

Beim industriellen Einsatz kooperiert der Industrieroboter zusammen mit den anderen Geräten und Maschinen im Fertigungsprozess. Man spricht in diesem Zusammenhang auch von einer Fertigungszelle. Ein Roboter ist deshalb nicht isoliert zu betrachten, sondern als ein Teil im Zusammenwirken vieler Komponenten der Fertigungszelle. Dies wird z. B. dann deutlich, wenn die Robotersteuerung mit Sensoren, Transfermitteln, Bearbeitungsmaschinen oder anderen Industrierobotern Signale und/oder Daten austauscht.

Aus der Automobilindustrie, aber mittlerweile auch in unzähligen anderen produzierenden Branchen, ist der Industrieroboter heute nicht mehr wegzudenken. Bereits zu Beginn der 70er-Jahre wurde er dort zu einfachen Handhabungszwecken, insbesondere zum Punkt- und Nahtschweißen eingesetzt. Dies erfolgte vorwiegend aus Rationalisierungsgesichtspunkten, wie der Verkürzung von Bearbeitungszeiten, Verbesserung der Produktqualität und der Einsparung von Kosten.

Auch technologisch schwierig zu beherrschende Prozesse, wie etwa die automatische Montage von Motorteilen, Getrieben oder die Montage von Karosserieteilen, aber auch die Verarbeitung von natürlichen Werkstoffen wie z. B. Holz, Leder, Textilien oder allgemein elastische nachgiebige Materialien wurden durch den Einsatz von Robotern automatisiert. Fortschritte in der Sensorentwicklung ermöglichen weitere neue Anwendungen in den Bereichen Qualitätssicherung und Inspektion.

Mit dem Fortschritt in der Mikroelektronik sowie in der Regelungs- und Antriebstechnik war Mitte der siebziger Jahre der Grundstein für den Beginn der Industrieroboter-Technik gelegt. Ausgehend von hydraulisch betriebenen Robotern, deren Eigenschaften bezüglich Genauigkeit und Dynamik an die Grenzen des Machbaren gestoßen waren, konzentrierte man sich auf die Weiterentwicklung des Roboters, vor allem durch den Einsatz von elektrischen Antrieben. Bei den ersten industriellen Anwendungen wurden Roboter zunächst für leicht beherrschbare Arbeiten eingesetzt. Mit der Verbesserung der Fähigkeiten des Industrieroboters und der Entwicklung von geeigneten Werkzeugen für Füge- und Bearbeitungsaufgaben begann die Erschließung von prozessbezogenen Anwendungsfeldern. Schließlich wuchsen die Anforderungen an die Dynamik und die Genauigkeit der Roboter, die neue Leistungsklassen von Robotersteuerungen mit besonderen Funktionen für Bearbeitungsaufgaben voraussetzten. Das führte dazu, dass Industrieroboter zunehmend mit einer speziellen „Eigenintelligenz“ ausgestattet werden.

4.2 Definition: Was ist ein Industrieroboter?

Die Definition war bisher in verschiedenen Ländern keineswegs einheitlich. Aus diesem Grund wurde der Begriff Industrieroboter auch in der Norm ISO/TR 8373 vereinheitlicht. Sie lautet:

Manipulation industrial robot:
An automatically controlled, reprogrammable, multi-purpose, manipulating machine with several degrees of freedom, which may be either fixed in place or mobile for use in industrial applications.

Weiterhin sind die einzelnen Begriffe aus dieser Definition erläutert:

reprogrammable: whose programmed motions or auxiliary functions may be changed without physical alterations
(umprogrammierbar: die programmierten Bewegungen oder Hilfsfunktionen sind ohne physikal. Änderungen wechselbar)

multi-purpose: can be adapted to a different application with physical alterations
(vielseitig: anpassbar an unterschiedliche Anwendungen durch physikal. Änderungen.)

physical alterations: means alterations of the mechanical structure or control system except for changing programming cassettes, ROMs, etc.
(physikalische Änderungen: Änderungen der mechan. Struktur oder des Steuerungssystems, jedoch nicht den einfachen Programmwechsel)

In der europäischen Norm EN775 wird der Industrieroboter wie folgt definiert:
Ein Roboter ist ein automatisch gesteuertes, wiederprogrammierbares, vielfach einsetzbares Handhabungsgerät mit mehreren Freiheitsgraden, das entweder ortsfest oder beweglich in automatisierten Fertigungssystemen eingesetzt wird.

Zusammenfassend lassen sich folgende Kriterien festhalten:
Der Industrieroboter

- ist frei programmierbar
- ist servogesteuert
- hat mindestens drei CNC-Achsen
- verfügt über Greifer und Werkzeuge
- ist für Handhabungs- und Bearbeitungsaufgaben konzipiert.

4.3 Aufbau von Industrierobotern

Aufgabe des Industrieroboters ist das Aufnehmen, Halten und Führen von Werkstücken und/oder Werkzeugen. An der Erzeugung und Ausführung der hierzu erforderlichen Bewegungen sind eine Reihe unterschiedlicher Komponenten beteiligt.

Jedes dieser Teilsysteme *(siehe Tabelle 4.1)* trägt zur Lösung der Bewegungs- und Halteaufgabe durch das Gesamtsystem Roboter bei.

Wichtigste Bestandteile eines Roboters sind:

- das mechanische Gestell inklusive der Getriebe
- die Aktoren zum Agieren innerhalb der erfassten Umgebung
- die Sensoren zur Erfassung der Achspositionen und der Umwelt
- die Robotersteuerung.

Tabelle 4.1: Komponenten eines Robotersystems

Teilsystem	Merkmale und Teilfunktionen
Mechanische Struktur	1. Aufbau aus Bewegungsteilsystemen 2. Festlegung der Freiheitsgrade und des Arbeitsraumes 3. Sicherung der Position und Orientierung der Handhabungsobjekte
Kinematik	1. Räumliche Zuordnung der einzelnen Glieder von Roboterarm und Endeffektor 2. Zeitliche Zuordnung zwischen den Bewegungsachsen und der Bewegung des Endeffektors
Achsregelung und Antrieb	1. Regelung der dynamischen Antriebsprozesse 2. Zuführen der Stellenergie zu den Antrieben der Achsen der Bewegungsteilsysteme 3. Erzeugung der Bewegung einzelner Achsen
Effektoren	1. Greifen und Handhaben von Produktteilen (Fügen, Verschrauben, Prüfen, usw.) 2. Bearbeiten von Werkstücken mit Werkzeugen (Schweißen, Entgraten, Schleifen, Lackieren, usw.)
Sensoren und Sensorsysteme	1. Erfassung der inneren Zustände von Manipulator und Effektor (Lage, Geschwindigkeit, Kräfte, Momente) 2. Erfassen der Zustände der Handhabungsobjekte und der Umgebung 3. Messen physikalischer Größen 4. Identifikation und Zustandsbestimmung von Werkstücken und Wechselwirkungen 5. Analyse von Situationen und Szenen in der Umwelt
Steuerung	1. Steuerung, Überwachung von Bewegungs- bzw. Handhabungssequenzen und Fahraufträgen 2. Synchronisation und Anpassung des Manipulators an den Handhabungsprozess 3. Vermeidung bzw. Auflösung von Konfliktsituationen
Programmierung	1. Erstellung der Steuerprogramme (mit Softwaresystemen z. B. Compiler, Interpreter, Simulator usw.) 2. Interaktive/automatische Planung der Roboteraufgabe
Rechner	1. Ausführung der Rechenprozesse (Programmentwicklung, Sensordatenverarbeitung, Datentransformation) 2. Abwicklung der Mensch-Maschine-Kommunikation 3. Globale Steuerung und Überwachung flexibler Fertigungssysteme und Maschinen (u. a. Industrieroboter)

4.4 Mechanik/Kinematik

(Bild 4.1)

Der mechanische Aufbau eines Roboters wird mit Hilfe der Kinematik beschrieben. Dabei sind folgende Kriterien von Bedeutung:

- Bewegungsform der Achsen (translatorisch oder rotatorisch)
- Anzahl und Anordnung der Achsen, z. B. Reihenfolge und Lage
- Länge der translatorischen Achsen
- Form des Arbeitsraums

Industrieroboter haben im Allgemeinen die Struktur einer offenen kinematischen Kette ohne Verzweigungen, deren Glieder bzw. Hebel durch Gelenke paarweise miteinander verbunden sind. Jedes Gelenk besitzt genau einen entweder rotatorischen oder translatorischen Freiheitsgrad. Ein Ende der kinematischen Kette ist gelenkig mit der Basis des Roboters verbunden, in welcher der Ursprung des raumfesten Referenzkoordinatensystems liegt; das freie Ende dient zur Aufnahme des Endeffektors (Greifer oder Werkzeug).

Jeder Roboter hat einen ihm zugänglichen Arbeitsraum, der die Menge der erreichbaren Positionen darstellt. Nach der Konstruktion des Roboters durch die Anordnung seiner Gelenke kann man verschiedene Grundformen von Arbeitsräumen unterscheiden. Nimmt man zum Beispiel einen Roboterarm mit der Gelenkanordnung RRT *(Bild 4.2)*, dann wird mit dem ersten Gelenk eine Rotationsbewegung erzielt, die mit dem zweiten zu einer Torusoberfläche erweitert wird. Diese wird durch das Lineargelenk kontrahiert oder expandiert, was den vollständigen Arbeitsraum des Roboters ergibt. Häufige Grundformen für Arbeitsräume sind:

- Quader (Roboter des Typs TTT)
- Zylinder (z. B. RTT)
- Kugel (z. B. RRR, RRT)

Die Torusform ist bei den gängigen Robotern meist nicht sehr ausgeprägt und in der Regel einer Kugel angenähert. Das Handgelenk des Roboters hat die Funktion, an einer gewünschten Position auch jede Orientierung einzustellen. Es hat sinnvollerweise kürzere Glieder als der Arm, auch gibt es keine Lineargelenke. Typische Bauformen von Handgelenken sind TRT und TRR. An das letzte Glied des Handgelenks schließt sich ein Flansch an, um den Effektor anzukoppeln.

Man unterscheidet verschiedene Arten von Industrierobotern *(Bild 4.3)*.

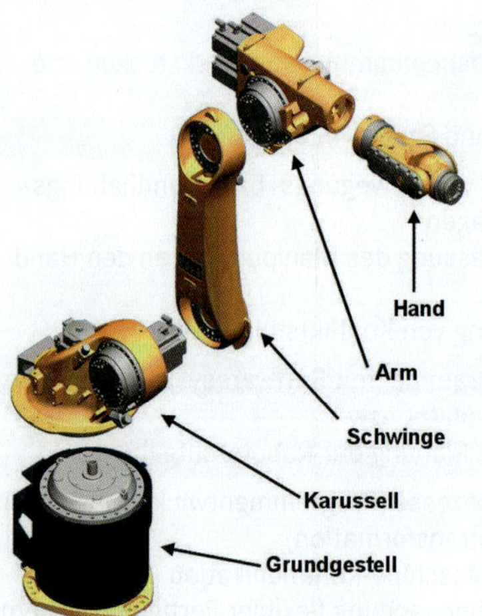

Bild 4.1: Aufbau eines Industrieroboters.

4.5 Greifer oder Effektor

Ein Effektor ist der Teil des Roboters, der die eigentliche Handhabungsaufgabe ausführt. Er wird am Handgelenk des Roboters befestigt und an Energie- und Steuerleitungen angeschlossen, um die Werkstücke oder Werkzeuge zu greifen, festzuhalten, zu transportieren und in der gewünschten Lage zu positionieren. Je nach Handhabungsaufgabe kommen Sensoren, Fügehilfen, zusätzliche elektrische Leitungen (Schweißstrom) oder bei Lackierrobotern Schläuche für die Farbzubereitung hinzu.

Insgesamt sind dafür 3 Hauptachsen erforderlich, um jeden Punkt in den 3 Raum-

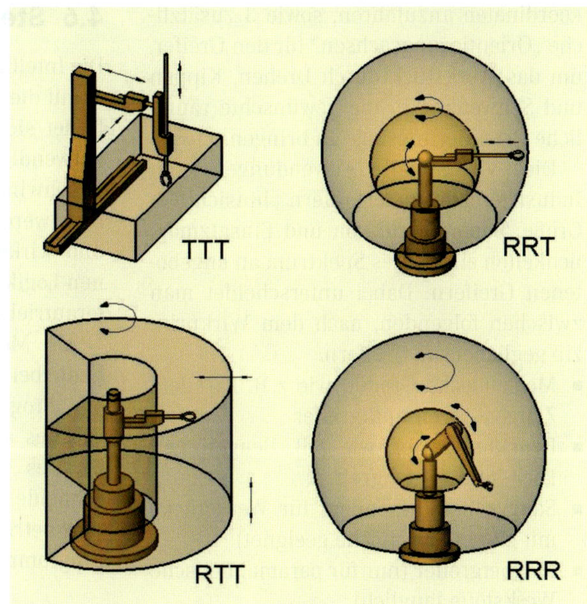

Bild 4.2: Arbeitsräume eines Industrieroboters.

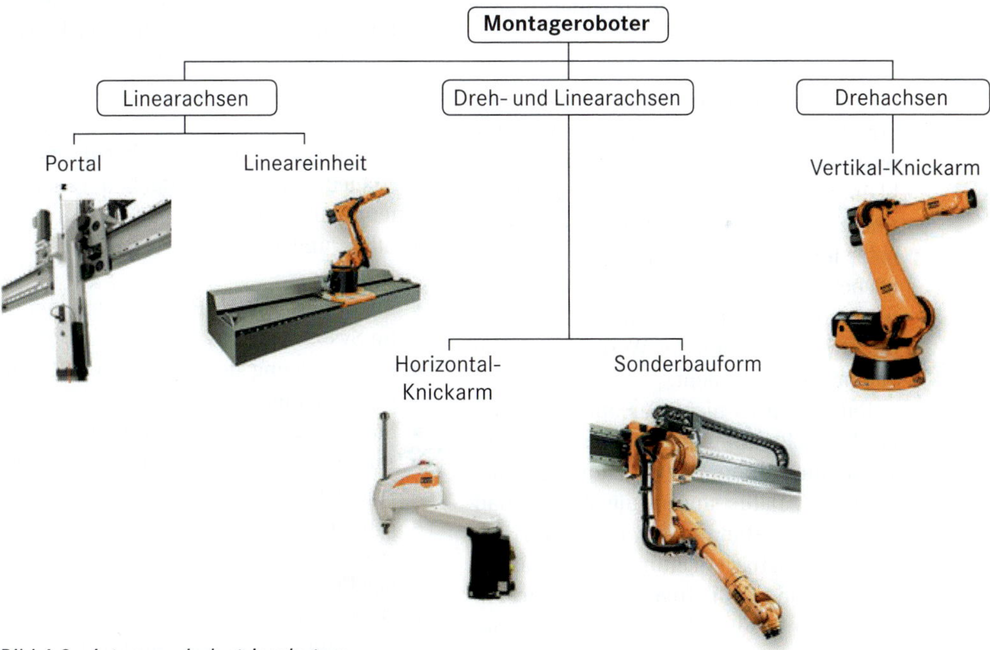

Bild 4.3: Arten von Industrierobotern.

koordinaten anzufahren, sowie 3 zusätzliche „Orientierungsachsen“ für den Greifer, um das Werkstück durch Drehen, Kippen und Schwenken in die gewünschte räumliche Orientierungslage zu bringen.

Die vielfältigen Anwendungen von Industrierobotern erfordern hinsichtlich Größe, Bauart, Funktion und Einsatzmöglichkeiten ein breites Spektrum an angebotenen Greifern. Dabei unterscheidet man zwischen folgenden, nach dem Wirkprinzip gegliederten, Greifern:

- Mechanische Greifer, wie z. B. Parallel-, Zangen-, Dreipunktgreifer
- Druckluftgreifer, wie z. B. Beugefinger, Loch- und Zapfengreifer
- Sauggreifer (besonders für Werkstücke mit glatter Oberfläche geeignet)
- Magnetgreifer (nur für paramagnetische Werkstoffe tauglich)
- Adhäsivgreifer, die den Haftklebeeffekt nutzen (selten) und
- Nadelgreifer (für z. B. Textilien, Leder, usw.).

Spezielle **Greifer-Wechselsysteme** tragen erheblich zur flexiblen Nutzung von Industrierobotern bei. Besonders in der Montage kleiner Stückzahlen sind Greifer und Fügewerkzeuge laufend zu wechseln, da der Roboter hier oft mehrere Arbeitsoperationen nacheinander ausführt. In solchen Fällen wird durch das Wechselsystem an Flexibilität gewonnen, wenn der Werkzeugwechsel automatisch geschieht.

Dabei geht es nicht nur um die sichere mechanische Kopplung, sondern auch um Verbindungen im Energie- und Informationsfluss. Dafür sind in die Wechselflansche Steckverbindungen für elektrische bzw. pneumatische Leitungen eingelassen. Bei kühlungsbedürftigen Punktschweißzangen ist zusätzlich eine Kühlwasserleitung zu koppeln.

4.6 Steuerung *(Bild 4.4)*

Die Intelligenz eines Industrieroboters und damit die Fähigkeit flexibel zu agieren, befindet sich in der Robotersteuerung. Alle notwendigen Eingangsdaten wie z. B. Weg, Geschwindigkeit oder Eingriffe des Bedieners werden in der Steuerung verarbeitet und wirken entsprechend der vorgegebenen Logik als Ausgangsdaten auf die Roboterantriebe oder Roboterwerkzeuge.

Als Mensch-Roboter-Schnittstelle steht heute bei den meisten Robotersteuerungen ein Programmiersystem zur Verfügung, welches auf einem Standard-PC lauffähig ist. Des Weiteren ist es möglich, maßgeschneiderte Bediengeräte für den Produktionsbetrieb oder universell einsetzbare Programmierhandgeräte zu verwenden.

Aufgaben der Robotersteuerung

Die Robotersteuerung enthält alle Komponenten und Funktionen, die zum Betrieb, zur Bedienung und zur Programmierung und zur Überwachung eines Roboters erforderlich sind.

Die Robotersteuerung übernimmt die verschiedenartigsten Aufgaben innerhalb einer Roboterzelle:

- Steuerung der Verfahrbewegungen des Roboters
- Beeinflussung der Prozesskomponenten im System
- Beeinflussung der Förder- und Zuführkomponenten
- Steuerung der Greiferfunktionen
- Aufnahme und Auswertung von Sensorsignalen
- Aufnahme und Verarbeitung von Prozessinformationen zur Beeinflussung des Prozesses
- Diagnosefunktionen zur Fehlererkennung am Roboter oder am Prozess
- Unterstützung des Bedieners
- Unterstützung des Programmierers beim Einrichten der Automationszelle.

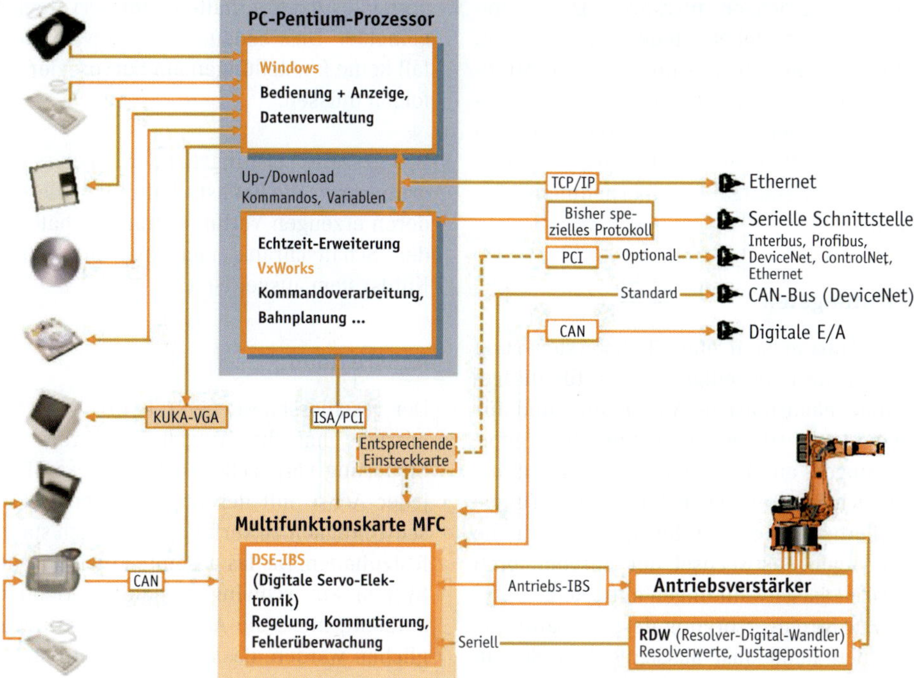

Bild 4.4: Robotersteuerung, prinzpieller Aufbau und Schnittstellen.

Um all diese Aufgaben ausführen zu können, benötigt die Robotersteuerung neben einer leistungsfähigen Rechnereinheit Schnittstellen zum Roboter, zur Peripherie, zum Prozess und zum Bediener.

Bedien- und Programmiergerät

Zur Bedienung und Programmierung des Roboters stehen verschiedene Komponenten zur Verfügung.

Im Normalfall werden Roboter mit Hilfe des Programmierhandgerätes (PHG) bedient und programmiert. Über das Programmierhandgerät *(Bild 4.5)* können alle Befehle eingegeben und alle Funktionen der Robotersteuerung aktiviert werden.

Rechnereinheit

Die Rechnereinheit besteht aus einem Hauptrechner, der die Gesamtkoordination innerhalb der Robotersteuerung übernimmt. Diesem Hauptrechner unterlagert sind Achsregelrechner, die jeweils die Lageregelung und die Überwachungen für

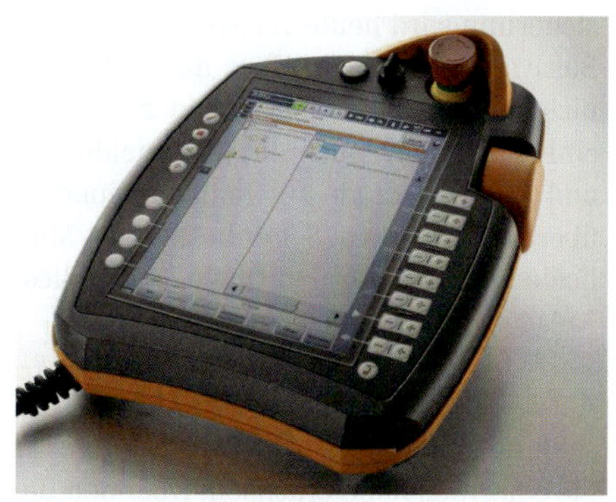

Bild 4.5: Controlpanel.

die Roboterachsen ausführen. Die Hauptrechner der Robotersteuerungen werden mittlerweile mit leistungsfähigen Multicore-Prozessoren ausgestattet, die die Performance der Steuerung verbessern und neben der Robotersteuerung weitere Automatisierungsaufgaben übernehmen können.

Leistungsteil

Das Leistungsteil einer Robotersteuerung liefert die notwendige Energie für die gesamte elektronische Ausrüstung und für die Servoantriebe. Die technischen Anforderungen an diese Stromversorgung bezüglich Spannungskonstanz und Störungssicherheit sind sehr hoch, da durch die ständigen Lastwechsel der Servomotoren große Lastschwankungen auftreten.

Zur Stromversorgung der Servoantriebe werden heute fast ausschließlich **Stromrichter** eingesetzt. Diese bestehen aus den Leistungshalbleitern, der Ansteuerschaltung für die Halbleiter und Spannungsfiltern zur Einhaltung der EMV-Grenzwerte des Versorgungsnetzes. Ein vorgeschalteter Transformator übernimmt die Anpassung an das Versorgungsnetz sowie die Filterung von hochfrequenten Störungen in die Robotersteuerung und auch umgekehrt von den Servoreglern in das Netz.

Die steuerungstechnische Verbindung zwischen Servoverstärkern und der Robotersteuerung wird heute vorwiegend über ein Bussystem realisiert. Über dieses können nicht nur die Ansteuerbefehle zur Servoeinheit, sondern auch die Rückmeldungen und Fehlerzustände zur Robotersteuerung übertragen werden. Somit besteht die Möglichkeit einer zentralen Diagnose für diese Anlagenkomponenten.

Auf die gleiche Weise erfolgt auch die Einstellung und Anpassung der Servoregler an die einzelnen Roboterachsen. Über den Bus werden die notwendigen Parameter für ein optimales Regelverhalten zum Servoregler gemeldet. Dies bedeutet, dass im Servicefall keine Einstellungen am Servoregler erfolgen müssen.

Das gesamte Leistungsteil der Robotersteuerung sowie die Ballastschaltung im Besonderen erzeugen Verlustwärme. Deshalb ist der Schaltschrank meistens mit einem Kühlsystem ausgerüstet.

Achsregelung

Der geschlossene Regelkreis für die Achsantriebe hat die Aufgabe, die von der Steuerung vorgegebenen Führungsgrößen jeder Achse mit der programmierten Geschwindigkeit zu verfahren und auch stabil festzuhalten. Da das gesamte kinematische System ein schwingungsfähiges Gebilde darstellt, muss die Achsregelung so abgeglichen werden, dass insgesamt ein stabiles, schwingungs- und resonanzfreies Verhalten erreicht wird. Dieser Abgleich kann bei heutigen modernen Systemen automatisch erfolgen.

Antriebe

Die Servoantriebe dienen zum präzisen Verfahren jeder NC-Achse sowie zum Festhalten der eingefahrenen Positionen. Als Antriebsmotoren werden heute auch bei Robotern vorwiegend drehzahlgeregelte und weitgehend wartungsfreie Asynchron- oder Synchronmotoren im geschlossenen Positions-Regelkreis eingesetzt. Die Anforderungen an die Antriebe sind sehr hoch aufgrund des stark veränderlichen dynamischen Verhaltens des Roboters bei unterschiedlichen Werkstückgewichten und der mehr oder weniger starken Auslegung der Kinematik innerhalb des Arbeitsbereiches.

Messsysteme

Messsysteme haben die Aufgabe, Position bzw. Winkel aller Achsen, der Verstellgeschwindigkeit und der Beschleunigung in den einzelnen Achsen zu messen. Dafür werden meistens inkrementale Messsysteme verwendet, in einigen Fällen sind absolute Messsysteme unerlässlich. Diese Forderung stellt sich beispielsweise bei Schweißrobotern, um nach einem Netzausfall die Stellung sämtlicher Achsen sofort wiederzuerkennen.

Sicherheitsfunktionen

Zum Sicherheitsteil einer Robotersteuerung gehören unter anderem:

- Hard- und Softwareendschalter für alle Achsen
- Personen-Lichtschranken zur sofortigen Stillsetzung
- Betriebsartenwahlschalter als Schlüsselschalter
- Überwachung der Schaltsysteme für Zustimmungsschalter, Notausschalter
- Überwachung der Geschwindigkeiten im Einrichtbetrieb
- Einschaltdiagnose für alle kontaktbehafteten Schaltvorgänge, die Sicherheitsfunktionen übernehmen (z. B. Antriebe ausschalten usw.)
- Spannungs- und Temperaturüberwachung.

Hierzu bestehen Normen und Vorschriften, die in erster Linie der Sicherheit des Personals dienen. Diese Normen und Vorschriften durchlaufen zurzeit grundlegende Änderungen. Unter dem Punkt SafeRobot ist beschrieben, wohin diese Entwicklung geht und was heute schon möglich ist.

4.7 Safe Robot Technologie

Roboter und Werker rücken zusammen – Safe Operation

Nach heutigem Stand der Technik dürfen Industrieroboter aus Sicherheitsgründen nur in abgesicherten Arbeitsbereichen betrieben werden. Stets verhindern Schutzzäune oder andere aufwändige Schutzeinrichtungen, dass der Mensch dem Roboter zu nahe kommt. Kontrolliert und im Produktionsablauf überwacht wird der Roboter durch eine übergeordnete SPS, und nur ein geringer Anteil von Robotern zusätzlich durch externe Sensoren geführt. In jedem Fall bewegt sich der Roboter im Produktionsbetrieb nur, wenn sich kein Werker in seinem Arbeitsbereich aufhalten kann. Durch den Einsatz der Safe Robot Technology (SRT) ist es nun bei vielen Anwendungen möglich, diese Trennung zwischen Bediener und Roboter aufzulösen. Neben dem Verzicht auf aufwändige Sicherheitstechnik können neue Anlagenkonzepte vor allem in der Montagetechnik realisiert werden. Letztlich geht es darum, die komplementären Eigenschaften von Mensch und Maschine optimal zu kombinieren. So können Roboter sehr wohl den Menschen unterstützen bzw. entlasten und beispielsweise unergonomische, gesundheitsschädliche oder repetitive Aufgaben übernehmen.

Mit der Technologie des „sicheren" Roboters – einer zweikanalig-redundant ausgeführten Überwachungstechnik direkt am Roboter – wird nun vor Ort entschieden, ob der Roboter in einen gesperrten Bereich einfährt oder nicht. Die aktuelle Position aller Achsen wird permanent erfasst und zyklisch innerhalb weniger Millisekunden mit konfigurierten Grenzwerten verglichen. Da diese Lösung keiner mechanischen Nocken bedarf, ist die Anzahl der Arbeits- oder Schutzbereiche natürlich deutlich größer. Bei Bereichsverletzung leitet der Roboter sofort selbst den notwendigen Stopp ein. Dadurch werden Nachlaufwege im Fehlerfall deutlich reduziert und der Platzbedarf gesenkt.

Der „menschgeführte Roboter" – Safe Handling

Wie oben bereits erwähnt, war bisher der Betrieb eines Roboters nur „hinter Gittern" erlaubt. Es war unvorstellbar, dass ein Werker neben oder gar mit einem Roboter arbeitet. Diese Sicherheitsvorstellungen erklären den geringen Automatisierungsgrad in den Endmontage-Linien der Automobilindustrie und sie erklären die schleppenden Fortschritte in den Bereichen der Mobilen-Robotik und der Service-Robotik. Mittels eines Führungsgriffes (Joy Stick oder Commander), der direkt am Roboter oder am Roboterwerkzeug befestigt ist, bewegt der Mensch den Roboter. Ohne Programm und ohne zusätzliche SPS! Gleichzeitig lassen sich so auch Punkte und Bahnen ohne textuellen Programmieraufwand einlernen.

Voraussetzung für die Kooperation von Mensch und Roboter sind eine sicher überwachte und reduzierte Geschwindigkeit des Robotersystems (kartesisch), die sichere Überwachung der Geschwindigkeiten jeder einzelnen Roboterachse (achsspezifisch) und ein dreistufiger Zustimmtaster am Führungsgriff.

Teilautonome Systeme – Neue Bereiche der Robotik

Für viele Zuführ- und Fügeaufgaben im Montagebereich werden heute einfache Manipulatoren eingesetzt. Bei größeren Bauteilen und höheren Anforderungen an die Positioniergenauigkeit sind unter Umständen zwei Bediener zum Betrieb des Manipulators notwendig. Der Manipulator kompensiert zwar die Gewichtskraft der zu bewegen Teile, unterstützt den Bediener jedoch nur bedingt beim Aufbringen von Fügekräften. Der größte Nachteil des Manipulators liegt jedoch in der 100-prozentigen Bindung des Werkers an das Gerät.

Anders der menschgeführte Roboter. Bei dieser Anwendung holt der Roboter selbständig und programmgesteuert im Automatikbetrieb das zu montierende Teil z. B. von einer Palette und bringt es nahe zum Einbauort. Dies geschieht in einem abgesicherten Arbeitsbereich. Der Werker übernimmt nun die Kontrolle über den Roboter und führt nur noch die kritische Fügeoperation aus. Die Kraft des Roboters und die Sinne des Menschen ergänzen sich zu einem hoch effizienten System. Nachdem der Werker anschließend den Roboter wieder in eine abgesicherte Arbeitsposition zurückgeführt hat, kann dieser im Automatikbetrieb das nächste Teil holen. Durch diese „Arbeitsteilung“ von Werker und Roboter wird es möglich, einen Werker an gleichzeitig zwei Montagestationen einzusetzen.

Die industrielle Produktion befindet sich mitten in einer neuen Revolution. Was unter dem Stichwort „Industrie 4.0“ bekannt wurde, steht für die neuen Rahmenbedingungen der Industrie von morgen: Volatile Märkte, hohe Variantenvielfalt und kürzere Produktlebenszyklen bedingen, dass sich die Produktion zukünftig schnell auf neue Rahmenbedingungen anpassen, also wandlungsfähig werden muss. In vielen Fällen bedeutet dies weg von der starren Vollautomatisierung und hin zur flexiblen Arbeitsteilung zwischen Mensch und Roboter. Der Einsatz des Roboters als Produktionsassistenz gestaltet die Produktion so wandlungsfähig wie nie und ermöglicht völlig neue Konzepte in der Fertigung. Damit eröffnen sich neue Wege in der roboterbasierten Automatisierung, die zusätzlich zum „klassischen“ Industrieroboter entstehen.

Für derartige neue Fertigungskonzepte stellt der Roboter eine wichtige Grundlage dar. Damit der Roboter als Produktionsassistent sicher mit dem Menschen zusammen arbeiten kann, bedarf es einer ganz neuen Generation von Robotern: Die Maschinen müssen sensitiv und feinfühlig sein, wie der KUKA Leichtbauroboter LBR iiwa. Der LBR iiwa ist mit sieben Achsen dem menschlichen Arm nachempfunden und kann in Positions- und Nachgiebigkeitsregelung betrieben werden. Diese kombiniert mit integrierter Sensorik verleiht dem Leichtbauroboter eine programmierbare Feinfühligkeit. Seine hoch performante Kollisionserkennung und eine integrierte Gelenkmomentensensorik in allen Achsen prädestinieren den LBR iiwa für feinfühlige Fügeprozesse und ermöglichen den Einsatz einfacher Werkzeuge. Durch seine Sensitivität prägt der LBR iiwa ein neues Kapitel in der MRK. Er agiert als „dritte Hand“ des Werkers und kann direkt und ohne Schutzzaun mit dem Menschen gemeinsam arbeiten. Mit dem LBR iisy kommt nun der zweite sensitive Roboter von KUKA auf den Markt. Er ergänzt das Portfolio im Bereich der Mensch-Roboter-Kollaboration (MRK) im niedrigen Traglastbereich. LBR iisy ist, wie der Name schon sagt, einfach zu bedienen und eignet sich für häufig wechselnde Automatisierungsaufgaben, bei denen schnelle Reaktionen im Ablauf gefordert sind.

Gleitender Automatisierungsgrad

Zum ersten Mal in der Geschichte der Robotik sind Produktionsaufgaben mit einem gleitenden Automatisierungsgrad möglich. Gab es bisher nur die beiden Extreme, eine Produktionsaufgabe vollständig zu automatisieren (mit dem Roboter „hinter Gittern“) oder zu 100 % manuell (Verzicht auf Roboter) durchzuführen, so kann jetzt individuell und kostenoptimiert automatisiert werden. In der Betriebsart „menschgeführt“ sind die Zäune zwischen Mensch und Maschine gefallen.

4.8 Programmierung

Für die Wirtschaftlichkeit einer Roboteranlage ist der Zeitbedarf für die Ausarbeitung von anforderungsgerechten und fehlerfreien Anwenderprogrammen besonders wichtig. Programmieren heißt, ein Programm zu erstellen und es in die Robotersteuerung einzugeben. Dabei ist das Programm selbst die Aufeinanderfolge aller Informationen, die das Handhabungssystem zur Durchführung eines Bewegungs- oder Arbeitszyklus braucht. Da sich aus der Analyse der Arbeitsaufgabe, den Einsatzbedingungen und der Beweglichkeit von Robotern verschiedene Anforderungen an die Programmierung ergeben, existieren auch verschiedenartige Programmierverfahren. Jede Robotersteuerung kann Programme in mindestens einer Programmiersprache abarbeiten.

Programminhalt

Ein Arbeitsprogramm muss alles enthalten, was für den vollständigen Arbeitsablauf des Industrieroboters im technologischen Prozess gebraucht wird. Die dazu gehörenden Bestandteile werden in *Tabelle 4.2* erklärt.

Kollaborativer Roboter im Einsatz als Montageassistent. (Quelle: KUKA)

Tabelle 4.2: Grundbestandteile von Handhabungsprogrammen

Bestandteil	möglicher Inhalt	Merkmale für Anwender
Programmablauf	Befehle für Bewegungen Befehle für Greiferbetätigung Befehle für Prozesskommunikation und zum Hauptrechner Befehlsverknüpfung Befehlsfolge	Notwendige Bestandteile des Handhabungsprogramms
Wegbedingungen	Sollwerte für Position Sollwerte für Orientierung spezielle Punktmuster Arbeits- oder Zwischenpositionierung	Freizügige Gestaltung und Korrigierbarkeit über das Handhabungsprogramm
Bewegungsbedingungen	Bewegungsgeschwindigkeit Verhalten in der Anfahrphase Verhalten beim Positionieren Bewegungsabhängigkeit in den Achsen Interpolationsbedingungen	Sicherstellung des stabilen Bewegungsverhaltens Bewegungsoptimierung Gewährleistung für spezielle Bewegungsbahnen
Logische Entscheidungen	Programme variabler Struktur Programmdurchlauf abhängig von Prozess- und Sensorsignalen	Notwendigkeit für komplexe Bedien- und Montageaufgaben Programmauswahl
Überwachung/ Diagnose	Funktionsüberwachung Prozessüberwachung Reaktion auf Störungen Aktionen zur Fernwartung	Erfüllung von Zuverlässigkeits- und Sicherheitsforderungen anspruchsvolle Servicehilfe

Programmierverfahren

Eine Roboterprogrammerstellung kann in die Bewegungs- und Ablaufprogrammierung aufgeteilt werden. Bei der Bewegungsprogrammierung geht es um die Festlegung der Bahnpunkte bzw. Bewegungsabschnitte. Die Ablaufprogrammierung beinhaltet die Verknüpfung von Bewegungsabschnitten, die Definition von Prozessparametern, Zeiten, Wartepositionen, Geschwindigkeiten, Beschleunigungen und die Kommunikation mit peripheren Einrichtungen. Die Programmierverfahren für Industrieroboter lassen sich wie folgt einteilen:

Online-Verfahren

(prozessgekoppeltes, direktes Programmieren; prozessnahe Programmierung)

- Teach-In Programmierung (Anfahren von Punkten)
- Playback-Verfahren (Abfahren einer Bahn; direktes Führen des Roboterarmes vom Bediener)
- Manuelle Eingabe über Tasten

Offline-Verfahren

(prozessentkoppeltes, indirektes Programmieren, prozessferne Programmierung)

- textuelles Programmieren mit Robotersprachen
- Explizite Programmiersprachen. Sie geben die Arbeitsaufgabe in elementaren Schritten an. Jedes Bewegungselement ist mit einer Anweisung zu beschreiben. Die Programmierung ist roboterorientiert
- Implizite Programmiersprachen. Der Arbeitsauftrag wird global formuliert. Die Einzelaktionen generiert der Roboter

selbst, wozu eine gewisse „Intelligenz" gebraucht wird. Die Programmierung ist aufgabenorientiert.

- Teach-In Programmierung mit Phantomarm
- Interaktive Programmierung am Bildschirm mit Grafikunterstützung
- Akustische Programmierung (Eingabe in natürlicher Sprache und Spracherkennung).

Hybride Programmierverfahren

(kombinierte Verfahren, welche die Vorteile von Online- und Offline-Verfahren vereinen)
Die Geometrieanweisung (Bahnen und Positionen) werden nach dem Teach-In programmiert, die Ablauf-, Kontroll-, Überwachungs-, und Kommunikationsanweisungen werden dagegen in Form eines Codes oder einer Sprache eingegeben.

Automatische Programmgenerierung
Nach Beschreibung eines Zielzustandes erzeugt ein System das dazu erforderliche Programm selbstständig. Das erfordert einen Programmlöser, der die Aufgabe in Teilaufgaben zerlegt und daraus die zu programmierenden Aktionen plant und das Programm darstellt. Solche Ansätze finden sich heute schon bei der automatischen Generierung von Bahn- und Prozessdaten, zum Beispiel beim Fräsen oder Kleben. Hierbei kann aus CAD- bzw. CAM-Daten direkt ein Roboterprogramm generiert werden.

4.9 Sensoren *(Tabelle 4.3)*

Sensoren dienen dazu, Störeinflüsse wie Lageveränderungen, Musterabweichungen oder andere auftretende äußere Störungen zu erkennen und berücksichtigen zu können.

Die Zunahme des Roboter-Einsatzes in der Fertigung ist unter anderem von der Entwicklung geeigneter Sensoren abhängig. Die Erfassung des inneren Zustandes eines Robotersystems, der aktuellen Wechselwirkung des Effektors mit der Umgebung und der des äußeren Zustandes im Einsatzbereich des Robotersystems erfolgt durch Sensoren. Die Funktion von Sensoren basiert auf der Umwandlung eines am Eingang anliegenden physikalischen Phänomens (z.B. Druck, Kraft, Berührung, Bewegung) in ein quantitatives elektrisches Maß. Diese elektrische Größe wird nach

Tabelle 4.3: Technische Sensoren

		berührende Sensoren				berührungslose Sensoren									
Prinzip		taktil				elektrisch		optisch/visuell					akustisch		
Sensortyp		mechanischer Taster	Dehnungsmessstreifen	Messdose (Piezzo)	druckempfindliche Kunststoffstrukturen	induktiver Näherungsschalter	kapazitiver Näherungsschalter	Lichtschranke	Reflexionssensor	Laserscanner	Infrarotsensor	Videosystem	Ultraschallschranke Sonar	Sonar	Ultraschall-Array
Signalart	Digital	X			X	X	X	X	X	X	X	X	X		
	Analog	X	X	X								X		X	X

der Digitalisierung von einem Sensorrechner oder der Robotersteuerung ausgewertet. Es werden zu diskreten Zeitpunkten aktuelle Zustände des Roboters und seiner Umgebung erfasst, um die korrekte Aktionsausführung zu überwachen (z. B. die Messung der Öffnungsweite der Greiferbacken) oder Parameter zur Beeinflussung nachfolgender Operationen direkt aus der Umwelt aufzunehmen (z. B. Teileidentifikation, Abstände). Aufgrund erfasster Zustände wird die weitere Operationsausführung gesteuert.

bit.ly/3bS3YnN
Video 24

Während der die Operationsausführung begleitenden Messungen sind sensorüberwachte bzw. sensorgeführte Aktionen realisierbar. Sensorüberwachte Aktionen werden solange ausgeführt, bis die gemessenen Größen vorgegebene Grenzwerte überschreiten. Bei sensorgeführten Aktionen werden die Vorgaben zur Operationsausführung gegebenenfalls korrigiert, damit die Messgrößen die vorgegebenen Grenzwerte ständig einhalten.

Sensoren sind also technische Fühler (Messwertaufnehmer), die einen Roboter in beschränktem Umfang mit Sinnen ausstatten. Sie gewinnen Informationen über Eigenschaften, Zustände oder Vorgänge und stellen diese als elektrisches Signal bereit. Das eigentliche primäre Wandlungselement, das eine nichtelektrische Messgröße aufnimmt und als elektrisches Signal weitergibt, wird auch als Elementarsensor bezeichnet.

4.10 Anwendungsbeispiele von Industrierobotern

(Bild 4.6 – 4.11)

KUKA.CNC ist die neue Steuerungsgeneration für die direkte CNC-Programmcode-Verarbeitung auf einem KUKA Roboter.

Mit ihr können CNC-Programme nach DIN 66025 direkt mit der Robotersteuerung abgearbeitet werden. Der komplette Standard Code-Umfang kann über die Steuerung interpretiert und vom Roboter umgesetzt werden. (G-Funktionen, M/H/T-Funktionen, lokale und globale Unterprogramme, Steuersatzstrukturen, Schleifen, usw.) Durch diese Möglichkeiten erweitern sich die Einsatzgebiete eines Industrieroboters vor allem auf folgende **Anwendungsfelder:**

- Fräsen von Formteilen aus weichen bis mittelfesten Materialien wie Holz, Kunststoff, Aluminium, Verbundmaterialien, etc.,

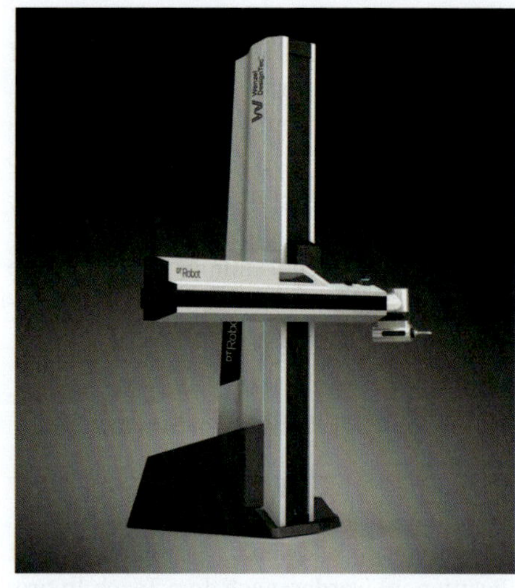

Bild 4.6: Fräsroboter für die Modellierung im Bereich KFZ-Industriedesign.

Bild 4.7: Cockpitmontage im Automobilbau.

Bild 4.8: Automatischer Werkzeugwechsel an Bearbeitungszentren.

Bild 4.9: Schleifen und Polieren von Implantaten.

- Polieren und Schleifen von Formteilen,
- Beschichten und Oberflächenbehandlung komplexer Bauteiloberflächen,
- Besäumen und Beschneiden komplexer Bauteile und Bauteilkonturen,
- Laser-, Plasma-, Wasserstrahlschneiden von komplexen Bauteilen.

Durch die direkte Einbindung des CNC-Kerns auf der Robotersteuerung wird der Roboter zu einer Bearbeitungsmaschine mit offener Kinematik, die die Vorteile eines Industrieroboters

- großer Arbeitsbereich
- hohe Flexibilität
- niedrige Investitionskosten
- 6-achsige Bearbeitung, usw.

mit den Vorteilen einer CNC-Steuerung kombiniert:

- G-Code-Programmierung
- CNC-Benutzeroberfläche
- Werkzeugradiuskompensation
- große Punktevorausschau
- erweiterte Spline-Bahnplanung
- komfortable Werkzeugverwaltung, usw.

Bild 4.10: Fräsen von Steinwannen.

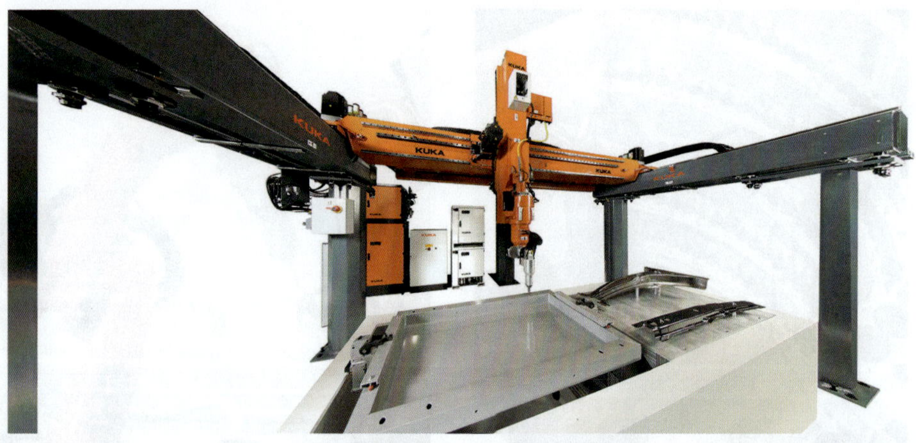

Bild 4.11: Laserschneidportal.

Die CNC-Kern-Einbindung ermöglicht zudem eine direkte Verarbeitung des CNC-Programms auf der Robotersteuerung. Ein umständliches Umwandeln von CNC-Programmen in ein Roboterprogramm ist somit nicht mehr notwendig, wodurch der Einsatz von Industrierobotern in typischen Bearbeitungsprozessen wesentlich einfacher wird. Sowohl CAD/CAM Programmierer als auch CNC-Maschinenbediener können somit mit bestehendem Know-how einen Industrieroboter programmieren und bedienen.

4.11 Anbindung von Robotern an Werkzeugmaschinen

Häufig werden bestehende Werkzeugmaschinen durch Roboter oder bestehende Roboterzellen durch weitere Werkzeugmaschinen ergänzt. Die fertig applizierten, unabhängig voneinander betreibbaren Systeme Werkzeugmaschine und Handlingsroboter müssen also im Feld miteinander verbunden werden. Beide Steuerungssysteme, CNC-Steuerung und Robotersteuerung, sind aber vom jeweiligen Hersteller bereits fertig konfiguriert und in Betrieb genommen. Die Steuerungssysteme, sowohl der Maschine als auch des Roboters müssen daher Schnittstellen zur Verfügung stellen, um den Produktionsablauf beider Systeme synchronisieren zu können. Diese Schnittstellen müssen so gestaltet sein, dass auch Systemintegratoren von Drittanbietern Handlingsroboter an Werkzeugmaschinen verbinden können, ohne die bestehenden Applikationen von Werkzeugmaschine und Roboter zu beeinflussen.

Diese Schnittstelle basiert auf PLC-Handshakesignalen gemäß dem vom VDW/VDMA definierten Standard zur Anbindung von Robotern oder Handlingsystemen an Werkzeugmaschinen *(Bild 4.12)*. Vordefinierte NC/PLC-Nahtstellenbereiche, Alarme und Diagnosescreens erlauben eine schnelle und einfache Systemintegration.

Optimierung von Personalressourcen

Roboter und Werkzeugmaschinen sind in der Regel Systeme unterschiedlicher Hersteller mit unterschiedlichen Architekturen und Bedienphilosophien. Das Einrichten, Programmieren und Warten eines Handlingsroboters erfordert für den Betreiber einer Werkzeugmaschine entweder zusätzliches Bedien- und Wartungspersonal oder eine zusätzliche Qualifikation des bestehenden Personals an der Werkzeugmaschine. Beide Szenarien sind mit Kosten verbun-

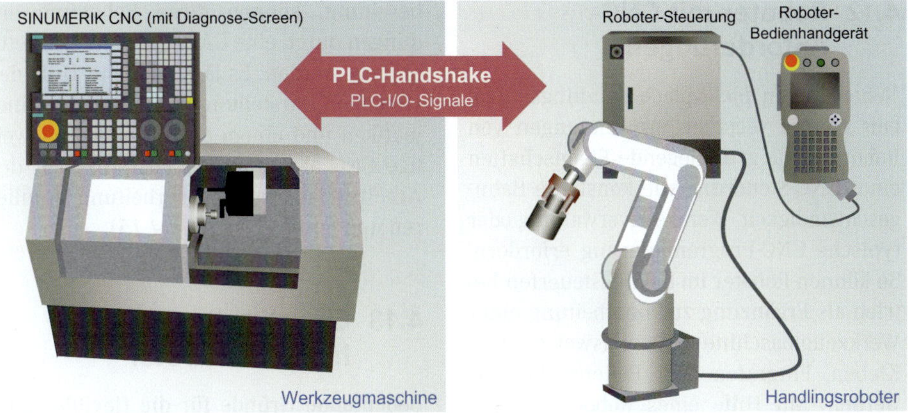

Bild 4.12: Schematische Darstellung einer Roboteranbindung am Beispiel der Schnittstelle SINUMERIK Integrate Run MyRobot/EasyConnect. (Quelle: Siemens AG)

den. Deshalb kooperieren Hersteller von CNCs und Roboter mit dem Ziel die Bedienung, Programmierung und Diagnose des Handlingsroboters auch auf der Bedienoberfläche der CNC in der Werkzeugmaschine abzubilden.

Über eine spezielle Schnittstelle werden Pick&Place-Kommandos zwischen CNC und Robotersteuerung ausgetauscht. Das Ablaufprogramm läuft in einem zusätzlichen CNC-Bearbeitungskanal. Die Roboter-Programmierung erfolgt also in der CNC. Spezielle Zyklen in der CNC repräsentieren dabei den Befehlsumfang der Robotersteuerung. Auch der Tippbetrieb der Roboterachsen ist in der CNC-Steuerung abgebildet, erfolgt also über die Maschinensteuertafel der Werkzeugmaschine. Auch Fehler- und Betriebsmeldungen werden auf der Bedienoberfläche der CNC abgebildet. Bedienung, Programmierung und Wartung des Handlingsroboters ist also fester Bestandteil der CNC-Applikation *(Bild 4.13)*.

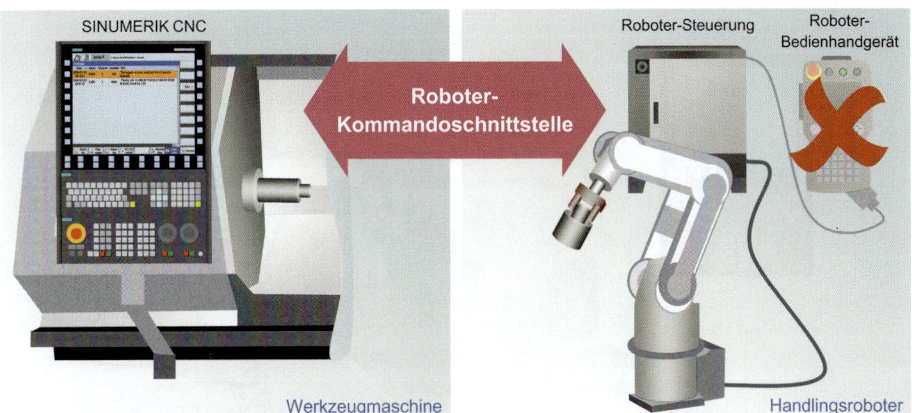

Bild 4.13: Schematische Darstellung einer CNC-integrierten Roboterschnittstelle am Beispiel von SINUMERIK Integrate Run MyRobot/Handling.

4.12 Roboter mit CNC-Anforderungen

Neben reinen pick&place-Handlingsaufgaben gibt es vermehrt Anwendungen von Robotern, die grundlegende Eigenschaften einer CNC-Steuerung wie konstante Bahngeschwindigkeit, Werkzeugverwaltung oder typische CNC-Programmierung erfordern. So können Roboter im bahngesteuerten Betrieb als Ergänzung zur Bearbeitung einer Werkzeugmaschine beispielsweise zum Kleben, Entgraten oder Polieren benutzt werden. Mit Hilfe eines Roboters lassen sich aber auch Fräsoperationen von Formteilen aus weichen oder mittelfesten Materialien realisieren *(Bild 4.14)*. CNC und die Robotersteuerung kommunizieren dabei über eine Echtzeit-Positionsschnittstelle. Die kinematische Transformation für die Robotermechanik wird dabei in der CNC gerechnet. Für die Bewegung des Roboters kann der gesamte, gewohnte CNC-Befehlssatz genutzt werden – von der Ebenanwahl (G17) über Wegbefehle (G0, G1, G2...) bis hin zu den Bearbeitungszyklen. Die Regelungsalgorithmen, wie dynamische Vorsteuerung, Ruckbegrenzung, Look Ahead oder Dynamische Satzkompression stehen für die Bearbeitung von Freiformflächen zur Verfügung. Zur optimalen Arbeitsvorbereitung, können diese Roboteranwendungen durch eine CAD/CAM-Prozesskette ergänzt werden. Es lässt sich mit Hilfe der virtuellen Darstellung realer Roboter-Kinematiken und einem optimal auf die jeweilige CNC abgestimmter Postprozessor der Arbeitsablauf vor der Bearbeitung simulieren und optimieren. *(Bild 4.15)*

4.13 Einsatzkriterien für Industrieroboter

Bedeutende Gründe für die flexible Automatisierung mit Robotern sind die zunehmende Typen- und Variantenvielfalt der Produkte aufgrund von Marktbedürfnissen, kürzere Produktionslaufzeiten der Produkte mit häufigeren Modellwechseln, geringer werdende Stückzahlen mit hohen Umrüstzeiten und geringer Auslastung, konventionelle Betriebsmittel, erhöhte Anforderungen an die Qualität der Produkte, zu hohe Durchlaufzeiten mit zu großen Lagerbeständen und zu hoher Kapitalbindung, belastende und monotone und gesundheitsschädliche Tätigkeiten für die Werker, Kostendruck auf die Produkte und die zunehmende Produktdifferenzierung.

Der Einsatz von Industrierobotern hängt zum einen von äußeren Rahmenbedingun-

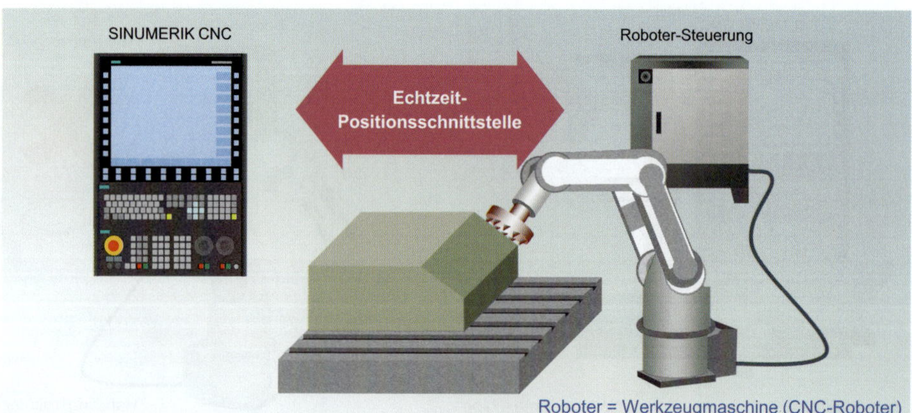

Bild 4.14: Schematische Darstellung einer Bearbeitung mit einem Roboter, gesteuert über die CNC am Beispiel von SINUMERIK Integrate Run MyRobot/Machining.

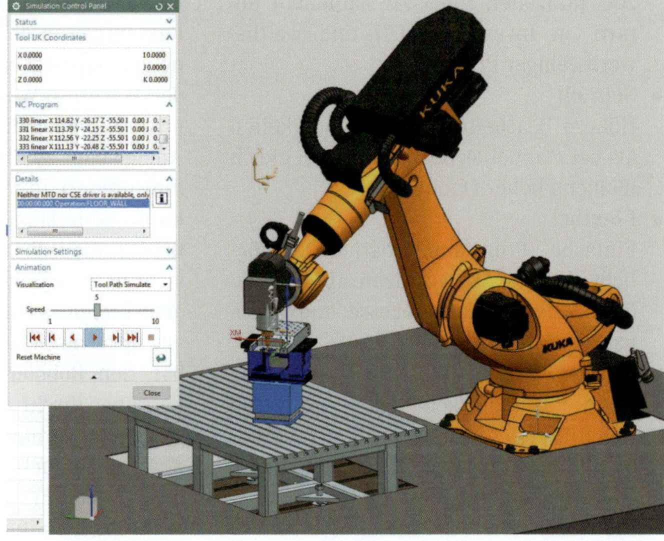

Bild 4.15: CNC-CAD/CAM-Pozesskette für die Bearbeitung mit Robotern erleichtert die Arbeitsvorbereitung, Beispiel NX CAM Maschinensimulation SINUMERIK Integrate Run MyRobot.

bit.ly/2JHsL1V
Video 25

gen, aber auch von wirtschaftlichen Gesichtspunkten ab:

- **Umweltbedingungen**
  Reinraum, Tiefkühl, giftige Dämpfe, Hitze ...
- **Arbeitssicherheit**
  Gefahrstoffe, Gewicht, Lärm ...
- **Qualitätsanforderungen in der Produktion**
  Präzision, Nullfehlerproduktion
- **Lohnkosten**
  Steigende Lohnkosten wirken sich in Industrieländern zunehmend als Wettbewerbsnachteil aus
- **Flexibilität**
  Robotereinsatz erhöht die Flexibilität in der Produktion

Bei der Auswahl eines Roboters sind verschiedene Kriterien von Bedeutung:

- Die generelle Aufgabe am Einsatzort
- Die Traglast, deren Angriffspunkt und Eigenträgheit
- Der Arbeitsbereich, in dem der Roboter sich bewegen soll
- Die Prozessgeschwindigkeit bzw. die Zykluszeit der Abläufe
- Die verlangte Genauigkeit, bezogen auf Bahnverhalten oder Position
- Die Art der Steuerung, inklusive spezieller Forderungen des Anwenders, und
- Die Fähigkeit des Robotersystems, sich in das Anlagenumfeld integrieren zu lassen.

Durch diese Einsatzmöglichkeiten eines Industrieroboters ergeben sich folgende Vorteile:

- **Hohe Verfügbarkeit**
  Uneingeschränkte Produktion zu jeder Zeit.
- **Optimierte Nutzung von Taktzeiten**
  Nutzung von Nebenzeiten im Produktionsprozess für Zusatzaufgaben wie Nachbearbeitung von Teilen
- **Erhöhung des Outputs**
  Roboter können in konstant hoher Geschwindigkeit bei gleich bleibender Qualität arbeiten, dadurch niedrigere Ausschussquote und höherer Durchlauf in der Produktion
- **Zeit sparend**
  Optimale Positionierung des Roboters an den Maschinen führt zu reduzierten Taktzeiten
- **Kosten sparend**
  Hohe Verfügbarkeit in Verbindung mit optimaler Produktionsqualität und kur-

zen Taktzeiten führt zu schnellem Return on Investent (ROI) und wettbewerbsfähiger Produktion

- **Schnell**
  Höhere Bearbeitungsgeschwindigkeiten als bei manueller Bearbeitung bei gleich bleibend hoher Qualität
- **Flexibel**
  Einfache Programmierbarkeit ermöglicht flexible Anpassungen an sich ändernde Produktionsprozesse und saisonale Schwankungen
- **Präzise**
  Hohe Positioniergenauigkeit auch bei Dauerbetrieb führt zu erhöhter Produktqualität und geringerem Ausschuss
- **Investitionssicherheit**
  Industrieroboter zeichnen sich durch sehr lange Lebenszeiten aus (durchschnittlich 15 Jahre).

4.14 Zusammenfassung und Ausblick

Die immer stärkere globale Vernetzung der Wirtschaft und der damit einhergehende Einsatz von industriellen Produkten und Systemen erfordern Standardisierung der Schnittstellen, auch die der Kommunikation von Robotern und Montageanlagen. Diese sollten weltweit einheitlich und möglichst einfach in der Anwendung sein. Dies gibt dem Anwender Investitionssicherheit und dem Hersteller Stabilität für neue Entwicklungen.

Ohne Kommunikation zwischen den einzelnen Steuerungen einer Anlage läuft bei der modernen Automatisierungstechnik wenig. Vor allem mit den offenen Bussystemen wie Ethernet und TCP/IP lassen sich komplette Produktionsanlagen auch standortübergreifend in Echtzeit steuern und regeln. Der Trend der Roboterhersteller geht eindeutig dahin, eigene Steuerungen mit diesen, in der Computerindustrie schon länger gebräuchlichen, Technologien auszustatten und zu verbinden.

Die Verlagerung von immer mehr Software-Ressourcen in den Roboter selbst, eröffnet neue Perspektiven im Zusammenhang mit der Wartung. Wurde ein Instandhaltungsprozess bisher durch einen Stillstand der Anlage oder zyklisch-präventiv initiiert, so interpretiert der einzelne Roboter in Zukunft Zählerstände, Messpunkte oder ähnliche statistische Daten selbst und meldet sich nach Erreichen bestimmter Stände oder Ereignisse selbstständig zur Wartung an. Auch im Service sind Szenarien denkbar, den Roboter über Web-Portale beim Betreiber direkt mit dem System des Herstellers zu verbinden, um so eine Ferndiagnose, aber auch die automatische Bestellung von Ersatzteilen durchzuführen. Während der Situationsbewertung wird auf verschiedene Datenbanken im Roboter zurückgegriffen, in denen Daten zur Instandhaltungshistorie, zum Belastungsprofil der Elemente des Antriebsstranges und fallbasierte Lösungen zur Interpretationshilfe abgelegt sind. Über die Anbindung an eine Serviceplattform kann so auf ein breites Erfahrungswissen zurückgegriffen werden. Sind die Kriterien erfüllt, wird die Instandhaltung automatisch zum optimalen Zeitpunkt initialisiert. Dabei wird gleichzeitig eine Anbindung an die Produktionsplanung und -steuerung, das Ersatzteilwesen und andere relevante Bereiche realisiert. Die Maschinenverfügbarkeit kann so ein bisher unerreichtes Niveau erreichen.

Industrie 4.0: Unternehmen erwarten durch eine intelligente Vernetzung aller produktionsrelevanten Komponenten wesentliche Verbesserungen bezüglich Produktivität, Flexibilität und Effizienz. Der Einsatz von Robotern bringt dabei nicht nur Vorteile in Hinsicht auf das Handling oder die Bearbeitung von Werkstücken, sondern über die CNC-Schnittstelle des Roboters können Daten gesammelt und der übergeordneten Produktionssteuerung zur Verfügung gestellt werden. Roboter sind oft die Verbindungsglieder zwischen verschiedenen Arbeitsprozessen. Deshalb sind sie wichtiges Instrument für das Sammeln von Daten (smart Data) und spielen eine wesentliche Rolle bei der Selbstoptimierung von Produktionsprozessen.

Mensch-Roboter-Kollaboration: Die Zusammenarbeit von Mensch und Roboter war in der Vergangenheit aufgrund von Sicherheitsaspekten beschränkt. Eine sensitive Technik ermöglicht nun eine reibungslose Mensch-Roboter-Kollaboration. Durch den Einsatz der Safe Robot Technology (SRT) ist es bei vielen Anwendungen möglich, die Trennung zwischen Bediener und Roboter aufzulösen. Neben dem Verzicht auf aufwändige Sicherheitstechnik können neue Anlagenkonzepte vor allem in der Montagetechnik realisiert werden. Roboter können nur bestimmte Tätigkeiten, aber keine Berufe ausüben. Eigenschaften wie menschliche Intelligenz, Kreativität und Emotionen werden Roboter in absehbarer Zeit nicht bieten. Die Stärken von beiden werden in idealer Weise kombiniert. Hierdurch werden Automatisierungsaufgaben, die bisher nicht wirtschaftlich darstellbar waren, durch kostengünstigere Teilautomatisierung lösbar.

Mobilität für die „smart factory“: Die nachhaltige Flexibilisierung der Produktion wird durch mobile Roboter vervollständigt. Auf mobilen Plattformen bewegen sie sich z. B. selbstständig, um Waren zu transportieren. In Fabrikhallen können sich mobile Roboter auf festen Schienen oder auch dank Navigationssoftware schon heute gänzlich ohne Bodenmarkierungen, Induktionsschleifen oder Magnete mobil bewegen. Die mobilen Plattformen erstellen Karten ihrer Umgebung und können diese anderen Einheiten zur Verfügung stellen. Dadurch entsteht ein gemeinsamer Fahr- und Wegeplan, in dem alle Roboterbewegungen aufeinander abgestimmt sind.

bit.ly/34d9cb0
Video 26

bit.ly/3bZDiBD
Video 27

Industrieroboter und Handhabung

Das sollte man sich merken:

1. **Definition von Industrierobotern**
   Ein Roboter ist ein automatisch gesteuertes, umprogrammierbares, vielfach einsetzbares Handhabungsgerät mit mehreren Freiheitsgraden, das entweder ortsfest oder beweglich in automatisierten Fertigungssystemen eingesetzt wird.
   Industrieroboter
   - sind frei programmierbar
   - sind servogesteuert
   - haben mindestens 3 NC-Achsen
   - verfügen über Greifer und Werkzeuge
   - sind für Handhabungs- und Bearbeitungsaufgaben konzipiert
2. **Mechanik/Kinematik**
   Industrieroboter haben die Struktur einer offenen kinematischen Kette ohne Verzweigungen, deren Glieder bzw. Hebel durch Gelenke paarweise miteinander verbunden sind.
   Jedes Gelenk besitzt entweder einen rotatorischen oder translatorischen Freiheitsgrad.
3. **Greifer/Effektoren**
   Man unterscheidet zwischen folgenden, nach dem Wirkprinzip gegliederten, Greifern: Mechanische Greifer, Druckluftgreifer, Sauggreifer, Magnetgreifer, Adhäsivgreifer und Nadelgreifer
4. **Die Steuerung**
   Die Robotersteuerung übernimmt mehrere Aufgaben innerhalb einer Roboterzelle:
   - Unterstützung bei der Programmierung
   - Steuerung der Verfahrbewegungen des Roboters
   - Beeinflussung der Prozesskomponenten im System
   - Beeinflussung der Förder- und Zuführkomponenten
   - Steuerung der Greiferfunktionen
   - Aufnahme und Auswertung von Sensorsignalen
   - Aufnahme und Verarbeitung von Prozessinformationen zur Beeinflussung des Prozesses
   - Diagnosefunktionen zur Fehlererkennung am Roboter oder am Prozess
   - Unterstützung des Bedieners
   - Unterstützung beim Einrichten der Automationszelle
5. **Einsatzkriterien für Industrieroboter**
   Der Einsatz von Industrierobotern hängt zum einen von äußeren Rahmenbedingungen, aber auch von wirtschaftlichen **Gesichtspunkten** ab:
   Umweltbedingungen, Arbeitssicherheit, Qualitätsanforderungen in der Produktion, Lohnkosten, Flexibilität.

■

5 Energieeffiziente wirtschaftliche Fertigung

Wegen des globalen Wettbewerbs und der ständig steigenden hohen Energiekosten ist auch in der Industrie das Thema Kostensparen sehr wichtig geworden. Deshalb ist es notwendig, das Thema „Energiesparen im Betrieb“ nach mehreren Gesichtspunkten einer kritischen Überprüfung zu unterziehen. Dabei werden sich immer Möglichkeiten finden, die mehr oder weniger effizient sind. Auf keinen Fall dürfen dabei die Sicherheit des Personals, die Betriebssicherheit der Maschinen oder die Fertigungseffizienz, d. h. die Produktivität, in Frage gestellt werden.

5.1 Einführung

An erster Stelle der Fertigung steht noch immer deren **Wirtschaftlichkeit** oder auch **Produktionseffizienz,** d. h. wie viele Teile können pro Zeiteinheit zu welchem Preis hergestellt werden. Dabei spielt in vielen Fällen auch die **Flexibilität der Fertigung** eine entscheidende Rolle. Energieeffizienz und Produktivität stehen sich dabei oft konträr gegenüber. Deshalb ist es wichtig, bei der Suche nach Einsparungen die richtigen ***„Stellschrauben“*** zu benutzen!

Laut einem Bericht des Instituts für Produktionsmanagement, Technologie und Werkzeugmaschinen (PTW) der TU Darmstadt bestehen die Kosten für spanende Werkzeugmaschinen über 10 Jahre hinweg gesehen zu 80 % aus den laufenden Kosten. Dabei macht alleine der **Energieverbrauch** einen Anteil von ca. 20 % aus. Davon werden durchschnittlich etwa 20 % für den Bearbeitungsprozess und die restlichen 80 % für den Betrieb der Nebenaggregate (Grundlast) verbraucht.

5.2 Was ist Energieeffizienz?

Energie ist aufgebrachte Leistung mal Zeit:
Elektrische Energie E = kW · h = kWh (Kilowattstunden)

Energieeffizienz ist generell ein Maß für den Energieaufwand zur Erreichung eines festgelegten Nutzens. Ein Vorgang ist dann energieeffizient, wenn ein bestimmter Nutzen mit minimalem Energieaufwand erreicht wird.

Unter **verbesserter Energieeffizienz** einer CNC-Maschine versteht man den auf einen **minimalen Verbrauch reduzierten Energieaufwand** während des Betriebes, inklusive aller Nebenzeiten, und zwar pro Werkstück oder Anzahl der produzierten Werkstücke, inklusive der Leerlauf- und Nebenzeiten.

5.3 Werkhallen

Diese erfordern eine sehr hohe Grundlast für helles **Licht, Luftreinigung, Belüftung, Klimatisierung, Warmwasser- und Energieversorgung** sowie evtl. weitere betriebswichtige Systeme im Dauerbetrieb, auch wenn die Maschinen nicht in Betrieb sind. Helles Licht ist Voraussetzung für die Sicherheit der Mitarbeiter und umfassend durch Normen geregelt. Versorgungssysteme werden fast immer dauerhaft betrieben und selbst bei Schichtbetrieb erst längere Zeit nach den Maschinen abgeschaltet. Manche müssen sogar durchgehend in Betrieb bleiben, wie z. B. die Hallenbeleuchtung und die Klimatisierung.

Die **Grundlast** für die Hallenbeleuchtung ist ebenfalls sehr hoch und beträgt bei noch vorhandenen älteren Lampen und 1000 m² Hallenfläche ca. 350 kWh pro Tag, d. h. der **Jahresverbrauch** beträgt 350 kWh · 250 AT = **87 500 kWh.**

Mit heutigen LED-Lichtsystemen lässt sich dieser Verbrauch auf ca. $^1/_3$ reduzieren. Deshalb wird es sich im Vergleich kaum merkbar bezahlt machen, Hilfsaggregate an einzelnen CNC-Maschinen kurzzeitig abzuschalten, um Energie zu sparen.

Ob es sich lohnt, trotzdem nach Energie-Sparmaßnahmen an den CNC-Maschinen zu suchen, ist sehr **von der Art der installierten Maschinen und den Bearbeitungsprozessen abhängig.**

5.4 Maschinenpark

Zunächst könnte man davon ausgehen, dass generell **große Maschinen** wesentlich mehr **Möglichkeiten zur Verbesserung der Energieeffizienz** bieten als kleine. Dabei bleibt jedoch außer Betracht, wie diese Maschinen eingesetzt werden. Die **Art und Größe der Werkstücke, der zu bearbeitende Werkstoff, der Zerspanungsanteil und die Beschaffenheit der Werkzeuge** spielen beim Energiebedarf ebenfalls eine maßgebende Rolle.

Deshalb ist es nicht überraschend, dass bei den bisherigen Untersuchungen zur Energieeffizienz von Werkzeugmaschinen **große Drehmaschinen, Fräsmaschinen oder Schleifmaschinen** nicht im Mittelpunkt standen. Diese Maschinenarten werden meistens im längeren Dauerbetrieb eingesetzt, d. h. das Verhältnis Haupt- zu Nebenzeiten ist sehr hoch. Eine **Flächenfräsmaschine** mit einer oder mehreren Hauptspindeln zur Zerspanung von großen Werkstücken aus Aluminium mit 90 % Zerspananteil hat sehr lange Hauptzeiten, aber sehr wenige oder zu kurze **Unterbrechungszeiten,** um beispielsweise Hilfsaggregate abschalten zu können.

Demnach ist es sehr unwahrscheinlich, hier zusätzliche, lohnende Einsparmöglichkeiten zu finden.

Das gleiche gilt für **Großbohrwerke, Großdrehmaschinen** und andere Maschinen mit einem vergleichbar hohen Haupt-/Nebenzeit-Verhältnis.

Wie ist es bei kleineren CNC-Maschinen?

Kleinere CNC-Maschinen zur Zerspanung von vorwiegend sehr präzisen Werkstücken mit kleinen Werkzeugen bieten kaum lohnende Spar-Ansätze. Absaug-Einrichtungen für die Späne oder den Staub (z. B. bei Graphit) werden gleichzeitig mit der Hauptspindel ein- und ausgeschaltet, die Werkzeugwechselzeiten sind sehr kurz und weitere Möglichkeiten fehlen. Die installierten Leistungen sind meistens nicht sehr groß, lohnende Abschaltpausen für Hilfsaggregate unwahrscheinlich.

5.5 Sonderfall Bearbeitungszentren

(Bild 5.1)

Die bisher bekannten Untersuchungen bezüglich Verbesserung der Energieeffizienz der CNC-Maschinen erfolgten fast immer an **Bearbeitungszentren.** Dabei handelt es sich überwiegend um mittlere bis sehr große Maschinen mit zusätzlichen Automatisierungskomponenten wie große Werkzeugmagazine, Werkzeugwechsler, Palettenwechsler, Hydraulikpumpen, Späneentsorgung u. a. Deshalb bieten sich bei diesen Maschinen auch die meisten Ansatzpunkte,

Beispielrechnung:

- **Energieverbrauch einer Maschine** (kW-Werte und €/kWh frei gewählt):

Strompreis Industrie inkl. Stromsteuer etc.	20 [ct/kWh]
Betriebsstunden (Zweischichtbetrieb 5 T/W)	**4000** [h/a]
Hauptzeit/Nebenzeit	70/30 [%]
Leistungsaufnahme in der Hauptzeit	25 [kW] Mittelwert
Leistungsaufnahme in der Nebenzeit	10 [kW] Mittelwert
Stromkosten für Hauptzeit	4000 h/a × 0,7 × 25 kW × 0,20 €/kWh = 14 000 €/a
Stromkosten für Nebenzeit	4000 h × 0,3 × 10 kW × 0,20 €/kWh = 2400 €/a
Stromkosten für diese Maschine:	**16 400 € pro Jahr**

um nach energiesparenden Möglichkeiten zu suchen.

5.6 Energieeffiziente NC-Programme

Weniger bis überhaupt nicht betrachtet wurde bisher die **energieeffiziente Programmierung** des Bearbeitungsablaufs, insbesondere bei Bearbeitungszentren. Bei der Serienfertigung lohnt es sich, beispielsweise die **Anzahl der Werkzeugwechsel** zu reduzieren. Der beste Ansatz dazu bietet sich durch strikte Begrenzung der zugelassenen Standardwerkzeuge anstelle allzu großer Freizügigkeit bei der Wahl der Werkzeuge durch den Konstrukteur.

Auch beim **Spindelrückzug** auf eine Sicherheitsebene wird vom Programmiersystem oft ein unnötiger **Sicherheitszuschlag** vorgegeben, der bei Reduzierung auf das Normalmaß wesentliche **Zeitersparnisse** bringt. Diese Zeiten addieren sich bei größeren Serien auf respektable Werte. Zudem erfordern diese Maßnahmen keine umfangreichen Untersuchungen, Investitionen oder gar kostspielige Änderungen an den Maschinen.

Solche Maßnahmen beeinflussen **in ers-**

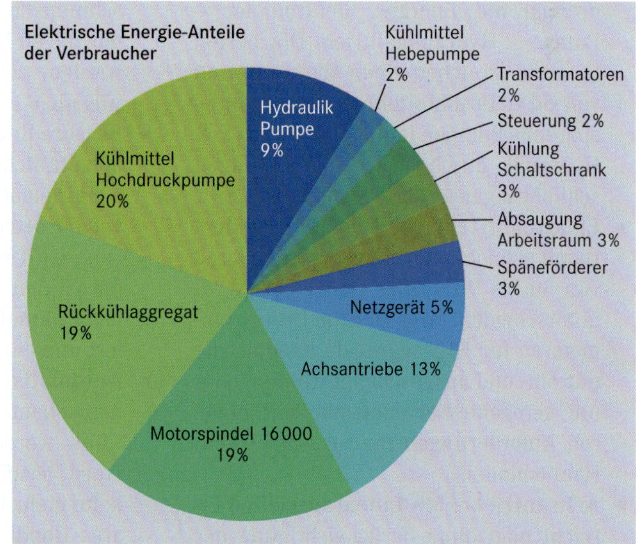

Bild 5.1: Energieverbrauch in einem Bearbeitungszentrum bei Nassbearbeitung.

ter Linie die Wirtschaftlichkeit der Anlage und somit das Betriebsergebnis. Wenn sich durch die angesprochenen Maßnahmen auch die **Energieeffizienz** erhöht, so wird dies als positiver Nebeneffekt gerne akzeptiert.

5.7 Möglichkeiten der Maschinenhersteller

Aufgrund der nicht gerade ergiebigen Erfahrungen mit vorhandenen Maschinen liegt das größte Zukunftspotential zur besseren Energieeffizienz generell bei den Herstellern der CNC-Maschinen. Hierbei sind es nicht nur die großen Aggregate, welche viel Energie brauchen. Eine kleine Pumpe im Dauerbetrieb braucht mehr Energie als eine 2 kW Spindel bei 5 Stunden Volllastbetrieb pro Tag.

Heute können Käufer davon ausgehen, dass einfachere Energiesparmaßnahmen bereits vorgesehen sind. Trotzdem sollen die Ansatzpunkte nochmals kurz erläutert werden *(Bild 5.1)*.

Dem Maschinenhersteller bieten sich mehrere Ansätze für die Konzeption energieeffizienter Werkzeugmaschinen:

- **Hydraulik:** Hydraulikantriebe wandeln dreimal die Energie: Elektromotor – Pumpe – Hydraulikantrieb. Die besten Systeme erreichen einen Wirkungsgrad von 50 %. Deshalb lohnen sich energiesparende Pumpen immer. Der Ersatz von Hydraulik durch elektrische Lösungen schließt sogar weitere Vorteile ein.
- **Elektroantriebe** sind am günstigsten. Damit erreicht man einen Wirkungsgrad von 50 bis 90 %. Hier ist wiederum zu unterscheiden, ob es sich um Drehstrommotoren für Hilfsaggregate handelt, die nur ein- und ausgeschaltet werden, oder um geregelte Servoantriebe mit höheren Anforderungen für NC-Achsen und Hauptspindel.
- **Achsantriebe:** Mit **Linearantrieben** erreicht man ohne Berücksichtigung der erforderlichen Kühlsysteme zur Temperierung einen Wirkungsgrad bis 98 %, da keine Reibungsverluste in mechanischen Übertragungselementen entstehen. Servoantriebe für Zustellachsen müssen auch zur Fixierung einer Position während der Bearbeitung ständig geregelt werden, obwohl diese mit weniger Energieaufwand geklemmt werden könnten.
- **Servoantriebe:** Bei Maschinen mit mehreren Achsen und dem Spindelantrieb besteht die Möglichkeit der Netzrückspeisung. Der erreichbare Spareffekt sollte jedoch nicht überschätzt werden.
- **Pneumatik:** Diese schneidet am schlechtesten ab. Zur dreifachen Energiewandlung Pumpe – Kompressor – Aktoren kommt die Abwärme der Luft bei der Kompression sowie Probleme mit dem entstehenden Kondensat hinzu. Ein Pneumatiksystem übersteigt selten einen Wirkungsgrad von 5 %.
- **Reibung:** Maschinen mit einer hohen Leerlaufleistung haben oft hohe Reibungsverluste. Die Reibung kann mit Wälzlagern an Stelle von Gleitlagern und bei Maschinenkomponenten mit schnellen Bewegungen mit strömungsgünstigen Formen reduziert werden.
- **Reduktion der bewegten Massen:** Maschinenständer, Tische oder Spindelkästen, die oft beschleunigt und abgebremst werden, sollten möglichst leicht sein, was nicht einfach realisierbar ist.
- **Bessere Energiebilanz:** Maschinen werden oft nicht abgeschaltet, weil es erfahrungsgemäß längere Zeit dauert, bis sie wieder betriebsbereit sind. Diese Erfahrung trifft womöglich bei neueren CNC-Maschinen nicht mehr zu, wenn diese nach aktuellen Erkenntnissen konstruiert und entsprechend ausgelegt sind.
- **Automatische Werkzeugwechsler** können ebenfalls energieeffizient ausgewählt werden. So kostet der Suchlauf einer bestückten, schweren Magazinkette mehr Energie als ein leichtes, lineares Handlingsystem mit direktem Zu-

griff auf feststehende Werkzeugkassetten. Zudem kann das Bereitstellen und Ablegen der Werkzeuge viel schneller erfolgen.

5.8 Möglichkeiten der Anwender

Auch den Anwendern bleiben mehrere Möglichkeiten, um ohne großen Aufwand einen **energieeffizienten Einsatz** zu erreichen:

- **Die Auswahl der passenden Maschinengröße.** Falls nicht ausdrücklich im Hinblick auf spätere höhere Anforderungen verlangt, ist es sinnvoll, CNC-Maschinen nicht größer zu kaufen als für den vorgesehenen, aktuellen Bedarf notwendig ist. Größere Maschinen sind immer mit Antriebsmotoren größerer Leistung ausgerüstet als kleinere. Schon dadurch entsteht eine **größere Grundlast und ein höherer Blindstromanteil,** was einer angestrebten Energieeffizienz widerspricht, wenn auf solchen Maschinen vorwiegend kleine Verlegenheits-Werkstücke bearbeitet werden.
- Der **Automatisierungsgrad** der CNC-Maschine sollte nicht höher sein als die tatsächlichen, aktuellen bzw. mittelfristig absehbaren Forderungen. Was nutzt es, eine Engpass-Maschine durch eine hoch automatisierte CNC-Maschine zu ersetzen, wenn wegen entstehender Engpässe an anderen Stellen Wartezeiten entstehen? In solchen Fällen sollte die Modernisierung der gesamten Fertigung überlegt werden.
- **Flexible Fertigungssysteme:** Noch kritischer wird es bei verketteten Maschinen mit zusätzlichem Transportsystem für Paletten, Spannvorrichtungen und Werkstücke. Insbesondere haben sich systemintegrierte, große Werkzeugregale mit automatischer Zubringung und Ablage z. B. von Mehrspindelköpfen als **unwirtschaftliche Überautomatisierung** herausgestellt. Bei der Konzeption flexibler Systeme stehen jedoch fertigungsspezifische und wirtschaftliche Anforderungen mehr im Vordergrund als die Energieeffizienz der Automatisierung. Viel mehr wird man darauf achten, das gesamte System gut auszulasten, um keine Zeit und Energie durch zu lange Wartezeiten unnötig zu verschwenden.
- Den **optimalen Prozess** für die gestellte Aufgabe wählen: Zum Beispiel benötigt das Fräsen von Stahl etwa 30-mal weniger Energie als das Schleifen oder 100-mal mal weniger als die Funkenerosion. Moderne Steuerungen unterstützen den Anwender dabei, seinen Prozess in Bezug auf Energieeffizienz zu optimieren *(Bild 5.2a und 5.2b).* Hierzu werden den Anwendern Mess- und Vergleichsmöglichkeiten und der Einsatz von Abschaltprofilen für die Nebenzeiten angeboten. Der Einsatz der Abschaltprofile setzt ein Einbeziehen des Maschinenherstellers voraus, denn nur dieser weiß um die Randbedingungen des Betriebs der Hilfsaggregate. Eine weitere Voraussetzung für die effi**ziente Zerspanung ist, stets die geeigneten Maschinen und Werkzeuge** einzusetzen.
- **2 ½-D oder 3-D Bearbeitung:** Sind mehrachsige CNC-Maschinen verfügbar, dann werden diese auch für Teile genutzt, für die eine 2 ½-D-Bearbeitung völlig ausreicht. Dreiachsige CNC-Maschinen haben eine geringere Grundlast, deshalb wird ein Kostenvergleich dazu führen, mit der Belegung von 5-Achs-Maschinen nicht mehr so freizügig zu sein.
- **Werkstücke:** Schon bei deren konstruktiver Auslegung kann bereits auf die Effizienz der späteren Bearbeitung geachtet werden. Hier hilft z. B. eine Vorschrift für die **Konstrukteure,** nur freigegebene **Standardwerkzeuge** (Bohrer, Fräser, Gewinde) zu verwenden. Dies reduziert nicht nur die Anzahl der Werkzeuge im Magazin, sondern auch die erforderlichen Werkzeugwechsel, sodass wesentliche Einsparmöglichkeiten und

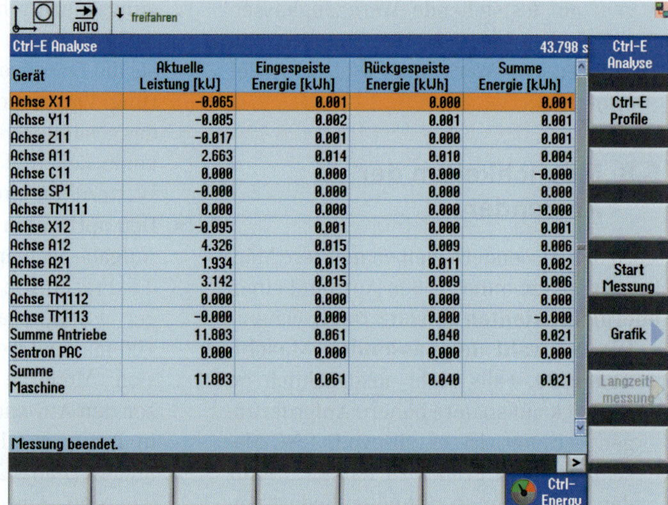

Gerät	Aktuelle Leistung [kW]	Eingespeiste Energie [kWh]	Rückgespeiste Energie [kWh]	Summe Energie [kWh]
Achse X11	-0.065	0.001	0.000	0.001
Achse Y11	-0.005	0.002	0.001	0.001
Achse Z11	-0.017	0.001	0.000	0.001
Achse A11	2.663	0.014	0.010	0.004
Achse C11	0.000	0.000	0.000	-0.000
Achse SP1	-0.000	0.000	0.000	0.000
Achse TM111	0.000	0.000	0.000	-0.000
Achse X12	-0.095	0.001	0.000	0.001
Achse A12	4.326	0.015	0.009	0.006
Achse A21	1.934	0.013	0.011	0.002
Achse A22	3.142	0.015	0.009	0.006
Achse TM112	0.000	0.000	0.000	0.000
Achse TM113	-0.000	0.000	0.000	-0.000
Summe Antriebe	11.803	0.061	0.040	0.021
Sentron PAC	0.000	0.000	0.000	0.000
Summe Maschine	11.803	0.061	0.040	0.021

Bild 5.2a: Übersichtliche Darstellung der momentanen Leistungs- und Energieaufnahme.

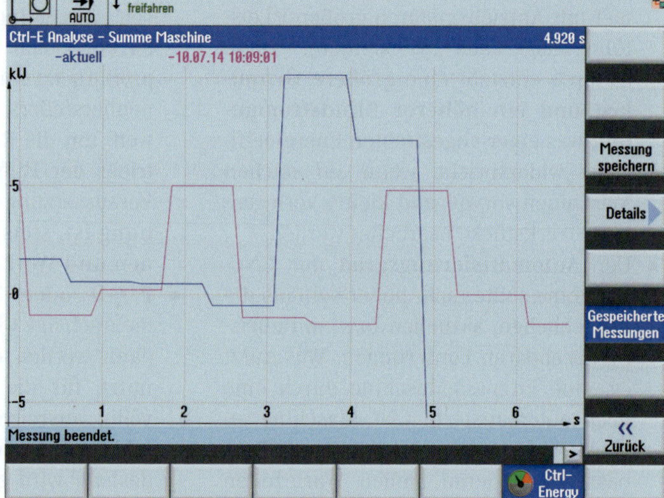

Bild 5.2b: Grafischer Vergleich zweier Messungen zur qualitativen Auswertung der aufgenommenen Energie einer Werkzeugmaschine, Sinumerik 840D sl, Funktion CTRL-E. (Quelle: Siemens AG)

Bild 5.2: Moderne CNCs unterstützen den Anwender bei der energieeffizienten Fertigung. (Quelle: Siemens AG)

kürzere Bearbeitungszeiten erreicht werden. Zudem kann der gesamte Werkzeugbestand erheblich reduziert werden.

- Die Zeit für das morgendliche **„Warmlaufen"** der Maschine sollte gegebenenfalls abgekürzt werden. Auch hier lassen sich durch Einbeziehen des Maschinenherstellers bestimmt akzeptable Lösungen finden, damit trotzdem schon die ersten Teile ohne Präzisionsverlust produziert werden können. Oder man bevorzugt bei Schichtbeginn zuerst Teile mit vorwiegender Schruppzerspanung. Generell bieten CNC-Funktionen zur automatischen **Wärmeverzug-Kompensation** eine gute Temperatur-Stabilität.
- **Direkte Messsysteme:** Es ist nachgewiesen, dass die dauerhaft erreichbare Genauigkeit von CNC-Achsen durch line-

are Maßverkörperungen (Längsmaßstäbe) im Vergleich zu Spindel/Drehgeber-Systemen nicht nur wesentlich präziser, sondern auch temperaturstabiler wird. Aufgrund der ständig wechselnden Achsbewegungen beeinflusst insbesondere die Erwärmung der Spindel die Maßhaltigkeit.

- **Volllast oder Schongang:** Was ist wirtschaftlicher, eine möglichst kurze Bearbeitungszeit mit hoher Zerspanungsleistung oder eine etwas längere Bearbeitungszeit „im Schongang" mit reduziertem Eilgang und geringeren Beschleunigungen der Achsen und der Hauptspindel? Längere Betriebszeiten haben einen höheren Grundlastanteil zur Folge. Dieser Effekt kann so groß sein, dass beim Zerspanen mit reduziertem Vorschub der höhere Grundlastanteil den Spareffekt wieder kompensiert.

  Werden CNC-Maschinen mit voller Leistung betrieben, wofür sie auch ausgelegt sind, dann reduzieren sich die Bearbeitungszeiten und die Maschinen können früher ausgeschaltet werden. Werkzeugmaschinen wurden ständig so verbessert, dass sie hohen Belastungen schadlos standhalten. Unter dieser Voraussetzung erscheint es unsinnig, die Leistung im Betrieb zu reduzieren, um Energie zu sparen. Das wäre unwirtschaftlich und der falsche Weg.

  Deshalb ist immer eine individuelle Betrachtung notwendig, damit sich am Ende alle Maßnahmen für den Endkunden rechnen, z.B. in Hinblick auf den reduzierten Verschleiß von Maschine und Werkzeugen.

5.9 Blindstrom-Kompensation

Eine weitere Möglichkeit zur spürbaren Reduzierung der Energiekosten, insbesondere bei großen Unternehmen mit sehr hohem Verbrauch elektrischer Energie durch Maschinen mit leistungsstarken Antrieben und Transformatoren. Dazu schaltet man jedem induktiven Verbraucher einen Kondensator entsprechender Größe parallel oder installiert eine zentrale Blindstrom-Kompensationsanlage zur bedarfsgeregelten Zu- und Abschaltung der Kondensatoren. Theoretisch kann der Blindstrom im Übertragungsnetz komplett vermieden werden, was in der Praxis nicht stattfindet. Man kompensiert bis ca. **$\cos\varphi$ 0,95 – 0,98,** was sowohl den Kunden, als auch das Energieversorgungsunternehmen merklich entlastet. Dadurch ist evtl. auch ein kleinerer Transformator zur Umspannung vom kV-Versorgungsnetz auf 400 Volt Betriebsnetz ausreichend, was ebenfalls Kosten spart.

Was ist Blindstrom? *(Bild 5.3 und 5.4)*
Der Wert $I_{eff} \cdot \sin\varphi$ wird als Blindstrom bezeichnet. Blindstrom belastet die Zuleitungen und Versorgungstransformatoren, führt aber dem Verbraucher keine **Wirkleistung** zu.

Berechnung:
Elektrische **Scheinleistung**
$S = U_{eff} \cdot I_{eff}$ [VA]
Elektrische **Wirkleistung**
$P = U_{eff} \cdot I_{eff} \cdot \cos\varphi$ [Watt];
Bei Drehstrom $\sqrt{3} \cdot U_{eff} \cdot I_{eff} \cdot \cos\varphi$.
Elektrische **Blindleistung**
$Q = U_{eff} \cdot I_{eff} \cdot \sin\varphi$ [VAr] = Volt-Ampere reactive

Der Blindleistungsanteil wird oft unterschätzt. $\cos\varphi = 0,90$ bedeutet nämlich nicht etwa 10 % Blindleistungsanteil, sondern 44 % *(Tabelle 5.1)*.

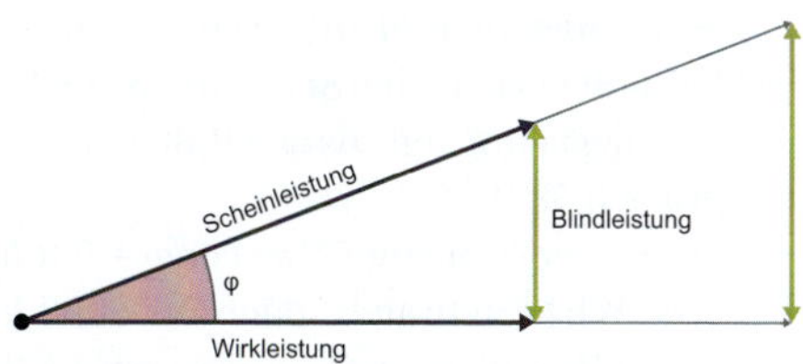

Bild 5.3: Blindleistungsdreieck.

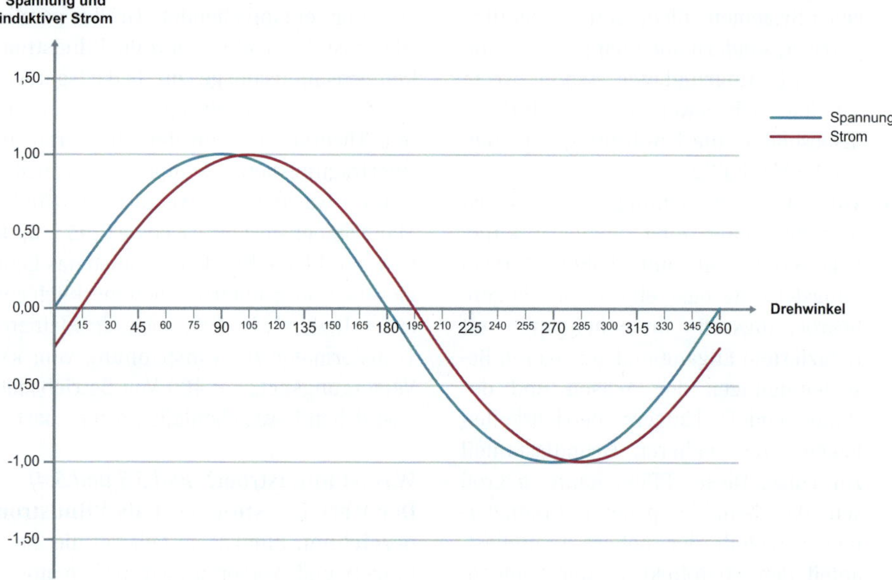

Bild 5.4: Spannungs- und Stromverlauf bei induktiver Last mit einem Nacheilwinkel von 15 Grad, d. h. cos φ = 0,97. Der Blindstromanteil beträgt hierbei 27 %.

Tabelle 5.1: Zahlenwerte für cos φ und sin φ

Winkel	cos φ	sin φ	Blindstromanteil
0 Grad	1,0	0	0 %
6 Grad	0,995	0,104	10 %
15 Grad	0,966	0,269	27 %
18 Grad	0,950	0,309	31 %
26 Grad	0,90	0,438	44 %
32 Grad	0,85	0,530	53 %
36 Grad	0,80	0,588	59 %

(Ab cos φ = 0,90 ist Kompensation Vorschrift)

Rechnungsbeispiel zur Erläuterung:

Ein Gerät bezieht eine **Scheinleistung S = 6000 VA** aus einer 230 V-Leitung bei einem Leistungsfaktor von **cos φ = 0,80** (entspricht einer Strom-Nacheilung von 36 Grad, d. h. **sin φ** = 0,588)

Der Blindstromanteil bei **cos φ = 0,8** beträgt **59 %** des Gesamtstroms.

Die **Wirkleistung** ist dann P = 6000 VA · 0,8 = **4800 W.**

Die **Blindleistung** Q ist nicht etwa 1200 W (die Differenz von Schein- und Wirkleistung), sondern gemäß der Formel **Q = S · sin φ** = 6000 · 0,588 = **3528 VAr** (Volt-Ampere reaktiv)

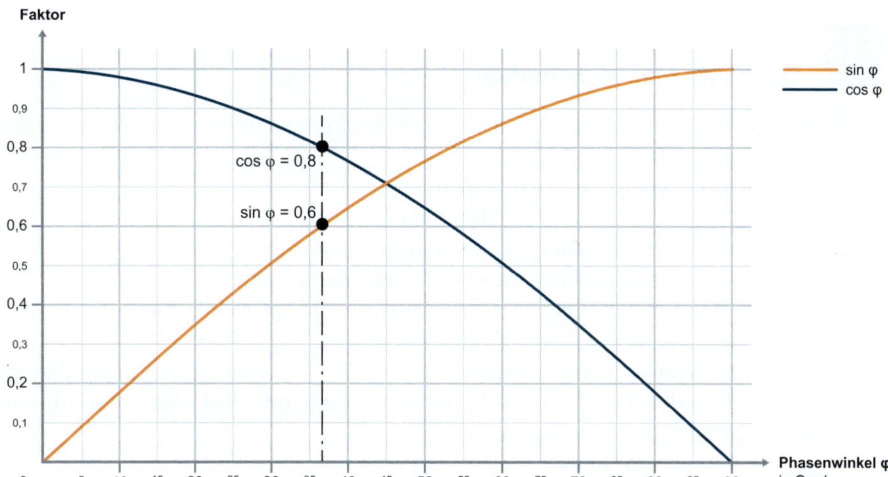

Bild 5.5: sin- und cos-Kurve von 0 – 90 Grad. Zeigt den Zusammenhang von cos- und sin-Wert in Abhängigkeit vom Nachlaufwinkel des Stroms.

In der Stromrechnung wird bei Überschreitung einer festgelegten Grenze der Blindstromverbrauch in Rechnung gestellt. Je nach Vertrag wird sogar der den Grenzwert übersteigende Blindstromanteil mit steigenden Tarifen berechnet. Diese Kosten rechtfertigen die Investition in Maßnahmen zur Blindstrom-Kompensation und im Endeffekt auch zur **Energieeffizienz**.

5.10 Zusammenfassung

Es gibt ca. 400 unterschiedliche Maschinentypen und da ist es verständlich, dass es keine pauschalen Aussagen zu „optimalen" Einsparansätzen geben kann, weder beim Hersteller, noch beim Betreiber. An Überlegungen zur Energieeffizienz sollten sich **alle Bereiche** von der Entwicklung über die Konstruktion bis zum Anwender beteiligen.

Eine der Ursachen für den hohen Grundlastverbrauch von CNC-Maschinen ist wahrscheinlich, dass die Hersteller ihre Maschinen meistens als **Universalmaschinen** konzipieren. Deshalb werden neue Maschinenkonzepte standardmäßig mit allen bisher verlangten und profitabel verkaufbaren Komponenten ausgerüstet und für Maximalleistung dimensioniert, weshalb im Endeffekt viele Komponenten **für Normalbetrieb überdimensioniert** sind, wie z. B.

- hohe Eilganggeschwindigkeit,
- hohe Beschleunigung,
- hohe Spindeldrehzahl,
- hohes Spindeldrehmoment,
- kurze Span-zu-Span Zeiten beim automatischen Werkstückwechsel
- und ein möglichst schneller Werkzeugwechsel.

5.11 Ausblick

Es sollte erläutert werden, dass Energieeffizienz in der Fertigung wichtig ist, die Sparmaßnahmen sehr vielfältig sind, aber **nicht ausschließlich auf die CNC-Maschinen** begrenzt werden dürfen. Der Kompromiss zwischen Energieeffizienz und Produktionseffizienz ist nicht leicht zu finden. Dieser „Spagat" wird bei den Multitasking-Maschinen sehr wahrscheinlich noch größer!

Energieeffiziente wirtschaftliche Fertigung

Das sollte man sich merken:

1. **Definition:** Unter Energieeffizienz einer Werkzeugmaschine versteht man den Energieverbrauch
   - pro Anzahl der produzierten Werkstücke
   - während der Betriebszeit der Maschine
   - inklusive der Nebenzeiten, in denen keine Späne gemacht werden,
   - inklusive der Leerlaufzeit (Stand-by-Modus) der Maschine.
2. **Energieeffizienz:** Ein Vorgang ist dann energieeffizient, wenn ein bestimmter Nutzen mit minimalem Energieaufwand erreicht wird.
3. Unter **verbesserter Energieeffizienz** einer CNC-Maschine versteht man den auf einen **minimalen Verbrauch reduzierten Energieaufwand** während des Betriebes, inklusive aller Nebenzeiten.
4. **Art der Betriebsenergien:**
   Vorwiegend die elektrische Leistungsaufnahme zur Erzeugung von Achsbewegungen, Spindeldrehzahlen, Werkzeugwechsel, Druckluft, Hydraulik, Kühlung, Schmierung und zur Späne-Entsorgung.
5. Mögliche **„Stellhebel“** zur Reduzierung der Betriebsenergie sind
   - Richtige Maschinenauswahl: Größe, Leistung, Automatisierungsgrad
   - Verbrauchsoptimierte Parametrierung aller Antriebe
   - Verbrauchsoptimierte Auslegung der NC-Programme im Hinblick auf möglichst wenige Werkzeugwechsel und optimierte Spindelrückzugsebenen beim Verfahren und zum Werkzeugwechsel
   - Einsatz energieoptimierter Komponenten mit Rückspeiseeffekten, z. B. elektrische Antriebe für Hauptspindel und Servoantriebe
   - Möglichst komplette Abschaltung der Maschine in produktionsfreien Zeiten
6. **Schalt- bzw. Maschinenzustände dem momentanen Bedarf anpassen,** z. B. Zustellachsen nach dem Erreichen der Position klemmen und abschalten, anstatt das Haltemoment durch die Motoren zu regeln.
7. **Hydraulikaggregate** verwenden, welche die Förderleistung der Pumpe bedarfsspezifisch regeln – oder ganz auf Hydraulik verzichten.
8. **Blindleistungskompensation.** Induktive Verbraucher erzeugen Blindstrom, der von den Stromlieferanten berechnet wird. Diese Sparmöglichkeit wird oft unterschätzt und nicht auseichend genutzt.
9. Der Kompromiss zwischen **Energieeffizienz und Produktionseffizienz** ist nicht leicht zu finden. Dieser „Spagat“ wird bei Multitasking-Maschinen voraussichtlich noch größer!
10. **Energieeffizienz** ist heute ein wichtiges Ziel bei der Auslegung und beim Einsatz von CNC-Maschinen. Zur Verbrauchsmessung und Optimierung verfügen moderne CNC-Maschinen über integrierte Sensoren und Möglichkeiten zur Reduzierung des Energieverbrauchs.

■

5

Werkzeuge in der CNC-Fertigung

1 Aufbau der Werkzeuge

Walter Götschi†

Bei der manuellen Bearbeitung kann man sofort auf Unregelmäßigkeiten oder Probleme reagieren. Bei der Bearbeitung in der CNC Maschine muss im Voraus an jedes mögliche Problem gedacht werden. Deshalb ist es wichtig, die Möglichkeiten und Besonderheiten der Werkzeuge gut zu kennen und diese präzise formulieren zu können.

1.1 Einführung

CNC-Maschinen arbeiten selbständig, präzise und zuverlässig. Voraussetzung ist, dass das CNC-Programm fehlerfrei ist, das Rohteil richtig aufgespannt wird und die richtigen Werkzeuge in der Maschine eingesetzt werden.

Beim Einrichten der Maschine setzt man das Werkzeug ein, welches in den Arbeitsanweisungen aufgeführt ist. Beim Rüsten des Werkzeugs geht man so vor, wie es im Werkzeugblatt dokumentiert ist. Beim Erstellen des NC-Programms verwendet man eines der bereits dokumentierten Werkzeuge. Eigentlich ganz einfach, wenn alles schon vorbereitet ist. Aber einerseits muss man die Angaben in den Unterlagen verstehen und anderseits muss jemand da sein, der ein neues Werkzeug dokumentieren kann, wenn eine Aufgabe zu lösen ist, für die noch kein Werkzeug definiert ist. Diese Aufgabe stellt sich auch dann, wenn die Werkzeuge für eine neu zu beschaffende Maschine ausgewählt werden müssen. Zudem ist es angebracht, die Zweckdienlichkeit der vorhandenen Werkzeuge gelegentlich zu überdenken, damit allenfalls besser geeignete Werkzeuge beschafft werden können. Dazu sind ausreichende Kenntnisse der verschiedenen Aspekte von Werkzeugen notwendig.

1.2 Anforderungen

Zuverlässigkeit

Die Zuverlässigkeit von Werkzeugen hat einen geometrischen und einen technologischen Aspekt. Beide sind Voraussetzung für die Wirtschaftlichkeit einer CNC-Bearbeitung von Werkstücken.

Die **geometrische Zuverlässigkeit** bezieht sich darauf, dass ein Werkzeug während der Bearbeitung seine Form nicht verändern darf und ein Ersatzwerkzeug mit gleicher Geometrie ohne Problem bereitgestellt werden kann. Das klingt zwar naheliegend und einfach, bei genauer Betrachtung zeigt sich aber durchaus eine Herausforderung. Die Kraft, mit welcher ein Werkzeug auf das Werkstück einwirkt, verändert immer auch die Geometrie des Werkzeugs. Bei geeignetem Aufbau des Werkzeugs hält sich die Veränderung in den Grenzen der für das Werkstück tolerierbaren Abweichung *(Bild 1.1)*.

Ebenso ist es nur mit einer gewissen Toleranz möglich, bei einem Werkzeug die

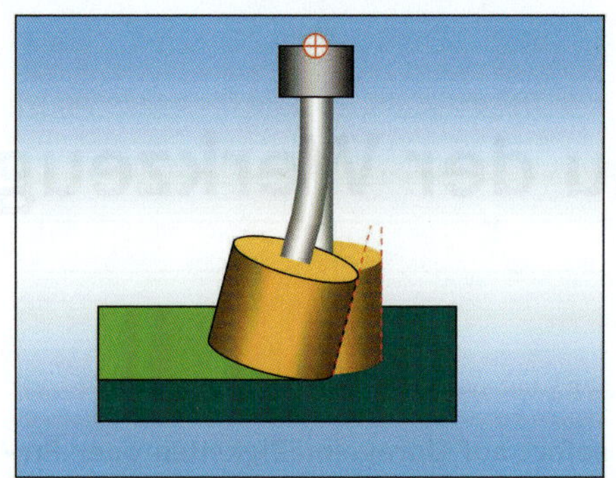

Bild 1.1: Aspekte der geometrischen Zuverlässigkeit eines Werkzeugs im Einsatz.

Wendeplatte auszuwechseln. Die Genauigkeit der Geometrie nach dem Ersetzen der Schneide ist abhängig von der Qualität und dem Aufbau des Werkzeugs. Die Toleranz der neu gekauften Werkzeuge ist abhängig vom Lieferanten und dessen Herstellungsqualität.

Die Ungenauigkeit nach dem Ersetzen der Schneide kann bei Bedarf durch erneutes Ausmessen des Werkzeugs und der Übertragung der Korrekturwerte an die CNC-Maschine behoben werden. Wenn möglich, wird zur Vereinfachung des Arbeitsablaufs versucht, mit Werkzeugen zu arbeiten, die nach dem Ersetzen der Wendeplatten nicht erneut ausgemessen werden müssen.

Die **technologische Zuverlässigkeit** bezieht sich auf die gleichbleibende Leistungsfähigkeit der Zerspanung. Es muss vorherbestimmbar sein, wie lange ein Werkzeug eingesetzt werden kann, bis es nicht mehr scharf ist und daher ausgewechselt werden muss. Bei gegebenen Schnittdaten muss stets die gleiche Standzeit resultieren, damit man im Voraus den Werkzeugwechsel einplanen kann. Die Standzeit bedeutet dabei, wie viele Minuten das Werkzeug im Zugriff ist, bis es verbraucht ist und deshalb ersetzt werden muss.

Schnittdaten

Unter „Schnittdaten“ versteht man die Randbedingungen, unter denen das Werkzeug eingesetzt wird *(Bild 1.2 und Bild 1.3)*. Dies sind:

- **Schnittgeschwindigkeit** Vc in m/min. (Geschwindigkeit, mit welcher die Schneide sich über die Werkstück-Oberfläche bewegt).
- **Vorschub** F in mm/Min oder MPR (mm/Umdrehung). (Geschwindigkeit, mit welcher sich das Werkzeug vorwärts bewegt)
- **Zustellung** quer zur Bearbeitungsrichtung, bei Fräsenmaschinen in zwei Richtungen: Eingriffs-Tiefe ap in mm (wie tief befindet sich ein Werkzeug im Material) und Eingriffs-Breite ae in mm (wie viel Material wird in einem Schnitt bearbeitet).
- **Kühlung/Schmierung** (unterschieden wird bezüglich der Art der Kühlung: innen, außen, des Kühlschmierstoffs: Luft, Emulsion usw. und der Intensität: Hochdruck, Nebel usw.)
- **Randbedingungen** seitens des Werkstücks (Werkstoff, Qualität der Aufspannung, Möglichkeit zur Abfuhr der Späne, wechselnde Eingriffsverhältnisse durch bereits vorhandene Schlitze oder unregelmäßiges Aufmaß bei Gussteilen).

Hinweis: Bei der NC-Programmierung werden F und S als Angaben verlangt. In den Tabellen für Schnittgeschwindigkeiten der Werkzeughersteller finden sich jedoch meist die Angaben für Vc und fz. Aus Vorschubgeschwindigkeit Vc und Durchmesser D des Werkzeugs (Fräsen) bzw. Werkstücks (Drehen) kann die Spindeldrehzahl S berechnet werden:

$S = (2 \cdot Vc)/(D \cdot \pi)$. Ebenso lässt sich aus dem Vorschub F und der Spindeldrehzahl der Vorschub fz pro Schneide (Zahn) berechnen: $F = (fz \cdot n)/fz$, wobei n für die Anzahl der Schneiden steht *(Bild 1.4)*.

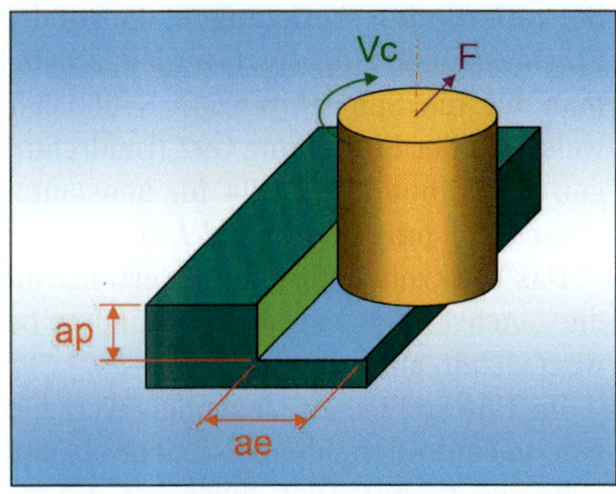

Bild 1.2: Eingriffsbreite (ae) und -tiefe (ap) bei Fräswerkzeugen in Bezug zu Vorschub (F) und Schnittgeschwindigkeit (Vc).

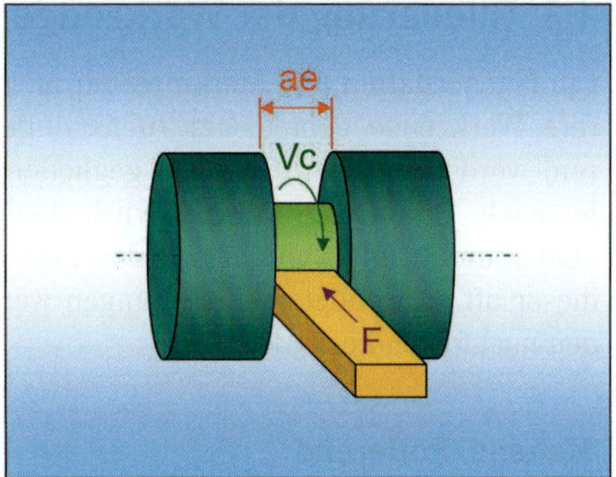

Bild 1.3: Eingriffsbreite (ae) beim Einstechen in Bezug zu Vorschub (F) und Schnittgeschwindigkeit (Vc).

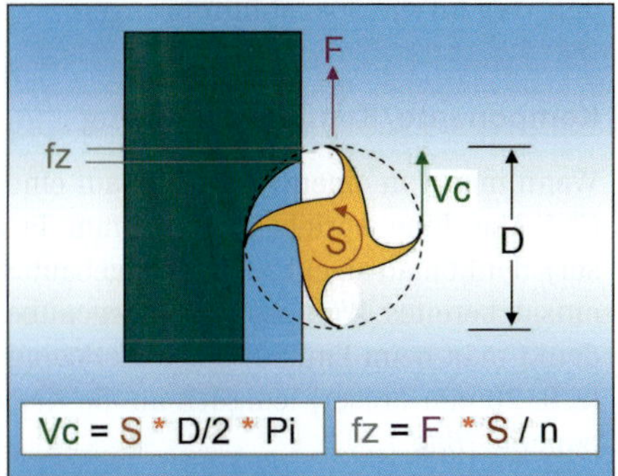

Bild 1.4: Vorschub pro Zahn (fz) und Vorschub pro Minute (F) in Abhängigkeit der Schnittgeschwindigkeit (Vc).

Flexibilität

Neben der Zuverlässigkeit der Werkzeuge hat die Flexibilität eine große Bedeutung. Ist doch häufig die Aufgabe gestellt (ganz typisch bei Lohnfertigungsbetrieben), von heute auf morgen neue Werkstücke zu bearbeiten und die hierfür geeigneten Werkzeuge bereit zu haben. Die Lösung für dieses Problem liegt in den modularen Werkzeugsystemen, mit welchen aus Standardelementen Werkzeuge für verschiedene Aufgaben kombiniert werden können.

Handhabung

Speziell bei modularen Werkzeugsystemen wird gefordert, dass die Handhabung einfach ist und Fehler nicht möglich sind. Eine leichte Handhabung lässt die Vorzüge der CNC-Technik erst richtig nutzen, die ein schnelles Umrüsten auf wechselnde Bearbeitungsaufgaben verlangt. Als Beispiel für das Abwägen zwischen einfacher Handhabung und Zuverlässigkeit im oben beschriebenen Sinn kann der Vergleich angestellt werden zwischen einigen typischen Spannsystemen für Fräswerkzeuge:

Ein Schaftfräser kann mit einem Bohrfutter schnell und einfach gespannt werden, die technologischen und die geometrischen Erwartungen werden dabei erfüllt. Bei der Verwendung von Spannzangen wird eine höhere Qualität erreicht, es muss aber für jeden Durchmesser eine Spannzange gekauft und beim Spannen eingesetzt werden. Mit Hydrodehnspannfuttern oder Schrumpffuttern wird eine noch höhere Qualität der Spannung und damit der technologischen und geometrischen Leistung erreicht, aber die Anforderungen für Anschaffung, Unterhalt und Handhabung steigen.

1.3 Gliederung der Werkzeuge

Um Eigenschaften und Merkmale für mehrere Werkzeuge gemeinsam zu formulieren, werden diese in Gruppen gegliedert. Je nach Betrachtungsweise wird dafür eine andere Gliederung verwendet. Einige dieser oft verwendeten Gliederungen werden nachfolgend erläutert.

Stehend/Rotierend

Die **stehenden Werkzeuge** werden in Drehmaschinen eingesetzt. Das Werkzeug bewegt sich in der ZX-Ebene. Das Werkstück rotiert um die Z-Achse. Die Schnittgeschwindigkeit Vc wird durch die Drehzahl des Werkstücks und den zu bearbeitenden Durchmesser bestimmt *(Bild 1.5)*.

Damit nicht für jeden zu bearbeitenden Durchmesser die zur Schnittgeschwindigkeit passende Drehzahl berechnet werden muss, verfügt die CNC über den Befehl G96 für konstante Schnittgeschwindigkeit (VC konstant). Je nach Bearbeitungsdurchmesser wird die Drehzahl dann automatisch angepasst (je kleiner der Durchmesser, desto höher die Spindeldrehzahl). Sinngemäß wird der Vorschub F mit dem Befehl G95 auf Vorschub pro Umdrehung eingestellt, damit unabhängig von der Spindeldrehzahl bei jeder Umdrehung des Werkstücks die gleiche Strecke vorwärtsgefahren wird.

Bei **rotierenden Werkzeugen**, die auf den Fräsmaschinen eingesetzt werden, arbeitet man für die Spindeldrehzahl S üblicherweise mit der Einstellung G97 (Umdrehungen pro Minute) und G94 für konstanten Vorschub F pro Minute *(Bild 1.6)*.

Das Werkzeug rotiert normalerweise um die Z-Achse (Ebenenwahl G17) und es bewegt sich in allen drei Achsen.

Im Unterschied zu stehenden Werkzeugen, haben rotierende meist mehr als eine Schneide (Zahn). Dies muss bei der Berechnung des Vorschubs F berücksichtigt werden. Bei vielen Spänen und engen Verhältnissen (z. B. beim Fräsen einer Nut) ist es wichtig, dass nicht zu viele Schneiden den Weg für die Spanabfuhr beengen.

Komponente/Komplettwerkzeug

Wenn man von einem Werkzeug auf einer CNC-Maschine spricht (z. B. 20 mm Fräser), denkt man an ein zusammengebautes, einsatzbereites Werkzeug. Demgegenüber denkt man beim Einkauf eines Werkzeugs (z. B. 20 mm Fräser) lediglich an die Komponente *(Bild 1.7)*.

Ein Komplettwerkzeug ist also eine Kombination aus mehreren Komponenten. Für die CNC-Maschine müssen immer Komplettwerkzeuge bereitgestellt werden. Im Lager und im Einkauf spricht man von

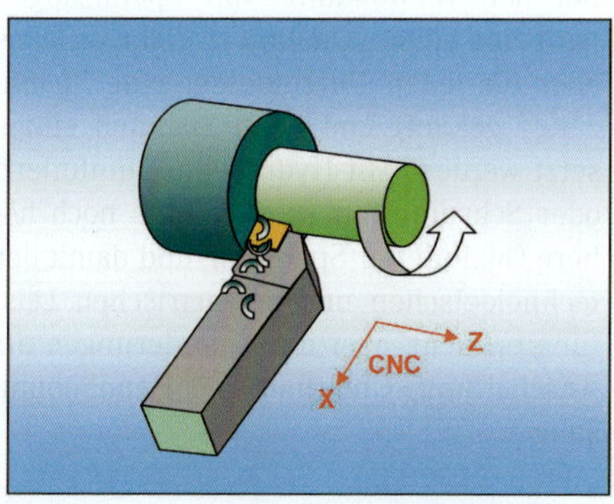

Bild 1.5: Achslage des Koordinatensystems für das NC-Programm beim Drehen.

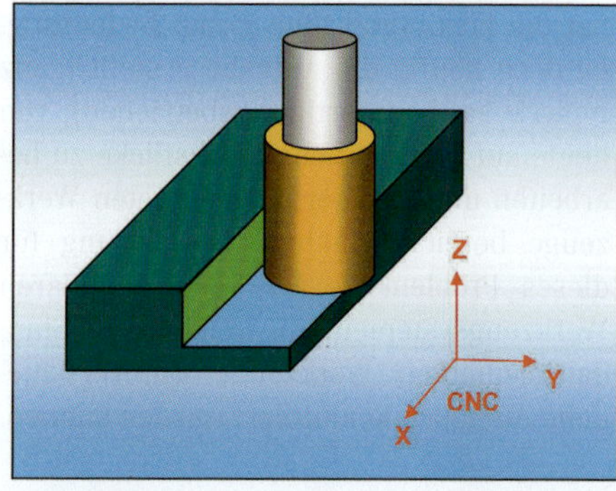

Bild 1.6: Achslage des Koordinatensystems für das NC-Programm beim Fräsen (3-achsig).

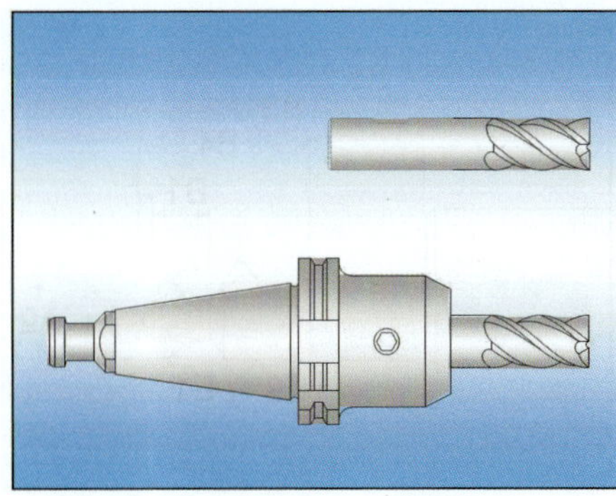

Bild 1.7: Zu unterscheiden: Der Fräser als einzelne Komponente und als Komplettwerkzeug.

Werkzeugkomponenten, die gemäß Anweisung im Werkzeugblatt zu einem Komplettwerkzeug zusammengebaut werden.

Werkzeug-Typ

Wie jedem anderen Gegenstand gibt man auch den Werkzeugen Namen, damit man sich präzise ausdrücken kann. Hammer, Meißel, Bohrer und Drehstahl sind gängige Bezeichnungen für Werkzeuge. Je mehr unterschiedliche Werkzeuge man hat, und je detaillierter man sich darüber unterhält, desto feiner ist die Gliederung und desto mehr Bezeichnungen werden zu deren Unterscheidung verwendet. Eine offizielle Gliederung wurde schon früh von der DIN erstellt.

Die wichtigsten Werkzeugtypen nach DIN 4000 sind:

- FSJ - Fräser mir Schaft und Wendeplatten
- FSN - Fräser mit Schaft ohne Wendeplatten
- FBJ - Fräser mit Bohrung und Wendeplatten
- FBN - Fräser mit Bohrung ohne Wendeplatten
- BNJ - Bohrer mit Wendeplatten
- BNN - Bohrer ohne Wendeplatten
- BGN - Bohrer für Gewinde
- DDJ - Drehwerkzeuge
- MHX - Aufnahmen für rotierende Werkzeuge
- MFX - Aufnahmen für stehende Werkzeuge
- SPJ - Wendeplatten (Schneidplatten)
- SKJ - Stechkörper (Platten zum Einstechen)

Die **DIN-Norm** enthält für jeden Werkzeugtyp eine Liste der Parameter, die zur geometrischen Beschreibung des Werkzeugs notwendig sind. Innerhalb eines Werkzeugtyps (z. B. BNN) sind unterschiedlich aussehende Werkzeuge zusammengefasst (z. B. Spiralbohrer und Stufenbohrer). Die Norm enthält deshalb auch passende Bilder, die erklären, wo die Werte (A1, B4 usw.) zu messen sind *(Bild 1.8 und Bild 1.9).*

Mit der Angabe des Werkzeugtyps und den Werten zu den Parametern (A1, B4 usw.) kann ein Werkzeug somit geometrisch einheitlich und systematisch definiert werden.

Der Nutzen dieser Normierung besteht darin, dass sich z. B. Lieferant und Kunde nicht missverstehen. Wenn der Kunde beim Lieferanten nach einem Werkzeug mit größerem Spanwinkel fragt, wird ihn dieser schnell und kompetent beraten können, weil beide das gleiche darunter verstehen *(Bild 1.10).* Wenn der Kunde von einem Fräser nach DIN 844 spricht, ist es klar, dass dieser mit einem Zylinderschaft und nicht etwa mit einem Morsekegel ausgestattet ist.

Die **DIN-Norm** wird zudem als Basis für Softwareanwendungen im Fertigungsumfeld und für den Datenaustausch verwendet. Inzwischen wurden diese Aspekte in der neueren und umfassenderen ISO 13 399-Normierung aufgenommen.

Sachmerkmalliste

In der **DIN-Norm** ist zu jedem Werkzeug-Typ eine Liste der zur Beschreibung verwendeten Parameter (Sachmerkmale) ent-

Bild 1.8: Schema Bild für die Geometriedaten bei Spiralbohrern.

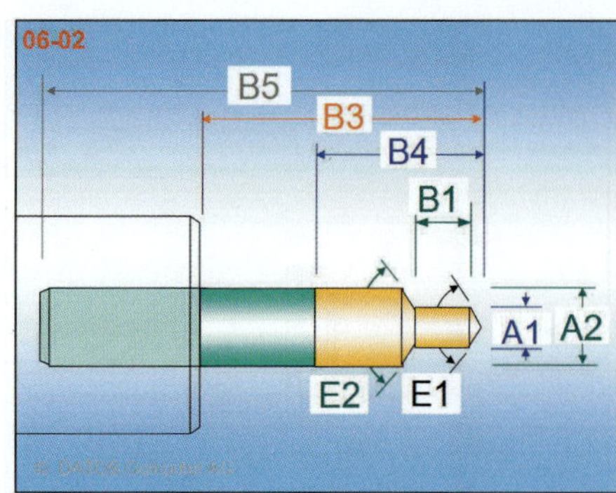

Bild 1.9: Schema Bild für die Geometriedaten bei Stufenbohrern.

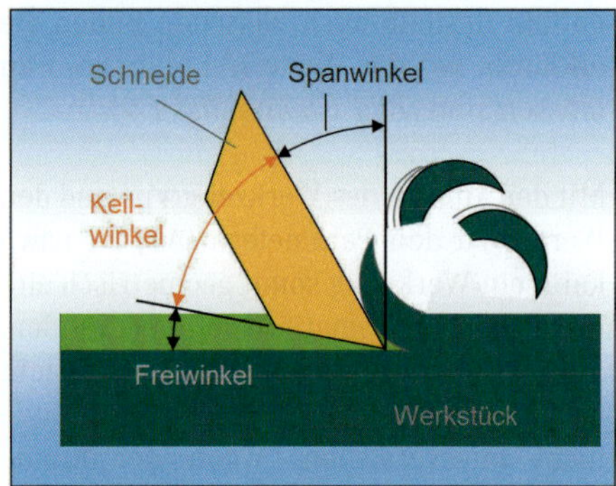

Bild 1.10: Wichtige Winkel an der Schneide.

Bild	Durchmesser A1	Durchmesser A2	Länge B1	Länge B4
06-01	10.00			50.00
06-01	12.00			50.00
06-01	14.00			55.00
06-02	10.00	14.00	22.00	60.00

Bild 1.11: Sachmerkmalleiste (Prinzip).

halten. Diese Liste von Parametern wird als Sachmerkmalleiste bezeichnet. Zur Beschreibung eines Werkzeugs wird zu jedem Sachmerkmal der entsprechende Wert erfasst *(Bild 1.11)*.

Diese Darstellung eignet sich für Listen. Die Sachmerkmale können aber statt nebeneinander auch untereinander oder in beliebiger anderer Anordnung dargestellt werden. Dies kennt man insbesondere von Formularen in der EDV oder Karteikarten. Hier spricht man eher von „Masken" für die Datenerfassung, was jedoch nur einer anderen Form der Darstellung entspricht *(Bild 1.12, Bild 1.13)*.

So, wie in einer Adressverwaltung andere Daten erfasst werden, als in einer Artikelverwaltung, werden für die unterschiedlichen Werkzeugtypen ebenfalls andere Felder benötigt. Sinnvoll ist es, wenn dabei Felder, die in allen Werkzeugtypen vorkommen, auch wieder an gleicher Stelle im Formular stehen (z.B. Durchmesser, Preis, Bestellnummer).

Es ist naheliegend, dass man in einer betriebsinternen Anwendung zusätzlich zu den beschreibenden Merkmalen, auch interne und organisatorische Datenfelder benötigt. Beispiele dafür sind SAP-Nummer, Lagerbestand, Lagerort, und Verwendungsnachweis.

Werkzeugklassifikation

Im Unterschied zum Werkzeug-Typ, der eine betriebsübergreifende Bedeutung hat,

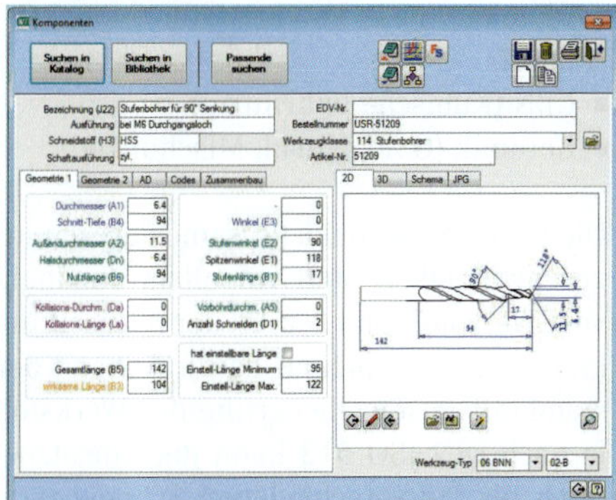

Bild 1.12: Darstellung der Sachmerkmale als Feldbeschriftung (Maske) in einer Anwendung.

Bild 1.13: Unterschiedliche Sachmerkmale für unterschiedliche Werkzeug-Typen.

ist die Klassifikation der Werkzeuge eine betriebsinterne Aufgabe. Die Klassifikation der Werkzeuge dient dazu, sich im Betrieb einfacher verständigen zu können. Die Werkzeuge werden dabei nach deren Art und Form in Klassen eingeteilt (z. B. Gewindebohrer metrisch für Sackloch). Es ist üblich, jeweils mehrere Klassen zu einer Oberklasse zusammenzufassen und **mehrere Oberklassen einer Hauptklasse** zuzuordnen. Es ergibt sich so eine dreistufige betriebsspezifische Gliederung, über welche die gesuchte Klasse einfach gefunden wird *(Bild 1.14)*.

Werkzeug Klassifikation

- Bohren
  - Spiralbohrer
    - NC-Anbohrer
    - Spiralbohrer
    - Zentrierbohrer
    - Stufenbohrer
  - WPL Bohrer
    - WPL Vollbohrer
    - WPL Aufbohrer
- Fräsen
  - Schaftfräser
    - Schaftfräser Schruppen
    - Schaftfräser Schlichten
    - Gesenkfräser
    - Radiusfräser
    - Konische Fräser
    - Lillipop Fräser
    - Tonnen-Fräser
  - WPL Fräser
    - WPL Messerkopf
    - WPL Schaftfräser
    - WPL Fasenfräser
    - WPL Scheibenfräser

usw.

Bild 1.14: Beispiel einer Gliederung einer kundenspezifischen Klassifikation (WPL = Wendeplatten).

Die Klassifizierung ist eine detaillierte schrittweise Gliederung der Werkzeuge. Innerhalb jeder Klasse sind gleichartige Werkzeuge in unterschiedlicher Größe enthalten. In den meisten Firmen entspricht die Klassifizierung auch der Gliederung der Schränke, in welchen die Werkzeuge versorgt sind. Beim Aufbau einer neuen Klassifizierung ist es besser, mit einer groben Gliederung anzufangen, damit es übersichtlich bleibt.

Schneidstoff

Die Gliederung der Werkzeuge nach Schneidstoff (Material, aus welchem das Werkzeug hergestellt ist) ist nicht Teil der Klassifikation. Sie dient speziell dazu, die Eignung und Leistungsfähigkeit der Schneide für bestimmte Werkstoffe zu beurteilen und passende Schnittwerte zu wählen.

Um den Verschleiß der Werkzeuge zu reduzieren, werden die Werkzeuge zudem mit Beschichtungen versehen, die je nach Hersteller unterschiedlich bezeichnet werden, jedoch immer demselben Ziel dienen.

Die Schneidstoffe für eigentliche Werkzeuge werden gegliedert in:

- HSS und HSS-E (Schnellarbeitsstahl)
- VHM (Voll Hartmetall)

Als Schneidstoffe für Wendeplatten werden verwendet:

- HSS (High Speed Steel)
- HM (Hartmetall mit/ohne Beschichtung)
- Cermet (Keramik-Metall Verbundwerkstoff)
- Diamant (PKD Polykristallin/Monokristallin)
- CBN (Kubische Bohrnitrid)
- Keramik (Oxid, Nitrid, Mischungen)

Die Wahl des Schneidstoffs und der Schnittgeschwindigkeit sind vor allem abhängig vom Werkstoff und der Art der Bearbeitung (Schruppen/Schlichten usw.). Anhand der standardisierten Gliederung der Werkstoffe nach DIN ISO 513 kann der Einsatzbereich für die verschiedenen Schneidstoffe schell und übersichtlich charakterisiert werden. Dabei werden die Werkstoffe in die Gruppen P, M, K, N, S und H gegliedert *(Bild 1.15)*. Die Bearbeitung ihrerseits wird

Stahl

		R_m (N/mm^2)
P	Ferritische Stähle mit niedriger Festigkeit und niedrigem Kohlenstoffgehalt.	< 450
P	Automatenstähle mit niedrigem Kohlenstoffgehalt.	400 < 700
P	Normale Baustähle und Stähle mit niedrigem bis mittlerem Kohllenstoffgehalt (< 0,5 % C).	450 < 550
P	Normale, niedrig legierte Stähle und Stahlguss, Kohlenstoffstahl (> 0,5 % C). Vergütungsstahl; ferritische und martensitische rostfreie Stähle.	550 < 700
P	Normale Werkzeugstähle, härtere Vergütungsstähle, martensitische rostfreie Stähle.	700 < 900
P	Schwierig zerspanbare Werkzeugstähle, harte hochlegierte Stähle und Stahlguss.	900 < 1200
H	Hochfeste Stähle, schwierig zerspanbar; gehärteter Stahl; martensitische rostfreie Stähle.	>1200

Rostfrei

M	Calcium-behandelte Stähle, weniger schwer zerspanbar; gehärteter Stahl.	
M	Austenit und Duplex-rostfreie, Mo-haltige Stähle, schwierig zerspanbar.	
M	Austenite und Duplex, sehr schwierig zerspanbar.	
M	Austenite und Duplex, extrem schwierig zerspanbar.	

Guss

K	Guss von mittlerer Härte, Grauguss.	
K	Niedrig legierter Guss, Temperguss, Kugelgrafitguss.	
K	Legierter Guss mittlerer Härte; Temperguss; GGG; mittlere Zerspanbarkeit.	
K	Hoch legierter Guss, schwer zerspanbar, Temperguss. GGG. Schwer zerspanbar.	

Andere Werkstoffe

N	Nichteisen-Legierungen, leicht zerspanbar. Aluminium mit < 10 % Si. Messing; Zink; Magnesium.	
N	Nichteisen-Legierungen, schwierig zerspanbar. Alu mit > 10 % Si. Bronze; Kupfernickel.	
S	Nickel-, Kobalt- und eisenhaltige Superlegierungen mit Härte < 30 % HRc. Incoloy 800; Inconel 601, 617, 625. Monel 400.	
S	Titanlegierungen Ti-6Al-4V.	

Bild 1.15: Einteilung der Werkstoffe nach DIN/ISO 513.

gegliedert in die Bereiche 01, 10, 20, 30, 40 und 50, wobei 01 einer Feinbearbeitung entspricht, 30 dem Schruppen und 50 einer sehr groben Bearbeitung mit unregelmäßigen Eingriffsverhältnissen (z.B. unterbrochener Schnitt).

1.4 Maschinenseitige Aufnahmen

Beim Aufbau eines Komplettwerkzeugs ist der maschinenseitigen Aufnahme spezielle Aufmerksamkeit zu widmen, damit das Werkzeug in der Maschine eingesetzt werden kann. Dabei sind für rotierende Werkzeuge (Bearbeitungszentren) und stehende Werkzeuge (Drehmaschinen) unterschiedliche Anforderungen zu berücksichtigen.

Rotierende Werkzeuge

Die Spindel der CNC-Maschine muss das Werkzeug genau zentrisch aufnehmen und die Rotation ohne Vibration übergeben. Zudem ist bei großen Werkzeugen viel Kraft zu übertragen, ohne dass das Werkzeug in der Aufnahme rutscht, damit die Zerspanungsleistung bis zum Span übertragen werden kann. Weil in einem NC-Programm mehrere Werkzeuge verwendet werden, muss die Aufnahme so gestaltet sein, dass ein automatischer Werkzeugwechsler möglichst schnell und sicher das Werkzeug in der Spindel auswechseln kann.

Die zur Bearbeitung benötigten Werkzeuge werden vor Gebrauch in einer Kette oder Kassette eingesetzt. Der Werkzeugwechsler bedient sich von diesem Vorrat und tauscht, gesteuert vom Befehl M06 im NC-Programm, das Werkzeug in der Spindel.

Alle Werkzeuge für eine Maschine müssen dieselbe Aufnahme haben, weil die Spindel der Maschine für einen bestimmten Typ ausgelegt ist. Der Werkzeugwechsler benötigt die Greiferrillen an der normierten Stelle, damit die Werkzeuge zielsicher gefasst, aus der Spindel entnommen bzw. neu eingesetzt werden können. Damit das Werkzeug nicht wieder aus der Spindel fällt, wird es kräftig in die Aufnahme der Spindel gezogen und gehalten. Dafür wird bei Steilkegel-Aufnahmen ein **Rückzugsbolzen** eingeschraubt, der mit dem Rückzugs-Mechanismus der CNC-Maschine übereinstimmen muss. Bei HSK Aufnahmen sind für den Einzug des Werkzeugs **Bohrungen im Hohlschaftkegel** angebracht.

Die verschiedenen maschinenseitigen Aufnahmen sind in unterschiedlichen Größen genormt und die Spindeln werden gemäß Angabe des Kunden mit einer zur CNC-Maschine passenden Größe ausgerüstet.

Bei Werkzeugen für Bearbeitungszentren hat sich der Steilkegel nach DIN 69 871 (ISO 7388) durchgesetzt. Dieser ist genormt in den Größen 40, 45, 50 und 60. Nicht kompatibel, aber mit gleichem Prinzip werden auch Steilkegel verwendet in der Ausführung DIN 2080, MAS-BT und CAT *(Bild 1.16).*

Für die HSC-Bearbeitung (High Speed Cutting) mit hohen Drehzahlen wurde die HSK Aufnahme (DIN 69 893/ISO 12 164) entwickelt. Sie zeichnet sich aus durch hohe Genauigkeit und hohe Steifigkeit *(Bild 1.17).*

Für Maschinen mit relativ geringer Leistung (z.B. Frässpindel bei Dreh-Fräszent-

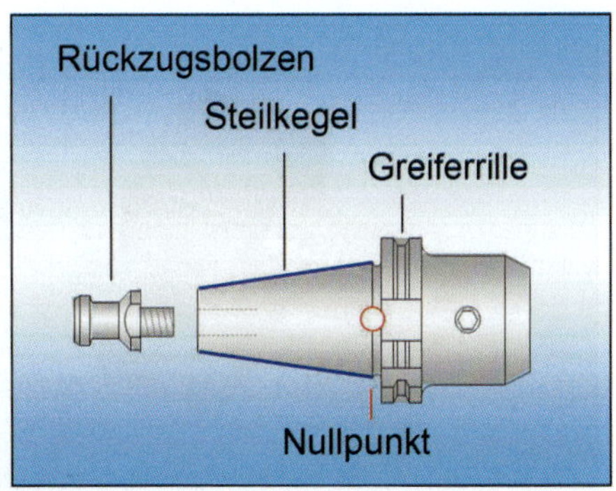

Bild 1.16: Steilkegel zur Aufnahme des Komplettwerkzeugs in der Spindel der Maschine.

Bild 1.17: Werkzeugaufnahmen:
links: HSK-Aufnahmen nach DIN 69 893
rechts: Steilkegel nach DIN 69 871

ren) werden die Spindeln oft mit dem ursprünglich als Kupplung für das modulare Werkzeugsystem vorgesehenen CAPTO, ABS oder UTS-Kupplung ausgerüstet. Dies ermöglicht die direkte Verwendung von Werkzeugen der modularen Werkzeugsysteme.

Stehende Werkzeuge

Die Anforderungen an die Werkzeugaufnahme bei Drehmaschinen unterscheiden sich naturgemäß von jenen mit rotierenden Werkzeugen. Wichtig ist hier, dass die Werkzeuge stabil bleiben und wenig Platz in Anspruch nehmen. Weil die meisten Drehmaschinen nicht mit einem automatischen Werkzeugwechsler, sondern mit einem Revolver als Werkzeugträger bestückt sind, ist eine einfache Handhabung wichtig. Die in einem NC-Programm verwendete Anzahl Drehwerkzeuge ist allgemein kleiner, als bei Fräsprogrammen. Mit einem Revolver können daher genügend Werkzeuge einfach beladen werden und die Zeit zum Aktivieren eines nächsten Werkzeugs im Bearbeitungsprozess ist schneller als bei Verwendung eines herkömmlichen Werkzeugmagazins mit Werkzeugwechsler.

Die Revolver sind zur Aufnahme der Werkzeuge typischerweise mit VDI (DIN 69 880/ISO 10 889, mit CAPTO (ISO 26 623), Prismen (DIN 69 881), ABS oder mit HSK Trennstellen ausgerüstet *(Bild 1.18 - 1.21).*

Die Werkzeuge werden mit den Aufnahmen in nummerierten Stationen in den Werkzeugträger (Revolver) gespannt. Man platziert also beispielsweise den „Schruppstahl 636 101“ in der „Station 1“ als Werk-

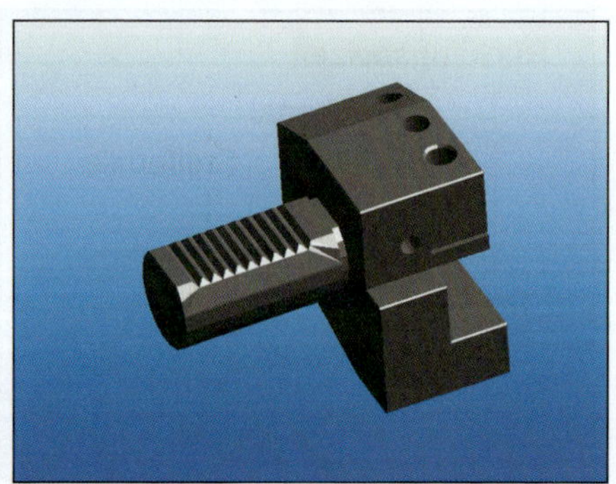

Bild 1.18: VDI-Halter mit Aufnahme für Drehwerkzeuge mit Vierkant Schaft.

Bild 1.19: CAPTO-Aufnahmen verschiedener Größe.

Bild 1.20: Prismen-Aufnahme DIN 69 881 für Bohrstangen.

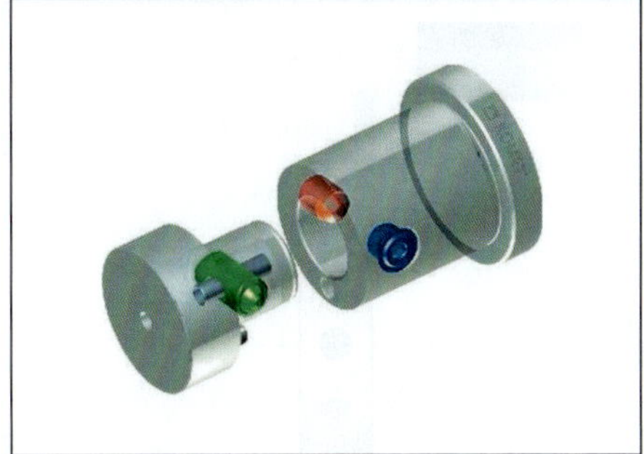

Bild 1.21: Prinzip der ABS-Kupplung.

zeug „T5" auf dem Revolver „1". Im NC-Programm wird das Werkzeug mit dem Aufruf „T5 M06" aktiviert. Die CNC-Maschine bringt durch Drehen des Revolvers jene Station in die Arbeitsposition, auf welcher sich das Werkzeug T5 befindet. In der nachfolgenden Abbildung handelt es sich dabei um einen Sternrevolver mit 12 Stationen. Es sind auf den Stationen 2, 5 und 12 keine Werkzeuge eingesetzt *(Bild 1.22).*

Die Hersteller von CNC-Drehmaschinen entwickeln die Werkzeugrevolver so, dass sie auf den Arbeitsraum und das Gesamtkonzept der Maschine abgestimmt sind. Dabei berücksichtigen sie die Stabilität, schnelles Einwechseln der Werkzeuge und die Möglichkeit, einen möglichst großen Arbeitsraum kollisionsfrei bedienen zu können. Im Wesentlichen lassen sich alle

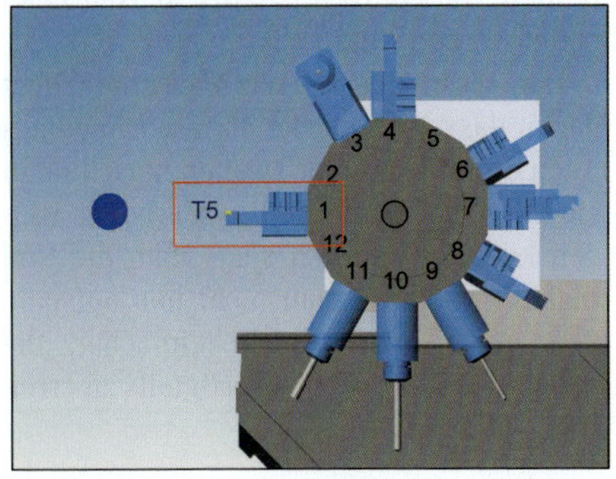

Bild 1.22: Sternrevolver mit Platznummern.

Konstruktionen auf eines der nachfolgenden Prinzipien zurückführen.

Beim Sternrevolver stehen die Werkzeuge radial außen am Revolver. Das gewünschte Werkzeug wird durch Drehen des Revolvers in die Arbeitsposition bewegt *(Bild 1.23).*

Beim Scheibenrevolver werden die Werkzeuge seitlich montiert *(Bild 1.24).*

Angetriebene Werkzeuge

Im Unterschied zur Aufnahme auf der Spindel einer Fräsmaschine sind die Aufnahmen für Drehwerkzeuge statisch und rotieren nicht. Weil sich das Werkstück dreht, kann mit einem Spiralbohrer auf einer Drehmaschine genau zentrisch im Werkstück ein Loch gebohrt werden. Mit angetriebenen Werkzeugen für Drehmaschinen erweitert man die Möglichkeiten der Bearbeitung. Wenn ein angetriebenes Werkzeug eingesetzt wird, wird die Spindel mit dem Werkstück angehalten und das Werkstück steht stabil in einer vorbestimmten Position. Mit dem angetriebenen Bohrer kann dann an beliebiger Position ein Loch gebohrt werden. Dabei wird zwischen radialem und axialem Einsatz von angetriebenen Werkzeugen unterschieden. Die radiale Bearbeitung erfolgt senkrecht zur Spindelachse in die Mantelfläche des Werkstücks *(Bild 1.25).*

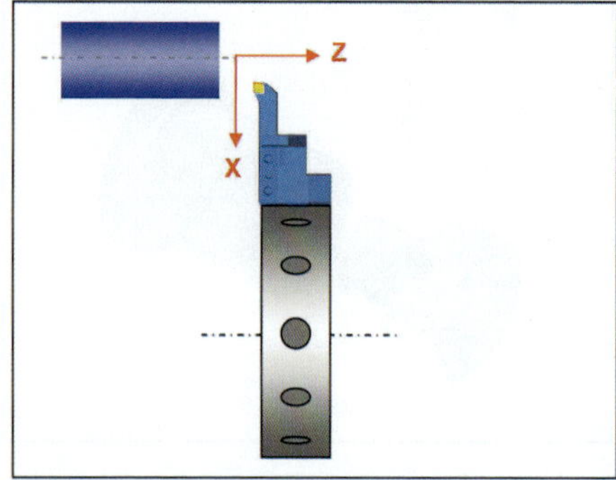

Bild 1.23: Sternrevolver, Prinzip.

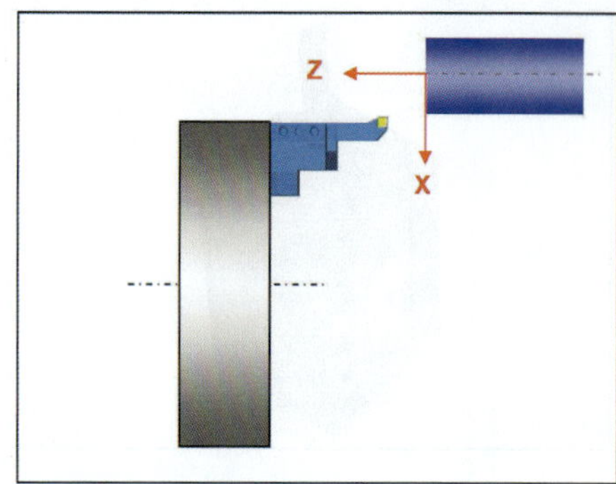

Bild 1.24: Scheibenrevolver, Prinzip.

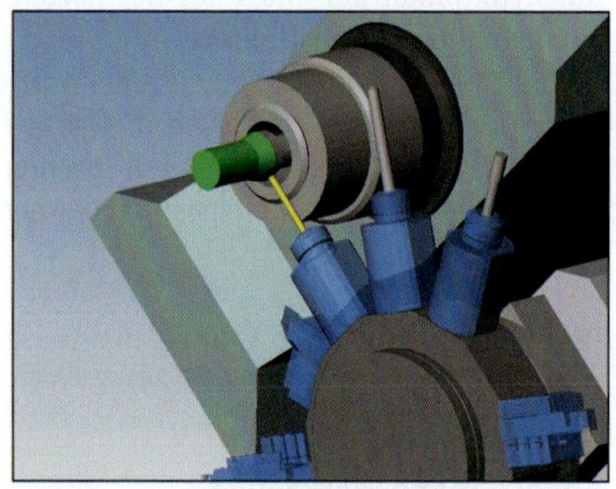

Bild 1.25: Angetriebene Werkzeuge für radiale Bohrungen auf einem Sternrevolver.

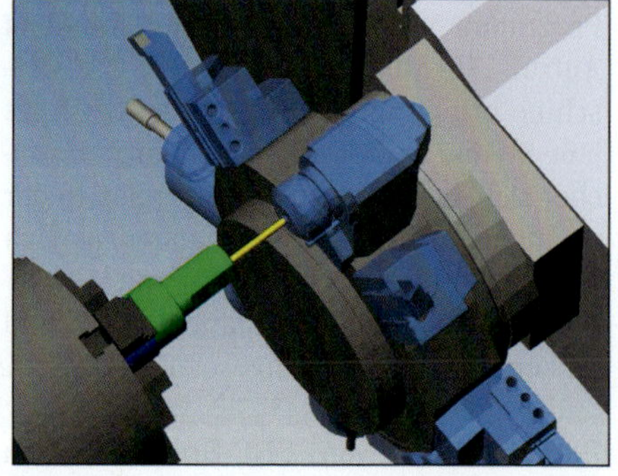

Bild 1.26: Angetriebenes Werkzeug für axiale Bearbeitung auf einem Sternrevolver.

Mit der axialen, exzentrischen Bearbeitung wird das Werkstück stirnseitig bearbeitet *(Bild 1.26)*.

Damit angetriebene Werkzeuge eingesetzt werden können, benötigt man eine Drehmaschine, die dafür ausgelegt ist. Die Aufnahme am Revolver enthält dann den Antrieb, der über eine maschinenspezifische Kupplung an die Werkzeugaufnahme übertragen wird. Zudem muss die Hauptspindel, welche das Werkstück trägt, über eine numerisch gesteuerte (indexierte) C-Achse verfügen, damit das Werkstück in einer definierten Position angehalten und stabil positioniert werden kann.

Damit auch andere als axiale und radiale Bearbeitungen möglich sind, muss eine Dreh-Fräsmaschine zur Verfügung stehen. Diese verfügt über eine zusätzliche angetriebene Spindel auf einem schwenkbaren Kopf. Damit kann das Werkstück, ähnlich wie bei einer CNC-Fräsmaschine, mit rotierenden Werkzeugen in zwei Achsen bearbeitet werden *(Bild 1.27)*.

Der Vorteil derartiger Maschinen liegt darin, dass Werkstücke ohne nochmaliges Aufspannen auf einer zweiten Maschine in einem Arbeitsgang fertig bearbeitet werden können. Dadurch spart man die Umrüstzeit und weil man nicht neu aufspannen muss, ist es auch einfacher, die geforderte Toleranz des Fertigteils zu erreichen *(Bild 1.28)*.

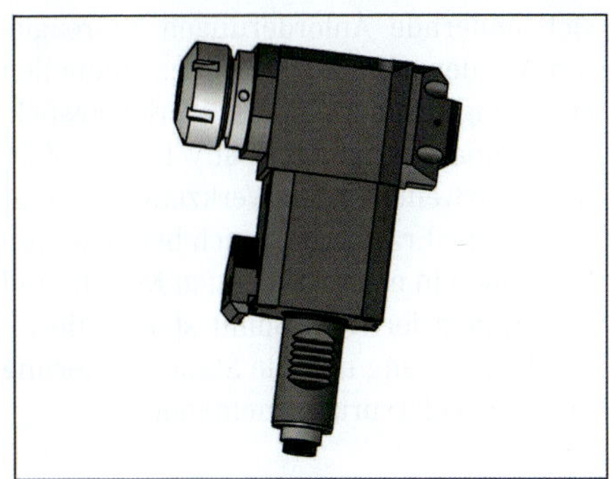

Bild 1.27: Winkelkopf mit VDI-Aufnahme für angetriebene Werkzeuge.

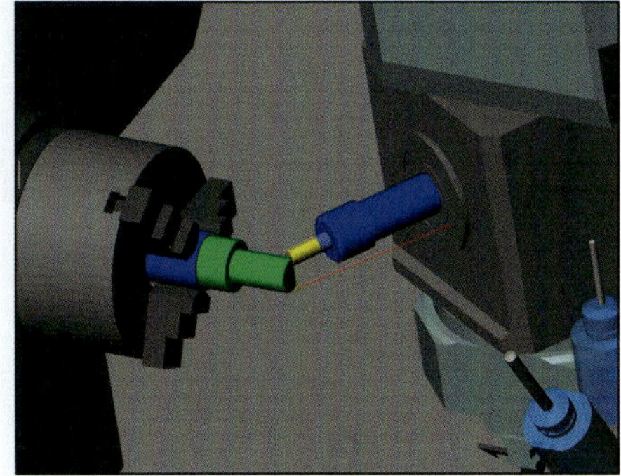

Bild 1.28: Drehmaschine mit B-Achse für angetriebene Werkzeuge.

1.5 Modulare Werkzeugsysteme

Bei modularen Werkzeugsystemen wird der Werkzeugkörper aus einzelnen Elementen aufgebaut. Auf der einen Seite muss dieser zur Maschinenaufnahme passen, auf der andern Seite nimmt er die Schneide auf. Dieselben Elemente können teilweise für Bohren, Fräsen und Drehen verwendet werden *(Bild 1.29).*

Die Anforderungen in der Fertigung sind ständig Veränderungen unterworfen. Bedingt durch immer kürzere Produktlebenszyklen und den Wunsch nach individuellen Produkten sind im Vergleich zu früheren Jahren kleinere Losgrößen mit zunehmender Variantenvielfalt zu fertigen. Diesem Individualisierungstrend wird in der Werkzeugmaschinen- und Präzisionswerkzeugbranche durch entsprechende Produktstrukturierung Rechnung getragen. Als erfolgreiche Ansätze für dieses Prinzip gelten die Bildung von Baureihen, Baugruppen, Plattformen, Modulen und Baukästen *(Bild 1.30, 1.31).*

In der Präzisionswerkzeugindustrie werden unterschiedliche Module miteinander zu einem Werkzeugkörper kombiniert. Auf der einen Seite muss dieser zur Maschinenaufnahme passen, auf der andern Seite nimmt er die Schneide auf. Durch Kombinationen aus Standardwerkzeugen, Wendeschneidplatten, Elementen, Baugruppen, Grundkörpern, Kassetten und Verstellmechanismen werden verschiedene Werk-

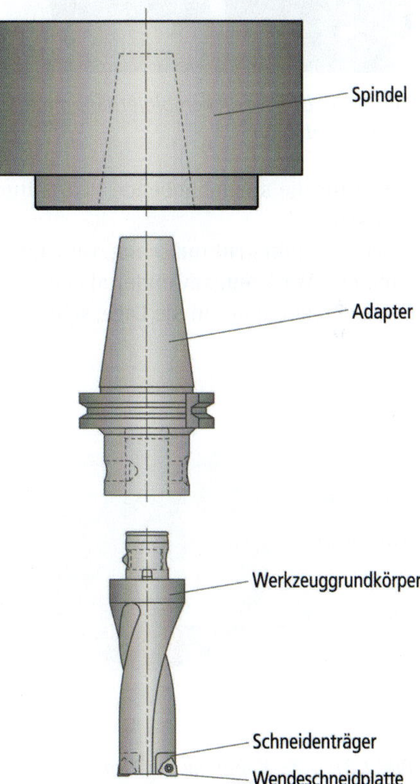

Bild 1.29: Aufbau modularer Werkzeuge.

Bild 1.30: Universell kombinierbare modulare Komponenten.

zeuge für die spanabhebende Bearbeitung realisiert.

Die Produktstrukturierung versetzt sowohl den Werkzeuganwender als auch den Werkzeughersteller in die Lage, schnell auf sich ändernde Anforderungen zu reagieren. Vor dem Hintergrund einer rationellen Fertigung lässt sich das Werkzeugspektrum innerhalb eines relativ kurzen Zeitraums erweitern. Der Werkzeuganwender kann seine Erzeugnisse auch bei kleineren Losgrößen in einem günstigen Kosten- und Zeitrahmen fertigen. Somit stehen die Individualisierung und die Standardisierung nicht in Widerspruch zueinander.

1.6 Einstellbare Werkzeuge

Feinbearbeitung von Bohrungen

Das Ziel der Feinbearbeitung ist die Verbesserung der Genauigkeit einer Bohrung hinsichtlich der Maßhaltigkeit, Form, Lage oder Oberflächengüte. Die Schnitttiefe ap beträgt dabei in der Regel 0,1 bis 0,25 mm, jedoch maximal 0,5 mm. Verfügt das rotierende Werkzeug über eine Schneide, so spricht man auch von **Ausspindelwerkzeugen.**

Das Bohrungsmaß selbst wird über die Schneide des Werkzeugs realisiert. Diese Schneide kann entweder fest auf einen Werkzeugdurchmesser bezogen oder radial verstellbar sein. Ausspindelwerkzeuge mit festen Schneiden finden jedoch kaum Verwendung. Die radiale Verstellung der

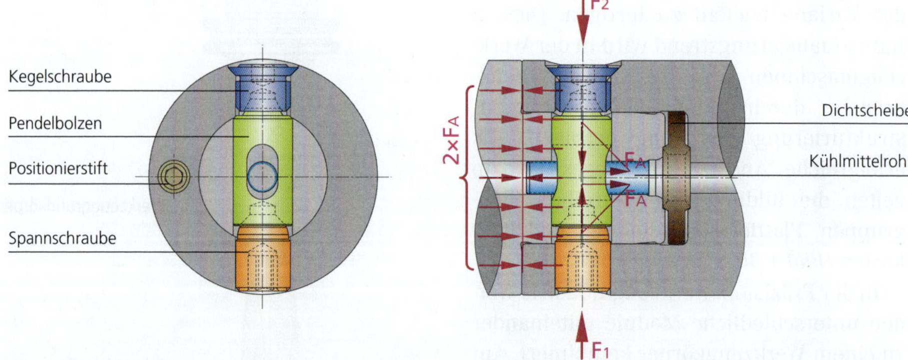

Bild 1.31: ABS-Kupplung der Firma KOMET, ein modulares Kupplungssystem für alle Werkzeuge, d. h. sowohl für rotierende, als auch für stehende. Sind die Werkzeugaufnahmen mit dem ABS-System versehen, dann lassen sich Werkzeuge, Verlängerungen oder Adapter einsetzen.

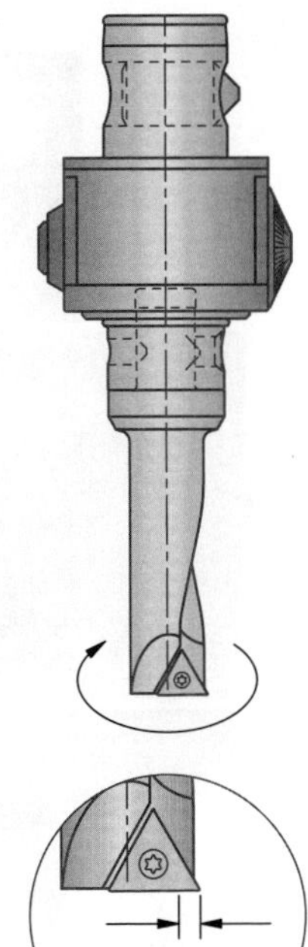

Bild 1.32: Einstellbares Werkzeug für die Feinbearbeitung.

Schneide ist wegen folgender Gesichtspunkte erforderlich:

- **Flexibilität** des Werkzeugs: Die Bearbeitung unterschiedlicher Durchmesser soll mit ein und demselben Werkzeug erfolgen.
- Erzielbare **Oberflächengüte:** die Oberflächengüte hängt unter anderem vom Eckenradius der Schneide ab, sodass auf einem Schneidenträger Wendeschneidplatten mit unterschiedlichen Eckenradien verwendet werden. Da sich dabei der Abstand der Schneidecke von der Mittelachse des Werkzeugs verändert, ist bei unterschiedlichen Eckenradien eine Korrektur des f-Maßes erforderlich, um den Durchmesser identisch beizubehalten.
- **Verschleißkompensation.** Die Verstellbarkeit der Schneide wird durch eines der fünf im Folgenden beschriebenen konstruktiven Prinzipien verwirklicht:

1. Konstruktionsprinzip: **Wendeschneidplatten-Feinverstellung.** Diese wirken direkt auf die Wendeschneidplatte. Der Verstellweg ist gering (0,01 bis 0,1 mm). Die Befestigung der Wendeschneidplatte erfolgt mittels einer Klemmschraube. Durch den als „Anzug“ bezeichneten Versatz der Mitte der Klemmschraube zur Mitte der Gewindebohrung der Wendeschneidplatte wird die Wendeschneidplatte in den Plattensitz hineingezogen. Bei diesem Verstellprinzip wird im Bereich des Anzugs verstellt, der gleichzeitig die Wegbegrenzung darstellt.
2. Konstruktionsprinzip: **Verstellung von Kassetten und Kurzklemmhaltern.** Die Einstellung erfolgt durch Verstell-

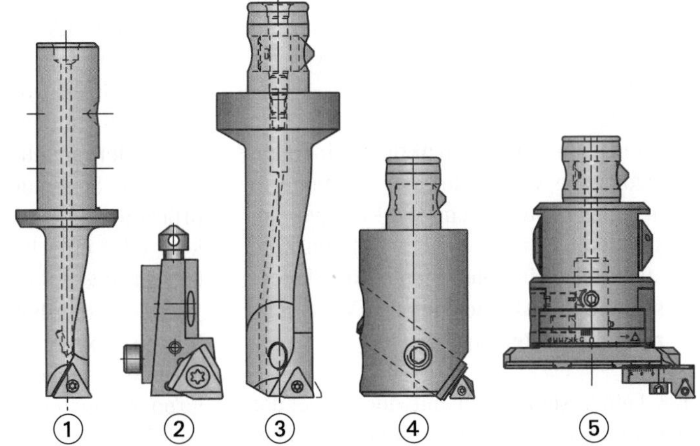

Bild 1.33: Die Einstellelemente einer Wendeschneidplatten-Feinverstellung.

schrauben (Abdrückschrauben), Verstellstifte oder Keile. Der Verstellweg beträgt je nach Ausführung ca. 0,1 bis 0,3 mm auf dem Grundkörper einer Bohrstange.

3. Konstruktionsprinzip: **Verstellkopf:** Dabei ist der Schneidenträger direkt befestigt. Die Anwendung solcher Bohrstangen ist rückläufig, da der Verstellweg und die Flexibilität begrenzt sind.
4. Konstruktionsprinzip: **Bohrstangen mit Feindreheinsätzen:** Diese zählen zu den konventionellen Spindelwerkzeugen. Die Modularität zeigt sich darin, dass Feindreheinsätze verwendet werden, um unterschiedliche Durchmesser sowie den Einsatz mehrerer Wendeschneidplattenformen zu ermöglichen. Die Feindreheinsätze sind für unterschiedliche Bohrungsarten wie Grundbohrungen oder Durchgangsbohrungen ausgelegt. Bohrstangen mit größerem Durchmesser-zu-Länge-Verhältnis können somit ebenfalls realisiert werden. Bei den Grundkörpern der Werkzeuge handelt es sich meist um kundenspezifisch gefertigte Sonderbohrstangen. Die verwendeten Feindreheinsätze sind als sog. Module als Standardartikel erhältlich.
5. Konstruktionsprinzip: **Feinverstellköpfe mit integriertem Verstellmechanismus.** Bei diesem Prinzip wird ein auch als Schieber bezeichnetes Bauteil in radialer Richtung verstellt. Im Schieber ist eine Trennstelle zur Aufnahme von mit Wendeschneidplatten bestückten Bohrstangen, Schneidenträgern oder Wechselbrücken integriert. Bei den ersten drei genannten Konstruktionsprinzipien erfolgt die Verstellung der Schneide in der Regel auf einem Werkzeugvoreinstellgerät. Bei den beiden anderen Konstruktionsprinzipien bietet eine Skalenscheibe die Möglichkeit der Visualisierung des Zustellwegs.

Bei Feinverstellköpfen hat der Anwender die Wahl zwischen jenen mit einer Skalenscheibe und jenen mit einem Display, in dem die Durchmesserveränderung digital angezeigt wird *(Bild 1.34)*.

Bild 1.34: Feinverstellkopf mit Display-Anzeige.

Modularität durch Feinverstellköpfe

Die Modularität der Feinverstellköpfe zeigt sich in der praktischen Anwendung durch eine Vielzahl von Kombinationsmöglichkeiten für unterschiedliche Verstellwege sowie den möglichen Einsatz von Bohrstangen, Schneidenträgern und Wechselbrücken. Als Basis dient ein Feinverstellkopf oder eine Baureihe von Feinverstellköpfen *(Bild 1.35)*.

Für kleine Bohrungsdurchmesser von 0,5 bis 25 mm werden Bohrstangen mit Zylinderschaft oder auch mit einer modularen Trennstelle, im Durchmesserbereich von 25 bis 60 mm Bohrstangen mit Kerb-

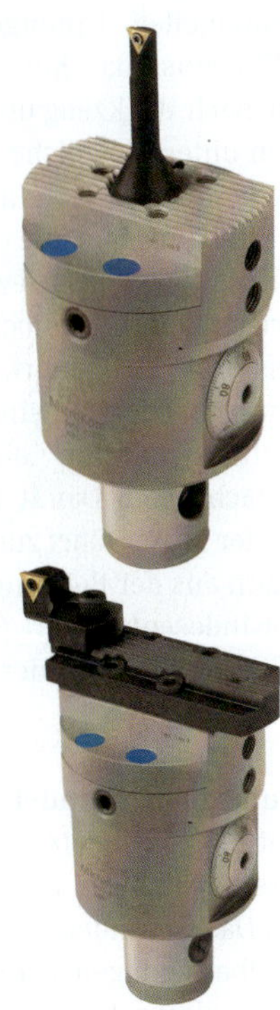

Bild 1.35: Feinverstellköpfe für unterschiedliche Durchmesser.

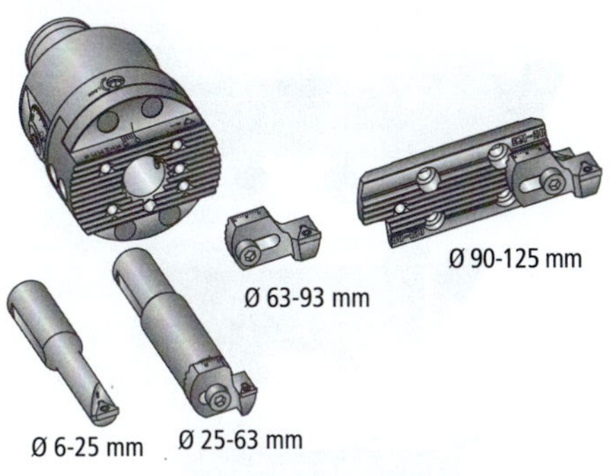

Bild 1.36: Modular kombinierbare Elemente.

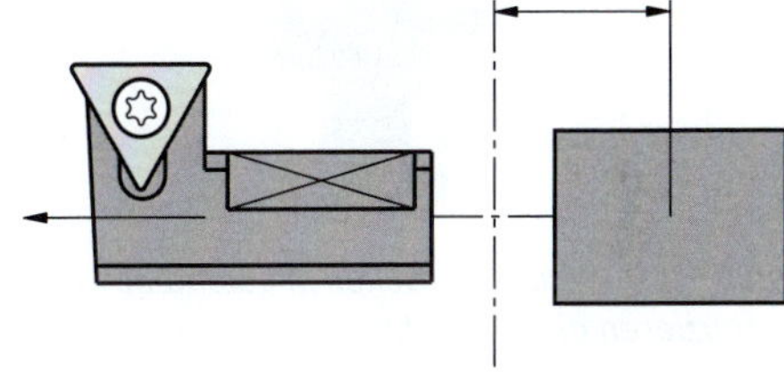

Bild 1.37: Dynamischer Wuchtausgleich.

zahnkörpern und Schneidenträgern und im Durchmesserbereich von 60 bis 125 mm Wechselbrücken mit Schneidenträgern verwendet *(Bild 1.36)*.

Sind höhere Drehzahlen erforderlich, die vor allem bei kleinen Bohrungsdurchmessern oder HSC-Bearbeitungen (High-Speed Cutting) auftreten, werden Feinverstellköpfe mit automatischem Wuchtausgleich verwendet. Deren Funktionsweise kann wie folgt beschrieben werden: Ein Masse-Element wird bei Verstellung des Schiebers automatisch in die entgegengesetzte Richtung verstellt *(Bild 1.37)*.

Dieses Prinzip funktioniert sehr gut für kleine Bohrungsdurchmesser, weil die entsprechenden Bohrstangen eine geringe Masse haben. Feinverstellköpfe mit automatischem Wuchtausgleich können für Drehzahlen zwischen 18 000 und 40 000 U/min eingesetzt werden. Bei größeren Bohrungen mit Durchmessern zwischen 103 und 206 mm werden die Wechselbrücken in Leichtbauweise ausgeführt, um die zu verstellende Masse gering zu halten.

Bei rotierenden Werkzeugen spricht man von einer Unwucht, wenn die Masse des Werkzeugs nicht vollständig rotationssymmetrisch verteilt ist. Man unterscheidet zwischen statischer und dynamischer Unwucht. Meist treten beide Formen der Unwucht zugleich auf. Durch die Unwucht und die bei der Rotation entstehenden Fliehkräfte treten bei hohen Drehzahlen Vibrationen auf, die sich auf das Bearbeitungsergebnis, den Verschleiß des Werkzeugs und die Spindellagerung der Werkzeugmaschine negativ auswirken *(Bild 1.38)*.

Bild 1.38: Wechselbrücken in Leichtbauweise reduzieren die Unwucht.

1.7 Gewindefräsen

Beispiel Innengewindefräsen *(Bild 1.39)*

Zur Erzeugung von Innengewinden auf CNC-Maschinen wird neben dem bekannten Gewindebohren mit oder ohne Ausgleichsfutter zunehmend das **Gewindefräsen und Bohr-Gewindefräsen** bevorzugt. Diese Verfahren bieten den Vorteil, dass nicht für jeden Gewindedurchmesser ein oder mehrere spezielle Werkzeuge erforderlich sind und deshalb weniger Plätze im Werkzeugmagazin belegt werden. Voraussetzung ist eine Maschine mit 3D-Bahnsteuerung, meistens ein Bearbeitungszentrum, um die erforderlichen simultanen Achsenbewegungen präzise steuern zu können.

Eine Übersicht der verschiedenen Gewindefräsverfahren zeigt *Bild 1.39 a.*

Den Ablauf beim Innengewinde-*Senkfräsen* mit vorgebohrtem Kernloch zeigt *Bild 1.39 b.*

Zum konventionellen **Innengewindefräsen** (GF, GSF) muss das Kernloch vorgebohrt sein. Je nach Werkzeug und Gewindetiefe kommen unterschiedliche Werkzeuge zum Einsatz, weshalb sich auch unterschiedliche Bewegungsabläufe ergeben.

Ein konventioneller Gewindefräser taucht zentrisch in das Kernloch ein, fährt in einer kreisförmigen Anfahrkurve an die Gewindekontur und dann in einer einzigen 360°-**Wendelinterpolation** eine Gewindesteigung nach oben. Damit ist das Gewinde fertig, der Fräser fährt zur Bohrungsmitte und dann aus der Bohrung heraus.

Beim Gewindesenkfräsen *(Bild 1.39 b)* wird beim Eintauchen auch der Bohrungsrand gesenkt.

Beim **zirkularen Gewindefräsen** (EP, WSP) kommt ein Gewindefräser mit einer oder mehreren Schneiden auf einer Ebene zum Einsatz. Das Gewinden erfolgt in mehreren Wendelbewegungen (Kreis in X-/Y-Ebene und simultane Linearbewegung in der Z-Achse) am besten von unten nach oben. Zum **stufenweisen Gewindefräsen** kommt ein Fräser mit einer oder zwei Schneidplatten zum Einsatz, der je nach Gewindetiefe ein- oder mehrmals noch oben versetzt und das Gewinde in einzelnen Stufen erzeugt.

Beide Verfahren werden bei größeren Gewindetiefen und Abmessungen bevorzugt. Mit einem Halter können durch Wechseln der Platten mehrere Gewindesteigungen gefertigt werden.

Generell ist zu unterscheiden, ob **abmessungsgebundene oder abmessungsungebundene Gewindefräser** zum Einsatz kommen. Abmessungsgebundene Werkzeuge sind für einen gewissen Gewindebereich ausgelegt, die herstellbaren Gewindegrößen sind fest vorgegeben. Mit abmessungsungebundenen Werkzeugen kann, bei vorgegebener Steigung, ein beliebiger Gewinde-Durchmesser ab einem entsprechenden Fräser-/Gewindedurchmesser-Verhältnis hergestellt werden.

Bereich:	Innengewindefräsen					Bohrgewindefräsen	
Vorbearbeitung:	Kernloch bohren			(Senken) außer GSF		Keine	
Verfahren:	Gewindefräsen mit VHM-Werkzeugen			Gewindefräsen mit Wechselplatten		Bohr-gewinde-fräsen	Zirkulares Bohrge-windefräsen
Typ:	GF	GF kegelig	GSF	EP	WSP	BGF	ZBGF
Verfahrens-prinzip:							

Bild 1.39 a: Die verschiedenen Innengewinde-Fräsverfahren.

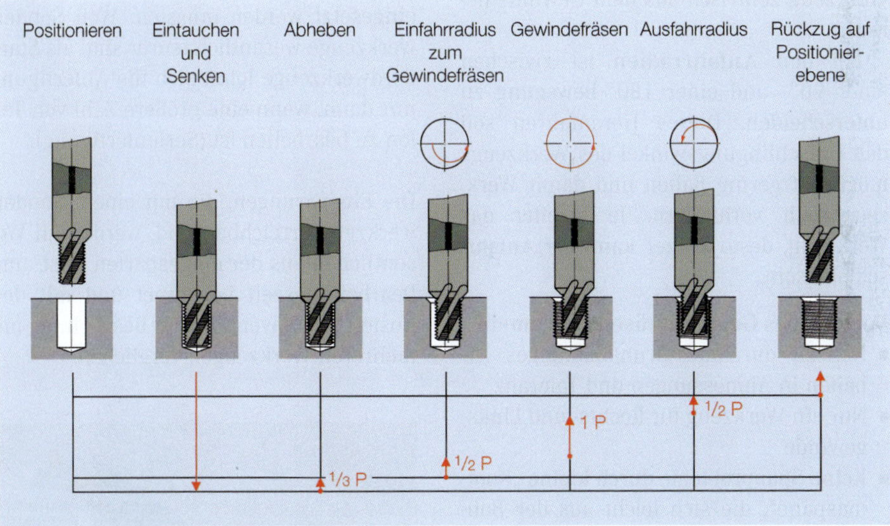

Bild 1.39 b: Ablauf beim Innengewinde-Senkfräsen (mit vorgebohrtem Kernloch).

Bei abmessungsungebundenen Gewindefräsern ist zu beachten, dass ein bestimmtes **Verhältnis zwischen Fräserdurchmesser und Gewindedurchmesser** nicht unterschritten werden darf. Für metrische Regelgewinde gilt als Richtwert ein Verhältnis von 2 zu 3, für metrische Feingewinde von 3 zu 4. Dieser Zusammenhang erklärt sich aufgrund der entstehenden Profilverzerrung beim Gewindefräsvorgang. Dabei bewegt sich ein geradliniges Gewindeprofil auf einer Wendel-Interpolation, was das entstehende Gewindeprofil im Gewindegang verzerrt. Diese Verzerrung darf gewisse Toleranzen nicht überschreiten, damit ein lehrenhaltiges Gewinde entsteht.

Im Gegensatz zum Gewindefräsen, bei denen die Kernbohrung vorhanden sein muss, erfolgt das **Bohr-Gewindefräsverfahren** *(Bild 1.39a*, BGF, ZBGF) ohne Vorbearbeitung. Das Werkzeug dringt in das volle Material ein, bohrt das Kernloch und fräst während des Rückzuges in einer Wendelinterpolation (XY zirkular und Z linear) das Gewinde. Dieses Verfahren kommt nur bei kurzspanenden Werkstoffen wie z. B. GG zum Einsatz.

Beim **zirkularen Bohrgewindefräsen** (ZBGF) setzt das Werkzeug bei bereits eingeleiteter Wendelinterpolation auf dem vollen Material auf und fräst das Gewinde **von oben nach unten.** Nach Erreichen der programmierten Gewindetiefe fährt das Werkzeug zentrisch aus dem Gewinde heraus.

Bei den **Anfahrradien** ist zwischen einer 90°- und einer 180°-Bewegung zu unterscheiden. Dieses Heranfahren soll den Umschlingungswinkel des Werkzeugs möglichst gering halten und damit Werkzeugbruch verhindern. Je stabiler das Werkzeug, desto kürzer kann die Anfahrschleife sein.

Vorteile des Gewindefräsens allgemein

- Nahezu durchmesserunabhängiges Arbeiten in Abmessungen und Toleranz
- Nur ein Werkzeug für Rechts- und Linksgewinde
- Keine Spanprobleme durch kleine „Kommaspäne“, die sich leicht aus der Bohrung entfernen lassen
- Kein Drehrichtungswechsel der Spindel
- Kein axiales Verschneiden der Gewinde
- Geringer Schnittdruck, vorteilhaft bei dünnwandigen Werkstücken
- Die Gewindetiefe reicht bis zum Bohrungsgrund
- Bei Werkzeugbruch kann das Werkzeug problemlos aus der Bohrung entfernt werden, teure Nacharbeiten entfallen.

Nachteile

- Je nach Werkzeug ist eine Gewindetiefe bis max. 4 × D möglich
- Der Durchmesser des Gewindefräsers darf max. ⅔ bzw. ¾ des Gewinde-Durchmessers betragen oder die Werkzeuge müssen profilkorrigiert sein
- Nicht alle Gewindesysteme sind herstellbar.

1.8 Sonderwerkzeuge *(Bild 1.40)*

Diese werden zum einen dann verwendet, wenn es für die erforderliche Bearbeitung kein fertiges Werkzeug zu kaufen gibt (z. B. Reibahlen für einen speziellen Durchmesser mit vorgegebener Toleranz). Viel öfter aber werden Sonderwerkzeuge eingesetzt, wenn mit dem Sonderwerkzeug eine Bearbeitung in einer Operation erledigt werden kann, für die sonst mehrere Werkzeuge eingesetzt werden müssten. Weil Sonderwerkzeuge wesentlich teurer sind als Standardwerkzeuge lohnt sich die Anfertigung nur dann, wenn eine größere Zahl von Teilen zu bearbeiten ist (Serienfertigung).

Die Einsparungen, die mit einem Sonderwerkzeug erreichbar sind, werden im Wesentlichen aus der eingesparten Rüst- und Bearbeitungszeit berechnet und mit den Kosten bei konventioneller Bearbeitung mit mehreren Werkzeugen verglichen.

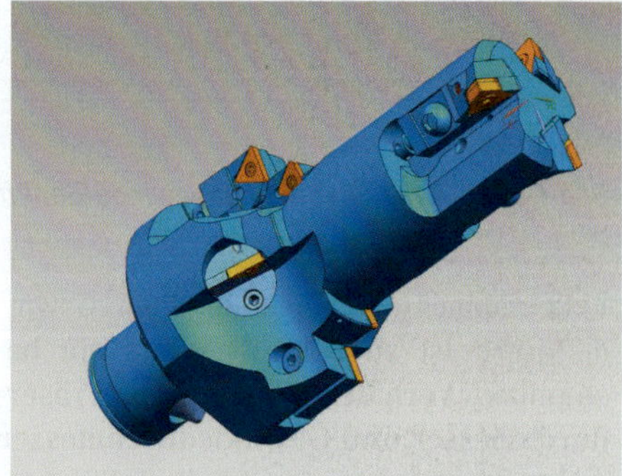

Bild 1.40: Sonderwerkzeug für die Komplett-Bearbeitung von Bremsscheiben.

WALTER
Engineering Kompetenz

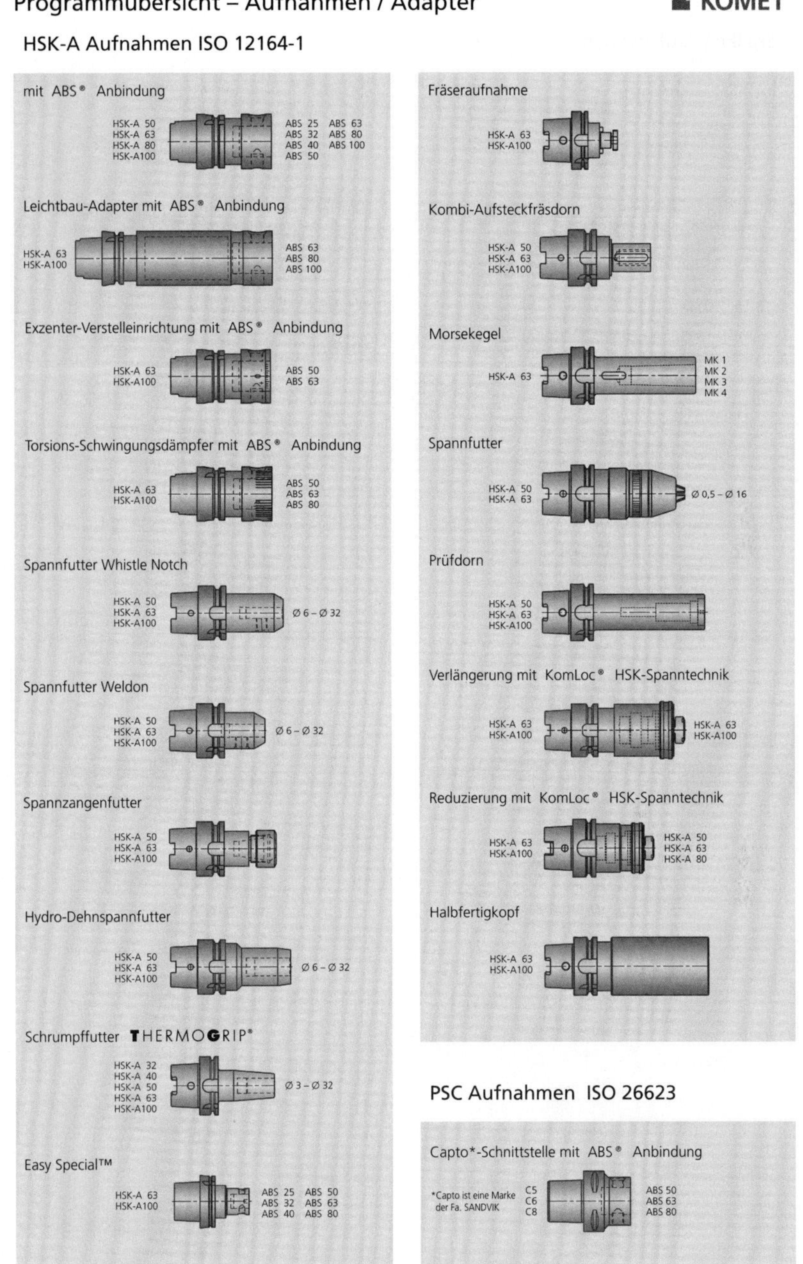

Bild 1.41: Übersicht, Werkzeugaufnahmen für Bohr- und Fräswerkzeuge.

KOMET®

Steilkegelaufnahmen

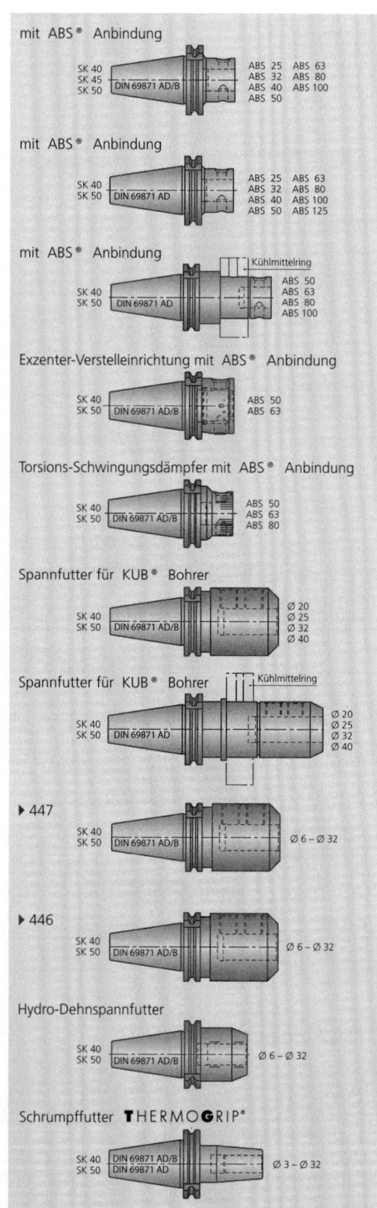

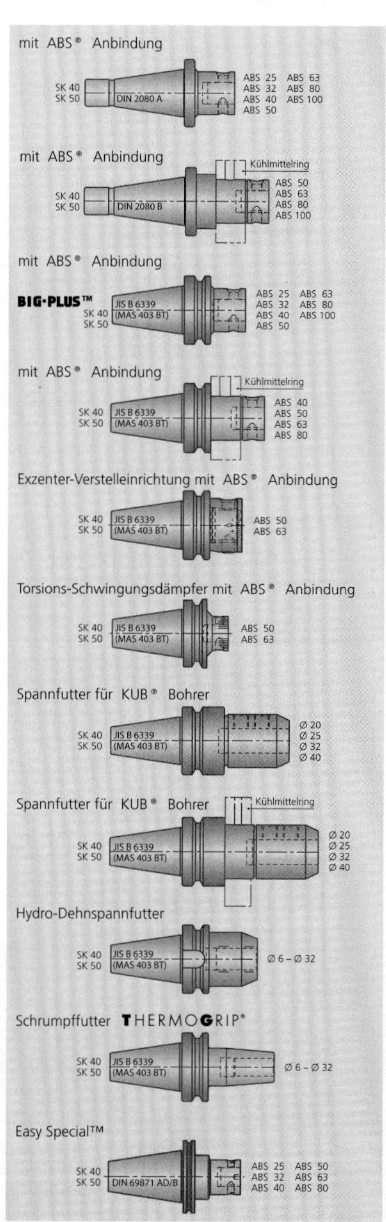

Bild 1.41: Übersicht, Werkzeugaufnahmen für Bohr- und Fräswerkzeuge. (Fortsetzung)

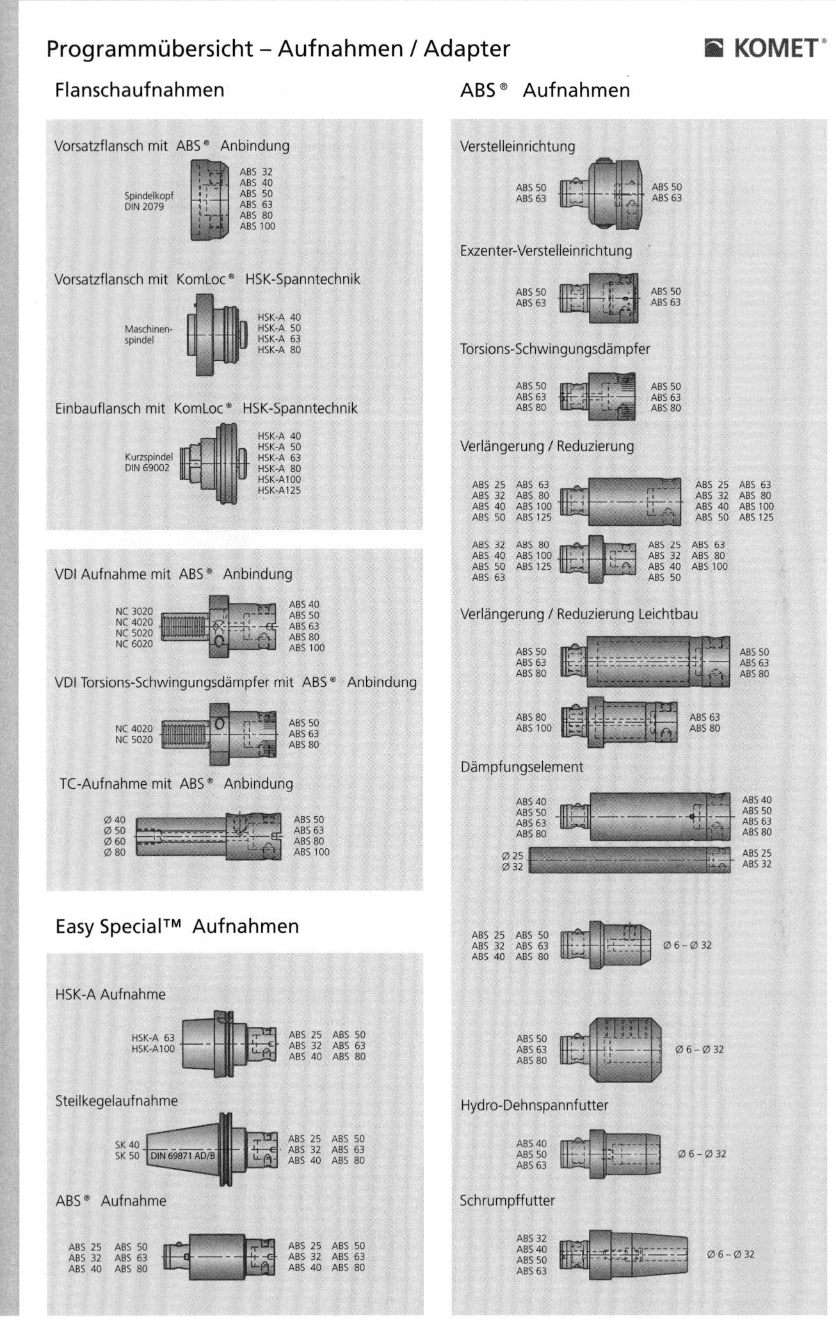

Bild 1.41: Übersicht, Werkzeugaufnahmen für Bohr- und Fräswerkzeuge. (Fortsetzung)

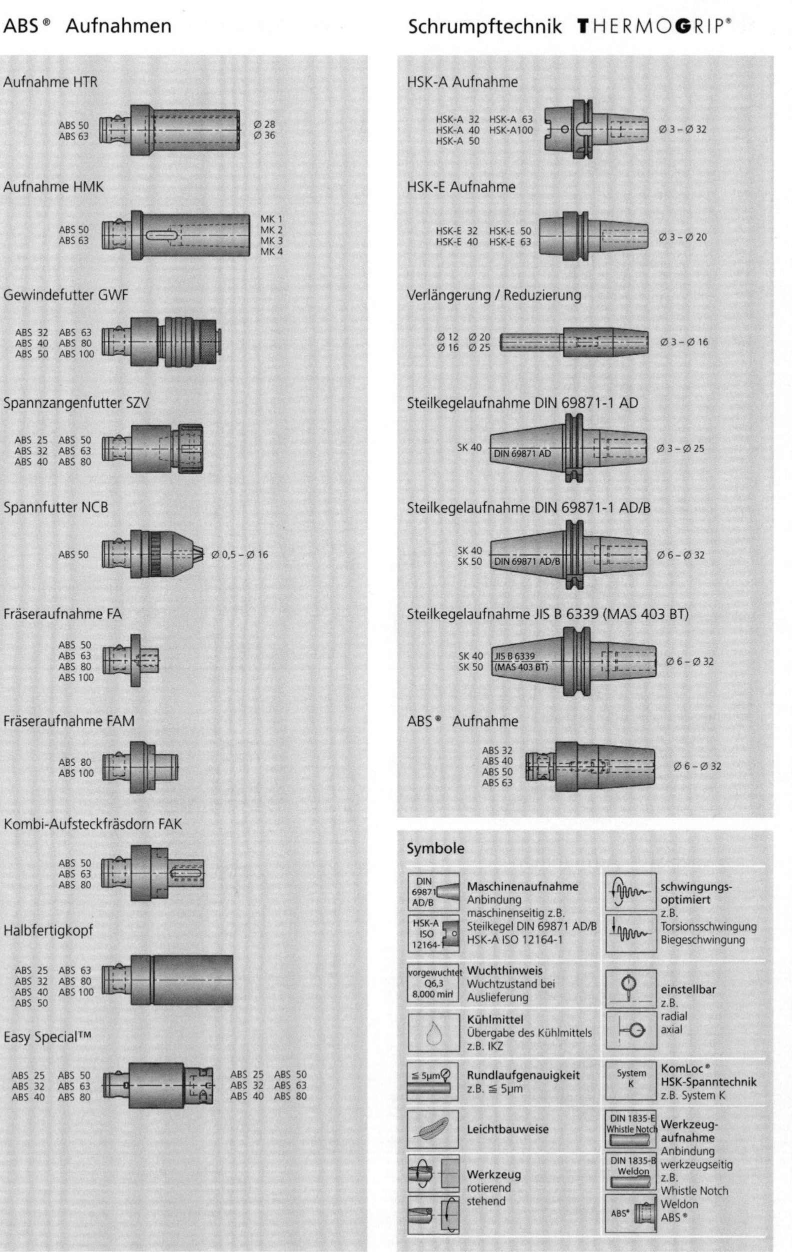

Bild 1.41: Übersicht, Werkzeugaufnahmen für Bohr- und Fräswerkzeuge. (Fortsetzung)

1.9 Werkzeugwahl

Bei der Wahl der Werkzeuge sind verschiedene Aspekte zu berücksichtigen und gegenseitig abzuwägen. In den meisten Fällen wird man unter den im Betrieb bereits vorhandenen Werkzeugen das am besten geeignete verwenden. Dabei wird man vorwiegend auf Grund der technischen Eignung entscheiden.

Geht es jedoch in Zusammenhang mit einer neuen Werkzeugmaschine oder der Beschaffung für ein erweitertes Teilespektrum um die Neubeschaffung von Werkzeugen, oder um die strukturelle Beurteilung des bisherigen Sortiments, wird man weitergehende Überlegungen machen. Natürlich sind die Kosten ein wesentlicher Aspekt. Zusätzlich wird man aber technische Aspekte beurteilen, wie

- eine einfache Handhabung,
- gute Resultate in der Zerspanung,
- optimale Möglichkeit zur Kühlung,
- die Stabilität, und nicht zuletzt
- die Möglichkeit der mehrfachen Verwendung. Dies insbesondere bei modularen Systemen, die sich bei gegebener maschinenseitiger Aufnahme mit mehreren unterschiedlichen Werkzeugaufnahmen oder Verlängerungen kombinieren lassen.

Speziell die im Durchmesser einstellbaren Werkzeuge zum Ausbohren und Feinbohren sind auf Basis modularer Systeme erhältlich. Bei Werkzeugen mit wechselbaren Schneidplatten sind bei der Auswahl speziell Kombinierbarkeit und Variantenvielfalt der Wendeplatten zu berücksichtigen.

Aufbau der Werkzeuge

Das sollte man sich merken:

1. Eine gute **Werkzeugvorbereitung** ist sowohl für die heute gestellten Qualitätsansprüche als auch zur Vermeidung von Wartezeiten an den Maschinen unerlässlich.
2. Für Betriebe mit CNC-Maschinen muss ein **großer Werkzeugbestand** weit vorausschauend geplant werden.
3. Voraussetzung für eine qualitativ hochwertige CNC-Fertigung ist **die geometrische und die technologische Zuverlässigkeit** der Werkzeuge.
4. Man unterscheidet zwischen **stehenden** und **rotierenden** Werkzeugen.
5. Ein Komplettwerkzeug wird aus **mehreren Werkzeugkomponenten** zusammengesetzt.
6. **Werkzeugkomponenten** für ein rotierendes, modulares Werkzeug sind
   - der Adapter mit Steilkegel und Anzugsbolzen,
   - die Greiferrille, passend zum Wechsler,
   - der Werkzeug-Grundkörper mit den Schneidenträgern
   - und die austauschbaren Wende-Schneidplatten.
7. Spanende Werkzeuge werden aus verschiedenen **Schneidstoffen** hergestellt:
   - HSS = High-Speed-Steel
   - HM = Hartmetall
   - VHM = Voll-Hartmetall
   - Cermet = Keramik-Metall
   - Keramik = Oxid, Nitrit, Mischungen
   - PKD = Polykristalliner Diamant
   - CBN = Kubisches Bohrnitrit
8. Zum Einsetzen der Werkzeuge in die Maschine sind unterschiedliche **Werkzeugaufnahmen** erforderlich.
9. Werkzeug-Aufnahmen müssen hohe Anforderungen erfüllen, um die **Schneidkräfte** aufzubringen, einen **präzisen Sitz** zu garantieren und den **automatischen Werkzeugwechsel** zu ermöglichen.
10. Die Werkzeug-Aufnahmen sind nach DIN genormt.
11. Zur Feinbearbeitung von Bohrungen stehen **einstellbare Werkzeuge** zur Verfügung.
12. **Sonderwerkzeuge** sollten nur eingesetzt werden, wenn kein Standard-Werkzeug verfügbar ist.

2 Werkzeugverwaltung (Tool Management)

Bevor auf einer CNC-Maschine ein Fertigteil erstellt werden kann, sind eine Reihe von Vorbereitungen zu treffen. Dabei spielen die Werkzeuge in Zusammenhang mit der NC-Programmierung, dem Einkauf, dem Rüsten, dem Ausmessen und der Überwachung eine wichtige Rolle. Seit einigen Jahren wird deshalb bei den meisten Firmen über eine strukturierte Werkzeugverwaltung gesprochen oder eine solche bereits eingesetzt.

2.1 Motive zur Einführung

Verwenden neuer Technologien

Steigende Ansprüche in Design und Qualität, kombiniert mit Zeit- und Kostendruck, zwingen die Unternehmen zu permanenter Investition in noch leistungsfähigere Ausrüstung und Verfahren. Die modernen CNC-Maschinen (z. B. Dreh-Fräs-Maschinen) sind hoch produktiv, sie sind aber in Vorbereitung und Anwendung sehr anspruchsvoll. Voraussetzung für den erfolgreichen Einsatz neuer Technologien ist deshalb die gleichzeitige Anpassung der Organisation mit der Möglichkeit zum Speichern und Abrufen der zusätzlich benötigten Informationen. Das dafür zusätzlich erforderliche Wissen kann so in den betrieblichen Ablauf eingebunden und für die benötigten Aufgaben bereitgestellt werden. Dadurch wird vermieden, dass Betriebsmittel, Werkzeuge und Anweisungen falsch oder unvollständig bereitgestellt werden und als Folge Unterbrechungen in der Fertigung resultieren *(Bild 2.1).*

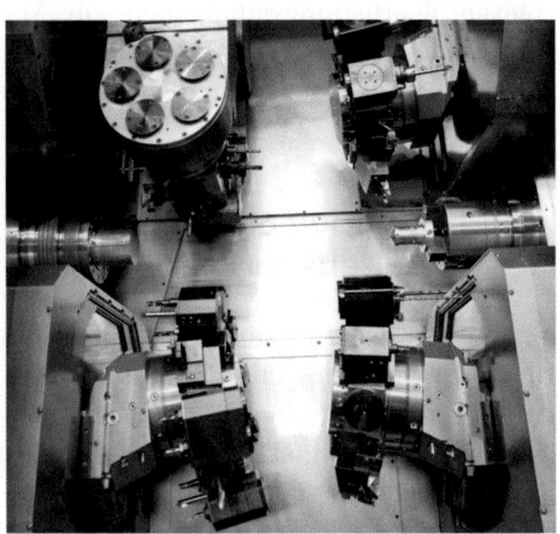

Bild 2.1: Arbeitsraum eines Dreh-Fräszentrums.

Passende Informationen bereitstellen

Beim Kauf neuer Ausrüstung wird die benötigte Information für die Verwendung mitgeliefert (z. B. Schnittwerte bei Werkzeugen). Diese Information liegt jedoch in lieferantenspezifischer Formulierung vor (z. B. maximaler Einstelldurchmesser eines Feinbohrwerkzeugs). Bevor die neue Anschaffung eingesetzt werden kann, müssen die Angaben in das betriebsspezifische und aufgabenorientierte Format gebracht werden (z. B. konkret benötigter Einstellwert für ein Feinbohrwerkzeug). Zudem muss diese Information an allen betroffenen Arbeitsplätzen verfügbar gemacht werden (z. B. muss der konkrete Einstelldurchmesser sowohl in der NC-Programmierung als auch in der Werkzeugausgabe bekannt sein). Die betriebsspezifisch aufbereiteten Informationen liegen dann als allgemeine oder teilespezifische Anweisungen vor (z.B. geeignete Schnittwerte für den Einsatz eines Werkzeugs in einem bestimmten Werkstoff) und müssen verwaltet und in den Auftragsablauf eingebunden werden. Dies ist erforderlich um zu vermeiden, dass wegen ungeeigneter Schnittwerte wertvolle Kapazität verloren geht, oder die Standzeit der Werkzeuge reduziert wird.

Informationen verfügbar machen

Die Werkzeug- und Fertigungsdaten werden in betriebsspezifischer Form in Datenbanken verwaltet. Dafür wird eine Softwareanwendung eingesetzt, mit der die Informationen abteilungsübergreifend von verschiedenen Personen verwendet werden können, ohne dass diese mehrfach erfasst werden müssen. Damit die Daten auch in anderen Softwareanwendungen genutzt werden können, werden entsprechende Schnittstellen eingesetzt. Von unterschiedlichen Arbeitsplätzen (z.B. CAM-System, Voreinstellgerät, Werkstatt-Logistik) wird auf dieselbe Datenbasis zugegriffen und somit ein reibungsfreier Arbeitsablauf gewährleistet. Die zentrale Datenhaltung vermeidet Fehler und Stillstandszeiten in der Fertigung, die durch vergessene Aktualisierungen in den Spezifikationen oder unvollständige Anweisungen entstehen.

Planen und vorbereiten

Für die Planung der Maschinenbelegung, die Vorbereitung der Werkzeuge der Nachtschicht, den Einkauf von Verbrauchsartikeln oder den Entscheid für eine Neuanschaffung sind ausreichend Informationen notwendig. Die strukturierte Verwaltung aller Angaben im Umfeld der Werkzeuge ermöglicht, kurzfristig solche Informationen und Zusammenhänge verfügbar zu machen.

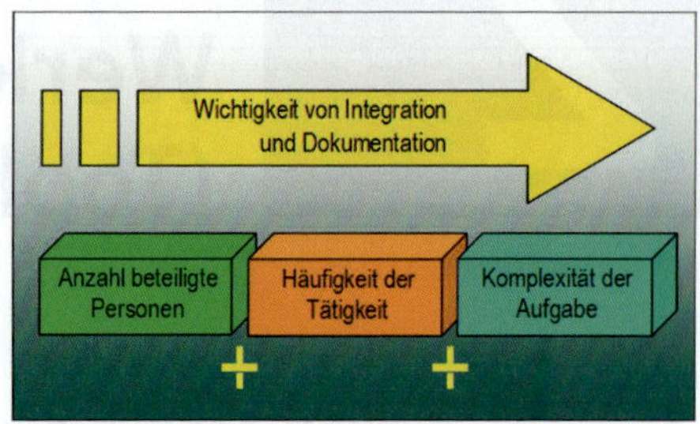

Bild 2.2: Wichtigkeit einer systematischen Dokumentation für fehlerfreie Prozesse.

Notwendigkeit einer Lösung

Die Bedeutung des Informationsaustausches zwischen den Arbeitsbereichen ist firmenspezifisch unterschiedlich. Allgemein gilt, dass fehlende und unklare Informationen bedeutende Fehlerquellen sind und sich durch Kapazitätsverlust, Ausschuss, Zeitverzögerung und ineffiziente Arbeitsabläufe bemerkbar machen. Manuelle Schnittstellen und mündlicher Informationsaustausch sind potentielle Fehlerquellen und Hürden für neue Mitarbeiter.

Je mehr Personen am Fertigungsprozess beteiligt sind, umso wichtiger sind verbindliche Anweisungen und klare Abläufe. Häufig auszuführende Tätigkeiten müssen effizienter organisiert werden als selten anfallende Arbeiten. Besonders wichtig sind verbindliche Spezifikationen bei komplexen Bearbeitungssituationen zur Vermeidung von Maschinenschäden und bei Produkten mit besonderen Risiken im Falle einer fehlerhaften Lieferung *(Bild 2.2)*.

2.2 Evaluation einer Werkzeugverwaltung

Typischerweise entsteht das Bedürfnis nach einer Werkzeugverwaltung dann, wenn der Arbeitsablauf wiederholt Probleme bereitet, z.B. ständiges Suchen nach Werkzeugen oder Maschinenschaden wegen Fehlern. Oder im positiven Fall, weil neue Technologien eingeführt werden und die Organisation den steigenden Anforderungen rechtzeitig angepasst werden soll (z. B. Einführung eines zentralen Voreinstellgeräts). Auch wenn das Bedürfnis lediglich in einem einzelnen Arbeitsbereich akut ist (z. B. Reduktion des hohen und falschen Werkzeugbestands), kann das Problem nur dann nachhaltig gelöst werden, wenn die Informationen aus allen Arbeitsbereichen sinnvoll miteinander verknüpft werden. Aus verschiedenen Gründen kann diese Aufgabe nur mit einer darauf spezialisierten Lösung zweckdienlich und nachhaltig gelöst werden. Der voraussichtliche Nutzen, den eine gute Werkzeugverwaltung bietet, kann mit wenigen Kenndaten ermittelt und den geplanten Projektkosten gegenübergestellt werden.

Bevor eine Werkzeugverwaltung beschafft wird ist festzulegen, welche Aufgaben damit gelöst und welche Schwachstellen und zusätzlichen Möglichkeiten abgedeckt werden sollen. Die Zusammenstellung beschreibt die Aufgaben und Ziele, ohne die dafür verwendete Methode vorwegzunehmen und damit die Lösungswege einzugrenzen. Je nach Art der Fertigung (Serien, Prototypen), der Branche in welchem das Unternehmen tätig ist (Medizintechnik, Maschinenbau, Zulieferer) und der eingesetzten Fertigungsmaschinen, wird den verschiedenen Aufgaben eine unterschiedliche Priorität beigemessen. Die Beschreibung der Aufgaben bezieht sich auf alle betroffenen Abteilungen und dient als Basis für ein Lastenheft.

2.3 Lastenheft

Das Lastenheft ist eine systematische Aufstellung der Anforderungen an die geplante Lösung. Sie dient als Basis für die von den möglichen Lieferanten zu erstellenden Angebote und ist gegliedert in die folgenden Kapitel:

- Die **Einleitung** beschreibt den Hintergrund und die angestrebten Ziele in globaler Form.
- Die **Randbedingungen** erläutern das Mengengerüst der betroffenen Daten, die Anforderung an die Nummerierungssysteme, die Anzahl benötigter Arbeitsplätze für die verschiedenen Aufgaben, die EDV-technischen Gegebenheiten einschließlich der zu integrierenden Anwendungen, sowie Angaben zur Organisationsform und der vorgesehenen Einführungsphasen.
- Die **Prozessanforderungen** sind gegliedert nach Arbeitsplatz. Sie beschreiben die Anforderungen der Mitarbeiter an die Lösung aus Sicht des Arbeitsablaufs als Teil des Fertigungsprozesses (z. B. Drucken der Netto-Bedarfsliste mit Barcode und Lagerort).
- Die **funktionalen Anforderungen** beschreiben nicht selbstverständliche Randbedingungen für spezifische Aufgaben und entsprechen oft dem Detailwissen einzelner Mitarbeiter, welche die Aufgabe derzeit ausführen. So soll z. B. festgehalten werden, ob die Werkzeuggröße bei der Netto-Beladeliste berücksichtigt werden muss.
- Die **nicht funktionalen Anforderungen** beschreiben Randbedingungen und Wünsche, die sich auf die ganze Lösung beziehen und nicht einzelne Funktionen betreffen. So kann z. B. festgehalten werden, dass die Installation von Updates ohne externe Dienstleistung durch IT des Kunden möglich sein soll. Die nicht funktionalen Anforderungen sind meist gegliedert in Vorgaben der IT, Anforderungen der Qualitätssicherung und allgemeine Wünsche der Anwender (z. B. verständliche, intuitive Bedienung).

Anstatt ein Lastenheft zu erstellen, können die Anforderungen auch mit möglichen Lieferanten besprochen werden, welche dann für das Unternehmen einen Vorschlag ausarbeiten. Die Lieferanten verfügen über Erfahrung aus ähnlichen Unternehmen und können diese mit einfließen lassen. Je nach Kompetenz und Reputation des Lieferanten kann damit ein besserer Vorschlag resultieren, als mit einem selbst erstellten Lastenheft.

2.4 Beurteilung von Lösungen

Der Anwender legt bei der Beurteilung einer neu zu beschaffenden Lösung spezielles Augenmerk auf jene Aspekte, die den primären Grund für eine Beschaffung verursacht haben (z. B. Kapazitätsverlust durch Suchen von Werkzeugen) und die unmittelbar angrenzenden Schwachstellen (z. B. Reduktion der Werkzeugkosten durch Zentralisierung der Lagerhaltung). Es ist die Aufgabe der Verantwortungsträger, die Aufgabe global zu betrachten und dem Bedürfnis strukturell zu begegnen, statt mit einer lokalen Lösung vorübergehende Linderung herbeizuführen. Weil es sich um eine übliche Aufgabe der CNC-Fertigung handelt, muss die Lösung nicht neu erfunden werden, sondern aus den verfügbaren Anwendungen ist die am besten geeignete zu wählen und in sinnvollen Schritten einzuführen. Unabhängig von den technischen Fakten sind dabei auch die Hintergründe des Herstellers zu beleuchten. Dieser sollte unter anderem über eine nachhaltige Vision und entsprechende Ressourcen verfügen und nicht derart mit anderen Produkten verflochten sein, dass der universelle Einsatz oder der Abdeckungsgrad der Aufgaben beschränkt ist.

Vor der Einführung, die schrittweise erfolgt, wird ein Einführungsplan erstellt, der die Verantwortlichkeit und den erwarteten zeitlichen Aufwand aufzeigt.

2.5 Einführung einer Werkzeugverwaltung

Die Einführung einer Werkzeugverwaltung beginnt mit der Kommunikation im Betrieb. Nur wenn alle Beteiligten den Vorteil der strukturierten Organisation erkennen, wird der erwartete Nutzen erreicht. Dies erfolgt am besten anlässlich eines Workshops, bei dem genügend Zeit zur Verfügung steht, um alle Fragen und Hinweise der Mitarbeiter anhand einer Testinstallation zu behandeln.

Die Einführung konzentriert sich im ersten Schritt auf die Erfassung der Stammdaten, wobei gleichzeitig die Vielfalt der Werkzeuge auf das Notwendige reduziert wird. Damit wird bereits ein Teil des Nutzenpotenzials ausgeschöpft, weil für die NC-Programmierung, die Werkzeugausgabe und die technologische Planung ein einheitliches System zur Verfügung steht.

In einem nächsten Schritt wird die Logistik eingeführt und danach die prozessorientierte Verwendung für weitere Aufgaben und die Integration mit anderen Systemen. Die Erfahrung des Lieferanten ermöglicht dabei eine realistische Zeit- und Kostenplanung.

2.6 Gliederung

Die Werkzeugverwaltung wird in der zerspanenden Fertigung benötigt, um die Informationen über die vorhandenen Werkzeuge einheitlich zu organisieren und im Umfeld zu integrieren. Die Werkzeugdaten sind dabei in einer Datenbank gespeichert und werden mit der Werkzeugverwaltungs-Software erfasst und verwendet. Im Unterschied zu einer allgemeinen Lösung für die Verwaltung der Betriebsmittel, beinhaltet eine Werkzeugverwaltung spezialisierte technische Datenfelder, Grafiken und Parameter, die für den Einsatz im Fertigungsprozess erforderlich sind.

Anders als bei Handwerkzeugen besteht ein Werkzeug in der CNC-Fertigung normalerweise aus mehreren Einzelteilen. Der korrekte Zusammenbau der einzelnen Komponenten zu einem solchen Komplettwerkzeug ist Voraussetzung für einen fehlerfreien Fertigungsprozess. Für die Bearbeitung eines Teils mit der CNC-Maschine (Arbeitsgang) sind jeweils mehrere Komplettwerkzeuge erforderlich, die in einer Werkzeugliste dokumentiert werden. Jede

Komponente, jedes Komplettwerkzeug und jede Werkzeugliste hat eine Identifikation, unter welcher die zugehörige Spezifikation gefunden wird.

Die Werkzeugverwaltung gliedert sich in die Dokumentation der Werkzeuge (Stammdaten) und die Logistik (Bestandesführung, Bewegungsdaten).

Die Dokumentation umfasst mindestens alle Informationen, die für einen reibungsfreien und nachvollziehbaren Fertigungsprozess benötigt werden. Zudem können damit Ersatzteile, Erfahrungswerte für den Einsatz und zugehörige Dateien verwaltet werden. Es stehen Funktionen zur Verfügung um die Daten zu pflegen, zu verarbeiten, zu drucken und mit anderen Anwendungen auszutauschen.

Die Logistik befasst sich mit der Bedarfsplanung, dem Bestand und dem Aufenthaltsort der Werkzeuge. Sie umfasst einerseits die Lagerhaltung und den Einkauf der Einzelteile mit entsprechender Auswertung des Verbrauchs. Anderseits können damit die Bewegungen der zusammengebauten Komplettwerkzeuge innerhalb des Unternehmens geplant und koordiniert werden.

2.7 Integration

Die Werkzeugverwaltung dient dem Ziel, einen effizienten und fehlerfreien Auftragsablauf in der Fertigung zu gewährleisten. Vorhandenes Wissen wird allgemein verfügbar gemacht und die in den Stammdaten festgehaltenen Vorgaben werden beachtet. Damit dies möglich ist, müssen die Informationen für die unterschiedlichen Aufgaben an den jeweiligen Arbeitsplätzen verfügbar sein. Die Integration der Werkzeugdaten ermöglicht anderen Anwendungen die Verwendung der Werkzeugdaten, die mit der Werkzeugverwaltung gepflegt werden. Dabei greifen diese Anwendungen entweder direkt auf die Datenbank der Werkzeugverwaltung zu, oder die Daten werden über Schnittstellen ausgetauscht. Speziell in der CNC-Fertigung, wo mehrere Personen am Fertigungsprozess beteiligt sind, vermeidet die Integration Fehler, Verzögerungen und mehrfache Datenerfassung.

Fehlt eine zentrale Werkzeugverwaltung, werden die Informationen zu den Werkzeugen an verschiedenen Arbeitsplätzen in Tabellen und Listen notiert. Dies bedeutet ein Mehrfaches an Aufwand für die Datenpflege und die Gefahr, veraltete Informationen zu verwenden oder die vollständige Information von verschiedenen Stellen beschaffen zu müssen.

2.8 Werkzeugidentifikation

Damit der Arbeitsablauf fehlerfrei klappt, muss eine Dokumentation erstellt werden, in der die dazu benötigten Werkzeuge unmissverständlich aufgeführt sind. Bei mehreren tausend Werkzeugen ist eine klare textliche Beschreibung sehr aufwändig und lang. Deshalb verwendet man dafür eine möglichst kurze, nicht sprechende, eindeutige Identifikationsnummer und dokumentiert die Details in der Datenbank der Werkzeugverwaltung. Das Vorgehen ist vergleichbar mit der Telefonnummer, die als Identifikation für einen Telefonbesitzer verwendet wird.

Der Vorteil einer für das ganze Unternehmen gültigen Identifikation für Werkzeuge liegt darin, dass man die gewünschten Informationen einfach abrufen kann. Ob es sich dabei um die Bestellnummer, Geometriedaten, den Lagerort oder die Schnittwerte handelt – alle Informationen sind immer sofort verfügbar. Wenn man als Identifikation eine kurze Nummer wählt, ist sie zudem schnell eingegeben. Würde man die Bestellnummer des Artikels dafür verwenden, wäre sie länger, die Nummern wären nicht einheitlich strukturiert und wenn man den Lieferanten wechselt, hätten sie nichts mehr mit dem Artikel gemein.

Bei der Vergabe der Identifikation für Werkzeuge ist zu unterscheiden zwischen einzelnen Komponenten und den daraus zusammengebauten Komplettwerkzeugen. Es ist zur Vermeidung von Missverständnissen empfehlenswert, eigene Nummernkreise zu verwenden, z.B. ab 50 001 für Komponenten und ab 600 01 für Komplettwerkzeuge *(Bild 2.3).*

Als Identifikation für die Werkzeuglisten (Rüstlisten) kann z.B. ein Nummerkreis ab 7 001 001 festgelegt werden. Die Werkzeugliste enthält alle Werkzeuge, die für einen Arbeitsgang (eine Bearbeitung) benötigt werden. Zusammen mit der Identifikation wird bei der Werkzeugliste auch der Arbeitsgang (z.B. 100 1004 - 20) erfasst *(Bild 2.4).*

Als Identifikation für die Arbeitsgänge wird eine Kombination der Zeichnungs- oder Teilenummer und der Nummer des Arbeitsgangs verwendet (z.B. 100 1004 - 20). In der Verwaltung der Arbeitsgänge werden alle Dokumente (Anweisungen für die Mitarbeiter und Instruktionen für die Maschinen) zusammengefasst. Wenn möglich verwendet man für diese Dokumente das gleiche Prinzip für die Identifikation wie für die Werkzeugliste. So bekommt das NC-Programm und die Aufspannskizze z.B. ebenfalls die Identifikation 7 001 001.

2.9 Werkzeuge suchen

Ein wichtiger Vorteil der Werkzeugverwaltung ist die Möglichkeit, dass komfortabel nach vorhandenen Werkzeugen gesucht werden kann. Statt im Lager mit dem Messschieber abzuklären, ob die Schneidenlänge für eine Bearbeitung ausreicht, kann diese in der Werkzeugverwaltung abgefragt werden.

Kennt man die Bestellnummer, können die zum Werkzeug gehörigen Daten direkt aufgerufen werden.

Sucht man ein Werkzeug für eine bestimmte technische Aufgabe (z.B. für ein

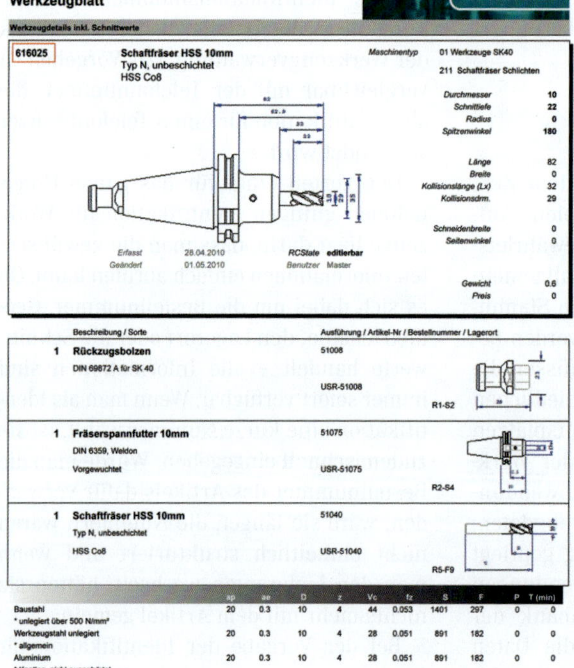

Bild 2.3: Fortlaufende 6-stellige Zahl als Identifikation für Komplettwerkzeuge.

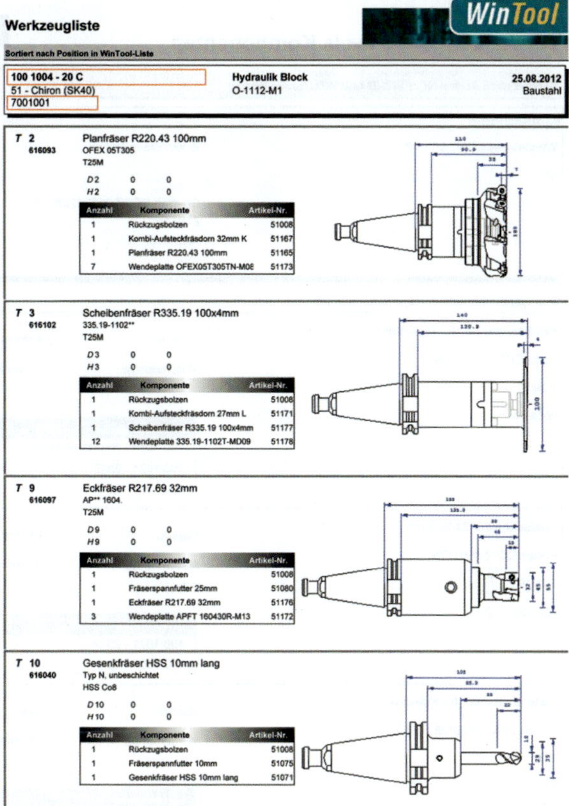

Werkzeugliste

WinTool

Sortiert nach Position in WinTool-Liste

100 1004 - 20 C
51 - Chiron (SK40)
7001001

Hydraulik Block
O-1112-M1

25.08.2012
Baustahl

T 2 616093
Planfräser R220.43 100mm
OFEX 05T305
T25M

D2 0 0
H2 0 0

Anzahl	Komponente	Artikel-Nr.
1	Rückzugsbolzen	51008
1	Kombi-Aufsteckfräsdorn 32mm K	51167
1	Planfräser R220.43 100mm	51165
7	Wendeplatte OFEX05T305TN-M08	51173

T 3 616102
Scheibenfräser R335.19 100x4mm
335.19-1102**
T25M

D3 0 0
H3 0 0

Anzahl	Komponente	Artikel-Nr.
1	Rückzugsbolzen	51008
1	Kombi-Aufsteckfräsdorn 27mm L	51171
1	Scheibenfräser R335.19 100x4mm	51177
12	Wendeplatte 335.19-1102T-MD09	51178

T 9 616097
Eckfräser R217.69 32mm
AP** 1604.
T25M

D9 0 0
H9 0 0

Anzahl	Komponente	Artikel-Nr.
1	Rückzugsbolzen	51008
1	Fräserspannfutter 25mm	51080
1	Eckfräser R217.69 32mm	51176
3	Wendeplatte APFT 160430R-M13	51172

T 10 616040
Gesenkfräser HSS 10mm lang
Typ N, unbeschichtet
HSS Co8

D10 0 0
H10 0 0

Anzahl	Komponente	Artikel-Nr.
1	Rückzugsbolzen	51008
1	Fräserspannfutter 10mm	51075
1	Gesenkfräser HSS 10mm lang	51071

Bild 2.4: Fortlaufende 7-stellige Zahl für Werkzeuglisten, zusätzlich ist der Arbeitsgang erfasst.

Gewinde M8), verwendet man die Klassifikation mit zusätzlichen Filtern für die Geometrie, die Technologie und die Verfügbarkeit im Lager.

In der Datenbank der Werkzeugverwaltung kann auch abgefragt werden, in welchen Werkzeuglisten eine bestimmte Komponente vorkommt. Dieser Verwendungsnachweis wird benötigt, wenn Komponenten nicht mehr lieferbar sind, damit man die Komponenten in allen betroffenen Werkzeuglisten ersetzen kann. Der Verwendungsnachweis kann auch verwendet werden, wenn man Angaben zur Verwendung einer Komponente aus einem bereits vorhandenen NC-Programm übernehmen möchte *(Bild 2.5)*.

2.10 Werkzeugklassifikation

Sucht man ein Werkzeug (Komponenten oder Komplettwerkzeug) für eine technische Aufgabenstellung, kennt man die Identifikation nicht. Man wird deshalb über die Klassifikation suchen. Jedes Werkzeug ist einer Klasse zugeteilt. Alle Werkzeuge innerhalb einer Klasse sind ähnlich (z.B. Schaftfräser HSS zum Schruppen). Die Klassifikation ist eine hierarchische Gliederung, bei der man über z.B. drei Stufen schrittweise die gewünschte Klasse findet, auch wenn man diese nicht im Voraus auswendig kennt.

Wird einer der Datensätze ausgewählt, werden alle Details und die Identifikation angezeigt. Je nach dem, ob man eine Komponente oder ein Komplettwerkzeug ge-

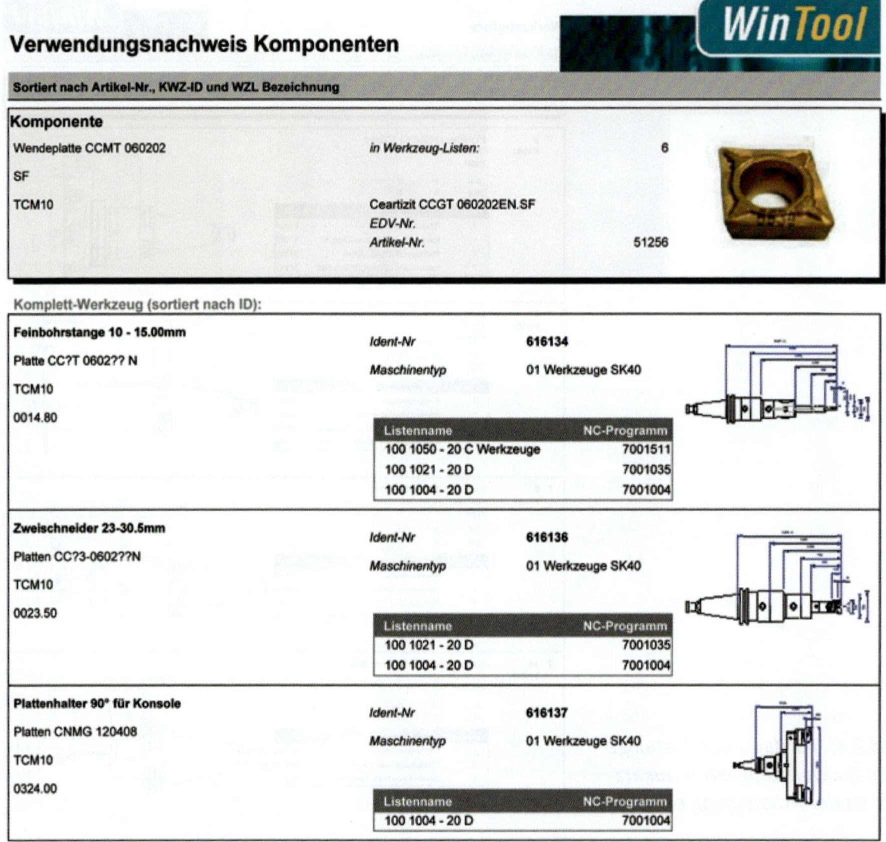

Verwendungsnachweis Komponenten WinTool

Sortiert nach Artikel-Nr., KWZ-ID und WZL Bezeichnung

Komponente

Wendeplatte CCMT 060202 — *in Werkzeug-Listen:* 6

SF

TCM10 — Ceartizit CCGT 060202EN.SF

EDV-Nr.

Artikel-Nr. 51256

Komplett-Werkzeug (sortiert nach ID):

Feinbohrstange 10 - 15.00mm

Platte CC?T 0602?? N

TCM10

0014.80

Ident-Nr 616134

Maschinentyp 01 Werkzeuge SK40

Listenname	NC-Programm
100 1050 - 20 C Werkzeuge	7001511
100 1021 - 20 D	7001035
100 1004 - 20 D	7001004

Zweischneider 23-30.5mm

Platten CC?3-0602??N

TCM10

0023.50

Ident-Nr 616136

Maschinentyp 01 Werkzeuge SK40

Listenname	NC-Programm
100 1021 - 20 D	7001035
100 1004 - 20 D	7001004

Plattenhalter 90° für Konsole

Platten CNMG 120408

TCM10

0324.00

Ident-Nr 616137

Maschinentyp 01 Werkzeuge SK40

Listenname	NC-Programm
100 1004 - 20 D	7001004

Bild 2.5: Verwendungsnachweis einer Komponente auf Stufe Komplettwerkzeuge und Arbeitsgänge.

sucht hat, wird der passende Datensatz gefunden.

2.11 Werkzeugkomponenten

Die **Komponenten** sind Einzelteile, welche zu Komplettwerkzeugen kombiniert werden. Komponenten werden als Einheit eingekauft und in der Werkzeugausgabe gelagert. Es wird unterschieden zwischen schneidenden Komponenten (z. B. Wendeschneidplatte) und nicht schneidenden Komponenten (z. B. Spannzangen). Schneidende Komponenten werden beim Einsatz verschlissen und müssen daher periodisch ersetzt und eingekauft werden. Nicht schneidende Komponenten sind bei normalem Gebrauch praktisch unbeschränkt einsetzbar. Sie werden meist zusammen mit einer neuen Werkzeugmaschine beschafft. Spannmittel werden wie nicht schneidende Komponenten behandelt.

Die **Kopfdaten** sind für alle Komponenten einheitlich gegliedert und beinhalten die Bezeichnung, die Bestellnummer und die eindeutige Artikel-Nr (Identifikation). Jede Komponente ist einem Werkzeug-Typ zugeteilt, welcher Anzahl und Bedeutung der beschreibenden Datenfelder bestimmt (Sachmerkmalleiste). Zudem ist jede Komponente einer Werkzeugklasse zugeteilt, damit sie über die Klassifikation gefunden wird.

Die beschreibenden Daten (geometrische

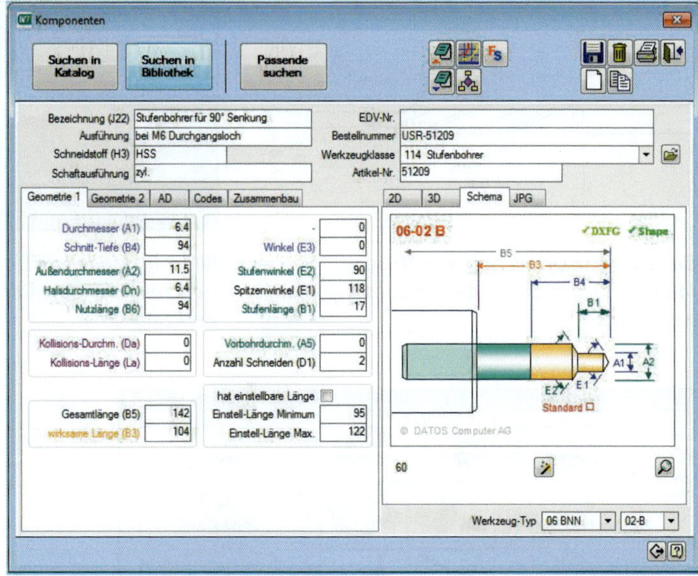

Bild 2.6: Die Verwendung standardisierter Prinzip-Skizzen (Schema) ist Voraussetzung für eine fehlerfreie Datenerfassung.

Werte) unterscheiden sich je nach Werkzeug-Typ. Die Felder und deren Bedeutung der Datenfelder sind in der Sachmerkmalleiste und den zugehörigen Schemen festgehalten *(Bild 2.6)*.

Zusätzlich zu den Datenfeldern sind in der Werkzeugverwaltung **Grafiken** enthalten. Sie sind entweder direkt in der Datenbank gespeichert, oder über Dateiverknüpfungen zugeordnet. Dabei sind in der Regel vier Typen von Grafiken zu unterscheiden.

a) Die 2D-Grafik (DXF) enthält Maßlinien und geometrische Information für den Anwender. Sie wird für den Aufbau der Zeichnung des Komplettwerkzeugs verwendet und entspricht bezüglich Verwendung der Layer, der Ausrichtung und dem Nullpunkt dem Standard nach BMG 3.0/DIN 69 874. Anwendungen für die Werkzeugverwaltung verfügen meist über eine integrierte Funktion zur automatischen Erstellung der 2D-Grafiken auf Basis der erfassten Geometriedaten, sodass diese Arbeit beim Aufbau der eigenen Bibliothek in vielen Fällen entfällt *(Bild 2.7)*.

b) Die 3D-Modelle werden insbesondere bei Drehwerkzeugen benötigt, um daraus die Modelle der Komplettwerkzeuge zu generieren. Nullpunkt und Ausrichtung sind in den ISO-Standards normiert *(Bild 2.8)*.

c) Ein Foto oder eine Grafik aus dem Internet wird bei komplexen Komponenten verwendet, um Form und Einsatz genauer zu erklären.

d) Die pdf-Datei aus dem Katalog des Werkzeugherstellers wird in der Werkzeugverwaltung eingebunden, falls dies zur Erklärung der korrekten Handhabung notwendig erscheint.

Um den Aufwand der erstmaligen Erfassung der Komponenten in der Werkzeugverwaltung zu reduzieren, stellen die Werkzeughersteller Daten und Grafiken in entsprechend aufbereiteter Form zur Verfügung. Für die technischen Daten der Werkzeuge werden derzeit das DIN 4000 und das ISO 13 399 Austauschformat verwendet *(Bild 2.9)*.

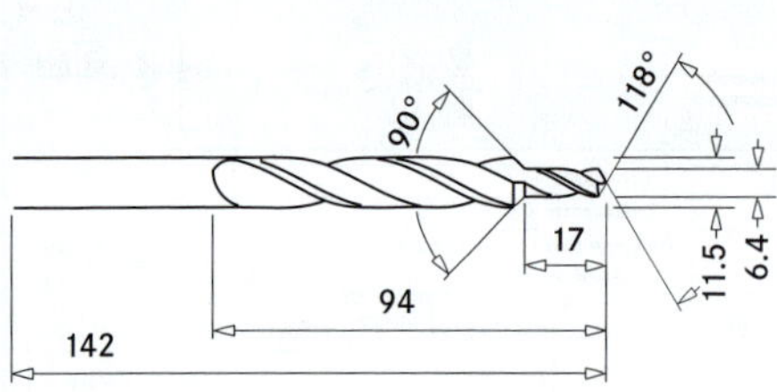

Bild 2.7: DXF Grafik für geometrische Information und Zusammenbau des Komplettwerkzeugs.

Bild 2.8: Modell (STL oder Step) eines Drehwerkzeugs für den Aufbau eines Komplettwerkzeugs.

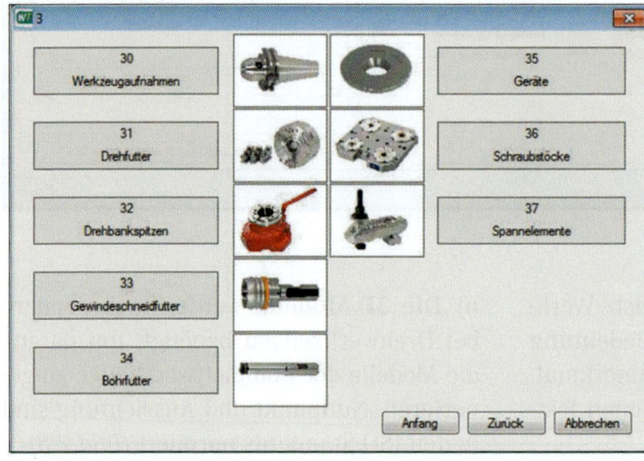

Bild 2.9: Integrierte Werkzeugkataloge vereinfachen die Datenerfassung.

2.12 Komplettwerkzeuge

Die Komplettwerkzeuge sind aus mehreren Komponenten aufgebaut. Am hinteren Ende befindet sich die Komponente, welche zur Werkzeugaufnahme der Maschine passt, auf der anderen Seite befindet sich die schneidende Komponente (z. B. Bohrer oder Wendeplatte). Dazwischen werden unterschiedliche Komponenten (z. B. Verlängerung, Spannzange) verwendet, um die gewünschte Geometrie des Komplettwerkzeugs zu erreichen. Die Dokumentation des Komplettwerkzeugs beschreibt, wie die Komponenten zusammengebaut werden müssen. Damit stellt man sicher, dass die im CAM-System verwendete Geometrie mit dem in der Werkstatt zusammengebauten Werkzeug übereinstimmt *(Bild 2.10)*.

Die **Kopfdaten der Komplettwerkzeuge** enthalten die eindeutige Identifikation, die Bezeichnung und die Zuteilung zur Werkzeugklasse.

Die geometrischen Felder werden beim Aufbau des Komplettwerkzeugs automatisch aus den Werten der Komponenten berechnet. Bei einstellbaren Werkzeugen (z. B. Feinbohrwerkzeug mit einstellbarem Durchmesser) werden zusätzliche Angaben beim Komplettwerkzeug gespeichert.

Die **Stückliste** enthält alle Komponenten in der jeweiligen Stückzahl und Reihenfolge. Es können zusätzliche Angaben für den Zusammenbau des spezifischen Komplettwerkzeugs erfasst werden (z. B. Einstell-Toleranz +0.03/-0.01 mm, oder die minimale Auskraglänge).

Zu jedem Komplettwerkzeug werden die Sollwerte für die Voreinstellung erfasst, die

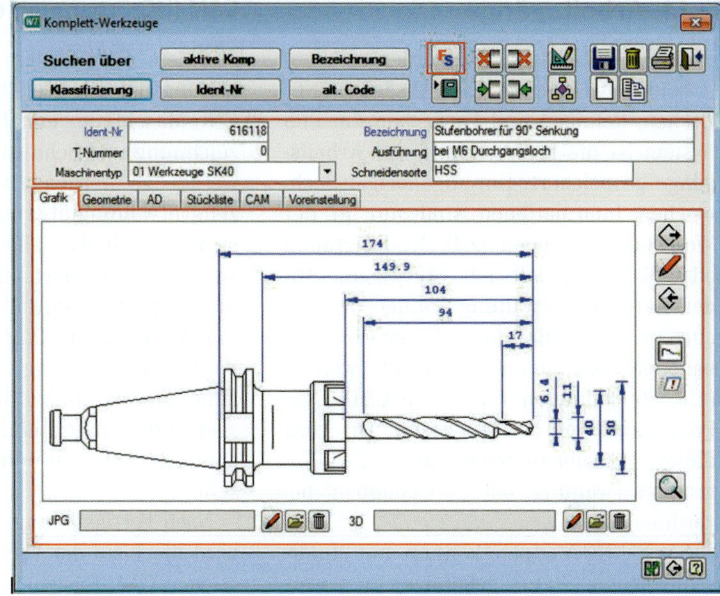

Bild 2.10: Komplettwerkzeug mit Kopfdaten, Grafik und spezialisierten Registern für jedes Thema.

zum Messen/Einstellen des Werkzeugs auf dem Voreinstellgerät verwendet werden. Zusätzlich zu den Sollwerten können Angaben zum genauen Ort und der Methode der Messung angegeben werden, damit z. B. bei einem Einstechwerkzeug klar ist, ob die linke oder rechte Schneidecke auszumessen ist.

Die **Schnittwerte** werden von der schneidenden Komponente als Vorschlag ins Komplettwerkzeug übernommen. Sie müssen auf die konkrete Situation in diesem Komplettwerkzeug angepasst werden, weil z. B. verlängerte Werkzeuge andere Schnittwerte benötigen als kurz gespannte.

Mit einer Werkzeugverwaltung ist es viel einfacher als von Hand, die Dokumentation zu erstellen. Die einzelnen Komponenten werden per Mausklick ausgewählt und angefügt. Die Zeichnung des Komplettwerkzeugs und die Stückliste werden automatisch aufgebaut. Die meisten Daten werden aus den Feldern der Komponenten von der Software automatisch berechnet und eingetragen.

2.13 Werkzeuglisten

In der Werkzeugliste sind alle Komplettwerkzeuge aufgeführt, die für einen Arbeitsgang benötigt werden. Sie wird als Rüstliste ausgedruckt und dient der Kommissionierung und Bereitstellung der Komplettwerkzeuge. Das Druckformat kann dabei in weiten Bereichen selbst festgelegt werden. Die Liste beinhaltet die benötigten Komponenten mit Lagerort und den wichtigsten geometrischen Angaben und Toleranzen des Komplettwerkzeugs.

Die **Kopfdaten** beinhalten die eindeutige Identifikation, die Zuordnung zum Arbeitsgang und Bezeichnung. Die Werkzeugliste enthält alle für den Arbeitsgang benötigten Komplettwerkzeuge, zusammen mit dem vorgesehenen Platz in der Maschine (T-Nummer, Revolver). In dieser Liste können auch Anforderungen an das Komplettwerkzeug erfasst werden, die nur für diesen Arbeitsgang gültig sind (z. B. minimale Schneidenlänge). Die Komplettwerkzeuge sind in der Reihenfolge aufgeführt, wie sie im NC-Programm verwendet werden.

2.14 Arbeitsgänge

Um ein Teil herzustellen, werden mehrere Arbeitsgänge benötigt. Z. B. Absägen, CNC-Drehen, Reinigen und Verpacken. Im PPS System ist die Beschreibung der Arbeitsgänge gespeichert. Die zugehörigen technischen Informationen sind nur in der Werkstatt vorhanden (z. B. NC-Programm oder Werkzeugblatt mit Stückliste). Mit der Werkzeugverwaltung können deshalb auch weitere für die CNC-Bearbeitung benötigte Dokumente organisiert werden (z. B. Zeichnungen aus dem CAD, NC-Programme vom CAM-System). Oft wird dieser Aufgabenbereich auch „NC-Programmverwaltung“ oder „NC-Mappen“ bezeichnet.

Solche NC-Mappen können mit unterschiedlichem Status gekennzeichnet werden, damit nicht versehentlich ungeprüfte NC-Programme, veraltete Rüstlisten oder überholte Zeichnungen verwendet werden. Gesperrte Mappen können nicht verwendet werden, archivierte Daten werden ausgeblendet, mit freigegebenen Mappen kann sofort gearbeitet werden *(Bild 2.11)*.

CAM (NC-Programmierung)

Mit dem CAM-System werden die Bearbeitungsbefehle (NC-Programm) für die CNC-Maschinen erstellt. Geometrie, Bezeichnung und Schnittwerte der Komplettwerkzeuge werden direkt aus der Werkzeugverwaltung übernommen. Dadurch ist sichergestellt, dass alle verwendeten Werkzeuge dokumentiert sind und mit der Realität in der Werkstatt übereinstimmen.

Für die sichere Datenübergabe von der Werkzeugverwaltung an die CAM-Systeme müssen die bei den Werkzeugen gespeicherten Daten einheitlich (Sachmerkmalleiste, Schema) und vollständig erfasst sein.

Nach Fertigstellung des NC-Programms wird die Liste der verwendeten Werkzeuge vom CAM-System als Werkzeugliste in der Werkzeugverwaltung übergeben *(Bild 2.12)*.

2.15 Werkzeugvoreinstellung

Die CNC-Maschine benötigt zur Positionierung der Werkzeuge bei der Bearbeitung deren genaue Abmessungen, also die Position der Schneidecke in Bezug zum Null-

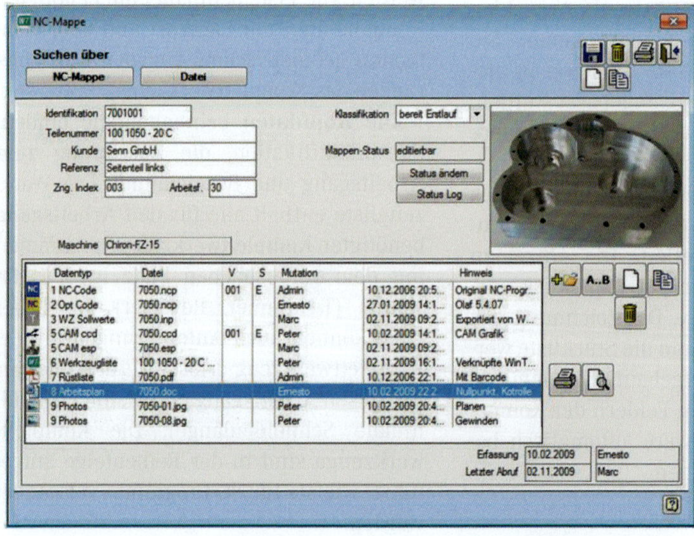

Bild 2.11: NC-Mappe zur Verwaltung aller Dokumente, die für einen Arbeitsgang benötigt werden.

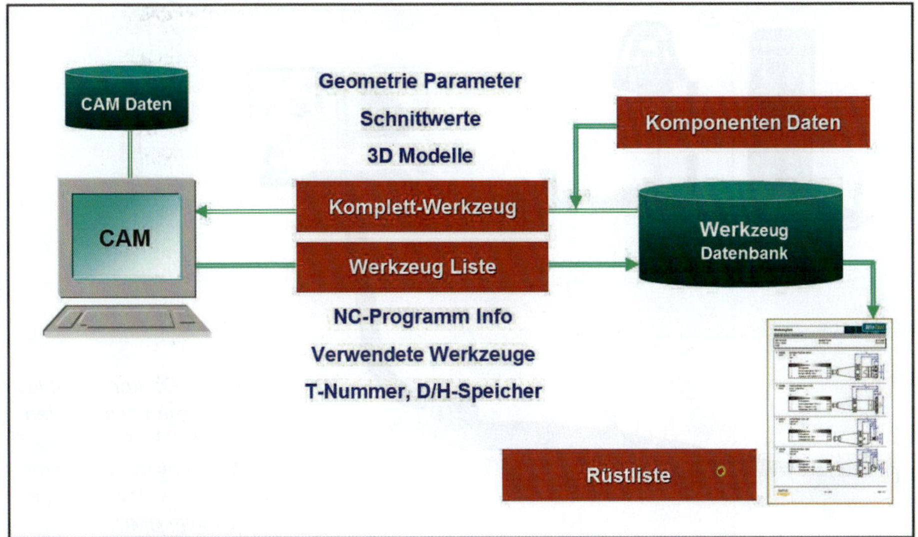

Bild 2.12: Integration mit dem CAM System.

punkt des Werkzeugs. Nur mit diesen Korrekturwerten weiß die Steuerung der Maschine, wo sich die Schneide des Werkzeugs in Bezug zur Spindel tatsächlich befindet.

Im Prinzip können die Werkzeuge auch auf der CNC-Maschine ausgemessen und die Werte für Länge und Durchmesser so bestimmt werden. Während der dafür verwendeten Zeit steht jedoch die Maschine und sie ist nicht produktiv. Deshalb sind die CNC-Maschinen so aufgebaut, dass die Schneidenposition auch außerhalb der Maschine auf ein gegebenes Maß eingestellt oder das Ist-Maß bestimmt werden kann. Die Werte werden dann beim Einsetzen der Werkzeuge in die Maschine übernommen.

Komfortable Voreinstellgeräte übernehmen Sollwerte, Bezeichnung und Toleranzen aus der Werkzeugverwaltung und übergeben die gemessenen Ist-Werte direkt an die Steuerung der CNC-Maschine. Die Integration der Werkzeugverwaltung mit den Voreinstellgeräten erfolgt im Austauschformat des jeweiligen Geräteherstellers und beinhaltet auch die Grafiken und Angaben zur Messmethode *(Bild 2.13)*.

Damit eine Messung auf dem Voreinstellgerät möglich ist, verfügt dieses über eine identische Aufnahme (Adapter), wie die eigentliche CNC-Maschine an ihrer Spindel. Komfortable Voreinstellgeräte finden die Schneidecke selbständig und übernehmen die Messwerte automatisch. Bei einfacheren Geräten wird die Messoptik manuell an die gewünschte Position bewegt und die angezeigten Werte werden gespeichert, ausgegeben oder abgeschrieben.

Bei einer zentralen Werkzeugausgabe wird eher ein komfortables Gerät beschafft, weil damit viele Werkzeuge gemessen werden und die Zeiteinsparung den höheren Preis rechtfertigt. Bei dezentraler Organisation des Messvorgangs ist wegen der geringeren Verwendungshäufigkeit ein einfacheres Gerät angebracht. Das Gerät soll nicht über mehr Funktionen verfügen, als wirklich benötigt werden, da sonst die Arbeit unnötig kompliziert wird. So ist es wenig ratsam, z. B. die Lagerverwaltung im Voreinstellgerät zu integrieren, weil dadurch die Lösung komplexer und von der Integration mit IT-Systemen (z. B. ERP-System) abhängig würde.

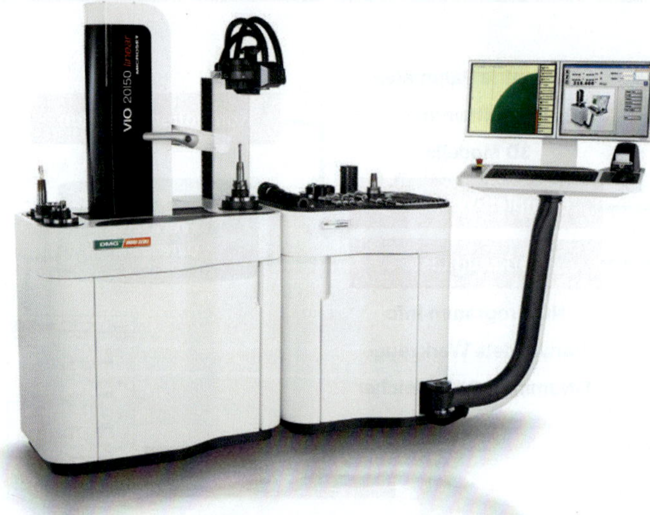

Bild 2.13: Komfortables Gerät zum Schrumpfen und für die Einstellung/Messung der Korrekturwerte von Werkzeugen (Quelle: DMG).

Bei den Werkzeugen mit gegebener Geometrie werden die exakten Werte der Schneide bestimmt. Bei einstellbaren Werkzeugen muss zuerst das Werkzeug auf die vorgegebenen Werte eingestellt werden, die mit dem Voreinstellgerät überprüft werden.

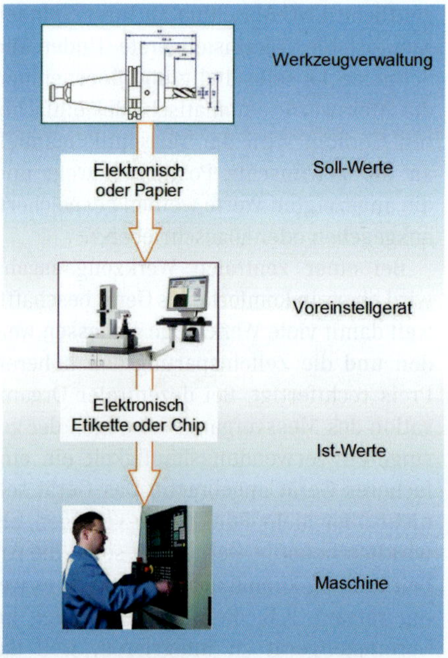

Bild 2.14: Datenfluss von der Werkzeugverwaltung über das Voreinstellgerät zur CNC-Maschine.

Die **Soll-Daten** (Länge, Durchmesser, Eckenradius) werden im Werkzeugblatt festgelegt. Mit dem Messen bestimmt man die Ist-Daten. Zusammen mit der Identifikation, Bezeichnung usw. werden diese Ist-Daten an die Steuerung übergeben. Dies erfolgt entweder mittels ausgedruckter Etikette (Papier), mit einem automatisch beschriebenen RFID-Chip, oder über eine Austauschdatei *(Bild 2.14)*.

2.16 Werkzeuglogistik

Die Logistik befasst sich mit den Beständen, den Lagerorten und der Beschaffung von Werkzeugen. Innerhalb der Logistik wird unterschieden zwischen den einzelnen Komponenten und den daraus zusammengebauten Komplettwerkzeugen. Bei den Komponenten wird unterschieden zwischen dem betriebsinternen Materialfluss und der Beschaffung bei externen Lieferanten (Lagerhaltung).

In bester Gesellschaft:
Uwe Heisel
Fritz Klocke
Eckart Uhlmann
Günter Spur
Handbuch Spanen
Edition | Handbuch der Fertigungstechnik
EXTRA E-Book inside
HANSER
zahlreiche Fachbücher
WB Werkstatt + Betrieb
Zeitschrift für spanende Fertigung
Special: Fräsen, Frädrehen Seite 27
AUTOMATISIERUNG
Flexibles Fertigungssystem führt Einzelbauteile und Paletten zu // Seite 60
GROSSTEILEBEARBEITUNG
Fertigung hochkomplexer Industriearmaturen in nur einer Aufspannung // Seite 20
Fachzeitschrift
HANSER Tagungen
SCHLEIFTAGUNG
www.schleiftagung.de
Veranstaltungen
Portal mit Online-Specials
Schneller in die Buchse
Newsletter
Beratung

Lagerhaltung der Komponenten

Die Logistik der Komponenten umfasst die Bestandsführung, die Planung des Bedarfs und die Überwachung des Mindestbestands. Dabei wird bei Erreichen des Mindestbestands von der Werkzeugverwaltung ein Beschaffungsvorgang ausgelöst, der vom Einkauf mit dem ERP-System abgewickelt wird. Die Logistik der Werkzeugverwaltung verfügt über eine auf das Umfeld des Einsatzes abgestimmte Bedienung und über geeignete Schnittstellen zu Lagersystemen und anderen Geräten der Fertigung.

Bei der Entnahme von Komponenten wird gleichzeitig eine Lagerbuchung vorgenommen, die den Lagerbestand reduziert und den Verwendungszweck und den Ort der Verwendung (Kostenstelle) protokolliert. Nach der Verwendung werden die Komponenten wieder im Lager eingebucht und der Bestand erhöht sich. Verschlissene Komponenten werden zur Entsorgung oder zum Nachschärfen gebucht.

Erreicht der Lagerbestand die als Mindestbestand erfasste Menge, wird der Artikel im Bestellvorschlag aufgenommen. Die Bestellung aller vorgeschlagenen Artikel erfolgt periodisch nach vorgängiger Kontrolle durch den beauftragten Mitarbeiter.

Zur Vereinfachung der Lagerbuchungen (Entnahme, Zugang) können Barcodes verwendet werden. Statt die Artikelnummer über die Tastatur einzugeben, kann diese vom Lesegerät erkannt und in die Anwendung übernommen werden. Ebenfalls zur Vereinfachung der Buchungsvorgänge besteht die Möglichkeit, alle Artikel einer Rüstliste auf Knopfdruck zu buchen. Eine weitere Vereinfachung der Lagerbuchung wird erreicht, wenn nur die Verschleißteile (Schneiden) in der Lagerbuchhaltung geführt werden.

Auf Basis der Lagerbuchungen werden periodisch Auswertungen erstellt, mit denen Verbrauchsänderungen und Kosten analysiert werden. Die Zahlen dienen zur Optimierung der Mindestbestände, zur Vereinbarung von Liefermengen mit Lieferanten und zur Beurteilung der Werkzeugstandzeiten.

Verwendung der Komponenten

Bei der innerbetrieblichen Logistik interessiert vor allem, an welchem Ort sich eine gesuchte Komponente befindet und an welcher Kostenstelle sie verbraucht wurde. Verbraucht werden dabei nur die Verschleißteile (Schneiden), die anderen Komponenten (Grundkörper, Spannmittel) werden lediglich zwischen Lager, Werkzeugausgabe und Maschinen verschoben. Die Buchung der Komponenten an die einzelnen Kostenstellen und Orte erfolgt gleichzeitig mit der Entnahme/Einlagerung im Lager. Die Bereitstellung von Werkzeugen und Betriebsmitteln wird mit einem Fertigungsauftrag ausgelöst, der sich auf eine Werkzeugliste in den Stammdaten bezieht.

ERP-Lösung (Einkauf)

Das ERP-System (Enterprise-Resource-Planning-System) steuert und unterstützt alle Geschäftsprozesse des Unternehmens (Materialwirtschaft, Produktion, Rechnungswesen usw.). Dazu gehören auch die Bereitstellung von Rohmaterial, Verbrauchsmaterial und Werkzeugen. Die detaillierte Planung und Bestandskontrolle der einzelnen Werkzeuge übernimmt dabei die Werkzeugverwaltung. Bei Bedarf übergibt die Werkzeugverwaltung eine Bestellanforderung (BANF) an das ERP-System, welches die tatsächliche Bestellung ausführt. Voraussetzung ist dabei, dass die Artikel in beiden Systemen mit derselben Nummer erfasst sind.

Logistik der Komplettwerkzeuge

Die Komplettwerkzeuge werden aus Komponenten aufgebaut und nach Gebrauch meist wieder in die Einzelteile zerlegt. Von einem Komplettwerkzeug können gleichzeitig mehrere Exemplare zusammengebaut werden, sofern die Komponenten in ausreichender Anzahl verfügbar sind. Die Logistik der Komplettwerkzeuge bezieht sich auf den Zustand und Aufenthaltsort der zusammengebauten Exemplare.

Beim Einplanen eines Fertigungsauftrags sind die für den Arbeitsgang benötigten Komplettwerkzeuge anhand der zugehörigen Werkzeugliste bekannt. Ebenso ist bekannt, welche Komplettwerkzeuge sich auf der für die Bearbeitung vorgesehenen CNC-Maschine befinden. Die benötigten, aber noch nicht auf der Maschine vorhandenen Komplettwerkzeuge werden in einer Netto-Beladeliste ausgedruckt. Sie müssen entweder neu zusammengebaut oder aus dem Zwischenlager entnommen werden. Mit einer koordinierten Logistik der Komplettwerkzeuge wird der Aufwand für die Bereitstellung der Werkzeuge und das Einwechseln in der Maschine reduziert.

Lagersysteme

Neben den herkömmlichen Werkzeugschränken werden in der zentralen Werkzeugausgabe Lagersysteme eingesetzt, die dem Bediener das Regal mit dem gewünschten Artikel bereitstellen. Der Zusammenhang zwischen der Artikelnummer und dem Lagerplatz wird in der Werkzeugverwaltung gespeichert. Beim Buchen einer Werkzeugentnahme im Logistik-Bereich der Werkzeugverwaltung wird das Lagersystem automatisch angesteuert. Mit derartigen mehrstöckigen Lagersystemen können auf gleicher Grundfläche mehr Artikel gelagert werden als in herkömmlichen Lagerkästen. Zudem muss man beim Kommissionieren die Artikel nicht über weite Distanz zusammentragen *(Bild 2.15)*.

Im Unterschied dazu dienen Werkzeugausgabesysteme dem Ziel, der eigentlichen Fertigung jederzeit Ersatzschneiden zur

Bild 2.15: Lagersysteme (Kardex Remstar Shuttle).

Verfügung zu stellen. Für die Entnahme muss man sich identifizieren und die gewünschte Artikelnummer eingeben (Tastatur oder Barcode). Weil diese Systeme direkt mit der Werkzeugverwaltung oder dem Lieferanten verbunden sind, ist der verfügbare Bestand jedes Artikels immer bekannt und die Befüllung kann rechtzeitig veranlasst werden. So wird verhindert, dass eine Maschine wegen einer fehlenden Schneide stillsteht.

2.17 Elektronische Werkzeugidentifikation

Einführung

Um die Anforderungen an die Herstellungsprozesse bei der Metallbearbeitung zu erfüllen, müssen mit modernen CNC-Werkzeugmaschinen auch die Materialflüsse automatisiert gesteuert und überwacht werden. Dies gilt sowohl für die eingesetzten **Werkzeuge**, als auch für den **Weg der Werkstücke** durch die Fertigung. Die schnelle Datenkommunikation in Echtzeit mittels RFID bewältigt solche Aufgaben. Das autarke System erfasst und dokumentiert Produktions- und Qualitätsdaten kontinuierlich, sodass sie jederzeit abgerufen werden können.

Wichtigste Voraussetzung für eine durchgängige, lückenlose Werkzeugdatenverwaltung ist ein geschlossener Datenkreislauf innerhalb und außerhalb der CNC-Maschine. Hierzu werden heute vorzugsweise RFID-Systeme eingesetzt. *(Bild 2.16)*

Als Schlüsseltechnologie ist RFID (Radio Frequency Identification Device) in der Fertigung längst etabliert. In Verbindung mit Werkzeugmaschinen wurde RFID erstmals Mitte der 1980er Jahre erfolgreich eingesetzt. Das induktive Wirkprinzip garantiert Robustheit und Unempfindlichkeit gegenüber der Umgebung und macht die Systeme sehr zuverlässig und funktionssicher. Durch unbegrenzte Schreib-/Lesezyklen und die Kommunikation in Echtzeit ist RFID in der Fertigungstechnik unverzichtbar geworden. Hier wird kurz erläutert, was RFID für die moderne Fertigung bedeutet.

Werkzeugidentifikation und -verwaltung

Die erstmalige Eingabe der Werkzeugdaten erfolgt nach deren Anlieferung im Werkzeuglager. Diese Daten stellen heute alle Werkzeughersteller digital zur Verfügung. Die automatisierte Verarbeitung der Werkzeugdaten eröffnet für die weitere Werkzeugverwaltung neue Wege. Statt fehleranfälliger, manuell geführter Werkzeugbücher oder -karten werden die Daten bei jedem Be- und Entladen der Werkzeuge kontinuierlich aufgezeichnet und der weitere Einsatz jedes Werkzeugs durch RFID autark geregelt und dokumentiert

Typischerweise gehören zu einer funktionierenden Werkzeugverwaltung folgende Stationen:

- das **Werkzeuglager** mit der Werkzeugübernahme und Erfassung,
- die **Werkzeugvermessung** mit Einstellgerät,
- der **Werkzeugtransport** durch die Fertigung,
- die **CNC-Maschine** mit interner Werkzeugverwaltung, sowie
- die **Werkzeugnacharbeit** nach Gebrauch.

Die jedem Werkzeug zugeordneten Datenträger ermöglichen die Zuordnung der Werkzeuge zur jeweiligen Position im Fertigungsfluss. Insgesamt trägt die berührungslose Datenkommunikation zu einer verbesserten Bearbeitungsqualität, einer optimalen Werkzeugauslastung und somit zu einer höheren Wertschöpfung bei.

Aufgabe der **Werkzeugverwaltung** ist es, nicht nur die Werkzeuge selbst zuverlässig zu erfassen und zu identifizieren, sondern auch die zu jedem Werkzeug gehörenden Daten unverwechselbar verfügbar und aktuell zu halten. Je nach Leistungsfähigkeit der CNC müssen beispielsweise folgende Werkzeugdaten eingegeben werden:

- Werkzeug-Identnummer
- Werkzeug-Typ (Fräs-, Bohr-, Dreh-Werkzeug o. a.)
- Spez. Werkzeug-Code (kundenabhängig)
- Magazinplatz
- Standard-/Serien-/Sonder-Werkzeug
- Bohrkopf/Plandrehkopf
- Werkzeug gesperrt
- Fehler-Code (Ursache für Werkzeug-Sperre)
- Ersatz-Werkzeug
- Werkzeug gebrochen/defekt
- Werkzeug-Gewicht
- Max. Vorschub und Drehmoment
- Standzeit/Reststandzeit
- Vorwarngrenze bei Standzeit-Ende
- Festplatz/variabler Platz
- Werkzeug-Radius 1/2
- Schneidenradius
- Kollisionsradius 1/2
- Werkzeug-Länge 1/2
- Kollisionslänge 1/2
- Verschleißkorrektur 1/2
- Maschinen-Zuordnung
- Letzter Einsatz in Maschine …

Die Wünsche nach weiteren Kennzeichnungsdaten können noch zunehmen. Es lässt sich aber schon aus dieser Aufzählung erkennen, dass

- die Daten automatisch ein- und auslesbar sein müssen, da die manuelle Eingabe

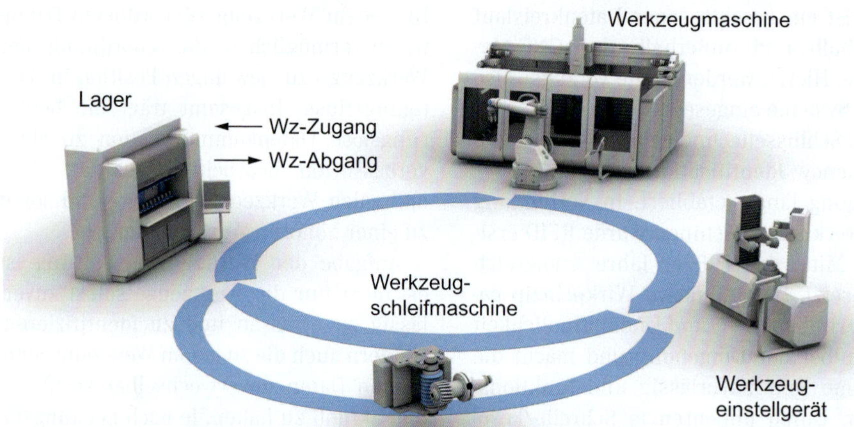

Bild 2.16: Werkzeugwege in der Produktion.

wegen des erforderlichen Zeitaufwandes und der Fehlermöglichkeiten unzumutbar ist,

- einfache, mechanische Werkzeug-Codierungen die Anforderungen nicht erfüllen (z.B. Codierringe),
- die Daten unverwechselbar und unverlierbar gespeichert sein müssen,
- Dateneingabe, -handhabung und -ausgabe an mehreren Stellen des Betriebes möglich sein muss,
- die Datenverwaltung nach der einmaligen Eingabe in der CNC erfolgen muss, um Zeit zu sparen,
- das Identifikationssystem für unterschiedliche Werkzeuge verwendbar sein muss.

Dafür bieten heute die **elektronischen Werkzeug-Identifikationssysteme** die besten Voraussetzungen. Deren wichtigste Komponente ist ein elektronischer **Datenspeicher**, der fest mit dem Werkzeug verbunden wird und mit einem speziellen „Lesekopf“ oder einem Handgerät gelesen und beschrieben werden kann.

Zentrale und dezentrale Datenhaltung

Es werden zwei unterschiedliche Prinzipien eingesetzt, und zwar

- **das Nur-Lese-System mit zentraler Datenspeicherung** und
- **das Schreib-Lese-System mit dezentraler Datenspeicherung.**

Das **Nur-Lese-System** verwendet Datenträger mit einer vorgegebenen, achtstelligen Identnummer. Die Leseköpfe im Werkzeugraum, am Einstellgerät und an der Maschine arbeiten in Verbindung mit einem zentralen Werkzeugrechner, der alle Werkzeugdaten in einer Datenbank speichert und verwaltet. Der Codeträger liefert dem Werkzeugrechner nur die Identnummer und dieser ordnet die vorher eingegebenen werkzeugbezogenen Daten den Identnummern zu. Alle Daten werden auf dem Bildschirm des Rechners in einer übersichtlichen Maske geordnet und angezeigt. Die CNC erhält die Daten automatisch, wenn die Identnummer beim Einbringen des Werkzeuges in das Werkzeugmagazin durch den Lesekopf erkannt wird. Dazu ist eine **Verbindung zum Werkzeugrechner** erforderlich.

Das **Schreib-Lese-System** verwendet Datenträger mit höherer Speicherkapazität und kann **bis zu 2000 Byte** Werkzeugdaten speichern. Diese Kapazität reicht aus, um alle wichtigen Daten zu speichern. Diese Daten können jederzeit durch den

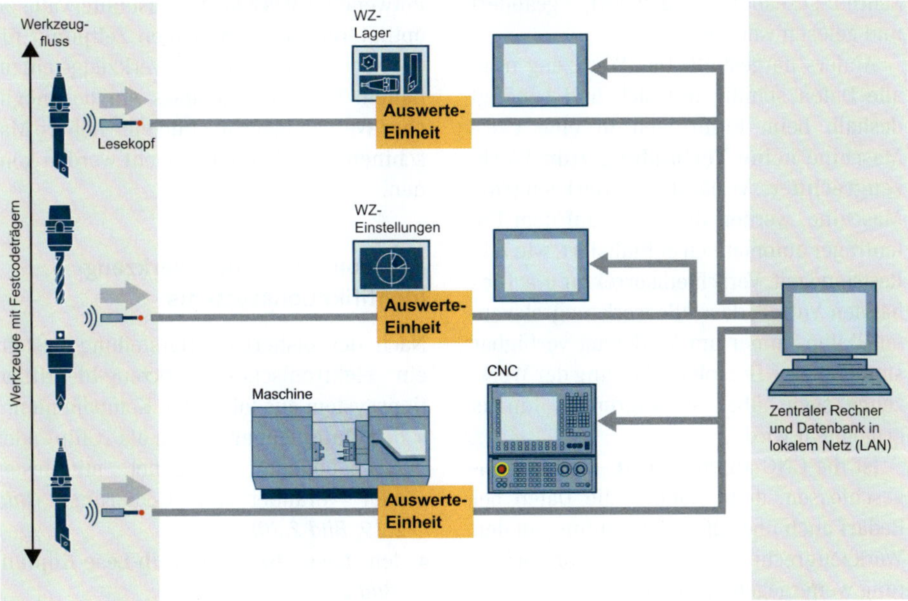

Bild 2.17: Beim Nur-Lese-System ist der Datenträger mit einer festen Nummer versehen, alle zugeordneten Daten jedes Werkzeuges sind im zentralen Rechner unter dieser Nummer gespeichert und werden dort abgerufen.

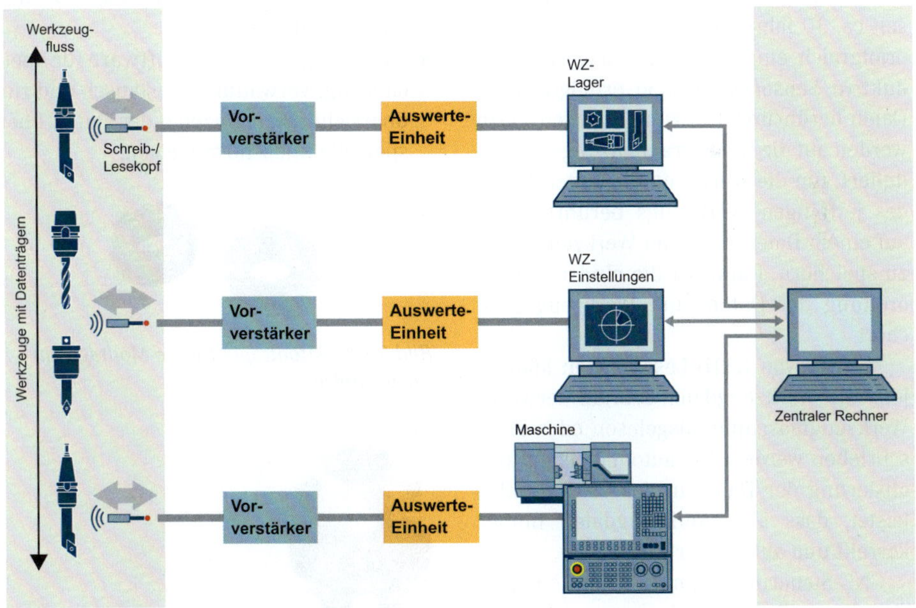

Bild 2.18: Beim Schreib-Lese-System sind in dem Datenträger die Werkzeugnummer und alle zugehörigen Werkzeugdaten programmiert und können direkt gelesen werden.

Schreib-Lesekopf aktualisiert, geändert und gelesen werden.

Anders dargestellt: Das Werkzeug trägt alle Daten ständig mit sich und benötigt deshalb beim Einbringen in eine CNC-Maschine **keine Verbindung zum Werkzeugrechner**. Verlässt ein Werkzeug die Maschine, werden die Daten auf dem Datenträger automatisch aktualisiert, wie z. B. Reststandzeit, Verschleißkorrektur u. a. Dies hat den Vorteil, dass alle werkzeugrelevanten Daten immer am Werkzeug verfügbar sind und eine flexiblere Nutzung der Werkzeuge sogar über Werksgrenzen hinaus ermöglicht wird.

Ist die CNC an einen **DNC-Rechner** angeschlossen, dann können die Daten bei Bedarf auch über diese Verbindung an den Werkzeugrechner zwecks externer Verwaltung weitergegeben werden.

Werkzeuge identifizieren und fehlerfrei zuordnen

Die Werkzeugidentifikation mit RFID wird seit ca. 30 Jahren an Werkzeugmaschinen erfolgreich eingesetzt. Die ausgereifte induktive Sensortechnologie ermöglicht es, Daten berührungsfrei zu übertragen. Dazu werden auf die Grundfrequenz Signale moduliert, um die werkzeugrelevanten Daten des jeweiligen Werkzeugs berührungslos auf einem Datenträger am Werkzeughalter zu speichern. Damit ist die eindeutige Zuordnung der Daten zum Werkzeug gesichert.

Mithilfe von **RFID-Lesegeräten** können jetzt die Werkzeugdaten z. B. an der CNC-Werkzeugmaschine ausgelesen oder überschrieben werden. Die automatische Aktualisierung der Daten in der CNC gewährleistet, dass alle Werkzeugdaten immer korrekt und aktuell verfügbar sind.

CNC-Steuerungen mit einer entsprechenden Software machen es unter anderem möglich, gespeicherte Werkzeug-Korrekturwerte je nach Abnutzung zu aktualisieren, die Standzeiten zu überwachen, notwendige Werkzeugwechselintervalle zu optimieren und den idealen Zeitpunkt für die Nachbearbeitung der Werkzeuge einzuhalten. Daraus folgt, dass ein bestmöglicher Werkzeugeinsatz und eine höhere Maschinenverfügbarkeit erreicht werden können.

Komponenten eines Werkzeug-Identifikationssystems

Nach der bisherigen Darstellung besteht ein elektronisches Werkzeug-Identifikationssystem aus folgenden Komponenten:

- den **Datenträgern,** auch als „Chip“ oder „Transponder“ bezeichnet, mit fester oder veränderbarer Codierung, *(Bild 2.19, Bild 2.20)*
- den **Lese- bzw. Schreib-Lese-Köpfen**, *(Bild 2.21)*
- der **Auswerteeinheit**, die mit den Leseköpfen zusammenarbeitet und die Daten weitergibt, *(Bild 2.22)*
- einem **Werkzeugrechner** zur Speicherung und zentralen Verwaltung der Werkzeugdaten, und
- einer entsprechenden **Software** für Speicherung, Verwaltung, Austausch und zur übersichtlichen Anzeige der Daten über spezielle Bildschirmmasken.

Bild 2.19: Datenträger für die Montage am Anzugsbolzen

Bild 2.20: RFID-Datenträger im Anzugsbolzen.

Bild 2.21: Seitliche Befestigung des Datenträgers auf der Werkzeug-Aufnahme mit Lesekopf in Schreib-/Lese-Position.

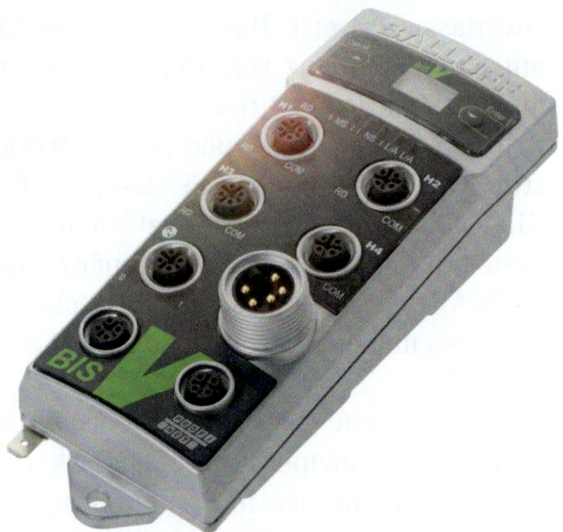

Bild 2.22: Auswerteeinheit mit mehreren Anschlüssen.

Die technischen Daten bezüglich Leseabstand, Lesezeit, Programmierzeit, Schreibzyklen, Stromversorgung u.a. sind bei den Herstellern zu erfragen.

Technische Vorteile elektronischer Werkzeug-Identifikationssysteme

Die RFID-Vorteile im Vergleich zu Barcode-Systemen sind:

- Kontaktlose Identifikation (auch ohne Sichtkontakt) möglich
- Durchdringt verschiedene Materialien wie Karton, Holz, Öl etc.
- Beliebiges Lesen und Beschreiben des Datenträgers
- Lesen und Identifizierung der Daten
- Resistent gegen Umwelteinflüsse
- Form und Größe der Datenträger sind anpassbar und können komplett in das Produkt integriert werden
- Hohe Sicherheit durch Kopierschutz und Verschlüsselung
- Der Datenträger ist ein permanenter Datenspeicher, auf dem alle Produktdaten hinterlegt werden können. Es ist keine redundante Datenbank notwendig
- Die Erfassung von RFID-bestückten Objekten erfolgt sehr schnell
- Das Auslesen eines RFID-Datenträgers ist selbst bei größter Verschmutzung möglich
- Die Platzierung des zu erfassenden Objekts ist gegenüber dem Barcode weniger problematisch. Es genügt, wenn sich das Objekt innerhalb des Leseabstands der Erfassungseinheit befindet.

Organisatorische Vorteile elektronischer Werkzeug-Identifikationssysteme

Im Hinblick auf die bei hoch automatisierten CNC-Maschinen benötigten Datenmengen, die für eine umfassende Werkzeugverwaltung erforderlich sind, bietet ein solches System gravierende Vorteile, wie z. B.:

- einen **automatischen Datenfluss** zwischen Einstellgerät, Werkzeug, Werkzeugrechner,
- CNC und Bediener,
- mehr **Sicherheit beim Datenaustausch** durch Vermeidung von Eingabefehlern und zusätzliche Überwachung gegen zufällige Schreib- und Lesefehler,
- **kürzere Rüstzeiten** an den Maschinen,
- bessere **Nutzung der Werkzeug-Standzeiten,**
- **Rationalisierung** des Werkzeuglagers und der Werkzeugeinstellung,
- **Wegfall der Werkzeug-Datenblätter** in der Werkstatt,
- bessere, automatische **Werkzeug-Statistik,**
- **Unterstützung der Mitarbeiter** bei Zusammenbau, Vermessung und Kontrolle der Werkzeuge,
- Eine **bessere Werkzeugerkennung und Werkzeug-Verwaltung.**

Standardisierung

Für die feste Verbindung von Werkzeug und Datenträger bildeten sich zwei Befestigungsarten heraus. Die Datenträger werden entweder seitlich an der Werkzeugaufnahme angebracht *(Bild 2.21)* oder im Anzugsbolzen befestigt. Diese Variante, die in Asien weitverbreitet ist, unterscheidet sich durch ihre Hohlform, die den Durchfluss von Kühlschmiermitteln weiterhin erlaubt.

Auch die Werkzeugaufnahmen für Drehwerkzeuge können mit einem Datenträger versehen werden. *(Bild 2.23)*

Für die seitliche Positionierung wurden bereits Mitte der 1990er-Jahre unter anderem mit der DIN 69873 und der DIN 69871 die Abmessungen der Datenträger und die Position an den Werkzeugaufnahmen (z. B. Bauform SK und HSK) genormt. Diese Standardisierung zieht ISO-Normen nach sich (z. B. DIN ISO 7388-1), die der Werkzeugidentifikation mit RFID auf internationaler Ebene zum Durchbruch verholfen haben.

Die Vereinheitlichung ermöglicht preisgünstige Lösungen. Durch standardisierte Automatisierungskonzepte sind jetzt modulare Baugruppen realisierbar. Zeitgleich erhält die automatisierte Werkzeugidentifikation mit RFID durch das **Computer Integrated Manufacturing** einen weiteren Schub.

CIM hatte bereits vor Jahren die komplette Automatisierung der Produktion anvisiert, konnte dieses Ziel allerdings nur teilweise bei Flexiblen Fertigungssystemen erreichen.

Bild 2.23: RFID-Datenträger in der Aufnahme für Drehwerkzeuge.

LF und HF

Zur Datenübertragung in der **Werkzeugverwaltung** setzen etablierte RFID-Systeme seit den 1980er-Jahren auf **LF** (Low Frequency), da sich Niederfrequenz in der Metallumgebung als besonders robust und zuverlässig erweist. Daten werden bei LF mit einer Frequenz von 455 kHz gelesen und mit 70 kHz beschrieben.

In der **Intralogistik** und für die **Werkstückverfolgung** hat sich dagegen **HF** (High Frequency) durchgesetzt. Denn HF-Systeme mit einer Arbeitsfrequenz von 13,56 MHz punkten bei großen Geschwindigkeiten und einem großen Schreib-/Leseabstand.

Bisher musste jedes System je nach Anwendungen konzipiert werden. Doch immer häufiger werden in Produktions- und Montageanlagen unterschiedliche Frequenzbereiche benötigt, um z. B. die Anforderungen nach wachsender Flexibilität und die damit verbundenen komplexeren Aufgaben bewerkstelligen zu können.

Neue **RFID-Auswerteeinheiten** bieten hierfür seit kurzer Zeit den frequenzunabhängigen Einsatz und damit die Möglichkeit, verschiedene Datenträger mit unterschiedlichen Frequenzen gleichzeitig zu betreiben. Dadurch genügt eine Variante, um in einem Umfeld unterschiedliche Einsätze bedienen zu können. Somit können die Maschinen optimal in die Betriebsabläufe eines Unternehmens eingebettet werden, was „das Denken in Vernetzungslösungen“ vereinfacht.

Die Werkstückverfolgung

Auch bei der Werkstückverfolgung hat sich RFID als eine Schlüsseltechnologie etabliert. Denn die moderne Fertigung mit einer großen Bandbreite an Losgrößen und einer immer kürzeren Fertigungsdauer verlangt maximale Transparenz der Abläufe. Nur so sind die hohen Anforderungen an Flexibilität und Qualität zu erfüllen und die Kosten möglichst gering zu halten.

Um Rüstzeiten zu sparen und die Effektivität der Gesamtanlagen zu steigern, werden Werkstücke daher zunehmend automatisiert den CNC-Maschinen zugeführt und wieder entnommen. RFID bietet dafür die lückenlose Dokumentation und Automation des kompletten Herstellungsprozesses. Jeder Arbeitsschritt wird auf dem Datenträger aufgezeichnet, sodass mögliche Fehler schnell eingegrenzt und analysiert werden können.

Durch die Rückverfolgung der Werkstücke *(Track-and-Trace)* ist RFID zum integralen Bestandteil einer **flexiblen Fertigung** geworden. Werkstücke können bedarfsorientiert bis zur Losgröße 1 zuverlässig durch die Produktion geschleust werden. Im Gegensatz zu CIM der 1990er-Jahre können im Rahmen von **Industrie 4.0** die Produktionsmaschinen mit Internettechnologien vernetzt werden, um beispielsweise die Priorisierung von Fertigungsaufträgen variabel zu gestalten. Dies ermöglicht es, den Weg der Werkstücke durch die Produktion kurzfristig zu korrigieren - beispielsweise, um individuelle Kundenaufträge schneller berücksichtigen zu können. Mithilfe der Werkzeugverwaltung lässt sich zeitnah feststellen, ob und wo die benötigten Werkzeuge zur Verfügung stehen.

RFID - die Schlüsseltechnologie für Industrie 4.0

Was wäre für die Verzahnung der „Produktion mit modernster Informations- und Kommunikationstechnik“ besser geeignet als die Erfahrungen mit der **automatisierten Werkzeugidentifikation und Werkstückverfolgung mit RFID**. Das intelligente Zusammenspiel aller Fertigungsebenen hat die berührungslose Datenkommunikation in Echtzeit bereits langjährig bewiesen und sowohl ein zuverlässiges Monitoring als auch transparente Abläufe sichergestellt. Die Werkzeugidentifikation und Teilerückverfolgung mit RFID sind daher zwei Schlüsselqualifikationen, die wesentliche Herausforderungen von I 4.0 erfüllen.

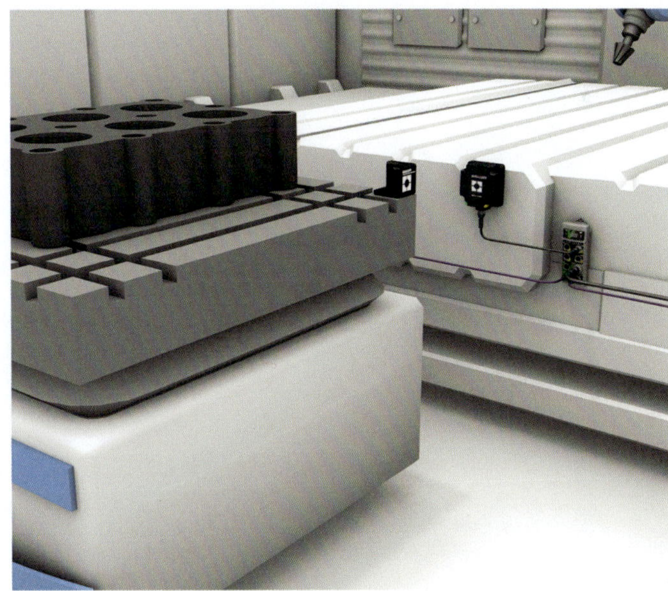

Bild 2.24: Palettensystem mit RFID-Datenträger zur Werkstückverfolgung mit Lesekopf in Schreib-/Lese-Position.

2.18 Zusammenfassung

Werkzeuge für CNC-Maschinen sind in dem gesamten Fertigungsablauf von Maschine/ Werkstück/Transport/CNC eng eingebunden. Werkzeuge müssen präzise und identisch gefertigt sein, damit ihre Austauschbarkeit gewährleistet ist. Ihre optimalen Leistungsmerkmale, d.h. Schnittwerte und Standzeit, müssen vorherbestimmbar sein. Schließlich muss der ablauf- und verschleißbedingte Werkzeugwechsel in Kombination mit allen Daten schnell und sicher durchführbar sein. Diese Forderungen einer guten Werkzeugverwaltung werden nur erfüllt, wenn die gesamte Werkzeugsystematik eines Betriebes von Anfang an sorgfältig und systematisch geplant wurde. Auch die Voreinstellung außerhalb der Maschine, Datenerfassung und die Katalogisierung der Werkzeuge sind wesentliche Voraussetzungen. Ein geschlossener Datenkreislauf mit allen Komponenten ist unbedingte Voraussetzung. Eine Aufgabe, die zu Beginn oft unterschätzt wird. Im Zweifelsfall und bei mangelnder Erfahrung sollte deshalb die Beratung durch einen namhaften Hersteller oder einen erfahrenen Anwender erfolgen.

Werkzeugverwaltung (Tool Management)

Das sollte man sich merken:

1. Eine gut organisierte, stets aktuell gehaltene und weitgehend automatisch funktionierende Werkzeugverwaltung ist eine der wichtigsten Voraussetzungen für eine CNC-Fertigung ohne Wartezeiten.
2. Die Werkzeugverwaltung hat die Aufgabe, einen fehlerfreien und effizienten Auftragsablauf zu gewährleisten.
3. Die Werkzeugverwaltung organisiert, aktualisiert und verwaltet alle Informationen und Daten für jedes Werkzeug in einer Datenbank.
4. Sämtliche Daten müssen jederzeit an den Arbeitsplätzen und beim Einsetzen des Werkzeugs in die CNC-Maschine verfügbar sein.
5. Zur eindeutigen Identifikation der Werkzeuge dienen **Identifikationsnummern.**
6. Die **„Klassifikation“** eines Werkzeugs sagt aus, wofür es eingesetzt wird, wie z.B. Bohren, Schruppen, Planfräsen usw.
7. Werkzeuge werden **betriebsspezifisch klassifiziert,** damit man sie einfacher findet.
8. In der **Werkzeugliste** sind alle Komplettwerkzeuge aufgeführt, die für eine Bearbeitung in der Maschine benötigt werden.
9. Die **Identifikation** ist eine eindeutige Nummer für ein Werkzeug im eigenen Betrieb. **Die Komponenten und die Komplettwerkzeuge werden unabhängig nummeriert.**
10. Die Werkzeugverwaltung gliedert sich in die **Dokumentation** (Identifikation, Klassifikation usw.) und die **Logistik** (Anzahl, Lagerorte und Transport) der Werkzeuge.
11. Bei **einstellbaren** Werkzeugen kann insbesondere der Durchmesser eingestellt werden, damit man weniger unterschiedliche Werkzeuge an Lager halten muss.
12. Informationen über die Werkzeuge werden in mehreren Bereichen eines Betriebs benötigt. Es ist deshalb wichtig, dass die Daten **zentral und einheitlich** verwaltet werden.
13. Moderne CNCs verfügen über eine Software zur Werkzeugverwaltung in der Maschine inkl. Ausgabe der Updates. Dazu gehören:
    - Verwaltung von Ersatz- oder Schwesterwerkzeugen im Magazin
    - Korrekturwertspeicher für Länge, Durchmesser, Verschleiß, Standzeit
    - Verwaltung von Werkzeug- und Platznummer im Magazin (VPC)
    - Übergröße und freizuhaltende Leerplätze rechts und links davon.
14. Die früher verwendeten mechanischen **Codierringe** oder **Barcode**-Etiketten erfüllen nicht die Anforderungen der digitalen Fertigung.
15. Neue Werkzeuge werden als **Komponenten** mit den **Grunddaten** angeliefert (Geometrie, Schnittdaten, Standzeiten usw.) und diese per Katalog oder digital zur Verfügung gestellt.
16. Dann erfolgt der Zusammenbau zu **Komplettwerkzeugen,** so wie sie an den verschiedenen CNC-Maschinen zum Einsatz kommen.
17. Bei dem Zusammenbau ergeben sich **neue Kenndaten,** die das Komplettwerkzeug beschreiben.

18. Die Daten der Komplettwerkzeuge werden im Werkzeugrechner gespeichert und können auf einen **Speicherchip** übertragen werden, der sich z. B. in der Werkzeugaufnahme befindet.
19. Dieser Speicherchip bildet zusammen mit den dazu passenden Lese-Einheiten das **RFID-System.**
20. Beim **Herausnehmen** eines Werkzeugs aus der CNC-Maschine werden die evtl. geänderten Korrekturwerte und die Reststandzeit automatisch auf den Datenchip übertragen und stehen aktualisiert für den nächsten Einsatz zur Verfügung.
21. Dieser **geschlossene Datenkreislauf** lässt sich auch mit einem „Nur-Lese-System" erreichen, wobei der Datenchip nur die Werkzeugnummer enthält und die aktualisierten Werkzeugdaten per DNC auf den externen Werkzeugrechner übertragen werden.
22. Beim Schreib-Lese-System trägt das Werkzeug alle Daten ständig mit sich und benötigt deshalb beim Einbringen in eine CNC-Maschine **keine Verbindung zum zentralen Werkzeugrechner.**
23. Die Werkzeugüberwachung in der Maschine ersetzt nicht die externe Messung bzw. Einstellung der Werkzeuge.

3 Maschinenintegrierte Werkstückmessung und Prozessregelung

Dr.-Ing. Jan Linnenbürger, Renishaw GmbH

Zur sicheren Produktion von Gutteilen müssen die systematischen Anteile der prozessbedingten Schwankungen von Maschinengeometrie, Rohteilposition und Bearbeitungsergebnis durch geeignete Korrekturmaßnahmen steuerungsseitig kompensiert werden. Hierzu sind charakteristische geometrische Größen hauptzeitnah messtechnisch zu erfassen. Der Einsatz von schaltenden und messenden Sensoren in der CNC-Werkzeugmaschine kann diese Aufgabe, bei gleichzeitig größtmöglicher Flexibilität, zuverlässig erfüllen.

3.1 Einführung

Bei vielen Ansätzen zur Fertigungsoptimierung wird hauptsächlich versucht, Haupt- und Nebenzeiten durch die Bearbeitungsprozessauslegung so kurz wie irgend möglich zu gestalten. Besser ist es jedoch, möglichst viele Gutteile mit dem geringsten Aufwand zu fertigen. Hierfür muss der negative Einfluss von umgebungs- und prozessbedingten Schwankungen eliminiert werden. Dazu gehören beispielsweise temperaturbedingte Geometrieänderungen von Werkstück oder Maschine, Werkstückposition im Arbeitsraum, Abweichung des Werkzeugs von der Sollgeometrie, Materialinhomogenität usw. Bei dem aktuellen Entwicklungsstand der Werkzeugmaschinen und Steuerungen kann eine weitere Verbesserung des Bearbeitungsergebnisses durch Verringerung der einzelnen Fehlerquellen allerdings nur noch mit erheblichem konstruktivem oder organisatorischem Zusatzaufwand erreicht werden. Die messtechnische Erfassung und steuerungsseitige Kompensation der geometrischen Schwankungen von Maschine, Werkzeug und Werkstück ermöglichen weitere Genauigkeitsverbesserungen bei gleichzeitiger Erhöhung der Fertigungszuverlässigkeit. Wegen dieser Rückführung des Bearbeitungsergebnisses spricht man von einer **Prozessregelung**. So können z.B mit dem Einsatz eines Messtasters in der Maschinenspindel die geometrischen Abweichungen zwischen Spindel und Werkstück (oder Werkstückaufspannung) im Koordinatensystem der Maschine erfasst und für sofortige Korrekturen durch die CNC zur Verfügung gestellt werden.

3.2 Ansatzpunkte für die Prozessregelung

Jede zusätzliche Operation, wie z.B. die Nacharbeit des Werkstücks erhöht die Produktionskosten. Deshalb sollte immer versucht werden Geometrieabweichungen zu erfassen und deren systematischen Anteil im Rahmen der geforderten Fertigungstoleranzen zu korrigieren. Beispiele dafür sind:

- Nachregeln der Maschinengeometrie (Tracking) durch Erfassung temperaturbedingter Geometrieabweichungen oder der positionsabhängigen Restfehler komplexer Maschinenkinematiken.
- Erfassung von Werkstückposition und

-orientierung, Setzen der Nullpunkte für das NC-Programm.
- Aufmaßerfassung und automatische Anpassung des NC-Programms über Parameter.
- Erfassung der Werkzeugabdrängung, nach Vorbearbeitung mit Schlichtparametern, und Kompensation durch Anpassung von Werkzeugparametern.

Im Sinne des erfolgreichen Produktionsergebnisses ist es also das Ziel, dass, möglichst ohne Entnahme des Werkstücks, die tatsächliche Geometrie von Maschine oder Werkstück messtechnisch erfasst wird. In diesem Zusammenhang ist zu klären, wie genau diese Messungen sein müssen und ob dies auch zuverlässig erreichbar ist. Da es vorranging um die direkte Verwendung der Ergebnisse zur Anpassung von Programm- oder Maschinenparametern geht, **braucht die Messgenauigkeit nur so groß zu sein, wie das kleinstmögliche Korrekturinkrement, das noch am Werkstück als Geometrieänderung erzielt werden kann.**

Eine typische Vorgehensweise in Übereinstimmung mit diesem Grundsatz ist zum Beispiel: Wenn bei der Bearbeitung von 5 Werkstücken in einer Aufspannung nach der Prüfung des ersten Teils eine Parameterkorrektur erforderlich war, so wird auch das zweite Teil gemessen, um die Wirksamkeit der Korrektur zu prüfen. Ist diese dann innerhalb der erwarteten Prozessschwankung um den Zielwert, können die restlichen Werkstücke fertig bearbeitet werden. Nur das letzte Teil wird dann noch geprüft und damit bestätigt, dass die gesamte Serie mit sehr hoher Wahrscheinlichkeit den geforderten Qualitätskriterien entspricht.

Zur Absicherung der Prozessregelung sollte, entsprechend den Qualitätsanforderungen der Serienfertigung, die tatsächliche Geometrie einer Auswahl an Werkstücken durch Referenzmessung, beispielsweise mit einem Koordinatenmessgerät (KMG) außerhalb der Maschine überprüft werden. Dabei geht es dann um die Verifikation des geregelten Fertigungsprozesses selbst und nicht des einzelnen Teils. Nur so können unzulässig große nicht kompensierte geometrische Schwankungen der Werkstückgeometrie erkannt werden. Dieser Schritt hat nicht das Ziel, eine Qualitätssicherung im Sinne einer Werkstückabnahme durchzuführen, sondern zu kontrollieren, **ob die Fertigungsgenauigkeit erfolgreich an die Wiederholgenauigkeit von Maschine und Bearbeitungsprozess angenähert worden ist.** Hierdurch wird eine gleichbleibend hohe Qualität des gefertigten Werkstücks nahe am Maximum der Fertigungseinrichtung gesichert.

3.3 Einsatzbereiche von Werkstück- und Werkzeugmesssystemen

Ein wichtiges Kriterium für die Auswahl des Messsystems und die Integration in Maschine und Steuerung ist der Zeitpunkt innerhalb des Bearbeitungsablaufs, an dem das System eingesetzt werden soll. In der Praxis haben sich **vier Phasen** etabliert:

- Pre-Prozess Messung,
- in-Prozess Messung,
- prozessnahe Messung und
- post-Prozess Messung.

Am häufigsten wird in der Praxis eine **Pre-Prozess Messung** zur Prüfung und Korrektur der Maschinengeometrie oder Erfassung der tatsächlichen Position des Werkstücks angewendet. So ist z. B. die genaue geometrische Parametrierung der Rundachsen in der kinematischen Kette einer mehrachsigen Maschine eine wesentliche Voraussetzung für eine hohe Qualität der Bearbeitung. In Abhängigkeit von der geforderten Fertigungsgenauigkeit ist zu empfehlen die tatsächliche Position der beteiligten Maschinenachsen vor der Werkstückbearbeitung mit Hilfe von Werkstückmesstastern und entsprechenden CNC-Messprogrammen zu prüfen und vorhandene Abweichungen von der Sollposition gegebenenfalls zu kompensieren *(Bild 3.1)*. Hierzu werden steuerungsseitige Mess- und Einstellzyklen oder Korrekturparameter im NC-Programm verwendet *(Bild 3.2)*.

Vor Ausführung eines NC-Programms muss sich das Werkstück genau an der programmierten Position befinden. Hierfür muss durch entsprechend wiederholgenaue Werkstückaufnahmen oder, flexibler und zuverlässiger, der tatsächliche Werkstücknullpunkt relativ zum programmierten Nullpunkt messtechnisch erfasst und in der Steuerung abgespeichert werden (z. B. als Nullpunktverschiebung, siehe Kapitel *„Nullpunkte"*). Mit Hilfe von Spindelmesstastern kann dies sowohl im Einricht- als auch Automatikbetrieb mit hoher Genauigkeit erfolgen *(Bild 3.3* und *Bild 3.4)*.

Die tatsächlichen **Werkzeugdaten** wie **Länge, Durchmesser und Schneidengeometrie**, müssen der Steuerung vor Beginn der Bearbeitung bekannt sein. Neben einer externen Erfassung mit Werkzeugvorein-

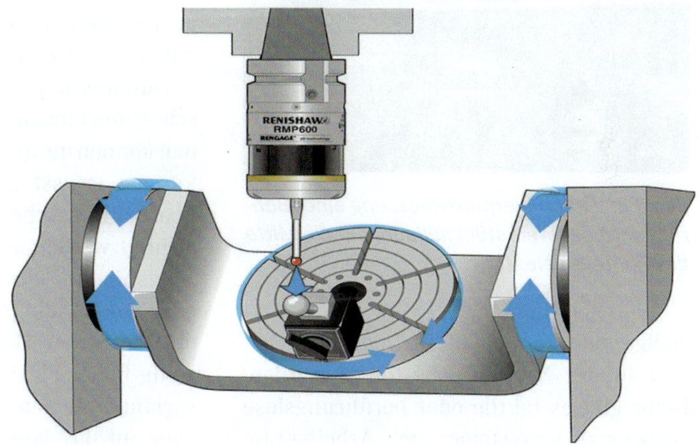

Bild 3.1: Messaufbau zur Bestimmung der Drehachsgeometrie mittels Referenzkugel und Messtaster.

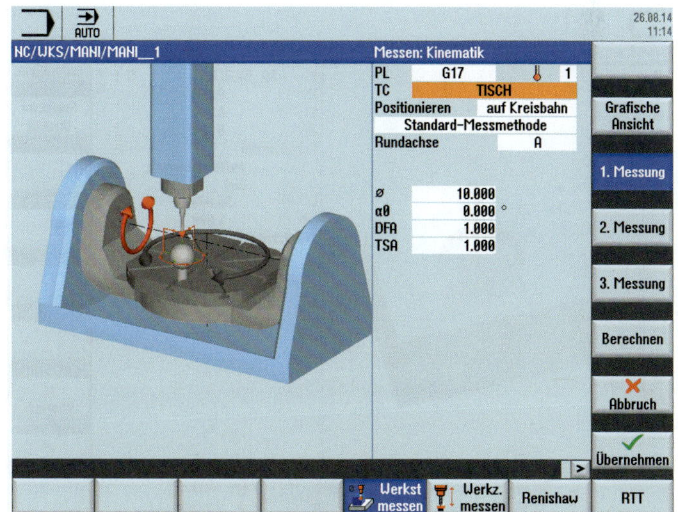

Bild 3.2: Steuerungsspezifischer Messzyklus zur Erfassung der Rundachsgeometrie (Beispiel CYCLE996), CNC Sinumerik 840D sl.

bit.ly/2RfbwZH
Video 28

Bild 3.3: Durch Vierpunktmessung einer Bohrung wird der Werkstücknullpunkt in die Mitte des Rohteils gelegt.

stellgeräten können diese Daten auch direkt in der Maschine bestimmt werden. Dafür gibt es taktile oder berührungslose Werkzeugmesssysteme im Arbeitsraum der Maschine *(Bild 3.5)*. Steuerungsspezifische Zyklen unterstützen den Messvorgang sowohl im Einrichte- als auch Automatikbetrieb *(Bild 3.6)*.

Eine echte **In-Prozess Messung**, durch hauptzeitparallele Erfassung der Werkstückgeometrie mittels fest eingebauter werkstückspezifischen Sensoren, ist besonders von Schleifmaschinen bekannt. Hier wird die Zustellung der Schleifscheibe direkt in Abhängigkeit vom Messwert am Werkstück geregelt. Bei anderen Bearbeitungsverfahren behindern oftmals Vibrationen, z.B. durch den unterbrochenen Schnitt beim Fräsen, und ungünstige Umgebungsbedingungen den Einsatz hochgenauer Messtechnik.

Durch eine **prozessnahe Messung** zwischen den einzelnen Bearbeitungsoperationen können die qualitätsrelevanten Schwankungen erfasst und bereits im nächsten Bearbeitungsschritt korrigierend berücksichtigt werden. Automatisch in die Werkzeugspindel einwechselbare schaltende oder messende Messtaster erreichen die erforderlichen Genauigkeiten bei gleichzeitig hoher Flexibilität für den Einsatz in variantenreichen Fertigungen. Die Anpassung an das Werkstück und die Bearbei-

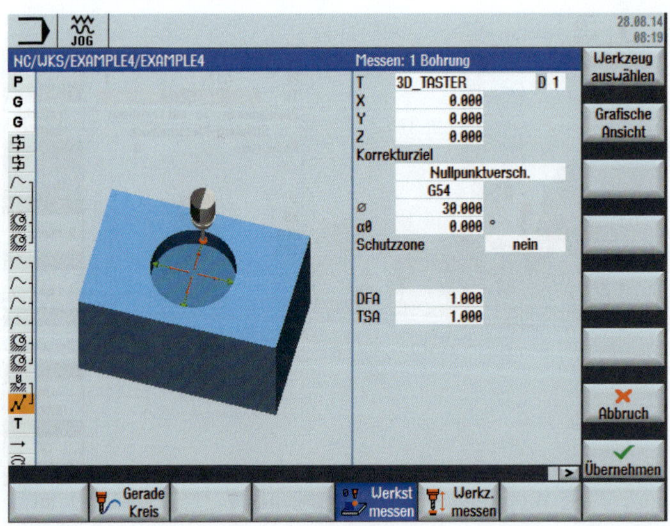

Bild 3.4: Beispiel eines steuerungsspezifischen Zyklus für das Messen einer Bohrung im Automatikbetrieb, Abweichungen können als Korrektur automatisch entweder in der Werkzeugtabelle (Fräserradius) oder in der Nullpunktverschiebung eingetragen werden, CNC Sinumerik 840D sl.

Bild 3.5: *Erfassung der Werkzeuglänge mit einem Werkzeugmesstaster in der Maschine.*

tungsaufgabe erfolgt durch entsprechende Programmierung der maschinenseitigen Bewegungsachsen im NC-Programm. Hierfür stehen steuerungsspezifische Messzyklen zur Verfügung. Die hierdurch ermittelten Geometrieabweichungen können über CNC-Parameter wie Werkzeugtabelleneintrag (typ. Länge, Durchmesser) oder Nullpunktverschiebungen im nächsten Bearbeitungsschritt korrigiert werden.

bit.ly/2UM1MbF
Video 29

Durch die vollständige Erfassung und Berechnung der Messergebnisse direkt auf der Steuerung können diese dort auch abgelegt und bei Bedarf werkstückbezogen protokolliert werden *(Bild 3.7)*. Hierdurch wird der Aufbau einer lückenlosen werkerunabhängigen Qualitätsdokumentation ermöglicht.

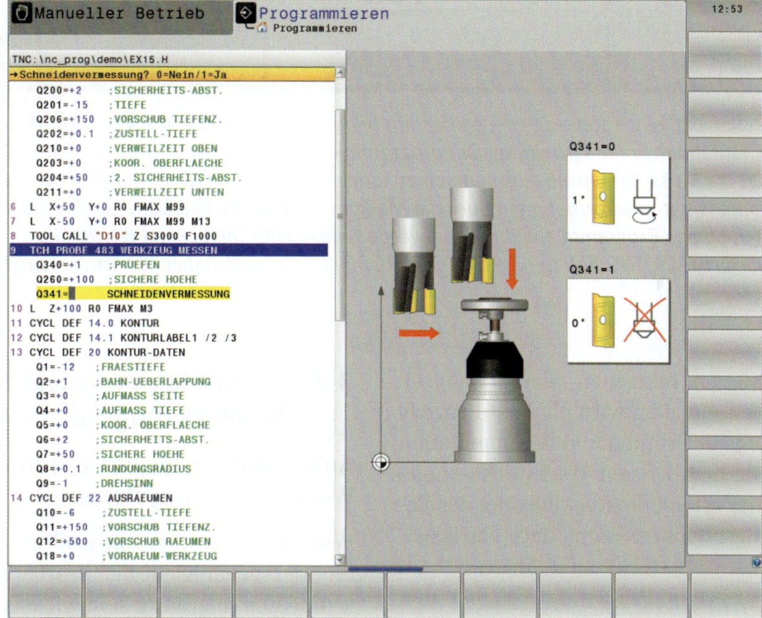

Bild 3.6: *Beispiel eines steuerungsspezifischen Messzyklus zur Programmierung einer automatischen Werkzeugvermessung: Das Tischtastsystem soll ein Werkzeug in Länge und Radius vermessen. Die Steuerung berechnet Abweichungen – bezogen auf die Daten der Werkzeugtabelle – vorzeichenrichtig. Die Ergebnisse der Überprüfung trägt sie automatisch als Werkzeugkorrektur in die Werkzeugtabelle ein. Diese Funktion ermöglicht eine hohe Maßgenauigkeit bei der Fertigung von Bauteilen mit engen Fertigungstoleranzen und Passungen. Auch Verschleiß oder Werkzeugbruch können einfach und schnell festgestellt werden.*
(Screen einer HEIDENHAIN TNC 640 mit Zyklus TCH PROBE 483 im Klartext)

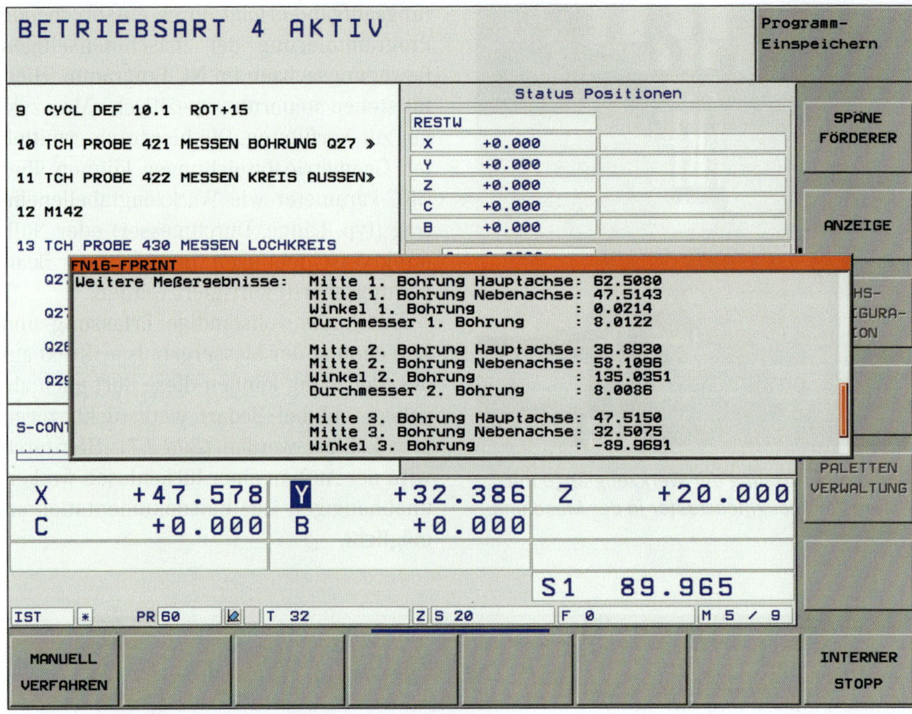

Bild 3.7: Beispiel einer steuerungsspezifischen Bildschirmausgabe eines Messprotokolls während der laufenden Fräsbearbeitung: Der programmierte Messzyklus ist abgearbeitet, die Steuerung zeigt die Messergebnisse automatisch auf dem Bildschirm an. Der Maschinenbediener erhält damit wichtige Informationen über die Maßgenauigkeit der Bearbeitung als Entscheidungsgrundlage, ob das Programm abgebrochen werden muss oder fortgesetzt werden kann. (Screen einer HEIDENHAIN iTNC 530 mit Zyklus TCH PROBE 421 zur automatischen Vermessung von Bohrungen)

Bei kurzen Taktzeiten oder umfangreichen Messaufgaben wird die **Post-Prozess Messung** zur Prüfung und Dokumentation des fertig bearbeiteten Werkstücks eingesetzt. Hier erfolgt die Rückführung des Bearbeitungsergebnisses erst nach Fertigstellung des Werkstücks und Messung auf einem externen Prüfgerät. Dies hat den Vorteil, dass auch Messungen für komplexe geometrische Berechnungen von Lage- und Formtoleranzen durchgeführt werden können, die zur Laufzeit des NC-Programms auf der Werkzeugmaschine nicht oder nur sehr schwierig ausführbar wären.

3.4 Werkstückmesssysteme für Werkzeugmaschinen

Anforderungen an die Genauigkeit von Werkstückmesssystemen

Wie bereits vorher ausgeführt, braucht die Messgenauigkeit der Bearbeitungsmaschine nur so groß zu sein wie das kleinstmögliche Korrekturinkrement. Ohne den Einfluss des jeweiligen Bearbeitungsprozesses zu berücksichtigen, kann man davon ausgehen, dass dies bestenfalls **in der Größenordnung der Positionierunsicherheit** des Werkzeugs liegt. Dieser Anforderung entsprechende Messsysteme sind für die Prozessregelung ausreichend, wenn die Maschine grundsätzlich genau genug für die zuverlässige Einhaltung der geforderten Fertigungstoleranz ist. Sollte dies jedoch für die Bearbeitungsmaschine nicht gelten, so wird bereits vorab mit Ausschuss gerechnet und die Identifikation der Schlechtteile, im Rahmen der dann erforderlichen 100 %-Kontrolle, sollte mit genaueren externen Messeinrichtungen erfolgen.

Schaltende Spindelmesstaster

Das technische Grundprinzip ist ein **hochgenauer elektro-mechanischer Schalter,** der bei Berührung mit dem Werkstück ein elektrisches Signal an die CNC schickt. Die CNC stoppt, sofort nach Registrierung des Signals, die Vorschubbewegung aller Achsen und speichert ihre aktuelle Istposition *(Bild 3.8)*. Die eigentliche Messung erfolgt deshalb durch die Wegmesssysteme der Maschine und nicht durch den Messtaster. Da erst nach der Werkstückberührung die Abbremsung der Vorschubbewegung einsetzt, ist eine nachgebende Lagerung des Tastelements mit sehr hoher kinematischer Reproduzierbarkeit erforderlich, um den sogenannten Tasterüberlauf auszugleichen ohne den Taster zu beschädigen.

Bei der konstruktiven Ausführung unterscheidet man zwischen Systemen bei denen kinematische Lagerung und schaltendes Element identisch sind und Varianten, die einen separaten Schalter verwenden. Die für die Prozesskontrolle geeigneten Systeme erreichen Wiederholgenauigkeiten von weniger als 1µm. Der tatsächlich erreichbare Wert hängt jedoch sehr stark von der Tasteinsatzlänge und Steifigkeit ab. Die Antastunsicherheit wird jedoch selten spezifiziert. Hier haben besonders die Antastrichtung, Kalibriermethode und, bei Systemen mit statisch überbestimmter mechanischer Lagerung, die Fertigungsgenauigkeit der Messtasterkomponenten einen großen Einfluss *(Bild 3.9)*.

Zur CNC-internen Berechnung der Koordinaten des berührten Oberflächenpunkts sind der effektive Radius der Tastkugel und die Position des Kugelmittelpunkts relativ zur Spindel erforderlich. Diese Werte müssen für jeden Messtaster, vor dem ersten Einsatz und nach jeder Veränderung von Tasteinsatz oder **Antastvorschubgeschwindigkeit**, bestimmt werden. Für diese Kalibrierung gibt es steuerungsspezifische Zyklen. Auf Maschinen mit direkten Wegmesssystemen erreichen Messtaster, bei denen kinematische Lagerung und schaltendes Element identisch sind, typi-

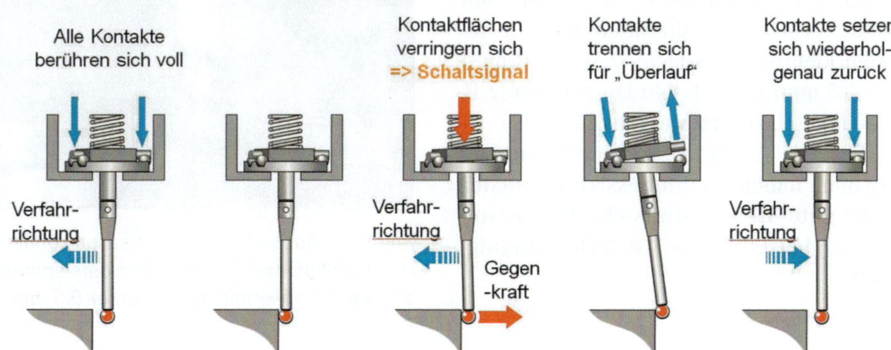

bit.ly/2RdzowS
Video 30

Bild 3.8: Ablauf eines Antastvorgangs mit schaltendem Messtaster.

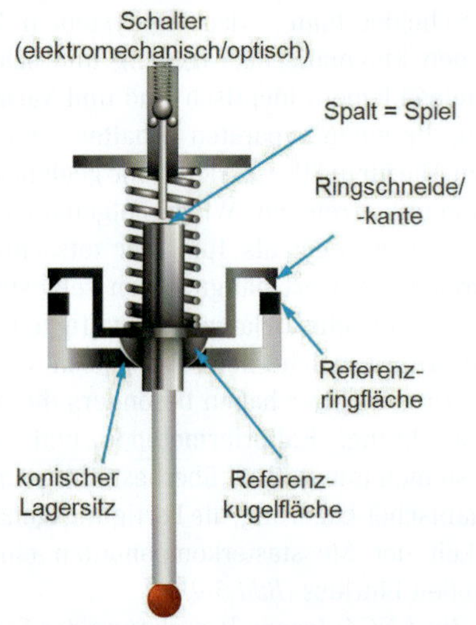

Bild 3.9: Beispiel eines Messtasteraufbaus mit überbestimmter mechanischer Lagerung und separatem Schaltelement.

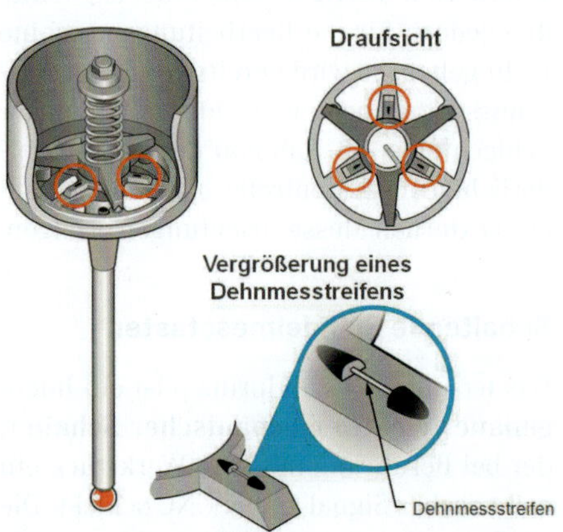

Bild 3.10: Funktionsprinzip von Messtastern mit Rengage Dehnmessstreifentechnologie.

scherweise Genauigkeiten von besser als ± 10 µm im 2D. Bis zu ± 2 µm kann in den Hauptachsenrichtungen erzielt werden, in denen der Messtaster kalibriert wurde.

Zur Verbesserung der 3D-Antastgenauigkeiten verwendet z. B. eine von der Firma Renishaw entwickelte Messtasterausführung eine symmetrische Anordnung von Dehnmessstreifen als Sensoren für die Antastung.

Das Schaltsignal wird hier, ohne mechanische Bewegung, durch eine Kraftmessung generiert *(Bild 3.10)*. Durch eine entsprechende konstruktive Auslegung mit sehr geringen Schaltkräften können sowohl kleinste Tastkugeln (z. B. Durchmesser 0,3 mm) als auch sehr lange Taster (z. B. 300 mm) eingesetzt werden *(Bild 3.11)*.

Für die typischen Tasterlängen um 50 mm **haben Dehnmessstreifentaster sehr gute 3D-Antastunsicherheiten von ± 1 µm, bei ± 0,25 µm Wiederholgenauigkeit.**

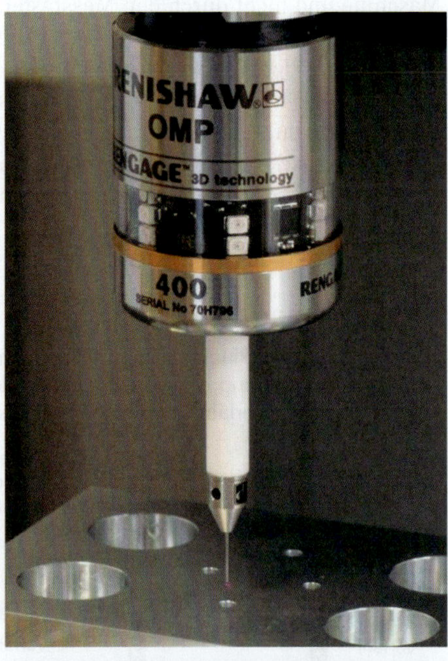

Bild 3.11: Auch kleinste Geometrien können durch Dehnmessstreifentechnologie gemessen werden (hier mit Durchmesser 0,3 mm Kugel).

Messende Spindelmesstaster

Typische Anwendungsfälle für messende Taster sind:

1. Unbekannte Werkstückgeometrie erfassen = digitalisieren,
2. einen bestimmten geometrischen Parameter direkt messen (z. B. Bohrungs- oder Wellendurchmesser) und
3. flexible Messung einer Profilabweichung (2D) oder Positionsabweichung (3D)

Zum taktilen Digitalisieren (Fall 1) werden Sensoren mit großem 3D-Messbereich (typ. > ± 2 mm) eingesetzt. Diese Formate der Positionssignale des Messtasters entsprechen meist denen der Wegmesssysteme, da sie von der Steuerung wie ein zusätzliches paralleles Wegmesssystem behandelt werden. Da diese Systeme aktiv in die Lageregelung der Werkzeugmaschine eingreifen, sind besondere Sicherheits- und regelungstechnische Anforderungen zu erfüllen. Dies gilt auch für die verschiedenen typischen Betriebsformen einer solchen Maschine:

- Normale Bearbeitung,
- der Messtaster wird von der Steuerung nach definierbaren Abtaststrategien (z. B. mäandernd oder mit Ausweichbewegung in Z-Richtung) über das Werkstück verfahren,
- der Tasteinsatz wird vom Bediener über das Teil geführt und die Steuerung fährt den Messtaster und die Achsen entsprechend nach.

Die eigentliche Messung erfolgt jeweils über die gleichzeitige Aufnahme der Maschinen- und Messtasterposition. Die sich hieraus ergebene Punktewolke muss von einer nachgeschalteten Software ausgewertet werden. Typische Systemgenauigkeiten für die Messergebnisse liegen im Bereich weniger 1/100 mm.

Im Fall 2 werden Systeme eingesetzt, die das zu messende Geometriemerkmal direkt messtechnisch erfassen. Hierzu gehören Messköpfe für Bohrungs- oder Wellendurchmesser, die an zwei oder mehr Stellen gleichzeitig Durchmesser-, Form- und Lage des Werkstücks bestimmen.

Der mangelnden **Flexibilität der Messköpfe**, sie sind nur für den jeweiligen Nenndurchmesser geeignet, steht die maschinenunabhängige Genauigkeit von oft unter 1 µm gegenüber. Eine höhere Genauigkeit als die der Maschine macht jedoch nur dann Sinn, wenn das Bearbeitungswerkzeug diese Genauigkeit auch selbst maschinenunabhängig erreichen kann (z. B. ein programmierbares Ausbohrwerkzeug). Während der Messung ist, außer der Messwertaufnahme, keine weitere Kommunikation mit der CNC-Steuerung erforderlich.

Die für Anwendungen nach Fall 3 geeigneten Systeme werden, ohne Rückkopplung ihrer Messwerte, entlang einer vordefinierten Bahn verfahren und kommen deshalb mit einem wesentlich kleineren Messbereich aus. Hierfür kann dann ein Sensor mit einer höheren Auflösung verwendet werden. Der eigentliche Messwert für die tatsächliche Position der Tastkugel ergibt sich aus der **synchronisierten Aufnahme von Maschinen- und Messtasterposition.** Beispielsweise verwendet ein messendes System der Firma Renishaw eine drahtlose Signalübertragung durch Infrarot-Signale und erfasst die vollständigen XYZ-Koordinaten der Tastkugel bei 0,1 µm Auflösung mit bis zu 1 kHz. Um diese Datenrate zu erreichen, und die Werte zur Laufzeit des NC-Programm auswerten zu können, ist die direkte Anbindung an eine CNC-Steuerung mit offener Architektur (z. B. Siemens 840D sl) erforderlich. Die Messgenauigkeit für Einzelpunkte ist bei hochwertigen taktil messenden Systemen etwa so gut wie bei den schaltenden Tastern (± 1 µm). Die hohe Punktedichte ergibt jedoch eine viel höhere Genauigkeit bei der Geometrieerfassung durch Einzelpunktemessung beispielsweise bei der Bestimmung von Radius und Mittelpunkt an kleinen Kreissegmenten. Durch die Systemarchitektur stehen die Messwerte für die prozessnahe Regelung direkt auf der Steuerung zur Verfügung.

Hierdurch können hochgenaue adaptive Bearbeitungen ausgeführt werden, ohne das Werkstück abspannen und **z.B. auf ein Koordinatenmessgerät bringen zu müssen.**

Varianten der Signalübertragung für Spindelmesstaster *(Bild 3.12)*

In die Werkzeugmaschine integrierte Messtaster können sowohl Werkstücke als auch Werkzeuge im Arbeitsraum der Maschine vermessen. Damit die Messsignale in der CNC verarbeitet werden können, müssen diese aus dem Arbeitsraum in die CNC übertragen werden. Verwendete Signalübertragungsmethoden sind:

- optische,
- durch Funk,
- induktive,
  oder
- kabelgebundene.

Aufgrund des Installationsaufwands ist zu empfehlen, mit der Bestellung der Maschine den Messtastereinbau beim Maschinenhersteller zu beauftragen. Die diversen

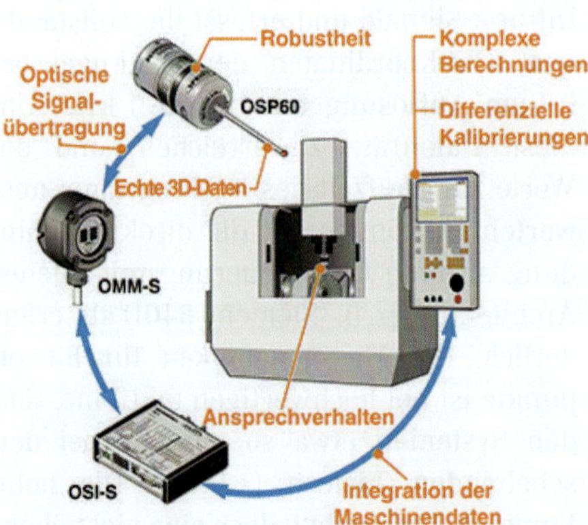

Bild 3.12: Anforderungen und Datenfluss bei einem analogen Messtaster.

Hersteller von Messtastern (Renishaw, Blum, M&H inprocess, Marpos usw.) bieten aber auch Systeme und Dienstleistungen für die Nachrüstung an. Welche Signalübertragung zum Einsatz kommt, hängt neben der Wahl des Lieferanten auch von den Gegebenheiten der Maschine und der Anwendung ab.

Die **optische** Lösung erfolgt mit Hilfe von Infrarotsignalen und erfordert immer eine **störungsfreie Sichtverbindung** zwischen Sender (z.B. in der Spindel) und Empfänger. Deshalb kann die optische Übertragung u.U. bei großen Maschinen, oder Anwendungen mit Störkonturen, nicht genutzt werden. Diese **Infrarotübertragung** ist preiswert, sehr weit verbreitet und bietet, neben der großen Anzahl an Messtastervarianten, eine einfache Nachrüstbarkeit auch beim Endanwender der Maschine.

Die **Funkübertragung** kann nur störungssicher verwendet werden, wenn das verwendete System z.B. durch Frequenzsprung-Übertragung vom Einfluss durch Fremdsysteme geschützt ist. Im Unterschied zur optischen Übertragung wird hier kein Sichtkontakt benötigt. Evtl. vorhandene Störkonturen zwischen Sender und Empfänger haben keinen Einfluss auf die Übertragungszuverlässigkeit des Systems. Der Integrationsaufwand ist vergleichbar hoch wie bei der optischen Lösung.

Auch die **induktive Signalübertragung** durch sich gegenüberstehende Spulen bietet eine robuste und störungssichere Übertragung. Durch die erforderlichen maschinenspezifischen konstruktiven Anpassungen ist hier jedoch der Installationsaufwand hoch. Aus diesem Grund ist ein Nachrüsten beim Anwender oft nicht ratsam.

Die **Kabelübertragung** garantiert eine störungsfreie Signal- und Energieübertragung. Ein kabelgebundener Messtaster kann nur als Handwerkzeug in die Spindel eingewechselt werden und die **Sperrung der Spindelrotation,** z.B. durch einen codierten Stecker, muss abgesichert sein. Bei Tischtastern, z.B. Messdosen für die

Werkzeugvermessung, ist darauf zu achten, dass die Kabel ausreichend geschützt im Arbeitsraum verlegt werden.

Programmierung der Messungen

(Bild 3.13)

Zur Programmierung der Messung von geometrischen Merkmalen werden **steuerungsspezifische Messzyklen** eingesetzt. Dies sind Zyklen die, nach entsprechender Parametrierung, aus dem Bearbeitungsprogramm heraus zuerst alle erforderlichen Positionier- und Messbewegungen ausführen. Mit den aufgenommenen Messwerten werden dann die geometrischen Maße von Werkstück oder Werkzeug von der CNC berechnet. Für die Prozessregelung ist es, wichtig, dass die Messergebnisse direkt für Korrekturen verwendet werden können. Deshalb müssen die Zyklen in der Lage sein, mit den Messergebnissen die zur Verfügung stehenden Einflussparameter wie **Nullpunktverschiebung, Nullpunktrotation, Werkzeugkorrekturen oder Programmparameter** zu überschreiben.

Zur Unterstützung bei der Programmierung von kombinierten Bearbeitungs- und Messprogrammen stehen verschiedene Hilfsmittel zur Verfügung:

Direkte NC-Programmierung

- Programmeditoren:
  Die Aufrufe der Zyklen müssen manuell eingegeben und parametrisiert werden
- Graphische Bedienoberfläche der Steuerung (HMI):
  Die Parameterdefinition der Zyklen wird durch eine graphische Darstellung auf der Steuerungsoberfläche unterstützt und die Eingaben gegen Grenzwerte und auf Plausibilität geprüft

Programmierung interaktiv am CAD-Modell

- CAM-Programmiersystem zur Ergebnisdokumentation (wie beim KMG):
  Alle erforderlichen Punkte werden von der Maschine erst einzeln gemessen und in eine Ergebnisdatei geschrieben. Nach abgeschlossener Programmausführung wird die Datei in das CAM-System zurückgelesen und ausgewertet. Eine Ergebnisrückführung ist nicht direkt möglich.
- CAM-Programmiersystem zur Prozessregelung

Die Messabläufe werden direkt in das Bearbeitungsprogramm integriert. Da die Messpunkte bereits im Programmablauf ausgewertet werden, können mit den Ergebnissen

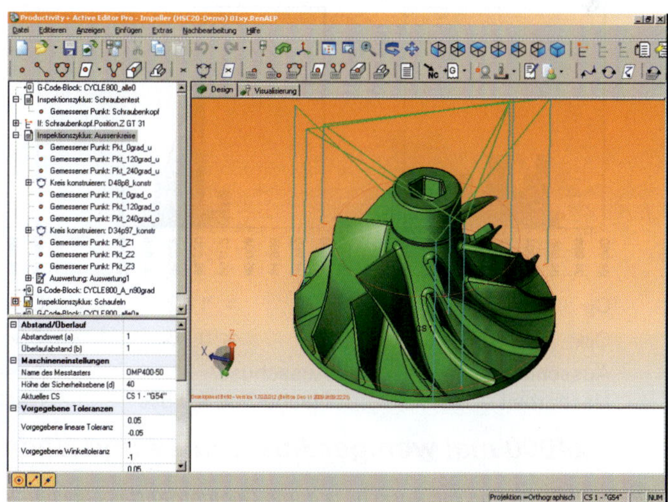

Bild 3.13: Interaktive Programmierung von Messungen und Parameterkorrekturen im CAM-System.

Werkzeugdaten, Parameter und Nullpunkte korrigiert werden *(Bild 3.13)*. Die hierfür erforderlichen logischen Entscheidungen und Wertezuweisungen können steuerungsneutral definiert werden. Erst durch den Postprozessorlauf wird der steuerungs- und maschinenspezifische NC-Code generiert.

Verbesserungspotential bei Einsatz der Prozessregelung

(Bild 3.14)

Welche positive Auswirkung der Einsatz einer Prozessregelung haben kann, zeigen die Ergebnisse einer praktischen Fähigkeitsuntersuchung mit unterschiedlichen Prozessüberwachungsmethoden. Hierzu wurde das Werkstück „Drehgeberringe" mit einer Toleranz von ± 0,02 mm nach drei verschiedenen Methoden gefertigt:

Nur Prozesseinrichtung:
Vorgehensweise:
Die Aufspannung des Werkstückes erfolgt im Rahmen der Wiederholgenauigkeit des Spannfutters.

Die Werkzeugparameter werden nicht im Prozess korrigiert.

Ergebnis:
Es entsteht eine unakzeptable Ausschussmenge und eine außermittige Lage im Toleranzband. *(Bild 3.14)*

Ergebnisüberwachung auf einem Koordinatenmessgerät (KMG) und Rückführung:
Vorgehensweise:
Das fertig bearbeitete Werkstück wird auf einem externen KMG gemessen. Vor der Bearbeitung des nächsten Werkstücks wird die gemessene Abweichung von der Sollgeometrie als Werkzeugkorrektur gesetzt.

Ergebnis:
Durch die Korrektur bei der Bearbeitung des nächsten Werkstücks verbessert sich die Toleranzlage und die Unterschiede zwischen den Werkstücken werden geringer. Dieser Ansatz führt aber dennoch zu Qualitätskennzahlen, die unter dem für die meisten Unternehmen akzeptablen Niveau eines zuverlässigen Fertigungsprozesses liegen.

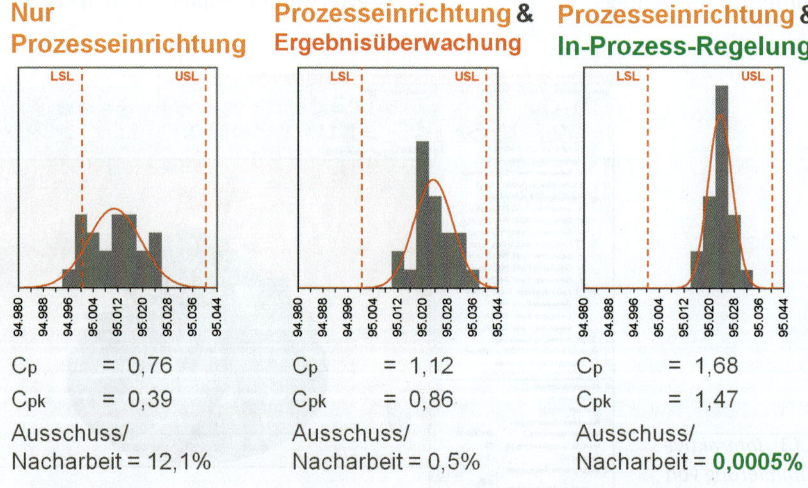

Bild 3.14: Reduktion von Ausschuss durch Geometrieerfassung und In-Prozess-Regelung.

Intelligente In-Prozess-Regelung mit Rückführung:

Vorgehensweise:
Nach dem Vorschlichten werden die Werkzeugparameter mit 75% der gemessenen Abweichung von der Sollgeometrie korrigiert, bevor die Fertigbearbeitung erfolgt.

Ergebnis:
Die Prozesssicherheit auf hohem Niveau ermöglicht lange Betriebszeiten ohne Bedienungspersonal.

Die allein auf der Messung des Fertigteils basierende Ergebnisrückführung bringt eine Verbesserung durch Kompensation des Werkzeugverschleißes. Im untersuchten Fall gibt es starke Schwankungen durch vorgelagerte Prozesse. Die externe Messung des vorherigen Teils ist deshalb nicht ausreichend für die Vorhersage der Abweichungen für das nächste Teil geeignet. Da diese Umstände für viele Fertigungsprozesse üblich sind, ist die **prozessnahe Messung mit direkter Regelung die mit Abstand effektivste Lösung.**

Maschinenintegrierte Werkstückmessung und Prozessregelung

Das sollte man sich merken:

1. Bei dem aktuellen Entwicklungsstand der Werkzeugmaschinen und Steuerungen kann eine weitere **Verbesserung des Bearbeitungsergebnisses** nur noch mit erheblichem konstruktivem oder organisatorischem Zusatzaufwand erreicht werden. Zusätzliche Operation, wie z.B. die Nacharbeit des Werkstücks, erhöhen aber die Produktionskosten. Deshalb wird empfohlen, das Bearbeitungsergebnis durch **geeignete Messverfahren innerhalb und außerhalb der Maschine** stabil und auf dem angestrebten Qualitätsniveau zu halten.
2. Dabei braucht die **Messgenauigkeit** nur so groß zu sein wie das kleinstmögliche Korrekturinkrement, das noch am Werkstück als Geometrieänderung erzielt werden kann.
3. Ein wichtiges Kriterium für die Auswahl des Messsystems und die Integration in die Maschine und Steuerung ist der Zeitpunkt innerhalb des Bearbeitungsablaufs. Man unterscheidet dabei diese **vier Phasen: Pre-Prozess Messung, in-Prozess Messung, prozessnahe Messung und post-Prozess Messung.**
4. Die **Pre-Prozess Messung** dient zur Prüfung und Korrektur der Maschinengeometrie oder Erfassung der tatsächlichen Position des Werkstücks.
5. Die **In-Prozess Messung** ist hauptzeitparallele Erfassung der Werkstückgeometrie mittels fest eingebauter werkstückspezifischen Sensoren und wird besonders bei Schleifmaschinen eingesetzt.
6. Durch eine **prozessnahe Messung** zwischen einzelnen Bearbeitungsoperationen können qualitätsrelevanten Schwankungen des Werkstücks erfasst und bereits im nächsten Bearbeitungsschritt korrigierend berücksichtigt werden. Automatisch **in die Werkzeugspindel einwechselbare schaltende oder messende Messtaster** erreichen die erforderlichen Genauigkeiten bei gleichzeitig hoher Mess-Flexibilität.
7. **Werkzeugdaten**, wie Länge, Durchmesser und Schneidengeometrie, können entweder durch eine externe Erfassung mit Werkzeugvoreinstellgeräten oder auch direkt in der Maschine bestimmt werden. Dafür gibt es **taktile oder berührungslose Werkzeugmesssysteme** im Arbeitsraum der Maschine.
8. **Die eigentliche Messung eines schaltenden Tasters erfolgt durch die Wegmesssysteme der Maschine und nicht durch den Messtaster.**
9. Für das Messen von Werkstücken und Werkzeugen in der Maschine bieten die meisten CNC-Fabrikate entsprechende **Zyklen für das Messen** im Einricht- oder im Automatikbetrieb an. Dazu werden in der CNC Parameter wie z.B. Nullpunktverschiebungen oder Werkzeuglängen beschrieben. Die Messergebnisse können sowohl innerhalb der CNC als auch extern **protokolliert** werden.
10. Damit die **Messsignale in der CNC verarbeitet werden können**, müssen diese aus dem Arbeitsraum in die CNC übertragen werden. Die Signale können optisch, durch Funk, induktiv oder kabelgebunden übertragen werden. Messtaster können auch beim Anwender der Maschine nachgerüstet werden, besser ist es jedoch, diese schon vom Maschinenhersteller während der Inbetriebnahme einbauen zu lassen. ■

4 Maschinenintegrierte Werkstückmessung in der Serienfertigung

Dipl.-Ing. Alexander Blum

Der Automatisierungsgrad in der zerspanenden Fertigung nimmt ständig zu. Um die Bearbeitungszeit pro Werkstück so kurz wie möglich zu halten, fertigen viele Unternehmen mit verketteten Produktionslinien. Eine Überprüfung des Bearbeitungsergebnisses erfolgt aber erst am Ende der Linie. Dies hat zur Folge, dass Fehler erst erkannt werden, wenn bereits eine große Zahl an Werkstücken bearbeitet wurde – in der Serienfertigung meist ein kostenschwerer Umstand. Mit der maschinenintegrierten Werkstückmessung dimensionaler Größen sowie der Erfassung der Oberflächenrauheit kann diese Lücke geschlossen werden.

4.1 Einführung

Ein Blick auf technische Zeichnungen offenbart, dass es kaum eine dimensionale Größe gibt, welche nicht prozessnah in der Werkzeugmaschine gemessen werden kann. Daher gehören Messtaster zur Werkstückmessung heute zur Standardausstattung. In der Serienfertigung werden jedoch noch höhere Ziele gesteckt: Zur 100%-Qualitätssicherung sind **geschlossene Prozessketten** erforderlich. Das heißt, neben dimensionalen Größen müssen auch Form- und Lagetoleranzen sowie die Oberflächenrauheit hochpräzise, schnell und integriert im Fertigungsprozess erfasst werden können. Die Lösung sind maschinenintegrierte Messsysteme, die bei **kontinuierlichen, prozessintegrierten Messungen** zum Einsatz kommen.

Je nach Anforderungen ist die Integration der Messungen an unterschiedlichen Positionen im Bearbeitungsprozess möglich. Bei der **Pre-Prozess-Messung** wird vor der Bearbeitung unter anderem die Lage des Werkstückes erfasst. Dies ist von großer Bedeutung beispielsweise bei der verketteten Weiterbearbeitung von Gussrohlingen, da die Abmessungen oftmals unterschiedlich sind. Um die geschlossene Prozesskette zu gewährleisten, werden die ermittelten Korrekturwerte für das NC-Programm an die Maschinensteuerung übertragen. Bei der **prozessnahen Messung** erfolgt die Messung zwischen den einzelnen Bearbeitungsschritten. So können die Korrekturwerte für das NC-Programm gegebenenfalls automatisch angepasst und im nächsten Bearbeitungsschritt berücksichtigt werden. Im Bestfall werden dadurch komplette Bearbeitungsschritte eliminiert, wie beispielsweise das Fertigen mit Aufmaß und anschließender Schlichtbearbeitung auf Endmaß. In der hochproduktiven Serienfertigung bedeutet dies eine enorme Zeit- und Kostenersparnis, wodurch die Stückkosten extrem sinken. Die **Post-Prozess-Messung** erfolgt nach der Bearbeitung in der CNC-Maschine und stellt sicher, dass alle qualitätsrelevanten Merkmale den Vorgaben entsprechen. Durch die Ausschleusung von Ausschussteilen kann der gesamte verkettete Fertigungsprozess zuverlässig und mannlos über Nacht oder am Wochenende weiterlaufen.

4.2 Bohrungsmessköpfe für kürzeste Messzeiten bei der Bohrungsherstellung

Im hochproduktiven Bereich der Bohrungsherstellung werden Bearbeitungsprozesse im Zehntelsekundenbereich optimiert. Bohrungsmessköpfe sind mit ihrer **Messzeit von deutlich unter 0,5 Sekunden** jedem konventionellen Werkstückmesstaster überlegen. Die Messsysteme befinden sich im Werkzeugmagazin und werden zur Messung eng tolerierter Bohrungen und Passungen in die Spindel eingewechselt *(Bild 4.1)*. Sie werden hauptsächlich in der Massenfertigung von Werkstücken mit gleichen Bohrungsdurchmessern wie zum Beispiel Motorenteile, wie Zylinderkopf und -block, Pleuel, Ventile oder Hydraulikkomponenten, eingesetzt *(Bild 4.2)*. Ihre Funktionsweise basiert auf einem **schwimmend gelagerten Messwerk,** das eine reine, von der genauen Spindelposition unabhängige Durchmesserermittlung ermöglicht. Das eigenständige, analoge Messwerk arbeitet **unabhängig von der Maschinengenauigkeit** und bietet dadurch echte Objektivität und maximale Präzision. Im Gegensatz zu anderen prozessnahen Messsystemen basieren die erfassten Durchmesserwerte nicht auf den aktuellen Achspositionen der Maschine. Die Messauflösung beträgt 12 Bit/0,15 µm. Darüber hinaus handelt es sich hierbei um ein System mit optoelektronischer Messwertgenerierung, wodurch es verschleißfrei arbeitet und somit höchste Zuverlässigkeit bietet.

Eine weitere Gerätevariante ist mit bis zu 8 Einzelmesselementen ausgestattet und

Bild 4.1: Bohrungsmesskopf BG61 bei der Durchmessermessung von Zylinderbohrungen vor dem Einpressen der Zylinderlaufbuchse. (Quelle: Blum-Novotest)

Bild 4.2: Durchmesserspezifische Bohrungsmessköpfe werden überwiegend in der Massenfertigung von Werkstücken mit gleichen Bohrungsdurchmessern eingesetzt. (Quelle: Blum-Novotest)

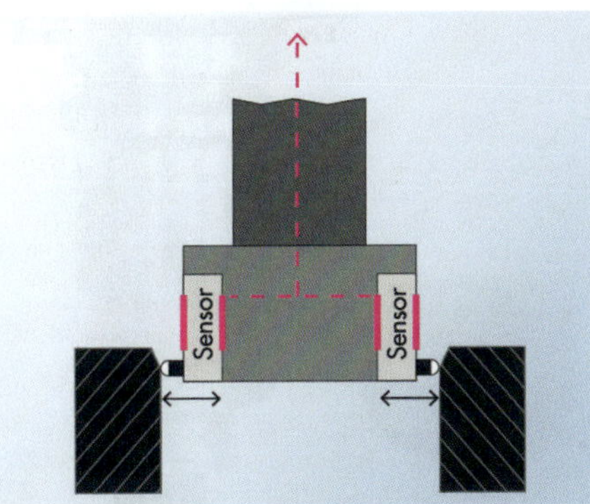

Bild 4.3: Messwerk mit zwei Einzelmesselementen. (Quelle: Blum-Novotest)

ermöglicht dadurch **die Durchmesser-, Form- und Lagebestimmung** *(Bild 4.3)*. Die durchmesserspezifischen Bohrungsmessköpfe arbeiten mit einem Messbereich von bis zu 400 µm. Der analoge Messwert wird per Funksignal zum Empfänger gesendet und an das Interface übertragen, welches die Analyse der Messwerte übernimmt.

Ziel vieler Betriebe im Bereich der Serienfertigung ist die Realisierung einer geschlossenen Prozesskette. Wird bei der Messung eine Abweichung vom erwarteten Maß festgestellt, korrigiert das Grafik-Interface den Zustellwert automatisch auf die Toleranzmitte. Dafür können die oberen und unteren Toleranzgrenzen festgelegt werden. Ist ein Trend innerhalb aufeinanderfolgender Messungen zu erkennen, verursacht beispielsweise durch Wärmegang der Maschine oder Werkzeugverschleiß, greift das Interface entsprechend in den Prozess ein. Sollte ein Wert außerhalb der Toleranzgrenze liegen, führt dies automatisch zum Stopp der Maschine.

4.3 Rauheitsmessgeräte für die automatisierte Prüfung von Oberflächen

Bis vor Kurzem stellte das Merkmal „Oberflächenrauheit“ eine Ausnahme der zu messenden Größen in der Werkzeugmaschine dar. Aufgrund der rauen Bedingungen, welche in Werkzeugmaschinen herrschen, galt die automatisierte, maschinenintegrierte Erfassung der Oberflächenqualität lange Zeit als technisch unmöglich. Am aufgespannten Werkstück konnte die **Prüfung der Oberflächenqualität** bisher nur über einen manuellen Arbeitsgang realisiert werden, oder es war ein nachgelagerter Kontrollschritt außerhalb der Maschine notwendig. Beide Vorgehensweisen unterstützen die Serienfertigung nicht, denn sie sind zeitaufwändig und störanfällig. Mit **maschinenintegrierten Rauheitsmessgeräten** wird die Prozesskette jetzt geschlossen und schlechte Oberflächen bereits in der Originalaufspannung automatisiert erkannt *(Bild 4.4)*.

Standardoberflächen aus den Bereichen Fräsen, Drehen und Schleifen werden innerhalb von wenigen Sekunden µm-genau

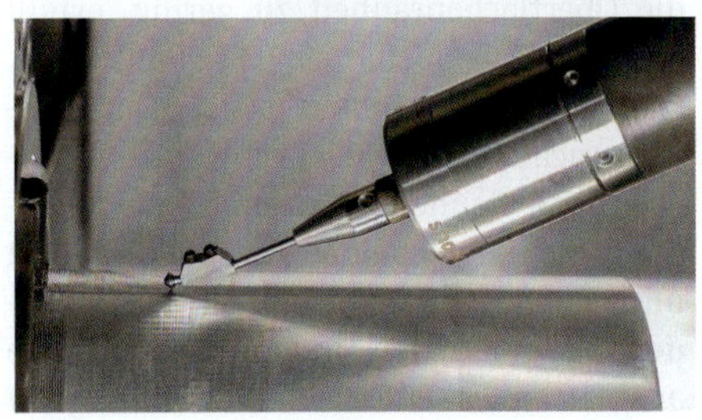

Bild 4.4: Rauheitsmessgerät TC63-RG bei der hochpräzisen und automatisierten Prüfung einer Werkstückoberfläche in der Werkzeugmaschine. (Quelle: Blum-Novotest)

geprüft und entsprechend der Rauheitskenngrößen

- Arithmetischer Mittenrauwert R_a
- Quadratischer Mittenrauwert R_q
- Rautiefe R_t
- Gemittelte Rautiefe R_z
- Maximale Einzelrautiefe R_{max}
- Wellentiefe W_t

ausgewertet. Die über den analogen Rauheitssensor ermittelten Rauheitswerte werden entweder für eine spätere Verwendung protokolliert, als Statuswert ausgegeben oder über das Grafik-Interface bzw. am Steuerungsbildschirm visualisiert.

Durch den Einsatz einer sehr geringen Messkraft kann ein Norm-ähnliches, kegelförmiges Tastelement mit sehr kleinem Spitzenradius eingesetzt werden, wodurch sehr präzise Messungen ab einer gemittelten Rautiefe (R_z) von 2 µm möglich sind. Besonders in der hochproduktiven Serienfertigung von Getriebegehäusen, Luftfahrtkomponenten oder Motorenkomponenten, wie z.B. Verdichterräder oder Pleuel, stehen **kürzeste Messzeiten bei gleichzeitig höchster Zuverlässigkeit und Präzision** im Vordergrund. Neben der perfekten Oberflächenqualität handelt es sich beispielsweise bei Zylinderbohrungen auch um **„Funktionsflächen"**, die einem genau definierten Rauheitswert entsprechen müssen. Durch die exakt definierte Rauheit übernimmt die Oberfläche die Aufgabe der Schmiermittelspeicherung und -abgabe. Ist die Oberflächenrauheit zu gering, erfüllt die Oberfläche nicht mehr ihre Funktion.

bit.ly/2JKNbqy

Video 31

Zur maschinenintegrierten Qualitätsüberwachung von Oberflächen stehen verschiedene Rauheitsmessgeräte zur Verfügung. Sie unterscheiden sich in der Bauart und sind auf die unterschiedlichen **Anforderungen der jeweiligen Messaufgabe** ausgerichtet. Beim Rauheitsmessgerät TC63-RG Single erfolgt die Messwertgenerierung durch ein neuentwickeltes Einzelmesselement, welches in ähnlicher Form bereits seit Jahrzehnten in BLUM-Bohrungsmessköpfen zum Einsatz kommt *(Bild 4.5)*. Durch die modulare Bauweise des Rauheitsmessgerätes kann das System sehr einfach an die messtechnischen Anforderungen angepasst werden, was beispielsweise bei großen Werkstücken oder schwer zugänglichen Oberflächen sehr hilfreich ist.

Bild 4.5: Das Rauheitsmessgerät TC63-RGSingle mit Einzelmesselement für hochpräzise Rauheitsmessungen an geraden Oberflächen. (Quelle: Blum-Novotest)

4.4 DIGILOG-Messtaster für digitale und analoge Messwerterfassung

Das Funktionsprinzip des digitalen Messtasters lässt sich aus seinem Namen ableiten: Sobald die Tastspitze die Werkstückoberfläche berührt, wird ein Schaltsignal generiert. Die Werkstückoberfläche wird also punktweise erfasst. Je mehr Messpunkte aufgenommen werden, desto mehr Informationen über die Oberfläche des Werkstückes werden erfasst und in die Auswertung einbezogen. Das Antasten einzelner Punkte erfordert bei großen Messpunktzahlen jedoch erhebliche, meist nicht akzeptable Messzeiten. Deshalb werden für das Scannen von Werkstückoberflächen analoge Messtaster eingesetzt. Diese sind jedoch meist sehr groß und in der CNC-Maschine nicht verwendbar.

„Digiloge“ Messtaster vereinen die **digitale *und* analoge Messwerterfassung** in einem handlichen Gerät und sind ausgelegt für den rauen Einsatz in Werkzeugmaschinen. Sie befinden sich im Werkzeugmagazin und werden zur Messung automatisch in die Spindel eingewechselt *(Bild 4.6)*. Ein typischer Anwendungsfall in der Serienfertigung ist die **Überprüfung von Ventilsitzen in Pkw-Zylinderköpfen.** Das Ventilsitzwerkzeug ist formgebend, die Präzision und Unversehrtheit des Werkzeuges also entscheidend für die Oberflächenqualität. Leider neigen diese Werkzeuge zu Mikroausbrüchen, die sich nicht zeitlich festlegen lassen, regelmäßiges Austauschen des Werkzeuges schafft also keine Abhilfe. Die Lösung ist, die Kontur jedes Ventilsitzes sofort nach dem Reibvorgang mit einem DIGILOG-Messtaster zu scannen. Die durch ein verschlissenes Werkzeug gebildete Wölbung ist oft nur einen Zehntelmillimeter breit und wenige Mikrometer hoch, dies macht die Erkennung durch digitales Antasten einzelner Punkte nahezu unmöglich, da die Zahl der Messpunkte extrem hoch sein müsste. Der digiloge Messtaster **„erfühlt“ durch die analoge Messung** diese Abweichung absolut zuverlässig, sodass das Bearbeitungszentrum sofort gestoppt und das Ventilsitzwerkzeug gewechselt werden kann *(Bild 4.7)*.

Neben der Optimierung von serienmäßigen Bearbeitungsvorgängen wird auch **Flexibilität in der Fertigung** immer wichtiger. Oftmals lässt die zunehmende Individualisierung von Produkten die Losgrößen schrumpfen. Je häufiger auf einem Bearbeitungszentrum umgerüstet wird, desto wichtiger werden die Rüstzeiten. Automatisches Umrüsten und Einmessen von Vorrichtungen, Werkstücken und Werkzeugen kann hier zu **großer Zeitersparnis** führen. Ein digiloges Messsystem direkt in der Werkzeugmaschine ermöglicht darüber hinaus noch einiges mehr:

- Automatische Werkstücknullpunkterfassung
- Temperaturdrift der Maschine
- Überprüfung des Rohteils vor der Bearbeitung
- Erkennen von Ungenauigkeiten beim Spannen komplexer oder sehr großer Bauteile

Bei letzteren, beispielsweise bei Zahnrädern für Windkraftanlagen, kann oft keine

Bild 4.6: Die analoge Messung erfolgt per Scanvorgang über die Werkstückoberfläche. (Quelle: Blum-Novotest)

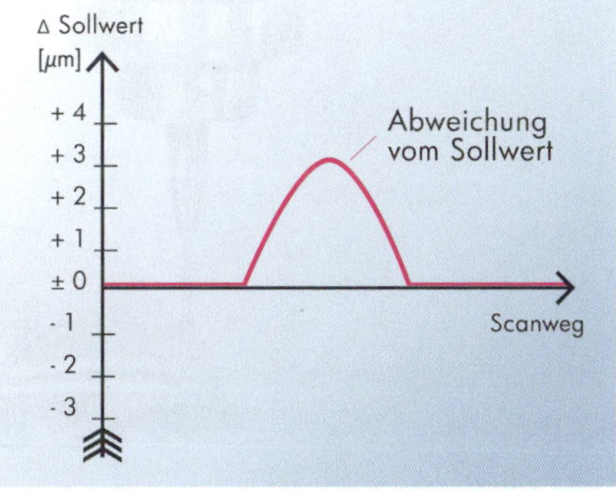

Bild 4.7: Die Abweichung von der Idealkontur wird sekundenschnell erkannt. (Quelle: Blum-Novotest)

100%-Qualitätskontrolle nach der Fertigung auf einer Koordinatenmessmaschine durchgeführt werden, weil Maschinen, die solche Kolosse messen können, nicht zur Verfügung stehen. Mit DIGILOG-Messtastern lassen sich in der Originalaufspannung des Werkstücks sehr **große Messpunktzahlen in geringer Messzeit** erreichen *(Bild 4.8)*. Die Einzelpunkt-Unsicherheit beim Scannen ist dabei deutlich höher, als beim Antasten einzelner Punkte. Die Aussagesicherheit erhöht sich durch die große Menge an Messpunkten dennoch, weshalb das analoge Scannen daher immer mehr an Bedeutung gewinnt.

4.5 Höchste Produktivität durch simultanes Messen

In der Serienfertigung kommt es auf jede zehntel Sekunde an. Doppelspindelmaschinen verkürzen die Taktzeiten bereits deutlich durch die simultane Bearbeitung. Mit

Bild 4.8: Bearbeitungsfehler werden mit dem Werkstücktaster TC64-DIGILOG noch in der Werkzeugmaschine erkannt. (Quelle: Blum-Novotest)

Bild 4.9: Taktzeitreduzierung um bis zu 50% mit TWIN-Technologie auf Doppelspindelmaschinen. (Quelle: Blum-Novotest)

der TWIN-Technologie kann auch die Messung in der Originalaufspannung simultan erfolgen. Dabei können sowohl zwei Werkstücktaster als auch zwei Werkzeugtaster zum gleichzeitigen Messen per Funkübertragung angesteuert werden *(Bild 4.9)*. Der zeitgleiche Einsatz von Tastsystemen ermöglicht Taktzeitreduzierungen um bis zu 50% bei gleichbleibender Qualität.

Weitere Fähigkeiten des Systems:

- Schnelle Selbstprüfung
- Temperaturkompensation der Werkzeugmaschine
- Schnelle Selbstprüfung der Maschine (z. B. Rollenschuhbruch)

4.6 Zusammenfassung

Aufgrund von Kostendruck und der Forderung nach kürzeren Stückzeiten zeichnet sich in der heutigen teilautomatisierten bis hin zur vollautomatisierten Serienfertigung ein deutlicher Trend zum **prozessnahen Messen in der Bearbeitungsaufspannung** ab. In Werkzeugmaschinen erfolgt dies durch den Einsatz von Messsystemen und entsprechender Messsoftware. Dazu werden vorbereitete und in der CNC abgespeicherte Messzyklen aufgerufen, mit welchen ein Soll-Istwert-Vergleich stattfindet. Aufgrund der Ergebnisse wird automatisch geprüft, ob die Toleranzgrenzen eingehalten sind und weiterbearbeitet werden kann, ob Werkzeugkorrekturwerte angepasst werden müssen oder ob eine Fehlermeldung erfolgt.

Vorreiter beim Einsatz prozessnaher Fertigungsmesstechnik ist insbesondere die hochproduktive Serienfertigung, unter Einsatz von verketteten Produktionslinien. Hier würden sich Unterbrechungen des Fertigungsvorganges wegen externer Messvorgänge auf alle vor- und nachgelagerten Bearbeitungen zeitverzögernd auswirken. Aber auch in Fertigungssituationen, bei denen eine Post-Prozess-Messung mit anschließender Fertigbearbeitung aufgrund von Genauigkeits- und Wirtschaftlichkeitsgründen auf den ersten Blick nicht lohnend erscheint, wird die **prozessintegrierte Messtechnik** zunehmend für Kontrollmessungen eingesetzt. Hierbei bevorzugt die Industrie die maschinenintegrierte Fertigungsmesstechnik mit **Bohrungsmessköpfen, DIGILOG-Messtastern oder Rauheitsmessgeräten** und der zugehörigen Messsoftware.

Das Messen in der Maschine ist jedoch kein Ersatz für hochpräzise Messmaschinen im Messraum, wenn aufgrund von Genauigkeitsforderungen oder späteren Qualitätsnachweisen die Fertigungsdaten pro Werkstück oder pro Fertigungslos (z. B. bei Mehrfachspannungen) verlangt werden.

Maschinenintegrierte Werkstückmessung in der Serienfertigung

Das sollte man sich merken:

1. Bohrungsmessköpfe werden zur hochpräzisen prozessnahen Messung in der Serienfertigung eingesetzt
   - Schnelle automatische Erfassung von Bohrungsdurchmessern
   - Prozesssteuerung durch Ermittlung von Kompensationswerten
   - Vollautomatisierte Fertigung in geschlossenen Prozessketten
   - Maschinenunabhängiges Messsystem durch schwimmend gelagertes Messwerk
   - Einzelmesselemente ermöglichen die schnelle und automatische Erfassung von Durchmesser, Position, Zylindrizität, Rundheit und Konzentrizität
2. Digiloge Messtaster erkennen Bearbeitungsfehler durch sehr schnellen Scanvorgang
   - DIGILOG = hochpräzise digital messen und blitzschnell analog scannen
   - Werkstückmessung in CNC-Dreh-, Fräs- und Schleifmaschinen
3. Rauheitsmessgeräte werden für die maschinenintegrierte Qualitätsüberwachung von Oberflächen eingesetzt
   - Beurteilung der Oberflächenrauheit in der Originalaufspannung
   - Ermöglicht die automatisierte Rauheitsmessung in CNC-Dreh-, Fräs- und Schleifmaschinen
   - Höhere Produktivität und Prozesssicherheit durch Wegfall von manuellen und nachgelagerten Prüfungen
   - Minimierung von Ausschuss durch sofortige Nacharbeit
4. TWIN-Technologie ermöglicht zeitgleichen Einsatz von Tastsystemen auf Doppelspindelmaschinen
   - Automatisierte Werkstückmessung mit zwei simultan betriebenen Messtastern
   - Temperaturkompensation der CNC-Maschine
   - Deutliche Produktivitätssteigerung und Taktzeitreduzierung um bis zu 50 %

■

5 Lasergestützte Werkzeugüberwachung

Dipl.-Ing. Alexander Blum

Die Miniaturisierung der Werkzeug- und Schneidengrößen, zunehmende Bearbeitungsdrehzahlen und berührungssensitive Beschichtungen stellen eine ständig wachsende Herausforderung für die Werkzeugeinstellung dar. Für prozessnahe Werkzeugmessungen im Arbeitsraum der CNC-Maschine übernehmen deshalb lasergestützte Messsysteme eine wichtige Aufgabe. Durch die hohe Wiederholgenauigkeit der Systeme lassen sich Messgenauigkeiten innerhalb weniger Mikrometer erreichen.

5.1 Einführung

CNC-Bearbeitungszentren arbeiten oft im Mehrschichtbetrieb mit entsprechender Automatisierung ohne die ständige Überwachung durch einen Bediener. Ausschuss, der durch verschlissene, gebrochene oder falsch eingemessene Werkzeuge entsteht, wird daher sehr spät erkannt, evtl. erst in der Qualitätskontrolle. Lasermesssysteme zur maschinenintegrierten Werkzeugmessung und -überwachung tragen dazu bei, diese und weitere Fehlerquellen zu vermeiden und eine maximale Anzahl an Gutteilen zu produzieren.

Vereinfacht dargestellt ist ein Lasermesssystem für Werkzeuge eine **hochpräzise Lichtschranke.** Unterbricht das Werkzeug den Laserstrahl, wird bei einem bestimmten prozentualen Abschattungsgrad ein Schaltsignal erzeugt und an die Maschinensteuerung zur Erfassung der Achspositionen übermittelt. Eine in der Steuerung integrierte Standardsoftware verwendet den Messwert und einen Referenzwert für die Berechnung der Werkzeugdimensionen.

Damit das optische System in diesem Umfeld zuverlässig funktioniert, muss es für den rauen Einsatz in Bearbeitungszentren ausgelegt sein. Daher wird die Optik von Lasersender und -empfänger durch einen pneumatisch betätigten Verschluss und Sperrluft vor Kühlmittel und Spänen geschützt. Dank zusätzlicher Plausibilitätsprüfungen durch die integrierte Elektronik und spezielle Messstrategien hat selbst fallendes oder vom drehenden Werkzeug abgeschleudertes Kühlmittel keinen Einfluss auf die Messung. Mit speziellen Blasdüsen wird das Werkzeug vor der Messung gereinigt, um Fehlmessungen ausschließen zu können.

bit.ly/2wiWdrV
Video 32

Im Zusammenwirken mit der CNC können mit fokussierten Lasermesssystemen Werkzeuge ab einen Durchmesser von 0,01 mm in Länge und Radius gemessen oder auf Bruch, Schneidenausbrüche und Rundlauf überwacht werden. Durch die **Werkzeugmessung im Arbeitsraum und unter Nenndrehzahl** können auch Einspannfehler erkannt sowie die effektive dynamische Längen- und Radiusänderung kompensiert werden *(Bild 5.1).*

Bild 5.1: Präzise Messung eines Bohrers mit LaserControl NT im Kühlmittel. (Quelle: Blum-Novotest)

5.2 Bruchüberwachung

Das Funktionsprinzip eines Lasermesssystems basiert auf einer Lichtschranke, die im Arbeitsraum der Maschine so zu installieren ist, dass sie in Reichweite aller CNC-Achsen liegt. Vorteilhaft ist hierbei ein Lasermesssystem, bei dem **sichtbares Laserlicht** verwendet wird.

Eine klassische Methode der Bruchüberwachung ist die Kontrolle der Werkzeuggeometrie. Dabei wird die vorab definierte Werkzeuglänge durch das Lasermesssystem überprüft. Die **Werkzeugbruchüberwachung** stellt demnach eine reine Längenkontrolle dar, welche sowohl bei orientiertem als auch bei drehendem Werkzeug erfolgen kann. Dies hat den Vorteil, dass Längen- und Radiusänderungen durch hohe Drehzahlen berücksichtigt werden. Liegt die Werkzeuglänge jedoch außerhalb einer vorgegebenen Toleranz, wird eine Fehlermeldung ausgegeben.

Mit Lasermesssystemen können **90 % der gängigen Zerspanungswerkzeuge** gemessen und überprüft werden:

- Zentrische Werkzeuge wie Bohrer, Gewindebohrer oder Reibahlen bei Drehzahl
- Werkzeuge mit Innenkühlung, Schaftfräser oder Stichel
- Werkzeuge in 90° Winkelköpfen oder Schwenkköpfen
- Sonderwerkzeuge wie Schleifscheiben, Formwerkzeuge und Sägeblätter

Durch die schnelle Werkzeugbruchkontrolle können schwerwiegende Fehler, die mit hohen Kosten verbunden sein können, vermieden werden. Erfolgt die berührungslose Werkzeugbruchkontrolle zwischen zwei Bearbeitungsschritten, kann sie gewährleisten, dass **keine Folgeschäden durch gebrochene Werkzeuge** entstehen. Wenn beispielsweise beim Vorbohren der Bohrer bricht, brechen im schlimmsten Fall auch alle Folgewerkzeuge ab. Die Kosten sind in solch einem Fall nicht zu vernachlässigen, denn darüber hinaus gefährden die bei der Kollision mit dem Werkstück entstehenden Kräfte auch die Genauigkeit der Spindel, was weitere hohe Kosten nach sich ziehen kann.

5.3 Einzelschneidenkontrolle

Außer zur einfachen Längenüberwachung kann das Lasermesssystem dank seiner Präzision auch kleinste Schneidendefekte

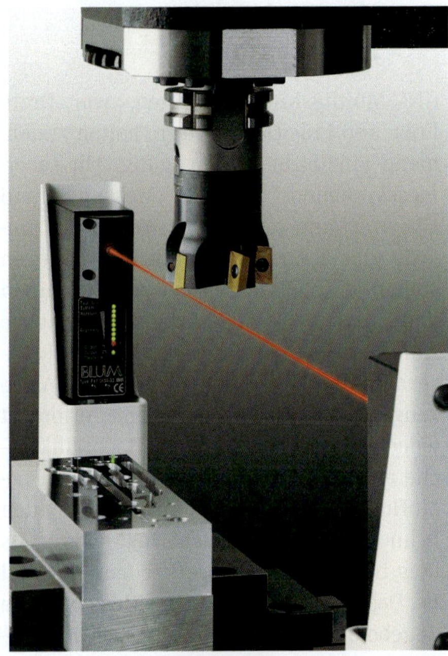

Bild 5.2: Jede einzelne Schneide des Fräsers wird mit dem Lasermesssystem in kürzester Zeit auf Bruch oder Verschleiß kontrolliert. (Quelle: Blum-Novotest)

bis hin zur **Verschleißdimension im µm-Bereich** erkennen. Bei der Einzelschneidenkontrolle wird überprüft, ob sich jede einzelne Schneide innerhalb eines vorgegebenen Toleranzwertes befindet *(Bild 5.2)*. Aufgrund der hohen Abtastrate des Systems kann diese Kontrolle nahezu **bei Nenndrehzahl** ausgeführt werden. Mit dieser Methode lassen sich vier verschiedene Fehlersituationen erfassen:

- Schneidenbruch
- Werkzeugverschleiß
- Aufbauschneide
- Einspannfehler

5.4 Werkzeugmessung

Durch die hohe Wiederholgenauigkeit der Lasermesssysteme kann eine Werkzeugeinstellgenauigkeit von bis zu 0,2 µm erreicht werden. Im Gegensatz zur externen Messung wird das Werkzeug hierbei unter Nenndrehzahl und **in der realen Arbeitssituation** erfasst. Der gesuchte Messwert (Werkzeuglänge, Durchmesser) wird automatisch unter der aktuellen Werkzeugnummer im Werkzeugkorrekturspeicher abgelegt, was manuelle Eingabefehler ausschließt.

Die maschinenintegrierten Systeme werden zudem für Kontrollmessungen während des Bearbeitungsprozesses eingesetzt. Dazu gehören z. B. die Kompensation des temperaturabhängigen Wärmeverhaltens der Maschine und die automatische Erfassung von Werkzeugverschleiß.

5.5 Messung von HSC-Werkzeugen

Die Hochgeschwindigkeitsbearbeitung (High Speed Cutting = HSC) zeichnet sich neben anderen Faktoren hauptsächlich durch hohe Spindeldrehzahlen und hochdynamische Antriebe aus. Spindeldrehzahlen von bis zu 60 000 min^{-1} erfordern neben ausgewuchteten Werkzeughaltern perfekt in die Spindel eingewechselte Werkzeuge. Spannfehler bewirken **exzentrisch rotierende Werkzeuge** mit folgenden Konsequenzen:

1. Die von der längsten Schneide beschriebene Kreisbahn vergrößert ihren Radius und folglich auch den effektiven Durchmesser des Werkzeuges
2. Die anderen Schneiden kommen aufgrund der geringen spezifischen Spandicken nicht oder nur teilweise zum

Eingriff, wodurch sich der Werkzeugverschleiß drastisch erhöht

3. Die durch ein exzentrisch rotierendes Werkzeug verursachten Zentrifugalkräfte können das Werkzeug und die Spindellagerung beschädigen

Spezielle Messzyklen für zeitoptimierte Lasermesssysteme ermöglichen die Erfassung der längsten Schneide bei Nenndrehzahl und somit die Ermittlung der effektiven Längen- und Radiuskorrektur. Außerdem lässt sich die Exzentrizität auf Einhaltung eines programmierbaren Toleranzwertes überprüfen.

Zusätzliche Möglichkeiten

Das Lasermessverfahren bietet darüber hinaus weitere Optionen, wie beispielsweise die Bestimmung von Radius und Mittelpunkt bei Kugelfräsern oder eine Kontrolle der Radien und Schrägen bei Formfräsern *(Bild 5.3)*. Bei Kugelfräsern ist sogar eine winkelabhängige Radiuskorrektur an bis zu 50 Punkten möglich. Alle Funktionen setzen voraus, dass die CNC mit der dafür erforderlichen Software ausgerüstet ist.

5.6 Kombinierte Lasermesssysteme

CNC-Multitasking-Maschinen, wie Dreh-Fräs- und Fräs-Drehzentren, halten zunehmend Einzug in die Fertigung. Mit Lasermesssystemen ist die Messung und Überwachung rotierender Werkzeuge einfach und schnell durchführbar. Dagegen stellen die bei kombinierten Maschinen eingesetzten Drehwerkzeuge erweiterte Anforderungen an das Messsystem. Die Lasermessung von nicht-drehenden Werkzeugen ist zwar extrem präzise, erfordert jedoch eine zeitaufwändige Hochpunktsuche an der Werkzeugschneide. Zudem beeinflusst das Kühlmittel an der stehenden Schneide die Prozesssicherheit stärker als dies bei rotierenden Werkzeugen der Fall ist. Deshalb werden **hybride Messsysteme** angeboten, bei denen das Lasermesssystem um einen Messtaster ergänzt wird *(Bild 5.4)*. Beim Einsatz eines taktilen Messtasters entfällt der Einfluss des Kühlmittels bei der Überwachung von Drehwerkzeugen und es wird eine deutliche Verkürzung der Messzeit erreicht. Außerdem stehen mit dem Lasermesssystem alle Funktionen und Vorteile eines optischen Systems weiterhin zur Verfügung.

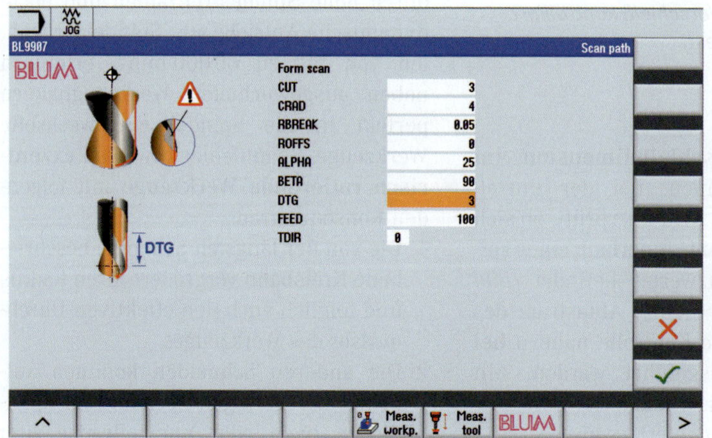

Bild 5.3: Eingabemenü zur Formkontrolle von Fräsern mit gerundeter Schneidkante am Beispiel einer Siemens 840D. (Quelle: Blum-Novotest)

Bild 5.4: Messung eines Drehwerkzeugs mit dem hybriden Messsystem LC52-DIGILOG von Blum-Novotest.

5.7 Zusammenfassung

Ein Lasermesssystem in der Werkzeugmaschine ist eine **hochpräzise Lichtschranke.** Bei Unterbrechung des Laserstrahls durch ein Werkzeug wird ein Schaltsignal zur Messwerterfassung aus den Achspositionen generiert und an die Steuerung übergeben. Die Herausforderungen im Bereich Werkzeugmessung wachsen stetig, sei es durch technische Entwicklungen, wie z. B. die berührungssensitiven Werkzeuge, oder die deutliche Verbesserung der Wirtschaftlichkeit der Werkzeugmaschine. Erst die **sichere Überwachung und Einstellung der Werkzeuge** erlaubt es, die Potenziale einer modernen Maschine durch mannarmen Betrieb und maximale Fertigungsqualität voll zu nutzen.

Zur rechtzeitigen Verschleiß- und Brucherkennung werden unter anderem laserbasierte Messsysteme im Arbeitsraum der CNC-Maschine verwendet. Mit speziellen Techniken lassen sich über einen Algorithmus systematische Störeinflüsse prozessnah ausschließen. Die Methode der „ziehenden" Messung **eliminiert den Kühlmittelstöreinfluss** und erlaubt eine sichere und schnelle Werkzeugeinstellung. Auch der Störfaktor **Längen- und Radiusänderung** kann durch die variable Anpassung der Schaltsignallänge des Lasersystems eliminiert werden. So können vor allem bei HSC-Spindeln Messungenauigkeiten durch unterschiedliche Werkzeuglängen aufgrund verschiedener Drehzahlen vermieden werden. Damit kann die Einzelschneidenkontrolle **bei beliebigen Drehzahlen** vorgenommen werden und die Bearbeitungsgenauigkeit mit HSC-Spindeln weiter gesteigert werden.

Lasergestützte Werkzeugüberwachung

Das sollte man sich merken:

1. Produktivitätssteigerung: Die Nebenzeiten reduzieren sich auf ein Minimum und ein mannarmer bis hin zum mannlosen vollautomatisierten Betrieb wird ermöglicht.
2. Qualitätssteigerung: Folgeschäden durch nicht erkannten Werkzeugbruch werden eliminiert und somit der Ausschuss reduziert.
3. Lasermesssysteme werden zur µm-genauen Werkzeugmessung eingesetzt:
   - Werkzeuglängen- und Werkzeugradiusmessung
   - Werkzeugformmessung und -kontrolle
   - Verschleißüberwachung
   - Werkzeugbruchkontrolle
   - Einzelschneidenkontrolle
   - Rundlaufkontrolle
4. Gegenüber den berührenden Werkzeugtastern haben Lasermesssysteme folgende Vorteile:
   - Werkzeuge werden im realen Spannsystem bei Nenndrehzahl gemessen
   - Die dynamische Längen- und Radiusänderung bei hohen Drehzahlen wird kompensiert
   - Fehler an Spindel und Aufnahme werden erkannt
   - Schnelle, präzise und automatische Messung von kleinsten und berührungssensitiven Werkzeugen möglich
   - Alle für die Zerspanung relevanten Merkmale eines Werkzeugs können überwacht werden

6

NC-Programm und Programmierung

1 NC-Programm

Kenntnisse über den Aufbau und die Struktur von NC-Programmen sind zum besseren Verständnis der numerischen Steuerung vorteilhaft. Für manuelle Programmkorrekturen an der CNC-Maschine sind sie unerlässlich.

1.1 Definitionen

Programm

Generell versteht man unter einem Programm die vollständige Folge von Anweisungen, die es einem Rechner ermöglicht, eine bestimmte Aufgabe zu lösen. Die Programmstruktur kann sehr unterschiedlich sein und ist insgesamt abhängig von der benutzten Programmiersprache, der Aufgabe und dem zu programmierenden Rechner.

NC-Programm

Auch als NC-Teileprogramm bezeichnet. Es steuert den Ablauf und die Bearbeitungsfolge für die Fertigung eines bestimmten Werkstückes auf einer CNC-Maschine. Dafür enthält es alle Daten und Schaltinformationen, die für die Bearbeitung notwendig sind. Diese Daten müssen in der richtigen **Syntax** vorliegen, damit es von der CNC verstanden wird und von der Maschine abgearbeitet werden kann.

Datenübertragung und -eingabe

Eine numerisch gesteuerte Maschine macht von sich aus gar nichts, erst das NC-Programm setzt sie in Bewegung. Dieses muss zuerst erstellt, geprüft und dann in die NC oder CNC eingegeben werden. Dazu dienten anfänglich mechanische Datenträger in Form von Lochstreifen. Die NC-Programme wurden manuell mit einer Teletype-Schreibmaschine geschrieben und gleichzeitig mit einem Lochstreifenstanzer mittels eingestanzter Löcher gespeichert. Mit einem Lochstreifenleser wurde das **NC-Programm** dann satzweise in die NC eingelesen. Dieses Verfahren war insgesamt mit mehreren Nachteilen behaftet. Papier war werkstattungeeignet, Kunststoff und Laminat beschädigten mit der Zeit die Lochstreifenstanzer und alles zusammen verursachte häufige Einlesefehler. Störend waren auch die zu niedrige Lesegeschwindigkeit, das Zurückspulen bei Programmende, die fehlende Korrigierbarkeit und die aufwändige Lagerhaltung der Lochstreifen. Die Verfügbarkeit mobiler elektronischer Speichermedien hat diese Probleme merklich reduziert. Aber erst die Datenübertragung per DNC über ein lokales Datennetzwerk direkt von einem Zentralrechner in die CNCs hat zur heutigen Fehlerfreiheit bei der Datenübertragung beigetragen. Dafür hat sich beispielsweise Ethernet als Defacto-Industriestandard weitgehend etabliert. Das Programm wird komplett in der CNC gespeichert, nur Programme mit Überlänge werden nachgeladen.

1.2 Struktur der NC-Programme

Sätze *(Bild 1.1)*

Ein NC-Programm besteht aus einer beliebigen Anzahl von **Sätzen**, die den gesamten Arbeitsablauf schrittweise beschreiben. Jeder Satz entspricht einer Zeile im NC-Programm. Die einzelnen Sätze bestehen wiederum aus den Adressen mit den Zahlenwerten. Sie werden fortlaufend nummeriert, das erleichtert die Suche im Programm und kann auch als Sprungmarkierung benutzt werden.

Die **Adresse** bestimmt, welche Funktionsgruppe der CNC-Maschine angesprochen wird. Deshalb darf eine Adresse in jedem Satz nur einmal erscheinen, mit Ausnahme der G- und M-Funktionen.

Jeder Satz enthält unterschiedliche Anweisungen (Zahlenwerte). Man unterscheidet hierbei

- **Weginformationen** mit denen die Relativbewegungen zwischen Werkzeug und Werkstück gesteuert werden (Adressen X, Y, Z, A, B, C, W ...),
- **Technologische Informationen,** mit denen die Vorschubgeschwindigkeit (F), Spindeldrehzahl (S) und Werkzeuge (T) festgelegt werden,
- **Schaltfunktionen** zur Auswahl der Werkzeuge (T), Schalttischstellungen (M), Kühlmittelzufuhr Ein/Aus (M),
- **Fahranweisungen,** wie die Art der Bewegung erfolgen soll (G), z. B. im Eilgang, Lineainterpolation, Zirkularinterpolation, und die Ebenenauswahl,
- **Korrekturaufrufe** (H, D), z. B. für Werkzeuglängenkorrektur, Fräserdurchmesserkorrektur, Schneidenradiuskorrektur, Nullpunktverschiebungen (G),
- **Zyklen- oder Unterprogrammaufrufe** für häufig wiederkehrende Programmabschnitte (P, Q).

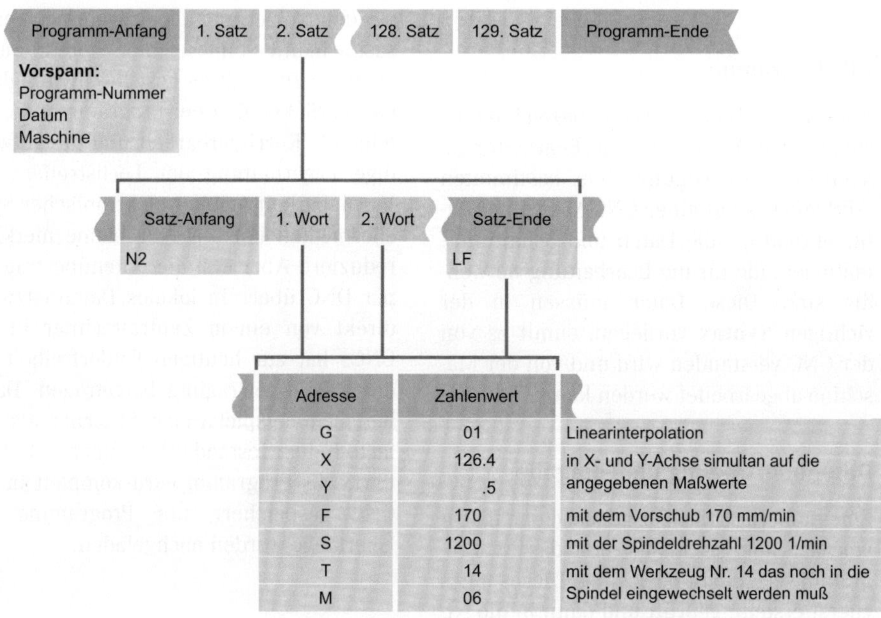

Bild 1.1: Prinzipieller Aufbau eines NC-Programmes in Adressen-Schreibweise.

Die **Zahlenwerte der Weginformationen** definieren die anzufahrenden Positionen und werden in der **Dezimalpunkt-Schreibweise** eingegeben, d.h. ohne vor- oder nachlaufende Nullen.

Schließlich unterscheidet man noch zwischen **Haupt- und Nebensätzen:**

- **Hauptsätze** sind dadurch gekennzeichnet, dass alle Adressen mit den aktuellen Zahlenwerten vorhanden sind, was bei langen Programmen den Wiedereintritt in einen unterbrochenen Programmablauf vereinfacht. Zur Kennzeichnung von Hauptsätzen wird vor die N-Adresse ein Doppelpunkt geschrieben oder es werden grundsätzlich alle Sätze mit geraden 100er oder 1000er Nummern als Hauptsätze programmiert.
- **Nebensätze** enthalten nur solche Informationen, deren Werte sich gegenüber den vorhergehenden ändern.

Bedeutung der Befehle

Die Bedeutung der Basisbefehle, ihre Syntax sowie der Programmaufbau sind durch die **DIN 66025/ISO 6938** festgelegt Darüber hinaus können auch nicht genormte, spezifische Befehle in einer eigenen Syntax programmiert werden. Das Spektrum dieser Zusatzfunktionen reicht von Funktionen für den Programmablauf (Berechnungen, Schleifen, Verzweigungen) bis Sonderfunktionen (Arbeitsfeldbegrenzung, Hinweisprogrammierung, Konfigurationsbefehle) *(Tabelle 1.3)*. Im Allgemeinen sind der Umfang sowie die Möglichkeiten dieser spezifischen Befehle deutlich größer als bei den Befehlen der DIN-Norm. Die Programmieranleitungen der CNC-Hersteller geben darüber Auskunft.

1.3 Programmaufbau, Syntax und Semantik

Unter **Syntax** versteht man formelle Regeln, die den Aufbau von Anweisungen in einer Programmiersprache bestimmen, ohne auf die Bedeutung der Wörter Bezug zu nehmen. Die Bedeutung der Wörter ist in der **Semantik** festgelegt.

Beide zusammen bestimmen den **Programmaufbau,** bestehend aus Zeichen, Wörtern und Sätzen, sowie die Anordnung dieser Informationen. Eine typische NC-Programmstruktur für eine 3-Achsen Bahnsteuerung lautet nach EIA RS 274 B:

N4, G2, X ± 4.3, Y ± 4.3, Z ± 4.3, I4.3, J4.3, K4.3, F7, S4, T8, M2, H2, L2, lf

Hierin bedeutet:

N4
die vierstellige Satznummer. Jedes Programm kann in max. 9999 Sätze unterteilt werden.

G2
die zweistelligen vorbereitenden Wegbedingungen, die z.B. die Interpolationsart, den Zyklus, die Richtung der Werkzeugradiuskorrektur oder die Wegmaßeingabe festlegen.

X ± 4.3, Y ± 4.3 und Z ± 4.3
sind die Weginformationen mit 4 Stellen vor und 3 Stellen nach dem Komma, d.h. die max. programmierbare Länge ist 9999,999 mm. Das Komma wird meistens als Punkt geschrieben, daher die Bezeichnung Dezimalpunkt-Programmierung.

I4.3, J4.3 und K4.3
sind die Hilfsparameter des Kreismittelpunktes bei Kreisinterpolation, wobei in einem Satz nur IJ oder JK oder IK entsprechend der Interpolationsebene XY, YZ oder XZ auftreten dürfen.

F7
F6.1 G94 = Vorschub in mm/min
F4.3 G95 = Vorschub in mm/U
F5.2 G04 = Verweilzeit in s
F7 G104 = Verweilzeit in U

S4
die vierstellige Spindeldrehzahl direkt in Umdrehungen pro Minute.

T8
die max. 8-stellige Werkzeugnummer, mit oder ohne die zu diesem Werkzeug aufgerufene Korrekturnummer.

M2
die zweistelligen (max. 99) Hilfsfunktionen für Schaltbefehle, wie z. B. Kühlmittel Ein/Aus, Werkzeugwechsel oder Spindeldrehrichtung.

H2 und L2
Abruf der Korrekturwerte für Werkzeuglänge und -durchmesser. Die Korrekturwerte sind in einer Tabelle abgelegt.

Lf
„Line feed" (Zeilensprung), das Satzendezeichen.

1.4 Schaltbefehle (M-Funktionen) *(Tabelle 1.1)*

Zum Ein- und Ausschalten der Maschinenfunktionen gibt es keine Schalter an der

Tabelle 1.1: Schaltfunktionen nach DIN 66 025, Bl. 2

Code	Funktion
M00	Programm Halt. Spindel, Kühlmittel und Vorschub aus. Erneuter Start über Taste „START"
M01	Wahlweiser Halt. Wirkt wie M 00, wenn Schalter „WAHLWEISER HALT" auf EIN steht.
M02	Programm ENDE.
M03	Spindel EIN, Rechtslauf.
M04	Spindel EIN, Linkslauf.
M05	Spindel STOP.
M06	Werkzeugwechsel ausführen.
M07	Kühlmittel 2 EIN.
M08	Kühlmittel 1 EIN.
M09	Kühlmittel AUS.
M10	Klemmung EIN.
M11	Klemmung AUS.
M13	Spindel EIN, Rechtslauf und Kühlmittel EIN.
M14	Spindel EIN, Linkslauf und Kühlmittel EIN.
M19	Spindel STOP in bestimmter Winkellage.
M30	Programm-Ende und Zurücksetzen auf Programm-Anfang
M31	Verriegelung aufheben
M40 - M45	Getriebestufen-Umschaltung.
M50	Kühlmittel 3 EIN.
M51	Kühlmittel 4 EIN.
M60	Werkstückwechsel.
M68	Werkstück spannen.
M69	Werkstück entspannen.
Alle nicht genannten M-Funktionen sind nicht belegt oder frei verfügbar.	

Maschine. Dazu dienen die Schaltbefehle mit folg. Adressen:

S für die Spindeldrehzahl (Spindle Speed)
T für die Werkzeugauswahl (Tool-No)
M für alle Hilfsfunktionen (Miscellaneous Functions)
F für die Vorschubgeschwindigkeit (Feedrate)

Sätze mit solchen Schaltbefehlen lauten z.B.:

N 10 S 1460 M 13 $
Schritt 10: Spindeldrehzahl 1460 Umdrehungen pro Minute, Rechtslauf der Spindel und Kühlmittel EIN.

N 60 G 95 F 0.15 $
Schritt 60: Vorschub 0,15 mm pro Umdrehung

N 140 T 17 M 06 $
Schritt 140: Werkzeugnummer 17 in die Spindel wechseln

N 320 M 00 $
Schritt 320: Programmunterbrechung bis zu einem erneuten START- Signal

N 410 M 30 $
Schritt 410: Programmende, Spindel STOP, Kühlmittel AUS, zurück zum Programmanfang.

Tabelle 1.2: Beispiel für Achsadressen mit mehreren Zeichen und zusätzlichen Erläuterungen, die z. T. auch auf dem Bildschirm der CNC erscheinen.

```
N1000 ZOTSEL (GT300-NPV.zot) ;Anwahl und Pfad zur NPV-Tabelle
;--------------------- Bearbeitung mit rechter Spindel ---------------------
N1010 MainSp(S2)              ;Vorschub soll auf Spindel 2 wirken
N1020 SMX(S2=3000)            ;Maximale Drehzahl bei G96 2. Spindel
N1030 G8(SHAPE80)
;----------------- Futter in Ausgangsposition bringen (Notwendig für SPS)
N1040 S2CLOSE=66              ;Futter S2 schließen, 66 == Innen-Außen-Spannung
;--------------------------------------------------------------------------
; Nullpunkt G59 1mm rechts der linken Stirnfläche
N1060 G0 G90 DIA G18(X,,Z) G53 G48 G90 X=260 Z=300 Z2=1 M205
1070  IF TARTTYPE$ = "GUSSTEIL" THEN
N1070 (MSG T3 Schruppstahl rechts)
N1080 M6 T3                   ;Werkzeugwechsel
N1090 G0 G47 G96 G59 X100 Z-10 Z2=1 S2=200 M204 ED1
N1100 (MSG Plandrehen an Spindel 2)
N1110 G0 X45 Z0 M8
N1120 G1 X10 F.17
N1130 X8 Z.2 F.1
N1140 X-.5
N1150 G0 X45 Z-10
N1160 G0 G53 G48 X=260 Z=300 ;Wegfahren zur Wechselposition
1180  ENDIF
;--------------------------------------------------------------------------
N1170 (MSG T4 Schlichtstahl rechts)
N1180 M6 T4                   ;Werkzeugwechsel
N1190 G0 G47 G59 G96 X=45 Z=-10 Z2=1 S2=220 M204 ED1 M8
N1200 (MSG erste Seite an Spindel 2 drehen)
; Konturdrehen mit Standard Abspanzyklus
N1210 G171 (P DameKontur, CD2, LD1, CR0.5, CA0, CES1, UCV0)
N1220 G0 G53 G48 X=260 Z=300 Z2=1 M9
N1230 M30
```

Schaltbefehle bleiben so gespeichert, als hätten wir sie mit einem Schalter eingeschaltet. Man kann sie durch das sogenannte **Überschreiben** per Programm ändern oder ausschalten. Sofern sinnvoll, kann man auch mehrere Schaltbefehle in einem Satz kombinieren.

Bei den M-Befehlen ist zu beachten, dass einige M-Befehle sofort, d. h. am Anfang eines Satzes wirksam werden, andere erst später, d. h. am Ende eines ausgeführten Satzes. Die Festlegung geht aus der Programmieranleitung jeder Maschine hervor.

Nun sehen Sie sich bitte die Tabelle der M-Funktionen genauer an und üben Sie das Programmieren einiger Befehle.

1.5 Weginformationen

Die **Weginformationen** haben für die Maschine 3 Bedeutungen:

1. Ihr **Wert** bestimmt die anzufahrende Zielposition,
2. ihr **Vorzeichen** gibt die Fahrrichtung an oder definiert den Quadranten,
3. ihre **Reihenfolge** bestimmt den Programmablauf, d. h. die Bewegungsfolge.

Zu den Weginformationen zählen die Achsadressen X, Y, Z, A, B, C, U, V, W, I, J, K, R.

In neueren CNCs können auch Achsadressen mit mehreren Zeichen vergeben werden. In diesem Fall werden dann die Weginformationen nach einem = programmiert. Das bietet den Vorteil, dass Programme an Maschinen mit vielen Achsen deutlich einfacher zu lesen sind. (Beispiel: X1 = 123,000 X2 = 234,500 X3 = ...)

Weginformationen können als **Absolutmaße** und/oder als **Relativmaße** in den Zeichnungen angegeben sein *(Bild 1.2)*. Beide Maßangaben sollten deshalb auch im NC-Programm zulässig sein, um die Zeichnungsmaße direkt verwenden zu können.

Das Absolutmaß gibt die Entfernung einer Position zum Programmnullpunkt an, die relative Maßeingabe definiert die Wegdifferenz zur vorhergehenden Position. Durch **G90/G91** lässt sich beliebig zwischen Absolut- und Relativmaßeingabe umschalten, ohne den Programmnullpunkt zu verlieren.

Soll ein Werkzeug die in *Bild 1.3* angegebenen sieben Positionen nacheinander anfahren und wieder zum Nullpunkt zurückkehren, so ergeben sich in Abhängigkeit von der Vermaßungsart unterschiedliche Eingaben *(Tabelle 1.3)*.

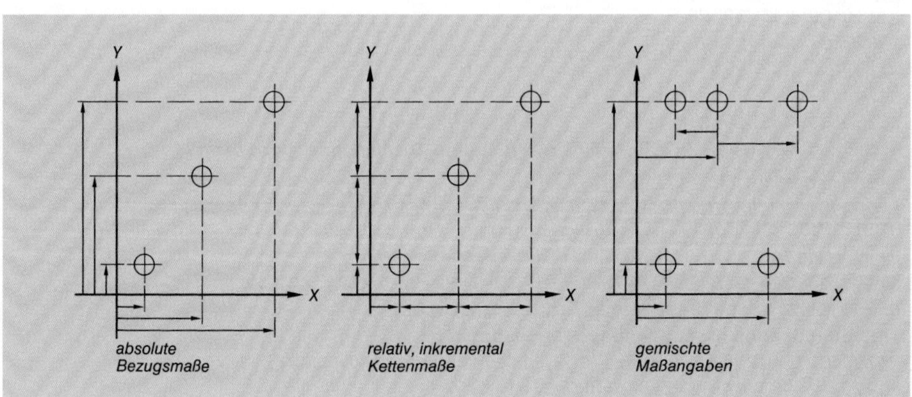

Bild 1.2: Bemaßung von Zeichnungen in Absolut- und Relativmaßen.

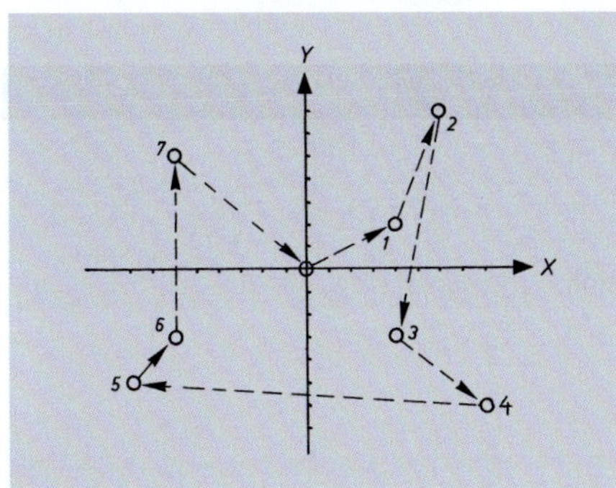

Bild 1.3: Bohrbild.

Der **Vorteil der Absolutmaßprogrammierung** ist, dass die nachträgliche Änderung einer Position alle anderen Wegmaße nicht beeinflusst. Bei der Relativmaßprogrammierung muss in diesem Falle auch die Programmierung der folgenden Position korrigiert werden. Auch der Wiedereintritt in ein unterbrochenes Programm ist bei der Absolutwertprogrammierung einfacher.

Als **Vorteile der Relativmaßprogrammierung** können angesehen werden,

1. dass die Summe aller X-Maße und die Summe aller Y-Maße Null sein muss, wenn die Startposition wieder erreicht ist, wodurch eine einfache Kontrolle auf Programmierfehler möglich ist. Bei der gemischt absolut/relativen Programmierung ist diese Kontrollmöglichkeit jedoch nicht mehr gegeben.
2. Dass Unterprogramme wie Bohrbilder, Einstiche, Freistiche und Fräszyklen sehr einfach kopiert und an andere Positionen transferiert werden können.

1.6 Wegbedingungen (G-Funktionen) *(Tabelle 1.4)*

Die 2-stelligen Wegbedingungen (G = go) und die Weginformationen (X, Y, Z, R, A…) gehören zusammen. Die **G-Funktionen** legen fest, nach welchem Rechenprogramm die nachfolgenden Weginformationen in der Steuerung zu verarbeiten sind. Die Weginformationen sagen **wohin,** die Wegbedingungen **wie** gefahren werden soll. Meistens sind sogar mehrere G-Funktionen erforderlich, um die numerische Steuerung auf die Bedeutung der Weginformationen vorzubereiten. Deshalb wird auch die Bezeichnung „vorbereitende Wegbedingungen" verwendet. Dazu ist es erforderlich, mehrere G-Funktionen zu speichern und aktiv zu halten. Je nach Steuerung muss die Programmierung dieser G-Funktionen entweder in mehreren Sätzen nacheinander erfolgen oder alle G-Funktionen können gemeinsam in einem Satz stehen.

Tabelle 1.3: Wegmaßtabelle für das in Bild 1.3 dargestellte Bohrbild bei Absolut- und Relativmaß-Programmierung

PT.	Absolutmaßprogrammierung		Relativmaßprogrammierung	
	X	Y	X	Y
1	4	2	+4	+2
2	6	7	+2	+5
3	4	-3	-2	-10
4	8	-6	+4	-3
5	-8	-5	-16	+1
6	-6	-3	+2	+2
7	-6	+5	0	+8
0	0	0	+6	-5
			Σ = 0	Σ = 0

Tabelle 1.4: G-Funktionen nach DIN 66 025, Bl. 2

Code	Funktion
G00	Positionieren im Eilgang, Punktsteuerung
G01	Lineare Interpolation
G02	Kreisinterpolation, im Uhrzeigersinn
G03	Kreisinterpolation, gegen Uhrzeigersinn
G04	Verweilzeit
G06	Parabel-Interpolation
G09	Genauhalt
G17	Ebenenauswahl XY } Interpolationsparameter zur Kreisprogrammierung
G18	Ebenenauswahl XZ } Interpolationsparameter zur Kreisprogrammierung
G19	Ebenenauswahl YZ } Interpolationsparameter zur Kreisprogrammierung
G33	Gewindeschneiden mit konstanter Steigung
G34	Gewindeschneiden mit zunehmender Steigung
G35	Gewindeschneiden mit abnehmender Steigung
G40	Löschen aller abgerufenen Werkzeugkorrekturen
G41	Werkzeugradiuskorrektur, Versatz nach links
G42	Werkzeugradiuskorrektur, Versatz nach rechts
G43	Werkzeugkorrektur, positiv
G44	Werkzeugkorrektur, negativ
G53	Löschen der abgerufenen Nullpunktverschiebung
G54 - G59	Nullpunktverschiebung 1 - 6
G60*	Einfahrtoleranz 1
G61*	Einfahrtoleranz 2, auch Schleife fahren
G62*	Schnelles Positionieren, nur Eilgang
G63	Vorschub 100 % setzen, z. B. Gewindebohren
G70	Maßeingabe in inch
G71	Maßeingabe in mm
G73*	Programmierter Vorschub = Achsvorschub
G74*	Referenzpunkt anfahren der 1. und 2. Achse
G75*	Referenzpunkt anfahren der 3. und 4. Achse
G80	Löschen der abgerufenen Zyklen
G81 - G89	Festgelegte Bohrzyklen
G90	Absolutmaßeingabe (Bezugsmaß)
G91	Relativmaßeingabe (Inkrementalmaß)
G92	Programmierte Bezugspunktverschiebung/Speicher setzen
G94	Vorschub in mm/min (oder inch/min)
G95	Vorschub in mm/Umdrehung (oder inch/Umdr.)
G96	Konstante Schnittgeschwindigkeit
G97	Spindeldrehzahl in 1/min

* und alle hier nicht aufgeführten G-Funktionen sind nicht fest belegt und frei verfügbar.

Zwecks einer besseren Übersichtlichkeit teilt man deshalb alle G-Befehle in 3 Arten und mehrere Gruppen ein. Nur G-Befehle aus der gleichen Gruppe können sich gegenseitig überschreiben oder, anders ausgedrückt, aus jeder Gruppe ist immer nur 1 G-Befehl wirksam.

Man unterscheidet **3 Arten von Wegbedingungen.** Die fett gedruckten kennzeichnen den Einschaltzustand und müssen nicht zusätzlich programmiert werden (steuerungsabhängig!).

- **Modal, d.h. über mehrere Sätze wirkende G-Funktionen** für die Interpolationsart
  G00, G01, G02, G03, G06

die Ebenenauswahl
G17, G18, G19

die Werkzeugkorrektur
G40, G41, G42, G43, G44

die Nullpunktverschiebung
G92, **G53** - G59

das Einfahrverhalten
G08, G09, G60, G61, G62

den Arbeitszyklus
G80 - G89

die Maßangaben
G90, G91

die Vorschubfestlegung
G93, **G94,** G95

die Spindeldrehzahleingabe
G96, G97

- **Wegbedingungen, die nur in 1 Satz wirken,** sind

Verweilzeit
G04 (in Verbindung mit F für die Zeitangabe)

Geschwindigkeitszu- und -abnahme
G08, G09

Gewindebohren
G63

Bezugspunktverschiebung
G92

Beispiel für die Funktion der G-Bedingungen *(Bild 1.4)*

Es gibt mehrere Möglichkeiten um vom Startpunkt S zum Endpunkt E zu kommen. Die Auswahl erfolgt durch die G-Funktion:

1. Möglichkeit:
N100 G00 X200 Y140 $
Von S nach E im Eilgang, 140 mm unter einem Winkel von 45 °, den restlichen Betrag in X achsparallel.

2. Möglichkeit:
N200 G01 X200 Y140 F400 $
Auf einer Geraden (Linearinterpolation) mit dem Vorschub 400 mm pro Minute.

3. Möglichkeit:
N300 G03 G17 X200 Y140 R205 F120 $
Auf einer Kreisbahn, links drehend um den Mittelpunkt M_3, mit dem Radius R 205 mm.

4. Möglichkeit:
N 400 G00 X200 $
N401 Y140 $
Durch achsparalleles Zustellen im Eilgang, zuerst in der X-Achse, dann in der Y-Achse.

5. Möglichkeit:
N500 G02 X200 Y140 R -130 $
Auf einer Kreisbahn, rechts drehend um den Mittelpunkt M5, mit dem Radius R130.

- **Wegbedingungen, denen lt. Norm keine feste Bedeutung zugeordnet ist**

Die Bedeutung der G-Funktionen ist in den DIN 66025, Blatt 2 festgelegt und sollte für alle NC-Fabrikate einheitlich sein.

Beispiele:
N 10 G81 $
ab Schritt 10 gilt:
Aufruf des Bohrzyklus G81, d.h. alle Z-Maße sind relative Maße, die Zustellung

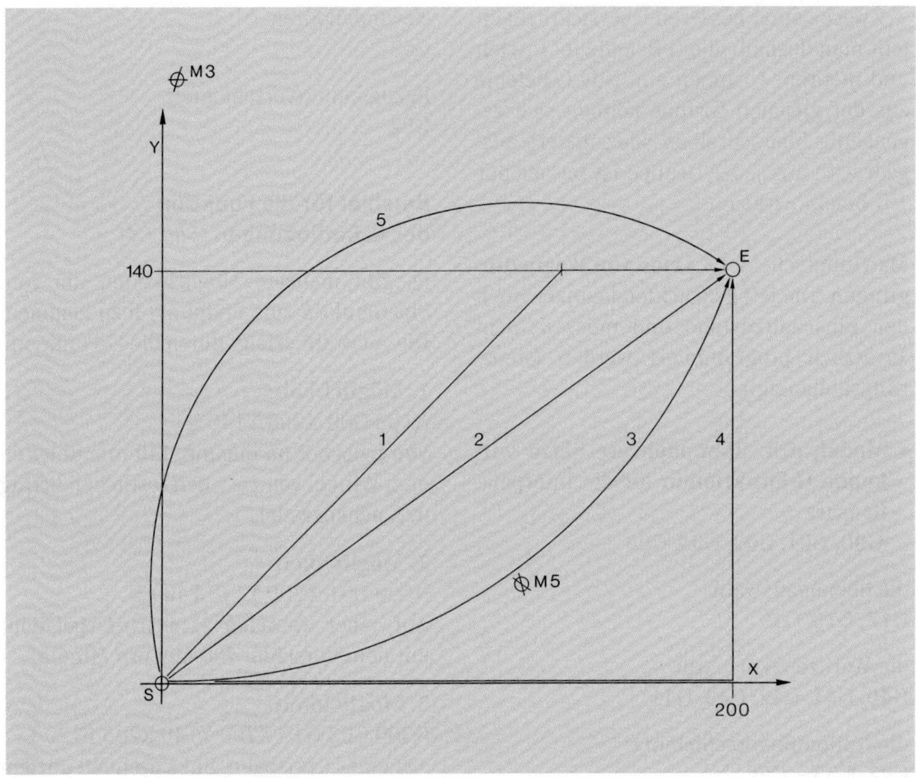

Bild 1.4: Durch unterschiedliche G-Funktionen auf unterschiedlichen Wegen vom Startpunkt S zum Endpunkt E.

in X und Y erfolgt im Eilgang, der Bohrvorschub ist in Millimeter pro Minute angegeben.

N 40 G02 G17 X460 Y125 I116 J -84 $
Satz 40:
Kreisbewegung im Uhrzeigersinn bis zum Endpunkt X460 Y125

N70 G04 F10 $
Satz 70:
10 Sekunden Verweilzeit, d. h. die Spindel dreht sich weiter, die Vorschubbewegung der Achsen bleibt 10 Sekunden unterbrochen.

N 100 G17 G41 H11 T11 $
ab Satz 100:
der mit Speicherplatz H11 aufgerufene und dort eingegebene Korrekturwert wirkt in der XY-Ebene und zwar in Fahrtrichtung gesehen Versatz nach links.

N 160 G54 $
Satz 160:
Aufruf der 1. Gruppe Nullpunktverschiebung für alle Achsen.

1.7 Zyklen

Für häufig wiederkehrende Arbeitsvorgänge sind in den meisten numerischen Steuerungen feste Zyklen in einer Art Unterprogramm vorprogrammiert. Zyklen sollen zur Vereinfachung der Programmierung beitragen und zudem die Programmlänge reduzieren, indem immer wiederkehrende, gleiche Abläufe nur einmal aufgerufen und mit Parameterwerten ergänzt werden.

Man unterscheidet bei den Zyklen

Bohrzyklen: *(Tabelle 1.5 und Bild 1.5)*
zum Bohren, Reiben, Senken, Gewindebohren, festgelegt lt. DIN 66025 (G80 - G89) (Beispiel *Bild 1.6)*.

Fräszyklen:
zum Nutenfräsen, Taschenfräsen, Bohrungsausfräsen, Gewindefräsen, Zapfenfräsen usw. Nicht genormt und pro Steuerungsfabrikat individuell ausgelegt.

Drehzyklen: *(Bild 1.7)*
zum Abspanen längs und plan, Gewindedrehen achsparallel oder konisch mit automatischer Zustellung, sowie Zyklen für Freistiche und Einstiche mit automatischer Schnittaufteilung. Auch Drehzyklen sind nicht genormt und vom Steuerungsfabrikat abhängig.

Freie Zyklen:
auch als Unterprogramme bezeichnet und für jede Art von Maschine speziell ausgelegt, wie z. B. der Werkzeugwechselzyklus (M06) oder geometrische Zyklen für Lochkreise, Lochreihen, Tieflochbohrungen, Kreissegmentfräsen, Taschenfräsen usw.

1.8 Nullpunkte und Bezugspunkte *(Bild 1.8 und Bild 1.9)*

Die automatisierte und wiederholte Abarbeitung von Werkstückprogrammen erfordert eine exakte Definition von **Bezugspunkten** in der Werkzeugmaschine. Dazu müssen sowohl vom Maschinenhersteller als auch vom Anwender die entsprechenden Punkte in der Maschine und am Werkstück definiert werden.

Die verschiedenen **Nullpunkte** und ihre Beziehungen zueinander sind sowohl für den Maschinenhersteller als auch für den

Tabelle 1.5: Bohrzyklen G80 - G89
Bei unverändertem Bohrzyklus werden nur die X/Y-Positionen programmiert. An jeder Position folgt dann automatisch der aufgerufene (aktive) Bohrzyklus, bis er durch G80 wieder gelöscht oder durch einen anderen G-Zyklus überschrieben wird.

Zyklus	Z-Bewegung ab R-Ebene	Auf Tiefe		Rückzugsbewegung bis R-Ebene	Anwendungsbeispiel
		verweilen	Spindel		
G81	Vorschub	-	-	Eilgang	Bohren, Zentrieren
G82	Vorschub	ja	-	Eilgang	Bohren, Plansenken
G83	unterbrochener Vorschub	-	-	Eilgang	Tieflochbohren, mit Späne brechen
G84	Vorschub	-	umkehren	Vorschub	Gewindebohren
G85	Vorschub	-	-	Vorschub	Ausbohren 1
G86	Vorschub	-	Halt	Eilgang	Ausbohren 2
G87	Vorschub	-	Halt	manuell	Ausbohren 3
G88	Vorschub	ja	Halt	manuell	Ausbohren 4
G89	Vorschub	ja	-	Vorschub	Ausbohren 5
Ablaufprogramme der Bohrzyklen nach DIN 66025, Blatt 2					

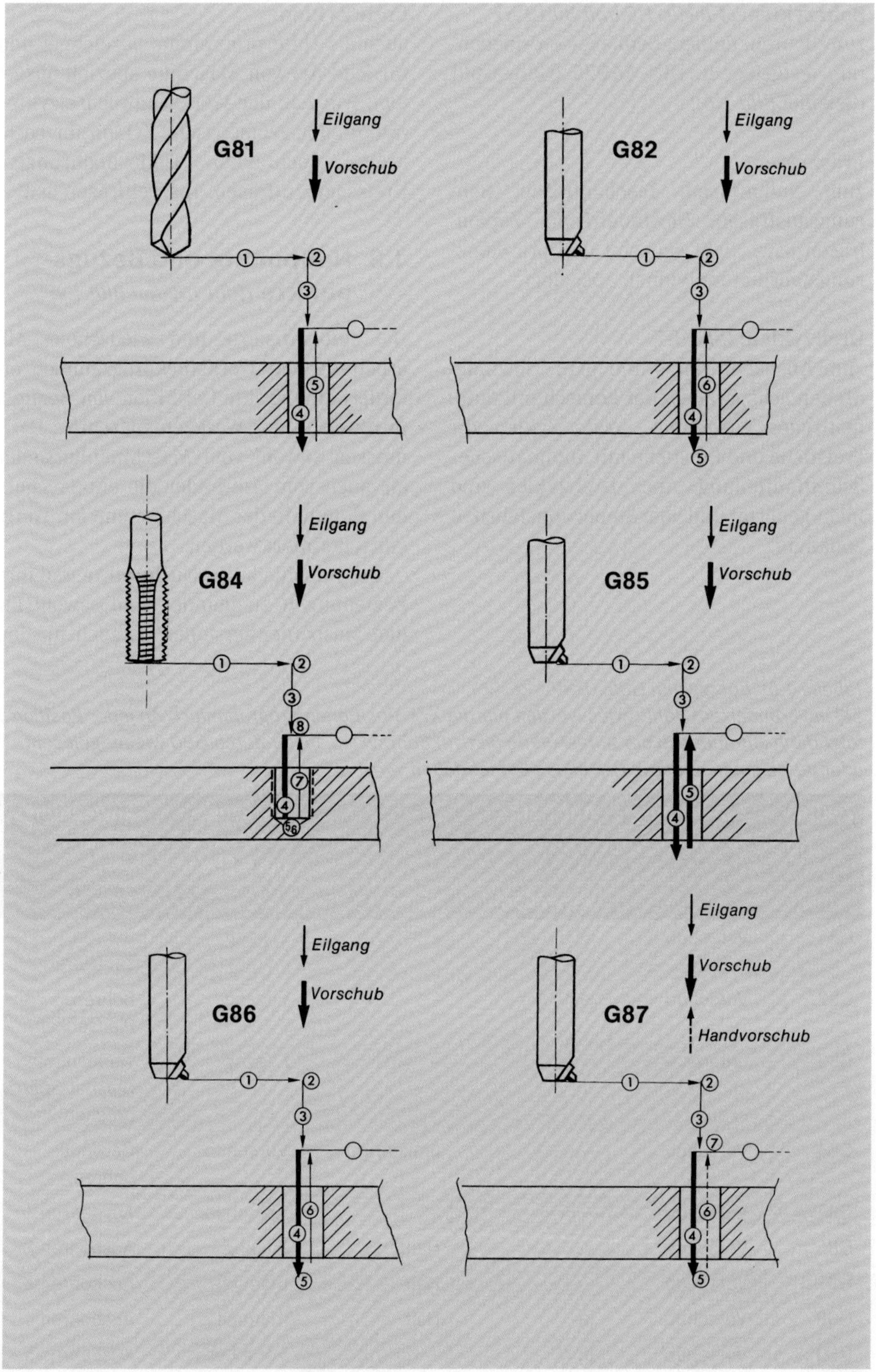

Bild 1.5: Bohrzyklen nach DIN 66025, Blatt 2.

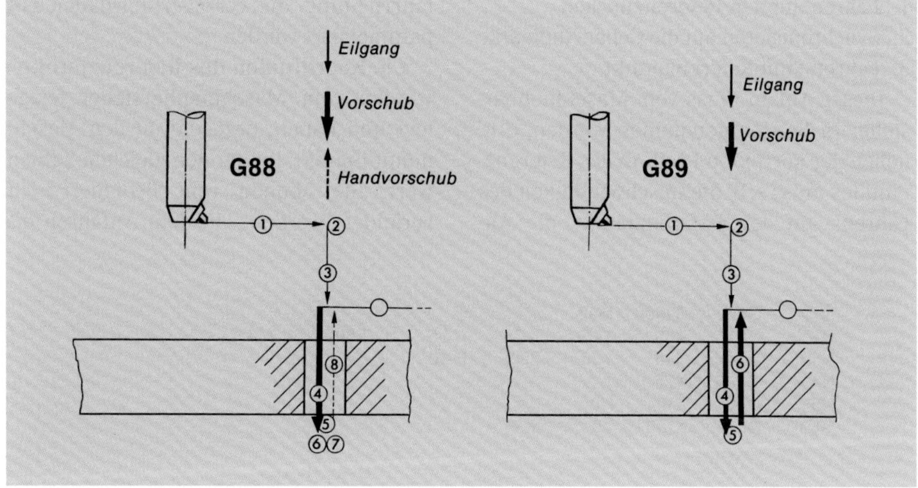

Bild 1.5: Bohrzyklen nach DIN 66025, Blatt 2. (Fortsetzung)

Anwender von fundamentaler Bedeutung. Der Konstrukteur der Maschine muss seine Maschinenpunkte so definieren, dass diese zur angestrebten Bearbeitungsaufgabe passen und erst das Verständnis der Nullpunktbeziehungen versetzt den Maschinenbediener in die Lage, die Möglichkeiten der automatische Abarbeitung einer CNC-Werkzeugmaschine wirklich zu nutzen.

Maschinennullpunkt M *(Bild 1.8 und 1.12)*

Der **Maschinennullpunkt M** wird vom Maschinenhersteller absolut festgelegt und liegt im Ursprung des Maschinenkoordinatensystems unveränderlich fest und kann nicht verschoben werden. Alle Bezugspunkte der Werkzeugmaschine beziehen sich auf diesen absoluten Maschinennullpunkt und die Messsysteme der Achsen werden mit Hilfe dieses Punktes justiert und die Werte in die CNC fest eingetragen.

Beim Drehen wird der Maschinennullpunkt meist in das Zentrum des Spindelflansches auf die Anschlagfläche gelegt. Fräsmaschinen haben ihren Maschinennullpunkt meistens am Rand des Verfahrbereiches oder auch in der Mitte des Maschinentisches.

Maschinenreferenzpunkt R

Der **Referenzpunkt R** einer Werkzeugmaschine dient zur Synchronisation des Messsystems der Achse mit der CNC-Steuerung.

Beim Referenzieren einer Maschinenachse wird das Lageistwertsystem der Maschinenachse mit der Maschinengeometrie synchronisiert. Abhängig vom eingesetzten Gebertyp erfolgt das Referenzieren der Maschinenachse mit oder ohne Verfahrbewegungen.

Bei allen Maschinenachsen, die keinen Geber besitzen, der einen absoluten Lageistwert liefert, erfolgt das Referenzieren durch Verfahren der Maschinenachse auf einen Referenzpunkt, dem sog. **Referenzpunktfahren.**

Das Referenzpunktfahren kann von Hand oder über ein Teileprogramm erfolgen.

Das Referenzpunktfahren per Handbetrieb wird über die Fahrrichtungstasten PLUS bzw. MINUS, entsprechend der parametrierten Referenzpunktanfahrrichtung gestartet.

Das Referenzieren bei inkrementellen Messsystemen, erfolgt durch ein in 3 Phasen untergliedertes Referenzpunktfahren:

1. Fahren auf den Referenznocken
2. Synchronisieren auf die Geber-Nullmarke
3. Fahren zum Referenzpunkt

Dieser Ablauf muss vom Maschinenhersteller in Betrieb genommen werden, d.h. neben der korrekten Position des Referenzpunktes muss z.B. die Geschwindigkeit des Fahrens auf den Referenzpunkt, die Anfahrrichtung, die Verzögerungsdauer usw. parametriert werden.

Die **Koordinaten des Referenzpunktes** werden vom Maschinenhersteller festgelegt und haben, bezogen auf den Maschinennullpunkt, immer den gleichen Zahlenwert. Sie können vom Bediener nicht verändert werden. Mit dem Anfahren des

N10	G90	S1000	M42				
N20	G81	X85	Y45	Z 25	R 55	F300	M3
N30		X45	Y30	Z 15	R 40		
N40		X25					
N50	G80	Z 60	H0				
N60	G0	X150	Y0	M 3			

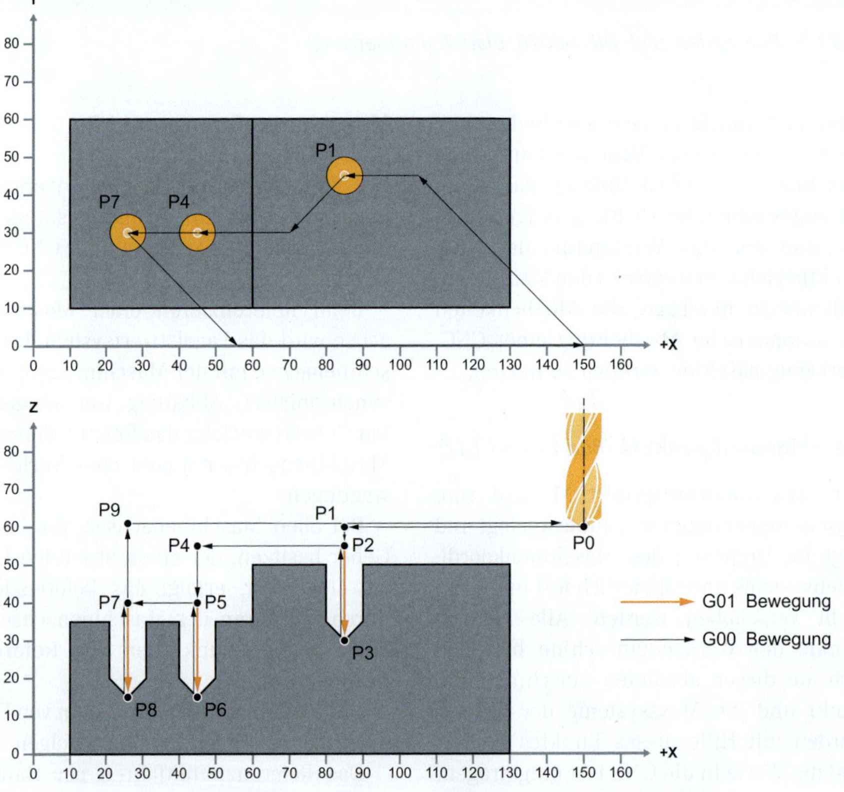

Bild 1.6: Beispiel G81: Bohrzyklus.

CNC-Technik in der Metallausbildung

Auf den folgenden Seiten werden mit unterschiedlichen Steuerungen die Zyklen zum Senken und Bohren verglichen.

Im Allgemeinen wird in der Ausbildung immer wieder behauptet: „Das, was wir da für die schriftliche Prüfung lernen, kann man in der Praxis ja nicht nutzen!“

Wir versuchen hier dies zu vergleichen und zu widerlegen, denn alle Steuerungen benötigen die gleichen Geometrie-Informationen um Objekte entsprechend umzusetzen.

Das einzige was vorausgesetzt wird ist eine Maschine mit ca. 10 – 12 kW Spindelleistung und einer Spindeldrehzahl mit max. 8000 Umdrehungen der Frässpindel.

Es wird ein Zentrieren und Senken programmiert, bei dem wir mit Schnittdaten für einen HSS-NC-Anbohrer aus der Software WALTER-GPS 5.0 arbeiten. Dabei wird eine 90° Senkung bei einem Senkungs-Ø von 12,6 mm im Werkstoff S235JR gefertigt.

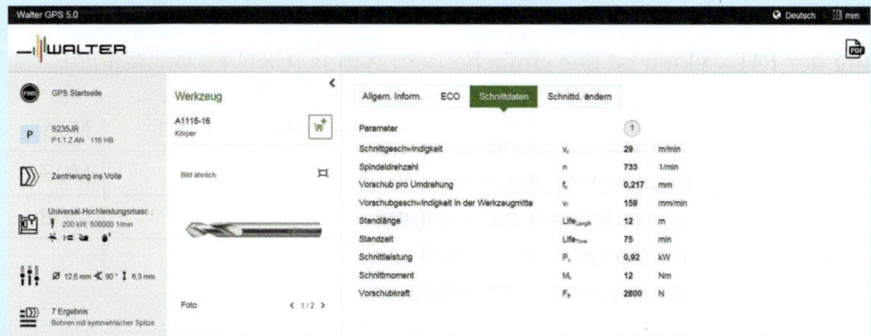

Die ermittelten Daten sollten Sie direkt mit allen Ergebnissen **in eine PDF-Datei speichern.**

Auch beim Bohren sind die Schnittdaten mit der gleichen Software ermittelt worden.

Der Werkstoff bleibt S235JR und die Bohrung ins Volle ist mit Ø 12 mm auf eine nutzbare Tiefe von 20 mm zu fertigen. Da PAL nur HSS-Bohrer nutzt und keine Spitzenwinkel angibt, wird die Bohrerspitze mit 0,3 × Bohrer-Ø berechnet.

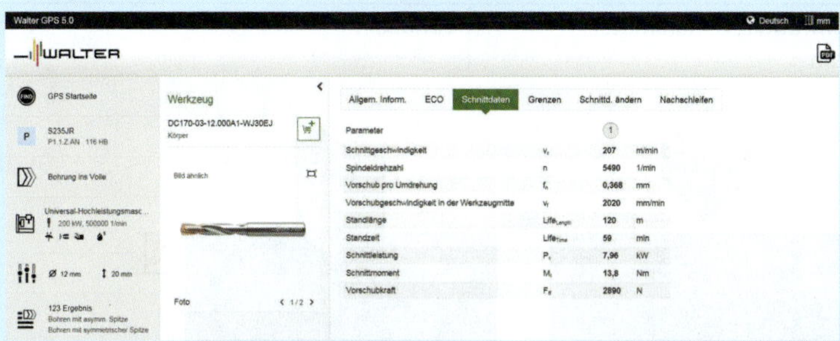

Der vorgeschlagene Bohrer aus Hartmetall kann mit Innenkühlung eingesetzt werden. Auf den folgenden Seiten werden die Zyklen aus der aktuellen **PAL-Version 2012**, **Siemens 840D** sl Operate und der **Heidenhain** Steuerung **iTNC 530** gegenübergestellt, weil dies immer noch die am häufigsten verwendeten Steuerungen in Deutschland sind, in denen Zyklen die Programmierung einfacher gestalten.

PAL-Zyklus G81 zum Zentrieren und Senken

Der folgende Ablauf aus einem DIN-Programm mit Befehlsfolgen aus PAL-2009, soll durch einen Zyklus ersetzt werden.

In N50 wird ein Programmnullpunkt angefahren, an dem sich das Werkzeug mit seiner Spitze nach dem Werkzeugwechsel befindet. Alle Werte gelten weil G90 verwendet wird.

N40	G17				F155	S730	T01	TC1	M06
N50	G00	X-20	Y-20	Z100					M03
N60		X25	Y20	Z2					
N70	G01			Z-6.3					M08
N80	G04				O2	U2			
N90	G00			Z2					M09

Bei der Anwendung der PAL-Zyklen ist der einfache Bohrzyklus (G81) zu verwenden.

N40	G17				F155	S730	T01	TC1	M06
N50	G00	X-20	Y-20	Z100					M03
N60	**G81**			**ZA-6.3**	**V2**	**W5**			**M08**
N70	**G79**	**XA25**	**YA20**	**ZA0**					

G81 Bohrzyklus zum Anbohren ohne Spänebrechen oder Ausspänen

ZA	**Tiefe** der Bohrung in der Zustellachse (absolut)	**Pflichtparameter** empfohlen als absolute Angabe
V	**Sicherheitsabstand** über vorhandenem Material	**Pflichtparameter** Vorgabe PAL **2 mm**
W	**Rückzugsebene** bezogen auf WNP	optional (ohne Angabe wird der Wert von V übernommen)
M	**Zusatzfunktion** z. B. Kühlmittel einschalten	optional

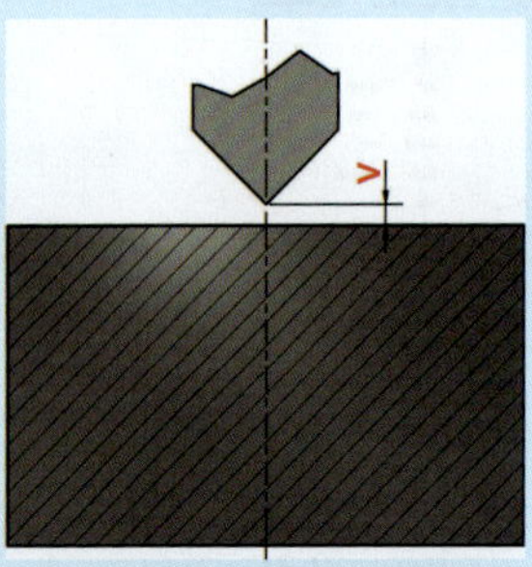

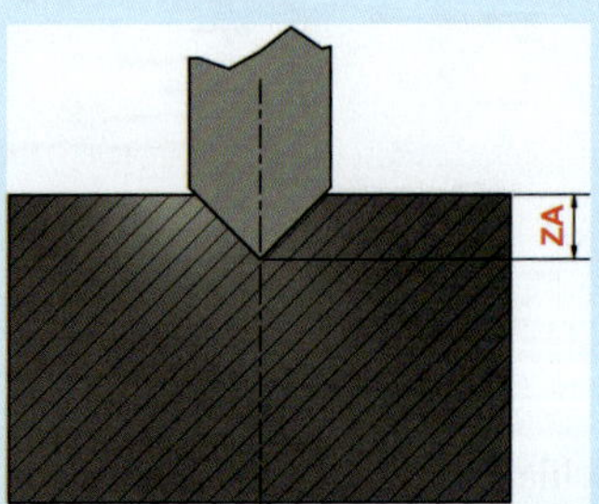

Der Bohrzyklus bestimmt wie das Objekt zu fertigen ist. Zusätzlich wird mit einem Ausführungszyklus festgelegt, wo diese Bohrung gefertigt wird.

G79 XA25 YA20 ZA0 Zyklusaufruf an einem Punkt (kartesische Koordinaten)

Achtung! Mit ZA wird hier die vorhandene Materialkante (bezogen auf G54) **absolut** programmiert! Bei Bohrungen in einer Tasche, also die Tiefe der Tasche, da hier die Bohrung beginnt.

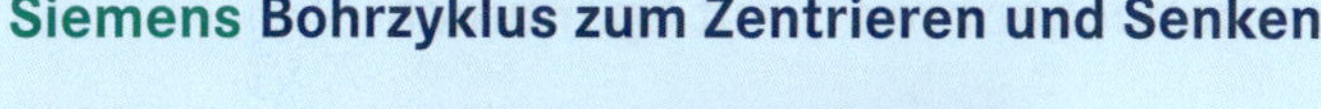

Siemens Bohrzyklus zum Zentrieren und Senken

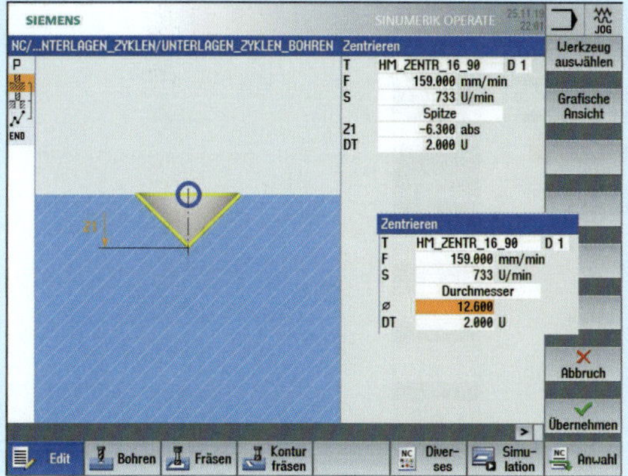

Um nun darzustellen, dass ein PAL-Zyklus durchaus mit einem Zyklus von Siemens zu vergleichen ist, werden die Parameter der Abfragemaske verglichen.

Parameterangaben in PAL G81		Erklärungen zur Maske von Siemens	
ZA	**Tiefe** der Bohrung in der Zustellachse	**Z1**	Endbohrtiefe (wahlweise inkremental oder absolut) bei Auswahl Spitze/bei Durchmesser gilt Senkungs-Ø
V	**Sicherheitsabstand** über vorhandenem Material	**SC**	ist bereits im Programmkopf hinterlegt und gilt für alle Anfahrwege (siehe untere Abbildung)
W	**Rückzugsebene** bezogen auf WNP	**RP**	ist bereits im Programmkopf hinterlegt
	Verweilzeit fehlt in diesem Zyklus **G04** erlaubt ebenfalls Zeitwert oder Umdrehungen, ist aber nur bei einer Programmierung in Einzelsätzen möglich	**DT**	**Verweilzeit** auf Endtiefe kann wahlweise in Zeitwert oder Umdrehungen definiert werden
M	**Zusatzfunktion** z. B. Kühlmittel einschalten		die Werkzeugliste ermöglicht bei ShopMill und ShopTurn für alle Werkzeuge eine direkte Zuordnung für Drehrichtung und Kühlmittel

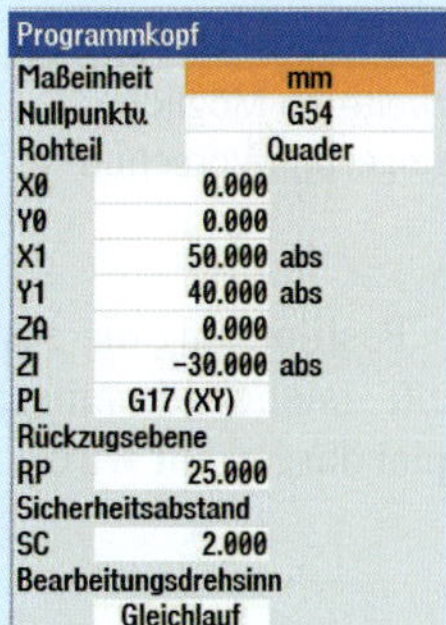

Zum besseren Verständnis sind hier die Eintragungen aus dem Programmkopf abgebildet.

Die Rohteilbeschreibung entspricht der Blockform einer Heidenhain-Steuerung um den Werkstücknullpunkt zur Simulation zu bestimmen.

Die Rückzugsebene, der Sicherheitsabstand und der Bearbeitungsdrehsinn werden hier für alle Abarbeitungen und Zyklen einmalig hinterlegt.

Siemens Bohrzyklus Tieflochbohren 1 mit Spanbruch

In der Tabelle werden die Parameter des PAL-Zyklus mit den Möglichkeiten von Siemens beim Bohren mit Tieflochbohren 1 dargestellt.

Parameterangaben in PAL G82		Erklärungen zur Maske von Siemens	
D	**Zustelltiefe** in der Zustellachse	**D**	maximale Tiefenzustellung
ZA	**Tiefe** der Bohrung in der Zustellachse hier durch ZA absolut	**Z1**	Endbohrtiefe (wahlweise inkremental oder absolut) Der Bezug zum Schaft oder zur Spitze kann entsprechend den Zeichnungsangaben ausgewählt werden
V	**Sicherheitsabstand** über vorhandenem Material	**SC**	ist bereits im Programmkopf hinterlegt und gilt für alle Anfahrwege
W	**Rückzugsebene** bezogen auf WNP	**RP**	ist bereits im Programmkopf hinterlegt
DA	**Anbohrtiefe** bezogen auf Materialkante	Der Wert der Anbohrtiefe ist immer gleich **D**, wobei für alle weiteren Zustellungen jeweils prozentual oder um einen Wert in mm mit **FD1** verringert werden kann	
VB	**Rückzugsabstand** nach jeder Zustellung (D) inkremental	**V2**	Rückzugsbetrag nach jeder Tiefenzustellung
E	**Anbohrvorschub** nur bei DA	Tieflochbohren 2 enthält alle weiteren Möglichkeiten zum Anbohren mit verringertem Vorschub	

Anders als bei PAL und Heidenhain wird in der Schrittketten-Programmierung von Siemens ShopMill das Zentrieren und Bohren nur einmal mit einer Positionsangabe zur Ausführung verknüpft (siehe Klammer) was im unteren Beispiel dargestellt wird.

Heidenhain Bohrzyklus zum Zentrieren (CYCL DEF 240 ZENTRIEREN)

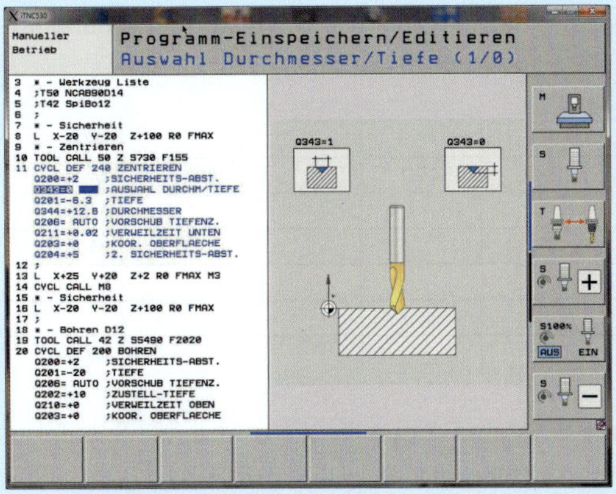

Der Vergleich zum **Heidenhain Zyklus** (CYCL DEF 240 ZENTRIEREN) gegenüber dem PAL-Zyklus G81 zeigt, dass Q-Parameter mit den gleichen Begriffen den Zyklus erklären.

Parameterangaben in PAL G81		Erklärungen zur Eingabe bei Heidenhain
ZA	**Tiefe** der Bohrung in der Zustellachse hier durch ZA absolut	**Q201** **;Tiefe** wirkt inkremental zu der Koordinate der Oberfläche (siehe unten)
V	**Sicherheitsabstand** über vorhandenem Material	**Q200** **;Sicherheits-Abst.** ist in jedem Zyklus mit anzugeben
W	**Rückzugsebene** bezogen auf WNP	**Q204** **;2. Sicherheits-Abst.** ist in jedem Zyklus mit anzugeben
	Verweilzeit fehlt in diesem Zyklus **G04** erlaubt ebenfalls Zeitwert oder Umdrehungen, ist aber nur bei einer Programmierung in Einzelsätzen möglich	**Q211** **;Verweilzeit Unten** ist nur als Zeitwert anzugeben
	Achtung anders als bei PAL! Oberfläche wird bei PAL-Zyklen erst im Aufrufzyklus bestimmt	**Q203** **;Koor. der Oberfläche** ist in jedem Heidenhain-Zyklus mit anzugeben
	Da in der PAL-Steuerung kein spezieller Zyklus zum Zentrieren vorgesehen ist, gibt es diese Funktion nicht.	**Q343** **;Auswahl Durchm/Tiefe** wie im oberen Bild erkennbar ist bei Auswahl 1 die Tiefe und bei 2 der Durchmesser anzugeben **Q344** **;Durchmesser**
M	**Zusatzfunktion** z.B. Kühlmittel einschalten	Die Steuerung erlaubt Zusatzfunktionen im Anfahrsatz beim Positionieren und beim Zyklenaufruf

Ein Anfahrsatz kann vor oder nach der Zyklusdefinition eingesetzt werden.

Zum Positionieren wurde ein gerader Verfahrweg im Eilgang programmiert. Erst dann kann mit CYCL CALL das Bohren erfolgen, wie im oberen Beispiel erkennbar.

PAL-Zyklus G82 zum Bohren mit Spanbruch

DIN-Programm zum Bohren mit Einzelsätzen. Mit G23 können die ausführenden Sätze N260 bis N290 an weiteren Bohrpunkten wiederholt werden.

N230		X-20	Y-20	Z100					M05
N240	G17				F2020	S5490	T04	TC1	M06
N250	G00	X25	Y20	Z2					M03
N260	G01			Z-10					M08
N270				Z-9					
N280				Z-23.4					
N290	G00			Z2					M09

Zum Tiefbohren gibt es den Zyklus G82 mit Spanbruch oder G83 mit Spanbruch und Ausspänen. Entscheidend sind hier das Material und die zu erwartende Spanform. Aus diesem Grund wird bei Fließspänen der Zyklus G82 ausgewählt.

N40	G17				F155	S730	T01	TC1	M06
N50	G00	X-20	Y-20	Z100					M03
N60	**G82**		**D10**	**ZA-23.4**	**V2**	**W5**	**DA10**	**E75**	**M08**
N70	**G79**	**XA25**	**YA20**	**ZA0**					

G82 **Bohrzyklus** zum Bohren mit Spänebrechen

D	**Zustelltiefe** in der Zustellachse	**Pflichtparameter** Angabe ohne Vorzeichen
ZA	**Tiefe** der Bohrung in der Zustellachse	**Pflichtparameter** empfohlen als absolute Angabe **ZI** ermöglicht die Angabe inkremental ab Materialkante
V	**Sicherheitsabstand** über vorhandenem Material	**Pflichtparameter** Vorgabe PAL **2 mm**
W	**Rückzugsebene** bezogen auf WNP	optional (ohne Angabe wird der Wert von V übernommen)
DA	**Anbohrtiefe** bezogen auf Materialkante	optional (ohne Angabe wird DA0 als Voreinstellung übernommen)
VB	**Rückzugsabstand** nach jeder Zustellung (D) inkremental	optional (ohne Angabe wird VB1 als Voreinstellung übernommen)
E	**Anbohrvorschub** nur bei DA	optional (ohne Angabe wird der Wert aus F übernommen)

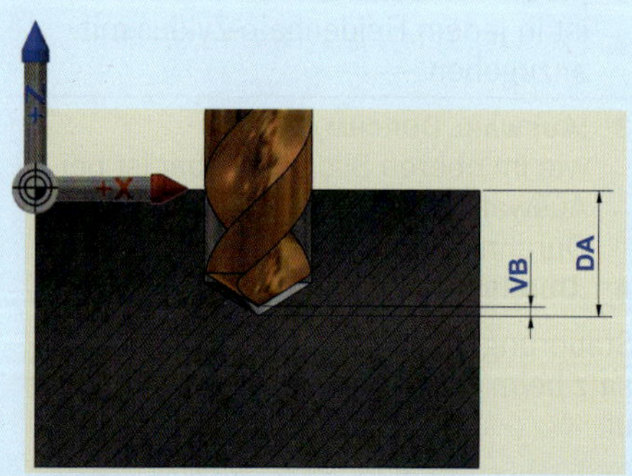

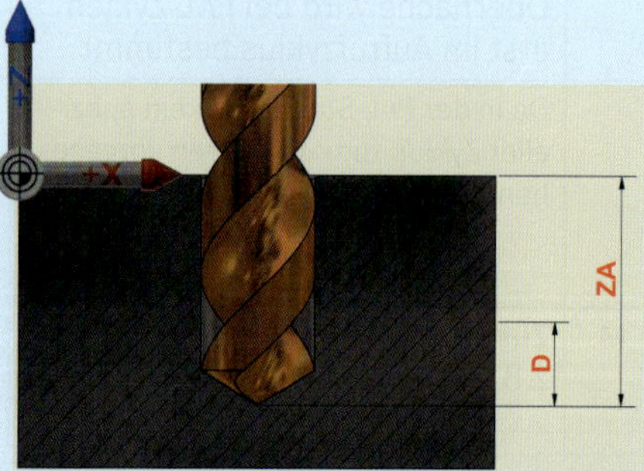

Zusätzlich wird wieder mit einem Ausführungszyklus festgelegt wo diese Bohrung durchgeführt wird.

G79 XA25 YA20 ZA0 Zyklusaufruf an einem Punkt (kartesische Koordinaten)

Achtung! Mit ZA wird hier die vorhandene Materialkante (bezogen auf G54) absolut programmiert!

Heidenhain Bohrzyklus (CYCL DEF 200 BOHREN)

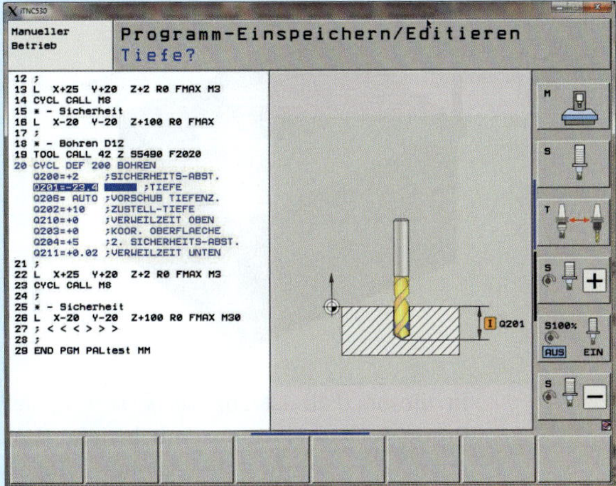

Auch ein Vergleich zu der Eingabe bei **Heidenhain** (CYCL DEF 200 BOHREN) zeigt, dass ein PAL-Zyklus durchaus mit den gleichen Begriffen zu den Q-Parametern erklärt wird.

Parameterangaben in PAL G82		Erklärungen zur Eingabe bei Heidenhain	
D	**Zustelltiefe** in der Zustellachse	**Q202**	**;Zustell- Tiefe** in der Zustellachse
ZA	**Tiefe** der Bohrung in der Zustellachse hier durch ZA absolut	**Q201**	**;Tiefe** wirkt inkremental zu der Koordinate der Oberfläche (siehe unten)
V	**Sicherheitsabstand** über vorhandenem Material	**Q200**	**;Sicherheits-Abst.** ist in jedem Zyklus mit anzugeben
W	**Rückzugsebene** bezogen auf WNP	**Q204**	**;2. Sicherheits-Abst.** ist in jedem Zyklus mit anzugeben
DA	**Anbohrtiefe** bezogen auf Materialkante	Der Wert der Anbohrtiefe ist immer gleich **Q202**, wobei für alle weiteren Zustellungen ein Abnahmebetrag (**Q212**) programmiert wird, in der Definition zum Zyklus 205 UNIVERSAL-TIEFBOHREN	
VB	**Rückzugsabstand** nach jeder Zustellung (D) inkremental	**Q256**	**;Rz bei Spanbruch** dieser Wert kann nur in den Zyklen 203 und 205 genutzt werden
E	**Anbohrvorschub** nur bei DA	Die Zyklen 203 UNIVERSAL-BOHREN und 205 UNIVERSAL-TIEFBOHREN enthalten weitere Möglichkeiten	
	Achtung anders als bei PAL! Oberfläche wird bei PAL-Zyklen erst im Aufrufzyklus bestimmt	**Q203**	**;Koor. der Oberfläche** ist in jedem Heidenhain-Zyklus mit anzugeben

Auch hier muss zur Ausführung erst die Position noch programmiert werden. Erst dann kann mit CYCL CALL das Bohren erfolgen, wie im oberen Beispiel erkennbar.

Ergebnis und Fazit

Egal mit welcher Steuerung die Programmierung erfolgt, es wird ein Ergebnis erreicht, was an der Maschine wie auch in der Simulation dem nebenstehenden Bild entsprechen wird.

Ein Problem bei dieser Vorgehensweise ist, dass der Senkungs-Durchmesser größer als der Bohrer-Durchmesser sein wird.

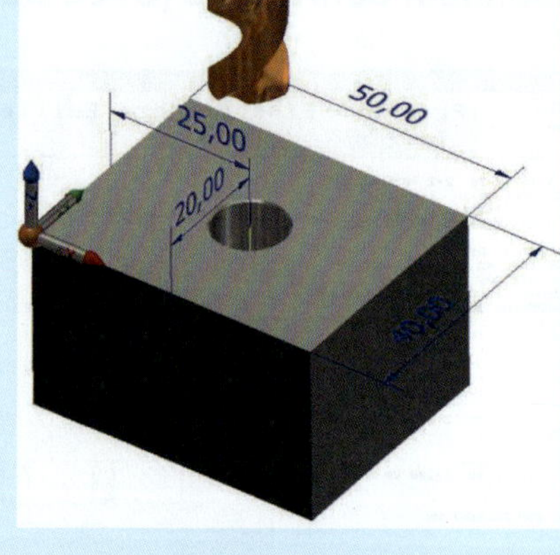

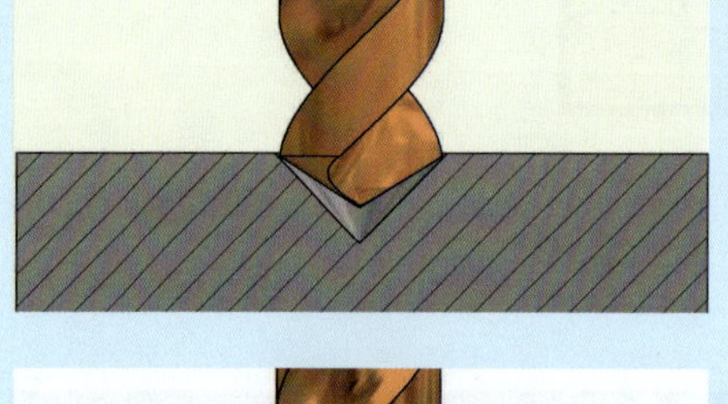

In diesem Fall ist zur Verbesserung der Prozesssicherheit eine Anbohrtiefe (DA) mit max. 1× Bohrer-Ø und einem verringerten Vorschub (1/2) zu programmieren, um ein Ausbrechen der Schneiden am Schneiden-Durchmesser zu vermeiden.

Sobald der Bohrer den kritischen Bereich überfahren hat und im vollen Durchmesser die Schneiden nutzt, kann der Vorschub auf die Vorschubgeschwindigkeit (F) aus der Schnittdatenempfehlung gesetzt werden.

Um heute unter wirtschaftlichen Bedingungen mit neueren Werkzeugen und modernen Maschinen diese Bohrung zu erzeugen, sollte die Vorgehensweise überdacht werden.

Nimmt man anstelle des vorgeschlagenen Vollhartmetallbohrers einen anderen, der nur mit Außenkühlung eingesetzt werden kann, so werden schlechtere Schnittdaten die Folge sein. Mit einem TIN-beschichteten HM-Bohrer ist z.B. nur eine Drehzahl von 2560 1/min zu erreichen und die Vorschubgeschwindigkeit beträgt deshalb nur 691 mm/min.

Daraus folgt eine Bearbeitungszeit von ca. 2,3 Sekunden und nur 3330 Bohrungen, die unter diesen Bedingungen erzeugt werden.

Wirtschaftlicher ist es in diesem Fall den vorgeschlagenen Hartmetallbohrer mit Innenkühlung zu nutzen, der direkt ohne Vorarbeiten eingesetzt wird. Dieser wird für die Bohrung als Bearbeitungszeit etwa 0,8 Sekunde benötigen und für 5130 Bohrungen einsetzbar sein.

Die Entgratung mit einem Hartmetallentgrater sollte dann folgen. Der Entgrater wird durch die höhere Anzahl an Schneiden ebenfalls längere Standzeiten erreichen und die Bearbeitungszeit verringern.

Beim Einsatz von CNC-Maschinen gehen wir im Normalfall nicht von der Herstellung einer einzelnen Bohrung aus. In der Serienfertigung mit höheren Losgrößen werden außerdem Werkzeuge in der Fertigung mit allen Einsatzdaten erfasst, um optimale Nutzung der Standzeiten zu gewährleisten.

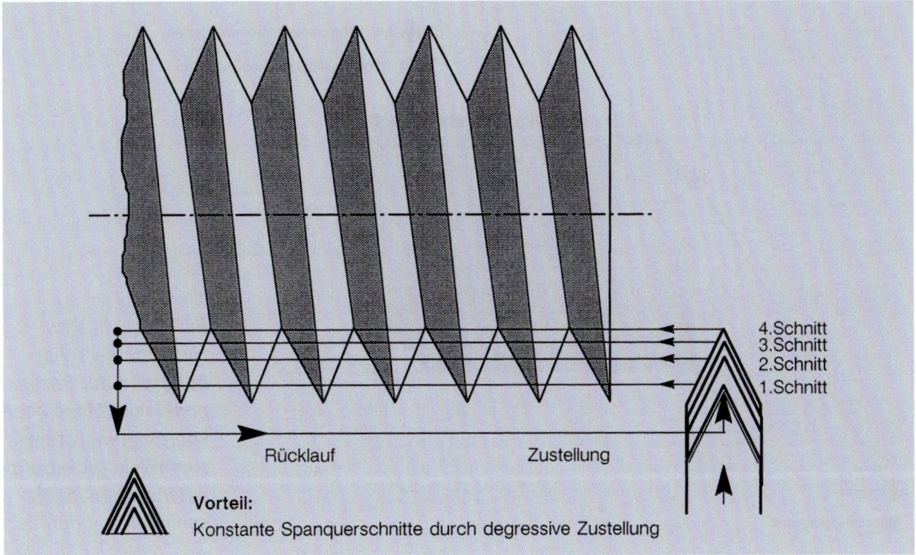

Bild 1.7: Gewindeschneiden mit degressiver Zustellung, um bei jedem Schnitt die Spanquerschnitte konstant zu halten oder zu reduzieren.

Referenzpunktes werden die **Positionsanzeigen** der Achsen üblicherweise auf den Wert Null gesetzt. Das Anfahren des Referenzpunktes kann in allen Achsen gleichzeitig oder auch nacheinander erfolgen. Der Maschinenbediener muss dabei auf eventuelle Kollisionen mit dem Werkstück oder Spannvorrichtungen achten. Die automatische CNC-Bearbeitung kann an Maschinen mit inkrementellen Messgebern ohne das Anfahren der Referenzpunkte nicht gestartet werden.

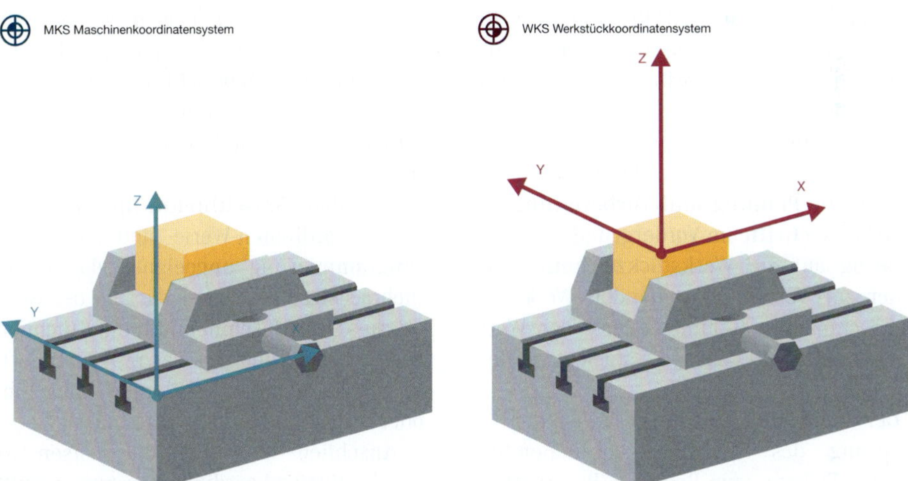

Bild 1.8: Das Maschinenkoordinatensystem MKS wird vom Maschinenhersteller definiert und kann nicht verändert werden. Das Werkstückkoordinatensystem WKS wird vom Programmierer oder Maschinenbediener festgelegt.

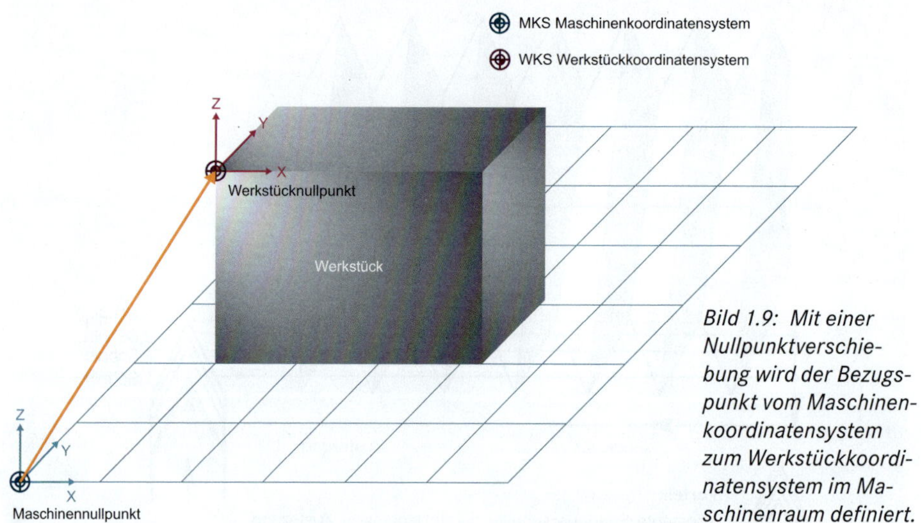

Bild 1.9: Mit einer Nullpunktverschiebung wird der Bezugspunkt vom Maschinenkoordinatensystem zum Werkstückkoordinatensystem im Maschinenraum definiert.

Sind die Achsen der Maschine mit einem Absolutwertmesssystem ausgestattet, ist kein Referenzieren der Achsen erforderlich, die CNC erkennt sofort nach dem Einschalten die korrekte Achsposition.

Werkstücknullpunkt, Programmnullpunkt *(Bild 1.8)*

Beim Erstellen eines NC-Programms ist die Programmierung, also die Umsetzung der einzelnen Arbeitsschritte in die NC-Sprache, meist nur ein kleiner Teil der Arbeitsvorbereitung.

Vor der eigentlichen Programmierung sollte die **Planung und Vorbereitung der Arbeitsschritte** im Vordergrund stehen. In Bezug auf die Werkstückzeichnung und der zur Verfügung stehenden Werkzeugmaschine muss immer zuerst der Werkstücknullpunkt passend festgelegt werden.

Der **Werkstücknullpunkt W** ist der Ursprung des Werkstückkoordinaten-Systems. Er kann vom Bediener/Programmierer frei gewählt werden und wird bestenfalls so gewählt, dass sich alle Maße der Zeichnung auf diesen Punkt beziehen bzw. leicht errechnen lassen. Wichtig ist weiterhin, dass sich dieser Werkstücknullpunkt nach dem Aufspannen des Werkstückes auf der Maschine rasch anfahren und aufnehmen lässt. Bei Drehmaschinen legt man z. B. den Werkstücknullpunkt oft auf dem Schnittpunkt der Rotationsachse mit der Bezugskante der Längenvermaßung. Bei Fräswerkstücken wird der Werkstücknullpunkt oft auf eine Ecke oder auch genau in die Mitte des Werkstückes gelegt. Die Achsbezeichnung und Achsrichtung wird mit der des Maschinen-Koordinatensystems übereinstimmend gewählt und richtet sich nach der verwendeten Maschine.

Auf den **Maschinennullpunkt** bezogene Koordinaten-Werte sind jedoch zur Programmierung ungeeignet, da sie bei mehrachsigen Maschinen die Lage des Werkstückes zum Maschinennullpunkt nicht berücksichtigen und sich das programmierte Werkstück nicht auf eine andere Maschine oder Aufspannung übertragen lässt.

Anschließend werden die Achsen auf das Werkstückkoordinatensystem genullt, d. h. der Nullpunkt wurde vom Maschinennullpunkt zum Werkstücknullpunkt verschoben. Der Werkstücknullpunkt muss vom Bediener mittels Ankratzen oder Antasten ermittelt werden.

Beim **Ankratzen** wird mit Hilfe eines bereits vermessenen und datentechnisch in die CNC eingepflegten Werkzeuges der Nullpunkt am definierten Werkstücknullpunkt durch das Abheben eines möglichst minimalen Spans ermittelt. Ebenfalls manuell kann durch den Einsatz eines **Kantentaster** (Fräsen) oder der **Messuhr** diese Position bestimmt werden. Dazu muss mit möglichst geringer Geschwindigkeit im Tipp-Betrieb oder mit dem Handrad an die gewünschte Position gefahren werden. Die so ermittelten Werte müssen dann in die CNC übernommen werden.

Genauer ist die Ermittlung des Nullpunktes mit Hilfe von **automatischen Messtastern.** Allerdings muss dazu die Hardware und Software auf der CNC-Maschine installiert sein und es sind die zusätzlichen Kosten dafür zu beachten. Viele CNC-Steuerungen unterstützen den Einsatz von schaltenden Messtastern durch entsprechende Messzyklen bzw. die Hersteller der Messtaster bieten Softwarepakete für den Einsatz ihrer Messtaster in Verbindung mit den diversen Steuerungstypen an. Der Werkstücknullpunkt kann entweder in der Basis-Verschiebung oder mit einer flexiblen Nullpunktverschiebung eingetragen werden. Ob die Basis-Verschiebung oder die Nullpunktverschiebung verwendet wird. hängt neben der verwendeten CNC-Ausrüstung auch von der Programmierphilosophie der jeweiligen Firma ab. Werden z. B. Nullpunktspannsysteme auf der Maschine verwendet, ist es sinnvoll, die Verschiebung vom Maschinennullpunkt zum Werkstücknullpunkt fest in die Basisverschiebung einzugeben. Vom Bezugspunkt des Spannsystems kann dann über flexible Nullpunktverschiebungen leicht der jeweilige Werkstücknullpunkt definiert werden.

bit.ly/2W37hmZ
Video 33

Nullpunktverschiebung

(Bild 1.10 bis 1.12)

Die Differenz zwischen Maschinennullpunkt und Werkstücknullpunkt kann flexibel in eine Nullpunktverschiebung eingetragen werden. Mit der Parametrierung und Aktivierung der Nullpunktverschiebung geschieht automatisch die Anpassung des Koordinatensystems an die Werkstückkoordinaten. Die Verwendung von Nullpunktverschiebungen macht die Nutzung einer CNC-Werkzeugmaschine kom-

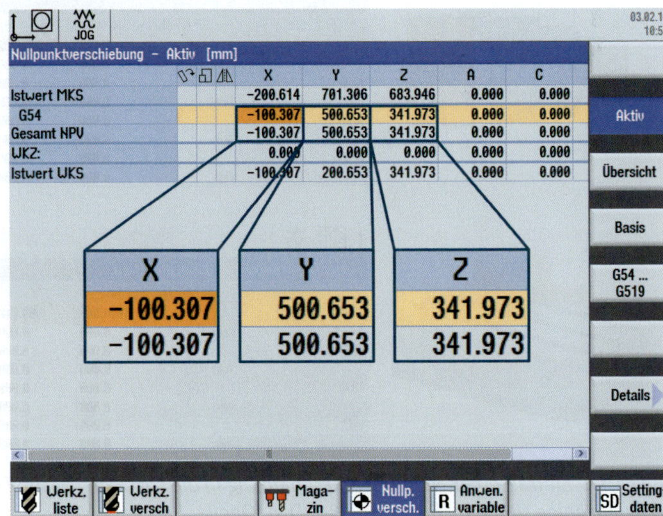

Bild 1.10: Eintrag einer Nullpunkverschiebung G54 in die CNC. (Beispiel Sinumerik 840D sl, Quelle: Siemens AG)

fortabel. Die eigentliche Programmerstellung des NC-Programmes kann ohne Rücksicht auf die Maschinenkoordinaten der Maschine erfolgen. Mit der Nullpunktverschiebung wird der Werkstücknullpunkt passend zur Maschine transformiert.

Um eine Nullpunktverschiebung durchführen zu können, bietet die CNC-Steuerung Speicherplätze an. Hier können die Verschiebungswerte für jede Achse gespeichert werden. Wird die Bearbeitung gestartet und wurde die Verschiebung entsprechend am Anfang des Programms eingetragen, werden diese von der CNC-Steuerung verwendet und bei der Berechnung der Koordinatenwerte berücksichtigt. Das bedeutet in der Abarbeitung, dass sich alle nachfolgenden Koordinatenwerte um die Verschiebungswerte der Nullpunktverschiebung vergrößern.

Dafür stellen CNC-Steuerungen heute bis zu 99 Nullpunktverschiebungen zur Verfügung.

Die Nullpunktverschiebungen können z.B. über die G-Funktionen G54 ... G57 aufgerufen werden *(Tab. 1.4)*.

Welche **G-Funktion für die Nullpunktverschiebung** genommen wird, bleibt dem Programmierer überlassen.

Die Möglichkeit der Nullpunktverschiebung erleichtert dem Programmierer die Arbeit, besonders dann, wenn der Programmnullpunkt auch programmierbar um beliebige Werte in jede Achse verschoben werden kann. So lassen sich z.B. gleichbleibende Bohrbilder an beliebige Stellen transferieren und die einmal berechneten Koordinatenwerte bleiben erhalten. Bei Werkzeugmaschinen mit Palettenwechsel, Spannwürfeln oder Spanntürmen verwendet man die Nullpunktverschiebungen in Verbindung mit einem manuell änderbaren Korrekturwert, um Aufspannungskoordinaten festzulegen. Besonders in der Einzel- oder Kleinserienfertigung lassen sich mit dem Einsatz mehrerer Nullpunktverschiebungen Rüstzeiten verringern. So kann man beispielsweise für jedes vorhandene Spannmittel einmalig einen separaten Anschlagpunkt festlegen und in die Nullpunktverschiebungstabelle der CNC eintragen, oder auch für verschiedene

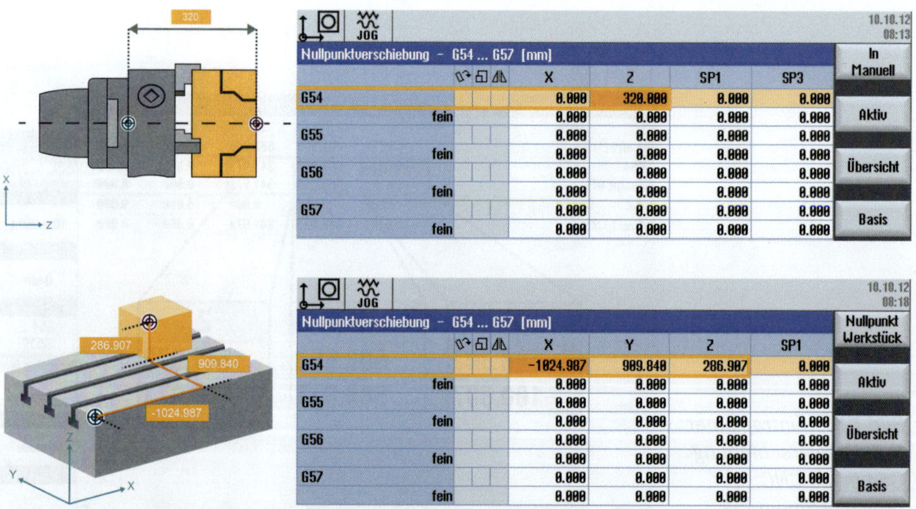

Bild 1.11: Eintrag einer Nullpunktverschiebung in die CNC am Beispiel einer Dreh- und einer Fräsmaschine (Beispiel Sinumerik 840D sl, Quelle: Siemens AG).

Werkstücke einen speziellen Werkstücknullpunkt setzen.

Im Programm aktiviert man dann die dazugehörige Nullpunktverschiebung entsprechend dem Spannmittel oder dem Werkstück. Falls das gleiche Werkstück zu einem späteren Zeitpunkt erneut gefertigt werden muss, steht der zugehörige Nullpunkt unter dem gleichen Code sofort wieder zur Verfügung. Die einmal gesetzte Nullpunktverschiebung bleibt in der Steuerung solange gespeichert, bis diese unter dem gleichen Code neu definiert wird.

Werkzeugwechselpunkt

Der Werkzeugwechselpunkt ist der Punkt im Arbeitsraum, an dem ohne Kollision mit der Maschine das Werkzeug gewechselt werden kann. Bei Fräsmaschinen wird dieser Punkt durch den Maschinenhersteller fest vorgegeben und kann durch den Maschinenbediener im Normalfall nicht verändert werden. Allerdings liegt es in der Verantwortung des Bedieners, dass es am Werkzeugwechselpunkt zu keinen Kollisionen mit dem Werkstück kommt, z. B. beim Einwechseln von langen oder großen Werkzeugen.

Bei Drehmaschinen wird der Werkzeugwechsel üblicherweise durch das Weitertackten des Revolvers ausgeführt. Hier muss entweder vom Bediener/Programmierer eine feste Rückzugsposition nach jedem Werkzeugeinsatz programmiert werden, oder pro Werkzeugwechsel ein kollisionsfreies Einwechseln des nächsten Werkzeuges durch die entsprechende Programmierung garantiert werden.

Werkzeugträgerbezugspunkt

Der **Werkzeugträgerbezugspunkt T** ist für das Einrichten mit voreingestellten

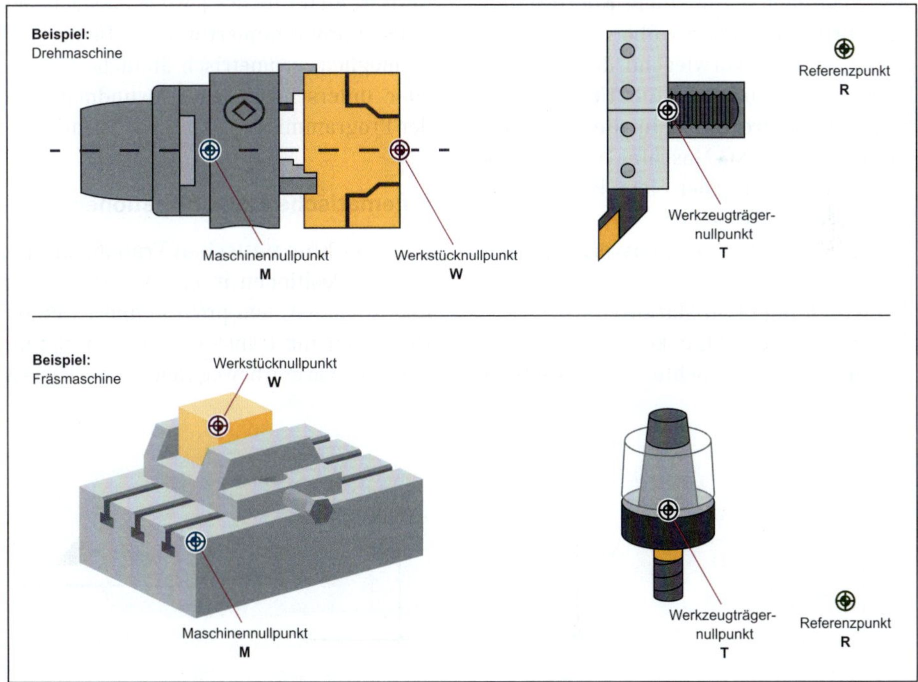

Bild 1.12: Prinzipielle Darstellung der Nullpunkte in einer Dreh- und Fräsmaschine.

Werkzeugen von Bedeutung. Der Werkzeugträgerbezugspunkt befindet sich an der Werkzeughalteraufnahme. Durch Eingabe der Werkzeuglängen berechnet die Steuerung den Abstand der Werkzeugspitze vom Werkzeugträgerbezugspunkt. So werden mit der Werkzeuglängenkorrektur die Längenunterschiede zwischen den eingesetzten Werkzeugen ausgeglichen. Als Werkzeuglänge gilt der Abstand zwischen Werkzeugträgerbezugspunkt und Werkzeugspitze. Diese Länge wird z. B. im Werkzeugvoreinstellgerät vermessen und zusammen mit vorgebbaren Verschleißwerten in den Werkzeug-Korrekturspeicher der Steuerung eingegeben. Hieraus errechnet die Steuerung die korrekten Verfahrbewegungen in Zustellrichtung.

1.9 Transformationen

Koordinatentransformation *(Bild 1.13)*

Bei einer Koordinatentransformation werden Koordinaten von einem **Koordinatensystem** in ein anderes übertragen. Diese Funktion dient vorwiegend der Programmiervereinfachung für die **Umrechnung** von **Raumkoordinaten in die Achskoordinaten** einer CNC-Maschine mit Schwenk- oder Drehachsen, oder eines Roboters mit nicht linearer Kinematik.

Typische Transformationsvorgänge sind:

Verschiebung (Translation)
Mit einer Verschiebung können für Achsen Verschiebungen in Richtung der jeweils angegebenen Achse programmiert werden. Dadurch ist es möglich, mit wechselnden Nullpunkten zu arbeiten, z. B. bei wiederkehrenden Bearbeitungsgängen an verschiedenen Werkstückpositionen.

Drehung (Rotation)
Mit einer Rotation kann das Werkstückkoordinatensystem im Raum gedreht werden. Dies wird z. B. benötigt wenn achsparallele und schräg liegende Werkstückflächen in einer Aufspannung bearbeitet werden sollen.

Spiegelung
Mit einer Spiegelung können Werkstückformen an Koordinatenachsen gespiegelt werden. Alle Fahrbewegungen, die danach z. B. im Unterprogramm programmiert sind, werden gespiegelt ausgeführt.

Skalierung (Veränderung des Maßstabs)
Mit einer Skalierung können Achsenmaßstabsfaktoren zum Vergrößern oder Verkleinern in Richtung der jeweils angegebenen Achsen programmiert werden. Dadurch ist es möglich, geometrisch ähnliche Formen oder unterschiedliche Schwundmaße bei der Programmierung zu berücksichtigen.

Kinematische Transformationen

Mit einer **kinematischen Transformation** können Positionen in einem kartesischen Koordinatensystem programmiert werden. Die Steuerung transformiert die programmierten Verfahrbewegungen des kartesi-

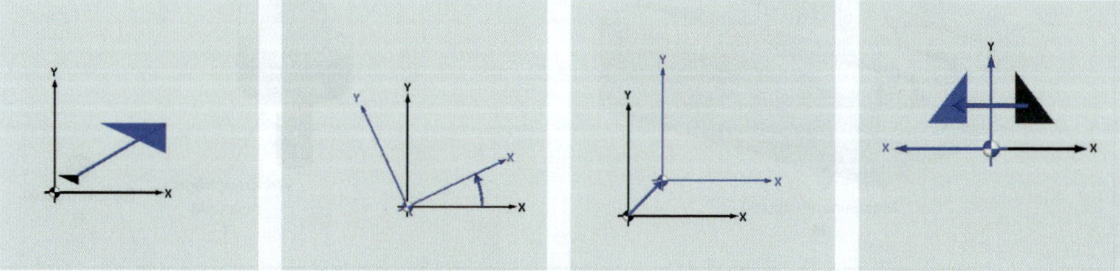

Bild 1.13: Typischen Transformationen Verschiebung, Rotation, Skalierung, Spiegelung.

schen Koordinatensystems auf die Verfahrbewegungen der realen Maschinenachsen.

Typische kinematische Transformationen sind:

Stirnseitentransformation (TRANSMIT) *(Bild 1.14)*

Die Stirnseitentransformation erlaubt Bohr- und Fräsbearbeitungen von Konturen (z. B. Vierkante, Sechskante, exzentrische Zirkularnuten, Schlüsselflächen usw.) an der Stirnfläche eines Werkstückes mittels Axialwerkzeugen.

Es erfolgt dabei eine Interpolation der X- und der Rundachse.

Die Stirnseitentransformation wird in einem **fiktiven** (kartesischen) Koordinatensystem programmiert (X und Y). Die Maschinenbewegungen selbst werden im **realen** Maschinenkoordinatensystem durchgeführt.

Die Stirnseitentransformation findet ihre Anwendung meist auf Drehmaschinen. Mit der Stirnseitentransformation können somit der eingeschränkten Achsweg in der X- und Y-Achse oder sogar eine komplett fehlende Y-Achse kompensiert werden.

Auf Fräsmaschinen findet die Stirnseitentransformation dann Anwendung, wenn der mechanische Aufbau einer Maschine ein Erreichen aller X/Y Positionen nicht zulässt.

Zylindermanteltransformation (TRACYL) *(Bild 1.15)*

Die Zylindermanteltransformation erlaubt Fräsbearbeitungen an der Mantelfläche eines Zylinders (Zylinderabwicklung). Dabei können sowohl Geraden- als auch Kreiskonturen programmiert werden.

Es erfolgt eine Interpolation der Z- und der Rundachse.

Die Zylindermanteltransformation wird in einem **fiktiven** (kartesischen) Koordinatensystem programmiert (Z und Y). Die Maschinenbewegungen selbst werden im **realen** Maschinenkoordinatensystem durchgeführt.

Zur Programmierung wird eine Abwicklung der zu fräsenden Kontur benötigt. Die Abwicklung bezieht sich auf den Fräsdurchmesser am Zylinder.

Schiefwinkeltransformation (TRAANG) *(Bild 1.16)*

Die Schiefwinkeltransformation oder „Schräge Achse“-Transformation ermöglicht die Programmierung im rechtwinkligen Werkstückkoordinatensystem (WKS) an Maschinen mit schiefwinklig angeordneten Maschinenachsen. Eine typische Achsanordnung bei Schleifmaschinen und Drehmaschinen mit Y-Achse.

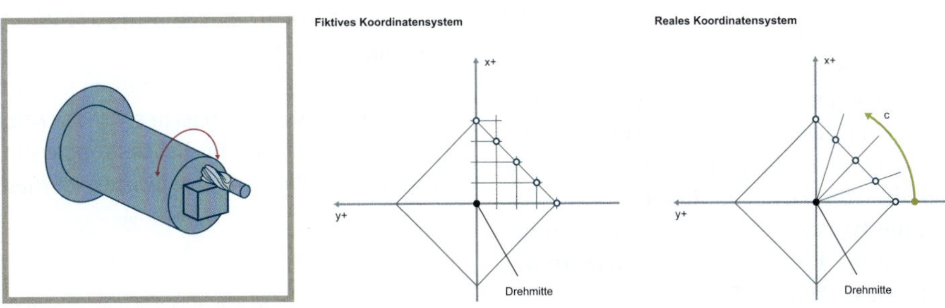

Bild: 1.14: Mit Hilfe der Stirnseitentransformation können Bearbeitungen auf der Stirnseite umgesetzt werden. Die Programmierung erfolgt im fiktiven Koordinatensystem – die Bearbeitung selbst im realen Maschinenkoordinatensystem.

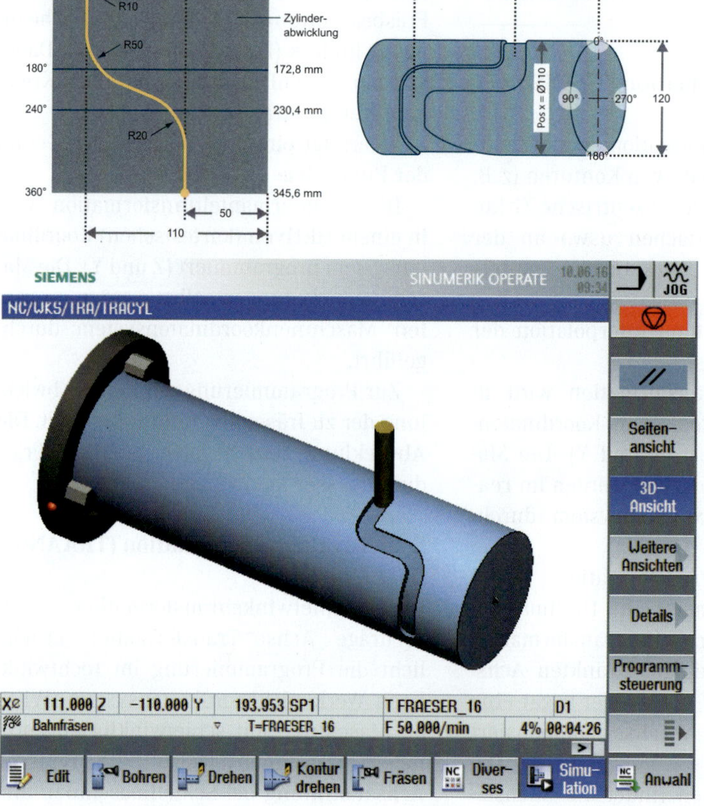

Bild 1.15: Zylindertransformation – Fräsbearbeitung auf der Mantelfläche: Die Programmierung der Kontur (Nut) erfolgt in der Abwicklung (fiktiv), die Bearbeitung selbst im realen Maschinenkoordinatensystem. (Quelle: Siemens, Sinumerik 840D sl)

bit.ly/2xXCpKT
Video 34

Orientierungstransformation

Bei Orientierungstransformationen beziehen sich die programmierten Positionsangaben immer auf die Spitze des Werkzeugs, welches orthogonal (rechtwinklig) zur im Raum befindlichen Bearbeitungsfläche nachgeführt wird. Virtuelle Rundachsen beschreiben dabei die Orientierungen des Werkzeugs im Raum.

Eine typische Orientierungstransformation ist die **Fünf-Achs-Transformationen (TRAORI)** *(Bild 1.17)*.

Die Mehr-Achs-Transformationen sind für die Bearbeitung **räumlich gekrümmter Flächen** vorgesehen, die außer den Linearachsen noch über Rundachsen verfügen.

Im Falle der Fünf-Achs-Transformation existieren **3 Linearachsen und zwei Rundachsen** *(Bild 1.18)*.

Mit Mehr-Achs-Transformationen kann ein rotationssymmetrisches **Werkzeug** (Fräser, Laserstrahl) im Bearbeitungsraum beliebig zum Werkstück **orientiert** werden.

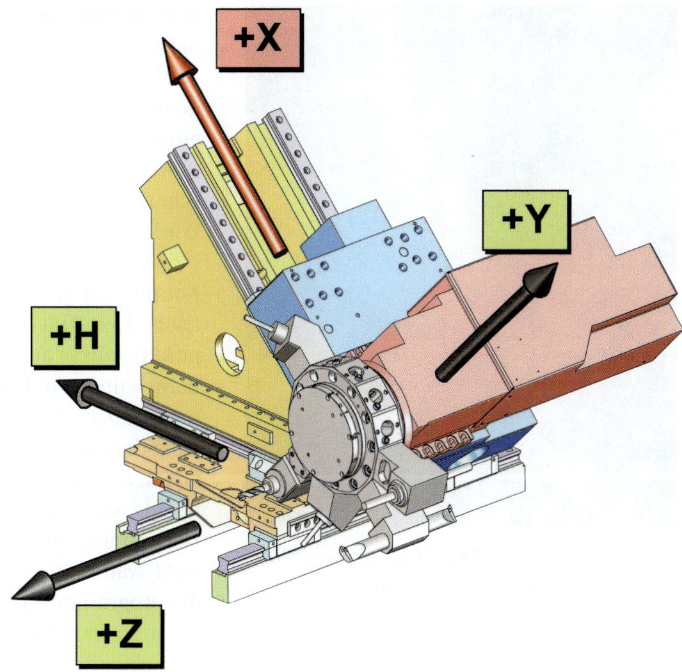

Bild 1.16: Typischer Aufbau einer Drehmaschine mit Y-Achse. (Quelle: EMCO Maier)

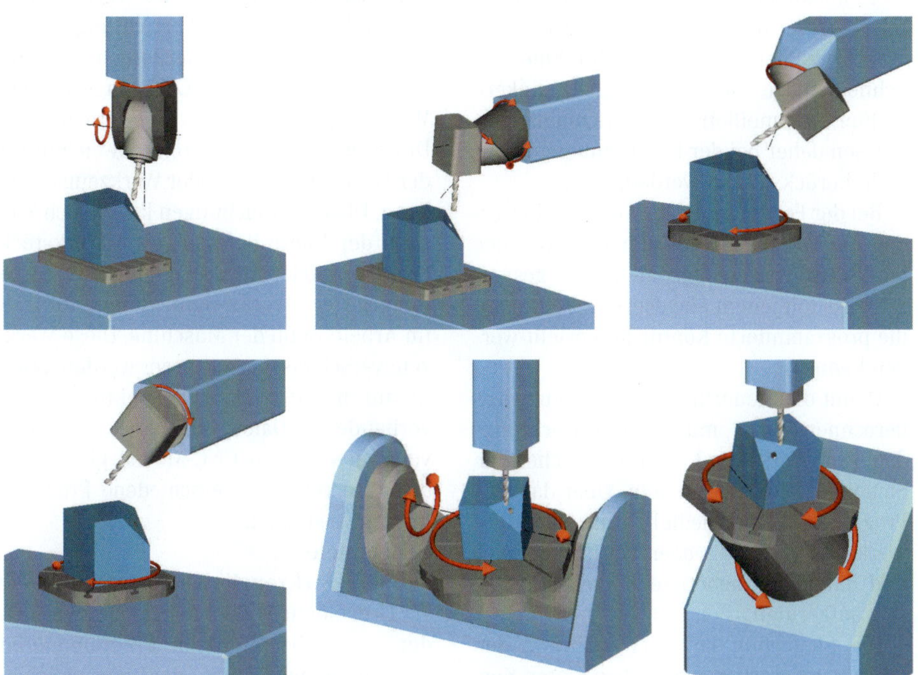

Bild 1.17: Beispiele für mögliche Kinematiken einer Fräsmaschine, die unterschiedliche Transformationen erfordern.

Bild 1.18: Typisches Bauteil Blisk, das nur mit 5-Achstransformation bearbeitbar ist.

1.10 Werkzeugkorrekturen

Werkstückmaße werden direkt programmiert (z. B. nach Fertigungszeichnung). Werkzeugdaten wie Fräserdurchmesser, Schneidenlage der Drehmeißel (linker/ rechter Drehmeißel) und Werkzeuglängen müssen daher bei der Programmerstellung nicht berücksichtigt werden.

Bei der Fertigung eines Werkstücks werden die Werkzeugwege abhängig von der jeweiligen Werkzeuggeometrie so gesteuert, dass mit jedem eingesetzten Werkzeug die programmierte Kontur hergestellt werden kann.

Damit die Steuerung die Werkzeugwege berechnen kann, müssen die Werkzeugdaten im Werkzeug-Korrekturspeicher der Steuerung eingetragen sein. Über das NC-Programm werden lediglich das benötigte Werkzeug (z. B. T... oder Werkzeugname) und damit der benötigte Korrekturdatensatz aufgerufen.

Die Steuerung holt sich während der Programmverarbeitung die benötigten Korrekturdaten aus dem Werkzeug-Korrekturspeicher und korrigiert für unterschiedliche Werkzeuge individuell die Werkzeugbahn.

Mit der **Werkzeuglängenkorrektur** werden die Längenunterschiede zwischen den eingesetzten Werkzeugen ausgeglichen.

Als Werkzeuglänge gilt der Abstand zwischen Werkzeugträgerbezugspunkt und Werkzeugspitze.

Kontur und Werkzeugweg sind nicht identisch. Der Fräser- bzw. Schneidenmittelpunkt muss auf einer konturparallelen Bahn - der Äquidistanten - zur Kontur fahren *(Bild 1.19)*. Dazu benötigt die Steuerung die Daten zur Werkzeugform (Radius) aus dem Werkzeug-Korrekturspeicher. Abhängig vom Radius **(Werkzeugradiuskorrektur)** und von der Bearbeitungsrichtung wird während der Programmverarbeitung die programmierte Werkzeugmittelpunktsbahn so verschoben, dass die Werkzeugschneide exakt an der gewünschten Kontur entlangfährt:

Selbst bei einwandfreier Vorbereitung der Teileprogramme, Vorrichtungen und Werkzeuge kann es erforderlich sein, zusätzlich zu den in der CNC eingegebenen Werkzeugdaten Korrekturen einzufügen. Diese ergeben sich durch Abweichungen der Werkzeuge selbst oder Werkzeugabnutzung. Diese Abweichungen lassen sich z. B. nach der Kontrollmessung am Werkstück bestimmen oder auch vollautomatisch durch integrierte Werkzeugmesseinrichtungen im Arbeitsraum der Maschine. Diese Werkzeugverschleisskorrekturen werden additiv auf die im Werkzeugkorrekturspeicher vorhandenen Daten verrechnet. Abhängig vom verwendeten CNC-Modell gibt es für diese Korrekturen verschiedene Programmieranweisungen.

Beispiele:

Eine **Werkzeuglängenkorrektur** *(Bild 1.21)* ermöglicht den Ausgleich zwischen der vorgegebenen (beim Programmieren angenommenen) und der tatsächlichen Werkzeuglänge, die z. B. durch Nachschleifen entsteht. Das Differenzmaß oder

Äquidistante
Äquidistante

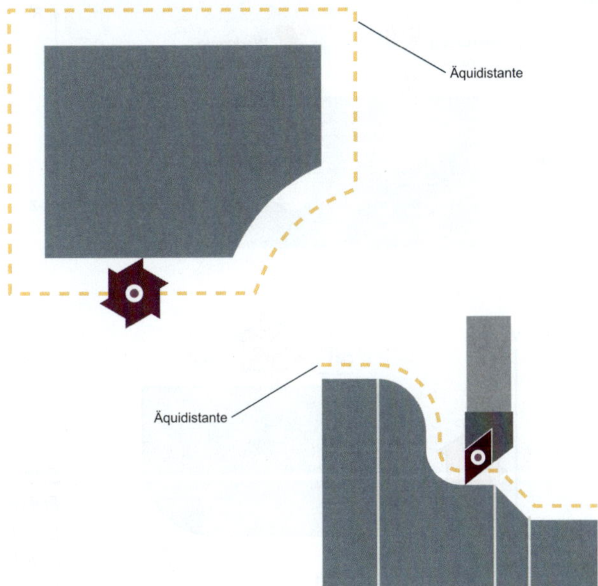

Bild 1.19: Die Werkzeugradiuskorrektur verschiebt den Eingriffspunkt des Werkzeuges exakt auf die gewünschte Kontur des Werkstücks.

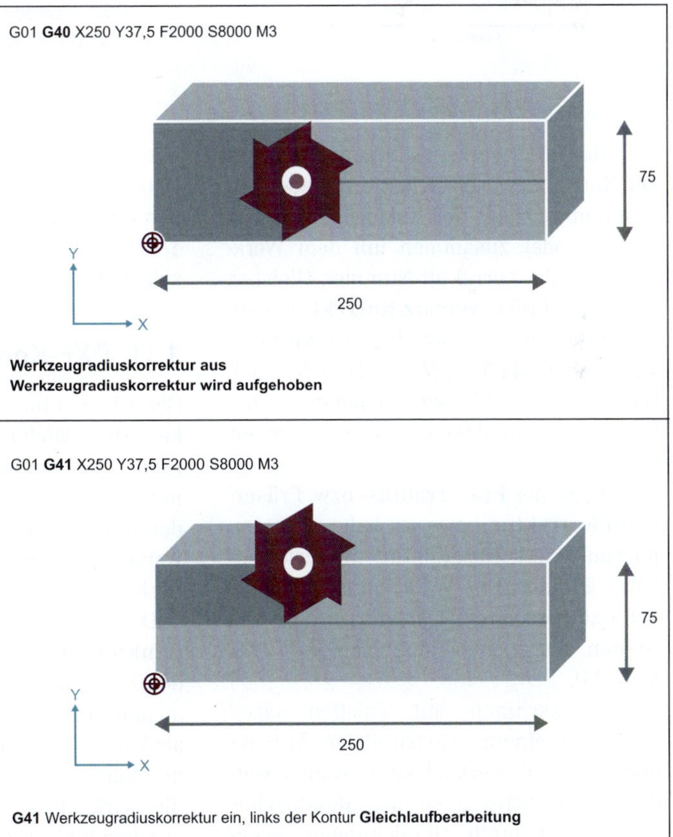

G01 **G40** X250 Y37,5 F2000 S8000 M3
75
Y
X
250
Werkzeugradiuskorrektur aus
Werkzeugradiuskorrektur wird aufgehoben
G01 **G41** X250 Y37,5 F2000 S8000 M3
75
Y
X
250
G41 Werkzeugradiuskorrektur ein, links der Kontur **Gleichlaufbearbeitung**

Bild 1.20: Auswirkung der Fräserradiuskorrektur oder der Äquidistantenkorrektur auf den Eingriffspunkt eines Fräswerkzeuges

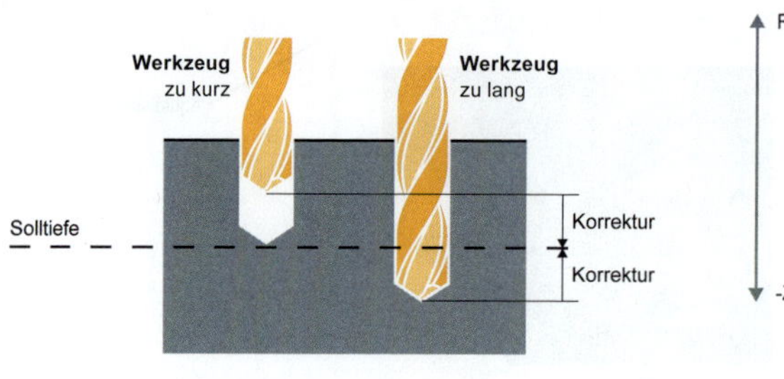

Bild 1.21: Werkzeuglängenkorrektur bei Bohrwerkzeugen.

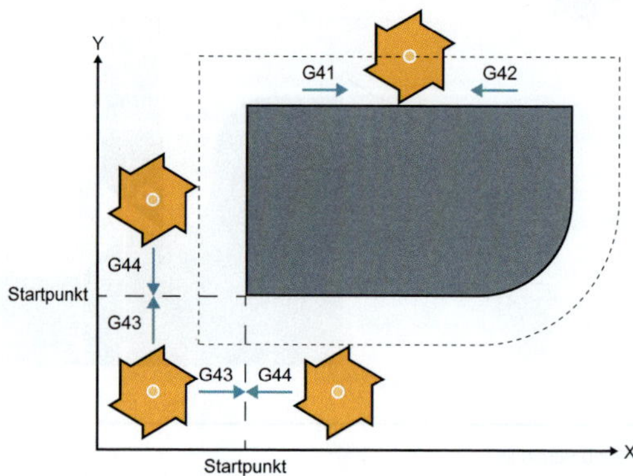

Bild 1.22: Fräserpositionierung und Fräserradiuskorrektur:
G41 Fräswerkzeug links von der Werkstückkontur
G42 Fräswerkzeug rechts von der Werkstückkontur
G43 Startposition bis zur KonturG44 Startposition über der Kontur

die absolute Werkzeuglänge werden in den Korrekturwertspeicher eingegeben. Im Programm erfolgt der Abruf über die Adresse H oder zusammen mit dem Werkzeug und die Korrektur-Nummer. Gleiches gilt für die **Fräserversatz-Korrektur.** Steuerungsspezifisch erfolgt die Korrektur entweder über G41/G42 *(Bild 1.20)* oder auch G43/44 *(Bild 1.22 oben)*, unabhängig vom Quadranten, in dem die Bearbeitung erfolgt.

Aufgabe der **Fräserradius**- bzw. **Fräserbahn-Korrektur** ist es, zu jeder programmierten Werkstück-Kontur die erforderliche äquidistante Werkzeugmittelpunktbahn zu berechnen. Dies gilt sowohl beim Drehen, als auch beim Fräsen *(Bild 1.23 bis 1.25)*.

Bei Maschinen mit Palettenwechsel muss mit einem achsparallelen **Versatz** der einzelnen Werkstücke gerechnet werden. Beim Schwenken des Rundtisches entstehen dadurch Abweichungen gegenüber der Null-Lage, die zu korrigieren sind. Dabei ist von Vorteil, wenn die Steuerung den einmal gemessenen Versatz in X- und Y-Achse entsprechend der Tischstellung selbsttätig umrechnet und berücksichtigt.

1.11 DXF-Konverter

CNCs bieten inzwischen auch die Möglichkeit, DXF-Dateien direkt zu öffnen und daraus Konturen oder Bearbeitungspositionen zu extrahieren. Der Bediener spart damit nicht nur Programmier- und Testaufwand, die gefertigte Kontur entspricht auch exakt den Vorgaben des Konstrukteurs.

Die Definition des **Werkstückbezugspunktes** erfolgt einfach durch Verschieben des Zeichnungsnullpunktes der DXF-Datei an eine sinnvolle Stelle, falls er nicht direkt als Werkstückbezugspunkt verwendet werden kann. Um bei der Konturauswahl nur die wirklich notwendigen Informationen auf dem Bildschirm zu haben, kann der Be-

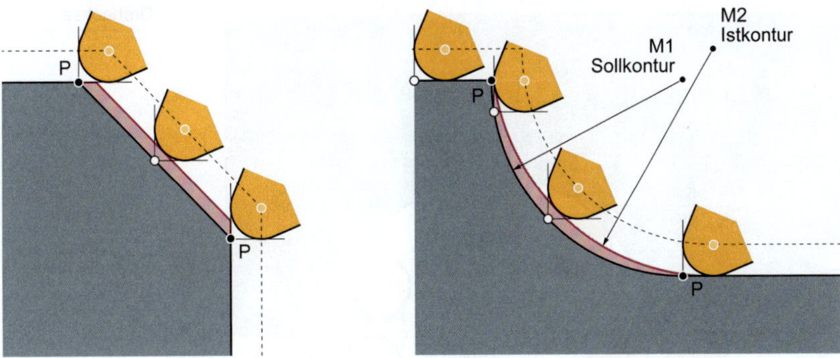

Bild 1.23 a: Wirkung der Schneidenradiuskorrektur bei der Technologie Drehen: Es entsteht ein Formfehler durch den Schneidenradius am Drehmeißel ohne äquidistante Bahnkorrektur. Wenn die Bahn des Punktes P programmiert wird, die formgebenden Tangenten der Schneide aber nicht durch P laufen, so entstehen Konturverzerrungen. D. h. die erzeugte Kontur stimmt nicht mit der programmierten Werkstückkontur überein.

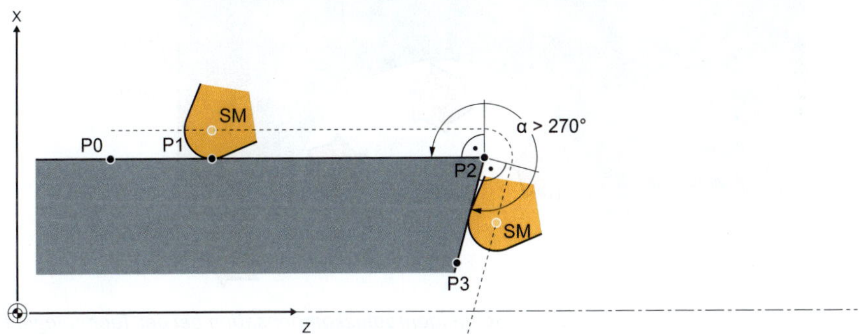

Bild 1.23 b: Wirkung der Schneidenradiuskorrektur bei der Technologie Drehen: Äquidistante mit automatischen Übergangskreis beim Winkel Alpha.

diener in der DXF-Datei überflüssige Layer ausblenden. Bedienerfreundliche DXF-Konverter können einen Konturzug auch dann selektieren, wenn er auf unterschiedlichen Layern gespeichert ist. Dabei erkennen sie den gewünschten Umlaufsinn, sobald der Bediener bei der Konturauswahl das zweite Element gewählt hat, und starten eine **automatische Konturerkennung** *(Bild 1.26)*. Der Bediener wählt nur noch nachfolgende Konturelemente aus, wenn eine Kontur geschlossen ist oder sich verzweigt. Darüber hinaus kann er auch Bearbeitungspositionen auswählen und als Punkte-Datei abspeichern, insbesondere um **Bohrpositionen** oder **Startpunkte** für Taschenbearbeitung aus den DXF-Dateien zu übernehmen.

3D-Grafik

Detailgetreue 3D-Grafiken auf der CNC unterstützen den Bediener dabei, fehlende Angaben oder Ungereimtheiten im Programm ohne Gefahr für Werkstück, Werkzeug und Maschine im Rahmen von Simulationen des gesamten Bearbeitungsprozesses zu erkennen. Sie zeigen das Werkstück sehr anschaulich und detailreich in beliebigen Betrachtungswinkeln.

Für die Simulation definiert der Pro-

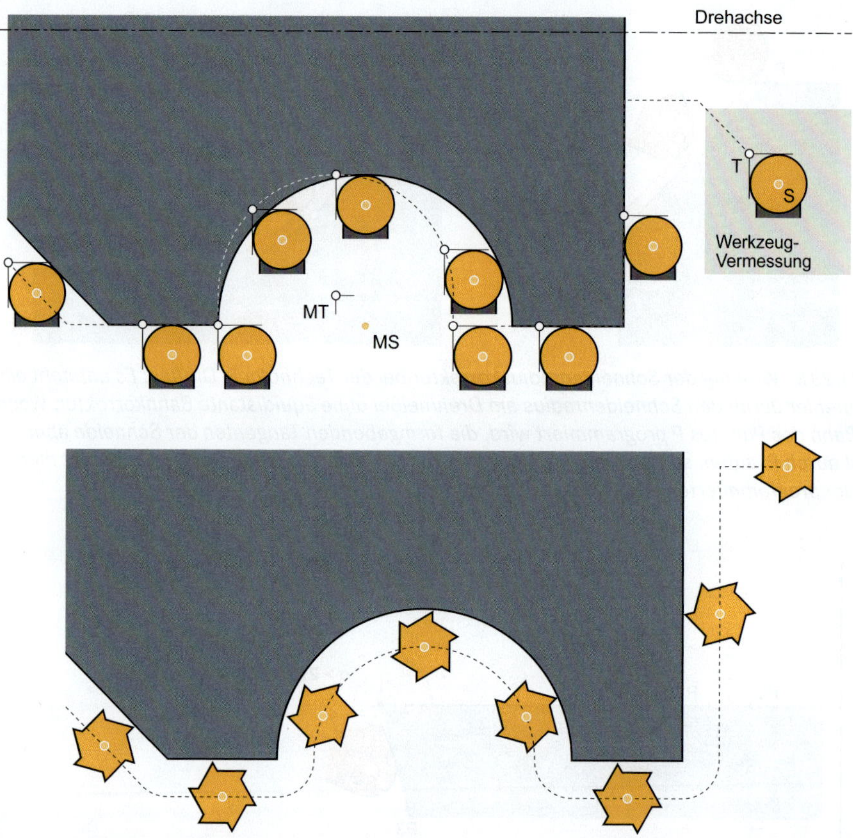

Bild 1.24: Unterschied zwischen Oben: Schneidenradiuskompensation bei der Technologie Drehen und unten: Fräserradiuskorrektur bei der Technologie Fräsen.Es wird immer die Werkstückkontur programmiert. Die Übergangsradien und die Äquidistanten werden automatisch von der CNC erzeugt.
Aufgrund der Werkzeugvermessung bei der Technologie Drehen, liegen Schneidenmittelpunkt S (Werkzeugnullpunkt) und die formgebende Tangente nicht deckungsgleich. Damit aber S auf der erforderlichen äquidistanten Bahn fährt, muss T auf einer nicht äquidistanten Bahn zur Soll-Kontur durch die CNC geführt werden. Bei der Technologie Fräsen sind Fräsermittelpunkt und Werkzeugnullpunkt deckungsgleich. Die Fräsermittelpunktsbahn ist also eine Äquidistante zur Werkstückkontur.

grammierer zunächst das Rohteil. Die 3D-Simulationsgrafik arbeitet dann das Bearbeitungsprogramm virtuell ab. Dabei stellt sie das Werkstück präzise dar und bietet eine **aussagekräftige Vorschau auf den tatsächlichen Bearbeitungsprozess** *(Bild 1.27)*.

Da die 3D-Simulation auf der CNC erfolgt, kann der Bediener an der Maschine erstellte Bearbeitungsprogramme schnell und einfach durchspielen. Aber auch bei Programmen, die er **aus CAD/CAM-Systemen übernimmt,** lohnt sich eine Simulation auf der Steuerung. Denn die 3D-Simulationsgrafik berücksichtigt das auf der Steuerung **hinterlegte Kinematikmodell,** welches an die tatsächliche Geometrie der Werkzeugmaschine angepasst wurde und auf diese Weise die Bewegungen der Maschine realitätsnah widerspiegelt.

N010	G17				
N020	G41	D2			
N030	G1	X125	Y50	F300	→ P1
N040		X105	Y40		→ P2
N050		X90			→ P3
N060	G3	X75	Y25	J-15	→ P4
N070	G1	Y20			→ P5
N080		X25			→ P6
N090		Y60			→ P7
N100		X45	Y80		→ P8
N110		X70			→ P9
N120	G3	X100	I15		→ P10
N130	G1	X125	Y60		→ P11
N140		Y50			→ P1
N150		Y30			→ P12
N160	G40	Y20	M30		→ P13

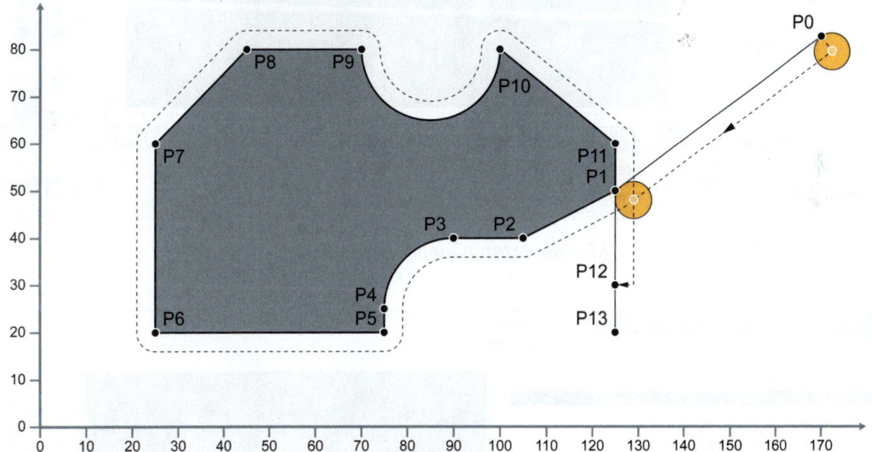

Bild 1.25: Programmierbeispiel für G41: Fräswerkzeug links von der Werkstückkontur.

Während der Simulation eröffnen verschiedene Ansichtsoptionen einen genauen und frei wählbaren Blick auf Details. Die Grafik kann unerwünschte Bearbeitungseffekte und nicht den Anforderungen entsprechende Oberflächen visualisieren, wenn diese Effekte aus dem NC-Programm oder den im CAM-System gewählten Bearbeitungsstrategien resultieren *(Bild 1.28)*.

Damit der Bediener genau das ansehen kann, was ihn interessiert, kann er die Grafik einfach seinen Wünschen anpassen. Er **rotiert, verschiebt oder zoomt** das Bild, um detailreiche Ausschnitte zu betrachten, wie er es von gängigen CAD/CAM-Systemen gewohnt ist. Außerdem kann er wahlweise nur das Werkstück, nur die Werkzeugwege oder beides gemeinsam betrachten. Weitere Ansichtsoptionen zeigen ihm zum Beispiel

- die ursprünglichen Abmessungen des Rohteils als Rahmen und kennzeichnen darin die Hauptachsen.
- die Werkstückkanten als Linien.
- das Werkstück transparent für einen Blick auf die innenliegenden Bearbeitungen.
- unterschiedliche Arbeitsschritte am Werkstück in verschiedenen Farben. So erkennt der Bediener leicht die einzelnen Arbeitsschritte und kann die eingesetzten Werkzeuge einfach zuordnen.
- das Werkzeug voll oder transparent.

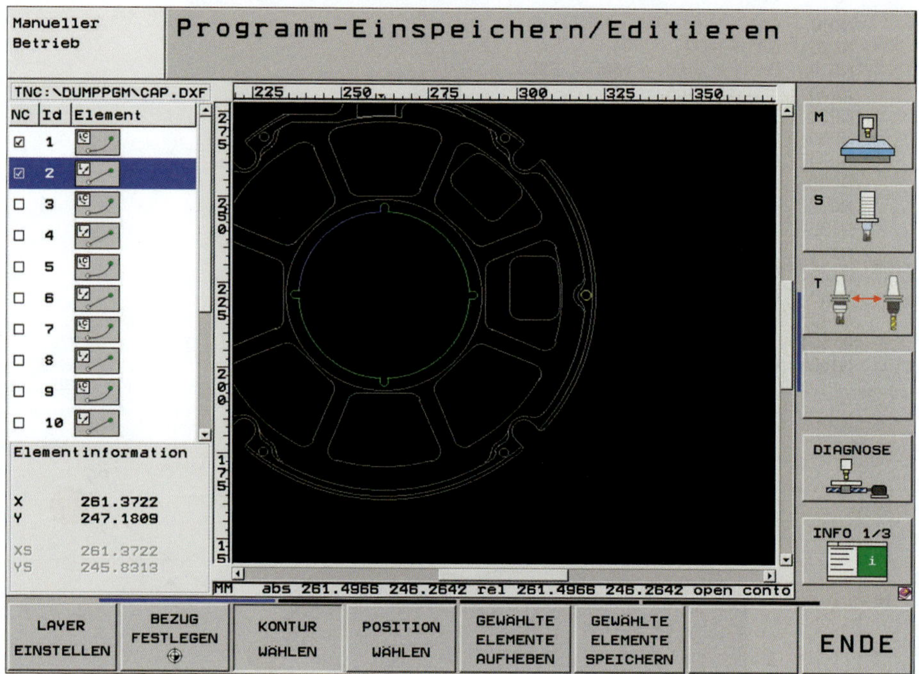

Bild 1.26: Konturauswahl im DXF-Konverter. (Quelle: Heidenhain)

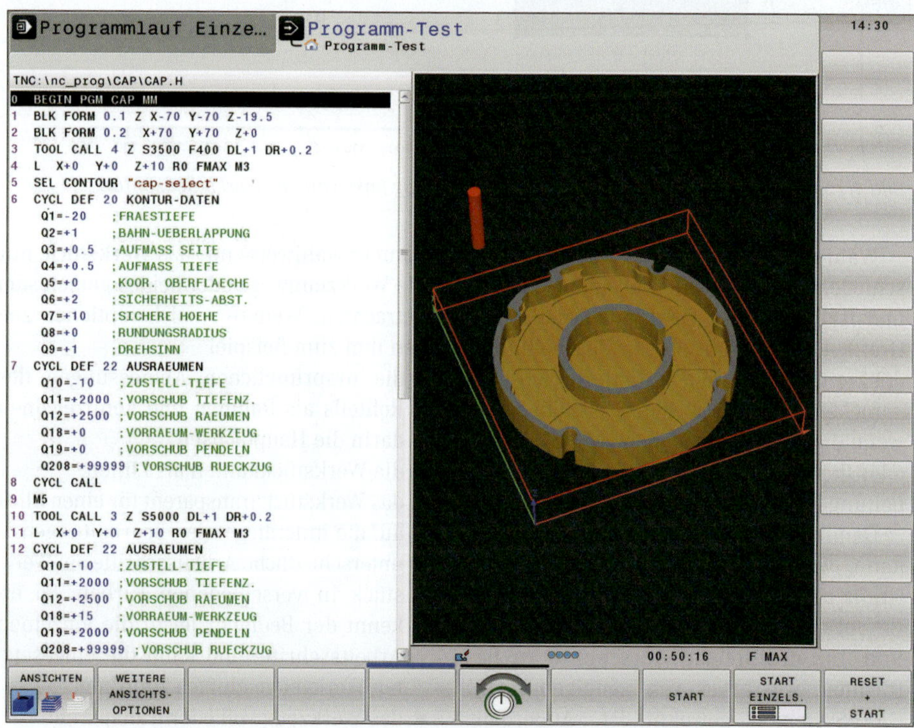

Bild 1.27: Bearbeitungsprogamm auf Basis einer importierten DXF-Datei. (Quelle: Heidenhain)

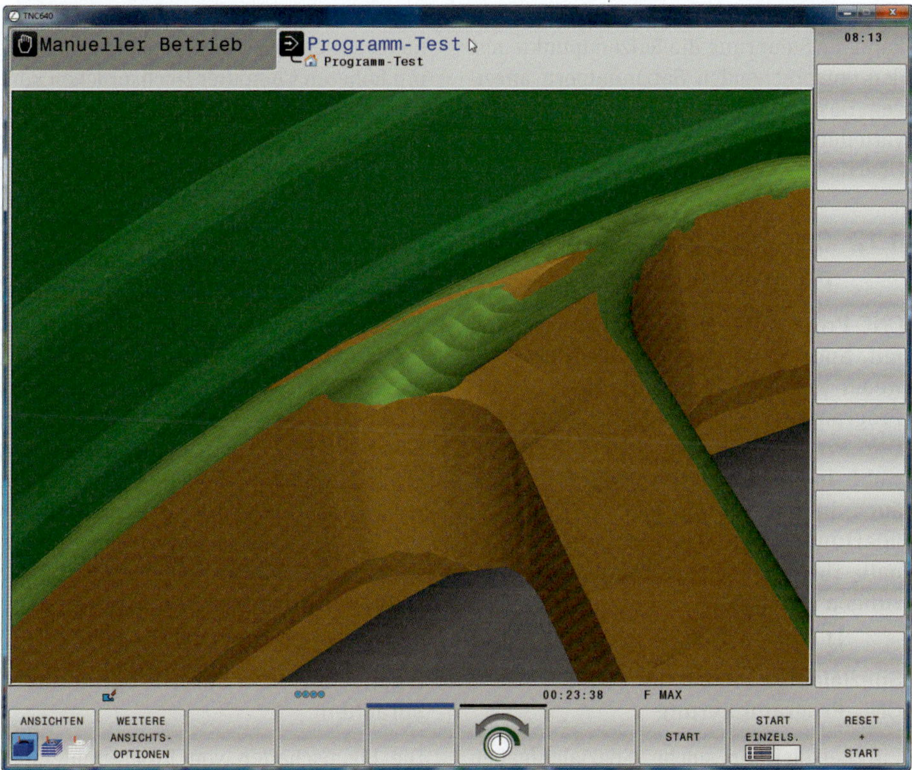

Bild 1.28: Einfache Vorab-Analyse der Werkstückoberfläche: Die detailreiche Anzeige zeigt unerwünschte Effekte schon in der Simulation (oben), die später auch am echten Werkstück sichtbar sind (unten). (Quelle: Heidenhain).

Bei maximaler Auflösung der 3D-Grafik kann die Steuerung die Satzendpunkte mit den entsprechenden Satznummern anzeigen. Das erleichtert die Analyse der Punktverteilung, z.B. um die zu erwartende Oberfläche vorab zu beurteilen.

1.12 CNC-Hochsprachenprogrammierung

CNC-Programmierer werden zunehmend mit Spezialaufgaben konfrontiert, die weder mit der klassischen DIN 66025-Programmierung noch mit grafischer CNC-Programmierung lösbar sind. Sowohl in der Arbeitsvorbereitung als auch in der klassischen NC-Programmierung an der Maschine werden deshalb flexiblere Programmierunterstützungen benötigt.

Spezialaufgaben bei der CNC-Programmierung

Ein Beispiel für solche Spezialaufgaben sind parametrierbare CNC-Programme für Bauteilefamilien, die sich lediglich in wenigen geometrischen Größen unterscheiden. Nicht selten ist es notwendig, für bestimmte Bauteile einen eigenen Technologiezyklus, beispielsweise einen speziellen Zyklus zum Entgraten, zu schreiben, weil mit den Standardzyklen nicht jede Spezialaufgabe gelöst werden kann. Oder aber auch das Generieren einer einfachen Bedienermeldung aus dem laufenden CNC-Programm heraus lässt sich allein mit dem Befehlsvorrat von DIN 66025 oder der grafische CNC-Programmierung nur begrenzt umsetzen. Hier kann die Verwendung einer CNC-Hochsprache das passende Mittel sein, um flexibel und schnell auf solche Anforderungen reagieren zu können.

Definition Hochsprache

Um die Thematik Hochsprache besser zu verstehen, sei ein Ausflug in die Computertechnik erlaubt. Im Vergleich zu hardwarenaher Assembler-Programmierung können mit höheren Computer-Hochsprachen komplexe Programmabläufe effizient und transparent, sprich einfach lesbar abgebildet werden. Dies trifft im übertragenen Sinn auch auf die CNC-Programmierung zu. Ergänzend zur „maschinennahen" DIN 66025 Programmierung (Bsp.: G00, G01, G02 ...) ist die CNC-Hochsprache eine Ergänzung zur Flexibilisierung von CNC-Programmen und erlaubt dem CNC-Programmierer damit anspruchsvolle CNC-Anwendungen zu realisieren. Im CNC-Markt bietet die Sinumerik CNC-Hochsprachenprogrammierung grundlegende Eigenschaften höherer Computer-Hochsprachen der 3. Generation wie C, C++, Visual Basic, Pascal oder Java. Damit lässt sich die Flexibilität von CNC-Bearbeitungsprogrammen deutlich steigern.

Eigenschaften höherer Programmiersprachen

Die Eigenschaften von Programmiersprachen der 3. Generation sind:

- **Lesbare Sprachbefehle**
  Eine grundsätzliche Voraussetzung für die Programmierung mit Hochsprachen sind für den Programmierer lesbare, so genannte mnemonische Sprachbefehle wie REPEAT, WHILE, CASE etc.
- **Abstrakte Datentypen**
  Der Programmierer legt fest, welche Variablen im Programm genutzt werden und vor allem von welchem Typ diese Variablen sind. Der Variablentyp definiert, ob die Variable eine Achsposition, also eine Gleitkommazahl (Typ REAL), einen Zähler, also eine Ganzzahl (Typ INTEGER) oder das Ergebnis eines Vergleichs (Typ BOOLEAN) beinhalten soll.
- **Kontrollstrukturen**
  Wichtig für die Abbildung des Programmablaufs sind Kontrollstrukturen. Beispiel: Bedingte Verzweigungen (IF ELSE) oder Wiederholungsschleifen (WHILE, REPEAT UNTIL)

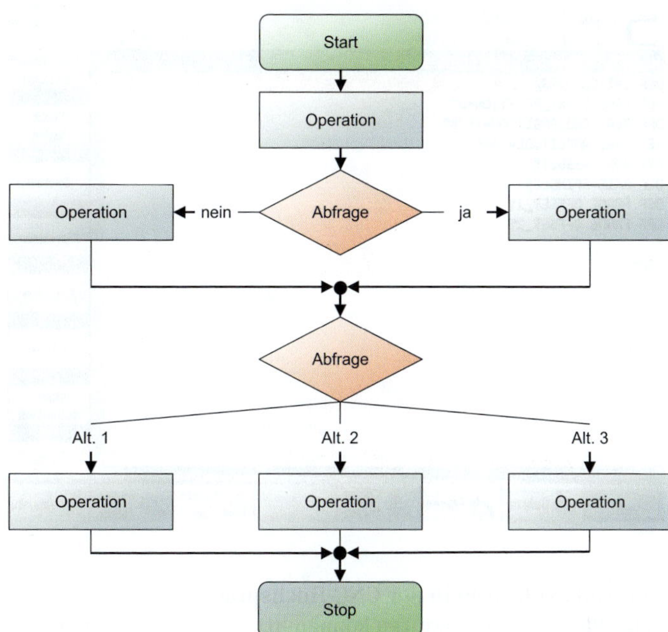

Bild 1.29: Beispiel eines Flussdiagramms.

- **Operationen**
  Über die Grundrechenarten hinaus bieten Hochsprachen auch höherwertige mathematische Funktionen wie beispielsweise Sinus/Cosinus oder eine Logarithmus-Funktion. Aber auch die Boolesche Algebra mit Funktionen wie AND, OR, NOT sind typischer Weise im Operationsumfang.

Flussdiagramme *(Bild 1.29)*

Jeder Programmierer komplexer Aufgaben nutzt die Flussdiagrammtechnik. Der grundsätzliche Ablauf des Programms wird zuerst „am grünen Tisch" in Form von Flussdiagrammen also in einer abstrakten, leicht interpretierbaren Darstellungsart abgebildet. Erst im letzten Schritt überträgt der Programmierer die Flussdiagramme in konkrete Sprachbefehle. Hochsprachen zeichnen sich durch Sprachbefehle aus, die eine möglichst effiziente Übertragung der Flussdiagramme ermöglichen.

Die CNC-Hochsprache
(Bild 1.30 bis 1.32)

Die CNC-Hochsprache (Beispiel CNC Sinumerik von Siemens) verfügt über grundlegende Eigenschaften von Programmiersprachen der 3. Generation.

Hier einige Beispiele:

Abstrakte Datentypen der CNC-Hochsprache
Variablen folgenden Typs können in CNC-Programmen definiert werden:

INT (Ganzzahl)	REAL (Gleitkommazahl)	BOOL (Wahrheitswert)	CHAR (ASCII-Zeichen)	STING (Zeichenkette)	AXIS (CNC-Achsname)	FRAME (Koordinatenverschiebung)

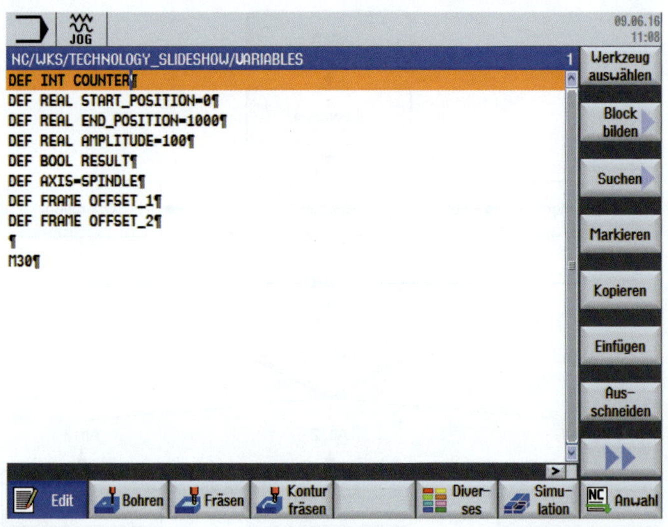

Bild 1.30: Abstrakte Datentypen im Sinumerik CNC-Editor. (Quelle: Siemens AG)

Kontrollstrukturen in der CNC-Hochsprache

Folgende Kontrollstrukturen können in CNC-Programmen genutzt werden:

IF, ELSE, ENDIF (Bedingte Verzweigung)	LOOP, ENDLOOP (Endlos-Programmschleife)	FOR, ENDFOR (Zählschleife)	WHILE, ENDWHILE (Programmschleife)	REPEAT, UNTIL (Programmschleife)

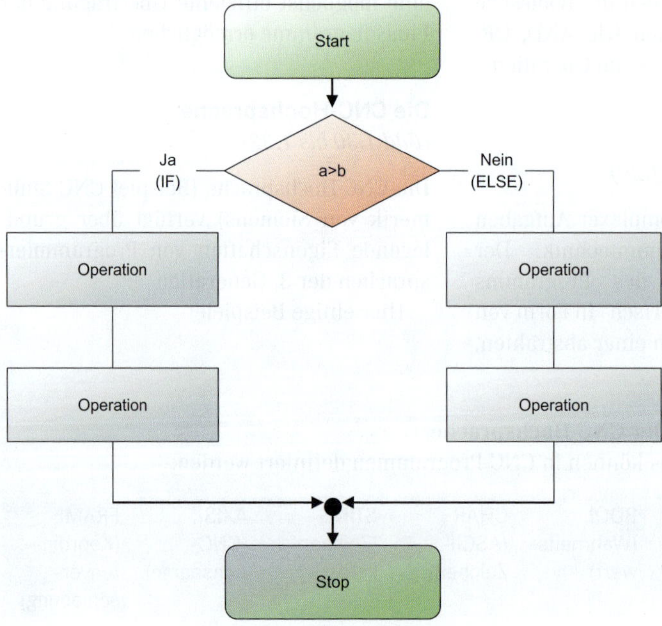

Bild 1.31: Bedingte Verzweigung im Sinumerik CNC-Editor, Flussdiagramm. (Quelle: Siemens AG)

Operationen in der CNC-Hochsprache

Folgende Operationen können in CNC-Programmen genutzt werden (Auszug):

Rechen-operation	+, -, *, /	SIN(), COS(), TAN() ASIN(), ACOS(), ATAN()	SQRT() POT()	LN() EXP()	TRUNC() ROUND()

Vergleichs-operation	== (gleich)	<> (ungleich)	> (größer)	< (kleiner)	>= (größer gleich)	<= (kleiner gleich)

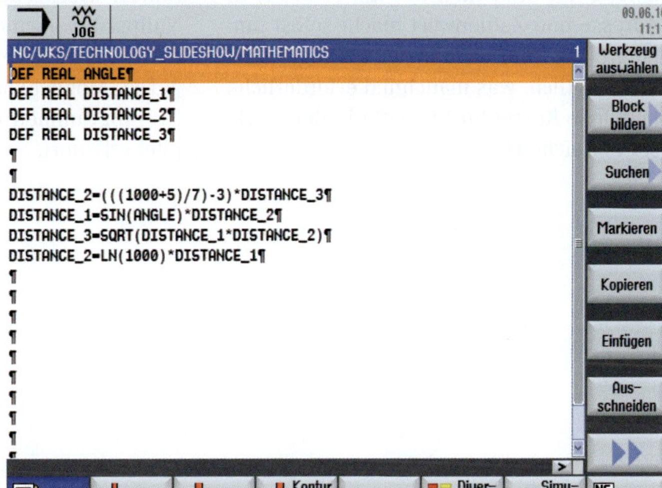

Bild 1.32: Mathematische Operationen im Sinumerik CNC-Editor. (Quelle: Siemens AG)

Die gezeigten Beispiele verdeutlichen gleichzeitig die Verfügbarkeit lesbarer Sprachbefehle in der CNC-Hochsprache.

Die CNC-Hochsprache weist also die grundlegenden Eigenschaften einer Programmiersprache der 3. Generation auf und ist damit ein Werkzeug um Spezialaufgaben bei der CNC-Programmierung umzusetzen. Die CNC-Hochsprache ist „Bordmittel", kann von jedem CNC-Programmierer ohne zusätzliches Softwarehilfsmittel direkt im CNC-Editor genutzt werden.

1.13 Zusammenfassung

Das NC-Programm ist ein nach bestimmten Regeln und speziellen Vorschriften (Programmieranleitung) zusammengestelltes Programm, das den Ablauf und **die Bearbeitungsschritte für die Fertigung eines bestimmten Werkstückes auf einer bestimmten NC-Maschine steuert.** Ein solches Programm ist im Allgemeinen nicht für andere Maschinen oder Steuerungen verwendbar, da es deren Programmiervorschrift nicht einhält. Trotzdem ist es für jeden Maschinenbediener und -programmierer unerlässlich, die generelle Programmstruktur zu kennen, um Korrekturen und kleinere Änderungen an der Maschine durchführen zu können.

In der Praxis ist auch darauf zu achten, wie die einzelnen Funktionen ablaufen, d. h. ob sie am Beginn des Satzes oder erst am Ende des Satzes wirksam werden. Darüber gibt die jeweilige Programmieranleitung Auskunft.

Die allgemein gültigen Regeln für den Aufbau von NC-Programmen sind in der DIN 66025, Blatt 1 – 3 festgelegt. Die Unterteilung der einzelnen Befehle (Wörter) in Adresse und Zahlenwert macht selbst umfangreiche und komplizierte Programme übersichtlich, was manchmal erforderliche manuelle Korrektur-Eingriffe in der Werkstatt erleichtert.

Häufig wiederkehrende Programmabläufe, wie z. B. Bohr-, Dreh- oder Fräszyklen, sind als abrufbare Unterprogramme gespeichert, die mit den jeweils erforderlichen Parameterwerten (Bohrtiefe, Rückzugsebene, Werkzeugnummer) zu ergänzen sind. Dies reduziert die Programmlänge und vereinfacht nachträgliche Korrekturen.

Ein wesentlicher Bestandteil aller NC-Programme sind die gespeicherten und frei abrufbaren Korrekturwerte für Fräserradius, Werkzeuglänge, Schneidenradius, Nullpunktverschiebung und andere, maschinenspezifische Daten.

Die Möglichkeiten zur Erstellung von NC-Programmen werden im folgenden Kapitel erläutert.

NC-Programm

Das sollte man sich merken:

1. Ein NC-Programm besteht aus einer **Folge von Instruktionen,** mit denen die Maschinenbewegungen und automatischen Abläufe einer NC-Maschine gesteuert werden.
2. Die Programmierbarkeit der direkten **Weginformationen** (Maße) und der **Fahrbedingungen** (G-Funktionen) sind das wesentliche Kennzeichen eines NC-Programms.
3. Wesentliches **Kennzeichen eines NC-Programms** ist, dass es sämtliche Weg- und Schaltinformationen enthält und sehr einfach zu ändern oder austauschbar ist.
4. NC-Programme werden auf elektronischen, automatisch lesbaren Datenträgern gespeichert oder per DNC direkt vom Rechner in die CNC übertragen.
5. Der **Programmaufbau,** die Adressenbelegung, die Eingabe der Wegmaße, die Definition der Wegbedingungen und der Hilfsfunktionen sind in DIN 66025 festgelegt.
6. **Schaltbefehle** dienen zum automatischen Ein- und Ausschalten von Maschinen- und Automatisierungsfunktionen, wie Drehzahl, Werkzeugwechsel, Werkstückwechsel u. a.
7. Unter **modal wirkenden Funktionen** versteht man solche Befehle, die solange aktiv bleiben, bis sie durch einen entsprechenden Gegenbefehl im Programm wieder ausgeschaltet werden.
8. Die **Weginformationen** legen fest, **wohin** die programmierten Achsen fahren sollen, die **Wegbedingungen** bestimmen, **wie** sie dahin kommen.
9. **Zyklen** sind gespeicherte **Unterprogramme,** deren prinzipieller Ablauf feststeht, deren Wegmaße jedoch frei programmierbar sind (Beispiele: Bohrzyklen, Fräszyklen, Drehzyklen).
10. Die **Nutzung der Zyklen** macht NC-Programme kürzer und sicherer, die manuelle Programmierung wird einfacher.
11. Unter **Maschinennullpunkt** versteht man die unveränderlich festgelegten, maschinenbezogenen Nullpunkte der NC-Achsen einer Maschine. Ihre physikalische Festlegung erfolgt durch eine Referenzmarke des Messsystems in Kombination mit einem Nullpunkt-Endtaster.
12. Der **Maschinennullpunkt**, auch als **„home position"** bezeichnet, wird vom Maschinen-Hersteller bestimmt und über das Positionsmesssystem präzise festgelegt.
13. Eine **Referenzposition** ist ein festgelegter Punkt auf einer Achse, der in einem bestimmten Bezug zum Maschinennullpunkt steht. Er wird beispielsweise zum Werkstückwechsel, Werkzeugwechsel oder als Startposition verwendet.
14. **Referenzpunkt-Anfahren** ist eine Steuerungsfunktion, die das automatische Anfahren der Referenzposition bewirkt. Sie kann entweder vom Bediener oder über das Einschalt-Programm ausgelöst werden.

2 Programmierung von CNC-Maschinen

Die Wirtschaftlichkeit von CNC-Maschinen ist weitgehend von der Programmiermethode und der Leistungsfähigkeit des verwendeten Programmiersystems abhängig. Je schneller fehlerfreie Programme an der Maschine zur Verfügung stehen, desto effektiver und flexibler ist die NC-Fertigung. Deshalb erfolgt die NC-Programmierung heute vorwiegend mit computergestützten Programmiersystemen in der Arbeitsvorbereitung oder in der Werkstatt, direkt an der CNC-Maschine.

2.1 Definition der NC-Programmierung

Unter NC- oder Teileprogrammierung versteht man die Erzeugung der Steuerungsprogramme zur Bearbeitung eines Werkstücks auf einer numerisch gesteuerten Werkzeugmaschine. Unabhängig davon, ob das Programm manuell oder mit Coputerunterstützung erstellt wird, das Ergebnis ist immer nach der DIN 66025/ISO 6938 genormten Syntax aufgebaut. Trotzdem sind die für eine spezielle CNC-Maschine erstellten NC-Programme nicht beliebig auf andere CNC-Maschinen übertragbar.

Die folgenden Betrachtungen beziehen sich auf die NC-Programmierung zerspanender Bearbeitungen.

2.2 Programmiermethoden
(Bild 2.1 bis 2.4)

Je nach Verfahren und Ort der Programmierung unterscheidet man mehrere Programmiermethoden.

2.2.1 Manuelle Programmierung

Hierbei beschreibt der Programmierer schrittweise die einzelnen Relativbewegungen des Werkzeugs zum Werkstück nach DIN 66025 /ISO 6938. Weg- und Schaltinformationen und andere Hilfsfunktionen werden gleichzeitig satzweise hinzugefügt. Auch die gespeicherten Werkzeugkorrekturen und Nullpunktverschiebungen werden programmiert abgerufen. Die manuelle Programmierung erfolgt entweder in der Arbeitsvorbereitung oder direkt an der CNC-Maschine durch Eintippen der einzelnen Zeichen eines Programm-Ausdrucks. Die Erstellung von Werkzeugplänen, Aufspannplänen und die Endkontrolle durch Simulation des Ergebnisses werden hierbei nicht unterstützt.

Die manuelle Programmierung mit Berechnung der einzelnen **Bewegungen** der CNC-Maschine ist sehr zeitintensiv. Deshalb wurde sie durch maschinenspezifische oder computergestützte universelle Programmiersysteme verdrängt. Deren Merkmal ist, dass nicht mehr die einzelnen Maschinenbewegungen programmiert werden, sondern die geometrischen **Daten des Werkstücks** und des Rohteils.

2.2.2 Teach-In/Playback Verfahren

Heute fast nur noch in der Robotertechnik verwendetes Programmierverfahren, bei dem der Roboterarm mithilfe eines Bediengerätes oder manuell geführt zu den anzu-

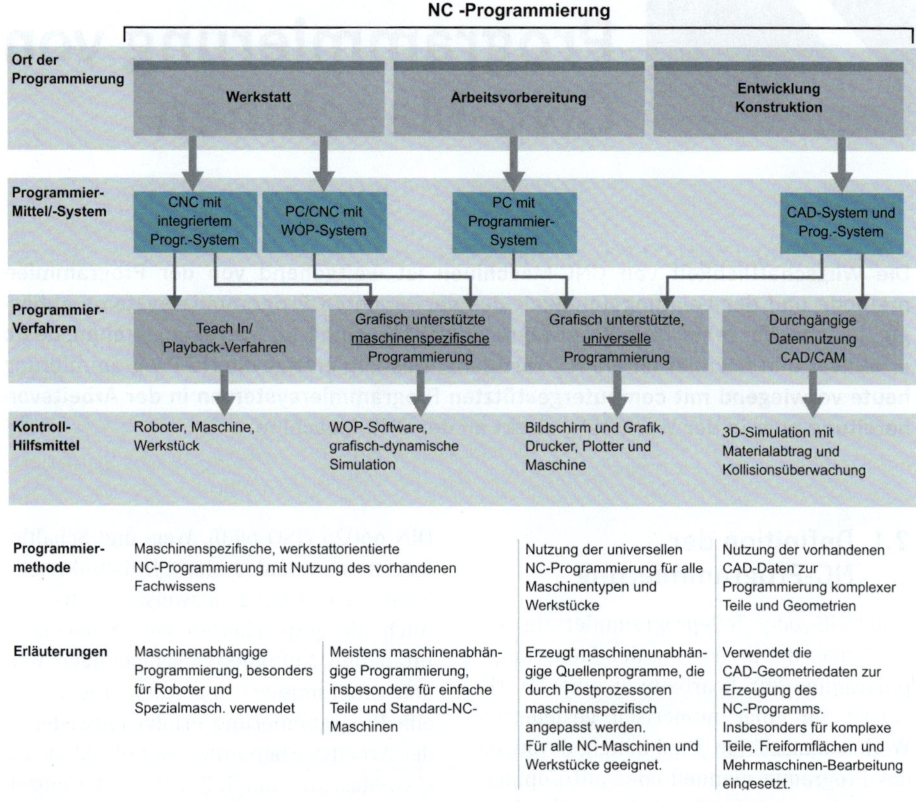

Bild 2.1: Zusammenhang von Programmiermittel, Programmierverfahren und Programmiermethode bei der computergestützten Programmierung.

fahrenden Positionen bewegt wird. Diese werden vom Bediener durch Tastendruck im Programmspeicher der Robot-CNC gespeichert.

Bei Werkzeugmaschinen wird es nur dort angewandt, wo eine exakte Maßbestimmung erst am Werkstück möglich ist, wie z. B. bei Bohrwerken zur Bearbeitung von Bohrungen an großen Werkstücken. In Reparaturbetrieben werden oft sogenannte „Zyklendrehmaschinen" eingesetzt. Diese werden zwar über eine CNC gesteuert, aber nur im halbautomatischen Betrieb genutzt. Durch das schrittweise manuelle Teach-In der Positionen mit Anwahl von Bearbeitungszyklen entsteht Schritt für Schritt das komplette NC-Programm. Hierbei spielt die zur Programmeingabe verwendete Zeit im Verhältnis zur Bearbeitungszeit meistens eine untergeordnete Rolle.

2.2.3 Werkstattorientierte Programmierung (WOP)

Die Rechnerleistung moderner CNCs erlaubt es, ein maschinenspezifisches NC-Programmiersystem mit Grafik und Bearbeitungs-Simulation zu integrieren. Damit wird die CNC zum leistungsfähigen Programmiersystem und der Bediener kann an der Maschine programmieren.

WOP-Systeme haben den Vorteil, dass sie durch ihre spezielle Auslegung für eine bestimmte Maschine bezüglich Funktionalität optimal angepasst sind. So lassen sich sogar Drehmaschinen mit zwei Supporten,

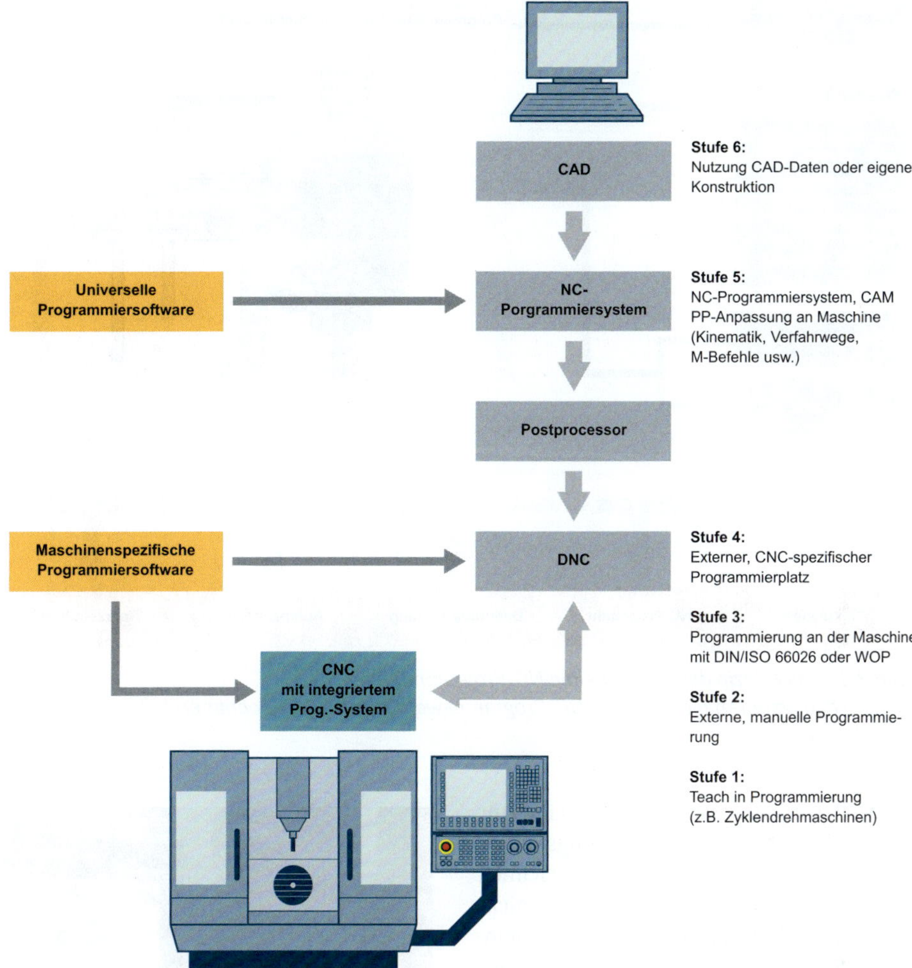

Bild 2.2: Möglichkeiten der NC-Programmierung, ein 6-Stufen-Konzept.

C-Achse und rotierenden Werkzeugen sehr praxisnah programmieren. Die komplette Bearbeitung, d.h. innen und außen, Stirn und Mantelfläche, sowie Kollisionsbetrachtungen, Wartebedingungen und die Verteilung der Aufgaben auf beide Supporte ermittelt die CNC oft viel schneller und bezüglich Bearbeitungseffizienz wesentlich effektiver als ein universelles NC-Programmiersystem. Deshalb hat sich diese Programmierung sehr schnell für das Drehen, Fräsen und Nibbeln durchgesetzt. Heute steht WOP für alle CNC-Maschinentypen zur Verfügung. Zusätzliche wichtige Funktionen wie beispielsweise das Schachteln der Teile beim Nibbeln oder Stanzen sind weitere Vorteile. Postprozessoren entfallen, die Programme werden direkt in der passenden CNC-Syntax generiert.

WOP-Systeme haben jedoch den Nachteil, dass mit jedem neuen CNC-Fabrikat auch ein anderes Programmiersystem in die Werkstatt einzieht. Erfahrene Anwender behaupten jedoch, erst seit Einführung von WOP hätte sich die Rentabilität ihrer CNC-Maschinen merklich verbessert.

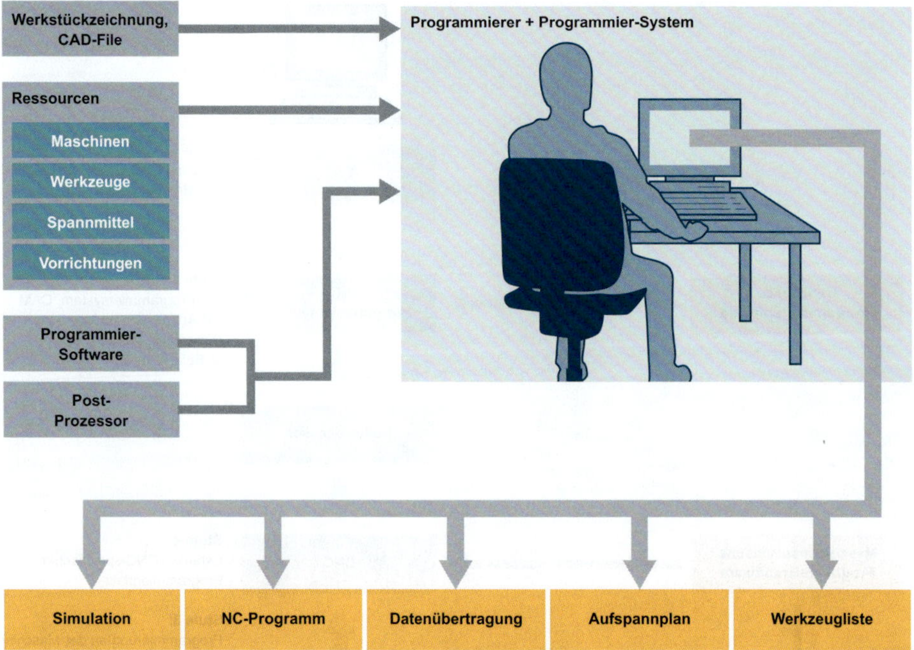

Bild 2.3: Das Prinzip der maschinellen NC-Programmierung. Alle Fertigungsunterlagen und das NC-Programm werden mit dem Rechner erstellt, kontrolliert und abgespeichert.

WOP werden in der deutschen Literatur auch als „abgespeckte, leistungsfähige, spezielle CAD/CAM-Systeme" bezeichnet, was aber gemäß der CAM-Definition nicht korrekt ist. Der Zugriff auf eine gemeinsame Datenbank, ein universelles, weiter verwendbares CLDATA-File und das Ausdrucken von Listen stehen meistens nicht zur Verfügung.

2.2.4 CNC-Programmierplätze

(Bilder 2.5 und 2.6)

Die WOP-Programmierung an der CNC-Maschine kann während des Betriebes erfolgen. Es kann sich aber ergeben, dass die Auslastung der Maschine oder kurze Umspannzeiten dies zeitlich nicht zulassen. Deshalb bieten mehrere CNC-Hersteller für die werkstattnahe NC-Programmierung ihre Software auch für die Nutzung auf PCs an. Dies hat den Vorteil, dass die Hand-

Bild 2.4: Steuerungsidentische Programmierung mit einem Programmierplatz erleichtert die Arbeitsvorbereitung, Bild: Sinutrain-Programmierplatz. (Quelle: Siemens)

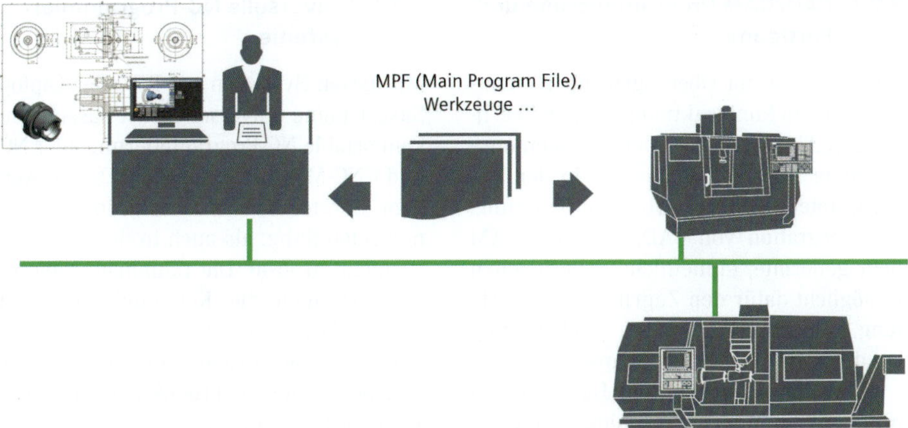

Bild 2.5: Ist der PC mit den Werkzeugmaschinen vernetzt, lassen sich die Programme innerhalb von Sekunden in die CNC übertragen, Bild: Sinutrain-Programmierplatz. (Quelle: Siemens)

Bild 2.6: Extern erstellte Programme lassen sich in der Arbeitsvorbereitung vor dem Einsatz auf der Maschine mit Hilfe eines CNC-Programmierplatzes testen. Bild: Heidenhain-Programmierplatz

habung auf beiden Systemen identisch ist und die Programmierung abseits von der lauten Werkstattumgebung stattfindet. Zudem kann der Maschinenbediener ohne Zusatzausbildung auf dem Programmierplatz programmieren. Der zusätzliche Aufwand ist überschaubar, aber für jede CNC-Maschine müssen immer wieder die dazu gehörenden Programme zuerst installiert und aktiviert werden.

2.2.5 CAD/CAM Programmierung und Fertigung

CAD/CAM ist der Oberbegriff für rechnerunterstützte Konstruktion (CAD) und Fertigung (CAM). Dabei erfolgt die computergestützte NC-Programmierung in der Planungsabteilung bzw. Arbeitsvorbereitung. Die Integration von CAD, CAP und CAM über genormte, einheitliche Schnittstellen ermöglicht dafür den Zugriff von Entwicklung, Konstruktion, Planung und Fertigung auf die gemeinsame Datenbank.

Wenn die geometrischen Daten des zu programmierenden Werkstücks im CAD-Rechner bereits vorliegen, können diese direkt für die NC-Programmierung übernommen werden. Dies ist zeitsparend und frei von eventuellen Übertragungsfehlen. Am Programmiersystem (CAP) werden noch erforderliche geometrische Korrekturen vorgenommen und die technologischen Daten wie Spindeldrehzahl, Vorschubgeschwindigkeit, Werkzeugauswahl, Korrekturwertaufruf und weitere Hilfsfunktionen hinzugefügt. Dies kann manuell erfolgen oder vollautomatisch vom Programmiersystem vorgeschlagen und übernommen werden. Abschließend können alle Fertigungsunterlagen ausgedruckt werden, d. h. Werkzeugliste, Nullpunktverschiebungen, Kontrollhinweise, Bedienerhilfen u. a. m.

Hierzu sei bemerkt, dass hoch leistungsfähige CAD-Systeme für wesentlich höhere Aufgaben ausgelegt sind als zur NC-Programmierung. Nur mit dem Einsatz zur computergestützten Teileprogrammierung lässt sich der Kauf eines CAD-Systems nicht rechtfertigen. Zudem müssen im CAD-System die Geometriedaten des Werkstücks streng von den vielen anderen Daten getrennt gespeichert werden.

2.2.6 Universelle NC-Programmiersysteme

Mit diesen Systemen auf PC- oder Laptop-Basis ist eine universelle, zuverlässige und komfortable NC-Programmierung aller NC- und CNC-Maschinen möglich. Der notwendige Geräteaufwand sowohl in der Planungsabteilung, als auch in der Werkstatt ist nicht zu groß. Die räumliche Nähe erleichtert auch die Kommunikation zwischen Maschinenbediener und Programmierer und bietet viele weitere Vorteile, wie z. B. bei schnellen Produktionsumstellungen oder Eilaufträgen.

Je nach Anforderungen stehen mehr oder weniger leistungsfähige Systeme zur Auswahl. Hier ist der Käufer gefragt, um das für seine Anforderungen passende System zu finden.

Die Programmierung auf einem externen Programmierplatz verkürzt generell die Stillstandszeiten der Maschinen. Die Programme können auch mithilfe einer grafischen Simulation getestet werden. Zusätzliche Testläufe zur Fehlererkennung in der CNC-Maschine können entfallen. Hochauflösende Grafiken helfen selbst bei komplexen 3D-Programmen Konturverletzungen und versteckte Details sicher zu erkennen.

Die universelle, computerunterstützte Programmierung erfolgt in 3 Schritten:

- **Nutzung einer NC-Programmiersprache**

Darunter versteht man abstrakte, problemorientierte, symbolische Programmiersprachen zur Erstellung von NC-Programmen. Sie wurden eigentlich für den Einsatz auf Großrechnern entwickelt und verfügen über einen bestimmten Wortschatz, Symbole, Semantik- und Syntax-Regeln zur NC-Programmierung. Zu den universell einsetzbaren Sprachen zählen z. B. APT, EXAPT, Mastercam u.a.. Einzwecksprachen sind dagegen nur für einen bestimmten Anwendungsbereich einsetzbar und eng auf eine bestimmte CNC-/Maschinen-Kombination zugeschnitten.

Diese Art der Programmierung ohne Bedienerführung und ohne grafische Unterstützung ist technisch überholt und heute nicht mehr aktuell.

- **Cutter Location Data (CLDATA)**

Bei der computerunterstützten NC-Programmierung erfolgt die erste Datenausgabe im generalisierten CLDATA-Format entsprechend den Normen nach ISO 3592/443 und DIN 66215/ISO 6938. Diese Daten enthalten im Wesentlichen die berechneten Koordinaten der Werkzeug-Mittelpunktsbahn und werden zur Eingabe für den anschließenden Postprozessor-Lauf des Rechners benutzt. Es wird auch als CLDATA-File oder **Quellenprogramm** bezeichnet. Dieses muss vor der Eingabe in eine CNC-Maschine zuerst noch nachbearbeitet werden. Im Computer wird das CLDATA-File durch ein „Anpassungsprogramm“, den Postprozessor, an die vorgesehene CNC-Maschine angepasst. Für jede Maschinen-/Steuerungskombination ist deshalb ein spezieller Postprozessor erforderlich, der das NC-Teileprogramm im passenden Format generiert.

- **Postprozessoren (PP)**

Unter einem Postprozessor versteht man eine Rechner-Software, die das maschinenunabhängige CLDATA-File an eine bestimmte CNC-Maschine anpasst und im CNC-gerechten Format ausgibt. Dazu muss für jede CNC-Maschine ein eigener Postprozessor erstellt werden. Dieser besteht in der Regel aus 5 Teilen: Eingabe, Steuerung, Verfahrbewegungen, Schaltfunktionen und Ausgabe. Erst nach dem Postprozessorlauf im Rechner steht das fertige NC-Programm zur Verfügung. Anschließend können auch noch weitere Daten ausgedruckt und eine grafisch-dynamische Simulation am Bildschirm kontrolliert werden, wenn die Spannvorrichtung und das Werkstück ebenfalls als Datenfiles zur Verfügung stehen.

Hat der Programmierer vorgegebene Grenzwerte nicht eingehalten oder Eingabefehler gemacht, so werden diese spätestens jetzt erkannt und mit Hinweis auf die Fehlerursache angezeigt. So berücksichtigt der PP beispielsweise Größe und Kinematik der Maschine, Grenzwerte für Vorschubgeschwindigkeiten, Spindeldrehzahl und Werkzeuge, gibt die korrekten M-Befehle aus und ordnet Werkzeuge, Korrekturwerte und Referenzpunkte einander zu. Das Ergebnis ist ein sofort lauffähiges NC-Programm für eine bestimmte CNC-Maschine.

Einlesen von DXF-Dateien

DXF-Dateien z. B. für Bohrbilder oder Außen- und Innenkonturen können vorab eingelesen werden und im Umfeld der Arbeitsvorbereitung auf die Bearbeitung der Maschine angepasst werden. Auch wenn die meisten CNC-Modelle das direkte Einlesen von DXF-Dateien anbieten, so ist eine Nachbearbeitung der Daten (z. B. Zeichnungslücken wegen nicht geschlossener Konturen oder für die Bearbeitung überflüssige Hilfslinien usw.) im Büroumfeld bequemer zu erledigen als im Werkstattumfeld.

Anpassung an die reale Maschine

Vom CNC-Anbieter werden die Programmierplätze mit einer Standardeinstellung für die Technologien wie Drehen oder Fräsen ausgeliefert. Die CNC an der realen Maschine wird aber oft vom Maschinenhersteller so angepasst, dass diese Standardeinstellungen nicht mehr mit der realen Maschine übereinstimmen. Beispiele dafür sind Achsbezeichner, Konfigurationen der Kinematik, eigene Bedienmasken usw. Meist lassen sich die CNC-Programmierplätze durch das Einlesen der jeweiligen Inbetriebnahme-Files aus der Maschine an

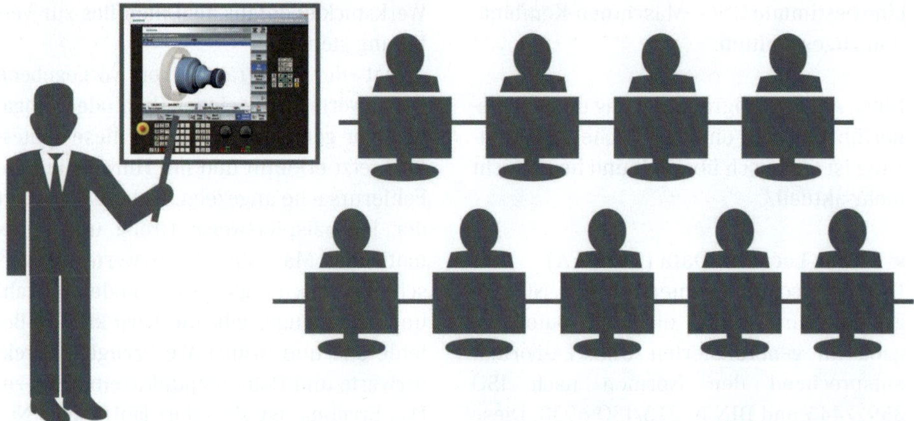

Bild 2.7: Ohne Gefahr von Maschinenkollisionen kann die Ausbildung trotzdem steuerungsidentisch bereits in der Theorie im Klassenraum erfolgen, Bild: Sinutrain-Programmierplatz. (Quelle: Siemens)

die realen Gegebenheiten anpassen. Diese Anpassung wird teilweise auch als Dienstleistung des Maschinenherstellers angeboten

Ausbildung *(Bild 2.7)*

Da die Programmierplätze auf der gleichen Software wie die Steuerungen basieren, sind sie bestens für die Aus- und Weiterbildung geeignet. Die Programmierung und der Programmtest laufen exakt so ab, wie an der Maschine. Das gibt dem Auszubildenden Sicherheit für das spätere Arbeiten an der Maschine. Auch für die Programmier-Ausbildung an Schulen sind die Programmierplätze bestens geeignet, denn die Programmierplätze unterstützen sowohl die DIN/ISO-Programmierung als auch die steuerungsspezifischen grafischen Programmiersysteme.

2.2.7 Programmierung für die generative Fertigung

Die Programmierung dieser neuern CNC-Techniken unterscheidet sich von der Programmierung für die zerspanende Fertigung. Sie erfolgt nach dem CAD/CAM-Prinzip, d. h. Voraussetzung ist ein vollständiges, maßhaltiges, dreidimensionales CAD-Volumenmodell. Dieser Datensatz ist die Eingangsinformation für den nachfolgenden Slice-Prozess. Dabei wird das Werkstück von unten nach oben in einzelne virtuelle Schichten zerlegt und für den schichtweisen Aufbau in der CNC-Maschine vorbereitet.

Weitere Informationen hierzu siehe Teil 4, Kapitel 2, Additive Fertigungsverfahren.

2.3 CAM-basierte CNC-Zerspanungsstrategien

Die CNC-Zerspanung steht vor der permanenten Herausforderung, den Prozess ständig zu optimieren und mehr Werkstücke pro Zeiteinheit zu produzieren.

Die heutigen CNC-Maschinen sind in ihrer Dynamik und Steifigkeit soweit optimiert, dass man eine erheblich **höhere Zerspanungsleistung** verwenden könnte, als es oft in der Praxis getan wird. Die **Werkzeughersteller** empfehlen auf der anderen Seite aber **Schnittdaten,** die in der Praxis nur selten ohne Werkzeugbruch oder unverträgliche mechanische Belastungen der Maschine verwendet werden können. Aus diesem Konflikt heraus entstanden **CAD/CAM-Module und CNC-integrierte Bearbeitungszyklen,** die dem Anwender optimierte Bearbeitungsstrategien für fast alle Werkstoffe und Schneidstoffe anbieten, ausgerichtet auf seine Werkstücke und die gewählte Maschine.

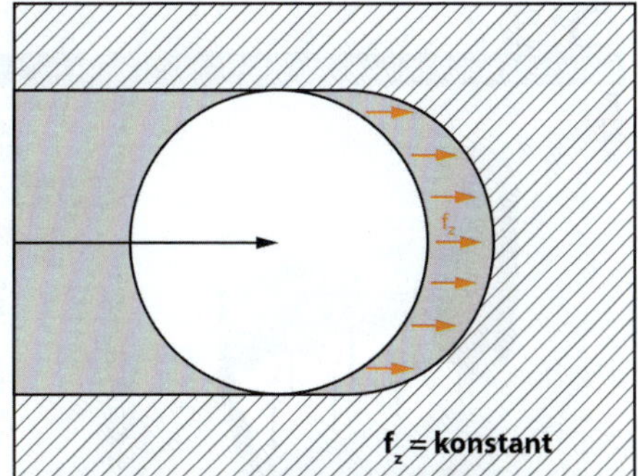

Bild 2.8: Beispiel Vollnutfräsen: Umschlingungswinkel 180°. (Quelle: Hoffmann Group)

Optimierte CNC-Frässtrategien

Konventionelle Fräsmethoden haben ihre Grenzen durch den **Umschlingungswinkel** des Werkzeuges. Beim geraden Durchfahren einer Nut dringt das Fräswerkzeug mit seinem kompletten Durchmesser in das Material ein, d.h. es wird ein Umschlingungswinkel von 180 Grad erreicht *(Bild 2.8)*. Der Zahnvorschub f_z bestimmt dabei die konstante Geschwindigkeit in Vorschubrichtung. Je härter das Material, umso weniger kann in der Tiefe zu gestellt werden, bzw. muss der Vorschub nach unten korrigiert werden, da sonst die Gefahr des Werkzeugbruchs besteht. Dadurch wird die Zustellung u.U. auf 0,5 × Werkzeugdurchmesser begrenzt.

Deshalb werden vermehrt **optimierte Zerspanungsstrategien** entwickelt und eingesetzt.

Beispiele sind:

- HSC-Fräsen
- Tauchfräsen (Plunging)
  und
- Wirbelfräsen (Trochoidales Fräsen)

Die **Hochgeschwindigkeitsbearbeitung** (HSC = High Speed Cutting) ist im Wesentlichen gekennzeichnet durch hohe Spindeldrehzahlen bei geringer Zustellung und großen Vorschüben pro Zahn. Für diese Bearbeitung sind hochdynamische Maschinen erforderlich.

Tauchfräsen (Plunging) *(Bild 2.9)* wird eingesetzt, um tiefe Kavitäten in harten Werkstoffen erzeugen zu können. Mit den herkömmlichen Verfahren des Materialabtrags in mehrere Tiefenzustellungen ergeben sich deutliche Nachteile, z.B. durch radiale Schnittkräfte am Fräser sowie kritische Schwingungen beim Einsatz von langen Fräswerkzeugen.

Mit dem Tauchfräsen wird letztendlich die Tasche, Nut oder Kontur ausgebohrt und damit ein maximales Spanvolumen für die Schruppbearbeitung erreicht.

Moderne CNCs bieten für diese Bearbeitung meistens komfortable Bearbeitungszyklen an.

Aufgrund der Materialumschlingung von 180 Grad wird beim **konventionellen Fräsen** der Druck auf den Fräser extrem hoch und bei zu hoher Zustellung kommt es zum Werkzeugbruch, obwohl das Fräswerkzeug nicht in seiner ganzen Länge und dadurch auch nicht wirtschaftlich genutzt wird.

bit.ly/3c1OiyR
Video 35

Dies lässt sich durch die sogenannte **trochoidale Bearbeitung** optimieren *(Bild 2.10)*. Wird der Fräser, der im Durchmesser kleiner ist als die Nut, in einer ständigen Kreisbewegung durch die Nut geführt, so beträgt die Umschlingung nur 30 bis 65° (der ideale Winkel ist abhängig vom Material). Der **Umschlingungswinkel** ergibt sich aus der Zustellung je Kreisbewegung und dem Durchmesser der Kreisbahn. Dadurch entstehen geringere Kräfte auf den Fräser und somit sind auch erheblich höhere Tiefenzustellungen möglich. Der Fräser wird wirtschaftlicher eingesetzt. Ma-

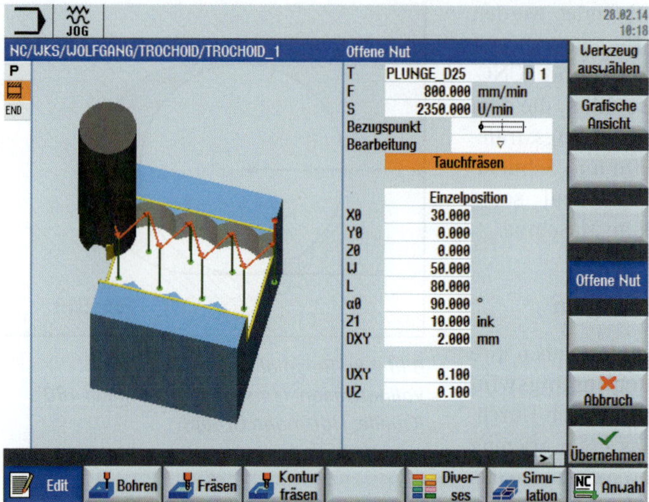

Bild 2.9: Prinzip Tauchfräsen (Plunging) am Beispiel einer offenen Nut, Steuerung SINUMERIK 840D sl. (Quelle: Siemens AG).

thematisch wird für die Koordinaten der Kreispunkte der Mittelpunkt immer weiter in Nutrichtung geführt.

Durch den langsamen Anstieg und dem Abfall des Umschlingungswinkels ist der Fräser in diesen beiden Schnittphasen der Kreisbewegung noch nicht optimal genutzt. Durch das sogenannte **dynamische oder auch optimierte trochoidale Fräsen** genannte Verfahren wird dann versucht, die nicht optimalen Phasen so kurz wie möglich zu halten *(Bild 2.10)*. Dafür ist eine optimierte Fräsbahn notwendig. Diese wird durch einen komplexen Algorithmus berechnet, der versucht, die Umschlingung so schnell wie möglich und so lange wie möglich auf dem maximal möglichen Umschlingungswinkel zu halten.

Dadurch wird der Fräser während seiner nahezu ganzen Eingriffszeit optimal genutzt. Dieser Prozess lässt sich noch in den Leerschnittphasen optimieren. Hier kann

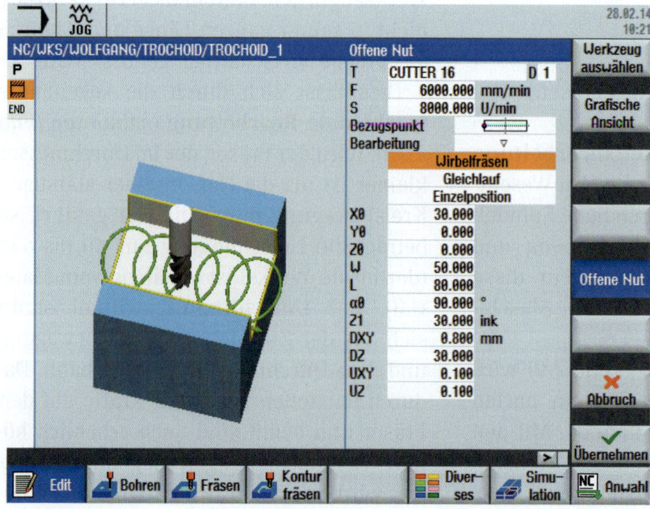

Bild 2.10: Prinzip Wirbelfräsen (Trochoidales Fräsen) am Beispiel einer offenen Nut, Steuerung SINUMERIK 840D sl. Die Frässtrategie ist statisch, d. h. das Prinzip beruht auf konstanten Kreisbahnen. (Quelle: Siemens AG).

bit.ly/2wi3Qih
Video 36

Bild 2.11: Hochdynamische Schruppbearbeitung mit trochoidaler Fräsbahngenerierung. (Quelle: iMachining von Solidcam)

die Fräserbahn durch Abkürzen der Kreisbewegung und Erhöhung des Vorschubs in dieser Phase optimiert werden. Die optimalen Bedingungen sind hierbei von der Maschinendynamik abhängig und somit maschinenspezifisch unterschiedlich. Das „Kratzen des Fräsers" auf der Oberfläche in dieser Zeit kann durch ein leichtes Anheben z. B. um 0,05 mm vermieden werden.

Viele Steuerungshersteller bieten für diese Bearbeitungsart diverse Zyklen in dem jeweiligen Fräspaket an. Die Funktionalität dieser Zyklen beruht jedoch immer auf der beschriebenen Mathematik.

Damit lassen sich bereits erheblich höhere Schnittwerte in der Fräsbearbeitung realisieren. Allerdings erlauben Maschine, CNC und auch das Werkzeug, die Zerspanungswerte noch weiter zu erhöhen. Oft scheitert aber der optimale Einsatz an der richtigen Programmierung. Diese Lücke schließen CAD/CAM-Anbieter mit Modulen, die neben der geometrischen Programmierung die perfekten Zerspanungswerte aus einer Datenbank für die unterschiedlichen Werkstoffe generieren und der Dynamik der jeweils verwendeten Maschine anpassen. Der Fräsvorgang selbst beruht dabei wieder auf dem Prinzip der trochoidalen Bearbeitung *(Bild 2.11)*.

Diese CAD/CAM-Module generieren NC-Programme zum Hochgeschwindigkeitsfräsen beim Schruppen, Restmaterialschruppen und Grobschlichten von prismatisch und oberflächig geformten 3D Teilen.

Im **Unterschied zu den CNC-basierten Zyklen** wird die Fräsbahn von den CAD/CAM-Modulen **dynamisch generiert,** d. h. die für das trochoidale Fräsen benötigten Kreisbahnen sind nicht konstant, sondern passen sich an das vom CAD/CAM-System errechneten Zerspanungsvolumen an.

Dabei greifen die CAD/CAM-Module auf eine Datenbank zurück, in der die Zerspanungswerte nach folgenden Abhängigkeiten berechnet werden:

- Werkstoff/Material
- Schneidstoff

- Spindelleistung der CNC-Maschine
- Maximale Drehzahl der CNC-Maschine
- Maximaler Vorschub der CNC-Maschine
- Umschlingungswinkel des Werkzeugs

Aus diesen Daten wird dann für das spezifische Werkstück

- die maximal mögliche Spindeldrehzahl
- der maximal mögliche Vorschub
  und
- die minimale und maximale Seitenzustellung des Fräswerkzeuges

berechnet und als dynamische trochoidale Fräsbahn abgefahren.

Die Werkzeugwege werden optimiert berechnet, d.h. bei langen geraden Bahnen wird automatisch eine geringe Seitenzustellung bei maximal möglichem Vorschub, bei kurzen Geraden oder Konturelementen eine hohe Seitenzustellung bei vermindertem Vorschub ausgegeben. In Zustellrichtung des Werkzeuges (Z) kann so die volle Schneidenlänge ausgenutzt werden.

Die Werkzeugschneide wird also maximal ausgenutzt, die Standzeit erhöht sich und die Spindel wird dabei weniger belastet als beim konventionellen Fräsen. Damit lassen sich insgesamt bis zu 70 % der Bearbeitungszeit im Vergleich zur konventionellen Bearbeitung einsparen.

Optimierte CNC-Drehbearbeitung

Vergleichbar zum Fräsen gibt es auch für das Drehen Lösungen, die dynamische Werkzeugwege bei konstantem Spanvolumen erlauben und dabei die gesamte Schneidenlänge ausnutzen.

Beim **konventionellem Drehen** steigt der Schnittdruck beim Eintauchen in das Material schlagartig an, was zum Verschleiß oder im schlimmsten Fall zum Ausbrechen der Schneide führt.

Neu sind nun **tangentiale Anfahrbewegungen** der Schneide an das Werkstück, wodurch der Schnittdruck allmählich aufgebaut wird. Neben dem reduzierten Verschleiß des Werkzeuges wird die Maschine geschont, da sie keine plötzlich entstehenden Kräfte aufnehmen muss, weil die Vorschubkraft langsam ansteigt. Das führt zu einer weiteren drastischen Reduzierung der Bearbeitungszeit *(Bild 2.13)*.

Sobald die Schneidplatte mit dem Werkstück in Kontakt steht, entsteht ein dynamischer Kontaktpunkt zwischen Schneide und Material. Dieser dynamische Kontaktpunkt sorgt für einen gleichmäßigen Verschleiß über die gesamte Schneidenlänge, wodurch ein punktueller Kontakt wie bei herkömmlichen Verfahren komplett vermieden wird.

Durch diese Dynamik an der Schneide

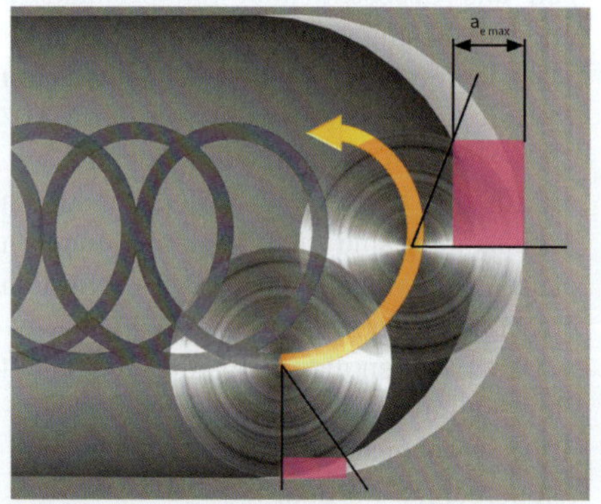

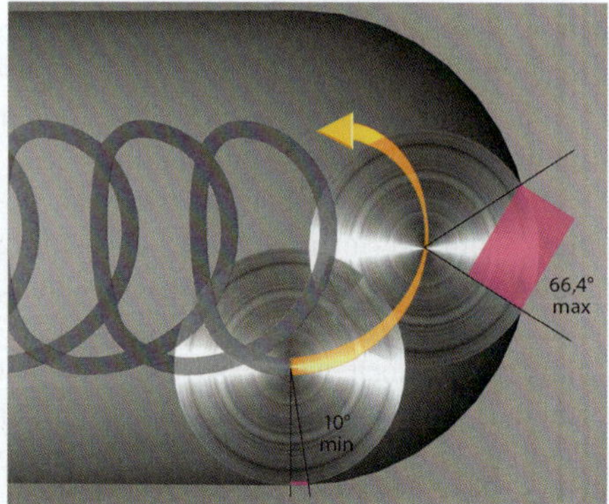

Bild 2.12: Unterschied zwischen statischer und dynamischer trochoidaler Fräsbearbeitung. (Quelle: Hoffmann Group)

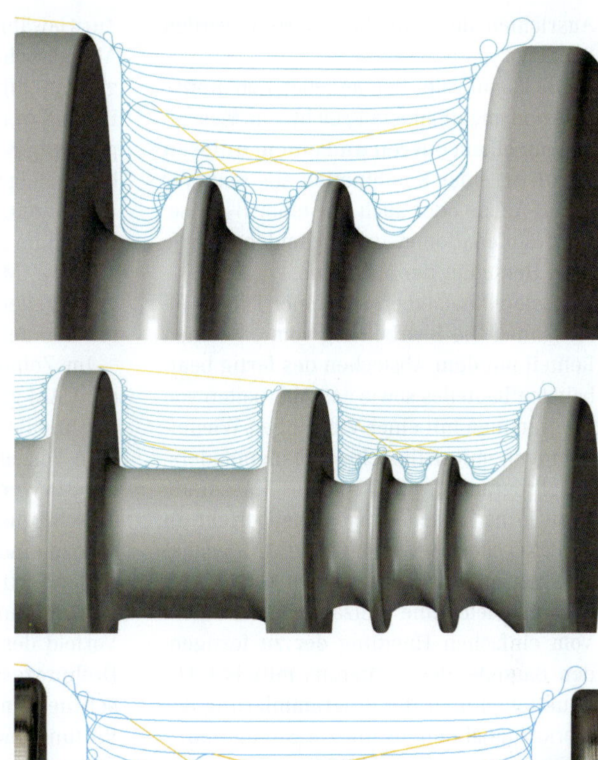

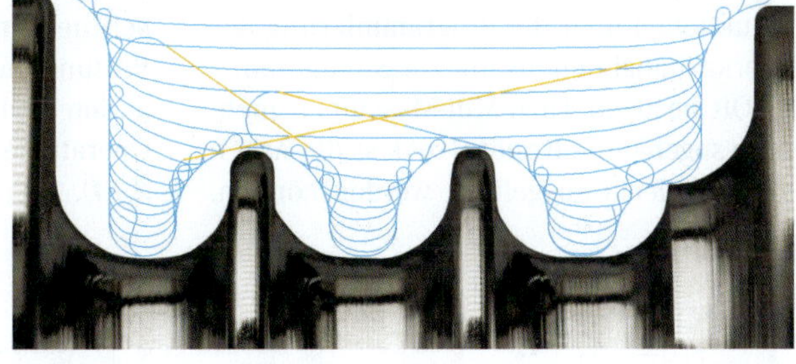

Bild 2.13: Dynamische Ein- und Ausfahrwege des Werkzeuges mittels Mastercam programmiert erhöht die Standzeit, schont die Maschine und reduziert die Bearbeitungszeit. (Quelle: Mastercam/InterCAM-Deutschland, Bad Lippspringe).

wird die Standzeit des Werkzeugs extrem erhöht.

Durch konstante Schnittbedingungen wird ein idealer Spanbruch erreicht, welcher die entstandene Wärme vom Bauteil wegführt. Die Richtungswechsel zwischen den Schnitten werden durch kleine, programmierbare Loops durchgeführt - wodurch Leerwege vermieden werden - und es kommt zu einem weichen, dynamischen Richtungswechsel, der die Dynamik der Maschine ideal ausnutzt.

Dieses **„Dynamische Schruppen“** wurde besonders zur **Bearbeitung harter Materialien** entwickelt. Die dynamische Bewegung lässt einen effektiveren Eingriff ins Material zu und nutzt die Schneidplatten optimal aus.

Multitasking Bearbeitung Dreh-Fräsen

Der Begriff **Multitasking-Bearbeitung Dreh-Fräsen** (Turn-Mill) definiert im zerspanenden Gewerbe eine **kombinierte Bearbeitung aus Fräsen, Drehen und Bohren**.

Der Vorteil einer solchen Bearbeitung liegt darin, dass die zu fertigenden Komponenten innerhalb einer **Bearbeitung komplett ohne Umspannvorgang** und neuem

Ausrichten der Bauteile gefertigt werden können.

Die Bandbreite der angebotenen Konfigurationsmöglichkeiten reicht von Maschinen mit einem **oberen und einem unteren Revolver**, einer Kombination aus Revolver und **B-Achse** oder auch nur einer B-Achse. Die Kombinationen unterscheiden sich je nach Hersteller der Maschine.

Weitere Einsatzbereiche einer Turn-Mill-Maschine: Die Bearbeitung vom einzelnen Rohteil mit dem Abstechen des fertig bearbeiteten Bauteiles sowie das Abarbeiten von Programmen mit einer Vielzahl an Wiederholungen mit Hilfe eines Stangenladers. Die Programmierung solcher Maschinen kann je nach Steuerungsmodell direkt an der CNC oder über eine CAD/CAM-System erfolgen. Die Nutzung eines CAD/CAM-Systems bietet eine Vielzahl von Vorteilen: Vom einfachen Handling der zu fertigenden Bauteile, des Editierens mittels CAD-Funktionen über die Programmierung der Werkzeugbahnen bis hin zur Simulation.

Oft besitzen Turn-Mill-Maschinen mehrere sogenannte **Kanäle**, so dass die Arbeiten zeitgleich ausgeführt werden können. Zur Gewährleistung eines prozesssicheren Ablaufes besteht die Möglichkeit, Bewegungen miteinander zu synchronisieren. Hierbei werden „wenn-dann-Bedingungen" per Drag & Drop eingefügt und so die Arbeitsabfolge geordnet. So kann z. B. eine B-Achse zeitgleich mit einem Revolver am Bauteil im Einsatz sein.

Diese Möglichkeiten halten die Fertigungszeiten äußerst gering und minimieren manuelle Eingriffe.

Im Zeitalter der **Digitalisierung** bietet die CAM-gestützte Programmierung nicht nur im Bereich Multitasking einen enormen Vorteil: Benötigte Werkzeuge können als **3D-Werkzeuge** abgebildet und in die Maschinensimulation eingebunden werden, was zu einer detailgetreuen Abbildung der realen Fertigung führt. So können **Kollisionen** und andere Problematiken bereits im Vorfeld des eigentlichen Fräs-, Bohr- oder Drehprozesses **erkannt** werden. Die **Maschinensimulation** bietet eine visuelle Prüfung und die Gewissheit, dass die Interaktion und die Synchronisation zwischen Operationen wie geplant ablaufen *(Bild 2.14)*.

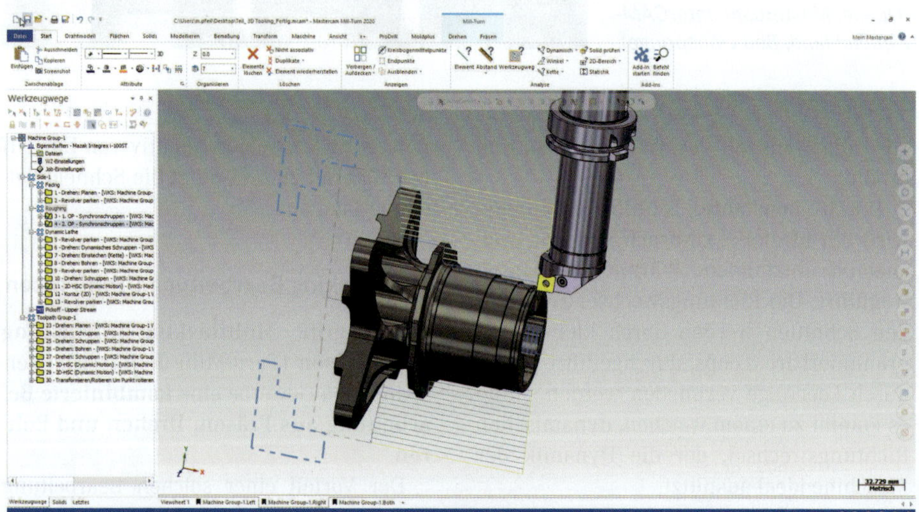

Bild 2.14: Die Programmierung und Visualisierung einer Multitasking-Bearbeitung mit Hilfe eines CAD/CAM-Arbeitsplatzes bietet viel Vorteile. (Quelle: Mastercam)

2.4 Arbeitserleichternde Grafiken *(Bild 2.15 und 2.16)*

Wesentlicher Bestandteil der computerunterstützten Programmierung ist die Bildschirm-Grafik. Zuerst bei den Programmiersystemen und dann auch in die CNCs integriert, erwiesen sie sich als der wesentliche Faktor für eine schnellere Akzeptanz und Verbreitung der NC-Technik.

Bei den grafischen Hilfen unterscheidet man nach

- **Eingabegrafik** für Geometrie und Technologie, die dem Programmierer Rohteil, Fertigteil und die zum Einsatz kommenden Werkzeuge und den Bearbeitungsverlauf sichtbar macht,
- **Hilfsgrafik** zur Anzeige von Bohrbildern, Fräs- und Drehzyklen, Spannmittel, Werkzeug-Geometrien und anderen, bearbeitungsspezifischen Funktionen, und
- **Simulationsgrafik,** die spätestens nach abgeschlossener Eingabe den Arbeitsablauf dynamisch darstellt und evtl. Eingabe- oder Ablauffehler gut erkennbar zeigt. Sie muss so gut sein, dass der Programmierer auf die Maschine als weiteres Kontrollmittel verzichten kann.

Diese Art der umfassenden grafischen Unterstützung gefällt dem NC-Programmierer am besten, da sie der Werkstattpraxis am nächsten kommt. Die Möglichkeit, den Programmaufbau Schritt für Schritt visuell verfolgen zu können, entspricht exakt der Tätigkeit an einer konventionellen Maschine. Auch dort ist die Übereinstimmung des Werkstückes mit der Zeichnung jederzeit kontrollierbar, wenn auch wesentlich zeitaufwändiger. Diese Methode „führt" den Programmierer im Fachdialog und gibt ihm ständige Sicherheit während der fortschreitenden Programmierung, was bei umfangreichen Programmen zu wesentlich kürzeren Programmierzeiten führt.

Der Vorteil der Grafikunterstützung zeigt sich ganz deutlich bei der **Eingabe von komplizierten Konturen und beim Bearbeiten nach dem Umspannen.** Sie ersetzt

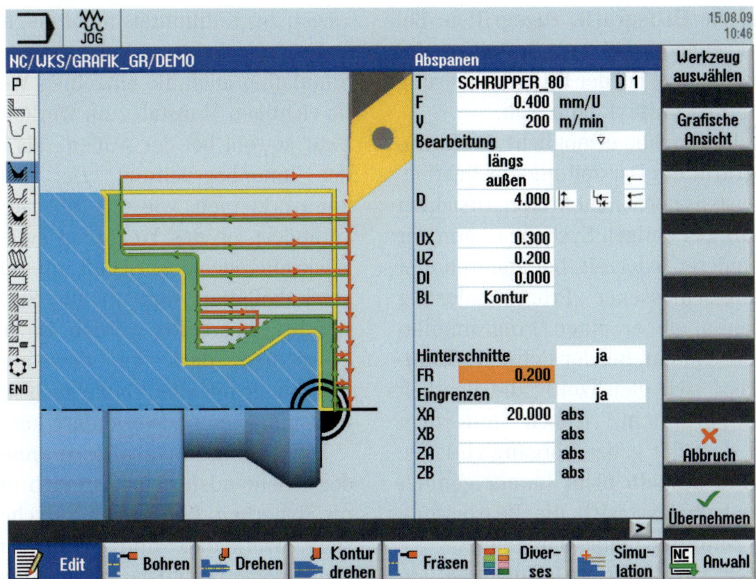

Bild 2.15: Animierte Hilfsgrafik und Parametereingabefenster des Drehzyklus „Abspanen". (Sinumerik Operate Shopturn, Quelle: Siemens)

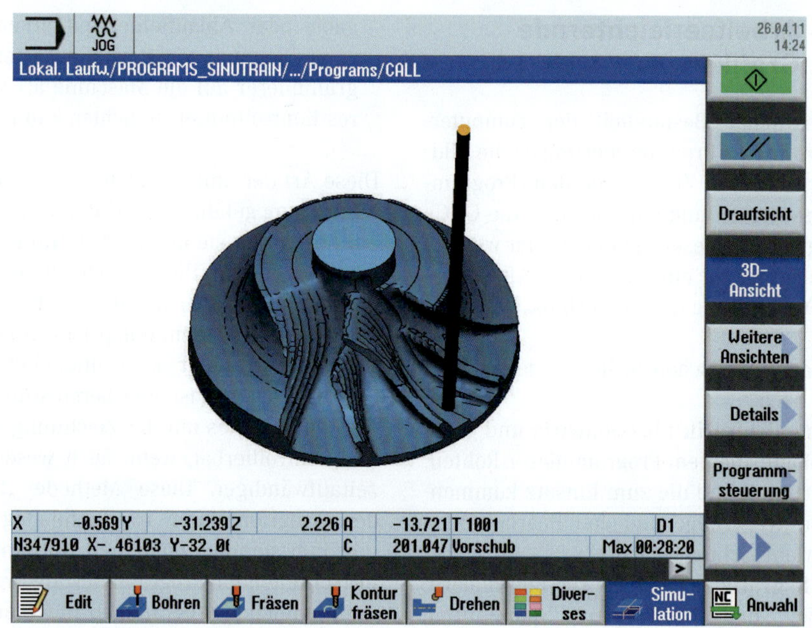

Bild 2.16: 3D-Simulation einer 5-Achs-simultan-Fräsbearbeitung eines Impellers direkt an der CNC. (Sinumerik Operate, Quelle: Siemens)

das sonst erforderliche abstrakte Denken in Achsen und Bewegungsabläufen.

Während der Eingabe wird auch mehrmals auf die **Hilfsgrafik** zugegriffen: Bei der Werkzeugauswahl, zur Definition der Sicherheitszonen, bei der Programmierung von Bohr- und Fräszyklen u. a. m.

bit.ly/2YzrthU
Video 37

Nach der Eingabe ermöglicht die **Simulationsgrafik** die Darstellung der Bearbeitung, meistens noch in mehreren Ansichten *(Bild 2.16)*. Bei einigen Systemen kann der Programmierer jederzeit, bei anderen erst nach abgeschlossener Programmierung kontrollieren, ob er einen Programmierfehler gemacht hat. Bei der **Echtzeit-Simulation** lässt sich gleichzeitig die Bearbeitungszeit ermitteln, jedoch mit dem Nachteil, dass der ganze Vorgang zu lange dauert und deshalb nicht immer genutzt wird. Deshalb lässt sich die Bearbeitung auch im Zeitraffer-Tempo darstellen.

Bei der **Parallel-Simulation,** die am CNC-Bildschirm zeitgleich (synchron) zur Bearbeitung abläuft, kann der Bediener jederzeit die Bearbeitung des Werkstückes in der Maschine verfolgen. Dies ist von Vorteil, wenn z.B. eine direkte Beobachtung wegen des Kühlmittels nicht möglich ist.

Fast alle Systeme zeigen während der Simulation auch die einzelnen Werkzeuge im richtigen Maßstab zum Werkstück, und zwar sowohl bei der Außen-, als auch bei der Innenbearbeitung. Der Beobachter kann erkennen, wie das Teil seine Form verändert, ob das Werkzeug evtl. mit der Rückseite oder dem Schaft mit dem Werkstück kollidiert und ob alle Stellen einwandfrei bearbeitet werden. Dazu ist Voraussetzung, dass der Anwender seine Werkzeuge mit allen Daten auch selbst grafisch eingeben und verändern kann.

Die **Simulationsgrafik** ist ohne Zweifel der bedeutendste Schritt in Richtung höherer Sicherheit. Kollisionen zwischen Werkzeug, Werkstück und Spannvorrichtung oder Geometriefehler sind leicht zu erkennen und lassen sich korrigieren, bevor es kracht. Dadurch lässt sich die Ausschussquote bei einmaligen, großen oder teueren Werkstücken deutlich reduzieren.

2.6 Auswahl des geeigneten Programmiersystems

Fehlerfreie Teileprogramme sind eine wesentliche Voraussetzung für den rentablen Betrieb von NC-Maschinen. Zudem müssen die Programme schnell und mit geringsten Kosten hergestellt werden können. **Je flexibler der Einsatz der NC-Maschinen sein soll, umso wichtiger ist eine leistungsfähige Programmierung.**

Die Entscheidung für eines der am Markt verfügbaren NC-Programmiersysteme ist schon deshalb nicht sehr einfach, da jedes Fabrikat spezielle Vorteile bietet, dafür aber an anderen Stellen kleinere oder größere Kompromisse verlangt.

Als **Entscheidungsgrundlage** sollte man deshalb zuerst folgende Einflussgrößen untersuchen:

- **Werkstück-Spektrum**

Teilefamilien
Größe, Gewicht
Ähnlichkeitsgrad
Rohteilgeometrie
Kompliziertheit der Werkstückgeometrie
Anzahl der erforderlichen Werkzeuge
Aufwand zur Technologie-Ermittlung.

- **CNC-Maschinenpark**

Anzahl der NC-Maschinen
Bearbeitungsverfahren
Typenvielfalt der NC-Maschinen (Maschinengröße)
Typenvielfalt der NCs
Automatisierungsgrad
Werkstück- und Werkzeugwechsel.

- **Planungskennzahlen**

Anzahl neuer NC-Programme pro Woche/Monat/Jahr
Anzahl archivierter Programme
Wiederholhäufigkeit
Losgröße.

- **Organisationsfragen**

Verfügbare Rechner
Neu zu installierende Rechner
Vorhandenes bzw. geplantes Datennetz
DNC-System
CAD/CAM-Kopplung
Personal-Qualifikation
NC- und Programmier-Erfahrung.

Während der NC-Anfänger bei der Auswahl einer numerisch gesteuerten Werkzeugmaschine meist noch über eigene Erfahrungen verfügt, steht er bei der Frage der Programmierung einem großen Angebot gegenüber, deren Vor- und Nachteile er nicht kennt. Die Furcht, falsch zu kaufen, darf jedoch nicht zur Zurückhaltung führen! Leistungsfähige Programmiersysteme auf PC-Basis inclusive der erforderlichen Postprozessoren sind heute absolut erschwinglich und müssen deshalb von Anfang an in die Planung und Finanzierung einer NC-Fertigung mit einbezogen werden.

Einflussfaktoren, die eindeutig für die maschinelle, d. h. computerunterstützte Programmierung sprechen, sind:

- Ein hoher Rechenaufwand, selbst bei einfachen Werkstück-Geometrien
- Ein umfangreiches Werkstück-Spektrum,
- Komplexe Werkstück-Geometrien und -Oberflächen,
- Werkstätten mit einer großen Typenvielfalt bezüglich Maschinen und Steuerungen,
- Maschinen mit hohem Automatisierungsgrad,
- Flexible Fertigungssysteme für große Werkstück-Spektren,
- Viele neue NC-Programme pro Jahr mit geringer Wiederholrate,
- Sowie noch NC-unerfahrene Programmierer.

Alle Verkäufer von Programmiersystemen sind davon überzeugt, dass ihr System das beste für jeden Anwendungsfall ist. Deshalb muss der Käufer anhand einiger Kriterien schon selbst prüfen, welchem System er den Vorzug gibt. Um die eigenen Forderungen mit den Leistungsmerkmalen der einzelnen Systeme zu vergleichen, ist das **Nutzwert-Analyseverfahren** bestens geeignet, denn die Prioritäten sind bei fast jedem Anwender anders verteilt. Schließlich sollte noch ein Besuch bei einem oder mehreren Anwendern des ins Auge gefassten Systems erfolgen, um letzte Erkenntnisse bezüglich Handhabung, Beurteilung, Zufriedenheit und Service zu erhalten. Diese lassen sich nicht in Zahlen ausdrücken, höchstens in Kosten.

Auf jeden Fall müssen folgende Merkmale unter die Lupe genommen werden:

- Die **Rechnerhardware** und das **Betriebssystem**
- vorhandene Daten-**Schnittstellen** zu DNC- und CAD-Systemen
- die **geometrische Leistungsfähigkeit** anhand einfacher und komplizierter Werkstück-Geometrien, unterschiedlicher Bemaßung etc.
- nachträgliche Korrekturmöglichkeiten von Geometrie und Technologie
- die **technologische Leistungsfähigkeit** bei der Auswahl der Werkzeuge, Schnittdaten, Bearbeitungsfolgen, Zyklenaufruf
- die grafisch-dynamische **Simulation** mit **Kollisionsüberwachung** zwischen Werkzeugen und Maschine, Spannvorrichtung und Werkstück
- die **Universalität**, d. h. die Programmierung unterschiedlicher Maschinentypen mit 2 bis 5 NC-Achsen, 3D-Betrieb, Drehmaschinen mit angetriebenen Werkzeugen, und die vorhandenen **Postprozessoren** (sofern erforderlich)
- der **Programmierkomfort,** inkl. Bedienerfreundlichkeit und Anzeigen
- die angebotenen **Schulungen, Dokumentation, Anlaufhilfen**
- der **Einführungs- und Betriebsaufwand**
- vorgesehene **Weiterentwicklungen**
- sowie der **Bekanntheits- und Verbreitungsgrad** im In- und Ausland.

Anhand dieser Kriterien wird sich zeigen, ob man das richtige System ins Auge gefasst hat. Zusagen des Verkäufers, die evtl. kaufentscheidend sind, sollte man sich unbedingt schriftlich bestätigen lassen. Und vor allem: **Lassen Sie unbedingt den Programmierer mitentscheiden, der später mit dem System arbeiten soll!**

Natürlich besteht auch die Möglichkeit, für die einzelnen Bearbeitungsverfahren unterschiedliche Programmiersoftware zu verwenden – was jedoch mit höheren Kosten und zusätzlichen Problemen verbunden ist.

2.7 Zusammenfassung

Die NC-Programmierung hat einen ganz entscheidenden Einfluss auf Wirtschaftlichkeit und Rentabilität der NC-Fertigung. Deshalb muss die Auswahl des Programmiersystems und die Schulung des Personals zumindest mit der gleichen Sorgfalt vorbereitet werden wie die Maschinenbeschaffung. Im späteren täglichen Einsatz wird sich sehr bald zeigen, dass es nicht ausreicht, die NC-Maschinen lediglich „zum Laufen zu bringen“.

Bis auf wenige Ausnahmen, wie z. B. Zahnradfräsmaschinen oder Rohrbiegemaschinen, die durch Eingabe von wenigen Parameterwerten für einen mehrstündigen Betrieb zu programmieren sind, sollten rechnergestützte Programmiersysteme bevorzugt werden. Sie ersparen dem NC-Programmierer umfangreiche Rechenarbeit, ermöglichen einen realitätsnahen grafisch-dynamischen Programmtest am Bildschirm und führen in kürzester Zeit zu fehlerfreien NC-Programmen. Zudem lassen sich im Notfall die gespeicherten Quellenprogramme schnell und problemlos für Ersatzmaschinen umsetzen.

Bei komplizierten Werkstückformen und -oberflächen, aber auch bei großen, teuren und komplexen Maschinen, sowie bei teuren Werkstücken sind leistungsfähige Programmiersysteme unverzichtbar. Diese ersetzen jedoch keineswegs die intensive Schulung und praktische Ausbildung des Programmierers. Nach dem Prinzip der verteilten Intelligenz müssen Programmierer, Programmiersystem und CNC über eine ausreichende Leistungsfähigkeit verfügen.

Die **Auswahl** des Programmiersystems richtet sich im Wesentlichen nach der für den Anwendungsfall geeigneten, verfügbaren und möglichst universellen Software. Von Speziallösungen sollte man Abstand nehmen, da diese erfahrungsgemäß früher oder später zu unlösbaren Problemen führen.

Auch die Verwendung von **zwei oder mehr Programmiersystemen** kann im einen oder anderen Falle durchaus sinnvoll und wirtschaftlich sein. Das gilt auch beim Einsatz von Handeingabe-CNCs in Kombination mit einer zentralen Programmierabteilung. Beide können sich im praktischen Alltag sehr gut ergänzen.

Wichtigste Forderung ist, die Produktivität und Flexibilität der NC-Maschinen durch eine problemlose Programmierung nutzen zu können.

Programmierung von CNC-Maschinen

Das sollte man sich merken:

1. Unter **NC-Programmierung** versteht man generell das Erstellen der Steuerinformationen zur Bearbeitung von Werkstücken auf CNC-Maschinen.
2. Unter **manueller Programmierung** versteht man das Schreiben und Abspeichern eines Teileprogramms im Satzformat nach DIN 66025 für eine bestimmte Maschine/Steuerung. Hierbei muss der Programmierer die erforderlichen **Werkzeugbewegungen** Schritt für Schritt festlegen.
3. Die **manuelle Programmierung** setzt Kenntnisse in Mathematik und Trigonometrie voraus und erfordert viel Zeit für Nebenrechnungen. Programmierfehler werden erst an der Maschine erkannt.
4. Neben den geometrischen Daten muss der Programmierer auch die **technologischen Werte** ermitteln und eingeben: Drehzahl, Vorschub, Spantiefe, Korrekturen usw.
5. Unter **maschineller Programmierung** versteht man das Erstellen eines Teileprogramms mit Rechner-Unterstützung. Die Ausgabe erfolgt zunächst in einem allgemein gültigen Ausgabe-Format (CLDATA-File). Dessen Anpassung an eine bestimmte Maschinen-/Steuerungs-Kombination erfolgt durch den **Postprozessor.**
6. Bei der **grafisch unterstützten Programmierung** werden das zu fertigende Werkstück und das Rohteil programmiert. Die erforderliche Werkzeug-Reihenfolge, die technologischen Werte und die auszuführenden Bewegungen ermittelt das Rechnerprogramm weitgehend automatisch.
7. Heute stehen optimierte Zerspanungsstrategien zur Verfügung, die Maschine und Werkzeug schonen und trotzdem wirtschaftlicher sind.
8. Dazu zählen das „trochoidale Fräsen", „Plunching" beim Fräsen und das „dynamische Ein- und Ausfahren" beim Drehen.
9. Die **Werkstatt-Programmierung** kann mittels CNC-integriertem Programmiersystem an der Maschine **oder** im maschinennahen Bereich erfolgen, beispielsweise auf einem PC.
10. Wichtigstes Ziel der NC-Programmierung ist, **auf Anhieb lauffähige, fehlerfreie Programme** zu erzeugen, die ohne langwierige Probeläufe und Programmkorrekturen das gewünschte Werkstück erzeugen. Die Zeitoptimierung kommt erst an zweiter Stelle, wenn in großen Stückzahlen produziert werden soll.
11. Die **Wirtschaftlichkeit** jeder NC-Fertigung ist in hohem Maße von der Programmierung abhängig. Je leistungsfähiger das Programmiersystem ist, umso schneller stehen fehlerfreie Programme an der Maschine zur Verfügung.
12. Unter **„NC-Programmierung"** sollte man **nicht** das mühselige, langwierige und fehlerbehaftete Lösen komplizierter trigonometrischer Rechenaufgaben verstehen, sondern die systematische, einfache Beschreibung des Werkstückes im interaktiven Dialog und mit grafischer Sofortkontrolle des erzeugten Programms.

3 NC-Programmiersysteme

Dipl.-Inform. (FH) Ralf Weissinger, Dipl.-Inform. Roland Aukschlat, Ing. Franz Imhof, Dipl.-Ing. Helmut Zeyn

Multifunktionsmaschinen und komplexe Werkstücke erfordern eine leistungsfähige NC-Programmierung. Je nach Art der Fertigung sind dabei die Prioritäten unterschiedlich. Oft kommen die Daten der zu fertigenden Werkstücke aus verschiedenen Quellen. Vor der Festlegung auf ein bestimmtes Programmiersystem sollte deshalb der Anwender die Kriterien genau kennen.

3.1 Einleitung *(Bild 3.1)*

Die Anforderungen an die NC-Programmierung unterliegen den anspruchsvollen Anforderungen der Fertigungsindustrie und sind somit ständigen Veränderungen unterworfen. Hohe Produktvielfalt und immer kürzere Produktlebenszyklen prägen die Produktionslandschaft. So kommt es, dass immer komplexere Bauteile in immer kleineren Losgrößen zu fertigen sind. Als Reaktion darauf werden die CNC-Werkzeugmaschinen immer leistungsfähiger und multifunktionaler. Die geforderte Flexibilität schlägt sich in einer vermehrten Installation von „fast universellen" Bearbeitungsanlagen nieder.

Dadurch ist in den letzten Jahren der Anspruch an die CAM-Systeme enorm gestie-

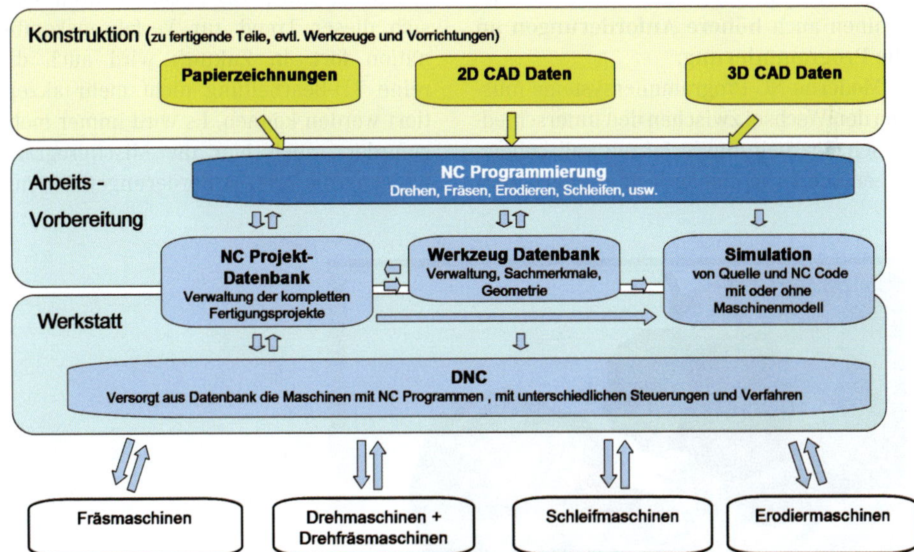

Bild 3.1: Übersicht der Software-Module und Schnittstellen zwischen Konstruktion und Fertigung.

gen. Dabei wird es immer wichtiger, die teilweise sehr unterschiedlichen und zahlreicher werdenden Bearbeitungsverfahren einer Komplettbearbeitung mit demselben CAM-System zu beherrschen.

Bild 3.2: NC-gesteuerte Steinsäge mit Sägeblatt D 1,5 m. (Quelle: Robert Schlatter GmbH).

3.2 Bearbeitungsverfahren im Wandel

Für die unterschiedlichen Bearbeitungsverfahren wie Drehen, Fräsen, Brennschneiden, Schleifen, Erodieren, Blechdrücken oder Steinbearbeitung *(Bild 3.2)* und für jedes Material (verschiedene Metalle, Guss, Kunststoff, Holz, Glas usw.) sind auch spezifische Bearbeitungsstrategien erforderlich.

Mittlerweile werden Drehmaschinen zu Universalmaschinen erweitert, mit denen auch Bohr- und Fräsaufgaben ausgeführt werden können. Und es existieren Fräsmaschinen, mit denen auch gedreht werden kann (Multitasking-Bearbeitung). Solche universelle CNC-Maschinen für kombinierte Bearbeitungsverfahren werden zunehmend eingesetzt, um höhere Genauigkeiten und kürzere Bearbeitungszeiten zu erreichen. Allerdings stellen solche Maschinen auch **höhere Anforderungen an die Programmierung.**

Moderne NC-Programmiersysteme müssen den Wechsel zwischen den unterschiedlichen Bearbeitungsverfahren voll beherrschen. Die Anwender fordern, alle Verfahren im beliebigen Mix mit demselben Programmiersystem und derselben Benutzeroberfläche programmieren zu können *(Bild 3.3 und 3.4)*.

Mit dem Mix von 3D-Freiformflächen-Bearbeitung und 2½-D Fräsen/Bohren setzt sich dieser Trend zur Verfahrenskombination fort. In Zukunft wird auch die reine 3D-Bearbeitung nicht mehr akzeptiert werden können. Es wird immer mehr gefordert, auch hier die Mischprogrammierung für beide Anforderungen mit nur

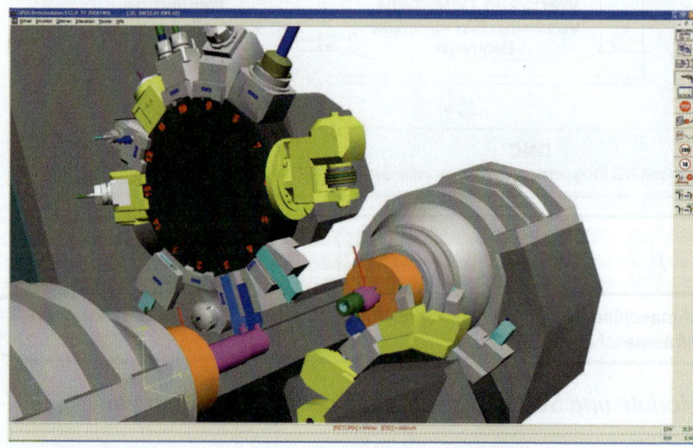

Bild 3.3: INDEX Dreh-Fräszentrum in der Simulation.

Bild 3.4: Dreh-Fräs- oder Fräs-Dreh-Maschine. (Quelle: Mori Seiki)

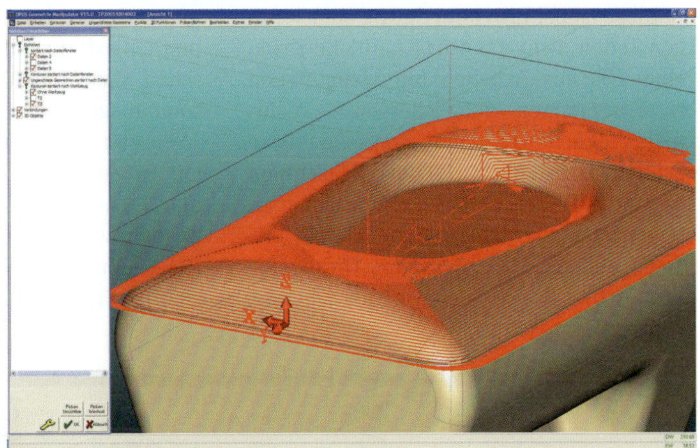

Bild 3.5: Darstellung von Freiformflächen (3D-Bearbeitung). Die Geometrie wird durch gleichzeitige Werkzeugbewegung in allen Achsen erzeugt.

einem System bewerkstelligen zu können *(Bild 3.5 und Bild 3.6).*

3.3 Der Einsatzbereich setzt die Prioritäten

Betrachtet man die Einsatzbereiche Musterbau bzw. Einzelteilfertigung, Kleinserienfertigung und die eigentliche Produktion detaillierter, so wird der Bedarf der Anpassbarkeit sehr deutlich. Hier werden völlig unterschiedliche Anforderungen sowohl an das Programmiersystem, als auch an die erzeugten NC-Programme gestellt.

Kennzeichnend für den **Musterbau** ist die Anforderung, schnell zu zuverlässigen, kollisionsfreien Programmen zu kommen. Dabei ist die größte Priorität eine möglichst kurzen Programmierzeit, sowie die Möglichkeit, Änderungen schnell einfügen zu können. Ziel ist eine kurze Einfahrzeit neuer Programme auf der Maschine. Die Optimierung der Prozesszeit ist hier eher zweitrangig.

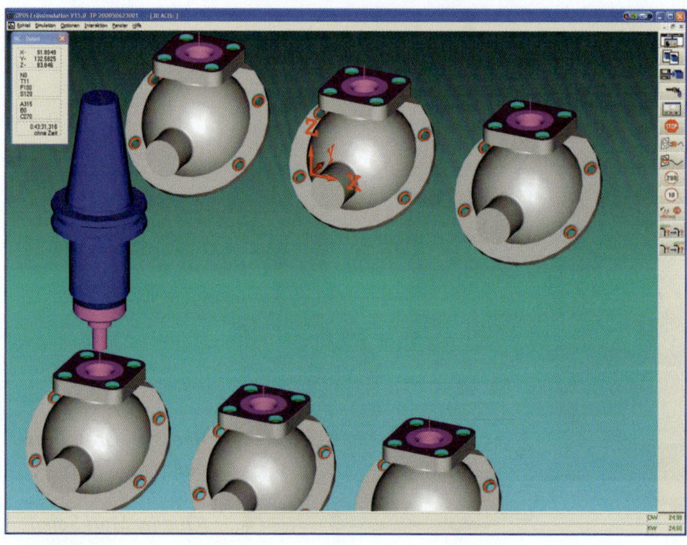

Bild 3.6: 2 ½-D-Bearbeitung. Formabbildendes Werkzeug erzeugt Ergebnisgeometrie durch Z-Zustellung.

Diese ist bei **Einzelfertigung** oder wenigen Teilen nicht das wirtschaftliche Kriterium. Da das Arbeiten mit völlig neuen NC-Programmen möglicherweise mehrmals täglich vorkommt, müssen diese schnell und fehlerfrei zu den Maschinen kommen. Hier liegt das größere Einsparpotenzial in der Vermeidung von Wartezeiten auf neue NC-Programme. Diese müssen auch, z.B. durch eine vorhergehende, qualifizierte grafisch-dynamische Simulation fehlerfrei sein, damit Kollisionen zwischen Maschine/Werkzeug/Werkstück absolut ausgeschlossen werden können.

Bei der Einzelfertigung ist in bestimmten Fällen bereits der Rohling sehr teuer und Ersatz nicht einfach zu beschaffen. Deshalb wird schon beim Einfahren neuer Programme die „Null-Fehler-Bearbeitung“ gefordert *(Bild 3.7)*.

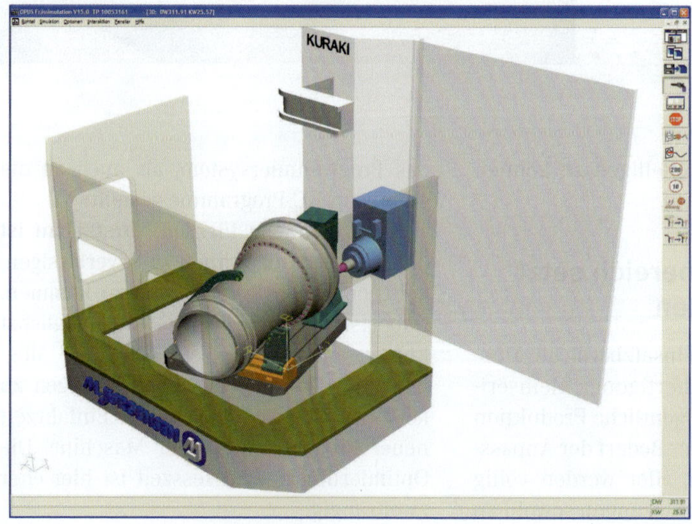

Bild 3.7: Zylinderlaufbuchse (Länge ca. 1500 mm) Beispiel für sehr teuren Rohling in der Einzelteilfertigung.

Völlig andere Kriterien werden in der **Serienproduktion** angesetzt. Hier kommt es vor allem auf die eigentliche Prozesszeit an. Die Zeit für die Planung und Programmierung verteilt sich auf sehr viele zu fertigende Teile und ist eher zweitrangig. Für die Serienfertigung sind Möglichkeiten zum Optimieren der Bearbeitung sogar auf Sekundenbruchteile gefragt. Diese liegen vorwiegend in der Optimierung der Bearbeitungsreihenfolge, der Optimierung der Werkzeugwege und in der Nutzung von Mehrfach-Spannvorrichtungen. Nicht weniger wichtig sind maschinenspezifisch optimierte Postprozessoren, die beispielsweise in der CNC gespeicherte Bearbeitungszyklen nutzen.

Zusätzlich muss auch hier die **Kollisionsgefahr** durch qualifizierte Simulationen zuverlässig vermieden werden. Sonst verlängern sich die unproduktiven Einfahrzeiten infolge zu großer Vorsichtsmaßnahmen des Personals.

3.4 Eingabedaten aus unterschiedlichen Quellen

Mit den Anforderungen an die NC-Programmiersysteme hat sich auch das Spektrum der Eingabemöglichkeiten erweitert. Waren es zunächst nur die reinen Geometriedaten der zu fertigenden Teile, so kommen mittlerweile auch 3D-Daten der Werkzeuge und Spannmittel sowie die spezifischen Technologiedaten der einzelnen Bearbeitungsverfahren hinzu. Den Standard bilden hier inzwischen 3D-Modelle (2 D-Daten für Drehen) verschiedener Schnittstellenformate (2D - meist DXF, 3D STEP oder „.jt"). Ergänzend stehen Daten über vorhandene Werkzeuge, Maschinen (für die Simulation) wissensbasierte Technologiedaten sowie in letzter Zeit vereinzelt auch Feature-Informationen zur Verfügung. Meist ist jedoch immer noch die Konstruktionszeichnung auf Papier (oder PDF) führend und verbindlich.

3.5 Leistungsumfang eines modernen NC-Programmiersystems (CAM)

Die Aufgaben eines NC-Programmiersystems liegen in der effizienten Unterstützung des Programmierers und gehen dabei weit über die eigentliche Erstellung eines NC-Programms hinaus. Sie betreffen sowohl das Handling der Geometriedaten für das zu fertigende Teil, als auch die Handhabung und Neuerfassung von Werkzeugen, sowie deren Bereitstellung im Datenpool. Mit systeminternen Funktionen muss ein Datenmodell geschaffen werden, welches als eindeutige Basis zur automatischen Generierung geeigneter Bearbeitungsstrategien dienen kann. Hierzu gehört auch die Bereitstellung der zugehörigen Technologiedaten, wie Werkzeug, Vorschub, Drehzahl, Schnittgeschwindigkeit, Schnitttiefe usw. Durch Einsatz entsprechender Simulationstools können die Bearbeitungsstrategien verifiziert und optimiert werden.

Trotz aller Automatismen, die bei Routineaufgaben zu einem hohen Zeitgewinn beitragen, empfiehlt es sich darauf zu achten, ob das System über eine offene Systemstruktur und einen Editor für NC-Programme verfügt. Mit einem derartigen Systemkonzept wird nicht nur dem NC-Programmierer, sondern auch der Arbeitsvorbereitung bzw. dem Fertigungsplaner die Möglichkeit geboten, das System individuell unter seinen Aspekten auszugestalten und ebenfalls zu nutzen. Dies macht deutlich, wie hoch die Anforderungen an ein leistungsfähiges CAM-System sind.

3.6 Datenmodelle auf hohem Niveau

Um ein exaktes Datenmodell im System zu erhalten, muss das CAM-System die eingebrachten Geometriedaten (2D- oder 3D-CAD-Daten) auf Vollständigkeit und Konsistenz prüfen, sowie auf ein einheitliches

„Niveau“ bringen. Liegt eine Konstruktionszeichnung auf Papier vor, so ist ein 2D-Konstruktionstool im System erforderlich, damit der Benutzer die Informationen der Zeichnung in eine systeminterne 2D-Darstellung übertragen kann.

Bei der **automatischen Übernahme** von fertigen 2D- oder 3D-CAD-Daten mit unterschiedlichen Formaten (STEP, „.jt“, IGES und CAD-eigene Formate) gilt es, diese Formate lesen zu können und in das interne Format zu konvertieren, sodass die Weiterverarbeitung der Geometrie in gleichartiger Weise erfolgen kann. CAD-Zeichnungen enthalten eine Menge von Daten, die für die Programmierung völlig irrelevant sind. Diese sind z.B. Schraffuren, Zeichnungsrahmen, Textangaben, Maßlinien und vieles andere mehr. Hier gilt es, durch einen integrierten Datenfilter bereits beim Einlesen die richtigen Elemente komfortabel selektieren zu können.

3.7 CAM-orientierte Geometrie-Manipulation

Sind zur Darstellung einer Zeichnung einzelne Linien und Kreise bzw. Kreissegmente völlig ausreichend, so werden für deren Weiterverarbeitung zu einem NC-Programm zwingend zusammenhängende Konturzüge benötigt. Da die übernommenen Daten diese im Normalfall nicht in der benötigten Qualität aufweisen, muss das CAM-System in der Lage sein, diese zu sortieren, zu korrigieren und in den richtigen **Konturzusammenhang** zu bringen. Dies betrifft z.B.

- Verlängern oder Trimmen von Konturelementen
- Vereinfachen von Konturen
- Auftrennen, Verbinden, Schneiden,
- Einfügen und Ändern von Radien, Fasen und Einstichen
- Verschieben, Drehen, Strecken, Kopieren und Spiegeln
- Generierung äquidistanter Konturen
- ...

Notwendig ist es auch, Elemente mit nicht mittig liegenden Toleranzen unter Beachtung der Anschlusselemente korrigieren zu können. In jedem Fall ist es erforderlich, dem System Informationen über die Höhe des jeweiligen Körpers bzw. die Tiefe einer Tasche zu vermitteln. Gelingt dies nicht über die Geometriedaten, so hat es später umständlich über die Tiefenzustellung der Werkzeuge zu erfolgen.

Die Konstruktionslage entspricht in den seltensten Fällen der Lage bei der NC-Programmierung bzw. auf der Maschine. Deshalb besteht die Anforderung, die Geometrien auf einfache Weise im Raum ausrichten zu können. Unterschiedlichen Seiten müssen unterschiedliche Nullpunkte (auf der Maschine) zugeordnet werden können.

Sind **3D-Modelle** der Werkstücke verfügbar, lassen sich mit modernen Systemen auch diese zur Generierung von 2½-D-Programmen heranziehen. Aus den exakten 3D-Daten im System können 2D-Geometrien wie Ebenen, Zylinderflächen, Schnitte durch Volumina oder Projektionen von Flächen als Kontur mit ergänzenden Informationen zur Lage im Raum abgeleitet werden.

Sind keine CAD-Daten vorhanden, muss der Programmierer in der Lage sein, ohne Zuhilfenahme eines CAD-Systems mit den verfügbaren Funktionen im CAM-System die komplette, notwendige Geometrie zur Programmerstellung selbst zu generieren.

Komplexe Werkstücke beinhalten eine derartige Menge von Geometriedaten, dass es dem Programmierer teilweise schwer fällt, den Überblick zu behalten. Es ist daher zwingend notwendig, ihn mit geeigneten Hilfsmitteln und Verwaltungsfunktionen zu unterstützen. Hierbei ist es sinnvoll, mit Farben, Transparenz, Strichstärken, Stricharten und speziellen Kantenausprägungen die Darstellung von Elementen, Konturen, Körpern und Flächen hervorzuheben. Ebenso empfehlen sich die Vergabe von Namen und Layern, sowie Techniken zum komfortablen Ein- und Ausblenden von relevanten bzw. irrelevanten Objekten. Eine hervorragende Möglichkeit ist beispielsweise, bearbeitete Flächen automatisch ausblenden zu können.

3.8 Nur leistungsfähige Bearbeitungsstrategien zählen

Die „Königsdisziplin" im CAM-System bildet die Generierung der Bearbeitungsstrategien. Hier gilt es, den Geometriedaten des zu fertigenden Teils das geeignete Werkzeug, die zugehörigen Technologiedaten und die einzelnen Bearbeitungsschritte zu einer leistungsfähigen Bearbeitungsstrategie zusammenzuführen.

Für normale Bearbeitungen wie beim Fräsen oder Drehen sind abrufbare, standardisierte Strategien üblich, z. B.:

- **Fräsen**
  - Umfahren von Konturen bzw. Konturbereichen
  - Ausräumen von Taschen mit und ohne Inseln
  - Gewindefräsen
  - Schlitzfräsen
  - Gravieren
  - Bohrzyklen
- **Drehen**
  - Vorbearbeiten
  - Schruppen mit Schnittaufteilung
  - Schlichten
  - Stechen *(Bild 3.8)*

Derartige Bearbeitungsstrategien lassen sich quasi auf Knopfdruck automatisch generieren *(Bild 3.9)*.

Doch die eigentlichen Anforderungen an CAM-Systeme bestehen darin,

- dem Anwender einen konfigurierbaren, anwendungsspezifischen Standard zur Verfügung zu stellen
- abweichende und neue Werkzeuge, Technologien und Parameter problemlos zu integrieren
- anwenderspezifische Belange, wie z. B. Werkzeugkatalog oder spezielle wissensbasierte Datenbanken in das System einzubringen
- vorhandene Bearbeitungsstrategien auch auf andere Geometrien zu übertragen
- einen direkten Zusammenhang zwischen Geometrie und Bearbeitung herzustellen, sodass bei einer Geometrie-

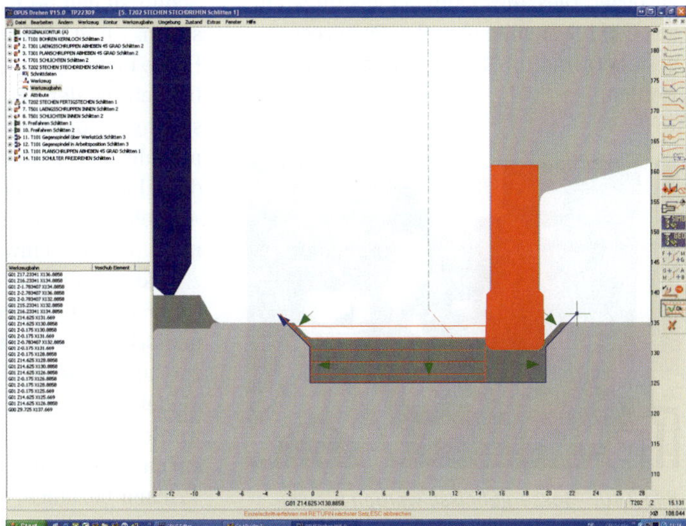

Bild 3.8: Bahnberechnung für Stechdrehen.

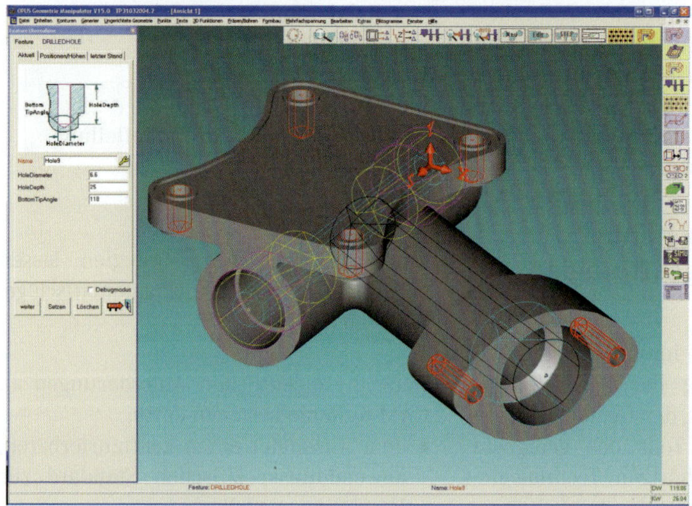

Bild 3.9: Aus dem CAD ins CAM übernommen und in Bearbeitungsfolgen umgesetzt (automatisch).

Änderung automatisch, die Änderung der entsprechenden Bearbeitungen erfolgt *(Bild 3.10)*.

3.9 Adaptives Bearbeiten

Bei großen, komplexen und somit teuren Werkstücken (meist Guss-Rohteile) ist es oft sinnvoll, die Bearbeitung mit einem berechneten Aufmaß durchzuführen. Danach wird die noch erforderliche Zustellung gemessen („probing“) und der finale Schnitt gestartet. Dies alles kann bei leistungsfähigen CAM-Systemen über den Postprozessor gesteuert und im NC-Programm hinterlegt werden.

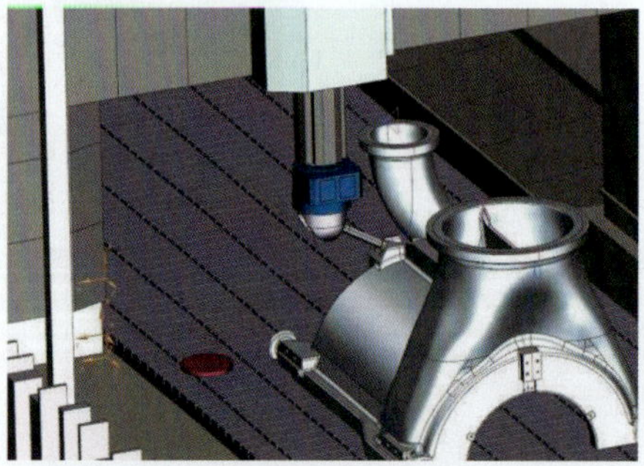

Bild 3.10: Messergebnisse werden für weitere Bearbeitungsfolgen übernommen.

Ähnliches gilt für Reparatur- und Instandsetzungsarbeiten komplexer Teile – z. B. Schaufel einer Turbine.

3.10 3D-Modelle bieten mehr

Bereits heute zeichnen sich CAM-Systeme ab, die 3D-Modelldaten direkt zur 2½-D-Programmgenerierung nutzen können. Die Übernahme von Modelldaten aus den unterschiedlichen CAD-Systemen stellt dabei kein Problem mehr dar. Früher waren die Schnittstellen oft ein Problem für die Konsistenz und Vollständigkeit der Daten. Heute bieten diese teilweise sogar die Möglichkeit, Fehler bei der Konsistenz des Ursprungsmodells zu erkennen und gegebenenfalls zu reparieren. Denn auch hier gilt dasselbe wie bei der Zeichnung; das gute Aussehen alleine genügt nicht. Das Modell muss logisch einwandfrei sein und darf z. B. keine offenen Kanten aufweisen. Darüber hinaus müssen neben diesen automatischen Korrekturschritten dem Benutzer auch Möglichkeiten zur manuellen Modellvereinfachung an die Hand gegeben werden. Im einfachsten Fall kann sich das auf das Ausblenden von Löchern, Fasen und Taschen beziehen, um sich gegebenenfalls ein geeignetes Modell des Rohteils selbst zu generieren. Für den Programmierer ist es wichtig, aus fertigungstechnischer Sicht notwendige Manipulationen im gewohnten Umfeld, d.h. im CAM-System, abwickeln zu können. Direkte, konstruktive Änderungen haben auch in Zukunft nur durch den Konstrukteur zu erfolgen. Bei ihm muss die Hoheit und die Verantwortung für das Produktdesign bleiben.

Integrierte CAD/CAM Systeme bieten daher gerade bei Änderungen erhebliche Zeitvorteile und eine höhere Sicherheit. Konstruktionsänderungen werden in der NC-Programmierung erkannt und der Programmierer kann sich auf diese Veränderungen konzentrieren. Ebenfalls entfällt die wiederholte Datenübertragung inkl. der Datenüberprüfung.

Auf der 3D-Basis ist es möglich, für die Verfahrwege (bis 5-Achs-Bahnen) die entsprechenden Kanten und Flächen abzuleiten *(Bild 3.12)* und damit eindeutig die Positionen und Normalen zu definieren.

3.11 3D-Schnittstellen

Neben dem bekannten Standards „STEP" hat sich das „JT" Format als sehr geeignete neutrale 3D-Repräsentation entwickelt. In vielen Branchen - unter anderem in der Automobil-Industrie hat es sich schon als Quasi-Standard etabliert. JT wurde ursprünglich für die schnelle Darstellung von 3D CAD-Daten entwickelt (sehr kleine Datenmodelle), dient inzwischen aber durch seine exakte B-Rep Repräsentanz und der Übertragung aller fertigungs-relevanten Informationen (PMI: Maße, Toleranzen, Oberflächen-Qualitäten, Passungen, Attribute, ...) auch der Datenübertragung zwischen CAD- und CAM-Systemen.

Das offen gelegte JT-Format wurde im Dezember 2012 offiziell als internationaler Industriestandard in der ersten Version (JT ISO V1.0) veröffentlicht (ISO 14306) und entspricht somit auch den Anforderungen für Langzeit-Archivierungen.

Weitere Informationen zu JT unter:
1. ISO/DIS 14306 auf www.iso.org
2. jtopen.com
3. Kostenloser Viewer unter www.jt2go.com

VDAFS und IGES sind ebenfalls als 3D-Standards gebräuchlich, deren Nutzung ist jedoch deutlich seltener als STEP und JT.

Integrierte CAD/CAM Systeme benötigen keine Schnittstellen und bieten daher gerade bei Änderungen erhebliche Zeitvorteile sowie eine höhere Sicherheit. CAD Konstruktionsänderungen werden in der NC-Programmierung automatisch erkannt und markiert, sodass der Programmierer sich auf diese Veränderungen konzentrieren kann.

3.12 Innovativ mit Feature-Technik

Definition nach VDI 2218:
Features sind informationstechnische Elemente, die Bereiche von besonderem (technischem) Interesse von einzelnen oder mehreren Produkten darstellen.

Wenn das verwendete 3D-CAD-System in der Lage ist, Geometrieelementen erweiterte Informationen anzuhängen (PMI = „Product Manufacturing Information") *(Bilder 3.11)*, kann ein modernes CAM-System daraus alle benötigten Werkzeuge und Bearbeitungsreihenfolgen ableiten. Dabei ist zu beachten, dass im 3D-Modell nur produktrelevante Informationen benötigt werden.

Einzelne Systeme versuchen, durch Anhängen von Werkzeug- und Technologieinformationen an CAD-Objekte zu einer automatischen Programmgenerierung zu gelangen. Der Entwickler muss aber bei seiner Kernkompetenz - der Konstruktion - bleiben und darf nicht mit Themen der Fertigung belastet werden. Zudem liegt während der Konstruktionsphase in den seltensten Fällen bereits fest, auf welcher Anlage und mit welchen Werkzeugen das Teil später gefertigt wird. Somit besteht die

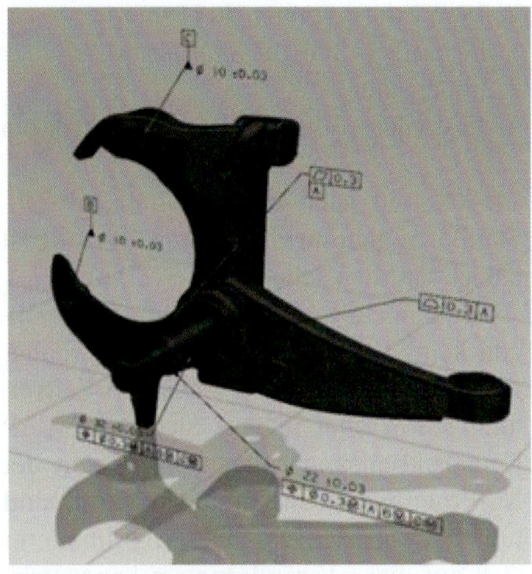

Bild 3.11: 3D-Modell mit PMI im CAD-System (NX).

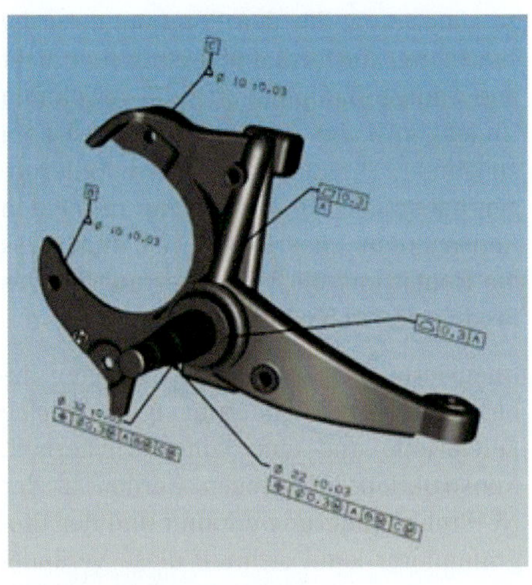

Gleiche Daten als JT-Modell (hier im „JT2Go"-Viewer).

Anforderung, eine klare Trennung zwischen Geometrie und Technologie zu ziehen *(Bild 3.12)*.

Dabei wird klar, dass die Modellgenerierung nicht nur unter optischen Gesichtspunkten betrachtet werden darf. Informationen zu Toleranzen, Gewinde, Oberflächenqualität und vieles mehr müssen konsistent und im richtigen logischen Zusammenhang mit dem Modell verknüpft sein *(Bild 3.13)*.

3.13 Automatisierung in der NC-Programmierung

Zunehmend etabliert sich das 3D-Modell als Informationsträger für den gesamten CAD/CAM-Prozess. Die Fertigung will möglichst viele Informationen direkt aus dem 3D-Modell extrahieren können. Hierzu zählen geometrische Informationen wie bereits oben genannt: Bauteilabmessungen, Abmaß-, Form- und Lagetoleranzen usw.

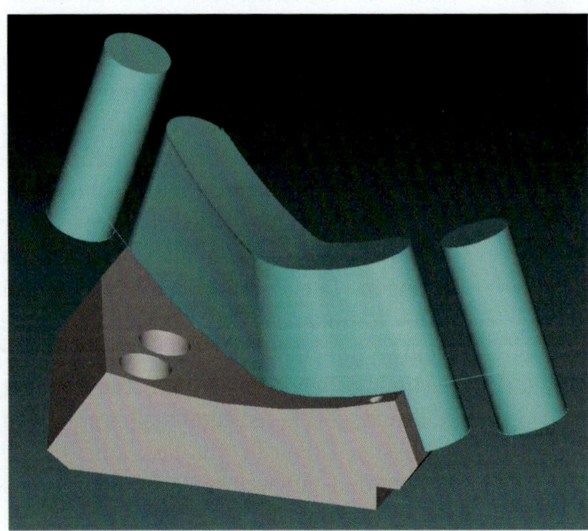

Bild 3.12: 5-Achsbahn, abgeleitet durch Fläche und Kante.

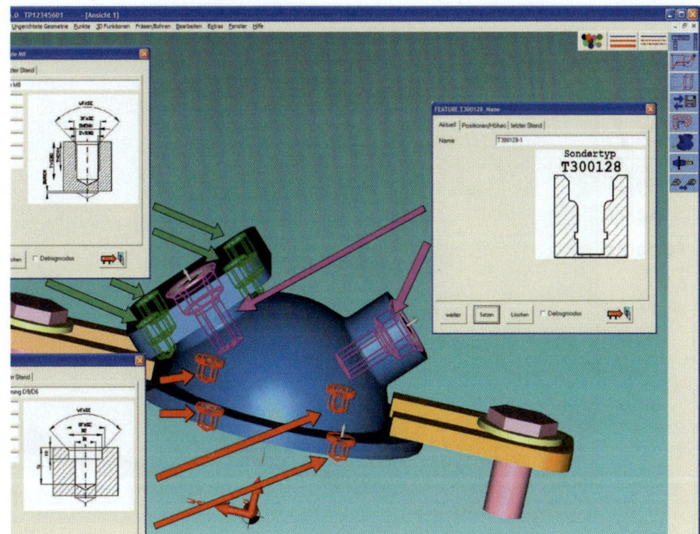

Bild 3.13: Teil mit erkannten Features, u. a. Sonderbohrung mit Spezialwerkzeug.

Neben den geometrischen Informationen werden jedoch vermehrt auch Prozessinformationen wichtiger *(Bilder 3.14 und 3.15)*.

„Unter **Fertigungswissen** soll in diesem Zusammenhang das Erfahrungswissen über die Gestaltung von Fertigungsprozessen verstanden werden, das sich in mit dem CAM-System erstellten Arbeitsplänen abbildet. Mit steigender Komplexität der Fertigungsprozesse kann dieses Wissen einen großen Wert und eine Differenzierung vom Wettbewerb darstellen und sollte entsprechend behandelt und geschützt werden.

Die effektive Wiederverwendung dieses Wissens kann nur durch ein aktives Management (Erfassen, Strukturieren, Auffinden, Wiederverwenden) realisiert werden.

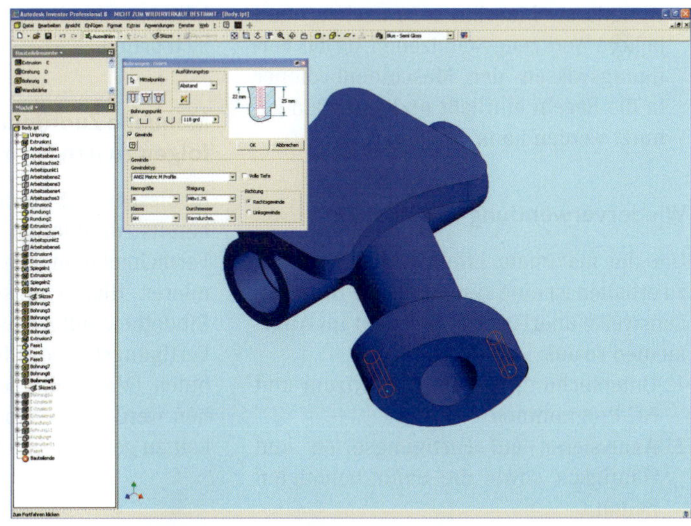

Bild 3.14: Features im CAD-System (Autodesk Inventor).

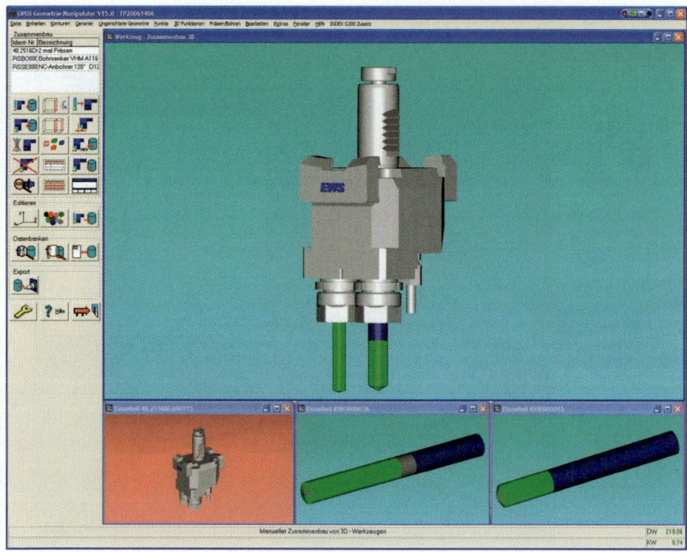

Bild 3.15: Werkzeug für Dreh-Fräszentren; Darstellung von Komponenten und Zusammenbau. (Quelle: EWS)

Folgende Ziele können damit erreicht werden:

- Schnellere Erstellung von NC-Programmen und allen fertigungsrelevanten Daten (Einrichteblätter etc.) durch Automatismen
- Sichere Programme durch Nutzung etablierter Prozesse.
- Kostenvorteile durch Standardisierung (z. B. weniger benötigte Werkzeuge)
- Optimierte Maschinen-Laufzeiten und höhere Werkzeug-Standzeiten, da das Fertigungswissen der Maschinenbediener in die Regeln einfließt und von allen genutzt werden kann.

Wiederverwendung von Wissen

Um die maximale Effektivitätssteigerung zu erhalten ist eine systematische Herangehensweise unerlässlich. Sie sieht im Allgemeinen so aus:

1. Untersuchung von Teile Spektrum und NC-Programmen
2. Analysieren auf Fertigungsarten und Häufigkeit sowie die dafür benötigten Zeiten
3. Standardisierung von Programm-Bausteinen für wiederkehrende Formelemente (Features) auf Basis von Expertenwissen im Unternehmen
4. Umsetzung in Regeln des CAM-Programmiersystems

Zur Umsetzung (Punkt 4) gibt es mehrere Lösungsmöglichkeiten, wobei ein höherer Automatisierungsgrad meist auch einen höheren Implementierungsaufwand mit sich bringt.

Manuelle Zuordnung von Fertigungsfolgen zu den Formelementen

In diesem Fall erfolgt die Zuordnung von bereits definierten Fertigungsfolgen zu Formelementen durch den NC-Programmierer. Hierzu muss eine entsprechende Bibliothek aufgebaut werden, in der die Fertigungsfolgen mit verschiedenen Attributen (Material, Technologie usw.) versehen werden, um eine schnelle Auffindbarkeit zu gewährleisten.

Automatische Bauteilanalyse und regelbasierte Zuordnung von Fertigungsfolgen

Im Unterschied zur manuellen Zuordnung von Fertigungsfolgen wie im obigen Absatz beschrieben, kann die Zuordnung der Fertigungsfolgen auch automatisch erfolgen. In einem ersten Schritt wird zunächst das Bauteil auf fertigungsrelevante Formelemente analysiert. Typische Formelemente sind dabei Bohrungen aller Art, Taschen, Durchbrüche, Freistiche usw. In einem zweiten Schritt erfolgt dann die automatische Zuordnung der Fertigungsfolgen. Dazu werden typischerweise frei definierbare Regeln verwendet, die in der Bibliothek hinterlegt werden.

Abschließend werden die NC-Sätze generiert und optimiert (möglichst wenig Werkzeugwechsel, kürzeste Verfahr-Wege, ...)

Einbringen von Fertigungsinformationen in den Konstruktionsprozess

In diesem Fall erfolgt die Konstruktion eines Bauteils schon mit Hilfe einer Bibliothek von Formelementen bestehend aus Geometrie und zugeordneten Fertigungsinformationen.

Damit sind Fertigungsfolgen bereits im Bauteilmodell hinterlegt, und es kann sichergestellt werden, dass eine verifizierte, optimierte Bearbeitung zur Anwendung kommt.

Bild 3.16 zeigt, dass ein geometrisches Feature auch eine Bearbeitungsinformation beinhalten kann. Aus dieser kann bei der Planung die vorgesehene Bearbeitung automatisch erzeugt werden.

3.14 Werkzeuge

In dieser Prozesskette sind die Werkzeuge von zentraler Bedeutung. Sowohl die automatische Programmgenerierung als auch eine qualifizierte Simulation sind ohne vollständige und konsistente Werkzeugmodelle nicht denkbar. Werkzeugverwaltung aus fertigungstechnischer Sicht kann nicht bei der Erfassung und dem Speichern von Werkzeugdaten stehen bleiben. Vielmehr müssen sowohl die geometrischen als auch die technologischen Ausprägungen derart verfügbar sein, dass das CAM-System möglichst automatisch darauf zugreifen kann *(Bild 3.17)*. So wird es möglich, zusammen mit den Feature-Informationen z. B. für eine Stufenbohrung die richtigen Werkzeuge automatisch zu ermitteln. Auch Passungen werden anders behandelt als „normale" Bohrungen *(Bild 3.16)*. Auf diese Art und Weise kann auch gewährleistet werden, dass bei einer Änderung z. B. einer

Bild 3.16: Automatische Zuweisung von Fertigungsregeln mit Berücksichtigung der Konstruktions-Toleranzen (hier Bohrungen – eine mit Passung, eine ohne).

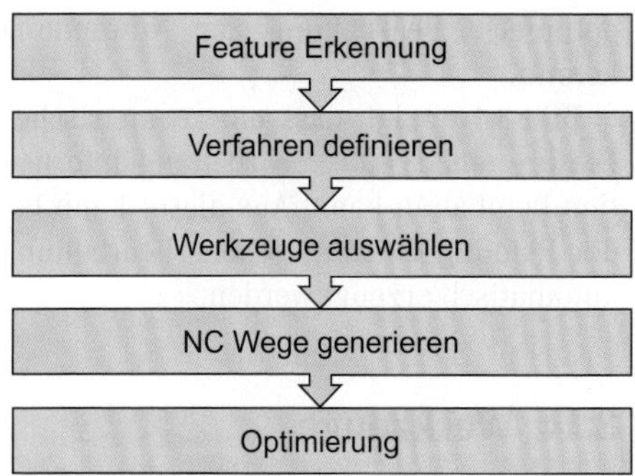

Bild 3.17: CAM-interner Prozess der vollautomatischen NC-Programm Erstellung.

Gewindebohrung von M8 nach M10 sowohl die Bearbeitung als auch die Werkzeugauswahl automatisch nachgezogen wird. Auch das Einpflegen von neuen, technologisch besseren Werkzeugen hat so automatisch Auswirkungen auf die zukünftige Auswahl des optimalen Werkzeuges.

3.15 Aufspannplanung und Definition der Reihenfolge

Am Ende der Programmierung sollte das CAM-System die Werkzeug- und Bearbeitungsreihenfolge automatisch optimieren können. Dabei müssen z.B. die Anbohr-Operationen aller Bohrungen zusammengefasst und die neu entstandenen Verfahrwege optimiert werden. Kollisionsgeometrien am Modell oder durch die Aufspannung sind dabei zu berücksichtigen. Die endgültige Reihenfolge muss selbstverständlich noch durch den Benutzer geändert werden können. Auch hier sollte größtmöglicher Komfort durch sofortige Visualisierung aller Aktionen selbstverständlich sein *(Bild 3.18 und 3.19)*.

Dabei sollte die Planung der Bearbeitung zunächst Maschinen unabhängig erfolgen können. Ein Teil muss nicht zwingend in der Lage gefertigt werden, in der es zunächst programmiert wird. Verschiebungen und Lageänderungen durch das Spannen können von den Postprozessoren automatisch berücksichtigt werden. Damit gestaltet sich das Umspannen eines Teils in eine andere Aufspannung/Lage sehr einfach. Bei der Serienproduktion trägt die Mehrfachaufspannung zu einer beachtlichen Verkürzung der Stückzeit bei. Die Bearbeitungen können an nur *einem* Teil definiert werden. Bei der Mehrfachaufspannung dieses Teiles werden diese Bearbeitungen an die neue Lage „vererbt“, sodass im Prozessablauf mehrere Teile in verschiedenen Lagen abgearbeitet werden können. Auch hier greift die Reihenfolge-Optimierung ein und kann die Werkzeugfolge und Bearbeitungswege bezogen auf das Gesamtszenario neu berechnen. Bei den Verfahrbewegungen werden prinzipiell möglichst kurze und schnelle Bewegungen angestrebt. Das wird in der Regel durch geringe Rückzugswege erreicht. Die eigentliche Problematik liegt hier in der Kollisionsgefahr bewegter Maschinenteile mit dem eingespannten Teil oder mit den Spannmitteln. Ein genereller Rückzug auf eine stets sichere Position ist unter Serienbedingungen nicht akzeptabel.

3.16 Die Simulation bringt es auf den Punkt

In diesem Zusammenhang kommt der Simulation als wichtiges, zusätzliches Hilfsmittel der NC-Programmierung eine immer größere Bedeutung zu.

Sie erstreckt sich über die Betrachtung der Werkzeugwege am Werkstück bis hin zum Gesamtszenario auf der kompletten Maschine. Dabei sollte es sich um Quellen- und NC-Code-Simulation unter Einbeziehung des jeweiligen Maschinenmodells handeln. Besonders wichtig ist die dynamische Verfolgung des Bearbeitungsfortschritts, sodass der Materialabtrag nach jeder Bearbeitung, sowie der Zustand des bearbeiteten Teils sichtbar werden (Rohteilaktualisierung). So wird es möglich, komplexeste Bearbeitungsfolgen am Ende

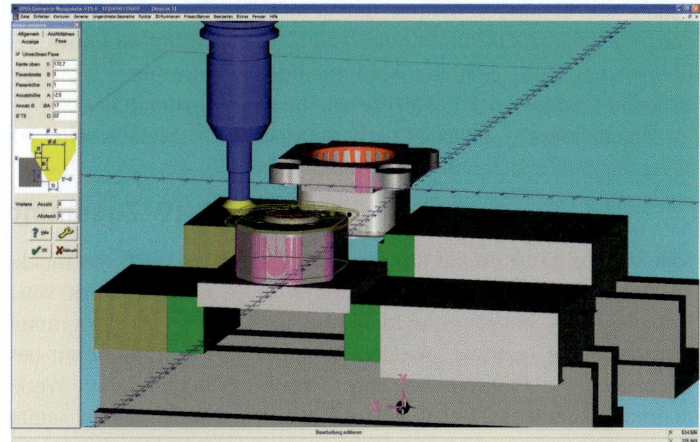

Bild 3.18: Planung der Bearbeitung des gleichen Teils von zwei Seiten.

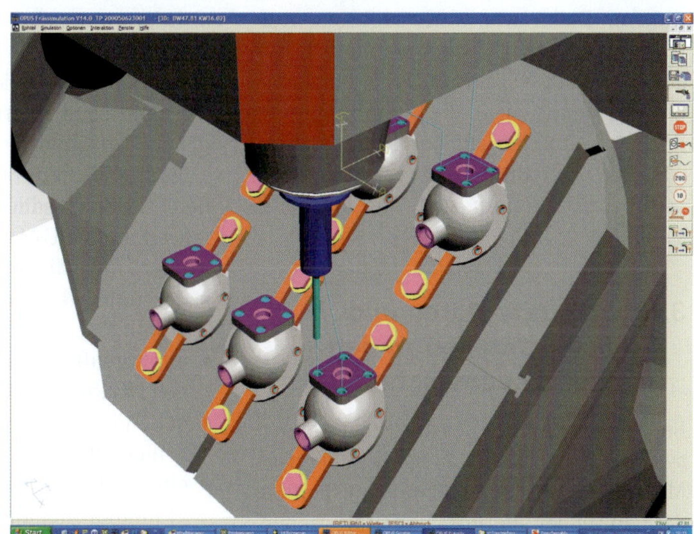

Bild 3.19: Simulation einer Mehrfachaufspannung.

der Programmierung ablaufen zu lassen um die Kollisionsfreiheit zu garantieren.

Bevor das Programm auf die Maschine kommt, sollte deshalb die Simulation des Gesamtszenarios mit einer möglichst genauen Abbildung des Maschinenmodells stehen.

(Siehe Kapitel „Fertigungssimulation")

3.17 Postprozessor

Unabhängig davon, wie komfortabel die Daten bisher generiert wurden, die Steuerung der NC-Maschine benötigt in jedem Fall ihren speziellen NC-Code. Dieser weicht mittlerweile bei jedem Steuerungstyp mehr oder weniger stark von der in DIN 66025 festgelegten Syntax ab. Es ist nun die Aufgabe des Postprozessors, eines zum CAM-System gehörenden Programmteiles, die bisher entstandenen Daten in genau die benötigte Syntax der jeweiligen Steuerung/Maschine-Kombination zu übersetzen. Gute Systeme sind modular aufgebaut, sodass der Postprozessor nicht im allgemeinen Systemcode verborgen ist. Trotzdem sollte sich das CAM-Systemhaus auch um diesen letzten Schritt kümmern, hat doch der Postprozessor einen entscheidenden Einfluss auf das Ergebnis der gesamten Programmierarbeit. Hier wird festgelegt, ob Steuerungszyklen und Unterprogramme genutzt werden können. Ebenso ob die Fräserradius bzw. Schneidenradiuskompensation in vollem Umfang ansprechbar sind. Nicht zuletzt ist der Postprozessor auch für die Generierung weiterer Daten wie Werkzeuglisten, Aufspannpläne und Hilfsprogramme z. B. für das Werkzeug-Voreinstellgerät zuständig. Er übernimmt auch die Zuordnung von Fräsbearbeitungen auf der Drehmaschine oder die Aufteilung der gesamten Bearbeitungsaufgabe auf mehrere Einzelmaschinen.

3.18 Erzeugte Daten und Schnittstellen zu den Werkzeugmaschinen

Bei der Anbindung des NC-Programmiersystems an den Maschinenpark sollte nach Möglichkeit auch die Erwartungshaltung der Anwender Berücksichtigung finden. Sie stellen oft zusätzliche fertigungsspezifische Anforderungen, wie z. B.

- Zuordnen von NC-Programmen zu bestimmten Maschinen/Gruppen
- Freigeben/Sperren einzelner NC-Programme (auch Gruppen)
- Zurückschicken von optimierten Programmen
- Vergleichen von Original und zurückgeschicktem Programm
- Protokollieren der Datenübertragungen, Einsätze, u. a.

Um dieses Anforderungsspektrum erfüllen zu können, ist eine über DNC verbundene NC-Programmverwaltung erforderlich.

(Siehe Kapitel DNC)

3.19 Zusammenfassung

Die Wirtschaftlichkeit einer CNC-Fertigung ist sehr stark von der Leistungsfähigkeit des NC-Programmiersystems abhängig. Programmieren besteht nicht nur aus der Eingabe der Werkstückabmessungen, es muss der gesamte Fertigungsablauf für jede Maschine passend vorgegeben und alles, was dafür erforderlich ist, mit berücksichtigt werden. Deshalb ist es vor der Festlegung auf ein bestimmtes Fabrikat unbedingt erforderlich, dass sich der Käufer umfassend informiert und Systemvergleiche vornimmt.

Es sind nicht nur die zu programmierenden unterschiedlichen Bearbeitungsverfahren und CNC-Maschinen zu betrachten, sondern auch die Anforderungen bezüglich

- der Teilevielfalt mit 2½-D- und 3D-Bearbeitungen,
- einer qualifizierten Simulation des fertigen NC-Programms,
- der Möglichkeit einer Datenübernahme von einem CAD-System,
- einer arbeitserleichternden Feature-Programmierung, und
- einer einfachen Erfassung von Werkzeugdaten bzw. ganzer Werkzeugkataloge.

Hinzu kommen die automatische Bereitstellung der zugehörigen Technologiedaten, wie Vorschub, Drehzahl, Schnitttiefe usw., und zwar je nach dem zu zerspanenden Material. Hohe Priorität kommt auch der Möglichkeit zu, in fertigen Programmen schnell Änderungen oder Modifikationen zu realisieren, ohne wieder ganz von vorne beginnen zu müssen. Eine wichtige Disziplin ist schließlich die Generierung der fehlerfreien Bearbeitungsstrategien.

NC-Programmiersysteme

Das sollte man sich merken:

1. **CAM** ist die Abkürzung für **C**omputer **A**ided **M**anufacturing, auch als Maschinelles Programmieren bezeichnet. Man versteht darunter die Programmierung mit Rechnerunterstützung. Dabei gibt es in CAD integrierte und eigenständige CAM-Systeme. Alle CAM-Systeme arbeiten heute mit Grafikunterstützung.
2. Der Unterschied zwischen **2 ½-D und 3D-Programmierung** bezieht sich nicht auf die Art der grafischen Unterstützung. Auch 2½-D-Programme werden mit leistungsfähigen Systemen am 3D-Modell generiert
3. Bei **3D**-Programmen wird das Werkzeug während der Bearbeitung unter gleichzeitiger Beteiligung von mindestens 3 Achsen einer CNC-Werkzeugmaschine am Werkstück entlang bewegt. Die Form des Werkstücks entsteht dabei direkt durch die Werkzeugbahn (typisch für den Formenbau).
4. **2½-D**-Programme werden für alle Verfahren benötigt, bei denen sich während der Bearbeitung max. 2 Achsen gleichzeitig interpoliert bewegen. Typisch ist diese Art der Bearbeitung für Bohrbearbeitungen und für Fräsoperationen wie Flächen-, Konturen- und Taschenfräsen.
5. Ein **Verfahrensmix** z. B. Drehen und Bohren/Fräsen sollte von einem CAM-System ohne Modulwechsel beherrscht werden.
6. Mit heutigen **Schnittstellen** können Modelle aus unterschiedlichen CAD-Systemen ohne Datenverlust in externe CAM-Systeme übertragen werden.
7. In der CAD-CAM-Prozesskette ist die **Werkzeug-Datenbank** von zentraler Bedeutung. Sowohl bei der Programmgenerierung als auch für die Simulation muss neben den numerischen Daten auch auf realistische Modelldaten zur Laufzeit zugegriffen werden können.
8. Die **Simulation** ist heute ein unverzichtbares Hilfsmittel bei der NC-Programmierung. Sie ist zur Kollisionsvermeidung unverzichtbar. Auch hier gilt: Je besser die Modelldaten desto qualifizierter die Simulationsaussage.
9. Erst der **Postprozessor (PP)** generiert das eigentliche NC-Programm für die individuelle Steuerung/Maschine-Kombination. Zusätzlich kann er weitere Daten wie Werkzeuglisten, Aufspannpläne und Programme für das Werkzeug-Voreinstellgerät liefern. Ein CAM-System ist erst nutzbar, wenn auch der PP die richtigen Ausgaben liefert.
10. Es ist von Vorteil, wenn CAM-Systeme über „Feature"-Funktionen verfügen, um programmierte Bearbeitungen bei kleineren geometrischen Korrekturen direkt übernehmen zu können
11. Da während der Konstruktionsphase meistens noch nicht feststeht, auf welcher CNC-Maschine die Bearbeitung erfolgt, sollte das CAM-System Geometrie- und Technologie-Eingabe streng trennen.

■

NC-Programmiersysteme

4 Fertigungs-simulation

Dipl.-Ing. Karl-Josef Amthor, Ing. Franz Imhof, Dr.-Ing. Karsten Kreusch, Dipl.-Ing. Stefan Großmann, Dipl.-Ing. Helmut Zeyn

Die Simulation technischer Systeme und Prozesse gilt als eine der Schlüsseltechnologien für die computerunterstützte Produktentwicklung und Produktionstechnik. Ziel der Fertigungssimulation sind fehlerfreie Fertigungsabläufe, Optimierung der Bearbeitungszeiten und insgesamt eine verbesserte Sicherheit und Wirtschaftlichkeit der gesamten Fertigung.

4.1 Einleitung

Die Simulation von CNC-Maschinen hat sich im Lauf der vergangenen Jahre mehr und mehr als Standardverfahren zur Verifikation komplexer spanender Bearbeitungsprozesse etabliert. Bei modernen NC-Simulationssystemen wird eine reale Fertigungsanlage in einer dreidimensionalen Grafikumgebung realitätsgetreu nachgebildet. Bearbeitungsprozesse können aus beliebigen Blickwinkeln betrachtet und nachvollzogen werden *(Bild 4.1 und 4.2)*.

Im Gegensatz dazu ist die visuelle Erfassung der Bewegungen und Abläufe in NC-gesteuerten Fertigungsanlagen nur in sehr eingeschränktem Umfang möglich. Wenn die Verkleidung einer NC-Maschine überhaupt einen Einblick gewährt, dann meist aus nur einem ungünstigen Blickwinkel. Aufspannsituation und Kühlmittel behindern den Blick auf die Bearbeitung zu-

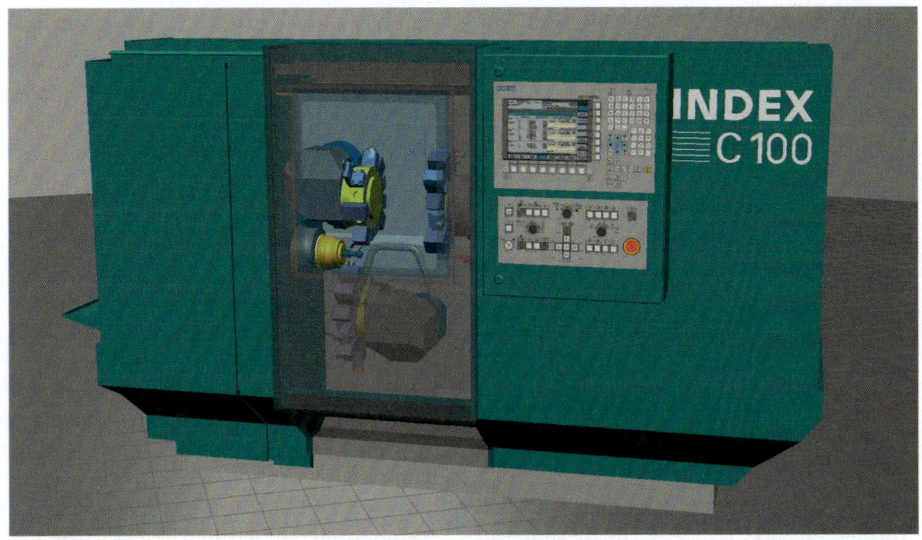

Bild 4.1: Maschinenmodell einer INDEX C100. Simulation am Bildschirm.

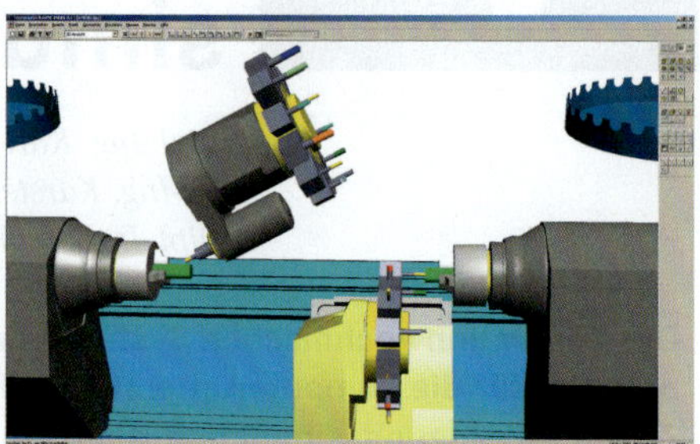

Bild 4.2: Vergleich des Arbeitsraums einer Drehmaschine in Realität und in der Simulation.

sätzlich und erschweren so das Einfahren neuer oder geänderter Programme.

4.2 Qualitative Abgrenzung der Systeme *(Tabelle 4.1)*

In NC-Programmiersystemen werden häufig Simulationskomponenten angeboten, die auf Basis der NC-Quelle (vor dem Postprozessor) die Bewegungen zwischen Werkzeug und Werkstück zeigen. Diese Methode ist gut geeignet, um eine erste Kontrolle des Programmierergebnisses durchzuführen. Für exakte geometrische Untersuchungen und Analysen der Laufzeit sind Systeme auf Basis des endgültigen NC-Codes vorzuziehen, da

- Fehler im Postprozessor vom Simulationssystem nicht erkannt werden, sondern erst beim Einfahren an der Maschine auftauchen
- erst mit dem Postprozessorlauf festgelegt wird, auf welcher Maschine ein Programm verarbeitet wird, womit Arbeitsraum und Maschinenparametersatz definiert werden.

Bei Programmen, die mit manueller Programmierung im Editor, also ohne NC-Programmiersystem, erstellt wurden, scheidet die Simulation „vor Postprozessor" von vornherein aus. Dabei ist in diesem Fall eine Überprüfung des Programmierergebnisses besonders wichtig, da gerade bei dieser Programmiermethode häufig Fehler entstehen.

Wirklich aussagekräftige Simulationsuntersuchungen sind nur auf Basis des realen NC-Programms möglich, d. h. exakt der Programmtext wird simuliert, der auch auf der realen Maschine verarbeitet wird. Dazu gehören nicht nur das Programm selbst, sondern alle vom Programm aufgerufenen Unterprogramme, Zyklen und Parametertabellen wie z. B. Nullpunktverschiebungen, Werkzeugkorrekturen etc.

Im Folgenden wird der Stand der Technik moderner NC-Simulationssysteme dargestellt. Die beschriebenen Funktionalitäten und Einsatzmöglichkeiten beziehen sich auf die leistungsfähigsten der verfügbaren Systeme. Je nach Anbieter können funktionale Einschränkungen bestehen.

NC-Simulation mit Steuerungsnachbildung *(Tabelle 4.1)*

Viele Jahre lang war die erforderliche Rechnerleistung für 3D-Darstellungen, Kollisionskontrollen oder Zerspanungssimulation ein beschränkender Faktor. Mittlerweile laufen auch die hochwertigsten Systeme auf handelsüblichen PCs bzw. Laptops.

Tabelle 4.1: Vergleich der unterschiedlichen Simulationsansätze

Simulation „vor Postprozessor“	Simulation mit Steuerungsnachbildung	Simulation mit virtueller Maschine
+ in frühem Stadium möglich. + keine Festlegung auf eine Maschine erforderlich - Kinematische Randbedingungen bleiben unberücksichtigt - Fehler des Postprozessors werden nicht erkannt. - Keine Simulation von freiem NC-Code	+ Eine Plattform-Lösung für viele unterschiedliche Maschinen + Steuerungen, für die es keine virtuelle Variante gibt, können simuliert werden - Steuerungsnachbildungen sind bei komplexen Maschinen oft nicht ausreichend	+ Voller Funktionsumfang der Steuerung + Bedienung und Programmierung identisch zwischen realer und virtueller Maschine - Performance meist schlechter als bei Steuerungsnachbildungen

Moderne Systeme stellen alle Bewegungen an einem **dreidimensionalen** Maschinenmodell dar. Störende Elemente des Arbeitsraums können transparent dargestellt oder ganz ausgeblendet werden. Sie werden dennoch bei der im Hintergrund arbeitenden automatischen Kollisionserkennung berücksichtigt, sodass keine Kollisionen ‚übersehen‘ werden können. Die Blickwinkelnavigation im Simulationssystem erlaubt eine sehr detaillierte Betrachtung aller Bearbeitungssituationen. Die früher übliche reine 2D-Darstellung von Arbeitsraumkomponenten (Strichgrafik) wird mittlerweile kaum noch verwendet.

Neben der rein visuellen Darstellung bieten leistungsfähige NC-Simulationssysteme Funktionen wie:

- Weitgehend vollständige Nachbildung unterschiedlichster Steuerungen
- Darstellung des Materialabtrags
- Automatische Kollisionserkennung
- Syntaxüberprüfung des NC-Programms
- Exakte Zeitanalysen
- Darstellung von Systemvariablen, Achswerten und sonstiger Prozessparameter
- Protokollfunktionen zur Dokumentation aufgetretener Fehler und Kollisionen.

Zur Abgrenzung der am Markt verfügbaren Systeme ist eine Betrachtung hinsichtlich der zu simulierenden Bearbeitungsverfahren notwendig. Grundsätzlich können spanende Fertigungsverfahren in 3D-Bearbeitung und 2 ½ D-Bearbeitung unterschieden werden.

In einem 3D-Bearbeitungsprogramm bewegt sich das Werkzeug im Vorschub in mindestens 3 Achsen gleichzeitig. Die Form des Werkstücks entsteht direkt durch die Werkzeugbahn. (Beispiel: 5-Achs-Fräsbearbeitung)

In 2 ½ D-Programmen werden 2 Achsen interpoliert verfahren. Bei diesen Bearbeitungen handelt es sich typischerweise um Bohr- oder Drehoperationen.

In modernen Dreh-/Fräszentren können sowohl 2 ½ D- als auch 3D-Bearbeitungen parallel erfolgen. Durch die Integration von verschiedenen Technologien in eine Werkzeugmaschine kann heute nicht mehr streng zwischen Dreh- und Fräsmaschinen unterschieden werden. Ein modernes Simulationssystem muss daher nicht nur alle Arten der Bearbeitung unterstützen, sondern muss auch in der Lage sein, die verschiedenen Bearbeitungen an ein und demselben Teil nacheinander oder – bei entsprechender Programmierung – auch parallel durchzuführen.

Virtuelle Maschine *(Tabelle 4.1)*

Da der Funktionsumfang und die Komplexität von CNC in den letzten Jahren stark gestiegen sind, wird es zunehmend schwieriger, alle Funktionen in einer Steuerungsnachbildung hinreichend abzubilden.

Bei komplexen, mehrkanaligen Maschinen ist der Aufwand für die Programmierung von Steuerungsnachbildungen so massiv gestiegen, dass eine vollständige Abbildung der Maschine nicht mehr möglich ist.

Als Ausweg aus dieser Situation hat sich der Ansatz der **virtuellen CNC** herausgestellt. Im Gegensatz zur Simulation mit Steuerungsnachbildung wird das Verhalten der Steuerung nicht mehr nachgebildet. Der Steuerungshersteller liefert stattdessen eine Softwarekomponente, die das komplette Verhalten der Steuerung beinhaltet. Vorteilhaft für diese Entwicklung war sicher, dass die Funktionalität einer CNC heute nicht mehr in Hardware, sondern in Software realisiert ist.

Das hat es den Steuerungsherstellern möglich gemacht, für die Simulation eine virtuelle Steuerung zu liefern, die in ihrer Funktionalität mit der realen Steuerung identisch ist.

Eine virtuelle CNC ist üblicherweise die Software einer realen CNC, die so gekapselt wurde, dass sie auf einem handelsüblichen PC läuft und mit Simulationssystemen kommunizieren kann.

Diese virtuelle Steuerung wird mit den Daten einer realen Maschine in Betrieb genommen. Damit stellt sie eine exakte Kopie der Steuerung der realen Maschine dar – quasi den „Digitalen Zwilling“.

Die Verwendung der virtuellen CNC ermöglicht es nun, der Simulation auch noch die Bedienoberfläche der realen Maschine mitzugeben. Da es sich bei der Bedienoberfläche ebenfalls um eine Software handelt, lässt sich diese mit der virtuellen CNC genauso betreiben, wie an der realen Maschine *(Bild 4.3)*.

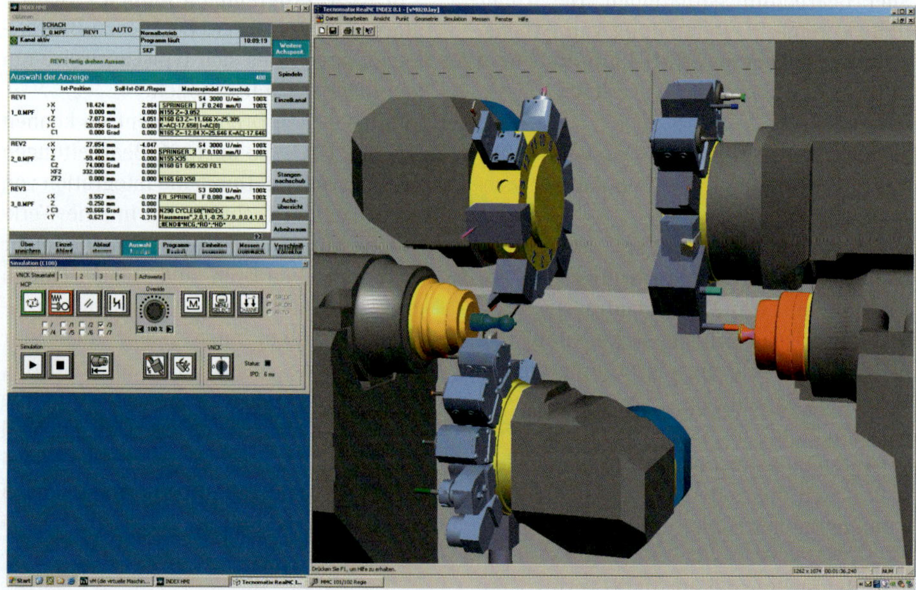

Bild 4.3: Virtuelle Maschine mit Maschinenbedienfeld und 3D-Maschinenmodell mit Werkzeugen.

An dieser Stelle wurde inzwischen im Markt der Begriff „**Virtuelle Maschine**" geprägt.

Im Gegensatz zur NC-Simulation mit Steuerungsnachbildung verfügt die virtuelle Maschine über folgende Eigenschaften:

- Materialabtrag, 3D-Darstellung und Kollisionsrechnung entsprechend NC-Simulation mit Steuerungsnachbildung
- Einsatz von virtuellen CNC mit vollständigem Funktionsumfang (Syntaxprüfung, Laufzeitanalyse, Einstellungen und Parameter wie an der realen Maschine)
- Einsatz von Maschinenbedienfeld in virtuellem Umfeld.
- Die Simulation soll sich in möglichst allen Bereichen wie die reale Maschine verhalten.

4.3 Komponenten eines Simulationsszenarios

Maschinenmodell

Unter **Maschinenmodell** versteht man die vereinfachte Nachbildung der physikalischen Maschine am Rechner. Ein Maschinenmodell besteht mindestens aus den folgenden Komponenten:

- Geometriemodelle von Maschinenelementen wie Gestell, Führungen, Abdeckbleche
- Kinematische Struktur
- Steuerungsmodell oder virtuelle CNC

Die **geometrischen Elemente** des Maschinenmodells müssen zumindest den Arbeitsraum genau beschreiben. Weitere Maschinenelemente wie Teile der Verkleidung können kollisionsrelevant sein, dienen aber auch dem Wiedererkennungswert. Sie können für die Simulation transparent geschaltet oder ganz ausgeblendet werden *(Bild 4.1 und 4.2)*.

In der **kinematischen Struktur** sind alle realen Maschinenachsen als virtuelle Achsen hinterlegt. Reihenfolge der Achsen und Achsabstände entsprechen den realen Verhältnissen. Als Achsen sind nicht ausschließlich NC-Achsen definiert, auch SPS-gesteuerte Achsen wie Revolverachsen und hydraulisch bewegte Spannelemente können Teil der kinematischen Struktur sein.

Im **Steuerungsmodell** sind die wichtigsten Eigenschaften der realen Steuerung nachgebildet. Dabei können leistungsfähige Steuerungsmodelle nahezu den kompletten Befehlssatz der Originalsteuerung verarbeiten. Unumgänglich ist dies für Funktionen wie Bewegungsplanung, Interpolation, Fräserradiuskorrektur usw. Ebenso sollten Hochsprachenelemente wie Sprunganweisungen, bedingte Sprünge, Schleifen und Variablen- bzw. Parameterprogrammierung unterstützt werden.

Statt des Steuerungsmodells kommt bei einer virtuellen Maschine eine **virtuelle CNC** zum Einsatz. Die virtuelle CNC wird mit den Daten der realen Maschine in Betrieb genommen und entspricht somit funktional exakt der realen Maschine.

Damit wird erreicht, dass alle Funktionen der Steuerung in der virtuellen Maschine und der realen Maschine identisch sind.

Bei der virtuellen Maschine kommt zusätzlich das **Maschinenbedienfeld** zum Einsatz. Alle Eingaben und Anzeigen, die an der realen Maschine vorhanden sind, stehen dem Benutzer der virtuellen Maschinen identisch zur Verfügung. Dadurch kann die virtuelle Maschine sowohl in einem AV-Umfeld, als auch werkstattnah eingesetzt werden.

Werkstückgeometrie und Spannmittel

Werkstücke werden heute meist in 3D-CAD-Systemen als Roh- und Fertigteil konstruiert. Die für den Simulationslauf benötigte Rohteilgeometrie gelangt über CAD-Schnittstellen in das Simulationssystem. Gleiches gilt für die benötigten Spannmittel. Für den Fall, dass keine CAD-Daten vorliegen, bieten einige Simulationssysteme einfach handhabbare CAD-Funktionen, mit denen aus Regelgeometrien wie Quadern und Zylindern sogar komplexe Spannkinematiken erstellbar sind *(Bild 4.4)*.

Leistungsfähige Systeme unterstützen typische Methoden der Serienfertigung wie Mehrfachaufspannung bei Bearbeitungszentren und Mehrspindelbearbeitung an Dreh- und Fräsmaschinen.

Werkzeuge

Werkzeuge werden in folgende Klassen eingeteilt:

- Rotationssymmetrische Werkzeuge (Bohrer, Fräser)
- Nicht-rotationssymmetrische Werkzeuge (Drehwerkzeuge, einschneidige Werkzeuge)
- Komplexe Werkzeuge (Winkelbohrköpfe, Bohrköpfe mit mehr als einem Werkzeug)

Rotationssymmetrische Werkzeuge sind im Allgemeinen einfach zu konstruieren, weil sie aus einer einfachen 2D-Kontur durch Rotation erstellt werden können. Nicht-rotationssymmetrische Werkzeuge sind entsprechend aufwändiger zu modellieren.

Beim Erzeugen von Werkzeugen für NC-Simulationen gibt es zwei unterschiedliche Ansätze. Werkzeuge können *(Bild 4.5)* entweder generiert oder zusammengesetzt werden.

Bei **generierten Werkzeugen** definiert der Benutzer über eine Anzahl von festgelegten Parametern die geometrischen Eigenschaften des Werkzeugs. Das System erzeugt dann ein komplettes 3D-Modell, das aus einer Haltergeometrie und einer Schneide besteht *(Bild 4.5)*.

Bild 4.4: Arbeitsraum einer ELHA-Vertikalmaschine mit Spannvorrichtung und Werkstück.

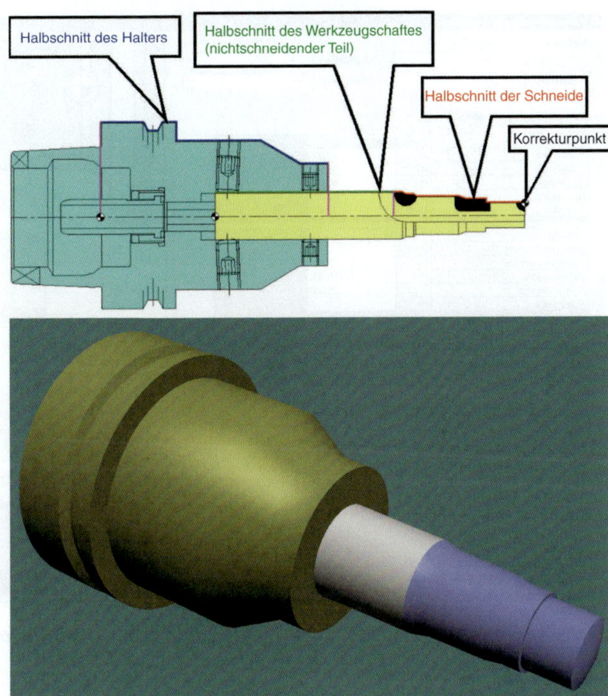

Bild 4.5: Generiertes Werkzeug. 2D-Außenkontur und 3D-Werkzeug in Simulation.

Werkzeugssysteme, die Werkzeuge generieren haben folgende Vor- und Nachteile:

- Sehr einfache Bedienung
- Kein CAD-Wissen erforderlich
- Für viele Simulationsanwendungen ausreichend
- Nur vordefinierte Werkzeuge möglich

Bei **zusammengesetzten Werkzeugen** werden 3D-Geometrien von Werkzeugeinzelteilen in einer Datenbank gespeichert. Die Geometrien werden von den Werkzeugherstellern bereitgestellt. Aus dem gespeicherten Vorrat von 3D-Einzelteilen kann der Benutzer nun Teile auswählen und diese zu kompletten Werkzeugen zusammensetzen *(Bild 4.6, 4.7 und 4.8)*.

Werkzeugsysteme, die Werkzeuge aus Einzelteilen zusammensetzen, haben folgende Vor- und Nachteile:

- Beliebige 3D-Geometrien
- Exakte Abbildung der Werkzeuggeometrie
- Aufwand für die Pflege der Datenbank und das Erstellen von Werkzeugen

In manchen Simulationssystemen kommen beide Arten der Werkzeugerstellung zum Einsatz, sodass der Benutzer von Fall zu Fall entscheiden kann, welcher Ansatz für die entsprechende Anwendung der richtige ist.

Peripherie der Maschine

Periphere Automatisierungskomponenten, wie Einrichtungen zum Palettenwechsel, Handhabungsgeräte und Magazine, können bei Bedarf mit den oben beschriebenen Methoden abgebildet und in die Simulation einbezogen werden.

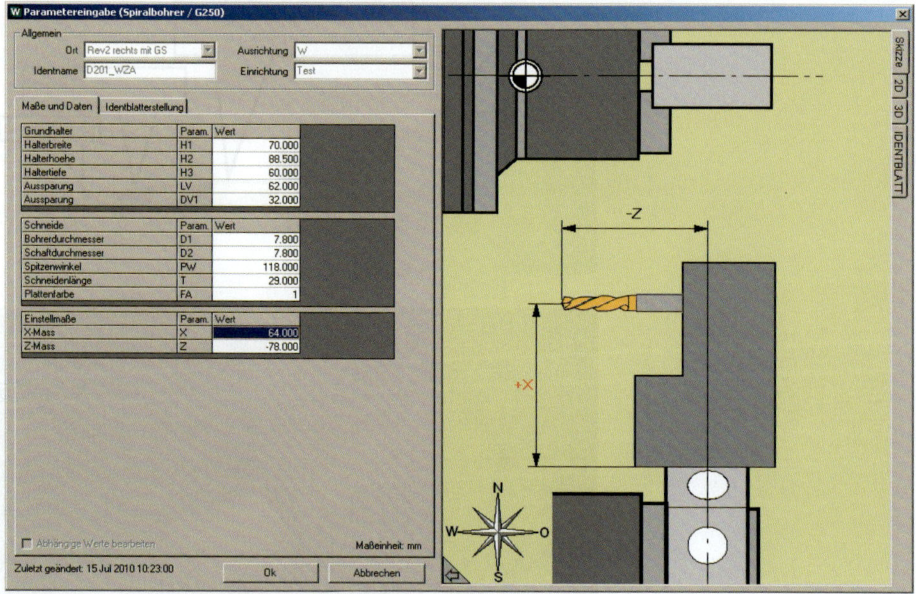

Bild 4.6: Werkzeugassistent zum Generieren von 3D-Werkzeugen.

4.4 Ablauf der NC-Simulation

Grafische Darstellung

In der untersten Detaillierungsstufe werden während der Simulation Werkstück und Werkzeug dargestellt. Die nächste Stufe stellt darüber hinaus Spannvorrichtungen und die werkzeugtragenden Komponenten dar (Winkelkopf, Revolver, Werkzeugspindel). Die komplette grafische Abbildung umfasst die Gesamtmaschine mit allen, den Arbeitsraum begrenzen-

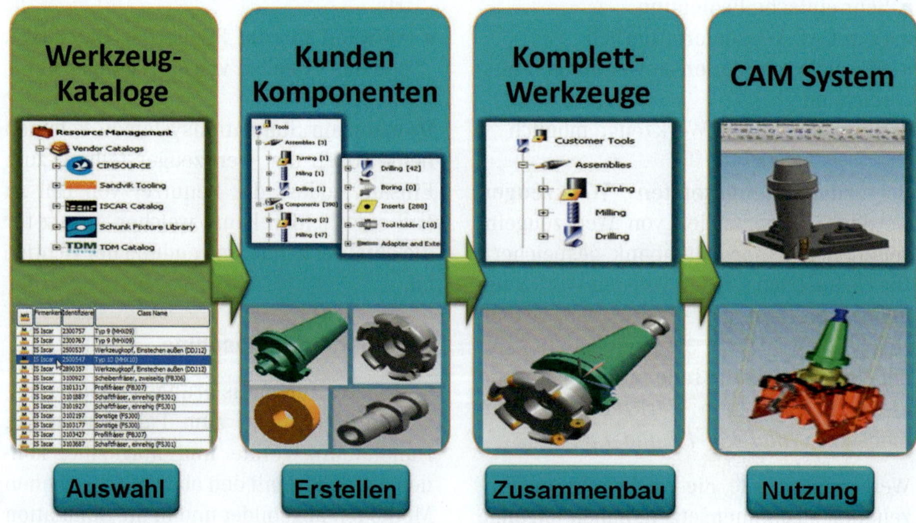

Bild 4.7: Ablauf bei der Erstellung von zusammengesetzten 3D-Werkzeugen.

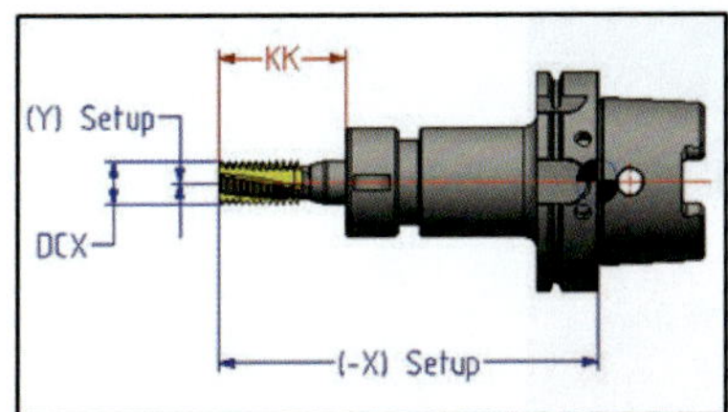

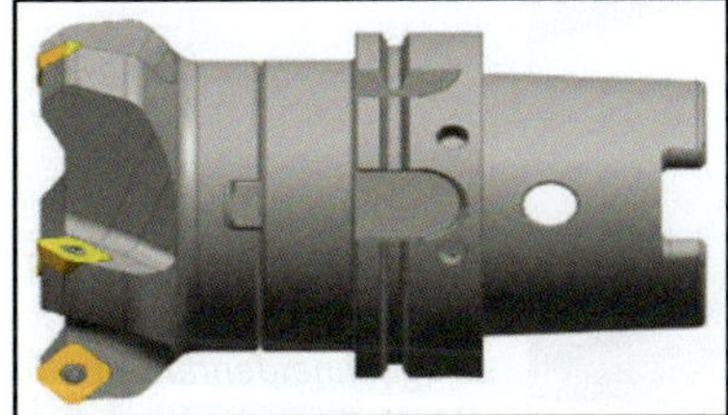

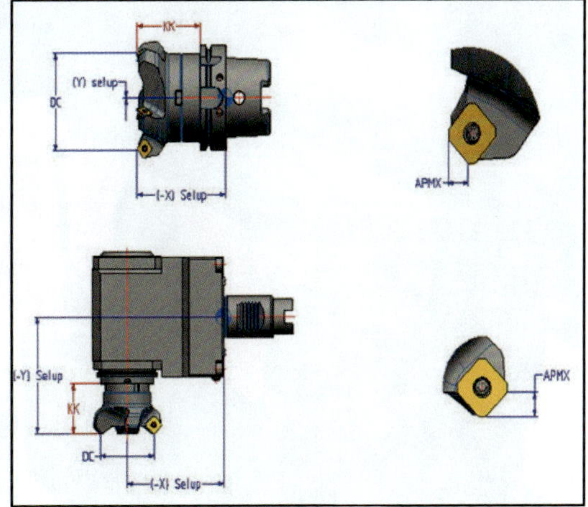

Bild 4.8: Beispiele für zusammengesetzte Simulationswerkzeuge.

den Verkleidungsblechen, Werkzeugwechseleinrichtungen, Messeinrichtungen usw. *(Bild 4.9)*.

Nach Start des Simulationslaufs findet die Abarbeitung des NC-Programms wie an einer realen Maschine statt. Die NC-Sätze werden aufbereitet und in Bewegungen der virtuellen Maschinenachsen umgesetzt. Es erfolgt eine visuelle Darstellung des Bearbeitungsfortschritts am Werkstück in Form eines Materialabtrags. Die am Werkstück neu entstehenden Flächen erhalten die Farbe der bearbeitenden Werkzeugschneide.

Optional wird während der Bearbeitung die Werkzeugbahn angezeigt. Die Bearbeitungsreihenfolge, z.B. bei Bohrbildern, ist auf diese Weise einfach nachzuvollziehen *(Bild 4.10)*.

Automatische Kollisionserkennung

Die Komponenten des Arbeitsraums werden während der Simulation auf Kollisionen bzw. Berührungen überprüft. Treten diese auf, wird der Simulationslauf angehalten und eine entsprechende Meldung wird ausgegeben. Zusätzlich werden die

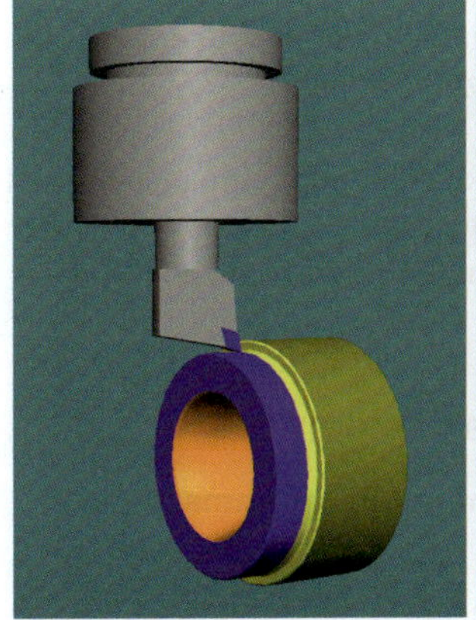

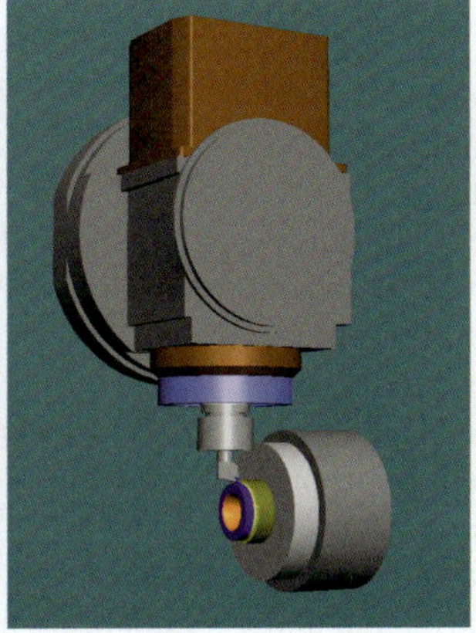

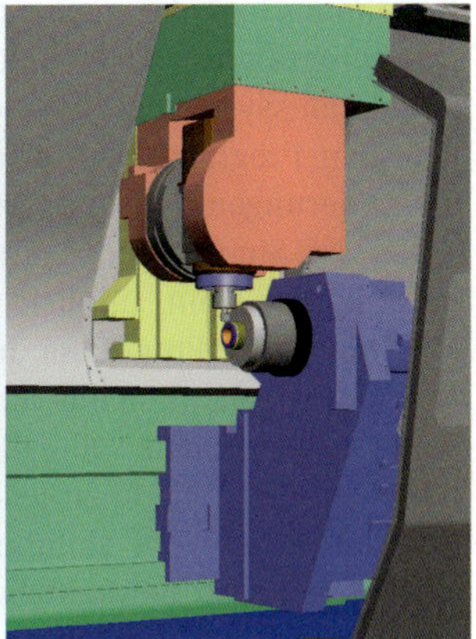

Bild 4.9: Detaillierungsstufen in der Simulationsansicht.

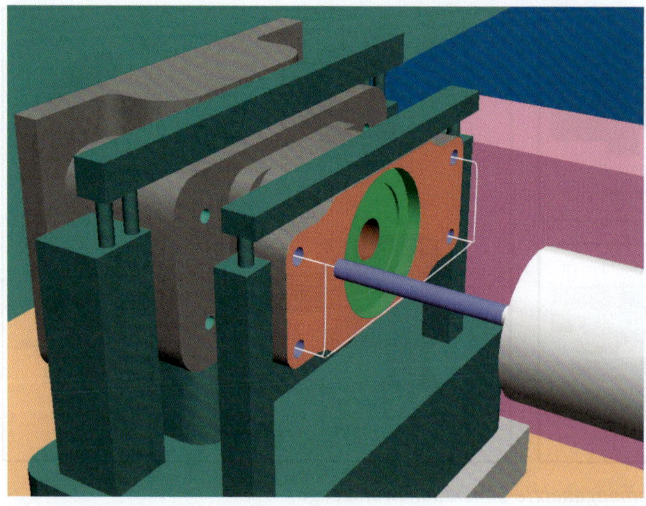

Bild 4.10: Materialabtrag mit Übernahme der Werkzeugschneidenfarbe und Darstellung der Werkzeugbahn.

kollidierenden Komponenten farblich gekennzeichnet *(Bild 4.11)*.

Einige Simulationssysteme decken auch Fehler technologischer Natur auf. Eine Bearbeitung mit deaktivierter Kühlmittelzufuhr oder eine Überschreitung von maximal zulässigen Spindeldrehzahlen und Vorschüben werden mit entsprechenden Warnmeldungen quittiert.

Editiermöglichkeiten und Analysemethoden

Während eines Simulationslaufs wird stets die aktuell auszuführende Zeile des NC-Programms bzw. des momentan geladenen Unterprogramms dargestellt. In einigen Simulationssystemen ist es jederzeit möglich, den Programmtext zu editieren und die Änderungen sofort zu testen.

Bei NC-Simulationen mit Steuerungsnachbildung kann, ähnlich wie an einer Maschine, das Programm im Einzelsatz- oder im Automatikmodus ausgeführt werden. Darüber hinaus sollte die Möglichkeit bestehen, die Abläufe zu jedem Interpolationstakt einzeln zu simulieren. Der Anwender kann so Bewegungsabläufe millisekundengenau verfolgen, analysieren und optimieren.

4.5 Integrierte Simulationssysteme

Einige CAM-Systeme verfügen über Simulations-Module m4it dem gleichen Leistungsumfang wie spezialisierte Simulations-Programme.

Vorteile integrierter Lösungen:

- Schnelleres erlernen durch gleiche Handhabung
- Gleiche System-Umgebung - nur einmal anlegen (Werkzeuge, Aufspannungen)
- In der Simulation erkannte Probleme können schnell und im gleichen System korrigiert werden
- Simulation kann direkt bei der Programmierung zur Optimierung genutzt werden
- Werkstückdaten nur einmal einlesen (Änderungen!)
- Keine Anpassungsprobleme bei Updates

4.6 Einsatzfelder

Einfahren neuer Programme

Der Einsatz der NC-Simulation **vor** dem Einfahren neuer Programme erfolgt vorrangig mit folgenden Zielen:

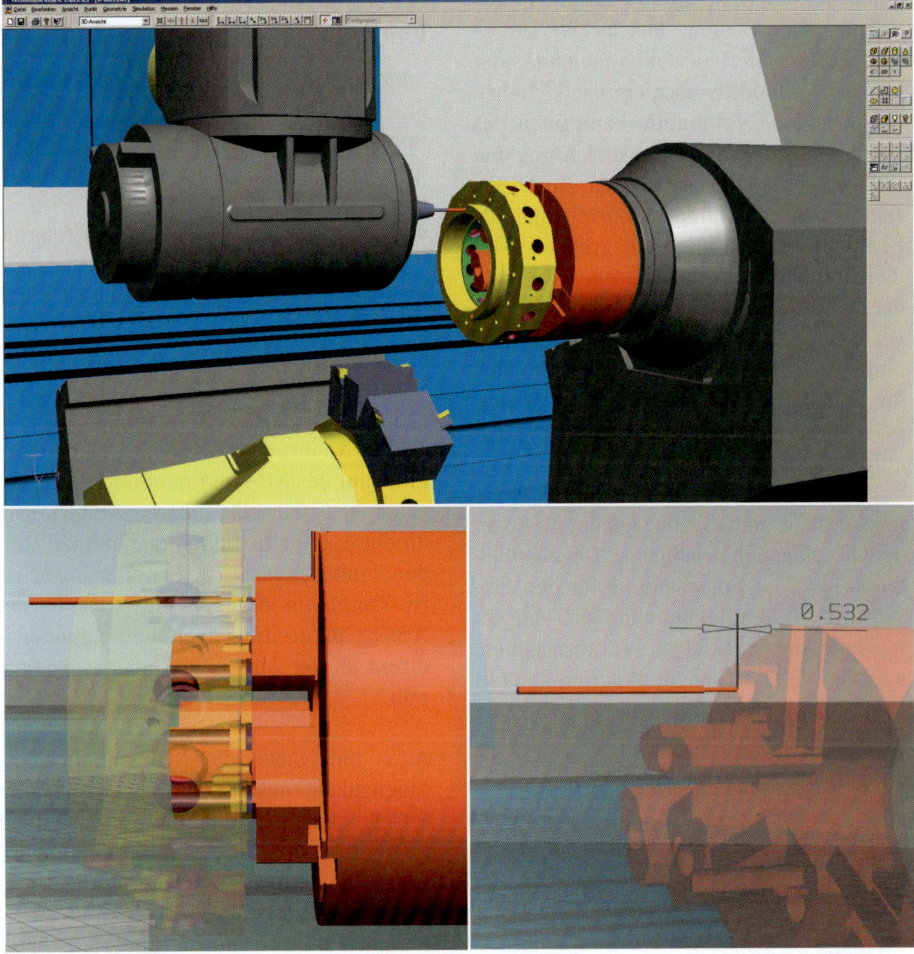

Bild 4.11: Darstellung einer Kollision. Der Bohrer dringt durch das Werkstück und bohrt in das Spannfutter.

- Verlagerung der Einfahrvorgänge von der teuren Maschine auf den wesentlich günstigeren Computerarbeitsplatz
- Parallelisierung des Einrichtvorgangs. Während das Teil virtuell eingefahren wird, kann die Maschine noch produzieren
- Reduzierung der Einfahrzeit an der realen Maschine auf ein Minimum (um bis zu 80 %)
- Drastische Reduzierung des Kollisionsrisikos
- Reduzierung des Risikos von Ausschussproduktion durch fehlerhafte Bearbeitung teurer Rohteile (speziell in der Einzel- und Kleinserienfertigung)
- Reduzierung von Ausfallzeiten und Kosten für Reparaturen
- Einhaltung von engen Terminplänen durch verkürzte Einfahrzeiten.

Durch Einsatz der Simulation können bereits im Vorfeld unterschiedlichste Fehler aufgedeckt und behoben werden. Darunter fallen sowohl Syntaxfehler als auch fehlerhafte Koordinaten, falsche Werkzeugkorrekturschalter oder auch fehlende oder falsche Nullpunktverschiebungen. Neben Fehlern im NC-Programm kann auch das Zusammenspiel von Spannvorrichtung und Werkzeugen analysiert werden. Durch Variation der Aufspannposition entstehende Überschreitungen der Achsgrenzen werden automatisch erkannt. Die Korrektur der beschriebenen Fehler findet statt, bevor das NC-Programm auf der Maschine eingespielt wird. Dadurch verringert sich die Einfahrzeit beträchtlich, da die Fehlerbehebung an der Maschine ein sehr zeitaufwändiger Prozess ist *(Bild 4.12)*.

Das tatsächlich vorhandene Einsparpotenzial hängt natürlich in hohem Maß von den jeweiligen betrieblichen Gegebenheiten ab. Vor der Entscheidung für den Einsatz der NC-Simulation sollte sich der potenzielle Anwender folgende Fragen stellen:

- Inwieweit lässt sich die Programmierzeit für neue NC-Programme durch Einsatz der NC-Simulation verringern? Diese Frage spielt vor allem eine Rolle, wenn kein NC-Programmiersystem zum Einsatz gelangt.
- Welche zusätzliche Wertschöpfung lässt sich aus der gewonnenen Maschinenkapazität generieren?

Programmänderung im laufenden Betrieb

Speziell in der Serienfertigung finden in der Betriebsphase einer Fertigungsanlage immer wieder Änderungen am NC-Programm statt. Mögliche Ursachen dafür können sein:

- Änderungen von Geometrie und Toleranzen am Werkstück
- Erweitertes Teilespektrum (neue Varianten)
- Einsatz anderer Werkzeuge (z. B. Kombiwerkzeug)

Solche Änderungen wirken sich in erster Linie auf das NC-Programm und die Werkzeuge aus; teilweise müssen Änderungen an der Spannsituation vorgenommen werden. Änderungen bzw. Erweiterungen im NC-Programm erfolgen entweder in der Arbeitsvorbereitung über einen Editor oder direkt an der Maschine über das Bedienpult.

Auch hier bietet die NC-Simulation die Möglichkeit, anstehende Änderungen im Vorfeld am PC durchzuführen, während die Fertigungsanlage weiterhin produziert. Erst wenn die notwendigen Änderungen durch Simulation überprüft und abgenommen sind, wird das geänderte NC-Pro-

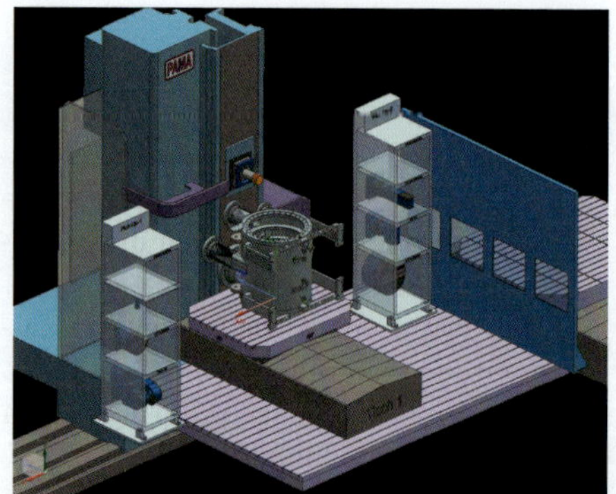

Bild 4.12: Optimierung von Werkzeuglängen durch integrierte Simulation – dadurch höhere Schnittgeschwindigkeiten bei gleicher Qualität möglich. (Quelle: © Siemens AG – Business Unit Compression)

gramm in die Steuerung übertragen. Die Stillstandszeit der Maschine bleibt so minimal.

Optimierung des Produktionsprozesses

NC-Simulation wird in der Serienfertigung neben der Überprüfung von NC-Programmen auch zur Taktzeitoptimierung eingesetzt. Die exakte geometrische und zeitliche Abbildung des Bearbeitungsprozesses im Simulationssystem gibt dem Anwender die Möglichkeit, Bewegungsabläufe in der Maschine bzw. der Maschinenperipherie durch Methoden zu optimieren, die ohne Einsatz der NC-Simulation zu riskant oder zu aufwändig wären. Hochgerechnet auf die Lebensdauer eines Produktionsprozesses, die bei einigen Jahren liegen kann, ergeben bereits Taktzeitreduzierungen im einstelligen Prozentbereich ein Einsparpotenzial, das den Optimierungsaufwand bei weitem übersteigt.

Folgende Methoden kommen bei der Optimierung u. a. zum Einsatz:

- Minimierung von Sicherheitsabständen
- Parallelisierung von Bewegungen (z. B. Werkzeugpositionierung parallel zu Tischdrehung)
- Reduzierung von Werkzeugwechseln durch Änderung der Bearbeitungsfolge
- Optimierung der Auslastung verketteter Anlagen.

Planungsphase in der Serienfertigung

In der Serienfertigung werden vom Anlagenhersteller nicht nur die physikalischen Komponenten der Produktionsanlage, d. h. CNC-Maschinen, Verkettungs- und Transportmedien, sondern die Realisierung des gesamten Produktionsprozesses mit allen NC-Programmen gefordert. Die Aufgabe des Anlagenherstellers ist dabei unter anderem die erfolgreiche Inbetriebnahme der Anlage und die Erfüllung vorher definierter Abnahmekriterien wie gefertigte Stückzahlen pro Zeiteinheit und Einhaltung der Produktqualität.

Die NC-Simulation wird heute bereits in der Entwicklungs- und Planungsphase bei vielen Anlagenherstellern eingesetzt. Einsatzschwerpunkte sind dabei einerseits die Entwicklung und Verifikation von Maschinenkonzepten und andererseits die Absicherung und Optimierung der Fertigungsprozesse vor der Inbetriebnahme der Maschine.

Ausbildung und Schulung

Die heutige und zukünftige Bedeutung der CNC-Maschinen für unsere Industrie wird allgemein sehr unterschätzt. Deshalb ist es durchaus sinnvoll, Schülern und Auszubildenden sehr frühzeitig eine Einführung in die CNC-Technik anzubieten.

Meistens verfügen aber weder die Schulen, noch die Ausbildungsbetriebe über die Möglichkeiten, moderne CNC-Maschinen für die Ausbildung bereitzustellen. Sind Ausbildungsmaschinen vorhanden, können Fehlbedienungen zu Ausfallzeiten und hohen Reparaturkosten führen.

Mit einem NC-Simulationssystem können Auszubildende gefahrlos die Grundlagen über den Umgang mit NC-Maschinen auf einfache Art und Weise lernen. Programmierfehler und eventuelle Kollisionen stellen bei Einsatz der Simulation kein Problem dar. Dadurch werden Lehrer und Auszubildende entlastet und können sich ganz auf die Vermittlung der Lerninhalte konzentrieren.

Gleichzeitig kann jeder Schüler oder Auszubildende an seiner ‚eigenen' Maschine arbeiten. Die Ausbildung wird auch vielseitiger und realitätsnäher, da Maschinen und Steuerungen simuliert werden können, die in Lehrbetrieben in der Regel nicht zur Verfügung stehen.

Wenn man bedenkt, wie viele technisch veraltete NC-Maschinen heute in Schulungswerkstätten ungenutzt stehen, die wegen der genannten Probleme überhaupt nicht mehr zum Einsatz kommen, ist die Simulationstechnik der wesentlich bessere und wirtschaftlichere Weg. Zudem stehen für fast alle CNC-Maschinentypen solche Simulationssysteme zur Verfügung.

Die meisten Hersteller sind heute in der Lage, PC-geeignete Schulungssysteme zu akzeptablen Preisen zu liefern und für die Lehrer eine Einführung anzubieten.

Auch später, in der Fertigungspraxis, kommt die NC-Simulation zunehmend zum Einsatz. Speziell für komplexe Bearbeitungen oder ganze Fertigungsanlagen können Anlagenbediener anhand der Simulation über die Vorgänge in der Anlage genauestens instruiert werden.

Durch die Nutzung von **virtuellen CNC-Maschinen** kommen noch weitere Vorteile hinzu. Wenn diese zusätzlich über das Original-Bedienfeld der Maschine verfügen, kann nicht nur die NC-Programmierung, sondern auch die Bedienung der Maschine realitätsgetreu erlernt und geübt werden. Somit können beim Kauf einer neuen Maschine die Programmierer und Einrichter geschult werden, bevor die reale Maschine zur Verfügung steht. Die neue Maschine kann dann nach Lieferung schneller in Produktion gehen, da die Bediener den Umgang gelernt und die ersten Werkstücke schon programmiert haben.

Die grafisch-dynamische Simulation per Computer-Display ist demnach aus verschiedenen Gründen sehr gut geeignet, Schülern von Gesamt- und Realschulen bis zu Studenten und Facharbeitern eine angemessene **Einführung in die CNC-Technik** zu geben. Der grundsätzliche Unterschied zur Schulung an CNC-Maschinen liegt darin, dass keine Maschinen, Werkzeuge, Spannmittel, Werkstücke und technologische Kenntnisse notwendig sind. Stattdessen werden grafisch-dynamische 3D-Simulationssysteme verwendet, wie sie heute in der Industrie bereits vielfach eingesetzt werden. Diese Software ermöglicht eine sehr realitätsnahe Darstellung der Maschine, meistens mit der Sicht auf Maschine und Werkstück von allen Seiten. So lässt sich der programmierte Bearbeitungsablauf wesentlich detaillierter beobachten als an einer reellen Maschine, weil wichtige Bearbeitungsdetails durch die Verkleidung oder die Kühlmittelzufuhr verdeckt werden. Kollisionen zwischen Werkzeug, Werkstück, Spannvorrichtung und Maschine werden grafisch angezeigt, ohne irgendwelche Schäden zu verursachen.

Unter diesen Voraussetzungen sind entsprechend geschulte Lehrer sehr gut in der Lage, Aufgaben und Möglichkeiten der CNC-Technik verständlich und umfassend zu erläutern, und zwar oft besser als mit Hilfe einer realistischen Maschine. Zudem lassen sich unterschiedliche Maschinentypen darstellen, wie z. B. Fräs- oder Drehmaschinen, sowie die komplexe Mehrseiten-Bearbeitung prismatischer Werkstücke.

Die **Vorteile der Simulation** im Vergleich zur Nutzung von CNC-Maschinen im Schulbereich lassen sich zusammenfassend darstellen wie folgt:

- Zur Aufstellung der Maschine ist keine Werkstatt mit dafür vorgeschriebener Öl-Auffangwanne erforderlich
- Es entstehen keine Reinigungs- und Wartungskosten
- Wesentlich geringere Investitionskosten
- Werkstücke, Werkzeuge, Spannvorrichtungen etc. sind nicht erforderlich
- Keine Gefahrensituationen durch Fehlbedienung oder Kollisionen
- Keine Ausfallzeiten wegen erforderlicher Wartungsarbeiten und Reparaturen der CNC-Maschine
- Wesentlich bessere Darstellung der Bearbeitungsabläufe und den Folgen von Programmierfehlern
- Die Auswirkung von Korrekturen in NC-Programmen ist sofort sichtbar
- Die „Röntgendarstellung“ der Bearbeitung zeigt den Blick in das Werkstück hinein, um z. B. beim Bohren von mehre-

ren Seiten festzustellen, ob diese exakt ausgeführt werden
- Nicht bearbeitete Flächen und Restmaterial werden angezeigt
- Der Bearbeitungsablauf ist in Zeitrafferoder Zeitlupentempo darstellbar
- Möglichkeit der zeitgleichen Mehrplatz-Nutzung (auf mehreren PCs)
- Möglichkeit der späteren Software-Aktualisierung
- Geringere Aktualisierungskosten
- Bei Bedarf Erweiterung auf andere Maschinentypen (Drehen/Fräsen/Laserbearbeiten)

Gleichzeitig erleben die Schüler den **Nutzen heutiger Simulationssysteme** sehr eindrucksvoll. Die Bedeutung der Simulation in der Industrie und im Handwerk ist unumstritten und wird zunehmend eingesetzt. Investoren (Käufer) verlangen heute vom Maschinenlieferanten die Vorab-Lieferung der Simulations-Software, um die Inbetriebnahmezeit insgesamt abzukürzen und die NC-Programme vorab auf Fehler oder Verbesserungsmöglichkeiten zu prüfen.

Die Schüler sollen durch die Nutzung eines solchen Systems gleichzeitig erfahren und verstehen, welche Vorteile Simulationssysteme generell bieten. Zudem wird die anfängliche Furcht vor einer aufwändigen, komplexen und komplizierten Programmierung beseitigt.

Ein verfrühter Einstieg in die NC-Programmierung wäre für die genannte Zielgruppe ohnehin völlig falsch. Dazu sind Fachkenntnisse bezüglich Maschinen, Werkstoffe, Werkzeuge, Schnittwerte, Spannmittel und Zerspanung erforderlich. Dies wird in der Praxis von speziell geschulten und erfahrenen Facharbeitern übernommen. Schüler wären damit überfordert.

4.7 Zusammenfassung

Komponenten eines Simulationsszenarios

Ein Simulationsszenario stellt die gesamte Fertigungsanlage dar. Dazu gehören:
- Das Maschinenmodell mit allen geometrischen Elementen und Achsen.
- Die Steuerungsnachbildung oder virtuelle Steuerung mit Maschinenbedienfeld
- Alle Werkstücke und zugehörigen Spannvorrichtungen
- Werkzeuge, Bohrköpfe, Vorsatzköpfe.

Ablauf der NC-Simulation

Alle Maschinenbewegungen werden realitätsgetreu dreidimensional dargestellt.

Die Materialabtragssimulation zeigt, wie sich die Werkstücke während der Bearbeitung verändern.

Die automatische Kollisionserkennung meldet alle unerlaubten Berührungen der im Arbeitsraum befindlichen Komponenten.

Die simulierten NC-Programme werden im Einzelsatz- oder Automatikmodus durchlaufen und können jederzeit leicht editiert werden.

Weitere Optionen sind:
- Darstellung der Werkzeugspur
- Erkennung technologischer Fehler
- Simulation im Interpolationstakt.

Einsatzfelder und Nutzenpotenziale:

Der Großteil der Arbeiten beim Einfahren neuer Programme findet am günstigen PC-Arbeitsplatz statt. Auf diese Weise werden bis zu 80 % der Einfahrzeit eingespart und die Maschinenverfügbarkeit wird entsprechend erhöht. Reparaturkosten und Ausfallzeiten durch Kollisionen beim Einfahren entfallen fast vollständig.

Programmänderungen werden während des laufenden Betriebs im Simulationssystem vorgenommen und getestet. Die Übernahme der Änderungen auf die Fertigungsanlage erfordert nur kurze Stillstandzeiten der Maschinen.

In der Serienfertigung kommt NC-Simulation unter anderem bei der Taktzeitoptimierung zum Einsatz. Im Simulationsszenario werden Sicherheitsabstände minimiert, Zustellbewegungen parallelisiert und die Bearbeitungsreihenfolge der Werkzeuge getauscht. Voraussetzung dafür ist die exakte Abbildung des realen Steuerungsverhaltens hinsichtlich Bewegungsführung und zeitlichem Verhalten.

Einsatzschwerpunkte in der Planungsphase sind einerseits die Entwicklung und Verifikation von Maschinenkonzepten und andererseits die Absicherung und Optimierung der Fertigungsprozesse vor der Inbetriebnahme der Maschine.

In der Ausbildung wird in NC-Simulationssystemen auf einfache Art und Weise der Umgang mit NC-Maschinen vermittelt. Programmierfehler und Kollisionen sind unkritisch. Ausbilder und Auszubildende werden entlastet und können sich auf die Vermittlung der Lerninhalte konzentrieren.

Bildnachweis:
SIEMENS AG, Industry Sector.
INDEX-Werke.

Fertigungssimulation

Das sollte man sich merken:

1. **Simulation**
   ist das Nachbilden eines Systems mit seinen dynamischen Prozessen in einem experimentierfähigen Modell, um zu Erkenntnissen zu gelangen, die auf die Wirklichkeit übertragbar sind (VDI Richtlinie 3633).
2. **Fertigungssimulation** (1)
   ist das grafisch-dynamische Abbilden eines wirklichen Systems durch ein Modell, z. B. für
   - die Konstruktion von Bauteilen und deren Montage
   - die Arbeitsplanung, Handhabung, Aufspannung und Fertigung von Werkstücken
   - die Strukturanalyse und das Verhalten von Bauteilen
   - die Untersuchung des kinematischen und dynam. Verhaltens von Körpern (FEM)
   - die optimale Auslegung von FFS (Materialfluss, Maschinenanordnung)
3. **Fertigungssimulation** (2)
   ist für den Fertigungstechniker
   - die grafisch-dynamische Ablaufsimulation von NC-Programmen auf einer bestimmten Maschine,
   - mit Darstellung der Maschine, Werkstücke und Werkzeuge im richtigen Größenverhältnis zur Untersuchung des Bewegungsverhaltens während der Bearbeitung
   - in Echtzeit, Zeitraffer oder Zeitlupe mit wahlweisem Stillstand zur Erkennung von Problemen
   - inkl. Ablauf von Werkzeug- u. Werkstückwechsel
   - zwecks Erkennung und Beseitigung von Leerfahrten, Sicherheitsreserven, Kollisionen, Programmierfehlern etc.
4. **Simulation von NC-Programmen**
   Ziele:
   - Hilfe bei der Zeitoptimierung von NC-Programmen
   - Erkennung/Vermeidung von Kollisionen
   - Reduzierung der Testphase neuer Programme
   - Erhöhung der Maschinen-Laufzeiten
   - Taktzeitoptimierung von FFS durch Abstimmung der Bearbeitungszeiten bei Mehrmaschinen-Bearbeitung
   - GENERELL: Präventive Schadensvermeidung und Produktivitätssteigerung
5. **Man unterscheidet:**
   - Bei der **Ablaufsimulation** werden komplexe Produktionsanlagen nachgebildet, sodass eine Optimierung hinsichtlich der Anordnung der Maschinen, der Auslegung des Gesamtsystems und der Abläufe erfolgen kann,
   - Die grafische **3D-Kinematik-Simulation** zur Untersuchung des Bewegungsverhaltens von Systemen, wie z. B. Robotern, Maschinen oder auch Menschen,
   - Die **FEM-Simulation** zur Modellierung und Untersuchung des physikalischen Verhaltens von Werkstoffen und komplexen Strukturen.

7

Von der betrieblichen Informationsverarbeitung zu Industrie 4.0

1 DNC – Direct Numerical Control oder Distributed Numerical Control

Edgardo Mantovani

Die Vernetzung von Computern zählt heute zum allgemeinen Standard. Die gleiche Vernetzungstechnik ist auch für NC-Maschinen nutzbar und bietet so viele Vorteile, dass kein Fertigungsbetrieb darauf verzichten sollte.

1.1 Definition

DNC ist die ursprüngliche Abkürzung für **Direct Numerical Control.** In neuerer Zeit werden auch Begriffe wie „Distributed Numerical Control" oder „Distributive Numerical Control" verwendet. Darunter versteht man eine Betriebsart, bei der mehrere NC- oder CNC-Maschinen und andere Fertigungseinrichtungen wie Werkzeugeinstellgeräte, Messmaschinen und Roboter per Kabelverbindung an einen Rechner angeschlossen sind. Durch die **direkte Datenübertragung** entfallen die früher üblichen Datenträger wie Lochstreifen, Magnetbänder oder Disketten samt der dafür erforderlichen Schreib- und Lese-Geräte. Damit erreicht man mehrere technische und kostenmäßige Vorteile.

Nach VDI 3424 ist das wesentliche **DNC-Merkmal** die „Verwaltung und zeitgerechte Verteilung von Steuerinformationen an mehrere NC-Maschinen, wobei Funktionen der numerischen Steuerung vom Rechner wahrgenommen werden können". Letzteres trifft jedoch bei den heutigen DNC-Systemen nicht mehr zu: Die Steuerungsfunktionen für die Maschine verbleiben in der CNC.

Durch die Daten-Netzwerke und leistungsfähige DNC-Software können alle am Netzwerk (LAN) angeschlossenen Systeme miteinander kommunizieren.

1.2 Aufgaben von DNC

Obwohl sich die Techniken in den vergangenen Jahren stark verändert haben, sind die Grundfunktionen der DNC-Systeme bis heute gleich geblieben. Es sind zwei grundsätzliche Aufgaben, die ein DNC-System zu erfüllen hat:

- **Garantieren einer sicheren, zeitgerechten Datenübertragung von und zu den CNC-Steuerungen**
- **Verwaltung der vielen tausend NC-Programme**.

Während die erste Aufgabe, die sichere Datenübertragung, das Unternehmen vor möglichen teuren Schäden an Maschinen und Werkstücken bewahrt, dient die NC-Programmverwaltung der Ordnung und Sicherung der meist großen Datenbestände, die einen beträchtlichen Wert verkörpern. Beide Aufgaben, mit einem modernen System gelöst, sind ein wertvoller Beitrag zur Produktivitätssteigerung und Qualitätssicherung in der Fertigung.

Bereits in der 1972 erschienenen VDE-Richtlinie wird zwischen Grundfunktionen und erweiterten Funktionen von DNC-Systemen unterschieden, wie z.B. die Werkzeug- und Werkstückverwaltung bei hochautomatisierten Fertigungssystemen. Darauf wird noch näher eingegangen.

1.3 Einsatzkriterien für DNC-Systeme

Die Forderung eines Betriebes zur Einführung eines DNC-Systems ergeben sich aus mehreren Kriterien. Dazu zählen:

Häufiger Programmwechsel

Je kleiner die Losgröße, umso größer wird das Problem, immer die richtigen NC-Programme zum richtigen Zeitpunkt an der richtigen Maschine zur Verfügung zu haben. Bei DNC-Betrieb steht das NC-Programm nach dem Aufruf sofort in der Maschine bereit, bei erweiterten Systemen auch mit allen zusätzlichen Daten, Korrekturwerten und Bedienerinformationen.

Anzahl der NC- und CNC-Maschinen

Ein rentabler DNC-Betrieb kann schon bei 2 bis 3 NC-Maschinen beginnen, wenn pro Tag mehrere Programmwechsel notwendig sind. Mit jeder weiteren Maschine nehmen die Argumente für DNC zu. Bestimmte Fertigungsverfahren setzen die Datenversorgung über ein DNC-System sogar voraus.

Anzahl der NC-Programme

Die Probleme bei der Verwaltung von mehreren tausend NC-Programmen mit hinzukommenden Modifikationen, Aktualisierungen und Änderungen lassen sich ohne Rechnerhilfe kaum bewältigen. Ein DNC-System erleichtert diese Arbeit und minimiert die Gefahr menschlicher Fehler.

Programmlänge

Sind die Programme so groß, dass dafür mehrere mobile Datenträger erforderlich wären, dann besteht die Gefahr der Verwechslung mit teuren Folgen. Sind die Programme größer als die Speicherkapazität der CNC, kann ein DNC-System schon bei einer Maschine unverzichtbar sein, um ohne Unterbrechung auch über mehrere Stunden arbeiten zu können.

Viele neue Programme

Lebt ein Betrieb von vielen neuen Programmen oder häufigen Programm-Modifikationen, dann ist die direkte Programmübertragung vom CAD/CAM-System in die CNC unverzichtbar. Gerade bei werkstattorientierter Programmierung, d. h. Programmierung an den Maschinen durch die Maschinenbediener, ist die Sicherung der erzeugten Programme von großer Bedeutung.

Hohe Übertragungsraten

Insbesondere HSC-Maschinen und Lasertechnologien erfordern einen extrem hohen Datendurchsatz. Deshalb besteht die Forderung, die NC-Programmdaten mit sehr hoher Geschwindigkeit in die CNC zu übertragen, damit die Bearbeitung nicht wegen Datenmangel ins Stocken gerät. Diese Forderung lässt sich nur mit einem DNC-System erfüllen.

Computerunterstützte Werkzeugverwaltung

Die durchgängige Verwaltung der Werkzeuge und Werkzeugdaten kann zu enormen Einsparungen führen. Werkzeugstandzeiten lassen sich besser nutzen, unnötiges Zerlegen und Montieren wird vermieden. Die zusammengefasste Übertragung der Werkzeugnummern mit allen Werkzeugdaten in die CNCs reduziert den Zeitaufwand und erhöht die Sicherheit.

Flexible Fertigungssysteme

Flexible Fertigungssysteme stellen eine eigene Kategorie dar, die dadurch gekennzeichnet ist, dass sowohl die DNC-Grundfunktionen, als auch die Erfassung, Speicherung und Verwaltung der Paletten,

Korrekturwerte, Messdaten usw. von einem speziellen **Leitrechner** übernommen werden. Dieser wird in der Regel durch den Lieferanten des Gesamtsystems gestellt und mit einer speziell angepassten und erweiterten Software ausgerüstet.

Hier stellt der DNC-Rechner nicht nur NC-Programme, Unterprogramme und Zyklen, sondern auch aktuelle Werkzeugdaten, Nullpunktverschiebungen und Korrekturwerte zur Verfügung. Bei FFS mit sich ergänzenden Bearbeitungen müssen für jedes Werkstück immer mehrere Maschinen mit den zusammengehörenden Programmteilen versorgt werden.

Bei entsprechender Software-Erweiterung könnte der FFS/DNC-Rechner auch die Sicherung der aktuellen Zustandsdaten jeder Maschine übernehmen, wie z.B. die Platzierung der Werkzeuge im Magazin, den Unterbrechungspunkt der Bearbeitung, Korrekturwerte oder andere Daten. Dies verkürzt bei einem eventuellen Datenverlust im Speicher der CNC das Wiederanfahren der Maschinen erheblich.

Generell

Grundsätzlich kann man feststellen, dass DNC ein Bestandteil der computergestützten Fertigung ist und von Anfang an in das Gesamtkonzept miteinbezogen werden sollte. Geht man davon aus, dass durch den zunehmenden Einsatz von CAD/CAM-Systemen, Werkzeugverwaltungs-Systemen und Voreinstellgeräten immer mehr Daten in immer kürzerer Zeit verarbeitet und bereitgestellt werden müssen, dann sind DNC-Systeme unverzichtbar.

1.4 Datenkommunikation mit CNC-Steuerungen

Ursprüngliche Überlegungen zielten darauf ab, NC-Bahnsteuerungen durch Verwendung zentraler Rechner zu verbilligen und die verbleibenden **Rumpfsteuerungen** mit vorberechneten Daten zu versorgen. Rumpfsteuerungen waren jedoch nicht mehr autonom funktionsfähig, was zu großen Inbetriebnahme-Problemen beim Maschinenhersteller und bei Rechnerausfall geführt hätte. Zudem musste man feststellen, dass schon bei der Datenversorgung von wenigen Steuerungen unerwartete Engpässe auftraten. Die rasche Verbilligung der CNC-Preise hat das DNC-Prinzip mit Rumpfsteuerungen endgültig zu Fall gebracht.

Bevor standardisierte serielle Schnittstellen zur Verfügung standen, waren die NC-Steuerungen mit Lochstreifenlesern ausgerüstet und die NC-Programme wurden mittels Lochstreifen in die Steuerungen geladen. Später, nachdem sich die serielle Schnittstelle RS232 (V.24) als Standard durchgesetzt hatte, wurde generell diese Schnittstelle verwendet, da sie bidirektional ausgelegt, auch zum Sichern oder Auslesen der Programme verwendet werden konnte. Die frühen DNC-Systeme auf Basis der damaligen – im Vergleich zu heutigen PCs sehr teuren – Minicomputer waren bereits multitaskingfähig und mit mehreren seriellen Schnittstellen ausgerüstet. Sie konnten also gleichzeitig mehrere Übertragungen meistern und wurden von einem Terminal aus bedient. Diese Minicomputer wurden auch zur Speicherung der NC-Programme eingesetzt. Alle diese Systeme arbeiteten mit Versendetechnik, d.h. die Steuerung wurde auf Betriebsart „Einlesen" gestellt, dann konnte vom Terminal aus die Datenübertragung an die Maschine angestoßen werden.

Da die serielle Datenübertragung sehr störanfällig ist – RS232 garantiert lediglich eine sichere Datenübertragung über 15 m und verfügt nur über eine rudimentäre Datenprüfung – hatten die Hersteller der sog. „Formenbauersteuerungen" (z.B. Bosch, Heidenhain, Fidia, u.a.) rasch erkannt, dass die Übertragung durch ein **Protokoll** abgesichert werden musste. Daher übertragen die älteren Steuerungen dieser Hersteller blockweise, d. h. jeder Datenblock wird mit einer Prüfsumme versehen, die von der Steuerung nachgerechnet und dem Rechner gegenüber quittiert wird. Wird eine Abweichung festgestellt, so verlangt die Steuerung automatisch die Wiederholung des Paketes. Diese Protokolle (FE1, FE2, LSV-2, usw.) verlangsamen zwar die Übertragungsgeschwindigkeit, stellen aber eine fehlerfreie Übertragung sicher. Außerdem erlauben sie das Einlesen von überlangen Programmen, die größer sind als die Speicherkapazität der Steuerung.

Aufgrund der Langlebigkeit der NC-Werkzeugmaschinen sind heute in den Werkstätten noch fast alle Übertragungsarten anzutreffen, die bei den älteren NC-Maschinen verwendet wurden, wie z. B.:

- BTR-Schnittstelle (BTR = Behind Tape Reader, Parallelschnittstelle für Lochstreifenleser/-stanzer),
- RS232 (V.24), serielle Schnittstelle für die Datenein- und -ausgabe,
- Ethernet-Schnittstelle (wenn die CNC-Steuerung auf PC-Basis aufgebaut ist).

Bei CNC-Maschinen, die in einem Netzwerk integriert sind, d. h. die Steuerungen verfügen über einen **Ethernetanschluss,** ist das ganze Spektrum von Betriebssystemen und Übertragungsprotokollen anzutreffen. So gibt es Steuerungen auf Unix- oder Linux-Basis, sowie DOS- oder Windows-basierte Steuerungen. Während die japanischen Steuerungshersteller sich mehrheitlich für FTP als Übertragungsprotokoll entschieden haben, verwenden die europäischen Hersteller alle übrigen Protokolle (Netbios, Netbeui, NFS). Dieser Vielfalt ist bei der Auswahl des geeigneten DNC-Systems Rechnung zu tragen.

1.5 Technik des Programmanforderns

Während früher mit Lochstreifen, Kassetten oder Disketten hantiert wurde, können die NC-Programme heute ohne großes Datenträgerhandling direkt in die Steuerung eingelesen werden, sofern diese auf Betriebsart „Einlesen" steht. Zum Laden der Programme in den Programmspeicher der Maschinen mit serieller Schnittstelle werden heute zweierlei Techniken eingesetzt:

Die Versendetechnik

Hierbei werden die Programme vom Rechner aus (oder dem Terminal, das der Maschine zugeordnet ist) verschickt. D. h. die Steuerung muss erst auf „Einlesen" umgeschaltet werden, dann wird vom externen DNC-Rechner das zu ladende Programm an die Maschine geschickt.

Die Abruftechnik

Bei dieser Methode, die bei terminallosen Systemen zum Einsatz kommt, wird mittels eines Abrufprogramms (auch Dummy-Programm oder Runner-Programm genannt) ein zu ladendes Programm angefordert. Der DNC-Rechner stellt das im Anforderungsprogramm in einem Kommentar spezifizierte Programm zur Verfügung und wartet auf den Bediener, der die Steuerung noch auf „Einlesen" umschalten muss. Diese Technik hat sich mittlerweile zum Standard entwickelt und ist weit verbreitet.

Netzwerkmaschinen mit CNCs auf PC-Basis haben über das Netzwerk direkten Zugriff auf den Server und erlauben das Laden und Sichern direkt von der Steuerung aus, unterstützt durch wenige Soft-Keys.

1.6 Heute angebotene DNC-Systeme

Alle aktuellen DNC-Systeme verbinden die CNC-Maschinen mit den Rechnern entweder mittels Standard-Netzwerk oder serieller Verkabelung. Grundsätzlich lassen sich drei verschiedene Konzepte unterscheiden, die nachstehend kurz beschrieben sind.

DNC-Systeme mit serieller Verkabelung *(Bild 1.1)*

Diese Systeme, die vor allem in kleinen Installationen mit wenigen Maschinen anzutreffen sind, verwenden in der Regel einen PC als zentralen Rechner für die Programmspeicherung und als Kommunikationsgerät. Dieser Rechner ist häufig mit einer seriellen Mehrfach-Schnittstellenkarte ausgerüstet und verbindet die CNC-Steuerungen mittels der RS232. Bei Verwendung von Kupferkabeln wird meist die Übertragungsrate gedrosselt, um die Übertragungssicherheit zu erhöhen, was zu längeren Standzeiten der Maschinen führt. Deshalb werden auch Glasfiberkabel anstelle der Kupferkabel verwendet, um die Störfaktoren auszuschalten.

Nachteilig wirkt sich die fixe Verkabelung besonders dann aus, wenn der DNC-Rechner an einen anderen Standort versetzt werden sollte.

Diese Art DNC-Systeme eignet sich für kleine Betriebe mit wenigen Maschinen, wo der Rechner auf kurzer Distanz zu den Maschinen steht (optimal <15 m). Sowohl die Versendetechnik, als auch die Abruftechnik ist bei diesen Systemen anzutreffen.

DNC-Systeme mit Terminals *(Bild 1.2)*

Diese DNC-Systeme, die besonders in den Neunziger Jahren anzutreffen waren, verwenden ein Terminal (IPC = Industrial PC) für die Datenkommunikation zwischen Server und den Maschinen. Für die sogenannte „Papierlose Fertigung“ eingesetzt, bringen sie alle Fertigungsinformationen an die Maschine. Der Bediener kann alle fertigungsrelevanten Daten und Dokumente einsehen und das Terminal zum Laden der NC-Programme verwenden. Häufig sind diese Systeme auch mit MDE/BDE (Maschinen-Daten-Erfassung/Betriebs-Daten-Erfassung) ergänzt, greifen die relevanten Signale der SPS ab und ermöglichen die Rückmeldung von Stillstandsgründen von der Maschine an die Zentrale.

Diese Art von DNC-Systemen waren lange Zeit die einzigen, welche die Nachteile der langen seriellen Kabel vermieden, da sie von Anbeginn auf der Netzwerktechnik aufbauten. Diese Terminal-DNC-Systeme bieten ein Höchstmaß an Komfort,

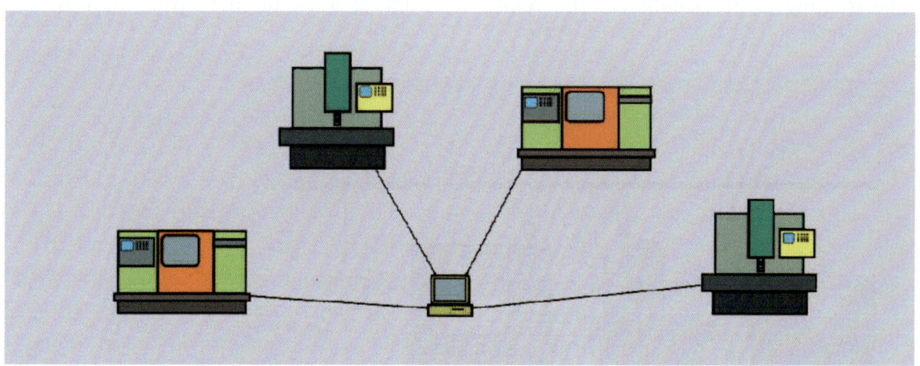

Bild 1.1: DNC-System mit serieller Verkabelung.

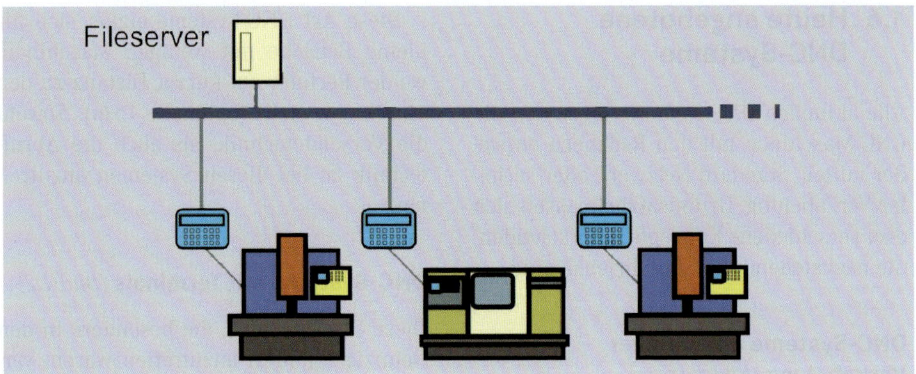

Bild 1.2: Terminal-DNC-System.

verlangen aber eine gute Schulung des Personals und sind entsprechend kostenintensiv in der Anschaffung.

Netzwerk-DNC-Systeme *(Bild 1.3)*

Diese Systeme verwenden Netzwerkadapter für die Datenübertragung, d.h. eine Steuerung wird mit der seriellen Schnittstelle mittels eines Netzwerkadapters (auch Device Server, Com-Server oder Terminal Server genannt) ins betriebsinterne Ethernet integriert. Dabei ist es möglich, direkt von der Steuerung aus - ohne zwischengeschaltete Terminals - die NC-Programme anzufordern. Diese Systeme überwinden die üblichen Probleme der Datenübertragung über große Distanzen, da durch die Netzwerktechnik eine einwandfreie Datenübertragung sichergestellt ist. Die relativ kostengünstigen Systeme eignen sich für kleine bis große Unternehmen gleichermaßen. Anstelle der klassischen Ethernetverkabelung wird heute auch oft WLAN (Wireless LAN) eingesetzt. Die modernen Betriebssysteme der Rechner (meist Windows, selten Linux oder Unix) lassen eine simultane Übertragung von oder zu vielen Maschinen zu.

1.7 Netzwerktechnik für DNC *(Bild 1.4)*

Protokolle sichern auch bei Standard-Netzwerken (heute praktisch ausschließlich Ethernet) die fehlerfreie Übertragung großer Datenmengen über weite Distanzen. Das heute den Netzwerken zugrunde liegende TCP/IP-Protokoll sichert die Übertragung auch im industriellen, von Stör-

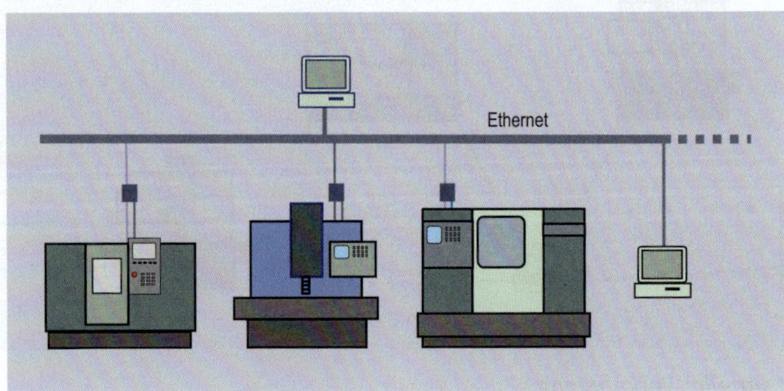

Bild 1.3: Netzwerk-DNC-System.

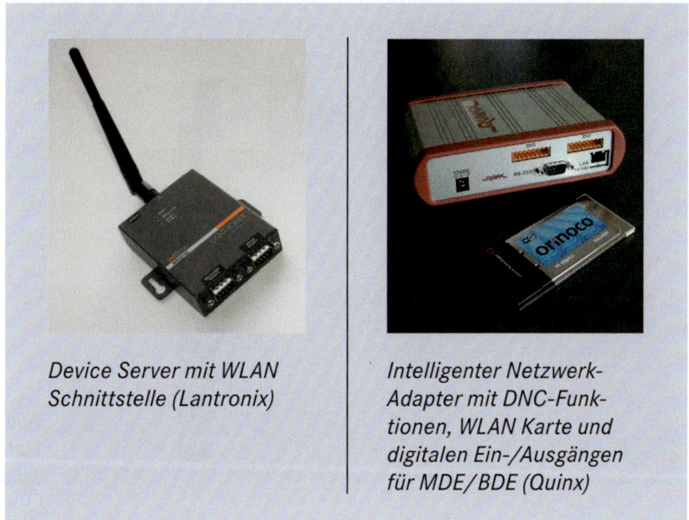

Device Server mit WLAN Schnittstelle (Lantronix)

Intelligenter Netzwerk-Adapter mit DNC-Funktionen, WLAN Karte und digitalen Ein-/Ausgängen für MDE/BDE (Quinx)

Bild 1.4: Moderne Geräte für den Aufbau eines DNC-Systems.

feldern aller Art durchsetzten Umfeld und garantiert absolut fehlerfreie Übermittlung.

Bei heutigen DNC-Systemen werden fast ausschließlich Windows-Rechner und Standard-Netzwerke (LAN = Local Area Network) verwendet. Zum Anschluss der CNC-Maschinen, die nur eine serielle Kommunikationsschnittstelle haben, werden Netzwerkadapter (Com-Server, Device Server) als Mediawandler eingesetzt, welche die Datentransformation von seriell auf Ethernet und umgekehrt vornehmen. Hochspezialisierte Netzwerkadapter beinhalten die eigentlichen DNC-Funktionen und arbeiten wie selbstständige Computer mit eigenem Datentransferprogramm und implementierten Filterfunktionen.

WLAN – Wireless Local Area Network

(Bild 1.5)

Zu den Standardnetzwerken gehört heute auch das WLAN, manchmal auch Funk-LAN genannt. Drahtlose Netzwerke gehören zu den Ethernet-Netzwerken welche mit TCP/IP-Protokoll den Datenverkehr prüfen. Sie arbeiten im Gigahertzbereich und übertragen die Daten ohne direkte Kabelverbindung. Dazu wird ein Access Point verwendet, der die Brücke zwischen Kabelnetz und drahtlosem Netz bildet. Der Access Point hat Sender- und Empfängerfunktionen und kann auch zur Verbindung von zwei Kabelnetzwerken eingesetzt werden. Auf der Empfängerseite, bei den CNC-Maschinen, kommen entweder Netzwerkadapter mit eingebauter Antenne zum Einsatz oder die herkömmlichen Ethernetadapter, wie oben beschrieben, zusammen mit WLAN-Ethernet Bridges, welche die Wandlung von WLAN zum kabelgebundenen Ethernet vornehmen.

Nutzen und Risiken von WLAN

Der Einsatz eines WLAN, d. h. eines drahtlosen Netzwerks, bringt insbesondere Kostenvorteile. Statt aufwändiger Erweiterung des Netzwerks in den Fertigungsbereich, was das Verlegen von Kabeln und den Einsatz von Switches bedingt, genügt in vielen Fällen ein Access Point. Dieser, etwas erhöht installiert, bedient die Empfänger über Distanzen bis zu 100 m Entfernung. Bei herkömmlicher Ethernet-Verkabelung liegen die durchschnittlichen Kosten bei 300 bis 600 Euro pro Anschluss. Demgegenüber sind die Kosten für WLAN nur halb so hoch.

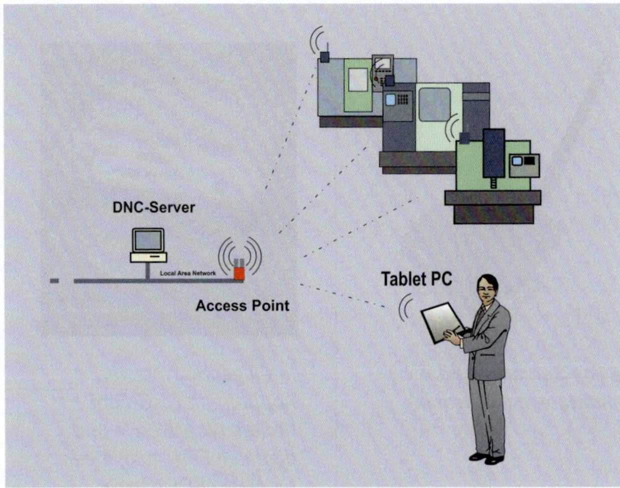

Bild 1.5: WLAN, kabellose Datenübertragung zu den Maschinen.

Die **Risiken** sollten jedoch nicht unterschätzt werden. Nachdem sich die Computer-Fachzeitschriften bemühen, die neuesten „Knackverfahren" für die verschiedenen Verschlüsselungsmethoden zu veröffentlichen, ist wohl keine Verschlüsselung auf Dauer sicher. Das bedeutet, dass der Werkspionage Tür und Tor geöffnet werden. Außerdem können sich verschiedene WLANs in dicht besiedelten Gebieten überschneiden und gegenseitig stören. Das kann zu Produktionsausfällen führen, wenn keine Notfallstrategie vorhanden ist. Und letztlich kann dieser Umstand auch in böswilliger Absicht genutzt werden, um die Produktion eines Konkurrenten zumindest für einige Zeit lahm zu legen.

DNC für Steuerungen mit Ethernetanschluss

Bei Maschinen mit Ethernetschnittstelle wird häufig die Frage gestellt, ob DNC überhaupt notwendig sei, da der Rechnerzugriff zum Laden und Sichern der Programme leicht zu realisieren ist. Sicherlich ist eine schnelle und fehlerfreie Datenübertragung bei dieser Art von Maschinen kein Problem mehr, doch sind in der Praxis oft folgende Probleme anzutreffen:

- Da der Datenspeicher sehr groß ist, wird die Datensicherung nicht regelmäßig durchgeführt. Eine defekte Harddisk kann zu teuren Programmverlusten führen.
- Dem Maschinenbediener werden alle Rechte über die Programmverzeichnisse übertragen; er kann auf dem Zentralrechner von der Steuerung aus Programme löschen, überschreiben oder unauffindbar verschieben. Das kann ein Sicherheitsrisiko sein.
- PC-Steuerungen sind – wie alle PCs im Unternehmen – der Virengefährdung ausgesetzt.
- Ohne DNC-System ist die Rückverfolgbarkeit der Transfers nicht mehr gewährleistet. Es wird kein Logbuch geführt.

Während die ersten drei Probleme zu teuren Verlusten führen können, ist der letzte Punkt bei ISO 9001 zu berücksichtigen. Es gibt daher viele Unternehmen, die alle Maschinenprogramme über das DNC-System verwalten und, um der Virengefahr zu entgehen, verlangen andere generell den Anschluss via serielle Schnittstelle.

1.8 Vorteile beim Einsatz von Netzwerken

Die Verwendung von **Standard-Netzwerken** (Ethernet), bietet mehrere **Vorteile:**

- Absolut fehlerfreie Datenübertragung dank automatischer Fehlererkennung und -korrektur.
- Zentralisierte Verwaltung aller NC-Programme und Produktionsdaten.
- Unbegrenzte Anzahl anschließbarer Teilnehmer.
- Vernetzung der Maschinen und Teilnehmer auch über größere Entfernungen.
- Nutzung der Maximalübertragungsrate der seriellen Schnittstelle der Steuerung.
- Problemlose Erweiterung des Systems, den Bedürfnissen des Unternehmens entsprechend.
- Direkte Kommunikation zwischen mehreren Rechnern, wie CAD/CAM Systeme, NC-Programmier-, PPS-, Werkstatt-, DNC-Rechner und den CNCs.
- Vereinfachte und zentralisierte Verwaltung aller Daten und Netzwerkteilnehmer im Unternehmen (Rechner, Maschinen, usw.).

1.9 NC-Programmverwaltung

Der Datenverwaltung der Programme wird häufig zu wenig Aufmerksamkeit gewidmet. Da ältere Steuerungen nur mit vierstelligen NC-Programmnummern arbeiteten, wurde früher die Datenverwaltung den beschränkten Möglichkeiten der Steuerungen angepasst, was erheblichen organisatorischen Aufwand in der Arbeitsvorbereitung mit sich brachte. Vierstellige Nummern lassen es in der Regel nicht zu, die Artikel- oder Teilenummern zu verwenden, die meist viel mehr Stellen aufweisen. Das hat dazu geführt, dass mit Vergleichslisten gearbeitet werden musste oder komplizierte Verwaltungssysteme entwickelt wurden, um dem Artikel das passende Teileprogramm zuzuordnen. Diese alten Gewohnheiten haben sich bis heute vielerorts erhalten.

Moderne **DNC-Verwaltungssysteme** überwinden die Einschränkung der vierstelligen NC-Programmnummer und verwenden eine Kommentarzeile innerhalb des Programms für die eindeutige Identifikation eines NC-Programms, unabhängig von der NC-Programmnummer. Dadurch ist es möglich, mit den Informationen, die auf jedem Fertigungsauftrag stehen, das benötigte NC-Programm für das zu fertigende Teil anzufordern, ohne dass der Bediener die NC-Programmnummer kennen muss.

Moderne, netzwerkbasierte DNC-Systeme verwalten die NC-Programme weitestgehend automatisch. Neue Programme, die von den Maschinen geschickt oder vom CAM-System übergeben werden, werden automatisch in die Datenbank gestellt und sind sofort für das Laden an der Maschine bereit. Modifizierte Programme werden automatisch mit dem Original verglichen und in einem separaten Bereich abgelegt, wo sie auf Mausklick alle Änderungen anzeigen, damit der NC-Programmverantwortliche das gewünschte freigeben kann. Solange ein Duplikat besteht, sollte das Original gesperrt bleiben. Programme mit nicht vorhandener oder ungültiger Kennung sollten durch das DNC-System automatisch erkannt und ausgeschieden werden.

Moderne, effizient konzipierte DNC-Systeme reduzieren den Handlingaufwand für die NC-Programme um über 90% gegenüber der konventionellen Arbeitstechnik (Untersuchung der Quinx AG). Dadurch sind diese Systeme äußerst rasch amortisiert.

Ein detailliertes **Logbuch,** das alle Transaktionen listet, ist eine Notwendigkeit, insbesondere wenn die Rückverfolgbarkeit gewährleistet werden soll, was bei ISO 9001 und in der Medizinaltechnik durch DIN EN ISO 13485:2003 verlangt wird. Damit lässt sich jederzeit feststellen, wann an welcher Maschine ein Teil mit welcher Programmversion hergestellt wurde.

Anforderungen und Aufgaben *(Bild 1.6)*

Eine moderne NC-Datenverwaltung

- Verwaltet NC-Programme nach Maschinen oder Gruppen geordnet.
- Verwaltet Fertigungsinformationen (Dokumente aller Art, die zu den NC-Programmen gehören).
- Verwaltet die NC-Programme unter logischer Kennung, entsprechend den Konventionen des PPS/ERP-Systems.
- Zeigt laufende Transfers an.
- Sperrt und entsperrt automatisch Programme, die in Verwendung sind (beim Übertragen oder im Editor geöffnet).
- Ist auf Mehrbenutzerbetrieb ausgelegt.
- Erlaubt die Einbindung fremder Editoren (z. B. des CAM-Systems).

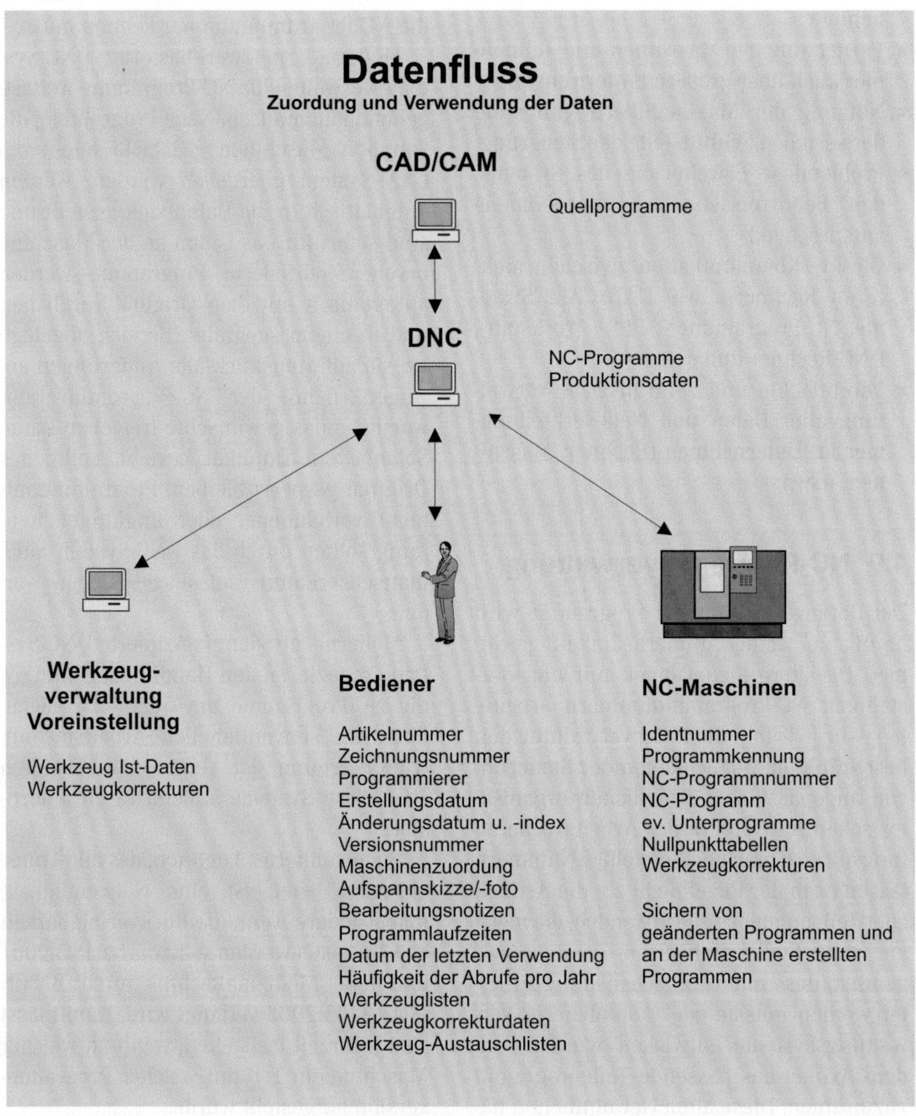

Bild 1.6: Unterscheidung der Daten nach deren Zuordnung und Verwendung in der Fertigung.

- Zeigt auf Mausklick alle Veränderungen eines modifizierten Programmes (Programmvergleich).
- Bietet Import- und Exportfunktionen für Programme und Dokumente.
- Bietet automatisierten Datenimport von CAM-Systemen, Werkzeugverwaltungssystemen und Voreinstellgeräten verschiedenster Hersteller.
- Führt ein Logbuch über alle Transfers (Aktionen der PC Benutzer, Laden und Sichern der Programme von den Maschinen aus, usw.).
- Archiviert automatisch überholte Programmversionen.
- Führt eine Statistik über Dateitransfers.

Beispiele *(Bilder 1.7 - 1.10)*

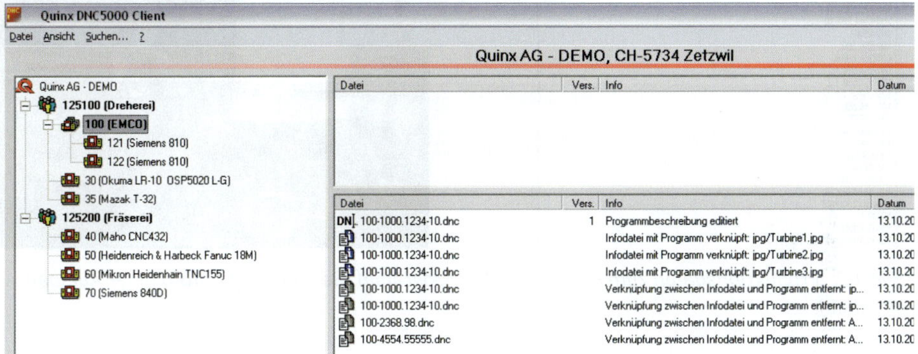

Bild 1.7: Maschinenübersicht (links) – laufende Transfers (rechts).

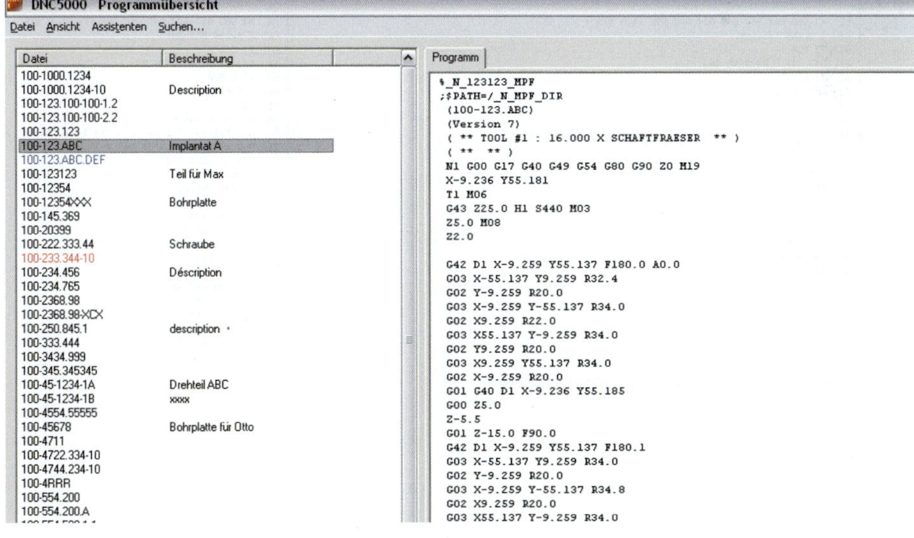

Bild 1.8: Maschinenverzeichnis und Dateidetails.

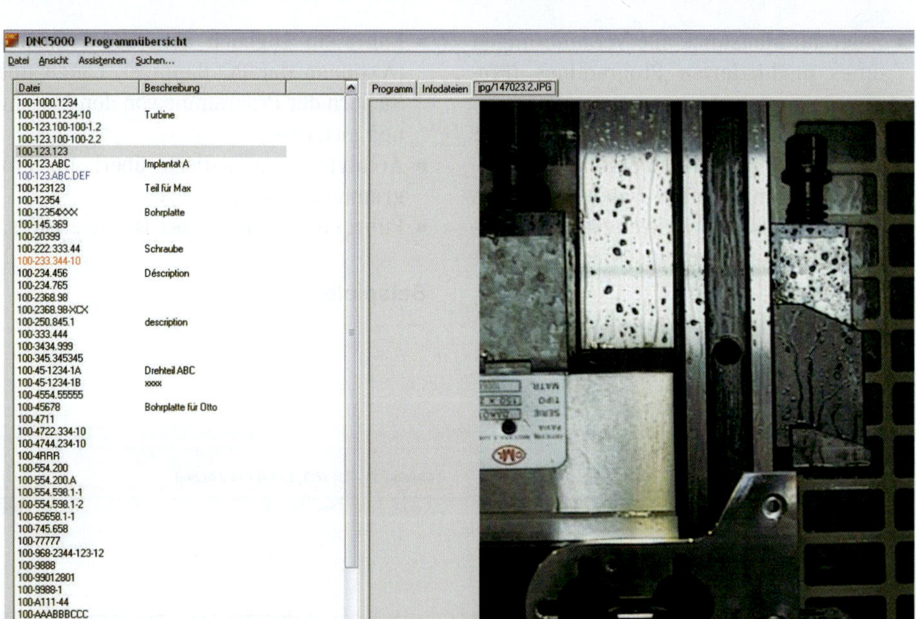

Bild 1.9: Produktionsdaten zum markierten NC-Programm (Beispiel: Digitalfoto einer Aufspannsituation).

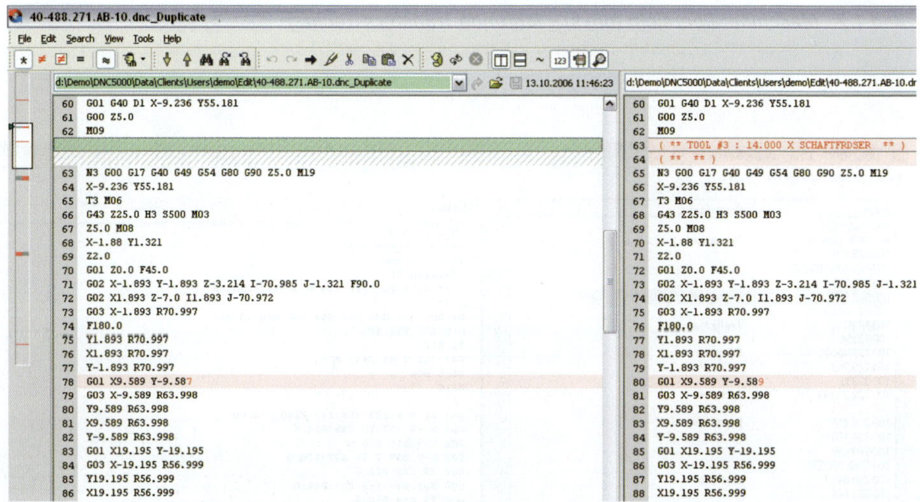

Bild 1.10: Automatischer Programmvergleich.

(Quelle aller Bilder: Quinx AG)

1.10 Vorteile des DNC-Betriebes

Mit der Einführung eines DNC-Systems ergeben sich folgende Vorteile:

- Höhere Produktivität durch geringere Umrüstzeiten.
- Absolute Sicherheit bei der Datenübertragung über große Distanzen.
- Einlesen der Programme mit höchster Geschwindigkeit.
- Vereinfachte Datenhaltung.
- Entlastung der Programmverantwortlichen von lästiger Routinearbeit.
- Rückverfolgbarkeit mit detailliertem Transferlog (ISO 9001, DIN EN ISO 13485:2003).
- Absolute Sicherheit gegen Verwechslung von Datenträger.
- Fehlerfreie Dateneingabe auch bei höchsten Übertragungsgeschwindigkeiten, z. B. beim Betrieb von HSC-Maschinen.
- Garantierte Verwendung der aktuellen Programme.
- Einfache, automatische und übersichtliche Programmverwaltung.
- Schnellere Verfügbarkeit der Programme und Korrekturwerte.
- Keine Stillstandszeiten der Maschinen wegen fehlender Programme.
- Problemlose Bereitstellung der Werkzeugdaten und Korrekturwerte.
- Vermeidung umfangreicher Lochstreifen- oder Diskettenbibliotheken samt Schränken.

sowie bei Systemen mit erweitertem Funktionsumfang:

- Bessere Nutzung der Werkzeugstandzeiten durch einen geschlossenen Datenkreislauf.
- Minimierung des Werkzeugaustausches bei Programmwechsel.
- Bessere Informationstransparenz, insbesondere im Hinblick auf verkettete Fertigungssysteme.
- Insgesamt ein flexibler und vollautomatischer Betrieb der NC-Maschinen.
- Eine höhere Nutzungszeit der Maschinen.

1.11 Kosten und Wirtschaftlichkeit von DNC

Die Gesamtkosten für ein DNC-System liegen heute im Bereich von ca. € 1.000,– bis 5.000,– pro Maschine, abhängig vom DNC-Fabrikat und den anzuschließenden CNCs bzw. deren Schnittstellen.

Wenn bei einem Maschinenstundensatz von € 150,– die Produktivitätssteigerung nur 2 % von 2.875 h beträgt, errechnet sich bei einem Investitionsvolumen von € 15.000,– eine Amortisationszeit von nur zwei Jahren bei zweischichtigem Betrieb.

Jeder Käufer muss die Wirtschaftlichkeitsrechnung nach seinen eigenen Verhältnissen durchführen. Unerfahrene Anwender sollten darauf achten, dass ein **„DNC-Einsteigermodell“** zur Verfügung steht, welches bei positiver Erfahrung problemlos erweiterbar ist. Dazu zählen in erster Linie die Kompatibilität mit den bereits gekauften Einrichtungen und die Übertragbarkeit evtl. erstellter Spezialsoftware auf ein Nachfolge-System.

Zur **Bewertung** eines DNC-Systems sollte man folgende Kriterien heranziehen:

- **Die DNC-Hardware,** denn nicht alle Fabrikate sind den harten Werkstattanforderungen (Störsicherheit, Temperatur, Erschütterungen, Dauerbetrieb, Atmosphäre) gewachsen. Der Rechner sollte möglichst mit einem Standard-Betriebssystem auskommen und die elektronischen Geräte (Netzwerkadapter, Terminals, etc.) CE-geprüft sein.
- **Die DNC-Software,** sie sollte modular erweiterbar, erprobt und fehlerfrei sein und vor allem die schriftlich fixierten Anforderungen erfüllen.
- **Das Übertragungsmedium,** z. B. Koaxkabel, Twisted Pair, Glasfaser.
- **Das verwendete Protokoll** (möglichst ein Standard, wie z. B. Ethernet mit TCP/IP).

- Der Hersteller bzw. Lieferant, der über ausreichend Erfahrung, eigenes Entwicklungspersonal, ein intelligentes Produkt, ein Ersatzteillager und eine akzeptable Serviceunterstützung verfügen sollte.
- **Ein akzeptabler Preis** für gute Qualität, Voraussetzung für eine kurze Amortisationszeit.

Auch die **Notstrategien** bei Ausfall des DNC-Rechners, der Übertragungsstrecke oder der Anschluss-Terminals müssen in die kritische Betrachtung mit einbezogen werden.

1.12 Stand und Tendenzen

DNC-Systeme sind heute ein integraler Bestandteil der betrieblichen Informationstechnologie. Sie versorgen die NC-Maschinen und das Personal mit allen fertigungsrelevanten Daten. Sie verwenden leistungsfähige, industrietaugliche Rechner als universelles Verwaltungs- und Verteilungssystem sämtlicher Fertigungsdaten. Im Vergleich zu den früheren DNC-Systemen wurde der Funktionsumfang wesentlich erweitert, sowie Sicherheit und Schnelligkeit erhöht. Für den Einsatz in Flexiblen Fertigungssystemen besteht eine Zugriffsmöglichkeit auf alle fertigungsrelevanten Datenbestände.

Die Zielvorgabe der kommenden Jahre lautet **„Digitale Fertigung“**. Darunter ist zu verstehen, dass die CAD-erzeugten Daten rechnergestützt zu NC-Programmen verarbeitet und fehlerfrei via DNC-System an die CNC-Maschinen weitergegeben werden müssen. Neue Technologien, wie High Speed Cutting, Rapid Prototyping oder Laseranwendungen, erfordern enorme Datenmengen und sehr hohe Übertragungsgeschwindigkeiten. Lochstreifen sind dafür völlig ungeeignet. Elektronische Datenträger, wie Magnetbänder oder Disketten, sind werkstattuntauglich und unwirtschaftlich, da sie entsprechende Lesegeräte voraussetzen. Die beste Lösung sind netzwerkgestützte DNC-Systeme.

Kommende DNC-Systeme beinhalten deshalb die neuesten Entwicklungen im Kommunikationsbereich (Netzwerktechnik, Internet, Intranet, etc.), erfüllen aber auch die Anforderungen vorhandener, älterer Maschinen und Steuerungen. Bei fast allen DNC-Installationen müssen auch ältere NC-Maschinen angeschlossen werden.

Die neuen CNCs werden mit universellen Datenkommunikationsfunktionen und standardisierten LAN-Schnittstellen ausgerüstet. Damit lassen sie sich, wie alle anderen Netzwerkteilnehmer (CAD, PPS, Werkzeugverwaltung, NC-Programmierung, etc.), problemlos in den betrieblichen Informationsfluss integrieren.

Für DNC-Systeme besteht nach wie vor ein Zukunftsmarkt, da DNC-Systeme noch lange notwendig sein werden, auch wenn die neuen Maschinen einen Netzwerkanschluss mitbringen. Bei Neuinstallationen werden DNC-Systeme und das Netzwerk bereits in den Planungen vorgesehen.

In Werkstätten, wo größere NC-Maschinenparks existieren oder geplant sind, ist der Weg zu DNC vorgezeichnet. Das Gleiche gilt bei der Installation neuer Technologien, auch bei wenigen Maschinen. Bei Flexiblen Fertigungssystemen sind DNC-Systeme unverzichtbar. Flexibilität lässt sich nur erreichen, wenn beim Wechsel der Bearbeitung auch die NC-Programme, Werkzeuge und Werkzeugdaten, Korrekturwerte und Nullpunkttabellen schnell zur Verfügung stehen. Auch Bilder der Werkstücke in verschiedenen Spannlagen helfen dem Bedienpersonal, mit neuen Werkstücken schneller vertraut zu werden.

1.13 Zusammenfassung

DNC-Systeme haben 3 Hauptaufgaben:

- Verwaltung der NC-Programme für alle angeschlossenen CNC-Maschinen

- Zeitgerechte Übertragung der NC-Programme an die CNC-Maschinen
- Aktivierung der Datenübertragung
  - manuell von einer Zentralstelle aus und
  - automatisch oder manuell von der CNC aus.

Dies bedeutet, dass die **Datenanforderung** zur Übertragung eines NC-Programmes in eine definierte CNC sowohl vom Rechner aus, als auch von jeder CNC aus möglich sein muss. Der DNC-Rechner übernimmt oder ersetzt keine Funktionen der CNC. Auch in einem Flexiblen Fertigungsystem, wo alle CNC-Maschinen per DNC mit Daten versorgt werden, bleiben die Steuerungsfunktionen in den CNCs erhalten. Für den automatischen Datenaustausch mit dem DNC-Rechner verfügt jede CNC über einen DNC-Anschluss, heute meistens eine Ethernet-Schnittstelle. Rufen mehrere Maschinen gleichzeitig Programme vom DNC-System ab, dann muss die Übertragungsreihenfolge nach vorgegebenen Prioritäten erfolgen.

Aufgrund der Leistungsfähigkeit der DNC-Rechner haben diese im Laufe der Zeit immer mehr zusätzliche Aufgaben übernommen. So müssen zusätzlich zu den NC-Programmen auch die Programme für die **Werkstück-Handhabungsgeräte** übertragen werden, sowie die evtl. erforderlichen Messprogramme für **Kontrollmessungen** in der Maschine. Hinzu kommen noch die aktuellen **Korrekturwerte** für die Längen bzw. Durchmesser der Werkzeuge, den Werkzeugverschleiß, erforderliche Nullpunktverschiebungen, sowie Bedienerhinweise und Aufspannpläne.

Zur **Sicherheit** gegen falsche Programmübertragungen kommen noch weitere Informationen hinzu, wie

- Freigabe-Überprüfung der Programmnummer für diese Maschine
- Bediener, Zeit und Datum des Abrufes
- Freigabe des neuen Programmes zur Aktivierung und Bearbeitung der Teile
- Vergleich der erforderlichen Werkzeuge mit den im Werkzeugmagazin vorhandenen Werkzeugen und Ausgabe einer Meldung „Werkzeug XXX fehlt“ an den Bediener.

Eine weitere, sehr wichtige Aufgabe ist noch die automatische Übertragung der **MDE/BDE-Daten** (Maschinendaten- und Betriebsdaten-Erfassung) von der CNC an die Zentrale. Darunter versteht man

- die Laufzeiten und Stillstandszeiten der Maschine,
- Fertigungsstückzahlen, Ausschussmeldungen,
- Unterbrechungen der Fertigung mit Ursache
- Maschinen-Stillstandszeiten mit Ursache
- aufgetretene Fehlermeldungen zur statistischen Auswertung
- Wartungshinweise und Kontrolle der Ausführung.

Weiterhin ist für die **Bedienung** wichtig, ob die Kommunikation der CNC mit dem DNC-Rechner über die CNC-integrierte Tastatur erfolgt oder ob ein zusätzliches DNC-Terminal erforderlich ist. Heute ist die Nutzung des CNC-Bedienfeldes zwar preiswerter und üblich, erfordert aber für jedes CNC-Fabrikat eine Schnittstellen-Anpassung, evtl. mit unterschiedlicher Bedienung. Bei Verwendung von DNC-Terminals an den Maschinen ist die weitgehend identische Bedienungsweise von Vorteil.

Nicht zuletzt ist die Art und Geschwindigkeit der **Datenübertragung** von Bedeutung. Damit die Übertragung nicht zum Engpass wird, muss die Übertragungsgeschwindigkeit möglichst hoch sein. Zudem ist die absolut fehlerfreie Übertragung wichtig. Beide Forderungen werden heute durch die Ethernet-Verbindung erfüllt. Es stehen auch Systeme mit kabelloser Funkübertragung zur Auswahl.

DNC – Direct Numerical Control oder Distributed Numerical Control

Das sollte man sich merken:

1. Die heutige Auslegung als **„Distributed Numerical Control"** drückt aus, dass der DNC-Funktionsumfang auf mehrere Rechner verteilt sein kann, die über ein LAN kommunizieren
2. Heutige DNC-Systeme haben klar definierte **Aufgaben**, wie z. B.
   - Zeitgerechte Versorgung der angeschlossenen Maschinen und Automatisierungseinrichtungen mit NC-Teileprogrammen und anderen fertigungsrelevanten Daten.
   - Reduzierung der Wartezeiten auf NC-Programme und weitere Fertigungsdaten.
   - Einführung einer Datenorganisation mit sprechenden Programmkennungen.
   - Ersatz der mobilen Datenträger mit all ihren Nachteilen wie Lagerung und Verwaltung, Beschädigung, Datenverlust und umständliches Handling an den Maschinen.
   - Verwaltung von beliebig vielen NC-Teileprogrammen und Fertigungsinformationen im DNC-Rechner.
   - Zurückgabe korrigierter NC-Programme von den Maschinen an das DNC-System mit Kennzeichnung der Änderungen.
   - Bessere Information der Bediener an den Maschinen.
3. Zur **bidirektionalen Datenübertragung** stehen zwei Möglichkeiten zur Verfügung:
   - Sternverbindungen vom Rechner über Mehrfach-Schnittstellenkarte zu jedem Teilnehmer.
   - Ein lokales Netzwerk (LAN) mit den Vorteilen absoluter Datensicherheit und höherer Übertragungsgeschwindigkeit.
   - Auch die **Übertragung per Funk** zu und von den Maschinen ist möglich.
4. Die an DNC angeschlossenen CNCs benötigen **keine Datenlesegeräte.** Dadurch entfallen Stillstandszeiten für Wartungsarbeit und teure Ersatzhaltung.
5. Als Übertragungsmedium stehen verschiedene Systeme zur Auswahl. Empfehlenswert sind **LAN-Schnittstellen,** wie z. B. für Ethernet mit TCP/IP-Protokoll.
6. Heutige CNCs sollten unbedingt über einen Daten-Anschluss verfügen.
7. Bei NC-Programmen mit Überlänge ist der ununterbrochene Betrieb durch **automatisches Nachladen** von mehreren Programmabschnitten möglich.
8. Die **„Stamm- oder Kopfdaten"** der NC-Programme dienen
   - zur besseren Verwaltung, Identifizierung und Kennzeichnung
   - zur Sicherheit gegen unsachgemäße Verwendung
   - zur Information der Bediener
9. **MDE/BDE** sind keine DNC-Ausbaustufen, sondern separate Funktionsbausteine, die die vorhandene DNC-Hard- und Software nutzen.
10. DNC-Systeme haben einen klar abgegrenzten Aufgabenbereich und beinhalten z. B. keine FFS-Leitfunktionen.
11. Die Wirtschaftlichkeit von DNC-Systemen ist unbestritten.

■

2 LAN – Local Area Networks

Informationen im Betrieb werden immer wichtiger und gelten als wesentlicher Produktionsfaktor. Dafür ist es notwendig, dass alle erforderlichen Informationen auch zum richtigen Zeitpunkt bei den angeschlossenen Benutzern zur Verfügung stehen. Diese Aufgabe übernimmt das innerbetriebliche Datennetz.

2.1 Einleitung

Die in den verschiedenen CA-Bereichen (CAD, CAM, CAQ, CAR, CAI, CAE) eingesetzten Computer und CNCs sind **Daten erzeugende und Daten verarbeitende Systeme.** Je mehr dieser Geräte in einem Betrieb installiert werden, umso wichtiger ist es, dass sie auch Daten untereinander austauschen können. Dies ist die **Aufgabe des innerbetrieblichen Datennetzes** *(Bild 2.1)*.

Breitband-Kabel und -Netzwerke übertragen mehrere Informationen gleichzeitig von verschiedenen „Sendern" zu verschiedenen „Empfängern". Solche Breitband-Netzwerke sind vergleichbar mit den bekannten Fernsehkabelnetzen. Auf diesen Kabeln befinden sich ebenfalls mehrere Fernseh- und Radioprogramme gleichzeitig, sowie zusätzliche Videotexte. Jeder Empfänger entnimmt dieser Vielfalt von Informationen nur das Programm, auf das er eingestellt ist. Dazu ist allerdings ein **Kabeltuner** erforderlich, der die Programme von der Kabelfrequenz auf die normale Eingangsfrequenz der Geräte umsetzt.

Zwar erfolgt die Übertragung im **Simplexbetrieb,** d.h. nur in einer Richtung vom Sender zum Empfänger, aber es wäre technisch durchaus realisierbar, Daten auch zurückzuübertragen. Dies bezeichnet man als **Duplexbetrieb,** d. h. während der Sendungen könnten Informationen vom Fernsehteilnehmer zur Zentrale gesendet werden.

Daneben gibt es noch eine dritte Möglichkeit, der **Halb-Duplexbetrieb,** wobei immer nur ein Teilnehmer senden kann *(Bild 2.2)*.

Im Vergleich zu LANs besteht allerdings der gravierende Unterschied, dass die einzelnen Teilnehmer an einem Fernseh-Kabelnetz nicht untereinander kommunizieren können.

2.2 Local Area Network (LAN)

LANs sind Datennetze, die auf einen bestimmten Bereich begrenzt sind. Die Ausdehnung von LANs ist immer auf den Grundstücksbereich eines Unternehmens beschränkt und unterliegt damit keiner Regulierung durch öffentliche Ämter.

Einen Überblick über die Breite der Kommunikationsmöglichkeiten gibt *Bild 2.3*. Rechnerverbindungen über **große Entfernungen** werden als **Wide Area Network (WAN)** bezeichnet und benötigen öffentliche Einrichtungen, wie z. B. Telefonleitungen, ISDN oder DATEX-P, DSL.

2.3 Was sind Informationen?

Informationen können Daten, Bilder, Zeichnungen oder Steuerungsprogramme sein. Die Informationsverarbeitung steuert und

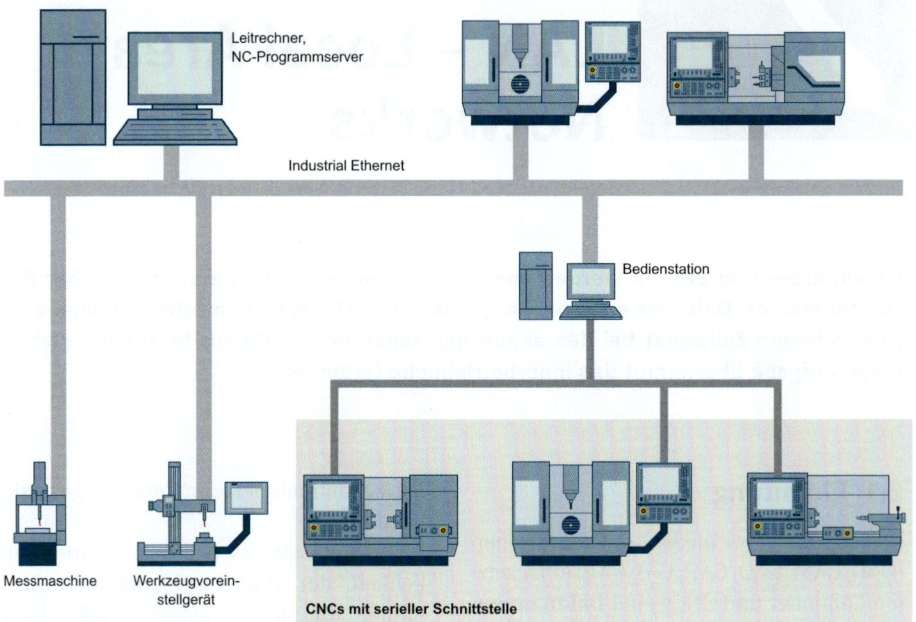

Bild 2.1: Kommunikation CNC-Maschinen und Peripheriegeräte mit Leitrechner über LAN oder serielle Schnittstelle.

dokumentiert Prozesse und Zusammenhänge in mehreren Bereichen eines Unternehmens. Informationen regeln Lagerhaltung und Produktion (PPS), steuern NC-Maschinen und Roboter (DNC, CNC), protokollieren Produktionsdaten und Ausfälle (MDE/BDE), verringern unnötige Stillstandszeiten (CAQ, Diagnose, Wartung) und erhöhen somit die Wirtschaftlichkeit eines Betriebes. Daher das zunehmende Interesse an der Vernetzung.

Vor welchen Aufgaben stehen Unternehmen, die Informationen schneller erfassen, verteilen und gezielt zur Steuerung der Fertigung nutzen möchten?

- Wichtigste Voraussetzung ist **der Einsatz von Rechnern samt Peripherie, Datenbanken und geeigneter Soft-**

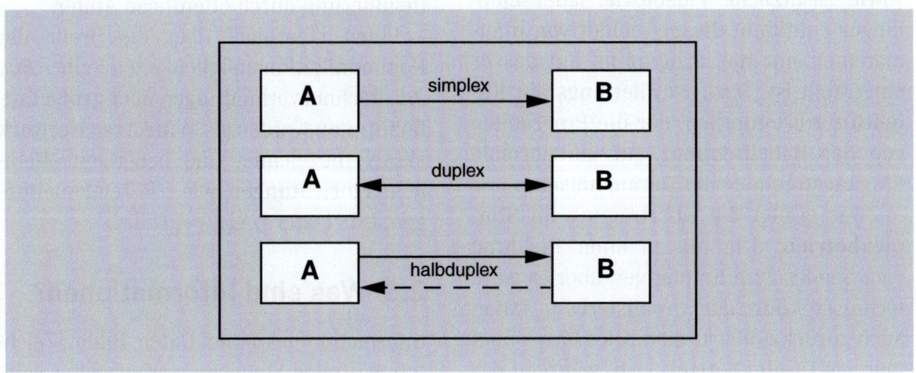

Bild 2.2: Simplex-, Duplex- und Halbduplex-Übertragungsprinzip.

ware, um Informationen erzeugen, speichern und verteilen zu können.

- Es ist unumgänglich, ein **Informationsnetz** aufzubauen. Dieses soll allen Benutzern ermöglichen, auf alle Informationen zuzugreifen, die sie brauchen. Da mit zunehmender Automatisierung immer mehr Stellen im Betrieb diese Informationen nutzen und Ergebnisse zurückmelden, müssen diese Datennetze auch zuverlässig, schnell, ausbaufähig und sicher sein.
- Um über das Datennetz miteinander kommunizieren zu können, müssen die anzuschließenden Geräte über eine einheitliche **Daten-Schnittstelle** verfügen. Diese muss hard- und softwaremäßig für das gemeinsame Datennetz ausgelegt sein.

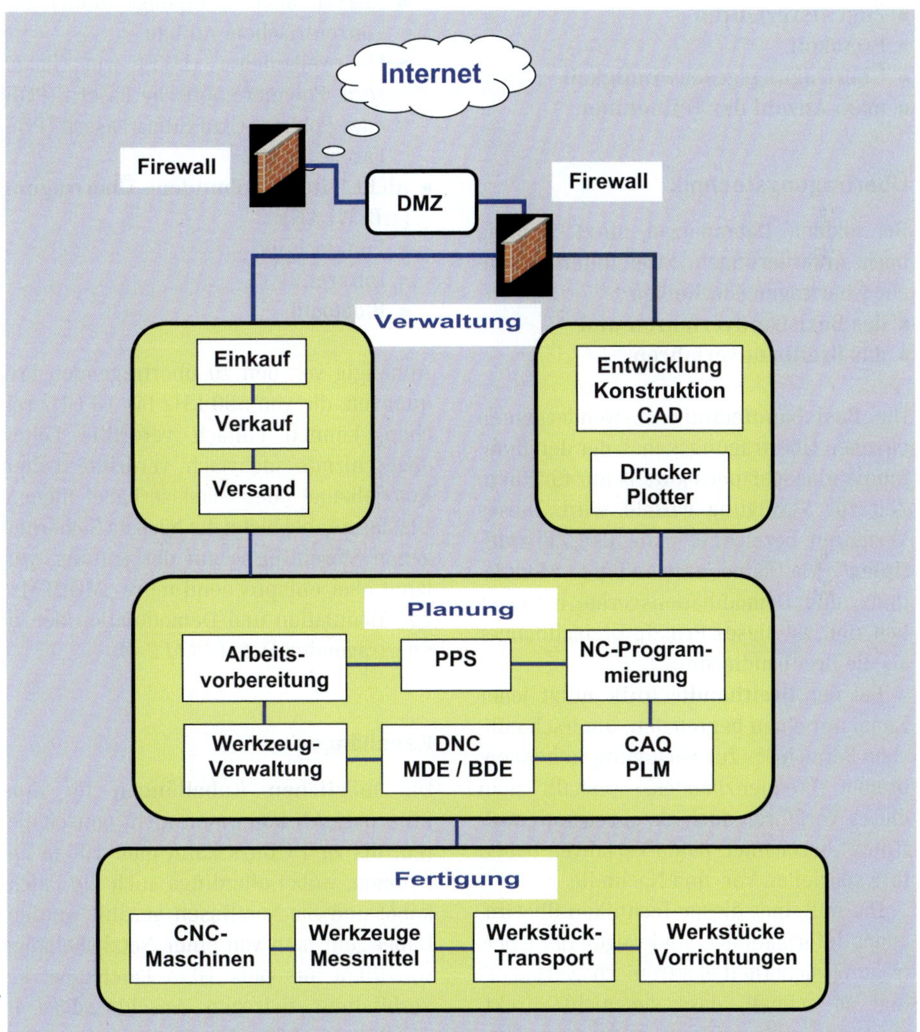

Bild 2.3: Schematische Darstellung der Kommunikationsmöglichkeiten in einem Lokalen Netzwerk (LAN), DMZ = Demilitarisierte Zone.

2.4 Kennzeichen und Merkmale von LAN

Es gibt heute mehrere unterschiedliche LAN-Systeme. Obwohl deren grundsätzliche Aufgabe immer gleich ist, bestehen doch wesentliche technische Unterschiede, deren Merkmale in folgenden sieben Bereichen liegen:

- **Übertragungstechnik**
- **Übertragungsmedium**
- **Netz-Topologie**
- **Zugriffsverfahren**
- **Protokoll**
- **Übertragungsgeschwindigkeit**
- **max. Anzahl der Teilnehmer.**

Übertragungstechnik

Bei lokalen Datennetzen nutzt man, je nach Anforderungen, zwei unterschiedliche Übertragungstechniken:

- **das Basisbandverfahren und**
- **das Breitbandverfahren.**

Die **Basisbandtechnik** verwendet einen einzigen Übertragungskanal, der den Kommunikationspartnern jeweils nur für kurze Zeit zur Verfügung gestellt wird. Dieses Verfahren bezeichnet man als **„Zeitmultiplex“.** Da keine aufwändigen Modulations- und Demodulationsgeräte erforderlich sind, ist dieses Prinzip preisgünstiger als die Breitbandtechnik.

Bei der **Breitbandtechnik** nutzt jeder Kanal nur einen begrenzten, unterschiedlichen Bereich des zur Verfügung stehenden, breiten Frequenzbandes, weshalb man dieses Verfahren auch als **„Frequenzmultiplex“** bezeichnet. Beide Verfahren haben ihre speziellen Vor- und Nachteile.

Die mit einer dieser Techniken übertragenen Informationen sind wegen der Übertragungssicherheit elektronisch „verpackt“ und so schnell, dass sie nicht direkt, sondern nur über einen so genannten **„Umsetzer“** für den Empfänger lesbar gemacht werden können.

Übertragungsmedium

In der Kommunikationstechnik ist der Begriff **Übertragungsmedium** spezifiziert als

- **leitungsgebundene Übertragung** (z.B. LAN oder WAN):
  - Twisted-Pair-Kabel (verdrillte Kabel) als Unshielded Twisted Pair (ohne Schirm) oder als Shielded Twisted Pair mit Abschirmung der einzelnen Adernpaare in einer Leitung
  - Koaxialkabel, zweipolige Kabel mit konzentrischem Aufbau.
  - Lichtwellenleiter (LWL) wie Glasfasern, Polymere optische Fasern (POF) oder Polymer-Clad Silica Fasern (PCS-Faser).
- **nicht-leitungsgebundene Übertragung** (z.B. WLAN):
  - Funktechnik,
  - Infrarot,
  - Bluetooth.

Abhängig von den zu übertragenden Frequenzen, die von 500 kHz bis 10 GHz reichen, können einfach verdrillte Leiter, abgeschirmte mehrfach verdrillte Leiter, Koaxialkabel oder Glasfaserkabel dienen. Glasfaserkabel bietet die höchste Sicherheit gegen Störeinflüsse auf der Leitung, verlangt aber entsprechend teure „MODEMs“ zur Modulation und Demodulation der zu übertragenden Daten *(Bild 2.4).*

Kabellängen

Die **möglichen Kabellängen** für eine Ethernet-LAN kann man nicht pauschalieren. Bis zu 1 GBit/s kann man 100 m annehmen, wobei allerdings auch die Patchkabel und Stecker/Dosen gezählt werden. Dabei geht man von einer Netzkabellänge von 90 m aus plus 10 m Patchkabel als Verbindung zwischen Anschlussdose in der Wand und Computer.

Bei 10 GBit/s Netzwerken hängt die Länge stark von den verwendeten Kabeln

Übertragungsmedium	Kapazität	Bemerkung
Symmetrische Kabel (Twisted Pair)		**Telefon**
– <CAT3	bis 500 MHz	Ethernet 10 Base T
– CAT3	10 MHz	Ethernet 100 Base T
– CAT5	100 MHz	Ethernet 1 G Base T
– CAT6	250 MHz	
– CAT7	600 MHz	
Koaxialkabel		
– Ethernet	10 MHz	Ethernet 10 Base 2
– Funk- + Fernsehtechnik	2 GHz	z.B. Satellitenempfangsanlage
Lichtleiter	>10 GHz	störungsunempfindlich

Bild 2.4: Übertragungsmedien und deren Kapazitäten.

ab. Um 100 m zu erreichen, müssen bestimmte Kategorien (Cat-6 geschirmt, Cat-6A) verwendet werden, sonst sind nur 45 m oder sogar weniger erreichbar. Der Verlegeaufwand ist deutlich höher und eignet sich nicht für die gängige Arbeitsplatzvernetzung.

Bei 40 oder 100 GBit/s stößt Kupfer an seine Grenzen. Das ist bisher nicht praktikabel machbar.

Bei Glasfaser hängt viel vom Standard ab, maximal machbar sind 40 km bei 100 GBit/s, 10 km bei 40 GBit/s. Der Verlegeaufwand ist dabei sehr viel höher als bei Kupferkabel.

Netz-Topologie

Die derzeit bestehenden LAN-Standards sehen Bus-, Ring-, Stern- oder Baumstrukturen vor *(Bild 2.5 und 2.6).*

Bei **Busnetzen** sind alle Teilnehmer an einer gemeinsamen Leitung angeschlossen. Busnetze zeichnen sich durch kurze, einfache Leitungsführungen für das Gesamtnetz aus. Die Übertragung erfolgt immer auf direktem Wege zwischen Absender und Empfänger.

Bei **Ringnetzen** sind alle Teilnehmer an einem Leitungsring angeschlossen, d.h. jede Station ist mit mindestens zwei benachbarten Stationen verbunden. Die Daten durchlaufen den Ring in einer fest vorgegebenen Richtung und kommen dann wieder zum Anfangspunkt zurück.

Damit eine Unterbrechung des Ringes nicht zum Totalausfall der Informationsübertragung führt, nutzt der **TOKEN-Ring** eine doppelte Leitungsführung durch Verwendung verdrillter Doppeladern. Durch einen automatischen oder manuell herbeigeführten Kurzschluss der Hin- und Rückleitungen können fehlerhafte Leitungen oder Geräte umgangen werden.

Die einfachste Datenübertragung, z.B. vom DNC-Rechner zu den CNCs, erfolgt über direkte Kabelverbindungen. Bei dieser **Sternverbindung** sind alle Teilnehmer an einer zentralen Station angeschlossen und können deshalb nicht direkt miteinander kommunizieren, sondern nur über die Zentralstation. Weil jeder Anschluss eine Schnittstelle am Rechner belegt, ist diese Verbindung nur für den Anschluss weniger Teilnehmer geeignet.

Die **Baumstruktur** ist eine gemischte Struktur aus den oben genannten Topologien.

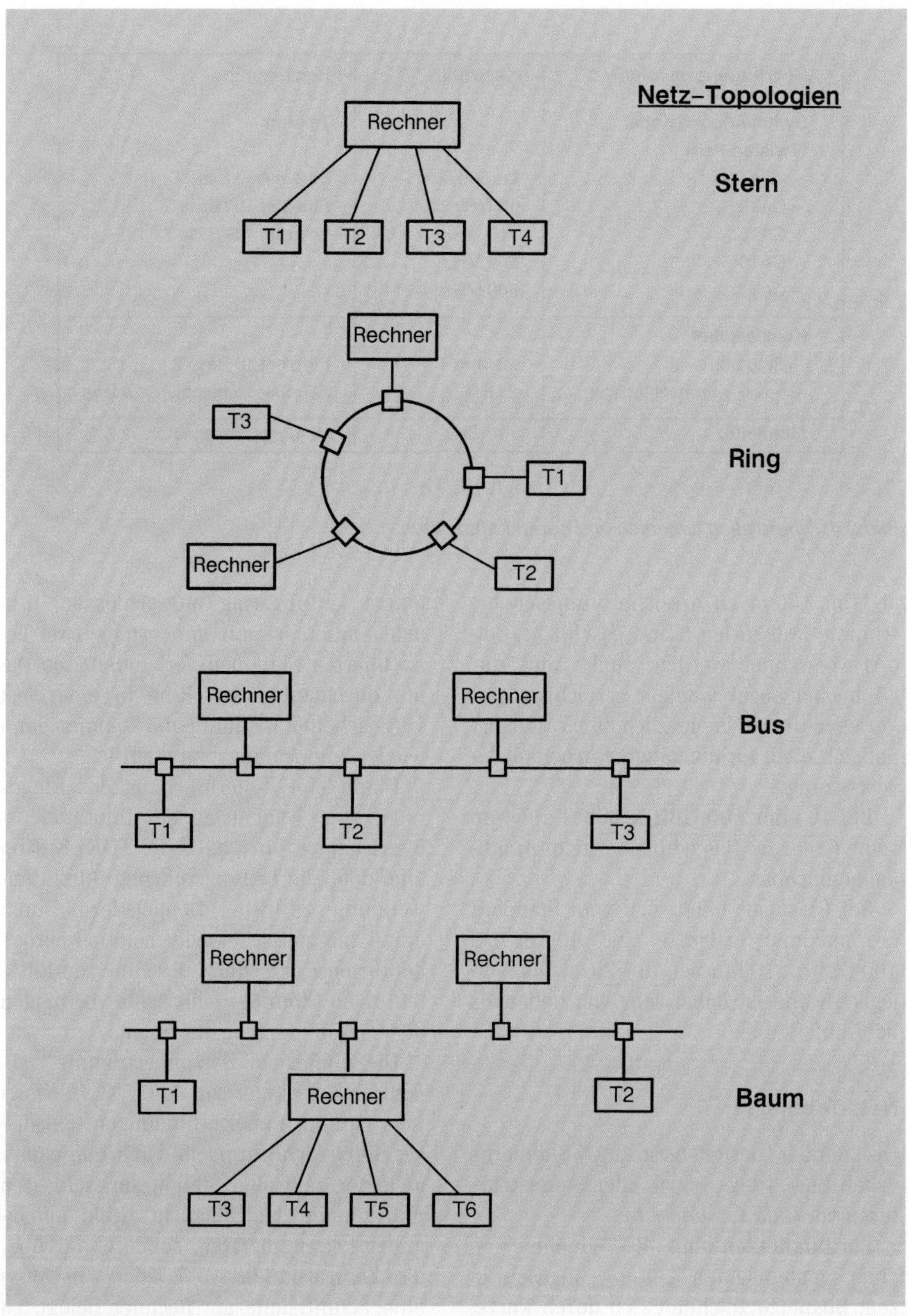

Bild 2.5: Stern-, Ring-, Bus- und Baumstruktur lokaler Netzwerke (T1 ... T6 = Teilnehmer 1 bis 6).

Stern	Ring	Bus	Baum
	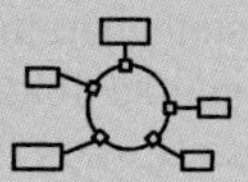	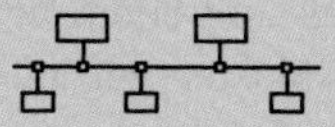	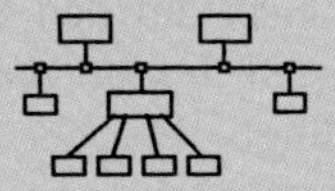
verbreitete Struktur	jede Station benötigt aktiven Sender und Empfänger	Koaxialkabel als passives Medium	vom Hauptstrang zweigen Äste ab
VORTEILE: Ausfall einer Einheit hat keinen Einfluss auf das Netz	einfache Anschlussmöglichkeit neuer Teilnehmer	Stationen beliebig an- und abschaltbar	bei getrennten Netzen oder späteren Erweiterungen
NACHTEILE: Hohe Leitungskosten bei größeren Entfernungen	2 Doppeladern erforderlich zur Sicherheit bei Ausfall einer Station	Ausfall bei Kabelschaden	Aufwändige Erweiterung, teuer bei unterschiedl. Netzen

Bild 2.6: Topologische Strukturen von Netzwerken und ihre Vor-/Nachteile.

Zugriffsverfahren

Das **Zugriffsverfahren** regelt, welcher Teilnehmer Informationen auf dem Datenbus senden darf und wie der Empfänger die ihn betreffende Nachricht erkennt. Dabei unterscheidet man nach Verfahren mit kollisionsfreiem Zugriff und Verfahren mit kollisionsbehaftetem Zugriff auf das Datennetz.

Prinzipiell werden folgende Zugriffsverfahren eingesetzt:

- Master-Slave-Verfahren (Interbus-S)
- Token-Ring (Token-Ring-Prinzip)
- Token-Passing (Profi-Bus)

Wichtig ist das Prinzip, Kollisionen zu erkennen und zu verhindern. Als **Kollision** bezeichnet man, wenn sich zwei (oder mehr) Signale gleichzeitig auf einer gemeinsamen Leitung befinden. Dabei überlagern sich die beiden elektrischen Signale zu einem gemeinsamen Spannungspegel. Die Folge ist, dass der Empfänger das elektrische Signal nicht mehr nach den einzelnen logischen Signale (Bits) unterscheiden kann.

- CSMA/CD *(Carrier Sense Multiple Access* mit Collision Detection),
- CSMA/CA *(Carrier Sense Multiple Access* mit Collision Avoidance)
  (CAMA/CD mit Arbitrierung im Kollisionsfall, d. h. der Teilnehmer mit der höheren Priorität sendet weiter, der Teilnehmer mit der niederen Adresse hat die höhere Priorität. Dies bedeutet, dass der Teilnehmer mit der niedersten Adresse **die höchste Priorität und damit Echtzeitfähigkeit besitzt.**

Beim **Master-Slave-Verfahren** ist ein Teilnehmer der *Master*, alle anderen sind die *Slaves*. Der Master hat als einziger das Recht, unaufgefordert auf die gemeinsame Ressource zuzugreifen. Der Slave kann von sich aus nicht auf den Bus zugreifen; er muss warten, bis er vom Master gefragt wird (Polling).

Hauptvorteil ist, dass nur der Master den Zugriff steuert, was Kollisionen verhindert.

Nachteilig ist, dass die Kommunikation zwischen Slaves nicht möglich ist. Zudem ist das Abfragen (Polling) der Slaves durch den Master ineffizient.

Das Problem der Kommunikation zwischen Slaves kann durch das Verfahren des „Beschleunigten Datenaustausches" verringert werden. Hierbei überträgt der Master an Slave 1 den Befehl „Empfange Daten". Slave 2 erhält vom Master den Befehl „Sende Daten", woraufhin dieser mit der Datenübertragung beginnt.

Empfängt Slave 1 die Daten inklusive einer „Endemeldung" korrekt, sendet er wiederum eine „Endemeldung" an den Master. Dies erfordert von den Slaves eine etwas höhere Intelligenz, was sich allerdings auch auf den Preis auswirkt.

Master-Slave-Architekturen können auch mit dem Token Bus kombiniert werden, wobei dann nur die Master den Token weitergeben.

Beim **Token-Prinzip** *(Bild 2.7)* zirkuliert dazu ständig ein spezielles Bitmuster, der „TOKEN", auf dem Ring. Er wird wie ein Stafettenholz von einem aktiven Gerät zum nächsten weitergegeben und nur wer den TOKEN hat, darf senden. Dazu wartet die sendebereite Station, bis der vorbeikommende Token den „FREI"-Zustand signalisiert, setzt ihn gewissermaßen im Flug auf „BESETZT", fügt Absender- und Zieladresse hinzu und hängt die zu übertragenden Daten an. Die Zielstation erkennt ihre Adresse, kopiert die Daten in den Eingangspuffer und setzt das „KOPIERT"-Bit. Der gesamte Datenstrom gelangt schließlich wieder zur Sendestation, die die Daten zur Sicherheit mit den gesendeten Daten vergleicht, entfernt und einen „FREI"-Token auf den Ring schickt. Datenkollisionen werden damit verhindert.

Token Passing ist ein hybrides Zugriffsverfahren aus Token-Ring und Master-Slave. Grundlage von Token Passing ist das Token, das im Netzwerk von einer Master-Station zur benachbarten Master-Station in einer logischen Ring-Topologie weitergeleitet wird.

Der Begriff **Carrier Sense Multiple Access/Collision Detection (CSMA/CD)** („Mehrfachzugriff mit Trägerprüfung und Kollisionserkennung") bezeichnet ein asynchrones Medienzugriffsverfahren (Protokoll), das den Zugriff verschiedener Stationen auf ein gemeinsames Über-

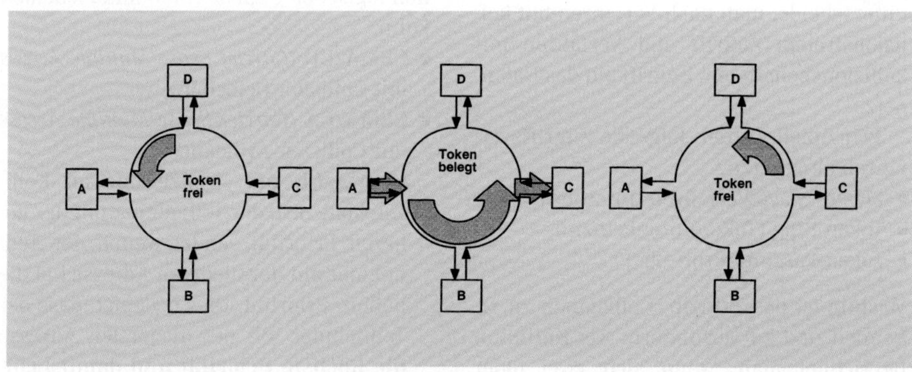

Bild 2.7: Token Ring Prinzip (Senden von A nach C).

tragungsmedium regelt. Wenn mehrere Stationen den Bus zeitgleich verwenden wollen, können **Kollisionen** entstehen, welche die übertragenen Signale unbrauchbar machen. Um dies wirkungsvoll zu unterbinden, wird das CSMA/CD-Verfahren eingesetzt, um auftretende Kollisionen zu erkennen, zu reagieren und zu verhindern, dass sich diese wiederholen.

Carrier Sense Multiple Access/Collision Avoidance (CSMA/CA) („Mehrfachzugriff mit Trägerprüfung und Kollisionsvermeidung") bezeichnet ein Prinzip für die **Kollisionsvermeidung** bei Zugriff mehrerer Teilnehmer auf denselben Bus. Es findet abgewandelt auch bei Kommunikationsverfahren wie ISDN Anwendung, oder in vielen Kommunikationsnetzen, bei denen mehrere Clients Daten auf einen Bus legen und es nicht zu Kollisionen kommen darf. In zentral koordinierten Kommunikationsnetzen tritt dieses Problem nicht auf.

Bei Verfahren mit **kollisionsbehaftetem Zugriff** kann jede Station zu jedem Zeitpunkt senden. Mögliche Datenkollisionen werden bewusst in Kauf genommen und führen sofort zum Abbruch der begonnenen Übertragung. Nach Ablauf einer zufallsbedingten Wartezeit beginnt die Übertragung wieder und die zuerst sendende Station sperrt den Zugriff für alle anderen Stationen.

Dieses Verfahren ist unter der Abkürzung **CSMA/CD** (Carrier Sense Multiple Access/Collision Detection) bekannt und unter der Handelsbezeichnung **ETHERNET** verfügbar. Dieses Verfahren ist heute das am weitesten verbreitete LAN-Netzwerk.

Protokoll

Unter einem Protokoll versteht man festgelegte Bedingungen, Regeln und Vereinbarungen, die den **gesicherten Informationsaustausch** von zwei oder mehr miteinander kommunizierenden Systemen oder Systemkomponenten ermöglichen sollen.

Ein Protokoll ist die Vorschrift, nach der die Kommunikation in einem Datenübertragungssystem abläuft. Das Protokoll legt Code, Übertragungsart, Übertragungsrichtung, Übertragungsformat, Verbindungsaufbau und Verbindungsauflösung fest.

Beispiel: Die menschliche Sprache und deren Regeln. Personen, die sich in der gleichen Sprache unterhalten, können mittels Mund und Ohren (= SCHNITTSTELLE) wechselseitig Informationen austauschen. Das Kommunikationsmittel Sprache ist festgelegt durch Worte, deren Bedeutung, eine Grammatik und die Aussprache (= PROTOKOLL).

Versteht dagegen jede Person nur die eigene, von den anderen unterschiedliche Sprache, dann ist keine Kommunikation möglich, obwohl alle sowohl sprechen (senden) als auch hören (empfangen) können.

Damit die Datenübertragung auch funktioniert, müssen die Schnittstellen und Protokolle aller Teilnehmer identisch sein oder über Umsetzer identisch gemacht werden. (Sie müssen sozusagen die gleiche Sprache sprechen und verstehen oder sie benötigen einen Dolmetscher.) Weiterhin ist wichtig, dass auch die Sende- und Empfangsgeschwindigkeiten übereinstimmen.

Übertragungsgeschwindigkeit

(Tabelle 2.1)

Die Übertragungsgeschwindigkeit in einem Datennetz muss möglichst hoch sein, damit möglichst viele Daten pro Sekunde transportiert werden können und keine Wartezeiten entstehen.

Übertragungsgeschwindigkeit und **Datenrate** bezeichnen ein und dasselbe. Im Zusammenhang mit digitalen Signalen spricht man auch von Bandbreite, also die zur Verfügung stehende Kapazität pro Übertragungsschritt. Sie wird in der Regel in Bit/s, kBit/s, MBit/s oder GBit/s angegeben. Angaben in Byte/s, kByte/s, MByte/s oder GByte/s sind dagegen unüblich. **Eine**

Tabelle 2.1: Übertragungsgeschwindigkeiten im Vergleich
Quelle: http://www.elektronik-kompendium.de/sites/kom/0212095.htm

Bezeichnung	theoretisches Maximum	realistisches Maximum
USB 3.0	5 GBit/s	200 MByte/s
USB 2.0	480 MBit/s	36 MByte/s
Gigabit Ethernet	1 GBit/s	117 MByte/s
Fast Ethernet	100 MBit/s	11,8 MByte/s
DSL mit 16 MBit/s (Downstream)	16 MBit/s	1,9 MByte/s
DSL mit 6 MBit/s (Downstream)	6 MBit/s	0,7 MByte/s
UMTS/HSDPA mit 7,2 MBit/s	7,2 MBit/s	0,8 MByte/s
UMTS/HSDPA mit 3,2 MBit/s	3,2 MBit/s	0,4 MByte/s

Angabe in Baud ist meistens falsch, da dies als Einheit für die Schrittgeschwindigkeit definiert ist (Baudrate). Arbeitet man mit nur zwei verschiedenen Spannungen (wie z.B. RS-232 mit 0 und 1), dann wird mit einem Schritt ein Bit übertragen, d.h. bei 9600 Baud auch 9600 bps. Werden aber mehrere unterschiedliche Spannungspegel benutzt, dann werden damit auch mehrere Bit pro Baud übertragen.

Verfügen die an ein Datennetz angeschlossenen NC oder CNC über eine begrenzte Download-Geschwindigkeit, dann muss zwischen LAN und Steuerung ein „Umsetzer“ geschaltet werden. Dieser übernimmt die auf dem LAN mit höherer Geschwindigkeit ankommenden Daten in einen Datenpuffer *(buffer)* und gibt sie mit der richtigen Lesegeschwindigkeit in die CNC ab.

Da CNCs Computer nutzen, verfügen sie auch über schnelle Datenschnittstellen.

Die ständig an allen Teilnehmern vorbeifließenden Daten dürfen nur zum richtigen, in der „Adresse“ angesprochenen Teilnehmer gelangen. Deshalb übernimmt der Umsetzer auch das „Ausfiltern und Auspacken“ der Informationen.

Max. Anzahl der Teilnehmer

An einem Ethernet-Netz sind max. 1.024 Stationen anschließbar und die Länge des Netzwerkes darf 2.500 m betragen, ohne Gateways oder Router. Das Standard-Ethernet hat eine Übertragungsgeschwindigkeit von 10 MBit/s, Fast-Ethernet von 100 MBit/s und Gigabit-Ethernet von 1.000 MBit/s. Für Fast-Ethernet und Gigabit-Ethernet ist twisted-pair oder Glasfaserverkabelung notwendig, da Koaxialkabel diese hohen Frequenzen nicht zulassen.

Da die Feldbusse CAN, InterBus-S und -Profibus physikalisch auf seriellen Schnittstellen vom Typ RS485 basieren, sind die Leistungsdaten auch nahezu identisch. Unterschiede bestehen dagegen bei den Buszugriffsverfahren, den Sicherungsmechanismen und den Übertragungsprotokollen

Der **CAN-Bus** arbeitet mit CSMA/CA, dadurch ist die max. Leitungslänge komplex zu berechnen. Sie beträgt etwa 1 km bei einer Übertragungsrate von 50 KBit/s. Die max. Teilnehmerzahl ist auf 64, mit Einschränkungen auf 128 begrenzt.

Der **Interbus-S** überträgt bis 40 m zwischen zwei Teilnehmern 500 KBit/s an max. 256 Teilnehmer.

Beim **Profibus** sind 32 Teilnehmer, mit Repeatern bis 127 Teilnehmer möglich, wobei zwischen zwei Teilnehmern, die miteinander kommunizieren sollen, max. drei Repeater liegen dürfen. Die Übertragungsrate beträgt bei 200 m Ausdehnung 500 KBit/s, bei 1.200 m nur noch 93 KBit/s.

2.5 Gateway und Bridge

Zweck der Datenkommunikation ist es, Informationen ortsunabhängig zur Verfügung zu stellen. Diesem Ziel widersprechen eigentlich Lokale Netzwerke, wenn sie, wie eingangs erwähnt, auf ein bestimmtes Gebäude oder einen Abteilungsbereich begrenzt sind und deshalb in einem Unternehmen auch mehrere LANs existieren können. Deshalb braucht man Einrichtungen, die Informationen von einem LAN heraus in ein anderes Netz transportieren. Solche Einrichtungen nennt man **Bridges oder Gateways** *(Bild 2.8).*

Unter **Bridge** versteht man eine Einrichtung, meist ein Computer mit dazugehöriger Software, die die **Kopplung gleichartiger LANs** erlaubt und eine Kommunikation der Teilnehmer aus einem Netz mit Teilnehmern aus dem anderen gleichartigen Netz ermöglicht. Da definitionsgemäß die zu verbindenden Netzwerke identisch sind, findet in der Bridge keine Protokollumsetzung statt. Die Bridge muss jedoch die Adressen der vorbeikommenden Datenpakete erkennen und prüfen, ob dessen Empfänger im anderen Netz liegt. Nur wenn dies der Fall ist, leitet die Bridge dieses Datenpaket ins andere Netz und vermeidet dadurch eine unnötige Überlastung der Netze.

Bridges nutzt man auch als Verstärker, um die begrenzte Länge eines Netzes zu vergrößern.

Gateways dagegen dienen zur Verbin-

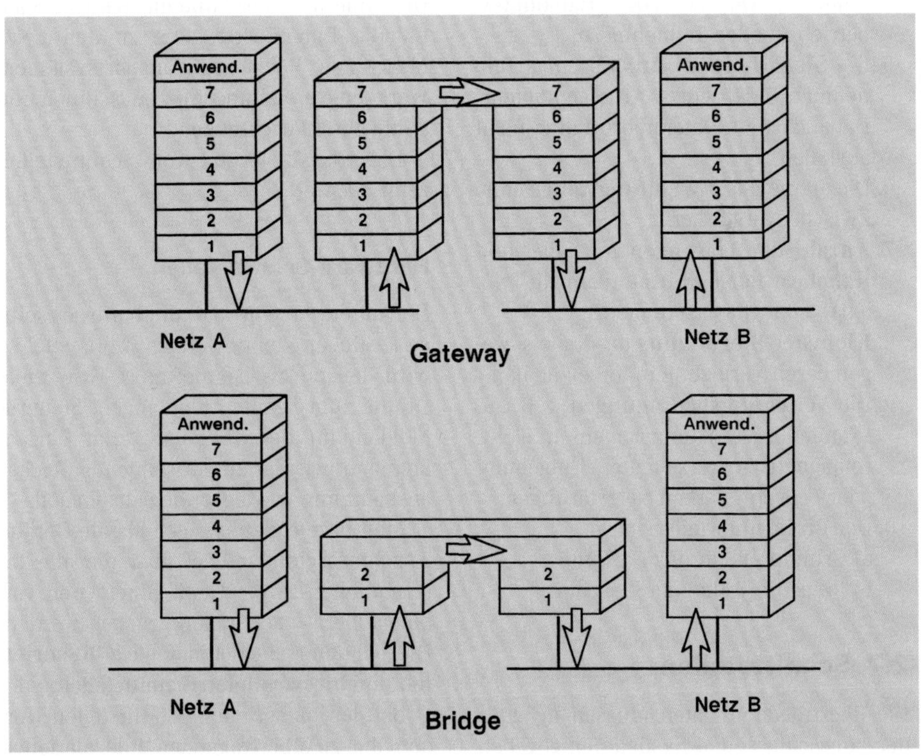

Bild 2.8: Gateway zur Kopplung von ungleichen Datennetzen, Bridge zur Kopplung von gleichen Datennetzen (1 - 7 = ISO/OSI Kommunikationsmodell).

dung **unterschiedlicher Netzwerke.** Es ist leicht einzusehen, dass Gateways relativ komplexe Gebilde sein können, da sie eine ganze Reihe zusätzlicher Aufgaben, wie Protokollwandlungs-, Formatierungs- und Anpassungsarbeiten, übernehmen müssen.

2.6 Auswahlkriterien eines geeigneten LANs

Für die Auswahl eines LANs sind 12 wesentliche Kriterien maßgebend, mit denen sich ein Käufer auseinander setzen muss:

1. Die max. **Übertragungsgeschwindigkeit** in Bit/s,
2. Die max. **zu erwartende Datenmenge,** die übertragen werden muss,
3. Die max. **Anzahl der anschließbaren Teilnehmer,** die ohne Probleme möglich ist,
4. Die Frage der **Datenübertragung** im Simplex-, Duplex- oder Halbduplexbetrieb zu allen Teilnehmern,
5. Die **Sicherheit bei Ausfall** eines Teilnehmers oder eines Abzweigknotens. Dabei darf die Datenübertragung nicht ausfallen,
6. Die max. zulässige **Leitungslänge** ohne Zwischenverstärker,
7. **Anzahl der Leitungen** im Kabel und **Kabelart** (abgeschirmt, verdrillt, Koaxial- oder Glasfaserkabel),
8. **Kleinster Biegeradius** des Kabels, wegen deren Verlegung in Kabelkanälen,
9. Die **Verlegungsbedingungen,** z. B. zusammen mit Leistungskabeln, in elektromagnetisch verseuchter Umgebung oder bei sehr starken Netzstörungen,
10. Der **Preis,** unterteilt nach
    a) Grundpreis für das LAN und
    b) Preis pro Teilnehmeranschluss.

2.7 Schnittstellen

Die übertragenen Daten müssen in jedes der angeschlossenen Systeme eingegeben werden können. Dazu dient die Geräte-Schnittstelle.

Eine Schnittstelle, auch als **Interface** bezeichnet, ist die exakt definierte Grenze zwischen zwei Hardware-Systemen, wie Computer, Drucker, CNC oder zwei Software-Programmen innerhalb eines Rechners. Von der Telekom auch im weiteren Sinne als Übergabestelle von Verantwortlichkeiten definiert, z. B. von Fernsehkabelnetz auf den Hausanschluss.

Eine Schnittstelle kann zur Verbindung von zwei gleichen oder zwei ungleichen Systemen dienen.

Beispiele: Zwei identische Computer, zwei nicht identische Computer, Computer/Drucker, Computer/CNC, DNC/CNC oder Mensch/Computer (= Tastatur und Bildschirm).

Hier sollen nur solche Schnittstellen betrachtet werden, die einen direkten Bezug zur Steuerung von CNC-Maschinen haben (Computer Aided Manufacturing = CAM). Dies sind in erster Linie die Schnittstellen für die Datenübertragung zu den CNC-Maschinen, Robotern, Transportsystemen, Werkzeugverwaltung, Messmaschinen und ähnlichen Einrichtungen.

Die Klassifizierung von Schnittstellen zeigt *Bild 2.9*.

Hardware-Schnittstellen

Hierunter versteht man die hardwareseitige Festlegung einer Geräteschnittstelle. Es wird beispielsweise definiert, wie viele Drähte zum Senden, Empfangen, Steuern, Melden, für den Takt usw. zum Einsatz kommen, wie der zu verwendende Stecker aussieht und wie dieser belegt sein soll.

Man bezeichnet sie auch als die Geräte-Anschlussschnittstellen, über die alle Informationen in ein Gerät hinein und von einem Gerät nach außen gegeben werden. Hierbei unterscheidet man nach **bit-seriellen** und **bit-parallelen** Schnittstellen.

Bei den bit-seriellen Schnittstellen werden die zu übertragenden Informationen in einer zeitlichen Reihenfolge auf der gleichen Leitung gesendet. Deshalb ist die

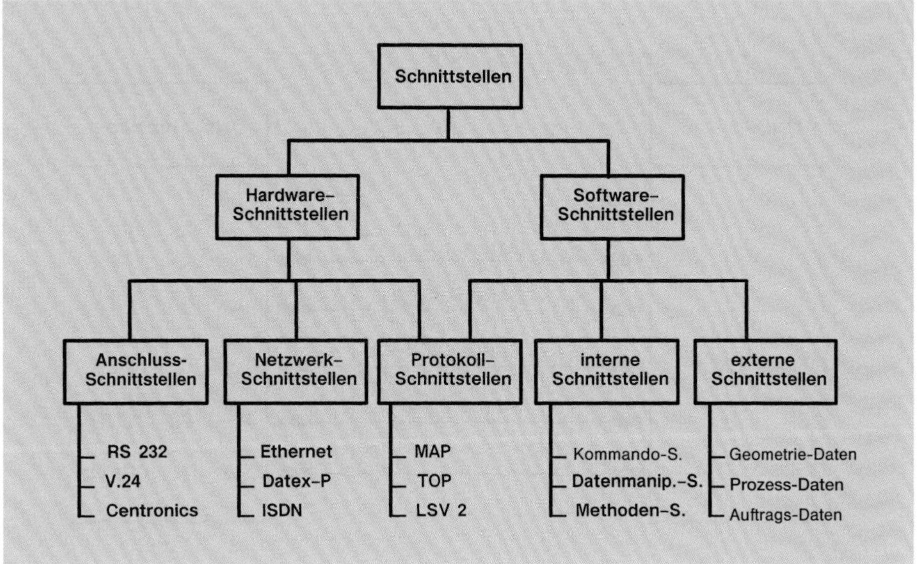

Bild 2.9: Klassifizierung von Schnittstellen.

Übertragungsgeschwindigkeit langsamer als bei der bit-parallelen Übertragung, wo die einzelnen Bits eines Zeichens gleichzeitig auf mehreren Leitungen anstehen.

Die **Nachteile** der parallelen Schnittstellen sind jedoch gravierend:

- mindestens 9 Leitungen für 8-bit Zeichen
- technisch aufwändig
- Leitungslänge auf 1 - 3 Meter begrenzt.
- **Beispiele:** Centronics, IEC-Bus.

Wegen der bevorzugten Verwendung von **bit-seriellen Schnittstellen** für die Datenübertragung sehen wir uns die meistbenutzten etwas näher an.

Die **V.24-Schnittstelle** *(Bild 2.10)* ist eine Liste, die alle Leitungen, die für eine Schnittstelle sinnvoll wären, zusammenfasst und deren Funktion beschreibt. Es sind dies insgesamt 25 Leitungen für Senden, Empfangen, Steuern, Melden usw., von denen jedoch nur 7 verwendet werden.

Handshake

Dies ist die Prozedur, nach der die Datenübertragung zwischen zwei Geräten gesteuert wird. Der Handshake steuert die Datenübertragung im Start/Stop-Betrieb derart, dass die empfangende Station die gesendeten Daten auch aufnehmen kann. Ist dies für eine begrenzte Zeit nicht möglich, dann stoppt der Empfänger den Sender mittels einem definierten Signal solange, bis er wieder empfangsbereit ist. Dabei unterscheidet man nach **Softwarehandshake** und **Hardwarehandshake** *(Bild 2.11)*.

Diese unterscheiden sich aufgrund ihres Funktionsprinzips nur durch

- die Anzahl der erforderlichen Leitungen und
- die Zuweisung von Datenleitungen und Steuerleitungen.

Während beim Hardwarehandshake je zwei separate Leitungen für Daten und Steuersignale festgelegt sind, kommt der Softwarehandshake mit zwei Datenleitungen aus, deren Funktion mit der Übertragungsrichtung wechselt.

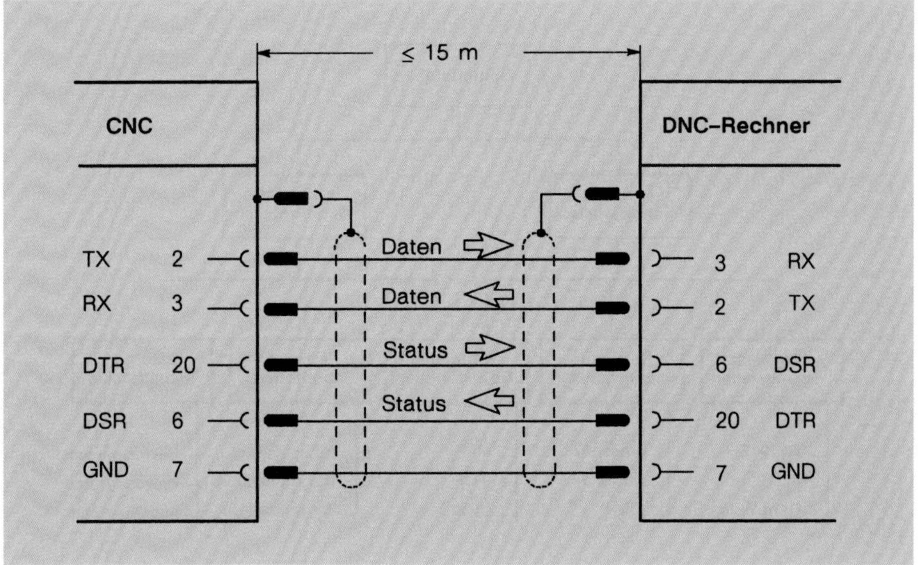

Bild 2.10: V.24-Schnittstelle.

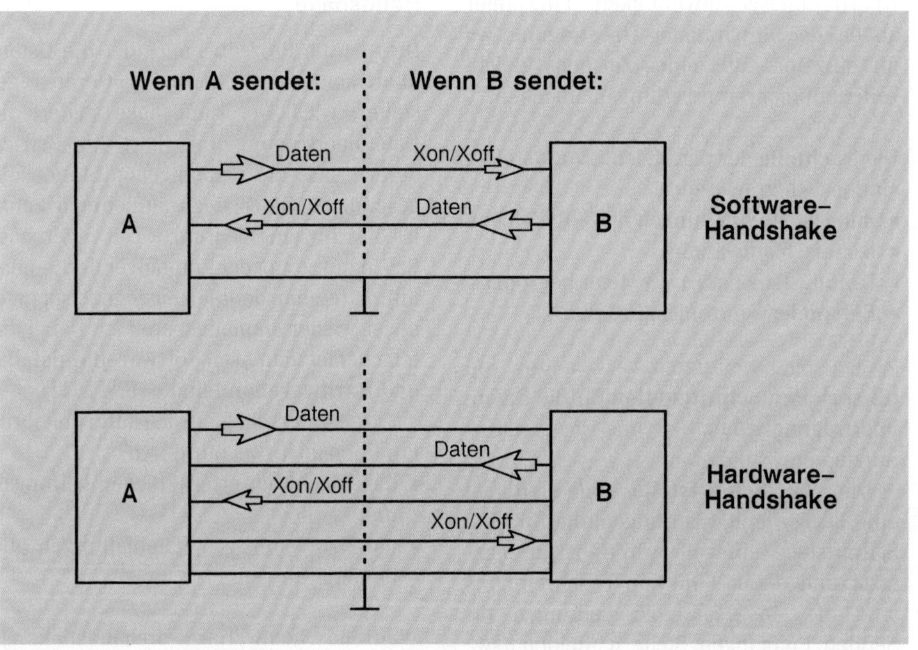

Bild 2.11: Prinzip von Software- und Hardware-Handshake.

Software-Schnittstelle

Eine Software-Schnittstelle ist eine definierte Datenübergabestelle von einem Software-Paket auf ein anderes, z. B. innerhalb eines Computers. Sie beschreibt, wofür die Schnittstelle vorgesehen und ausgelegt ist und welche Daten übertragen werden können, wie z. B.

- produktdefinierende Daten (CAD),
- prozessdefinierende Daten (NC-Programme),
- CL-DATA in den Postprocessor oder
- Auftragsdaten (PPS).
- **Beispiele:** IGES, LSV 2, MAP, TOP.

Synchrone und asynchrone Übertragung

Zur Übertragung der Daten müssen Sender und Empfänger bezüglich des Übertragungstaktes aufeinander abgestimmt werden. Die **synchrone** Übertragung ist ein Block-Synchronismus, d. h. Sender und Empfänger sind durch ein separates Taktsignal für die gesamte Übertragungsdauer eines Datenblockes miteinander synchronisiert. Bei der **asynchronen** Übertragung, auch als „Start/Stop-Verfahren" bezeichnet, wird die Synchronisation über START- und STOP-Bits nur für die Dauer eines Datenwortes hergestellt (Beispiel: V.24).

2.8 Zusammenfassung

Das Gebiet der LANs, Protokolle und Schnittstellen ist sehr weit gespannt, sehr komplex und ein typisches Arbeitsgebiet für Spezialisten. Deshalb sollte ein Unternehmen, das sich vor das Problem der vernetzten Informationsübertragung gestellt sieht, schon heute mit der Heranbildung eigener Fachleute beginnen. Auch die Be-

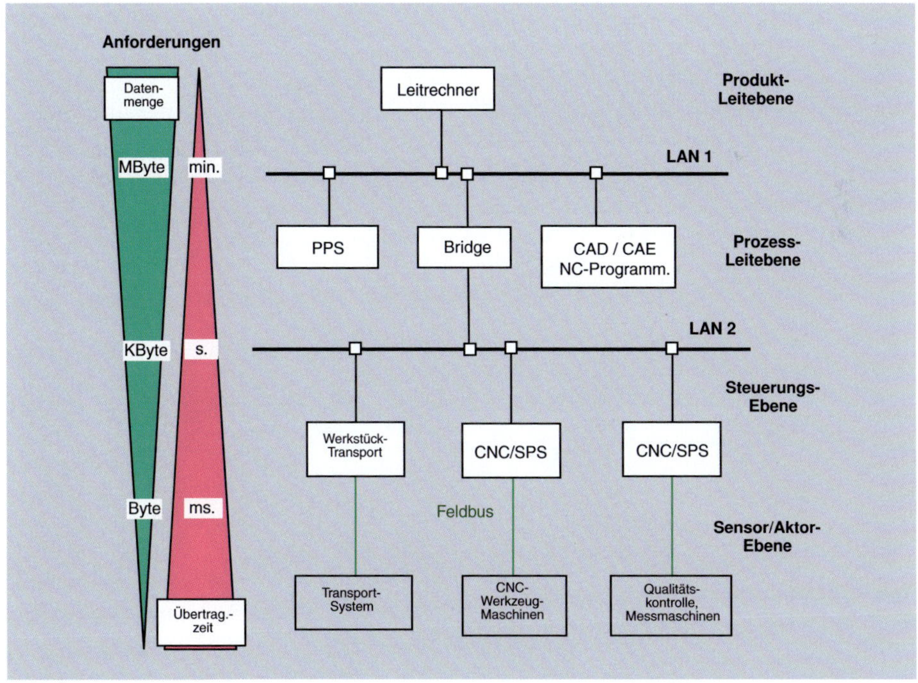

Bild 2.12: Anforderungen der Informationsvernetzung bezüglich der zu übertragenden Datenmengen und Übertragungswartezeiten in den vier Hierarchie-Ebenen eines Unternehmens.

ratung durch erfahrene Spezialisten ist zu empfehlen, bis man eigenes Know-how aufgebaut hat. Der Käufer sollte wenigstens in der Lage sein, seine Forderungen technisch zu spezifizieren, um späteren Überraschungen und Zusatzkosten vorzubeugen. Auch die Installation des LAN ist eine Sache für Spezialisten.

Die oft anzutreffende Meinung, ein Unternehmen müsste sich auf ein einheitliches, von oben bis unten durchgängiges LAN festlegen und damit wären alle Probleme der Informationsübertragung für die Zukunft gelöst, ist falsch, denn

- Die Anforderungen an LANs bezüglich Datenmenge und Übertragungsgeschwindigkeit sind unterschiedlich *(Bild 2.12)*.
- Die meisten Gerätehersteller bieten Ethernet-Schnittstellen standardmäßig an.
- Neben der Technik spielen auch die Kosten für das Gesamtsystem eine wesentliche Rolle.
- Es sind mehrere empfehlenswerte Datenübertragungssysteme verfügbar, die heute schon problemlos einsetzbar sind. Hier sollte der Käufer dem Lieferanten die Verantwortung übertragen und dessen Empfehlung akzeptieren.
- Der Weg in die digitale Fertigung ist mit getrennten LANs nicht verbaut.
- Generelle Tendenz bei der Vernetzung könnte auch dahin gehen, mehrere kleine, in sich abgeschlossene und überschaubare Netze aufzubauen und diese durch Bridges oder Gateways zu verbinden, aber nur dann, wenn dies wirklich erforderlich ist.
- Gerade auf dem expandierenden Gebiet der Lokalen Netzwerke wird ständig weiterentwickelt. Zum heutigen Zeitpunkt dürfte **Ethernet** der am weitesten verbreitete Standard mit der größten Akzeptanz und Erfahrung sein.

LAN – Local Area Networks

Das sollte man sich merken:

1. Mit LAN bezeichnet man **standardisierte, lokale Datenübertragungsnetze,** die eine Kommunikation zwischen unterschiedlichen Datenverarbeitungsgeräten in einem Betrieb zulassen.
2. Es sind **mehrere LAN-Fabrikate** mit speziell ausgerichteten Übertragungs- und Einsatz-Schwerpunkten verfügbar. Die Auswahl muss der Käufer treffen.
3. Obwohl die Aufgabe von LANs prinzipiell immer gleich ist, **unterscheiden sie sich** in mehreren Punkten, wie
   - Übertragungstechnik,
   - Übertragungsmedium,
   - Netz-Topologie,
   - Zugriffsverfahren,
   - Protokoll,
   - max. Teilnehmerzahl
   - Übertragungsgeschwindigkeit.
4. Die kommunikative Verbindung gleichartiger LANs erfolgt über **Bridges,** bei unterschiedlichen Netzwerken spricht man von **Gateways.**
5. Die an ein LAN **anschließbare Teilnehmerzahl** ist begrenzt. Bei vielen unterschiedlichen Teilnehmern in unterschiedlichen Hierarchien ist es empfehlenswert, das jeweils am besten geeignete LAN auszuwählen und nur bei Bedarf miteinander zu vernetzen.
6. Das am häufigsten eingesetzte LAN ist **ETHERNET.**
7. Bevor sich ein Unternehmen für ein bestimmtes LAN entscheidet, sollte auch die Frage der **verfügbaren Schnittstellen an den Geräten** untersucht werden.
8. Der Weg eines Unternehmens in die **CIM-Zukunft** ist mit getrennten, unterschiedlichen LANs nicht verbaut, aber schwierig und aufwendig.
9. Die Überlegungen, ein LAN zu installieren, beginnen entweder bei der Vernetzung der **Verwaltungsrechner** oder bei der Installation des ersten **DNC-Systems.**
10. Man unterscheidet grundsätzlich zwischen LANs, die nach der Basisbandtechnik arbeiten (Signalübertragung ohne Modulation) und solchen, die nach der Breitbandtechnik arbeiten (Übertragung mit modulierten Trägerfrequenzen).
11. Für die Zugriffssteuerung wird bei LANs vorwiegend das CSMA/CD- oder das Token-Passing-Verfahren verwendet.
12. Unter Protokoll versteht man die Regeln für den Austausch von Informationen zwischen Rechnern bzw. Teilnehmern in Kommunikationsnetzen.
13. „Feldbussysteme" haben die Aufgabe, in schneller zeitlicher Folge kleine Datenmengen zwischen Steuerung und Sensorik/Aktorik zu übertragen. Beispiele: CAN, Interbus-S, Profibus-DP.

3 Digitale Produktentwicklung und Fertigung: Von CAD und CAM zu PLM

Dipl.-Ing. Niels Göttsch, Dr. Thomas Tosse, Dipl.-Ing. Helmut Zeyn

Erläutert wird, was heute in der Produktentwicklung und Fertigung mittels C-Technologien möglich ist. Die Automobilindustrie übernimmt aufgrund der hohen Produktionsstückzahlen dabei eine Vorreiterrolle. In der Praxis ist der wichtigste Informationsträger zwischen Entwicklung und Fertigung allerdings nach wie vor die technische Zeichnung, die meist von 3D-Modellen in 3D-CAD-Systemen abgeleitet wird.

3.1 Einleitung

Die Industrie, einschließlich der überwiegend metallverarbeitenden Branchen, steht unter dem Druck der Globalisierung. Dies bedeutet einerseits viele neue Wettbewerber in offenen Märkten mit anderen Rahmenbedingungen, andererseits neue Verbraucher mit ihren Produktwünschen und Konsumgewohnheiten, denen erfolgreiche Unternehmen entsprechen müssen. Zahlreiche Produktvarianten, ein ansteigendes Innovationstempo in allen Bereichen der Technik und ständige Maßnahmen zur Steigerung der Produktivität fordern Industrieunternehmen zu Höchstleistungen in der Verbesserung ihrer Prozesse, der Automatisierung ihrer Fertigung und der weltweiten Kommunikation heraus.

Unter diesen Rahmenbedingungen haben sich die Bereiche Entwicklung und Konstruktion ebenso wie Arbeitsvorbereitung und Fertigung gewandelt: Die abgeschirmte Entwicklung von Neuerungen, die dargestellt und danach produziert werden mussten, ist einem Mangement von Ideen, Anforderungen, Varianten, Fertigungsmöglichkeiten und Marktchancen gewichen. Die Konstruktion von Bauteilen ist in der **Digitalen Produktdefinition** aufgegangen. Nachgelagerte Unternehmensbereiche wie Erprobung und Analyse, Fertigungsplanung und Produktion müssen möglichst frühzeitig daran beteiligt werden. Entwicklung und Fertigung können nur in ständigem Austausch mit allen Unternehmensbereichen erfolgreich bleiben *(Bild 3.1)*.

Dieser Austausch erfolgt heute elektronisch auf der Basis von Internet-Technologien. E-Mail-Programme und Browser haben frühere Konzepte von **CAD/CAM** (siehe unten) oder **CIM** (Computer Integrated Manufacturing) fast abgelöst. Die Keimzelle eines digitalen, dreidimensionalen Produktmodells bietet vielfältige Verwendungsmöglichkeiten in Simulation und Visualisierung, Fertigungsplanung und Erprobung, Produktion und Logistik, Ersatzteil-Management und Service. Software-Systeme zum Product Data Management (PDM) sorgen für eine lückenlose Verwaltung, Verteilung und Verwendung dieser Informationen. Sie speichern das Betriebskapital Wissen, das in Konzepten des Product Lifecycle Managements (PLM) aktuell gehalten und allen Unternehmens-Bereichen erschlossen wird.

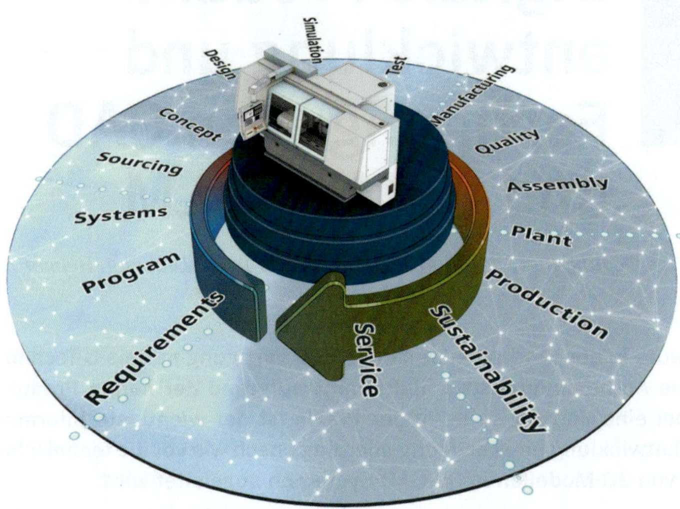

Bild 3.1: Product Lifecycle Management (PLM) bindet digitale Produktentwicklung und Fertigung in ein Gesamtkonzept für alle Unternehmensbereiche ein.

3.2 Begriffe und Geschichte

(Bild 3.2)

CAD (Computer Aided Drafting) wurde zunächst als rechnerunterstützte Erstellung von Konstruktionszeichnungen verstanden: Dadurch wurden dem Konstrukteur zeitraubende Tätigkeiten der Anwendung von Schablonen, Schraffuren oder die Ausfüllung von Zeichnungsköpfen erspart, die Erzeugung verschiedener Ansichten und Änderungen erleichtert. Später wandelte der Begriff sich zu **Computer Aided Design,** der rechnerunterstützten **Konstruktion**. Erste Flächenmodellierer definierten unregelmäßige Flächenverläufe, die sich nicht mehr mit den Hilfsmitteln des 2D-CAD aus Punkt, Linie, Winkeln und Regelkörpern berechnen ließen. Sie bilden eine Wurzel des 3D-CAD, des dreidimensionalen Computer Aided Design. Die wichtigere entwickelte sich jedoch mit den Volumenmodellierern zur Definition von Bauteilen im dreidimensionalen Raum. Sie enthalten alle geometrischen Informationen bezüglich Verschneidungen und Durchdringungen von Körpern, die sich in nachfolgenden Prozessschritten wie Visualisierung, Simulation, Baugruppendarstellung, Prototyping und Fertigung auszahlen. Die **Parametrik** ermöglicht als weiteren Entwicklungsschritt die Beeinflussung dieser Modelle durch Zahlenwerte (Parameter) und erleichtert damit Änderungsprozesse, Variantenerstellung und wiederholte Verwendung ähnlicher Modelle. **Hybridmodeller** verbinden Funktionen zur Gestaltung komplexer Flächen mit jenen für Volumen - heute Stand der Technik. **Objektorientierte Programmiertechniken** ermöglichen automatische Prozesse zur Erstellung von Bauteilen, **Wizards** und andere Anwendungen **künstlicher Intelligenz** und **wissensbasierter Konstruktion.** Die von CAD Systemen protokollierte Bauteilentstehung (History) eröffnete weitere Beeinflussungsmöglichkeiten wie auch **assoziative Verknüpfungen:** Hier wird definiert, dass sich Änderungen an einem Objekt (Feature, Bauteil, Modul) auf ein anderes auswirken. Diese Eigenschaft lässt sich bei der Arbeit mit **Baugruppen** (Assemblies) ebenso nutzen wie zur CAD/CAM-Kopplung.

Da die Parametrische Arbeitsweise in den meisten Unternehmen nicht strengen Richtlinien unterliegt, sind deren Modelle aufgrund möglicher Abhängigkeiten später

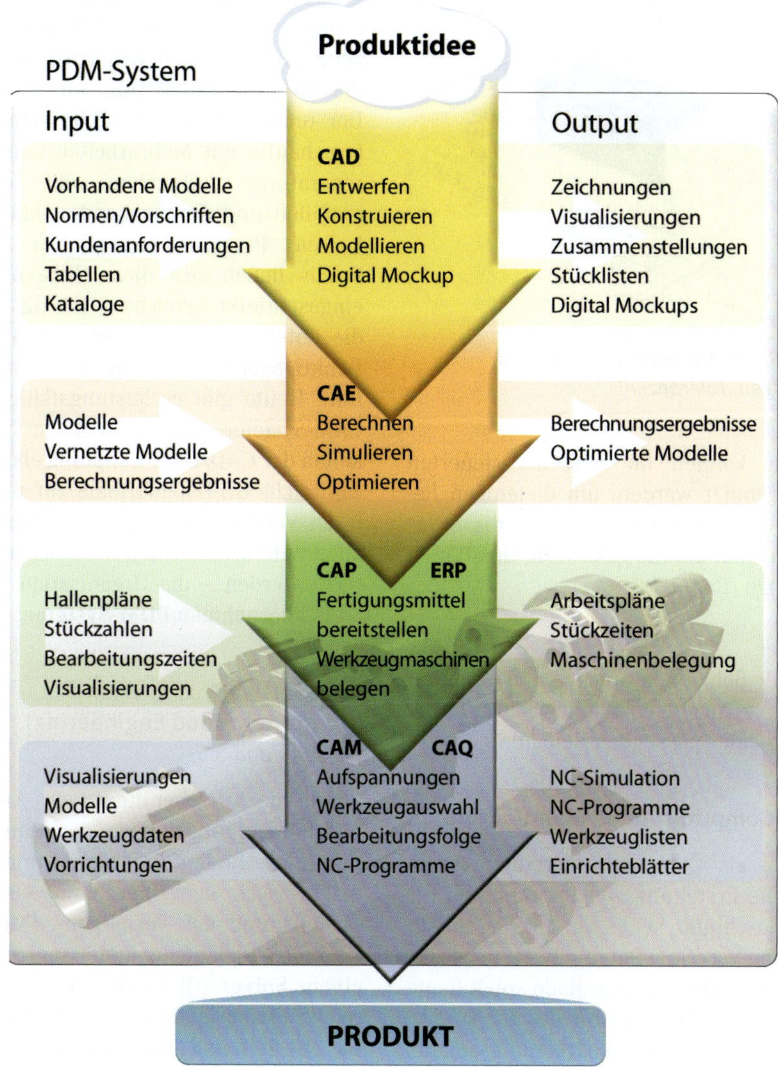

Bild 3.2: CA-Techniken im Informationsverbund. Diese Darstellung zeigt das prinzipielle Zusammenspiel der vernetzten CA-Systeme.

schwierig zu modifizieren. Auch verlieren parametrische Modelle ihre Intelligenz bei der Übertragung per Standard-Schnittstellen (STEP, JT, …). Daher bieten einige CAD-Systeme zusätzlich die Möglichkeit der **Direkten Modellierung**. Hierbei wird die Geometrie durch Verschieben, Vergrößern etc. einfach den Anforderungen angepasst – und ist somit auch sehr gut zur Aufbereitung von Modellen für die Fertigung geeignet *(Bild 3.5)*.

PMI (Product Manufacturing Information)

Beinhalten alle fertigungsrelevanten Informationen direkt am 3D-Modell. Dies sind in erster Linie Maße, Toleranzen, Passungen und Oberflächen-Qualitäten.

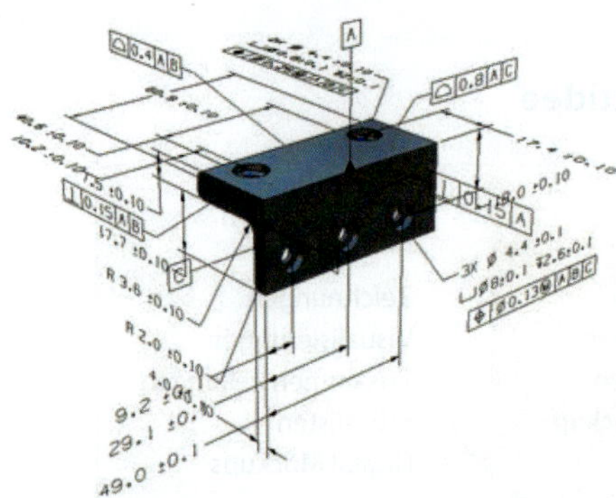

Bild 3.3: 3D-Modell mit PMIs (Maß3, Passungen, Toleranzen).

PMIs können im Wissensgesteuerten CAM genutzt werden, um diejenigen Regeln automatisiert zuzuweisen, die erforderlich sind, um die geforderte Qualität zu erreichen *(Bild 3.3)*.

Beispiel:
Normale Bohrung = Ansenken, Bohren
Passung = Ansenken, kleiner Bohren sowie Einsatz einer passenden Reibahle

CAM (Computer Aided Manufacturing)

umfasst als Computer-unterstützte Fertigung die Erstellung von Programmen für CNC-Maschinen, sei es mit oder ohne Verwendung von CAD-Daten aus 2D- oder 3D-Systemen. Eine wichtige Rolle spielt heute die grafische **Simulation** des in NC-Programmen definierten Bearbeitungsablaufs am Bildschirm. Dazu kommen das Erstellen der Bearbeitungs-, Spann- und Werkzeugpläne, die Verwaltung der Werkzeugdaten und Werkzeuge, Spannmittel und Vorrichtungen, sowie **DNC** zur direkten Übertragung von NC-Programmen über ein Netzwerk an die CNC-Steuerungen der Werkzeugmaschinen.

Neben einzelnen CAD- und CAM-Systemen kamen **CAD/CAM-Systeme** auf den Markt, die durch interne Verbindungen beider Funktionsbereiche auf der Basis eines gemeinsamen Datenmodells sicherstellen sollten, dass die mit CAD-Systemen erzeugten Daten sich möglichst direkt für die NC-Programmierung nutzen lassen. Der umständliche Weg über **Schnittstellen**, häufig mit Mehrarbeiten und Datenreparaturen verbunden, sollte dadurch entfallen und durchgehende Abläufe fehlerfreie Prozesse ermöglichen. In der Praxis ließen sich diese Ziele nur sehr eingeschränkt erreichen. Häufig wurden die unterschiedlichen Anforderungen der Funktionsbereiche nicht ausreichend erfüllt. Heute gibt es leistungsfähige CAD/CAM-Systeme, unterschiedliche Möglichkeiten der CAD/CAM-Kopplung ebenso wie zahlreiche 3D-Datenformate zur reibungslosen Verwendung in CAM-Systemen, die allen unterschiedlichen Anforderungen gerecht werden – die Organisation der Abläufe übernehmen **PDM-Systeme**.

CAE-Software (Computer Aided Engineering)

(Bild 3.4 und 3.5)

wurde nach rechenintensiven Anfängen mit Berechnungen nach der **Finite Elemente-Methode** (FEM) immer praxistauglicher. Nach der Übernahme eines 3D-Modells und der Vernetzung **(Meshing)** lassen sich Bauteile und Baugruppen in einem **Solver** (Gleichungslöser) auf zahlreiche Eigenschaften in Mechanik, Akustik, Thermik und anderen Bereichen untersuchen. Durch die Rückkopplung zum CAD-Modell werden zahlreiche Optimierungsschleifen in kurzer Zeit durchgeführt – lange bevor das erste Bauteil gefertigt oder der erste Prototyp erstellt wird. Ursprünglich Spezialisten und entsprechend ausgelegten Großrechnern vorbehalten, gehören die Aufgaben der digitalen Simulation und Überprüfung heute oft zum Alltag der Entwicklungsbereiche.

Der Begriff **Digitale Produktdefinition** fasst die drei historisch geprägten Auf-

Bild 3.4: Wissensbasierte Konstruktion über integrierte Template-Technik. Die vorgelegten Formeln bestimmen die Auslegung ganzer Baugruppen - das gespeicherte Entwicklungswissen wird schnell und fehlerfrei eingesetzt.

gabenbereiche CAD, CAM und CAE aus heutiger Sicht treffender zusammen: Der Computer ist vom „Hilfsmittel" zum selbstverständlichen Arbeitsplatz geworden. Die Aufgabenbereiche sind zusammengewachsen und überschneiden sich. Entwicklungs- und Fertigungsprozesse lassen sich nicht linear (geradlinig) verstehen - sie verlaufen jeweils in konzentrischen Kreisen, die sich mehrmals beeinflussen.

CAPP (Computer Aided Process Planning)

(Bild 3.6)

fasst die **fertigungsbezogenen Planungsaufgaben** für neue Produktionsaufgaben in der Fertigung zusammen. Bereits während der Investitionsvorbereitung werden auf Basis des CAD-Modells Bearbeitungspläne für ein Bauteil erstellt, NC-Programm-

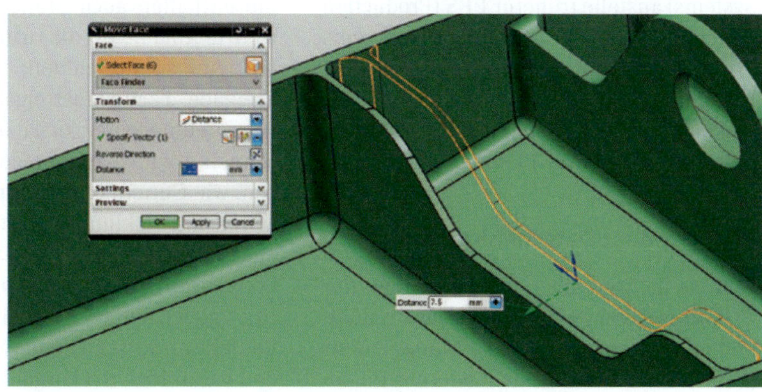

Bild 3.5: Einfache Änderungen mit direkter Modellierung (selektieren und verschieben).

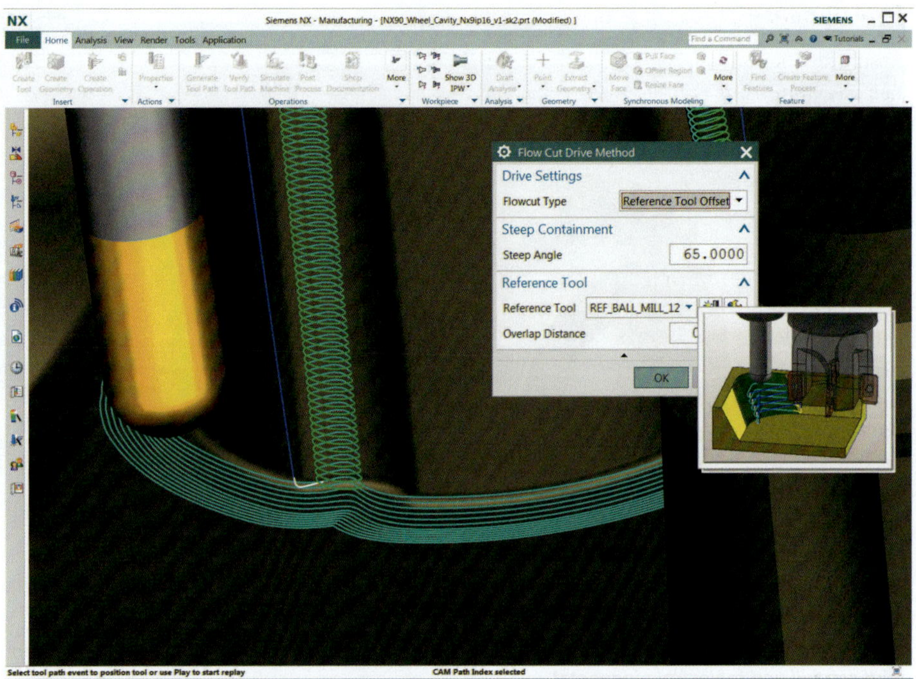

Bild 3.6: Anzeige der Werkzeugwege am 3D-Modell in einem CAM-Modul.

abläufe simuliert, die optimalen Arbeitsfolgen, Aufspannungen und Werkzeuge festgelegt. Flexible Fertigungszellen lassen sich schneller auf neue Bauteile umrüsten, komplette Prozesse in verketteten Fertigungsstraßen minutiös planen – ein wichtiger Schritt zur Digitalen Fabrik. Ergänzend wird der **Materialfluss** simuliert. Für die tagesaktuelle Fertigungsfeinplanung sind **MES-Systeme** (Manufacturing Execution Systems) anstelle früherer **PPS** (Production Planning Systems) das richtige Werkzeug. Sie planen Termine, Maschinenbelegung, Fertigungsmittel und Mitarbeiter und stehen im Datenaustausch mit **ERP-Systemen** (Enterprise Resource Planning).

PDM (Product Data Management)

geht heute weit über die Ursprünge der **Zeichnungsverwaltung** oder das Produkt- und **Engineering Data Management (EDM)** hinaus. Auf Basis moderner Datenbanksysteme werden alle produktbezogenen Daten aus den unterschiedlichen Bereichen gespeichert und verwaltet. Weltweit verteilte Datenbanken mit täglicher Replikation, umfangreiche Vergabe von Zugriffsrechten und andere Sicherheitsvorkehrungen, firmen- oder auch rollenbezogene Benutzerführungen im Browser bieten nicht nur 24 Stunden am Tag Zugriff auf alle relevanten Fertigungsdaten. Sie enthalten auch branchentypische, bewährte Abläufe für die Grundroutinen aller Fertigungsunternehmen: Änderung und Freigabe, Fertigungsfreigabe und Wiederverwendung lassen sich damit schlank und schnell organisieren. Moderne Arbeitsweisen, wie **Concurrent Engineering** (gleichzeitige Entwicklung unterschiedlicher, aber zusammengehöriger Bauteile an mehreren Standorten) oder **Simultanous Engineering** (gleichzeitige Bearbeitung derselben Bauteile an verschiedenen Standorten) werden damit fehlerfrei organisiert.

PLM (Product Lifecycle Management)

beschreibt keine neue Software, sondern das Maximum an Nutzen, das ein Unternehmen aus den erwähnten Technologien ziehen kann: Wenn von der Phase der Produktentstehung, über alle Stufen der Prozessketten in Entwicklung, Fertigung, Installation und Kundendienst auf gleicher Datenbasis in bewährten Abläufen fehlerfrei und rationell gearbeitet wird. Dies schließt alle Unternehmensbereiche ein, Marketing und Vertrieb ebenso wie Schulung und Service. Mit Konzepten des Product Lifecycle Managements begegnen produzierende Unternehmen den beschriebenen aktuellen Herausforderungen der Weltwirtschaft.

3.3 Digitale Produktentwicklung

Entwurf

Obwohl 2D-CAD-Systeme noch in der Industrie verwendet werden, verdrängt die 3D-Modellierung diese Arbeitsweise. 2D-Funktionen werden für die Zeichnungsableitung auch von 3D-CAD-Systemen erwartet und geboten. Vor allem im frühen Entwurfsstadium bieten leistungsfähige Sketcher neue Möglichkeiten, schnell Ideen festzuhalten. Dabei können vorhandene 3D-Objekte platziert und abgewandelt werden *(Bild 3.7)*.

Bauteilkonstruktion

Wurden früher neue Bauteile über die Auswahl von Regelkörpern (Primitives) konstruiert, die auf Ebenen platziert, mit Maßangaben versehen, gespiegelt und gedreht, kopiert und mit Flächen oder Linien verschnitten oder verbunden werden konnten, so sind die Möglichkeiten eines leistungsfähigen 3D-CAD-Systems heute wesentlich weiter gesteckt. Die Auswahl von Normteilen aus Katalogen, die parametergesteuerte Abwandlung vorhandener Bauteile, die automatische Geometrie-Erzeugung aufgrund anzugebender Parameter und viele weitere Techniken bieten für jede Aufgabe eine effiziente Methode. Doch zu der rein geometrischen Beschreibung eines Bauteils werden die Modelle um viele weitere Informationen angereichert, die in zugeordneten Datensätzen gespeichert werden: PMIs (Oberflächengüte, Passungen, Toleranzen), Material, Gewicht, Einbaulage und viele andere Eigenschaften lassen sich hier anfügen, die in späteren Prozessstufen benötigt werden *(Bild 3.8)*.

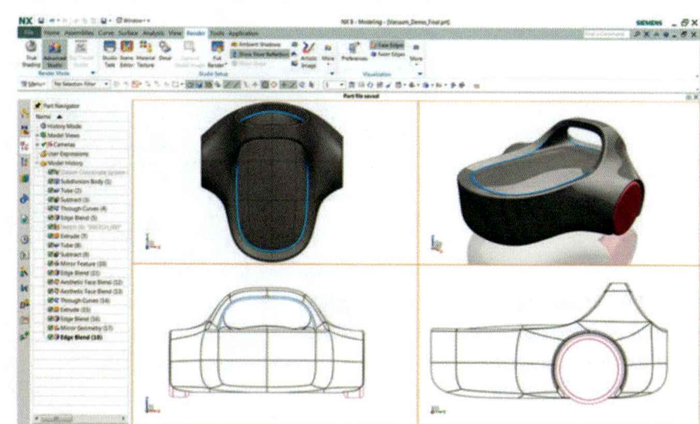

Bild 3.7: Moderne 3D-Systeme unterstützen bereits die Konzeptphase durch leistungsfähige Sketcher, die vorhandene 3D-Modelle einbeziehen.

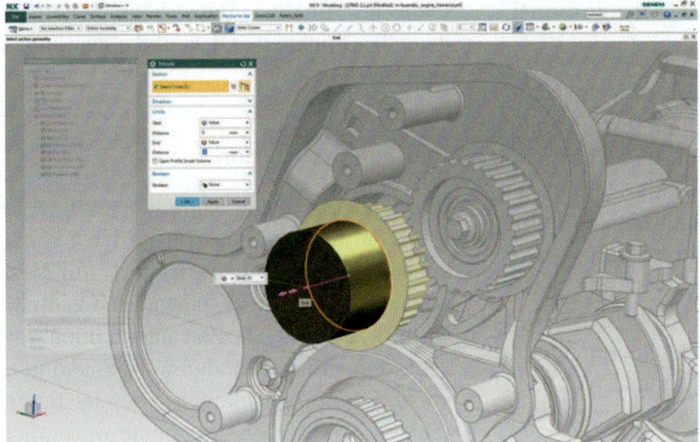

Bild 3.8: Die Werkzeuge der modernen Konstruktion sind vielfältig: Hier wird ein zylindrischer Körper extrudiert.

Baugruppen

Die Leistungsfähigkeit der Systeme reicht heute in der Regel aus, um selbst größere Baugruppen (Assemblies) am Bildschirm zu bearbeiten. Zumindest Subsysteme von Produkten lassen sich im Zusammenhang der Baugruppe konstruieren, Einzelteile virtuell verbauen und damit sofort auf Passgenauigkeit, Toleranzen, Montagemöglichkeiten oder Störgeometrien überprüfen *(Bild 3.9)*.

Problematisch bleibt nach wie vor die Bearbeitung von großen Baugruppen, wie beispielsweise komplette Maschineneinheiten (z.B. komplexe Werkzeugmaschinen). Dabei können, insbesondere in Kombination mit Datenbank-Anbindungen, erhebliche Warte- und Regenerationszeiten entstehen.

Simulation

Sowohl Bauteile als auch Baugruppen können direkt im Entwicklungsprozess mit Berechnungen nach der Finite Elemente Methode (FEM) in zahlreichen Eigenschaften überprüft werden. Gewicht und Schwerpunkt gehören bereits zu den Modellinformationen aus dem CAD-System - doch Zugfestigkeit, Tragfähigkeit, thermisches und Schwingungsverhalten, akustische Auswir-

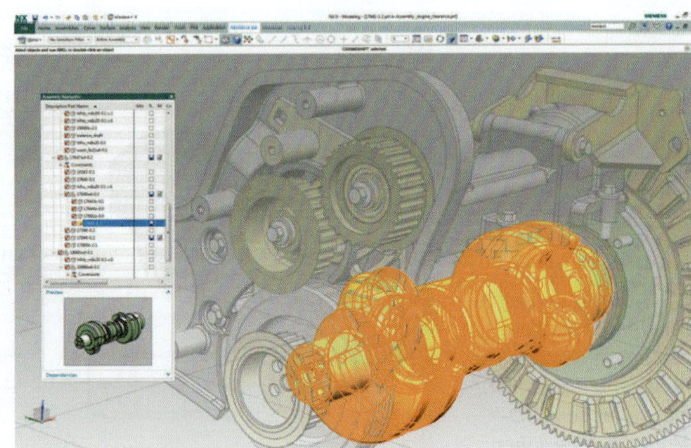

Bild 3.9: Moderne Produktentwicklung im Kontext aller Baugruppen (Jaguar-Getriebegehäuse).

kungen werden mit CAE-Software ermittelt. Dazu werden Modelle aus CAD exportiert, vernetzt und den Berechnungen unterzogen. Assoziative Verknüpfungen zwischen CAD- und FEM-Modell können dafür sorgen, die Änderungsschleifen bis zum optimalen Modell abzukürzen. Die Berechnungen werden früher im Entwicklungsprozess durchgeführt, als echte Versuche und kosten weniger Zeit wie Geld. Das Entwicklungsergebnis wird frühzeitig abgesichert, sodass andere Bereiche darauf aufbauen können.

Additive Manufacturing (früher Rapid Prototyping)

Hier werden 3D-Modelle in Facetten umgewandelt (meist im STL-Format -Stereolithografie). Für die Bearbeitung wird dann der Körper in einzelne, übereinander angeordnete Schichten aufgeteilt, die in verschiedenen Verfahren gefertigt werden können. Funktionsmodelle aus Kunststoff lassen sich so am Konstruktionsarbeitsplatz erzeugen. Auch Modelle aus Holz, Papier und anderen Werkstoffen – seit neuestem auch aus hochbelastbaren Metallen – sind möglich. Diese Methode wird hauptsächlich im Prototypenbau und für Kleinstserien angewendet (inkl. Formenbau).

Visualisierung und Digital Mockup

Auch die Visualisierung und das Digital Mockup (DMU) von 3D-Modellen sind Möglichkeiten, Bauteile, Baugruppen wie ganze Produkte frühzeitig zu überprüfen. Die Wege dazu sind vielfältig. CAD-Systeme lesen und erzeugen komprimierte Datenformate für das Internet. Spezielle Visualisierungs-Software verdichtet Daten, liest übliche Formate und stellt Funktionen zur Revision bereit: Markieren und Kommentieren dürften die gebräuchlichsten sein. Diese Funktionalitäten werden auch von PDM-Systemen geboten. Eine wichtige Rolle bei der Darstellung und Prüfung von 3D-Daten aus unterschiedlichen CAD-Systemen spielt das DIN-genormte Datenformat JT. Es liefert standardisiert die Bauteilinformationen aus vielen CAD-Systemen mit und entfaltet sein schlankes Datenformat bis zu Genauigkeiten, die eine exakte Prüfung von Zusammenbauten und Einbauräumen, Kollisions- und Toleranzprüfungen und andere Untersuchungen im Rahmen einer vollständigen DMU-Darstellung geometrischer Daten erlauben. Digital Mockup findet seine spektakulärste Anwendung im Automobilbau: Lange bevor das erste Modell gefertigt wird, lassen sich in einem „Cage“ (Käfig) verschiedene Projektionen zu einem dreidimensionalen Modell verdichten, das von allen Seiten betrachtet werden kann. An einem virtuellen Automobil wird nicht nur die äußere Hülle auf Formschönheit geprüft: Funktionen von Türen und Kofferraumdeckeln, aber auch Einbauten des Innenraums werden so deutlich, dass ein realistischer Gesamteindruck entsteht.

Zeichnungsableitung

Mit dem zunehmenden Einsatz von 3D-CAD löst das digitale Produktmodell im Bereich hoher Produktions-Stückzahlen die Zeichnung als zentralen Träger der Entwicklungsinformationen ab. Dennoch sind Zeichnungen nicht überflüssig geworden. Der Zeichnungssatz für die Fertigung gehört neben Einrichtungs- und Werkzeuginformationen und NC-Programmen immer noch zum Standard – auch wenn er vielerorts durch 3D-Visualisierungen ergänzt wird. Zeichnungsableitung ist eine wichtige und effiziente Funktion der 3D-CAD-Systeme, die sich weitgehend automatisieren lässt. Natürlich können Schnittaufteilungen, Ausfüllen der Zeichnungsköpfe und Auswahl der Ansichten auch manuell erfolgen. Doch häufig werden sie bei Bedarf und mit einer Zusammenstellung automatisch erzeugt, in Form von TIFF-Dateien übergeben und aus Gründen der Produkthaftung und Gewährleistung archiviert. Die Aufgabe, Zeichnungsdateien ohne viel Aufwand den jeweiligen Verwendungszwecken zuzuführen, übernehmen PDM-Systeme *(Bild 3.10)*.

PDM = Produktdatenmanagement

Bereits ab fünf CAD-Arbeitsplätzen lassen sich Engineering-Daten ohne intelligente Verwaltungsfunktionen, die über die Möglichkeiten von Betriebssystemen mit ihrer Verzeichnis-Struktur herausgehen, nicht beherrschen. Doch dies ist nicht mehr der Hauptgrund für die rasche Verbreitung von PDM-Systemen am Markt: Die Leistungen selbst einfacher PDM-Lösungen gehen heute weit über die klassischen Funktionen zur strukturierten Datenablage, Vergabe von Nummernkreisen, Zusammenstellung von Stücklisten oder eine Zeichnungsverwaltung hinaus. Schon lange bieten sie neben intelligenten Referenzierungs- und Suchfunktionen auch die Chance, Prozesse und Zugriffsrechte zu definieren und verbindlich festzulegen. Insbesondere die Verwaltung von Änderungsständen, betriebsinternen Abläufen wie den Entwicklungs- und Produktionsfreigaben einschließlich der Unterstützung bei der Zusammenstellung und Übergabe aller benötigten Daten an die nachgeordneten Abteilungen und Prozesse sind Grundlage einer professionellen Arbeitsweise.

PDM als Integrationsplattform für CAD-Systeme

Wer komplexe Produkte mit zahlreichen Baugruppen entwickelt, zahlreiche Zulieferer beschäftigt oder verschiedene Kunden mit Halbfertigprodukten zu bedienen hat, wird einen aus Kostengründen wünschenswerten CAD-Standard nicht einhalten können. Gerade dann kommt PDM eine zentrale Bedeutung zu: Ohne Rücksicht auf die Datenherkunft müssen einheitliche Zugriffsregelungen, Prozesse und übergreifende Verwaltungsfunktionen eingerichtet werden. PDM-Lösungen erbringen diese Leistungen und mit MultiCAD-PDM. Systemspezifische CAD-Manager in der Benutzerführung der jeweiligen, fremden CAD-Lösung erhalten dem Anwender die gewohnte Arbeitsumgebung. Die Benutzeroberfläche wird lediglich um die PDM-Funktionen ergänzt.

An die Stelle der originalen Dateiverwaltung der CAD-Anwendung tritt die zentrale Datenbank-Operation.

Auch die Verwaltung von Teilbaugruppen unterschiedlichen Ursprungs in einem gemeinsamen Gesamtprodukt wird gewährleistet. Den Geometriedaten lassen sich At-

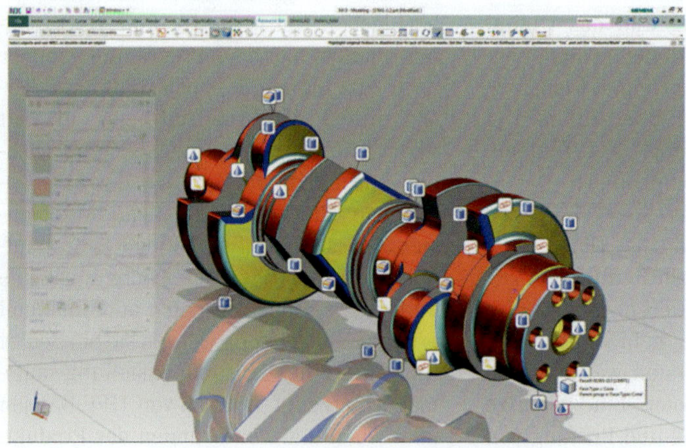

Bild 3.10: Zur schnellen Analyse lassen sich Informationen über das 3D-Modell per Mausklick anzeigen.

tribute, Relationen und Dokumente unterschiedlicher Art zuordnen.

Wird mit mehreren CAD-Programmen gearbeitet, ist es sinnvoll die 3D-Daten neben dem Original-Format auch automatisiert als Neutral-Formate im PDM-System abzulegen (Industriestandard = JT). Dies ermöglicht eine CAD-übergreifende Darstellung und Analyse.

PDM als Schlüssel zur Informationsverteilung

Wie die Anwendung von 3D-CAD-Systemen das digitale Modell zur Keimzelle der Produktentwicklung gemacht hat, so hat die Internet-Technologie PDM-Lösungen zu Kommunikationsplattformen rund um die Produktentwicklung werden lassen. Durch die Anwendung von Internet-Technologien und Standards wie J2EE nutzen alle Standorte eines Unternehmens die gleichen Daten. Weltweit verteilte Entwicklungsteams bearbeiten simultan einen gemeinsamen Datenbestand, der zentral verwaltet und gesichert wird. Dieses Single Sourcing der Produktdaten gewährleistet das einfache Auffinden des aktuellen Entwicklungsstands, auch wenn weltweit verteilte Teams die Möglichkeiten einer gleichzeitigen Zusammenarbeit (Collaboration) nutzen.

Grundlage für Product Lifecycle Management

PDM-Systeme speichern das Wissen aus den Entwicklungsabteilungen, verteilen es an alle Unternehmensbereiche und sorgen dafür, dass es noch Jahrzehnte nach dem Abschluss der eigentlichen Entwicklungsphase weiter verwendet wird. Diese Fähigkeiten nutzen Konzepte des Product Lifecycle Managements (PLM) zur konkreten Erreichung wirtschaftlicher Ziele: Kürzere Entwicklungszeiten, höhere Produktqualität, schnellere Innovationszyklen, Fertigung an weltweit verteilten Standorten. Damit leisten sie einen wichtigen Beitrag dafür, dass die Industrie ihre aktuellen Herausforderungen bestehen kann.

3.4 Digitale Fertigung

Im Zusammenspiel zwischen CAD- und CAM-Systemen haben sich in den vergangenen Jahren vor allem drei Konstellationen herausgebildet:

- Von CAD unabhängige Stand-alone CAM-Systeme,
- wahlweise in die Benutzeroberflächen von CAD-Systemen integrierbare CAM-Lösungen, und
- eine vollständige CAD/CAM-Integration.

Jede dieser Lösungen richtet sich an eine bestimmte Arbeitsorganisation in Industriebetrieben, und ein zu fertigendes Teilespektrum. Auch kommen für Zulieferer ohne Konstruktionsabteilung andere Systeme infrage, als für Hersteller mit eigener Produktentwicklung *(Bild 3.11).*

2 ½ D-Programmiersysteme

Ein CAD-unabhängiges CAM-System war viele Jahre typisch für Zulieferbetriebe und Serienfertiger, die ein Telespektrum im 2½D-Bereich, also Bauteile aus Regelflächen und -körpern herzustellen hatten. Die Datenübernahme aus 2D-CAD-Systemen über DXF, IGES und andere Standardschnittstellen war in der Praxis meist aufwändiger und umständlicher, als die gewünschten Bauteile mit den Möglichkeiten des NC-Programmiersystems erneut zu erstellen: Ausgehend von den Fertigungszeichnungen, Maßen und Materialeigenschaften wurden das Bauteil und ein fiktiver Rohling voneinander abgezogen. Die Kompetenz der 2½D-Programmiersysteme lag in der schwierigen Kommunikation mit den CNC-Steuerungen der Werkzeugmaschinen. CNC-Maschinen der Bearbeitungsarten Drehen, Fräsen, Erodieren und Laserschneiden erfordern unterschiedli-

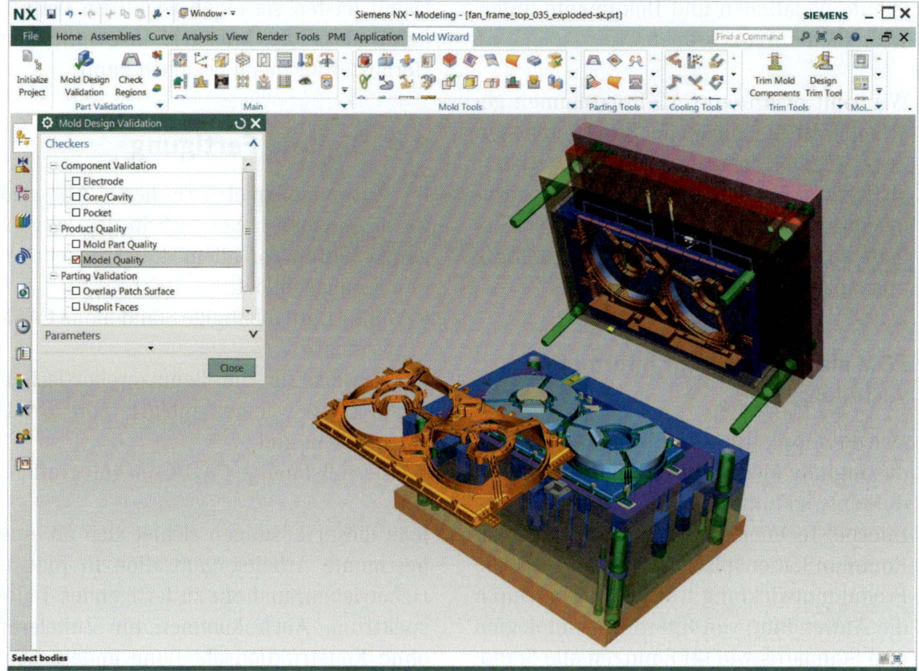

Bild 3.11: Der Formaufbau wird mit wissensbasierten Konstruktionstechniken weitgehend automatisiert.

che Datenformate und gehen im Befehlsumfang über die nach DIN 66025 genormte Standardsprache hinaus, die nur einen Grundwortschatz der benötigten Arbeitsanweisungen normiert.

3D-CAM-Systeme

Neben dieser geschilderten Hauptrichtung existieren 3D-CAM-Systeme für den Einzelbetrieb im werkstattnahen Bereich, insbesondere für anspruchsvolle Fertigungsaufgaben in der Einzel- und Kleinserienfertigung, zum Beispiel im Werkzeug- und Formenbau. Natürlich übernehmen diese Systeme Daten in den gängigen 3D-Formaten, erlauben die Definition der Rohteilkonturen und schlagen anschließend vordefinierte Strategien für Schruppen, Schlichten, Taschenfräsen und viele weitere, spezielle Bearbeitungsmöglichkeiten vor. Sie geben sehr komplexe NC-Programme für verschiedene, oft von einander abhängige Bearbeitungsfolgen wie 3D-Fräsen und Senkerodieren aus. Doch in aller Regel gibt es für das Ergebnis dieser Prozesse kein Zurück in das 3D-CAD-System. Häufig stellt sich bei der Datenübernahme heraus, dass die gelieferten Modelle nicht den Anforderungen der 3D-Fräsbearbeitung entsprechen. Flächen müssen repariert, Fasen und Verrundungen nachgearbeitet oder geflickt werden *(Bild 3.12)*.

3D-CAM-Systeme als Plug-In

CAM-Lösungen können als eigenständiges Programmiersystem erworben werden – oder auch als Plug-In in ein oder mehrere 3D-CAD-Systeme. Vorteile dieser Variante, die sich eng an 3D-CAD-Systeme der Mittelklasse ankoppelt, liegen in einer einheitlichen Benutzerführung und einer optimierten Datenübernahme. Der Aufwand

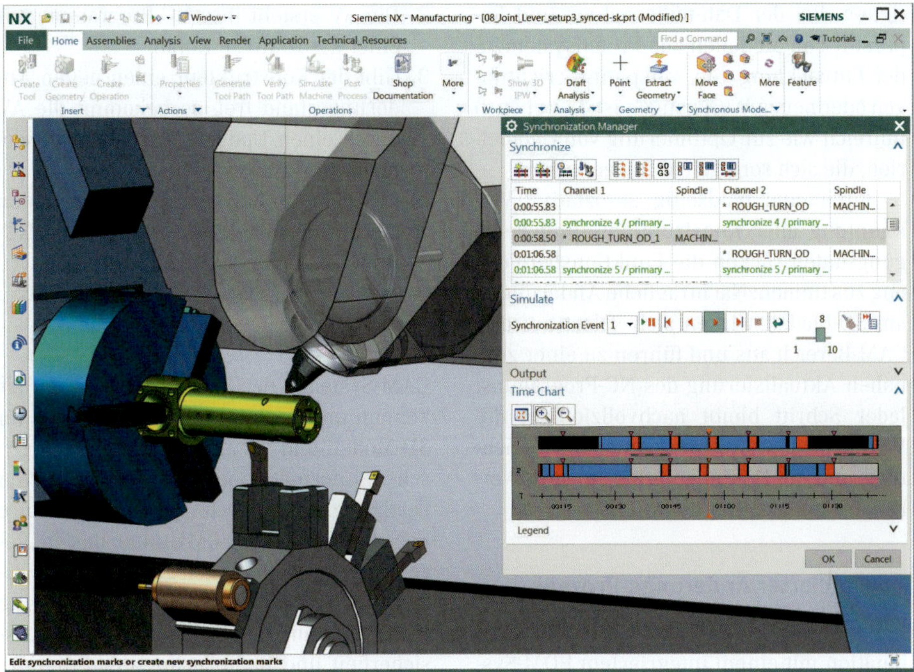

Bild 3.12: Moderne CNC-Maschinen mit angetriebenen Werkzeugen stellen hohe Anforderungen an Programmierung und Simulation.

für Schulung und Einarbeitung verringert sich und die Datenkonsistenz wird automatisch erhöht. Denn die verwendeten Geometrien beruhen auf einem der gängigen Kernel und werden nicht durch einen „Übersetzer" eines Großteils ihrer Informationen beraubt. Die errechneten Werkzeugwege werden zusammen mit dem 3D-Modell in einer Bauteildatei gespeichert. Sämtliche Fertigungsinformationen werden automatisch dem Solid Model entnommen, Eingabefehler damit weitgehend ausgeschlossen. Nachdem das Bauteil in Aufspannlage gebracht wurde, können die Bearbeitungsfolgen einzelnen Features komfortabel zugeordnet werden – was die Zahl nötiger Mausklicks und Tastatureingaben reduziert. Eine vollständige Assoziativität zwischen dem Solid Model und dem Bearbeitungsverlauf sorgt für schnelle Änderungen und verhindert Fehler, wenn das Modell geändert wird. Zusätzlich können einmal definierte Bearbeitungsstrategien schnell anderen Mitgliedern parametrisch erzeugter Teilefamilien zugeordnet werden.

Integrierte CAD/CAM-Systeme

Wie bereits geschildert, speist sich der Nutzen des Solid Modeling nur zu einem geringen Teil aus der verbesserten Konstruktionstechnik. Die zeitliche Überlagerung sämtlicher Prozesse der Produktentstehung, die Zusammenarbeit verteilter Teams am gleichen Bauteil, die vollständige Dokumentation aller Prozessschritte schöpfen das Kapital der einmal geschaffenen 3D-Daten erst richtig aus. Diesem Grundgedanken entsprechen nahtlos integrierte CAD/CAM-Lösungen am besten.

Selbst das CAM-Modul eröffnet dann einen durchgängigen Zugriff auf alle Funktionen der Produktentwicklung und Fertigung. Bei der Datenübernahme und Reparatur von Modellen aus Fremdsystemen, der Entwicklung von Aufspannvorrichtungen oder neuen Werkzeugen ist dies ebenso hilfreich wie zur Optimierung von Geometrien, die sich sonst nicht fräsen lassen.

Durch eine beidseitig assoziative Verknüpfung aller Konstruktions- und Fertigungsdaten rücken die Funktionsbereiche eng zusammen: Nachträgliche Änderungen am 3D-Modell wirken sich sofort auf den CAM-Bereich aus und führen zu einer zeitnahen Aktualisierung des NC-Programms. Jeder Schritt bleibt nachvollziehbar, die Werkzeugauswahl, die Aufspannvorrichtung und die Dokumentation für den Werker werden gleich mit aktualisiert.

Kontrollierter Änderungs-Prozess

Ein integriertes CAD/CAM-System in Kombination mit einem integriertem PDM-System unterstützt kontrolliert Änderungs-Prozesse, wobei es die Aufwände bei hoher Sicherheit minimiert. *Bild 3.13* zeigt die Vorgehensweise:

1. Der Konstrukteur gibt seine Konstruktion frei – damit ist das Modell für Änderungen gesperrt
2. Die AV erstellt ihre NC-Programme auf einer assoziativen Kopie.
3. Gibt der Konstrukteur einen neuen Änderungsstand frei, so bekommt die AV durch einen Update die geänderte Geometrie in ihre assoziative Kopie
4. Das CAM-Modul zeigt die Änderungen an, die AV erstellt die zugehörigen NC-Programme

Wissensgesteuertes CAM

CAM-Systeme der neuen Generation erkennen und analysieren Formelemente im 3D-Modell und verwenden diese geometrischen Informationen zur automatisierten Fertigung. Diese Technologie des Feature Based Machining (FBM) nutzt das in Regeln und Formeln abgelegte Ingenieurwissen, auch Knowledge Based Engineering (KBE) genannt, zur Erhöhung der Prozesssicherheit und Reduzierung der Programmierzeit bis zu 90 %. Von der regelbasierten Werkzeugauswahl bis hin zur Berechnung der Fertigungsstrategie, das CAM-System übernimmt die Kontrolle und Erzeugung der NC-Wege. Insbesondere der Bereich der Bohrbearbeitung lässt sich mit den modernen CAD/CAM-Systemen vollständig wis-

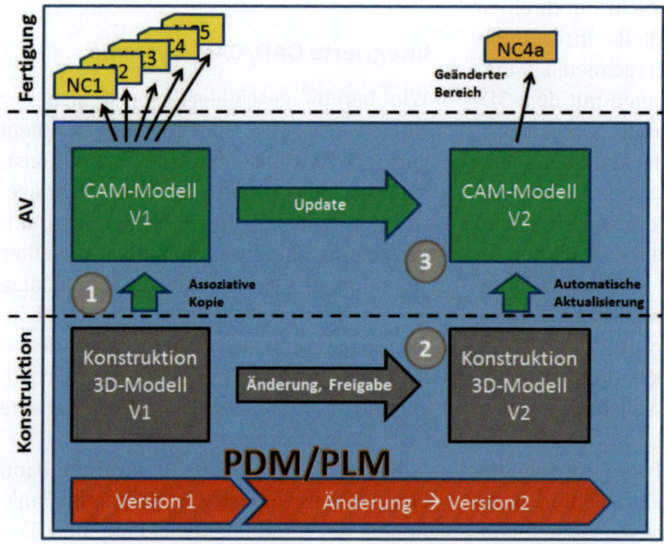

Bild 3.13: Master-Model – schnelle und sichere Änderungen durch integriertes CAD/CAM in Zusammenhang mit PDM.

sensgesteuert automatisieren. Das CAM-Modul erkennt Bohrungen (auch Gewinde, Passungen), schlägt Prozesse wie Ansenken, Bohren und anschließendes Gewindeschneiden automatisch vor, findet die zugehörigen Werkzeuge und erstellt die NC-Programme, gefolgt von der Optimierung von Verfahrwegen bzw. Werkzeugwechseln. Spezielle wissensbasierte Module, zum Beispiel für Werkzeug- und Formenbauer, erhöhen diesen Leistungsumfang noch erheblich *(Bild 3.14)*.

Simulation des Bearbeitungsablaufs

(Bild 3.12 und 3.15)

Die grafische Simulation des Bearbeitungsablaufs am Bildschirm bildet den üblichen Abschluss der NC-Programmierung im Büro. Unerwünschte Kollisionen, Beschädigungen der Werkstückkontur, der Werkzeuge, Halter und Spindel werden von geeigneten Simulationslösungen frühzeitig erkannt. Komfortablere Systeme können innerhalb der Programmierumgebung die Werkzeugwege in Echtzeit simulieren. Der Benutzer wählt dabei von der satzweisen Bearbeitung bis zur kompletten 3D-Darstellung des Bearbeitungsprozesses mit allen Werkzeugen im Maschineninnenraum die gewünschten Details. Effektive Kollisionskontrolle wird in die Programmerstellung vorverlegt, bietet jedoch noch keine Sicherheitsgarantie im Falle von Fehlern im NC-Programm!

Eine weitere Entwicklungsstufe stellt die **steuerungsspezifische Simulation** dar. CAM-Systeme oder spezielle Simulationsprogramme greifen dabei auf eine spezielle Version der originalen CNC-Steuerungssoftware zu, ergänzt um ein Modul, das wichtige Parameter gängiger Werkzeugmaschinen enthält – wie Massenträgheit,

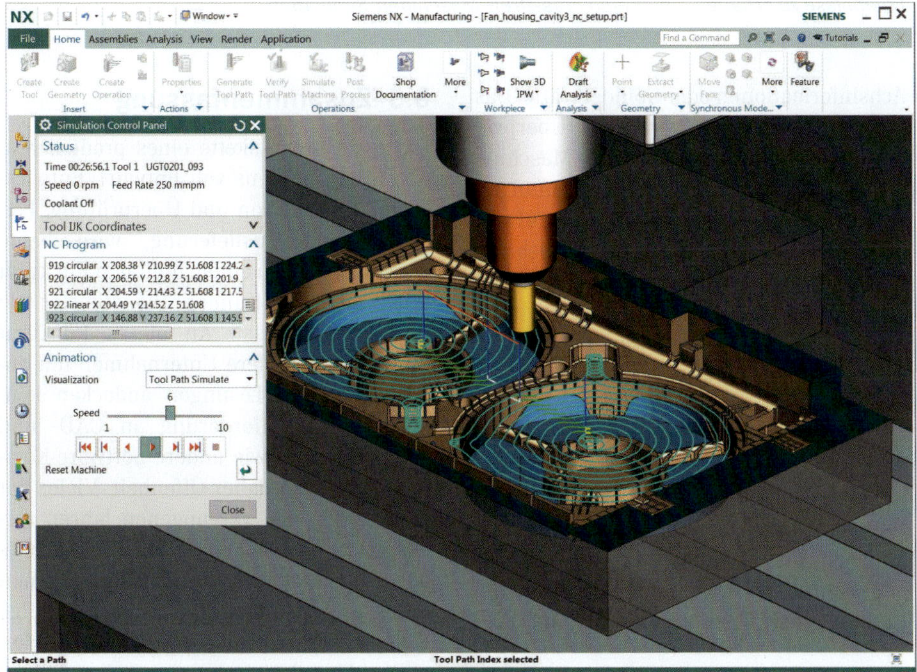

Bild 3.14: Die Formhälfte bleibt assoziativ mit dem zugrunde liegenden 3D-Modell des Kunststoffteils verknüpft – spätere Änderungen werden dadurch automatisch im CAM-Modul berücksichtigt.

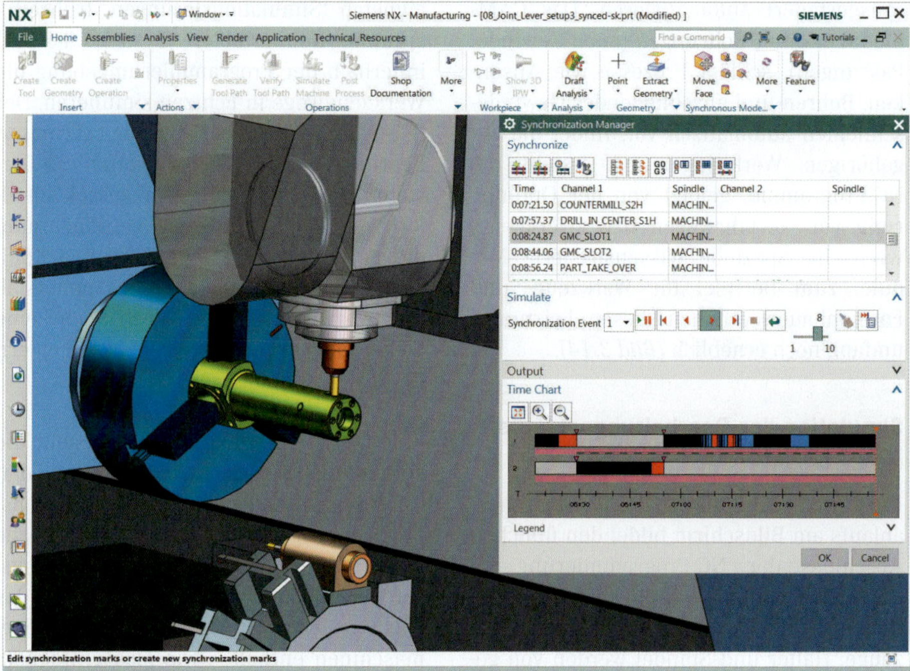

Bild 3.15: Die NC-Simulation muss alle Maschinenbestandteile umfassen, um realistische Ergebnisse zu erhalten – hier eine Fräs-Dreh-Maschinen-Simulation.

Achsinformationen oder Spindelkräfte. Das Simulationsergebnis kann die Überprüfung von Programmen an der Maschine erübrigen oder verkürzen. Berechnungen der Laufzeit von NC-Programmen auf der Maschine erhalten mit gewissen Einschränkungen und Toleranzen die in der Großserienfertigung geforderte Genauigkeit.

Von der NC-Programm-Simulation werden weitere Ergebnisse verlangt. Dazu zählen in erster Linie eine realistische, maßstabgerechte Darstellungen von Maschine, Werkzeug und Vorrichtung, dynamische Abläufe beim Werkzeugwechsel oder beim Drehen/Schwenken des Werkstücks mit Kollisionsanzeige sowie die Art der fertigen Bohrungen (mit/ohne Gewinde) etc. (siehe Kapitel „Fertigungssimulation“).

3.5 Zusammenfassung

Die reale Prozesskette eines produzierenden Unternehmens von Entwurf, Entwicklung, Konstruktion und Überprüfung, Fertigung und Auslieferung, wird heute wirkungsvoll von einem digitalen Rückgrat unterstützt, das Kunden, Dienstleister wie Zulieferer umfasst. An dieses Rückgrat müssen sich andere Unternehmen mit anderen Software-Lösungen andocken können. Die Hauptforderung an CAD- und CAM-Lösungen wie andere Software-Komponenten heißt daher Offenheit. Vieles hat sich hier in den vergangenen Jahren verbessert. Schnittstellen und Standards, offener Datenaustausch und Kooperationen unter Systemanbietern sind der richtige Weg zu höherem Nutzen für die Anwender.

Die Modularisierung und Spezialisierung der einzelnen Software-Lösungen entlang der Prozesskette hat viele frühere Probleme ausgeräumt und große Fortschritte mit sich gebracht. Daher kommt kaum ein CAD-System mit wesentlichen neuen Konstruktionsfunktionen auf den Markt! Das größte Rationalisierungspotenzial der Unternehmen liegt heute in ihren Prozessen.

Product Lifecycle Management (PLM) ist ein viel versprechender Ansatz, auf der Basis moderner Software-Lösungen alle Bereiche eines Unternehmens in schlanken und effizienten Prozessen zu verbinden. Mitarbeiter aus Marketing und Vertrieb wie Service und Installation werden mit Entwicklung und Fertigung vernetzt. Eine Bandbreite digitaler Informationen der verschiedensten Quellen steht strukturiert zur Verfügung, wenn man sie braucht. Engineering mit dem Lauf der Sonne, Internationale Zusammenarbeit und weltweit verteilte Fertigungsstandorte sind unter anderem auch deshalb für mittelständische Unternehmen zu einer Option geworden.

Die neue Arbeitsweise stellt auch neue Anforderungen an die Mitarbeiter. Offenheit und Verantwortungsbewusstsein sind hier ebenso gefragt wie die Fähigkeit zur Teamarbeit, zur interkulturellen Verständigung und zur Kommunikation. Produktentwicklung und Fertigung werden trotz oder gerade wegen dieser Veränderungen auch morgen interessante berufliche Herausforderungen bieten.

Digitale Produktentwicklung und Fertigung

Das sollte man sich merken:

1. Nach Arbeitsweise unterscheidet man 2D- und 3D-CAD-Systeme (Computer Aided Design). 3D-CAD-Systeme sind in der Lage, räumliche Körper umfassend und exakt zu beschreiben. Zusätzlich verfügen sie über Funktionen zur Zeichnungsableitung.
2. Der Nutzen aus 3D-CAD-Systemen kann sich nicht nur während der Konstruktionsarbeit ergeben, sondern auf allen folgenden Stufen der Prozesskette, weil mehr Informationen mit dem Modell verbunden sind.
3. Der Einsatz von CAE-Software zur Überprüfung von Bauteilen kann frühzeitig im Entwicklungsprozess erfolgen und spart dadurch Entwicklungszeit und Fehlerkosten in der Produktentwicklung. Zunehmend übernehmen Konstrukteure die Aufgabe, ihre Arbeitsergebnisse zu analysieren.
4. Die CAM-Prozesse sollten möglichst eng mit der Produktentwicklung verbunden bleiben. Hohe Datendurchgängigkeit erspart Doppelarbeiten, erleichtert Änderungen in letzter Minute und bringt Flexibilität in die Fertigung.
5. Jede NC-Programmerstellung sollte mit der dreidimensionalen Simulation des Bearbeitungsablaufs am Bildschirm abgeschlossen werden. Absolute Sicherheit bietet jedoch nur die Simulation der Bearbeitung unter realistischen Bedingungen, d. h. Einbeziehung von Maschine, Spannvorrichtung, Werkzeugen und sämtlichen Bewegungen.
6. CAD, CAE und CAM beschreiben jeweils Teilbereiche der Digitalen Produktdefinition. Sinnvollerweise sollte diese als ein durchgehender Prozess betrachtet und organisiert werden.
7. Eine gute Integrationsmöglichkeit für diesen Prozess bieten PDM-Systeme (Product Definition Management). Bereits ab fünf CAD-Arbeitsplätzen lassen sich die Daten aus der Produktentwicklung nicht mehr ausreichend in Ordnerstrukturen abbilden.
8. PDM-Systeme organisieren die Verwaltung, Verteilung und Verwendung aller Produktinformationen in modernen Datenbankstrukturen. Sie geben auch fertige Prozesse für viele Abläufe im Unternehmen vor.
9. Zeichnungen sind auch heute noch eine wichtige Informationsquelle, die vor allem bei der Übergabe an die Werkstatt, aber auch für Produkthaftung und Gewährleistung eine Rolle spielt. Bei der Arbeit mit 3D-CAD-Systemen sind Zeichnungen Ableitungen des 3D-Modells. Ausschlaggebend für Richtigkeit und Aktualität der Informationen ist das 3D-Modell.
10. Die Digitale Fertigung umfasst alle vorbereitenden Maßnahmen zu einer effektiven und produktiven Arbeit in der Werkstatt. Neben CAM-Lösungen spielen bei Produktumstellungen in der Großserienfertigung auch CAP-Lösungen sowie Software zur Materialfluss- und Anlagensimulation eine wichtige Rolle.

4 Industrie 4.0

Dipl.-Ing. (FH) Johann Hofmann

Industrie 4.0, in Anlehnung an die drei vergangenen industriellen Revolutionen auch als die „Vierte industrielle Revolution“ bezeichnet, ist mittlerweile zu einem Synonym für die smarte Produktionstechnik der Zukunft geworden.
Der Kern dieser modernen industriellen Revolution besteht in der systemübergreifenden, globalen Vernetzung von Menschen, Anlagen und Produkten und der selbstständigen und dezentralen Organisation und Steuerung von Produktionseinheiten. Durch die nahezu nahtlose Verschmelzung von realer und virtueller Welt können Anlagen und Werkzeuge einer Fertigung nahezu in Echtzeit mit individuell wechselnden Produktansprüchen koordiniert werden.

4.1 Grundlagen

Ursprünglich stammt der Begriff Industrie 4.0 aus einem ausgerufenen Zukunftsprojekt der High-Tech-Strategie der deutschen Bundesregierung. Sie hat zum Ziel, die internationale Wettbewerbsfähigkeit der Industrie nachhaltig zu sichern.

Ein Ziel von Industrie 4.0 ist es, die Flexibilität der Produktion so zu steigern, dass bei Bedarf die **Losgröße Eins wirtschaftlich** hergestellt werden kann und der Kunde ein **individuell konfiguriertes** Produkt erhält. Dazu ist es u. a. notwendig, die Rohdaten, die durch die Digitalisierung der Prozesse und Produkte in riesigen Mengen entstehen, zu sammeln und durch Mustererkennung zu veredeln. Dadurch kommt man zu neuartigen Erkenntnissen die es ermöglichen steigende Qualitätsanforderungen, kürzere Lieferzeiten, sich verkürzende Produktlebenszyklen und eine wachsende Variantenvielfalt zu beherrschen.

In der Wertschöpfungskette von Industrie 4.0 vernetzen sich produzierende Unternehmen, deren Geschäftspartner, relevante Zulieferer und potenzielle Kunden für eine größtmögliche, flexible Produktivität. Einzelne Komponenten von Industrie 4.0-Technologien werden bereits heute in Unternehmen eingesetzt, es **fehlt** aber an **flächendeckenden Standards.**

Um den Kern dieser industriellen Revolution und ihre charakteristische grundlegende Unterschiedlichkeit zur Vergangenheit zu erfassen, ist ein kurzer Blick in deren Geschichte notwendig. Die Anzeichen der historischen drei industriellen Revolutionen aber waren bereits früh von den Betroffenen klar erkennbar. Während der ersten industriellen Revolution vollzog sich ab dem 18. Jahrhundert der historische Übergang von Muskel- zu Maschinenkraft. Der mechanische Webstuhl kam auf und die Postkutsche wurde von Dampflok und Dampfschiff ersetzt, was einen enormen Produktivitätsschub – nicht nur für die Industrie – mit sich brachte *(Bild 4.1).*

Im frühen 20. Jahrhundert führte die Einführung des Fließbands und damit der arbeitsteiligen Massenproduktion zu einer 2. industriellen Revolution. In den Schlachthöfen von Cincinnati wurden erstmals Transportbänder für die Fleischverarbeitung benutzt. Das Prinzip wurde später auch von der Automobilindustrie adaptiert. In den 70er Jahren des 20. Jahrhunderts vollzog sich die letzte historische Revolution. Die Automatisierung hielt Einzug in die Arbeitswelt und viele andere Lebensbereiche. Der technische Wandel, der u. A. durch Mikrochips begann, veränderte viele private und betriebliche Gegebenheiten grundlegend. NC-Maschinen, die Vorgänger der CNC-Maschinen, ersetzten Werkzeugmaschinen, die noch von Hand gesteuert werden mussten.

Allen drei historischen Revolutionen war eine **grundlegende Veränderung der Produktionsbedingungen** gemeinsam, deren Auswirkungen die ganze Gesellschaft spürbar beeinflussten.

Die heutige Ausgangssituation, in der sich moderne Unternehmen wiederfinden, ist um ein Vielfaches komplexer geworden. Wissenschaft und Technologie gewinnen immer mehr an Bedeutung, während die Globalisierung internationale Geschäftsbeziehungen mittlerweile selbstverständlich macht.

Dies erfordert einen Wandel in der Produktion, eine **durchgehende und übergreifende Vernetzung,** die durch Nutzung des Internets im Zuge von Industrie 4.0 erreicht werden könnte.

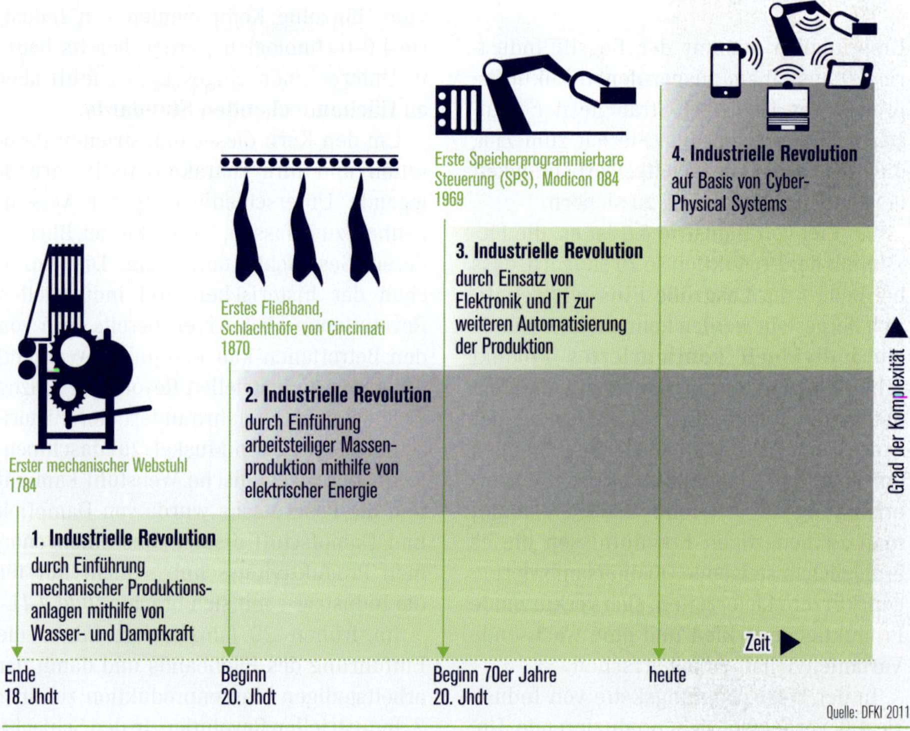

Bild 4.1: Die industriellen Revolutionen im Zeitablauf (Quelle: Umsetzungsempfehlung Industrie 4.0 des BMBF).

SIEMENS
Ingenuity for life
SIEMENS
Global Industry Partner of WorldSkills International
worldskills
Lehren leicht gemacht
Umfassende Angebote für Lehrende zur Industrie 4.0 Transformation
Die Digitalisierung stellt Lehrende vor die Herausforderung, Industrie 4.0-Wissen in Lehre und Ausbildung zu vermitteln. Das Programm Siemens Automation Cooperates with Education (SCE) unterstützt Lehrende und Ausbilder/-innen bei der Wissensvermittlung auf dem Weg zu Industrie 4.0.
siemens.de/sce

4.2 Kernelemente der Industrie 4.0

Folgender Ordnungsrahmen erscheint nach *Bild 4.2* sinnvoll:

Die 3 **Startbedingungen** von INDUSTRIE 4.0 befinden sich oberhalb der Ellipse.

Die 13 **Enabler** von INDUSTRIE 4.0 befinden sich innerhalb der Ellipse.

Die 3 **Auswirkungen** von INDUSTRIE 4.0 befinden sich unterhalb der Ellipse.

Damit gibt es 3 + 13 + 3 Hauptbegriffe, in *Bild 4.2* dargestellt.

Data Governance beschreibt die Startbedingungen für INDUSTRIE 4.0

Stark vereinfacht ist es eine Form von Datenmanagement, das Regeln im Umgang mit Daten durch Datenrichtlinien vorgibt.

Dieses Regelwerk kann allgemeingültige als auch firmenspezifische Vorgaben beinhalten. Das Aufgabenspektrum beinhaltet u. a. Richtlinien zur:

- Bereitstellung von Daten
- Gestaltung der Zugriffsrechte
- Vernetzungsstrategien
- Datensicherheit
- Datenqualität
- Protokollierung der Datenverarbeitung
- Überwachung der definierten Vorgaben
- Überwachung gesetzlicher Vorgaben und Compliance-Anforderungen

In letzter Konsequenz wird für den Anwender der **Digital Value** wie folgt ankommen:

- Im Backend wird **Künstliche Intelligenz (KI)** in unterschiedlichsten Ausprägungen wirken und die benötigten Enabler je nach Aufgabenstellung integrieren.
- Als Frontend werden **Apps** auf unterschiedlichsten mobilen Geräten dem Menschen dienen oder ihn ersetzen.

Daraus entstehen neue Produkte und neue Geschäftsmodelle.

Aufgrund der zahlreichen Schlagwörter können hier nur einige wenige Haupt- und Unterbegriffe aufgeführt werden.

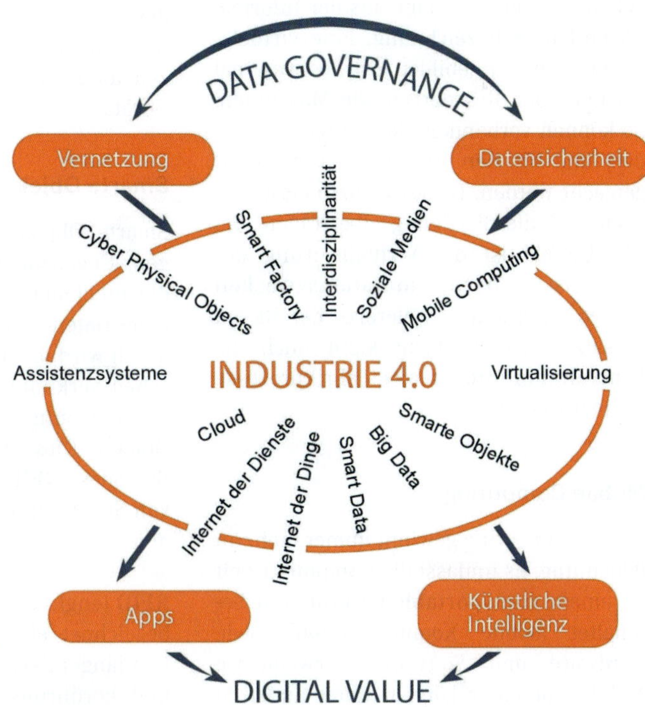

Bild 4.2: Ordnungsrahmen für Industrie 4.0 (Quelle: www.industrie40.net).

Interdisziplinarität

Der Begriff „Interdisziplinarität" bezeichnet die **Verbindung und Kombination** von voneinander **unabhängigen** (wissenschaftlichen) **Fachrichtungen und deren Methoden, Ansätzen oder Denkrichtungen.** Verschiedene Lösungsstrategien werden hier für ein bestmögliches Ergebnis miteinander verknüpft, was zu neuen Denkweisen und Lösungswegen für Problemstellungen führen kann. Gerade zu Zeiten einer beginnenden Vierten Industriellen Revolution lassen sich viele Synergien zwischen einzelnen Fachdisziplinen nutzen.

Ein konkretes Beispiel ist das Berufsbild des Mechatronikers. Vor einigen Jahren hat sich dieser aus den jeweiligen Ausbildungsberufen des Mechanikers und des Elektrikers, ergänzt durch Steuerungstechnik, Regelungstechnik und Informationstechnik entwickelt.

Virtualisierung

„Virtualisierung" ist eine aus der Informatik entlehnte Bezeichnung. Eine virtuelle Ebene wird hier gebildet, losgelöst von real existierenden Ressourcen wie Maschinen. So können vorhandene Ressourcen gegliedert und für den Anwender transparent gemacht werden. Dieses Prinzip lässt sich auch auf die Fertigung übertragen. Im CNC-Umfeld ist die Virtualisierung der CNC-Maschinen zu **Simulationszwecken** des NC-Programms vielerorts bereits im Einsatz. Virtualisierung kann auch als **Echtzeitabbildung** realer Fabrikprozesse genutzt werden.

Mobile Computing

Mobile Computing gewinnt immer mehr an Bedeutung. Es umfasst die Computerarbeit an einem **transportablen Gerät** und beinhaltet mobile Kommunikation sowie Hardware und Software. Verwendbare Mobile Computer können unter anderem Smartphones, Tablet-PCs oder Laptops sein. Der **orts- und zeitunabhängige Zugriff** auf betriebliche Daten und Anwendungen, der möglichst einfach und intuitiv erfolgen sollte, könnte zum Standard für alle Unternehmen werden.

Bild 4.3: RFID Transponder. (Quelle: © alexlmx/Fotolia.com)

Eingeschränkt wird diese Entwicklung noch von den niedrigen Übertragungsraten des mobilen Internets, fehlenden Sicherheitsstandards und der geringen Akkulaufzeit aufgrund des Energieverbrauchs der Geräte.

Smarte Objekte *(Bild 4.3, 4.4 und 4.5)*

Smarte Objekte können z. B. Verpackungen, Gegenstände oder Werkstücke sein, die mit einem digitalen Gedächtnis in Form eines Datenspeichers ausgestattet sind. Dadurch wird die digitale Welt mit der physischen verknüpft. Voraussetzung dafür ist die eindeutige Identifizierbarkeit dieser Objekte. Dies geschieht z. B. mit Hilfe von Barcodes, **RFID, NFC,** bzw. **iBeacon** die von Scannern und Computern erfasst werden.

RFID (engl. radio-frequency identification) bezeichnet eine Technologie für Sender-Empfänger-Systeme zum automatischen und berührungslosen Identifizieren und

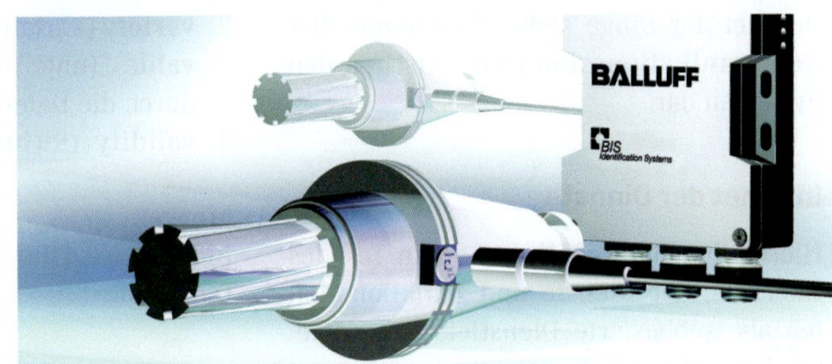

Bild 4.4: Werkzeugcodierung mit Industrial RFID. (Quelle: BALLUFF)

Lokalisieren von Objekten mit Radiowellen. Ein RFID-System besteht aus einem Transponder, der sich am oder im Gegenstand befindet und einen kennzeichnenden Code enthält, sowie einem Lesegerät zum Auslesen dieser Kennung. Im Fertigungsbereich wird RFID seit Jahren zur Werkzeugcodierung eingesetzt *(Bild 4.4)*.

NFC (Near Field Communication) Nahfeldkommunikation ist ein auf der RFID-Technologie basierender internationaler Übertragungsstandard zum kontaktlosen Austausch von Daten per Funktechnik über kurze Strecken *(Bild 4.5)*.

Mittlerweile können mit Hilfe von Smartphones und dessen NFC-Funktionalität bei verschiedenen Autoherstellern die Autotüren entriegelt und persönliche Einstellungen am Sitz vorgenommen werden.

Bild 4.5: Smartphone mit NFC-App und -Empfänger. (Quelle: © Onidji/Fotolia.com)

iBeacon ist ein von Apple Inc. eingeführter, proprietärer Standard für Navigation in geschlossenen Räumen, basierend auf Bluetooth. Dazu werden im Raum kleine Sender (Beacons) als Signalgeber platziert, die in festen Zeitintervallen Signale senden. Kommt ein Empfänger (z. B. Smartphone-App) in die Reichweite eines Senders, kann der Sender lokalisiert und Aktionen ausgelöst werden.

Internet der Dinge

Das Internet hat sich vom Medium zum Informationsaustausch **zu einer interaktiven Verknüpfung von Menschen und Maschinen** gewandelt.

Die Erweiterung des vorhandenen Internets zum **Internet der Dinge** ist die Lösung, Objekte jeglicher Art in einem digitalen Netzwerk zu verbinden. Dadurch wird eine universale Kommunikation, sowohl unter den Objekten als auch mit deren Umgebung ermöglicht. So verschmilzt die physische Welt der Dinge nahtlos mit der virtuellen Welt der Daten. Ein mögliches Zukunftsszenario im Internet der Dinge ist, dass jedes verbaute Verschleißteil eine eigene IP besitzt und mit dem Internet verbunden ist. Einmal in Gebrauch, bleibt somit jedes Teil über das Internet lebenslang mit den Wartungseinheiten verbunden.

Die größte Herausforderung für das

Internet der Dinge stellt ein einheitlicher **Kommunikationsstandard** zwischen den Systemen dar.

Internet der Dienste

Hierbei handelt es sich um einen Teil des Internets, der Dienste und Funktionalitäten als webbasierte Dienstleistung anbietet. Provider stellen diese im Internet zur Verfügung und bieten die Nutzung auf Anforderung an.

Über Internetdiensttechnologien sind die einzelnen Softwarebausteine beziehungsweise Dienstleistungen miteinander integrierbar. Unternehmen können die einzelnen Softwarekomponenten zu komplexen und dennoch flexiblen Lösungen verknüpfen. Daraus entstehen neue Geschäftsmodelle die wiederum als Katalysator für das Internet der Dinge und Dienste wirken.

Big Data

Big Data ist erst mal nur eine Sammlung von dummen Rohdaten und bezeichnet Datenmengen, die mit herkömmlichen Methoden der Datenverarbeitung nicht mehr zu verarbeiten sind. Diese Datenmengen wachsen aufgrund der technischen Entwicklung und der des Internets, da es immer leichter wird, große Datenmengen zu sammeln, zu speichern und zu analysieren. Big Data ist quasi ein Sammelbegriff für digitale Massendaten, die in technischer Hinsicht vollkommen neue Möglichkeiten eröffnen.

Der Mehrwert von Big Data entsteht allerdings erst dann, wenn diese Rohdaten (**Data Lake**) durch Heuristiken bzw. Mustererkennung (**Data Mining**) veredelt werden. Dadurch kommt man zu neuartigem Erkenntnisgewinn (**Smart Data**).

Die Definition von Big Data beinhaltet folgende 5 Dimensionen:

1. **volume** (Umfang der Datenmenge)
2. **velocity** (Geschwindigkeit, mit der die Datenmengen unterwegs sind)
3. **variety** (Varianz bzw. Vielfalt der Daten)
4. **value** (unternehmerischer Mehrwert durch die Daten)
5. **validity** (Richtigkeit der Daten)

Merke:
Big-Data wird durch Data-Mining zu Smart-Data

Smart Data

Intelligente Sensorik erobert immer mehr den Alltag.

- Dadurch entstehen riesige Datenmengen (Big Data). (= **Schritt 1**)
- Wenn man diese Rohdaten über bestimmte Zeiträume auswertet und verdichtet, dann entstehen Informationen. (= **Schritt 2**)
- Wenn man diese Informationen mit digitalisiertem menschlichem Wissen kombiniert, kann kann man Zwischenergebnisse berechnen bzw. vorhersagen. (= **Schritt 3**)
- Wenn man diese Zwischenergebnisse mit digitalisierter menschlicher Erfahrung kombiniert, dann kann man ersten Nutzen generieren. (= **Schritt 4a**)
- Wenn man diese Zwischenergebnisse mit Musterfindungs-Algorithmen (**Data Mining**) kombiniert, dann kann man **großen** Nutzen generieren. (= **Schritt 4b**)

Dadurch kommt man zu neuartigen Erkenntnissen (=**Smart Data**), die es ermöglichen, neue Produkte, Prozesse oder Geschäftsmodelle zu entwickeln.

Beispiel für Schritt 1 bis Schritt 4b siehe *Bild 4.6*.

Merke:
Der Begriff „Big Data" bezeichnet riesige Rohdatenmengen (**Data Lake**).

Durch den Einsatz von **Data Mining** gewinnt man daraus neue Erkenntnisse, die man als **Smart Data** bezeichnet.

1. sammeln	2. auswerten	3. vorhersagen	4a. leicht profitieren	4b. stark profitieren
Daten	Daten	Daten	Daten	Daten
	Informationen	Informationen	Informationen	Informationen
		Wissen	Wissen	Wissen
			menschliche Erfahrung (=Data Mining im Gedächtnis)	digitale Erfahrung (=Data Mining in Rohdaten)
Regenmenge jetzt	Regenmenge übers Jahr	es regnet morgen	Schirm mitnehmen	Auto in die Garage, weil es hageln wird

Bild 4.6: Entstehungsprozess für SMART DATA. (Quelle: www.industrie40.net)

Das wirklich Neue bei Industrie 4.0 ist der Schritt 4b, dass aus dem Data Lake vollkommen neuartige Erkenntnisse geschürft (mining) werden können. Immer dann, wenn es gelingt durch Schritt 4b neue Erkenntnisse zu gewinnen und diese exakt zu beschreiben und zuverlässig zu wiederholen, dann entsteht neues Wissen. Durch Rückkopplung wird dieses neue Wissen bei Schritt 3 integriert, sodass das Gesamtergebnis stetig besser wird. Durch viele Iterationsschleifen entstehen so immer bessere SMART DATA.

Der Vorgang 4b wird auch Data Science genannt. Data Science bezeichnet generell die Extraktion von Wissen aus Daten.

Cloud *(Bild 4.7)*

Cloud Computing (deutsch Rechnerwolke oder Datenwolke) ist ein Betreibermodell, bei dem die IT-Ressourcen, wie z. B. Server, nicht in den eigenen Räumlichkeiten betrieben werden, sondern, z. B. über das Internet, dynamisch zur Verfügung gestellt werden. Diese Art der Bereitstellung ermöglicht es, die IT- Ressourcen (Hardware, Software, Infrastruktur) bedarfsorientiert und flexibel abzurufen.

Man unterscheidet bei Cloud Computing zwischen folgenden Ausprägungen:

Public Cloud

Die Public Cloud ist eine öffentliche Cloud deren Dienste offen über das Internet für jedermann zugänglich sind.

Private Cloud

Die Private Cloud wird auch als Unternehmens-Cloud bezeichnet.

Sie nutzt zwar die Vorzüge der Cloud-Technik, bleibt aber durch internes Hosten innerhalb eines Unternehmens und erreicht dadurch einen hohen Sicherheits- und Datenschutzgrad, allerdings mit erhöhten Personal- und Wartungsaufwand.

Bild 4.7: Cloud. (Quelle: ©bagotaj - Fotolia.com)

Hybrid Cloud
Wenn Private Clouds mit Public Clouds kombiniert werden, dann spricht man von einer Hybrid Cloud. Dies ermöglicht eine Trennung und Verteilung von datenschutzkritischen und -unkritischen Geschäftsprozessen, allerdings mit noch höherem Personal- und Wartungsaufwand.

Hinweis:
Das Gegenteil von der **Cloud** nennt man **On-Premise**

Analyse und Optimierung

Die Komplexität sowie auch die Menge der Daten streben einem Höchstwert zu. Deshalb wird es immer wichtiger, diese zu quantifizieren und zu analysieren. Durch statistische Methoden lassen sich aus Daten Informationen gewinnen. Das Herausfiltern einzelner wichtiger Informationen aus einer großen Datenmenge wird auch als **„Data Mining"** bezeichnet.

Unter Big Data werden zunehmend unstrukturierte Daten gesammelt, die erst durch Heuristik und Mustererkennung zu *neuen* Erkenntnissen werden können, z.B. zur Optimierung der Prozesse.

Cyber-Physical Systems (CPS)

Cyber-Physical Systems sind Systeme, bei denen Rechner, mit physisch vorhandenen Geräten kommunizieren und diese steuern. Oft werden sie auch als **„Embedded Systems"**, d.h. eingebettete Systeme bezeichnet. Dies gibt Raum für eine völlig neue Planung von Fertigungsanlagen. Als Kommunikationsmedium wird das Internet bzw. das Intranet verwendet.

Das Fraunhofer IIS definiert CPS im engeren Sinne wie folgt:

„Bei ‚Cyber-Physical Systems' handelt es sich um verteilte, miteinander vernetzte und in Echtzeit kommunizierende, eingebettete Systeme, welche mittels Sensoren die Prozesse der realen, physischen Welt überwachen und durch Aktuatoren steuernd bzw. regulierend auf diese einwirken. Sie zeichnen sich zudem häufig durch eine hohe Adaptabilität und die Fähigkeit zur Bewältigung komplexer Datenstrukturen aus."

Das intelligente Werkstück navigiert selbstständig durch die Fertigung und steuert seine Fertigungsschritte selbst. Dies ist *ein* mögliches Anwendungsszenario von CPS und noch offen, ob sich diese Technologie im Umfeld der CNC-Maschinen durchsetzt.

Ein realistischer CPS-Anwendungsfall im Umfeld der CNC-Maschine ist z.B. der intelligente Spänebehälter, der mittels Kameratechnik seinen Füllstand überwacht und selbstständig die Entsorgung organisiert.

Assistenzsysteme

Ständig erweiterte Technologien, Maschinen, Anlagen, Prozesse und Verfahren haben die letzten Jahrzehnte Steigerung des Herausforderungsgrades mit sich gebracht *(Bild 4.8)*.

Der *oben* dargestellte linear steigende Herausforderungsgrad hat einen entscheidenden Bruch zwischen kompliziert und komplex:

Komplizierte Probleme sind vorhersehbar, beherrschbar und automatisierbar, wenn man genug Wissen darüber hat. Komplizierte Probleme kann man berechnen und sie können somit ohne den Menschen, alleine durch IT gelöst werden. Als Beispiel können zwei Schachcomputer dienen, die problemlos gegeneinander antreten können.

Komplexe Probleme sind nicht vorhersehbar, nur beobachtbar. Komplexe Probleme sind zwar beeinflussbar, aber ohne die Folgen vorherzusehen, also nicht beherrschbar. Exakte Planung für ein komplexes System ist de facto pure Illusion!

Komplexe Probleme kann man deshalb auch nicht berechnen! Als Beispiel kann

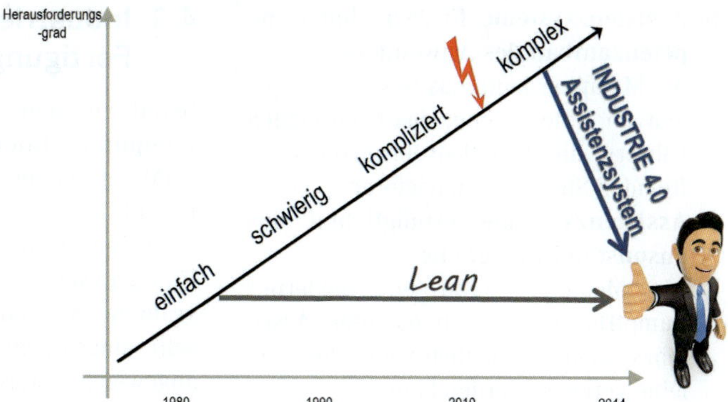

Bild 4.8: Steigerung des Herausforderungsgrades und zwei Methoden zur Reduzierung. (Quelle: JH)

ein Fußballspiel dienen. Wenn man 0:1 zurückliegt, kann man zwar das System beeinflussen indem man einen weiteren Stürmer einwechselt, aber ohne die Folgen vorherzusehen.

LEAN und Industrie 4.0 nutzen deshalb unterschiedliche Stoßrichtungen um der ständig wachsenden Herausforderung Herr zu werden.

LEAN verwendet Methoden und Verfahrensweisen zur effizienten und einfachen Gestaltung von Arbeitsprozessen. D.h. LEAN lässt konsequenterweise die Steigerung der Herausforderung für den Menschen nicht zu. Bei den heute vorliegenden Hochleistungsprozessen stoßen jedoch sowohl der LEAN-Lösungsansatz als auch der Mensch immer häufiger an ihre Grenzen *(Bild 4.9)*:

Umso wichtiger ist es, dass zuerst alle verfügbaren LEAN-Methoden erfolgreich umgesetzt wurden. Darauf aufbauend können nun Bausteine von Industrie 4.0 zum Einsatz kommen.

Industrie 4.0 lässt die steigende Komplexität vollständig zu und reduziert durch **Assistenzsysteme** die „wirkende“, beim Menschen „ankommende“ Komplexität auf ein beherrschbares Maß.

Assistenzsysteme sind in der Lage folgende positiven Wirkungen zu erzeugen:

a. Assistenzsysteme verbessern die Ergebnisse
Als Metapher kann der Bremsassistent im Auto dienen, der den Bremsweg und das Spurhalten beim Bremsen verbessert.

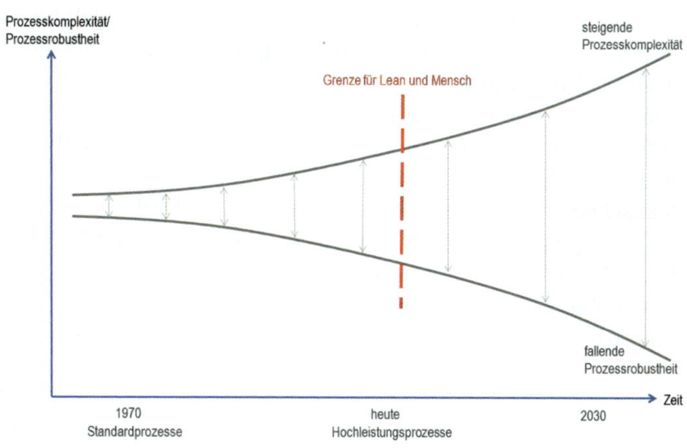

Bild 4.9: Grenze für Lean und Mensch. (Quelle: JH)

b. **Assistenzsysteme fördern den Kompetenzaufbau des Anwenders**
Als Metapher kann das Navigationssystem im Auto dienen, das ortsfremden Fahrern die Fähigkeit ermöglicht, in fremden Städten zu navigieren.
c. **Assistenzsysteme ermöglichen das ansonsten Unmögliche**
Als Metapher kann ein modernes Kampfflugzeug dienen, das ohne Assistenzsysteme unmöglich vom Piloten alleine geflogen werden kann.

Ein modernes Assistenzsystem im Sinne von Industrie 4.0 arbeitet zusätzlich auch als MES (Manufacturing Execution System).

Es fungiert zum einen als Bindeglied zwischen dem ERP-System und dem Shopfloor (vertikale Integration) und zum anderen als Bindeglied zwischen den einzelnen den Fertigungsprozess ausführenden Einheiten im Shopfloor (horizontale Integration).

Smart Factory

„Smart Factory" bezeichnet ein neues Verständnis der Internetnutzung für die Produktion und den Wandel zu einer widerstandsfähigeren **(resilienten)** Fabrik, in der Mensch, Maschine und Bauteil kommunizieren und nur das gefertigt wird, was tatsächlich benötigt wird. Der Fertigungsprozess verläuft hier dezentral, wird also durch die herzustellenden Produkte selbst gelenkt (CPS). Die Roh- und Halbfertigerzeugnisse, sowie Produkte einer Fertigung sind nun intelligente und vernetzte Informationsträger, die mit ihrer Umgebung, Menschen und Anlagen kommunizieren.

In der „Smart Factory" wird dank der Echtzeitsteuerung durch das Internet der Dinge eine bessere Energie- und Ressourceneffizienz erreicht.

4.3 Industrie 4.0 in der Fertigung

Bereits in den 1980er Jahren entstand **Computer Integrated Manufacturing** (CIM) als erster Ansatz einer vernetzten Produktion

In der Fertigung waren damals Insellösungen verbreitet, d. h. Systeme oder Programme, die nur für einen bestimmten, sehr eingeschränkten Teil der Fertigung angewendet werden konnten. Diese ermöglichten aber keine aggregatsübergreifende Kommunikation wegen der fehlenden Schnittstellen zu anderen Systemen.

Daten mussten aufwändig manuell nachgepflegt werden, was ein immenses Fehlerpotenzial zur Folge hatte. Dies war einer der Hauptgründe für das Scheitern von CIM.

Der entscheidende Unterschied von **Industrie 4.0** zu CIM ist der **Fokus auf den Menschen.** Durch völlig neue Assistenzsysteme, die z. B. den Umgang mit Störungen erleichtern und bei komplizierten Fertigungsvorgängen unterstützen, wird erstmals der Mensch in den Mittelpunkt des Fertigungsgeschehens gestellt. Die Methoden von Industrie 4.0 ermöglichen es zwar, zu automatisieren, zu visualisieren und zu analysieren, aber allein der Mensch entscheidet.

Der CIM-Lösungsansatz *(= Manufacturing)* mit sogenannten „1 zu 1"-Schnittstellen die Kommunikation herzustellen, mündete in einer nicht mehr überschaubaren und wartbaren Schnittstellensammlung *(Bild 4.10)*. Die intelligente **Datendrehscheibe** *(= ValueFacturing®)* reduziert dagegen drastisch die Anzahl und die Bandbreite der benötigten Schnittstellen.

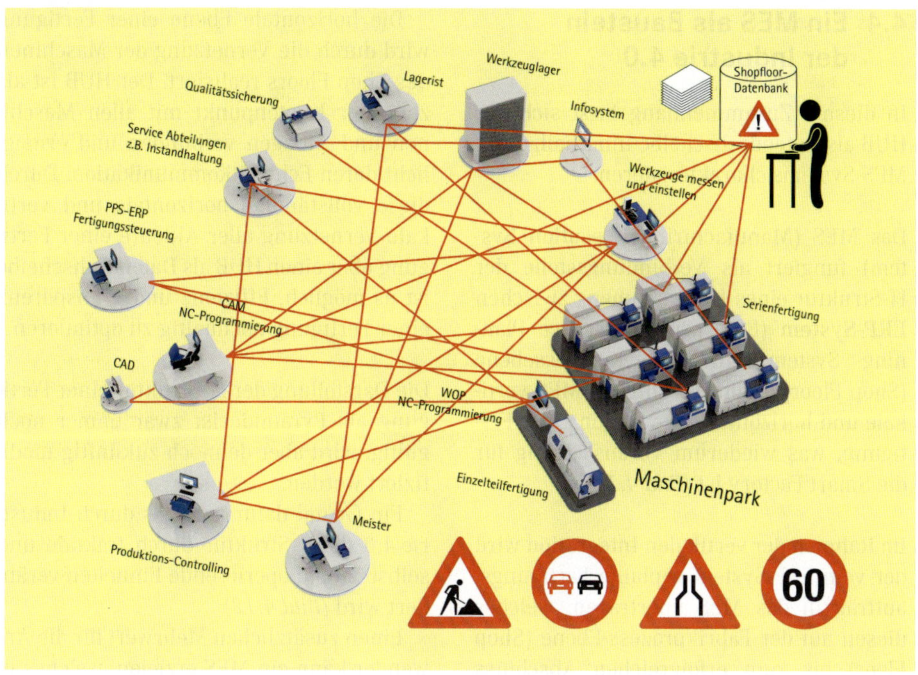

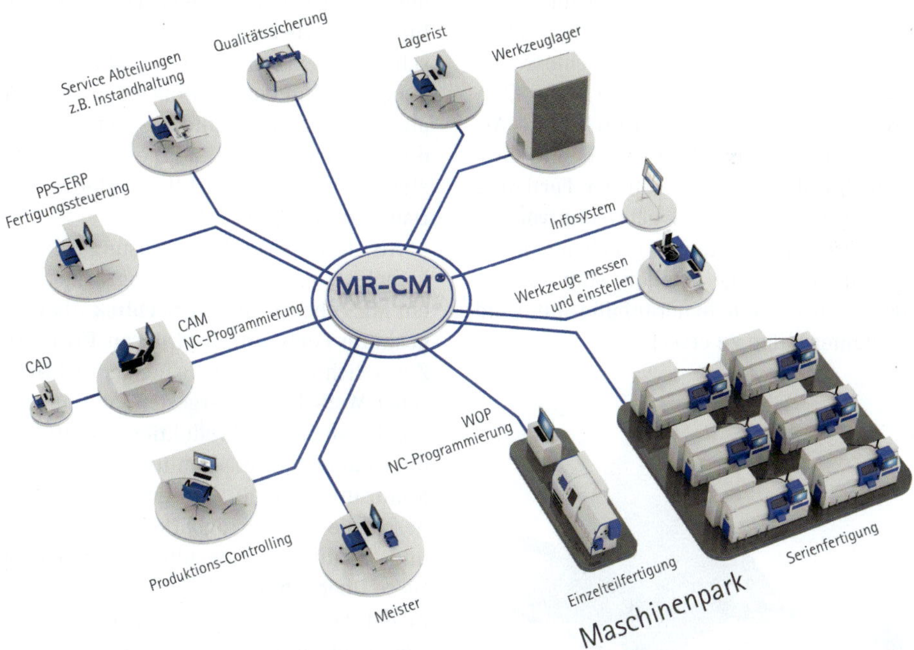

Bild 4.10: Manufacturing versus ValueFacturing®.

4.4 Ein MES als Baustein der Industrie 4.0

In diesem Zusammenhang lässt sich der HUB als Datendrehscheibe innerhalb eines MES-Systems charakterisieren:

Das MES (**M**anufacturing **E**xecution **S**ystem) fungiert als Verbindungsstelle der IT-Struktur eines Unternehmens zwischen **ERP-System** (Enterprise Ressource Planning System) und Fabrikprozessebene (Shop Floor). Damit vereint das MES vertikale und horizontale Integration einer Fertigung, was wiederum Voraussetzung für die Smart Factory ist *(Bild 4.11)*.

Im Rahmen der vertikalen Integration wird der vom ERP-System geplante Fertigungsauftrag in das MES übertragen, welches diesen auf der Fabrikprozess-Ebene (Shop Floor) bis zum erfolgreichen Abschluss führt. In diesem Prozess wird durch ein MES ein ganzheitlicher Datenfluss realisiert und gestattet, neben abgeschlossenen Aufträgen auch Teilfortschritte an das ERP-System zurückzumelden. Durch diese Art der Vernetzung hat das planende ERP-System Zugriff auf alle Daten der Fertigung und kann unter Berücksichtigung von aktuell im Bedarfszeitpunkt erhobenen Informationen Aufträge zuteilen, statt vorhandene Kapazitäten fehleranfällig aufgrund geplanter Daten zu errechnen.

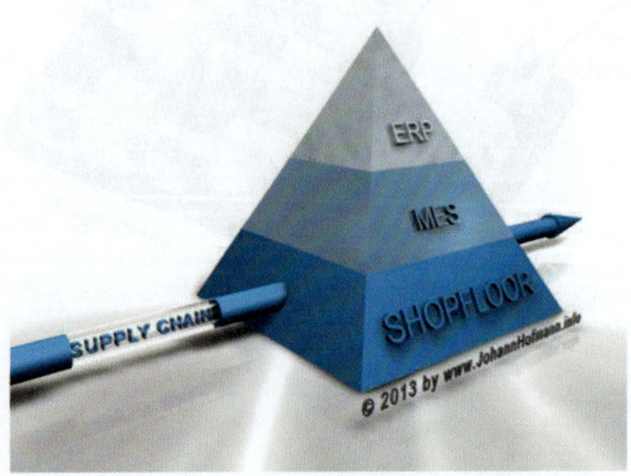

Bild 4.11: Ein MES vernetzt ERP-System und Shop Floor.

Die horizontale Ebene einer Fertigung wird durch die Vernetzung der Maschinen des Shop Floors realisiert. Der HUB ist als zentraler Knotenpunkt mit allen Maschinen und Anlagen verbunden und ermöglicht deren Echtzeitkommunikation. Durch diese vollständige horizontale und vertikale Vernetzung aller Akteure einer Fertigung über einen HUB als Datendrehscheibe ist es möglich, Effizienz und Transparenz einer Fertigung nachhaltig zu optimieren.

Die Darstellung der IT-Struktur einer Fertigung als Pyramide ist zwar immer noch gültig, wird aber dennoch zukünftig modifiziert werden.

Ein Grund dafür ist, dass durch Industrie 4.0 diese Struktur durch fraktale und selbstständig operierende Einheiten verändert wird *(Bild 4.12):*

Einen zusätzlichen Mehrwert für die Anwender kann ein MES erzielen, welches in der Lage ist, Datenanreicherung durchzuführen. Hierbei werden vom MES von verschiedenen Systemen (A, B und C) vorhandene Daten für einen anfragenden Akteur D abgeholt. Durch intelligente Verknüpfung dieser Daten werden im Ergebnis neue, für einen effizienten Workflow erforderliche Daten erzeugt *(Bild 4.13)*.

Als integrierte Systemlösung für die komplexe spanende Fertigung ermöglicht ein MES ebenso einen **Überblick über die gesamte Fertigung und deren Prozesse.** Zusätzlich ist ein durchgängiger elektronischer Workflow sichergestellt, der ein manipulationsfreies Produktions-Controlling mit automatischer Ermittlung der OEE-Kennzahl (Overall Equipment Effectiveness), die aus Verfügbarkeits-, Leistungs- und Qualitätsrate resultiert, ermöglicht. Diese Übersichtlichkeit sichert die Effizienz in der Fertigung nachhaltig, denn nichtwertschöpfende Zeiten an den Maschinen werden unverzüglich aufgedeckt und minimiert. Ein MES ermöglicht es dadurch, zuvor bei Mitarbeitern und in Datenbanken unsystematisch angesammeltes Wissen,

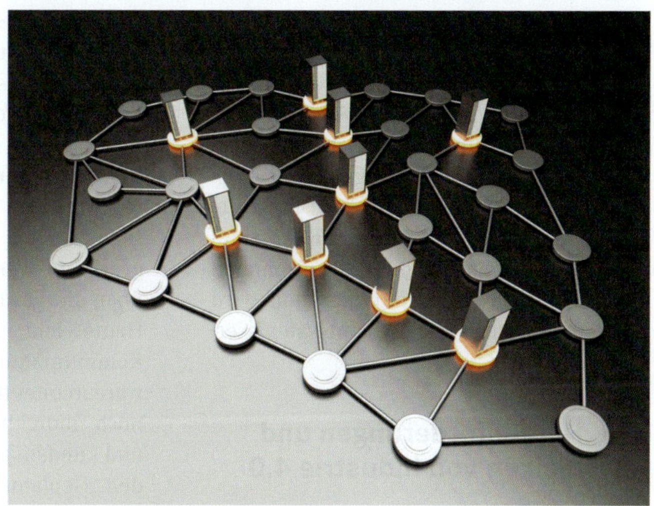

Bild 4.12: Industrie 4.0 unterstützt fraktal operierende Fertigungseinheiten.

jederzeit und allerorts allen Mitarbeitern und Maschinen digital bereitzustellen.

Die Komplexität der Produktion nimmt stetig zu. Ein modernes, Industrie 4.0 taugliches MES bietet deshalb dem Anwender zahlreiche Assistenzsysteme und Datenanreicherungslogiken, um dadurch die gefühlte Komplexität zu reduzieren.

Weitere Vorteile eines MES zeigen sich beispielsweise in der NC-Programmierung: Werkzeuglisten werden automatisch digital bereitgestellt und durch präzise Montagegraphiken erübrigt sich jede Rückfrage. Die **NC-Dokumentation** wird dabei standardisiert und **papierlos elektronisch** erfasst. Die altbekannte Werkermappe in Papierform enthält NC-Programm, Werkzeugliste, Aufspannskizze, etc. und wird durch eine digitale und damit papierlose Werkermappe ersetzt. Ferner wird durch ein MES der NC-Lebenslauf aller NC-Programme **lückenlos** digital **aufgezeichnet.** Dies ermöglicht die klare Nachverfolgung aller Änderungen im NC-Programm und die Differenzierung zwischen den Verantwortlichkeiten der beteiligten Mitarbeiter und Maschinen.

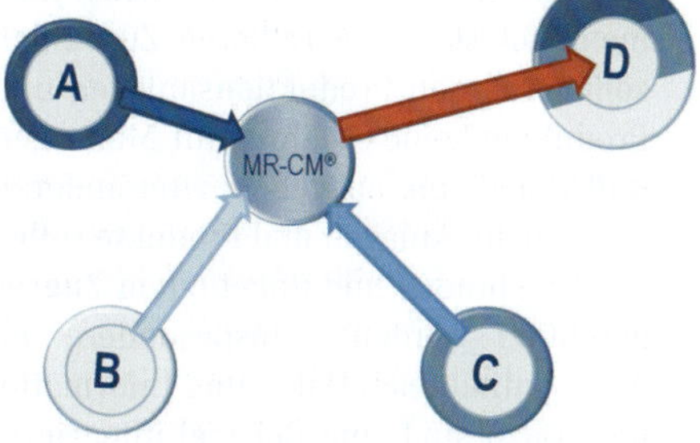

Dank dieser umfassenden papierlosen Dokumentation wird eine effiziente und transparente Gestaltung des gesamten Fertigungsablaufes erreicht.

Bild 4.13: Schematische Darstellung einer Datenanreicherung.

Bei der Verteilung von Aufträgen auf Maschinen können Entscheidungen aufgrund aktueller, universal bereitgestellter Daten getroffen werden.

Ein weiterer Schritt in Richtung Industrie 4.0 in der Fertigung stellen geeignete Kommunikations- und Schnittstellenstandards dar. Der Informationsaustausch zwischen Maschinen und Anlagen erfolgt heutzutage häufig noch über proprietäre Datenformate. Dies hat Medienbrüche und Datenverluste zur Folge.

Dieses Problem wird durch ein MES gelöst, welches als zentraler Knotenpunkt (HUB) installiert wird, der die Kommunikation als Multidolmetscher zentral regelt, Datenanreicherungen automatisch durchführt und Informationswege und Datenlinien nachvollziehbar macht. Durch die Verwendung offener, XML-basierter Standards bei der Umsetzung der horizontalen als auch der vertikalen Integration wird die Skalierbarkeit des Gesamtsystems erreicht.

4.5 Herausforderungen und Risiken von Industrie 4.0

Mit Auszügen aus dem ***„Abschlussbericht des Arbeitskreises Industrie 4.0, Kurzfassung“.***

Deutschland ist einer der konkurrenzfähigsten Industriestandorte und gleichzeitig führender Fabrikausrüster weltweit. Mit seinem starken Maschinen- und Anlagenbau, seiner in ihrer Konzentration weltweit beachtlichen IT-Kompetenz und dem Know-how bei Eingebetteten Systemen und in der Automatisierungstechnik verfügt Deutschland über beste Voraussetzungen, um seine Führungsposition in der Produktionstechnik auszubauen. Wie kein anderes Land ist Deutschland befähigt, die Potenziale einer neuen Form der Industrialisierung zu erschließen: Industrie 4.0.

Der Weg zu Industrie 4.0 erfordert in Deutschland enorme Anstrengungen in Forschung und Entwicklung. Um die duale Strategie umsetzen zu können, besteht **Forschungsbedarf** zu der horizontalen und vertikalen Integration von Produktionssystemen sowie zur Durchgängigkeit des Engineerings. Darüber hinaus sind die neuen sozialen Infrastrukturen der Arbeit in Industrie 4.0-Systemen zu beachten und **CPS-Technologien** weiter zu entwickeln.

Neben Forschung und Entwicklung müssen für die Umsetzung von Industrie 4.0 auch industriepolitische und industrielle Entscheidungen getroffen werden. Der Arbeitskreis Industrie 4.0 sieht Handlungsbedarf in folgenden **wichtigen Handlungsfeldern:**

- **Standardisierung und Softwarearchitektur:**
  Industrie 4.0 bedeutet die firmenübergreifende Vernetzung und Integration über die gesamte Wertschöpfungskette. Heute fehlt für diese übergreifende Kommunikation eine einheitliche Softwarearchitektur, d. h. vieles muss heute noch individuell und teuer angepasst und kundenspezifisch programmiert werden. Geplante Erweiterungen im Sinne von länder- oder firmenübergreifenden Projekten sind damit natürliche Grenzen gesetzt.
- **Beherrschung komplexer Systeme:**
  Produkte und Produktionssysteme werden immer komplexer. Adäquate Planungsmodelle sind eine Basis, um die zunehmende Komplexität zu beherrschen. Heute gibt es kaum Methoden und Werkzeuge, um solche Modelle zu erstellen.
- **Flächendeckende Breitbandinfrastruktur für die Industrie:**
  Eine grundlegende Voraussetzung für Industrie 4.0 sind ausfallsichere, flächendeckende Kommunikationsnetze hoher Qualität. Die weltweite Breitband-Internet-Infrastruktur muss daher massiv ausgebaut werden.
- **Sicherheit:**
  Die Betriebs- und Angriffssicherheit sind in den intelligenten Produktionssystemen erfolgskritische Faktoren. Zum einen sollen von den Produktionsanlagen und Produkten keine Gefahren für Menschen und Umgebung ausgehen; zum anderen müssen die Anlagen und Produkte selbst vor Missbrauch und unbefugtem Zugriff geschützt werden – insbesondere die darin enthaltenen Daten und Informationen. Dazu sind zum Beispiel integrierte Sicherheitsarchitekturen und eindeutige Identitätsnachweise zu verwirklichen.

- **Aus- und Weiterbildung:**
  Die Aufgaben- und Kompetenzprofile der Mitarbeiter werden sich in Industrie 4.0 stark verändern. Derzeit gibt es dafür nur wenige Qualifizierungsstrategien.
- **Rechtliche Rahmenbedingungen:**
  Die neuen Produktionsprozesse und Netzwerke in Industrie 4.0 müssen rechtsgemäß gestaltet und bestehendes Recht adäquat fortgebildet werden. Zu den Herausforderungen zählen der Schutz von Unternehmensdaten, Haftungsfragen, der Umgang mit personenbezogenen Daten und Handelsbeschränkungen. Gefragt ist nicht nur der Gesetzgeber, sondern vor allem die Wirtschaft: Leitfäden, Musterverträge und -betriebsvereinbarungen oder Selbstregulierungen wie Audits und vieles mehr sind geeignete Instrumente.
- **Ressourceneffizienz:**
  Als ein limitierender Faktor erweist sich der hohe Energieverbrauch, denn viele Objekte werden zwar kommunikationstechnisch angebunden, müssen aber unabhängig vom Energieversorgungsnetz arbeiten. Sensoren, Aktoren und Kommunikationsprotokolle wurden bislang selten unter dem Aspekt sparsamen Umgangs mit Ressourcen entwickelt.

5 Der Weg zur Digitalisierung in der CNC-Werkzeugmaschinen-Branche

Die Begriffe Industrie 4.0 oder Digitalisierung haben im Kontext der industriellen Anwendung die gleiche Bedeutung. Unter Digitalisierung versteht man allgemein die Nutzung vernetzter, digitaler Technologien in allen Bereichen der Gesellschaft. Industrie 4.0 konzentriert sich dabei auf die Anwendung in der Industrie, wie z. B. Maschinen- und Fahrzeugbau.

5.1 Auswirkungen der gesellschaftlichen Veränderungen

Die **vernetzte Fertigung** ist gerade in der metallzerspanenden Fertigung seit Jahrzehnten ein wichtiges Thema. Um die Massenfertigung im Umfeld der Automobilindustrie effektiv und mit gleichbleibend hoher Qualität realisieren zu können, wurde bereits in den 90er Jahren des letzten Jahrhunderts begonnen, die Werkzeugmaschinen, Transporteinrichtungen, Messeinrichtungen u. v. m. mit übergeordneten Leitrechnern zu vernetzen. Die oft sehr schnellen Designänderungen im Bereich der Konsumgüterfertigung führten dazu, dass zu Beginn des 21. Jahrhunderts die durchgängige CAD/CAM/CNC-Prozesskette im Werkzeug- und Formenbau zum Einsatz kam. In den Branchen Medizintechnik und Flugzeugbau besteht die Pflicht, dass die Fertigungsdaten aller gefertigten Bauteile revisionssicher und jederzeit nachvollziehbar gespeichert werden müssen. Diese Anforderungen der genannten Branchen haben dazu geführt, dass gerade in der metallverarbeitenden Industrie Software-Produkte und -Lösungen für eine vernetzte Fertigung entwickelt wurden. Der zunehmende Kostendruck verbunden mit immer kürzeren Reaktions- und Produktionszeiten, zwingt auch die vielen Zulieferer in der Fertigungskette sich mit dem Thema Digitalisierung auseinanderzusetzen. Aber wie anfangen, das ist die Frage, die sich viele mittelständische Unternehmen stellen. Im Markt gibt es heute eine fast unüberschaubare Auswahl an Softwareprodukten, doch aufgrund der Ressourcensituation und dem oft geringen IT-Know-how ist es nicht einfach, den richtigen Startpunkt zu finden. Der Produktlebenszyklus (PLM) in einer Fertigung wird generell unterteilt in die Schritte *(Bild 5.1)*:

- Produktdesign
- Produktionsplanung
- Arbeitsvorbereitung
- Produktion
- Services.

Bei der Auftragsfertigung in der Metallzerspanung reduziert sich dieser Prozess auf die Arbeitsvorbereitung und Produktion. Der wichtigste Knotenpunkt für den Einsatz der Digitalisierung ist immer die Arbeitsvorbereitung *(Bild 5.2)*. Hier müssen viele Fragen beantwortet werden, wie z. B.:

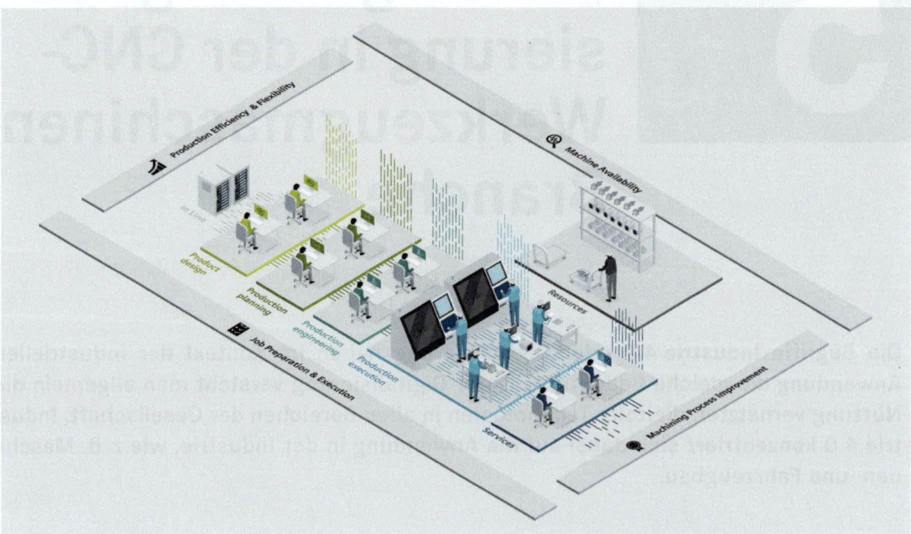

Bild 5.1: Darstellung des Produktlebenszyklus (PLM) in der zerspanenden Fertigung.

- Was wird für den Auftrag an Material benötigt?
- Sind die Werkzeuge und Spannmittel für den Auftrag vorhanden?
- Welche Kosten entstehen?
- Wie lässt sich das Bauteil programmieren?
- Ist die notwendige Maschine verfügbar?
- Können die Qualitätsvorgaben des Auftrags erfüllt werden?

Viele NC-Programme werden heute noch direkt an der Maschine erstellt und das Einrichten der Maschine benötigt viel Zeit und Fachwissen. Aufgrund des Fachkräftemangels, besonders in den Hochlohnländern und der Affinität der sogenannten „Digital Natives" gegenüber IT-Lösungen, kommt es zu Veränderungen im Arbeitsmarkt. Der höchst anspruchsvolle Arbeitsplatz CNC-Werkzeugmaschine mit seinen Herausforderungen in Richtung Zerspanungstechnik und Maschinenbedienung ist für die nachkommenden Generationen der „Digital Natives" ungewohnt, wenn nicht sogar befremdlich.

Nachkommende Generationen sind hinsichtlich ihres Lebensumfelds weniger standortgebunden. Dies wirkt sich zwangsläufig auch auf die Bindung zu einem Arbeitgeber aus. Durch Personalfluktuation wandert immer wieder Wissen ab. Die meisten personellen Neubesetzungen bedingen einen Neuaufbau an fachlichem Know-how. Neues Personal muss möglichst effizient eingearbeitet werden. Die Einarbeitung neuen Personals darf nicht zu unproduktiven Zeiten der Maschinen führen.

In der Zeit weltweiter Vernetzung wird die Fertigung mit CNC Werkzeugmaschinen für potenzielle Auftraggeber immer transparenter. Somit weichen langjährige Kundenbindungen mehr und mehr auf. Um sich auf Angebotsplattformen zu präsentieren, müssen Fertigungsbetriebe möglichst viele, möglichst günstige Angebote in möglichst kurzer Zeit erstellen. Der Preis ist immer mehr ausschlaggebend für die Kaufentscheidung, Loyalität in den Geschäftsbeziehungen zählen immer weniger. Es muss also sehr schnell reflektiert werden, welche Bauteile auf dem bestehenden Maschinenpark gefertigt werden können. Um

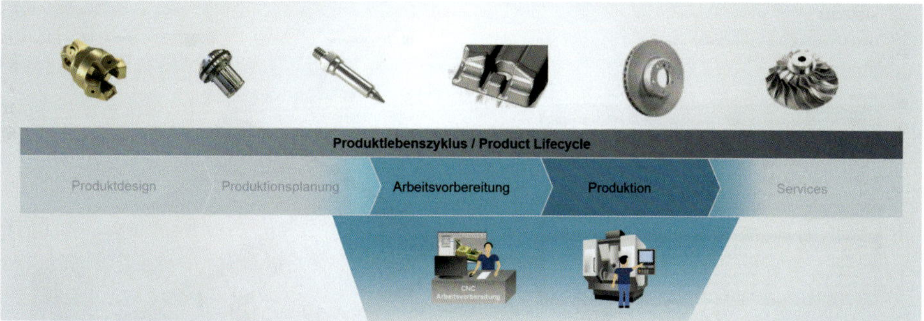

Bild 5.2: Bei der Lohfertigung mit Werkzeugmaschinen reduziert sich der PLM-Prozess auf die Arbeitsvorbereitung und die Produktion.

erfolgreich zu sein, ist es notwendig, CNC-Programmlaufzeiten und somit die Maschinenlaufzeiten als Basis für eine möglichst exakte Angebotskalkulation zeitnah verfügbar zu haben.

Im **Zuge der Globalisierung** muss die Fertigung mit CNC-Werkzeugmaschinen mehr und mehr national, aber auch international verteilt werden. Damit ist die Verfügbarkeit von hochqualifizierten Fachpersonal an verschiedensten Standorten notwendig. Durch eine verstärkte Dezentralisierung der Fertigung mit Werkzeugmaschinen fehlen Spezialisten vor Ort. Aufträge können unter Umständen nicht angenommen werden. Um bestehende Personalressourcen optimal zu nutzen, müssen Unternehmen in der Lage sein, CNC-Arbeitsvorbereitung und Fertigung örtlich zu trennen.

Individualisierung von Konsumgütern sowie deren immer schnellere Innovationszyklen münden zwangsweise in die Individualisierung von Produkten, die auf Werkzeugmaschinen hergestellt werden. Losgrößen bei der Fertigung mit Werkzeugmaschinen werden kleiner.

Dieser Trend bewirkt unweigerlich einen erhöhten Umrüstaufwand und damit steigendes Fehlerpotenzial durch häufiges Einfahren von neuen CNC-Programmen. Die Kostenvorteile, sprich Degressionseffekte bei großen Losgrößen, entfallen mehr und mehr. Ab dem ersten Teil muss die Fertigung bereits optimiert sein (First part = good part).

Eine Werkzeugmaschine ist nur dann produktiv, wenn sie Späne produziert.

Tätigkeiten, die zu unproduktiven Zeiten der Maschine führen, müssen daher identifiziert und konsequent in die CNC-Arbeitsvorbereitung verlagert werden. Der Prozess des gesamten Zerspanungsprozesses wird mehr und mehr in der Arbeitsvorbereitung virtuell erfolgen.

5.2 Digitalisierung der Prozesse in der CNC-Fertigung

Um den Einstieg in die Digitalisierung verständlich zu erklären, wird in den nachfolgenden Abschnitt in

- Digitalisierung am Span
  und
- Digitalisierung des CNC-Workflows
  unterschieden.

Digitalisierung am Span bedeutet die Verlagerung der gesamten Programmierung, Simulation, Einrichten, Testen und Optimierung in das Büro der Arbeitsvorbereitung. Die meisten CNC-Hersteller bieten Programmierplätze für die jeweiligen Steuerungsmodelle an *(Bild 5.3)*. Durch das Einlesen der Parametersätze der realen Maschine lassen sich diese so anpassen, dass das virtuelle Abbild über die identische Konfiguration verfügt. Zusätzlich kann der

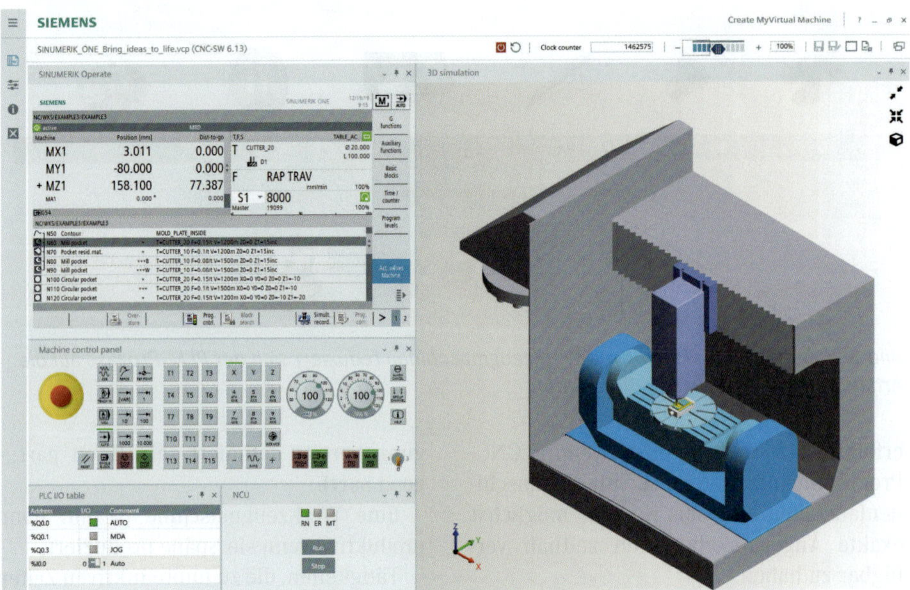

Bild 5.3: Programmierplatz der Sinumerik ONE – Run MyVirtualMachine 3D bietet die identische Bedienung und Programmierung der realen Maschine und das 3D-Modell der Maschine an. (Quelle: Siemens AG)

Maschinenhersteller die geometrischen Daten der Maschine einbringen, sodass ein identisches Abbild der CNC und der Maschine entsteht. Bauteile lassen sich jetzt am Computer exakt wie auf der realen CNC-Maschine programmieren, testen und optimieren. Mit Hilfe der Simulation lassen sich Kollisionen erkennen und belastbare Aussagen über die Laufzeit der realen Maschine machen. Damit ist man **ohne reales Testteil** in der Lage, ein realistisches Angebot zu erstellen.

Werden die Bauteile komplexer, dann führt kein Weg an einem **CAD/CAM-System** vorbei. Die Programmierung von Freiformflächen, diverse Bearbeitungsstrategien und die Durchgängigkeit der Daten (Werkzeuge, Spannmittel, Schnittwerte, Programme) sprechen für einen CAD/CAM-Einsatz. Lohnfertiger bekommen heute die Aufträge via Mail oder Download meist in einem neutralen Format wie STEP oder IGES und müssen diese verstehen und auf die jeweilige Maschinenbearbeitung (CAM, Postprozessor) anpassen. Spannmittel, Werkzeughalter, Schnittdaten usw. lassen sich ebenfalls in das CAD/CAM-System einpflegen und stehen somit generell für den gesamten Maschinenpark zur Verfügung. Die meisten Hersteller von Spannmitteln und Werkzeugen bieten die Geometriedaten ihres Portfolios als Download an, so dass sich jeder Anwender seinen spezifischen Vorrat an Werkzeugen und Spannmitteln virtuell anlegen und pflegen kann. Zusätzlich können CAD/CAM-Systeme auch noch mit der CNC-Systemsoftware des jeweiligen CNC-Fabrikats verknüpft werden, so dass man in der Arbeitsvorbereitung über einen nahezu hundertprozentigen digitalen Zwilling der realen Maschine verfügt *(Bild 5.4)*.

Unter **Digitalisierung des CNC-Workflows** versteht man die Verwaltung der für die Zerspanung notwendigen Fertigungsdaten. Die am Programmierplatz oder CAD/CAM-System erstellten Werkstückprogramme müssen dem Auftrag und der

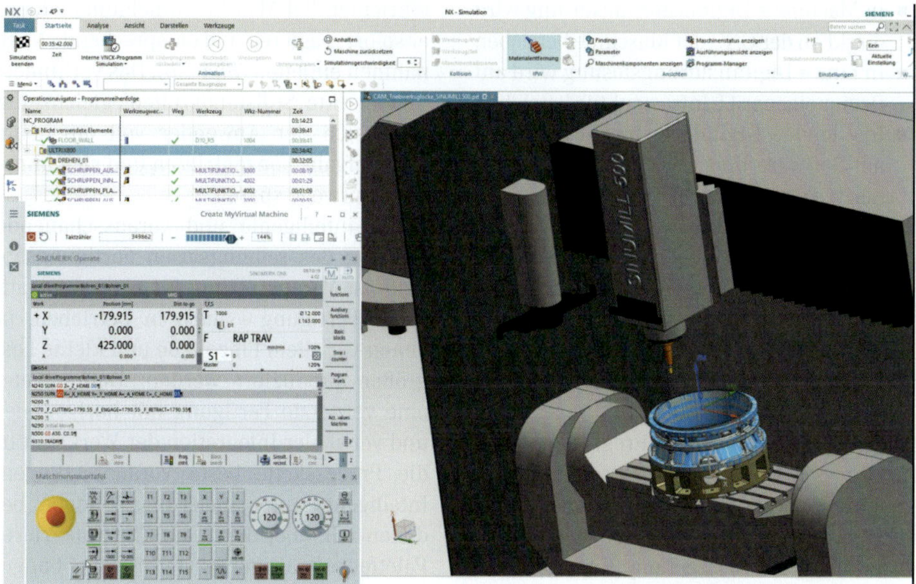

Bild 5.4: Mit NX VirtualMachine steht der Digitale Zwilling als Kombination aus CAD/CAM-System und CNC-Systemsoftware für die Arbeitsvorbereitung. (Quelle: Siemens AG)

Maschine zugeordnet werden. Darunter fällt der Bestandsabgleich aller notwendigen Werkzeuge, sodass im Falle fehlender Werkzeuge der Zusammenbau mit dem Halter sowie eine Vermessung dieser erneut erforderlich sind. Alle freigegebenen und verifizierten Daten werden dann an der Maschine benötigt, damit der Fertigungsauftrag abgearbeitet werden kann. Dieser Prozess kann manuell durch den jeweiligen Produktionsleiter oder Vorarbeiter erfolgen, oder eben digital unterstützt durch entsprechende Software-Module. Im einfachsten Fall sind die Maschinen vernetzt und die Programme können von einem Server auf die Maschine über das interne Netzwerk übernommen werden.

Vor diesem Hintergrund bergen Digitalisierungslösungen großes Potenzial. Diese können auf unterschiedlichen IT-Plattformen ausgeführt werden. Man unterscheidet grundsätzlich in *(Bild 5.5)*:

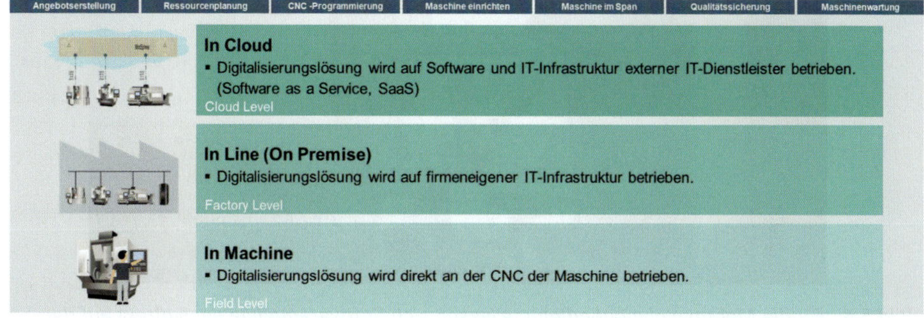

Bild 5.5: Digitalisierungslösungen können auf unterschiedlichen IT-Plattformen ausgeführt werden.

- In Machine = Digitalisierungslösung wird direkt an der CNC der Maschine betrieben
- In Line = Digitalisierungslösung wird auf firmeneigener IT-Infrastruktur betrieben
- In Cloud = Digitalisierungslösung wird auf Software und IT-Infrastruktur externer IT-Dienstleister betrieben.

bit.ly/3fgmgS5
Video 38

Digitalisierungslösungen **„in Machine“** fokussieren sich auf Daten, die direkt an der CNC verarbeitet werden. Dies sind im einfachsten Fall werkstattorientierte Bedienoberflächen, die es dem Facharbeiter ermöglichen, den gesamten Prozess von der Einrichtung über die Programmierung bis hin zur Optimierung zu unterstützen. In diese Kategorie fallen zudem integrierte CNC-Lösungen, wie die Kollisionskontrolle oder die Adaptive Regelung (Kapitel 3), die der Absicherung des Zerspanungsprozesses dienen.

Für die Mehrmaschinenbedienung lassen sich Softwaremodule auch direkt auf der Steuerung integrieren. Der Anwender kann laufende Maschinen im Auge behalten, während er z. B. eine andere Maschine einrichtet. Bei Maschinenmeldungen kann er sofort reagieren und entsprechende Maßnahmen einleiten *(Bild 5.6)*. Das verhindert unbemerkte Stillstandszeiten, gleichzeitig kann sich der Anwender voll auf seine Kernaufgabe konzentrieren und sich unnötige Laufwege sparen.

Die intelligente und vorausschauende Planung des reibungslosen Fertigungsablaufs ist Voraussetzung für eine automatisierte Fertigung – auch in Betrieben, in denen vor allem Einzelteile und kleine Losgrößen produziert werden. Dafür bietet eine vernetzte Fertigung mit horizontaler und vertikaler Integration der Werkstatt in die Prozesskette beste Voraussetzungen. Intelligente Automatisierungslösungen, bei denen z. B. über die in die CNC integrierte Palettenverwaltung ein Auftragspool angelegt, auf Ausführbarkeit geprüft und dann abgearbeitet wird, ermöglichen eine fehlerfreie Abarbeitung der geplanten Programme *(Bild 5.7)*. Manuelle Eingriffe und die Laufzeit des Auftragsvorrats werden im Vorfeld angezeigt. Vorbereitende Tätigkeiten, wie etwa das Nachrüsten von benötig-

Bild 5.6: Für die Mehrmaschinenbedienung lassen sich Softwaremodule auch direkt auf der Steuerung integrieren. Der Anwender kann laufende Maschinen im Auge behalten, während er z. B. eine andere Maschine einrichtet. (Quelle: Heidenhain)

Bild 5.7: Über die integrierte Palettenverwaltung in der CNC lässt sich ein Auftragspool anlegen, der dann automatisch abgearbeitet werden kann. (Quelle: Heidenhain)

ten Werkzeugen im Werkzeugwechsler der Maschine, können frühzeitig vorgenommen werden. Damit ist das Potential einer **optimalen Maschinenauslastung durch Automatisierung und Digitalisierung** ab Losgröße 1 gegeben.

Wichtige **Daten in der Maschine** entstehen bei der Interaktion von Werkzeug und Werkstück.

Diese fallen mit „Echtzeitstempel" und in sehr großer Menge an. Die CNC ist dafür die zentrale Datenquelle. Pro Sekunde können bis zu 2 MB an Prozessdaten entstehen Das permanente Speichern dieser Datenmengen auf lokalen Servern oder in der Cloud ist langfristig nicht zielführend. Daher muss mit Hilfe von Algorithmen die Datenmenge stark reduziert werden. Je nach Anwendungsfall sind somit die relevanten Prozessdaten herauszulösen und zu verdichten – aus Big Data wird somit **Smart Data**. Auch wenn die modernen CNCs heute über hohe Performance und große Speicherkapazitäten verfügen, so ist und bleibt die Aufgabe der CNC die möglichst optimale Steuerung der Werkzeugmaschine. Die Kernkompetenz einer CNC ist die Bahn- und Geschwindigkeitsführung. Die Architektur der CNC ist auf diese Kernkompetenz zugeschnitten. Rechenleistung für zusätzliche Algorithmen der Datenanalyse kann zur Verfügung stehen, ausreichende Kapazität jedoch nicht garantiert werden. Insbesondere bei technologisch anspruchsvollen Vorgängen, wie Freiformflächenbearbeitung, ist die CNC mit der Erfüllung ihrer Kernkompetenz ausgelastet.

Das Verlagern der Rechenleistung an „den Rand der Steuerung" erweist sich deshalb als sinnvoll. Übersetzt bezeichnet man dies dann als **EDGE-Computing**. Ein leistungsfähiger Industriecomputer, die Edge, befindet sich direkt im Schaltschrank der Maschine und ermöglicht eine ressourcenschonende Verarbeitung der Datenströme. Als Schnittstelle zur Cloud ist somit eine Versorgung mit komprimierten Daten in einem geringeren Datenverkehr möglich. Durch die maschinennahe Datenverarbeitung lassen sich auch hochfrequente Daten, welche nur eine geringe Rückmeldungszeit (Latenz) zulassen, verarbeiten und effektiv nutzen *(Bild 5.8)*.

Die Edge dient dabei nicht nur zur Analyse und Verarbeitung von Prozessdaten

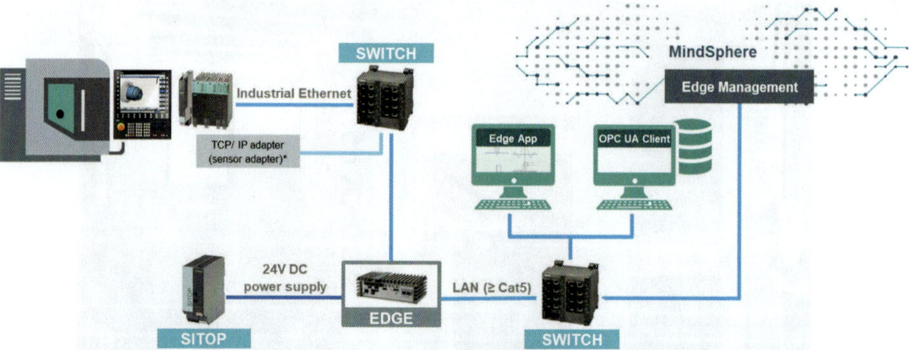

Bild 5.8: In den Schaltschrank der CNC-Maschine eingebaute leistungsfähige Industriecomputer (EDGE) ermöglichen hochfrequente Daten der CNC zu sammeln und zur Analyse weiterzugeben. (Quelle: Siemens AG)

der CNC, sondern bietet eine Plattform, auf der auch Daten weiterer in der Maschine verbauter Sensorik verarbeitet werden können. So ist zum Beispiel die stetige Auswertung von Kameraaufnahmen zur maschinellen Kontrolle von Bauteilaufspannung oder Werkzeugverschleiß möglich. Ergebnisse der durch die Edge Applikationen erfolgten Datenverarbeitung können direkt wieder in die Maschine übertragen werden, um den laufenden Prozess zu optimieren und so zum Beispiel Verschleiß zu minimieren oder die Qualität zu verbessern.

Hochfrequenzdaten der CNC lassen sich auch dazu nutzen, um einen mechanischen Fingerabdruck der Werkzeugmaschine zu erhalten. Der Fingerabdruck gibt Aufschluss über den Verschleiß- und Wartungsbedarf der Maschine und ermöglicht so eine zustandsorientierte Instandhaltung und somit eine hohe Maschinenverfügbarkeit. Durch die regelmäßige Überwachung des Maschinenzustands und den Vergleich mit Referenzzuständen werden kritische Abweichungen frühzeitig erkannt und Produktionsausfälle durch zustandsabhängige Instandhaltung vermieden.

Eine Integration von Applikationen auf der Edge kann dabei von verschiedenen Seiten erfolgen. Neben Anwendungen vom CNC- oder Maschinenhersteller können diverse Technologieanbieter, wie Hersteller von Werkzeugen oder Spannmitteln, ihre Applikationen (Apps) entwickeln und anbieten. Eine direkte Implementierung von Funktionen in die CNC ist nicht möglich, da diese von den Maschinenherstellern bereits individualisiert wurden und keine einheitliche Plattform darstellen. Diese Individualisierung ist nötig, da die Maschinenhersteller die Produktivität und die Qualität des Zerspanungsprozesses der Maschine garantieren müssen. Die Edge ist von diesem System entkoppelt und bietet somit eine Basis für weitere Technologieanbieter.

Zu diesem Zweck verfügt die Edge über eine eigene Entwicklungsplattform, welche eine möglichst einfache und fehlerfreie Programmierung von Applikationen ermöglicht. Weiterhin ist die Edge mit einer Runtime Software ausgestattet welche die Konnektivität sowohl zu den verbundenen Automatisierungsgeräten als auch zum Edge Management sicherstellt. Die Verbindung zum Edge Management besteht dabei aus einer Schnittstelle an die IIoT-Cloud. Mithilfe dieser Verbindung wird nicht nur die Weiterverarbeitung von Prozessdaten in übergeordneten IT-Systemen ermöglicht, sondern auch die Administration und das Updaten der Applikationen selbst.

Digitalisierungslösungen „**in Line**" fokussieren sich auf Daten, die in lokalen Client-Server-Applikationen firmeneigener IT-Infrastruktur verarbeitet werden *(Bild 5.9)*.

Intelligente Software-Lösungen zur **Maschinendatenerfassung** (MDE) können alle wichtigen Informationen von Maschinen erfassen, auswerten und visualisieren - im Idealfall unabhängig von Maschinentyp und Steuerung. Dazu gehören u. a. der Maschinenstatus, die Maschinenauslastung, die Maschinenverfügbarkeit, der Auftragsstatus, die Bearbeitungsfortschritte oder die Produktivität der Maschinen. Damit geben sie einen Überblick über den aktuellen Status einer Fertigung und alle zugehörigen Prozesse.

Die Auswertung der gesammelten Daten zeigt Potenziale auf, wie **Effizienz und Produktivität in der Fertigung** und der gesamten Prozesskette gesteigert werden können. Die Erfassung und Rückmeldung von Auftragsdaten ermöglicht dabei eine auftragsbezogene Analyse der Maschinendaten, insbesondere bei der digitalen Anbindung der Maschinen an Warenwirtschafts- und Leitstandsysteme oder Software-Lösungen für MES (Manufacturing Execution Systems) oder ERP-Systeme (Enterprise-Resource-Planning).

Die Informationen reichen von der Echtzeitsicht auf den **Fertigungsstatus** jeder einzelnen Maschine über einen Überblick der angebundenen Maschinen inklusive **Produktionsstatus** und weiterer wichtiger Daten bis hin zu konkreten Informationen, wie Stellung des Overrides, Programmstatistik und Maschinenmeldungen *(Bild 5.10)*. Eine grafische Produktivitätsanzeige gibt einfach und schnell einen Gesamtüberblick des Maschinenparks: Wie viele Maschinen sind produktiv, nicht betriebsbereit oder nicht im Einsatz? Eine detaillierte Auswertung der Maschinenzustände deckt bestehende Potenziale auf, um die Produktivität zu erhöhen. Dafür stehen unter anderem folgende Daten zur Verfügung:

- Tagesansicht der Maschinenzustände
- Auswertung von Maschinenzuständen
- Auswertung von Kennzahlen
- Auswertung von Programmlaufzeiten
- Auswertung der Maschinenmeldungen
- Auswertung von Auftragszeiten

Deren Auswertung führt beispielsweise zu

- Kennzahlen zum Nutzungsgrad und der Verfügbarkeit von Maschinen
- Daten zum Fmax- und Vorschubanteil über die Programmlaufzeit
- Informationen über die Gründe für Produktionsstörungen und Programmunterbrechungen
- Daten für die Nachkalkulation einzelner Arbeitsschritte
- Angaben zu den gefertigten Stückzahlen, inklusive Auswertung nach Gutteil, Nachbearbeitung oder Ausschuss

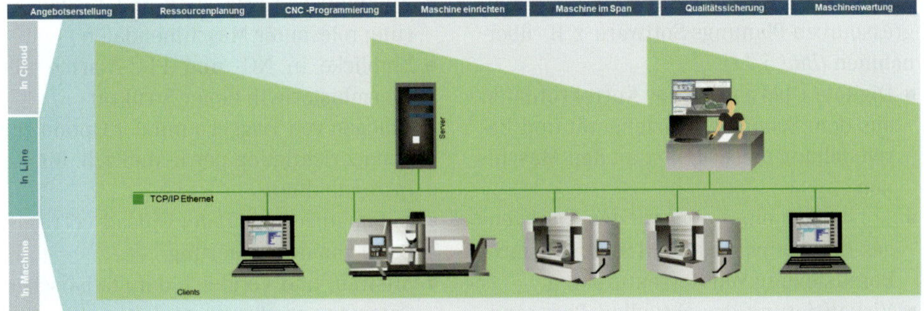

Bild 5.9: Digitalisierungslösungen „in Line" verarbeiten Daten im lokalen Firmennetzwerk ohne Verbindung in das Internet.

Bild 5.10: Sorgt für Transparenz: Die Software StateMonitor von HEIDENHAIN verschafft schnell Überblick über den Status mehrerer Maschinen. (Quelle: Heidenhain)

- Gliederung der Auftragszeiten in Rüsten, Fertigen und sonstige Laufzeiten

Zu den größten Herausforderungen in der metallzerspanenden Fertigung zählt das **Werkzeugmanagement**. Werkzeuge können in den Magazinen der Maschinen geladen sein, sich im Werkzeugschrank oder noch im Einkaufsprozess befinden. Je nach Größe des Maschinenparks müssen tausende von Werkzeugen verwaltet und dem jeweiligen Auftrag zugeordnet werden. Da gerät selbst der beste Fertigungsleiter an seine Grenzen Der Einsatz von Werkzeugmanagementsystemen erweist sich vor die sem Hintergrund als besonders sinnvoll. Folgende Aufgaben kann eine Werkzeugressourcen-Planungs-Software z.B. übernehmen *(Bild 5.11):*

- Digitale Übernahme der Korrekturdaten aus dem Schneideneinstellgerät und Bereitstellung dieser Daten an den Maschinen
- 1:1-Tausch eines abgenutzten Werkzeuges durch eine neue und automatisierte Bereitstellung von Korrekturdaten
- Visualisierung der aktuellen Reststandzeiten von Werkzeugen an mehreren Maschinen
- Werkzeugstatistik – Überblick bzgl. der tatsächlichen Lebenszeit eines Werkzeugs
- Gesamtheitliches Lagerplatzmanagement von Komplettwerkzeugen

Digitalisierungslösungen **„In Cloud“** fokussieren sich auf Daten, die durch Cloud-Serviceleistungen von Software-, Plattform- und Infrastrukturanbietern verarbeitet werden *(Bild 5.12)*.

Folgende Funktionen sind beispielsweise umsetzbar:

- Übersicht über Maschinen und Zustände, die über verschiedene Standorte verteilt sind *(Bild 5.13)*
- Automatische Erfassung und Visualisierung relevanter Maschinendaten
- Einblicke in NC- und PLC-Alarme mit Alarmhistorie in neuer Struktur
- Anlegen von Triggern mit der Option zur Benachrichtigung per E-Mail z.B. für die Instandhaltung
- Automatisierter Datei-Upload (Traces, Logs) von der Steuerung
- Auswahl und Vergleich der statistischen Daten zu verschiedenen Zeitpunkten
- Export der gespeicherten Daten in einem Standard-CSV-Format

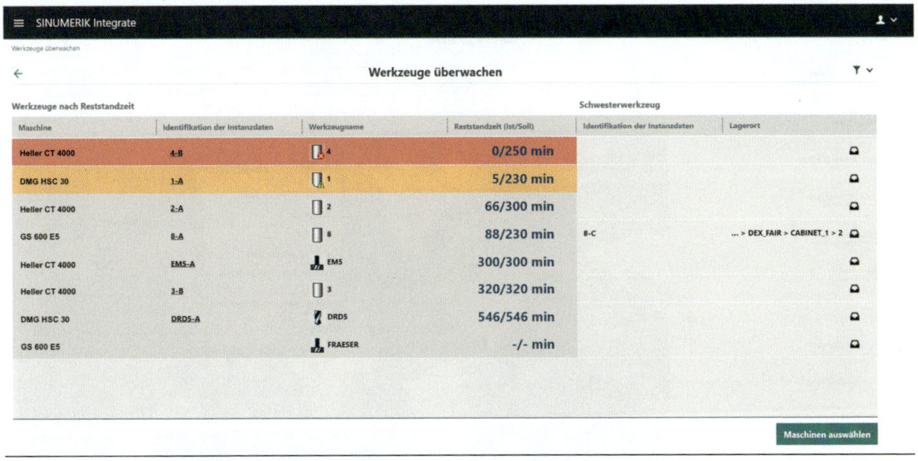

SINUMERIK Integrate

Werkzeuge überwachen

Werkzeuge überwachen

Werkzeuge nach Reststandzeit				Schwesterwerkzeug	
Maschine	Identifikation der Instanzdaten	Werkzeugname	Reststandzeit (Ist/Soll)	Identifikation der Instanzdaten	Lagerort
Heller CT 4000	4-B	4	0/250 min		
DMG HSC 30	1-A	1	5/230 min		
Heller CT 4000	2-A	2	66/300 min		
GS 600 E5	8-A	8	88/230 min	8-C	... > DEX_FAIR > CABINET_1 > 2
Heller CT 4000	EM5-A	EM5	300/300 min		
Heller CT 4000	3-B	3	320/320 min		
DMG HSC 30	DRD5-A	DRD5	546/546 min		
GS 600 E5		FRAESER	-/- min		

Maschinen auswählen

Bild 5.11: Visualisierung der aktuellen Reststandzeiten von Werkzeugen an mehreren Maschinen mit Hilfe der Software Manage MyResources (MMR). (Quelle: Siemens AG)

- Kollaborationsplattform zwischen Maschinenhersteller, Anwender und CNC-Hersteller
- Fernzugriff und -bedienung der CNC-Bedienoberfläche, Maschinenbediener und Servicetechniker teilen eine Echtzeitansicht der CNC
- automatische Sitzungsaufzeichnung zu Trainings- und Haftungszwecken

Das Cloud-basierte System ist sowohl auf die Anforderungen von Maschinenherstellern und -betreibern ausgerichtet. Dem Maschinenhersteller bieten sich völlig neue Vermarktungsmodelle für den Service der Maschinen. Der Maschinenbetreiber bekommt hohe Transparenz über die Maschinenverfügbarkeit weltweit und hat u. a. die Möglichkeit im Störungsfall Techniker des Maschinen- und CNC-Herstellers zur Analyse online zu berechtigen.

Zusammenfassung:

Die Digitalisierung im industriellen Umfeld bietet vielfältige Möglichkeiten, die Produktivität des Maschinenparks zu erhöhen. Alle Fäden laufen dabei in der Arbeits-

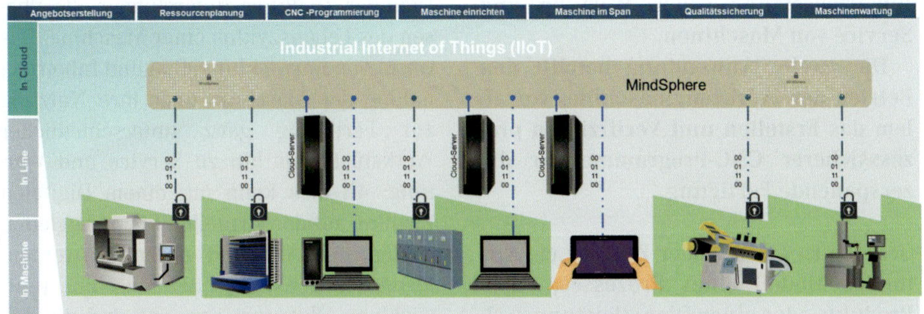

Bild 5.12: Cloud-basierte Systeme ermöglichen die Zustands- und Alarmüberwachung von Maschinen, unabhängig vom Standort weltweit. (Quelle: Siemens AG)

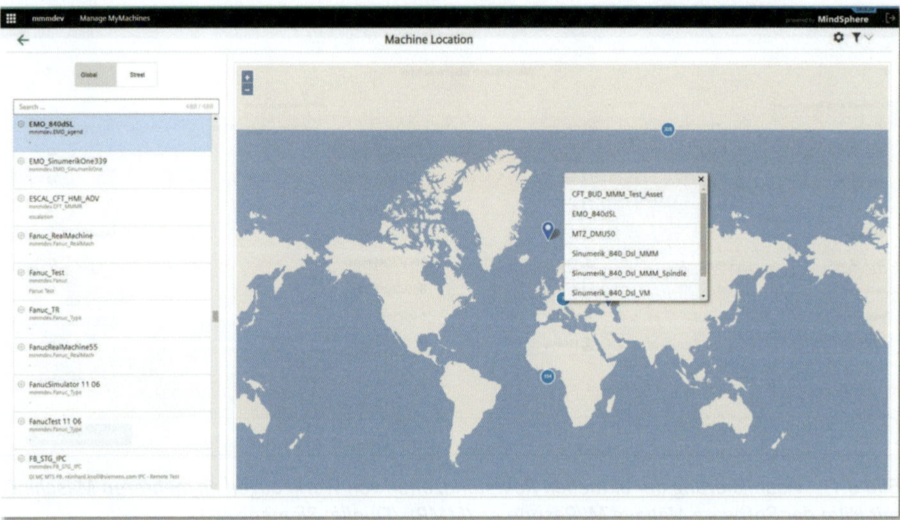

Bild 5.13: Cloud-basiertes System MindSphere bietet eine Übersicht der Maschinen weltweit. (Quelle: Siemens AG)

vorbereitung zusammen. Der Startpunkt zur Integration der Digitalisierung ist also immer in der Arbeitsvorbereitung zu suchen.

5.3 Der Digitale Zwilling einer Werkzeugmaschine

Im Lebenszyklus von Werkzeugmaschinen gibt es zwei ganz verschiedene Anwendungen für Digitale Zwillinge: eines ist von den Anforderungen des Maschinenherstellers geprägt und betrifft die Anwendung bei Konstruktion, Bau und Inbetriebsetzung sowie Wartung und Service von Maschinen.

Die zweite Anwendung betrifft den Betrieb der Werkzeugmaschine, vor allem das Erstellen und Verifizieren prozesssicherer CNC-Programme für die zerspanende Fertigung.

bit.ly/2UMZdGi
Video 39

Generell ist ein Digitaler Zwilling ein **virtuelles Modell eines Prozesses, eines Produkts oder einer Dienstleistung**, welches die reale und virtuelle Welt miteinander verbindet. Durch die Verknüpfung beider Welten lassen sich Konfigurationen weit vor der realen Umsetzung testen, optimieren und auftretende Probleme analysieren und beseitigen *(Bild 5.14)*.

Eine Werkzeugmaschine ist ein komplexes mechatronisches Gebilde. Deshalb ist auch ihr Digitaler Zwilling komplex. Genau wie das reale Objekt „Werkzeugmaschine" umfasst der digitale Zwilling *(Bild 5.15)*:

- das virtuelle Abbild der CNC-Ausrüstung
- das virtuelle Abbild des Maschinenverhaltens
- das virtuelle Abbild der Mechanik

Digitaler Zwillinge unterstützen alle Phasen des Lebenszyklus einer Maschine. Das reicht von Entwicklung, Bau und Inbetriebnahme der Maschine über ihre Nutzung zur Fertigung ganz unterschiedlicher Werkstücke bis hin zu Service und Wartung: All dies kann mit einem Digitalen Zwilling auf der virtuellen Ebene begleitet, geplant, geprüft und optimiert werden. Je nach Lebensphase der Maschine (Entwicklung, Nutzung, Service) sind die Anforderungen an den Digitalen Zwilling sehr verschieden.

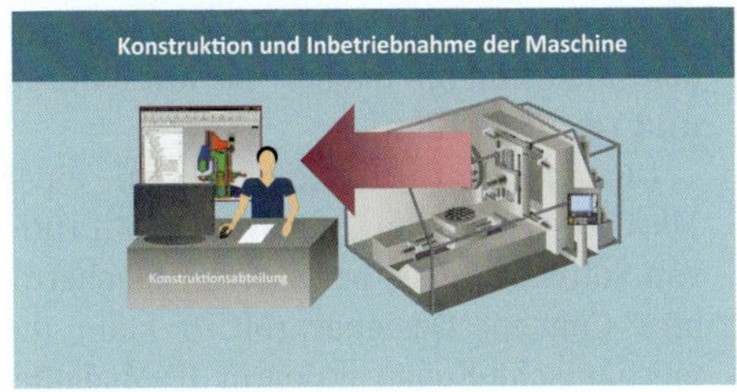

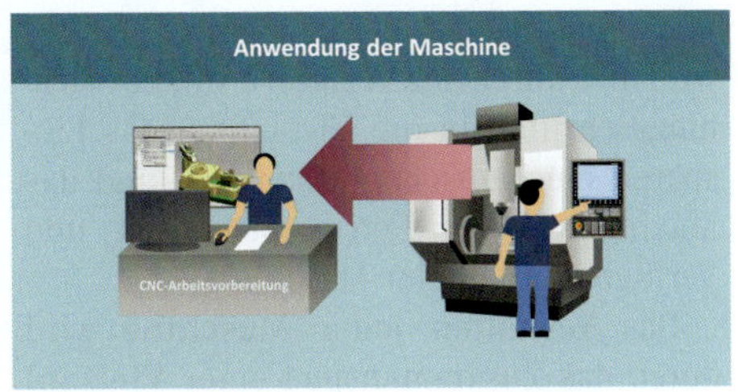

Bild 5.14: Digitale Zwillinge der Werkzeugmaschine unterstützen sowohl den Prozess der Konstruktion und Inbetriebnahme als auch der Anwendung.

Der **Betreiber** einer Maschine will mit Hilfe des Digitalen Zwillings seiner Werkzeugmaschine(n) schon auf virtueller Ebene sicherstellen, dass **CNC-Programme fehlerfrei** sind und auf Anhieb das gewünschte Bearbeitungsergebnis liefern. Die Zeit für das Einrichten des CNC-Programms kann deutlich reduziert werden. Das Programm kann fast vollständig, ohne unproduktive Zeit auf der realen Maschine virtuell getestet werden. Es kann sichergestellt werden, ob Werkzeuge, Spannmittel und die Technologiewerte den Anforderungen des jeweiligen Werkstücks und den Möglichkeiten der Zielmaschine tatsächlich entsprechen. In der Fertigung soll der Digitale Zwilling dafür sorgen, dass die Maschine prozesssicher läuft und von Prozessschritten entlastet wird, die keine Späne produzieren. Dass die Maschine generell so funktioniert wie diese spezifiziert ist, das wird dabei vorausgesetzt und nicht mehr per Digitalem Zwilling überprüft.

Elektrokonstruktion, Softwareabteilung und Service des Maschinenherstellers dagegen nutzen den Digitalen Zwilling zur **Unterstützung des Inbetriebnahmeprozesses** der Maschine. Hier geht es darum, das Zusammenspiel von CNC-Applikation mit Aktoren, Sensoren und Mechanik in Betrieb zu nehmen, zu testen und zu optimieren. Dabei werden alle denkbaren Betriebssituationen im Voraus durchgespielt und die auftretenden Sonderfälle in der CNC-Applikation berücksichtigt. Nach Abnahme und Lieferung der realen Maschine nutzt der Service diesen Digitalen Zwilling, um Störungen nachzuvollziehen und Lösungen anzubieten, ohne zum Kunden reisen zu müssen.

Beim Maschinenhersteller stehen also die Verkürzung von Entwicklungs- und

Bild 5.15: Der Digitale Zwilling verbindet die virtuellen Abbildungen der Elektronik, Sensorik und Mechanik einer Werkzeugmaschine.

Markteinführungszeiten im Fokus. Erreicht wird dies durch das Verlagern von Entwicklungsschritten in die Virtualität, das Einsparen mechanischer Prototypen und das Maximieren der Betriebssicherheit und Verfügbarbarkeit der Maschine.

Das **Verhalten jeder Maschine** wird durch das Zusammenspiel einer **Vielzahl von Aktoren und Sensoren** bestimmt *(Bild 5.15)*. Betrachtet man z. B. den Werkzeugwechsler: Die Spindel muss die Werkzeugwechselposition einnehmen, eine Klappe zum Magazin wird geöffnet, die Spindelklemmung muss gelöst werden, ein Greifer entnimmt das bisherige Werkzeug, bewegt das neue Werkzeug in die Spindel, die Klemmung wird geschlossen, Rückzug des Greifers, Schließen der Klappe usw. Für Entwicklung, Inbetriebsetzung und Service muss ein digitaler Zwilling das Verhalten und auch das Zusammenspiel aller beteiligten Maschinenkomponenten, Aktoren und Sensoren nicht nur virtuell nachbilden, sondern auch ermöglichen, dieses Zusammenspiel gezielt zu beeinflussen.

Im Unterschied zum Digitalen Zwilling in der Anwendung einer Werkzeugmaschine muss während der Inbetriebnahme die **komplette elektrische und elektronische Ausrüstung** (CNC, PLC, Antriebe, HMI) in der Interaktion mit der mechanischen Konstruktion **detailliert virtuell zur Verfügung stehen**. Mit dieser Verbindung zwischen virtueller und realer Welt entsteht das Produkt Werkzeugmaschine. Die Inbetriebnahmezeit kann deutlich reduziert werden. Ohne die Nutzung von Digitalen Zwillingen konnte beispielsweise der Werkzeugwechsel erst an der realen Maschine getestet werden.

Die grundsätzliche Idee besteht darin, dass die **gesamte Werkzeugmaschine** (Mechanik, Elektrotechnik, Software) rein **virtuell entsteht**. Erst wenn man mit den virtuellen Ergebnissen aus Engineering und Inbetriebnahme zufrieden ist, erfolgt die Umsetzung auf die reale Maschine. Durch einen ganzheitlichen Engineering-Ansatz lassen sich die **Arbeitsprozesse** für den Maschinenhersteller **parallelisieren und vereinfachen**.

Die mechanische Konstruktion einer Maschine erfolgt im CAD-System. Mit Hilfe von Software-Tools, wie z. B. der Mechatronics Concept Designer (MCD) kann die mechanische Konstruktion in 3D-Modellierung umgesetzt werden. Durch das Einbringen von Achs- und Gelenkinformationen sowie die Definition von Sensoren und Aktoren (Positions- und Geschwindigkeitskontrollen) auf die bestehende oder importierte Geometrie, wird **aus** einem einfachen **3D CAD-Model** ein **Automatisierungsverhaltensmodel**. Damit lassen sich komplexe Maschinen oder unterschiedliche Varianten entwickeln, analysieren und optimieren.

Über weitere **Software- Schnittstellen** erfolgt **das Engineering der Maschine**. Der Schaltplan und das elektrische Design der Maschine entstehen und die Antriebe und Motoren werden entsprechend den mechanischen Anforderungen ausgelegt. Im nächsten Schritt wird **die PLC-Anpassung** programmiert. Software-Tools stellen ein nahezu vollständiges Abbild der Maschinen-Programmierung und -Konfiguration zur Verfügung. Auf dieser Basis ist eine **Hardware-unspezifische Software-Architektur** möglich, die sich dann auf die jeweils vorhandene reale Hardware konfigurieren lässt *(Bild 5.16)*. Das Engineering-Framework zeigt Änderungsbedarf im Code an, wenn Software-Komponenten der **Bibliothek** abgewandelt oder ausgetauscht werden – egal, ob es sich um Bausteine für eine spezielle Spannvorrichtung, um einen neuen Softwarestand oder eine gänzlich neue Komponente handelt. Fertig parametrierte, konfigurierte Geräte, vorgefertigte Hardwarekonfigurationen, geschriebene Funktions- und Softwaremodule – all das wandert als Bibliothekselement in die Datenbasis des Elektrokonstrukteurs. Je mehr Werkzeugmaschinen aus Bausteinen bestehen, die bereits im System vorhanden sind, desto schneller lassen sich Weiterentwicklungen, individuelle Kundenwünsche und neue Maschinen realisieren. Werkzeugmaschinenhersteller, die ihre PLC-Anpassung virtuell durchführen, können also ihre Entwicklungszeiten verkürzen - auch bei Sonderwünschen. Bei modularen, in Serie gefertigten Maschinen lassen sich die Konfigurationen per Knopfdruck zu erzeugen.

Der Digitale Zwilling der Automatisierung - das digitale Abbild der Maschinenkinematik und der Steuerung - bietet die Möglichkeit, die **Projektierungen vorab virtuell zu testen und in Betrieb zu nehmen**. Da sich auf Basis des Digitalen Zwillings der CNC vieles virtuell verifizieren lässt, wofür zuvor an der aufgestellten, realen Maschine gearbeitet werden musste, minimiert sich der vergleichsweise teure Maschinen-Entwicklungsaufwand, der bisher noch in der Montagehalle am gebundenen Kapital stattfinden musste. Nach der virtuellen Inbetriebnahme muss quasi nur noch die Maschinenoptimierung an der realen Hardware erfolgen.

Die Existenz seines digitalen Zwillings ermöglicht dem Maschinenhersteller **zusätzlich neue Geschäftsmodelle.**

Er kann aus seinem digitalen Zwilling des Produktes den digitalen Zwilling der Produktion (mit seiner virtuellen Werkzeugmaschine) erzeugen und seinem Kunden, dem Maschinenbetreiber, zur Verfügung stellen.

Käufer von Werkzeugmaschinen können in die Engineeringphase ihrer neuen Maschinen einbezogen werden und kommen dabei in Kontakt mit dem digitalen Zwilling für die Konstruktion und Inbetriebnahme der Maschine. So wird bei kundenspezifischen Ausführungen von Serienmaschinen die gewünschte Funktionalität oft anhand digitaler Zwillinge detailliert abgestimmt. Bei Sondermaschinen oder Großmaschinen ist es unumgänglich, dass der Maschinenhersteller bereits in der Konstruktionsphase mögliche Lösungsansätze mit dem späteren Anwender bespricht.

Ein weiterer interessanter Aspekt ist der „**virtuelle Showroom**“. Hersteller von Serienmaschinen stehen immer vor der Herausforderung möglichst alle Maschinenreihen und Maschinentypen auf Messen und in den Showrooms zeigen zu wollen. Das lässt sich aufgrund der Kosten aber nicht

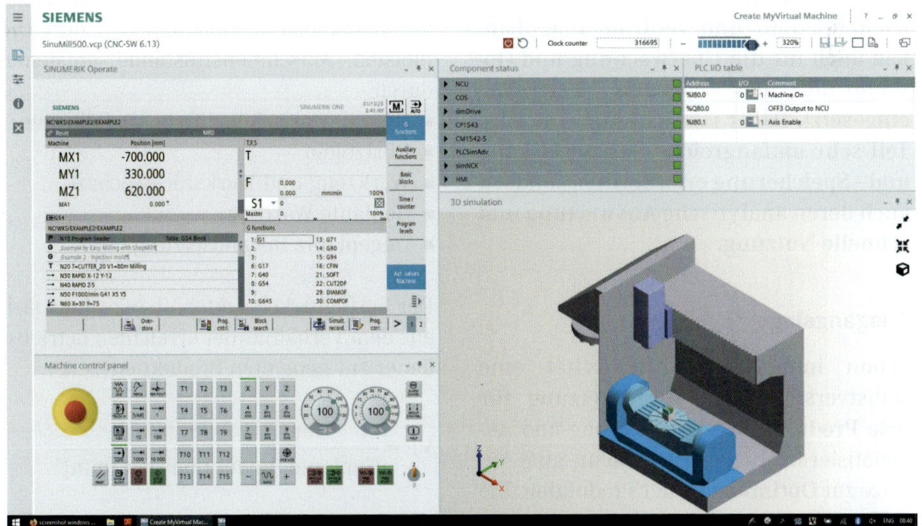

Bild 5.16: Der Digitale Zwilling zur Unterstützung der Inbetriebnahme einer Werkzeugmaschine am Beispiel Create MyVirtualMachine der Sinumerik ONE. (Quelle: Siemens AG)

umsetzen. Hier kann der Digitale Zwilling helfen, besonders dann, wenn man diesen noch mit Hilfe von VR (Virtual Reality) -Brillen nahezu real erlebbar präsentiert. Der Verkaufsprozess der Maschinen kommt deutlich früher in Gang. Ein weiteres Thema ist die Maschinenabnahme. Sicherlich findet die finale Abnahme der Maschine immer noch „im Span" statt. Aber eine die Vorabnahme der Maschine und der Test der geplanten Bauteile kann bereits Monate vor der Lieferung der Maschine im Virtuellen erfolgen.

Damit sind digitale Zwillinge nicht nur mächtige Instrumente in Entwicklung, Fertigung und Service, sondern auch sehr effiziente Kommunikationsmittel, sobald es um das Vermitteln von Ideen, Features oder Anforderungen geht.

5.4 Sensorik für CNC-Maschinen als Voraussetzung für I4.0

Digitalisierung und I4.0 werden meistens in Verbindung mit einer bereichs- und firmenübergreifenden Vernetzung gesehen. Da die Rechen- und Speicherkapazitäten in den letzten Jahren enorm angestiegen sind, werden schnelle Recheneinheiten und zentrale Datenbanken auch für die Überwachung und Optimierung der eigenen Fertigung eingesetzt. Dafür ist nicht nur eine zum Teil sehr umfangreiche Datenerfassung und -Speicherung erforderlich, sondern auch deren analytische Auswertung und schnelle Nutzung.

Ausgangslage

Schon immer war Effektivität eine selbstverständliche Voraussetzung für jede Produktion. Digitalisierung und Automatisierung bieten jedoch heute gute Ansätze zur **Optimierung** der Produktion. Die dafür erforderlichen Investitionen lohnen sich jedoch nur dann, wenn diese dem Nutzer seine Bemühungen um mehr Effektivität unterstützen oder andere bisherige Maßnahmen ersetzen und verbessern. Für einen erfolgreichen Einsatz der dafür erforderlichen Sensoren, Rechner und Software ist deshalb zunächst das technische Verständnis für den spezifischen Anwendungsfall Voraussetzung. Daraus resultieren das weitere Vorgehen und das Ergebnis.

Effektivität

Die Kennzahl der Effektivität ist die **Overall Equipment Effectiveness (OEE).** Diese ist in drei Bereiche gegliedert: **Verfügbarkeit, Produktivität und Qualität**. Die Kennzahl OEE berechnet sich aus der Multiplikation von Verfügbarkeitsfaktor (VF), Leistungsfaktor (LF) und dem Qualitätsfaktor (QF).

Effektivität OEE = VF × LF × QF

Verfügbarkeit

Die Verfügbarkeit einer Maschine beschreibt die tatsächliche Betriebsdauer während der geplanten Produktionszeit. In der Praxis werden jedoch die geplanten Zeiten sowohl durch geplante als auch durch ungeplante Stillstände reduziert. Die meisten Maschinenstillstände entstehen durch

- Organisatorisch bedingte Ausfallzeiten
- Rüstzeiten
- Werkzeug und Werkstückwechsel
- Geplante Wartung
- Ungeplante Instandsetzung

Der Verfügbarkeitsfaktor VF berechnet sich aus dem Verhältnis der erreichten Betriebsdauer zur geplanten Produktionszeit.

$$\mathrm{VF} = \frac{\text{Betriebsdauer [min]}}{\text{Geplante Produktionszeit [min]}}$$

Produktivität

Die Produktivität beschreibt die tatsächlich produzierte Menge im Verhältnis zur geplanten Menge. Zur Bearbeitung der Werkstücke sind meistens mehrere Abläufe und Handlungen notwendig, auch solche außerhalb des maschinellen Bearbeitungsprozesses. Typische Verluste für die Produktivität einer Maschine entstehen durch:

- Leerlauf und Wartezeiten
- Erforderliche Taktzeiten
- Unterbrechungen der Haupt- und Nebenzeiten
- Hochlauf- und Abbremszeiten der Hauptspindel.

In die Berechnung der Effektivität (OEE) fließt der **Leistungsfaktor** ein. Dieser berechnet sich aus dem Verhältnis von produzierter Menge zur vorgegebenen Menge.

$$LF = \frac{\text{Produzierte Menge}}{\text{Vorgegebene Menge}}$$

Qualität

Die Qualität beschreibt den Toleranzbereich der Maßhaltigkeit jedes gefertigten Werkstücks. Damit stellt die Qualität eine führende und zudem limitierende Größe in der OEE dar. Alle Maßnahmen zur Erhöhung der Verfügbarkeit und der Produktivität dürfen am Ende nicht zu einer Verringerung der Qualität führen. Typische Verluste im Bereich Qualität sind z. B. Ausschuss und Nacharbeit.

Der **Qualitätsfaktor QF** errechnet sich aus dem Verhältnis der Gutmenge zur produzierten Menge:

$$QF = \frac{\text{Gutmenge}}{\text{Produzierte Menge}}$$

Stufenweise Implementierung der Digitalisierung in der Produktionsumgebung

Damit mit dem Einsatz der Digitalisierung ein positiver Effekt auf die Kennzahl OEE erreicht werden kann, muss in einem oder mehreren der oben genannten Faktoren eine Verbesserung entstehen. Dazu ist ein mehrstufiger Prozess innerhalb der bestehenden Produktionsinfrastrukturen notwendig.

Das gegenwärtige Digitalisierungsniveau in bestehenden Produktionsstätten kann mit einer unterschiedlich starken Automatisierung (entspricht Industrie 3.0) beschrieben werden. Dies erklärt sich durch den unterschiedlichen Entwicklungsstand der Komponenten zum Zeitpunkt der Installation. Um hier einen Niveauanstieg in die Kategorie Industrie 4.0 – Einsatz Cyberphysische Systeme – zu erreichen, müssen mehrere Stufen durchlaufen werden. Diese werden in der nachfolgenden Abbildung *(Bild 5.17)* beschrieben.

Begonnen wird immer mit der Schaffung von Transparenz. Dabei geht es im Wesentlichen um die Bereitstellung von ohnehin vorhandenen oder notwendigen Daten aus den verschiedenen Komponenten in der Produktionsumgebung. Relevante Komponenten für die Datenlieferung sind in diesem Zusammenhang z. B. Maschinensteuerungen, Messsysteme oder Sensoren. Es können aber auch vorhandene Softwaresysteme für die Datenbereitstellung genutzt werden. So sind in diesem Zusammenhang beispielsweise ERP (Enterprise Resource Planning) oder auch MES (Manufacturing Execution System) zu nennen. Im Rahmen der Datengenerierung gilt es, eine Vielzahl von Punkten zu berücksichtigen. Einige sind nachfolgend aufgelistet:

- Sicherheit der Datenerzeugung und Datenweiterleitung
- Lokale oder zentrale Datenspeicherung (ggf. Cloudservices)
- Datenmanagement (Abtastraten, Echtzeitfähigkeit, notwendige Parameter)

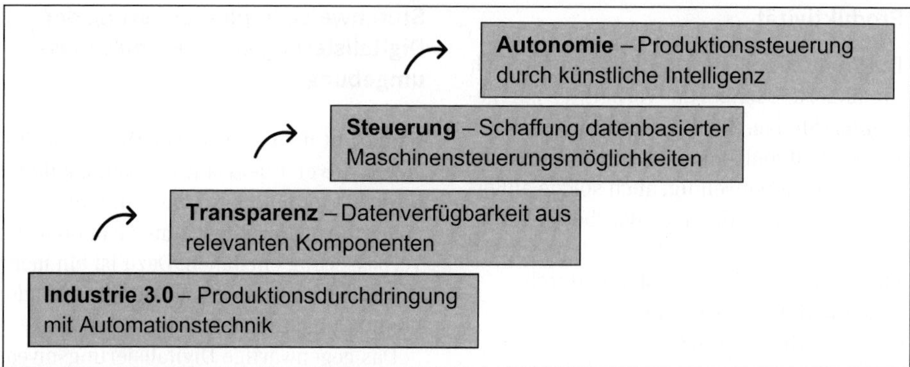

Bild 5.17: Stufenmodell zur systematischen Erhöhung der Automatisierung auf I4.0. (Quelle: Schaeffler)

- Notwendigkeit eins gemeinsamen Datenmodells
- Notwendige Anpassungen der Infrastruktur (z.B. Netzwerkinfrastruktur, Industrie-PC, Edge Data Center Service Bus usw.)

Rechtliche Fragestellungen (z.B. wer ist der Dateninhaber, Anforderungen beim grenzüberschreitenden Datenaustausch)

Dann folgt die Frage der Schaffung von datenbasierten Möglichkeiten der Maschinensteuerung. Der gegenwärtig meist vorliegende Stand der Automatisierung basiert auf fest programmierten Ablaufprogrammen (NC-Programme und SPS) mit eingeschränkten, meist nur manuellen Eingriffsmöglichkeiten durch einen Bediener. Den manuellen Eingriffen liegen dabei im Wesentlichen die spezifisch erlangten, persönlichen Erfahrungen der Maschinenbediener zugrunde. Dementsprechend ist keine fundierte Bewertung möglich, ob diese Eingriffe zum effizientesten Betrieb der Maschine beigetragen haben. Eine individuelle Anpassung und Bewertung des Maschinenbetriebs kann nur durch datenbasierte Steuerungs- und Regelungsabläufe erfolgen. Hierfür müssen zunächst die relevanten Daten z.B. aus der Maschinensteuerung oder von verschiedenen Sensoren erfasst und in eine **Auswerteeinheit** übertragen werden. Bei den Auswerteeinheiten kann es sich um Industrie-PCs oder maschinennahe Edge Data Center handeln. Aus Leistungsgründen und erfahrungsgemäß sollte – nach gegenwärtigem Stand – die Datenauswertung nicht auf der eigentlichen Maschinensteuerung erfolgen. Wichtig ist dabei, dass die Datenauswertung echtzeitbasiert erfolgen muss, um die Produktionsverkettung nicht zu beeinträchtigen. Die **Datenauswertung** erfolgt deshalb vorzugsweise durch technologiespezifische Softwareapplikationen auf den Auswerteeinheiten. Basierend auf der Datenauswertung erzeugt die Applikation Steuerungsbefehle und sendet diese an die eigentliche Maschinensteuerung, um eine Anpassung an den Betriebsparametern der Maschine vorzunehmen. Somit wird ständig der bestmögliche Betrieb der Maschine gewährleistet.

Prinzipiell ist diese automatische Überwachung und Optimierung des Bearbeitungsablaufes mit der Funktion früherer **Adaptive Controls** vergleichbar, jedoch auf wesentlich höherem technischem Niveau.

Im *Bild 5.18* wird der Ablauf der datenbasierten Maschinensteuerung an einem möglichen Beispiel kurz beschrieben.

Die höchste Ausbaustufe des Digitalisierungsprozesses innerhalb der Produktion

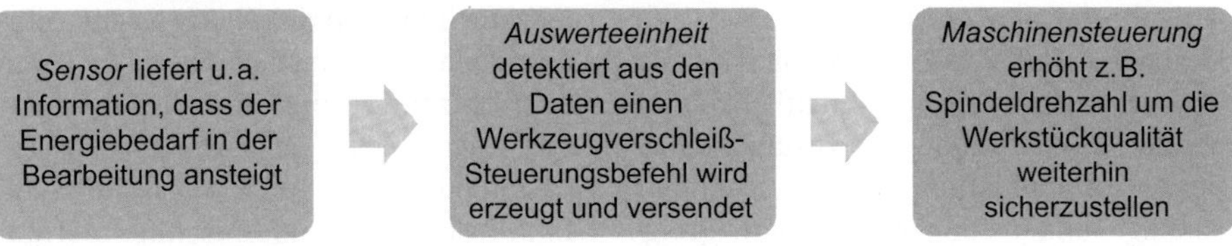

Bild 5.18: Vorgehensweise zur systematischen Einführung der datenbasierten Maschinensteuerung. (Quelle: Schaeffler)

ist die **autonome Produktionssteuerung**. Dabei ist das Ziel, Großteile der Unternehmensabläufe automatisiert und maximal effizient zu steuern bzw. zu regeln. Diese Vorgänge basieren auf der ganzheitlichen Vernetzung aller technischen und organisatorischen Komponenten. Um sowohl in technischer als auch in organisatorischer Hinsicht die erforderliche Durchdringung der Produktionsumgebung zu erreichen, ist eine Vielzahl von Herausforderungen zu beachten. Dies setzt – je nach Größe und technischer Ausgangslage des Unternehmens – mittel- bis langfristige Prozesse von betrieblichen Änderungen voraus. Wird die Prozessstufe der **Produktionsautonomie** erreicht, so können umfangreiche Teile der Produktion, der Intralogistik und des Bestellungshandlings von wenigen spezialisierten Kollegen betreut und gehandhabt werden.

Nachstehend werden einige technische Beispiele beschrieben, die für das Befähigen von Werkzeugmaschinen im Rahmen des Stufenmodells notwendig sind.

Befähigung von Werkzeugmaschinen für Digitalisierungsanforderungen

Um vorhandene CNC-Werkzeugmaschinen für Digitalisierungsanforderungen befähigen zu können, muss zunächst geklärt werden, welche Anwendungsfälle oder Dienste durch Informationen von der jeweiligen Maschine abgedeckt werden sollen. Solche Fragestellungen können im Wesentlichen in die drei oben genannten Kategorien Transparenz, Steuerung und Autonomie unterteilt werden. Je nach Höhe der Anforderung müssen auch größere Teile der technischen Ausstattung der Maschinen entsprechend ausgeführt sein. Was aber bei allen Varianten gleich ist, ist ein sogenanntes **Gateway**, über das Daten aus dem internen Maschinennetzwerk an ein weiteres Netzwerk (z.B. ein Produktionsnetzwerk) oder einen Datenspeicher überführt werden. Mit speziellen Algorithmen werden aus den Daten mögliche Reaktionen zur Verbesserung der Abläufe errechnet und entsprechende Steuerungsbefehle an das Maschinennetzwerk übergeben. Ein solches Gateway kann entweder als Softwarelösung direkt auf der Maschinensteuerung oder auch auf einem maschinenintegrierten Industrie-PC (Edge) implementiert werden. Über das Gateway können zusätzlich permanent vorhandene Daten aus der Maschinensteuerung abgefragt und weitergegeben werden.

Die **Maschinenausstattung mit Sensoren** richtet sich nach der anwendungsspezifischen Notwendigkeit der Datenbereitstellung. Werden z.B. Daten über den Energiebedarf benötigt, so kann ein Leistungsmessgerät oder ein Stromzähler an der Hauptleitung oder an einzelnen Komponenten (z.B. am Hauptantrieb) angebracht werden. Weitere physikalische Werte können je nach Bedarf durch geeignete Sensoren erfasst werden. Es muss nur vorher geklärt sein, wozu diese Daten beitragen können.

Aufgabe der Sensoren

Eine hohe Maschinen- und Anlagenverfügbarkeit bestimmt die Wirtschaftlichkeit innerhalb der Fertigung. Die zustandsorientierte Instandhaltung macht scheinbar zufällige und nicht vorhersehbare Ereignisse oder Störungen transparent und ermöglicht somit vorausschauende Prognosen und Eingriffe. Durch die kontinuierliche Erfassung und Visualisierung relevanter Betriebsdaten, wie z.B. Steuerungsparameter oder Schwingungswerte aus Beschleunigungssensoren an kritischen Maschinenkomponenten, wird der Zustand der Maschinen überwacht und die Störungsursache nach Möglichkeit optimiert. Ist dies nicht möglich, erfolgt eine Warnmeldung. Kritische Maschinenkomponenten sind in diesem Zusammenhang z.B. Bearbeitungsspindeln oder andere Hilfs- und Servoantriebe.

Die Erkennung von Überlastungen bei Hauptspindeln stellen einen wesentlichen Anwendungsfall für Sensoren innerhalb der Maschine dar. Dazu ist die ausschließliche Messung der elektrischen Leistungsaufnahme nicht ausreichend. Eine entsprechende Sensoreinheit misst mit hoher Auflösung auch die durch die mechanische Belastung entstehende axiale und radiale Verformung der Hauptspindel unter Last, was bei Überschreitung der Toleranz die sofortige Abschaltung des Spindelantriebs und des Vorschubantriebs erfordert.

Fallbeispiel Schleifmaschine

An einer Schleifmaschine ist eine weit überhöhte Anzahl an Spindelausfällen aufgefallen. Bei der Suche nach der Hauptursache für die Schäden wurden relevante Zustandsinformationen wie Spindeltemperatur (Temperatursensoren), Durchflussmenge der Kühlflüssigkeit (Volumenstromsensoren) und einige Schwingungskennwerte (Beschleunigungssensoren) überwacht. Bereits nach kurzer Zeit wurde deutlich, dass sich die Ausfälle durch Änderungen in der Temperatur und dem Volumenstrom des Kühlmediums vorankündigen. Mit einer einfachen Grenzwertüberwachung konnte ein rechtzeitiger Eingriff realisiert werden, um Folgeschäden zu verhindern. Darauf basierend wurde durch angewandte Big-Data-Technologien und Machine-Learning-Algorithmen ein Vorhersagemodell entwickelt und implementiert. So konnte der Prognosehorizont auf bis zu 2 Wochen erhöht werden. Das ermöglichte wiederum eine weitere Erhöhung der Maschinenverfügbarkeit aufgrund der besseren Planbarkeit der Maschineninstandhaltung.

Rund ein Drittel aller Maschinenausfälle werden durch Störungen der Hauptspindel verursacht. Diese Problemstellung kann z.B. durch sensorunterstützte Lagerungen rechtzeitig erkannt und geplant behoben werden *(Bild 5.19)*

Eine weitere, nur unwesentlich geringere Ausfallhäufigkeit der Maschinen entstand durch Probleme bei der Lagerung der Vorschubachse. Auch hier konnten geeignete Sensoren helfen, einen normalen Betrieb zu gewährleisten. *(Bild 5.20)* Dieser Sensor ermöglichte eine konstante Überwachung der Schmierung der Linearführungen. Würde die Schmierung zu gering oder gar komplett ausfallen, bestünde die Gefahr des Maschinenstillstandes, die Achse würde dann ungeplant ausfallen. Aufgrund der permanenten Überwachung der Schmierung kann der Betreiber der Maschine eine erforderliche Wartung rechtzeitig planen und den Stillstand vermeiden.

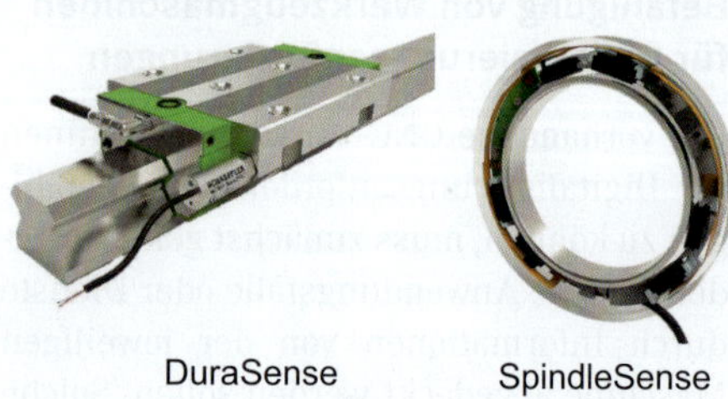

Bild 5.19: Sensoren zur Überwachung der Spindelbelastung und der Lagerschmierung.

Bild 5.20: Durch geeignete Sensoren kann die Qualität des Schmierfettes permanent überwacht werden. Mit dem FAG Grease-Check werden z. B. die Schmierbedingungen, Fettalterung und der Anteil von Verunreinigungen und Wasser im Schmierstoff überwacht. Hierdurch werden mehr als 50 % der ungeplanten Wälzlagerausfälle vermieden. (Quelle: Schaeffler)

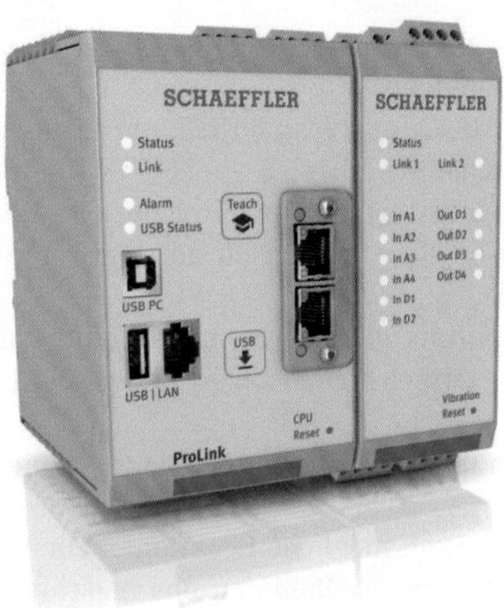

Bild 5.21: Schwingungsüberwachung von Wälzlagern, Verzahnungen und Getrieben durch FAG DETECT X1s und FAG ProCheck. (Quelle: Schaeffler)

Weitere Systeme ermöglichen z. B. bei variierenden Drehzahlen eine zielgerichtete frequenzselektive Schwingungsüberwachung mit Rückmeldungen des aktuellen Zustands der Komponenten. Somit können teure ungeplante Maschinenstillstände deutlich reduziert werden. Prinzipiell können derartige Systeme auf alle rotierenden Maschinenkomponenten adaptiert werden *(Bild 5.21)*.

Zusammenfassung

Die permanente Überwachung und Optimierung der eigenen Fertigung ist sehr wichtig, da sie deren 3 wesentlichen Kennwerte beeinflussen: Verfügbarkeit der Maschinen, Produktivität der Fertigung und Qualität der erzeugten Produkte. Sind die Maschinen nicht ausreichend gewartet, dann leidet zuerst die Qualität und es entsteht Nacharbeit oder Ausschuss. Dies führt sowohl bei kleineren Massenprodukten als auch bei großen, teuren Werkstücken auf Dauer gesehen zu überhöhten Kosten, die den gesamten Betrieb unwirtschaftlich machen können. Ohne rechtzeitige Wartung droht als nächstes der Maschinenstillstand. Mit den heutigen Möglichkeiten der Digitalisierung, Überwachung und computergestützten Analysen lassen sich unerwartete, ungeplante Ausfälle der Maschinen vermeiden. Die firmeninterne Vernetzung der an einem solchen Überwachungssystem beteiligten Komponenten und die zeitnahe Auswertung der Messwerte sind die wichtigsten Werkzeuge, um einen Fertigungsbetrieb dauerhaft funktionsfähig und rentabel zu gestalten.

Der Weg zur Digitalisierung in der CNC-Werkzeugmaschinen-Branche

Das sollte man sich merken:

1. Grundsätzlich bezeichnet der Begriff Industrie 4.0 die intelligente und dauerhafte Verknüpfung, Vernetzung und Steuerung von Maschinen und maschinell betriebenen Abläufen in der Industrie.
2. Die Effektivität einer Fertigung lässt sich ermitteln aus dem Produkt der Kennwerte Verfügbarkeit, Produktivität und Qualität.
3. In der Arbeitsvorbereitung einer CNC-Fertigung laufen alle Anforderungen für die Digitalisierung zusammen.
4. Mit Hilfe des Digitaler Zwilling steht ein virtuelles Modell eines Prozesses, eines Produkts oder einer Dienstleistung zur Verfügung, welches die reale und virtuelle Welt miteinander verbindet. Durch die Verknüpfung beider Welten lassen sich Konfigurationen weit vor der realen Umsetzung testen, optimieren und auftretende Probleme analysieren und beseitigen.
5. Digitalisierungslösungen können auf unterschiedlichen IT-Plattformen ausgeführt werden. Man unterscheidet grundsätzlich in:
   - In Machine = Digitalisierungslösung wird direkt an der CNC der Maschine betrieben
   - In Line = Digitalisierungslösung wird auf firmeneigener IT-Infrastruktur betrieben
   - In Cloud = Digitalisierungslösung wird auf Software und IT-Infrastruktur externer IT-Dienstleister betrieben.
6. Die Steigerung der Automatisierung von der Kategorie Industrie 3.0 auf 4.0 erfolgt in mindestens 3 Stufen:
   - Feststellung der verfügbaren Daten,
   - Prüfung der datenbasierten Möglichkeiten zur Maschinensteuerung,
   - Produktionssteuerung durch künstliche Intelligenz
7. Meistens sind zusätzliche Sensoren an den Maschinen erforderlich, um störungsrelevante Komponenten dauerhaft zu überwachen.
8. Am wichtigsten ist die rechnergestützte Datenauswertung, um durch gezielte Maßnahmen die CNC-Maschinen so zu beeinflussen, dass der Betrieb störungsfrei weiterläuft.
9. Prinzipiell ist die Überwachung und Optimierung des Bearbeitungsablaufes mit der Funktion früherer **Adaptive Controls** vergleichbar, jedoch auf wesentlich höherem technischen Niveau.
10. Über **Gateways** gelangen die Daten aus dem internen Maschinennetzwerk an ein äußeres Netzwerk oder einen Datenspeicher.
11. Mit speziellen Algorithmen werden aus den Daten mögliche Reaktionen zur Verbesserung der Abläufe errechnet und als Steuerungsbefehle an das Maschinennetzwerk übergeben.
12. Die mittels Sensoren meistens analog erfassten physikalischen Werte müssen zur Verarbeitung digitalisiert werden.
13. Prinzipiell können Sensoren auf alle Maschinenkomponenten adaptiert werden. ■

Industrie 4.0 im mittelständischen Fertigungsbetrieb

Dr. Reinhold Walz, Gewatec

Die zentrale Rolle bei Industrie 4.0 für den Mittelstand spielt die umfassende Integration von Maschine, Software und Lieferkette. Mit Industrie 4.0 findet ein Paradigmenwechsel in der Produktion statt. Software wird zum Produktionsfaktor. Wenn Werkstücke und Maschinen miteinander kommunizieren sollen, dann geht das nur mit Hilfe der Informationstechnologie. Diese Erkenntnis birgt immenses Potential zur Optimierung der Produktion und zur Steigerung der Produktivität.

6.1 Voraussetzung für Industrie 4.0

Die Voraussetzungen für eine intelligente Fabrik (Smart Factory) ist der kontinuierliche Datenaustausch zwischen Planungs- und Produktionsebene. Smart Factory bedeutet in der Praxis, dass Werkstück und Maschine miteinander kommunizieren. Mit Insellösungen, bestehend aus lokalen Software-Modulen und einem Minimum an Schnittstellen, ist Industrie 4.0 nicht zu realisieren. So laufen oft MDE/BDE-System, DNC-Software, Software-Module für die Planung und Wartung unabhängig voneinander auf demselben Netzwerk. Voraussetzung für die intelligente Fabrik ist die kompromisslose Verschmelzung aller IT-Module von der Datenerfassung von Prozess- und Qualitätsdaten an der Maschine bis hin zur Online-Anbindung des Kunden. Durch ein Höchstmaß an Integration von MES-Software-Modulen MDE/BDE/PZE (Personalzeiterfassung), CAQ sowie PPS und die Verschmelzung von Prozess- und Qualitätsdaten, wird Industrie 4.0 auch für den mittelständischen Präzisionsteilehersteller realisierbar. Viele der Ansätze von Industrie 4.0 sind in der durch rasantes Entwicklungstempo geprägten IT-Welt bereits Realität und haben auf breiter Front bereits Einzug gehalten. Eine intelligente Fabrik muss folgende Voraussetzungen erfüllen:

- Werkstück und Werkzeugmaschine kommunizieren miteinander (WEB-Server und Leitstand)
- Verschmelzung von Informationstechnologie mit der Produktion
- Kontinuierlicher Informationsaustausch zwischen der Planungs- und Produktionsebene
- Eindeutige Identifizierbarkeit der Werkstücke und Erzeugnisse
- Kenntnis über den aktuellen Produktionsort und den Fertigungszustand des Produktes
- Ständige Bewertung der Wertschöpfungskette und halbfertiger Teile
- Entstehungshistorie der Produkte
- Kenntnis über alternative Fertigungsmethoden
- Flexibilität der Produktionsprozesse
- Optimale Fertigungsorganisation und IT-Infrastruktur
- Rückmeldungen aus der Fertigung
- Kopplung von Planung und Informationen aus dem Shopfloor
- Kompromisslose Integration von be-

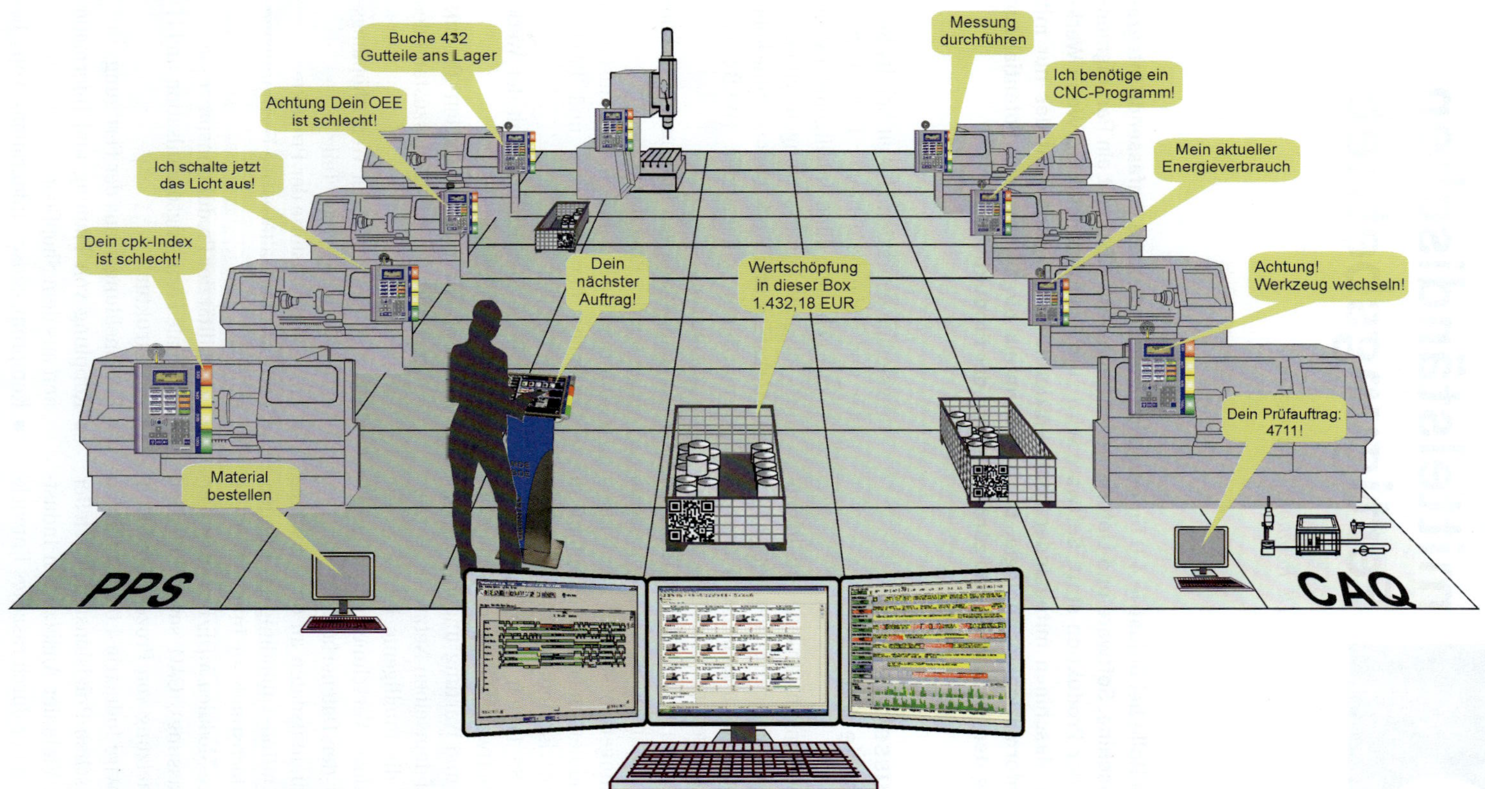

Bild 6.1: Industrie 4.0 in einer mittelständischen Fertigung: Die Visualisierung von Fertigungszuständen ist der erste Schritt, um einen vernetzten Betrieb zu steuern. Im zweiten Schritt kommunizieren Sensoren und Aktoren miteinander, informieren den Werker, entscheiden selbstständig und lösen vollautomatisch Aktionen aus. (Quelle: GEWATEC)

triebswirtschaftlichen Abläufen bis zur Maschine
- Durchgängigkeit von der Kalkulation bis zur Produktionsmaschine
- Erfassung von Produktionsdaten in einer heterogenen Produktionsumgebung in Echtzeit
- Installation eines Regelkreis zwischen Planung und Produktion

6.2 Nutzen von Industrie 4.0

Industrie 4.0 bringt folgenden Nutzen

- Optimierung der Produktion durch Cyber-Physicals-Systems (Aktor/Sensor)
- Steigerung der Produktivität um bis zu 30 %
- Informationszugriff weltweit, nahtlose Informationskette von der Maschine bis auf das iPhone
- Materialverbrauch minimieren
- Energieverbrauch minimieren
- Chargen vorwärts und rückwärts verfolgen
- Schnellere Reaktionszeiten
- Kennzahlen und Statusinformationen in Echtzeit
- Begleitende Kalkulation, ständiger Soll-Ist-Vergleich
- Umfangreiche Auswertungen und Visualisierungsmodule
- Schwachstellenanalyse
- Werkersteuerung für den Werker mit Prozessampel, Werkerpilot
- Reduzierung der Störanfälligkeit

6.3 Cyber-Physical-Systems (CPS), das „Internet der Dinge"

Cyber-Physical-Systems (CPS) sind Systeme, die aus **Sensoren** für die Datenerfassung und **Aktoren** für die Ausführung von Befehlen in der physikalischen Welt bestehen. Alle Sensoren und Aktoren sind miteinander vernetzt und werden über Software miteinander logisch verknüpft.

Die physikalische Welt verschmilzt also mit der virtuellen – dem Cyberspace. Man sagt auch, dass die physikalische Welt durch Cyber-Physische Systeme mit der virtuellen Welt zu einem **„Internet der Dinge"** wird.

Auf dieser Basis lassen sich teilweise selbständig arbeitende Produktionssysteme mit Fernüberwachung realisieren.

6.4 Sechzehn Fallbeispiele zu Industrie 4.0

NC-Anforderung, automatisch das richtige CNC-Programm

Bei der Mittel- und Kleinserienfertigung müssen Maschinen häufig umgerüstet und auf neue Teile eingerichtet werden. Umrüstvorgänge werden am MDE-Terminal angemeldet. Der Vorgang des Umrüstens ist durch den Fertigungsauftrag explizit vorgegeben. Mit dem Umrüstvorgang werden die zum Artikel und zur Maschine gehörenden NC-Programme mit dem jeweils gültigen Versionsstand in der Datenbank gesucht und per Funk automatisch in die CNC-Steuerung geladen. Sämtliche NC-Programme werden versioniert und mit dem jeweiligen Fertigungsauftrag archiviert.

Automatisierte Lagerbuchung am Schichtende

Automatische Materialanforderung

Wenn der Materialvorrat an der Maschine erschöpft ist, kann der Werker über einen Tastendruck eine Materialanforderung an den Lageristen versenden. Über einen frei definierbaren Workflow lassen sich beliebige Maßnahmen definieren, die eine automatische Materialbereitstellung einleiten. Dabei werden die Materialnummern, die Chargennummern, die Materialmenge und der Lagerort, von dem das Material entnommen werden soll, in die Materialanforderung eingetragen.

Über einen im MDE-Terminal integrierten Zählbaustein werden sämtliche produzierte Werkstücke über ein Signal registriert und gezählt. Falls Ausschussteile entstehen, werden diese am Ort des Geschehens dem MDE-Terminal gemeldet. Jeweils am Schichtende werden sämtliche Gutteile automatisch an einen zugewiesenen Lagerort gebucht. Darüber hinaus wird das verbrauchte Material auf Basis der produzierten Teile automatisch vom Materiallager abgebucht.

Bild 6.2: Mit dem MDE-Terminal IC901, das sämtliche Maschinenzustände erfasst, kann der Maschinenbediener einen frei definierbaren Workflow anstoßen. Typische Beispiele dafür sind: Materialanforderung an Rohteillager, Meldung der Auftragsübernahme und Fertigmeldung mit automatischer Versionierung des NC-Programms usw. Über das MDE-Terminal werden weiterhin Rückmeldungen, wie Zeitpunkt des Werkzeugwechsels oder auch Wartungsmaßnahmen, an den Maschinenbediener gegeben. Die integrierte Prozessampel signalisiert in den Ampelfarben (rot, gelb, grün) die wichtigsten Qualitäts- und Prozesskennzahlen (OEE, cpk) für die Prozesssteuerung der Fertigung. (Quelle: GEWATEC)

Aufforderung zum Austausch nicht mehr maßhaltiger Werkzeuge

Auf Basis von Standzeiten und Einsatzzeiten wird der Zeitpunkt für einen Werkzeugwechsel für jedes einzelne Werkzeug berechnet. Während der Produktion wird diese Berechnung laufend aktualisiert. Mit jedem Teil, das gefertigt wird, findet für jedes Werkzeug eine Überprüfung statt, ob der Wechselzeitpunkt erreicht ist.

Die Prozessampel am Terminal leuchtet dann rot und zeigt dem Werker den notwendigen Werkzeugwechsel an. Welches Werkzeug gewechselt werden soll, wird am Display des Terminals angezeigt: z. B. „Wendeplatte von Werkzeug 4 wechseln“

Automatische Transportsysteme

Selbstfahrende Transportwagen (AGV = Automatic Guided Vehicles) sind bei bestehenden Flexiblen Fertigungssystemen bereits im Einsatz und werden im Kapitel 4.3 näher beschrieben. Die frei fahrenden Transportwagen erhalten von einem Leitrechner die Information, ein bestimmtes Produkt oder eine Palette an einem definierten Punkt abzuholen und dieses über einen festgelegten Weg zu einem definierten Platz zu transportieren und dort abzulegen. Der logistische Ablauf funktioniert nach dem reinen Steuerungsprinzip.

Die AGV-Transportwagen nutzen die vorhandenen Verkehrswege. Tritt unterwegs eine Störung auf, beispielsweise eine Blockade des vorgegebenen Weges, bleiben alle nachfolgenden Transportwagen ebenfalls stehen. Der sich bildende Stau kann zu erheblichen Störungen im Fertigungsablauf führen. Werkstücke, Vorrichtungen oder Werkzeuge treffen nicht rechtzeitig am Zielort ein, andere werden nicht abgeholt. Die Transport-Logistik funktioniert erst wieder, wenn die Störung manuell beseitigt wurde.

Nach dem Prinzip **Industrie 4.0** fahren die AGV vollkommen autonom auf den vorhandenen Transportwegen. Vom Leitrechner wird nur das Ziel vorgegeben. Tritt eine Störung auf der Strecke auf, dann wird diese vom ersten betroffenen AGV per Funkverbindung sofort allen anderen AGV direkt oder über den Leitrechner gemeldet. Die davon betroffenen AGV suchen sich umgehend und selbständig eine geeignete „Umleitung“. Das Funktionsprinzip ist vergleichbar mit dem GPS Navigationssystem. Dadurch werden Staus vermieden, die Fertigung läuft störungsfrei weiter und das Personal kann die Störungsursache - die Blockade - beseitigen.

Im Detail betrachtet ist dafür eine komplexe Logistik erforderlich, vergleichbar mit der von Autofahrern, die im Stadtverkehr eine ähnliche Situation lösen müssen:

- Eine Umleitung selbst finden,
- evtl. wenden oder rückwärts fahren,
- dabei auf den Verkehr und die Vorfahrt achten und
- Folgeunfälle unbedingt vermeiden.

Nur in gegenseitiger Abstimmung und nacheinander lässt sich der Stau umfahren.

Diese Logistik erfordert einen dem vorhandenen Flurplan angepassten Algorithmus. Mit I4.0 wird jedes AGV sofort über den Ort der Blockade informiert und ermittelt selbständig seine alternative Umleitungsstrecke. Ist diese gefunden, setzt es sich erst in Bewegung, wenn der Weg frei ist. So kommt schließlich jedes AGV an sein vorgegebenes Ziel, wenn auch mit Verspätung.

Eine AGV-Steuerung nach dem bisherigen Prinzip I 3.0 wäre mit dieser Aufgabe überfordert. Dazu müsste der Leitrechner von jedem AGV stets die aktuelle Position kennen, um alle auf der Strecke befindlichen AGV ferngesteuert umleiten zu können. Dies ist jedoch bei I 3.0-Lösungen von vornherein nicht eingeplant.

Automatischer Auftragswechsel an einer Maschine

Bei Fertigmeldung des letzten Arbeitsganges eines Fertigungsauftrages wird automatisch der neue Auftrag übernommen. Dieser wurde vom Planer mit Hilfe einer grafisch interaktiven Kapazitätsplanungs-Software der betreffenden Maschine zugewiesen. Beim Auftragswechsel werden folgende Vorgänge automatisch angestoßen:

- Abspeichern des aktuellen CNC-Programms
- Bereitstellung des neuen NC-Programms
- Erstellung Prüfauftrag
- Status der Maschine auf Rüsten setzen

Lieferabrufe online

Fertigung, Montage und Logistik sind eng miteinander verbunden. Liefereinteilungen und Lieferabrufe werden täglich online vom Kunden direkt in das Computernetzwerk übertragen und an den Fertigungsprozess weitergeleitet.

Containermanagement

Zu Industrie 4.0 gehört vor allem das Wissen über den geografischen Ort und den aktuellen Fertigungszustand des Produktes. Das Containermanagement verknüpft die gefertigten Losgrößen eines Fertigungsauftrages mit dem Behälter. Über die eindeutigen Behälternummern werden vollautomatische Sammel-Lagerbuchungen durchgeführt.

Prozesssteuerung durch Prozessampel

Ein Industrie-PC in Verbindung mit einer Prozessampel und eine entsprechende Software ermöglichen auf einen Blick, was in der Produktion gerade läuft.

Die Prozessampel signalisiert auf Basis von relevanten Kennzahlen den aktuellen Zustand von Werkzeugmaschinen in Am-

Bild 6.3: Mit einem Datamatrix-Scanner oder einem Tablet-PC werden QR-Codes einer Werkstückpalette eingelesen. Der ProVis-Navigator visualisiert den Ort und den Fertigungsstatus, und ermittelt die Wertschöpfung aller Teile. (Quelle: GEWATEC)

pelfarben. So gibt die Overall-Equipment-Effectiveness-Kennzahl **(OEE)** Auskunft über Nutzungsgrad, Leistungsgrad und Qualitätsrate der jeweiligen Maschine.

Über den statistischen Wert der Prozessfähigkeit informiert der **CPK**-Wert. Die Qualitätsdatenerfassung **(QDE)** gibt beispielsweise an, wann wieder ein Messzyklus zur Qualitätsüberwachung ansteht.

Fertigungsprozesse werden mit Hilfe der Statistischen Mathematik überwacht und gesteuert. Die Kennzahl für die Prozessfähigkeit eines Fertigungsprozesses ist der **CPK**-Wert.

Das System informiert auch, wann Werkzeuge gewechselt werden müssen (TOOL Change TLC). Der Mitarbeiter in der Produktion ist so jederzeit über den Zustand der Werkzeugmaschine informiert.

Am Industrie-PC mit Prozessampel kann der Mitarbeiter auch Maschinen- und Betriebsdaten wie Rüstzeiten und Reparaturen erfassen. Die Transparenz in der Fertigung schafft die Voraussetzung, Fehler und Schwachstellen zu erkennen und zu korrigieren, sowie die Produktion kontinuierlich zu optimieren.

Begleitende Kalkulation in Echtzeit

Während der Produktion werden sämtliche betriebswirtschaftliche Parameter wie z. B. Prozesslaufzeit, Werkzeugverbrauch und Materialverbrauch nach jedem Teil berechnet und mit den Sollwertvorgaben aus der Kalkulation verglichen. Bei Abweichungen werden entsprechende Maßnahmen ausgelöst, die in einem Workflow festgelegt sind. So kann beispielsweise automatisch eine E-Mail bzw. eine SMS an den Produktionsleiter versendet werden.

Intelligente Werkzeugausgabe

Über die Fertigungsauftrags-Nummer werden dem Werker automatisch die richtigen Werkzeuge angeboten. Für die Erfassung des Werkzeugverbrauches werden die Werkzeuge automatisch auf den zugehörigen Fertigungsauftrag gebucht.

Die Verwaltung von Werkzeugen, Werkzeuglisten, Einrichteblättern und CNC-Programmen wird über eine Software realisiert. Über den Artikel, den Arbeitsplan, den Arbeitsgang und schließlich über die Auswahl der Maschine gelangt man zu den CNC-Programmen und deren Werkzeuglisten.

Frei gestaltbare Eingabefelder in Werkzeugtabellen ermöglichen die Erstellung

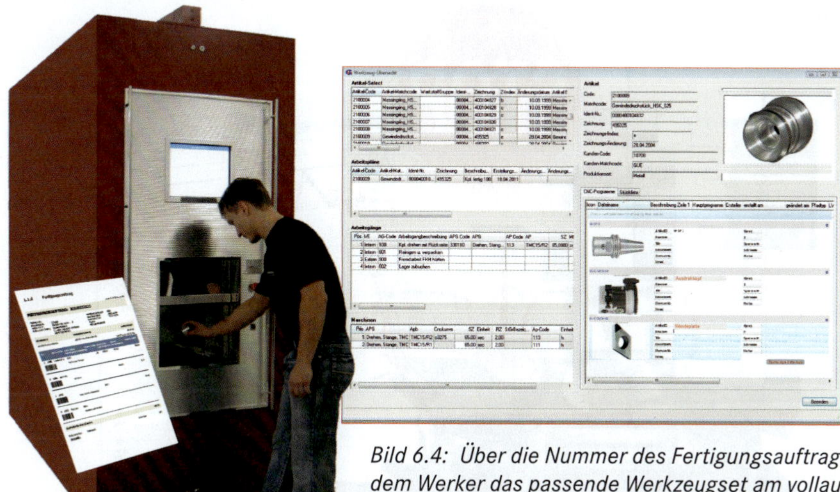

Bild 6.4: Über die Nummer des Fertigungsauftrages wird dem Werker das passende Werkzeugset am vollautomatischen Werkzeugschrank angeboten. Falsche Werkzeugwahl wird somit vermieden und der Werkzeugverbrauch kann präzise geplant werden. (Quelle: GEWATEC)

von maschinenabhängigen Werkzeuglisten und Einrichteblättern.

Korrelation von Prozess- und Qualitätsdaten

Der Prüfplan beschreibt das zu prüfende Teil. Im Merkmalkatalog werden sämtliche qualitätsrelevante Merkmale verwaltet. Die zum jeweiligen Merkmal erfassten Messwerte werden in der Qualitätsregelkarte archiviert. Das MDE-System erfasst Prozessparameter wie Druck und Temperatur (Prozessdatensammler).

Werden in der Regelkarte bei einem Merkmal die Eingriffsgrenzen verletzt, so sind sofort (je nach Prozess innerhalb von Sekunden oder Minuten) entsprechende Maßnahmen einzuleiten, um den Prozess wieder unter Kontrolle zu bekommen. Beispielsweise muss die Temperatur für den Einspritzvorgang nachgeregelt werden. Die Prozessparameter werden durch einen Leitstandrechner nach dem oben beschriebenem Verfahren vollautomatisch über eine standardisierte Schnittstelle EUROMAP 63 oder OPC korrigiert.

Automatische Werkzeugkorrektur (Werkzeug-Offset)

Auf Basis der Messwerte in der Qualitätsregelkarte werden Trends ermittelt, über die Eingriffs- bzw. Toleranzgrenzenverletzungen prognostiziert werden können. Vor einer Verletzung der Toleranzgrenzen werden rechtzeitig die TOOL-Offsets der betroffenen Merkmals-Werkzeug-Kombination in die entgegengesetzte Richtung korrigiert und online in die Maschinensteuerung übertragen.

Zwangshalt, Maschine Stopp

Ein Paradebeispiel für die Verknüpfung von Produktionsabläufen ist das Zusammenspiel von Qualitätsmanagement und Produktionssteuerung.

Wird am CAQ-Messplatz eine Toleranzverletzung festgestellt, so wird die Maschine, auf der das Teil gefertigt wurde, automatisch durch das MDE-Terminal gestoppt.

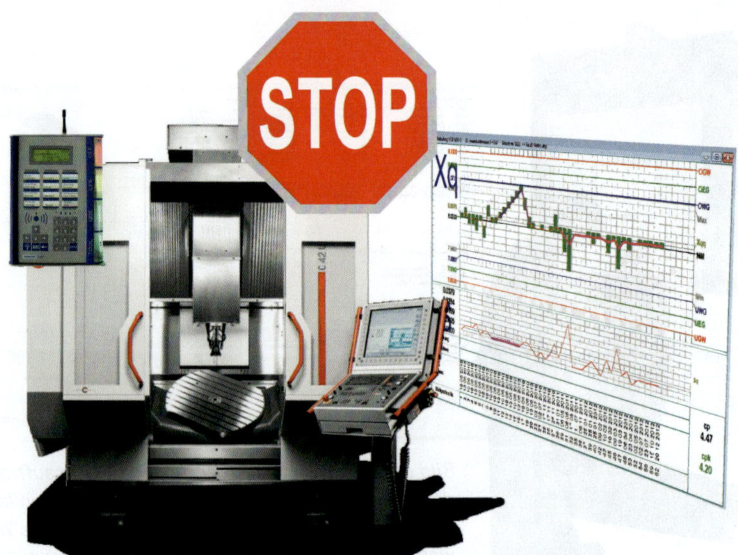

Bild 6.5: Industrie 4.0 funktioniert nur dann, wenn die verschiedenen Prozesse einer Fertigung miteinander verzahnt sind. Durch die Verknüpfung von Qualitätsmanagement und Produktionssteuerung kann beispielsweise eine Maschine automatisch gestoppt werden, wenn ein Merkmal eines Werkstückes außerhalb der Fertigungstoleranz liegt. Eine Meldung mit der Information über den Stopp der Maschine kann per E-Mail oder SMS an den Maschinenbediener oder an den Fertigungsleiter gesendet werden. (Quelle: GEWATEC)

Prüfaufforderung, Dynamische Prüfschärfensteuerung

Der Werker wird über die Prozessampel zur Messung aufgefordert. Durch Anmeldung am Messplatz mit dem RFID-Chip wird der zugehörige Prüfauftrag automatisch geöffnet. Die Messung kann sofort beginnen. Das Zeitintervall, nach dem gemessen werden soll, wird im Prüfauftrag vorgegeben. Mit der dynamischen Prüfschärfensteuerung kann die Kontrolle verschärft oder gelockert werden, je nachdem wie gut der Prozess beherrscht wird.

Energiemanagement, Licht und Kompressor ausschalten

Maschine 4, 5, 8 und 10 stehen in der Nachtschicht wegen Materialmangel und Werkzeugbruch. Jetzt wird das Licht in diesem Hallenabschnitt automatisch ausgeschaltet. Wenn alle Maschinen stehen, wird der Kompressor in „stand by“ Mode geschaltet.

Software und die entsprechende Sensorik überprüfen den genauen Zustand (Stückzahl, steht/läuft) sämtlicher Maschinen in der Produktion. Viele Maschinen können so bis in die Nacht hinein produzieren, bis kein Material mehr zur Verfügung steht.

Mit softwaregestütztem Energiemanagement ist es möglich, Kompressoren, Beleuchtungen, Klimaanlagen und sonstige Verbraucher ein- und auszuschalten, sobald diverse Maschinen bzw. Maschinengruppen nicht mehr produzieren (Energieeffiziente Fertigung)

Ein frei definierbares Event-Script ermöglicht es dem Anwender, beliebige Verbraucher ein- und auszuschalten.

Neben dem Schalten von Verbrauchern können auch beliebige und frei programmierbare Messages über E-Mail oder SMS versendet werden.

Wartung, vorbeugende Instandhaltung, Reichweitensteuerung

Funktionssicherheit, Zuverlässigkeit komplexer Anlagen, Fertigungsressourcen und damit deren Verfügbarkeit, können mit einem konsequenten vorbeugenden Instandhaltungskonzept auf einem gleichmäßig hohen Produktivitätslevel gehalten werden.

In Verbindung mit der entsprechenden Softwarelösung können auf die Werkzeuge die Stückzahlen (z. B. Schüsse beim Kunststoffspritzgießer) gebucht werden. Bei Erreichen der max. Stückzahl (Schusszahl beim Kunststoffspritzgießer) zeigt die Prozessampel am MDE-Terminal an, dass das Werkzeug gewartet bzw. ausgetauscht werden muss.

6.5 Ein Arbeitstag mit Industrie 4.0

Der Werker kommt zur Nachtschicht in die Firma und übernimmt seine Maschine.

Der Werker informiert sich am **Monitor** über Ereignisse und Mitteilungen an/über seine Maschine bzw. seinen Auftrag.

Über den Arbeitsvorrat kann er den nächsten Auftrag einsehen und erkennt, dass ein Start in seiner Schicht geplant ist.

Über die Dokumentenverwaltung beginnt er mit der Vorbereitung des Auftrags (WKZ-Liste, usw.).

Er ordert Material über den BDE-Client.

Über den Fertigungsauftrag bucht er die Ausgabe von Werkzeugen an einem EDV-gesteuerten Werkzeugschrank.

Der aktuelle Auftrag ist beendet. Werker XYZ spielt das alte Programm über das Terminal auf den Server zurück, wo es zum Artikel bzw. zum Auftrag abgespeichert wird.

Er übernimmt den neuen Auftrag. Automatisch wird über das System auch der dazugehörige Prüfauftrag erstellt. Das Terminal stellt das neue Programm für den nächsten Auftrag zur Verfügung, welches der Werker in die Maschine einspielt. Es erfolgt das Rüsten der Maschine mit der Maschinen-Abnahme über das CAQ-System.

Nach dem Umschalten auf „Produktion“ kann der Werker direkt erkennen, wie gut sein Rüstvorgang im Vergleich zu den Soll-Vorgaben liegt.

Es tritt eine unvorhergesehene Störung an der Maschine auf. Diese wird vom Werker behoben und über das Terminal dokumentiert. Es handelt sich um einen Werkzeugbruch. Der Werker holt ein zusätzliches Werkzeug über seinen Fertigungsauftrag am Werkzeugausgabeschrank. Die Buchung erfolgt automatisch (evtl. Reparaturauftrag).

Nach durchgeführtem Werkzeugwechsel geht die Maschine wieder in Produktion. Der Werker erkennt über die Prozessampel, dass demnächst eine Messung ansteht.

Der Werker führt eine SPC-Messung am Messplatz durch (mit oder ohne Messmaschine). Die Prozessampel dokumentiert durch das Umschalten auf „grün“ sowohl die Durchführung der Messung (QDE) als auch das Ergebnis (cpk).

Die Prozessampel weist den Werker auf eine anstehende Wartung hin. Der Werker informiert sich am BDE-Client über die Wartung und führt diese aus.

Am nächsten Tag können die durchgeführten Aktionen durch Arbeitsvorbereitung AV/Meister/QS lückenlos nachvollzogen werden (Betrachtung Zeitstrahl im Monitor, Meldungen Inspektor, Regelkarte).

In der Arbeitsvorbereitung verursacht der unvorhergesehene Stillstand durch den Werkzeugbruch und die dadurch abweichende Produktionszeit eine Kollisionsmeldung mit dem Nachfolgeauftrag. Der Planer kann den neuen Endtermin des Auftrages ermitteln und evtl. gleich den Kunden informieren, sowie eine Entscheidung treffen, ob eine Umplanung zur Erfüllung der Aufträge erforderlich ist.

Währenddessen liefert die laufende Maschine weiter aussagefähige Daten für den Abwicklungsprozess in Bezug auf die erbrachte Leistung am aktuellen Auftrag (Betrachtung OEE, Auswertungen QlikView).

Die Prozessampel zeigt an, dass auf der Werkzeugstation 0606 der Bohrer gewechselt werden muss. Auf der Basis von Einsatz- und Standzeit wird der Zeitpunkt für den Werkzeugwechsel berechnet.

Im Vertrieb geht inzwischen die Meldung des Kunden ein, dass er dringend Teile benötigt – egal wie viel – so schnell wie möglich. Der Vertrieb verständigt den Werker über die Mail-Funktion am Terminal.

Der Werker löst eine Teilebegleitkarte über die produzierten Teile aus und leitet diese direkt an den Versand weiter. Hier werden aus dem Fertigungsauftrag heraus die Papiere für die Oberflächenbearbeitung erstellt – so können die Teile direkt vom Fahrer verladen und weitertransportiert werden.

Wenn in der Nachtschicht eine Maschinengruppe stillsteht, werden automatisch das Licht und der Kompressor ausgeschaltet.

Der Controller möchte Informationen über den Deckungsbeitrag des Fertigungsauftrages 4711 und die Kosten im Vergleich zum Angebot (Begleitende- und Nachkalkulation).

6.6 Zusammenfassung

Das Ziel, eine intelligente Fabrik nach Vorlage von Industrie 4.0 zu realisieren, kann auch in mittelständischen Fertigungsbetrieben erreicht werden. Voraussetzung ist die Vernetzung von Maschinen, Steuerungen, Prüfmitteln, Haustechnik und der Computeranlage, sowie die Installation von geeigneten Sensoren zur Erfassung von Prozessdaten und der Prozessüberwachung. Die Online-Verbindung zu Kunden, Lieferanten und Geschäftspartnern erweitert die Möglichkeiten der digitalen Fertigung.

Damit eine Fertigung möglichst problemfrei und effektiv läuft, müssen tagtäglich Antworten auf viele Fragen gefunden und verständlich visualisiert werden. Diese

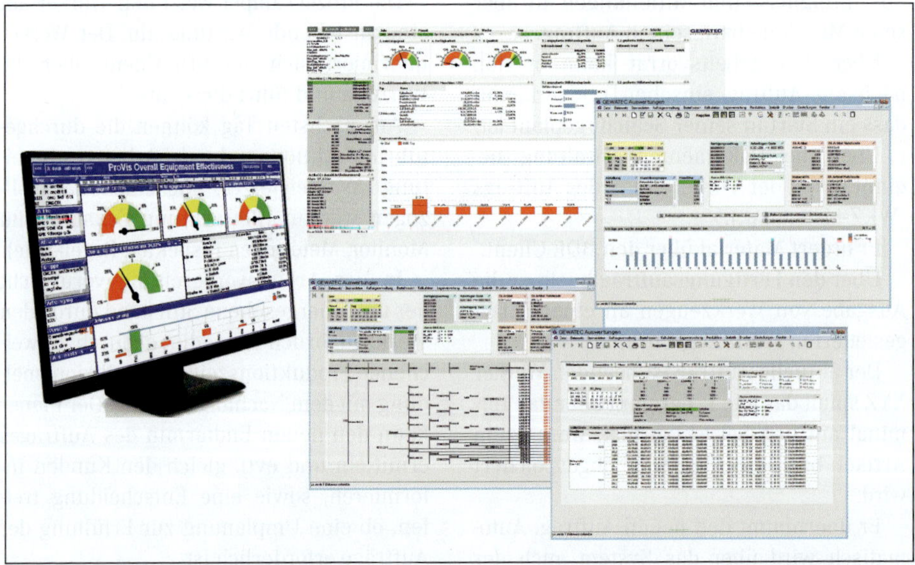

Bild 6.6: Die verständliche Visualisierung des gesamten Produktionsprozesses inkl. aller Nebenprozesse, wie Personalzeiterfassung, Wartungsintervalle, Werkzeugbestand, Werkzeugbedarf usw. sind Voraussetzung für den Erfolg einer vernetzten Fertigung. (Quelle: GEWATEC)

Visualisierung von Fertigungsparametern wie z. B. Restlaufzeit eines Bauteils, aktuell verfügbarer Werkzeugbestand, Version des NC-Programms usw. sind der Einstieg in Industrie 4.0. Im ersten Schritt kann so der Fertigungsleiter oder Werker aus diesen vorliegenden Online-Informationen schnell und präzise die richtigen Entscheidungen fällen. Sensoren, Aktoren und intelligente Software erlauben im nächsten Schritt auch die automatische Durchführung von Entscheidungen, wie z. B. den Maschinenstopp als Reaktion auf Toleranzverletzungen. So kann Schritt für Schritt auch im Mittelstand eine vernünftige und beherrschbare Industrie 4.0-Anwendung realisiert werden.

Industrie 4.0 im mittelständischen Fertigungsbetrieb

Das sollte man sich merken:

1. Industrie 4.0 ist die **Weiterentwicklung** aus den vergangenen drei industriellen Revolutionen und wird auch die Vierte Industrielle Revolution genannt.
2. Der Begriff Industrie 4.0 stammt aus einem Zukunftsprojekt der **High-Tech-Strategie** der Bundesregierung mit dem Ziel, die Wettbewerbsfähigkeit der deutschen Industrie zu steigern.
3. Der eigentliche Grundgedanke der Vierten Industriellen Revolution ist die **systemübergreifende globale Vernetzung** von Menschen, Anlagen und Produkten.
4. In Zukunft sollen sich Produkte und Produktionseinheiten **selbstständig dezentral organisieren** und **steuern.**
5. Industrie 4.0 basiert auf **zwölf Säulen:**
   - Interdisziplinarität
   - Social Media
   - Virtualisierung
   - Big Data
   - Smart Data
   - Analyse und Optimierung
   - Mobile Computing
   - Smarte Objekte
   - Internet der Dinge
   - Internet der Dienste
   - Cyber-Physical Systems
   - Smart Factory
6. Hinter **Industrie 4.0** stehen die Branchenverbände **Bitkom** (Bundesverband Informationswirtschaft, Telekommunikation und neue Medien e. V.), **VDMA** (Verband Deutscher Maschinen- und Anlagenbau e. V.) und **ZVEI** (Zentralverband Elektrotechnik- und Elektronikindustrie e. V.).
7. **Industrie 4.0** beschreibt Veränderungen, an deren Ende **die Vernetzung aller Maschinen, Produkten und Prozessen in einer „smart Factory" steht.** Dazu bedient man sich der Techniken, die auch bei **Internet der Dinge** zum Einsatz kommen, unter anderem drahtlose Netze, intelligente Objekte, Sensorik und Aktorik.
8. **Das bremst noch eine schnelle Entwicklung:**
   - Die Energieversorgung der autonomen Objekte,
   - Die limitierte Lebensdauer der Batterien,
   - Es gibt keine einheitlichen Schnittstellen, Architekturen und Plattformen,
   - Unterschiedliche Übertragungsstandards der drahtlosen Netze im Nahbereich,
   - Ungeklärte Fragen zum Daten- und Rechtsschutz,
   - Fehlende Daten-Sicherheiten im Internet,
   - Kein durchgängiges Prozessdesign für neue Geschäftsmodelle.

Anhang

Richtlinien, Normen, Empfehlungen

Sehr früh wurden wesentliche Voraussetzungen für den Betrieb numerisch gesteuerter Werkzeugmaschinen vereinheitlicht und genormt. Der Anwender hat es der Arbeit einiger Normungsausschüsse in den USA und in Deutschland zu verdanken, dass unheilvoller Wirrwarr vermieden wurde, ohne die Leistungsfähigkeit zu begrenzen. Inzwischen wurden einige der früheren Richtlinien und Normen zurückgezogen bzw. durch andere ersetzt.

1. VDI-Richtlinien

Bezug durch den Beuth-Verlag, D-10772 Berlin, Tel.: (030) 2601-2260, Fax: (030) 2601-1260, (www.beuth.de)

Folgende VDI-Richtlinien wurden ersatzlos zurückgezogen:
2813, 2850, 2851, 2855, 2863, 2870, 2880, 3422, 3424, 3426, 3427, 3429, 3550 Blatt 1 und 2, 3687, 3689 Blatt 1 und 2.

VDI 2852

1984-10

Kenngrößen numerisch gesteuerter Fertigungseinrichtungen
Bl. 1, 4 S.: Span-zu-Span-Zeit bei automatischem Werkzeugwechsel
Bl. 2, 4 S.: Palettenwechselzeit und Werkstückfolgezeit bei automatischem Werkstück-Palettenwechsel
Bl. 3, 4 S.: Positionierzeit, Spindelbeschleunigungszeit, Wartezeit

VDI 2860

1990-05, 16 Seiten

Montage- und Handhabungstechnik; Begriffe, Definitionen, Symbole

VDI 2861, Bl. 1

1988-06,

Montage- und Handhabungstechnik; Kenngrößen für Industrieroboter; Achsbezeichnungen
Das Blatt behandelt die Definition der Achsen in Abgrenzung zum Freiheitsgrad, die Darstellung der Achsen sowie Achsbezeichnungen für unterschiedliche Gerätebauformen. Um die Vergleichbarkeit zu gewährleisten, beziehen sich die in der Richtlinie definierten Achsbezeichnungen auf standardisierte Grundstellungen, bevor die Geräte in anderen Stellungen und im Verbund mit weiteren numerisch gesteuerten Einrichtungen neue, anwenderspezifische Achsbezeichnungen erhalten

VDI 2861, Bl. 2

1988-05

Montage- und Handhabungstechnik; Kenngrößen für Industrieroboter; Einsatzspezifische Kenngrößen
Es werden technische Begriffe und Kenngrößen für Industrieroboter definiert und Verfahren zu ihrer Prüfung vorgeschlagen. Gegenstand von Blatt 2 ist die Definition von Kenngrößen unter bestimmten Rand-

bedingungen, die die Beurteilung der Einsetzbarkeit von Industrierobotern für unterschiedliche Anwendungsfälle sowie die dabei erzielbare Genauigkeit ermitteln helfen.

VDI 2861, Bl. 3

1988-

Montage- und Handhabungstechnik; Kenngrößen für Industrieroboter; Prüfung der Kenngrößen

Für die Prüfung der Kenngrößen werden in Blatt 3 geeignete Verfahren und Vorschläge für Messaufbauten angegeben.

VDI 3423

2011-08

Verfügbarkeit von Maschinen und Anlagen; Begriffe, Definitionen, Zeiterfassung und Berechnung

Die Richtlinie definiert die Begriffe der Verfügbarkeit bzw. des Nutzungsgrads für Einzelmaschinen, Systemkomponenten und Produktionsgesamtsystemen. Die Vorgehensweise zur Bestimmung von Ausfallzeiten, Folgeausfallzeiten, Belegungs- und Nutzungszeiten wird erläutert und anhand von Beispielen erklärt.

Die Richtlinie dient als Arbeitsgrundlage für Vertragsverhandlungen zwischen Anwender und Maschinen-/Anlagenlieferant sowie für innerbetriebliche Optimierungen.

VDI/DGQ 3441 – 3445

1977-03

Statistische Prüfung der Arbeits- und Positionsgenauigkeit von Werkzeugmaschinen

VDI/DGQ 3441 – Grundlagen
VDI/DGQ 3442 – Drehmaschinen
VDI/DGQ 3443 – Fräsmaschinen
VDI/DGQ 3444 – Bohrmaschinen und Bearbeitungszentren
VDI/DGQ 3445 – Schleifmaschinen

VDI/VDE 3550, Blatt 1 – 3

Begriffe und Definitionen

Bl. 1: 2001-09; Künstliche neuronale Netze in der Automatisierungstechnik.
Bl. 2: 2002-10; Fuzzy Logic and Fuzzy Control
Bl. 3: 2003-02; Evolutionäre Algorithmen

VDI/VDE 3685, Blatt 1

1990-05

Adaptive Regler: Begriffe und Eigenschaften;

Mit der Richtlinie wird das Ziel verfolgt, Begriffe und Merkmale adaptiver Regelsysteme einzuordnen und festzulegen. Dem Hersteller adaptiver Regelgeräte wird die Möglichkeit gegeben, anhand der Merkmalliste einem Anwender mitzuteilen, was sein Gerät leistet und zu welchem Zweck es eingesetzt werden kann.

VDI/VDE 3685, Blatt 2

1992-01

Adaptive Regler: Erläuterungen und Beispiele

Mit Blatt 2 der Richtlinie wird das Ziel verfolgt, die Begriffsdefinitionen von Blatt 1 zu erläutern. Aufgrund der Vielfalt der unterschiedlichen Algorithmen und der zahlreichen Anwendungen wird mit Blatt 2 eine exemplarische Darstellung und Erläuterung der Richtlinien angestrebt. Dazu werden in Abschnitt 1 verschiedene Strukturen in Form von Blockschaltbildern beispielhaft dargestellt. Abschnitt 2 zeigt die Handhabung der Merkmalliste für die Charakterisierung verschiedener in der Literatur vorgestellter adaptiver Regelverfahren.

VDI/VDE 3685, Blatt 3

2001-09

Adaptive Regler: Inbetriebnahmesysteme für Regelungen
Im Blatt 3 der Richtlinie werden Begriffe und Leistungsmerkmale von Inbetriebnahmesystemen definiert und eingeordnet. Inbetriebnahmesysteme sind als selbstständige oder integrierte Produkte denkbar.

VDI/VDE 3694

2014-04

Lastenheft/Pflichtenheft für den Einsatz von Automatisierungssystemen
Die Richtlinie stellt die wesentlichen Gesichtpunkte zusammen, die bei der Planung, der Realisierung und dem Betrieb von Automatisierungssystemen von Bedeutung sein können und gibt einen Gliederungsvorschlag für Lasten- und Pflichtenhefte. Die technischen und wirtschaftlichen Anforderungen an das Automatisierungssystem werden ebenfalls festgelegt. Die Zusammenarbeit zwischen Betreiber, Planer und Hersteller wird durch die Anwendung der Richtlinie vereinfacht.

VDMA 34180

2011-07

Daten-Schnittstelle für automatisierte Fertigungssysteme
Daten-Schnittstelle zwischen CNC und Robotersystemen; hierzu wurden keine verbindlichen Daten und Erläuterungen gefunden!

2. VDI/NCG-Richtlinien

Folgende **NCG-Empfehlungen** sind zurückgezogen: NCG 2001, 2002, 2003, 2004, 2005, 2006, 2007.
Sie werden durch die nachfolgend beschriebenen VDI/NCG-Prüfrichtlinien ersetzt:

Technische Regel, Entwurf

VDI/NCG 5210 Blatt 2: 2012-09

Prüfrichtlinie und Prüfwerkstück für die Wasserstrahlschneidtechnik – Wasserstrahlschneiden – Prüfwerkstück für die 3-D-Bearbeitung
Das Prüfwerkstück und der Prozess der Beurteilung für Wasserstrahlschneidmaschinen, die in dieser Richtlinie beschrieben werden, zeigen die wichtigsten Möglichkeiten zur Prüfung einer Wasserstrahlschneidmaschine. Das definierte Prüfstück zeigt die maximalen Fertigungsergebnisse auf der Basis einer optimierten Wasserstrahlschneidanlage gemäß den beschriebenen Prüfkriterien unter Verwendung der Parameter des Anlagenherstellers (die Toleranzen für die Bewertung des Werkstücks sind durch den Anwender und den Hersteller gemeinsam zu definieren). Es beschränkt sich auf die Technologie des Wasserstrahlschneidens im 3-D-Bereich mit Wasserabrasivstrahlschneiden (Rein-Wasserstrahlbearbeitung ist auch möglich). Das Prüfwerkstück ist auch für Mehrkopfmaschinen anwendbar. Durch Vermessen des Prüfwerkstücks kann die Genauigkeit der zu prüfenden Maschine klassifiziert werden. Wird die Methode öfters verwendet, so fungiert das Prüfwerkstück auch als Kontrollstück. Somit können sowohl Aussagen gemacht werden über die Eigenschaften und die Genauigkeit als auch über deren Veränderung über einen zeitlichen Rahmen.

Technische Regel, Entwurf

VDI/NCG 5210 Blatt 3: 2012-12

Prüfrichtlinie und Prüfwerkstück für die Wasserstrahlschneidtechnik – Wasserstrahlschneiden – Prüfwerkstück für das Mikro-Wasserstrahlschneiden
Das Prüfwerkstück und der Prozess der Beurteilung für Mikro-Wasserstrahlschneidmaschinen, die in dieser Richtlinie beschrieben werden, zeigen die wichtigsten

Möglichkeiten zur Prüfung einer Wasserstrahlschneidmaschine. Es zeigt die maximalen Fertigungsergebnisse auf der Basis einer optimierten Wasserstrahlschneidanlage gemäß den beschriebenen Prüfkriterien unter Verwendung der Parameter des Herstellers der Anlage. Es beschränkt sich auf die Technologie des **Mikro-Wasserstrahlschneidens im 3-D-Bereich** mit Wasserabrasivstrahlschneiden (Rein-Wasserstrahlbearbeitung ist auch möglich). Das Mikro-Prüfwerkstück ist auch für Mehrkopfmaschinen anwendbar. Durch Vermessen des Prüfwerkstücks kann die Genauigkeit der zu prüfenden Maschine klassifiziert werden. Wird die Methode öfters verwendet, so fungiert das Prüfwerkstück auch als Kontrollstück. Somit können sowohl Aussagen über die Eigenschaften und die Genauigkeit gemacht werden, als auch die Veränderung dieser über einen zeitlichen Rahmen.

Technische Regel, Entwurf

VDI/NCG 5211 Blatt 1: 2013-08

Prüfrichtlinien und Prüfwerkstücke für hochdynamische Bearbeitungen (HSC) – Fräsmaschinen und Bearbeitungszentren für 3-Achs-Bearbeitung
Diese Richtlinie sowie das darin definierte Prüfwerkstück und die Geometrieelemente gelten für hochdynamische Zerspanungsprozesse mit rotierenden Werkzeugen mit definierten Schneiden. Bei der **Hochgeschwindigkeitszerspanung** kommen verstärkt hochdynamische Maschinensysteme mit hohen Beschleunigungen, Achsgeschwindigkeiten und Drehzahlen zum Einsatz, die zudem oftmals aufgrund der Anwendungsfälle eine simultane Bearbeitung in mehreren Achsen durchführen. In dieser Bearbeitung versagen die bisher bekannten Standardabnahmeteile wenn es darum geht, eine Beurteilung des Zusammenwirkens mehrerer hochdynamischer Achsen durchzuführen. Das in der Richtlinie definierte Werkstück besitzt wesentliche Geometrieelemente, die es ermöglichen, Maschinen hinsichtlich der Dynamik, der Bearbeitungsgeschwindigkeit und der Genauigkeit so zu vergleichen und abzunehmen, dass die jeweiligen Einzelkomponenten (z. B. Achsen) im Zusammenwirken beurteilt werden können. Dem Endanwender werden Hinweise gegeben, welche Maschineneigenschaften sich an den Geometrieelementen des Abnahmeteils widerspiegeln. Damit kann das gegenüber der konventionellen Zerspanung komplexere HSC-System, welches als Plattform mehrerer ineinander greifender Prozesse gesehen werden kann, verifiziert werden.

Technische Regel, Entwurf

VDI/NCG 5211 Blatt 2: 2013-09

Prüfrichtlinien und Prüfwerkstücke für hochdynamische Bearbeitungen (HSC), Fräsmaschinen und Bearbeitungszentren – 5-Achs-Simultan-Fräsbearbeitung
Gegenüber der reinen 3-Achs-Bearbeitung bietet die 5-Achs-Simultanbearbeitung eine Reihe technologischer, geometrischer sowie wirtschaftlicher Vorteile. Neben der Mehrseitenbearbeitung von Flächen und Konturen in einer Aufspannung bei der 3-plus-2-Achs-Bearbeitung ergeben sich bei simultaner 5-Achs-Bearbeitung konstant günstigere technologische Eingriffsbedingungen mit positiven Auswirkungen auf Werkzeugverschleiß, Maßhaltigkeit, Oberflächengüte und Prozesssicherheit. Bei der 5-Achs-Bearbeitung kommen hochdynamische Maschinensysteme mit hohen Beschleunigungen, Achsgeschwindigkeiten und Orientierungsbewegungen zum Einsatz, die in vielen Anwendungsfällen eine simultane Interpolation in mehreren Achsen erfordern. Das in der Richtlinie beschriebene Werkstück ermöglicht erstmals die Überprüfung der simultanen Orientierung aller Achsen. Das Prüfwerkstück definiert wesentliche Geometrieelemente und Bearbeitungsstrategien, die es ermöglichen, das Gesamtsystem (Maschine und Steue-

rung) hinsichtlich der Statik, Dynamik, Bearbeitungsgeschwindigkeit und Genauigkeit zu vergleichen und zu überprüfen. Dem Anwender der Richtlinie werden Hinweise gegeben, welche Eigenschaften sich an den Geometrieelementen des definierten Prüfstücks widerspiegeln.

VDI/NCG 5211 Blatt 3: 2012-05

Prüfwerkstücke für Werkzeugmaschinen – Fräsen – Mikrobearbeitung
Diese Richtlinie soll die Kommunikation zwischen Anwender und Hersteller beim Mikrofräsen vereinfachen. Sie beschreibt dazu ein Prüfwerkstück zur Validierung der Fähigkeiten von CNC-Werkzeugmaschinen, die im Bereich des Mikrofräsens eingesetzt werden. Das bietet eine Möglichkeit zur effizienten und gleichwertigen Überprüfung der Fähigkeiten unterschiedlicher Mikrofräsmaschinen. Außerdem dient das Prüfwerkstück der wiederkehrenden Analyse des Istzustands der im praktischen Einsatz befindlichen Maschine. Um die wichtigsten Einflussfaktoren auf die Bearbeitungsqualität bestimmen zu können, werden neben den Geometrien und den Bearbeitungen ebenfalls das Material und die zu verwendenden Werkzeuge festgelegt.

3. DIN – Deutsche Industrie Normen

Bezug durch den Beuth-Verlag, D-10772 Berlin, Tel.: (030) 2601-2260, Fax: (030) 2601-1260, (www.beuth.de)

Folgende DIN wurden ersatzlos zurückgezogen:
19226, 19245 Bl. 1–3, 44302, 55003, 66016, 66024, 66025 Bl. 3 und 4.

DIN 8580

2003-09

Fertigungsverfahren, Einteilung
Diese Norm gilt für den Gesamtbereich der Fertigungsverfahren. Sie definiert bzw. erläutert Grundbegriffe, die für die Beschreibung und Einteilung der Fertigungsverfahren benötigt werden.

DIN 66025, Blatt 1

1983-01

Programmaufbau für numerisch gesteuerte Arbeitsmaschinen. Allgemeines
Die Norm dient dazu, den Aufbau von Programmen für numerisch gesteuerte Werkzeugmaschinen festzulegen. Die Angaben dieser Norm reichen nicht aus, um Programme unmittelbar zwischen verschiedenen Arbeitsmaschinen der gleichen Gattung auszutauschen.

Insgesamt werden erläutert der Aufbau des Programmes, des Satzes, des Wortes, der Zeichenvorrat und die Programmierverfahren für die Interpolation.

DIN 66025, Blatt 2

1988-09

Industrielle Automation; Programmaufbau für NC-Maschinen; Wegbedingungen und Zusatzfunktionen
Die Norm enthält die Festlegung von Schlüsselzahlen für Wegbedingungen (G-Funktionen) und Zusatzfunktionen (M-Funktionen) bei der Programmierung von NC-Maschinen.

DIN 66215, Blatt 1

CLDATA
Blatt 1, Programmierung von CNC-Maschinen
1974-08

Allgemeiner Aufbau und Satztypen
CLDATA ist eine Sprache für NC-Prozessorausgabedaten, die als Eingabe für NC-Postprozessoren verwendet werden. Der Name CLDATA ist von dem englischen Ausdruck „Cutter Location Data“ (Werkzeugpositionsdaten) abgeleitet. Die Norm dient dazu, den Aufbau von CLDATA-Texten für die Verwendung im Zusammenhang mit Programmiersprachen für NC-Maschinen festzulegen. Mit jedem NC-Postprozessor soll es möglich sein, CLDATA-Texte von einem in dieser Norm festgelegten Aufbau zu erzeugen.

DIN 66215, Blatt 2

CLDATA
1982-02

Nebenteile des Satztyps 2000
Zu den in DIN 66215, Teil 1 festgelegten Hauptwörtern für Postprozessor-Anweisungen werden in diesem Teil der Norm die Nebenteile definiert. Der Satztyp 2000 enthält Anweisungen für den Postprozessor.

DIN 66217

1975, 8 Seiten

Koordinatenachsen und Bewegungsrichtungen für numerisch gesteuerte Arbeitsmaschinen
Diese Norm steht im Zusammenhang mit der internationalen Norm ISO 841-1974. Die Norm dient dazu, den Bewegungsachsen der numerisch gesteuerten Arbeitsmaschinen ein Koordinatensystem zuzuordnen. Daraus lassen sich die Bewegungsrichtungen für die Maschine herleiten. Damit wird zur Vereinheitlichung der Programmierung numerisch gesteuerter Arbeitsmaschinen beigetragen, siehe auch DIN 66025 Teil I.

- Wird der Werkzeugträger bewegt, so sind Bewegungsrichtung und Achsrichtung gleichgerichtet. Die positiven Bewegungsrichtungen werden in diesem Falle wie die positiven Achsrichtungen mit +X, +Y, +Z usw. bezeichnet.
- Wird der Werkstückträger bewegt, so sind Bewegungsrichtung und Achsrichtung einander entgegengerichtet. Die positiven Bewegungsrichtungen werden dann mit +X’, +Y’, +Z’ usw. bezeichnet.

DIN 66246, Blatt 1

1983-10

Programmierung von NC-Maschinen, Prozessor-Eingabesprache; Grundlagen und mögliche Geometriedefinitions- und Ausführungsanweisungen

DIN 66267, Blatt 1

1984-08, 4 Seiten

Industrielle Automation; Datenaustausch mit NC; Schnittstelle und Übermittlungsprotokoll
Diese Norm gilt für Start-Stop-Übertragung und wechselseitige Übertragung.

DIN 66303

2000-06

Informationstechnik – 8-Bit-Code für Computersysteme
Der Zeichensatz nach DIN 66303 entspricht in Umfang und Zeichenanordnung dem international standardisierten ISO 8859-1.

DIN 69873

1993-07

RFID Datenträger für Werkzeuge und Spannzeuge; Maße für Datenträger und deren Einbauraum.

DIN ISO 10791

2001-01

Werkzeugmaschinen, Prüfbedingungen für Bearbeitungszentren (BaZ)
Teil 1: BaZ mit waagrechter Z-Achse
Teil 3: BaZ mit senkrechter Z-Achse
Teil 4: BaZ mit linearen und rotatorischen Achsen
Teil 7: Genauigkeit eines fertig bearbeiteten Prüfwerkstücks

DIN 19245

Industrieelle Kommunikationsnetze – Feldbusse
Wird ersetzt durch IEC-Normen:
Im Herbst 2007 sind die Normen **IEC 61158** und **IEC 61784-1** in einer neuen Version (Edition) publiziert worden. Dabei ist die Struktur insofern vereinfacht worden, dass jetzt bei der **IEC 61158** alle Dokumente der unterschiedlichen Typen getrennt gekauft werden können. Für **PROFIBUS** ist somit nur der Typ 3 erforderlich. Zusätzlich sind weitere Profile für **PROFINET** IO (3/5, 3/6 und 3/7) definiert worden.

IEC 60050-351

2009-06

Internationales Elektrotechnisches Wörterbuch
Das **Internationale Elektrotechnische Wörterbuch** (englisch: International Electrotechnical Vocabulary) wird zur Vereinheitlichung der Terminologie der Elektrotechnik von der International Electrotechnical Commission (IEC) herausgegeben.

Teil 351, Leittechnik: Legt Grundbegriffe der Leittechnik fest, unter anderen auch Prozess und Leiten. Sie ersetzt in Deutschland als **DIN-Norm DIN IEC 60050-351 und die DIN V 19222** – 2001-09.

DIN ISO 230-1

1999-07

Prüfregeln für Werkzeugmaschinen
Teil 1: Geometrische Genauigkeit von Maschinen, die ohne Last oder unter Schlichtbedingungen arbeiten. (ISO 230-1:1996)

DIN ISO 230-2

2011-11

Prüfregeln für Werkzeugmaschinen
Teil 2: Bestimmung der Positioniergenauigkeit und der Wiederholpräzision der Positionierung von numerisch gesteuerten Achsen. Der Zweck der ISO 230 ist es, Verfahren für die Prüfung der Genauigkeit von Werkzeugmaschinen zu standardisieren, mit der Ausnahme tragbarer, kraftgetriebener Werkzeuge.

DIN ISO 230-5

2006-03

Prüfregeln für Werkzeugmaschinen
Teil 5: Bestimmung der Geräuschemission

NC-Fachwort-verzeichnis

In einer schnell fortschreitenden Technologie werden auch die verwendeten Fachbegriffe ständig angepasst, ergänzt und modifiziert.

Die nachstehenden Begriffe und Erläuterungen beziehen sich hauptsächlich auf das Umfeld der NC-Technik.

➔ siehe dort, **Abk.** = Abkürzung, **Alt.** = Alternative, Gegenteil.

3D-Modell **3D solid model**
Auch als volumetrisches Modell bezeichnet. Ein dreidimensionales, maßstabgetreues geometrisches Modell, um Aussehen und Struktur beurteilen oder testen zu können.

Abschaltkreis **on/off control**
Einfacher Regelkreis, bei dem das Rückführsignal (Istwert) nur zum Ein und Ausschalten eines Vorganges benutzt wird, sobald ein vorgegebener Sollwert erreicht ist. Auch als Zweipunktregler bezeichnet. Beispiele: Kühlschranktemperatur, Füllstandsregelung, Heißwasserspeicher.

Absolutes Messsystem **absolute measuring system**
Positionsmesssystem für NC-Achsen, bei dem alle Messwerte auf einen festgelegten Nullpunkt bezogen sind. Jeder Punkt der Messstrecke ist durch ein eindeutiges Messsignal gekennzeichnet.

Vorwiegend verwendete Messsysteme: Codierte Lineale, codierte Drehgeber.

Alt.: Inkrementales Messsystem.

Abweichung **deviation**
➔ Bahnabweichung.

Achse, Achsbezeichnung **axis**
Die Richtung, in der die Relativbewegung des Werkzeugs zum Werkstück erfolgt. Bei Fräsmaschinen sind dies die drei linearen Achsen X, Y und Z, die senkrecht zueinander stehen. Dazu parallele Achsen werden mit U, V und W bezeichnet. Zusätzliche rotatorische Achsen (Dreh- und Schwenkachsen) werden mit A, B und C bezeichnet (➔ DIN 66217, ISO 841).

Bei der Festlegung der positiven Achsrichtung (+X, +Y, +C ...) geht man davon aus, dass sich das Werkzeug bewegt und das Werkstück stillsteht. Bewegt sich das Werkstück, wie z. B. bei Koordinatentischen und Drehtischen, dann wird die Achsbezeichnung mit einem Apostroph gekennzeichnet: X' oder Y' oder C'. Dadurch kann die NC-Programmierung unabhängig vom konstruktiven Aufbau der Maschine erfolgen.

Achsenspiegeln **mirror image operation**
Umschalten (Vertauschen) der positiven/negativen Achsrichtungen einer NC-Achse.

➔ Spiegelbild-Bearbeitung.

Achsentauschen **axis change**
Vertauschen der Y- und Z-Achse in der NC, um NC-Programme auf Maschinen mit

anderer Achsanordnung und vorgesetztem Winkelkopf verarbeiten zu können.

Adaptive Steuerung, AC **adaptive control**

Regelungssystem zur automatischen Anpassung der Schnittbedingungen an ein vorgegebenes Optimum, wie z.B. max. Spanleistung oder optimale Werkzeugnutzung. Diese Vorgaben lassen sich beispielsweise durch Vorschubveränderung beim Fräsen einhalten. Dazu sind spezielle Messsensoren für Spindelflexion, Motorleistung, Drehmoment, Motorerwärmung und Rattern erforderlich, die der AC-Steuerung fortlaufend die aktuellen Schnitt- und Leistungsdaten melden. Daraus werden die Führungsgrößen für Vorschubgeschwindigkeit und Spindeldrehzahl errechnet und an die Stellglieder ausgegeben.

Adresse **address**

Ein Buchstabe, der in NC-Programmen die Zuordnung der nachfolgenden Zahlenwerte in einem Wort festlegt.

Beispiel: X 27,845 bedeutet das Maß 27,845 mm in der X-Achse, F125 bedeutet 125 mm/min Vorschub, usw.

➔ Alphanumerische Schreibweise.

AGV **automatic guided vehicle**

Deutsch: Gleis- und fahrerloses Flurförderfahrzeug. Die Streckenführung erfolgt induktiv durch einen im Boden der normalen Verkehrswege eingelassenen Draht.

Aktoren, Stellglieder **actuator**

Stellantrieb einer Steuerung, der Steuersignale in mechanische Bewegung umsetzt. Aktoren findet man in der Praxis u. a. in Form von (Elektro-) Motoren, Hydraulik- oder **Pneumatikzylindern**, Piezoaktoren (Translatoren), Ultraschallmotoren. In der Lineartechnik finden elektromechanische Hub- und Verstellsysteme Anwendung. Die Ansteuerung der Aktoren erfolgt in einem offenen oder geschlossenen Regelkreis.

Alphanumerische Schreibweise **alphanumeric notation**

NC-Programmschreibweise, bei der Buchstaben und Ziffern verwendet werden.

Beispiel: N123 G01 X475,5 Y-235,445 F 250 T7 M02.

Analog **analogue, analog**

Eine physikalische Variable ist analog einer anderen physikalischen Variablen, wenn sie sich in einer bestimmten Abhängigkeit von der ersten Variablen verändert. Die Beziehung kann, muss aber nicht, linear sein.

Grundlegendes Merkmal: Ein analoges Signal kann zwischen den Grenzwerten jeden Zwischenwert annehmen (stufenloser Signalwert).

Beispiele:

A) Zeigeruhr, Thermometer.
B) Abbildung einer physikalischen Größe in elektrischer Spannung, z. B. Drehzahl als Tachospannung, Drehwinkel als Spannung eines Potentiometers, Temperatur als Spannung eines Thermoelements.
C) Resolver. Dieser liefert zwei Ausgangsspannungen, die sich proportional zum Sinus bzw. Cosinus des mechanischen Verdrehwinkels der Resolverachse verändern.

Alt.: Digital.

Analog-Digital-Umsetzer **analog-digital-converter**

Meistens elektronisches Gerät, das ein analoges Eingangssignal in ein digitales Ausgangssignal umsetzt.

Anpasssteuerung **machine-control interface**

Elektrische oder elektronische Steuerung zur Anpassung einer numerischen Steuerung an eine NC-Maschine. Sie hat folgende Aufgaben:

- Decodierung, Speicherung und Verstärkung der von der CNC codiert ausgegebenen Signale sowie deren Weitergabe an die Stellglieder,

- Verknüpfung der Signale mit Endschalter-Rückmeldungen von der Maschine,
- Verriegelung von Befehlen zur Vermeidung unzulässiger Schaltbefehle.

Vorwiegend Aufgabe der ➔ SPS.

APT, Automatically Programmed Tools
In den USA entwickelte Programmiersprache zur Erzeugung von 3D/NC-Programmen für Werkzeugmaschinen, primär zum Fräsen komplexer Geometrien von Freiformflächen. Wurde von der TU Aachen durch Hinzufügen von Schnittbedingungen (F, S. T. M. u. a.) fertigungstechnisch erweitert und als **EXAPT** (Extendet Subset of APT) für fast alle zerspanenden Fertigungen verwendbar gemacht.

Äquidistante Bahn **offset path**
Bahnkurve mit konstantem Abstand zur programmierten Werkstückkontur.

Beispiel: Fräserradius-Kompensation, die von der CNC automatisch berechnet wird.

Arbeitsfeld-Begrenzung
working area limit
Programmierbare Begrenzung des zulässigen Arbeitsbereiches einer NC-Maschine durch Eingabe der unteren und oberen Limitwerte jeder Achse. Bei Eingabe von außerhalb liegenden Wegmaßen schaltet die Maschine ab.

➔ Software-Endschalter.

Arbiter, Arbitrierung
In der Digitaltechnik (CAN-Bus) eine Schaltung, die möglichst schnell entscheidet, welcher von 2 oder mehr asynchron zueinander arbeitenden Eingängen zuerst aktiv wurde.

ASCII **ASCII**
Abk. für „American Standard Code for Information Interchange".

Genormter Code zur Datenspeicherung und Datenübertragung. Zur Darstellung der Zeichen werden 7 Bit benutzt, das 8. Bit für die Geradzahligkeit der Bytes. Es sind max. 2^7 = 128 Zeichen codierbar.

ASCII-Tastatur **ASCII keybord**
Alphanumerische Tastatur für die Dateneingabe von Buchstaben, Ziffern, Zeichen und Hilfsbefehlen im ASCII-Format, wie bei Personal Computern und CNCs verwendet.

Assembler **assembler**
1. Rechnerabhängige Programmiersprache mit niedrigem Niveau
2. Übersetzungsprogramm, das ein in Assemblersprache geschriebenes Programm in Maschinenbefehle umsetzt.

ASIC
Abk. für: Anwendungsspezifische Integrierte Schaltung

Eine kundenspezifische elektronische Schaltung, die als IC-Baustein realisiert wird. ASICs werden nach Kundenspezifikation gefertigt und normalerweise nur an diesen Kunden geliefert.

Asynchronbetrieb **asynchronous mode**
Betrieb- oder Übertragungsart, die nicht zeitgebunden ist und unabhängig von anderen Abläufen arbeitet.

Asynchrone Achsen
asynchronous axis
Unabhängig von den Hauptachsen einer NC-Maschine programmierbare und gesteuerte Hilfsachsen, z. B. für einen Laderoboter.

Asynchronmotor **asynchronous motor**
Elektromotor für 3-Phasen-Drehstrom, dessen Rotor lastabhängig immer langsamer läuft (Schlupf) als das im Stator über die Wicklungen erzeugte Drehfeld.

Der Rotor des **Kurzschlussläufers** besteht aus an beiden Rotor-Enden kurzgeschlossenen Kupfer- oder Aluguss-Stäben (Käfiganker) und zählt zu den am weitesten verbreiteten Motortypen. Das Drehmoment entsteht durch die Induktionsströme, die das rotierende Drehfeld im Rotor erzeugt.

Bei **Schleifringläufern** ist der Rotor mit 3 Wicklungen ausgelegt, die über 3 Schleifringe und 3 Kohlebürsten angeschlossen sind, um bspw. „Schwerlastanlauf" über externe elektrische Widerstände zu ermöglichen.

Beide Motortypen können direkt am Drehstromnetz angeschlossen und eingeschaltet werden. Abhängig von der Statorwicklung (2-, 4-, 6- oder 8-polig) ist die Bemessungsdrehzahl (= Nenndrehzahl) 3.000, 1.500, 1.000 oder 750 1/min, abzüglich „Schlupf".

Im Normalbetrieb sind Asynchronmotoren nicht für die Drehzahlregelung ausgelegt und ungeeignet. Um trotzdem eine Drehzahlregelung zu ermöglichen, muss jedem Motor ein Frequenzumrichter vorgeschaltet werden.

In dieser Kombination werden Kurzschlussläufermotoren vorwiegend als **drehzahlgeregelte Hauptspindelantriebe** eingesetzt. Die Drehzahländerung erfolgt durch Änderung von Speisespannung und -frequenz. Heutige Asynchron-Servomotoren sind Spezialausführungen, die einen großen Regelbereich ermöglichen.

ATS AGV = automatic guided vehicle
Automatisches Transportsystem: Gleis- und fahrerloses Flurförderfahrzeug. Die Streckenführung erfolgt mittels verschiedener Techniken:

- **induktiv,** mit Drahtschleifen im Boden,
- **optisch,** mit Zeichnungen auf dem Boden,
- **lasergeführt,** mit Reflektoren in der Umgebung,
- **RFID,** mit Positionssensoren im Boden, oder
- **GPS**-satellitengestützt.

Auflösung resolution
Die physikalisch korrekte Bezeichnung ist Messschritt.

1) Das kleinste, durch ein Messsystem erfassbare Inkrement zur Unterscheidung zweier diskreter Positionen, bei NC-Maschinen meistens 0,001 mm.
2) Pixelabstand eines Bildschirms.

Automatikbetrieb automatic mode
NC-Betriebsart, bei der ein Teileprogramm ohne Unterbrechung abgearbeitet wird.

Automatisierung automation
Automatischer Ablauf von mehreren aufeinanderfolgenden Fertigungsvorgängen, sodass der Mensch von der Ausführung ständig wiederkehrender geistiger oder manueller Tätigkeiten und von der zeitlichen Bindung an den Maschinenrhythmus befreit wird. Im Gegensatz zur Mechanisierung, wo sich der gesamte Arbeitsablauf unverändert wiederholt, arbeitet eine automatisierte Anlage nach einem von außen vorgegebenen, veränderbaren Programm. Dabei wird der gesamte Ablauf überwacht und bei Abweichungen selbstregelnd (automatisch) korrigiert.

Automatisierungsgrad degree of automation
Verhältniszahl der automatisierten Arbeitsabläufe im Vergleich zu dem Gesamtumfang aller Arbeitsabläufe. Mit zunehmendem Automatisierungsgrad steigen die Kosten progressiv an und erhöhen damit die Fertigungskosten. Gleichzeitig erhöht sich jedoch die Ausbringung, was wiederum die Produktivität erhöht und damit die Produktionskosten senkt.

Bahnabweichung deviation
Bei NC-Maschinen die Abweichung der Istbahn von der programmierten Sollbahn, auch als dynamische Bahnabweichung bezeichnet. Diese wirkt sich auf die Konturgenauigkeit des Werkstückes aus und sollte deshalb durch Maßnahmen in der NC möglichst klein gehalten werden
(➔ VDI 3427, Blatt 1).

Bahnsteuerung **continuous path control contouring control**
Numerische Steuerung, mit der die Relativbewegung zwischen Werkzeug und Werkstück entlang einer programmierten Bahn kontinuierlich gesteuert wird. Dies geschieht durch die koordinierte, gleichzeitige Bewegung von zwei oder mehr Maschinenachsen. Dazu enthalten Bahnsteuerungen so genannte Interpolatoren, bei CNCs als Software. Diese berechnen nach Eingabe des Anfangs- und des Endpunktes eines definierten Bahnelements (Gerade, Kreis, Parabel o. a.) den exakten Bahnverlauf zwischen diesen Punkten.

Barcode **barcode**
Deutsch: Balken- oder Strichcode. Besteht aus einem Band von breiten und schmalen Strichen zur Darstellung alphanumerischer Zeichen. Es existieren mehrere unterschiedliche Codierungen, die visuell schwer zu entschlüsseln sind, deshalb werden meistens zusätzliche arabische Ziffern mitgedruckt. Verwendung zur Kennzeichnung und automatischen Erkennung von Werkzeugen und Werkstücken. Anstelle von Barcodes werden zunehmend **Data Matrix Codes** eingesetzt, da diese einen geringeren Platzbedarf haben (2 × 2 cm) und bis zu 200 Zeichen enthalten. Generell werden optisch lesbare Codiersysteme zunehmend durch Funkerkennung (RFID) ersetzt.

Basisband **baseband**
Der unmodulierte Frequenzbereich eines Signals, z. B. in einem LAN. Es ist nur ein Übertragungskanal vorhanden, der von den angeschlossenen Stationen nacheinander genutzt werden kann.

Alt.: Breitband

Baud **baud**
Begriff aus der Datenübertragung, mit dem die Schrittgeschwindigkeit der Übertragung definiert wird: 1 Baud entspricht 1 Symbol pro Sekunde. Wird oft mit der Datenübertragungsrate (Definition in Bit/s) verwechselt.

Baugruppenträger **cardrack**
Mechanische Aufnahme für mehrere, meist steckbare elektronische Baugruppen von Steuerungen.

BCD-Code **BCD-code**
Abk. für „Binary Coded Decimal Code“, d. h. binär codierter Dezimalcode.

Eine Methode zur Codierung von Dezimalzahlen durch mehrer Binärzahlen. Dabei wird jede Ziffer durch eine Binärzahl dargestellt.

Beispiel: 0001 0010 0011 0100 1000 1001 = 123.489

Der BCD-Code ermöglicht die einfache Darstellung jedes Zahlenwerts, da die Stellenzahl unbegrenzt und die Umsetzung sehr einfach ist.

BDE **manufacturing data collection**
Abk. für Betriebsdatenerfassung, wie z. B. Stückzahlen, Ausschuss, Eingriffe, Zeiten, Mitarbeiter usw. Dient der besseren Transparenz des Betriebsablaufes und zur schnellen Analyse von Schwachstellen.

➔ MDE/BDE.

Bearbeitungszentrum (BAZ) **machining center (MC)**
Bearbeitungszentren (BAZ), auch Fertigungszentren genannt, sind CNC-Werkzeugmaschinen, die für einen automatisierten Betrieb ausgerüstet sind. Zur Erweiterung der Automatisierungsfunktionen können weitere Peripheriegeräte vorgesehen sein, wie z. B. ein Werkzeugmagazin mit Werkzeugwechsler, Werkstückwechsler oder Palettenwechsler. Die Werkzeugwechselzeiten bzw. Span-zu-Span-Zeiten liegen bei modernen Bearbeitungszentren teilweise unter 3 Sekunden, was die Taktzeiten erheblich verkürzt.

Es handelt sich demnach um CNC-Maschinen mit hohem Automatisierungsgrad zur vollautomatischen Komplettbearbeitung von Bauteilen.

BAZ werden nach der Baurichtung der Hauptspindel (horizontale BAZ oder vertikale BAZ) unterschieden. Ein weiteres Unterscheidungskriterium ist die Anzahl der NC-Achsen.

Bearbeitungszentren können zur Erweiterung der Funktionalität mit dreh- und schwenkbaren Maschinentischen ausgerüstet sein, sodass eine oder zwei zusätzliche NC-Achsen zur Verfügung stehen. Auf neuesten Maschinen lassen sich auf drehbaren Tischen sogar anspruchsvolle Dreh-, Schleif- und Verzahnarbeiten ausführen.

Aufgrund der Wirtschaftlichkeit dieser Maschinenart wurden auch weitere Maschinentypen entsprechend aufgerüstet bzw. neu konzipiert, wie z. B. Drehzentren, Schleifzentren und Bearbeitungszentren mit Laserunterstützung. Ziel ist stets die vollautomatische, numerisch gesteuerte Bearbeitung der Teile ohne manuelle Eingriffe.

(Anm.: Es existiert keine genormte BAZ-Definition)

Betriebsprogramm **executive program**
Systemsoftware für eine CNC, in der die Leistungsfähigkeit der Steuerung und der spezielle Funktionsumfang für einen bestimmten Maschinentyp enthalten ist.

➔ Offene CNC.

Betriebssystem **operating system**
Software zur automatischen Steuerung und Überwachung von Programmabläufen in einem Rechner, z. B. UNIX, Windows, Linux.

Bezugsmaß **fixed zero dimension absolute dimension**
Auch Absolutmaß oder absoluter Koordinatenwert. Maßangaben, bezogen auf den Koordinaten-Nullpunkt.

Alt.: ➔ Kettenmaß, Relativmaß.

Big Data
Der aus dem englischen Sprachraum stammende Begriff Big Data bezeichnet Datenmengen, welche zu groß, zu komplex, zu schnelllebig oder zu schwach strukturiert sind, um sie mit manuellen und herkömmlichen Methoden der Datenverarbeitung auszuwerten.

Bildschirm
➔ Monitor.

Binär **binary**
Zwei einander ausschließende Zustände, z. B. ja/nein, richtig/falsch, ein/aus, 1/0. Diese sind sehr einfach digital darstellbar.

Binärcode **binary code**
Code, der für die Darstellung von Daten nur zwei unterschiedliche Elemente benutzt: 0 und 1. Besonders geeignet zur Darstellung von Daten, die in digitaler Form übertragen oder in Computern weiterverarbeitet werden sollen. Mit n Binärsignalen lassen sich 2^n Zustände definieren. Bestes Beispiel ist der Lochstreifen: Mit den 7 Spuren (die 8. Spur ist nur Prüf-Bit) lassen sich $2^7 = 128$ Zeichen darstellen.

➔ Dualsystem und BCD-Code.

Binärzahl **binary number**
Zahlensystem mit der Basis 2.

Die Dezimalzahl 51 ist in binärer Schreibweise 110011, d. h. $1 \times 2^5 + 1 \times 2^4 + 0 \times 2^3 + 0 \times 2^2 + 1 \times 2^1 + 1 \times 2^0 = 32+16+0+0+2+1 = 51$.

Bit **bit**
In der elektronischen Datenverarbeitung bezeichnet man die kleinstmögliche Speichereinheit als 1 Bit, d. h. Zustand 0 oder 1. **Übertragungsraten** werden in Bit/s angegeben.

Blindstrom **Reactive current**
Elektrischer Strom, der z. B. zur Magnetisierung von Wechselstrom-Motoren erforderlich ist, aber nicht zur Wellenleistung des Motors beiträgt. Blindstrom wird berechnet aus $I_{active} \cdot \sin\varphi$. Man unterscheidet **induktiven** (nacheilenden) und **kapazitiven** (voreilenden) Blindstrom.

Block **block**
Zusammengehörender Datensatz, in einem NC-Programm auch als Satz bezeichnet.

Bohrzyklen (G80 – G89) **drilling cycles**
Häufig wiederkehrende Arbeitsabläufe zum Bohren, Reiben, Senken, Gewindebohren usw. sind als Unterprogramme abgelegt und werden beim Aufruf (G81 - G89) mit Parameterwerten ergänzt (Referenzebene, Bohrtiefe). Danach wird an jeder X/Y-Position die entsprechende Bearbeitung ausgeführt.
➔ Zyklus.

Breitband-Übertragung **broadband transmission**
Kennzeichen eines Datennetzes, das über mehrere Frequenzbänder zur gleichzeitigen selektiven Datenübertragung zwischen mehreren Stationen verfügt. Bestes Beispiel: Kabelfernsehen.

Brücke **bridge**
Elektronisches Gerät, das zwei gleichartige Datennetze miteinander verbindet.
➔ LAN

BTR-Eingang **btr-input**
Abk. für „Behind Tape Reader Input". Dateneingang zur Dateneingabe in Steuerungen, die über keine DNC-Schnittstelle verfügen. Eine Datenausgabe ist nicht möglich.

Bus **bus**
Abk. für „Business line": Eine Gruppe von Leitungen, über die mehrere parallel angeschlossene Geräte bzw. Geräteeinheiten binäre Signale austauschen. Man unterscheidet zwischen Adressbus, Datenbus und Steuerbus.

Byte **byte**
Historisch gesehen ist **1 Byte** eine Gruppe von **8 Bits** zur Kodierung eines einzelnen Text- oder Ziffer-Schriftzeichens. Es ist daher das kleinste adressierbare Element in vielen Rechnerarchitekturen, das auch als Einheit gespeichert und verarbeitet wird. In NC-Programmen können mit 1 Byte (8 Bit) die Adressen (Buchstaben), Ziffern (0 - 9) und alle Hilfszeichen dargestellt werden.

CA ... **Computer Aided ...**
Abkürzung des englischen Begriffes „Computer unterstützte ..." mit den Ergänzungen
A für Assembling = Montage
D für Design = Konstruktion
E für Engineering = Ingenieurwesen
I für Inspection = eine neuartige Technik, um ein physikalisches Modell vollautomatisch mit dem 3D-CAD-Modell zu vergleichen.
M für Manufacturing = Fertigung
P für Planning = Planung, Fertigungsvorbereitung
Q für Quality Assurance = Qualitätssicherung
R für Research = die computergestützte Datenanalyse zur Unterstützung der Analyse von Forschungsdaten.
T für Testing = Prüfen

CAD/CAM
Rechnerunterstützte Konstruktion und Fertigung. Einbeziehung von CAD, CAP, und CAM über einheitliche Datenschnittstellen mit freiem Zugriff aller Bereiche eines Unternehmens auf die gemeinsame CAD-Datenbank. CAD/CAM nutzt die auf CAD-Systemen erstellten Werkstückdaten zur NC-Programmierung.

CAM **CAM**
Abk. für *Computer Aided Manufacturing,* d. h. „Rechnerunterstützte Fertigung"

Überbegriff für alle technischen und verwaltungstechnischen Aufgaben einer Fertigung mit Hilfe von Computern. In Verbindung mit der NC-Fertigung versteht man unter CAM insbesondere die computergestützte NC-Programmierung und Simulation des Programms.

CAN-Bus
Serielles Feldbus-System, als ISO 11898 international standardisiert. Man unterscheidet Highspeed-CAN und Lowspeed-CAN, die nicht zueinander kompatibel sind.

CANopen/DeviceNet
CANopen und DeviceNet sind auf CAN basierende Schicht-7-Kommunikationsprotokolle, welche hauptsächlich in der Automatisierungstechnik verwendet werden.

Das Verbreitungsgebiet von CANopen ist vorwiegend Europa. Es wurde von Deutschen klein- und mittelständischen Firmen initiiert und im Rahmen eines Esprit-Projektes unter Leitung von Bosch erarbeitet. Seit 1995 wird es von der CiA gepflegt und ist inzwischen als Europäische Norm EN 50325-4 standardisiert.

DeviceNet hingegen ist mehr in Amerika verbreitet.

CIM **CIM**
Abk. von „Computer Integrated Manufacturing“ = Computer-integrierte Fertigung. Informationsverbund von allen an der Produktion beteiligten Betriebsbereichen (CAD, CAP, CAM, CAQ, PPS) mit dem Ziel, auf Änderungen und Korrekturen flexibler reagieren zu können. Neben den technischen können auch die organisatorischen Funktionen in ein CIM-System mit eingebunden werden (Verkauf, Einkauf, Kalkulation usw.), um auch bei Angeboten, Terminaussagen und Preisgestaltung schneller zu werden.

CISC
Abk. für Complex Instruction Set Computer, ein Prozessor mit komplexem Befehlssatz.

CL-Data **CLDATA**
Abk. für „Cutter Line Data“, d. h. die bei maschineller Programmierung vom Rechner errechneten Zwischenergebnisse der Werkzeugbahn. Diese Daten werden erst durch den Postprozessor auf das Satzformat der jeweiligen NC-Maschine gebracht.

Closed Loop Betrieb **closed loop control**
Begriff aus der engl. Fachsprache. Deutsch: Geschlossener Regelkreis, d.h. der Messwert der Regelgröße wird zurückgeführt, von einem Vergleicher mit dem Sollwert verglichen und ständig so nachgeführt, dass die Differenz zwischen beiden Werten immer ausgeglichen ist.

Beispiele: Drehzahlregelung, Positionsregelung mittels Längenmaßstab.

CNC **CNC**
Abk. für „Computerized Numerical Control“. Numerische Steuerung, die einen oder mehrere Mikroprozessoren enthält. Äußere Kennzeichen sind der Bildschirm, die Tastatur und die Möglichkeit, Programme und Korrekturdaten zu speichern, korrigieren und automatisch ein-/auslesen zu können.

Da alle heutigen NC-Systeme mindestens einen Mikroprozessor enthalten, können die Begriffe NC und CNC als Synonyme betrachtet werden.

CNC-Kern **CNC core**
Ein **core** ist Teil einer CPU, der Instruktionen erhält und Berechnungen oder Aktionen ausführt. CNCs können eine oder mehrere Kerne enthalten. Ein Prozessor mit zwei Kernen wird als **dual-core Prozessor** bezeichnet.

Code, auch kodieren **code**
Vereinbarte Regeln, nach denen Daten aus einer Darstellung in eine andere umgesetzt werden. Eine kodierte Nachricht kann aus Daten oder einer Reihe von Ziffern, Zeichen, Buchstaben oder anderen Informationsträgern bestehen.

Bei NCs werden codierte Daten verwendet, um sie auf Datenträgern zu speichern und automatisch ein-/auslesen zu können. In der Kommunikationswissenschaft bezeichnet ein Code im weitesten Sinne auch eine Sprache.

Es gibt unterschiedliche Codes:

- Im Computer wird u. a. der ASCII *(American Standard Code for Information Inter-*

change) benutzt, um Buchstaben, Zahlen und Satzzeichen durch Bitfolgen darzustellen. Heute durch den Unicode erweitert auf fast alle Zeichensysteme der Welt.

- In der Computertechnik gibt es den so genannten Maschinencode. Dabei handelt es sich um einen Binärcode, der Instruktionen und Daten für den Prozessor enthält.
- In der Datenübertragung benutzt man Leitungscodes
- Beim Programmieren kodiert man Algorithmen als Quellcode

Codeprüfung **code checking**

Kontrollfunktion der NC oder des Programmiersystems, um falsche Zeichen bei der Datenübertragung zu erkennen. Dazu werden z.B. die Geradzahligkeit der Bytes beim ISO-Code (Parity Check) und der Sinngehalt auf eine nach Programmiervorschrift erlaubte Information geprüft. Wertmäßig falsche Informationen werden hierbei nicht erkannt.

Codieren **encoding**

Allgemein: Verschlüsseln von Informationen unter Beachtung vorgegebener Regeln.

Bei NC: Übertragung der Steuerdaten in maschinell lesbare Codezeichen und deren Speicherung auf Datenträgern.

Codierte Drehgeber **rotary encoder shaft encoder**

Messgerät, das die Winkelpositionen der Geberwelle in codierte, digitale Daten umsetzt. Dies geschieht mittels einer codierten Scheibe, die in eine bestimmte Anzahl diskreter Positionen unterteilt ist. Deren Abtastung erfolgt durch Fotozellen, wobei jeder Spur der Codescheibe eine eigene Messzelle zugeordnet ist. Die Positionswerte werden als Binärcode ausgegeben, wobei sich der Gray-Code am besten eignet.

Code-Umsetzer **code converter**

Dieser setzt digitale Eingangssignale eines Codes in digitale Signale eines anderen Codes um, wie z.B. den Binärcode in BCD-Code.

Compiler
(auch **Kompilierer)** **compiler**

Deutsch: Übersetzer. Ein Übersetzungsprogramm, das ein in einer höheren Programmiersprache geschriebenes Programm in den Maschinencode eines bestimmten Rechners übersetzt.

Computer **computer**

Programmgesteuerte, elektronisch arbeitende Rechenmaschinen zur Lösung mathematisch definierter Aufgaben.

Concurrent Engineering, CE

Gleichzeitige Entwicklung mehrerer Baugruppen eines Produktes an unterschiedlichen Standorten, vorzugsweise unter Verwendung eines einheitlichen CAD-Systems.

Cpk und Ppk **Potenzielle Prozessfähigkeit (potential capability, Cp)**

Unter der **Prozessfähigkeit** versteht man, wie gut ein Prozess bzw. dessen Ergebnis (Output) mit der Anforderung (Kundenwunsch) übereinstimmt. Mit Hilfe des Prozessfähigkeits-Index kann

- die Leistungsfähigkeit eines Prozesses eindeutig beschrieben werden,
- mehrere Prozesse mit dem gleichen Output einfach miteinander verglichen werden und
- Verbesserungen von Prozessen aufgezeigt werden.

Der cpk-Wert ist die wichtigste Kenngröße zur Beschreibung der Fähigkeit von Prozessen. Er enthält Information sowohl über Streubreite als auch relative Lage bezüglich der Toleranzgrenze(n). Ein einzelner cpk Wert bezieht sich immer auf ein einzelnes Maß. cpk-Werte geben Aufschluss darüber, ob eine statistische Prozesslenkung *(SPC)* anwendbar ist oder nicht.

CPU **cpu**
Abk. für „Central Processing Unit“, d. h. Zentraleinheit eines Rechners, bestehend aus Rechenwerk, Steuerwerk und Registern.

CSMA/CD
Carrier Sense Multiple Access with Collision Detection
Zugangsverfahren für Übertragungsmedium (Bus). Durch Abhören des Übertragungsmediums prüft eine sendewillige Station, ob das Netz frei ist.

Cursor **cursor**
Beweglicher elektronischer Zeiger (Leuchtmarke) auf dem Bildschirm, meist als blinkender Punkt, Kreis oder Fadenkreuz dargestellt. Er dient der Orientierung des Bedieners, um gezielt Eingaben oder Veränderungen an einer bestimmten Stelle der bereits gespeicherten Daten vornehmen zu können.

Datei **file**
Definierter Speicherbereich im Rechner oder in der CNC, in dem bestimmte Daten für eine Wiederverwendung abgelegt sind, wie z. B. Werkzeug-Datei, Material-Datei, Schnittwert-Datei, Freistich-Datei.

Daten **data, informations**
Vorwiegend zur maschinellen Weiterverarbeitung vorgesehene Zahlenwerte.
➔ Informationen.

Datenbanken **data base**
In einem Rechner gespeicherte Daten, die von verschiedenen Quellen eingebracht wurden, nach unterschiedlichen Kriterien sortierbar sind und auf die mehrere Benutzer zugreifen können.

Datenschnittstelle **data interface**
Verbindungsstelle zwischen CNC und äußeren Systemen zur automatischen Übertragung von Daten und Steuerinformationen.
Beispiele: DNC-Schnittstelle, Antriebsschnittstelle, Rechnerschnittstelle.
➔ Schnittstelle.

Datenspeicher **data memory**
Medium zum geordneten Ablegen und Speichern von Daten, um zu einem späteren Zeitpunkt wieder darauf zurückgreifen zu können.

Datenträger **data carrier**
data storage medium
Transportable Datenspeicher, auf denen Daten zwecks späterer Wiederverwendung gespeichert, transportiert und automatisch gelesen werden können. Heute fast ausschließlich elektronische Speichermedien, wie CDROM, DVD, USB-Stick, Speicherkarten.

Datenverarbeitung **data processing**
Durchführung von Rechnungen oder anderen logischen Operationen nach bestimmten Regeln, um dadurch neue Informationen zu gewinnen, sie in eine bestimmte Form zu bringen oder um Geräte damit zu steuern, wie z. B. NC-Maschinen.

Dedicated Computer
dedicated computer
Zweckbestimmter Rechner, der ausschließlich für eine bestimmte Aufgabe verwendet wird, wie z. B. ein DNC-Rechner für eine begrenzte Maschinengruppe, oder ein CAD-Rechner als Arbeitsplatz nur für die mechanische Konstruktion von Maschinenteilen.

Dekade **decade**
Gruppe von 10 Einheiten, oder auch der Abstand zweier Ziffern mit einem Verhältnis von 1 : 10.

Dezimalpunkt-Programmierung
decimal point programming
Programmierung und Eingabe der Wegmaße unter Verwendung des Dezimalpunktes anstelle vorlaufender oder nachlaufender Nullen.

Beispiele:
417 anstatt 417000 mit nachlaufenden Nullen.
.75 anstatt 750 mit nachlaufenden Nullen
.001 anstatt 000001 mit vorlaufenden Nullen

Dezimalsystem **decimal system**
Auf der Basis 10 beruhendes dekadisches Zahlensystem. Es verwendet die Ziffern 0 bis 9, wobei die Stellenwertigkeit benachbarter Ziffern ganzzahlige Potenzen von 10 sind.

Diagnose **diagnosis**
Spezieller Funktionsumfang von Computern oder CNCs, um mit Hilfe des Bildschirmes Fehlerquellen zu lokalisieren. Dazu zählen bei CNCs beispielsweise die Softwarefunktionen Logic Analyzer, SPS-Monitor, Mehrkanal-Speicheroszilloskop, Logbuch, grafische Messwertdarstellung u. v. a.

Dialogbetrieb **dialog mode**
Methode zur Dateneingabe, bei der der Bediener über Bildschirm-Masken „geführt" wird. Dadurch werden Eingabefehler vermieden und die Eingabe erleichtert.

Digital **digital, numeric**
Zahlenmäßig, ziffernmäßig, d. h. mit diskreten Zahlenwerten oder Signalen arbeitende Informationsdarstellung.

Digital-Analog-Umsetzer
digital-analog converter
Meist elektronisch arbeitende Einheit, die digitale Eingangssignale in analoge Ausgangssignale umsetzt.

Digitale Anzeige **digital readout**
numerical display
Direkt als Dezimalzahlen angezeigte Werte, bei NCs z. B. die Achsen-Position in mm oder inch, den Vorschub in mm/min oder die Drehzahl in Umdrehungen pro Minute.

Digitales Messsystem
digital measuring system
Weg- oder Positionsmesssystem, das mit diskreten Einzelschritten entweder den zurückgelegten Weg (inkremental) misst oder die jeweilige Position (absolut) erfasst.

Digitalisieren **digitizing**
Erfassen eines körperlichen Modells oder eines mathematisch nicht definierbaren Kurvenzuges einer Zeichnung als einzelne, aufeinanderfolgende Koordinatenwerte.

Digitalisierung **digitizing**
Die Digitalisierung findet heute in allen Bereichen statt. Sie hat den Zweck, Informationen digital zu speichern und für die elektronische Datenverarbeitung verfügbar zu machen. In der Technik dient sie vor allem der Automatisierung durch computergestützte Systeme. Es werden auch analog verfügbare Werte oder körperlich Modelle digitalisiert.

Direct Metal Laser Sintering (DMLS)
auch bekannt als
Selective Laser Melting (SLM),
Direct Metal Laser Sintering (DMLS) oder
Laser Powder Bed Fusion (LPBF)
Eine additive Fertigungstechnik für Metallteile. Das Metallpulver wird schichtweise mittels eines hoch-energetischen Laserstrahls zu einem stabilen dreidimensionalen Teil verschmolzen. Die Teile können aus pulverisiertem Material hergestellt werden, wie z. B. Aluminium, rostfreiem Stahl oder Titanium. Die fertigen Teile verfügen über eine stabile Struktur mit sehr guter Oberfläche.
(Quelle: *Stratasys direct manufacturing*).

Direkte Wegmessung
direct measurement
Allgemeiner Sprachgebrauch für lineare Wegmesssysteme bei NC-Maschinen, um die Bewegung des Maschinenschlittens direkt zu messen, d. h. ohne Umwandlung in eine rotatorische Bewegung zur Weg-

messung über Drehgeber. Dadurch wird die Messgenauigkeit nicht durch Ungenauigkeiten der Spindel, einer Messzahnstange oder eines Messgetriebes beeinträchtigt.

DNC **DNC**

Abk. für „Direct Numerical Control" bzw. „Distributed Numerical Control". Ein System, bei dem ein oder mehrere Rechner alle NC-Programme speichert, verwaltet und auf Abruf per Kabel- oder Netzwerkanschluss (LAN) zu den angeschlossenen NC-Maschinen überträgt. Dazu benötigen die Steuerungen eine DNC- oder LAN-Schnittstelle (z. B. Ethernet) für bidirektionalen Datenaustausch.

DRAM **DRAM**

Abk. für „Dynamic Random Access Memory".

Dynamischer Schreib-Lese-Speicher, dessen gespeicherte Informationen periodisch aufgefrischt werden müssen, damit sie nicht verloren gehen.

Drehfräsen

Wirtschaftliche Alternative beim Drehbearbeiten großer Werkstücke durch Einsatz rotierender Werkzeuge. Dabei unterscheidet man zwischen dem achsparallelen und dem orthogonalen Drehfräsen.

Nicht zu verwechseln mit Drehmaschinen, mit denen auch gefräst werden kann, oder Fräsmaschinen, mit denen auch gedreht werden kann! (Dreh-Fräszentren)

Dreh-Fräsmaschine und Fräs-Drehmaschine

➔ Multi-Tasking Maschinen

Drehgeber **rotary position transducer**

Bezeichnung für rotatorische Messwertgeber, z. B. zur Positionsmessung von NC-Achsen.

Drehtisch (nicht Rundtisch) **rotary table**

Drehbarer Aufspann- bzw. Arbeitstisch, um kubische Werkstücke von mehreren Seiten bearbeiten zu können. Bei Bearbeitungszentren **B'**-Achse, d. h. Drehung um die Y-Achse.

➔ Schwenktisch

Drehzentrum **turning center**

NC-Drehmaschine, bei der durch automatischen Werkzeugwechsel und andere Zusatzeinrichtungen erweiterte Bearbeitungsmöglichkeiten gegeben sind, wie außermittig Bohren und Fräsen, Teil umspannen, Flächen fräsen und evtl. sogar Schleifen, Messen und Härten.

Dualsystem **dual system**

Zahlensystem mit der Grundzahl 2, d. h. alle Zahlen sind als Potenzen von 2 dargestellt: z. B.

$77 = 2^6 + 2^3 + 2^2 + 2^0 = 64 + 8 + 4 + 1.$

Die binäre Darstellung lautet:

1001101 = 77, d. h.

$\mathbf{1} \times 2^6 + \mathbf{0} \times 2^5 + \mathbf{0} \times 2^4 + \mathbf{1} \times 2^3 + \mathbf{1} \times 2^2 + \mathbf{0} \times 2^1 + \mathbf{1} \times 2^0.$

➔ Binär, BCD.

Duplexbetrieb **duplex mode**

Gleichzeitige Datenübertragung in zwei Richtungen.

Echtzeitverarbeitung

real time processing

on-line processing

Rechner-Betriebsart, bei der die errechneten Daten sofort weiterverarbeitet werden, z. B. für einen zu steuernden Prozess, eine NC-Maschine oder eine Simulation.

Eckenbremsen **corner-deceleration**

Um beim Fräsen von Innenecken eine Überlastung des Fräsers zu verhindern, wird durch eine G-Funktion der Vorschub automatisch auf vorher programmierte Werte reduziert und nach Verlassen der Ecke wieder auf 100 % gesetzt.

Eckenrunden **a) undershoot**
b) corner rounding

a) Unterwünschtes Abrunden von Ecken und anderen unsteten Übergängen am Werkstück durch das Werkzeug, verursacht durch den Nachlauf (Schleppabstand) der NC-Achsen. Vermeidung durch Programmieren von „Genau-Halt" (G60, G61), hohen k_V-Faktor oder Eckenbremsen.
b) Automatisches Einfügen von Übergangsradien an unsteten Übergängen, um abgerundete Übergänge zu erzielen.

Editing **program edit**
Deutsch: Korrigieren. Programmkorrektur durch Einfügen, Löschen oder Ändern von Zeichen, Wörtern oder Sätzen im NC-Programm.

EIA-Code
Von der US Electronic Industries Association genormter 8-Spur-Lochstreifencode für NC-Maschinen. Der EIA 358 B entspricht dem ISO-Code, wobei die Anzahl der Löcher für jedes Zeichen geradzahlig ist.

EIA-232C, RS-232C
Genormte Schnittstelle für die serielle Datenübertragung, bei NC ursprünglich als DNC-Interface benutzt. Wird aufgrund ihrer meist nicht ausreichenden Übertragungsgeschwindigkeit durch schnellere Schnittstellen ersetzt, wie EIA-422, -423 und -449 oder LAN-Schnittstelle (Ethernet).

Einzelsatzbetrieb **single block mode**
Betriebsart einer NC, bei der die Ausführung jedes Satzes vom Bediener einzeln gestartet werden muss.

Elektronenstrahl-Schmelzen
Electron-beam melting (EBM)
Eine additive Fertigungstechnik für Metallteile. Das Ausgangsmaterial Metallpulver wird unter Vakuum mittels eines Elektronenstrahls erhitzt und schichtweise zusammengeschmolzen.

HINWEIS: Diese Technik unterscheidet sich vom Direct Metal Laser Sintering (DMLS)

Elektronisches Handrad
electronic handwheel
Elektronischer Ersatz für die fehlenden mechanischen Handräder an NC-Maschinen. Im NC-Bedienfeld oder an der Maschine eingebautes, kleines Handrad, mit dem in der Betriebsart „EINRICHTEN" eine manuelle Verstellung jeder Achse möglich ist. Die Feinheit der Verstellbewegung ist meistens umschaltbar.

Energieeffizienz **energy efficiency**
Bezogen auf Werkzeugmaschinen und Peripherie: Reduzierung des Energieverbrauchs (Strom für Antriebe, Hydraulik, Pneumatik, Werkzeuge, Späneentsorgung) bei der Bearbeitung, Lagerung und Transport der Werkstücke. Aktuelle CNCs verfügen dazu über spezielle Programme zur Messung, Aufzeichnung, Analyse und Reduzierung des Energieverbrauchs der jeweiligen Maschine.

EPROM, EEPROM/FEPROM
Elektronischer Speicherbaustein, dessen Inhalt mittels UV-Licht oder elektrischer Impulse (FEPROM) gelöscht und neu programmiert werden kann.

ERP
Das ERP-System (Enterprise-Resource-Planning-System) steuert und unterstützt alle Geschäftsprozesse des Unternehmens (Materialwirtschaft, Produktion, Rechnungswesen usw.). Dazu gehören auch die Bereitstellung von Rohmaterial, Verbrauchsmaterial und Werkzeugen.

Erweiterte Einrichtfunktionen
additional machine setup functions
Das Einrichten der Maschine bzw. des Werkstücks wird durch zusätzliche Messfunktionen und Anzeigen der CNC erleichtert.

Ethernet
Ethernet ist eine Familie von Netzwerktechniken, die vorwiegend in lokalen Netzwerken (LAN), aber auch zum Verbinden großer Netzwerke zum Einsatz kommt (WAN). Für Ethernet gibt es eine Vielzahl an Standards, für die das Institute of Electrical and Electronics Engineers (IEEE) verantwortlich ist. Seit der Einrichtung einer Arbeitsgruppe für den Standard eines lokalen Netzwerks ist der Name „Ethernet“ das Synonym für alle unter der Arbeitsgruppe 802.3 vorgeschlagenen und standardisierten Spezifikationen.

Expertensystem **expert system**
Ein wissensbasiertes Rechnerprogramm, das sich zur Lösung von Problemen innerhalb eines begrenzten technischen Bereiches auf gemachte Erfahrungen und vorhandenes Wissen stützt, aber auch über die Regeln der notwendigen Methodik und Vorgehensweise verfügt.

Externer Speicher **external memory**
Datenspeicher außerhalb der Zentraleinheit eines Computers (Speichererweiterung), meistens als Massenspeicher ausgelegt (Festplatte, Band, Memory Card, Flash Memory).

Feature **feature**
in technischen Beschreibungen ein oft verwendeter Begriff, der die Bedeutung von Leistungsmerkmal oder schlicht Merkmal oder Eigenschaft hat.

Feature-orientierte Programmierung
Beschleunigt und vereinfacht die NC-Programmierung durch automatische Kombination mehrerer wiederkehrender Abläufe.

Beispiele: Bohrungen mit Nacharbeit; Taschenfräsen; Nutenfräsen.

Verändern sich die Geometrien eines Features, dann werden diese automatisch im NC-Programm angepasst.

Feldbus **fieldbus**
Weltweit standardisierte (IEC 61158), industrielle Kommunikationssysteme, die viele „Feldgeräte“ wie Messfühler, Stellglieder und Antriebe (Aktoren) mit einem Steuergerät verbinden. Feldbussysteme wurden entwickelt, um die aufwändige Parallelverdrahtung binärer Signale sowie die analoge Signalübertragung durch digitale Übertragungstechnik zu ersetzen. Es sind mehrere Feldbussysteme mit unterschiedlichen Eigenschaften verfügbar: Bitbus, Profibus, Interbus, ControlNet, CAN und zunehmend auch Industrial Ethernet.

Festplatte **harddisk**
Verkapseltes, magnetisches System zur Datenspeicherung, mit wesentlich höherer Speicherkapazität als Disketten. Im Gegensatz zu den Diskettenlaufwerken kann die Festplatte nicht aus dem Laufwerk entnommen und ausgetauscht werden.

Firmware **firmware**
Software, die vom Hersteller elektronischer Geräte in einem programmierbaren Chip, meistens einem Flash-Speicher, EPROM oder EEPROM, unveränderbar gespeichert ist. Der Hersteller möchte dadurch Manipulationen durch Dritte unterbinden.

Flexible Fertigungsinsel
flexible manufacturing island
Ein abgegrenzter Werkstattbereich mit mehreren Maschinen und Einrichtungen, um an einer begrenzten Auswahl von Werkstücken alle erforderlichen Arbeiten durchführen zu können. Die dort beschäftigten Menschen planen, entscheiden und kontrollieren die durchzuführenden Arbeiten selbst.

Flexibles Fertigungssystem = FFS
flexible manufacturing system = FMS
Gruppierung mehrerer Bearbeitungszentren bzw. Flexibler Fertigungszellen, die eine vollautomatische Komplettbearbeitung von Teilefamilien in beliebigen Losgrößen,

beliebiger Reihenfolge und ohne manuelle Eingriffe ermöglichen, da sie über ein gemeinsames, automatisches Werkstücktransport- und -wechselsystem verknüpft sind. In der Regel ist das gesamte System an einen Leitrechner angeschlossen.

Flexible Fertigungszelle **flexible manufacturing cell**
Hoch automatisierte, autonome Produktionseinheit, bestehend aus einer NC-Maschine mit Werkzeug- und Werkstück-Wechseleinrichtung, zusätzlichen Überwachungseinrichtungen und DNC-Anschluss.

Flurförderzeug **automatic guided vehicle**
Schienen- und fahrerlose, computergesteuerte Transportfahrzeuge für den Transport von Werkstücken und Werkzeugen.

Flüchtiger Speicher **volatile memory**
Datenspeicher, der bei Ausfall der Versorgungsspannung seinen Inhalt verliert.

Beispiel: RAM.

Fräserradius-Korrektur **cutter radius compensation**
Möglichkeit der CNC, die Durchmesserabweichungen von Fräswerkzeugen beim Bahnfräsen zu kompensieren. Mit den Funktionen G41 = Fräser links und G42 = Fräser rechts der Kontur verrechnet die NC den Inhalt des Korrekturspeichers beim Verfahren des Werkzeuges.

Die NC berechnet für jeden Fräserdurchmesser die äquidistante Mittelpunktsbahn zur Werkstückkontur sowie Schnittpunkte und Übergangsradien an Ecken.

Frame **frame**
Gebräuchlicher Begriff für eine Rechenvorschrift, wie z. B. Koordinaten-Translation oder -Rotation.

Freiformfläche **sculptured surface**
Komplexe, meist mehrfach gekrümmte Fläche, die sich nicht durch einfache geometrische Grundformen wie Gerade, Kreis und Kegelschnitt mathematisch definieren lässt.

Frequenzumrichter (FU) **frequency controller**
Prozessorgesteuerter Drehzahl- und Positionsregler mit Verstärker zur Drehzahlregelung von **Synchron-Motoren** für Servo- und Hauptspindelantriebe. Dazu ist ein elektronischer **Lagegeber** des Rotors erforderlich, der die **Winkellage** des permanent erregten Rotors an das Regelgerät zurückmeldet und damit die Fortschaltung des Drehfeldes steuert. Zur vereinfachten Drehzahlregelung von **Asynchronmotoren** ist an Stelle des Lagegebers oft ein Drehzahlgeber ausreichend.

Bremsenergie liefert der FU zurück ins Netz.

Funk-Erkennung **Radio Frequency Identification (RFID)**
ist eine Methode, um Daten auf einem „Transponder", dem Datenspeicher, berührungslos und ohne Sichtkontakt lesen und speichern zu können. Dieser Transponder kann an Objekten angebracht werden, welche dann anhand der darauf gespeicherten Daten automatisch und schnell identifiziert werden können.

RFID wird als Oberbegriff für die komplette technische Infrastruktur verwendet. Ein RFID-System umfasst

- den Transponder (auch RFID-Etikett, -Chip, -Tag, -Label oder Funketikett genannt),
- die Sende-Empfangs-Einheit (auch Reader genannt) und,
- die Integration mit Servern, Diensten und sonstigen Systemen wie z. B. Kassensystemen oder Warenwirtschaftssystemen.

Die Datenübertragung zwischen Transponder und Lese-Empfangs-Einheit findet dabei mittels elektromagnetischer Wellen statt. Bei niedrigen Frequenzen geschieht dies induktiv über ein Nahfeld, bei höheren über ein elektromagnetisches Fernfeld. Die Entfernung, über die ein RFID-Transponder ausgelesen werden kann, schwankt je nach Ausführung (passiv/aktiv), benutztem Frequenzband, Sendeleistung und Umwelteinflüssen zwischen wenigen Zentimetern und mehr als einem Kilometer.

(aus Wikipedia)

Fused Depositing Modeling **FDM**
RPD (Rapid Prototyping)-Verfahren zur schichtweisen Herstellung von Präzisions-Kunststoffteilen.

Fuzzy Logic **fuzzy logic**
Deutsch: Unscharfe Logik. Wird beispielsweise verwendet, um programmierte Bearbeitungsabläufe ohne großen steuerungstechnischen Aufwand innerhalb möglicher Grenzen zu optimieren oder zu korrigieren. Anwendungsbeispiel: Drahterodieren, Senkerodieren.

Gantry-Type-Maschine **gantry type machine**
Portalmaschine mit verfahrbarem Portal. Einsatz hauptsächlich in der Flugzeugindustrie, um mehrspindlig mehrere flache und lange Bauteile parallel zu bearbeiten. Vorteil: Im Vergleich zu Tischfräsmaschinen geringere Aufstellfläche.

G-Funktionen **G functions**
Auch Wegbedingungen. Vorbereitende Steuerbefehle für NC-Maschinen, die z. B. festlegen, wie der programmierte Endpunkt angefahren werden soll: auf einer Geraden, einer Kreisbahn links- oder rechtsdrehend, oder in Kombination mit einem bestimmten Zyklus (G80 - G89).

Gateway
Deutsch: Brücke. Elektronische Einrichtung, meistens ein Rechner, um zwei ungleiche Datennetze mit unterschiedlichen Protokollen miteinander zu verbinden.

Geber, Messgeber **encoder**
➔ Messwertgeber

Genauigkeit **accuracy, precision**
Bei NC-Maschinen unterscheidet man zwischen statischer und dynamischer Genauigkeit.

Unter statischer Genauigkeit versteht man die absolute und die wiederholbare Positionsgenauigkeit. Sie wird von systematischen und zufälligen Fehlern beeinflusst. ➔ VDI/DGQ 3441.

Die Angaben zur dynamischen Genauigkeit berücksichtigen die durch Vorschubgeschwindigkeit und Beschleunigung entstehenden Ungenauigkeiten. ➔ VDI 3427.

Die am Werkstück erreichbare Genauigkeit ist immer niediger als die Maschinengenauigkeit, da sie noch durch andere Faktoren beeinflusst wird, wie z. B. Steifigkeit von Maschine und Spannvorrichtung, thermische Einflüsse, Werkzeugabnutzung, Werkstückgewicht und Bearbeitungsvorgang.

Generative bzw. Additive Fertigungsverfahren **additiv manufacturing process**
Übergeordnete Bezeichnung für die bisher als Rapid Prototyping, Rapid Tooling und Rapid Manufacturing bezeichneten Verfahren zur schnellen und kostengünstigen Fertigung von Modellen, Mustern, Prototypen, Werkzeugen und Endprodukten. Diese Fertigung erfolgt schichtweise auf der Basis der CAD-internen Datenmodelle aus formlosen (Flüssigkeiten, Pulver u. a.) oder formneutralen Material (Band-, Draht, Papier oder Folie) mittels chemischer und/ oder physikalischer Prozesse.

Zu diesen Verfahren zählen ➔ Stereolithografie, ➔ selektives Lasersintern, ➔ Fused Deposition Modelling, das Laminated Object Modelling und das 3D-Printing. Sie sind ökonomisch einsetzbar bei der Fertigung von Teilen mit einer hohen geometrischen Komplexität.

➔ Kap. Additive Fertigungsverfahren

Geschlossener Regelkreis **closed loop system**

Definiton nach DIN 19226: „Im Regelkreis wirkt die zu regelnde Größe über das Ergebnis des Vergleiches mit dem vorgegebenen Wert im Sinne einer Gegenkopplung wieder auf sich selbst zurück."

NC-Maschinen haben mehrere Regelkreise, wie z. B. für die Spindeldrehzahl, die Vorschubgeschwindigkeit und für die Achs-Position.

Gewindefräsen **thread milling**

➔ Schraubenlinien-Interpolation.

Grafik **graphic**

Verwendung des Bildschirmes einer CNC oder eines Programmiersystems für mehrfache, grafische Darstellungen, wie z. B. Eingabe-Grafik zum Programmieren mit Anzeige der WSt-Kontur, Simulationsgrafik zum Testen des erzeugten Programmablaufes mit dynamischer Darstellung der Werkzeugwege, Hilfsgrafik zur schnellen Information des Bedieners/Programmierers bei auftretenden Problemen, Diagnose-Grafik zur Fehlersuche u. a. m.

Gravurzyklen **engraving cycles**

Programmierung von beliebigen Texten zu Werkstück-Gravuren direkt an der Maschine, bspw. Datum, Uhrzeit, Stückzahl oder Seriennummern. Diese werden mit Laserstrahl oder speziellem Fräser auf das Werkstück übertragen.

Großrechner **mainframe computer**

Rechner mit hoher Rechenkapazität, großer Byte-Breite und sehr schnellem, simultanem Rechenbetrieb. Meist der Zentralrechner einer Firma, an den in den einzelnen Abteilungen mehrere Terminals oder separate Rechner angeschlossen sind.

Group Technology

➔ Teilefamilien.

Halbleiter-Bauelemente **semiconductor components**

Elektronische Schaltelemente, mit denen sich aufgrund ihrer besonderen Eigenschaft elektrische Ströme auslösen, erzeugen, gleichrichten, schalten und steuern lassen. Beispiele: Photowiderstände, Dioden, Transistoren, Mikroprozessoren, RAM, ROM, etc.

Handeingabe-Steuerung **manual data input control**

CNC mit integriertem Programmiersystem, sodass die Programmierung kompletter Bearbeitungsabläufe direkt an der Maschine erfolgen kann.

➔ Dialogbetrieb.

Handhabungsgerät **handling unit**

Andere Bezeichnung für einen Roboter zum Beladen/Entladen einer Maschine, zum Werkzeugwechsel oder zum Montieren von Teilen.

Handshake

Deutsch: Quittungsbetrieb. Ein Verfahren bei der Datenübertragung, um die Übertragung zu koordinieren und Übertragungsfehler auszuschließen. Die Übertragung der einzelnen Datenblöcke erfolgt nur dann, wenn vom Empfänger der fehlerfreie Empfang des vorhergehenden Blocks quittiert wurde.

Hardware

alle Geräte und Bauteile eines Rechners oder einer Steuerung, aus denen eine solche Anlage besteht.

Alt.: Software.

Hardwired NC

Deutsch: Festverdrahtete numerische Steuerung (NC). Alle Funktionen und Befehle werden in fest miteinander verdrahteten Schaltkreisen und Bauteilen verarbeitet. Systemänderungen sind nur durch Verdrahtungsänderungen und evtl. Austauschen von Baugruppen möglich.

Alt.: Softwired NC = CNC.

Hauptzeit **machining time, cutting time, production time**

Bei Werkzeugmaschinen: Summe aller Bearbeitungszeiten die im Vorschub gefahren werden.

Hertz **Kilo-/Mega-/Gigahertz**

Kurzzeichen Hz, KHz, MHz, GHz. SI-Einheit für die Frequenz, d. h. „Anzahl der Schwingungen pro Sekunde".

1 kHz = 10^3 Hz, 1 MHz = 10^6 Hz, 1 GHz = 10^9 Hz

Hexadezimal **hexadecimal**

Zahlensystem mit der Basis 16, d.h. mit 16 Ziffern. Vorwiegend von Computern verwendet. Für die ersten 10 Ziffern werden 0 bis 9 verwendet, für die restlichen 6 Ziffern die ersten 6 Großbuchstaben des lateinischen Alphabetes (A bis F).

Dezimal	Binär	Hexadezimal
0	0000	0
1	0001	1
3	0011	3
7	0111	7
9	1001	9
10	1010	A
11	1011	B
12	1100	C
13	1101	D
14	1110	E
15	1111	F

Hexapode **hexapod**

Deutsch: Sechsfüßler. Kinematische Struktur einer Maschine oder eines Roboters, dadurch gekennzeichnet, dass die linearen und rotativen räumlichen Bewegungen einer Plattform durch sechs in ihrer Länge verstellbare „Streben" (Achsen) erfolgt. Dadurch werden sechs Freiheitsgrade erreicht. Jede Position entspricht einer definierten Kombination der sechs „Achsen". Durch simultane Steuerung aller sechs Streben ergeben sich beliebige räumliche Bewegungsabläufe der Plattform bzw. der daran befestigten Spindel + Werkzeug. Der Arbeitsraum ist nicht kubisch, sondern mehr halbkugelförmig.

high tech **high tech**

Abk. für high technology = Hochtechnologie.

Der nach neuesten Ergebnissen von Forschung und Entwicklung realisierte Stand der Technik, der in absehbarer Zeit aufgrund weiterer Entwicklungen überholt sein wird und dann zum normalen/alltäglichen Stand der Technik zählt.

Beispiel: Mikroprozessor, Bussysteme, CD, Datenspeicher.

Hilfsfunktionen **auxiliary functions miscellaneous functions**

Unter der Adresse M programmierbare Befehle zur Steuerung von Schaltfunktionen der NC-Maschine, wie z. B. Spindel EIN, Kühlmittel AUS, Werkzeugwechsel, Werkstückwechsel oder Programmende.

HMI oder MMI

Die Mensch-Maschine-Schnittstelle (MMS), das Human Machine Interface (HMI) oder auch Man Machine Interface (MMI) ist die Benutzerschnittstelle. Man findet sie überall dort, wo ein Menü auf einem Display dargestellt wird, wodurch ein Dialog zwischen Mensch und Maschine erfolgt, der eine Interaktion bewirkt.

HSC-Maschine

Abk. für „High Speed Cutting-Maschine", d. h. Hochgeschwindigkeits-Fräsmaschine mit extrem hohen Drehzahlen (bis 100 000/min) und Vorschüben (bis 60 m/min). Dabei werden besonders hohe Anforderungen an Maschine und NC gestellt, wie hohe Steifigkeit, geringe Masse, kurze Blockzykluszeit, Nachlauf Null, Look-Ahead usw.

Hub

(deutsch: Knotenpunkt). In der Telekommunikation eingesetzte Geräte, die z. B. mehrere Computer sternförmig verbinden;

auch als Bezeichnung für *Multiport-Repeater* gebraucht. Diese werden verwendet, um Netz-Knoten oder auch weitere Hubs, z. B. durch ein Ethernet, miteinander zu verbinden.

Hybrid-CNC-Maschinen **hybrid machine tools**
➔ Multitasking-Maschinen

IGES
Abk. für „Initial Graphics Exchange Specification". Ein herstellerunabhängiges, genormtes Datenformat für die Übertragung von Geometriedaten zwischen unterschiedlichen CAD-Systemen. Wird auch zur Datenübertragung von CAD zu CAM-Systemen benutzt.
➔ STEP, VDA-FS.

Impulsgeber **pulse generator digitizer**
Messgerät, das pro Umdrehung eine definierte Anzahl von Impulsen mit sehr hoher Winkelgenauigkeit liefert. Bei NC-Maschinen werden sie als inkrementale Messgeber zur Messung von Wegen oder der Spindelposition bei Drehmaschinen verwendet. ➔ Messwertgeber.

Indirekte Wegmessung **indirect measurement**
Wegmessverfahren, bei dem ein rotatives Messsystem (Drehgeber, Impulsgeber) über die Vorschubspindel oder über Messzahnstange und Ritzel angetrieben wird. Die Ungenauigkeiten der Übertragungselemente beeinträchtigen die Messgenauigkeit. Moderne CNCs können systematische Messfehler kompensieren.
Alt.: Direkte Wegmessung.

Industrieroboter (IR) **industrial robot**
Ein in mehreren Achsen (Freiheitsgraden) freiprogrammierbares mechanisches Gerät, das mit Greifern oder Werkzeugen ausgerüstet ist und Handhabungs- und/ oder Fertigungsaufgaben ausführen kann (z. B. Werkstück- oder Werkzeugwechsel, Schweißen, Laserbearbeiten, Lackieren, Montieren).

Die Einteilung erfolgt in Abhängigkeit von
a) der **Kinematik** in kartesische, zylindrische, Kugel- oder Gelenkkoordinaten-Roboter
b) ihrer **Programmierung** in teach-in/ play-back oder mit externer Dateneingabe
c) ihrer **Steuerung** in pick-and-place oder mit NC-Bahnsteuerung
d) der **Antriebsart** in hydraulisch, pneumatisch oder elektrisch
e) ihrer **Anwendung** in Universal-, Spezial- oder verfahrbare Roboter (Portal- oder Flächenportal)
f) ihrer **Belastbarkeit und Tragfähigkeit**

Informationen **information**
Daten in übersichtlicher, verständlicher Zusammenfassung, vorwiegend zur Information für den Menschen gedacht.
➔ Daten.

Inkrement **increment**
Zuwachs einer Größe in einzelnen, gleichgroßen Stufen.

Inkrementale Wegmessung **incremental measuring system**
Wegmessung durch Aufsummieren von Weginkrementen (z. B. 0,001 mm) in einem elektronischen Zähler bzw. in der NC. Der Zählerstand ist demnach ein Maß für den tatsächlichen Positions-Istwert.

Interface **interface**
Elektrische Schnittstelle, z. B. zwischen NC und Maschine bzw. Maschinensteuerung, oder das Mensch-Maschinen-Interface, d. h. Bedientafel mit Anzeigen und Eingabeelementen.
➔ Schnittstelle.

Internet **internet**
Weltweites Computernetzwerk, über das die Benutzer miteinander kommunizieren und Daten austauschen können. Dazu stehen verschiedene Protokolle zur Verfügung (TCP/IP). Wird auch zur Ferndiagnose von Störungsursachen und für Eingriffe zur Korrektur des Betriebsprogrammes von CNCs benutzt.

Interpolation, 2½-D oder 3D **2½-D or 3D motion**
Die gleichzeitig (simultan) geführte Bewegung von NC-Achsen in zwei (2½-D) oder mehr Achsen (3-D).

Intranet **intranet**
Private Netzwerke, die z. B. innerhalb von Unternehmen bestehen und Internet-Protokolle verwenden. Hauptzweck ist es, den Mitarbeitern interne Daten und Informationen zur Verfügung zu stellen, ohne dass Außenstehende Zugriff auf diese Daten haben. Die Verbindung zum äußeren Internet erfolgt bei Bedarf über Gateway-Computer.

Interrupt **interrupt**
Die zeitweilige oder andauernde Unterbrechung eines laufenden Programms an einer Stelle, die nicht als Programmende vorgesehen ist.

ISO-Code
Genormter 8-Bit-Code mit 7 Informations- und 1 Prüfbit in Spur 8.

Istwert **actual position**
Vom Messsystem zurückgemeldeter, augenblicklicher Wert einer Regelgröße, wie z. B. Drehzahl, Vorschubgeschwindigkeit oder Position einer NC-Achse.

Kanalstruktur **channel structure**
Möglichkeit einer CNC, die insgesamt steuerbaren NC-Achsen nach Bedarf zu unterteilen in synchrone, d. h. miteinander interpolierende Hauptachsen und asynchrone, d. h. zeitunabhängig von den Hauptachsen funktionierende Hilfs- oder Nebenachsen.

Kartesische Koordinaten **cartesian coordinates**
Rechtwinkliges Koordinatensystem mit der Achsbezeichnung XYZ zur Positionsbestimmung eines Punktes in der Ebene oder im Raum.

KB
Abk. für „Kilo-Byte", zur Definition der Speicherkapazität eines Rechners oder einer CNC. Sie wird mit großem K geschrieben und in Einheiten des Dualsystems angegeben:

1 KByte = 1×2^{10} Bytes = 1.024 Bytes
8 KBytes = 8×2^{10} Bytes = 8.192 Bytes

Kernel **kernel**
elementarer Bestandteil eines Betriebssystems mit folgenden Aufgaben:

- Schnittstelle zu Anwenderprogrammen (Starten, Beenden, Ein-/Ausgabe, Speicherzugriff)
- Kontrolle des Zugriffs auf Prozessor, Geräte, Speicher; Verteilung der Ressourcen, etwa der Prozessorzeit auf die Anwenderprogramme
- Überwachung von Zugriffsrechten auf Dateien und Geräte bei Mehrbenutzersystemen u. a. m.

Kettenmaße **incremental dimensioning**
Alle Maßangaben beziehen sich auf die vorhergehende Position.

Kinematik **kinematics**
Physikalische Bewegungslehre. Beschreibt bei Maschinen und Robotern den bewegungsmäßigen Aufbau, d. h. die Bewegungsmöglichkeiten in kartesischen, zylindrischen, Kugel- oder Gelenkkoordinaten.

Kompatibilität **compatibility**
Deutsch: Verträglichkeit. Zwei Systeme (Hardware oder Software) sind kompatibel, wenn sie ohne Zusatzeinrichtungen oder

Änderungen miteinander arbeiten oder gegeneinander ausgetauscht werden können.

Konturzug-Programmierung contour segment programming
Programmierfunktion zur Eingabe mehrerer zusammenhängender Konturabschnitte, die nicht einzeln vermaßt sind, insgesamt jedoch einen eindeutigen Verlauf haben. Das System berechnet die einzelnen Schnittpunkte, Übergangsradien und tangentiellen Übergänge selbstständig und erzeugt das passende NC-Programm.

Koordinaten-Messmaschine Coordinate Measuring Machine(CMM)
Manuelle oder CNC-gesteuerte automatische Koordinaten-Messmaschine, um die Fertigungsqualität zu kontrollieren oder Werkzeugdaten zu überprüfen. Dazu sind Messtaster und die entsprechende Software erforderlich zur Programmierung der Messzyklen, Speicherung der Daten und Auswertung der Messergebnisse.

Koordinatensystem coordinate system
Mathematisches System, mit dem die Lage eines Punktes in einer Ebene oder im Raum durch Zahlen bestimmt werden kann. Dafür stehen Kartesische K., Zylinder-, Gelenk-, Polar- oder Kugel-Koordinaten zur Verfügung.

Koordinaten-Transformation coordinate transformation
Mathematischer Begriff für die Umrechnung von Raumkoordinaten in die Achskoordinaten einer NC-Maschine mit Schwenk- oder Drehachsen, oder eines Roboters mit nicht linearer Kinematik. Dies erleichtert die Programmierung solcher Systeme, da in Raumkoordinaten programmiert wird.

Koordinatenwerte coordinates
Numerische Werte zur Definition eines Punktes im Raum. In der NC-Technik werden vorwiegend Kartesische Koordinatensysteme und Polarkoordinaten zugrunde gelegt.

Kreisinterpolation circular interpolation
Auch Zirkular-Interpolation: Die NC-interne Berechnung der Punkte auf einem Kreis zwischen den programmierten Anfangs- und Endpunkten. Die Kreis-Interpolation ist normalerweise nur in den Ebenen XY, YZ und XZ möglich und nicht schräg im Raum.

Künstliche Intelligenz (KI) Artificial intelligence
Eine empirische Disziplin aus dem Bereich der Informatik. KI erforscht Mechanismen des intelligenten menschlichen Verhaltens und deren Übertragung auf computergesteuerte Systeme. Dies geschieht durch Simulationen mit Computerprogrammen. KI soll Maschinen in die Lage versetzen, aus Erfahrung zu lernen und bei Bedarf entsprechend zu reagieren.

Kugelumlaufspindel ball screw
Gewindespindel mit geringer Reibung zwischen Spindel und Kugelumlaufmutter, die zur Kraftübertragung bei NC-Maschinenschlitten verwendet wird. Weitere Vorteile sind hohe Steigungsgenauigkeit, weitgehende Spielfreiheit zwischen Spindel und Mutter und ein hoher Wirkungsgrad von ca. 98 %.

K_v-Faktor amplification factor
Maßzahl für die Verstärkung im Regelkreis bzw. den Nachlauf (Schleppabstand sa) einer NC-Achse in Abhängigkeit von der Vorschubgeschwindigkeit (v).

$k_v = v : sa$ (m/min : mm)

Je höher der k_v-Wert, umso härter ist das dynamische Verhalten des Regelkreises.

Längenkorrektur **tool length compensation**
Besser Werkzeuglängenkorrektur. In der CNC gespeicherter Korrekturwert zum Ausgleich der tatsächlichen Werkzeuglänge gegenüber der programmierten Werkzeuglänge, z. B. von Bohrer, Senker oder Gewindebohrer.

Lageregelung **position feedback control closed loop control**
Geschlossener Regelkreis, der ständig die Positions-Sollwerte mit den Istwerten vergleicht und bei Abweichungen solange ein Korrektursignal ausgibt, bis die Differenz zwischen beiden Werten ausgeglichen und die gewünschte Position erreicht ist.

LAN
Abk. für „Local Area Network", d. h. ein bezüglich Bereich und Ausdehnung begrenztes Datennetz, das keiner Regulierung durch die Post unterliegt. Es verbindet mehrere Computer und Peripheriegeräte innerhalb eines begrenzten Bereiches und ermöglicht eine direkte Kommunikation der Geräte untereinander.

Die Datenübertragung erfolgt vorwiegend über Breitbandtechnik, d. h. durch frequenzmodulierte Trägerfrequenzen über Kupferkabel, Glasfaser, Funk oder Laser.

Laserschmelzen **lasercusing**
Dieses RPD-Verfahren ermöglicht es, durch Verschmelzung einkomponentiger metallischer Pulverwerkstoffe Bauteile mit hoher Dichte schichtweise aufzubauen.

Lean Management
Bezeichnet die Gesamtheit der Prinzipien, Methoden und Verfahren zur effizienten Gestaltung der gesamten Wertschöpfungskette industrieller Güter. Es zielt darauf ab, nicht nur in der Produktion (Lean Production), sondern in allen Bereichen Verschwendung von Zeit und Material, Fehler und unnötige Kosten zu vermeiden, ohne das Ziel guter Produkte zu gefährden.

LED
Abk. für „Light Emitting Diode", d. h. Leuchtdiode oder Lumineszenzdiode. Farbiges Licht ausstrahlender Halbleiter, der z. B. als Ersatz für Anzeige-Glühlämpchen verwendet wird und weniger Energie benötigt.

Leitrechner **host computer**
Übergeordneter Rechner z. B. in einem FFS, der die Leitfunktionen für Datenverteilung, Transportsteuerung, Werkzeugdisposition, Materialwirtschaft und Fehlerüberwachung übernimmt, Rückmeldungen sammelt und daraus die Management Reports erstellt. In einfacheren Fertigungssystemen kann evtl. auch eine vorhandene CNC die Leitrechner-Funktionen übernehmen.

Linear-Interpolation **linear interpolation**
Die CNC-interne Berechnung der Punkte auf einer geraden Strecke zwischen dem programmierten Anfangs- und Endpunkt. Dabei unterscheidet man zwischen einfacher 2D-Interpolation, Interpolation mit Ebenen-Umschaltung (2 ½ D) und Interpolation im Raum (3D).

Linearmotoren **linear motors**
Elektrische Antriebe für lineare Bewegungen von Maschinenachsen ohne zusätzliche mechanische Übersetzungen wie bei rotierenden Motoren. Bei der linearen Direktantriebstechnik werden Elastizitäts-, Spiel- und Reibungseffekte ebenso vermieden wie Eigenschwingungen im Antriebsstrang. Das ermöglicht ein Höchstmaß an Dynamik und Präzision in der Bewegungsführung.

Logistik **logistics**
Organisation, Planung und Steuerung der gezielten Bereitstellung und des zweckgerichteten Einsatzes von Produktionsfaktoren (Arbeitskräfte, Betriebsmittel, Werkstoffe) zur Erreichung der Betriebsziele, sowie das Lager- und Transportwesen.

LOM
Abk. für „Laminated Object Manufacturing". Generatives, CAD/CAM-basiertes Fertigungsverfahren, bei dem die Erzeugung der Bauteilgeometrie durch das Aufeinanderkleben einzelner Papierfolien und anschließendes Ausschneiden entlang der Konturzüge mittels NC-gesteuertem Laser erfolgt. So entsteht ein holzähnliches dreidimensionales Modell.

➔ RPD

Look-Ahead-Funktion **look ahead function**
Vorausschauende Bahnbetrachtung der NC über mehrere Sätze, um unstetige Übergänge an Ecken und Kanten rechtzeitig zu erkennen und den Vorschub der Maschinendynamik anpassen zu können (automatisches Abbremsen vor scharfen Kurven, Eckenbremsen).

MACRO
Eine Gruppe von Instruktionen (Steuerdaten), die gespeichert und als Einheit aufgerufen werden können und den Programmieraufwand bei sich wiederholenden Aufgaben reduzieren.

➔ Unterprogramm.

Magnetband **magnetic tape**
Speichermedium, bestehend aus einem mit magnetisierbarem Material beschichteten Kunststoffband. Wird in Form von Standard- oder Minikassetten zur Dateneingabe und -ausgabe verwendet. Hat vorwiegend zur Datensicherung immer noch seine Berechtigung.

Manuelle Programmierung **manual programming**
Die Erstellung eines NC-Programms im Satzformat für eine bestimmte Maschinen-Steuerungs-Kombination ohne Verwendung eines computergestützten Programmiersystems.

Maschinelle Programmierung **computer aided programming**
Mit Maschine ist hier ein Rechner gemeint.

Erstellung eines NC-Programmes mit einem computergestützten NC-Programmiersystem. Diese bieten heute eine Dialogführung mit grafischer Unterstützung für den Programmierer. Das problemorientiert erstellte Programm (CLDATA) kann dann mit Hilfe eines Postprozessors für jede geeignete NC-Maschine ausgegeben werden.

Maschinendaten-Erfassung, MDE
Automatische Erfassung und Speicherung wesentlicher Maschinendaten während der Bearbeitungsphase, ergänzt durch manuell eingegebene Zusatzinformationen. Dient der besseren Transparenz der Fertigungsmittel und ermöglicht die schnelle Analyse technischer und organisatorischer Schwachstellen.

Erfasst werden z. B.: Maschinenlaufzeit, -stillstandszeit und -ausfallzeit sowie deren Ursachen, Fehlermeldungen und deren Ursachen, manuelle Eingriffe in den automatischen Ablauf, Korrekturwerteingaben.

MDE ist Teil einer umfassenden ➔ BDE (Betriebsdaten-Erfassung).

Maschinennullpunkt **machine zero point**
Festgelegte Null-Position einer NC-Achse, meistens der vom Messsystem exakt reproduzierbare Koordinaten-Nullpunkt.

Maßstabänderung **scaling**
Auch Skalieren genannt. Mit dieser CNC-Funktion können mit dem gleichen NC-Programm maßstäblich veränderte Werkstücke hergestellt werden. Dazu wird für jede Achse ein Maßstabfaktor vorgegeben, was die programmierten Maße entsprechend verändert.

MB **MB**
Abk. für Megabyte (1 Million Bytes), tatsächlich aber 1.048.576 Bytes = (2^{20}) ➔ Byte

Mb **Mb**
Abk. für Megabit (1 Million Bits), tatsächlich aber 1 048 576 bytes = (2^{20}). ➔ bit

MDE/BDE
➔ Maschinendaten- und Betriebsdatenerfassung.

Mechatronik **mechatronic**
Interdisziplinäres Gebiet der Ingenieurwissenschaften, das auf Maschinenbau, Elektrotechnik und Informatik aufbaut. Im Vordergrund steht die Ergänzung und Erweiterung mechanischer Systeme durch Sensoren und Mikrorechner zur Realisierung teil-intelligenter Produkte und Systeme.

Menü **menu**
Am Bildschirm angebotene Auswahl von Möglichkeiten für den Bediener, um eine gestellte Aufgabe zu erfüllen.

MES **MES**
Abk. für **„Manufacturing Execution System"**, synonym auch als **Produktionsleitsystem** bezeichnet. Es dient zur Führung, Lenkung, Steuerung und Kontrolle der Produktion in Echtzeit. Dazu gehören auch die Funktionen BDE, MDE und PPS.

Ein MES muss dem Anwender für jedes Produkt folgende Funktionen bieten:

- ein Fertigungsplanungssystem
- einen Fertigungsablaufplan (vor Prozessbeginn)
- die Verwaltung von Produktionsmitteln
- die aktuelle Belegung aller Ressourcen
- lokale Produktionsleitstände in der Fertigung sowie meistens auch
- vorausschauende Planung von Wartungsarbeiten
- Verwalten von Produktionsmitteln
- Erfassung und Auswertung von Produktionsdaten
- und eine Verbindung zur Materialwirtschaft, Konstruktion, Auftragsabwicklung u. a.

Messfehlerkompensation
axis calibration
CNC-Funktion, um systematische Messfehler der NC-Achsen zu kompensieren und somit höhere Genauigkeiten zu erreichen. Dazu werden die NC-Achsen z. B. mit einem Laser-Interferometer genau vermessen und die Maßabweichungen des Wegmesssystems als Korrekturwerte gespeichert. Beim späteren Betrieb der Maschine werden diese positions- und richtungsabhängig zu den Messwerten addiert.

Messfühler (schaltend)
probe, switching probe
Ein Messgerät zum automatischen Erfassen von Messwerten am Werkstück oder Werkzeug während oder nach der Bearbeitung, Ein schaltender Messfühler liefert nur ein sehr präzises Schaltsignal, jedoch keine Daten.

Messgetriebe **measuring gear**
Feingetriebe hoher Präzision, das meistens zwischen mechanischer Maßverkörperung (Zahnstange/Ritzel oder Kugelumlaufspindel/Mutter) und Messwertgeber verwendet wird.

M-Funktionen **M functions**
Abkürzung für „Miscellaneous-functions", deutsch: Hilfsfunktionen.

Unter der M-Adresse programmierbare Schaltfunktionen der Maschine.

Messsystem **measuring system**
➔ Messwertgeber und Wegmesssystem.

Messtaster, Messfühler **sensing probe**
touch probe
Schaltende Feintaster mit hoher Schaltgenauigkeit und Reproduzierbarkeit des Schaltpunktes. Sie werden wie ein Werk-

zeug in die Bearbeitungsspindel einer NC-Maschine eingesetzt und zum Messen der Werkzeuglänge, Werkstücklage oder zur Bearbeitungs- und Genauigkeitskontrolle benutzt. Die CNC muss dazu über spezielle Software-Programme verfügen, um die gemessenen Positionswerte zu speichern und daraus z. B. Korrekturwerte, Kreismittelpunkte oder Toleranzen zu berechnen.

➔ Messzyklen.

Messverfahren **method of measurement**
Ein **Messverfahren** ist die praktische Anwendung und Auswertung eines Messprinzips. Zum Messen sind eine **Maßverkörperung** und eine **Ablese- bzw. Auswerteeinrichtung** erforderlich. Man unterscheidet **direkte und indirekte Messverfahren.** Bei einem **direkten** Messverfahren wird der Messwert durch einen unmittelbaren Vergleich mit einem Bezugswert derselben Messgröße geliefert, wie beispielsweise **Längenvergleich mit Maßstab** oder Massenvergleich mit Gewichten. Das **indirekte** Messverfahren ermittelt den gesuchten Messwert anhand Rückführung auf andere physikalische Größen, wie z. B. **Wegermittlung über die Anzahl von Motorumdrehungen.**

Messwertgeber **feedback device**
Auch Sensoren, d. h. Geräte, die eine physikalische Größe messen und die Messwerte in elektrisch auswertbare Ausgangssignale umwandeln. In der NC-Technik werden unterschiedliche Messwertgeber eingesetzt, um z. B. Achspositionen, Geschwindigkeiten, Drehzahlen, Drehmomente, Ströme und Temperaturen zu messen.

Messzyklen **probing cycles**
In der NC gespeicherte Unterprogramme zum automatischen Messen von Bohrungen, Nuten oder Flächen mit einem Messtaster und sofortiger Berechnung von Positionen, Genauigkeiten, Toleranzen, Kreismittelpunkten, Stichmaßen oder Schräglagen.

Methode **method, process**
Das planmäßige, durchdachte, zielsichere Vorgehen zur Erreichung eines bestimmten Zieles.

Mikroprozessor **microprocessor**
Ein LSI-Baustein, der die Zentraleinheit (CPU) eines Rechners enthält. Er besteht im Wesentlichen aus der Arithmetik-Einheit, verschiedenen Arbeitsregistern und der Ablauf-Steuerung. In dieser Konfiguration ist der Mikroprozessor aber noch nicht arbeitsfähig.

➔ Mikrocomputer.

Mikrocomputer **microcomputer**
Arbeitsfähige Einheit, bestehend aus Mikroprozessor, Programmspeicher, Arbeitsspeicher und der Ein-/Ausgabe-Einheit. Minimalkonfiguration einer arbeitsfähigen Rechnerhardware.

Mikrosystemtechnologie **MST**
Fertigung von kleinsten Präzisionsbauteilen mit Gewichten ab ca. 1 mg und entsprechend kleinsten Volumen.

MIPS
Abk. für „Millionen Instruktionen pro Sekunde“, eine Maßeinheit für die Verarbeitungsgeschwindigkeit eines Computers nach Anzahl der Arbeitsschritte pro Sekunde.

MMS **HMI**
MMS = Mensch-Maschine-Schnittstelle

Gehobene Bezeichnung für „Bedien- und Anzeigeeinrichtung einer Maschine“:

HMI = (engl.) human machine interface

modale Funktion **modal function**
Befehle eines NC-Programms, die solange wirksam bleiben, bis sie durch einen anderen Befehl gelöscht oder überschrieben werden.

Beispiel: G90/G91, G80 - G89, oder F-, S- und T-Wörter.

Nicht modale Funktionen werden dagegen nur in dem Satz wirksam, in dem sie programmiert sind, wie G04 oder M06.

MODEM
Elektronisches Gerät zur **MO**dulation/**DEM**odulation von Daten bei der Datenübertragung. Es setzt Daten von der einen Form in eine andere Form um, z.B. Zeichen vom 8-Spur-Code in bit-serielle Impulse zwecks Übertragung über Telefonleitung.

Modularität, Module **Modularity, modules**
Ein industrielles Design, um größe technische Systeme durch Kombination kleinerer, standardisierter Einheiten, sog. Module, aufzubauen. Bietet Vorteile bei der Realisierung von Modifikationen oder beim Austausch defekter Einheiten.

Modulbauweise **modular design**
Prinzip zum Aufbau komplizierter, umfangreicher, elektronischer Steuerungen aus mehreren einfachen Baugruppen (Module).

Monitor **monitor**
Bildschirm zur schriftlichen oder grafischen Anzeige von Daten, Vorgängen, Abläufen und Ergebnissen bei elektronischen Geräten und Computern.

Motorspindeln **motor spindles**
Eine Hauptspindel mit integriertem, koaxial angeordnetem Motor.

Die Vorteile sind eine hohe Regeldynamik, ein steifer, kompakter Aufbau, höchste Leistungsdichte sowie reduzierte Gesamtmasse und Reibungskräfte. Das ermöglicht eine hohe Regeldynamik. Durch die direkte Messwert-Erfassung der Spindelposition und -drehzahl bieten sie eine hohe Fertigungsgenauigkeit beim Betrieb als C-Achse.

Multitasking-Maschinen **multitasking machine tools**
Multitasking ist ursprünglich ein Begriff aus der **Computertechnik.** Er bezeichnet generell die Fähigkeit eines Systems, mehrere Aufgaben (Tasks) (quasi-) **gleichzeitig** auszuführen. **Multitasking CNC-Maschinen** ermöglichen durch die Kombination von verschiedenen Bearbeitungstechnologien wie Bohren, Fräsen, Drehen, Schleifen usw. auf einer Werkzeugmaschine eine **Komplettbearbeitung** hoch komplexer Werkstücke in einer wirtschaftlich optimalen Bearbeitungszeit.

Nachlauf **axis lag**
Nachlauffehler **following error**
Dynamischer Abstand einer NC-Achse zwischen den gerechneten Positions-Sollwerten und den tatsächlichen Positions-Istwerten während der Achsbewegung (Schleppfehler). Der Nachlaufwert ist abhängig von der Regelkreisverstärkung (k_V-Faktor) des Antriebes und der Fahrgeschwindigkeit.

Nachlauf-Null, **zero lag,**
Vorsteuerung **feed forward**
Diese NC-Funktion korrigiert im Voraus die zu erwartende ➔ Bahnabweichung, d.h. die NC-Achsen fahren ohne ➔ Nachlauffehler direkt auf der Sollkontur.

Nachführsteuerung **photoelectric line tracer**
Steuerung, bei der ein fotoelektrischer Lesekopf dem Linienzug einer speziellen Zeichnungsvorlage im Maßstab 1:1 folgt. Vorwiegend bei Brennschneidemaschinen eingesetzt, jedoch rückläufig wegen der zu großen 1:1-Vorlagen.

Nachrüstung **retrofitting**
Umrüstung einer NC-Maschine von einer veralteten auf eine neuere, leistungsfähigere Steuerung, meistens in Verbindung mit der Modernisierung der Antriebe und der Messsysteme, sowie dem Austausch

der Steuerungselektrik gegen eine SPS. Nur wirtschaftlich bei gut erhaltenen, teuren Großmaschinen.

NC
Abk. für „Numerical Control", d. h. ➔ Numerische Steuerung.

NC-Achse **NC axis**
Numerisch gesteuerte Maschinenachse, deren Positionen und Bewegungen durch direkte Eingabe der Maßwerte programmiert und durch eine NC gesteuert werden. Dazu benötigt jede NC-Achse ein Wegmesssystem und einen geregelten Antrieb.

NC- oder CNC-Maschinen **NC or CNC machine tools**
Kurzbezeichnung für numerisch gesteuerte ➔ Werkzeugmaschinen.

NC-Programm **NC program**
Steuerprogramm zur Bearbeitung eines Werkstückes auf einer NC-Maschine. Es enthält alle erforderlichen Daten und Steuerbefehle in der richtigen Reihenfolge und wird von der NC-Maschine schrittweise abgearbeitet.

NC-Programmierung **NC programming**
Auch Teileprogrammierung. Die Erstellung der Steuerprogramme zur Bearbeitung von Werkstücken auf NC-Maschinen. Dabei unterscheidet man zwischen manueller NC-Programmierung, maschineller NC-Programmierung und werkstattorientierter Programmierung (WOP).

NC-Werkzeugmaschine **NC machine tool**
Mit einer numerischen Steuerung ausgerüstete Werkzeugmaschine.

Nebenzeiten **nonproductive time**
Bei Werkzeugmaschinen die Summe aller nichtproduktiven Zeiten einer Maschine, z. B. im Eilgang fahren, sowie Zeiten für Werkzeugwechsel, Werkstückwechsel, Messvorgänge u. a.

Netzwerkprotokoll **protocol**
(auch **Netzprotokoll, Übertragungsprotokoll**)
Eine exakte Vereinbarung für den Datenaustausch zwischen Computern bzw. Prozessen, die durch ein Datennetz miteinander verbunden sind. Es besteht aus einem Satz von Regeln und Formaten (Syntax), die den Datenverkehr der kommunizierenden Computer bestimmen (Semantik).

Nullpunkt **datum point**
1) Der Ursprung eines Koordinatensystems, oder
2) der Ausgangspunkt (Nullpunkt) eines Messsystems.

Nullpunktverschiebung **zero offset**
NC-Funktion, um den Programmnullpunkt manuell oder programmierbar beliebig zu verschieben. Dazu verfügen CNCs über separate Speicherbereiche für mehrere Nullpunktverschiebungen, die dann per NC-Programm abrufbar sind.

Numerische Steuerung, NC **numerical control**
Auch „Zahlenverstehende Steuerung", d.h. die Befehle werden als Zahlen eingegeben. Bei Werkzeugmaschinen versteht man darunter insbesondere die direkten Maßzahlen, welche die Relativbewegung zwischen Werkzeug und Werkstück steuern (Weginformationen). Hinzu kommen noch die Zahlenwerte für Drehzahl, Vorschubgeschwindigkeit, Werkzeugnummer und verschiedene Hilfsfunktionen (Schaltinformationen). Die Daten-Eingabe kann wahlweise über eine Tastatur, einen elektronischen Datenträger oder über Kabelanschluss (DNC) erfolgen.

Die heutigen Steuerungen sind ausnahmslos unter Verwendung von Mikroprozessoren aufgebaut. ➔ CNC.

NURBS **NURBS**
Abk. für „Nicht Uniforme Rationale B-Splines".

Verfahren zur mathematischen Beschreibung von Freiformflächen und Regelflächen, wie Zylinder, Kugel oder Torus mittels Punkten und Parametern. NURBS erlauben ein effizienteres Bearbeiten dieser Kurven und Flächen als Punktmodelle. Anderen Splines sind sie durch die Möglichkeit überlegen, alle Arten von Geometrien, selbst scharfe Ecken und Kanten, sauber darzustellen.

Neuere CAD/CAM-Systeme werden die vom CAD-System ausgegebenen NURBS direkt in der CNC verarbeiten. Vorteile: Reduzierte Datenmenge, höhere Genauigkeit und Geschwindigkeit, gleichförmige Bewegung der Maschine, längere Lebensdauer von Maschine und Werkzeug.

OEE **Overall Equipment Effectiveness**
Kennzahl zur Berechnung der Gesamtanlageneffektivität, um Produktivität, Rentabilität und Gesamteffektivität von Produktionsanlagen (Maschinen, Fertigungszellen, Fließbänder usw.) im Kontext mit dem Fertigungsprozess zu ermitteln, zu überwachen und zu verbessern.

Offene CNC **open-ended control**
CNC, die einen PC enthält und ein PC-Betriebssystem verwendet (z. B. DOS, Windows, OS/2, UNIX).

Offen besagt, dass der Käufer Eingriffsmöglichkeiten in das Betriebsprogramm hat. Damit ist er selbst in der Lage, kundenspezifische Modifikationen und maschinenspezifische Funktionen einzubringen. Das Verarbeiten von älteren NC-Teileprogrammen ist nicht vorgesehen.

off-line
Deutsch: Nicht rechnergekoppelt, d. h. Betriebsart eines Rechnersystems, bei der die Peripheriegeräte selbstständig und unabhängig vom zentralen Rechner arbeiten. Dazu werden die vom Rechner erzeugten Daten auf Datenträger zwischengespeichert und erst später verarbeitet.

Alt.: On-line.

Offset **offset compensation**
Deutsch: Verschiebung, Versatz. Elektronische Kompensation von Spanntoleranzen des Werkstückes oder der Werkzeuge, die das genaue mechanische Ausrichten oder Einstellen ersparen.

➔ Nullpunktverschiebung.

online
Deutsch: rechnergekoppelt. Betriebsart eines Rechnersystems, bei der die Peripheriegeräte direkt vom zentralen Rechner gesteuert werden. Dazu sind sie per Datenleitung mit dem Rechner verbunden und die vom Rechner erzeugten Daten werden sofort verarbeitet.

OS
Abk. für „Operating System", das Betriebssystem eines Computers.

Palette **pallet**
Transportabler Werkstückspanntisch, der das Spannen/Entspannen der Werkstücke außerhalb der Maschine ermöglicht und automatisch in die Maschine zur Bearbeitung eingewechselt werden kann. Dies reduziert die Stillstandszeiten der Maschinen und ermöglicht den automatischen Transport der gespannten Werkstücke zu mehreren Maschinen (Flexible Fertigungssysteme).

Parallelachsen **parallel axis**
1) Zwei mechanisch gekoppelte NC-Achsen, z. B. Y1/Y2 einer Gantry-Maschine, die simultan angesteuert werden müssen, um ein Schrägziehen zu vermeiden.
2) Zwei in gleicher Richtung wirkende NC-Achsen, wie z. B. Traghülse und Spindel eines Bohrwerkes oder Tisch und Spindel mit gleichen Achsrichtungen.
3) Zwei voneinander unabhängige NC-Ach-

sen, z. B. die Hauptspindeln Z1 und Z2 von zwei unterschiedlichen Spindelkästen einer Senkrecht-Fräsmaschine, die an zwei identischen Werkstücken gleichzeitig arbeiten können.

Parallele Datenübertragung **parallel data transmission**
Bei der parallelen Datenübertragung werden mehrere Bits gleichzeitig (parallel) übertragen, also auf mehreren Leitungen nebeneinander oder über mehrere logische Kanäle zur gleichen Zeit.

Die Anzahl der Datenleitungen ist nicht festgelegt, wird aber meistens als ein vielfaches von 8 gewählt, sodass volle Bytes übertragen werden können (zum Beispiel 16 Leitungen ergeben 16 Bits = 2 Byte). Häufig werden zusätzliche Leitungen zur Übertragung von einer Prüfsumme (Paritätsbit) oder eines Taktsignals eingesetzt.

Alt.: serielle Datenübertragung

Parallelprogrammierung **parallel input mode**
Programmierung eines neuen Werkstückes mittels Handeingabesteuerung einer CNC-Maschine während der noch laufenden Bearbeitung eines anderen Werkstückes.

Parametrische Programmierung **parametric programming**
NC-Programmierung durch Eingabe der beschreibenden Parameterwerte, wie z. B. für Lochkreise den Durchmesser, die Anzahl der Löcher, Start- und Fortschaltwinkel und gewünschten Bohrzyklus. Aus diesen wenigen Eingabewerten errechnet sich das System die einzelnen Positionen und Bearbeitungsfolgen.

Paritätsprüfung **parity check**
Auch Gleichheitsprüfung. Eine Methode zur Prüfung binärer Daten auf Einfachfehler, um bei der Datenübertragung falsche Zeichen oder einfache Übertragungsfehler zu erkennen. Beispiel: Ungerade Bit-Zahl bei Zeichen im ISO-Code.

PC-Karte **PC card**
Beschreib- und löschbare Daten-Speicherkarte in Scheckkartengröße zum Einstecken in Notebooks oder Laptop Computer (PCs). Speicherkapazitäten bis 16 GB, heute hauptsächlich Flash-ROM, für CNCs als transportable Programmspeicher verwendet.

PDM, Produkt-Daten-Management **product data management**
Ein Konzept, um produktdefinierende Daten und Dokumente zu speichern, zu verwalten und in späteren Phasen des Produktlebenszyklus zur Verfügung zu stellen. Grundlage ist ein integriertes Produktmodell. PDM entstand maßgeblich aus Problemen der CAD-Zeichnungsverwaltung, verursacht durch dramatische Zunahme der Produktdatenmenge im Zusammenhang mit der Einführung dieser Systeme. Für den Datenaustausch zwischen den beteiligten Systemen, sowie die Beschreibung von Produktmodellen hat sich weitestgehend die Normenreihe ISO 10303 (STEP) als Standard etabliert

CAD-Systeme können als Ursprung des PDM angesehen werden.

PDM soll die Qualität der Produktentwicklung erhöhen sowie Zeit und Kosten der Produktentwicklung vermindern. Mit dem Ziel eines durchgehenden Informationsflusses sollen diese Vorteile an nachgelagerte, am Produktlebenszyklus beteiligte Stellen weitergereicht werden.

PDM Systeme sind generell industrie- und unternehmensspezifisch.

performance
Dieser Begriff hat je nach Fachgebiet viele unterschiedliche Bedeutungen. In technischen Bereichen ist damit die **Summe der Leistungsmerkmale** gemeint.

Peripheriegeräte **peripheral units**
Sammelbegriff für Zusatzgeräte, die an einem Rechner angeschlossen werden. Beispiele: Drucker, Datenspeicher, Plotter oder Bildschirme.

PKM
Abk. für Parallelkinematiken. Sammelbegriff für Maschinen, die alle Bewegungen über „Stabkinematiken" erzeugen.
z. B.: Tripoden, Hexapoden

Playback-Betrieb **playback**
Vorwiegend bei Robotern verwendete Programmiermethode, wobei der Roboter manuell geführt wird und die NC den gesamten Bewegungsablauf zeitgleich abspeichert (Teach-in). Anschließend lässt sich die abgespeicherte Bewegungsfolge mit veränderter Geschwindigkeit wiederholen.

PLC **Programmable Logic Controller**
entspricht einer deutschen Speicherprogrammierbaren Steuerung SPS.

PLM, Produkt-Lebenszyklus-Management **product lifecycle management**
bezeichnet ein IT-Lösungssystem, mit dem alle Daten einheitlich gespeichert, verwaltet und abgerufen werden, die bei der Entstehung, Lagerhaltung und dem Vertrieb eines Produkts anfallen. Dazu greifen alle Bereiche bzw. Systeme auf eine gemeinsame Datenbasis zu: Planung (PPS/ERP), Konstruktion (CAD), Fertigung (CAM, CAQ), Controlling, Vertrieb und Service.

PLM ist aufgrund der Komplexität nicht als käufliches Produkt, sondern als eine Strategie zu verstehen, die durch geeignete technische und organisatorische Maßnahmen betriebsspezifisch umgesetzt werden muss.

Plotter **plotter**
Deutsch: Koordinatenschreiber. Eine rechnergesteuerte Zeichenmaschine zur Ausgabe von grafischen Darstellungen auf Papier.

Polarachse **polar axis**
Bezeichnung für Schwenkachsen, Gelenkachsen und Drehtische von NC-Maschinen.

Polarkoordinaten **polar coordinates**
Mathematisches System zur Lagebestimmung eines Punktes in einer Ebene durch die Länge seines Radiusvektors und den Winkel dieses Vektors gegen die Null-Linie.

Polynom-Interpolation
Interpolationsverfahren, bei dem die NC-Achsen der Funktion folgen
$f(p) = a_0 + a_1p + a_2p^2 + a_3p^3$ (Pol., max. 3. Grades).

Damit können z. B. Geraden, Parabeln oder Potenzfunktionen erzeugt werden.

Positionsanzeige **position display**
Visuelle Anzeige der absoluten, vom Wegmesssystem zurückgemeldeten Position eines Maschinenschlittens, vom Achsennullpunkt oder vom Programmnullpunkt aus gemessen.

Postprozessor (PP) **postprocessor**
Für die maschinelle Programmierung erforderliches Software-Programm, das die vom Computer berechneten Standarddaten der Werkzeugbewegungen (CLDATA) in ein maschinenbezogenes NC-Programm umsetzt. Für jede Maschinen-/Steuerungskombination ist ein spezieller PP notwendig.

PPS **PPS**
Abk. für „Produktionsplanung und -steuerung". Integrierter EDV-Einsatz in der Produktion zur organisatorischen Planung, Steuerung und Terminüberwachung der Produktionsabläufe, und zwar von der Angebotserstellung bis zum Versand. Hauptaufgaben sind die vorausschauende Planung von Maschinenbelegung, Fertigungsterminen, Materialbestandsprüfung, Montagezeiten.

preset **preset**
Deutsch: vorgeben, voreinstellen. Funktion zur Definition des Nullpunktes der Maschinenkoordinaten. Dabei findet keine Achsbewegung statt, es wird für die momentane Achsposition lediglich ein neuer Positionswert eingetragen.

Prinzip **principle**
Grundsatz oder Regel.

PROFIBUS-DP (Dezentrale Peripherie)
Zur Ansteuerung von Sensoren und Aktoren durch eine zentrale Steuerung in der Fertigungstechnik. Weitere Einsatzgebiete sind die Verbindung von „verteilter Intelligenz“, also die Vernetzung von mehreren Steuerungen untereinander (ähnlich Profibus-Fieldbus Message Specification). Es sind Datenraten bis zu 12 MBit/sec auf verdrillten Zweidrahtleitungen und/oder Lichtwellenleiter möglich. (aus Wikipedia)

Programm **program**
➔ NC-Programm.

Programmende **end of program (EOP)**
Programmierbare Hilfsfunktion (M00, M02, M30) zum Stillsetzen der NC-Maschine nach beendeter Bearbeitung. Es erzeugt die Befehle für Spindel Aus, Kühlmittel Aus, Werkzeug ins Magazin und alle Achsen in die Ausgangsposition fahren.

Programmformat **program format**
Regeln und Festlegungen zur Anordnung von Daten auf einem Datenträger, z. B. für den Aufbau eines NC-Programmes, bestehend aus Adressen, Zeichen, Wörtern und Sätzen mit variabler Satzlänge.

Programmiersprache
programming language
„Kunstsprache“ zur symbolischen Beschreibung von Rechneranweisungen durch mnemotechnische Codeworte. In Verbindung mit der NC-Programmierung versteht man darunter eine problemorientierte „Sprache“ zur Erstellung eines Quellenprogrammes. Dieses wird dem Rechner eingegeben, vom „Sprachprozessor“ übersetzt und dann zu einem allgemeingültigen NC-Programm (CLDATA) verarbeitet. Danach folgt die Umsetzung durch den Postprozessor für eine spezielle NC-Maschine.
Beispiele: PP für APT, EXAPT, RADU.

Programmiersystem
programming system
Einrichtung zur Programmierung von NC-Maschinen, bestehend aus einem Rechner mit Tastatur und Bildschirm, Programmiersoftware und den entsprechenden Peripheriegeräten.

Programmierung
➔ NC-Programmierung.

Programmunterbrechung
program interrupt
Programmierter HALT-Befehl (M00), der den Bearbeitungsablauf unterbricht und dem Bediener erlaubt, zu kontrollieren, zu messen, Werkzeuge zu wechseln oder umzuspannen. Durch einen Startbefehl wird die Bearbeitung fortgesetzt.

PROM
Abk. für „Programmable Read Only Memory“, ein elektronischer Festwertspeicher, der nur einmal programmiert werden kann und seine Daten nicht mehr verliert.

Protokoll **protocol**
Regeln über den Datenaustausch zwischen Computern und/oder anderen elektronischen Geräten.
davor einfügen:

Prozessdatenerfassung **Data Logging**
Das Sammeln und Speichern von Daten über eine bestimmte Fertigungszeit, um aus deren Analyse spezifische Trends oder die Einhaltung von Grenzwerten verfolgen zu können. Ziel ist die optimale Fertigung für eine konstante Fertigungsqualität.

Prozessnahes Messen auf der Maschine
In-process gauging
Die automatische Erfassung von Messwerten an einem Werkstück während der Bearbeitung mit dem Ziel, Abweichungen von programmierten Sollwerten zu erkennen, damit vom CNC-System automatisch die notwendigen Korrekturen durchgeführt werden können.

Prozessor **processor**

1) Spezielle Elektronik-Hardware in einem Rechner, die bestimmte Aufgaben durchführt.
2) Software zur Umsetzung eines in problemorientierter Sprache geschriebenen und vom Rechner verarbeiteten Teileprogrammes in eine allgemeine, NC-unabhängige Form (CLDATA). Diese wird durch den Postprozessor in ein NC-Programm umgesetzt.

Prüfbarer Code **error detecting code**

Einfache Möglichkeit zur Datenprüfung durch Kontrolle jedes Zeichens auf geradzahlige Bitzahl pro Zeichen (ISO-Code).

➔ Paritätsprüfung.

Pseudo-absolute Wegmessung **pseudo-absolut measuring**

1) Verwendung von zwei zyklisch absoluten Messgebern (Resolver) in Verbindung mit einem speziellen Messgetriebe und einer elektronischen Auswertung. Durch die um ca. 1 Grad/Umdr. unterschiedliche Winkelstellung beider Geber entsteht eine Phasenverschiebung, aus der die Elektronik die absolute Position errechnet. Je nach Auflösung lässt sich eine begrenzte Strecke absolut erfassen, z.B. bei 0,001 mm Auflösung ca. 5 – 8 Meter (23 Bit = 838.860.800 Schritte).
2) Impulsmaßstab, der im Abstand von 20 mm mit abstandscodierten Referenzmarken und spezieller Auswert-Elektronik versehen ist. Nach dem Überfahren von zwei Referenzmarken steht das absolute Wegmaß zur Verfügung.
3) Impulsdrehgeber mit Pufferbatterie für Geber- und Zählerelektronik, um auch im ausgeschalteten Zustand jede Maschinenbewegung zu erfassen. Nach dem Einschalten stehen die absoluten Achsenpositionen sofort zur Verfügung.

Punktsteuerung **point-to-point control**

NC, die alle programmierten Positionen auf ungesteuerter Bahn anfährt. Dabei ist kein Werkzeug im Eingriff. Erst nach erfolgter Positionierung kann die Bearbeitung beginnen. Anwendung zum Bohren, Stanzen, Punktschweißen.

QlikView

Hauptprodukt der Firma *QlikTech,* einem ehemals schwedischen Softwareunternehmen, das heute in Radnor, *Pennsylvania* seinen Hauptsitz hat. QlikView gehört zur Kategorie *Business Intelligence*-Software.

QlikView ist ein Analyse- und Reporting-System. Die assoziative In-Memory-Suchtechnologie analysiert Daten und liefert dem Anwender Erkenntnisse und Einblicke in seine Geschäftsdaten.

QM – Qualitätsmanagement

Beinhaltet alle organisatorischen Maßnahmen, die der Verbesserung und Sicherung der Prozessqualität, der Leistungen und damit den Produkten jeglicher Art dienen. Qualitätsmanagement ist eine Kernaufgabe des Managements und betrifft vor allem die innerorganisatorische Organisation aller Aufgabenbereiche, die ein Produkt entwerfen, planen, herstellen, prüfen und warten.

Quadrant **quadrant**

1) Ein Viertelkreis bzw. die Kreisfläche eines Viertelkreises.
2) Einer der vier Teile einer Ebene, die durch zwei rechtwinklige Koordinaten geteilt wird.

Quellenprogramm **source program**

NC-Programm, das in einer problemorientierten Programmiersprache geschrieben wurde.

Radiuskorrektur **cutter compensation**

➔ Fräserradius-Korrektur, Schneidenradius-Korrektur.

RAM
Abk. für „Random Access Memory". Elektronischer Speicher (Schreib-/Lese-Speicher) mit wahlfreiem Zugriff, d.h. jeder Speicherplatz kann direkt angesprochen, beschrieben oder ausgelesen werden.

Unterscheidung nach DRAM = Dynamischer RAM mit sehr kurzen Lesezeiten und SRAM = Statischer RAM.

Rapid Prototyping
Zählt zu den ➔ Additiven Fertigungsverfahren, einer relativ jungen Technologie zum computergestützten Bau physikalischer Prototyp-Modelle durch Anwendung spezieller Maschinen und Verfahren. Ausgangspunkt ist ein vollständiger, geschlossener Datensatz (Volumenmodell) auf einem CAD-System, welches durch eine spezielle Software in einzelne Schichten „zerlegt" wird.

Beispiele: Stereolithografie, Lasersintern/Schmelzen, Schicht-(Laminat-)Verfahren, 3D-Drucken.

Rapid Tooling
Herstellung von Werkzeugen, die als Dauerformen für den Kunststoff-Spritzguss oder den Metall-Druckguss eingesetzt werden, unter Anwendung von ➔ Rapid Prototyping Technologien (Laser Sintern/Schmelzen, Abformen von RPD-Modellen durch Feinguss u.a.).

Rationalisierung **rationalization**
Technische und organisatorische Maßnahmen zur Erhöhung der Effektivität, wie z.B. Steigerung der Leistung, Reduzierung des Aufwandes oder der Kosten. Durch Rationalisierung werden Produktionsmittel (Rohstoffe, Kapital, Arbeit) und Zeit eingespart. In der Fertigung meistens mit Automation der Abläufe und Reduzierung des Personals verbunden.

Rechner
➔ Computer.

Referenzpunkt **reference point**
Eine festgelegte Position einer NC-Achse, die in einem bestimmten Bezug zum Achsen-Nullpunkt steht. Dieser wird nach dem Einschalten der Maschine angefahren, um das Maschinen-Koordinatensystem wieder eindeutig zu nullen. Mit absoluten Gebern entfällt das Referenzpunkt-Anfahren.

Regelung, Regelkreis
closed-loop control, servo loop
Steuerungssystem mit Rückführung des Messwertes der zu regelnden Größe. Numerische Steuerungen vergleichen z.B. ständig den vorgegebenen Sollwert einer Achs-Position mit dem augenblicklich zurückgemeldeten Istwert und ermitteln daraus die notwendigen Steuerbefehle für den Antrieb, um Übereinstimmung (Ist = Soll) zu erreichen.

Relativmaß-Programmierung
incremental programming
NC-Programmierung, bei der die Koordinatenwerte als Zuwachs zur vorhergehenden Position angegeben werden (G91).

Repetiergenauigkeit **repeatability**
➔ Wiederholgenauigkeit.

Reproduzierbarkeit **reproducibility**
Grundsätzlich identisch mit der Wiederholgenauigkeit, jedoch über einen längeren Zeitraum gemessen.

reset **reset**
Deutsch: Rückstellen, Zurücksetzen.

Befehl, um ein elektronisches Gerät in einen definierten Ausgangszustand zu bringen. Nicht zu verwechseln mit dem Nullen einer NC-Achse.

Resolver **resolver**
Auf elektromagnetischer Basis arbeitendes rotatives Messsystem, das die Winkelstellung des Rotors in eine Sinus- und eine Cosinus-Komponente auflöst. Absolute Messung innerhalb einer Rotorumdrehung.

RFID
radio frequency identification device
(Identifikation per Funkfrequenz)

Elektronische Geräte, um Daten auf einem Transponder (Speicher/Übertrager) berührungslos und ohne Sichtkontakt lesen und speichern zu können.

Ein RFID-System besteht aus dem Speicherchip (Transponder), dem Schreib-Lesekopf und der Sende-Empfangs-Einheit (auch Reader genannt). Die Datenübertragung zwischen Transponder und Lese-Empfangs-Einheit findet dabei über elektromagnetische (Funk-) Wellen statt.

(➔ Funkerkennung)

RISC
Abk. für „Reduced Instruction Set Computer". Deutsch: Rechner mit reduziertem Befehlssatz. Durch Verzicht auf komplexe, selten benötigte Befehlssätze wird der Rechner einfacher, preiswerter und schneller. Komplexe Befehle werden in mehrere einfache zerlegt und nacheinander ausgeführt.

Alt.: CISC

Roboter **robot**
Programmgesteuerte Geräte, die komplexe Bewegungsabläufe durchführen können und mit Greifern oder Werkzeugen ausgerüstet sind. Ihr Einsatz erfolgt vorwiegend zur Handhabung von Werkzeugen oder Werkstücken sowie in der Montage.

Beispiele: Beschichten, Schweißen, Entgraten, Gussputzen, Werkzeugwechsel.

ROM
Abk. für „Read Only Memory". Festwertspeicher, dessen Inhalt nur gelesen werden kann und nicht veränderbar ist.

RPD **Rapid Product Development**
Rapid Prototyping
Sammelbegriff für generative Herstellungsverfahren von Prototyp-Werkstücken.

➔ Rapid Prototyping.

Rückführung **feedback**
Die Übertragung eines (Mess-)Signals von einer späteren zu einer früheren Stufe innerhalb eines geschlossenen Systems (Regelkreises), z.B. Drehzahl-Istwert oder Positions-Istwert. Bei Abweichungen vom Sollwert erfolgt eine automatische Nachstellung.

Satz **block**
Gruppe von zusammengehörenden Wörtern in einem NC-Programm, die als Einheit behandelt wird. Ein NC-Satz beginnt meistens mit der Satznummer (N...). Im Allgemeinen eine Zeile im NC-Programm.

Satzende-Zeichen
end of block character
Ein festgelegtes Zeichen am Satzende ($, LF oder *), das die einzelnen Bearbeitungsinformationen voneinander trennt.

Satznummer **block number**
Unter der Adresse N programmierte Ordnungszahl zur Nummerierung der Sätze eines NC-Programmes. Dient vorwiegend zur Orientierung des Bedieners über den Stand der Bearbeitung.

Satzsuchen **block/sequence search**
NC-Funktion, um ein NC-Programm bis zu einer bestimmten Stelle zu überlesen, wobei alle Maschinenfunktionen gesperrt sind. Um das Programm an der gesuchten Satznummer zu starten, müssen auch Werkzeug, Drehzahl, Vorschub und Korrekturwerte aktiviert sein.

Satzüberlesen **block delete**
NC-Funktion, um durch ein Schrägstrich vor der Satzadresse (/N478) gekennzeichnete Sätze in einem NC-Programm je nach Schalterstellung wahlweise zu überlesen oder auszuführen.

Satz-Zykluszeit **block cycletime**
Zeitangabe die aussagt, wie schnell eine NC aufeinanderfolgende NC-Sätze zur Abarbeitung aufbereitet und bereitstellt.

Daraus lassen sich berechnen,

1) die max. Vorschubgeschwindigkeit bei Polygonzügen (Linearinterpolation), die aus sehr kleinen Weginkrementen bestehen, oder
2) die minimal zulässigen Weginkremente pro Satz bei vorgegebener Vorschubgeschwindigkeit.

Scanner **scanner**
Deutsch: Abtaster.

In der NC-Technik eine Einrichtung zur Digitalisierung der Koordinatenwerte eines Werkstücks und Umsetzung auf Datenträger. Im Prinzip eine Messmaschine, die mit einem Messfühler das Werkstück zeilenweise abtastet und die Messdaten speichert.

SCARA-Roboter **SCARA robot**
Abk. für „Selective Compliance Assembly Robot Arm", deutsch: Schwenkarm-Roboter.

Schaltbefehl, Schaltfunktion **M-function**
Programmierbare Befehle, die die Schaltfunktionen einer Werkzeugmaschine steuern, z. B. Ein-/Ausschalten des Kühlmittels (M08/M09), der Spindel (M03/M05), oder aktivieren des Werkzeugwechsels (M06).

Schleppfehler ➔ Nachlauffehler

Schlupfdrehzahl **Slip**
Generell: Das Abweichen der Geschwindigkeiten von miteinander in Reibkontakt stehenden mechanischen Elementen.

Elektrotechnik: Drehzahlunterschied zwischen Drehfeld und Läufer eines Drehstrom-Asynchronmotors. Dieser „Nachlauf" wird mit zunehmender Belastung größer bis zum Kippmoment, d. h. abrupter Stillstand des Motors.

Schneidenradius-Korrektur **tool nose compensation**
Äquidistante Bahnkorrektur für Drehmaschinen zur Kompensation unterschiedlicher Werkzeug-Schneidenradien. Dazu ist noch die Lage des Schneidenmittelpunktes zu berücksichtigen (rechts/links schneidend, vor/hinter Drehmitte, achsparallel).

Schnittstelle **interface**
Genormte Übergangsstelle zwischen EDV-Geräten (Hardware-S.) oder Programmen (Software-S.). Dient zur Übertragung von Daten, Befehlen oder Signalen zwischen unterschiedlichen Systemen.

Beispiele: IGES, MAP, VDAFS, SERCOS, V.24, RS 232, u. a.

Schraubenlinien-Interpolation **helix interpolation**
Zusätzlich zur Kreisinterpolation in einer Ebene (X, Y) erfolgt eine Linearinterpolation in einer dritten Achse (Z), senkrecht zu dieser Ebene. Wird verwendet zur Herstellung von Innen- und Außengewinden mit Formfräsern und zum Fräsen von Schmiernuten (Gewindefräsen).

Schrittmotor **stepping motor**
Elektrischer Motor, bei dem die Rotordrehung in kleinen, einheitlichen Winkelschritten erfolgt (z. B. 400/U). Der Verstellwinkel des Rotors entspricht der Anzahl der vom Steuergerät abgegebenen Impulse und die Umdrehungsgeschwindigkeit entspricht der Impulsfrequenz.

Kein Regelkreis, da keine Rückmeldung. Es sind nur relativ niedrige Drehzahlen und Drehmomente realisierbar. Für größere Drehmomente werden hydraulische Verstärker nachgeschaltet.

Schrittvorschub **incremental jog**
Möglichkeit, um eine NC-Achse zum Einrichten in wählbaren Inkrementen zu verstellen, z. B. 1 µm, 10 µm, 0,1 mm, 1 mm usw.

Schutzzone **restricted area**
Auch ➔ Software-Endschalter. Programmierbare NC-Funktion, die das Werkzeug vorübergehend nicht aus einem bestimm-

ten Bereich heraus oder in einen bestimmten Bereich hinein lässt, um Kollisionen zwischen Werkzeug und Werkstück aufgrund falscher Weginformationen zu vermeiden.

Schwenktisch **tilting or swivelling table**
Schräg verstellbarer (kipp-/neigbarer) Aufspann- bzw. Arbeitstisch an Werkzeugmaschinen, um an kubischen Werkstücken schräge Flächen und Bohrungen, sowie Freiformflächen bearbeiten zu können.

Bei Bearbeitungszentren A'-Achse, d.h. Schwenken um die X-Achse.

➔ Drehtisch

Schwesterwerkzeug **alternate tool**
Auch Ersatzwerkzeug. Gleichartiges Werkzeug im Werkzeugmagazin, das nach Standzeit-Ende oder Bruch des eingesetzten Werkzeuges verwendet wird.

Selective Mask Sintering (SMS)
Eine digitale additive Fertigungstechnik zur Herstellung dreidimensionaler Teile durch Verschmelzen dünner Lagen aus Plastikpulver, Lage für Lage von unten nach oben mittels Infrarotlicht durch eine digital gedruckte Maske.

Selektives Lasersintern (SLS)
RPD-Verfahren zur Herstellung hochbelastbarer Prototypen auf Basis von CAD Daten durch schichtweises Verschmelzen von pulverförmigen Werkstoffen mit fokussierter Laserstrahlung. Auch aus speziellem Formsand lassen sich Formen und Kerne für den Metallguss herstellen.

Semi Closed Loop **semi closed loop**
Dieser Begriff ist zwar in der Mess- und Regelungstechnik nicht definiert, wird aber benutzt für die **Positionsmessung und -regelung** einer Längsachse mittels **Drehgeber am Servomotor der Kugelumlauf-Antriebsspindel** *(„indirekte Positionsmessung")*. Bei diesem Messverfahren werden die durch Steigungsfehler der Spindel und Lose entstehenden Positionsfehler nicht erfasst. Mit dem Drehgeber wird nur die Winkelstellung der Vorschubspindel gemessen und daraus die Position berechnet.

➔ Closed Loop Betrieb

Sensoren **sensors**
Elektrische Messwertgeber für nichtelektrische Größen wie Längen, Winkel, Druck, Kraft, Temperatur. Bei Änderung der Messgröße muss der Sensor sein Ausgangssignal möglichst schnell und ohne Totzeit ändern.

SERCOS
Abk. für „**SER**ielles Echtzeit-**CO**mmunikations-**S**ystem". Digitale Schnittstelle zwischen CNC und Antrieben, die umfassend spezifiziert ist. Sie soll es ermöglichen, CNCs und Antriebe unterschiedlicher Hersteller zu kombinieren und mit höherer Präzision als in analogen Regelkreisen zu synchronisieren.

Serielle Datenübertragung **serial data transmission**
Die zeitlich nacheinander erfolgende Übertragung von Informationen auf einem Datenkanal.

Alt.: Parallele Datenübertragung.

Server **server**
Ein Computer in einem ➔ LAN, der mittels spezieller Software die Verbindung aller angeschlossenen Geräte (Computer, Laufwerke, Drucker etc.) steuert.

Servo-Steuerung **servo control**
Regelkreis, dessen Regelgröße eine mechanische Bewegung ist, bei NC-Maschinen z.B. die Lageregelung der NC-Achsen.

➔ Regelkreis.

Servo-Abtastrate **servo cycle time**
Zeitangabe in ms die aussagt, wie oft der Positions-Istwert einer NC-Achse elektronisch abgetastet und in den Lageregel-

kreis zurückgeführt wird. Maßgeblich für die dynamische Genauigkeit einer NC-Maschine.

Sicherheitsabstand **safety clearance**
Mindestabstand der Z-Achse vom Werkstück zum automatischen Werkzeugwechsel ohne Kollisionsgefahr.

Sicherheitskonzepte **safety functions**
Zusätzliche Sicherheitsfunktionen erfüllen z. B. im Einrichte- und Testbetrieb bei offener Schutztür die Anforderungen nach dem Safety Integrity Level SIL 2 der IEC 61508 und nach dem Peformance Level PL d gemäß EN ISO 13849. Damit lassen sich die wesentlichen Anforderungen zur funktionalen Sicherheit einfach und wirtschaftlich umsetzen:

- Überwachen von Geschwindigkeit und Stillstand
- Sichere Abgrenzung von Arbeitsraum und Schutzraum
- Sicherheitsrelevante Signale und deren interne logische Verknüpfung

Simulation **simulation**
Möglichst naturgetreue, vom Computer erzeugte Nachbildung eines komplizierten technischen Vorganges auf einem Bildschirm zur kosten- und zeitsparenden Überprüfung des späteren Ablaufes.

Beispiele: Grafisch-dynamische Simulation einer NC-Bearbeitung oder von Roboterbewegungen zwecks Fehlererkennung. Simulation eines geplanten FFS, um Engpässe, Kapazitäten, Ausbaumöglichkeiten, Aufbau-Varianten oder Zeitprobleme bereits vor Beginn der Installation testen zu können.

Slicer, Slicing Software
Computersoftware für die additive Fertigung (3D-Drucker) zur Konvertierung eines CAD-Objektmodells im STL-Format in ein lauffähiges NC-Programm für den 3D-Drucker. Dazu unterteilt der Slicer das Objekt in mehrere einheitlich dünne Schichten, die dann von dem 3D-Drucker Schicht für Schicht von unten nach oben bis zum fertigen Objekt aufeinander gefügt werden.

Slope **slope**
Programmier- oder einstellbares sanftes Beschleunigungs- und Abbremsverhalten der NC-Achsen, um ruckartige Bewegungen zu vermeiden und die Mechanik zu schonen.

SMD
Abk. für „Surface Mounted Devices“, eine spezielle Technik zur Bestückung von Leiterplatten mit Bauteilen der Mikroelektronik.

Softkeys
➔ Software-Tasten.

Software **software**
Allgemein: Programme, die für den Betrieb eines Rechners oder eines rechnerunterstützten Systems notwendig sind.

Bei CNCs: Das Systemprogramm für die Mikroprozessoren, das die NC-Funktionen ausführt sowie die Überwachungs- und Diagnoseprogramme, Anpassprogramme und maschinenspezifische Programme.

Nicht zu verwechseln mit den NC-Programmen des Anwenders.

Software-Endschalter **software limit switch**
Programmierbare Achsbegrenzung für NC-Maschinen, die ein ungewolltes Überfahren verhindern. Verwendung als Ersatz für mechanische Achs-Endschalter oder zur vorübergehenden Begrenzung des Arbeitsbereiches, um Maschine und Werkstück vor Beschädigungen durch Eingabe falscher Weginformationen zu schützen.

Software-Tasten **softkeys**
Frei belegbare Funktionstasten, auch Multifunktionstasten. Meist 5 bis 8 am Rande des Bildschirmes einer CNC angebrachte mechanische oder elektronische Tasten mit

wechselnden Funktionen. Beim Bedienen der CNC werden diesen Tasten per Software nacheinander mehrere, unterschiedliche Funktionen zugewiesen. Ersatz für viele Hardware-Tasten mit diskreten Einzelfunktionen.

Sollwert, Sollposition **command position**
Programmierte Weginformation für eine NC-Achse (Maschinenschlitten).

SPC **statistical process control**
Die **statistische Prozesslenkung** (auch *Prozessregelung* oder *Prozesssteuerung*) ist eine Vorgehensweise zur Optimierung von Produktions- und Serviceprozessen aufgrund statistischer Verfahren.

Speicher **memory**
Elektronische Funktionseinheit, die Daten aufnehmen, speichern und wieder abgeben kann. In der NC-Technik werden unterschiedliche Speicherbausteine verwendet, wie z. B. RAM, ROM, EPROM, EEPROM.

Speicherkarte **memory card**
Transportabler, steckbarer, elektronischer Datenspeicher im Format einer Scheckkarte und ca. 3 bis 4 mm Dicke, der mit RAM, EPROM oder EEPROM bestückt sein kann. Verschiedene Ausführungen sind noch aktuell, z. B. SD, Mini-SD, Micro-SD (z. B. in Mobiltelefonen)

Speicherprogrammierbare Steuerung, SPS **programmable logic controller, PLC**
➔ SPS.

Spiegelbild-Bearbeitung **mirror image operation**
Durch Richtungsumkehr (vertauschen von + und –) einer NC-Achse lassen sich mit dem gleichen NC-Programm zwei spiegelbildliche Werkstücke herstellen. Beispiele: Linke und rechte Tür fräsen, Gehäuse und Deckel bohren.

Spielausgleich **backlash compensation**
CNC-Funktion bei indirekter Wegmessung mittels Kugelumlaufspindel und Drehgeber einer NC-Achse. Bewirkt eine elektronische Kompensation der Lose zwischen der mechanischen Antriebskette und dem Messgeber. Bei Richtungsumkehr beginnt die Wegmessung erst dann, wenn der in der CNC gespeicherte Kompensationswert zurückgelegt ist. Ist für jede Achse getrennt justier- und korrigierbar.

Spindelorientierung **spindle orientation**
Programmierbare NC-Funktion zur Stillsetzung der Hauptspindel in einer festgelegten oder programmierbaren Winkelstellung. Erforderlich beim Zurückziehen eines Ausdreh-Werkzeuges mit einseitiger Schneide aus einer Bohrung oder zum Werkzeugwechsel bei Werkzeugaufnahmen mit Greif- und Fixierstellung.

Spline-Funktion **spline function**
Mathematisches Verfahren zur Annäherung von Kurven. Es entstehen Splinekurven mit glattem, stetigem Kurvenverlauf, die vorgegebene Stützpunkte verbinden. Man unterscheidet A-, B-und C-Splines.
➔ NURBS

Spline-Interpolation **spline interpolation**
Verkettung von Polynomen dritten oder höheren Grades, die an ihren Übergängen ein verbindendes Übergangsverhalten aufweisen. Dient zur Berechnung von Freiformkurven aus wenigen Stützpunkten.

SPS **PLC**
Abk. von „Speicherprogrammierbare Steuerung". Diese elektronischen Steuerungen ersetzen in ihrer einfachsten Ausführung frühere Relais-Steuerungen für Verriegelungen und Verknüpfungen von Schaltbefehlen und -funktionen (Bit-Verarbeitung). Leistungsfähige Systeme sind spezielle Prozessrechner mit vielen Ein- und Aus-

gängen zur fortlaufenden Überwachung und Steuerung des Prozesses mit Datenrückführung (Wort-Verarbeitung).

SRAM
Abk. für „Static RAM". Elektronischer Schreib-Lesespeicher, dessen Speicherinhalt ohne periodische Auffrischung erhalten bleibt.

Standzeit-Überwachung **tool monitoring**
CNC-Funktion zur Überwachung der theoretischen Standzeiten (Nutzungsdauer) jedes einzelnen Werkzeuges im Magazin der NC-Maschine. Hierzu addiert die NC die einzelnen Einsatzzeiten der Werkzeuge und vergleicht sie mit der vorgegebenen theoretischen Standzeit. Nach Standzeit-Ende wird das Werkzeug gesperrt und z.B. ein Schwesterwerkzeug aufgerufen.

Steigungsfehler-Korrektur **lead error compensation**
CNC-Funktion zur programmierbaren Korrektur von gemessenen Steigungsfehlern einer Kugelumlaufspindel oder einer Messzahnstange mit Ritzel.

STEP
Abk. für „Standard for the Exchange of Product Model Data".

Internationale Normung, um CAD-Daten problemlos austauschen und weiterverarbeiten zu können (ISO 10303).

Stereolithografie
CAD/CAM-Verfahren zur Herstellung von Musterteilen ohne Gießform und ohne Werkzeuge. Ausgangswerkstoff ist ein Bad mit flüssigem Kunststoff, auf den ein numerisch gesteuerter Laser- oder UV-Lichtstrahl einwirkt und den Kunststoff schichtweise aushärtet. ➔ RPD.

Steuerkette **open loop control**
Steuerungssystem, bei dem die korrekte Ausführung eines Steuerbefehls nicht durch ein Rückführsignal kontrolliert und geregelt wird.

Alt.: Regelkreis.

Steuerung **controller** **machine control unit**
Elektrisches oder elektronisches Gerät zur Steuerung programmierter oder durch die Verdrahtung festgelegter Funktionen einer Maschine. In der NC-Technik sind alle Steuerungsaufgaben auf NC und SPS verteilt.

Streckensteuerung **straight cut control**
Numerische Steuerung, die das Werkzeug im Vorschub nur achsparallel (X, Y, Z nacheinander) verfahren kann.

Synchronmotor **synchronous motor**
Elektromotor für 3-Phasen-Drehstrom, dessen Rotor lastunabhängig immer synchron mit dem im Stator erzeugten Drehfeld läuft. Die Statorwicklung ist identisch mit der des Asynchronmotors.

Der **Rotor** ist mit Permanentmagneten oder fremderregten Magneten bestückt, je nach Auslegung mit 1 bis mehreren Polpaaren.

Synchronmotoren können am Netz nicht direkt durch Einschalten des Drehstroms hochgefahren werden, sie benötigen dazu eine „Anlaufhilfe" bis zur Nenndrehzahl, meistens in Form eines Kurzschlusskäfigs.

Die **Drehzahlregelung** erfolgt durch Änderung der Speise-Spannung und -Frequenz über einen Frequenzumrichter. Der Drehzahl-Regelbereich reicht von Stillstand (mit Stillstandsmoment) bis zur max. zugelassenen Drehzahl. Diese ist motorabhängig und liegt bei 2000 bis >9000 1/min.

Der drehzahlgeregelte Synchronmotor ist wegen seiner Vorteile derzeit der bevorzugte **Achsantrieb** für CNC-Werkzeugmaschinen. Heutige Synchron-Servomotoren sind Spezialausführungen, die einen großen Regelbereich und ein dynamisches Drehzahlverhalten ermöglichen.

Syntax **syntax**

1) Grammatik: Lehre vom Aufbau der Sätze, der Stellung und Zuordnung der einzelnen Wörter und Satzteile, Haupt- und Nebensätze usw.
2) NC-Technik: Festgelegte Regeln für den Aufbau der Anweisungen in Zeichen, Wörter und Sätze.

System **system**

Ganzheitlicher Zusammenhang von Dingen, Vorgängen, Teilen, der z.B. von Menschen hergestellt wurde. Beispiele: Periodisches System der chem. Elemente, Planetensystem, Maßsystem, kybernetisches System, Programmiersystem, Fertigungssystem.

Systematik **systematic**

Gliederung nach sachlichen und logischen Zusammenhängen.

Taschenfräsen **pocket milling**

NC- oder Programmier-Funktion, die mit wenigen Eingabebefehlen das Ausfräsen von Vertiefungen oder tiefer liegenden Werkstückflächen erlaubt.

TCP/IP

Abk. für **T**ransmission **C**ontrol **P**rotocol/ **I**nternet **P**rotocol

Ein ➔ Netzwerkprotokoll, das wegen seiner großen Bedeutung für das Internet auch kurz nur als Internetprotokoll bezeichnet wird.

Teach-in **teach-in mode**

Deutsch: Lernverfahren. Programmierung durch schrittweise Positionsaufnahme. Vorwiegend für Roboter benutzt, wobei der Roboterarm im Einrichtbetrieb nacheinander in die gewünschten Positionen gebracht wird und die CNC diese Werte per Tastendruck abspeichert.

Anschließend automatisches Anfahren der einzelnen Positionen: play back.

Technologiezyklen **machining cycles**

Bearbeitungszyklen für Standardgeometrien, Kreistaschen, Gewindefreistiche, Gravurzyklen, Tieflochbohrungen etc. in der Ebene und auch auf der Stirn- oder Mantelfläche von Drehwerkstücken oder an geschwenkten Werkstücken.

Technologische Daten **technological data**

In Ergänzung zu den geometrischen Daten alle Informationen in einem NC-Programm zur Auswahl der technologischen Funktionen, wie Drehzahl, Vorschubgeschwindigkeit, Kühlmittel, Werkzeuge.

Teilefamilien **group technology**

Gruppe von geometrisch und technologisch ähnlichen Werkstücken, die mit den gleichen Maschinen und Werkzeugen ohne wesentliche Umstellungen bearbeitet werden können.

Terminal **terminal**

Geräte zur Daten-Eingabe und -Anzeige, meist bestehend aus ASCII-Tastatur und Bildschirm.

Thyristor **silicon controlled rectifier (SCR)**

Halbleiter-Bauelement, dessen Übergang vom Durchlass- in Sperrzustand (und umgekehrt) gesteuert werden kann. Großes Anwendungsgebiet in der Leistungselektronik für Drehzahl- und Frequenzregelungen.

Time sharing **time-sharing**

Rechner-Betriebsart, bei der mehrere Benutzer über Terminals den Rechner gleichzeitig für unterschiedliche Aufgaben benutzen. Dadurch ergibt sich eine wirtschaftlichere Nutzung des Rechners ohne bemerkbare Wartezeiten für die einzelnen Benutzer.

Token Ring **token ring**
Besser: Token-Zugriffsverfahren bei lokalen Netzwerken (LAN). Steuert den Zugriff der einzelnen Teilnehmer auf den Bus. Der „Token“ (ein bestimmtes Bitmuster, das die Sendeberechtigung erteilt) kann immer nur von einem Teilnehmer an einen anderen weitergegeben werden. Dadurch wird sichergestellt, dass immer nur ein Teilnehmer sendet und die Daten kollisionsfrei übertragen werden.

Topologie **structure**
Die Topologie bezeichnet bei einem Computernetz die Struktur der Verbindungen mehrerer Geräte untereinander, um einen gemeinsamen Datenaustausch zu gewährleisten. Man unterscheidet Stern-, Ring-, Bus-, Baum-, Vermaschtes-Netz- und Zell-Topologie.

Die Topologie eines Netzes ist entscheidend für seine Ausfallsicherheit: Nur wenn alternative Wege zwischen den Knoten existieren, bleibt bei Ausfällen einzelner Verbindungen die Funktionsfähigkeit erhalten. Es gibt dann neben dem Arbeitsweg einen oder mehrere Ersatzwege (oder auch Umleitungen).

Torquemotor **torque motor**
Torquemotoren *(torque (engl.) = Drehmoment)* sind getriebelose Direktantriebe mit sehr hohem Drehmoment (über 8000 Nm) und relativ kleiner Drehzahl. Sie werden für schnelle und präzise Verfahr- und Positionieraufgaben genutzt. Aufgrund ihrer kompakten Bauweise und der geringen Anzahl an Bauteilen benötigen sie nur wenig Platz. Sie sind geeignet für den Einsatz in Drehtischen, Schwenk- und Rundachsen, Spindelmaschinen, dynamischen Werkzeugmagazinen und Drehspindeln in Fräsmaschinen.

Torquemotoren sind mit Innen- oder Außenläufer herstellbar. Als Außenläufer haben sie ein höheres Drehmoment bei gleichen Außenabmessungen.

Touch screen **touch screen**
Bildschirm mit Berührungssensoren zur Aktivierung der angebotenen Menüs durch Antippen mit dem Finger (Ersatz für Softkeys).

Transferstraße **transferline**
Gruppierung mehrerer Fertigungseinheiten in einer Fertigungslinie, wobei alle Teile die einzelnen Stationen in einer festgelegten Reihenfolge durchlaufen und mit aufeinanderfolgenden, ergänzenden Programmen bearbeitet werden. Die Bearbeitungsvorgänge können nur in Grenzen verändert werden. Dadurch sind Transferstraßen ideal für die Serienfertigung ohne große Produktvariationen. Durch die enorme Flexibilität und große Anzahl der Produktvarianten im Automobilbau haben Transferstraßen im ursprünglichen Sinne zahlenmäßig an Bedeutung verloren. Sie werden durch Flexible Fertigungssysteme ersetzt.

Ultraschall-Technologie **ultrasonic technology**
Neues Verfahren zur wirtschaftlichen spanenden Bearbeitung von Keramik, Glas, Hartmetall, Silizium und ähnlichen Werkstoffen. Hierbei wird in einer speziellen „Ultraschall-Spindel“ bei Drehzahlen von 3000 bis 40 000 Umdrehungen/min eine mechanische Schwingung von ca. 20 000 Hertz auf das Diamantwerkzeug in Richtung der Z-Achse überlagert. Dadurch „schlägt“ das vibrierende Werkzeug pulverförmige Kleinstpartikel aus der in bester Qualität entstehenden Werkstück-Oberfläche.

Umkehrspiel **backlash**
Unerwünschtes Spiel (Lose) zwischen Spindel und Mutter bzw. zwischen Ritzel und Zahnstange eines mechanischen Antriebes.

Umsetzer **converter**
Elektronische Geräte zur Umsetzung von Daten von einer in eine andere Form. In Verbindung mit NC: Code-Umsetzer, Digital-Analog-Umsetzer, Serien-Parallel-Umsetzer.

UNIX
Ein von AT&T Bell Laboratories entwickeltes Computer-Betriebssystem für mehrere Benutzer.

Unterprogramm **subroutine, macro**
Im Speicher abgelegte, häufig wiederkehrende Programmteile, die vom Hauptprogramm aufgerufen werden können. Danach springt der Programmablauf wieder zurück ins Hauptprogramm.

USB-Stick
Transportabler Halbleiterspeicher, meist Flash-ROMs. Anders als der Arbeitsspeicher eines PCs behalten diese Speicherchips ihren Inhalt auch ohne Betriebsspannung. USB ist dafür die optimale Anschlusstechnik, weil sie mittlerweile weit verbreitet ist, gleich die nötige Stromversorgung mitbringt und ausdrücklich das Stecken und Entfernen während des Betriebes unterstützt.

V.24-Schnittstelle
Vom CCITT empfohlene und standardisierte serielle Datenschnittstelle, die weitgehend mit der EIA-232-C-Schnittstelle übereinstimmt und bei NCs zur automatischen Datenein-/-ausgabe verwendet wird.

Variable Platzcodierung
random tool access
Methode zur Werkzeugablage und -verwaltung in einem Werkzeugmagazin. Beim Beladen des Magazins werden die Werkzeuge beliebigen freien Plätzen zugeordnet. Beim Werkzeugwechsel mittels Doppelgreifer vertauschen die Werkzeuge die Plätze, d.h. die Magazinbelegung ändert sich mit jedem Werkzeugwechsel. Die CNC übernimmt die logische Verwaltung von Werkzeugen und Platznummer.

Vorteile: Verwendung uncodierter Werkzeuge, Programmieren der Werkzeugnummer im NC-Programm, Suchlauf und Bereitstellen des Werkzeuges auf kürzestem Weg, kurze Wechselzeiten mit Doppelgreifer.

Variable Satzlänge
variable block format
NC-Programmformat, bei dem die Länge jedes Satzes je nach Zahlenwerten variieren kann.

VDAFS
Abkürzung für „Verband der Automobilindustrie – FlächenSchnittstelle".

Wurde 1986 DIN-Standard (DIN 66 301). Reine Geometrieschnittstelle, speziell für den Austausch von dreidimensionalen (Freiform-) Kurven- und Flächendaten, z.B. zwischen CAD-Systemen. Merkmale sind: wenig Grundelemente, einfaches Datenformat und einfache Syntax.

Vektor-Vorschub **vector feedrate**
Resultierende Vorschubgeschwindigkeit, mit der sich ein Werkzeug an der Werkstückkontur entlang bewegt. Die beteiligten Achsen verändern ihre Geschwindigkeit so, dass die resultierende Vektor-Geschwindigkeit des Werkzeuges dem programmierten Wert entspricht und konstant bleibt.

Verfahren **procedure**
Der Ablauf bzw. die Art und Weise der Ausführung von Vorgängen zur Gewinnung, Herstellung oder Beseitigung von Produkten.

Vergleicher **comparator**
Funktionseinheit, die z.B. die Soll- mit der Istposition einer Achse vergleicht und bei Abweichungen ein Korrektursignal für den Regelkreis zur Verminderung dieser Differenz erzeugt (Regler).

Versatz
➔ Offset.

Verstärker **amplifier**
Elektronische Einheit zur Leistungsverstärkung eines Signals. In einer NC ist dies meistens ein Servo-System, das die Leistung für die geregelten Antriebe liefert.

Verweilzeit **dwell**
In Sekunden oder Spindelumdrehungen programmierbare Wartezeit nach Satzende, z. B. zum Freischneiden des Werkzeuges.

virtuelles Produkt **virtual product**
Rechnerbasierte, realistische Darstellung eines Produkts als Volumenmodell auf dem Bildschirm, mit allen geforderten Funktionen. Es ermöglicht eine realitätsnahe Beurteilung ohne vorherige Erzeugung eines körperlichen Modells.

VLSI = Very Large Scale Integration
Bezeichnet den Integrationsgrad von elektronischen Halbleiter-Bausteinen; Beisp.: VLSI-Prozessoren haben zwischen 100.000 und 1 Mio. Transistoren.

Vorausschauende Bahnbetrachtung **look ahead function**
Automatische Funktion der CNC zur vorausschauenden Betrachtung des Werkzeugweges über mehrere Sätze, um an kritischen Konturübergängen (Ecken, Radien) die Vorschubgeschwindigkeit entsprechend der Maschinenkinematik soweit zu reduzieren, dass die Konturgenauigkeit am Werkstück eingehalten wird. Ferner lassen sich drohende Konturverletzungen erkennen und vermeiden, wenn z. B. beim Eintauchen der Werkzeugdurchmesser größer ist als die Werkstück-Kontur.

Vorrichtung, Spannvorrichtung **fixture**
Mechanische Spannmittel, mit deren Hilfe gleichartige Werkstücke in einer genau fixierten Lage auf dem Maschinentisch festgehalten werden, um sie mit hoher wiederholbarer Genauigkeit bearbeiten zu können.

Vorschub **feed**
Der Weg, den ein Werkzeug pro Minute oder pro Umdrehung zurücklegt.
(f = mm/min, mm/U). In NC-Programmen unter der Adresse F programmiert und mittels G-Adresse definiert (G94, G95).

Vorschubkorrektur **feedrate override**
Manuelle Eingriffsmöglichkeit, um den programmierten Vorschub einer NC-Maschine vorübergehend verändern und den Bearbeitungsverhältnissen anpassen zu können.

WAN
Abk. für „Wide Area Network", eine Datenverbindung von Rechnern über große Entfernungen, die öffentliche Einrichtungen wie z. B. Telefonleitung oder ISDN der Post nutzt.

Wegbedingungen **G-functions**
Im NC-Programm die G-Funktion (G00 bis G99), mit der festgelegt wird, wie die programmierte Position anzufahren ist: Auf einer Geraden, einer Kreisbahn, im Eilgang oder z. B. mit einem Bohrzyklus.

Weginformationen **dimensional data**
In einem NC-Programm alle Sollwert-Vorgaben für die NC-Achsen unter den Adressen X Y Z A B C U V W R.

Wegmesssysteme **position measuring system**
Messgeräte mit elektrisch auswertbaren Signalen zur Erfassung der Achsenbewegungen einer NC-Maschine. Dazu stehen mehrere unterschiedliche Messsysteme und Messverfahren zur Verfügung: Linearmaßstäbe und Drehgeber, absolute und relative, analoge und digitale sowie pseudoabsolute Systeme.

Werkstattorientierte Programmierung
➔ WOP

Werkstücknullpunkt **part program zero**
Meistens identisch mit dem vom Programmierer festgelegten Programmnullpunkt in jeder Koordinate, auf den sich alle Maßangaben des NC-Programms beziehen. Der Bezug zum Maschinen-Nullpunkt wird durch die Nullpunktverschiebung berücksichtigt.

Werkstückwechsel **workpiece changer**
Der programmierbare und automatisch ablaufende Wechselvorgang, um in einer NC-Maschine mittels Palette oder Roboter ein fertig bearbeitetes gegen ein unbearbeitetes Werkstück auszutauschen.

Werkzeugaufruf **tool function**
Unter der T-Adresse programmierte Werkzeugnummer zum Suchen und Bereitstellen des nächsten Werkzeuges im Werkzeugmagazin. Das Einwechseln in die Spindel erfolgt dann mit dem M06-Befehl.

Werkzeugbahn **tool path**
Die von der NC errechnete Bahn, auf der sich der Werkzeug-Mittelpunkt relativ zum Werkstück bewegt, um die programmierte Werkstückkontur zu erzeugen.

Werkzeugdaten **tool data**
Die beschreibenden Daten eines Werkzeuges, wie Durchmesser, Länge und Standzeit, in manchen Fällen ergänzt durch Schnittdaten, Gewicht, Form, Typ u. a. Angaben.

Werkzeugkorrektur **tool compensation**
In der NC gespeicherte Korrekturwerte, um Abweichungen der Werkzeuglänge, unterschiedliche Werkzeugradien, die Werkzeuglage oder den Werkzeugverschleiss zu kompensieren.

Werkzeugmaschine **machine tool**
Maschinen zur spanenden oder spanlosen Bearbeitung von Werkstücken aus Metall, Holz, Kunststoff oder anderen Werkstoffen mit Werkzeugen.

Beispiele: Dreh-, Fräs-, Hobel-, Bohr-, Funkenerosions-, Schleifmaschinen, Scheren, Stanzen, Pressen, Walzen, Maschinenhämmer. Neuere Werkzeugmaschinen-Typen sind Wasserstrahlschneidmaschinen und Laserstrahlmaschinen zum Schweißen, Trennen, Abtragen oder Formen (Stereolithographie). W. werden entweder manuell oder automatisch betrieben, wobei letztere wesentlich schneller und präziser arbeiten. Bei **W. mit numerischer Steuerung** läuft eine frei programmierbare Folge von Bearbeitungsvorgängen ab, sodass auch unterschiedliche Werkstücke in beliebiger Reihenfolge automatisch bearbeitet werden können.

Man unterscheidet **Einfach- oder Produktionsmaschinen** für einen oder mehrere Arbeitsgänge und **Universal-W.** für verschiedenartige Arbeitsgänge und Folgebearbeitungen.

In der Serienproduktion werden oft mehrere Bearbeitungseinheiten oder Werkzeugmaschinen in Gruppen zusammengefasst und so miteinander verbunden, dass unterschiedliche Bearbeitungen nacheinander erfolgen (Rundschalt- oder Transfer-Automaten, Taktstraßen, Flexible Fertigungssysteme).

Roboter, Lackiermaschinen, Messmaschinen, Schweißgeräte und viele andere Fertigungseinrichtungen zählen **nicht** zu den Werkzeugmaschinen.

Werkzeugstandzeitüberwachung **tool life monitoring**
Eine CNC-Funktion, mit der die Schnittzeiten jedes aktiven Werkzeuges fortlaufend erfasst, aufsummiert, abgespeichert und mit der vorgegebenen Standzeit verglichen werden. Ist die vorgegebene Standzeit erreicht gibt die CNC beim nächsten Programm-Stopp automatisch ein Signal zum automatischen Einwechseln eines Schwesterwerkzeuges.

Werkzeugverwaltung tool management
1) Maschinen-intern: NC-Funktion zur Verwaltung der im Magazin befindlichen Werkzeuge nach Werkzeugnummer, Platznummer, Standzeit, Korrekturwerte, Verschleiß, Bruch und Abnutzung.
2) Maschinen-extern: Zentraler Werkzeugrechner, der alle außerhalb der NC ablaufenden Verwaltungsaufgaben übernimmt, wie z. B. Werkzeugnummer, Werkzeugdaten, Korrektur- und Einstellwerte, Verfügbarkeit, Reststandzeit usw.

Der Datenaustausch zwischen Rechner und CNC erfolgt entweder über DNC oder spezielle schreib-/lesbare Datenspeicherchips im Werkzeughalter.

Die durchgängige Verwaltung und Aktualisierung von Werkzeugdaten ist für die wirtschaftliche Steuerung von Werkzeugmaschinen von zentraler Bedeutung

Werkzeugvoreinstellung tool presetting
Das genaue Messen bzw. Einstellen der Werkzeuge auf vorgegebene Werte bezüglich Länge (Bohrer, Fräser) und Durchmesser (Ausdreh-Werkzeuge). Dazu stehen spezielle Voreinstellgeräte zur Verfügung, die mit Messuhren, Mikroskopen, Projektoren und Computern ausgerüstet sind, um die Werte exakt zu erfassen oder einzustellen und für die spätere Übertragung in eine NC-Maschine zu speichern.

Werkzeugwechsler tool changer
Mechanische Einrichtung an NC-Maschinen zum automatischen Wechseln von Werkzeugen aus dem Magazin in die Bearbeitungsspindel und umgekehrt. Der Wechselvorgang erfolgt mit Einfach- oder Doppelgreifern, oder auch direkt aus dem Magazin in die Spindel.

Wiederholgenauigkeit repeatability repetitive accuracy
Genauigkeit, die bei mehrmaligem Positionieren eines Maschinenschlittens auf die gleiche Position unter gleichen Bedingungen erreicht wird. Die Abweichungen werden durch zufällige Fehler und nicht durch systematische Fehler bestimmt.

Wizard
(dt: Zauberer) Ein Software-Tool, das z. B. in CAD- und PDM-Systemen Abläufe automatisiert und Bearbeitungszeiten merklich verkürzt.

WOP – Werkstattorientierte Programmierung shop floor programming
Einfach zu bedienendes, werkstattgeeignetes Programmierverfahren mit Dialogführung und grafisch unterstützter Eingabe. Einheitliche Programmierung in der AV und in der Werkstatt.

WOP-Kennzeichen ist die strikte Trennung von Geometrie- und Technologie-Eingabe, d. h. mit der Eingabe der Werkstückgeometrie wird noch nicht die spätere Bearbeitungsfolge festgelegt. Programmiert werden die Werkstück-Konturen und nicht die Werkzeugbahnen!

Wort program word
Grundeinheit eines NC-Satzes, bestehend aus Adresse und Zahlenwert.

workstation
Deutsch: Bildschirmarbeitsplatz. Ein Terminal zur Kommunikation mit dem Computer, meistens mit eigener Rechnerkapazität ausgerüstet.

X-, Y-, Z-Achse X-, Y-, Z-axis
Adressen zur Kennzeichnung der 3 linearen Hauptachsen einer NC-Maschine, die-meistens rechtwinklig zueinander stehen. Hierbei ist X die horizontale Längsachse, Y eine Querbewegung und Z die Bewegung in Richtung der Spindelachse.

Zelle cell, manufacturing cell
➔ Flexible Fertigungszelle.

Zoom-Funktion **zooming**
Deutsch: Lupenfunktion, d. h. die stufenlose Vergrößerung bzw. Verkleinerung einer grafischen Darstellung auf dem Bildschirm zwecks besserer Erkennung von Details.

Zugriffszeit **access time**
In einem Computer ist dies die Zeit zwischen dem Abruf von Daten oder zum Speichern von Daten und der Zeit bis dies gestartet ist. Dabei unterscheidet man zwischen Lese- und Schreibzeit.

Zusatzfunktionen
➔ Hilfsfunktionen.

Zyklus **cycle**
Fester Ablauf von mehreren Einzelschritten, die in der NC gespeichert sind und durch eine programmierte M- oder G-Funktion aufgerufen werden können. Zyklen werden zur Anpassung an die gegebene Aufgabe mit spezifischen Parameterwerten (Rückzugsebene, Bohrtiefe, Schnittaufteilung) ergänzt. Sie vereinfachen die Programmierung und reduzieren die Programmlänge erheblich. NC-Programme mit Zyklen sind wesentlich änderungsfreudiger als solche ohne Zyklen.

Beispiele: Zyklen für Gewindebohren, Tiefbohren, Schruppen, Werkzeugwechsel, Palettenwechsel, Messvorgänge.

Zykluszeit **cycle time**
Von der NC benötigte Mindestzeit, um aufeinanderfolgende Programmsätze für die Abarbeitung aufzubereiten und bereitzustellen. Ist die zur Abarbeitung eines Satzes benötigte Zeit kürzer als die Zykluszeit, dann bleibt die Maschine kurzzeitig stehen, bis der nächste Satz zur Abarbeitung freigegeben ist. Um dies zu verhindern, muss die Vorschubgeschwindigkeit reduziert werden.

Abkürzungsverzeichnis

In diesem Buch werden folgende Akronyme verwendet:

AC	Adaptive Control
AF	Auxiliary Functions
AGV	Automatic Guided Vehicle
AI	Artificial Intelligence
AM	Additive Manufacturing
APT	Automatically Programmed Tools
AR	Augmented Reality (erweiterte Realität)
ASCII	American Standard Code for Information Interchange
ASIC	Application-Specific Integrated Circuit
AWL	Anweisungsliste, für die Programmierung von SPS
BDE	Betriebs-Daten Erfassung
BCD	Binary Coded Decimalcode
CAA	Computer Aided Assembly
CAE	Computer Aided Engineering
CAI	Computer Aided Inspection
CAM	Computer Aided Manufacturing
CAN	Controller Area Network (Feldbus-System)
CAP	Computer Aided Programming
CAPP	Computer Aided Production (or Process) Planning
CAQ	Computer Aided Quality Insurance
CAR	Computer Aided Research
CBN	Cubisches Bornitrid (Werkzeug-Schneidstoff)
CE	Concurrent Engineering
CiA	CAN in Automation
CIM	Computer Integrated Manufacturing
CISC	Complex Instruction Set Computer
CMM	Coordinate Measuring Machine
CNC	Computerized Numerical Control
CP	Potential Capability
CPS	Cyber Physical System
CPU	Central Processing Unit
CRT	Cathode Ray Tube
CSMA/CA	Carrier-Sense Multiple Access with Collision Avoidance
CSMA/CD	Carrier-Sense Multiple Access with Collision Detection
DIN	Deutsche Industrie Norm
DMLS	Direct Metal Laser Sintering
DMU	Digital Mockup
DMZ	DeMilitarized Zone
DNC	(Direct or) Distributed Numerical Control
DP	Decentralized Peripherals
DRAM	Dynamic Random-Access Memory
EBM	Electron-Beam Melting
EOB	End of Block (= Line Feed)
EOP	End of Program
EPROM	Erasable Programmable Read-Only Memory
ERP	Enterprise Resource Planning System
FBM	Feature Based Machining
FDM	Fused Depositing Modeling
FMS	Flexible Manufacturing System
FMS	Fieldbus Message Specification

FUP	Funktionsplan (für die Programmierung von SPS)
GAE	Gesamtanlageneffektivität
HMI	Human-Machine Interface
HSC	High Speed Cutting
HSK	Hohlschaftkegel (bei Werkzeugaufnahmen)
I4.0	Industrie 4.0
IGES	Initial Graphics Exchange Specification
IPC	Industrie-PC
IR	Industrial Robot
ISO	International Standards Organization
KOP	Kontaktplan (für die Programmierung von SPS)
KTY	Kaltleiter Temperatursensor Y = für kommerzielle Anwendung
Kv	Verstärkungsfaktor im Regelkreis
LAN	Local-Area Network
LC	Laser Cusing
LED	Light Emitting Diode
LOM	Laminated-Object Manufacturing
MAP	Manufacturing Automation Protocol
MB	Mega Byte
Mb	Megabit
MDA	Machine Data Acquisition
MDC	Manufacturing Data Collection
MES	Manufacturing Execution System
MIPS	Million Instructions Per Second
MMI	Man-Machine Interface
MMS	Mensch-Maschine-Schnittstelle (➔ HMI)
NC	Numerical Control
NURBS	Non-Uniform Rational B-Splines
OEE	Overall Equipment Effectiveness
OS	Operating System
OSACA	Open System Architecture for Controls within Automation Systems
PDA	Production Data Acquisition
PDM	Product Data Management
PKD	Polykristalliner Diamant (Werkzeug-Schneidstoff)
PKM	Parallel Kinematic Machines
PLC	Programmable Logic Controller
PLM	Product Lifecycle Management
PMI	Produkt Manufacturing Information
PP	Post Processor
PPC	Production Planning and Control
PROM	Programmable Read-Only Memory
RAM	Random Access Memory
RFID	Radio Frequency Identification Device
ROM	Read Only Memory
RP	Rapid Prototyping
RPD	Rapid Product Development
SCR	Silicon-Controlled Rectifier
SERCOS	Serielles Echtzeit Communications-System
SK	Steilkegel (bei Werkzeugaufnahmen)
SLS	Selective Laser Sintering
SMD	Surface-Mounted Device
SMS	Selective Mask Sintering
SPC	Statistical Process Control
SPS	Speicherprogrammierbare Steuerung
SRAM	Static RAM
STEP	Standard for the Exchange of Product Model Data
TCP/IP	Transmission Control Protocol/Internet Protocol
TPM	Total Productive Maintenance (Gesamtanlageneffektivität GAE)
TOP	Technical and Office Protocol
VDI	Verein Deutscher Ingenieure
VLSI	Very Large-Scale Integration
VNCK	Virtueller NC-Kern
VR	Virtual Reality
WAN	Wide Area Network
WPL	Wendeplatten (bei Werkzeugen)

Stichwortverzeichnis

A

B

C

D

E

F

G

H

I

J

K

L

M

N

O

P

Q

R

S

T

U

V

W

Z

Empfohlene NC-Literatur

Fachzeitschriften:

Zur ständigen Information über das Neueste aus dem Gebiet Fertigungstechnik, Metallverarbeitung, NC-Technik und CAD/CAM/CIM empfiehlt sich ein Abonnement folgender Fachzeitschriften:

Form und Werkzeug
6-mal jährlich
Carl Hanser Verlag, Kolbergstr. 22,
81679 München, Tel. 0 89-99 83 0-6 11
redaktion@hanser.de

WB Werkstatt und Betrieb
Monatlich (zwei Doppelausgaben)
Carl Hanser Verlag, Kolbergstr. 22,
81679 München, Tel. 0 89-99 83 0-2 54
redaktion@hanser.de

ZwF-Zeitschrift für den wirtschaftlichen Fabrikbetrieb
10-mal jährlich
Carl Hanser Verlag, Kolbergstr. 22,
81679 München, Tel. 0 30-39 00 62 26
redaktion@hanser.de

NC-Fertigung
10-mal jährlich
NC-Verlag, Büro Augsburg
86150 Augsburg, Tel. 08 21/31 98 80-10
e-mail: angeli@schluetersche.de

Werkzeug und Formenbau
5-mal jährlich
verlag moderne industrie
Justus-von-Liebig-Str. 1,
86899 Landsberg
Tel. 0 81 91-1 25-0

Fertigung
11-mal jährlich
verlag moderne industrie
Justus-von-Liebig-Str. 1,
86899 Landsberg
Tel. 0 81 91-1 25-0

VDI-Z Integrierte Produktion
12-mal jährlich (einschließlich SPECIALS)
Springer-VDI-Verlag GmbH & Co. KG
VDI-Platz 1, 40468 Düsseldorf
Tel. 02 11-61 03-0

Fachbücher:

Für das intensivere Studium der NC-Technik und deren Anwendung verweisen wir auf die am Markt erhältlichen Fachbücher, wie z. B.:

Awiszus, Bast, Hänel, Kusch
Grundlagen der Fertigungstechnik, 7. A.
Carl Hanser Verlag, München
978-3-446-45033-2

Conrad
Grundlagen der Konstruktionslehre Maschinenbau-Anwendungen und Orientierung auf Menschen
Carl Hanser Verlag, München
ISBN 978-3-446-45321-0

Conrad u. a.
Taschenbuch der Werkzeugmaschinen
Fachbuchverlag Leipzig
ISBN 978-3-446-43855-2

Conrad
Taschenbuch der Konstruktionstechnik
Fachbuchverlag Leipzig
ISBN 3-446-41510-2

Gebhardt
Generative Fertigungsverfahren Additive Manufacturing und 3D Drucken für Prototyping – Tooling – Produktion
Carl Hanser Verlag München
ISBN 978-3-446-44401-0

Gebhardt
Produktgestaltung für die Additive Fertigung
Carl Hanser Verlag, München
ISBN 978-3-446-45285-5

Gebhardt
3D Printing
Understanding Additive Manufacturing
Carl Hanser Verlag, München
978-1-56990-702-3

Heisel, Klocke, Uhlmann, Spur
Handbuch Spanen
Carl Hanser Verlag, München
ISBN 978-3-446-42826-3

Klocke/Brecher
Zahnrad- und Getriebetechnik
Auslegung – Herstellung – Untersuchung – Simulation
Carl Hanser Verlag, München
ISBN 978-3-446-43068-6

König
Fertigungsverfahren, Band 1 und 2
Springer-Verlag
Band 1: Schleifen, Honen, Läppen
ISBN 3-540-23458-6
Band 2: Drehen, Fräsen, Bohren
ISBN 3-540-23496-9

Koether/Rau
Fertigungstechnik für Wirtschaftsingenieure, 5. A.
Carl Hanser Verlag, München
ISBN 978-3-446-44831-5

Lierse
Schleif- und Abrichttechnik
Carl Hanser Verlag, München
ISBN 978-3-446-46190-1

Müller, Franke, Henrich, Kuhlenkötter, Raatz, Verl
Handbuch Mensch-Roboter-Kollaboration
Carl Hanser Verlag, München
ISBN 978-3-446-45016-5

Neugebauer (hrsg.)
Parallelkinematische Maschinen; Entwurf, Konstruktion, Anwendung
Springer Verlag
ISBN 978-3-540-29939-4

Perovic
Handbuch Werkzeugmaschinen Berechnung, Auslegung, Konstruktion
Carl Hanser Verlag, München
ISBN 3-446-40602-6

Regele
Mach was mit 3D-Druck!
Entwickle, drucke und baue deine DIY-Objekte. Inklusive der 3D-Modelle aller Projekte
Carl Hanser Verlag München
ISBN 978-3-446-44781-3

Regele
Auslegung von Maschinenelementen
Formeln, Einsatztipps, Berechnungsprogramme, 2.A.
Carl Hanser Verlag, München
ISBN 978-3-446-45430-9

Rieg, Steinhilper
Handbuch Konstruktion, 2. A.
Carl Hanser Verlag, München
ISBN 978-3-446-45224-4

Scheuermann
Inventor 2019
Grundlagen und Methodik in zahlreichen Konstruktionsbeispielen
Carl Hanser Verlag, München
ISBN 978-3-446-45513-9

Seidel
Schleifbrand und dessen Prüfung
Leitfaden für die Praxis
Carl Hanser Verlag, München
ISBN 978-3-446-46334-9

Tabellenbuch Metall,
Europa-Fachbuchreihe für Metallberufe,
ISBN 978-3808517284,

Vogel
Einstieg in SolidWorks, 5. A.
Videotraining für Skizzen, Bauteile, Baugruppen
Carl Hanser Verlag, München
ISBN 978-3-446-46374-5

Vogel
Konstruieren mit SolidWorks, 8. A.
Carl Hanser Verlag, München
ISBN 978-3-446-45432-3

Vogel
Einstieg in AutoCAD
Perfekt zeichnen und normgerecht drucken
Carl Hanser Verlag, München
ISBN 978-3-446-45125-4

Weber
Industrieroboter
Methoden der Steuerung und Regelung
Carl Hanser Verlag, München
ISBN 978-3-446-45952-6

Weck/Brecher
Werkzeugmaschinen, Band 1 – 5
Springer Verlag
Band 1: Maschinenarten, Bauformen und Anwendungsbereiche
ISBN 3-540-22504-8
Band 2: Konstruktion und Berechnung
ISBN 3-540-43351-1
Band 3: Mechatronische Systeme: Vorschubantriebe, Prozessdiagnose
ISBN 3-540-67614-7
Band 4: Automatisierung von Maschinen und Anlagen
ISBN 3-540-67613-9
Band 5: Werkzeugmaschinen Messtechnische Untersuchung und Beurteilung, dynamische Stabilität
ISBN 3-540-22505-6

Inserentenverzeichnis